Cognito humana – Dynamik des Wissens und der Werte
XVII. Deutscher Kongreß für Philosophie

Cognitio humana – Dynamik des Wissens und der Werte

XVII. Deutscher Kongreß für Philosophie
Leipzig, 23.–27. September 1996
Vorträge und Kolloquien

Herausgegeben von
Christoph Hubig

Akademie Verlag

Die Deutsche Bibliothek – CIP-Einheitsaufnahme

Cognitio humana – Dynamik des Wissens und der Werte : Vorträge und Kolloquien / XVII. Deutscher Kongress für Philosophie, Leipzig, 23.–27. September 1996. Hrsg. von Christoph Hubig. – Berlin: Akad. Verl., 1997
ISBN 3-05-003109-3

Der Akademie Verlag ist ein Unternehmen von WILEY-VCH.

Gedruckt auf chlorfrei gebleichtem Papier.
Das eingesetzte Papier entspricht der amerikanischen Norm ANSI Z.39.48 – 1984 bzw. der europäischen Norm ISO TC 46.

Satz: Andrea Busch
Druck/Bindung: Druckhaus „Thomas Müntzer", Bad Langensalza

Printed in the Federal Republic of Germany.

Inhalt

Eröffnungsveranstaltung

Kolloquien

I. Umwertung und Lebensführung

II. Morale provisiore

III. Wohlfahrt und Wohlbefinden

IV. Dynamik der Legitimität

V. Das Neue und das Fremde

VI. Technische Welterzeugung

VII. Krisis und Kulturdynamik

VIII. "Wörter sind Rechenpfennige": Über technische Kommunikation

IX. Wandel der Begriffe

X. Theoriendynamik

XI. Cartesianische Phänomenologie

XII. Mögliche Welten und Notwendigkeit

XIII. Die Historisierung des Apriori

XIV. Wissenswerte, Wissensarten, Wissensstile: philosophische Systematik und historischer Wandel

Öffentlicher Abendvortrag

Eröffnungsveranstaltung

CHRISTOPH HUBIG
Cognitio humana – Dynamik des Wissens und der Werte

Im Namen der Allgemeinen Gesellschaft für Philosophie in Deutschland sowie des Institutes für Philosophie der Universität Leipzig darf ich Sie herzlich zum XVII. Deutschen Kongreß für Philosophie begrüßen – in der Stadt Leipzig, einer hoffnungsfrohen Baustelle, die einen trefflich-allegorischen Rahmen abgibt für die Philosophie, deren Foren ebenfalls mit Baustellen zu vergleichen sind. Hierbei stehen allerdings die Resultate des Bauens und Niederreißens der jeweiligen architektonischen Gebilde in geringerem Maße unter Amortisationsdruck – der Gewinn liegt vielmehr in der Bautätigkeit bzw. ihrem Nachvollzug selbst und der daraus möglicherweise resultierenden Kompetenzerweiterung.

Besonders möchte ich den Staatsminister für Wissenschaft und Kunst, Herrn Prof. Meyer begrüßen, dessen Haus unsere Tagung großzügig unterstützt und gefördert hat. Gruß und Dank gehen desweiteren an Magnifizenz Cornelius Weiss – Dank für das persönliche Engagement für unsere Veranstaltung und die Unterstützung der Universität auf vielen – nicht nur materiellen – Kanälen. Weiterhin freue ich mich, den Bürgermeister der Stadt Leipzig, Herrn Tiefensee, hier begrüßen zu dürfen und ihm für die Förderung durch die Stadt Leipzig danken zu können. Schließlich darf ich Herrn Dr. Schlie-Roosen und seine Mitarbeiter aus dem Bundesministerium für Bildung, Wissenschaft, Forschung und Technologie herzlich willkommen heißen. Bundesminister Dr. Rüttgers hat im Blick auf unseren Kongreßschwerpunkt "Dynamik des Wissens und der Werte" die Schirmherrschaft übernommen, wofür wir ihm dankbar sind. Wir sind erfreut, gerade diejenigen hier zu haben, die uns bei der Vorbereitungsarbeit unterstützt und die beträchtliche Förderung aus dem BMBF mit auf die Schiene gebracht haben. Und schließlich möchte ich ganz besonders herzlich unseren Ehrengast, Hans-Georg Gadamer begrüßen, Altmagnifizenz der Universität Leipzig, der zu unserer großen Freude an diesem Kongreß teilnimmt. Die hiesige Tagung, die unter sparsamster Haushaltsführung geplant ist, wäre ohne die Unterstützung der DFG und das Sponsoring seitens der Wirtschaft, insbesondere auch der Fachverlage, nicht möglich gewesen. Angesichts der deutlich eingeschränkten öffentlichen Ressourcen sind wir den

Förderern aus der Wirtschaft besonders dankbar, gerade auch im Blick auf die Wirtschaftslage, die ebenfalls zu knappem Rechnen Anlaß gibt.

Unser Kongreßthema "Cognitio humana – Dynamik des Wissens und der Werte" soll zum Ausdruck bringen, daß im Blick auf einen Topos philosophischer Problemgeschichte Fragen behandelt werden, deren Diskussion und Beantwortung in der gegenwärtigen Lage besonders dringlich erscheint: Die technik- und wissenschaftsbedingte Dynamisierung unserer Zivilisation konfrontiert uns mit Problemen der Ungewißheit, Unübersichtlichkeit und Desorientierung, die offensichtlich durch eine bloße Anpassung unserer Wissensstandards und Rechtfertigungsstrategien nicht mehr zu bewältigen sind. Nun jähren sich 1996 zum 400. Male der Geburtstag von Descartes und zum 350. Male der Geburtstag von Leibniz. Für die von ihnen begründete Tradition des Rationalismus in einer vergleichbaren Übergangszeit waren und sind jene Fragen zentral. In kritischer Auseinandersetzung mit dieser Tradition wollen wir Impulse beider Denker aufnehmen und weiter entwickeln, u. a. den Impuls von Leibnizens Projekt einer Welterschließung auf der Basis einer auch technisch handhabbaren Zeichenwissenschaft sowie denjenigen, der von Descartes Entwurf einer provisorischen Moral ausgeht, einem Entwurf, der aktuell und provozierend zugleich wirken mag. Allerdings steht die Würdigung der historischen Leistung jener Philosophen nicht im Vordergrund des Kongreßgeschehens – sie fand und findet auf anderen philosophischen Foren in diesem Jahr statt. Die Fülle der Themen, die auf dem hiesigen Kongreß versammelt sind, zeigt, wie sich kulturphilosophisches, wissenschaftstheoretisches und technikphilosophisches Philosophieren sowie die Ansätze aus den Bereichen der praktischen Philosophie jener Herausforderung stellen.

Einen Kongreß dieser Größenordnung zu veranstalten, folgt nicht der Zwangsläufigkeit des "immer größer" und "immer mehr" – im Gegenteil: Wachstum und Fortschreiten in den wissenschaftlichen Disziplinen führt zu einer zunehmenden Ausdifferenzierung der Fachgebiete, deren kommunikativer Zusammenhang auch durch die technischen Möglichkeiten zur angeblich totalen Kommunikation nicht unbedingt befördert wird. Diese Möglichkeiten werden eher dahingehend genutzt, die internationale Binnenkommunikation innerhalb der jeweiligen Fachzirkel zu bewerkstelligen. So mußten wir bei den Vorbereitungen zu dieser Tagung bisweilen erfahren, daß Fachkolloquien zu bestimmten Themen als attraktiver erachtet werden als solch große Foren wie der hiesige Kongreß. Ein "Zunfttreffen" ist eine solche Tagung inzwischen sicherlich nicht mehr. Es fehlt das einigende Band einer das Handwerk begründenden Methode. Das hat uns veranlaßt, beim hiesigen Kongreß ein Experiment zu wagen: Die bisher praktizierte Präsentation zahlreicher divergierender Vorträge in Sektionen unter weitgefaßten Titeln, Vorträgen, die in schneller Abfolge mit kurzen Diskussionen in striktem Zeittakt gehalten werden, lädt nicht unbedingt zur Kommunikation ein, sondern bestärkt eher die Divergenzen und Befremdungen. Wir möchten daher die Sektionen durch 27 relativ geschlossene Arbeitskreise oder Workshops ersetzen, die sich in der Regel über zwei Nachmittage erstrecken und zur Mitarbeit einladen. Über die bisherige Gratifikation hinaus, die darin lag, auf den Tagungen Gesicht und Stimme zu denjenigen Argumenten und Ansätzen kennenzulernen, die aus der inzwischen leicht erschließbaren und habhaftbaren Literatur geläufig sind, sollen jene Workshops einerseits die Fachdiskussion voranbringen, andererseits den Neugierigen exemplarische Proben der Arbeit der weniger vertrauten Fachgebiete anbieten. In diesem Zusammenhang standen auch Überlegungen, ob wir eine eigene Veranstaltung vorsehen sollten, die den Aufbau der Philosophischen Institute in den neuen Bundesländern explizit thematisiert. Dieser Prozeß mit seinen Licht- und Schattenseiten wurde bisher leider in der Öffentlichkeit wesentlich im Stil von affirmativen oder kritischen Verlautbarungen behandelt, die – wie es Verlautbarungen so an sich haben – oftmals die tatsächliche Arbeit der Kommissionen und Gründungsprofessoren nicht erreichten. Es hat sich gezeigt, daß Integrationsbemühungen und Dialog dort erfolgreich waren, wo sie im Zuge tätigen Philosophierens und – nicht unmittelbar öffentlichkeitswirksamen – philosophischen Arbeitens stattfanden. Die Fortführung dieser Strategie schien uns durch die themengebundenen Workshops ebenfalls besser befördert als durch einen – auf abstraktem Niveau situierten – Austausch von Meinungen über jene Institutionalisierungsprozesse.

Schwerpunktsetzungen waren nicht bloß unvermeidbar, sondern gewollt: Kultur- und technikphilosophische Fragen im weitesten Sinne, Wissenschaftsphilosophie, Politische Philosophie und Praktische Ethik sollen so in Erscheinung treten, daß Anknüpfungspunkte an Nachbardisziplinen entstehen und der transdisziplinäre Diskurs befördert wird.

Damit soll nicht kurzschlüssig den Beratungsdesideraten entsprochen werden, wie sie im institutionellen Bereich bisweilen in Erwartung einer einfach orientierungsstiftenden Politikberatung, oder im individuellen Bereich im Zuge der Verbreitung philosophischer Praxen, an die Philosophie herangetragen werden. Was allerdings Philosophinnen und Philosophen anbieten können, ist, Argumentationsfelder zu erschließen, Rechtfertigungs- und Analysestrategien auszuarbeiten, Möglichkeiten und Grenzen bestimmter selbstverständlicher Argumente und Haltungen aufzuweisen sowie Bedingungen der Möglichkeit der Einlösung von Ansprüchen transparent und somit einer allgemeinen Diskussion zugänglich zu machen. Derlei Probleme treten nicht zufällig derzeit in den Bereichen der Ökologie, der Technikbewertung bzw. Technikgestaltung, des Gesundheitswesen, des Sozialsystems und im Blick auf den Umgang mit Wissen und Information besonders in den Vordergrund, weil hier ein beschleunigter Wandel, geprägt von Ressourcenverknappung einerseits und Erweiterung der theoretischen Potentiale andererseits, neue Ansätze der Gestaltung erfordert. Die hier anzutreffenden disparaten und einander widersprechenden Leitbilder, die ihrerseits Binnenkonflikte bergen, verlangen allererst theoretische Arbeit, welche oftmals durch eine vorschnell technokratische Diskussion über Umsetzungsprobleme verstellt wird.

Wenn Philosophie, wie Christian Wolff sie charakterisierte, die "Wissenschaft des Möglichen" ist (und somit auch der Grenzen), und wir nicht mehr – wie die Aufklärer – über ein vermeintlich festes Fundament für die Bestimmung dieser Möglichkeiten verfügen, sondern dieses Fundament beständig auf- und umbauen, unterminieren oder verstärken, dann schreibt sich jene Dynamik des Eröffnens und Verschließens von theoretischen und praktischen Möglichkeiten in die Philosophie selbst fort, die ihre Provokationen zu einem großen Teil aus externen Bereichen empfängt.

Wenngleich das Spektrum der angebotenen Vorträge von der "Neuen Tierheit" über "Musik als Basis einer Handlungslogik", "Gesundheit in der Postmoderne" bis zu "Zwei Einwände Husserls gegen Frege" reicht, so täuscht die Breite des Spektrums doch darüber hinweg, daß deutliche Lücken in manchen Bereichen geblieben sind, von der Naturphilosophie bis zur philosophischen Rhetorik, was auch Kritik gefunden hat. Tröstlich mag sein, um in unserem Eingangsbild zu bleiben, daß die Zäune von Baustellen nicht zwangsläufig die Grundstücksgrenzen markieren, und daß zu anderer Gelegenheit an anderer Stelle weitergebaut werden kann.

Philosophie erschließt sich nicht durch den Modus ihrer Präsentation. Sie ist eine spezifisch-reflektierende Tätigkeit und verlangt aktive Beteiligung. Insofern wünsche ich unserem Kongreß nicht, daß er gut "über die Bühne geht". Das Forum der Philosophie ist nicht die Bühne. Vielmehr hoffe ich, daß die Arbeit in den Kolloquien und Workshops für alle Interessierten eine Teilnahme und Teilhabe am Nach- und Vordenken, demjenigen philosophischen Arbeiten erbringt, das Dilthey als "die Wiedererschließung von Möglichkeiten, die unserem realen Leben verstellt sind" charakterisierte. Nicht die "Lage" der Philosophie, nicht der "Sitz" des Denkens der Philosophinnen und Philosophen – über die in regelmäßigen Abständen in der Presse kritisch-despektierlich bilanziert wird, sollen ersichtlich werden, sondern – hoffentlich provokante – Prozesse philosophischer Arbeit, die anschlußfähig sind an Problemstellungen in Theorie und Praxis, welche die allgemeine Diskussion prägen. Philosophieren wäre somit, um an eine Variante des Sisyphusbildes bei Camus zu erinnern, Erwerben und Begreifen ohne Anspruch auf Besitz. Der Ertrag liegt in der Verbesserung des Begreifens. Wenn Sisyphus "in seinen Stein verliebt ist", wie Camus schreibt, rollt er ihn wohl schonender. Dadurch wird das Rollen selbst aber auch leichter. In diesem Sinne wünsche ich unserem Kongreß ein gutes Gelingen.

Cornelius Weiss
Rektor der Universität Leipzig

Begrüßung

Im Namen des Akademischen Senats und des Rektoratskollegiums der Universität Leipzig darf ich Sie sehr herzlich zur Eröffnung des 17. Deutschen Kongresses für Philosophie begrüßen.

Die Universität Leipzig freut sich aufrichtig, Gastgeberin dieser bedeutenden Tagung zu sein. Sie versteht dies als Zeichen der Anerkennung der seit 1990 an dieser Universität geleisteten materiellen und immateriellen Aufbauarbeit und als Ausdruck des in der wissenschaftlichen Welt wiedergewonnenen Vertrauens.

Als "Herz und Haupt" seines Landes hatte in der Mitte des 16. Jahrhunderts der kursächsische Herzog Heinrich die 1409 gegründete Universität Leipzig bezeichnet, als sie sich – auch in einer Zeit gesellschaftlicher Umbrüche – unter dem Vorzeichen des Humanismus grundlegend reformierte. Aus der unmittelbar zurückliegenden und bis in die Gegenwart reichenden strukturellen und geistigen Reform, die nach fast 60 Jahren der politischen Gleichschaltung, nach Jahrzehnten völlig ungenügender Investitionen in Bibliotheken und Labors, nach vielen Jahren einer fast perfekten Abschottung vom internationalen wissenschaftlichen Leben und der aus all dem resultierenden Provinzialität und Kleingeisterei zwingend erforderlich war, nach einer Reform, die von kontinuierlich wachsenden Studentenzahlen (von 12.000 im Jahr 1989 auf nahezu 20.000 im Wintersemester 1995/96) aber auch von tiefen Einschnitten in der Stellenausstattung (die Zahl der Mitarbeiter sank von ca. 10.000 auf 2.500) begleitet war, ist die Universität Leipzig als geistig-innovativer Kristallisationspunkt für die Stadt, die Region und das Land hervorgegangen. Sie ist dabei, ihren alten Platz als eine der maßgebenden deutschen Universitäten wieder einzunehmen.

Wiedererwachtes Traditionsbewußtsein und durch die Erfahrungen der letzten Jahre gestärkter Reformwille sind ebenso wie das Zusammentreffen durchaus verschiedener biographischer, politischer, sozialer und kultureller Erfahrungen der Mitglieder des neuen Lehrkörpers die charakteristischen Elemente des Geisteslebens dieser Universität. Die natürliche Spannung zwischen diesen Elementen produktiv zu machen zur Schaffung eines eigenen unverwechselbaren Profils, das im Zeichen zunehmender Konkurrenz zwischen den Hochschulen um materielle Ressourcen, um ausgewiesene Forscher und Lehrer und sicher bald auch um gute Studenten wichtiger denn je wird, betrachten wir als vorrangige Aufgabe der Gegenwart.

Ihre Tagung steht unter dem Generalthema "Cognitio humana – Dynamik des Wissens und der Werte" und freundlicherweise haben Sie damit – jedenfalls auf dem Umschlag des Programmheftes – unser Hochhaus illuminiert. Das genannte Thema ist zweifellos außerordentlich aktuell. Heute ist häufig zu lesen, daß zur Zeit das Menschheitswissen so schnell wie nie zuvor zunehme; dies wird etwas simpel abgeleitet erstens aus der Tatsache, daß die Zahl derjenigen, die Wissen herstellen, also der Wissenschaftler, und die Zahl ihrer Publikationen weltweit exponentiell zunehmen, und zweitens aus dem Faktum, daß die Halbwertszeit der verfügbaren Informationen ständig abnimmt. Vor kurzem erzählte mir ein Naturwissenschaftler leuchtenden Auges, daß auf seinem speziellen Fachgebiet die Entwicklung so stürmisch erfolge, daß bereits nach knapp 4 Jahren die Hälfte des jeweils aktuellen Wissens veraltet sei. Bei mir, einem zugegebenermaßen erkenntnistheoretischem Laien, erweckte diese Aussage eher Beklommenheit: sind so kurzlebige Ergebnisse noch als Wissen zu bezeichnen ? Wie steht es unter diesen Umständen mit der Glaubwürdigkeit der Wissenschaft und der mit ihr Befaßten? Ist es angesichts des ungeheuren materiellen und personellen Aufwandes und der Atomisierung der erzielten Ergebnisse nicht eher so, daß unser gesichertes Wissen immer langsamer zunimmt? Möglicherweise gibt es in Fachkreisen längst Antworten auf diese Fragen, dann wäre es sicherlich zweckmäßig, diese auch einem breiteren Publikum bekannt zu machen.

Ich jedenfalls sehe den Ergebnissen Ihrer Konferenz mit Spannung entgegen und wünsche Ihnen bei Ihrer Arbeit viel Erfolg.

Noch einmal: seien Sie willkommen in Leipzig und seiner alten und zugleich neuen Universität!

HANS JOACHIM MEYER
Sächsischer Staatsminister für Wissenschaft und Kunst

Grußwort zur Eröffnung des XVII. Deutschen Kongresses für Philosophie

Auf der Suche nach einem passenden Aufhänger für dieses Grußwort glaubte ich, mich an Georg Christoph Lichtenberg halten zu sollen und wurde da auch bald fündig. Denn natürlich hat der geistvolle Professor für Mathematik zu Göttingen seine philosophischen Kollegen mit seinem Spott nicht verschont und uns die Sentenz hinterlassen: "Er handelte mit anderer Leute Meinung. Er war Professor der Philosophie." Sie werden mir zugeben: Daraus läßt sich etwas machen. Nach einigen höflich kritischen Bemerkungen zum state of the art, die die einem Minister gesetzten Grenzen, zudem, wenn er nicht vom Fach ist, tunlichst nicht zu überschreiten hätten, könnte das Lichtenbergsche Urteil über den Hinweis, daß schließlich auch Meinungen zum Gespräch und mitmenschlichen Austausch gehören, schrittweise positiv zum dialogischen Wesen aller Geisteswissenschaften und damit selbstverständlich vor allem der Philosophie gewendet werden, wobei sorgfältig die Scylla und Charybdis von Kompensation und Orientierung zu durchsteuern wäre, um schließlich dann doch, unter geziemender Erinnerung an Wilhelm v. Humboldt, bei der integrativen Kraft der Philosophie anzulangen. Als Kongreßeröffnung wäre es zwar nicht ganz so schön wie ein Streichquartett oder ein Bläserensemble, aber von einem politischen Amtsträger doch noch ganz passabel.

Zwar so gedacht, aber noch nicht getan, stieß ich auf ein anderes Wort von Lichtenberg über die Philosophie, und das klingt nun ganz unlichtenbergisch, nämlich: "Was bin ich? Was soll ich tun? Was kann ich glauben und hoffen? Hierauf reduziert sich alles in der Philosophie." Nicht wahr, meine Damen und Herren, diejenigen unter ihnen, so es solche geben sollte, die dieses Wort Georg Lichtenbergs nicht kannten, werden mir zugeben: Sie hätten es von ihm nicht erwartet. Und die meisten von ihnen werden wohl denken: Es ist ein unzeitgemäßes Zitat, auf das ich da gestoßen bin, ja, es wirkt fast peinlich. In der Tat, bei einem Kongreß, der sich zum Thema die "Dynamik des Wissens und der Werte" als "cognitio humana" und nicht, wie ich zuerst in meinem schlichten Sinn gelesen hatte, als "conditio humana" gewählt hat, da muß dieses Lichtenberg-Zitat als ausgesprochen unpassend empfunden werden. Und sicherlich ist ein Kongreßthema, das, wie mir der Tagungspräsident schrieb, signalisieren soll, "daß sich die Philosophie sowohl mit den neu entstandenen Orientierungsproblemen als auch mit neuen Wissensstrukturen und ihrer Verarbeitung befassen wird," nun wahrlich eine sehr viel nüchternere Angelegenheit als die Frage nach Existenzgrund und Lebenssinn, nach Glaube und Hoffnung. Schließlich will ich ganz ausdrücklich bekennen: Auch ich hätte meine erheblichen Schwierigkeiten mit einer solchen, mich persönlich beanspruchenden Philosophiedefinition und wäre, deutlich gesagt, nicht bereit, den Philosophen einen solchen Anspruch, würden sie ihn denn erheben, zu konzedieren.

Dennoch: ich konnte mich nicht dazu entschließen, das Lichtenberg-Zitat einfach wieder verschwinden zu lassen: Dafür liegt es einfach zu quer in unserer heutigen geistigen Landschaft, erinnert es vor allem zu stark an das, was an diesem Ort, hier in Leipzig, gedacht und getan worden ist. Ich meine hier nicht eine Philosophie, die von sich behauptete, allmächtig zu sein, weil sie richtig sei, tatsächlich aber einen absoluten Wahrheitsanspruch erheben konnte, weil sie Teil eines allmächtigen Herrschaftssystems war. Aber ich muß natürlich einen Namen nennen, an den ohnehin jeder hier, der etwas von Leipzig weiß, bei der Frage Lichtenbergs, was er hoffen und glauben kann, gedacht hat: An Ernst Bloch, dessen Werk, wie sein Schüler Jürgen Teller eindrucksvoll und bewegend geschrieben hat, hier weiter wuchs "unter dem Auspizium, der neue Himmel würde einer neuen Erde entgegenwachsen, die Gebildeten ergreifend und die Betroffenen bildend". Es war eine Hoffnung von beeindruckender historischer Tradition und dennoch: Das Auspizium trog und auch Blochs "einzigartige Hoffnungskraft" konnte nur für eine begrenzte Zeit "die Risse, Schründe, Abgründe und Gemeinheiten der ... auf andere Art scheußlich entfremdeten Welt" überblenden. Ernst Bloch zog daraus die Konsequenz und wählte die alte, wenn auch weiterhin kritisch betrachtete und jedenfalls nach seiner Überzeugung weiter zu treibende Freiheit, lange bevor das System, das ihn nach Leipzig geholt hatte und dann wieder vertrieb, vor der gewaltlosen Kraft Zehntausender von Demonstranten zusammenbrach. Heute wissen wir: Mit dem pervertierten System zerbrach auch eine große Tradition der menschlichen Vollendung durch gesellschaftlichen Fortschritt: Diese Tradition war mißbraucht, und der darauf sich gründende Versuch war für eine wachsende Zahl auch endgültig mißlungen. War dies das Ende aller gesellschaftlichen Hoffnung?

Niemand weiß, ob diejenigen recht behalten, die aus der Wende unseres Jahrhunderts das Ende der Wirkmächtigkeit sozialer Utopien ableiten. Zweifelsfrei wäre es historisch unwahr, zu leugnen, daß es politische und soziale Hoffnungen waren, die jene bewegten, die im Herbst 1989 in Leipzig und anderswo auf die Straßen gingen. Kein normaler Mensch riskiert Freiheit und Leben, ohne eine Hoffnung, die die Gefahr aufwiegt und übertrifft. Sicher: Die Hoffnungen von damals waren oft vage, vielfach widersprüchlich und manche mögen, würde man sie heute formulieren, naiv und peinlich sein. Jedenfalls waren sie von geschichtsbewegender Kraft und die Voraussetzungen für alles, was danach kam. Heute werden die Folgen dieser geschichtsmächtigen Ereignisse oft reichlich unbedacht, um nicht zu sagen, ungeniert als die Motive derer ausgegeben, die damals handelten. Da darf man sich nicht wundern, daß hier Menschen das Heutige nicht als das ihre anerkennen. Und daß sie sich verletzt fühlen, wenn man glaubt, ihre Erfahrungen, Einstellungen und Erwartungen wie unbrauchbaren Schutt beiseite räumen zu können.

Nun unterscheiden sich die Ergebnisse menschlichen Handelns oft deutlich von dem, was Menschen wollten und erhofften. Und wer sich für eine neue Ordnung menschlichen Zusammenlebens entscheidet, erfährt erst nach und nach die Wirklichkeit dieser Ordnung. Das gilt mit besonderer Wucht für das Ideal der Freiheit als gemeinsame Ordnung der Freien. Es ist dies ja ein Ideal, das ein immer neues Bemühen um seine gedankliche Durchdringung und seinen praktischen Vollzug verlangt. Geistige Klarheit als Voraussetzung und Garantie der Freiheit – diese Einsicht weist uns auf einen großen, wenn auch zunächst hier verkannten Sohn dieser Stadt hin, der die Frage Lichtenbergs nach dem, was der Mensch tun und worauf er vertrauen soll, in einer anderen Tonart erklingen läßt – Gottfried Wilhelm Leibniz. Manfred Bierwisch hat in einem Essay über die rätselhafte Größe dieses bedeutenden Denkers darauf hingewiesen, daß dessen Rede von der besten aller möglichen Welten "auf einem eigentlich unerhörten Gedanken" ruht, "nämlich die Welt zu nehmen als lediglich eine von vielen alternativen Möglichkeiten". Und Bierwisch fährt fort: "Auf diese Voraussetzung bezogen verliert die beste der möglichen Welten viel von dem strahlenden Optimismus, das dem Konzept unterstellt worden ist. Die beste mögliche Welt muß ja keine gute Welt sein – alles hängt davon ab, was in den Möglichkeiten enthalten ist. Und ein Problem, das da eine nur scheinbar irritierende Rolle spielt, ist die Tatsache, daß die beste der möglichen Welten auch das Böse enthalten muß – nicht nur wie einen Schatten, der den Glanz des Guten heller strahlen läßt, sondern weil die Freiheit keine Freiheit wäre, Gott also auch nicht göttlich, wenn sie nicht auch die mögliche Entscheidung für das Negative einschlösse."

Wer sich umschaut, wird an Beispielen für die Wirklichkeitsnähe dieser Feststellung keinen Mangel haben. Ja, es ist offenkundig, daß der ergebnisoffene Prozeßcharakter der politischen Freiheit, einer Ordnung, die deshalb neben ihren großen Chancen auch erhebliche Gefahren birgt, uns heute vor außerordentliche Herausforderungen stellt, denen wir uns gewachsen zeigen müssen. Das Wesen einer Prüfung besteht darin, daß man sie bestehen und daß man sie nicht bestehen kann. Da ist es richtig und notwendig, die geistigen Gerätschaften zu sortieren und zu putzen, zumal, wenn sie, wie jahrzehntelang in diesem Teil Deutschlands versteckt, verschmutzt oder falsch verwendet wurden. Vor allem aber mag der Bezug auf die Tradition des Rationalismus in dieser Zeit, in der wir uns oft nur wie im Nebel oder gar nicht vorwärtsbewegen, auf jene Hilfe hindeuten, die größere Klarheit bringt. Und doch kann es schwerlich genügen, das Werkzeug so zweckgemäß wie möglich einzusetzen. Keine noch so genaue Rechnung befreit uns von der Last der Wahl und der Wertung. Wir leben in einer Welt im Wandel. Diese Dynamik sorgfältig zu beobachten und zuverlässig zu beschreiben, sind Grundelemente wacher Geistigkeit und gedanklicher Präzision. Wird aber – und diese Frage muß sich an uns alle richten – wird aber die Erkenntnis ausreichen, daß sich das Wissen und die Werte verändern? Ist nicht vielmehr die Ordnung der Freiheit auf die motivierende und verpflichtende Kraft gemeinsamer Werte angewiesen? Auch wenn uns die Frage Lichtenbergs, nach dem, was die Menschen sind, was sie tun sollen und was sie glauben und hoffen können, unzeitgemäß und vielleicht sogar ein für allemal erledigt erscheint, oder wenn wir einfach ihren existentiell drängenden Ton überhören und sie als Insistieren auf präzise Faktenerfassung interpretieren sollten, auch dann gilt: Die Freiheit, ohne die, wie gerade dieser Ort und seine Geschichte lehren, Philosophie nicht möglich ist und Wissenschaft zum Krüppel wird, die Freiheit wird ohne Antworten auf diese Fragen nicht überleben.

Sie haben, Herr Tagungspräsident, in Ihrem Brief an mich die Überzeugung zum Ausdruck gebracht, daß den von diesem Kongreß zu behandelnden Problemen "sowohl aus der Fachperspektive als auch aus der Perspektive der interessierten Öffentlichkeit große Bedeutung zukommt". Lassen Sie mich meinerseits nachdrücklich hoffen, daß es dem Kongreß gelingt, diese zweifache Dimension seiner Thematik zu verdeutlichen. Wir haben hier und anderswo in Sachsen ja relativ häufig die Freude, wissenschaftliche Fachkongresse begrüßen zu können. Und nicht wenige der Veranstalter erwarten, daß der zuständige Minister des Landes einen verbalen Blumenstrauß überbringt. Dies zu tun, gehört zu meinen angenehmeren Pflichten. Und ich folge auch deshalb solchen Einladungen, wann immer ich kann, weil ich es für die Aufgabe der Wissenschaftspolitik halte, so oft und so gut es eben geht, kommunikative Brücken zwischen der Wissenschaft und der Öffentlichkeit zu schlagen. Für die meisten dieser Veranstaltungen gilt freilich, daß sich der Sinn ihres wissenschaftlichen Tuns dem nicht fachlich Vorgebildeten nur mühsam oder auch gar nicht erschließt, so bedeutsam die Resultate der vorgestellten Arbeitsergebnisse auch sein mögen. Nun verlangt zweifellos auch die Philosophie, um ihre Erkenntnisse und Einsichten verstehen zu können, intensives gedankliches Bemühen und ein erhebliches Maß an Vorwissen. Gleichwohl scheint mir der unmittelbare Dialog mit unseren Mitbürgern ein unverzichtbares Anliegen der Philosophie, mithin also ein hohes Maß von Öffentlichkeitsbezug und Öffentlichkeitswirkung das wichtige Ziel eines Philosophiekongresses. In diesem Sinne wünsche ich Ihnen Erfolg und gute Tage hier in Leipzig.

FRANK SCHLIE-ROOSEN
Bundesministerium für Bildung, Wissenschaft, Forschung und Technologie

Grußwort

Ein Ministerium mit einem so langen Namen ist irgendwie für fast alles zuständig. Daß die Dynamik des Wissens und der Werte aber sowohl für die Wissenschafts- und Bildungs-, als erst recht auch für die Forschungs- und Innovationspolitik von Bedeutung ist, erfordert wirklich keine argumentativen Klimmzüge.

Man soll es sich aber auch nicht zu leicht machen. Der Grund für die Übernahme der Schirmherrschaft durch meinen Minister liegt nicht in erster Linie oder nur darin, daß wir uns philosophische Hilfe bei den üblicherweise diskutierten Problemen im Umgang mit neuem Wissen und neuer Technik erhoffen.

Ich habe das Programm dieses Kongresses zunächst flüchtig durchgesehen und festgestellt, daß dort die Begriffe "Virtuelle Realität", "Internet" und "Multimedia" nicht auftauchen. Ich gedachte, das positiv und als Beleg dafür zu werten, daß der Kongreß in guter Tradition eher die Begriffe hinter den Worten behandelt, und damit Beziehungen herstellt, Perspektiven eröffnet, die uns überraschen können. Beim gewissenhaften Nachprüfen erwies sich dann, daß ein solches Kongreßprogramm wohl doch nicht ganz ohne die genannten Schlagworte auskommen kann. Es ist uns aber wichtig, daß solche Beiträge vor dem Hintergrund einer philosophischen Wissenschaft entstehen, die sich selber ernst nimmt, die ihre eigenen Probleme diskutiert und ihre eigenen Begriffe entwickelt und pflegt. Herr Professor Hubig hat in seiner Rede vorhin gesagt, daß theoretische Arbeit ein eigener Wert und vorschnelle Umsetzung eine Gefahr ist. Es gibt einige aktuelle Beispiele dafür, daß Begriffe in der öffentlichen Diskussion ein Gewicht haben, das ihnen bei näherer Betrachtung nicht oder jedenfalls nicht kritiklos zukommen kann. Ich möchte hier das Schlagwort von der Nachhaltigkeit als Beispiel anführen, die darin enthaltene Annahme, daß Zukunft an sich bereits eine moralische Qualität habe. Es gibt ja einen Kongreßvortrag, der diese Frage behandelt. Ein anderes Beispiel für leichtfertigen Umgang mit nicht hinreichend verstandenen Begriffen ist vielleicht die Kommunikation. Bei aller Wirkmacht der neuen Kommunikationstechniken füllt die damit mögliche Kommunikation ja bei weitem nicht den Kommunikationsbegriff, wie er auch der philosophischen Tradition entspricht. Eine Frage also: ein "reicher" Kommunikationsbegriff und die Möglichkeiten der modernen Technik – was könnte aus dieser Kombination vielleicht noch entstehen?

Es ist also zunächst die Frage nach dem Selbstverständnis und dem Zustand der Philosophie, die das BMBF bewegt, diesen Kongreß zu verfolgen. Die Frage nach der Einbindung der deutschen Forschung in die internationale Zusammenarbeit, die Frage nach der Lebendigkeit und Offenheit des Faches.

Ist diese vorhanden, dann wollen wir verstehen, welche Themen Sie in den kommenden Tagen für wesentlich halten. Man soll am Beginn eines Kongresses nicht einzelne Vorträge nennen, es kann auch sein, daß Überschriften mißverstanden werden. Deshalb werde ich nicht sagen, was mich im Programm besonders neugierig macht. Was ich aber sagen möchte, ist dies: das Interesse unseres Hauses reicht über den Kanon der Themen hinaus, die man gemeinhin von uns erwartet, und den ich hier vielleicht mit Technikfolgenabschätzung im weiteren Sinne bezeichnen möchte.

Ich bin sicher, daß der Kongreß diese Vielfalt bietet, ich wünsche seinen Veranstaltern einen guten und erfolgreichen Verlauf, seinen Teilnehmern – es ist kalt heute morgen, es ist ja bald Herbst – eine reiche Ernte.

WOLFGANG TIEFENSEE
Bürgermeister der Stadt Leipzig

Grußwort zur Eröffnungsveranstaltung

Im Namen der Stadt Leipzig darf ich Sie herzlich willkommen heißen. Zweifelsfrei besaßen Sie gute Gründe, Leipzig als Forum Ihrer diesjährigen Gespräche auszuwählen. Ich möchte einige Argumente hinzufügen.

Wenn eine Stadt die "Dynamik des Wissens und der Werte" – so das Motto Ihrer Zusammenkunft – real erfahren hat, dann Leipzig. In keiner Kommune in den neuen Bundesländern hat sich der Neuanfang mit einer derartigen Wucht entfaltet. Leipzig erscheint in der öffentlichen Wahrnehmung als eine Stadt, in der die Baukräne nicht stillstehen, als "deutsche Wachstumshauptstadt", besitzt das zweischneidige Etikett der "Boomtown des Ostens": Neues entsteht, wo bis vor kurzem noch Leere gähnte. Ein restauriertes historisches Bauwerk nach dem anderen schält sich aus seiner Verhüllung. Gleichzeitig sind wieder selbstverständliche Freiräume für Wissenschaft und Kunst gegeben, von denen wir wissen, daß sie nicht so selbstverständlich sind.

Ich selbst habe Enge, Bevormundung und Repression erlebt und erlitten. Um so mehr hält mich der Aufbruch nach '89 in Atem. Endlich sind Informationen frei zugänglich, ist die offenherzige Rede ungefährlich, ist die Welt nicht mit Mauern verstellt.

Die vermeintlichen Gegensätze von Wissenschaft und Wirtschaft, Kunst und Kommerz, Geist und Geld können sich wieder zu jenem spannungsvollen Wechselspiel verschränken, das das Bild Leipzigs in der Wirtschafts- und Geistesgeschichte Deutschlands bis ins 20. Jahrhundert hinein geprägt hat. Auch in dieser Hinsicht ist Leipzig eine große Baustelle

In einer dynamischen Welt muß Leipzig am Ende des Jahrtausends den eigenen Ort bestimmen, als moderner Messeplatz mit einer starken Brückenfunktion nach Osteuropa, als Kultur-, Wirtschafts- und Finanzzentrum. Leipzig soll aber auch aus seiner reichen Tradition als Buchstadt schöpfen, und last, but not least, eine Stadt des Wissens bleiben, die in ihren Mauern neben der zweitältesten deutschen Universität noch zahlreiche Hochschulen und Forschungseinrichtungen besitzt.

Grundlegende Veränderungen haben sich in nur wenigen Jahren vollzogen und jede Erfolgsgeschichte besitzt auch ihre Schattenseiten. Sie zu verschweigen, hieße nur einen Teil der Wahrheit zur Kenntnis zu geben. Diese Negativbilanz wird vornehmlich bestimmt durch den Kollaps der industriellen Erwerbsbasis, den Rückgang der gewerblichen Arbeitsplätze von 120.000 1989 auf aktuell ca. 12.000. Hinzu kommen die fast schon normalen Probleme des Wohnungsbestandes, der Verkehrswege, des Zustands der Schulen, Kindergärten, Sportplätze, Krankenhäuser, mit einem Wort: der gesamten städtischen Infrastruktur.

Die hochentwickelten Industriegesellschaften sind seit Beginn der 80er Jahre in einem grundlegenden Wandlungsprozeß begriffen. Der Gewinn an technischer Perfektion und Warenfülle hat paradoxerweise kein Mehr an sozialer Sicherheit und Muße gezeitigt, sondern soziale Phänomene wiedergeboren, die längst überwunden schienen. Entwicklungen haben Raum gegriffen, die immer größere Teile der Bevölkerung zeitweise oder dauerhaft aus der Erwerbsarbeit freisetzen. Die Chancen für persönlichen Glück und ein gelungenes Leben werden zunehmend zerbrechlicher, das Risiko zu scheitern zur Alltagsbedrohung. Diesen Umbruch begleitet ebenso untergründig wie vollmundig eine Mentalität der Sieger, der Parole die "unerbittliche Konkurrenz" und deren Konsequenz, die "Degradierung des Menschen auf eine betriebswirtschaftliche Größe", darstellt. Auf fatale Weise feiert ein rechenhaftes Denken Auferstehung, das längst untergegangen schien. Die Erscheinung des Unterlegenen paßt nicht in dieses Szenario. Gleichzeitig existieren grundlegende Bedürfnisse, Hoffnungen, Sehnsüchte, die materiell nicht gesättigt werden können.

Wenn die forschen Heilsversprechungen von Gurus und schlichten Scharlatanen hierzulande auf offene Ohren stoßen, dann hat dies selbstgemachte Ursachen. Letztlich beuten sie Dank- und Sprechmuster aus, die Erwachsene selber bedienen. Die Herrschaft des Allgemeinplatzes darf sich nicht verwundern, wird sie gegen sie gekehrt. Politische Grundsätze ("Demokratie", "Leistungsgesellschaft", "Wirtschaftswachstum", "Standort Deutschland") werden oft aus ihren gedanklichen Zusammenhängen herausgelöst und verfügbar gemacht für den schnellen Zugriff. Solche Bestandteile des sogenannten "gesunden Menschenverstandes" werden als gängige Münzen verwendet. Deren Wahrheitsgehalt bedarf keiner Überprüfung, weil er sich scheinbar von selbst versteht. Jugendliche spüren die Leere solcher geschwätzigen Alltagsfloskeln, weil sie diese an ihren realen Alltagserfahrungen messen.

Es hat sich das Vorurteil verfestigt, daß für Probleme aller Art – von den Zahnschmerzen bis zur Sinn-Leere – ein sofort wirkendes Heil- oder Problemlösungsmittel zur Verfügung steht. Du hast ein Problem – ist täglich multimedial zu hören – wir haben die Lösung. Die Mittel sind verfügbar, man braucht sie nur zu nehmen: zu kaufen. Dieser Suggestion erliegt, wer nicht gelernt hat, Erfahrungen mit sich und seinen Mitmenschen zu machen wer unfähig ist, Enttäuschungen als Etappen zur Erreichung eines Ziels zu ertragen.

Wir leben immer noch in einer Dimension von Veränderungen, die ihren Ausgang mit den Ereignissen des Herbst 1989 nahmen. Damals gingen Zehntausende auf die Straße, weil sie ihr Bild von der eigenen Stadt nicht mehr der ideologischen Tünche aussetzen wollten, und setzten damit eine Entwicklung in Gang, die alle Lebensbereiche erfaßte und einem manchmal den Atem verschlägt.

Ich erwähne diese Tatsachen, um auf zwei Punkte aufmerksam zu machen, die zu ihren kommenden Diskussionen hinführen. Ich behaupte, es waren die großen Themen der Philosophie, die die Menschen hier und anderenortes in Bewegung gesetzt haben: Gerechtigkeit, Freiheit, Mündigkeit, Selbstbestimmung. Sie gestatten, daß ich darin ein Veto gegen die Versuche sehe, diese Werte ad acta zu legen und sich auf die Erörterung reiner Sachrationalitäten zu beschränken. Wenn es ein Wirklich-Werden philosophischer Ideen gegeben hat, dann in diesem historischen Augenblick des Herbsts 1989. Mein Wunsch wäre, mit den Worten eines ehemaligen Leipziger Studenten der Philosophie zu sprechen, daß sich der Nutzen und Nachteil der Philosophie für das Leben in dieser Anstrengung auf die Probe stellt, Bodenhaftung im Alltäglichen zu gewinnen und sich in den Lebenswirklichkeiten der Menschen zu verankern.

Dies setzt voraus, und dies bildet die zweite Spur zu Ihrem Kongreß, den Wandel der Dinge bewältigen zu können. Der Umbruch, den wir erlebt haben und den sich 1989 niemand hätte vorstellen können, läßt sich mit einem Gedankenexperiment veranschaulichen: nicht die Bundesrepublik, sondern die DDR hätte den Wettkampf der Systeme erfolgreich bestanden. Die Dramatik dieser Zumutung dürfte ihnen unmittelbar ersichtlich sein. Wer durch dieses Wechselbad gegangen ist, fragt nach Konstanten, die es legitim erscheinen lassen. Sie gestatten, wenn ich eine gewisse Verwunderung bei Prognosen bekenne, unser Wissen würde im Jahresrhythmus veralten oder das Wissen der Menschheit sich alle 5 Jahre verdoppeln. Darf man die Frage stellen, um welches Wissen es sich handelt? Wie es mit den kulturellen Traditionen bestellt ist, aus denen wir unsere Identität beziehen? Welche Folgen für den Wertehaushalt einer demokratisch verfaßten Gesellschaft entstehen? Welche Phänomene unterliegen diesem rasanten Vergreisungsprozeß, dieser "Dynamik des Wissens und der Werte"? Was veraltet, was muß den zeitlichen Konjunkturen entzogen bleiben? Fragen über Fragen ...

Die Antike kannte eine besondere Figur des politischen Ratgebers. An der Seite des Souveräns war er für das Aussprechen der unangenehmen Wahrheiten zuständig. Ja, seine Existenzberechtigung im Hofstaat war an den Freimut gebunden, jenseits persönlicher Gefahren und politischer Opportunismen zur Wahrheit zu stehen. Die Wahrheit auszusprechen, betrachtete er als eine Pflicht, um anderen Menschen (so wie sich selber) zu helfen und damit das Gemeinwesen zu fördern. Die Freiheit war der Raum dieser Wahrheitssuche und Offenheit anstelle von Überredung, Risiko anstelle von Sicherheit, Kritik anstelle von Schmeichelei und moralische Pflicht anstelle von Eigennutz und Gleichgültigkeit deren Prinzipien.

Sie gestatten mir die Anmaßung: eine anspruchsvollere Beschreibung der philosophischen Tätigkeit bei der Beantwortung unserer gemeinsamen Fragen läßt sich schwerlich finden. In diesem Sinne wünsche ich Ihrem Kongreß ein gutes Gelingen und einen Aufenthalt in Leipzig, der sie zum Wiederkommen anregt.

HANS POSER
Cognitio humana

1. Philosophie auf der Flucht

Cognitio – Erkenntnis – ist das große Thema der neuzeitlichen Philosophie. Götter bedürfen des Erkennens nicht, sie haben in Unmittelbarkeit jenes Wissen, das wir mühevoll zu erlangen suchen, ohne doch je des Gewonnenen gänzlich sicher sein zu können. Anders auch als bei Tieren sind es nicht Instinkte, die unser Leben und Überleben sichern, sondern das Denken, welches das Erkannte als Wissen über die Welt verfügbar macht und zielgeleitetes Handeln ermöglicht. Erkennen ist darum immer menschliches Erkennen, ist – um es mit Leibniz zu sagen – cognitio humana.

Erkennen zielt auf Wissen; Wissen enthebt den Menschen der Notwendigkeit, ein Augenblickswesen zu sein, Wissen hält vergangene Erfahrung gleich welcher Art gegenwärtig, es macht sie verfügbar und nutzbar. Solches Wissen können auch Tiere besitzen – ein alter Fuchs weiß mehr als ein junger Dachs. Menschlich wird das Wissen erst als *kommunizierbares* Wissen, das zunächst sprachlich, dann schriftlich, heute digitalisiert festgehalten wird und so *erlernbar* ist: Der Mensch ist das Wesen, das von den Fehlern anderer lernen kann. Die Voraussetzung hierfür ist, daß ich das in Zeichen niedergelegte Wissen zu *verstehen* vermag.

Doch Erkennen hat noch viel tiefergehende Bedeutung. Zwar ist Erkenntnis mit ihrer Bindung an Sprache unauflöslich an *Gemeinschaft* gebunden, in der sie gerechtfertigt wird und Handeln ermöglicht; doch erkennen und denken kann immer nur ein *Ich*! So ist die neuzeitliche Erkenntnisphilosophie aufs Innigste mit der *Subjektphilosophie* verwoben, denn jede Reflexion auf ein Gedachtes, jeder Zweifel an einem Erkenntnisinhalt verweist zurück auf den Zweifelnden, den Denkenden, den Erkennenden, und führt zum Sich-Wissen, zum Cogito. Gerade hierin unterscheidet sich das neuzeitliche Denken von der Antike und vom Mittelalter: cognitio humana ist stets auch cognitio individui.

In allem Wissen wird ein Verhältnis des Individuums zu seiner vergangenen Erfahrung als etwas für die Zukunft Bedeutsames aufgebaut. Im Wissen verhält sich der Mensch also zur *Zeit*! Mehr Wissen bedeutet deshalb immer auch ein Mehr an Zukunftssicherheit. Hierauf gründet sich die sokratisch-aufklärerische Hoffnung, ein Erkenntniszuwachs werde immer auch zu einem besseren Leben führen, – und dies sowohl hinsichtlich der Lebensumstände, als auch hinsichtlich der Moralität der Handelnden. So führt die Frage nach der cognitio humana über das bloße Erkennen zu den Grundbedingungen menschlichen Daseins.

Erkennen gründet in einem Wahrheitsnachweis. Platon schon bestimmte den Unterschied zwischen wahrer Meinung und Erkenntnis als *Begründen*. Erkennen und Wissen sind dabei nicht eingeschränkt auf den Bereich dessen, was heute 'kognitiv' genannt wird, im Gegensatz zum Normativen, zur Ästhetik und zur Ethik etwa; Erkenntnis und Wissen waren von Anbeginn und seit Platon umfassend gemeint als Einheit des Guten, Wahren, Schönen. Wie in jeder Handlung ein *Ziel* (ein 'Gewußt warum') mit einer *Mittelwahl* (ein 'Gewußt wie'), also praktische mit theoretischen Gründen vereint werden müssen, umschließen Erkenntnis und Wissen alle Bereiche dessen, was dem Begründen überhaupt zugänglich ist. Menschliche Freiheit, – die Grundvoraussetzung nicht nur verantwortlichen Handelns, sondern menschlicher Autonomie und Selbstbestimmung –, beruht für Leibniz wie für Kant und bis zum Deutschen Idealismus auf guten Gründen, also auf erkennender Vernunft. Doch schrittweise rückten die Bereiche auseinander. Deshalb soll cognitio im folgenden um der Problembegrenzung willen nur im Sinne der theoretischen Vernunft betrachtet werden.[1]

Cognitio humana bestimmt *Vernunft* zur Lebensform. Sie verhieß seit Descartes und Spinoza die Erkenntnis Gottes in einer rationalen Theologie, das Durchdringen der Natur in den neuen Wissenschaften, das Erfassen des Geschichtlichen in der verstehenden Hermeneutik, die Fundierung des Ästhetischen in kritischer Urteilskraft, die Gründung der Moral in einer autonomen Ethik – und schließlich die Setzung des Ich, sei es als cogito, sei es als das '*Ich denke*, das alle meine Vorstellungen muß begleiten können'. Vernünftige Gedanken von Gott, der Welt, der Seele des Menschen, auch allen Dingen überhaupt, – kurz, die Reflexion auf die cognitio humana erweist sich als *die* zentrale Aufgabe der Philosophie.

Genau das aber ist heute radikal in Frage gestellt. "Wenn ich den Zustand der cognitio humana beschreiben sollte," notierte Leibniz vor etwa drei Jahrhunderten, "so kommt mir das Bild eines Heeres in den Sinn, das, in die Flucht geschlagen oder zur Plünderung durch das Land zerstreut, kein Zeichen der Ordnung mehr bewahrt".[2] Er konnte nicht ahnen, wie treffend er damit die Philosophie am Ende des 20. Jahrhunderts kennzeichnete: Sie nimmt Abschied vom Prinzipiellen; sie empfiehlt uns zum zeitgemäßen Schutz der Mangrovenwälder deren Wurzelwerk, das Rhizom, als Vernunftersatz; die schwache Vernunft allein soll uns aufhelfen; unordentliche Vernunft wird diagnostiziert, uns zu beflügeln; Vernunft selbst ist zynisch geworden oder hat ausgedient, wenn sie nicht in einer analytisch reduzierten Hermeneutik in Interpretationswelten zu überwintern vermag, weil alles nur Zeichen ist:[3] Die Leiter der Vernunft, die uns zu dieser Einsicht brachte, können wir fortan getrost entbehren.

Toulmin und Rorty wissen auch zu sagen, wer uns dies eingebrockt hat: Descartes & Co. mit ihrer unsinnigen Suche nach einem Fundament der cognitio humana. Der eine empfiehlt "Zurück zu Montaigne"[4] – wohl zu dessen Plünderung –, der andere die Flucht aus der Philosophie insgesamt.[5]

1 Obgleich die hier zu entwickelnde Argumentation auf die praktische Vernunft übertragbar ist.

2 G. W. Leibniz, C 314.

3 Vgl. Marquard 1981, dessen Werktitel allerdings zum Schlagwort für eine Position geworden ist, die er so gar nicht vertreten hat; Deleuze 1977; Vattimo 1983; Welsch 1996, S. 436; Sloterdijk 1983; Abel 1993; Simon 1989.

4 Toulmin 1994, S. 97 u. 288 ff.

5 Rorty 1981, S. 422.

Zur Sicherung der Erkenntnis wollte Descartes den deus malignus des skeptischen Zweifels mit einem Gottesbeweis vertreiben; doch heute sehen wir uns allenthalben von philosophischen Teufeleien umgeben, die, weil wir sie offenbar nicht mehr loswerden, die Philosophen in die Flucht zu schlagen scheinen. Man denke an auftauchende und verschwindende Kaninchen und Kaninchenteile, die im Quineschen auf den Namen Gavagai hören, es sei erinnert an Putnamsche Zwillingswelten mit Pseudowasser und an Gehirne im Tank, an grote Kugeln made by Goodman, an das Bestätigungsparadoxon, wonach jeder grüne Hering die Hypothese bestätigt, daß alle Raben schwarz sind, und an Gettiers Methode, Gegenbeispiele zu Platons Definition der Erkenntnis als wahre Meinung mit Begründung zu konstruieren:[6] Nicht nur Erkenntnistheorie, von Hegel ohnehin als eine Art Trockenschwimmkurs verhöhnt, – Erkenntnis selbst scheint bis ins Mark getroffen. So resümiert Toulmin die Lage der heutigen Philosophen: "Die Lektüre der Arbeiten Rortys läßt an eine Gesellschaft von Veteranen denken, die, in den geistigen Kriegen zu Invaliden geworden, bei einem Glas Wein ihre Erinnerungen an 'alte, vergessene, weit abgelegene Dinge und lange vergangene Schlachten' austauschen."[7] Die Denk- und Lebensform der Rationalität als angemessenes Verfahren nicht nur für jede Wissenschaft, sondern auch für jede Problemkonstellation menschlichen Lebens, sei, so Toulmin im Anschluß an Rorty, in den letzten Jahren "vernichtend kritisiert" worden und habe "zu einer Kritik der Rationalität selbst" geführt.[8] Diese Kritik stützt sich bei beiden auf eine historische Analyse, um dann systematisch ausformuliert zu werden. Sie ist heute die gemeinsame Basis eines Teils der Postmoderne wie des Pragmatismus. Ist solche Kritik vernünftig? Dem gilt es nachzugehen.

2. Herausforderung

Die Auseinandersetzung mit der Kritik der Postmoderne müßte in einem ersten Teil die Gestalt einer historischen Skizze annehmen, um daran zu erinnern, daß jenes die Naturwissenschaften beflügelnde, auf Descartes zurückgehende Ideal einer methodisch gesicherten Erkenntnis nicht das einzige Leitbild der Moderne gewesen ist: Spinoza und Leibniz argumentierten auch sprachgeschichtlich, und der Hofhistoriker Leibniz beabsichtigte keineswegs, die Geschichte des Welfenhauses zu axiomatisieren, ja, er sah beispielsweise in der Vielfalt der Dialekte nicht etwas zu Überwindendes, sondern den Reichtum gesammelter Erfahrung. Das 18. Jahrhundert kennt allein in Deutschland außer den Wolffianern und der Crusius-Rüdiger-Gegenpartei auch die Betonung der Phantasie bei Bodmer und Breitinger und später den Geniebegriff. Ebenso hat es die Popularphilosophie hervorgebracht und schließlich die breite Strömung derer, die sich selbst als "Eklektiker" bezeichneten und die den Anfang einer Philosophiegeschichtsschreibung darstellten: Anders wäre die Entstehung

6 Zu letzterem vgl. Craig 1993, S. 30.
7 Toulmin 1994, S. 29, mit Bezug auf Rorty 1981.
8 Toulmin 1994, S. 31.

der Geisteswissenschaften und deren Vorrangstellung im Humboldtschen Universitätskonzept ebenso unverständlich wie die Ausbildung der Hermeneutik und der Historischen Schule. Das alles wäre durch das 19. und 20. Jahrhundert zu verfolgen, um deutlich werden zu lassen, daß das Erkenntnisideal immer schon wesentlich differenzierter gewesen ist, als dies Rorty und Toulmin suggerieren. Doch statt eines solchen verschlungenen, wenn auch überaus reizvollen Weges durch die Moderne soll hier der Zugang von den systematischen Herausforderungen genommen werden, denen sich eine Reflexion auf die cognitio humana heute stellen muß. Da Descartes' Anliegen auf wissenschaftliche Erkenntnis, deren Analyse und Begründung ausgerichtet war, da Leibniz und Kant ihm hierin folgten und da die Wissenschaften den Bereich der gesichertsten Erkenntnis darstellen, den wir besitzen, sollen sie im folgenden ins Zentrum gerückt werden. Die Leitfrage wird dabei jene sein, die in der Postmoderne-Diskussion zur Ästhetisierung der Vernunft oder gar zu deren Verabschiedung führte, die Frage der Begründetheit und Begründbarkeit wissenschaftlicher Erkenntnis.

Über drei Jahrhunderte nach Descartes' Regulae ad directionem ingenii und dem Discours de la méthode pour bien conduire sa raison et chercher la vérité dans les sciences, nach Leibnizens Meditationes de cognitione, veritate et ideis und seiner Formulierung des Principium rationis steht eine Theorie der Erkenntnis vor einer mehrfachen Herausforderung, die gerade aus der systematischen Entfaltung der cognitio humana in den Wissenschaften und in der Technik erwachsen ist:

Jenes vernünftige Denken, das sich anschickte, das Erkennbare in seiner formalen Struktur auszumessen – von den logischen Gesetzen über die Naturgesetze bis hin zu einfachen Regelmäßigkeiten –, hat diese Formen an den Computer delegiert. Er scheint mit ihnen besser und schneller umgehen zu können als wir. Die cognitio humana, traditionell zum Wesen des *animal rationale* gehörend, ist von der *cognitio electronica* auf ihre Begrenztheit verwiesen. Mehr noch, wenn unsere Nervenzellen nur komplexer sind als Chips, wird die Frage, was menschliche Erkenntnis ist, nicht durch philosophische Reflexion, sondern durch Neurologie freigelegt und in deren elektronischen Modellen erfaßt!

Jenes vernünftige Denken, auf das sich der Optimismus des 18. Jahrhunderts stützte und das die Wissenschaften und die verwissenschaftlichte Technik hervorgebracht hat, hat der Menschheit statt des von der Erkenntnis erhofften Fortschritts die drohende Gefahr einer Selbstvernichtung eingetragen. Ist wissenschaftliche Vernunft unvernünftig?

Jenes vernünftige Denken, das sich methodisch und systematisch seines letzten Grundes zu vergewissern suchte, hat seine eigene Limitierung erkannt. Kants Aufweis der Grenzen einer reinen Vernunft durch Aufweis der Bedingungen der Möglichkeit der Erkenntnis führte nicht nur zur kopernikanischen Wende der Transzendentalphilosophie, sondern auch zum Kopenhagener Modell der Quantentheorie und zur Deutung der Heisenbergschen Unschärferelation als unübersteigbare Grenze der Erkenntnis. Leibnizens Programm einer *Characteristica universalis* erwies sich hinsichtlich der zentralen Forderung nach Vollständigkeit und Widerspruchsfreiheit seit Gödels Resultaten für reichhaltigere Logiksprachen als unerfüllbar. Das Prinzip des zureichenden Grundes schließlich wird in der Quantentheorie hinfällig. Für chaotische Systeme ergibt sich damit eine Nichtprognostizierbarkeit entfernterer Zustände. Die Relativitätstheorie schließlich hat, ausgehend von einer skeptischen Reflexion auf Bedingungen der operationalen Feststellbarkeit von Gleichzeitigkeit, nicht nur Newtons und Kants Raum-Zeit-Konzept aus den Angeln gehoben, sondern sie ist auch weit über die von Leibniz verfochtene Relativität hinausgegangen; denn menschliche Erkenntnis wird auf Informationen beschränkt, die innerhalb des Lichtkegels liegen. – Alle diese Resultate haben fraglos Wurzeln im Analysegedanken Descartes', im Formalisierungsideal Leibnizens, in Kants Vernunftkritik und in Humes Skepsis; doch gewonnen wurden sie von den Einzelwissenschaften. Hat also die philosophische Erkenntnisreflexion abzudanken?

Jenes vernünftige Denken, das nach der *einen* Wahrheit sucht, hat eine Vielzahl von Wahrheitstheorien hervorgebracht – von engen Abbildtheorien über Korrespondenztheorien und Kohärenztheorien bis hin zum bloßen pragmatischen Konsens. Doch an keiner Stelle zeichnet sich eine Möglichkeit zur Entscheidung für oder gegen die Theorieansätze ab. Dies aber müßte die cognitio humana ins Mark treffen: Ihr bliebe nur das ästhetische Spiel statt der gegründeten Erkenntnis.

Auch unabhängig von aller postmodernen und pragmatischen Polemik hat sich heute eine philosophische Behandlung des Erkennens, der cognitio humana, diesen Herausforderungen zu stellen.

3. Cognitio scientifica

Die Beispiele, die heute von Lyotard und Serres bis Rorty und Toulmin als Beleg für den Abschied vom Prinzipiellen genannt werden, stammen – im Sinne eines *tu quoque* – zumeist aus den Naturwissenschaften und berufen sich auf Kuhns These von der Paradigmengeleitetheit jeder Wissenschaftsdisziplin. Sie läßt uns mit der Frage zurück, wie bedingt unser wissenschaftliches Wissen eigentlich ist.

In den letzten Jahren sind verschiedene Modelle entwickelt worden, Kuhns groben Paradigmenbegriff zu differenzieren. Sie erlauben eine strukturelle Kennzeichnung, die allen Wissenschaften gemeinsam ist: Grundvoraussetzung einer jeder Disziplin ist (1) die Abgrenzung ihrer Gegenstände; ich möchte sie die *ontologischen Regeln* nennen. Hierzu treten (2) Regeln über die zulässigen *Wissensquellen.* Diese Quellen der Erkenntnis wiederum werden (3) in einer *Hierarchie* angeordnet. Die hinsichtlich des Erkenntnisanspruchs einer wissenschaftlichen Aussage wichtigsten Regeln sind (4) jene, die Kurt Hübner *judicale Festsetzungen* genannt hat.[9] Sie fixieren, was in einer Disziplin ein Beweis, eine Widerlegung, eine Hypothesenbewährung, eine stichhaltige Begründung oder eine berechtigte Infragestellung ist.

Es gibt noch weitere Festsetzungen, so zum Wissenschaftsethos oder ästhetischer Art – Wolfgang Welsch rückt gerade letztere für seine Zwecke ins Zentrum –;[10] denn sicher ist ein 'eleganter' Beweis einem weniger eleganten vorzuziehen. Aber solche Regeln werden

9 Hübner 1978, S. 86; vgl. den Beitrag d. Verf. zu Zimmerli 1988, S. 117.
10 Welsch 1996, S. 796 ff.

erst nachgängig wirksam; ich beschränke mich deshalb nachfolgend auf die genannten vier methodologischen Regeln, weil sie es sind, die den Erkenntnisanspruch wissenschaftlicher Aussagen begründen.

Nun bereitet eben dieses Regelwerk die postmodernen Kopfschmerzen, denn nicht Erkenntnis wird hier begründet, sondern ein Paradigma mit seiner Normalwissenschaft wird in ihm fixiert. Alle Erkenntnisse in den Wissenschaften sind also relativ zu den jeweiligen methodologischen Regeln! Schlimmer noch; wenn aufeinander folgende Paradigmata, wie Kuhn meint,[11] inkommensurabel sind, dann sind sie weder von außen verstehbar, noch kritisierbar. Tatsächlich aber haben die Wissenschaftler bei Veränderungen oder beim Wechsel der methodologischen Regeln immer *argumentiert*.

Die Argumente für eine Regeländerung können selbst nicht den eben genannten methodologischen Regeln entspringen, sondern müssen einer Metaebene angehören. Auch dort gelten fraglos Regeln und Maßstäbe, die hier Regeln 2. Stufe genannt werden sollen, wenngleich sie kaum explizit formuliert werden. Doch auch sie sind nur zeitabhängige Bedingungen der Zulässigkeiten von etwas als disziplinäre wissenschaftliche Erkenntnis. Damit aber, so wird man eingedenk des Einwandes Rortys sagen müssen, droht das wissenschaftstheoretische Ergebnis erkenntnistheoretisch irrelevant zu sein, weil es nur kontingente Bedingungen benennt, statt nach ihrer Begründetheit zu fragen. Wäre es nicht die Aufgabe des Soziologen und Wissenschaftshistoriker, solche Bedingungsgefüge freizulegen, statt den Philosophen qua Wissenschaftstheoretiker zu bemühen? Dort, wo es um nichts als eine Deskription verwendeter Regeln geht, mag der Einwand treffen; denn in dieser Sicht rücken die Regeln in die Nähe Wittgensteinscher Sprachspielregeln, verbunden überdies mit einer Lebensform, der des disziplinär disziplinierten Wissenschaftlers. Ist also doch auch in den exakten Wissenschaften alles letztlich relativ und unbestimmt und von einer rhizomhaften Netzwerkstruktur, die nirgends den Boden berührt und naturgemäß nicht in den Himmel wächst?

4. Kohärenz und Korrespondenz

Es bei einer sozialwissenschaftlichen Deskription bewenden zu lassen, liefe auf einen Reduktionismus hinaus, der uns mit der Frage zurückließe, in welchem Sinne Ergebnisse der Soziologie und der Geschichtswissenschaft eine *Erkenntnis* seien. So gilt hier, was Frege gegen den frühen Husserl und die Psychologisierung der Erkenntnistheorie eingewandt hat. Je härter nun die angelegten judicalen Maßstäbe sind, desto inadäquater muß der implizite Vorwurf Rortys erscheinen, Wissenschaftsregeln seien nichts als eine Konvention – wie Schach- oder Fußballregeln, zu deren Wahrung man eigens Verbände gründet, damit festgesetzt ist, was zulässig, was unzulässig ist und wann eine Partei gewonnen hat.

11 - oder wie er doch verstanden wurde.

Worin also besteht der Unterschied zwischen den höchst präzisen Schachregeln und den methodologischen Regeln erster und zweiter Stufe? In den Zielen! Denn während jeder Schachzug auf einen Spielgewinn ausgerichtet ist, gilt jede wissenschaftliche Untersuchung der Erkenntnis und der Mehrung des Wissens – ihr Ziel sind *wahre Aussagen*.

Auch das ist mannigfach kritisiert worden. Erstens sei der in den Wissenschaften einschlägige Wahrheitsbegriff nicht korrespondenztheoretischer Natur, wie stillschweigend unterstellt werde, sondern er betreffe reine *Kohärenz*, weil er das Regelgefüge grundsätzlich nicht verlasse; er unterscheide sich darum in nichts vom Schachspiel: Daß Wissenschaft eine Erkenntnis der Welt vermittelt, sei eine Illusion. Zweitens ziele der Regelbegriff auf Denkformen oder Begriffsschemata; doch Donald Davidson zufolge sei die dabei vorausgesetzte Trennung von Begriffsschema und Inhalt ein Dogma, weil eine solche Trennung von Form und Inhalt gar nicht durchzuführen sei.[12]

Zunächst zur Kohärenz/Korrespondenz-Problematik. In ihr geht es um die alte Frage der Existenz und Erkennbarkeit der Außenwelt. Nun sind alle Versuche zur Überwindung des Idealismus gescheitert – Descartes konnte die Brücke nur über die Wahrhaftigkeit Gottes schlagen, und Kants Argumentation ist von stillschweigenden Voraussetzungen abhängig. Das gilt auch für den Lösungsvorschlag von Putnam, der argumentiert, daß Gehirne im Tank die Vorstellung von Gehirnen im Tank, wie wir sie haben, nicht von sich selbst haben können;[13] aber auch dem ist mit guten Gründen widersprochen worden, denn Putnam muß voraussetzen, daß es eine kausale Beziehung zwischen den Dingen und ihrer Repräsentation gibt.[14]

Im Rahmen der hier eingenommenen Sichtweise verspricht ein Perspektivismus eine Lösung. Denn aus *erkenntnistheoretischer Perspektive* zeigt sich, daß tatsächlich alle Wissenschaften nach Kohärenzbedingungen aufgebaut sind; und dies gilt auch für die Wissensquellen, denn eine Beobachtungsaussage zu bestätigen oder zu bezweifeln bedeutet immer, die Kohärenz oder Nichtkohärenz mit anderen Beobachtungsaussagen und mit den Kriterien der methodologischen Regeln festzustellen. Deshalb verwerfen Rescher und Puntel Korrespondenztheorien zugunsten von Kohärenztheorien der Wahrheit,[15] und deshalb können Simon, Abel und Lenk betonen, alles sei Zeichen, alles sei Interpretation.[16] Entscheidender Inhalt solcher Interpretationen auf unterster Ebene ist gerade, daß eine bestimmte Deutung *als Datum ausgezeichnet* wird. Genau dies gilt für die Daten, die als Wissensquellen fungieren. Das wiederum erlaubt einen entscheidenden Perspektivenwechsel, denn vor diesem Hintergrund hat der Wissenschaftler wissenschafts*immanent* das Recht, seine Aussagen im Sinne der Wahrheitskorrespondenz zu sehen: Gibt doch das durch die Regeln aufgespannte formale Netz und sein kategorialer Rahmen eine Struktur vor, innerhalb derer *Fragen* an die Natur, an das Archivmaterial, an das literarische Werk, an die Versuchsperson etc. gestellt

12 Davidson 1986, S. 261-282, insbes. 270.

13 Putnam 1982, S. 21 ff.

14 Abel 1993, S. 224.

15 Rescher 1973; Puntel 1983, S. 205 ff.

16 Simon 1989, S. 8; Abel 1993; Lenk 1993.

werden, während die *Antwort* (trotz aller Theorieabhängigkeit jeder Beobachtung) vom je zu untersuchenden Material gegeben wird. Damit ist auch Davidsons These von der Untrennbarkeit von Schema und Inhalt unterlaufen. Gewiß hat jedes Schema in bestimmter Hinsicht auch einen Inhalt (das Raster für den Druck eines Fotos kann ein Punktraster oder ein Rechteckraster sein – aber es determiniert damit nicht das Foto); daß Schemata, Kategorien, Denkformen keinerlei Inhalt haben, schließt schon die Tradition aus, der sie entstammen, und die Funktion, die sie dort als platonische Ideen, als cartesische notiones communes, als Leibnizens prima possibilia, als Kants Kategorien oder als Chomskys linguistischer Universalien hatten! Allerdings genügt dies keineswegs, den Kohärenz/Korrespondenz-Gegensatz wirklich zu unterlaufen, denn noch kann jede erkenntnistheoretische Skepsis die Korrespondenztheorie als bloßen Schein verwerfen. Hierzu wird es vielmehr erforderlich sein, auf dem Wege über die Argumentationsstrukturen und die Weltsicht als Rahmen noch einmal die Wahrheitsproblematik aufzugreifen.

5. Denkformen als Argumentationsstrukturen und Prozeßformen

Bedingt durch das Ziel der Wahrheitssuche bilden *Argumentationen* den entscheidenden Unterschied zwischen Schachregeln und methodologischen Regeln in den Wissenschaften. Nur was den judicalen Bedingungen genügt, kann als Wissenschaftsbestand anerkannt werden. Das wiederholt sich auf der Ebene der Metaregeln: Für Änderungen der Regel der ersten Stufe muß argumentiert werden, – nur gibt es hier keine expliziten judicalen Regeln, die festlegen, wie die Struktur einer Begründung beschaffen zu sein hat und worauf sie sich stützen kann. Dennoch wird hier argumentiert; doch woher bezieht eine solche Argumentation dort ihre Tragfähigkeit? Eingegerenzt und zugeschnitten auf Vorstellungen von dem, was Wissenschaft ist, wird also die allgemeine Frage unausweichlich, was Verstand, was Rationalität, was Vernunft sei. Sie leitet Habermas' Bemühung um eine Klärung kommunikativen Handelns ebenso wie Apels Suche nach einer Transzendentalpragmatik, ihr gilt Welschs Konzept einer transversalen Vernunft; Albert, Kambartel, Mittelstraß und Schnädelbach haben je auf ihre Weise zu einer Durchleuchtung beigetragen.[17] Anders als bei Rorty und Derrida konvergieren diese Unternehmungen in dem Bild einer Vielzahl von Rationalitäten innerhalb der einen, wenngleich formal nicht mehr spezifizierbaren Vernunft.

Nun erscheinen die Gegenwartsdiskussionen um Rationalität und Vernunft vielfach merkwürdig farblos und sophistisch, weil sie den Bezug zu der Denktradition, der sie entstammen, ebenso verloren zu haben scheinen wie zu den Inhalten, um derentwillen Argumentations-, Rationalitäts- und Vernunftstrukturen im Laufe der Geschichte des reflektierenden Denkens eine Analyse und Klärung erfahren haben. Die geschichtliche Perspektive läßt sich angesichts solcher Werke wie Ernst Cassirers *Erkenntnisproblem* oder Alois Riehls

17 Vgl. beispielsweise: Habermas 1992; Albert 1968; Kambartel 1989; Mittelstraß 1989; Schnädelbach 1992.

Kritizismus mit ihrer Fülle des historischen Materials nicht mit einer kleinen Ergänzung wiedergewinnen. Für die hier verfolgte Einengung der Frage auf die Begründung von Wissenschaft ist deshalb ein Zugang zu finden, der wenigstens andeutet, wie die Lücke zu schließen und die Brücke zwischen dem wissenschaftlichen Wissen in seiner Regelstruktur und einem viel allgemeineren und umfassenderen Vernunftbegriff geschlagen werden kann.

Der Leitgedanke ist folgender: In den Begründungen der Regeln 2. Stufe wird auf einen Horizont der *Weltsicht* Bezug genommen, den Lyotard als "Metaerzählung" bezeichnet.[18] Hier erweist sich eine weitere Differenzierung als möglich und notwendig. Denn um für oder gegen methodologische Metaregeln wissenschaftlicher Erkenntnis argumentieren zu können, bedarf es dreierlei: Zum ersten kennzeichnet die Weltsicht die zulässigen *Argumentationsstrukturen*; ich möchte sie im folgenden mit Hans Leisegang *Denkformen* nennen.[19] Zum zweiten bestimmt sie etwas, das unmittelbar mit Kants Anschauungsform der Zeit zusammenhängt und die Dynamik der Welt zum Inhalt hat; ich möchte dies die *Prozeßformen* nennen. Beide hängen wiederum zusammen und werden drittens *modal*, nämlich als notwendig, möglich oder kontingent gekennzeichnet. Da keine Reflexion Modalbegriffe entbehren kann, kann auch keine Argumentation, die nach einer Begründung der methodologischen Regeln der Wissenschaft sucht, ohne Modalbegriffe auskommen.

Gehen wir in Anlehnung an Leisegang von den Denkformen aus. Anders als bei Leisegang werden diese jedoch nicht individuenbezogen verstanden; vielmehr soll einerseits die Verbindung zur *Lebensform*, andererseits zur *Weltsicht* verdeutlicht werden, denn ohne Lebensform hätten wir es nicht mit einer Weltsicht zu tun, von der aus eine Argumentation akzeptabel erscheint. Es geht also um einen so weit gespannten Rahmen wie Whiteheads *Schemes of thought*.[20] Was von Kant jedoch beibehalten wird, ist die Sicht, daß das menschliche Erkennen erst dadurch erkenntnistheoretisch autonom wird, daß es selbst die die Erkenntnisgegenstände strukturierenden Denkformen liefert.

Eine der ältesten Formen, Gedanken zu ordnen, ist die *zyklische Gestalt*. Wir finden sie in den Formen des Mythos und von Heraklit – "Aus Allem Eines und aus Einem Alles" (22 B10) – bis zu Nietzsches Ewiger Wiederkehr des Gleichen. Doch wieso soll dies argumentative Kraft besitzen und für die Wissenschaften eine Rolle spielen? Die Kreisgestalt verbietet ein Denken in aristotelischen Begriffsstrukturen von Genus proximum und Differentia specifica; das Denken verfolgt vielmehr den unauflösbaren Zusammenhang von Teil und Ganzem, Ein und Allem, Licht und Finsternis als einem dynamischen Wechsel. Dieser kann sich auf einen zeitlichen Prozeß in der Welt oder auf den Gang der Argumentation beziehen. Als Argumentationsgang entspricht ihm die ursprüngliche methodische Grundfigur der Hermeneutik, in der der Kreis als *Weg vom Teil zum Ganzen und zurück zum Teil* zum universalen Denkschema geworden ist. Da die Geschichtlichkeit allen Wissens die uns heute leitende Auffassung ist, lassen sich in diese Denkform alle Wissenschaften auch dann ein-

18 Lyotard 1986, S. 16.

19 Leisegang 1928. Er hat auch die nachfolgend zu diskutierenden Denkformen (ausgenommen das Evolutionsschema) – wenngleich mit anderer Akzentsetzung – herausgearbeitet.

20 Whitehead 1929 (1974), S. 57 ff.

ordnen, wenn sie selbst eine gänzliche andere Struktur besitzen und wenn die Gadamersche Hermeneutik, bildhaft gesprochen, die Form einer offene Spirale aufweist; denn die gesuchte Horizontverschmelzung bedeutet in gewissem Sinne immer noch ein Zusammenschließen. – Als zeitlichen Prozeß finden wir das Schema beispielsweise in Schumpeters sechzig Jahre umfassende Wirtschaftszyklen, die Kontratieff-Zyklen, für die er sich weigert, eine Begründung zu geben. Eine Projektion in kosmische Dimensionen liegt dort vor, wo ein pulsierendes Universum angenommen wird. Beides aber ist nur hinnehmbar, wenn eine ewige Wiederkehr des Gleichen vertretbar erscheint. Die dahinter durchscheinende Lebenserfahrung ist die des Kreislaufs als ein zeitlicher Prozeß – vom gestirnten Himmel über Organismusvorstellungen bis zum Müllrecycling. Modal gesehen, bleibt hier hinsichtlich der Gesamtfigur für Kontingenz kein Raum, denn die Zukunft ist so wenig änderbar wie die Vergangenheit; das schließt Kontingenz im Einzelnen jedoch nicht aus. Der Kreis als Denkform ist also zugleich Argumentationsform, Prozeßform, Lebensform und Weltsicht.

Eine zweite Denkformen ist die der *Begriffspyramide*. Sie leitet Platons Dihairesen des *Sophistes*, und sie findet ihre formale Ausprägung im *Arbor Porphyrii*. Ihr liegt die Erfahrung zugrunde, daß wir in unserer Lebenswelt auf Eigenschaften stoßen, die sich in Allgemeinbegriffen fassen und zum Besonderen hin spezifizierend anordnen lassen. Eben dies stellt Aristoteles in seiner Definitionslehre dar, während Platon die Unveränderbarkeit der Wesensmerkmale zum Status der Ideen erhöht. Die Begriffspyramide findet bis heute ihre Anwendung in allen Klassifikationssystemen. Sie bringt erstens Ordnung in die Vielzahl der Individuen und erlaubt damit eine Orientierung in der Welt, zweitens erwächst aus dieser Ordnung die aristotelische Syllogistik als Aussagen über die Beziehungen innerhalb des Begriffsbaumes. Sie verbürgen damit einen regelgeleiteten rigiden Argumentationstyp von absoluter Notwendigkeit. Wenn die fraglichen Eigenschaften als unveränderlich-essentiell verstanden werden, führt die klassifikatorische Denkform auf eine statische platonische Ideenwelt, in der ebenfalls absolute Notwendigkeit gilt; werden hingegen die Eigenschaften dynamisch aufgefaßt und wird ihnen eine auf Veränderung drängende modale Form zugesprochen, ergibt sich als Prozeßform die aristotelische Teleologie. In beiden Fällen aber ist die Denkform sowohl Lebensform als auch Argumentationsform als auch Träger einer Weltsicht.

Hiervon zu unterscheiden ist die *traditionelle axiomatische Denkform*, die dem Vorbild Euklids folgend von Descartes zur wissenschaftlichen Methode schlechthin verallgemeinert wird. Sie hatte Kant vor Augen, wenn er Wissenschaft als eine nach Prinzipien geordnetes Ganzes der Erkenntnis definierte. Eben diese Denkform mit ihren impliziten Voraussetzungen gibt Rorty und Toulmin Anlaß, Descartes radikal zu verwerfen. Anders als bei der Begriffspyramide geht es in der Axiomatik nicht um Begriffe, sondern um *Aussagen*, wobei die Grundaussagen keiner weiteren Fundierung bedürften, weil sie dem Sachkundigen als wahr einsichtig sind. Sobald nun angenommen wird, Wissenschaft sei ausschließlich von dieser Art, wird umgekehrt vom Erkenntnisgegenstand (von der Mathematik und der Ethik wie von der Welt) unterstellt, daß er mit den Mitteln einer cartesischen Mathesis universalis erkennbar sei. Daß alledem eine Argumentationsstruktur, nämlich die der Deduktion, zugrunde liegt, ist ersichtlich. Doch auch eine Prozeßform ist damit verbunden, denn indem eine zeitlos-notwendige axiomatische Struktur die Welt einfängt, erweisen sich deren Gesetze als zeitlose und notwendige Gesetze der Veränderung: Die Zielgerichtetheit der Teleologie ist ersetzt durch einen Kausalnexus, der von der Gegenwart aus gleichermaßen die Zukunft wie die Vergangenheit zu erfassen vermag, denn alles hat seinen zureichenden Grund. Modal gesehen geschieht alles mit Notwendigkeit – am konsequentesten bei Spinoza ausformuliert. Kontingenz erfordert einschneidende metaphysische Zusatzannahmen, wie sie in der Leibnizschen Theodizee oder in Kants Kausalität durch Freiheit sichtbar werden. Die axiomatische Denkform ist zugleich Lebensform, denn sie verlangt in einer gegebenen Situation eine Analyse hinsichtlich der leitenden Prinzipien, ehe es zur Handlung kommt. Ebenso läßt sich der Weltsichtcharakter ablesen; denn die Welt ist im Lichte dieser Denkform im Grundsatz erkennbar, mögen wir dabei auch im Einzelfalle Schwierigkeiten haben. Niemand anderem als Descartes und Leibniz verdanken alle heutigen Computerfreaks ihre Überzeugung, die ganze Welt lasse sich in Bits und Bytes ausdrücken.

Nun ist die axiomatische Denkform des 17. Jahrhunderts nicht mehr die unsere: Die Möglichkeit nichteuklidischer Geometrien führte zur Vorstellung sich gabelnder Axiomensysteme, und dies sogar in der Logik. Damit ist der Gedanke hinfällig, Axiome seien evidente Wahrheiten. Die *Denkform moderner Axiomatik* kann deshalb immanent nur Kohärenz als Wahrheitsbegriff zulassen. Doch entscheidend ist hier ein anderer Aspekt: Kant hatte seine Denkformen aus der, wie er glaubte, einzig möglichen Logik, aus der aristotelischen Logik gewonnen. Wenn nun wesentlich reichhaltigere Logiksysteme zur Verfügung stehen, lassen auch sie sich zur Grundlage wesentlich reichhaltigerer Kategorientafeln machen. Da es sich bei den Axiomensystemen überdies keineswegs immer um Verzweigungen handelt, sondern auch um unabhängige Strukturbereiche, da sich weiter keine scharfe Grenze zwischen logischen und anderen formalen Strukturen ziehen läßt, kann man die von Kant ausgehende Überlegung auf formale Strukturen schlechthin ausdehnen; weil aber für deren Axiome durchweg keine Wahrheit und Evidenz mehr in Anspruch genommen werden kann, werden wir innerhalb der Denkformen mit der Relativismusproblematik konfrontiert. Dies erzwingt als erkenntnistheoretische Konsequenz, die kantische Leitidee einer absoluten Grundlage aufzugeben zugunsten eines transzendental auszulotenden *relativen Apriori*. Denn da *jede* formale Struktur für die Dingkonstitution eines Erkenntnisbereiches und für die Fundierung von Kategorien in Frage kommt und da wir überdies kreativ sind im Hervorbringen *neuer* formaler Strukturen, muß der Versuch einer Deduktion aller möglichen Denkformen mißlingen. Zugleich sind wir mit der Relativität auf unsere Geschichtlichkeit verwiesen, denn Neues kann nur in der Zeit auftreten! Damit aber finden wir als Prozeßform erstmals kein geschlossenes Bild mehr, sondern ganz im Gegenteil einen Verweis auf Zeitlichkeit und Bedingtheit. Zugleich zeigt sich, wie diese Denkform viele Elemente der Gegenwart als Lebensform verbindet: regionale Kohärenz und Stringenz der Argumentation bei gleichzeitiger Unverbundenheit mit anderen Bereichen, Relativität als Abhängigkeit von Voraussetzungen und geschichtlichen Bedingungen, sowie Zeitlichkeit und die Änderbarkeit der ordnenden Struktur. So ist es geradezu charakteristisch, daß ein Mensch in dieser Lebensform für verschiedene Bereiche verschiedene Strukturen in Anwendung bringt. Das Dogma, dem dürfe nicht so sein, beruht auf der Verallgemeinerung der begriffspyramidalen oder der traditionelle axiomatische Denkform. Modal äußert sich dies im Übergang zu einer bloß hypothetischen Notwendigkeit: Etwas gilt nur unter Bedingungen.

Setzen wir noch einmal bei der Kreisform ein. Ihr scheinbar nahe verwandt ist die *dialektische Denkform*. Sie arbeitet von Platon über Fichte, Hegel und Marx bis heute mit konträren Gegensätzen; doch verbindet sie damit den Prozeßgedanken des Hervortretens einer Synthesis als etwas Neuem gegenüber der Thesis und der Antithesis. Auch dies entspricht einer elementaren Lebenserfahrung; denn ich kann nicht zweimal in denselben Fluß steigen. Die formale Struktur, die das Werden von Neuem auszudrücken hat, ist weder auf den Kreis noch auf eine klassische Logik reduzierbar. Begriffe werden hier zwar wie in der Kreisfigur als inhaltliche Entgegensetzungen eingeführt, nun aber im Hinblick sowohl auf das Verbindende als auch auf den Prozeß des Aufhebens. Die argumentative Struktur besteht im Aufweis des Zusammenhangs von Ausgegrenztem und Entgegengesetztem, deren Synthesis im Prozeß entsteht und in seiner steten Überholbarkeit durchschaut wird. Dem kommt ein eigener Charakter von Notwendigkeit zu, der sich ebenso schwer einfangen läßt wie die formale Struktur der Dialektik. – Daß diese Denkform zugleich weltbildbestimmend zu werden vermag, muß nicht erst dargestellt werden.

Der Grundgedanke des dialektische Schemas ist heute abgelöst durch das Prozeß- und Denkschema der *Evolution*, beruhend auf *Mutation* als dem Eintreten des unvorhergesehenen Neuen und *Selektion* als einer nachfolgenden Auslese. Mit dem Kausalschema teilt es die Möglichkeit, Vergangenes zu erklären; doch eine Vorhersage für die Zukunft ist wegen des unerwarteten Auftretens von Neuem ausgeschlossen. Mit der Dialektik teilt es die Betonung des Neuen; aber modal gesehen ist dies mit einer dramatischen Veränderung verbunden. Denn während die dialektische Synthese durch These und Antithese wesentlich bestimmt ist, weil beide in ihr aufgehoben werden, ist die Mutation das unvorhersehbare Neue, Kontingente. Mehr noch, dieses Kontingente wird zum Motor der Entwicklung, zum Schöpferischen! Der Vorzug dieser Sicht besteht aber darin, auch dort Vergangenes erklären zu können, wo das kausale Schema versagt. So lassen sich nicht nur Arten und Individuen wie im starren Schema der Begriffspyramide anordnen, sondern die Vielfalt der Individuierung in Arten ist ebenso deutbar wie deren Aussterben.

Erstmals in der Geschichte des menschlichen Denkens wird im Evolutionsschema das Kontingente zum eigentlich tragenden Element der Weltsicht. Inzwischen ist der Evolutionsgedanke von der Biologie über den Sozialdarwinismus bis zum Wissenschaftsdarwinismus mit solchem Erfolg übertragen worden, daß kein Bereich, in dem es um Entwicklungsprozesse geht, davon ausgenommen wäre. Selbst die Geschichte des Kosmos und seiner Gesetze wird zur Evolutionsgeschichte stilisiert. So trifft keineswegs zu, was Lyotard behauptet und befürwortet, die Zeit der Metaerzählungen sei vorüber: *Dies ist die neue Metaerzählung* der Gegenwart, sie läßt Kontingentes nicht nur zu, sondern pflegt es – wie alle Vertreter der Postmoderne –, sie ist Ursprung der biologischen Metaphern – vom Rhizom bis zum Aussterben von Theorien – und sie kann in ihrer Hinordnung auf Individuelles, Einmaliges die Hermeneutik auf den Schild heben. Dies bedeutet einen Abschied vom Prinzipiellen, weil entscheidend Wichtiges, nämlich das Neue, gar nicht unter Prinzipien fällt, sondern kontingent ist. Gerade dieses Schema aber kann wegen seiner Offenheit und wegen der Zulassung der Kontingenz auch andere Schemata neben sich dulden und mühelos inkorporieren. Das Prozeßschema der Evolution ist also zugleich ein Modalitätenschema, eine Denkform und eine Weltsicht, die die bisherigen Schemata und Formen integriert.

Es geht mir hier nicht darum, diese Denk- oder Prozeßschemata zu bewerten, sondern nebeneinander zu stellen, um an ihnen die jeweilige Weltsicht als dasjenige auszuweisen, worauf sich Argumente zur Stützung der methodologischen Regeln erster und zweiter Stufe berufen. Wenn nun eine Weltsicht selbst zum Gegenstand der Reflexion gemacht wird, entsteht unausweichlich Metaphysik, solange argumentiert wird; an dieser Stelle ordnen sich auch all jene Reflexionen zum cogito und zur Subjektphilosophie ein, die einleitend skizziert wurden. Weil aber diese Metaphysik reflexiv und selbst Teil der von ihr reflektierten Weltsicht ist, gibt es eine Spiegelung der Weltsicht in ihr. Deshalb war Metaphysik im Zeichen der Begriffspyramide oder der traditionellen Axiomatik auf Erste Philosophie, auf erste Prinzipien gerichtet, deshalb konnte sie im Zeichen der Hegelschen Dialektik von sich sagen, sie sei ihre Zeit, auf Begriffe gebracht, und deshalb kann sie im Lichte einer evolutionären Denkform jedes ihrer Gedankenschemata als Durchgangsstadium verstehen, als *revidierbare Metaphysik*, wie dies als erster wohl Whitehead von seiner Kosmologie vertreten hat.

Wenn aber das bestgesicherte Wissen der cognitio humana, das der Wissenschaften, letztlich in eine revidierbare Metaphysik eingeordnet ist, – wird dann das *anything goes* nicht unausweichlich?

6. Wahrheit als regulative Idee

Der Traum Descartes', einen archimedischen Punkt der Erkenntnis zu finden, ist zerronnen. Die Beleuchtung des Bedingungsgefüges im ausdifferenziertesten Bereich unserer Erkenntnis, in den Wissenschaften, förderte zwar kein Rhizom, doch einen mehrschichtigen Aufbau zutage, der bis hin in die einbettenden Formen der Weltsicht, erkenntnistheoretisch gesehen, keine Hoffnung weckt, über eine Kohärenz hinauszugelangen. Also doch: Ende der Erkenntnistheorie, Ende der Einheit der Vernunft? Keineswegs, denn durchgängig zeigte sich eine Gemeinsamkeit, die den Vernunftanspruch dokumentiert: Durchgängig handelte es sich um argumentative Strukturen. Damit ist aber zweierlei verbunden, das es auszuloten gilt. Zum ersten kann jede Argumentation sowohl sich selbst thematisieren, als auch über sich hinausgehen, weil die Vernunft auf sich selbst zu reflektieren vermag und sich selbst neue Strukturen der Argumentation schaffen kann. Zweitens aber zielt jede Argumentation auf Wahrheit. Selbst der argumentierende Lügner sucht seinen Aussagen den Schein des Begründeten zu geben.

Der Wissenschaft als Wahrheitssuche steht Nietzsches These entgegen, die in der Postmoderne gern zitiert wird, um ihr sogleich durch eine Ästhetisierung die Schärfe zu nehmen, die These nämlich, aller Wille zu Wahrheit sei nichts als Wille zur Macht. Dort, wo auf gefährliche Weise ein Machtanspruch durch Wissenschaftlichkeit legitimiert erscheinen soll – und Ideologien haben sich hierauf hervorragend verstanden –, dort ist Nietzsches These als Warnung mehr als berechtigt; doch wo Nietzsche transzendental argumentiert, überzieht er: Wenn Kant unglücklich formulierend sagt, wir schrieben der Natur ihre Gesetze vor, so handelt es sich nicht um Macht, sondern um Grenzen des Erkenntnisvermögens.

Nur indem wir das Material, von dem wir affiziert werden, unter der Kategorie der Kausalität schematisieren, gelingt es uns, Natur als gesetzmäßig zu erkennen.[21]

An dieser Stelle tut sich unausweichlich erneut die Frage nach Wahrheitskriterien auf, weil sonst ein unendlicher Regreß droht. Hier nun wird deshalb vielfach die Flucht in die Pragmatik anempfohlen, weil Wahrheit unerreichbar sei. Wahrheit sei, recht besehen, nichts anderes als Erfolg; allein der Erfolg entscheide darüber, ob wir eine wissenschaftliche Aussage, eine Theorie oder gar eine Weltsicht akzeptieren. Dabei könnte darauf verwiesen werden, daß schon im Rahmen unserer Metaregeln die Entscheidung über die Zulässigkeit oder Verwerfung eines Ansatzes oder einer Theorie nach Kriterien der Problemlösungseffizienz entschieden wird, wie Laudan sie expliziert hat.[22] Eine aus der Technologiebewertung vertraute Vorgehensweise wird also verallgemeinert und auf die Wissenschaften ausgedehnt. Dies alles ist jedoch ein Mißverständnis des Unternehmens Wissenschaft. Eine Theorie Schwarzer Löcher, eine neue Deutung des *Parzival*, eine veränderte Einschätzung des Lebens in einer Kohlendioxidatmosphäre oder der Eßgewohnheiten am Papsthof von Avignon lösen kein technologisches Problem. Wenn sie wissenschaftsimmanent Probleme lösen, dann doch als Antwort auf Fragen, die auf Wahrheit abzielen! In der Finalisierungsthese war am Beispiel der Pharmaforschung die Auffassung vertreten worden, künftig werde sich die Struktur der Wissenschaften ändern – es komme, verkürzt gesagt, darauf an, daß ein Pharmakon wirke, nicht aber, daß wir auch wissen, warum. Doch die ganze Grundlagenforschung im Zusammenhang mit Aids und Krebs, mit Parkinson und Alzheimer zeigt das genaue Gegenteil: Zu erfolgreichen pharmazeutischen Lösungen werden wir erst gelangen, wenn wir mehr Grundlagenwissen haben! Auch wenn keine Scientia universalis, keine Einheitswissenschaft mehr erreichbar ist, auch wenn es die unterschiedlichsten Wahrheitstheorien gibt, so bleibt doch erhalten, daß Wissenschaften, daß jede Argumentation – Ehrlichkeit unterstellt – auf Wahrheit abzielt und daß hinter jeder Kodifizierung einer Wahrheitstheorie – Wahrheit steht; nur ist ihr Status oberhalb der Weltsicht ein anderer als derjenige, worauf Rechtfertigungsverfahren, judicale Regeln und Wahrheitstheorien unmittelbar abzielen. Dies gilt es zu vertiefen.

Wahrheit als ein letzter Fluchtpunkt aller Erkenntnis läßt sich nicht mehr mit Kriterien irgendwelcher Art einfangen. Das ist nicht neu; Kant sagt es mit aller wünschenswerten Deutlichkeit: "... ein allgemeines Kriterium der Wahrheit [würde] dasjenige sein, welches von allen Erkenntnissen, ohne Unterschied ihrer Gegenstände, gültig wäre. Es ist aber klar, daß, da man bei demselben von allem Inhalt der Erkenntnis ... abstrahiert, und Wahrheit gerade diesen Inhalt angeht, es ganz unmöglich und ungereimt sei, nach einem Merkmale der Wahrheit dieses Inhalts der Erkenntnis zu fragen, und daß also ein hinreichendes, und doch zugleich allgemeines Kennzeichen der Wahrheit unmöglich angegeben werden könne."[23] Anders gewendet: Alle Argumente für und wider die auf objektsprachliche Aussagen bezogenen Wahrheitskriterien lassen sich ihrerseits zum Gegenstand der Reflexion machen;

21 Grau 1989, S. 232.

22 Laudan 1977.

23 KdrV A 58 f = B 82 f.

aber wenn der letzte Grund der Argumentation selbst zum Gegenstand der Argumentation wird, ist der Wahrheitsbegriff von gänzlich anderer Art als jedes Objekt der wissenschaftlichen Erkenntnis. In einer solchen Reflexion erweist sich Wahrheit also als letzter Fluchtpunkt, ohne daß Definitionen oder Kriterien angebbar wären. In einer kantischen Terminologie ausgedrückt: *Wahrheit* fungiert *als regulative Idee.*

Uns fehlt heute ein Totalisierungskriterium, wie es Kant zur Verfügung stand, um unter seinen Kategorien diejenigen ausmachen zu können, mit deren Hilfe die Vernunft durch Ausdehung über alle mögliche Erfahrung hinaus Ideen generiert; und Wahrheit zählt bei Kant nicht zu den Ideen. Dennoch ist es sinnvoll und transzendental notwendig, einen solchen letzten Fluchtpunkt anzunehmen. "Die Idee", sagt Kant, "enthält das *Urbild* des Gebrauchs des Verstandes, ... *nicht* als *konstitutives* Prinzip zum empirischen Verstandesgebrauche, sondern nur als ein *regulatives* Prinzip zum Behuf des durchgängigen Zusammenhanges unseres empirischen Verstandesgebrauches."[24] Ohne die regulative Idee der Wahrheit aber würde die Sprechweise von Wahrheit überhaupt sinnlos werden; eine bloße Familienähnlichkeit der Wahrheitsbegriffe, die Davidson vielleicht noch für die verschiedenen Wahrheitstheorien anerkennen würde, wäre hierzu völlig unzureichend.

Eine regulative Idee ist für Kant handlungsleitend wirksam. Genau dies gilt für die regulative Idee der Wahrheit als letztem Fluchtpunkt – er dient als Markierung am Horizont. Gäbe es ihn nicht, das Rhizom der Postmoderne fände weder das Wasser, noch die Sonne, um wachsen und überleben zu können.

7. Die Aufgabe der kritischen Vernunft

Blicken wir zurück auf den Weg von der Wissenschaftstheorie zur regulativen Idee der Wahrheit, so zeigt sich ein wohlstrukturierter Aufbau der einzelnen Ebenen, ausgerichtet an zwei Bedingungen: an innerer Kohärenz und an der regulativen Idee der Wahrheit. Auch die ganz anders vorgehenden interpretationstheoretischen Ansätze Abels und Lenks, die als Erweiterung der Hermeneutik vor Rortys Kritik Bestand haben müßten, zeitigen Vergleichbares. Denn indem sie Davidsons Erweiterung des Quine-Problems der radikalen Übersetzung – festgemacht an der Frage nach der Bedeutung von Gavagai – beim Wort nehmen und Davidsons These zur radikalen Interpretation ausloten, gelangen sie beide zu mehrstufigen Modellen aufeinander aufbauender Strukturen. Eingefleischte Anticartesianer mögen dem entgegenhalten, dies sei der zu überwindende Restbestand cartesischer Dogmatik und neuzeitlicher Vernunftmetaphysik; aber das Argument läßt sich leicht umwenden, denn solche Kritiker gelangen nur deshalb nicht zu einer geordneten Vernunft, weil sie zwar alle denkbaren Strukturen zulassen wollen, nur die sich anbietende cartesianisch-leibnizische weisen sie zurück.

24 Logik § 3, Anm. 2.

Dies alles soll nicht der Auffassung das Wort reden, etwas sei erst wissenschaftliche Erkenntnis, wenn es nicht nur in sich geordnet, sondern auf Axiome oder Prinzipien aufgebaut sei. Dies wird zwar für Theorievereinheitlichungen nach wie vor ein fruchtbares Ziel sein; aber schon Leibniz hatte sich von einer solch rigiden Forderung zugunsten bereichsspezifischer Zeichensysteme getrennt. Ausreichend ist vielmehr der Aufbau nach Prinzipien der Argumentation. Nehmen wir die Herausforderungen auf, die einleitend formuliert wurden. Begonnen sei mit der Sorge um eine Ablösung der cognitio humana durch cognitio electronica. Dies gilt es, in drei knappen Punkten abzuwehren. Zum ersten sind die besten elektronischen Expertensysteme zwar im sogenannten 'Kern' durchschnittlich besser als der Fachmann; aber an den 'Rändern' werden sie 'unscharf'. Um aber zu wissen, wo man sich bewegt – im Kern oder am Rand –, ist der erfahrene Fachmann und sein Hintergrundwissen gefragt, denn eben das läßt sich nicht programmieren. Seit dem Bestätigungsparadoxon und Goodmans groten Kugeln wissen wir auch, warum; weil nämlich das Induktionsproblem nicht formalsprachlich lösbar ist. – Zum zweiten wird 'Information' mit 'Wissen' verwechselt. Informationen fehlt die Begründung. Nur wer die Gesamtheit der einschlägigen methodologischen Festsetzungen aus eigener Wissenschaftserfahrung kennt und anzuwenden vermag, kann Information als Wissen interpretieren und entsprechend bewerten. Das mühselige Verfahren wissenschaftlicher Erkenntnisgewinnung wird also keineswegs überflüssig. Damit hängt auch der dritte und letzte Punkt zusammen: Wir drohen, in Information zu ersticken; was fehlt, ist deren Aufarbeitung. Die aber ist nicht elektronisch in Hyperlinks zu bewältigen. Es darf darum nicht zu dem kommen, was Lyotard sich abzeichnen sieht, zur Verkürzung des Wissensbegriffs auf das, was maschinell als Information erfaßbar ist.[25] Denn elektronisch läßt sich Information weder inhaltlich verdichten, noch abstrahierend zusammenfassen, vor allem aber wäre alle kritische Erkenntnisreflexion aufgegeben. Mit ihr wäre jedoch aufgegeben, was den Menschen von Tieren unterscheidet, die auch Daten – nämlich Wahrnehmungen – verarbeiten.

Die zweite Herausforderung bestand in der technogenen Gefährdung, die zu einer Zurückweisung der wissenschaftlichen Erkenntnis schlechthin führte. Doch das genaue Gegenteil ist vonnöten, nicht ein Weniger, sondern ein Mehr an wissenschaftlicher Vernunft, nämlich gerade als Analyse- und Syntheseaufgabe kritischer Vernunft. Nur mit ihr wird es möglich, Technik nicht als bloße Manifestation instrumenteller Rationalität zu begreifen, sondern als menschliches Mittel des Lebens und Überlebens, bei dessen Bewertung zusammenzudenken ist, was in ihr zum Tragen kommt. Dies bezieht Naturwissenschaften ebenso ein wie eine Zielperspektive, die außer technischer Funktionalität, ökonomischer Wirtschaftlichkeit und ökologischer Vertretbarkeit auch sozialwissenschaftliche Aussagen über die Bedürfnisstruktur des Menschen und eine hermeneutische Betrachtung des kulturellen Umfelds berücksichtigt, vor allem aber praktische Philosophie im Hinblick auf eine kritische Analyse der Mittel und Ziele. Diese Vielzahl von Elementen einschließlich der Wertungen zu einen, ist hierbei die praktische Aufgabe, von der unser Überleben abhängen wird; doch wie und wieso es möglich ist, solche verschiedenartigen Bereiche des Verfü-

25 Lyotard 1986, S. 23.

gungswissens und des Orientierungswissens zu vereinen, bleibt Aufgabe der philosophischen Analyse. Die Chance hierzu verspricht uns die Offenheit sowohl der modernen axiomatischen Denkform als auch des Evolutionsschemas, vor allem aber die Kreativität der Vernunft in der Hervorbringung neuer Denkschemata, die dann in einer Lebensform als Handlungsschema leitend werden können.

Die dritte Herausforderung betraf die Relativität und Kontingenz aller menschlichen Erkenntnis. Fraglos ist beides, recht verstanden, aus heutiger Sicht deren Charakteristikum. *Relativität* im Sinne von Nicht-Absolutheit besagt, daß jede Erkenntnis von Bedingungen abhängt; etwas läßt sich nur so weit begründen, als ein schon Begründetes wenigstens vorderhand angenommen wird. Für voraussetzungslose Begründungen gibt es und gab es keinerlei Kandidaten. Das gilt auch für Descartes, Leibniz und Kant; nur glaubten sie, Bedingungen angeben zu können, die zu bezweifeln das Unternehmen des begründenden Denkens selbst in Frage stellen würde. Bei Descartes war dies die menschliche Vernunft in Gestalt der eingeborenen Ideen, der notiones communes; bei Leibniz trat das Prinzip des Grundes hinzu – nicht nur als Prinzip göttlicher Wahl einer geordneten Welt, sondern durchaus als Bedingung der Möglichkeit von Erkenntnis. Und mit Kant führte dies zum transzendentalen Subjekt – um den Preis des Verlustes des empirischen Subjekts. Alle diese Bedingungen haben sich weiter hinterfragen und auf einen Horizont der zeitgenössischen Weltsicht beziehen lassen. Dasselbe hat sich in den Wissenschaften wiederholt, am unmittelbarsten ablesbar am Übergang von der traditionellen zur modernen Axiomatik, also von als evident behaupteten Axiomen zu bloßen Postulaten. Aber an keiner Stelle ergab sich damit eine Bodenlosigkeit und Unverbindlichkeit, ganz im Gegenteil. Denn in dem Augenblick, in dem die Bedingungen benannt sind, werden sie greifbar und der Reflexion zugänglich.

Genau hier aber muß das Analyseresultat ins Normative gewendet werden; denn eben hier treten Esoteriker und Ideologen mit dem Anspruch auf den Plan, wo Vernunft nicht weiter wisse, eine Lösung parat zu haben. Das vernünftige normative *Postulat* muß daher sein: *Wir müssen wollen, mit Bedingungen im Hypothesenstatus zu leben*, statt dogmatisch einen Schlußstrich zu ziehen, sei dies ein cartesischer Gottesbeweis, sei es eine Hegelsche Identifizierung von Wirklichkeit, Vernunft und Absolutem, sei es eine vorgeblich heilverheißende Ideologie. Das ist nicht als Weltanschauumgsverbot für den einzelnen zu verstehen – dazu hat ein Denken, das sich seiner Bedingtheit bewußt ist, kein Recht –, wohl aber als eine unverzichtbare Toleranzforderung. Nicht Beliebigkeit kann also die Antwort sein, sondern Sicherung von Bedingungen, unter denen *Bedingungen als prüfbare Hypothesen* verstanden werden können; Poppers Offene Gesellschaft und Habermas' Theorie des kommunikativen Handelns sind, so sehr sie sich sonst unterscheiden, zwei Vorschläge, wie damit umzugehen sei.

Kontingenz war das vierte herausfordernde Charakteristikum heutiger Erkenntnis. Sie hat ihre Wurzeln in der Bedingtheit und dem zeitlichen Wandel der Bedingungen. Solche Kontingenz ist keine sinnlos-stochastische Zufälligkeit, sondern Folge der Offenheit der kreativen Vernunft, neue Strukturen und Prozeßformen zu denken. Dies läßt sich zurückspiegeln auf unsere Weltsicht; denn anders als die Vergangenheit sind wir bereit, Kreativität nicht nur im Künstlerischen und im Technischen für gegeben und als wertvoll anzusehen, – wir sind bereit, dies auch auf die Vernunft insgesamt auszudehnen und ihr die Fähigkeit zuzusprechen, neue Rationalitätsformen aus sich zu entwickeln. Das entspricht der Bereitschaft, das Schema der Evolution auf zeitliche Prozesse überhaupt zu übertragen. Der Preis hierfür ist Kontingenz als Nichtvorhersehbarkeit. Kontingenz der cognitio humana ist darum die einer kreativen Vernunft korrespondierende Bestimmung. Zur Sorge um Beliebigkeit und wahllose Zufälligkeit gäbe es erst Veranlassung, wenn die Ausrichtung an der Wahrheit als regulativer Idee entfiele. So erweist sich dieser Fluchtpunkt als Bedingung sine qua non, die aufzugeben wir nicht gewillt sein dürfen. Das aber ist keine deduzierbare, sondern eine normativ einzufordernde Bedingung, die Erkenntnistheorie auch in letzter Instanz zu einer normativen Theorie werden läßt.

Die letzte Herausforderung bestand in der These von der Überflüssigkeit der Erkenntnistheorie. Sie läßt sich nicht aufrechterhalten, es sei denn, deren Fragestellung wird auf die Suche nach einer absoluten Erkenntnisbegründung eingeschränkt. Nun hat sich Erkenntnistheorie gewandelt, sie ist nicht Erkennen des Erkennens, nicht Fundierung des Erkennens, sondern Freilegung des Bedingungszusammenhangs, unter dem Erkenntnis steht, und dessen kritische und normativ gewendete Reflexion. Beide Aufgaben sind nicht an Neurologie, Psycholgie oder Soziologie delegierbar; denn sonst würden diese Disziplinen mit ihren methodologischen Regeln ihrerseits dogmatisch als Analysedisziplinen festgeschrieben. Weder wäre dann das hier aufgezeigte Gefüge als Bedingungsgefüge durchschaubar, noch könnte eine kritisch-normative Auseinandersetzung mit ihm erfolgen. Überdies sind die entscheidenden Begriffe – allen voran der Wahrheitsbegriff – gerade nicht innerhalb dieser Disziplinen definierbar, sondern sie müssen vorausgesetzt werden. Putnams Gehirn-im-Tank-Semantik ist gerade nicht in der Neurologie, sondern nur in der Philosophie beheimatet. Das muß nicht heißen, empirische Untersuchungen zur Schema-Erkennung seien erkenntnistheoretisch belanglos. Aber es bedeutet, daß Evolutionäre Erkenntnistheorie als neurologische Theorie oder als reiner Biologismus keine Erkenntnistheorie sein kann, denn vor allem die kritische Aufgabe, die im cartesischen Zweifel, in Humes Skepsis, in Kants Kritik der Vernunft leitend war, ginge verloren.

Gerade vermöge des kritischen Vernunftgebrauches hat sich eine Überwindung der Skepsis, des Zweifels und der Kritik etwa durch eine göttliche Logik absolut einfacher Begriffe, durch transzendentale Deduktion oder durch die Gründung auf eine Tathandlung als aussichtslos erwiesen. Um so mehr bleibt die Aufgabe einer Vergewisserung über die Reichweite und die Voraussetzungen dieses Vernunftgebrauches, eben die transzendentale Reflexion, unverzichtbar. So sind die Untersuchung der Struktur von Argumenten und deren Anspruch auf Schlüssigkeit, das Problem der Stringenz von Wahrheitskriterien in ihrem Abzielen auf Wahrheit, das Verhältnis von theoriegeleiteter Erfahrung und Rationalität und schließlich jenes von Rationalität und Vernunft bis hinein in eine Erkenntnismetaphysik die heutigen Aufgaben der Erkenntnistheorie. Zur cognitio humana gibt es keine Alternative, denn wir sind keine Götter. So gilt es, sie zu pflegen, zu gebrauchen und zu mehren – in kritischer Reflexion im Bewußtsein um ihre Bedingtheit und mit der regulativen Idee der Wahrheit als Wegmarke.

Literaturverzeichnis

Abel, Günter: *Interpretationswelten*, Frankfurt a. M. 1993.

Albert, Hans: *Traktat über kritische Vernunft*, Tübingen 1968.

Craig, Edward: *Was wir wissen können. Pragmatische Untersuchungen zum Wissensbegriff*, Frankfurt a. M. 1993.

Davidson, Donald: *Inquiries into Truth and Interpretation*, Oxford UP 1984, dt.: Wahrheit und Interpretation, Frankfurt a. M. 1986.

Grau, Gerd-Günther: *Wille zur Macht oder Wille zur Wahrheit? Nietzsche und Kant*, in: G. Abel, J. Salaquarda (Hg.), *Krisis der Metaphysik*, FS W. Müller-Lauter, Berlin/New York 1989, S. 215-257.

Habermas, Jürgen: *Die Einheit der Vernunft in der Vielfalt ihrer Stimmen*, in: ders., Nachmetaphysisches Denken, Frankfurt a. M. 1992, S. 153-186.

Hübner, Kurt: *Kritik der wissenschaftlichen Vernunft*, Freiburg i. Br./München 1978.

Kambartel, Friedrich: *Vernunft: Kriterium oder Kultur?* in: ders., Philosophie der humanen Welt, Frankfurt a. M. 1989, S. 27-43.

Laudan, Larry: *Progress and Its Problems. Towards a Theory of Scientific Growth*, London 1977.

Leibniz, Gottfried Wilhelm: *Opuscules et fragments inédits*, éd. L. Couturat (= C), Paris 1903.

Leisegang, Hans: *Denkformen*, Berlin 1928.

Lenk, Hans: *Interpretationskonstrukte. Zur Kritik der interpretatorischen Vernunft*, Frankfurt a. M. 1993.

Lyotard, Jean-François: *La condition postmoderne* (1982), dt.: Das postmoderne Wissen, Graz/Wien 1986.

Marquard, Odo: *Abschied vom Prinzipiellen*, Stuttgart 1981.

Mittelstraß, Jürgen: *Von der Vernunft. Erwiderung auf Friedrich Kambartel*, in: ders., Der Flug der Eule. Von der Vernunft der Wissenschaft und der Aufgabe der Philosophie, Frankfurt a. M. 1989, S. 120-141.

Puntel, L. Bruno: *Wahrheitstheorien in der neueren Philosophie*, Darmstadt ^{2}1983.

Putnam, Hilary: *Reason, Truth and History*, Cambridge UP 1981, dt.: Vernunft, Wahrheit und Geschichte, Frankfurt a. M. 1982.

Rescher, Nicholas: *The Coherence Theory of Truth*, Oxford 1973.

Rorty, Richard: *Philosophy and the Mirror of nature*, Princeton UP 1979, dt.: Der Spiegel der Natur. Eine Kritik der Philosophie, Frankfurt 1981.

Schnädelbach, Herbert: *Zur Rehabilitierung des animal rationale*, Frankfurt a. M. 1992.

Simon, Josef: *Philosophie des Zeichens*, Berlin/New York 1989.

Sloterdijk, Peter: *Kritik der zynischen Vernunft*, 2 Bde., Frankfurt a. M. 1983.

Toulmin, Stephen: *Cosmopolis*, New York 1990; dt: Kosmopolis. Die unerkannten Aufgaben der Moderne, Frankfurt 1994.

Vattimo, Gianni, u. Pier Aldo Rovatti (Hg.): *Il pensiero debole*, Milano 1983.

Welsch, Wolfgang: *Vernunft. Die zeitgenössische Vernunftkritik und das Konzept der transversalen Vernunft*, Frankfurt a. M. 1996.

Whitehead, Alfred N.: *The Function of Reason*, Princeton 1929, dt.: Die Funktion der Vernunft, Stuttgart 1974.

Zimmerli, Walther Ch. (Hg.): *Technologisches Zeitalter oder Postmoderne?* München 1988.

JULES VUILLEMIN

Innerhalb welcher Grenzen ist praktischer Rationalismus möglich ?

Sehr verehrte Kollegen,

Für Ihre Einladung, die mir zur Ehre gereicht, danke ich Ihnen herzlich. Diesen Dank muß ich aber mit einer Entschuldigung verbinden, denn ich fürchte, daß meine Verteidigung eines praktischen, selbst eng begrenzten Rationalismus unzeitgemäß ist. Von der zeitgenössischen rationalen Entscheidungstheorie, über die wir uns leicht miteinander vertragen könnten, werde ich nicht sprechen. Die Axiomatisierung und Formalisierung des besten Gebrauchs der Mittel setzt bestimmte Zwecke und Werte voraus, und genau diese Bestimmung kennzeichnet die praktische Vernunft. Von den Wirbeln der Gegenwart, die uns auf neue Mittel, und nur auf diese, aufmerksam machen, werde ich mich abwenden, um noch einmal die Reformen von Sokrates und Jesus zu untersuchen, die den eigentlichen Bereich der praktischen Vernunft begrenzt und damit erklärt haben. Schließlich wird man fragen, ob diese Grenzen mit den Anforderungen an Evidenz und Einfachheit zu verbinden sind, die Kants Intuitionismus an sie stellt, oder ob sich der praktische Rationalismus mit einem philosophischen Realismus vereinbaren läßt.

I.

Sokrates

Angesichts der Vielfältigkeit der Zwecke und Werte, drängen sich unmittelbar zwei Fragen auf. Kann die Wahl eines Wertes rational sein? Wie kann sich eine Rationalität in der Erfahrung verwirklichen ?

Selbst die abwegigsten Wertsysteme können nicht bestehen, wenn die Verhaltensweisen, die sie empfehlen, dem Gang und der Dauer der Gesellschaften schaden würden. In der Tat, abgesehen von einigen Verhaltensregeln, die die spezifischen Werte betreffen, findet man in jeder sittlichen Lehre, Buddhismus, Utilitarismus, aber auch im mosaischen Dekalog einen Kode gemeinsamer Regeln wieder, die alle auf den Schutz der Familie, des Besitztums und der Gruppe abzielen.

Wenn man von einer Revolution in der sittlichen Denkungsart reden darf, so wäre es eine solche Revolution, dieses ziemlich stabile System von Verboten nicht mehr in den Dienst der Verwirklichung von verschiedenen, und sogar kontradiktorischen Werten zu stellen, sondern es von den Werten selbst abzusondern und als Endzweck überhaupt zu betrachten. Diese Umwälzung schlägt Sokrates in seiner Verteidigungsrede vor (29 B): "Wollte ich behaupten, sagt er, daß ich um irgend etwas weiser wäre, so wäre es um dieses, daß ich nichts ordentlich weiß von den Dingen in der Unterwelt, ich es auch nicht glaube zu wissen; gesetzwidrig handeln aber und dem Besseren, Gott und Mensch, ungehorsam sein -, davon weiß ich, daß es übel und schändlich ist".[1] Er bereitet sich mit diesen Worten darauf vor, ein Übereinstimmungsangebot zurückzuweisen, laut dessen sein Leben gegen sein Stillschweigen ausgetauscht würde. Dieser Handel hätte die Wünsche des Gemeinwesens befriedigt und sowohl für die Gewissensruhe der Richter als auch für die einsamen Meditationen des Philosophen gesorgt. Aber die Todesfurcht würde einem Wissen um die Dinge in der Unterwelt gleichkommen und dem Huldigungseid gegenüber dem Gott in Delphi widersprechen.

Auf die Fragen: "Was ist das Gute?", "Was ist das menschliche Gute?", "Was ist mein Gutes?", kennen weder der Bettelmönch noch der utilitaristische Sophist die Antwort, während doch jedermann ohne weiteres weiß, was er nicht tun darf. Rationale Gründe, um ein Wertsystem zu wählen, gibt es nicht, oder sie sind uns zum mindesten nicht erkennbar. Lassen wir also die Wertrationalität fallen, und beschränken uns auf die Pflichtlehre. Somit legt die praktische Vernunft alle theoretischen Ansprüche nieder, die mit den althergebrachten Begriffen von Weisheit verbunden waren. Sie beschränkt sich auf die Gewißheit dessen, was sie tun soll, und verzichtet auf die Einsicht des für sie Besten. Indem das Gute jenseits der Idee beharrt, ist die Pflicht nicht mehr von seiner Erkenntnis abhängig, sondern ist kategorisch verbindlich geworden. Sokrates erkennt nur moralische, das heißt praktische Ideen an, deren Verwirklichungsbedingungen er Postulaten – im Fall der Unsterblichkeit der Seele – oder bloßen Mythen – im Fall der Theodizee – anvertraut.

Es fragt sich nur, welches Verhältnis jetzt zwischen praktischer Vernunft und Handlung besteht. Kann man, wenn das Gute nicht mehr die Pflicht begründet, das rationale Verhalten erkennen ohne es auszuführen? Ein Wille ist dann ungehorsam entweder, weil er der Vorstellung der Pflicht trotzt, oder weil er ohnmächtig ist. Ein solcher Mangel der Disziplin der Willkür begegnet uns in den beiden untersten Formen der griechischen Tragödie gemäß der Aristotelischen Klassifizierung: Frevel und Feigheit. Wie kann Medea mit voller Sachkenntnis ihr Verbrechen begehen? Wie kann Haimon nicht wagen, seiner Braut beizustehen?

Daß ein Mensch gegen seine bessere Einsicht handelt, indem er seine Pflicht verletzt, bietet keine besondere Schwierigkeit, insofern er das Prinzip seiner Handlung nur als ein Mittel ansieht, um das Gute zu erreichen. Denn der Handelnde ist nicht bedingungslos angehalten, der Vernunft zu folgen. Deshalb geht die Sanktionierung von Schwäche und Leidenschaft einfach in die Bilanz des Erfolgs oder Mißerfolgs ein. Sie verdoppelt sich höchstens aufgrund der spezifischen Rolle, die die Normen unter Ursachen und Gründen der Handlung spielen. Der allgemeine Erfolg des Handelns, privat oder öffentlich, verlangt Sicherheitsbedingungen: die Normen werden zu Beamten des praktischen Lebens, und der Ungehorsam wird zu einem Verwaltungsfehler. Daraus folgt die doppelte Natur der Sanktion, sowohl Schaden wie Strafe: Schaden in bezug auf die äußere Bilanz, Strafe als Vermin-

1 Platon, *Sämtliche Werke*, Berlin, Lambert Schneider, (Übersetzung von Friedrich Schleiermacher), I, S. 21.

derung des Stolzes aufgrund des Verwaltungsfehlers. Jedenfalls gibt es in der Unzufriedenheit mit sich selbst, die das irrationale Verhalten verursacht, nichts mehr als eine zufällige[2] Unverständlichkeit, so wie Ovid zugibt, daß ein Gott der Medea hinderlich war, der sie kaum das Gute sehen ließ.

Wenn man, mit der Sokratischen Wende, die Pflicht als kategorisch und den Gehorsam ihr gegenüber als unabhängig von der Erkenntnis des Guten annimmt, sind alle diese Auswege versperrt. Die Pflicht ist kategorisch, indem sie die Willkür bindet, die Maxime zu wählen, ihr bei jeder Gelegenheit zu gehorchen. Aber dann wird jede Art von Fehler unverständlich, sei es als Frevel, indem die gewählte Maxime jede andere, wie die Selbstliebe, ausschließt, sei es als Ohnmacht, weil die Pflicht eben dem Handelnden die selbstbewegende Kraft zur Handlung verleiht. Sobald und solange die Unenthaltsamkeit mit kategorischen Verboten gekoppelt ist, führt sie also zu einem Geheimnis, über dessen Präsenz im Gewissen sich niemand täuschen kann. Es gibt einen Richter, der uns für strafwürdig erklärt. Wir beurteilen uns als strafwürdig, denn die Pflicht befiehlt uns bedingungslos, vernünftig zu handeln. Aber, verstehen wir, erklären wir, wissen wir, warum wir den Ungehorsam gewählt haben?

Setzen wir mit Sokrates voraus, daß niemand willentlich böse ist. Indem jetzt der Wille zum Guten Wille zur Pflicht ist, ist die Pflicht nicht wollen das Gute nicht wollen, was unmöglich ist, wenn man es sieht.[3] Das Geheimnis von Medea und von Haimon ist eine Unmöglichkeit geworden. Wenn der Fehler oder das Versagen in der Selbstbestimmung der verpflichtenden Vernunft dem sokratischen Präzept widerspricht, und wenn wir also annehmen müssen, daß man willentlich böse handeln kann, besteht das Sokratische Verdienst darin, uns auf das Mysterium der intelligiblen Kausalität geführt zu haben. Schon die Aristotelische Poetik mit den niedrigsten Arten und Helden der Tragödie ist unbequem. Noch roher wird es mit Richard dem III. und Hamlet, die ihre Laster und Schwächen mit einer befremdenden Selbstgefälligkeit betrachten. Aber hat die Tragödie und sogar die Philosophie zur Aufgabe, das Rätsel zu erklären oder zu verstehen, oder sollen sie nicht vielmehr sich daran halten, es als eine Gegebenheit hinzunehmen, die man vorstellt oder befragt?

2 Aristoteles, *Eth. Nic.* 1147a30-b3.

3 Plato, *Protag.* 352; Aristoteles, *Eth. Nic.* 1145b22-30.

II.

Christentum

Der Römerbrief wiederholt die Klage von Ovids Medea: "Denn ich weiß nicht, was ich thue, denn ich thue nicht, das ich will, sondern das ich hasse, das thue ich ... Wollen habe ich wohl, aber vollbringen das Gute finde ich nicht."[4]

Wenn aber eine sozusagen freiwillige Unenthaltsamkeit möglich sein muß, brauchen wir eine neue sittliche Reform. Da der kausale Nexus von der Erkenntnis der Pflicht zur pflichtgemäßen Tat nun zerbrochen ist, genügt die pflichtgemäße Tat auch nicht mehr, um kategorisch gut zu gelten, da unsere natürliche Vorzugsordnung sie gelegentlich ohne den mindesten Pflichtbeitrag von selbst hervorbringt. Vielmehr soll ich die Maxime der Pflicht zu gehorchen zu meiner machen und ihr jederzeit vor allem anderen den Vortritt geben. In der Aneignung besteht die Gesinnung und, mit ihr, die ganze Güte oder Bosheit des Willens, "der Erfolg mag sein welcher er wolle".[5] Die Kirchenväter und die Moralisten ermüden nicht, uns den Sinn der Innerlichkeit ins Gedächtnis zu rufen. Anselm von Canterbury nennt sie Freiheit und definiert sie "als das Vermögen, die Rechtheit des Willens wegen der Rechtheit selbst zu bewahren". Was den hier angesprochenen christlichen Begriff der Pflicht von dem Sokratischen unterscheidet, ist eben das: *propter rectitudinem.*

Auf der anderen Seite spaltet künftig die Möglichkeit eines freiwilligen Bösen diese sittliche Innerlichkeit. Die Freiheit wird zugleich Wille und Willkür, Vermögen des Gehorsams und der Verletzung. In der Tat, es ist durch das Gesetz, daß die Erkenntnis der Sünde kommt. Die Freiheit als Willkür kann die Rechtheit verlassen, indem sie entweder die Rechtheit nur gelegentlich nicht bewahrt (Gebrechlichkeit, *fragilitas*), oder sie bewahrt, ohne sie jedoch wegen der Rechtheit zu bewahren (Unlauterkeit, *impuritas*), oder sie überhaupt nicht bewahrt (Bösartigkeit, *viciositas* , oder Verderbtheit, *corruptio*).[6]

Die christliche, gespaltene Innerlichkeit führt zu einer vollständigen Umbildung des Freiheitsbegriffs und des Verhältnisses zwischen praktischer und theoretischer Vernunft: einerseits zersprengt die Freiheit die Fesseln der Natur, andererseits wird die Rechtheit wegen der Rechtheit der Erkenntnis entzogen.

Die gewöhnliche Tugendlehre, insofern sie ihre Begriffe unter dem Vorrang des Guten entwickelt, bietet Zielschwierigkeiten, indem die spezifischen Tugenden, die sie zur Überwindung der verschiedenen Grade der menschlichen Knechtschaft vorschlägt, immer über das sittliche Ziel hinausschießen. Es ist sehr weit von Selbstbeherrschung zu Standhaftigkeit, von Gewissenhaftigkeit zu Reinheit, von Entschädigungsbereitschaft zu Reue. Jedesmal überschreiten die Tugenden die Tugendpflichten und jedesmal, insofern der Wille sich

4 *Römerbrief* (Luthers Übersetzung), Kap. 7, Zeile 15-18.

5 Kant, *Grundlegung zur Metaphysik der Sitten*, Ak. Ausg., Bd. IV, 416.

6 Kant, *Die Religion innerhalb der Grenzen der bloßen Vernunft*, 2te Aufl., Königsberg, Nicolovius, 1794, S. 22.

in Sachen der Macht, des Scharfsinns oder der Wiederherstellung ein Verdienst in Hinsicht auf die noumenale Kausalität zuschreibt.

Solange die Pflicht als Automat der Seele galt, blieb die Sittlichkeit der Natur zugänglich, vorausgesetzt daß selbstbewegende Ursachen in der Natur vorkommen. Jetzt hingegen bildet die Rechtheit um der Rechtheit willen die gesamte *ratio cognoscendi* der Freiheit. Das Wesentliche würde dann der entsprechenden *ratio essendi* fehlen, wenn sie laut der Normen der bloßen Rechtheit sich ausdrücken würde, die die Evolution sowohl als die Geschichte billigen. Das Auftauchen des *propter rectitudinem* fordert und bringt hervor eine eigene Tatsache der Vernunft oder, genauer, ihre Tathandlung. Hier scheiden sich die Wege. Innerhalb der Grenzen der bloßen Natur und ihrer Wahlverwandtschaften macht die praktische Vernunft "den Menschen fühlbar, was für ein Glück aus jeder Pflicht und besonders aus dieser entspringt, welche Mann und Weib unauflöslich verbindet"[7]; dieses Gefühl bleibt an die Natur gebunden und die Seele reagiert durch Entsagungen, die niemals endgültig sind, außer durch Anorexie oder Herzstillstand. Welcher Kontrast zu Rousseau's *Neuer Héloïse*! Wenn die Achtung vor der Pflicht sie vor dem Altar bekehrt, empfängt sie nicht passiv die Gottesgnade; sie unterwirft sich vielmehr der Pflicht durch eine selbstbewegende Entscheidung und rückhaltlos. Die Freiheit ist dann die *ratio essendi* der Pflicht in dem Sinne, daß nur ein freier Wille sich bindet. Seiner Freiheit verdankt der Mensch die Anerkennung der Übersinnlichkeit der Pflicht. Der Pflicht verdankt er, daß seine Freiheit ihn zum Bürger zweier Welten macht. Daher sind und können nie sittliche Innerlichkeit und Verantwortlichkeit psychologische Tatsachen sein, die dem Urteil eines Gutachters zufallen würden, wie das heutige Strafrecht, in seiner Gleichgültigkeit gegenüber Strafwürdigkeit und Sühnebedarf, behauptet, nicht zu sprechen von der Verkehrung der elementarsten Verantwortlichkeit, die die Entscheidung eines amerikanischen Richters bezeugt, der einen Zigarettenhersteller zur Entschädigung seines treuen, von Krebs befallenen Kunden verurteilt hat.

7 Goethe, *Die Wahlverwandtschaften*, Sämtliche Werke, Cotta-N., Stuttgart-Berlin, Bd. 21, S. 292. Wie Kant, hat Goethe Rousseau gelesen. Aber die praktische Vernunft, so wie Rousseau sie begreift, befreit sich von der Natur, welche Schwierigkeiten auch dadurch für die Lehre von der natürlichen Güte des Menschen entstehen mögen. Der Bekehrung von Julie d'Etange an ihrem Hochzeitstag entspricht, in Moll-Tonart, das Ende des zwölften Kapitels bei Goethe (Erster Teil, S. 104). Der Ausgang zeigt, daß ein Wechsel in der Folge der äußeren Ereignisse das Gelübde von Charlotte widerrufen hätte. Das Verhältniß von Wille zu Gelegenheit stellt auch Julie und Ottilie einander gegenüber. Ein Unfall durch Ertrinken ist in beiden Fällen entscheidend. Julies Tod führt ihren Mann zu einer Art von Bekehrung : der Atheist gibt dem Glauben nach. Hier liegt der Ursprung der Postulate der praktischen Vernunft bei Kant ; die Postulate sind sozusagen die Bedingungen, die unser Glaube verlangt, um mit unseren Handlungen übereinstimmen zu können. In den Wahlverwandtschaften spielt das Ertrinken des Kindes eine ganz andere Rolle : es zerbricht Ottiliens Lebenswillen. Ihr "völliges Entsagen" (S. 271), in dem ihre Liebe sich vollendet (S. 223), ist weit entfernt von Julies Entscheidung und offenbart eine Krankheit oder vielleicht eine Selbstmord in der Nachfolge Werthers. Julies Beerdigung folgt einem streng calvinistischen Ritual. Goethe spricht Ottilie selig und leiht ihrer sterblichen Hülle Wunderkraft.

Auch wenn die Selbstbilligung ihren richtigen Platz gefunden hat, gibt es eine bemerkenswerte Asymmetrie im sittlichen Gewissen, da die Transzendenz der Freiheit die Unerkennbarkeit ihrer Wirkungskraft hinsichtlich der Tat nach sich zieht. Ein undurchdringlicher Schleier verhüllt die intelligible Kausalität. Was die Urheberschaft der Handlungen angeht, so gibt sie zu zwei sehr verschiedenen Verfahren der Ermittlung Anlaß, je nachdem ob eine Verschuldung oder ein Verdienst ins Spiel kommt. Sokrates wunderte sich schon: immer verbietet der Gott, er befiehlt nie.[8] Die geringste Abweichung von der Pflicht verlangt Untersuchung und Urteil. Jeder, der sich für eine Beleidigung rächt, weiß unmittelbar was er tut, und er weiß es um so sicherer, wenn er sich mit seiner Rache an einem Unschuldigen vergreift. Hingegen verkündet derselbe Richter, der seinen Spruch, wenn er tadelt, niemals zur Beratung stellt oder verschiebt, kein Urteil, sofern die Handlung gemäß der Pflicht verläuft. Dem schuldigen Gewissen gegenüber erzeugt das ruhige Gewissen in uns keinen positiven, sondern nur einen neutralen sittlichen Zustand. Daß ich das Übel tue, ist mir sofort klar, und die Maxime meiner Handlung ist mir bekannt. Aber der Grund und die Maxime meiner Gehorsamkeit sind mir verborgen, als ob die praktische Vernunft selbst die theoretische begrenzen würde: sobald die Freiheit positiv wird, kann ich nie wissen, ob ich aus guter Absicht gehandelt habe.[9] Das genau ist der sittliche Zustand des Menschen. Wenn es anders wäre, und wenn die praktische Vernunft uns das Positive in unserer Freiheit erkennen ließe, warum sollte dann die linke Hand nicht wissen, was die rechte tut (*Math.* 6,3)? Es ist in diesem Sinn, daß die Standhaftigkeit eine Bescheidenheit, und selbst eine Demut verlangt, die sie diesseits der Selbstbeherrschung zurückhält. Weit davon entfernt eine lautere Gesinnung zu bezeugen würdigen die rechte Handlung und das gute Werk das Gebet des vermessenen Pharisäers herab (*Luc.* 18, 9-14): mit dem Dünkel schleicht sich eine hassenswerte Maxime in das Prinzip des pflichtgemäßen Verhaltens ein. Die Werke nehmen den Platz des Glaubens ein, Imitation und Ansteckung ersetzen den einsamen Entschluß. Verfolgung und Bekehrungseifer führen unmerklich die Unlauterkeit in Verdorbenheit und Grausamkeit über. Schließlich wird Dünkel zu Heuchelei, wenn derselbe Wille zur Macht einen schlaueren und mehr verhärteten Sünder anstachelt, ohne ihn selbst in die Täuschung zu verwirren.

8 Platon, Apol. 31C, S. W., I, S. 24 : "Mir aber ist dieses von meiner Kindheit an geschehen : eine Stimme nämlich, welche jedesmal, wenn sie sich hören läßt, mir von etwas abredet, was ich tun will, – zugeredet aber hat sie mir nie". Sokrates ahnt dunkel, daß ich, indem ich gemäß der Pflicht handele, nicht wissen darf und daher nicht wissen kann, ob ich wegen der Plicht gehandelt habe. Goethe verteidigt, implizit, die genau entgegengesetzte Stellung. Er läßt Mittler sagen, "daß sowohl bei der Erziehung der Kinder als bei der Leitung der Völker nichts ungeschickter und barbarischer sei als Verbote, als verbietende Gesetze und Anordnungen" (S. W., Bd. 21, S. 291).

9 Goethe sagt treffend : "Niemand weiß, was er tut, wenn er recht handelt, aber des Unrechten sind wir uns immer bewußt", *Wilhelm Meisters Lehrjahre*, Zweiter Teil, 7. Buch, 9. Kapitel, S. W. 18, S. 260. Ein Abbé der Aufklärung spricht diese Maxime aus, in einem Wirrwar, in dem es unmöglich ist, Prinzipien und Konsequenzen zu erkennen.

III.

Intuitionismus oder Realismus der praktischen Vernunft?

Da nun die wechselseitige Bestimmung von Pflicht und Freiheit feststeht und ein asymmetrisches Gewissen unvermeidlich aus einem transzendenten Willen folgt, muß man sich nach der Art der Gesetze fragen, welchen, aufgrund dieser Beziehung, die Pflichten zu gehorchen haben. Eine bekannte Antwort, die vielleicht die einzig mögliche ist,[10] die aber zwei voneinander abweichende Auslegungen erlaubt, gibt das christliche Gesetz.

10 In der Tat zählt das Neue Testament zwei solcher Grundgesetze auf. "Jesus aber sprach zu ihm (dem Schriftgelehrten) : «Du sollst lieben Gott, deinen Herrn, von ganzem Herzen, von ganzer Seele und von ganzem Gemüte (5. *Mos.* 6,5)». Dies ist das vornehmste und größte Gebot. Das andere aber ist dem gleich: «Du sollst deinen Nächsten lieben als dich selbst (3. *Mos.* 19,18)». In diesen zweien Geboten hanget das ganze Gesetz und die Propheten (Kap. 7, 12 ; *Röm.* 13,10 ; *Gal.* 5,14)" (*Math.* 22, 37-40). Matthäus (7, 12) hat den Sinn des Gesetzes so ausgedrückt : "Alles nun, das ihr wollet, das euch die Leuten thun sollen, das thut ihr ihnen auch". Marcus und Lucas setzen hinzu, daß der Fragesteller "nicht ferne von dem Reich Gottes ist" (*Mc* 12, 34) ; und Jesus sprach zu ihm sogar: "thue das, so wirst du leben" (*Lc* 10, 28).

Zwei wichtige Fragen sind hier im Spiel.

1) Rechtfertigen die Verweise auf das Alte Testament irgendeine Angleichung des christlichen an das mosaische Gesetz ? Was das erste Gebot angeht (*Dt* 6,5 = 5. *Mos* 6,5), so wendet sich Gott, der zu Moses spricht, als Nationalgott nur an Israel (*Dt* 6,4 = 5. *Mos* 6,4). Das zweite Gebot (*Lv* 19,18 = 3. *Mos* 19,18) präzisiert den Begriff des Nächsten, indem es ihn ausdrücklich auf die "ganze Gemeinde der Kinder Israel" beschränkt (*Lv* 19,2 = 3. *Mos* 19,2). Es ist nicht nötig, sich auf die zahlreichen Gebote der Feindesliebe und die Ablehnungen des Wiedervergeltungsrechtes im Neuen Testament zu berufen. Es genügt, die zitierten Stellen genauer zu untersuchen, um die Frage mit einem klaren Nein zu beantworten. Bei Marcus (12, 33) beendet der Schriftgelehrte das Gespräch mit einer Spitze gegen die Pharisäer : "seine Nächsten lieben als sich selbst, das ist mehr denn Brandopfer und alle Opfer", sagt er, als ob er angefangen hätte, sich Jesus zuzuwenden. Lucas (10,29) stellt ihn listig und Rechtfertigung suchend dar. "Wer ist der Nächste" fragt er. Es folgen das Gleichnis vom barmherzigen Samariter und das Gebot: "So gehe hin und thue desgleichen" (10, 30-37). Der Text wird klarer, wenn die drei Personen, die vorbeigehen, identifiziert werden: ein Priester und ein Levit, die den Verwundeten sehen, ohne sich um ihn zu kümmern, und der Samariter. Die Juden vermieden aber Verbindungen mit den Samaritern, die sie wegen ihres unehelichen Ursprungs und ihrer religiösen Meinungen haßten. Es bleibt kein Zweifel, daß die Jesus eigentümliche Lehre nicht im Alten Testament enthalten ist. Bergson hat scharfsinnig bemerkt (*Les deux sources de la morale et de la religion*, Paris, Alcan, 3e éd., 1932, pp. 256-257), daß die Propheten von Israel die Mystik mit der Tat verbunden haben. So haben sie die Erhebung der praktischen über die theoretische Vernunft vorbereitet. Die Allgemeingültigkeit des Gebotes haben sie nicht entdeckt oder jedenfalls nicht angekündigt.

2) Damit ist auch eine Antwort auf die Frage gegeben, ob alle Pflichten innerhalb der Grenzen der Vernunft aus einem einzigen Gesetz, Kants "Gesetz aller Gesetze" entstehen, und, wenn so, welches Gebot als ein solches Gesetz gilt. Nun "ist es bloß die *praktische Liebe*, die in jenem Kern aller

Solange die Pflichten von den Begriffen des Guten und des Bösen abhängen, drücken sie die obligatorische Seite des Solidaritätsgefühls einer besonderen Gruppe aus und fallen als solche unter das einschränkende Gesetz der Liebe zum Mitglied der Gruppe. Um bedingungslos und demnach kategorisch zu gelten, müssen sie für jedes rationale Wesen gelten. Um die gesuchte Unbedingtheit zu erhalten, muß der Gruppenangehörige durch den Nächsten als irgendeine begegnete Person ersetzt werden, und entsprechend verwandelt sich der Beitrag zum besonderen Wohl in Anerkennung der Würde. Damit finden wir uns vor einem dem alten Menschen unbekannten und unserer Natur völlig fremden Begriff der Liebe: alle Pflichten fallen unter ein einziges, einfaches und paradoxes Gesetz, dessen Maxime die Nächstenliebe befiehlt.

Kant hat eine erste Genealogie der Begriffe aufgebaut, die aus der Kategorizität der Pflicht zum christlichen Gesetz hinführt und das letztere bestimmt. Die Ableitung folgt einem modalen Prinzip: "Denke ich mir ... einen *kategorischen* Imperativ, so weiß ich sofort, was er enthalte. Denn da der Imperativ außer dem Gesetze nur die Notwendigkeit der Maxime enthält, diesem Gesetze gemäß zu sein, das Gesetz aber keine Bedingung enthält, auf die es eingeschränkt war, so bleibt nichts als die Allgemeinheit eines Gesetzes überhaupt übrig, welchem die Maxime der Handlung gemäß sein soll, und welche Gemäßheit allein den Imperativ als notwendig vorstellt."[11] So gibt es einen einzigen kategorischen Imperativ, nämlich nach derjenigen Maxime zu handeln, die als Prinzip einer allgemeinen Gesetzgebung gelten kann. Der Reihe nach bestimmt die logische Quantität die Qualität des Gesetzes. Da die Form der Allgemeinheit nur einen kategorischen Imperativ zuläßt und seinen Inhalt sofort klar und distinkt bekannt macht, wird die Bejahungs- und Verneinungsfunktion unmittelbar evident. Es wäre überflüssig, von einem Entscheidungsprozeß zu sprechen, und erst recht von den sogenannten Pflichtkonflikten und Kasuistikfällen. Da aber der kategorische Imperativ als *ratio cognoscendi* der Freiheit vollständig bestimmt ist, enthält die Gehorsamkeitsentscheidung, die den Willen dem Gesetz unterwirft und sich so als *ratio essendi* der Pflicht offenbart, keinen Rest, der die Zuständigkeit des Gesetzes über die Freiheit hinaus ausdehnen würde. Daher mag man der *ratio essendi* ihre volle Bedeutung gewähren. Der Wille kann und soll sich nicht nur als Untertan, sondern auch als Urheber des Gesetzes betrachten. Die Autonomie hat die Freiheit vollendet.

Das christliche Gesetz wird in diesem Zusammenhang durch die Kategorie der Relation und das folgende, mittelbare Verfahren ausgelegt. Es geht wiederum aus von der Selbstsetzung des kategorischen Imperativs als Offenbarung der Freiheit, bei der ich mein eigenes

Gesetze verstanden wird. Gott lieben, heißt in dieser Bedeutung, seine Gebote *gerne* tun ; den Nächsten lieben, heißt, alle Pflichten gegen ihn *gerne* ausüben" (Kants, K. p. V., V. 83). Aber vermeiden wir, Haben und Streben, Gebot und Neigung, moralische Gesinnung im Kampfe und Heiligkeit der triumphierenden Kirche zu verwechseln. Dann wird es klar, daß alle Pflichten sich auf den Nächsten als solchen beziehen, und so, daß das Gebot der praktischen Liebe von vornherein den Nächsten betrifft und Gott nur im Nachhinein erfordert, für den Fall daß seine Existenz als ein praktisches Postulat gegeben wäre.

11 *Grundlegung* , IV 421.

Dasein notwendigerweise als vernünftige Natur vorstelle, die als Zweck an sich selbst existiert.[12] Dazu kommt, daß sich "jedes andere vernünftige Wesen sein Dasein zufolge eben desselben Vernunftgrundes, der für mich gilt" vorstellt.[13] Deshalb wird es ein praktischer Imperativ, "die Menschheit sowohl in meiner Person, als in der Person eines jeden andern jederzeit zugleich als Zweck" zu brauchen. Das ist die erste Auslegung der christlichen Nächstenliebe, und dieses Reich der Zwecke zieht die Grenzen, innerhalb welcher die Religion verweilen muß, um sich mit der praktischen Vernunft zu vertragen.

Kants Lehre ist nicht leichtsinnig anzugreifen. Nichtsdestoweniger werde ich mit den folgenden Bemerkungen einige intuitionistische oder konstruktivistische Züge dieser Lehre erwähnen, die einer realistischen Philosophie der praktischen Vernunft fremd sind, und von denen man annehmen kann, daß sie nicht zum Wesen der Sache gehören. Diese Züge unterwerfen, in der Praxis wie in der Theorie, den Gebrauch eines Begriffes der Verfügsamkeit einer Regel zur Konstruktion seines Gegenstandes. In der Theorie ist es die sinnliche Anschauung, die diese Regel liefert. Ein solches Vermögen fehlt in der Praxis. Die Regel kann sich nur aus der absoluten Einfachheit der Begriffe selbst ergeben. Es wird also genügen, die verschiedenen Begriffe in ihrer Kantischen Reihenfolge zu betrachten, um sich der Schwierigkeiten bewußt zu werden, die aus einer so extremen Einfachheit entstehen.

1) Modalität. Eine kategorische Pflicht läßt sich sehr wohl mit tatsächlichen Bedingungen vereinen, wie wenn ein freiwilliges Versprechen Vorbehaltsklauseln enthält, nur bezieht sich dann die Kategorizität auf das Ganze des Kausalsatzes, und die Bedingung tritt innerhalb des Imperativs explizit auf. Was aber, wenn die Bedingung dem Imperativ von außen her aufgelegt würde? Einem ersten Fall begegnen wir, wenn uns die Folgen unseres eigenen Fehlers zu einer Wahl zwingen, die der Unschuldige nicht kennt. Ein Mann, dessen Bruder seinen Arbeitgeber betrügerisch ruiniert hat, zahlt dem Opfer eine Rente, indem er ihn glauben macht, daß es sich um eine alte Schuldforderung handelt. Die Lüge ist Bedingung der Wiedergutmachung, denn das Opfer hätte ein Geschenk abgelehnt. Es ist hier der Fehler eines dritten, der vom Handelnden auf sich genommen wird, und der die Klausel einführt: Du darfst nicht lügen, "außer um ein Unrecht zu reparieren".[14] Ein weniger gutartiger Fall stellt sich ein gegenüber einem bösen Willen, der sich anschickt, den präsumptiven Ausdruck eines guten Willens als Handlungsmittel zu benutzen. Während der Schreckensherrschaft rettet Madame de Staël durch eine Lüge Mathieu de Montmorency vor dem Boten des Revolutionstribunals – Ausgangspunkt der Polemik zwischen Benjamin Constant und Kant. Das mögliche Verbrechen eines Dritten genügt hier, um den kategorischen Imperativ

12 *Grundlegung*, IV 428.

13 *Ibid.*

14 Das Beispiel ist Dickens (*Dombey and Son*) entlehnt. Der Verfasser konstruiert eine moralisch befriedigendere Situation. Zwei Brüder sind bei derselben Firma angestellt. Der erstgeborene hat ein kleines Vergehen begangen, dessen Wiedergutmachung er sein Leben widmet. Der jüngere, der der Vertraute Dombeys geworden ist, verübt ein Verbrechen, das ihn selbst zum Tod und seinen Arbeitgeber zum Ruin führt. Der ältere leistet heimlich, und sogar mit einer Lüge, Genugtuung für die zwei Beleidigungen.

unter eine Bedingung zu stellen: Du darfst nicht lügen, "außer um nicht an einem Verbrechen teilzuhaben".

2) Allgemeinheit. Kant unterscheidet die Tugendpflichten, die nicht nur mit der Form der Maxime, sondern auch mit ihrer Materie zu tun haben, das heißt mit einem Zweck, der gleichzeitig als Pflicht gedacht ist.[15] Bei diesen Pflichten hat man immer den Eindruck, daß die Universalität zur Binsenweisheit wird. Was nützt es einem Vater, der seinem Kind einen Verweis erteilen soll und sich auf das Gespräch vorbereitet, zu wissen, daß seine Maxime als Prinzip einer allgemeinen Gesetzgebung gilt? Kant antwortet, daß die Verwirklichung der Erziehung verschiedene Grade kennt, je nach der relativen Entfernung von ihrem Ziel.[16] Insofern sich das Gute in die Entscheidung einmischt, auch wenn es die Pflicht befohlen hat, ist der Handelnde angehalten, einer Gesetzgebung zu gehorchen, die es verbietet, daß irgendjemand anders seinen Platz einnimmt. Das Gesetz, um dessentwillen er handelt, muß also eher einzeln als allgemein genannt werden. Sowohl die Ausnahmen, die durch einen Fehler entstehen, als auch die Singularitäten, die an die Tugendpflichten gebunden sind, haben daher zur Folge, daß die gute Gesinnung, die sich über die Mannigfaltigkeit der Pflichten erstreckt, keinem an sich gewährt, daß es ihm gelingen wird, der Allgemeinheit der Maxime ihre Bestimmtheit zu entlehnen. Demnach bleibt die Idee einer einzigen kategorischen Pflicht fragwürdig.

3) Qualität. Die Allgemeinheit, die in den Tugendpflichten zu einer Singularität zusammenschrumpft, bezeugt, daß der Handelnde über keinen Entscheidungsprozeß verfügt, um seine verschiedenen Pflichten in eine Ordnung zu bringen. Aufgrund der Arbeitsteilung ist dies der gewöhnliche Zustand der Tugendpflichten: während die mechanische Solidarität jeden der gleichen Pflicht unterstellt, verteilt die organische Solidarität Aufgaben und Pflichten, indem sie Tugenden miteinander und sich ergänzend, aber ohne Übergreifung, zusammenwirken läßt. Plato nannte diesen Zustand Gerechtigkeit, in dem ein Prinzip der Begrenzung und sogar der Trennung der Pflichten anstelle der bloßen Allgemeinheit das Gesetz bestimmt.

4) Autonomie. Die Kantische Autonomie folgt aus der vollständigen Bestimmung der Pflicht. Die Freiheit gehorcht, unter dieser Voraussetzung, der Pflicht, indem sich die Handlung einer allgemeingültigen Maxime unterwirft; eine allgemeingültige Maxime zu seiner zu machen, heißt aber das moralische Gesetz zu geben, so daß in diesem Fall Exekutive und Legislative eins sind. Dagegen, wenn der Pflicht die vollständige Bestimmung fehlt, wie die Gewissenskonflikte bezeugen, muß die Zuschreibung eines gesetzgebenden Vermögens der Freiheit mißglücken, da die *ratio cognoscendi* ihre Unvollständigkeit der *ratio essendi* mitteilt und damit die Einfachheit und Ganzheit des Aktes der Freiheit zerstört. Die Exekution schöpft dann das Vorrecht der Freiheit aus, und das Gute spielt die Rolle des unbekannten Gesetzgebers. Das Gute wird der fehlende Seinsgrund der Pflicht und die Pflicht der fehlende Erkenntnisgrund des Guten. Das Schema des Realismus ist komplizierter wegen der Verdoppelung der Relationen, es ist nicht weniger überzeugend.

15 Kant, *Tugendlehre*, Einleitung IX, Ak. Ausg., Vol. 6, pp. 394-5.

16 Ibid., p. 453.

5) Relation. Für Kant gibt es Zwecke an sich selbst nur insofern jedes vernünftige Wesen sich sein Dasein aus demselben Vernunftgrunde vorstellt, der für mich gilt. Dem Prinzip des sittlichen Idealismus gemäß verlangt also die Existenz jedes Anderen als Person ein besonderes Postulat. Hingegen setzt die Bezugnahme des kategorischen Imperativs auf Personen, im Sinne des Realismus verstanden, ein vorgegebenes, transzendentes Reich der Zwecke voraus, dessen Verfassung meiner Freiheit vorhergehend existiert und auf die christlichen Begriffe besser abgestimmt scheint.

Einmütig erkennen Intuitionismus und Realismus die Unerreichbarkeit des Zustandes der Heiligkeit an, in dem Selbstliebe und Nächstenliebe identisch wären, und nach dem jedoch jeder streben muß und soll. Weit in der Tat überragt die Rechtheit wegen der Rechtheit die Natur als Selbstliebe. Die Frage ist nur, ob ein solcher Zustand unter keiner Bedingung und niemandem, auch nicht vorübergehend und provisorisch, bewilligt werden kann. Nun gefährdet die geringste Berührung mit der Selbstliebe die Autonomie, weil sie dort die Integrität des Gesetzes zu zerstören droht. Kant schließt also die aktuelle Transformation der Sinnlichkeit und entsprechend die Möglichkeit der Heiligkeit in diesem Leben aus. Deshalb ist er gezwungen, sie ins Jenseits zu verweisen und sich auf die Postulate der Unsterblichkeit und der Gottesexistenz zu berufen, die den Inhalt der rationalen Religion ausmachen. Die exekutive Freiheit entrinnt der Gefahr, die der Autonomie droht. Ein ganz anderer Beweis der Möglichkeit des kategorischen Imperativs, und zwar gegründet auf einen empirischen Fall der Heiligkeit, würde sich dann einstellen, wenn man aufhören würde, jede mystische Erfahrung als sittlich belanglos zurückzuweisen. Der Beweis, den die praktische Vernunft verlangt, würde sich also auf die historische und positive Überlieferung der Religionen stützen.

* * *

Der hier skizzierte Rationalismus kann sich nicht rühmen, weder den naturalistischen Empirismus noch den intuitionistischen Rationalismus *ad absurdum* geführt zu haben. In der Philosophie beruht allerdings diese Art von Widerlegung fast immer auf einem Zirkelschluß.

Darf aber die Vernunft versuchen, die Widerspruchsfreiheit in der Realisierung der Pflicht auf ein Wissen durch Hörensagen zu gründen? Und dies hinsichtlich von Erfahrungen, die im allgemeinen nur widerstrebend mitgeteilt werden? Die Kantischen Postulate stimmen zweifellos besser mit der Philosophie der Aufklärung überein. Aber ist die praktische Vernunft, Prinzip der Asymmetrie des Gewissens, nicht auch am Prinzip des Mystizismus? Denn nur dem, der die mystische Erfahrung von außen erklärt, ohne sie von vornherein zu einer Krankheit abzuwerten, offenbart sich die Heiligkeit als solche durch die Bestürzung, die eine vorübergehende Verschmelzung von Sinnlichkeit und Vernunft hervorruft. Von innen her dagegen wird sie erlebt als eine Vereinigung, die der Freiheit des Handelnden völlig entzogen ist, und die daher nicht in einer bestimmbaren Beziehung zum Willen steht, der spontan der Pflicht um ihrer selbst willen gehorcht. Es ist also der Mystizismus, der im entscheidenden Augenblick die Unerreichbarkeit der praktischen Vernunft durch die Erkenntnis und die Asymmetrie des Gewissens bestätigen würde: der gute Wille als Akt kann nicht erkannt werden, es sei denn als ein Geschenk der Gnade.

Kolloquium I
Umwertung und Lebensführung

MARTIN SEEL
Aporien rationaler Selbstbegrenzung

I.

"Erstlich erreichet dein Schiff die Sirenen; diese bezaubern
Alle sterblichen Menschen, wer ihre Wohnung berühret.
Welcher mit törichtem Herzen hinfährt und der Sirenen
Stimme lauscht, dem wird zu Hause nimmer die Gattin
Und unmündige Kinder mit freudigem Gruße begegnen;
Denn es bezaubert ihn der helle Gesang der Sirenen,
Die auf der Wiese sitzen, von angehäuftem Gebeine
Modernder Menschen umringt und ausgetrockneten Häuten.
Aber du steure vorbei und verklebe die Ohren der Freunde
Mit dem geschmolzenen Wachse der Honigscheiben, daß niemand
Von den andern sie höre. Doch willst du selber sie hören,
Siehe, dann binde man dich an Händen und Füßen im Schiffe,
Aufrecht stehend am Maste, mit festumschlungenen Seilen,
Daß du den holden Gesang der zwo Sirenen vernehmest.
Flehst du die Freunde nun an und befiehlst die Seile zu lösen:
Eilend feßle man dich mit anderen Banden noch stärker!"

Im XII. Gesang der Odyssee[1] entläßt Kirke den Helden aus ihrem Bann, nicht ohne ihm Hinweise auf die kommenden Gefahren zu geben. Die Sache mit dem Wachs und den Fesseln ist also keine weitere Erfindung des listenreichen Odysseus, sondern der Ratschlag

1 Homer 1979, S. 602 f. (XII.39-54).

einer versierten Göttin. Diese gibt den Geliebten nicht nur frei, sie stellt es ihm auch frei, sich so oder anders zu den vorausgesehenen Gefahren zu verhalten. "*Doch willst du sie selber hören*", sagt sie zu Odysseus in der zutreffenden Übersetzung von Johann Heinrich Voss, "siehe, dann binde man dich an Händen und Füßen im Schiffe." Da Odysseus den Gesang der Sirenen tatsächlich hören, diese Erfahrung aber auch überleben will, ergreift er die von Kirke vorgeschlagenen Maßnahmen.

Die wichtigste dieser Maßnahmen ist die Selbstbindung. Odysseus legt sich vor den Augen der anderen darauf fest, der Verlockung der Sirenen nicht nachzugeben. Diese Festlegung erfolgt hier in Form einer buchstäblichen Fesselung durch andere. Sie macht es ihm unmöglich, den, wie er im voraus weiß, unbezwinglichen Wunsch, auf die todbringende Insel zu gelangen, zu erfüllen. Durch diese Fesselung, zusammen mit dem Taubmachen seiner Gefährten und Seeleute,[2] setzt er sich freiwillig eine Grenze. Grund für diese Einschränkung der eigenen Handlungsfreiheit sind zwei andere Wünsche, deren Erfüllung Odysseus den Vorrang gibt – das Lied der mörderischen Halbgöttinnen zu hören und doch die Heimreise fortsetzen zu können.

Klassischen Rang hat diese Episode unter anderem deshalb, weil hier auf engstem Raum, in einem einzigen Bild, die drei Grundfaktoren einer autonomen Lebensführung in ein Verhältnis gesetzt werden – Selbstbestimmung, Selbstbindung und Selbstbegrenzung. *Selbstbestimmung* erscheint als übergreifende *Form* eines freien Sichzusichverhaltens. *Selbstbindung* erweist sich als ein wichtiges *Medium* dieser Freiheit, als Schutz vor der Schwäche des menschlichen Willens. *Selbstbegrenzung* schließlich tritt als ein basales *Element* aller Selbstbestimmung in Erscheinung; nur wer sein Begehren zu begrenzen weiß, kann eine Erfüllung seiner Begehren erreichen. Inmitten vielfach unverfügbarer Gegebenheiten bleibt Odysseus Herr über das eigene Handeln, weil er den Bereich des eigenen Wollens ebenso wie die Wege der Realisierung dieses Wollens selbst zu bestimmen vermag.

"Aufrecht stehend am Maste, mit festumschlungenen Seilen" – so heißt es von Odysseus, als sein Schiff die Insel passiert. Das Bild entwirft eine vieldeutige Metapher des Zusammenhangs von Selbstbestimmung, Selbstbegrenzung und Selbstbindung. In den sehr unterschiedlichen Interpretationen, die ihm zuteil geworden sind, wurde es meist als ein Modell der *rationalen Einheit* der drei Komponenten verstanden. Die antike Rezeption konnte es als Metapher der richtigen, durch den nous dominierten Integration der menschlichen Seelenteile lesen. Für Nietzsche hätte es als Illustration der Weltstellung des apollinischen Typus dienen können, dem er den dionysischen als notwendigen Kontrast entgegenstellt.[3] Horkheimer und Adorno haben es in der "Dialektik der Aufklärung" als Inbild der Selbstinstrumentalisierung des "bürgerlichen" Menschen traktiert.[4] John Elster konnte in

2 Die somit nicht nur den Sirenenklängen, sondern auch der Befehlsgewalt seiner Stimme entzogen sind.

3 Von dem es in der "Geburt der Tragödie" heißt: "Das Individuum, mit allen seinen Grenzen und Maassen, ging hier in der Selbstvergessenheit der dionysischen Zustände unter und vergaß die apollinischen Satzungen." Nietzsche 1988, S. 41.

4 Horkheimer; Adorno 1986, Exkurs I.

ihm die Metapher einer "unvollständigen Rationalität" sehen, der es gelingt, die Schwäche des menschlichen Willens zu kompensieren.[5] Ganz gleich aber, ob das Sprachbild des auf eigene Anordnung gefesselten Helden als Zeichen eines integralen oder partiellen, repressiven oder kompensatorischen Selbstverhältnisses gelesen wird, stets wird es als ein Bild der *geleisteten rationalen Ordnung* der drei Komponenten verstanden. Mochte auch die Rationalität, die zu solcher Ordnung fähig ist, abzulehnen oder zu relativieren sein, das Bild des Odysseus am Schiffsmast wurde zu einem klassischen Modell der vernünftigen Begrenzung, Bindung und Bestimmung des eigenen Strebens.

II.

Ich meine jedoch, daß dies ein irreführendes Modell ist. Das Unterdrückungsmodell ebenso wie das Integrationsmodell, das Kontrastmodell ebenso wie das Kompensationsmodell, so möchte ich im folgenden zeigen, enthalten eine verfehlte Konzeption rationaler Selbstbestimmung und individueller Autonomie. Die Interpreten stützen sich dabei auf eine durchaus anfechtbare Deutung des homerischen Bildes.

Freilich enthält die mythische Erzählung eine Verführung, der wir nicht nachgeben dürfen. Der Odysseus des Homerischen Epos ist der, der er ist, und deshalb wählt er die Wege, die er wählt. (Die von Kirke offengelassene Alternative, auch sich selbst die Ohren zu verschließen, ist für ihn keine reale Option; *ohne Frage* verlangt es ihn nach der Wahrnehmung des Schrecklichschönen.) Die Richtungen seines Begehrens sind festgelegt durch die mythologisch-poetische Welt, der er angehört und durch die Stellung, die ihm innerhalb dieser Welt zukommt. Dieser Held ist kein Hamlet, der sein praktisches Selbst erst wählen muß, er ist seiner Grundbestimmung sicher und führt sie in unbeirrter Handlung aus.

Uns Heutigen aber, den Kindeskindern Hamlets, kommt diese mythische Sicherheit nicht zu (wenn sie denn empirischen Individuen jemals zugekommen ist). Wir sind nicht einfach die, die wir sind; uns ist es nicht bestimmt, wozu unser Verlangen uns bestimmt. Wir erleben unser Begehren vielfach als kontingent, und dies färbt ab auf die existentiellen Wahlen, zu denen es uns veranlaßt. Diese Wahlen erscheinen arbiträr. Es könnte alles anders sein als es ist, wir könnten andere sein als wir sind. Mit Rücksicht auf die Zeit des Lebens muß es sogar heißen: Es *wird* anders sein als es ist, wir *werden* andere sein als wir sind.

Damit radikalisiert sich das Problem der individuellen Selbstbegrenzung. Sie kann nicht mehr ohne weiteres als ein gefügiges Element rationaler Selbstbestimmung aufgefaßt werden. Zwar ist jedes praktische Sichbestimmen eine Begrenzung des eigenen Handelns, wie überhaupt jedes Bestimmen ein Begrenzen ist, sei es nun theoretisch oder praktisch, begründet oder unbegründet. Die Frage aber, das sich in unserem Zusammenhang stellt, lautet, ob die basalen Begrenzungen, aus denen ein Lebensweg seine individuelle Form gewinnt,

5 Elster 1987, Kap. 2.

tatsächlich als Produkte einer *rationalen* Bestimmung gedacht werden können. Wenn die Fixierungen unseres Wünschens willkürlich wären, wie könnte dann die autonome – oder vermeintlich autonome – Verwirklichung dieser Wünsche anders als willkürlich sein?

Warum in aller Welt hat Odysseus den Wunsch, den Gesang der Sirenen zu hören? Warum gibt er diesem Wunsch nach? Warum stellt er ihn in der fraglichen Szene gleichrangig neben den anderen, möglichst glimpflich nach Hause zu kommen? In der Welt der Odyssee, wie gesagt, stellen sich solche Fragen nicht. In unserer Welt aber stellen sie sich ohne Ende.

Ohne Ende stellt sich die Frage, welchen Begehren wir nachgeben, für welche wir empfänglich sein sollen. Daß sie sich "ohne Ende stellt", heißt nicht so sehr, daß sie sich *andauernd* stellen müßte, als vielmehr, daß sie sich einem jeden ohne einen denkbaren sachlichen *Abschluß* stellt. Dieser Abschluß, so scheint es, kann allein durch volitive Bejahung und Verneinung geschehen, also durch Akte, mit denen wir unserem vielstimmigen Verlangen eine bestimmte Richtung geben, von der wir *wollen*, daß unser Leben ihr bis auf weiteres folge. Worauf aber gründen diese Akte, wenn sie auf etwas gründen? Warum ist es dieser Mann, diese Frau, dieses Buch, diese Wohnlage, die mich anziehen, warum ist es diese Gruppe, deren Anerkennung ich begehre, warum dieser Lebensstil, den ich erreichen will? Und wichtiger noch: Warum ist es diese und nicht jene Zuneigung oder auch Abneigung, der ich das *Mandat* verleihe, mein weiteres Verhalten und vielleicht – im Fall von zu gewinnenden Frauen und zu schreibenden Büchern – mein weiteres Leben zu bestimmen? Wenn ich ihnen aber erlaube, mein Leben zu bestimmen, was für eine Bedeutung hat diese Erlaubnis? Ist sie das Produkt einer möglichen *rationalen* Festlegung (und in der Folge Bindung) des eigenen Handelns, oder ist sie das Produkt einer nicht selbst rationalen Festlegung, die vom rationalen Handeln lediglich ausgeführt werden kann?

An dieser Stelle ist es nötig, zwischen Selbstbegrenzung *ex post* und Selbstbegrenzung *ex ante* zu unterscheiden. Selbstbegrenzung ex post ist nicht unser Problem; *nachdem* (oder soweit) das Wünschen und Wollen eines Individuums festliegt, kann dieses sich gezwungen sehen, sein Handeln auf vielfältige Weise zu begrenzen, sei es im Namen der Wünsche, die die leitenden Motive seines Handelns sind, sei es im Namen moralischer Rücksichten.[6] So muß sich Odysseus fesseln lassen, damit er das Hören des Sirenengesangs überleben kann. So muß er die Gunst der Kirke gewinnen, wenn er die zu Schweinen verwandelten Gefährten nicht im Stich lassen will. Mit der Rationalität dieser Begrenzungen gibt es kein Problem. Sie sind gerechtfertigt durch vorgängige Präferenzen oder Einstellungen, denen in den jeweiligen Situationen nur durch diverse Einschränkungen des Handelns zu entsprechen ist.

6 Das soll nicht heißen, der ganze Sinn moralischer Rücksicht liege in Limitierung der genannten Art; dies wäre unzutreffend, da moralische Rücksicht ein Anerkennungsverhältnis impliziert, daß auf Selbstbegrenzungen nicht rückführbar ist. Sofern aber Moral Limitierungen gebietet, wie es ihr wesentlich ist, haben diese die Struktur einer Limitierung "ex post". – Im übrigen lasse ich im folgenden durchweg offen, in welchem Maß gelingende Selbstbestimmung moralische Selbstbestimmung enthalten kann, muß oder soll; vgl. dazu Seel 1995, Kap. 2.7.

Das Problem, mit dem eine Theorie rationaler Lebensführung zurande kommen muß, ist vielmehr Selbstbegrenzung *ex ante* – jene Begrenzung, durch die wir festlegen, welchen unserer Begehrungen wir die Bedeutung vorrangiger existentieller Direktiven geben wollen. Diese Selbstbegrenzung zeichnet bestimmte Wünsche vor anderen aus und legt bestimmte Präferenzen gegenüber anderen fest; auf diese Weise werden grundlegende Optionen eines Subjekts konstituiert, die bis auf weiteres den Kern seiner praktischen Identität bilden. Natürlich ist diese Gewichtung von Wünschen und die daraus resultierende Bildung von Präferenzen häufig keine bewußte Wahl; oft legen nicht *wir* fest, worauf wir vor allen Dingen aus sind, sondern bestimmte Neigungen *erhalten* in unserem Tun und Lassen ein Gewicht, das weite Teile unseres Handelns prägt. So sehr aber auch hier eine *Begrenzung* der Reichweite unserer Aufmerksamkeiten und Absichten vorliegt, um eine *Selbst*-Begrenzung handelt es sich gerade nicht. Selbstbegrenzung liegt vielmehr nur dann vor, wenn es sich aus der Sicht der Handelnden um dezidierte, bewußte und willentliche, Festlegungen von Präferenzen handelt; wenn das Subjekt auf die eine oder andere Weise Stellung nimmt zum Rauschen seines Verlangens, wenn es der chaotischen bis diffusen Richtung seines Begehrens die Kontur eines bestimmten Ausseins auf etwas gibt – diesen Mann, dieses Buch, diese Steuerklasse, diese Reputation, usw. Dann sind es *gewählte Wünsche*, von denen wir uns leiten lassen, verstanden als Resultate eines *bejahten Begehrens*, von dem wir nicht einfach angetrieben *werden*, sondern getrieben werden *wollen.*

Die Szene solcher Bejahungen ist anders gelagert als jene von Sartre vorgestellte Situation, in der es um die Entscheidung zwischen zwei rational unentscheidbaren Handlungsalternativen geht (sich der Résistance anzuschließen oder bei der gebrechlichen Mutter zu bleiben). Hier geht es um eine Fixierung existentieller Optionen, die noch vor solchen Alternativen liegt, wie immer es um ihre Entscheidbarkeit stehen mag.[7] Von einer Selbstbegrenzung "ex ante" spreche ich dabei nicht, weil dies in einem genetischen oder tiefenpsychologischen Sinn *erste* Wünsche wären (was immer dies sein sollte), sondern weil es sich um *basale* Fixierungen handelt, die in aller weiteren Lenkung des eigenen Wünschens und Wollens immer bereits mit inbegriffen sind. Durch Selbstbegrenzung ex ante werden basale Antriebe der eigenen Lebensführung bejaht oder geschaffen und in den Stand bewußter Präferenzen erhoben – derjenigen Präferenzen, die an zentraler Stelle als Gründe angeführt werden müssen, wenn die Lebensführung eines Individuums verstanden oder erklärt werden soll. Solche Gründe stellen die gewählten Wünsche eines Individuums wohlgemerkt auch dann dar, wenn das Subjekt dieser Wünsche selbst *keine* – oder keine ausreichenden – Gründe hat, seine Energien so und nicht anders verausgaben zu wollen.

Wenn wir nun annehmen – wie ich es im folgenden ohne zusätzliche Erörterung tun werde[8] –, daß Selbstbegrenzung dieser Art tatsächlich möglich ist, daß wir also durch unser

7 Sartre 1975; Sartre 1987, bes. 607 ff. Sartre freilich zielt mit dem in meiner Wiedergabe vereinfachten Beispiel auf eine Theorie der "radikalen Wahl", die *noch grundlegender* als das von mir hervorgehobene Wählen sein soll.

8 Dies ist keine harmlose Annahme. Denn es wäre eigens zu, ob den Aporien *rationaler* Selbstbegrenzung solche der Selbstbegrenzung *als solche* entsprechen. Diese Klärung muß einer anderen Gele-

im ganzen diffuses Begehren nicht allein bestimmt werden, sondern es auch formend bestimmen können: Wie verhält sich diese Formung zu der Verfassung einer selbstbestimmten Lebensführung? Wie verhält sie sich zu der von der klassischen Deutung der Sirenen-Episode verlangten rationalen Einheit von Selbstbestimmung, Selbstbindung und Selbstbegrenzung? Ist so etwas wie *rationale* Selbstbegrenzung möglich? Und wenn nicht: Ist rationale Selbstbestimmung möglich, wenn rationale Selbstbegrenzung *unmöglich* ist?

III.

Überlegen wir einen Augenblick lang, was es bedeuten würde, daß rationale Selbstbegrenzung – im Sinn einer Begrenzung ex ante – nicht möglich ist. Dies wäre der Tod des klassischen Modells. Es wäre die Erschütterung der Annahme einer rationalen Einheit des Selbst, gleich was für eine – humane oder repressive, vollständige oder unvollständige – Rationalität dabei in Rechnung gestellt wird. Aus der Sicht dieses Modells wäre alle rationale Selbstbestimmung mit einem irreparablen Defekt behaftet: sie erwiese sich lediglich als Ausführung von letztlich arbiträren Passionen und Präferenzen, die keiner rationalen Rechtfertigung zugänglich wären. Autonomie wäre Ausführung grundloser Affirmationen. Am Boden aller rationalen Selbstbestimmung läge ein grundloses Sichbestimmen, ein Abgrund der Willkür, der durch alles nachträgliche Rationieren nur zu überdecken, nicht aber zu beseitigen wäre.

Dieses Überbrücken der grundsätzlichen Arbitrarität aller basalen volitionalen Festlegungen bliebe freilich eine sehr wesentliche Aktivität einer bewußten Lebensführung. Für die rationale Selbstorganisation des eigenen Lebens bliebe eine Menge zu tun, zum Beispiel
– die Imagination, ob die Erfüllung der gewählten Wünsche wirklich als Erfüllung erfahrbar wäre (wie es im Epos für Odysseus problemlos vorausgesetzt wird)
– die Beschaffung von Wissen über die besten Wege der Verwirklichung der gewählten Wünsche (wie sie in der Odyssee von Kirke übernommen wird)
– das Ordnen und Gewichten der gewählten Wünsche und Ziele, das nicht selten (wie im Beispiel des Odysseus) auf ihre Modifikation hinausläuft und Strategien der Selbstbindung erforderlich macht
– das Wachhalten des Wissens um die Relativität solcher Ordnungen, insbesondere das Offenhalten des eigenen Lebenswegs für Erfahrungen, die das eigene Wünschen und Wollen transzendieren könnten[9] (eine Notwendigkeit *individueller* Lebensführung, die von der Odyssee exemplarisch verdeutlich wird).

genheit vorbehalten bleiben. Ich beschränke mich im folgenden eine Diskussion der Möglichkeit rationaler Selbstbegrenzung und lasse die radikalere Möglichkeit eines Zweifels auch an vorrationaler Selbstbegrenzung – und damit an jeder Möglichkeit "anfänglicher" Selbstbestimmung – beiseite.

9 Dieses zentrale Erfordernis erläutert Seel 1995, Kap. 2.4.

Auch wenn der individuellen Selbstbestimmung alle diese Leistungen – und vielleicht weitere mehr – zugestanden werden können, in der Sicht des klassischen Modells bliebe sie eine reflexive *Modellierung* von gewählten Wünschen und wäre in diesem Sinn gewiß rational; sie wäre aber keiner begründenden *Konstitution* eines bejahten Begehrens fähig und bliebe in diesem Sinn an vorrationale Entscheidungen gebunden. Sie wäre zwar nicht lediglich, nach Humes Wort, eine Sklavin, aber noch nichts weiter als eine Anwältin jener Antriebe, die wir in Akten der affirmativen Selbstbegrenzung zu unseren Leidenschaften machen. Alle ihre Gründe könnten erst dann für oder gegen etwas sprechen, wenn die Stimme der Leidenschaft ihr Wort bereits gesprochen hat. Eine unauflösliche *Aporie* rationaler Selbstbestimmung wäre die Folge. Autonome Lebensführung wäre dazu verdammt, mit Gründen zu bestimmen, was seine Bestimmung ohne Gründe hat.

IV.

Freilich hatte ich für den Augenblick nur *angenommen*, daß rationale Selbstbegrenzung unmöglich ist. Ein Ausweg aus der drohenden Aporie läge also darin zu zeigen, daß und wie rationale Selbstbegrenzung möglich ist. Dann bliebe das aus dem Bild des gebundenen Odysseus gewonnene Modell autonomer Selbstregierung intakt. Rationale Selbstbestimmung ließe sich als Fortführung rationaler Selbstbegrenzung verstehen oder umgekehrt: rationale Selbstbegrenzung als ein integrales Element der rationalen Selbstbestimmung. Die rationale Wahl des eigenen Lebenswegs wäre ein begründetes Wählen all the way through.

Wenn sich zeigen ließe, daß diejenige Selbstbegrenzung ("ex ante"), die ein basales Element aller weiteren Selbstbestimmung ist, ihrerseits auf rationale Weise vollzogen werden kann, so könnte gefolgert werden, daß rationale Selbstbestimmung sehr viel tiefer geht als es sich soeben dargestellt hat. Sie wäre gefeit gegen die Anschuldigung, nur an der Oberfläche des Begehrens zu operieren; sie wäre rehabilitiert in ihrem Anspruch, Autorin unserer gewählten Wünsche zu sein, oder wenigstens sein zu können.

Ich meine jedoch, daß sich eben dies nicht zeigen läßt. Wie immer es um die Aporie rationaler Selbst*bestimmung* stehen mag, den Aporien rationaler Selbst*begrenzung* ist nicht zu entkommen. Das zeigt sich am klarsten an den verschiedenen Versuchen, diese Konsequenz zu vermeiden. Drei solcher Versuche möchte ich kurz kommentieren. Dabei gehe ich rein thetisch vor. Ich werde mich darauf beschränken, jedem Vorschlag, wie rationale Selbstbegrenzung möglich sei, eine Anti-These entgegenzustellen, von der ich meine, daß sie die Position der These widerlegt. Auf eine Diskussion dieser Thesen aber werde ich mich hier nicht einlassen. Zum einen sind diese Argumente und die Positionen, für die sie werben, alle wohlbekannt; zum andern soll meine Übersicht nur dazu dienen, eine Position zu gewinnen, die uns von der Hoffnung auf rationale Selbstbegrenzung befreit.

Wir könnten erstens einen *substantiellen Ausweg* wählen. Die These würde lauten: Für jedes Individuum (oder für alle[10]) läßt sich ein Ziel oder eine Reihe von Zielen finden, deren Erreichung für es (oder jemanden wie es) einen höchsten Wert bildet und so seiner Bemühung um ein selbstbestimmtes Leben eine kontinuierliche inhaltliche Perspektive verleiht. Die Anti-These wäre: Ziele dieser Art sind unvermeidlicherweise arbiträr. Andere könnten für die Betreffenden ebenso gut oder sogar besser sein. Keiner weiß das und keiner kann es wissen. Für existentielle Bewertungen dieser Art gilt: Es gibt immer eine aussichtsreiche Alternative zu der vermeintlich besten substantiellen Alternative.

Wir könnten zweitens versuchen, die *Karte der Authentizität* auszuspielen. Die These würde lauten: Selbstbegrenzung kann nur gelingen, wenn sie von den authentischen Wünschen oder Bedürfnissen des jeweiligen Subjekts geleitet wird, wenn sie seinen genuinen Bestrebungen Ausdruck und Wirklichkeit verleiht. Die Anti-These wäre hier: So etwas wie genuine, ihr unlöschbar eingeschriebene, ihr unverkennbar zuzuschreibende Wünsche oder Bedürfnisse einer Person gibt es nicht. Wie etwa Foucault in seiner "Histoire de la sexualité" demonstriert hat, sind subjektive Begehrungen Produkte eines kultivierenden Prozesses, an dem das Individuum mehr oder weniger stark selbst beteiligt sein kann. Dies gilt vor allem von jenen "gewählten Wünschen", die ein selbstbestimmtes Leben motivieren. Unsere Leidenschaften enthalten Entscheidungen. Die Bejahung, die in aller positiven Selbstbegrenzung liegt, kann sich nicht auf die eigene innere Natur berufen, denn sie *erzeugt* erst jenes unüberhörbare Verlangen, auf das sich das Subjekt dann auch – sich selbst oder anderen gegenüber – berufen kann.[11]

Wir könnten drittens einen *formalen Ausweg* suchen. Die Suche nach einer anfänglichen Rechtfertigung unserer gewählten Wünsche, so könnte die These jetzt lauten, führt in die falsche Richtung. Zur Aufhebung der Aporie der Selbstbestimmung genügt es völlig, Selbstbegrenzung als Fähigkeit der bewußten Beschränkung des eigenen Strebens zu verstehen – welche Ziele und Zwecke auch immer dem Subjekt dieser Begrenzung kurzfristig oder langfristig attraktiv erscheinen mögen. Da diese Fähigkeit einer intentionalen Focussierung des eigenen Begehrens ein wesentliches Moment aller Selbstbestimmung ist, existiert die vermeintliche Kluft zwischen Begrenzung und Bestimmung gar nicht. Die "Begründung" praktischer Wahlen ist ohnehin allein eine Sache der modellierenden, ausgleichenden und gegebenenfalls korrigierenden Herstellung von *Kohärenzen*, nicht hinge-

10 Dies wäre die *perfektionistische Variante* des substantiellen Auswegs. Die These würde lauten: Für *alle* Individuen gibt es einen höchsten sustantiellen Wert unabhängig von ihrem faktischen subjektiven Wünschen und Wollen; Selbstbestimmung ist zu verstehen als möglichst angemessene Realisierung dieses höchsten Guts. Die Anti-These wäre: Abgesehen davon, daß man gerne wüßte, welches dieser umfassende Wert sein sollte, der das Leben aller zu ihrem Besten regieren könnte, abgesehen davon auch, wie dies unabhängig von ihrem Belieben begründet werden sollte: Der Gedanke, individuelle Selbstbestimmung verhalte sich als *Mittel* zur Realisierung eines höheren Zwecks, zerstört die Idee dieser Autonomie, anstatt sie zu stärken.

11 Es beruft sich dann auf Akte der Selbstwahl, auf Fakten der eigenen Willensbildung, die es nicht mehr rückgängig machen *will* und ohne Verlust der Selbstachtung oft nicht mehr rückgängig machen *kann*. Vgl. hierzu v. a. Foucault 1977.

gen eine Sache der *Fundierung* zentraler subjektiver Optionen. – Die Anti-These würde diesmal lauten: Das ist nicht die Antwort, nach der wir gesucht haben. Wir waren auf der Suche nach einer Möglichkeit der Überwindung oder wenigstens Minderung der Arbitrarität subjektiv gewählter Wünsche – jener Situationen, von denen wir sagen, daß wir *dafür* leben. Keine formale Antwort aber kann dies leisten. Was die formale Antwort anbietet, ist lediglich eine mögliche *Reaktion* auf die Kontingenz unseres Begehrens und die Arbitrarität unseres Wünschens, aber keine *Rettung* vor ihr.[12]

V.

Jedoch – es gibt diese Rettung gar nicht. Einen anderen Schluß läßt das Für und Wider in Sachen rationaler Selbstbegrenzung meines Erachtens nicht zu. Es gibt keine Möglichkeit, jene elementaren Wahlen zu rationalisieren, die in jeder weiteren Form der Selbstbestimmung mit inbegriffen sind. Rationale Selbstbestimmung basiert auf Akten der Selbstwahl, die keine rationale Basis haben.

Die Konsequenzen für die Möglichkeit autonomer Lebensführung sind jedoch, wie ich zum Schluß zeigen möchte, alles andere als desaströs. Die Aporien rationaler Selbstbegrenzung haben keine Aporie der Selbstbestimmung zur Folge. Nur aus der Warte des klassischen Modells, das eine durchgehende rationale Einheit von Selbstbestimmung, Selbstbindung und Selbstbegrenzung fordert, mußte es so aussehen. Rationale Selbstbestimmung, richtig verstanden, bedeutet dagegen die *Anerkennung* der Unmöglichkeit einer Rationalisierung der anfänglichen Selbstbegrenzung.

Sobald wir die Ambition einer durchgehenden Rationalisierung verabschieden, wird die soeben – als ein Angebot zur *Rettung* des klassischen Modells – zurückgewiesene formale Antwort wieder interessant. Sie formuliert eine Reaktion auf die Arbitrarität gewählter Wünsche, die diese Arbitrarität nicht als einen Gegensatz, sondern als ein Element von Selbstbestimmung zu verstehen erlaubt. Sie schlägt vor, die Fixierung der eigenen elementaren Bestrebungen ohne weiteres als eine Form von Autonomie zu verstehen, die in aller *rationalen* Selbstbestimmung eine Weiterbestimmung erfährt. Diese achtet auf die Vereinbarkeit und Realisierbarkeit gewählter Wünsche, nimmt in ihrem Namen Begrenzungen vor, ersinnt Formen der Selbstbindung usw. Sie modelliert und konturiert das bejahte Begehren.

12 Denkbar wäre ein vierter Lösungsversuch, der als *radikalisierter formaler Ausweg* angeboten werden könnte. Der Vorschlag wäre: Und wenn der einzelne die Fähigkeit der Begrenzung und Entgrenzung seines Begehrens *wählen* würde als zentralen Haltepunkt seiner Lebensführung? Wäre das nicht eine spezifisch moderne Lösung der Schwierigkeiten eines selbstbestimmten Lebens? Die Antwort wäre: Nein. Dieser Vorschlag sieht nur formal aus, ist aber tatsächlich substantialistisch und sogar perfektionistisch: er offeriert den riskanten Lebensstil des existentiellen *Spielers* als optimale Lebensform, was klarerweise keine *allgemein* vorzuziehende Lebensform ist.

Sie bemüht sich um ein kohärentes Selbstverhältnis *unter Aufnahme* der basalen existentiellen Wahlen.

Es wäre ganz verkehrt, die so verstandene rationale Selbstlenkung lediglich in der Funktion einer Ausführung irrationaler Impulse zu sehen. Zum einen ist die Wahl primärer Wünsche, wenn meine Bemerkungen richtig waren, weder rational noch irrational, sondern lediglich a-rational; wo es keine Gründe gibt, kann es auch kein irrationales Vorbeigehen an Gründen geben. Als rational oder irrational kann lediglich das *Sichverhalten* zu diesen primären Wahlen zählen. Zum andern liegt der Sinn rationaler Lebensführung zwar gewiß darin, unseren anfänglichen Wahlen Raum zu geben und ihnen Wege zu bahnen, um ihre Erfüllung wenn nicht möglich, so doch nicht unmöglich zu machen; Rationalität ist hierbei aber keineswegs nur ein Mittel zum Zweck. Denn mit dieser Eröffnung und Erhaltung aussichtsreicher Situationen wird dem Individuum ein offener Spielraum von Lebensmöglichkeiten zugänglich, der nicht allein *zu etwas* gut ist (zu der Befriedigung einzelner Präferenzen, beispielsweise), der vielmehr *selbst etwas Gutes* ist. Denn in ihm ist die Freiheit zu künftigen, das eigene Leben und Erleben verändernden Wahlen und damit zu einer Form der Weltbegegenung gegeben, die ihren Sinn nicht allein im Reichtum ihrer *Erfüllungen*, sondern nicht weniger (und manchmal mehr) in der Intensität ihrer *Erfahrungen* hat.

Rationale Selbstbestimmung, mit anderen Worten, ist der Versch, Autonomie um ihrer selbst willen zu sichern.[13] Die Autonomie aber, die so gewonnen und erhalten werden soll, ist reicher als jene *rationale* Autonomie, die es, als Dimension dieser reicheren, zu ihrer Sicherung, Entfaltung und Intensivierung braucht. Sie schließt jene unvermeidlich kontingenten Akte der Selbstbegrenzung, des Sich-selbst-auf-etwas-Festlegens ein, ohne die alles lebenspraktische Überlegen vollkommen witzlos wäre.

VI.

Erinnern wir uns an Odysseus in der Sirenen-Episode. Da er den Vorteil des von Kirke nahegelegten Verfahrens erkennt, beschließt er, sich an den Mast binden zu lassen, weil dies eine (wenn auch momentan schmerzliche) Form ist, sein gespaltenes Verlangen – nach baldiger Heimkehr und nach der Weite der Welt – zu befriedigen. Rationale Selbstbestimmung folgt hier basalen Optionen, arrangiert ihre Verwirklichung aber in einer Weise (und modifiziert sie dabei), daß sie einander nicht gegenseitig zerstören können.[14] In diesem exemplarischen Vorgehen liegt eine weitere, unausgesprochene Option, die nicht übersehen werden darf. Es ist eine Option zweiter Ordnung: der Wunsch, das eigene Begehren im Modus der *Selbst*begrenzung und *Selbst*bestimmung ausleben zu können. Durch alle Gefah-

13 Daß Selbstbestimmung nur selbstzweckhaft gelingen kann, habe ich zu zeigen versucht in Seel 1995, Kap. 2.4 u. 2.5.

14 Man sieht hier, daß Herstellung von Kohärenz, d. i. praktischer Vereinbarkeit, in existentiellen Dingen nicht zwangsläufig Herstellung von Harmonie bedeutet.

ren und Anfechtungen hindurch will Odysseus einen autonomen Lebensweg beibehalten, einen Weg, der – soweit möglich – an gewählten Zielen festhält, ohne sich abzuwenden von der gefährliche Schönheit der Welt, ohne sich für die Unwägbarkeit des Wirklichen blind zu machen. Sein Wille zur Selbsterhaltung, von dem die Sirenen-Episode ja ebenfalls handelt, gilt nicht dem nackten Leben, er gilt einer ungezwungenen Wahrnehmung des eigenen Lebens. Indem Odysseus seine basalen Präferenzen, die sich keiner rationalen Wahl verdanken, rational verfolgt, manifestiert und realisiert er das übergreifende Verlangen, ein Leben in freier Weltbegegnung zu führen.[15]

Nachdem das Lied der Sirenen verhallt ist, wird Odysseus von seinen Fesseln entbunden. Erst mit diesem Ereignis gewinnt das Bild des Helden, "aufrecht stehend am Maste, mit festumschlungenen Seilen", seine volle Bedeutung. Der Sinn aller nicht-rationalen und rationalen Limitierungen, die wir uns auferlegen, ist Selbst-Entfesselung: ein Freiwerden für die inneren und äußeren Wirklichkeiten des eigenen Lebens, das allein durch Bindungen an *bestimmte* dieser Wirklichkeiten zu erreichen ist. Das Verhallen der Sirenenklänge in der Odyssee ist daher kein Verebben des rational unbeherrschbaren Verlangens, sondern allein desjenigen Begehrens, das alles andere tötet, weil es kein anderes neben sich oder nach sich duldet. Den Sirenen ist alles bekannt, was geschehen ist und geschieht auf der, wie Voss übersetzt, "lebenschenkenden Erde". Sie versprechen ihrem Zuhörer eine Weisheit von der Art, die nicht länger etwas Fremdes unter der Sonne kennt. Diese Weisheit aber bedeutet den Tod jedes Verlangens, das immer auch Verlangen nach Unbekanntem ist, und muß daher im Bewußtsein der eigenen Endlichkeit ausgeschlagen werden von einem, der – mit Hilfe wohlgesonnener Götter und treuer Gefährten –dem eigenen Verlangen auf die *eigene* Weise folgen will. Von den Fesseln befreit zu sein heißt für ihn, für Selbst-Begrenzungen frei zu sein, die ihm einen ungewissen, von keiner Notwendigkeit vorgeschriebenen Lebensweg öffnen, den niemand ohm abnehmen kann.

Lassen Sie mich daher zum Ende das Ende der Sirenen-Episode zitieren:[16]

15 Seel 1997.

16 Homer 1979, S. 605 f. (XII.184-200).

"Komm, besungener Odysseus, du großer Ruhm der Archaier!
Lenke dein Schiff ans Land und horche unserer Stimme.
Denn hier steurte noch keiner im schwarzen Schiffe vorüber,
Eh er dem süßen Gesang aus unserem Munde gelauschet.
Und dann ging er von hinnen, vergnügt und weiser wie vormals.
Uns ist alles bekannt, was ihr Argeier und Troer
Durch der Götter Verhängnis in Trojas Fluren geduldet:
Alles, was irgend geschieht auf der lebenschenkenden Erde!
  Also sangen jene voll Anmut. Heißes Verlangen
Fühlt ich, weiter zu hören, und winkte den Freunden Befehle,
Meine Bande zu lösen; doch hurtiger ruderten diese.
Und es erhuben sich schnell Eurylochos und Perimedes,
legten noch mehrere Fesseln mir an und banden mich stärker.
Also steuerten wir den Sirenen vorüber; und leiser,
Immer leiser verhallte der Singenden Lied und Stimme.
Eilend nahmen sich nun die teuren Genossen des Schiffes
Von den Ohren das Wachs und lösten mich wieder vom Mastbaum."

Literaturverzeichnis

Elster, J.: *Subversion der Rationalität*, Frankfurt/M. 1987.

Foucault, M.: *Der Wille zum Wissen. Sexualität und Wahrheit I*, Frankfurt/M. 1977.

Homer: *Odyssee*, übertragen von Johann Heinrich Voss, München 1979.

Nietzsche, F.: *KSA 1*. München, Berlin, New York 1988.

Horkheimer, M.; Adorno, Th.W.: *Dialektik der Aufklärung*, Frankfurt/M. 1986.

Sartre, J. P.: *Ist der Existentialismus ein Humanismus?*, in: ders., Drei Essays, Frankfurt/M./Berlin/Wien 1975.

Sartre, J. P.: *Das Sein und das Nichts*, Reinbek 1987.

Seel, M.: *Versuch über die Form des Glücks*, Frankfurt/M. 1995.

Seel, M.: *Freie Weltbegegnung*, in: H. Steinfath (Hg.), Was ist ein gutes Leben? Philosophische Reflexionen, Frankfurt/M. 1997.

WILHELM VOSSENKUHL

Die Wahl des eigenen Lebens*

Am Ende von Henrik Ibsens Schauspiel *Ein Puppenheim* verläßt Nora ihren Mann und ihre drei kleinen Kinder, ausgerechnet an Weihnachten. Sie erkennt, daß sie Pflichten gegen sich selbst hat, und daß diese wichtiger sind als die Pflichten der Familie gegenüber. Wie kann sie die Pflichten sich selbst gegenüber wichtiger nehmen als alle anderen? Weil sie plötzlich erkennt, daß weder die soziale Ordnung noch die Religion ihr vorschreiben können, was sie zu tun hat; nur sie selbst kann es. Nora leiht sich mit einer gefälschten Bürgschaft Geld, um ihren Mann aus einer gesundheitlichen Krise zu retten, und wird dann erpreßt. Sie wird also aus Liebe schuldig. Ihr Mann, Helmer, verbirgt sich aber lieber hinter den herrschenden sozialen Konventionen als sich schützend vor sie zu stellen. In dieser enttäuschenden und aussichtslos erscheinenden Lage wählt sie zwischen dem Suizid und einem neuen, eigenen Leben. "So wie ich jetzt bin, bin ich keine Frau für Dich",[1] leitet sie den Abschied ein. Und als Helmer sie nach den weiteren Aussichten ihrer Ehe frägt, meint sie, sie könne ihm nichts versprechen. Sie wisse nicht, was aus ihr werde. Nur wenn auf beiden Seiten "volle Freiheit" herrsche, könne das Wunder geschehen, daß das Zusammenleben eine Ehe werde.[2]

Nora wählt ihr eigenes Leben, etwas dramatisch zwar, aber nach Kriterien, die eine moralische Wahl kennzeichnen. Eine solche Wahl setzt Gründe voraus, die eine Person vor sich selbst und vor anderen rechtfertigen kann. Nora entscheidet sich mit guten Gründen für ein eigenes Leben, weil sie sich damit zu sich selbst entscheidet. Sie befreit sich von ungerechtfertigten sozialen und moralischen Zwängen. Sie will als Person geachtet werden und sich selbst achten können. All dies kann sie vor sich und ihrem Mann rechtfertigen. Sie folgt dabei einem moralischen Selbstinteresse, keinem Eigeninteresse in einem engen instrumentell rationalen Sinn.

1. Selbstinteresse – Ibsens Nora

Bleiben wir noch etwas bei Nora. Warum ist ihre Entscheidung keine gewöhnliche instrumentell rationale? Wenn Noras Wahl und – allgemein – die Wahl des eigenen Lebens so zu

* Für Hinweise, Vorschläge und Kritik danke ich Erich Ammereller, Stefan Daltrop, Martin Rechenauer, Jürgen Scherb und Stephan Sellmaier.

1 Henrik Ibsen, Ein Puppenheim, in: *Sämtliche Werke*, Bd. 4, Berlin: S. Fischer 1917, 94. Nora ist eine zeitgebundene Gestalt, aber noch immer ein interessantes Beispiel der Wahl des eigenen Lebens. Ihre Zeitrelativität beschreibt G. B. Shaw mit gehöriger Ironie bereits zwanzig Jahre nach ihrer Entstehung (in: *Die wundersame Rache*, Frankfurt 1996). Der Ernst dieser Ironie ist wiederum heute nicht mehr ganz nachvollziehbar.

2 Loc.cit. 96.

verstehen wären, könnten wir in aller Klarheit sagen, um was für eine Art von Entscheidung es sich dabei handelt, und wie sie am besten vollzogen wird. Wir werden sehen, daß wir dies nicht können. Die Gründe dafür werden erkennbar, wenn wir uns vergegenwärtigen, was eine rationale Wahl ausmacht, und ob sie auf so etwas wie 'das eigene Leben' anwendbar ist.

Instrumentell rational ist die Wahl einer Handlung genau dann, wenn sie die Ziele einer Person am besten erfüllt. Das Schlagwort, das dafür meistens verwendet wird, ist die 'Maximierung des erwarteten Nutzens'. Es bringt die Grundidee der instrumentellen Rationalität gut zum Ausdruck. Die Ziele, um die es geht, sind nicht beliebig und unbestimmt. Es sind genau die Wünsche, die eine Person motivieren. Genauer gesagt sind diese Wünsche oder Motive Bündel von Gütern aller Art, die eine Person konsumieren will.[3] Was Motive sind und wie sie wirksam werden, ist nicht klar und kann hier zunächst offen bleiben.[4] Entscheidend für die instrumentelle Rationalität und die rationale Wahl ist, daß die Ziele klar und definierbar sein müssen. Sie müssen eine Reihe von axiomatischen Bedingungen erfüllen, die gewährleisten, daß die beste Wahl getroffen werden kann. Dafür müssen sämtliche Ziele, die für die Wahl relevant sind, bekannt und wohlgeordnet sein. Diese Ordnung, die sog. Präferenzordnung, gehorcht formalen Kriterien.[5] Wenn sich die Güterbündel nach diesen Kriterien ordnen lassen, kann die Präferenzordnung als eine Nutzenfunktion dargestellt werden.[6] Dann sind alle wählbaren Ziele einer Person bekannt und in ihrem Wert so berechnet, daß eine Nutzenmaximierung gelingt. Der rational Wählende verfügt – zumindest in der Theorie, im Modell rationaler Wahl – über mehr oder weniger vollständiges Wissen und perfekte kalkulatorische Fähigkeiten.

3 Es können Güter aller Art sein, materielle, geistige, kulturelle; sie können einen Geldwert haben oder auch nicht.

4 Nehmen wir Hume als einen der Hauptprotagonisten dieses Streits. Für ihn spielt die Vernunft für die Motivation menschlichen Handelns nur eine untergeordnete Rolle. Die Vernunft sorgt lediglich – als "Sklavin der Leidenschaften" – für die Kohärenz, nicht aber für die Inhalte der Motive. Sein klassischer Gegner, Kant, macht dagegen die Vernunft für die Inhalte der Motive verantwortlich. Die Vernunft soll den Willen bestimmen, der dann nur noch wollen muß. Beide, Kant und Hume, sind sich einig, daß die Wahl einer Handlung kausal verläuft, und daß sich die stärkste bzw. beste Ursache durchsetzt. Wenn wir von den Inhalten der Motive einmal absehen und uns lediglich um ihre Struktur kümmern, verstehen sowohl Hume als auch Kant Motivation instrumentell. Sie unterscheiden sich allerdings darin, daß der Inhalt der Motive einmal von dem subjektiven Willen (Hume), zum andern von der objektiven Vernunft (Kant) bestimmt wird. Der Wille wird gewöhnlich als interner, die Vernunft als externer Grund bezeichnet.

5 Es handelt sich um die Kriterien der Reflexivität, der Vollständigkeit, der Transitivität und der Kontinuität.

6 Unter einer Nutzenfunktion verstehen wir eine Funktion U(x), die jedem beliebigen Bündel x Zahlen zuordnet derart, daß für jedes Paar von Bündeln, x_i und x_j, folgendes gilt: wenn x_i gegenüber x_j präferiert wird, die Zahl, die x_i zugeordnet wird, größer ist als die Zahl, die x_j zugeordnet wird $[U(x_i) > U(x_j)]$; bei Indifferenz sind die zugeordneten Zahlen gleich groß. Graphisch abgebildet ergeben sich daraus die sog. Indifferenzkurven.

Es ist – zunächst – ohne weiteres möglich, Noras Entscheidung nach diesem Muster instrumentell rational zu deuten. Daß sie ihre Familie verläßt, maximiert – so scheint es – ihren eigenen Nutzen. Sie hat eine Präferenz den Pflichten sich selbst gegenüber, die kohärent ist mit den Pflichten ihrer Familie gegenüber. Sie folgt dieser Präferenzordnung, ihre Motivation ist klar. Wenn dies die ganze Geschichte wäre, hätten wir Noras Wahl schon hinreichend klar analysiert. Das Wichtigste fehlt aber, nämlich das, was ich in diesen Überlegungen mit 'Noras eigenem Leben' meine. Ich meine damit das Leben, dessen Ziele sie wählt und dessen Verlauf sie selbst bestimmt. Zu dem Zeitpunkt, zu dem Nora Helmer verläßt, weiß sie nur, daß sie nicht mehr ihr bisheriges Leben führen will. Ein positives neues Lebensziel hat sie noch nicht. Sie weiß nicht, was diese Entscheidung bringen wird. Sie sagt, sie wisse nicht, was aus ihr werden wird. Schließlich läßt sie offen, ob sie nicht doch unter der Bedingung wechselseitiger Freiheit und des Wunders einer wirklichen Ehe – irgendwann einmal – zu Helmer zurückkehrt.

Nüchtern betrachtet, ist Noras Entscheidung keine rationale Wahl, und zwar aus drei Gründen. Der erste Grund ist, ihre Ziele lassen sich in keine kohärente Präferenzordnung bringen. Die Kriterien der rationalen Wahl sind nicht erfüllt, weil Noras Präferenzen nicht vollständig, nicht transitiv und nicht stetig sind. Vollständig sind sie nicht, weil ihre Ziele nicht paarweise verglichen und deshalb auch nicht kohärent geordnet werden können. Sie hat eine Präferenz für ein anderes Leben, ein Leben ohne ihre Ehe, zöge aber eine wirkliche Ehe dem Verlassen der Familie vor; zumindest scheint es so. Wenn wir diese beiden Präferenzen in eine Ordnung bringen, widersprechen sie einander.[7] Da dies so ist, sind ihre Präferenzen auch nicht transitiv. Schließlich haben sie keine Stetigkeit; denn es gibt ein Gut, das *eigene Leben*, das Nora bei ihrer Entscheidung gegen die Ehe als unvergleichbaren, absoluten Wert annimmt, der durch keinen anderen ersetzbar ist. Güter, die sich nicht durch andere, gleichwertige ersetzen lassen, passen in keine Präferenzordnung. Das eigene Leben oder das eigene Selbst sind Güter, die nicht einfach gegen andere ausgetauscht werden können. Das ist der eine Grund dafür, daß Noras Wahl keine streng rationale ist: drei der vier axiomatischen Kriterien einer Präferenzordnung lassen sich auf ihre Ziele nicht anwenden.

Der zweite Grund hängt mit dem ersten zusammen, vor allem mit der Unersetzbarkeit des eigenen Lebens durch ein gleichwertiges Gut. Noras Motivation entspricht nicht vollständig der einer instrumentell rationalen Entscheidung, weil dieses eine Gut mit keinem anderen vergleichbar ist und sie es deshalb allen anderen vorzieht. Sie will den Pflichten gegen sich selbst den Vorzug vor allen anderen geben. Damit folgt sie zwar ihrem Selbstinteresse. Sie tut dies aber nicht um ihren eigenen Nutzen zu maximieren, sondern aus moralischen Gründen. Natürlich kommt es bei der Nutzenmaximierung nicht darauf an, was maximiert wird. Es kommt aber darauf an, daß ein von der Präferenzordnung erfaßtes, wählbares Gut, mindestens so gut ist wie ein anderes, das mit ihm auf einer Indifferenzkurve liegt.

7 Natürlich kommt es darauf an, wie die Präferenzen einer Person definiert werden. Für eine bestimmte Ehe und gegen eine andere zu sein, ist per se kein Widerspruch, wenn der andere Ehepartner jeweils eine andere Person ist. Bei Nora ist es aber ein Widerspruch, weil sie mit demselben Partner lieber eine "wirkliche" als die aktuelle Ehe führen würde.

Diese Indifferenz gleichwertiger Güter ist ein integraler theoretischer Bestandteil der rationalen Wahl.

Der dritte Grund, der dagegen spricht, daß Nora instrumentell rational gewählt hat, liegt auf der Hand. Sie verfügt über keine vollständige Information, was ihre Ziele angeht. Sie weiß nicht, was aus ihr werden wird und kann nicht wirklich die Nutzenwerte ihrer Ziele berechnen. Ob es ihr mehr nützen würde, nie mehr zurückzukehren oder dem Wunder einer wirklichen Ehe eine Chance zu geben, kann sie nicht wissen. Dies ist auch der augenfälligste Grund dafür, die rationale Wahl nicht zum Muster der Wahl des eigenen Lebens zu machen, weder für Nora noch für sonst jemanden.

Auch die beiden anderen Gründe, aus denen Noras Wahl nicht rein rational ist, gelten für jedermann. Niemand lebt zu irgendeinem Zeitpunkt mit einer kohärenten Präferenzordnung, geschweige denn über längere Zeit. Zur Illustration dieses Punktes ein Beispiel: Anna kann Peter netter finden als Otto, weil der brave, etwas langweilige Peter ihr beim Umzug geholfen hat. Sie kann aber dennoch – etwa aus intellektuellen Gründen – Otto lieber haben als Peter. Dies kann sich kurzfristig ändern, weil sie sich in Franz, einen charmanter Angeber, verliebt, von dem sie aber bald wieder enttäuscht ist. Nach dieser Erfahrung mit Franz erscheint ihr Peter eben doch die längerfristig bessere Wahl zu sein. Die schlechte Erfahrung mit Franz dürfte eigentlich – der Theorie rationaler Wahl nach – in Annas Präferenzen für Otto gegenüber Peter keine Rolle spielen. Franz gilt als irrelevante Alternative. Im Leben werden aber selten solche – entscheidungstheoretisch – irrelevanten Alternativen ignoriert. Und dann heiratet Anna eben doch Peter, weil sie bei ihm weiß, was sie hat.

Wir müßten die Theorie rationaler Wahl in Überlegungen über die Wahl des eigenen Lebens freilich nicht so genau nehmen. Wir könnten die Kriterien dieser Theorie etwas liberalisieren in der Hoffnung, daß dann auch Noras Wahl eine rationale ist. Über ein Kriterium würde wir bei einem solchen Versuch allerdings stolpern. Es ist der eben erwähnte zweite Grund, der gegen Noras Wahl als rationale Wahl spricht. Ihn können wir verallgemeinern. Die Wahl des eigenen Lebens kann keine instrumentell rationale Wahl sein, weil wir unser eigenes Leben – wenn wir es überhaupt wählen – als ein Gut wählen, das auf keiner Indifferenzkurve mit mindestens einem anderen Gut rangiert. Das eigene Leben ist zwar kein absolutes, mit nichts anderem vergleichbares Gut, weil wir es tatsächlich nicht unabhängig und losgelöst von allen anderen Gütern bewerten. Würde das eigene Leben immer alle anderen Güter überragen, würden wir nie Ruf, Karriere, Ehre etc. riskieren, weil wir jemanden lieben oder weil wir uns selbst und unsere Überzeugungen verteidigen müssen. Wir haben die Wahl, das eigene Leben nicht als absolutes Gut, sondern als eines neben anderen zu wählen und dafür vernünftiger in unseren Entscheidungen zu sein. Wenn das eigene Leben ein absolutes Gut wäre, könnten wir es gar nicht wählen. Vor allem könnten wir niemals ein anderes Leben wählen als das, das wir einmal gewählt haben. Dennoch ist das eigene Leben niemals ebenso wählbar wie eine gleichwertiges anderes Gut. Es liegt nicht neben einem anderen Gut auf einer Indifferenzkurve. Der Grund ist, daß wir keine Wahl haben, sondern das eigene Leben wählen müssen. Wir werden dies am Beispiel von *Lord Jim* später besser verstehen.[8]

Zunächst sollten wir besser verstehen, was das Selbstinteresse für eine Rolle spielt, wenn eine Entscheidung nicht rein instrumentell rational, sondern mit moralisch guten Gründen getroffen wird. Es geht hier um den Unterschied zwischen egoistischem und moralischem Selbstinteresse. Es ist, vor allem in utilitaristischen Ansätzen, vom 'wohlverstandenen eigenen Nutzen' oder einem moralischen Egoismus die Rede, der durchaus altruistisch aussieht. Das Spendenwesen wäre ohne diesen Altruismus kaum zu erklären. Wohlhabende spenden Geld und genießen still oder hörbar ihre Freigebigkeit. Dieser moralische Egoismus ist aber nicht synonym mit dem moralischen Selbstinteresse, das die Wahl des eigenen Lebens motiviert. Denn dieses Selbstinteresse kann kompromißlos sein und deswegen – im instrumentellen Sinn – irrationale Folgen haben. Nora gibt z. B. all die materiellen und sozialen Werte auf, die bisher ihr unselbständiges, eingeengtes Leben als "kleine Lerche" – wie ihr Mann sie nennt – ausmachten. Sie tut dies weder aus egoistischen noch aus altruistischen Gründen. Sie folgt einem moralischen Selbstinteresse, weil sie ihre autonome Selbstbestimmung allein aus moralischen und aus keinen anderen Gründen wählt.[9]

Es gibt Menschen, die den Suizid wählen, weil sie glauben, daß sie – aus gesundheitlichen oder sozialen Gründen – keine Chance mehr für ein eigenes Leben haben. Der Maßstab ist dabei ähnlich wie bei Nora, dem eigenen Leben wird ein absoluter Wert im Vergleich mit allem anderen zugemessen. Nora befreit sich allerdings von den Fesseln der sozialen Konventionen und kann sich deswegen auch gegen den Suizid entscheiden. Sie greift lediglich sozial zum Äußersten, nimmt in gewisser Weise das Ende ihres bisherigen sozialen Lebens in kauf, setzt aber nicht ihr Leben aufs Spiel.

Wir finden Noras Entscheidung vernünftig, weil sie nicht zum Äußersten geht. Es erscheint uns nicht vernünftig, den Wert des eigenen Lebens so hoch anzusetzen, daß der Suizid die letzte mögliche Entscheidung ist. Das vernünftige moralische Selbstinteresse ist kompromißbereit und eingeschränkt rational. Es folgt den Kriterien der Freiwilligkeit, über die bereits Aristoteles nachdachte. Wenn ich nur zwischen Übeln wählen kann, steht mir immer noch frei, welches ich wähle. Es ist klüger, das kleinere und auf längere Frist erträglichere zu wählen.[10] Dieses kluge, vernünftige Selbstinteresse gehorcht zwar nicht den strengen Kriterien rationaler Wahl, paßt aber zum normalen Leben.

Manche wählen für das vernünftige Selbstinteresse den Namen "expressive Rationalität".[11] Sie steht – ihrem Typ nach – für eine kreative Wahl, die z. B. dem Bedürfnis nach Selbstachtung und nach eigener Identität gerecht wird. Das menschliche Selbst ist eine

8 Im Teil 4 dieses Beitrags.

9 Damit schließe ich mich zwar einem von Kant geprägten Verständnis von 'moralisch' an, das zwischen moralisch und egoistisch einen unvereinbaren Widerspruch sieht. Ich schließe aber – wie sich zeigt – nicht jede Instrumentalisierung moralischen Handelns aus.

10 Für Nora ist es auf längere Sicht z. B. vernünftiger, ein unabhängiges, eigenes, materiell bescheidenes Leben zu führen als ein abhängiges Leben im Wohlstand.

11 Gut erläutert den Begriff der 'expressiven Rationalität' Shaun Hargreaves Heap im ersten Kapitel des ausgezeichneten Gemeinschaftswerks *The Theory of Choice* (die übrigen Autoren: Martin Hollis, Bruce Lyons, Robert Sugden, Albert Weale) Oxford: Blackwell 1992.

Quelle von Zweifeln und Ungewißheiten. Dennoch sucht es seinen Wert auch in sich selbst und in seiner sozialen Erscheinung. Es kann sich mit seinen Entscheidungen einen Ausdruck geben, der es unverwechselbar macht. Zumindest ist es ein Ideal, durch Selbstgestaltung unverwechselbar zu werden. Selbstachtung können wir aber nur entwickeln, wenn wir bei anderen Anerkennung finden. Das eine ist die Kehrseite des anderen. Das Individuum ist an die Gesellschaft gebunden, auch in seiner Individualität. Das vernünftige Selbstinteresse ist daher keineswegs unabhängig von der Anerkennung durch andere. Wenn es allerdings völlig abhängig von der Anerkennung durch andere ist, kann es nicht mehr vernünftig sein, weil es dann keinen Freiraum mehr für sein eigenes Leben hat. Das ist das Dilemma des vernünftigen Selbstinteresses, daß es sowohl abhängig als auch unabhängig von der Anerkennung durch andere sein muß.

2. Eigenes Leben

Die Hoffnung mit den Kriterien instrumenteller Rationalität die Wahl des eigenen Lebens klären zu können, hat sich zerschlagen. Es ist wichtig zu sehen warum. Das Interesse am eigenen Selbst läßt sich nicht im Rahmen einer kohärenten Präferenzordnung begreifen. Dieses Interesse ist bei der Wahl des eigenen Lebens durchaus ein widersprüchliches Motiv, zumindest ist ein Widerspruch dabei möglich. Nun wissen wir aber noch nicht genau, was 'eigenes Leben' bedeutet. Wir wissen nicht einmal, ob das Leben überhaupt wählbar ist. Wenn die Kriterien rationaler Wahl nicht anwendbar sind, könnte dies bedeuten, daß es gar nichts Wählbares ist. Nicht wählbar ist alles, was wir ohne Alternative haben und tun, oder was uns ebenfalls ohne Alternative zurechenbar ist. Dazu gehören biologische Funktionen wie das Atmen, die Empfindungen, vor allem Fühlen, Hören, Schmerz und Freude, das eigene 'Ich', insgesamt das physische und psychische Leben, aber auch Herkunft, Sprache, Kultur und Lebensform.[12] Erst innerhalb des nicht wählbaren Lebens erhalten viele – nicht alle – die Chance, ihr Leben selbst zu gestalten und sich so anzueignen. Die Selbstgestaltung des Lebens ist es, die wir mit der 'Wahl des eigenen Lebens' meinen.

Was ist das Eigene, um das es geht? Was mit dem 'Eigenen' ausgedrückt wird, ist eine relative, keine strenge Identität. Relativ ist sie in Hinsicht auf Gegenstand, Träger, Zeit und

12 Von den hier aufgezählten nicht wählbaren Dingen sind einige absolut, andere relativ nicht-wählbar. Zu den letzteren gehören Sprache, Kultur und Lebensform; wir können andere Sprachen lernen und uns – zumindest bis zu einem bestimmten Grad – in anderen Kulturen und Lebensformen bewegen. Ob es eine vollständige Anpassung oder Integration geben kann, ist umstritten. Absolut nicht-wählbar sind die meisten physischen und psychischen Lebensfunktionen. Nicht alles ist aber wie das Atmen nicht-wählbar. Der Charakter von Schmerzen und anderen Empfindungen kann z. B. durch asketische Übungen verändert werden. Wie weit z. B. Schmerzen oder Geräusche allerdings unterbewußt präsent und wirksam bleiben, ist offen. Die Grenzen zwischen 'nicht-wählbar' und 'wählbar' sind hier fließend.

Zuschreibung. Relativ identisch sind Gegenstände im Hinblick auf bestimmte Merkmale, z. B. auf Anzahl, Farbe oder Größe. Bezogen auf diese Merkmale können verschiedene miteinander nicht streng identische Dinge gleich sein, z. B. Bleistifte oder Tomaten oder Menschen. 'Eigenheit' läßt sich als relative Identität verstehen, nämlich als Gleichheit zwischen Trägern und bestimmten Eigenschaften, die ihnen zuschreibbar sind. Personen können z. B. als Besitzer von Autos oder Socken miteinander identisch sein, und zwar relativ auf Zeiten; nicht nur Socken gehen verloren. Solche relativen Identitäten können sich ändern.

Zuschreibungen relativer Identität machen aber gerade nicht das aus, was wir mit dem 'eigenen Leben' meinen. Denn die Identität zwischen Personen im Hinblick auf das Leben ist nichtssagend, weil sie das unterschlägt, was interessant und wichtig ist, nämlich das, was *Kriterium* des eigenen Lebens ist. Es ist nicht der Besitz von irgend etwas, sondern die *selbständige Aneignung* dessen, was eine Person[13] kennzeichnet und von jeder anderen unterscheidbar macht. Das sind nicht Autos und Wohnungen, sondern Lebensführung, Einstellungen und Überzeugungen, Leistungen und Aspirationen. Erfolge oder Mißerfolge, Glück oder Unglück kommen dann hinzu, sind eine Zugabe, die wir uns nicht selbständig aneignen, sondern höchstens – in einem vagen Sinn – verdienen können. Im Hinblick auf Lebensführung, Einstellungen und Überzeugungen, Leistungen und Aspirationen können Menschen und ihr Leben untereinander – nach Wittgensteins Muster der Familienähnlichkeit – gleich sein. Erst die Aneignung der besonderen Mischung, der *Konstellation, Intensität und Gewichtung* dieser Merkmale, macht eine Person von jeder anderen unterscheidbar und identifizierbar.[14]

Wie sich Personen das aneignen, was sie kennzeichnet und auszeichnet, das nennen wir die *Wahl des eigenen Lebens*. Die Aneignung der identifizierenden Merkmale setzt intellektuelle und materielle Möglichkeiten voraus, die wir pauschal 'Freiheit der Lebensgestaltung' nennen können. Es ist die Wahlfreiheit, die einfach so bestimmt ist, daß wir (p oder nicht-p) und (p oder q) wählen oder uns enthalten können (nicht-p und nicht-q).[15] Personen können ihr Leben wählen, das bedeutet, daß sie nicht identisch mit ihrem Leben sind. Sie können mit guten Gründen ein anderes Leben wählen – wie Nora.[16] Sie können sich aber auch über

13 Person und Leben werden von mir teilweise synonym gebraucht. Sie sind es aber streng genommen nicht, weil eine Person im Wandel ihres Lebens identisch bleiben kann.

14 Die besondere Mischung von Merkmalen gilt als individuierendes Merkmal natürlich nicht nur für Personen. Beliebige Gegenstände, z. B. Äpfel, unterscheiden sich etwa farblich in Bezug auf Farbe, Farbton, Sättigung und Helligkeit. Kein Apfel ist wie der andere.

15 Mein Verständnis der Wahlfreiheit schließt die Indifferenz – nicht-p und nicht-q zu wählen – ein; auch Indifferenz beruht auf einer Entscheidung. Die Möglichkeit völliger Enthaltung, eine ästhetische Indifferenz à la Kierkegaard, ist ausgeschlossen. Zu dieser ästhetischen Indifferenz vgl. das Kapitel 5 von Anton Bösls Buch *Unfreiheit und Selbstverfehlung. Kierkegaards existenzdialektische Bestimmung von Schuld und Sühne* (Freiburg/München 1997).

16 Noras Wahlfreiheit ist doppelt relativ. Einerseits ist sie relativ zu ihrer Lebenslage. In dieser Hinsicht ist ihre Freiheit eine Befreiung von allem, worunter sie bisher zu leiden hatte. Ihre Entscheidung macht von ihrer Freiheit negativ Gebrauch, indem sie gegen ihr bisheriges Leben gerichtet ist.

ihr Leben und ihre Möglichkeiten täuschen, wie wir später bei Madame Bovary sehen werden. Ob Personen dabei identisch bleiben, können wir hier offen lassen. Es ist zumindest möglich, dies zu behaupten.[17]

Viele Menschen haben durchaus Handlungsfreiheit, aber eine für uns kaum erkennbare Wahlfreiheit, z. B. geistig Behinderte oder nur eine eingeschränkte, z. B. Opfer von Gewalt und Folter oder Arme, Schwerkranke oder Arbeitslose. Das eigene Leben selbst wählen und gestalten zu können, scheint ein Privileg der freien, gesunden, gebildeten und materiell gesicherten Erwachsenen der westlichen Welt zu sein.[18] Die Möglichkeiten[19] zu haben, sein Leben selbst zu gestalten, ist ein Privileg und eine Kompetenz; es ist aber auch eine Verpflichtung.

In einer sozialen Welt, in der es keine engmaschigen Konventionen, keine absolut gültigen Werte[20] und keine soziale Kontrolle gibt, sondern jeder – "jenseits von Stand und Klasse" wie Ulrich Beck sagt – sein Leben mobil und flexibel gestalten kann, ist die Wahl des eigenen Lebens anspruchsvoll und mühevoll, weil sie nicht von verbindlichen Zielvorgaben entlastet wird. Wir können als gesunde, materiell gesicherte und gebildete Erwachsene in so einer Welt nicht ungestraft leben, wenn wir so tun, als müßten wir unser Leben nicht selbst gestalten. Die Strafe dafür, daß wir die Privilegien der Wahlfreiheit nicht nutzen, besteht in allen möglichen Abhängigkeiten, Bevormundungen, Unterdrückungen, Unterwerfungen und Unfreiheiten, die nicht weniger schlimm sind als in der alten Welt der Stände und Klassen. Also haben wir keine andere Wahl als das eigene Leben zu wählen und so gut wir können selbst zu gestalten.

Da Nora aber nicht weiß, was aus ihr werden wird, entscheidet sie sich nicht positiv für etwas. Im Hinblick auf ihre Zukunft ist ihre Entscheidung also noch einmal relativ. Ihr Sinn ist unklar. Von einer Freiheit *für* ein bestimmtes Leben kann sie nicht Gebrauch machen.

17 Etwa im Sinn der personalen Identität aufgrund physischer oder psychischer Merkmale oder im Sinn der metaphysischen Identität einer Ich-Substanz. Jedes dieser Identitätskriterien ist umstritten.

18 Auch die aristotelische Tugendlehre war nicht für alle Menschen, sondern nur für die freien, begüterten Athener und Menschen ihrer Art. Wer arm ist, kann niemandem Freundschaft erweisen. Wer krank oder behindert ist, wird es schwer haben, tapfer im Kampf oder gerecht gegenüber denen zu sein, mit denen es das Schicksal gut gemeint hat etc. Dies macht es schwer, die aristotelische Tugendethik als moderne Ethik zu deuten.

19 Es sind begrenzte Möglichkeiten, die von allen Bedingungen und Merkmalen einer Person und ihrer Lebenslage abhängen. 'Möglichkeit' verstehe ich hier nicht als bloße Modalität. Als Modalität, also im Sinn logisch unbegrenzter Möglichkeiten, ist sie wie Kierkegaard klar sieht, "die schwerste aller Kategorien" (*Der Begriff Angst*, Reinbek: Rowohlt, 1965, 141), wenn sie unmittelbar auf das menschliche Leben bezogen wird. Die unendlichen Möglichkeiten ängstigen. Deswegen kann Kierkegaard auch davon sprechen, daß die Angst die Möglichkeit der Freiheit sei (loc.cit.).

20 Es ist an dieser Stelle interessant, daran zu erinnern, daß vor wenigen Jahrzehnten ein sog. Lebensphilosoph wie Heinrich Rickert den Sinn des eigenen Lebens noch von den "geltenden Werten" abhängig machte (System der Philosophie, Teil 1: *Allgemeine Grundlegung der Philosophie*, Tübingen: J. C. B. Mohr (P. Siebeck) 1921, 318).

3. Aufgedeckte Präferenzen

Was wir im einzelnen wählen können und wie wir wählen, sollten wir uns genauer ansehen. Ist es so wie am kalten Buffet, wo wir uns von allem Reizvollen ein wenig nehmen können? Wenn die Wahl des eigenen Leben nicht so zu verstehen sein sollte, was ist der Unterschied? Am kalten Buffet ist alles wählbar, je nach Geschmack und verfügbarem Geld. Die Wahl am kalten Buffet verstehen wir z. B. nach dem Modell der aufgedeckten Präferenzen (revealed preferences), das Paul Samuelson entwickelte.[21] Wir müssen uns in diesem Modell keine Gedanken darüber machen, was genau hinter Begriffen wie 'Nutzen', 'Nutzenwerten' oder 'Präferenzen' steckt und vermeiden damit in konkreten Situationen die Schwierigkeiten, die wir mit den Kriterien der rationalen Wahl hatten. Es genügt ein einfacher Begriff von 'Wahl'. Das kalte Buffet bietet leckere Kleinigkeiten, die unterschiedlich viel kosten. Nehmen wir an, es gibt neben vielem anderem Crevetten und Langusten. Wenn sich Wilma beides leisten kann, aber Langusten wählt, sagen wir, daß Wilma eine aufgedeckte Präferenz für Langusten gegenüber Crevetten zeigt. Wir müssen nicht wissen, was 'Wilmas Präferenz' genau bedeutet, wir definieren sie einfach. Samuelson nannte dies das "schwache Axiom der aufgedeckten Präferenz" (weak axiom of revealed preference, WARP).[22] Es bedeutet konkret für Wilma, nachdem sie sich für Langusten entschied, obwohl sie auch Crevetten hätte wählen können, wird sie niemals Crevetten nehmen, wenn es auch Langusten gibt, vorausgesetzt sie bleibt rational.

So ist es bei der Wahl des eigenen Lebens auch, aber nicht ganz. Einerseits hilft uns der Begriff der aufgedeckten Präferenz die Entschiedenheit, die Kohärenz und Konstanz zu verstehen, mit der wir uns den Möglichkeiten gegenüber verhalten müssen, die wir ergreifen und die dann zu unserem eigenen, uns allein zurechenbaren Leben gehören. Vor allem die Ansprüche, die wir an uns selbst richten, können wir nicht ständig ändern. Wenn unser Leben kohärent und konstant sein soll, können wir nicht am Montag moralisch integer sein wollen, am Dienstag aber nicht. Selbst bei der Entscheidung für eine Partnerschaft, eine Familie, einen Beruf, eine Aufgabe, ein Lebensprojekt – wie Bernard Williams sagen würde – haben wir erst dann wirklich vernünftig gewählt, wenn wir – auch bei alternativen Angeboten – bei unserer Wahl bleiben. Die Kohärenz der Wahl wird also mit dem Modell der aufgedeckten Präferenzen gut verständlich.

Der Nachteil des Modells ist aber, daß die aufgedeckten Präferenzen gerade nicht aufgedeckt werden.[23] Jede Wahl kann so gedeutet werden, als würde sie einer Präferenz entsprechen. Wir sehen es der Wahl nicht an, ob sie wirklich auf einer Präferenz beruht oder nicht. Erwin Braun wäre z. B. lieber Arzt geworden, hatte sich aber für die Leitung des Familien-

21 P. A. Samuelson, *Foundations of Economic Analysis*, Cambridge (Mass.): Harvard UP 1947, 90-113.

22 Das Axiom besagt: für beliebige Güterbündel p und p' gilt, wenn p aufgedeckt gegenüber p' präferiert wird, ist es nicht der Fall, daß p' gegenüber p präferiert wird.

23 Dies stellt auch Onora O'Neill in ihrem Buch *Tugend und Gerechtigkeit* (Berlin: Akademie Verlag 1996) fest.

unternehmens entschieden. Ähnlich ist es in moralischen Dingen. Wenn jemand Gutes tut, wann immer er die Wahl zwischen Gutem und Schlechtem hat, muß er oder sie nicht notwendig eine Präferenz für das moralisch Gute haben. Es kommt vielleicht nur darauf an, ob jemand zuschaut.

Wir selbst schauen uns aber immer zu. Deshalb wissen wir natürlich, ob wir einer Präferenz folgten oder nicht. Und wenn wir eine bestimmte Wahl trafen, uns dann aber anders verhalten, wissen wir, daß wir unser Leben nicht gestaltet, sondern – vielleicht – verunstaltet haben. Es kommt also darauf an zu wissen, was wir eigentlich wollen, was wir lieber wollen und was nicht und was wir auf keinen Fall wollen. Idealiter wäre dies eine Präferenzordnung, realiter kann es keine sein, weil wir dadurch – wie wir am Beispiel Noras sahen – in ein unrealistisch enges und unmenschliches Korsett gezwängt wären. Wenn wir unser Leben auch nicht nach einer Präferenzordnung im engen Sinn gestalten, sind wir doch an bestimmte Präferenzen gebunden, die wir nicht ohne Schaden ignorieren dürfen.

Am klarsten wird dies an unseren moralischen Präferenzen. Wenn wir gegen sie verstoßen oder sie immer wieder verändern, haben wir keine moralische Identität. Dies klingt nicht sonderlich abschreckend. Die Folge ist aber, daß wir moralisch für niemanden identifizierbar sind. Konkret gesagt, wir sind für andere nicht berechenbar, nicht verläßlich, weil wir nicht konstant sind. Wir sind moralisch nicht integer und verdienen keine Achtung durch andere; schließlich verlieren wir auch unsere Selbstachtung. Wir haben aber, wie wir schon sahen, ein vernünftiges Selbstinteresse und damit ein Interesse an Achtung und Selbstachtung. Also können wir nicht umhin, ein Interesse daran zu haben, möglichst konstant bei unseren Präferenzen – nicht nur bei den moralischen – zu bleiben und uns kohärent zu entscheiden.

4. Glücken und Scheitern – Lord Jim

Die Notwendigkeit kohärenter Präferenzen betont niemand so nachdrücklich wie Kant. Die Idee der Selbstbestimmung verbindet mit der Orientierung am Kategorischen Imperativ den Gedanken der Gesetzgebung. Die Orientierung soll ihrer Form nach fixiert und das bedeutet kohärent und konstant werden. Was immer geschieht, ob wir Erfolg oder Mißerfolg, Glück oder Unglück haben, wir sollen uns nach dem Muster des praktischen Gesetzes moralisch selbstbestimmen, uns selbst ein Gesetz auferlegen, das notwendig gilt. Mit diesem Imperativ ist keine Wahl verbunden, weil er – anders als hypothetische Imperative – keine Alternative hat. Wir sollen unsere Maximen dem Kategorischen Imperativ ohne wenn und aber unterordnen.

Dieser Imperativ selbst kann der Wahl eines eigenen Lebens nicht zugrundeliegen, weil er nicht das eigene, sondern allein das moralische Leben honoriert.[24] Nicht die Individualität, sondern die Moralität zählt. Aus der Perspektive Kants brauchen wir kein eigenes Leben, wenn wir aus vernünftiger Selbstbestimmung moralisch handeln, im Gegenteil. Das moralische Leben erhält seine Identität nicht durch die identifizierbare Selbstgestaltung einer bestimmten Person, sondern durch die allgemeine Gesetzmäßigkeit. Das Interesse an einem eigenen Leben, ausgedrückt in den individuellen Willensprinzipien, den Maximen der Lebensführung, kollidiert mit dem absoluten Motiv, aus Pflicht und nicht nur pflichtgemäß zu handeln. Neben diesem Motiv kann es kein anderes geben, auch keines, das die Moralität zum Kriterium des eigenen Lebens macht.

Dieses Opfer des eigenen Lebens auf dem Altar des Moralgesetzes können wir nicht erbringen. Denn wir können nichts zur Disposition stellen, was wir wählen *müssen*. Das eigene Leben zu wählen ist unausweichlich. Wir können moralisch oder unmoralisch sein wollen. Wir können aber nicht kein eigenes Leben haben wollen, außer wir gehen zum Äußersten des Suizids.[25] Selbst wenn wir das tun, was andere wollen, wählen wir unser Leben. Die Selbstwahl, die Wahl des eigenen Lebens ist unumgänglich; auch die Verweigerung der Wahl oder die bloße Anpassung an die "geltenden Werte" einer Gruppe oder Gesellschaft ist eine Entscheidung. Die Wahl des eigenen Lebens hat diese *ontologische Dimension*.

Martin Heidegger beschrieb diese Dimension mit ihren beiden Extremen. Das eine Ende nannte er das "eigentliche Selbstsein" und meinte damit das Selbst, das wir – wie er sagt – eigens ergriffen haben.[26] Von diesem unterscheidet er am anderen Ende in seiner eigenwilligen Diktion das "alltägliche Selbstsein" des "Man-selbst", das nicht ergriffen, nicht gewählt, sondern anonym und mehr oder weniger zufällig ist. Heidegger sieht sehr genau, wie unausweichlich die Wahl des eigenen Lebens als ergriffenes oder eben nicht ergriffenes Dasein ist. Ob wir uns der Wahl stellen oder nicht, macht den Unterschied zwischen dem eigenen Leben und irgendeinem Leben aus, das natürlich auch unser Leben, aber eben nicht unser eigenes ist. Zwischen dem eigentlichen und dem alltäglichen, dem wirklich ergriffenen und dem uns nur zustoßenden Selbstsein liegen unsere Möglichkeiten, das eigene Leben zu wählen, andere gibt es nicht.

Allerdings ist die Qualität der Wahl selbst damit noch nicht bestimmt. Was es heißt, sein eigenes Leben zu ergreifen, läßt sich nicht an Erfolg oder Mißerfolg ablesen. Der erfolgreiche Manager wählt sein eigenes Leben nicht notwendig freier als der Arbeitslose, der Schwerkranke oder Behinderte. Es kommt nicht allein auf die äußeren und materiellen Spielräume an, über die wir verfügen. Die Wahl des eigenen Lebens hat mehrere Dimensionen. Neben der ontologischen gibt es – wie wir schon sahen – die moralische und die sozia-

24 Dies diskutiere ich im einzelnen in dem Beitrag "Wen orientiert der Kategorische Imperativ?" in: *Sich im Denken orientieren, für Herbert Schnädelbach* (hrsg. v. S. Dietz, H. Hastedt, G. Keil, A. Thyen, Frankfurt: Suhrkamp 1996, 263-287).

25 Die Wahl des Kategorischen Imperativs ist ebenfalls unausweichlich, wenn wir moralisch sein wollen. Wenn wir dies aber nach dem Muster jenes Imperativs wollen, sind andere Motive kategorisch ausgeschlossen. Deswegen sind die beiden unausweichlichen Wahlen nicht miteinander vereinbar.

26 Martin Heidegger, *Sein und Zeit*, Tübingen: Max Niemeyer [11]1967, 129.

le. Betrachten wir noch etwas die ontologische, weil wir sie mit den anderen Dimensionen noch nicht verbinden können.

Was wir wählen, ist offen, *daß* wir zu wählen haben nicht. Die Wahl ist in diesem Sinn ohne Alternative. Es ist ein Faktum, *daß* die Wahl in jedem Leben stattfindet.[27] Von diesem Daß sind alle Menschen betroffen, auch diejenigen, die kaum oder gar nicht wählen können, weil sie nicht die Wahlfreiheit haben. Ihre Ohnmacht ist gerade deswegen so deutlich, weil die Wahl unausweichlich ist. Wir alle stehen schon in irgendeinem Leben, wenn wir es wählen und können nicht aus einer neutralen, absolut freien Position, aus einer Art Jenseits des Lebens entscheiden. Dies bedeutet, daß jede Entscheidung relativ zum dem Leben ist, das wir führen. Es gibt kein Normal-Null aller Entscheidungen, keinen Schleier des Nichtwissens, hinter den wir uns versetzen könnten, um uns frei und objektiv richtig zu entscheiden, weder individuell noch kollektiv.

Mit der ontologischen Dimension der Wahl ist eine kognitive verquickt. Das Faktum der Wahl schließt ihre absolute Relativität[28] ein. Jede Wahl ist kognitiv eingeschränkt durch ihren Zeitpunkt, die verfügbaren Informationen und durch das, was eine Person wollen kann. Wir entsprechen beim Wählen lediglich den Kriterien der relativen Identität des Eigenen oder der Eigenheit, die wir oben diskutierten. Relativ auf einen Zeitpunkt und auf das Wissen, das zur Verfügung steht, können wir etwas wollen und wählen. Diese Abhängigkeit ist übrigens wechselseitig: wir können nur etwas wollen und wählen relativ zu einem Zeitpunkt und relativ zu dem, was wir wissen.

Deswegen gibt es aus unserer individuellen Perspektive keine Übersicht über das, was wir *alle* wählen können.[29] Jeder wählt in seinen eigenen zeitlichen und kognitiven Grenzen. Es gibt – aus analogen Gründen – auch keine Übersicht über die Totalität *meiner* eigenen Möglichkeiten. Ich kann nur relativ zu einer Zeit und relativ zu den Optionen, die ich kenne, wählen. Dies ist kein Mangel an Übersicht, sondern eine Bedingung des Wählenkönnens. Wenn ich alle wählbaren Optionen meines Lebens wüßte, müßte ich mich nicht mehr entscheiden. Es wäre dann mit der Wahl des Lebens so wie mit dem Atmen und Fühlen. Wir wählen – wie Nora oder Lord Jim – ohne zu wissen, was noch geschehen wird und tragen dabei die Hypothek des bisherigen Lebens, auch des nicht gewählten, das durch Sprache, Herkunft und Kultur geprägt ist.

27 Heidegger nennt diese Faktizität "Geworfenheit" (a. a. O., 179).

28 Wie lebenswichtig die absolute Relativität der Wahl ist, beleuchten die Gedanken Kierkegaards in *Die Krankheit zum Tode* (Reinbek: Rowohlt 1966). Er reflektiert das Selbst, das sich abstrakt als unendlich, grenzenlos und als absolut selbstmächtig begreift, als Verzweiflung. Vis à vis den unendlichen Möglichkeiten will das Selbst verzweifelt es selbst sein. Kierkegaard nennt dieses verzweifelte Selbstsein-wollen Trotz (loc.cit., 65 ff.).

29 Nebenbei gesagt, auch aus der kollektiven Perspektive gibt es keine Übersicht über das, was alle Menschen für ein Leben wählen können. Dazu müßte es möglich sein zu wissen, wo jeder einzelne Mensch steht. Das Menschenrecht auf freie Selbstbestimmung kann daher nicht als Recht auf eine bestimmte Menge von Entscheidungen verstanden werden, die allen Menschen offen wäre. Denn diese Menge ist prinzipiell nicht bestimmbar.

Unser Glück oder Unglück, unser Geschick, ist nicht Gegenstand unserer Wahl, sondern eine ihrer Voraussetzungen und eine ihrer nicht wählbaren Folgen. Natürlich wollen wir, was immer wir beabsichtigen und tun, Glück haben und glücklich sein. Wir können diesen Wunsch aber nicht unmittelbar bewirken. Glück oder Unglück suchen uns aber auch nicht nur heim. Wir sind nicht nur Opfer. Die Möglichkeit des Glückens und Scheiterns auch des aktiven selbstgewählten Lebens wirft Licht auf das, was 'ontologische Dimension' bedeutet. Das Aktive, Spontane und das Passive, Rezeptive sind bei der Wahl des eigenen Lebens noch ungetrennt. Genau dies ist mit 'ontologischer Dimension' gemeint.

Meine Überlegungen haben bisher einige lose, unverbundene Enden. Zunächst beschrieb ich – am Beispiel Noras – das vernünftige Selbstinteresse, das allerdings vom Dilemma der Abhängigkeit und gleichzeitigen Unabhängigkeit von der Anerkennung durch andere belastet ist. Dann betonte ich am Beispiel der aufgedeckten Präferenzen die Notwendigkeit der Kohärenz und Konstanz in der Wahl des eigenen Lebens. Kants Idee der Autonomie drängte sich schließlich als Muster dieser Kohärenz auf, aber nicht als Vorbild für die Wahl des eigenen Lebens. Denn diese Wahl hat – wie ich in Anlehnung an Heidegger sagte – eine ontologische Dimension, welche die moralische und soziale umgreift. Diese losen Enden – Selbstinteresse, Kohärenz und absolute – zeitliche und kognitive – Relativität der Wahl – sagen kaum etwas aus über die Dynamik, die den Prozeß der Selbstgestaltung des Lebens kennzeichnet.

Auf anschauliche Weise fügen sich diese losen Enden in Joseph Conrads *Lord Jim* zusammen.[30] Ähnlich wie Nora wird Lord Jim auf tragische Weise schuldig. Er verläßt gemeinsam mit dem Kapitän und der ganzen übrigen Mannschaft ein heruntergekommenes Schiff namens Patna, dessen Untergang unaufhaltsam scheint, und überläßt es mit allen Passagieren seinem Schicksal. Er springt, wie es heißt, unfreiwillig (involuntary) von der Patna, ohne böse Absicht, und wird erst dann gewahr, was er tat. Er büßt dafür, leidet unter seiner Schande und will sich rehabilitieren. Seine moralischen Selbstansprüche könnten nicht höher sein. Deswegen entspricht es seinem moralischen Selbstinteresse, seiner Schuld nicht zu entfliehen. Er weiß, daß er nirgendwo auf der Welt, auch nicht im hintersten Winkel, seinen eigenen Selbstansprüchen entkommen könnte. Er erhält nach einer zermürbenden Durststrecke die Chance sich zu rehabilitieren und ergreift sie mit märchenhaftem Erfolg. Nachdem sein Leben schon verunglückt schien, glückt ihm nun alles. Auf dem Höhepunkt seines Erfolgs endet sein glückliches Leben. Er wird ermordet, weil er jemandem Vertrauen schenkte, der es nicht verdiente.

Lord Jims Selbstinteresse hat einen konstanten moralischen Kern, sein hohes Selbstideal. Es treibt ihn vorwärts, motiviert ihn, sich zu rehabilitieren. Andererseits isoliert es ihn auch von allen anderen Figuren des Romans. Natürlich ist es nicht unwichtig, daß Joseph Conrad davon überzeugt ist, daß Isolation ein wesentliches Merkmal menschlicher Individualität ist. Tatsächlich werden wir auch im wirklichen Leben voneinander isoliert, einmal durch eben die Selbstachtung, die unabdingbar für die Anerkennung durch andere ist, zum andern durch die absolute Relativität der Wahl unseres Lebens. Die Isolation wird nur teilweise

30 Joseph Conrad, *Lord Jim*, Oxford e. a.: Oxford University Press (1920) 1983.

aufgehoben. Das Dilemma des Selbstinteresses, das ich oben beschrieb, löst sich nur auf, wenn wir – wie Lord Jim – auf das Vertrauen anderer bauen können. Ohne dieses Glück hätte Lord Jims Leben nicht mehr glücken können. Der Baier Stein erkennt nicht nur Jims hohe Selbstansprüche als dessen Identität, sondern vertraut ihm trotz seines moralischen Versagens. Er ist Jims einziger Freund. Stein kann ihn allerdings nicht vor dem Unglück am Ende bewahren. Schließlich zeigen Jims Lebensphasen, was 'absolute Relativität' der Wahl bedeuten kann. Er tut zu jedem Zeitpunkt das, was er relativ zu seinem Selbstideal und den Möglichkeiten, die er hat und sieht, tun kann.

Das Dilemma des Selbstinteresses, die Abhängigkeit und die gleichzeitige Unabhängigkeit von der Anerkennung anderer, kann sich nur auflösen, wenn die Kohärenz der Selbstansprüche sichtbar ist und von anderen anerkannt werden kann. Die widerspruchsfreie Konstanz der eigenen Präferenzen darf aber nicht nur ein Zustand sein. Wenn sie nicht dynamisch wirkt, indem sie die Selbstgestaltung des Lebens motiviert, bleibt das Dilemma des Selbstinteresses unaufgelöst. Dieses Dilemma löst sich also nur dynamisch, wenn wir das eigene Leben – das Selbstsein wie Heidegger sagt – bewußt ergreifen. Dann kann das Leben glücken oder scheitern. Es ist dann aber unser eigenes Glücken und Scheitern und widerfährt uns nicht nur.

5. Illusion und Selbstbetrug – Madame Bovary

Die ontologische Dimension der Wahl des eigenen Lebens ist in einer wichtigen Hinsicht enttäuschend uninformativ. Sie sagt nämlich nichts über die Qualität dieser Wahl. Der Rassist kann sein Leben ebenso selbst ergreifen wie Mutter Theresa das ihre, der Törichte ebenso wie der Kluge. Kohärenz, Konstanz und absolute Relativität der Wahl mögen für die Alternative zwischen Glücken oder Scheitern des eigenen Lebens verantwortlich sein. Sie qualifizieren dieses Leben aber nicht weiter. Die ontologische Dimension enthält mit ihren Merkmalen der zeitlichen und kognitiven Relativität der Entscheidungen kein Kriterium, das ein gutes von einem schlechten Leben unterscheidbar macht. Niemand wird bestreiten wollen, daß ein Leben, das auf Selbsttäuschung, Illusionen oder gar Selbstbetrug beruht, kein gutes und kein geglücktes Leben ist.

Flauberts *Madame Bovary*[31] hat ihr Leben auf einer solchen Basis gewählt und scheitert. Es liegt nicht nur an der provinziellen Enge und den Konventionen ihrer Gesellschaft, sondern auch an den Illusionen, Sehnsüchten und Träumen Emmas, die sie aus den Büchern nahm, die sie in ihrer Pubertät las. Im nahegelegenen Schloß erlebt sie eine Ballnacht, die ihr die soziale und vor allem die erotische Enge und Erbärmlichkeit ihres häuslichen Lebens vor Augen führt. Hier wird sie, vorbereitet von ihren Träumen, erweckt. Flaubert bereitet sie psychologisch sorgfältig auf Verführungen und Ehebruch vor. Sie erlebt ihre sexuelle Befreiung, die sie leidenschaftlich genießt. Der Preis, den sie zahlt, ist ein Elend aus Enttäu-

31 Gustave Flaubert, *Madame Bovary. Sitten der Provinz*, Zürich: Diogenes ^{3}1987.

schung und Erniedrigung. Flaubert beschreibt dieses Elend beeindruckend realistisch. Emma verliert ihre Ehre, ihr Ansehen, ihre Selbstachtung, schließlich ihr Vermögen. Ihr freizügiges Leben ist nur möglich, solange sie jeden Betrug ihrem Mann gegenüber verheimlichen kann. Als schließlich alle materiellen Reserven erschöpft sind, sieht sie keinen Ausweg mehr. Ein Rezensent aus dem Jahre 1857 meint, es sei ein Glück gewesen, daß sich Emma mit einer Überdosis Arsen umgebracht habe; sie hätte sonst vielleicht noch ihren Mann vergiftet.[32] Dieser besorgte französische Herr hält den Suizid anscheinend für eine gerechte Strafe bei Fällen dieser Art. Das ist seinerseits ein Zeugnis der Epoche, in der Madame Bovary literarisch lebte.

Glück und Scheitern von Emmas Leben beruhen auf Illusionen und Selbstbetrug. Sie kann deswegen durch diejenigen, die sie liebt, getäuscht und verletzt werden. Dennoch ergreift sie ihr eigenes Leben mit allen Folgen. Ein gutes, geglücktes Leben ist es nicht, weil der Preis dafür zu hoch ist. Es ist aber ein Leben, das sie selbst gewählt und ergriffen hat. Wir wollen Emma nicht zum Vorwurf machen, daß in ihrer Epoche Ehebruch sozial geahndet wurde. Anerkennung und Achtung wurden ihr von Menschen entzogen, die dazu aus heutiger Sicht kein Recht hatten. Sie mußte für etwas bezahlen, was in unserer Zeit nur noch dann auf heuchlerische Entrüstung stößt, wenn Täter und Opfer bekannt und beneidenswert genug sind.

Emmas eigenes Leben erscheint in Flauberts Beschreibung als ein unauflösbarer, tragischer Widerspruch. Sie kann ihrem Selbstinteresse nur gerecht werden, indem sie es verletzt. Das Leben, das sie allein für lebenswert hält, kann sie in ihrer Zeit nicht ohne das größtmögliche Risiko wählen. Deswegen allein ist ihre Wahl aber nicht unvernünftig. Sie ist es deswegen, weil Emma sich selbst täuscht und betrügt. Ihre Vorstellung von einem glücklichen Leben ist eine naive Illusion, und diese Illusion macht sie zum Maßstab ihrer Lebenswahl. Sie betrügt sich selbst, weil sie aus keiner ihrer Enttäuschungen lernt. Ihr Selbstinteresse ist von vornherein eine Selbsttäuschung, die dann zu einem Selbstbetrug wird. Das Selbstinteresse, dem es auf Dauer verborgen bleibt, daß es sich selbst täuscht, ist ein Selbstbetrug; es kann – wie im Fall Emmas – schlimme Folgen haben. Sie sind einmal schlimm, wenn derjenige, der sie verursacht, sie nicht verantworten will und die Schuld bei anderen sucht. Sie sind aber vor allem deswegen schlimm, weil eine in ihrem Selbstbetrug befangene Person nicht weiß, welches Leben sie wirklich gewählt hat.

Selbstbetrug dieser Art ermöglichen nicht einzelne Überzeugungen, sondern Weltbilder und Weltanschauungen, also ganze Überzeugungssysteme. Sie integrieren Wahrheit und Unwahrheit, Einsicht und Irrtum und machen ein Leben in Widersprüchen möglich. Der Rassist glaubt z. B. an die eigene Überlegenheit und an die Inferiorität anderer Rassen. Mit dieser Überzeugung als Prämisse werden seine menschenverachtenden, zynischen Folgerungen kohärent mit seinem Respekt vor den Vertretern der eigenen Rasse. Der Abergläubige sieht z. B. in allem Möglichen Zeichen und Mitteilungen, an denen er sein Leben orientiert. Erfolg und Mißerfolg bestätigen jeweils die Richtigkeit seines Aberglaubens. Die Wi-

32 Vgl. die Rezension von Jules Barbey d'Aurevilly im Anhang der eben zitierten Ausgabe des Romans (435).

dersprüche werden entschärft. Der Technokrat glaubt z. B. an die technische Lösbarkeit aller Probleme und an die heilbringende Kraft der Technologie. Wenn etwas schiefgeht, spricht dies nicht gegen seine Überzeugungen, sondern höchstens gegen individuelles Unvermögen. Überzeugungssysteme dieser Art eignen sich bestens für ein selbstbetrügerisches Selbstinteresse, weil sie immun sind gegenüber Kritik und Widerlegung.[33] Es gibt sie, wie Karl Popper zeigte, auch in der Philosophie.

6. Verantwortbare Lebensentwürfe

Selbstbetrug hat eine kognitive und eine moralische Seite. Sie hängen wie Huhn und Ei miteinander zusammen. Daß wir unsere Augen vor den eigenen moralischen Verfehlungen verschließen, hilft sie zu begehen. Irrtum und Unmoral bedingen und fördern sich gegenseitig so, daß der Selbstbetrug stabil werden und zum Gestaltungsprinzip des eigenen Lebens werden kann. Dies muß nicht offensichtlich werden wie bei Madame Bovary. Eine Lebenslüge kann ein ganzes individuelles Leben, ja selbst das kollektive Leben von Generationen überdauern, wie wir an unserer eigenen Geschichte sehen. Einen dauerhaften Schutz davor gibt es nicht, weil die Lebenswahl – ihre ontologische Dimension zeigt dies – absolut relativ auf Personen und Zeiten, aktuelles Wissen und Wollen, Weltbilder und Weltanschauungen ist. Sie ist befangen, eingeschränkt auf die relative Übersicht, die wir in einer Lebenssituation haben.

Mit dieser – individuell und kollektiv – unüberwindlichen Fehlbarkeit der Wahl des eigenen Lebens scheint nun aber das oben beschriebene Kriterium dieser Wahl nicht vereinbar zu sein. Ich sagte, entscheidend sei die selbständige Aneignung einer eigenen Lebensführung, von Einstellungen und Überzeugungen, Leistungen und Aspirationen. Natürlich sollen diese Merkmale miteinander kohärent sein. Nun sahen wir aber, daß die Kohärenz jener Merkmale eines eigenen Lebens nicht vor Selbstbetrug und Selbsttäuschung schützt. Ist dies wirklich so oder nur ein Fehler in meinen Überlegungen? Es könnte tatsächlich ein Fehler sein. Er würde in meinem Begriff der Wahlfreiheit liegen. Was wäre denn 'Wahlfreiheit', wenn ich nicht die moralische Qualität dessen, was ich wähle oder nicht wähle, beurteilen und zum Maßstab meiner Wahl machen könnte. Also müßte mit dem Begriff der Wahlfreiheit die Möglichkeit des Selbstbetrugs ausgeschlossen sein. Wenn dies so ist, dann wäre die Wahlfreiheit in meinem Konzept nicht mit der absoluten Relativität der Wahl vereinbar. Die moralische Dimension der Wahl würde mit der ontologischen im Widerspruch stehen.

So ist es auch, und ich sehe nicht, wie dieser Widerspruch theoretisch ausgeschlossen werden könnte. Wenn er selbstgemacht wäre, müßte entweder die ontologische oder die moralische Dimension der Wahl fehlerhaft und die mit diesen Dimensionen verbundenen

33 Es ist leicht zu erkennen, daß diese Form des Selbstbetrugs individuell ebenso wirksam ist wie kollektiv. Auch das kollektive Selbstinteresse kann auf diese Weise verblendet sein.

Ansprüche jeweils unhaltbar sein. Dies trifft – soweit ich sehe – nicht zu. Moralisches Versagen, Selbstbetrug und Selbsttäuschung lassen sich bei der Wahl des eigenen Lebens nicht dauerhaft ausschließen. Relativiert dies unsere moralische Verantwortung, oder macht uns dies zu Opfern unserer kognitiven Beschränktheit? Es sieht zu sehr nach moralischer Hintertür und Entschuldigung aus, als daß wir diesen Widerspruch einfach auf sich beruhen lassen könnten.

Wir müssen insistieren, daß die Wahl des eigenen Lebens im vollen Umfang verantwortbar ist. Die Pflicht, moralisches Versagen zu verhindern, bedeutet nicht, es real auszuschließen. Das ist bei allen Pflichten so. Das, was wir tun sollen, können wir verfehlen. So sehen die Chancen moralischen Handelns ex ante aus. Wie ist nun eine Pflicht zu verstehen, bei der das Glücken oder Versagen weder ex ante noch ex post zweifelsfrei bestimmt werden kann? Es ist eine Pflicht, deren Erfüllungskriterien unklar sind. Wir wissen nicht, welche Menge an Tatsachen als Evidenz für die wirklich übernommene Verantwortung bei der Wahl des eigenen Lebens dienen kann. Damit ist das deontische Prinzip, daß Sollen Können einschließt, nicht erfüllbar.

Es sind durchaus Pflichten denkbar, die ohne dieses Prinzip verbindlich sind. Es sind Pflichten, deren Erfüllung nicht allgemein zumutbar ist. Ich kann mir eine solche Pflicht nur selbst zumuten. Was ich nur mir selbst und niemand anderem moralisch zumuten kann, läßt sich auf die Formel bringen, *daß ich mehr soll, als ich möglicherweise kann.* Ich kann – unter dieser Prämisse – nur mir selbst, aber niemand anderem bei moralischem Versagen einen Vorwurf machen.

Mir scheint, daß diese Asymmetrie der Verantwortung dem gerecht wird, was jede Person bei der Wahl ihres eigenen Lebens an moralischen Ansprüchen erfüllen kann. Die Schuld für mein Versagen ist nicht abhängig davon, ob das, was ich von mir erwarte, nach dem Muster des Kategorischen Imperativs generalisierbar ist oder nicht. Das Prinzip 'Sollen impliziert Können' ist suspendiert. Ich mute mir etwas zu, was ich niemandem sonst zumuten kann; ich kann niemandem einen Vorwurf machen, sich nicht auch das zuzumuten, was ich mir zumute. Umgekehrt kann mir auch niemand den umgekehrten Vorwurf machen.

Moralische Abrechnungen, Schuldzuweisungen und Empörung haben keine Berechtigung, wenn es um die Wahl des eigenen Lebens geht. Ich kann niemandem vorwerfen, daß er sein Leben nicht ergreift und seine Möglichkeiten nicht wahrnimmt. Ich kann nicht einmal wissen, ob er es könnte. Deshalb kann ich mich über niemanden erheben und darf erwarten, daß dies auch niemand mir gegenüber tut. Diese Restsymmetrie bleibt erhalten und damit auch die Möglichkeit wechselseitiger Kritik.

Die hier nur skizzenhafte dargestellte Asymmetrie der Selbstverpflichtung ist alles andere als klar. Mir scheint aber, daß sie eine Möglichkeit bietet, überhaupt von einer Verantwortung für die Wahl des eigenen Lebens sprechen zu können. Ich wähle einen Lebensentwurf und mache ihn mir zu eigen, ohne daß ich *weiß*, ob er sich auf längere Sicht moralisch rechtfertigen läßt. Ich kann nicht mit Gewißheit sagen, ob ich mich dabei nicht täusche. Allerdings kann ich alles tun, um Selbstbetrug auszuschließen. Ich kann so die volle Verantwortung für meinen Lebensentwurf tragen, und zwar ohne daß eine andere Person die Verantwortung für ihr eigenes Leben tragen könnte. Das ist kein moralischer Heroismus, sondern das selbstgewählte Verbot, eine moralische Ausflucht zu nehmen, wo sie möglich wäre. Der Widerspruch zwischen der moralischen und der ontologischen Dimension der Wahl des eigenen Lebens kann damit nur von mir selbst für mein Leben, aber nicht von mir für andere aufgehoben werden. Nur ich allein kann von mir verlangen, einen verantwortbaren Lebensentwurf zu wählen. Ein moralischer Zwang zum eigenen Leben hätte keine Grundlage. Individualismus darf nicht verordnet werden.

SUSAN NEIMAN

Auf der Suche nach Aufklärung

Auf Einladung an einem Kolloqium über Lebensführung teilzunehmen, hat etwas witziges an sich – als ob gerade ich etwas darüber wissen sollte, scherzte ich mit Freunden – bis das Gelächter sich in Angst auflöste. Ich *sollte* etwas darüber wissen, so will es zumindest eine Tradition, die uns zu Sokrates zurückführt, und seinem Satz, den wir auch mit oder ohne Überzeugung in Einleitungskursen in der Philosophie wiederholen, dem Satz über die Nichtswürdigkeit eines ungeprüften Lebens. Überzeugungen aufrechtzuerhalten ist öfter eine Frage des Glücks, bedingt mehr vom Zufall des Alltags als von theoretischen Überlegungen; und diese Erkenntnis allein kann auch Grundlage der Angst werden. Glücklicherweise brauche ich heute nicht dem Studenten zu antworten, der wissen wollte, wie die Philosophie ihm helfen könne, sein Leben besser zu führen (vielleicht auch damit er seine Eltern überzeugen könnte, sein Studium weiterzufinanzieren). Noch weniger brauche ich eine Antwort für Tzuri, den Arbeiter, der, nachdem er Schreibtisch, Computer und Licht in der neuen Wohnung im Handumdrehen aufstellte, fragte, mit der allerleisesten Spur von Hochmut, wie ich denn mein Brot verdiene. Ich nehme an, dass auch andere sich noch gelegentlich die Frage stellen, nicht nur ob die Basis woanders sei, sondern sogar dass der Überbau, den wir anzubieten haben, noch weniger als leer ist: je länger und sorgfältiger ein Leben geprüft wird, desto unwürdiger und untragbarer wird es. Es ist weder ohne Grund noch ohne Ambivalenz, dass *Hamlet* zu den Lieblingsstücken der Philosophen zählt. Aber wir sind, wenigstens heute, unter uns.

So darf ich fragen, was die Aufklärung uns über Lebensführung lehrt, auch ohne sie zu definieren. Die Zeit ist begrenzt, und ich berufe mich zunächst auf unstrittige Tatsachen. Aufklärung ist eine historische Bewegung, deren Anfänge streitbar sind, aber deren Kernfigur sicherlich Kant ist. Sie ist auch eine Weltanschauung und eine Reihe von Praxen, die von jener Bewegung stammen, und deren Brauchbarkeit für unsere Aufgaben am Ende des 20. Jahrhunderts zunehmend bezweifelt wird. – Noch einmal, kurz und unstrittig, will ich an den Hauptzug jener Weltanschauung erinnern: ein Glaube an den Anspruch der Vernunft, sowohl gegen Tradition als auch Intuition. Hier wird eine Idee der Allgemeinheit für jeden Vernunftbegriff der Aufklärung zentral: Vernunft ist jedem zugänglich, Ergebnisse der Vernunft sind jedem verständlich. Die ursprüngliche Absicht dieser Idee wirkte berauschend befreiend: ethische, politische und theologische Fragen waren nicht mehr im Bereich der vorgegebenen Autoritäten, sondern eines jeden Sattlers Sohn, der das Selbstdenken lernen konnte. Seltsamerweise aber wird die Allgemeinheit der Vernunft zu einer Art Unpersönlichkeit: wenn Vernunft jedem gehört, gehört sie auch keinem. Hier kann das Frühwerk John Rawls als äusserste Version dieser Tendenz erscheinen: die Geschöpfe der "original position" werden soweit auf ihre Vernunft reduziert, dass jedes Merkmal der Individualität verschwindet. Der Rutsch von der Allgemeinheit zur Unpersönlichkeit ist vielen zuwider, und scheint jeden Begriff der Aufklärung in die Inkonsequenz zu führen, zumindest was den Begriff der Lebensführung betrifft. Denn, wenn die Allgemeinheit der Methoden der Aufklärung bestensfalls die Abstraktion, schlimmstenfalls die Vernichtung des Individuums verlangt, welche mögliche Bedeutung könnten sie für einen Begriff der Lebensführung haben?

Ich will auf diese Frage gleich zurückkommen. Zunächst möchte ich die Gründe erwähnen, warum nichtsdestotrotz jede Diskussion der Lebensführung nicht um die Aufklärung herumkommt. Keine andere Bewegung der Geschichte war so selbstbewusst und entschlossen auf die Praxis bezogen, beschäftigte sich derart mit der Frage, wie ein Leben geführt werden sollte. Trotz aller Rhetorik Platons, trotz der erstaunlichen Tatsache, dass die Geschichte der Philosophie mit einer Heldentat anfängt, wissen wir, dass die Anwendung der griechischen Philosophie auf das Wenige begrenzt sein sollte (auch wenn dies die Hinrichtung des Sokrates noch geheimnisvoller erscheinen lässt). Umgekehrt, trotz aller Beweise neuer Recherchen, dass die Aufklärung weniger demokratisch als ihre Rhetorik war – sie dehnt sich nicht weiter als auf das Bürgertum aus, ihre Beziehung zu Frauen war bestenfalls prekär – war sie jedenfalls das Beste, was wir jemals hatten. Im Gegensatz zum "Rest" der Geschichte der Philosophie sah sie sich nicht als Angelegenheit der Spezialisten, weder in der Substanz noch in der Form. Ihre Sprache war die Sprache der allgemeinen Öffentlichkeit, nicht der Jargon der Experten; ihre Fragen waren nicht die traditionellen Fragen der Metaphysik (von Kant, dem grössten Metaphysiker aller Zeiten, als Spinnenweben bezeichnet), sondern solche, die nach Kant alle Interessen der Vernunft antreiben. Waren die Fragen nach dem Wissen, Sollen und Hoffen breit genug, um alle Hauptfragen der Spekulation anzutreiben, wurden sie von den Aufklärern auch so verstanden, dass sie alle Einzelheiten des Alltags einbeziehen. – Tatsächlich führte der praktische Anstoss der Aufklärung zu der Meinung, dass "Enlightenment is not a philosophical task. Enlightenment may be done by anyone anywhere."[1] Dagegen möchte ich behaupten, dass die Idee von der Philosophie als Tätigkeit, die von jedem zu jeder Zeit praktiziert werden kann, vielleicht die bestimmende Idee der Aufklärung ist. Trotz Sokrates ein neuer und kaum trivialer Anspruch. In unserem eigenen Jahrhundert kann man es fast als prüfendes Kennzeichen ansehen, dass diejenigen Denker, die noch zur Aufklärung gerechnet werden können, die Überzeugung aufrechterhalten, dass ihre Denkungsart von einem breiten Publikum angewendet werden kann und soll. (Hier wird der Vergleich zwischen Adorno und Marcuse paradigmatisch; man könnte auch Heidegger und Arendt, oder auch Rorty und Cavell vergleichen.)

Auch wenn es denn *prima facie* Gründe dafür gibt, zu fragen, was die Aufklärung uns über Lebensführung lehren kann, kann die Antwort scheinen: gar nichts. Ich habe hier nicht die Hoffnung, alle neueren Einwände gegen die Aufklärung in Betracht ziehen zu können, möchte aber drei der Haupteinwände diskutieren. Alle sind Folgen der ursprünglichen Behauptung, die Prinzipien der Aufklärung seien soweit vom Individuum entfernt, dass sie über dessen Leben nichts zu sagen hätten. Drei nicht völlig vereinbare Einwände sind hier gemeint. Der erste Vorwurf: Jedes Prinzip und jede Praxis der Aufklärung sei vollkommen negativ, daher also ohne Inhalt, der uns führen könnte. Beim zweiten und dritten Vorwurf schreitet Negativität von der Leere zur Drohung: Ziel der Aufklärung sei die Entweihung,

1 Bittner, S. 352.

folglich raubt sie jede Ehrfurcht und die Wunder, die die Welt einst besass. Nahe verbunden mit dem Vorwurf, die Entmystifizierung der Aufklärung sei in der Tat Entheilung von allem, was dem Leben Bedeutung schenke, steht ein anderer: Aufklärung schaffe ein Individuum, für das Leidenschaft und Freude keinen Wert haben. Hierfür ist Adornos und Horkheimers brillante Interpretation des *Ulysses* musterhaft: Indem Augenblick wo sich Ulysses, um sein Leben zu retten, "Niemand" nennt, vernichtet er sich im Moment der Selbstschöpfung. Also muss jede Zivilisation, die er gründen könnte, auf einer Moral der kalten Selbstverleugnung und des Opfers basieren, die seit Nietzsche als höchst ungesund betrachtet wird.

Der Vorwurf, die Aufklärung sei nur fähig, negative Prinzipien zu liefern, wird vorzüglich in einem neueren Aufsatz von Rüdiger Bittner erläutert, der eine besonders klare Darstellung derjenigen Aufklärungskritik bietet, die ich widerlegen möchte. Kants klassischer Aufsatz "Was ist Aufklärung?" ist nach Bittner sowohl widersprüchlich als auch trivial. Der Satz "Aufklärung ist der Ausgang des Menschen aus seiner selbst verschuldeten Unmündigkeit" – sei unbrauchbar, weil, so argumentiert Bittner, es weder Ausgang noch Unmündigkeit noch Selbstschuld gäbe. Vor allem der Appell – "Habe Mut, dich deines eigenen Verstandes zu bedienen" – wird von ihm als trivial bezeichnet. Denn sicherlich will Kant gestatten, dass wir von anderen lernen, vielleicht sogar gelegentlich von deren Entscheidungen bestimmt werden. Ohne aber Kriterien festzusetzen, wann und wo dieses erlaubt sei, Kriterien, die auch bestimmen, welches Gewicht auf die Urteilskraft der anderen zu legen sei, sei Kants begeisternder Satz einfach leeres Gerede.

Im Grunde genommen ist dieser Einwand eine Version des allgemeinen Vorwurfs, Kants regulative Prinzipien seien inhaltslos, daher unfähig Leitfäden der Handlungen anzubieten. Hierbei wird der kategorische Imperativ besonders kritisiert. Wie ich schon anderweitig argumentierte, beruht solche Kritik auf einem Missverständnis des Wesens der leitenden Prinzipien.[2] Wären sie völlig bestimmt, müssten sie genau die Eigenschaften verlieren, die es ihnen ermöglichen, als Endzwecke zu dienen. Die Anwendung der Urteilskraft und des gesunden Menschenverstandes gehört zum Wesen der freien Prinzipien, für die auch keine strengen Regeln vorgegeben werden können. Wie Kant auch schreibt (in der einzigen Bemerkung in der *Kritik der reinen Vernunft,* die fast humorvoll ist): "Der Mangel an Urteilskraft ist eigentlich das, was man Dummheit nennt, und einem solchen Gebrechen ist gar nicht abzuhelfen".[3]

Kants eigene Diskussion der Anwendung des kategorischen Imperativs wirkt gerade in diesen Punkten irreführend. Sowohl in der *Grundlegung der Metaphysik der Sitten* als auch in dem einfach verfehlten Aufsatz "Über ein vermeintliches Recht, aus Menschenliebe zu lügen" scheint es, als ob die dargebotenen Prinzipien völlig bestimmte Resultate für jede Situation liefern könnten ohne Vermittlung zusammenhangbestimmter Urteile. Doch seine rücksichtsvolle Diskussion in der *Metaphysik der Sitten* überlässt auch diejenigen moralischen Urteile, die bei anderen Werken automatisch bestimmt zu sein scheinen, den kasuisti-

2 Siehe Neiman 1994.
3 Kant 1787, B 173.

schen Fragen, jener freien und offenen Diskussion der individuellen moralischen Situationen. So fragt er z. B. folgendes: "Ein Autor frägt einen seiner Leser: wie gefällt Ihnen mein Werk? Die Antwort könnte nun zwar illusorisch gegeben werden, da man über die Verfänglichkeit einer solchen Frage spöttelte; aber wer hat den Witz immer bei der Hand? Das geringste Zögern, mit der Antwort, ist schon Kränkung des Verfassers; darf er diesem also zum Munde reden?"[4] Dass Kant derart wesentliche Fragen der freien Reflektion seiner Leser überlässt, weist darauf hin, dass jedes moralische Dilemma, ob alltäglich oder heldenhaft, zum Selbstdenken einlädt.

Es sei hier bemerkt, dass das Bedürfnis Urteilskraft auf unmöglich vorzugebene Weise anzuwenden, keine Eigenart der kantischen oder aufklärerischen Prinzipien ist, sondern aller handlungsleitenden Prinzipien überhaupt. Selbst der erdrückendste Diktator kann sich nicht nur auf das Gesetz verlassen, sondern braucht ein Justizsystem, das entscheidet, wenn und ob überhaupt bestimmte Handlungen unter bestimmte Gesetze fallen.

Anstelle eines Regelsystems bietet Kant uns eine Metapher an, und seine Wahl ist eine weise. Denn auch wenn wir, die wir uns mitten im Projekt Kindererziehung befinden, manchmal wünschen, dass es Regeln dafür gäbe (statt der faden und nebelhaften Vorschläge der Ratgeber), wissen wir doch, dass es keine geben kann. Auch so eine einfache Aufgabe, dem Kind beizubringen, wie es die Strasse überqueren soll, fordert dem Kind zu lehren (und zu erlauben) seine eigene Urteilskraft einzusetzen. Sowie es unmöglich ist, ein Kind ewig am Gängelband zu halten, ist es ebenso unmöglich, ihm genaue Regeln dafür zu geben, wie weit es von der Strasse stehen darf, wie oft es nach links und rechts schauen soll und wie es erkennen kann, wann ein Auto steht oder nicht. Noch schwieriger ist es, dem Kind beizubringen, sich bei der Auswahl der Freunde oder des Berufes seiner eigenen Urteilskraft zu bedienen und auf Tod oder Liebe oder Schmerz zu reagieren. Regeln dafür gibt es keine. Reife bedeutet nichts anderes als die Fähigkeit, sich auf die eigene Urteilskraft verlassen zu können. Gerade in Fällen, in denen sie noch nie geprüft wurde, entscheiden zu können, welches Prinzip für welche Handlung zutrifft und wie das Allgemeine auf das Individuelle anzuwenden ist. Am wichtigsten ist vielleicht die Reife gerade der Entwicklung jener Menschenkenntnis, die die Reife des Anderen erkennt, d. h., wissen zu können, auf seine Urteilskraft ist Verlass. Kants Ausdruck "Mündigkeit" ist nur der Versuch diesen Zustand gesetzlich festzulegen.

Noch einmal "Was ist Aufklärung?": "Satzungen und Formeln, diese mechanischen Werkzeuge eines vernünftigen Gebrauches oder vielmehr Missbrauchs seiner Naturgaben, sind die Fussschellen einer immerwährenden Unmündigkeit. Wer sie auch abwürfe, würde dennoch auch über den schmalesten Graben einen nur unsicheren Sprung tun, weil er zu dergleichen freier Bewegung nicht gewöhnt ist."[5]

Ich habe in den oben skizzierten Überlegungen angedeutet, dass die Leitprinzipien der Aufklärung nicht negativ im Sinne von inhaltslos seien; ferner, dass Kants Metapher des Erwachsenwerdens, die in anderen seiner Werke wiederauftaucht, keine banale Plattheit ist,

4 Kant 1798, S. 431.

5 Kant 1784, S. 483.

sondern ein reiches und fruchtbares Gleichnis, das weiter erläutert werden sollte. (Hier möchte ich nur die Arbeit von Stanley Cavell erwähnen, dessen Diskussion des Regelfolgens und der Sprache einzigartige Beispiele einer ernsthaften Beschäftigung mit dem Kind in der heutigen Philosophie bieten.[6] Weitere Arbeiten in dieser Richtung wären, so meine ich, höchst wünschenswert.) Was wird mit den finstereren Sinnen der Negativität?

Wieder wird Bittners Kritik beispielhaft. Er behauptet, Gemeinwesen der Aufklärung sei keine Methode sondern ein Ziel: Entheiligung. Denn die Aufklärung "reduces the sacred to the profane, or proves the noble unworthy of our respect". Mit dieser Behauptung will er sich aber nicht der neo-romantischen Aufklärungskritik anschliessen, denn er schreibt: "Why should the meaning and purpose of our actions depend on the specious grandeur that enlightenment attacks?" Um zentrale Grundzüge der Aufklärung zu retten, folgert er: "It is not true that a good human life needs something holy".[7]

Statt in diese Richtung zu gehen, könnten wir aber auch das Bild des Heiligen in Frage stellen, das von jener Kritik vorausgesetzt wird. Denn hier tritt eine dualistische Auffassung des Verhältnisses zwischen dem Alltäglichen und dem Erhabenen auf, welche uns nur zwei schlechte Alternativen lässt. Bei der ersten müssten wir eine Rückkehr auf das Geheimnis verlangen, also ob uns nur dessen Bedeutung retten könne. Dies bedeutet natürlich eine Wiederherstellung des *ancien regimes* mit schlechtem Gewissen, denn es setzt die Richtigkeit der Kritik der Würdenträger voraus. Ohne die blendenden Stützen, die von der Aufklärung angegriffen wurden, stünde gar nichts; also lassen wir lieber Luftgebäude, als unsere Obdachlosigkeit zu gestehen. Ist diese Alternative die erste, scheint die zweite, die einzig ehrliche, nämlich zu folgern, dass alle Würde blendend sei, um uns möglichst fröhlich zu entschliessen, auch ohne sie zu leben.

Beide Alternativen setzen aber ein christliches Bild der Heiligkeit voraus, das die Heiligkeit nicht nur entfernt von, sondern als Gegensatz zu dem Menschlichen ansieht. (Paradoxerweise, da gerade im christlichen Glauben Gott zum Menschen wird.) Eine Verbindung zwischen dem Heiligen und der Leidenschaft ahnend, versuchte das Christentum, sie durch Gewalt zu trennen. So wird jede menschliche Leidenschaft und jedes Wunder entweder nach Gottesliebe gerichtet, oder nicht einmal an das Profane, sondern gar an das Obszöne verwiesen. Kein Wunder, dass jener aufklärerische Versuch, den Alltag in den Vordergrund zu rücken, als Entweihung angesehen wird.

Es gibt aber auch andere Alternativen. Wenn manche Deutungen von Wittgenstein unsere Aufmerksamkeit auf das Wunder des Alltäglichen und Endlichen richten, verkörpern andere Traditionen ähnliches, selbst bei ihren Begriffen der Heiligkeit. Viele jüdische Quellen z. B. bieten ein weit weniger entfremdetes Bild des Erhabenen an. Während ein jüdisches Gebet täglich für den Unterschied zwischen Licht und Dunkel, Heiligem und Alltag dankt, ist der Ort des Heiligen dennoch nicht ausserweltlich. Im Gegenteil: Die Tatsache der Schöpfung ist der wahre Anlass zur Ehrfurcht, und diese wird durch die wöchentlichen Rituale des Schabbats gefeiert. Nicht Raum sondern Zeit wird zum Lokus der Tren-

6 Siehe vor allem Cavell 1979, aber auch Cavell 1969.

7 Bittner, S. 355.

nung. Während in heiligen Zeiten jede Art und Weise von Arbeit untersagt wird, da diese uns von der Ehrfurcht vor der Schöpfung ablenken, wird jeder Ausdruck der Freude, einschliesslich der erotischen, gefördert. Das komplexe jüdische System regelt jedes geringfügige Detail des Alltags, um darin Platz für das Erhabene zu finden, und ist so ein traditionelles Beispiel verschiedener Auffassungen der Beziehung zwischen Heiligem und Profanem. Sicherlich gibt es andere. Sie deuten auf die Hoffnung, dass aus einer unentfremdeten Beziehung zum Heiligen, eine unentfremdete Beziehung zu uns selber wachsen könnte.

Sollte dies der Fall sein, könnten wir die Behauptung, Aufklärungsprinzipien seien negative, da auf berechnete Entweihung gezielt, entkräftigen. Denn die Behauptung trifft nicht den wahren Aufklärer, sondern die Figur, die Nietzsche als letzten Menschen bezeichnete. Unterschiede zwischen den beiden finden sich nicht nur in Gedanken- sondern auch in Gemütsbewegungen, testiert durch ihre Reaktionen auf die Tatsache der Modernität. Wenn die Moderne eine Verweigerung der Nostalgie voraussetzt, ist es ebenso eine Verweigerung, ein Bild der Zukunft festzulegen. Angeboten werden wieder nur Prinzipien, die Gedankenfreiheit ermöglichen ohne Ziele vorzuschreiben. Der letzte Mensch reagiert auf diese Unsicherheit der Moderne mit höhnischem Blinzeln. Weder sucht er, noch braucht er Mut. Der Aufklärer dagegen ist nie ohne Angst, gerade weil er weiss und fühlt, wieviel auf dem Spiel steht. Denn "Aufklärung kann ihrer Aufgabe nur dann gerecht werden, wenn sie sich mit Leidenschaft ans Werk macht."[8]

Dieses Zitat stammt von Jean Amery, der, wie ich meine, grösste Aufklärer unseres Jahrhunderts, und ich möchte mit einigen Gedanken über seine Arbeit abschliessen, die weiteste Bedeutung für jeden Begriff der Lebensführung hat. Dies zu sagen ist – ich weiss es wohl – sehr gewagt, denn jeder weiss doch, wohin Amerys Denken ihn getrieben hat. Über Amerys eigenen Freitod will ich hier und heute nicht reden, doch darauf hinweisen, dass er seine Abhandlung über den Freitod die "letzte erreichbare Stufe der Aufklärung" nannte. Doch auch ohne die Vollziehung der Tat, für deren Würde er argumentierte, kann das Werk Amerys alle Ängste vor der Aufklärung hervorrufen. In seinen Büchern über Auschwitz, das Altern und den Freitod gibt er wie kein anderer Beispiele des rastlosen Vernunftgebrauchs, der vor keiner Frage zurückschreckt. Da er die Zuflucht in die Metaphysik scheute, und lieber Probiersteine der Wahrheit suchte, indem er sein eigenes Leben immer wieder als Text nahm, kann seine wiederholte Annäherung an die Grenzen der Vernunft als Inbegriff des übermütigen Scheiterns erscheinen. So scheint es vielen, endet die Aufklärung, wenn man ihr keinen Halt bietet: im Nihilismus, der, nach Primo Levi, Amery lebensunfähig liess.

Dagegen gibt es zwar Amerys eigenes Bekenntnis zur Aufklärung; gerade in seiner letzten Rede schrieb er: "Was mich angeht, so verweigere ich mich der Resignation, wie todeserotisch verlockend sie auch sei."[9] Doch neben vielen seiner anderen Schriften und Taten können Stellen wie diese leicht als nichts anderes erscheinen, als eine Mischung aus Pathos und Widerspruch.

8 Améry, 1976, S. 14.
9 Améry 1978 II, S. 272.

Dass sie keines von beidem sind, wird in seinem letzten Buch deutlich. *Charles Bovary, Landarzt* kann nicht nur stilistisch als leidenschaftlichste Verteidigung der Aufklärung bezeichnet werden; auch inhaltlich ist das Buch einer Widerlegung des Vorwurfes gewidmet, die Aufklärung würde sowohl Würde wie Leidenschaft aus der Welt schaffen. Amery schreibt Flauberts Roman vom Standpunkt des tölpelhaften Ehemannes neu. Sein Ziel ist es zu zeigen, Menschenrecht und -würde gehören nicht nur den Verdammten der Erde, sondern selbst den Verdammten der Seele. Indem er die Banalität Bovarys in Frage stellt, klagt Amery Flaubert des Verrats an den Prinzipien der französichen Revolution an. Flaubert als Grossbürger verweigert Bovary "die naturgesetzliche Kraft, die den vom Pathos der fleischlichen Leidenschaft Erfassten steigen macht, höher und höher ins Unermessliche, hinaus in den Raum, in den auch der Kleinstbürger sich ein neues Mass setzt". Indem er Bovary eine eigene Stimme gibt, will Amery verteidigen "die Ehre aller kleinen Leute, die nicht hässlich sind, weil sie nicht schön sind, nicht verächtlich, weil sie nur wenig besitzen, nicht dumm, weil sie alltäglicher Vernünftigkeit dienen."[10] Er will aber auch, so meine ich, seinem höchst komplexen Versuch, Hoffnung und Verzweiflung nur ineinander zu finden, eine Form geben. Denn das Bekenntnis zur Aufklärung ist eine Liebe wie jede Andere: ist sie tief, kann sie selbst den Verrat überleben. Bei allem, was frei ist, wird uns ja nichts versprochen.

Literaturverzeichnis

Améry, J.: *Jenseits von Schuld und Sühne*, Stuttgart 1976.

Améry, J.: *Charles Bovary*, Landarzt, Stuttgart 1978.

Améry, J.: *Lessingscher Geist und die Welt von heute*, in: Weiterleben – aber wie? Stuttgart 1978.

Bittner, R.: *What is Enlightenment?*, in: Schmidt, J. (Hg.), What is Enlightenment?: Eighteenth-Century Questions and Twentieth Century Answers. Berkeley and Los Angeles 1996.

Cavell, St.: *Must We Mean What We Say?*, New York 1969.

Cavell, St.: *The Claim of Reason*, New York 1979.

Kant, I.: *Beantwortung der Frage: Was ist Aufklärung?*, Königsberg 1784.

Kant, I.: *Die Kritik der reinen Vernunft*, Riga 1787.

Kant, I.: *Die Metaphysik der Sitten*, Königsberg 1798.

Neiman, S.: *The Unity of Reason: Rereading Kant*, New York 1994.

10 Améry 1978, S. 158.

Kolloquium II
Morale provisoire

GÜNTER FIGAL

Verbindliche Freiheit
Überlegungen zu einer hermeneutischen Variante der morale par provision

1.

Ist die Moral je anders als "provisorisch" gewesen, und kann sie überhaupt anders sein? Man kann sich, um das zu entscheiden, auf Descartes beziehen, von dem der Begriff bekanntlich stammt. Descartes hat im dritten Teil des "Discours de la méthode" eine Beschreibung des Problems gegeben, die ohne große Mühe zu verallgemeinern ist. Das kann unter drei Aspekten geschehen.

Zunächst: Daß Moral im Sinne eines Ensembles von Antworten auf die Frage, wie man leben soll, ihre Selbstverständlichkeit verliert, mag zwar, aber muß nicht mit dem Programm einer neuen Wissenschaft zusammenhängen, das alles bisher für sicher Genommene zweifelhaft erscheinen läßt. Jedesmal, wenn die Frage, wie man leben soll, ausdrücklich gestellt wird, setzt das die Irritation über vormals unbefragte, wenigstens nicht grundsätzlich befragte Lebensformen voraus. Ausdrücklich formulierte Antworten auf die Grundfrage der Moral gibt es nur in Situationen des Übergangs, in Krisen von Kultur und Tradition.

Außerdem: Daß Antworten auf die Frage, wie man leben soll, ihre Überzeugungskraft nicht bloß einer wissenschaftlichen Begründung verdanken dürfen, mag zwar, aber muß nicht auf eine mögliche und noch ausstehende Wissenschaft bezogen sein. Es kann auch damit zusammenhängen, daß eine wissenschaftliche Begründung der Moral für die Situationen moralischen Handelns nicht wirklich entscheidend ist. Moral wäre dann, anders gesagt, in ihrem Wesen nicht von Moralphilosophie abhängig, und es wäre philosophische Hypertrophie, das Gegenteil anzunehmen. Entsprechend sollte beunruhigend sein, wenn eine Gesellschaft sich mit ihren moralischen Überzeugungen auf eine philosophische Begründung angewiesen glaubt oder in ihr gar die Meinung verbreitet ist, haltbare moralische Überzeugungen seien allein aus der philosophischen Begründung zu gewinnen.

Und schließlich: Daß die Moral nicht begründungsabhängig ist, bedeutet nicht, man solle auf die betreffende philosophische Erörterung verzichten. Sobald an die Stelle selbstverständlicher Lebensorientierung Moral getreten ist und man es mit der ausdrücklich gestellten Frage, wie man leben soll, zu tun hat, ist die philosophische Erörterung nahezu eine Konsequenz des Lebens geworden. Das mag zwar, aber muß nicht im Sinne der Ausbildung einer neuen Wissenschaft verstanden werden, die aus der Einsicht in die wahre Natur der Dinge zusätzliche, sogar die moralischen Antworten umfassende Lebensorientierungen erhofft. Denkbar ist auch eine philosophische Erörterung, die als Interpretation der Moral in ihren Zusammenhängen dazu verhilft, das, was man ohnehin tun würde, transparenter, bewußter zu tun.

Im Hinblick auf die lebensorientierenden Möglichkeiten einer neuen Wissenschaft dürften die Erwartungen inzwischen sowieso eher gedämpft sein. Wie allbekannt ist, fordern die wissenschaftlichen Zugriffsmöglichkeiten auf das menschliche Leben zu moralischen Orientierungen heraus, statt sie zu stützen oder wenigstens zu ergänzen. Und auf eine Philosophie, die Wissenschaft und Moral integrieren, sie auch nur ineinander übersetzen könnte, sollte man besser nicht warten. Also bleibt, was das Programm einer neuen Wissenschaft betrifft, der provisorische Charakter der Moral auch fortan erhalten.

Das dürfte nicht anders sein, wenn man die Möglichkeiten auch nur der Moralphilosophie bedenkt. Mit einer Konzeption, die allgemein einleuchtet, weil sie die verschiedenen Aspekte der Frage, wie man leben soll, so entwickelt, daß keine wesentlichen Ergänzungen und Einwände mehr greifen, ist nicht zu rechnen. Es gibt keine Moralphilosophie, die, bei allem systematisch-integrativen Anspruch, nicht selbst bestimmte Akzente setzt. Die Moralphilosophie ist perspektivisch, und also wird die Frage, wie man leben soll, immer verschieden gestellt und erst recht verschieden beantwortet werden. Philosophische Erläuterungen der Moral, von Begründungsansprüchen zu schweigen, werden immer so ausfallen, daß sie bezweifelbar sind, daß sie, aus wenigstens akzeptablen Gründen, nicht überzeugen.

Die Vielfalt und Bezweifelbarkeit von moralphilosophischen Entwürfen hat wohl damit zu tun, daß jede Moralphilosophie Begriffe und Kategorien verwendet – verwenden muß, die in Lebenssituationen und in die hier erforderlichen Überlegungen nicht eingehen, vielleicht sogar nicht eingehen können. Wo es um die jeweils konkrete Beantwortung der Frage geht, wie man leben, und das heißt ja konkret immer auch: wie man handeln soll, ist anderes gefragt als eine generelle Erläuterung dieser Frage, wie sie die Moralphilosophie bieten kann. Die Sphäre des Handelns ist sui generis; ein Aristoteliker mag sich in einer bestimmten Situation ebenso bewähren wie ein Kantianer oder wie jemand, der weder von Aristoteles noch von Kant je eine Zeile gelesen hat. Allein darum ist es gut, wenn die Moral provisorisch bleibt – ein Vorrat an Orientierungen, der unabhängig von der Philosophie, gerade auch von der Moralphilosophie bestehen kann.

Andererseits gibt es jedoch die philosophische Reflexion und Erläuterung der Moral, und es ist gut, daß es sie gibt. Nach dem Verlust moralischer Selbstverständlichkeit hat sie ihren Sinn unter anderem als Einrede gegen alle problematischen, weil letztlich paradoxen Versuche, so etwas wie moralische Selbstverständlichkeit wieder herzustellen. Zwar läßt sich die Flucht in vermeintlich sinnstiftende Weltbilder, in Fundamentalismen, durch Philosophie nicht verhindern; aber man sollte auch nicht einfach zusehen – die Möglichkeiten der Philosophie waren immer schwer abschätzbar; und sie haben sich auch nie angemessen nach dem Maßstab der Durchsetzbarkeit bewerten lassen, am wenigsten da, wo sie wirklich überzeugen konnten.

Die Philosophie sollte trotz der grundsätzlichen Unabhängigkeit einer lebenspraktisch verstandenen Moral von philosophischer Begründung der Moral natürlich entsprechen wollen. Daß dies möglich und die Alternative zum Begründungsanspruch nicht Beliebigkeit und vollständige Äußerlichkeit ist, kann allein durch die Tradition der Moralphilosophie für belegt gelten. In der Moralphilosophie ging es ja immer darum, das Eigentümliche der Moral zu treffen, also dem zu entsprechen, daß die Frage, wie man leben soll, ins Leben gehört. Aufgabe der Moralphilosophie war, anders gesagt, immer, zu klären was das Gute ist – und zwar das Gute für das menschliche Leben.

Also muß das Gute für das menschliche Leben derart sein, daß es einerseits im menschlichen Leben ohne Philosophie verständlich ist – man sollte ihm allein aus dem alltäglichen Zusammenhang des Lebens entsprechen können. Wo man sich damit nicht zufrieden geben kann, ist von einer philosophischen Erörterung des Guten zu erwarten, daß sie bei aller perspektivischen Festgelegtheit das Gute so, wie es ins menschliche Leben gehört, trifft – philosophische Interpretationen des Guten sollten deutlicher sagen, was man im Zusammenhang der Moral grundsätzlich schon weiß. Aber sie werden immer auch mehr sagen als das.

Philosophische Konzeptionen, die das Gute, wie es ins menschliche Leben gehört, treffen, müßten also von der selben Sache handeln und dürften in ihren Erläuterungen trotzdem divergent sein. Daß es sich so verhält, läßt sich vielleicht am besten an den beiden klassischen Vertretern der Moralphilosophie – an Aristoteles und Kant – zeigen. Der Vergleich hat den Charakter eines Modells, eines maßgeblichen Beispiels. Die Konzeptionen von Aristoteles und Kant sind nämlich, gerade was ihre Antwort auf die Frage nach dem Guten betrifft, denkbar verschieden, so daß sie oft als die beiden Grundmöglichkeiten der Moralphilosophie verstanden und entsprechend gegeneinander ausgespielt werden. Aber sie lassen sich doch auf etwas hin durchsichtig machen, das ihnen beiden zu Grunde liegt: die menschliche Freiheit; so daß sich die Vermutung ergibt, diese könnte mit der Rede vom Guten im menschlichen Leben eigentlich gemeint sein. Daß Aristoteles und Kant von der Freiheit auch verschiedene Erläuterungen geben, sollte nicht weiter irritieren, wenn damit verschiedene Aspekte desselben gemeint sind. Was zu den Unterschieden führt, ist die perspektivisch geprägte, insofern einseitige Hervorhebung der Aspekte; auch ist es der ganz und gar verschiedene Kontext, aus dem die Philosophen mehr sagen, als man im Zusammenhang der Moral grundsätzlich schon weiß.

2.

Wenn Aristoteles das Gute als die Wirklichkeit des menschlichen Lebens im Sinne vernünftiger Überlegung (psyches enérgeia katà lógon, EN 1098a 3)[1] bestimmt, so ist damit als das Gute die kontinuierliche, in sich immer schon vollendete Lebenswirklichkeit verstanden; daß sie von vernünftiger Überlegung geleitet sein soll, ist dabei kein Zusatz, sondern ihre Bedingung: Nur ein vom praktischen Wissen geführtes Leben ist kontinuierlich, weil im praktischen Wissen Ziele und Handlungen verbunden und geordnet sind, statt daß man sich ins Disparate jeweiliger Interessen und Wünsche zerstreuen würde; und in sich vollendet ist ein solches Leben darum, weil es, geprägt durchs praktische Wissen, in jedem Augenblick ist, was es sein soll.

Mit dieser Konzeption scheint Kants Bestimmung des Guten als des guten Willens nur schwer vereinbar zu sein. Zwar geht es auch hier um die Zusammengehörigkeit des Guten mit der Vernunft. Daß diese in einer kontinuierlichen Lebenswirklichkeit ausgeprägt sein kann, wird jedoch gerade bestritten. Kein Handeln, so die skeptische Überlegung Kants, ist mit Sicherheit ganz und gar durch die Vernunft bestimmt; immer sind auch Affekte im Spiel, und diese können das vernünftige Überlegen so beeinflussen, daß es, wie unmerklich auch immer, in den Dienst der Affekte tritt. Außerdem mag jemand zwar eine richtige Entscheidung treffen, aber, aufgrund der Handlungsumstände oder weil ihm Kräfte zum Handeln versagt sind, gezwungen sein, die Entscheidung unausgeführt zu lassen. Es wäre nicht einleuchtend, ihm deshalb eine mögliche Teilhabe am Guten abzusprechen. Also "ist überall nichts in der Welt, ja überhaupt auch außer derselben zu denken möglich, was ohne Einschränkung für gut könnte gehalten werden, als allein ein *guter Wille*" (GMS, BA 1).[2]

Die Verschiedenheit zwischen Aristoteles und Kant betrifft wohlbekannte Grundzüge ihrer Konzeptionen und ist darum auch schnell erläutert: Weil Aristoteles die Welt als einen Bewegungszusammenhang versteht und Bewegungen allein unter dem Gesichtspunkt ihrer Vollendung für bestimmt hält, muß er auch das in die Welt gehörende menschliche Leben als Bewegungszusammenhang begreifen und nach seiner möglichen Vollendung fragen. Und weil Kant die Welt als einen unter Naturgesetzen stehenden Zusammenhang begreift, in dem nichts auf Entscheidungen zurückgeführt werden kann, sondern alles in ein dichtes Gewebe von Kausalrelationen eingespannt ist, muß er eine ontologische Kluft zwischen Entscheidung und Handlung annehmen und, unter der Voraussetzung, daß von "gut" oder "schlecht" bloß im Hinblick auf das nicht den Naturgesetzen Unterliegende gesprochen werden kann, allein die Entscheidungsbildungsinstanz, den Willen, als das Gute verstehen.

Mit der skizzierten Verschiedenheit zwischen Aristoteles und Kant ist unausdrücklich auch schon die ihnen gemeinsame Sache eingeführt. Kants Auszeichnung des Willens ge-

1 Aristoteles wird zitiert unter den Siglen EN = *Nikomachische Ethik*; Pol. = Politik.

2 Kant wird zitiert unter der Sigle GMS = *Grundlegung zur Metaphysik der Sitten*, nach: Immanuel Kant. Werke in zwölf Bänden, hg. von W. Weischedel, Frankfurt 1968, Bd. VII. Die Seitenzahlen entsprechen der dort angegebenen Paginierung der Originalausgaben (BA).

genüber dem Handeln betrifft natürlich dessen Freiheit, seine durch das Sittengesetz mögliche Autonomie. Daß Freiheit hier als Autonomie verstanden wird, erklärt sich wieder aus der Konzeption der Welt als eines unter Naturgesetzen stehenden Gewebes von Kausalrelationen: Was, als Freiheit, nicht unter dieses Gewebe fällt, wird unter dem Gesichtspunkt seiner möglichen Wirkung analog zu sonstigen Wirkungsverhältnissen als Kausalursache vorgestellt und kann, den für die Welt geltenden Naturgesetzen entsprechend, selbst nur die Form eines Gesetzes haben.

Bei Aristoteles kommt der Gedanke der Freiheit zunächst im Hinblick auf die mögliche Beeinträchtigung des Handlungsvollzugs vor. "Frei" (hekoúsion) kann hier jede Handlung genannt werden, die sich unbeeinträchtigt und aus eigenem Anfang vollzieht. Der Anfang (arché) einer Handlung ist aber das Ziel, durch das und auf das hin sie bestimmt ist. Also ist eine Handlung "frei", sofern das als Erfüllung des Tuns verstandene Ziel auch erreicht wird. Unfreiheit besteht umgekehrt in der gewaltsamen Behinderung oder Verhinderung eines Handlungsverlaufes, wobei sich der Eindruck der Gewaltsamkeit natürlich auch bloß unter der Voraussetzung eines zielgerichteten Handelns ergibt. Vergleichbares ergibt sich aber, wie Aristoteles denkt, aufgrund der Beschränktheit des Handelnden, wie sie durch mangelndes Wissen gegeben ist: Wer über seine Ziele im Unklaren ist oder die Mittel zur Bewirkung einmal gesetzter Ziele nicht kennt, ist in seinem Handeln nicht frei.

Das führt allerdings schon ein Stück weit über die Orientierung am Handeln hinaus. Zwar ist die Freiheit einer Handlung für Aristoteles nicht dadurch bestimmt, daß sie durch Überlegung geleitet ist; ausdrücklich wird gesagt, auch das Verhalten von Kindern und Tieren könne frei sein (EN, 1111b 8 f.) – dazu reicht hin, daß Verhaltensweisen auf etwas abzielen, also, in wie einfacher Form auch immer, intentional sind. Doch sobald sich die Intentionalität des Verhaltens unter Voraussetzung des Überlegens vollzieht und so auch immer die Möglichkeit der Behinderung durch mangelndes Wissen und Nachdenken gegeben ist, gehört zur Frage nach der Möglichkeit freien Handelns immer die nach der Disposition des Handelnden. Je eindeutiger man imstande ist, alles Handeln einem einheitlichen Ziel zu unterstellen, und je klarer man im einzelnen Tun Möglichkeiten sieht, dieses Ziel zu erreichen, desto weniger handelt man bloß frei, sondern man ist es – in der Kontinuität des Lebens im ganzen.

Das Freisein in diesem Sinne hat Aristoteles als Autarkie verstanden – als Selbstgenügsamkeit, Unabhängigkeit oder Selbstvollendung, was alles Bedeutungsaspekte des Wortes sind. Nichts von dem bezieht sich allerdings auf isoliert betrachtete Individuen, sondern gemeint ist immer das Autark-sein in Lebensgemeinschaften und entsprechend deren Autark-sein; letztlich die Autarkie der Polis, so daß Bürger und politische Gemeinschaft unter dem Gesichtspunkt der Freiheit zusammengehören: vernunftbestimmtes Leben und eine Lebensgemeinschaft, die im vernünftigen Handeln gemeint sein kann – die seiner bedarf und ihm zugleich seinen Ort gibt.

Aristoteles hat diese Überlegungen nicht ausdrücklich dem Begriff der Freiheit unterstellt; das Wort, das er hier zur Verfügung hätte, eleuthería, verwendet er selten und dann bloß zur Kennzeichnung einer besonderen Verfassung der Polis, der Demokratie (vgl. etwa EN, 1131a 28; Pol. 1280a 5). Für deren Verfechter wird die Freiheit zum Problem, sofern der Anteil an der Herrschaft und damit das Anrecht auf den Bürgerstatus zur Debatte steht.

Freiheit ist nach demokratischem Verständnis gleichbedeutend damit, daß Herrschen und Beherrschtwerden sich für jeden Bürger die Waage halten (Pol. 1317b 2-3), so daß man möglichst tun kann, was man will (Pol. 1317b 11-12). Das kann Aristoteles eher beiläufig erörtern, weil es hier nicht um die Frage nach dem Wesen von Bürger und Polis allgemein geht. Zu einer terminologisch zugespitzten Erörterung der Freiheit sieht er offenbar keinen Anlaß. In begrifflicher Prägnanz tritt das Phänomen erst hervor, wo es nicht mehr nur selbstverständlich als die Seinsweise des Bürgers gilt.

Für Kant ist das in geradezu dramatischer Weise der Fall. Unter der Voraussetzung einer durch Naturgesetze vollständig bestimmten Welt ist ja fraglich, ob es überhaupt Freiheit geben kann; und selbst wenn das eingeräumt wird, bleibt die Freiheitsannahme unter dem skeptischen Vorbehalt, daß Handlungen nie wirklich frei genannt werden können, problematisch.

Andererseits ist mit der Unterscheidung zwischen dem autonomen und darin freien Willen und den wie Naturereignisse verstandenen Handlungen nicht gesagt, beide hätten nichts miteinander zu tun. Daß überhaupt von Handlungen die Rede sein kann, setzt ihre – wie unvollständig auch immer gegebene – Willensbestimmtheit voraus. Handlungen müssen, anders gesagt, auf einen Zweck abzielen, und das läßt sich nur im Rekurs auf einen zwecksetzenden Willen denken (GMS, BA 63). Dieser wiederum "kann nur in vernünftigen Wesen anzutreffen sein" (ebd.), und insofern bildet die Vernünftigkeit den Grund alles Handelns. Sie aber ist gleichbedeutend mit Freiheit (GMS, BA 97). Obwohl sich von keiner Handlung sagen läßt, daß sie frei ist, gibt es ohne Freiheit keine Handlung.

Um dem Rechnung zu tragen, gibt es nur einen Ausweg: Das Handeln muß auf die Freiheit als seinen Grund bezogen werden, ohne daß man sagen könnte, ob und wie sich das auf die jeweilige Handlung auswirkt. Handlungen sind im Sinne der Freiheit zu konzipieren, ohne daß Konsequenzen davon sich an jeweiligen Handlung ablesen ließen.

Die Auskunft, was das genauer heißen soll, ist allgemein bekannt: Man soll die das Handeln bestimmenden Grundsätze oder Maximen auf ihre Allgemeinheit prüfen und nur akzeptieren, wenn sie dem standhalten und die Form eines Gesetzes annehmen können. Entscheidend ist allerdings erst der Sinn dieser Prüfung: Wo man sie ernsthaft betreibt, geht man über die jeweiligen Handlungsinteressen hinaus und stellt sich in einen Zusammenhang, den Kant "Reich der Zwecke" nennt: in die "Verbindung" mit anderen vernünftigen Wesen, die "systematisch" ist, sofern sie durch als Gesetze denkbare Maximen, idealiter also durch Gesetze gebildet wird. Die Frage nach der möglichen Allgemeinheit der Maximen hat diese Verbindung "zur Absicht" (GMS, BA 75). Sie hat den Sinn, sich selber und andere nicht unter dem Gesichtspunkt partikularer Interessen zu sehen, sondern im Hinblick auf Vernunft und Freiheit als "Zweck an sich selbst" (GMS, BA 66) zu betrachten; so kommt auch ein Zusammenstimmen des Handelns in seinen jeweiligen Zwecken zur Geltung. Das "Reich der Zwecke" ist die gemeinsame, mit anderen geteilte Freiheit, die ja auch in den Aristotelischen Überlegungen zur Polis gemeint war.

Nicht zuletzt der Vergleich mit Aristoteles legt es nahe, das Reich der Zwecke für eine "ideale", nur in Gedanken bestehende Polis zu halten, für die intelligible Handlungswelt, in der man sich als frei denken darf, während man hier und jetzt unter Naturgesetzen seinen Neigungen folgt. Doch Kant macht unmißverständlich klar, daß es ihm mit dem Gedanken eines Reichs der Zwecke um eine für das Handeln relevante Deutung des faktischen Handlungszusammenhangs geht. Die Moral, so heißt es, erwäge "ein mögliches Reich der Zwekke als ein Reich der Natur", und zwar im Sinne einer "praktischen Idee" mit der Absicht, "das, was nicht da ist, aber durch unser Tun und Lassen wirklich werden kann, und zwar eben dieser Idee gemäß, zu Stande zu bringen" (GMS, BA 80 Anm.). Die Verwirklichung der Freiheit, von der hier die Rede ist, muß grundsätzlich für möglich gehalten werden, auch wenn sie sich in keiner Handlung nachweisen läßt. Moralisches Handeln ist praktisches Deuten der Welt; man versteht die durch Gesetze bestimmte Natur, zu der auch das eigene Handeln gehört, anders, nämlich so, als ob in ihr Freiheit wirklich sein könnte – jetzt, mit dieser Handlung, von der, wenn sie als wirkliches Ereignis in den Blick kommt, wieder bloß das Naturhafte übrig bleibt.

Daß Aristoteles so nicht denken kann, muß wahrscheinlich kaum betont werden. Für ihn ist ja die Natur als solche schon ein "Reich der Zwecke": ein Bewegungszusammenhang, der sich nicht anders als im Rekurs auf Zwecke verstehen läßt. So kann das menschliche Handeln auch in die Natur gehören, ohne daß dadurch ein Problem für seine Freiheit entsteht; es ist, als menschliches Handeln, durchaus besonders und unterliegt doch derselben Struktur wie andere Bewegungen auch.

Trotzdem ist auch für Aristoteles das menschliche Handeln kein schlicht natürlicher Vorgang, und damit entsteht eine Situation, die der von Kant beschriebenen vergleichbar ist. Das Handeln im Sinne der Autarkie, ja selbst schon die Dispositionen zu ihm, also die Tugenden, sind nicht von Natur aus gegeben, sondern müssen sich erst herausbilden. Tugenden erwirbt man im Tätigsein (EN 1103a 31), und überhaupt wäre ein Handeln im Sinne der Autarkie nicht schätzenswert, wenn es ohne weiteres und selbstverständlich vollziehbar wäre.

Das betrifft auch die Aristotelische Bestimmung des Guten als Wirklichkeit des menschlichen Lebens im Sinne vernünftiger Überlegung. Zwar ist diese Wirklichkeit dadurch charakterisiert, immer schon vollendet zu sein; ihr Ziel steht nicht aus, sondern mit jeder im Sinne vernünftiger Überlegung vollzogenen Handlung erreicht man, was man immer schon erreicht hat: die Kontinuität des eigenen Lebens. Gleichwohl liegt darin eine Unsicherheit, ein Innehalten, wie kurz es auch sein mag; die Unterbrechung oder Zäsur, die mit dem Anfang des Handelns gegeben ist: Jedes Anfangen ist ein mögliches Scheitern, aus eigener Schuld, aus Unwissen oder Schicksal. Nie versteht sich das glückende Leben von selbst; nicht immer geschieht auch, was getan werden kann.

Das Handeln ist also in jedem Fall, ob man es mit Aristoteles oder mit Kant beschreibt, durch eine Differenz charakterisiert: Es prägt sich unter Bedingungen aus, ohne die es nicht möglich ist und die es doch andererseits immer gefährden – sei es, daß man, Aristotelisch gedacht, handelnd an der Situation, den Umständen des Handelns scheitert, sei es, daß man, Kantisch gedacht, im praktischen Deuten der Handlung hinter dem, was möglich wäre, zurückbleibt.

Das hat Konsequenzen dafür, wie man das Handeln selber verstehen kann. Wegen der in ihm spielenden Differenz läßt sich vom Handeln grundsätzlich sagen, es sei ein Darstellen: das Zeigen oder Erweisen von etwas an anderem, was wiederum heißen kann: das Abzielen auf einen das Leben durchgängig bestimmenden Zweck an der Mannigfaltigkeit der Lebensumstände; oder das Zur-Geltung-bringen des allgemeinen vernunftbestimmten Handelnkönnens an der Vielzahl der Handlungen. In beiden Fällen kommt nicht bloß das je auf sich beschränkte individuelle Leben und Handeln zur Geltung, sondern auch der Zusammenhang, in den es gehört: die Polis oder das "Reich der Zwecke". Gewiß bleibt hinzuzufügen, daß Aristoteles die Möglichkeit der Darstellung im Handeln sehr viel günstiger, daß Kant sie entschieden skeptischer beurteilt; für den einen steht im Vordergrund, daß im Darstellen etwas sich zeigt, wirklich zum Vorschein kommt; für den anderen, daß immer ein Riß, eine Zäsur bleibt zwischen dem Darstellungsmedium und dem, was dargestellt werden soll, so daß hier das Darstellen mehr ein Verweisen ist. Beides gehört freilich zum Wesen der Darstellung und verdient, mit Blick auf die Freiheit, noch weiter bedacht zu werden.

3.

Darstellung, das Zeigen oder Erweisen von etwas an etwas anderem, hat immer den Charakter eingeschränkter Präsenz: was zur Geltung gebracht wird, zeigt sich nicht als "es selbst" und nie ungebrochen – immer wirkt sich das Darstellungsmedium irgendwie trübend, verwischend, beeinträchtigend aus. Und doch zeigt sich etwas, das sich als solches erkennen oder erfahren läßt. Was erscheint, ist, mehr oder weniger deutlich, Erscheinung von etwas. Allerdings wirkt die Beeinträchtigung sich nicht bloß im Hinblick auf die Prägnanz des Dargestellten aus, so daß es nur unvollkommen zu erkennen oder zu erfahren wäre. Zur Darstellung gehört, daß man sich an ihr des Dargestellten nicht versichern kann: es entzieht sich ja als "es selbst" und ist, weil die Darstellung gegenüber dem Dargestellten ein Moment des Beliebigen hat, immer auch anders darstellbar. Endgültige Darstellung – das ist ein Paradox.

Das skizzierte Verhältnis radikalisiert sich, wenn Darstellung der Charakter alles Erkennens und Erfahrens ist. Dann läßt sich neben die Darstellungen einer Sache niemals neben diese selbst halten, so daß man beurteilen könnte, ob sie "getreu" oder "richtig" dargestellt ist. Immer entzieht sich die Sache. Man erfährt sie nur, indem sie sich entzieht.

So scheint Kant im Hinblick auf das Verhältnis von Freiheit und Handlung zu denken: Keine Handlung läßt sich als frei identifizieren und doch versteht man sie nur als Darstellung von Freiheit. Die Freiheit ist Grund des Handelns; und doch kann man sich handelnd, geschweige denn eine Handlung betrachtend, dieses Grundes nicht versichern. Das müßte einleuchten: Freiheit ist das Unauslotbare des Handelnkönnens, das jeder Handlung voraufgeht und sich im Handeln nicht als es selbst gibt.

Andererseits muß im Handeln seine Freiheit zur Geltung kommen, wenn hier überhaupt von einer Darstellung die Rede sein soll; und das wiederum ist ja allein dadurch gefordert, daß man eine Handlung sonst nicht als solche versteht. So wird man wieder auf den Aristotelischen Gedanken der Autarkie geführt: In einem kontinuierlichen, von vernünftiger Überlegung geführten Leben kommt ja zum Ausdruck, daß die wechselnden Situationen, Neigungen und Interessen hier, auch wenn man ihnen gerecht zu werden versucht, nicht beherrschend sind. Ein in sich stimmiges Leben kann Darstellung der Freiheit sein. Nicht die einzelne Handlung ist entscheidend, sondern das Handlungsgefüge.

Das läßt die Vermutung zu, die Darstellung lasse generell auf das Dargestellte schließen und gebe etwas vom Wesen der Freiheit zu erkennen. In der Tat kann die Erfahrung eines Zusammenhangs elementare Erfahrung der Freiheit sein: Entscheiden, was man tun will, das heißt doch: sich in einem Gewebe von Möglichkeiten halten und hier einen Weg finden – die Vorstellung eines Ziels mit verschiedenen Schritten seiner Realisierung verbinden und, wenn man schon handelt, noch immer wissen, daß ein anderes Ziel und Weg dahin anders möglich gewesen wäre. Dabei geben die Möglichkeiten immer verschiedene Wege vor; sie sind wie ein Gewebe mit vielfältigen Verknüpfungen, indem sie aufeinander verweisen, einander fordern oder nahelegen.

Ein Zusammenhang vergleichbarer Art ist auch mit der Pluralität von Handelnden gegeben. Handlungsmöglichkeiten sind nicht zuletzt dadurch eröffnet, daß andere sie erwarten oder zulassen, wobei die Situation klarerweise durch das Reagieren der anderen immer modifiziert werden kann. Auch das ist Freiheit, und zwar nicht allein dadurch, daß man sich auch so in einem Gewebe von Möglichkeiten hält. Wichtiger ist, daß man sich zueinander verhält: gleichgültig oder in verschiedenem Grad billigend oder ablehnend, und daß man so, im Zulassen und Einschränken, dem Handeln nicht bloß bestimmte Möglichkeiten vorgibt, sondern grundsätzlich größere Weite oder Enge: daß man Spielraum läßt oder nimmt. Deshalb kommt soviel auf die richtige Distanz an, darauf, zu wissen, welchen Raum man einander zu lassen hat, damit Anspruch und Zurückhaltung ins jeweils angemessene Gleichgewicht kommen. Freiheit ist immer auch Freiraum.

Es müßte deutlich sein, daß hier zwei Momente ineinanderspielen: das Bestimmte einzelner Möglichkeiten, aber auch das Unbestimmte des Offengelassenen – hier bietet sich der Spielraum fürs eigene Tun, das sich andererseits nur in der jeweiligen Bahn des Bestimmten vollziehen kann. Freiheit, so läßt sich folgern, ist Offenheit, Raum des Handelnkönnens, und das als Zusammenspiel von Bestimmtheit und Unbestimmtheit.

Also wird jedes Handeln in Freiheit vollzogen, und zwar so, daß man sich dabei mehr oder weniger deutlich zu seiner Freiheit verhält. Keine Handlung schließt man ja so ab, daß ihre Fortsetzung oder Modifikation, ihre Wiederholung oder auch die Möglichkeit, dann etwas anderes zu tun, gleichgültig wäre. Weil keine Handlung isoliert ist, geht es im Handeln immer auch um weitere Handlungsmöglichkeiten, um die Möglichkeit des Handelns überhaupt. Die Freiheit, in der gehandelt werden kann, ist für das Handeln verbindlich: immer muß es darum gehen, dem Freiraum im Handeln zu entsprechen.

Das war ja auch in Kants Gedanken eines Reiches der Zwecke und in seiner Überlegung gemeint, mit der fürs Handeln verbindlichen Frage nach der Verallgemeinerbarkeit der Handlungsmaximen verhalte man sich im Sinne der Handlungswelt. Aber das ist nur eine Möglichkeit, das Handeln im Sinne der Freiheit zu formulieren; eben deutlich geprägt von der Orientierung am Modell des Naturgesetzes und wohl letztlich zu grob, um zu fassen, was Verhalten im Sinne der Freiheit sein kann: Nicht die mit der Verallgemeinerung vorausgesetzte Vergleichbarkeit von Handlungen und Situationen ist oft das Entscheidende, sondern das Finden des rechten Worts, der rechten Geste im bestimmten Moment; nicht minder zu wissen, wo Schweigen besser als Reden ist und Zurückhaltung besser als Tun.

Dem kommt Aristoteles näher – und zwar nicht zuletzt dadurch, daß er seine Beschreibungen eher im Sinne einer mehrfach ansetzenden Skizze des angemessenen Handelns und Lebens versteht und voraussetzt, der erfahrene Hörer wisse schon, was gemeint sei; und nur an ihn lasse sich ja eine die Frage nach dem guten Leben betreffende Erörterung sinnvollerweise richten (EN 1094b 27 – 1095a 13). Obwohl Aristoteles mit seiner Bestimmung des guten Lebens als Wirklichkeit, enérgeia, seinen ontologischen Zentralbegriff ins Spiel bringt, hält seine Beschreibung sich doch grundsätzlich in den Möglichkeiten, die von den Zusammenhängen des Handelns selbst vorgegeben sind – nichts anderes meint ja die Konzeption einer praktischen Philosophie.

Das ist nicht bloß bemerkenswert, sofern es um die im Vergleich zu Kant größere Anschaulichkeit der Aristotelischen Erörterung geht. Wenn es so etwas wie praktische Philosophie geben soll, muß sie dem Erfahrungskontext des Handelns entspringen, und das heißt: Sie muß selbst Darstellung der Freiheit sein; ihren Überlegungen und begrifflichen Klärungsversuchen geht es darum, ausdrücklich zu machen, was im Handeln erfahren wird.

Was dabei philosophisch geschieht, wäre nicht Darstellung, wenn sich im begrifflichen Nachdenken die Erfahrung des Handelns einfach nur aussprechen könnte. Weil jedes Darstellen ein Zeigen oder Erweisen von etwas an etwas anderem ist, findet auch in der als Darstellung verstandenen praktischen Philosophie eine Verschiebung statt, eine Entfernung aus dem ursprünglichen Handlungsbereich, die sich in einer Konzeption wie der Kantischen "Metaphysik der Sitten" radikalisiert, wo sie sich ausdrücklich auf die "Gegenstände des Verstandes" (GMS, BA V) einschränkt und alle Empirie beiseite lassen will. Was philosophisch an der praktischen Philosophie ist, hat den Charakter eines Darstellungsmediums, das sich eigensinnig auf die Praxis und ihren Zusammenhang auswirkt und am Ende noch die Möglichkeit einer "Metaphysik der Sitten" verständlich macht.

So ist es also keine Verfälschung, was der im Handeln erfahrenen Freiheit zustößt, wo sie philosophisch gedeutet wird. Deuten ist Darstellen, und Freiheit ist, nach den hier angestellten Überlegungen, darstellungsbedürftig. Doch wird eben keine Darstellung das Darstellbare ausschöpfen und so präsentieren können, daß es evident wäre und man sich nun verbindlich orientieren könnte. Verbindlich kann hier immer nur das Darstellen selbst sein.

Weil Philosophie selbst immer nur Darstellung der Freiheit ist, wird man sich für eine Antwort auf die Frage, wie man leben, also in Freiheit sein soll, vernünftigerweise nicht auf die Philosophie verlassen. Aus dem Darstellungscharakter der Philosophie folgt der provisorische Charakter der Moral. Und dann ist es, im Sinne einer provisorischen Moral, sinnvoll, sich einige Maximen für das Sein in Freiheit zu überlegen. Gewiß könnten es mehr oder auch weniger sein als gerade vier. Doch bis zum Erweis des Gegenteils spricht nichts dagegen, daß die von Descartes gewählten auch klug gewählt sind; also kann man sich bis auf weiteres an ihnen orientieren:

In seiner ersten Maxime formuliert Descartes gleichsam den Grundsatz praktischer Vorsicht. Man solle sich an den Gesetzen und Sitten des eigenen Landes orientieren, da es zwar auch andernorts besonnene Leute gäbe, man sich aber besser nach denen richte, mit denen man leben wolle; dabei sei es klug, sich von den Extremen fernzuhalten, denn alles Übermaß sei normalerweise schlecht. – Man halte sich also an den vertrauten Spielraum des Handeln, an die eigene Tradition und die mit ihr erschlossenen Möglichkeiten. Hier ist die

Chance am größten, daß man sie auch wirklich zur Geltung bringen kann, wobei sich dem Spielraum des Handelns im ganzen sicher am besten entsprechen läßt, wenn man sich von den Extremen fernhält. Daß hiermit keine Aufforderung zur Borniertheit verbunden ist, wird an der einfachen Überlegung klar, daß sich das Fremde und Andere immer bloß über die eigenen Möglichkeiten des Verstehens und Deutens erschließt und diese sich erst wirklich bewähren, wo man sich auf das Fremde und Andere einläßt.

Die zweite Maxime betrifft die praktische Beharrlichkeit. Wie es, nachdem man sich im Wald verirrt habe, am besten sei, den einmal eingeschlagenen Weg beizubehalten, so empfehle es sich auch sonst, fest und entschieden zu sein. – Daß Freiheit ein Gewebe von Möglichkeiten ist und nicht bloß die Offenheit beliebigen Tuns, kommt allein durch Kohärenz im Handeln zur Geltung.

Bei der dritten Maxime denkt Descartes offenbar an so etwas wie einen Grundsatz der Bescheidenheit. Dem entspricht es, eher die eigenen Überzeugungen als die Ordnung der Welt in Frage zu stellen, nichts zu wünschen als was innerhalb des Möglichen liegt. – Das läßt sich als Erinnerung an den darstellenden Charakter des Handelns verstehen, als Plädoyer für den Darstellungssinn und gegen die Ausbildung in sich abgeschlossener Wirklichkeiten, abgekapselter Deutungen, deren Deutungscharakter verstellt ist. Als Darstellen ist jedes Handeln in Zusammenhänge gebunden, die es zwar auf eine meist unüberschaubare Weise modifiziert, die aber trotzdem nicht zu seiner Disposition stehen.

Die vierte Maxime schließlich ist Aufforderung zur theoretischen Neugier, dazu gemäß der einmal gefaßten Methode fortzuschreiten. – Die Welt als Zusammenhang des Verstehens, als Deutbares und sich dabei in ihrem Reichtum Gebendes nehmen – das wäre ein Sein in Freiheit, das über den Bereich des Handelns hinausgeht und doch im Selben verbleibt.

KLAUS-M. KODALLE

Die Dimension des Unermeßlichen. Aufhebung der vermessenen Moralität

I. Hinweise auf den Eigensinn zweckfreier Kommunikation – Mit Ricœur über Descartes hinaus

Im Band III von "Sprache und Bewußtsein" schreibt Bruno Liebrucks: "Da die zum Himmel schreienden Verbrechen des zwanzigsten Jahrhunderts selbst die Verzeihung eher als Hohn auf den Menschen, denn als menschlich erscheinen lassen, ist die Philosophie vor die Aufgabe gestellt, *denken zu lernen, was Verzeihung ist.*"[1] Einen kleinen Beitrag, dieser von Liebrucks angemahnten Aufgabe zu entsprechen, habe ich 1994 geleistet, als ich – vor allem auch in Anknüpfung an Hannah Arendt – der Frage nachging, ob Verzeihung auch eine Kategorie des politischen Ethos sein kann. Ich stellte die kleine Broschüre unter den Titel "Verzeihung nach Wendezeiten? Über Unnachsichtigkeit und mißlingende Selbst-Entschuldung".[2] Die Gedankengänge dieser Schrift greifen sehr stark die Debatten der Nach-Wendezeit in Deutschland auf und umkreisen das Problemfeld vor allem politiktheoretisch und kulturkritisch bzw. medienkritisch. Worauf es indessen ankäme, wäre zweifellos eine fundamentalphilosophische Vertiefung der Problembehandlung. Einen kleinen Beitrag dazu will ich heute leisten, indem ich das Stichwort von der "Moral provisoire" aufgreife. Zumindest als Absprungbrett soll mir hier Descartes dienlich sein. Gestatten Sie mir eingangs einige allgemeine Bemerkungen.

Ich setze voraus, daß Ihnen beim Titel "Moral provisoire" dies geläufig ist: Descartes war sehr wohl der Auffassung, es komme darauf an, auf der Basis seiner methodischen Grundlegung schließlich eine elaborierte Ethik zu erarbeiten, der aufgrund ihrer Vollkommenheit irgendein provisorischer Charakter nicht zugesprochen werden dürfte. Medizin, Mechanik, Moral wären die letzten, aber eben fruchttragenden Zweige des großen Wissenschaftsbaumes. Nur als *Interimsethik* umriß er die Konturen seiner Moral provisoire. Das Zutrauen des Descartes in die systematische Reichweite der methodisch auf neue Weise regulierten Vernunft ist uns indessen abhanden gekommen. Wir sind geneigt, die Vorläufigkeit als Dauerzustand anzusehen. Postmetaphysisch, postmodern (und wie die Stichworte lauten mögen) stellen wir uns auf den "Abschied vom Prinzipiellen" (Marquard) ein.

Indessen trügt dieser Schein der bunten Vielfalt – jedenfalls, insofern die Ethik betroffen ist. Gesteigerte Kontingenz in unserer Welterfahrung *verunsichert* das Ich und läßt es immer dringlicher nach *sicheren* Regeln des Verhaltens rufen. Die naturwissenschaftlich-

1 Liebrucks 1966, S. 533.
2 Kodalle 1994.

technische Durchdringung der Lebenswelt treibt ständig neue, bislang unvorstellbare Herausforderungen der Urteilskraft und Entscheidungsfähigkeit hervor. Und so ist es nicht gar so verwunderlich, daß das Verlangen nach einer objektivierenden Vermessung unserer Moral dringlich wird. Ethik-Kommissionen aller Orten versuchen, Kriterien-Kataloge und Ethik-Konventionen zu erarbeiten, um die Entscheidungsbildung in heiklen Problemfeldern zu regulieren.

Mir scheint, Descartes' Ethik-*Ideal* ist in all diesen Bemühungen das geheime Wunschbild. Nun wäre es ja zynisch, wollte man von vornherein solche Bemühungen für abwegig erklären. Schließlich helfen sie, pure Willkür und Exzesse des Experimentierens zum Beispiel mit menschlichem oder auch tierischem Leben zu verhindern oder einzuschränken. Dennoch bleibt natürlich das Unbehagen: Mit ihrer Operationalisierungsbemühung rennt die Ethik den technischen Innovationen ständig hinterher und betreibt Schadensbegrenzung. Das ist ja auch nicht zu verachten. Aber die grundsätzliche Frage drängt sich dennoch auf, ob die Strategen nachträglicher Abmessungen eigentlich der Problemlage des Menschen gerecht werden. Ich neige jedenfalls dazu, Descartes' Moral provisoire *gegen* sein Ideal zu wenden und – zunächst: – als Vermutung zu formulieren, es könne sein, daß wir uns auf das Provisorische, Dezisionistische, Vorläufige als dasjenige einzustellen haben, das die conditio humana angesichts der rasanten Veränderungen unserer Umwelt am trefflichsten kennzeichnet. Die Bemühung um eine Standardisierung von ethischen Entscheidungsprozeduren ist damit nicht als *vermessen* denunziert, wohl aber wird kritisch erwogen, ob nicht jedes *Gelingen* in diesem Prozeß selbst Vorläufigkeitscharakter hat und wir uns der Überholbarkeit dieser Standards auch wiederum bewußt sein müßten. *Vermessen* wäre mithin nur ein Glaube an die Endgültigkeit und Angemessenheit solcher Vermessungen des moralisch-praktischen Feldes.

Nun aber stellt sich erst recht ein gravierendes Problem: die ethische Entscheidung selbst muß ich in der Überzeugung *unbedingter* Richtigkeit und Gültigkeit treffen. Der Arzt, der zwischen zwei eines Organtransplantats Bedürftigen die Entscheidung trifft, wer das einzig zur Verfügung stehende Organ bekommen soll, mag zunächst unsicher sein und lange abwägen – am Ende muß er fest überzeugt sein, eine menschlich und sachlich 'richtige' Entscheidung getroffen zu haben, so daß sich bei ihm schließlich geradezu das Gefühl einstellen wird "ich hatte doch gar keine andere Wahl!" Würde er hingegen an die unbedingte Richtigkeit seiner Entscheidung nicht glauben, würde er handeln im ständigen Bewußtsein, das Gegenteil seiner Entscheidung sei genauso möglich und rechtfertigbar – er würde entweder handlungsunfähig oder zynisch.

Dieser Struktur müssen wir uns, denke ich, zuwenden: der unbedingten und – von einer anderen Ebene aus: – zugleich *relativen/fraglichen* Bedeutung 'letzter' Entscheidungen. Wie halten wir das aus: unter Zeitknappheit und ohne letzte Gewißheiten Entscheidungen treffen zu müssen, in denen der Mensch 'Gott spielt' – und doch zu wissen, daß wir nicht Götter, sondern fehlbare und schuldanfällige Wesen sind? Je radikaler wir uns diese Struktur vor Augen führen, desto tiefer scheinen wir in das *Labyrinth* der Ethik zu geraten, von dem Descartes ebenfalls sprach.

Ich möchte mich aus diesem Labyrinth wieder herauswinden anhand eines Ariadnefadens, dem zunächst eine Suchfrage entspricht: Gibt es in unserer moralischen Existenz Fermente von Erfahrung, die nicht unter die Logik des Vermessens ethischer Verhältnisse subsumierbar sind? Sofort fallen einem solche *ursprünglichen* kommunikativen Verdichtungen in der Lebenswelt ein: das Verhältnis von Eltern zu Kindern, die Freundschaft, das säkulare und allemal das kultische Fest, und, als Non-Plus-Ultra: die Liebe. Hier zeigen sich Spuren einer luxurierenden Dimension im endlich-vergänglichen Dasein, Manifestationen des Luxus einer zweckfreien *Kommunikation, die zu nichts gut ist und vielleicht allein deshalb "gut" genannt zu werden verdient.* Um sie muß man sich bemühen, sie fallen nicht vom Himmel. Deswegen habe ich für eines meiner Bücher den Titel verwendet "*Eroberung* des Nutzlosen" (1988).

Daß es solcher *Bemühung* bedarf, liegt an einer ein-für-allemal nie überwindbaren Verfallstendenz unseres Daseins: Wir neigen dazu, auch *diese* Erschließungen eines unbedingten Sinnes utilitaristisch zu verformen beziehungsweise wir sind mit Deutungen vertraut, die solche Verformung auf den Begriff bringen: Die Eltern suchen angeblich der Kinder Bestes nur, weil sie, mit ihren unerfüllt gebliebenen Hoffnungen, in den Kindern weiterleben möchten, um dort das Gelingen zu erleben, das ihnen versagt blieb. Freundschaften dienen in Wirklichkeit doch der Freunderl-, sprich: Vetternwirtschaft. Wer sich mit enormem Engagement für Schwächere in der Gesellschaft einsetzt, leidet womöglich an einem Helfersyndrom. Brot und Spiele dienen nur der Ablenkung von den Nöten des Alltags – Ventile für anarchische Energien. Und die Liebe?: Da *brauchen* sich eben zwei, die nicht mehr voneinander lassen können, und sei es (wie Adorno meinte), um nicht allein und schwach dem Tod entgegenzugehen – wenn, wie ich in leichtem Zynismus anfügen möchte, dem Vertrag zur gegenseitigen Nutzung der Geschlechtswerkzeuge die physische Basis abhanden gekommen ist. – Der entlarvenden Kompensationstheorien gibt es viele; weitere Varianten will ich Ihnen ersparen.

Zugegeben jedoch: man ist nicht frei von dieser Art des Blicks, der nach do-ut-des-Maßstäben auch die herrlich-zweckfreien Kommunikationserfahrungen vermißt und degradiert. In ihrem *Eigensinn* transzendieren jedoch diese Erfahrungen die Sphäre der zuweisenden Gerechtigkeit und des Tausches. Der Einwand ist nicht so einfach abzuweisen, sie seien nur *marginal* und *peripher:* Diesseits dieser Eindrücke des Schönen und Guten pulsiere das harte, das antagonistische Leben, und wenn *dieses* einigermaßen human gestaltet werden solle, sei eben das Desiderat einer vermessenden Logik im Gewande einer konkreten und sachhaltigen Ethik unausweichlich. – Wie stelle ich mich zu diesem Splittingvorschlag? Hier die vermessende angewandte Ethik – da die Überschreitung, die Freude am Leben als Feier und Fest?

Wir wissen, daß die abmessende und zumessende Ethik in ihren *allgemein-gültigen* Perspektiven, so unerläßlich sie ist, die Besonderheit eines Falles nur allzu leicht verfehlt. Wer kennt nicht das als Denunziation des Rechts gemeinte Bonmot, es sei eben Reichen und Armen gleichermaßen nicht gestattet, unter Brücken zu nächtigen ... – Nun, wer wollte bestreiten, daß an diesem 'Spruch' etwas dran ist. Jede Idee einer Neuerung im Bereich der Institutionalisierung von gerechten Lebensstrukturen trat zunächst in Erscheinung als unerhörte Einseitigkeit, als Neuausstattung bestimmter Leute mit für lange Zeit nicht vorstellbaren Chancen und Rechten. Ein Recht der Frau, ein Recht des Kindes? Gar: ein Recht der Tiere? Ein Recht des Fremden, der sich dazu auch noch aufdrängt? Ich brauche Ihnen nicht in Erinnerung zu rufen, als wie befremdlich solche Vorstellungen und Kriterien einmal gegolten haben – leider auch bei jenen Großen der Rechtsphilosophie wie Kant und Hegel und Fichte, denen wir fast jährlich große internationale Kongresse widmen. Der Innovationsimpuls hat stets natürlich sein empirisches Bezugsfeld, doch der Mut zur Erkämpfung einer ganz neuen Ebene der Verrechtlichung ist aus den Verhältnissen nicht einfach ableitbar, er ist Ausdruck einer Fähigkeit der Überschreitung, des Transzendierens. Eben deshalb sind ja die Impulsgeber so gefährdet, müssen sie wie Jesus, Gandhi oder Luther-King 'dran glauben'.

Dies aber ist das meines Erachtens realistische Beschreibungsmodell: Der Impuls, der den Status-quo nicht selten in einen *Ausnahmezustand* versetzt, findet schließlich Anklang, führt – auf höherer Ebene – zur Verrechtlichung; unter dem Schirm *dieser* Verrechtlichung bilden sich neue Privilegien und Asymmetrien aus und die Petrifizierung der Verhältnisse führt zu einer immer größeren Diskrepanz zwischen Rechtslage und Gerechtigkeitsvision – bis schließlich ein neuer Innovationsschub, mit neuen machtvollen Dezisionen die Verhältnisse revolutioniert. Diese Dialektik von Aufstieg und Verfall evoziert erneut die Frage, wie eigentlich jene Dimension des Unermeßlichen mit der standardisierten Logik des Handelns und der moralischen Motivation verwoben ist. Es ist ja wohl nicht abwegig, Lethargie, Gleichgültigkeit, ein resignatives Sich-Abfinden mit Unrechtsverhältnissen als Ausdrucksformen einer Verschuldung des Daseins zu interpretieren. Ich erspare es mir hier darzulegen, daß diese Formen eines Verfalls unserer moralischen Sensibilität einerseits *nicht zwingend*, andererseits, angesichts der Vielfalt der Herausforderungen, wiederum *unvermeidlich* sind. Ich rufe – zu Kontrastzwecken – in Erinnerung, wie Hans Jonas auf diesen Befund reagiert hat: Er wählte ein Bild zur Verdeutlichung. Die akkumulierte Schuld der Generationen hängt wie eine dunkle Wolke über dem Geschick der Menschheit und apokalyptisch drängt alles auf eine große Wende zu; in ihr hätte der Mensch sogar den Gott selbst mitzuerlösen, der sich in der Schöpfung total an die Welt und die Freiheit des Menschen entäußert hat. – So wenig *diese* Aussicht 'zwingend' ist, so wenig wird es meine Alternative sein.

Meine Alternative, die ich *in Anlehnung* an Hegel, Kierkegaard, Nietzsche, Albert Schweitzer, Levinas und Ricœur formuliere, für die aber auch Spaemann, Simon und andere im zeitgenössischen Diskurs gute Gründe beigebracht haben, fokussiere ich auf den Begriff der *Verzeihung*. Philosophen waren und sind geneigt, alles, was mit der Deutung des kommunikativen Vorgangs "Verzeihung" zu tun hat, den Theologen zuzuschieben. So erklärt es sich, daß sie über Gerechtigkeit und Verantwortung meterweise Bücher produzieren, die für humane Existenz aber unerläßliche Erfahrung des Verzeihung-Empfangens und -Gewährens in merkwürdiger Kompaktheit unbedacht lassen. Nun könnte es ja sein, daß tatsächlich früher oder später eine Reflexion über Verzeihung an jene Grenze stößt, wo man verstummen oder eben springen muß, doch bleibt ja zunächst einmal festzuhalten, daß Verzeihung so wie Schuld und Versagen zur menschlichen Existenz gehört. Wie gesagt: *streifen* wird man die Religionsfrage wohl immer, wie vorsichtig man sich auch auf dieses Phänomen einläßt. Soweit Sie mich kennen, wissen Sie, daß ich nicht zögere, (für manche anachronistisch) die religiöse Semantik auszuschöpfen, wenn es gilt, ein bestimmtes Phänomen dadurch besser transparent zu machen. Doch bin ich auch bemüht, angepaßt an den Zeitgeist, in dessen Horizont ich lebe und denke, die Inanspruchnahme der sogenannten Ressource "Religion" so schwach wie möglich ausfallen zu lassen ...

Das Stichwort "unermeßlich" mag mir hier zu Diensten sein, wenn man den spezifischen Sinngehalt jener kommunikativen Verhältnisse klären möchte, die – im Lichte einer Äquivalenzlogik – überschüssig sind. Da die Mediokrität, die Suche nach dem geringsten Widerstand, das Versagen und Verraten so elementar das individuelle und kollektive Dasein durchziehen, halte ich es für angebracht, in diesem Kontext nicht den zu allgemeinen und zu emphatischen Begriff der "Liebe" heranzuziehen, sondern den weniger emotionsgeladenen der Verzeihung. Die Liebe ist die Lebensform einer reinen Logik der Überfülle. Verzeihung läßt besser verstehen, inwiefern die *Lebensqualität* in den Verhältnissen des Alltags darauf angewiesen ist, daß diese 'Logik der Überfülle' konkret in eine Relation zur Logik der Äquivalenz gebracht wird, die das Markenzeichen nicht nur unserer Rationalität in Gerechtigkeitsfragen ist, sondern die auch ganz natürlich unsere Einstellungen und Erwartungen prägt. Die Spurenelemente der spannungsvollen Konstellation von Unermeßlicher Logik – "Überfülle" – und Ermeßlicher Logik – "Äquivalenz" – durchziehen übrigens alle Kulturen, so vermute ich, und sie begegnen in allen großen Philosophieentwürfen, wie ich hier nur andeuten kann.

Im gegenwärtigen Diskurs ist *Paul Ricœur* ein Gesprächspartner, der sich eingehend dieser Konstellation gewidmet hat.

Paul Ricœur, der sich so gründlich mit der "Fehlbarkeit des Menschen", mit dem Bösen und mit der Schuld, auseinandergesetzt hat, hat wichtige Versuche unternommen, in Anknüpfung an das Neue Testament Umrisse einer Ethik zu formulieren, die geprägt ist durch das, was der Philosoph die 'Logik der Überfülle' nennt. Für den Nachweis der Überzeugungskräftigkeit dieser Gedankengänge ist eine Zugrundelegung des Offenbarungsglaubens zunächst einmal nicht erforderlich. Schließlich kann man an die ethischen Empfehlungen der Bergpredigt auch anknüpfen, ohne bereits den Glauben an einen bestimmten Gott vorauszusetzen.

Im Grunde legt es Ricœur darauf an, die praktischen Vermittlungen zwischen Liebe und Gerechtigkeit situationsspezifisch herauszuarbeiten. Die angesprochene Logik der Überfülle ist keineswegs ein Unternehmen jenseits der Rationalität, sondern wird von Ricœur verstanden als eine schwierige und vielleicht unendliche Aufgabe unserer Vernunft, schrittweise *zusätzliche Grade von Mitleid und Güte* in alle Medien der sozialen Interaktion einzuführen.[3] Um das Verhältnis zwischen dem Gerechtigkeitsdiskurs, der an Reziprozität orientiert ist, und der über-moralischen Logik der Überfülle zu beschreiben, bedient sich Ricœur des von Rawls entlehnten Begriffs des "Überlegungsgleichgewichtes". Mit Hilfe des Überlegungsgleichgewichtes, "das sich in Kompromißformeln äußert", möchte Ricœur "den verdeckten Widerstreit zwischen der Logik der Überfülle und der Entsprechungslogik ... erhellen".[4] Mag es auch so sein, daß man von der Liebe sagen kann, sie *übertrumpfe* die Äquivalenz-Logik der Gerechtigkeit, so entbirgt sich doch ihr humaner Sinn nur dann, wenn sie,

3 Vgl. Ricœur 1990, S. 67. - Siehe auch ders. 1995.

4 A. a. O., S. 65 f.

als supramoralische Kraft, die Medien der Gerechtigkeit *transformiert*. Die goldene Regel wird nicht außer Kraft gesetzt, sondern im Zeichen der *Großmütigkeit* neu interpretiert![5] Der klassische Text sei in Erinnerung gerufen: "Liebet eure Feinde, tut Gutes denen, die auch hassen; segnet die, welche euch fluchen; bittet für die, welche euch beleidigen! Dem, der dich auf den Backen schlägt, biete auch den andern dar, und dem, der dir den Mantel nimmt, verweigere auch den Rock nicht! Jedem, der dich bittet, gib, und von dem, der dir das Deine nimmt, fordere es nicht zurück!" (Lukas VI, 27-30). Die Lebenszeugnisse derer, die mit diesem Impuls ihr eigenes Leben durchformt haben – Franz von Assisi, Gandhi und Martin Luther-King werden von Ricœur erwähnt – mögen uns allen vor Augen stehen, dennoch ist doch nicht zu übersehen, daß eine solche "Übermoral", wo sie zur alles beherrschenden Perspektive würde, der allgemeinen Unmoral eine Gasse schlagen und die nackte Feigheit begünstigen würde. Deshalb besteht Ricœur darauf, daß jene Übermoral einen möglichen humanen Sinn nur dann im Dasein entbergen wird, wenn sie in engster Beziehung zu den Grundsätzen der Moralität und den Forderungen der Gerechtigkeit gehalten wird.[6] "Aber die Umkehrung ist ebenso wahr. In dieser wechselseitigen lebendigen Spannung zwischen der Logik der Überfülle und der Logik der Entsprechung gewinnt die letztere aus ihrer Konfrontation mit der ersten die Fähigkeit, sich über ihre perversen Interpretationen zu erheben. Ohne das Korrektiv des Liebesgebotes würde die goldene Regel in der Tat ständig im utilitaristischen Sinne gedeutet, dessen Kurzform 'do ut des' hieße, ich gebe, *damit* du gibst. Das Gebot 'Gib *weil* dir ja gegeben wurde' korrigiert das *Damit* der utilitaristischen Maxime und bewahrt die goldene Regel vor einer immer noch möglichen, perversen Interpretation."[7]

Nur auf den ersten Blick ist diese *Logik der Überfülle* also der *Entsprechungslogik* der Alltagsethik völlig entgegengesetzt. Worauf es ankommt, ist, die "Ökonomie der Gabe" aus der Perspektive der *Überfülle* so zu 'übersetzen', daß durchsichtig wird, inwiefern in einer Gesellschaft tatsächlich Strukturen erreichbar sind, in denen das Gefühl gegenseitiger Abhängigkeit demjenigen der Uneigennützigkeit *untergeordnet* wird.[8] In diesem Deutungshorizont, den Ricœur aufreißt, hätte sich jeder als *Schuldner* des anderen zu fühlen, so "daß die Begriffe der Anerkennung, der Solidarität, der gegenseitigen Verschuldung nur als instabiles Gleichgewicht vor dem Hintergrund der Dialektik zwischen Liebe und Gerechtigkeit angesehen werden können".[9] Ich verstehe dies so: Das Schon-Gewährtsein der Vergebung *grundiert* die Akzeptanz der Behauptung einer gegenseitigen Verschuldung.

Die Rede von einer Überfülle läuft immer Gefahr, entweder als überschwenglich oder als banal, eben als gedankenlose Sentimentalität abgetan zu werden. Und tatsächlich stimmt es ja auch, daß die Liebe eine andere Sprache spricht als die Gerechtigkeit.[10] Gegenüber

5 A. a. O., S. 54.
6 A. a. O., S. 57.
7 A. a. O., S. 57, 59.
8 A. a. O., S. 39.
9 Ebd.
10 A. a. O., S. 11.

dem Banalitäts- und dem Überschwenglichkeitsverdacht liegt alles daran, verständlich zu machen, inwiefern "Verzeihung" ein Reflex der Liebe *auf dem Niveau des Gerechtigkeitsdiskurses* ist, so daß *diesem* ethischen Sprachgebrauch ein normativer Status zukäme, "der dem des Utilitarismus oder gar des Kantischen Imperativs vergleichbar ist".[11]

Um diesen Gedanken, daß dem 'Geist der Verzeihung' *Vorrang* zukommt vor der Äquivalenzlogik des Gerechtigkeitsdiskurses, weil er die Möglichkeit des Scheiterns von vornherein in Betracht zieht, größere Plausibilität zu verleihen, könnte ich jetzt zeigen:
– wie schon der junge Hegel versuchte, Ansätze einer kommunikativen Theorie der Verzeihung zu liefern und wie er in der Phänomenologie des Geistes die Perspektive einer Aufhebung der Moralität als Geist der Verzeihung entfaltet,
– wie Fichte sich demgegenüber als ein extrem gnadenloser Denker erweist,
während zum Beispiel Franz von Baader hier viel nachdenklicher und einfühlsamer argumentiert,
– wie Nietzsche einen großen Durchbruch darstellt, dessen Anregungen dann Philosophen wie Scheler, Jaspers, Ricœur aufgenommen haben, während ein Philosoph wie Nikolai Hartmann in seiner Ethik den Gedanken der Verzeihung geradezu perhorresziert,
– wie demgegenüber Hannah Arendt sogar eine politische Theorie der Verzeihung fordert – und so weiter und so weiter.

Unter der Decke der allgemeinen Ignoranz gegenüber diesem Thema finden sich mithin doch manche weiterführende Überlegungen. Ich habe mich nun aber entschlossen, Ihnen stattdessen einen *Rückblick auf Kant* zuzumuten. 'Seinen' Kant kennt jeder von Ihnen. Und da stellt es eine größere Herausforderung für mich dar, Ihnen das Problem eines Diskurses *an den Rändern* des moralphilosophischen Äquivalenz-Systems mit Blick auf diesen Philosophen zu erörtern. Denn mag jemand mit seinen moralphilosophischen Erwägungen auch längst *über Kant hinaus* gelangt sein – Kants moralphilosophische Begründungslogik (und Terminologie!) bleibt doch ständiger Bezugspunkt auch der gegenwärtigen aktuellen Debatten.

Zuvor aber noch einmal ein *Seitenblick auf Descartes.* Wenn man den Sinn der Verwendung des Wortes "provisorisch" weiterfaßt, als Descartes es zunächst im Discours gemeint hat, lassen sich auch bei diesem Philosophen sehr wohl Überlegungen finden, die in die hier vorgestellte Richtung weisen. Ich beziehe seine Schrift über die "Passions de l'Ame" ein und rücke den Begriff der *générosité* in den Vordergrund. Gewiß, die Moralphilosophie des Descartes kreist eher um den Begriff der *Tugend*, verstanden als *Zufriedenheit* (satisfaction de soi-même) verbürgende Übereinstimmung des Selbst mit sich in seinem *Gewissen*, erzielt durch eine Kultivierung der *sagesse.*

Wenn wir *diesen* stoisch-epikuräischen Kerngehalt betonen, dann scheint es so, als bezöge sich die Rede vom Provisorischen nur auf die vorläufige, begründungsschwache Art der *Mitteilungsform*, als handelte es sich eben um ganz private Erwägungen. Jedenfalls vermittelt die Vorrede zur französischen Ausgabe der "Prinzipien" – zehn Jahre nach dem Discours – ein ganz anderes Bild: Dort dient die Sagesse als Grundbegriff einer Moralphilo-

11 A. a. O., S. 9.

sophie, die sehr wohl Wissenschaftlichkeit, Allgemeingültigkeit usw. beansprucht! Möchte ich also dennoch einen *vertieften* Sinn des Provisorischen in der Moral zu bedenken geben, muß ich an Descartes' Verständnis der *générosité* anknüpfen, wie es im Traité des Passions (3. Teil) entfaltet wird.

Ich versage es mir, die verschiedenen Bedeutungen von générosité bei Descartes nachzuzeichnen und konzentriere mich auf die für mich zentralen Aspekte – insbesondere auf diejenigen mit kommunikativer Ausrichtung.

Die anderen mit ihren moralischen Schwächen und Fehlern geben ja schließlich vielfachen Anlaß zur Entwicklung von Gefühlen der Überlegenheit, ja: der Verachtung. Die *Generosität* verhindert nun die Entwicklung dieses verachtenden Bewußtseins. Sie inspiriert das Ich, die Fehler des andern nicht analytisch-sezierend, sondern mit *Entschuldigungsgründen* zu begleiten. Ein solcher "Entschuldigungsgrund" ist zum Beispiel die *Unterstellung*, der andere habe verwerflich gehandelt nicht aus bösem Willen, sondern aus Mangel an richtiger Erkenntnis. Die *Unterstellung* des *guten* Willens beim andern dient also dazu, die Überheblichkeit des sich besser Dünkenden zu blockieren (vgl. Art. CL IV). Generosität und Bescheidenheit bzw. Demut als Einsicht in die *eigene* Fehlbarkeit bereiten den Boden für gegenseitige Achtung.

Ein weiteres Mittel dazu ist nach Descartes jenes Splitting, zwar die Laster, nicht aber die Menschen zu verachten (LX IV)! Den Menschen gilt das *Mitleid* des Großmütigen (LXXX VII). Insofern ist die Generosität auch ein Dämpfungsmittel gegen den exzessiven Affekt des *berechtigten* Zorns (CC III).

Eine generöse Nachsichtigkeit kann freilich – das hätte übrigens auch Nietzsche eingeschärft – aus purer Schwächlichkeit hervorgehen! Man versetzt sich in die Situation des anderen, phantasiert, man hätte womöglich – schwächlich wie man ist – auch nicht anders gehandelt – und verzeiht gern, denn man verzeiht sich gleichsam prophylaktisch selbst! Verzeihung aus schwächlicher Selbstliebe – Descartes schon hat das so gesehen (CLXXX VII). Er möchte im Kontrast dazu so verstanden werden, daß die mitleidvolle Generosität authentisch nur ist, wenn sie aus der *Souveränität eines starken Ich* hervorgeht (CLXXX VII). Die Teilnahme am Schicksal des anderen im Akt des Verzeihens ist zwar mitleidsvoll, nicht aber von irgendwelchen *Rührseligkeiten* eingefärbt (CLXXX V).

Daß eigentlich die Generosität eine Dimension unseres Urteilens und Verhaltens zur Sprache bringt, die nicht moralphilosophisch, sondern eben *meta*-moralisch kommunikationstheoretisch zu erörtern ist, hat Descartes noch nicht gesehen. Das *ahnte* erst Kant. *Angemessen begriffen* hat freilich auch er die Verschränktheit dieser Dimensionen der rationalen moralischen Selbstverpflichtung und der Dimension des Unermeßlichen in den Verhältnissen des gelebten Ethos nicht.

II. Auseinandersetzung mit Kant

II.1 Ein – von Kant vernachlässigtes – Vernunftpostulat: Geist der Verzeihung. Die Anregungen von Blumenberg und Jankélévitch

Eine Ethik, die allen Nachdruck auf die – in universalisierungstheoretischer Strategie ausgewiesenen – Sollens*forderungen* legt, muß sich fragen lassen, ob in ihr nicht die *Unvermeidlichkeit* des Scheiterns vorprogrammiert ist. Versagt nicht *jeder* endliche Mensch in seinen moralischen Entscheidungen, wenn man diese am *Optimum* der reinen Lehre mißt? Es ließe sich die Ausrichtung am moralischen Optimum gewiß aufrechterhalten, wenn ihr eine befreiende Erschließung *voranginge*, in der dem Individuum jene Nachsicht mit sich selbst vermittelt würde, die es, nebenbei, auch überflüssig machte, sich angesichts des stets nur partiellen Gelingens einer moralischen Option die Maske der Heuchelei aufzusetzen.

Die 'übliche' Gegenüberstellung: hier das um seinen moralischen Status sich mühende und vom Absurdismus der Vergeblichkeit seines Unterfangens bedrohte Ich – dort das vollkommene absolute Ich, das 'alles' durchschaut und per se gut handelt, ist also hinfällig. Wir sehen uns vielmehr veranlaßt, das (vorrangig:) mit anderen und (folglich:) mit sich *nachsichtige* Ich voranzustellen, welches einen Geist der Verzeihung repräsentiert, der dazu befreit, die angestrebte Sorge um sich selbst im Augenblick der *riskanten* moralischen Entscheidung auch hinter sich zu lassen. Gerade weil das eigene Schicksal nicht daran hängt, das *Extrem* des moralisch Geforderten auch real einzulösen, besteht allergrößte Aussicht, ihm sich aufs Intensivste anzunähern. Denn dieses Ich ist gewissermaßen leichtfüßig – wenn auch wahrlich nicht: leichtfertig – geworden.

Die Postulate der reinen moralischen Vernunft sind nach Kant *notwendig*. Auf einer Meta-Ebene dazu plazieren wir jenen Geist der Verzeihung, der kommunikativ lebendig sein muß, wenn unter dem Mantel der Moralität nicht die pure Heuchelei zum Vorschein kommen soll, die dann das *letzte* Wort hätte. – Das moralische Subjekt, das Integrität *anstrebt* und um seine Selbstgefährdung weiß, ist auf diesen Geist der Verzeihung angewiesen, um die Möglichkeit der *Selbstachtung auch im Scheitern* zu wahren. *Jede* moralische Anstrengung *könnte* sich als Selbst*überforderung* herausstellen – ohne daß man sich jemals damit selbst entschuldigen dürfte, eine bestimmte moralische Forderung stelle nun einmal eine *Über*forderung dar! Allerdings muß man sich sehr wohl fragen, welchen Sinn Theorien haben können, die *von vornherein* als exzessive Überforderungskonzepte erkennbar sind! Ich denke an Theorien vom Typ Albert Schweitzer oder Hans Jonas. Ersterer erweiterte bekanntlich die Verantwortung *grenzenlos* auf "alles, was lebt"; letzterer schloß am Ende nicht nur die zukünftigen Generationen und das Geschick der gesamten Biosphäre in den Verantwortungsappell ein, sondern mutete dem endlichen Ich auch noch zu, den total an sein Schöpfungsexperiment entäußerten Gott mit-zuerlösen!

Hans Blumenberg hat in seinem instruktiven Aufsatz "Kant und die Frage nach dem 'gnädigen Gott'"[12] das Problem aufgegriffen, "ob der Begriff der Gnade überhaupt vereinbar ist mit dem ... Begriff eines *heiligen* Gottes als eines Wesens, dessen Wille mit dem absoluten Gesetz jeder Freiheit *identisch* ist, und *wie* diese Synthese etwa vorgestellt werden kann".[13] "Von den elementaren Stichworten her gesehen, die über die Moralphilosophie Kants in Umlauf sind, mag es sinnlos erscheinen, das Wort 'Gnade' überhaupt in deren Nähe zu bringen. Läßt sie doch keine *Glückseligkeit* gelten, die nicht in einer ihr adäquaten moralischen *Würdigkeit* begründet wäre. Wie könnte also eine Gottheit mit so etwas wie 'Gnade', dem Unverdienten, ohne Würdigkeit *Geschenkten*, in diese lückenlose Korrespondenz von Tugend und Heil eindringen?"[14] Und Blumenberg spitzt zu,[15] "daß es bei der Interpretation der Philosophie Kants schwieriger ist zu zeigen, daß in ihr von 'Gnade' überhaupt legitim gesprochen werden *kann*, als nachzuweisen, daß in ihr von 'Gnade' tatsächlich gesprochen *wird*". Und doch bringe Kant in der Religionsschrift "ein echtes 'Mehr' ins Spiel, das der Gott des Postulats nicht mehr hergibt; hier ist nicht nur ein *gerechter*, sondern ein *gnädiger* Gott vonnöten, der auf die heillose Unendlichkeit des geschuldeten Progresses verzichtet und zuläßt, daß die 'Gesinnung ... *als* intellektuelle Einheit des Ganzen, die Stelle der Tat in ihrer Vollendung vertritt'".[16]

Wenn man also ein weiteres Vernunftpostulat – eben das des gnädigen Gottes – einführt, so muß man sich klarmachen, daß dem Postulat 'Gnade' auf seiten der menschlichen Verfaßtheit und ihrer Emotionalität "zwar 'Hoffnung' nicht aber 'Forderung' angemessen ist".[17] Und es ist auch nicht irgendeine *Willkür*, die hier Gott zugeschrieben würde, "sondern es ist die Differenz zwischen dem endlichen und dem unendlichen Wesen, die Gnade ohne Eintrag für die Gerechtigkeit denkbar werden läßt. Kraft dieser Differenz kann die Bestimmtheit des moralischen Willens vor dem unendlichen Geist 'stehen für' die Unendlichkeit seiner Vollstreckung";[18] nicht Willkür wird hinterrücks sanktioniert, sondern ein eigentümlicher Zusammenhang von Gnade und Gerechtigkeit im Bezugsfeld des sittlichen Verhaltens des Menschen.[19] Mithin unterstreicht Blumenberg konsequent, unbegreiflich sei uns nur, *wie* Gnade unter der Bedingung der Gerechtigkeit möglich sei – nicht, *daß* sie es sei.

Noch gründlicher und systematisch pointierter hat ein französischer Philosoph dieser von Blumenberg schon anvisierten Absicht, Kant über Kant hinauszutreiben, das Wort geredet: Ich meine den in Frankreich bekannten *Vladimir Jankélévitch*. Nach seiner Auffassung gelangt allein im Modus der Vergebung die *unbedingte* moralische Bedeutung im zeitlich-menschlichen Dasein zur Darstellung. Jankélévitch gibt zu bedenken, daß *allein* im interpersonellen Vorgang der Vergebung eine Selbstmanifestation des in sich göttlichen Augenblicks geschieht und sich dem Leben eine *unbedingte* moralische Bedeutung einprägt.

12 Vgl. Blumenberg, 1954, S. 554-570.
13 A. a. O., S. 558.
14 Ebd.
15 A. a. O., S. 563.
16 A. a. O., S. 565.
17 Ebd.
18 A. a. O., S. 565 f.
19 A. a. O., S. 567.

Vor allem der Unterschied zu vielen Spielarten der *Ent-Schuldigung* ist hier zu beachten: Die Ent-Schuldigungsversuche zielen darauf ab, *analog* zum Verstehen und Vergessen jenes Verhärtet-Widerständige des bösen Willens und seiner Tat *durch nachträgliche Interpretationen* aufzuweichen und es in den Fluß der 'ganz normalen' Geschehnisse zurückzubiegen: Überwindung des Bösen (Willens und Tuns) durch dessen rationale Erklärung im Zeichen von 'Normalität'. *Vergebung* ist ganz anders ausgelegt: sie arbeitet nicht an der Verflüchtigung des Geschehens, sondern setzt sich dem Erratischen der bösen Tat aus; sie verkleinert und verharmlost nichts. Sie überwindet das Böse gerade in seiner ganzen Stärke; dieses pro-voziert ja erst den 'Wider-Spruch' der überwindenden Kraft der Verzeihung, die auch die argumentative Logik der Gründe und Gegengründe, der Motiv-Analysen usw. aufhebt. Ein Moment der Zeitlosigkeit kommt zur Erscheinung in der Zeit und absorbiert im göttlichen Augenblick auch das Verhärtet-Zeitliche der bösen Tat: "pour le pardon il y a tout a pardonner, et il n y a presque rien a comprendre".[20]

Jankélévitch besteht darauf, daß die *Verzeihung* der einzige Akt ist, durch den eine Person das noumenale Sein der anderen Person in der Zeit erreicht. In diesem extraordinären Ereignis der Manifestation des Guten vermag der Verzeihende "durch die Erscheinung und die Zeit hindurch den bösen Willen selbst anzurühren und zu treffen und kann ihn aus der Kraft des principium generans, das in der Vergebung geschieht, zum neugeborenen Menschen werden lassen".[21] Das ist das Wunderbare, Extra-Ordinäre, daß im Vollzug dieses Ereignisses – gegen alle psychologischen und soziologischen Abstraktionen und Fixierungen – *in der Zeit* Zukunft erschlossen und qualitativ neue interpersonelle Beziehungen gegründet werden.

Dieser stille Enthusiasmus tendiert nicht dazu, sich zu überheben; ihm ist nämlich die *Resignation* benachbart. Die Conversio des bösen Willens ist ja nicht ein Geschehen, das sich *an* ihm vollzieht, als zählte seine Freiheit gar nicht mehr. Der bislang verhärtete böse Wille muß, so sieht es Jankélévitch, das Geschehen der Verzeihung *annehmen* und sich der verwandelnden Kraft des Geistes der Verzeihung anheimgeben. Aber der freie Wille in seiner Neigung zum Bösen ist doch so stark, daß er sich verstockt auch der Vergebung widersetzen kann. An diesem Widerstand erfährt der gute Wille seine Ohnmacht. Er ist ist nicht per se durchsetzungskräftiger als der böse ...

Der Schritt über die Endlichkeit der Bedingtheitsverhältnisse hinaus zu einer Idee des Unbedingten ist bekanntlich für Kant *unvermeidlich*.[22] Da es es sich aber um eine transzendierende Exposition der sich selbst verpflichtenden Vernunft handelt, ist dieser Akt ein 'bloß subjektiver'. Auf der Basis von *Analogieschlüssen* – im Blick auf einen "Gesetzgeber aller vernünftigen Weltwesen" – imaginiert das Subjekt seine Verantwortlichkeit als eine solche "vor einem von uns selbst unterschiedenen, aber uns doch innigst gegenwärtigen heiligen Wesen", welches gleichsam die *Regel* der Gerechtigkeit verkörpert, auf daß es Sinn mache, prinzipiell das Gesamt der eigenen Pflichten als göttliche Gebote zu beurteilen.

20 Vgl. Jankélévitch 1967, S. 118, 245.

21 Vgl. Kopper, a. a. O., S. 246.

22 Vgl. Kant 1797 (1968), S. 439 f.

Der *subjektiv-logische* Grund für die Bezugnahme auf die Idee "Gott" ist in der Verschränkung von Reflexion und Anschauung verwurzelt: Wir können uns einfach "Verpflichtung (moralische Nötigung) nicht wohl anschaulich machen, ohne einen *anderen* und dessen Willen (von dem die allgemein gesetzgebende Vernunft der Sprecher ist), nämlich Gott, dabei zu denken".[23] – Kant hilft sich in dieser Situation also mit dem Verweis auf den "Schematism der Analogie ..., den wir nicht entbehren können".

Wenn hier also von der Idee Gottes die Rede ist, so ist dies immer von der Einsicht begleitet, daß dabei stets auch unsere Projektionskraft am Werke ist; in Kants Worten: es handelt sich um eine Idee, "welche wir uns von einem solchen Wesen machen".[24]

Sehen wir nach wie vor hier von der Frage der *Existenz* Gottes ab, so überzeugt uns der pure *Gedanke*, die *Idee* 'Gott' von einem total asymmetrischen Verhältnis: Gott hat "lauter Rechte und keine Pflichten gegen seine Geschöpfe", und diese haben mithin gegen ihn "lauter Pflichten und keine Rechte".[25] Das Prinzip eines solchen Verhältnisses, sofern es moralisch sein soll, ist nach Kant schlechthin *transzendent*. Im Gegensatz dazu nennt Kant das Prinzip, welches das Verhältnis der Menschen untereinander regelt, immanent, weil "deren Wille gegeneinander wechselseitig einschränkend ist".[26]

Auf dem Spiel steht hier der Mensch in seinem *Selbst*verhältnis, nicht in seinem Verhältnis zu Gott; es geht – in Kants Worten – um Pflichten gegen sich selbst in Ansehung Gottes, nicht um Pflichten gegen Gott (die in den positiven geschichtlichen Religionen eine entscheidende Rolle spielen).

In seiner *Konstruktion* des Gewissens geht es also ständig darum sicherzustellen, daß dem Ich alle Wege abgeschnitten werden, sich selbst gegenüber, sozusagen auto-suggestiv, *nachsichtig* zu sein und sich moralische 'Marscherleichterung' zu verschaffen. – Bezogen auf die Durchsichtigkeit der Pflicht des Menschen gegen sich selbst kann es dann sogar heißen: "Religion zu haben ist Pflicht des Menschen gegen sich selbst."[27] Dem entspricht die Aufforderung: "Seid heilig".[28]

In diesem Zusammenhang besonders aufschlußreich ist Kants spekulativ-theologisches Denkexperiment in der Schlußanmerkung zur Tugendlehre, wo er, bezogen auf den Widerstreit von Gerechtigkeit und Gnade, in wenigen Andeutungen einen für unsere Betrachtungen ganz eigentümlichen Problemhorizont aufreißt.

Kant behauptet in diesem Text in überschwenglicher Manier, es stehe völlig außer Frage, daß man sich den "göttlichen Zweck in Ansehung des menschlichen Geschlechts (dessen Schöpfung und Leitung) nur so denken kann, daß er ein Ausfluß der *Liebe* ist, also: auf die *Glückseligkeit* des Menschen zielt". "Nach Menschenart" kann man das gar nicht anders ausdrücken als so: "Gott hat vernünftige Wesen erschaffen, gleichsam aus dem Bedürfnisse,

23 A. a. O., S. 487.
24 Ebd.
25 A. a. O., S. 488.
26 Ebd.
27 A. a. O., S. 444.
28 A. a. O., S. 446.

etwas außer sich zu haben, was er lieben könne, oder auch von dem er geliebt werde."[29] – In scheinbar unauflöslicher Spannung zu dieser Grundannahme steht aber nun die Idee einer göttlichen *Gerechtigkeit*, die wir uns als endliche Wesen im Rahmen unserer eigenen Vernunft eigentlich nur als *strafende* Gerechtigkeit vorstellen können. Aber auch als *strafende* Gerechtigkeit gefaßt, entzieht sich die göttliche Gerechtigkeit irgendwie dem Zugriff, denn wir endlichen Wesen können uns ein strafendes Subjekt, welches in seiner Integrität durch andere gar nicht verletzt werden *kann*, überhaupt nicht vorstellen.. Eine solche *Unanfechtbarkeit*, die zugleich mit Strafkompetenz um der Gerechtigkeit willen einhergehen soll, ist für unser erfahrungsbedingtes Vorstellungsvermögen schlechthin transzendent. Allemal ist die Vorstellung eines (göttlichen) Subjekts abwegig, welches okkasionell die strafende Gerechtigkeit ausübt! Wir müssen uns demnach, so meint Kant, die Gerechtigkeit gleichsam als Substanz, sozusagen als *ewige* Gerechtigkeit, vorstellen, die, obwohl als Idee personifiziert, sich doch einem *Fatum* gleich auswirkt – so wie es die Alten auffaßten, als sie eine eiserne, unablenkbare Notwendigkeit noch den Göttern überordneten. Also ist die Vorstellung völlig abwegig, Gott als Person *verwalte* gleichsam die Gerechtigkeit, vielmehr muß – obwohl all dieses Reden natürlich im Kern 'überschwenglich' ist – der göttliche Gerechtigkeitsvollzug so vorgestellt werden, daß Gerechtigkeit *als Prinzip* "das Recht dieses Wesens bestimme".[30] Und es ist nun genau diese *Unerbittlichkeit* (oder, wenn man es weniger personalistisch fassen möchte: diese metaphysische Notwendigkeit), die als formales Prinzip *kollidiert* mit der *materialen Zweckdimension*, die das Verhältnis von Gott und Mensch *ursprünglich*, im Zeichen von Liebe und Glückseligkeit, charakterisiert![31] Kant spricht hier also von einem ganz elementaren Widerspruch in der Idee des Göttlichen selber. Die *Konsequenz* einer prinzipiell gefaßten göttlichen Strafgerechtigkeit müßte angesichts der ungeheuren Quantität des vom Menschen aufgehäuften Bösen den *Zweck* der Schöpfung, der in der *Liebe* des Welturhebers gründet, so weit in den Hintergrund schieben, daß man sich zu fragen hat, ob dann die Weltschöpfung nicht hätte besser unterbleiben müssen, wenn sich doch geradezu der Eindruck aufdrängt, daß das Prinzip des Rechts selbst – etwa im Zeichen der *Ehre* Gottes – an die Stelle des *Zwecks* tritt!

Noch ein weiteres ist zu bedenken: Ließen wir uns näher auf jenes Gedankenexperiment Kants – den unaufhebbaren Widerspruch zwischen göttlicher Liebe und göttlicher Gerechtigkeit – ein, so stellte sich zwanglos noch diese Folgeerwägung mit Blick-Umkehr ein: Die Tatsache, daß die Welt an den Exzessen der Bosheit (noch) nicht zugrundegegangen ist, enthüllt indirekt, daß die kontinuierende Manifestation eines Geistes der Verzeihung, als Ausdruck jener ursprünglichen Liebe, stärker sein muß als das Konsequenzgefüge prinzipiell und fatalistisch wirkender göttlicher Strafsanktionen ...[32] *Vielleicht liegt ein entscheidender Fehler darin, daß Kant insgeheim die Komponente der Funktion des Richtens – die ja, streng betrachtet, gleichfalls 'überschwenglich' ist – stärker favorisiert als die der Liebe.*

29 A. a. O., S. 488.

30 A. a. O., S. 490.

31 Ebd.

32 Vgl. Gibbs 1989, S. 332.

Jedoch: mit der nackten Faktizität einer trotz allen Grauens noch fortwährenden Existenz der (sittlichen) Welt stimmt die *Unterstellung* einer Priorität des Geistes der Verzeihung auch rational gesehen viel besser überein!

Die Welt, sofern sie unter dem ungebrochenen Prinzip der göttlichen Gerechtigkeit stünde, wäre ein einziges Dementi der schöpferischen Liebe Gottes, und sie wäre – wenn diese göttliche Strafgerechtigkeit kompromißlos ausgeübt wird – ein völlig unwirtlicher Stern. Sich zur moralischen Integrität gegen alle (inneren und äußeren) Widerstände durchzukämpfen, käme dann dem absurden Unternehmen des Sisyphos gleich.

Es ist, meine ich, durchaus charakteristisch für Kant, daß er sich weigert, dieser fundamentalen Widersprüchlichkeit weiter auf den Grund zu gehen. Er bricht den Gedankengang ab und schärft dann nur ein, daß wir es bei dem Verhältnis zwischen Gott und Mensch eben mit Fragen zu tun haben, die die Grenzen unserer Vernunft übersteigen und uns schlechterdings unbegreiflich bleiben müssen. Damit ist auch die Frage weggeschoben, wie weit jene Idee der göttlichen Liebe, die doch schlechthin ursprünglich die Schöpfung bestimmt, als *Macht der Verzeihung* die prinzipielle göttliche Strafgerechtigkeit brechen und *wieweit sich dies wiederum in menschlichen Kommunikationsverhältnissen 'spiegeln' könnte.*

II.2 Kants verkrampfte Abschottung der autonomen Vernunft

Die Perspektive absoluter Gnadenlosigkeit stürzt das moralische Bewußtsein in ausweglose Konflikte mit sich selbst: Jede Vorgabe, es sei *sinnvoll*, die moralische Integrität zu wahren oder zu erkämpfen trotz völliger Aussichtslosigkeit, auf eine *überbietende* 'Aufhebung' zu stoßen, würde hinfällig. Denn es besteht *dann* analytisch nach Kant ja nicht die Chance, eine (zum Beispiel gute) Tat/Unterlassung für das Ganze zu nehmen. Was nützt eine ständige Steigerung der Moralität, wenn wir die Last unserer unmoralischen Vergangenheit unweigerlich immer mitschleppen müssen? – Sporadisch klingen bei Kant Töne an, als könnte sich das Ich eben durch moralische Besserung selbst verzeihen; indessen dürfte kein Zweifel daran bestehen, daß in der strengen Kantischen Argumentation eine solcher Ausweg, sich von moralischer Schuld selbst zu entlasten, nicht zu billigen ist.

Freilich: für die von Kant betriebene, gegen metaphysische Phantastereien gerichtete *Abschottung der autonomen Vernunft* hätte Orientierung an einem Geist der Verzeihung ganz erhebliche Folgen: Jene Abschottung würde stark aufgeweicht. Das ganze Konzept der Verantwortlichkeit moralischer Subjekte müßte neu formuliert werden. Verantwortlichkeit enthält schon das Dialogische einer *Antwort* auf eine *vorgegebene* Herausforderung. Zu verabschieden wäre die Konzentration auf eine autonom-moralische Selbstproduktion. Und zu betonen wäre hingegen – in einer fundamentalen Umkehr – das Moment des *Empfangens*. Bei *Herbert Robert Gibbs* habe ich Gedankengänge gefunden, die diese Blickwendung andeuten – hin zu einer Perspektive, die auszudenken Kant sich gescheut hatte. Zu verweisen wäre phänomenzentriert auf bestimmte Grundzüge unserer sittlichen Existenz: Gäste zu empfangen im Zeichen der Gastfreundschaft, Hilfe zu empfangen im Zeichen der Dankbarkeit und Vergebung zu empfangen im Zeichen der Gnade müßte in die Formung der Ethikbegründung einfließen.[33] Damit würde viel stärker als bei Kant die *Passivität* in der Beziehung zu anderen Menschen betont. Und ich halte es für durchaus plausibel, daß die eigentümliche Reaktion auf das Empfangen solcher Großzügigkeit *von* anderen den Willen, sich *für* andere einzusetzen, entscheidend befördern könnte. Daraus ließen sich durchaus moralische Imperative filtern. – Daß Kant diese Folgerungen so konsequent zu vermeiden suchte, mag daran liegen, daß er sich selbst – nach dem Ideal des stoischen Weisen – autopoetisch von den Bedrängnissen der Welt und der Triebdynamik des eigenen Körpers zu befreien wünschte.[34]

Daß Kant sich philosophisch äußerst schwer getan hat, dem Gesichtspunkt der Verzeihung in seiner Ethik Rechnung zu tragen, ist unübersehbar. Eine durch die Psychoanalyse belehrte Forschung hat – in, zugegeben, gewagter Annäherung – diese Schwierigkeiten auch an Kants Persönlichkeit freigelegt. Den durchaus aussagekräftigen Untersuchungen von Böhme und Böhme zufolge hatte Kant den Abweis, von etwas Drittem, Geschenktem abhängig zu sein und Schuld sich einzugestehen, tief verinnerlicht. Die Analyse der vorhandenen biographischen Dokumente zeigt, daß für Kants Persönlichkeit exemplarisch gilt, was nach Böhme und Böhme grundsätzlich festzuhalten ist: Die Selbstkonstitution des moralischen Subjekts ist "gebunden ... an die Dialektik von Schuld, Angst und Sehnsucht nach Schuldfreiheit".[35]

Eine Variante, schon der bloßen *Thematisierung* des Schuldproblems vorzubeugen, bestand in dem Versuch der Philosophie, die Übel der Eigenliebe und des eigennützigen Strebens als gemeinwohlförderlich zu interpretieren. In der (von Odo Marquard gestifteten) Formel 'Entübelung der Übel' kommt das schon zum Ausdruck.

Die Unfähigkeit und angstvolle Unwilligkeit, *Gegebenheiten* sozialer oder physischer Natur anzuerkennen, sofern dabei die Vernunft auf dem Spiel steht, wird faßbar am Umgang mit dem vom Vernunftideal abweichenden Verhalten der psychisch Kranken und moralisch-sozialen Extremisten: "In der Wirkungsgeschichte der Moralphilosophie Kants wird dem Irren seine Krankheit als selbstverschuldeter Abfall von jener Vernunft zugerechnet, die das moralische Subjekt allererst konstituiert. Folgerichtig ist umgekehrt das Laster eine Form des Wahnsinns."[36]

"Es hat vielleicht nie ein Mensch gelebt, der eine genauere Aufmerksamkeit auf seinen Körper und alles, was diesen betrifft, angewandt hat als Kant."[37] – Für meine Aufnahme dieser von Böhme und Böhme zusammengefaßten Beobachtungen *ausschlaggebend* ist die *generelle* Formierung eines der Verzeihung unbedürftigen Lebens. Wasianski gibt das bei seinen Schilderungen, nicht ohne unfreiwillige Komik, zu erkennen: "Er sah daher auch seine Gesundheit und sein hohes Alter faßt als sein eigenes Werk an; ja als ein Kunststück, wie er es selbst nannte: bei so vielen Gefahren, denen das Leben ausgesetzt ist, sich noch

33 Vgl. Gibbs, zum folgenden: S. 333.

34 So haben es Böhme/Böhme 1992 recht überzeugungskräftig an Kants Biographie nachgewiesen.

35 Vgl. Böhme/Böhme 1992, S. 331.

36 A. a. O., S. 356.

37 Vgl. Jachmann 1804 (1978), S. 191. Zitiert nach Böhme/Böhme 1992, S. 451.

bei allem Schwanken im Gleichgewicht zu erhalten. Er tat sich darauf so viel zu gut, wie der gymnastische Künstler, der lange auf einem schwachen Seile äquilibriert, ohne von demselben nur einmal hinabzugleiten. Triumphierend über jeden Anfall von Krankheit stand er fest ..."[38]

Die Pädagogik Kants[39] dringt darauf, an die Stelle der 'wilden' = gesetzlosen Natur Uniformität und Gleichförmigkeit als zweite Natur im erzieherischen Disziplinierungsprozeß zu produzieren. Die gnadenlose Selbstdisziplinierung, die sich die Philosophen und Erzieher angetan hatten, reproduzierten sie in gnadenloser Strenge an ihren Zöglingen. Sie arbeiteten gewiß schlagfertig auf jenen Punkt der Charakterbildung hin, an dem *wie mit einem Schlage* der Vernunftcharakter konstituiert wird, der sich selbst so durchsichtig ist, daß er *Nachsichtigkeit* stolz zurückweisen kann, eben weil er wähnt, ihrer nunmehr nicht länger bedürftig zu sein![40]

Das Autarkie-Ideal wirkt praktisch als *Zwang zur Freiheit* bei Strafe des Schuldigwerdens. "Angst und Schuldvermeidung mauern den Körper Kants ein, vertrocknen ihn und trennen ihn von Objekten und anderen Körpern. Dieser Kontrollzwang des Körpers entspricht der beobachteten Gleichförmigkeit und Rhythmisierung der Zeitabläufe sowie den räumlichen Ordnungen, in denen Kant seinen Tag organisiert. Gegen jedes Dazwischentretende, Unvorhergesehene, Ungeplante und Überraschende muß der Körper geschützt werden. Die Rhythmisierung nach Regeln intellektueller und moralischer Selbstbeherrschung ist der wahnhafte Versuch, noch der Biorhythmen des Körpers Herr zu werden, der Versuch aber auch der Beherrschung von Fremdobjekten, die nur angepaßt an das eigene Planungskalkül in Kants Leben eintreten können."[41]

Bei Jachmann lesen wir: "Er hielt sich deshalb auch für ganz vorzüglich glücklich, daß er nie in seinem Leben irgend einem Menschen einen Heller schuldig gewesen ist. Mit ruhigem und freudigem Herzen konnte ich immer: herein rufen, wenn jemand an meine Tür klopfte, pflegte der vortreffliche Mann oft zu erzählen, denn ich war gewiß, daß kein Gläubiger draußen stand."[42] Aufschlußreich ist auch Kants ungeheuerliche Anstrengung, alle Situationen zu vermeiden, in denen er vor anderen schwach erscheinen könnte. Als er einmal auf der Straße fällt und zwei Damen dem Gestrauchelten aufhelfen, reagiert er artig mit einer Rose – "und zieht sich aus Scham auf immer aus der Öffentlichkeit zurück".[43]

38 Vgl. Wasianski 1804 (1978), S. 230 f. Zitiert nach Böhme/Böhme 1992, S. 454.
39 Vgl. Kant 1803 (1968), S. 442 ff.
40 Vgl. Kant 1800 (1968), S. 294 f.
41 Vgl. Böhme/Böhme 1992, S. 447 f.
42 Vgl. Jachmann 1804 (1978), S. 149. Zitiert nach Böhme/Böhme 1992, S. 448.
43 Böhme/Böhme 1992, S. 472.

II.3 Kants widerwillige Konzessionen: Spurenelemente eines Geistes der Verzeihung

So unübersehbar Kants Weigerung ist, sich gründlicher auf die *unkalkulierbare* kommunikative Dimension der Verzeihung einzulassen, so deutlich ist doch auch, daß der Philosoph das Problem nie richtig loswurde. Er ahnte, daß die *strikte Reziprozität* den menschlichen Verhältnissen und dem *Eigensinn von Asymmetrien* nicht gerecht wird – und mochte dies doch nicht offen einräumen und philosophisch thematisieren.

So verdient es angesichts der moralischen Strenge Kants Beachtung, daß der Philosoph sich dazu durchgerungen hat, so etwas wie "Erlaubnisgesetze der moralisch-praktischen Vernunft" zuzugestehen. Unter dem Stichwort "Erlaubnisgesetz" rezipiert Kant – allerdings etwas zögerlich – die traditionelle Auffassung vom sogenannten 'kleineren Übel'. Etwas, das man *an sich* für unerlaubt ansehen muß, kann diesem Hinweis zufolge "doch zur Verhütung einer noch größeren Übertretung (gleichsam nachsichtlich) erlaubt" sein.[44] Der beiläufigen Formel "gleichsam nachsichtlich" gilt natürlich unsere Aufmerksamkeit. Die Erlaubnis ist nur gewährt *aus Nachsichtigkeit*. Wenn ich die strengere Maxime hintansetze mit subjektiv- und situationsspezifisch guten Gründen, bleibt doch der schale Nachgeschmack einer Übertretung und Regelverletzung zurück. Maße ich mir nicht ein Urteil nur an, da doch jede Situation so unübersichtlich ist, daß eine Folgenabwägung für höchst irrtumsanfällig erachtet werden muß? Billige Entschuldigungen will Kant hier keineswegs zulassen. Wer sich auf das Erlaubnisgesetz in seinem Handeln beruft, bleibt in Schuldkomplexe verstrickt und ist deshalb auf Nachsicht angewiesen. Wir bewegen uns hier also im Bereich der unübersehbaren und nur bei Strafe der Oberflächlichkeit überspringbaren Herausforderung der *Notlagensituationen*, in denen ein Handelnder fast unvermeidlich *post festum* auf Nachsicht der Beurteilenden angewiesen ist. (Die Nachsicht der Zeitgenossen zu erwarten, wäre zumeist illusorisch; sie sind ja in die Situation mitverwoben und parteilich engagiert; von ihnen ein distanziertes Urteil zu erwarten, käme wohl einer Überforderung gleich.)[45]

Kant, der höchst rigide in Angelegenheiten *rechtlicher* Sanktionierung argumentierte, sprach dennoch dem Beleidigten, von Feindseligkeit Betroffenen, jegliche Berechtigung ab, aus Rache und mit Haß zu reagieren. Außerdem sei es sogar ein Verstoß gegen die menschliche Würde, an den Weltrichter zu appellieren und *ihn* zur Rache aufzufordern (etwa unter Hinweis auf das Wort "Die Rache ist mein ..."), denn es dürfe "keine Strafe, von wem es auch sei, aus Haß verhängt werden". *Versöhnlichkeit* sei nicht zuletzt deshalb *Menschenpflicht*, "weil der Mensch von eigener Schuld genug auf sich sitzen hat, um der Verzeihung selbst sehr zu bedürfen".[46]

Nicht erst Nietzsche, sondern schon Kant wollte das moralisierende Aburteilen anderer Personen blockieren. Er hat deshalb dafür plädiert, zwischen das Ich und den anderen einen

44 Vgl. Kant 1797 (1968), S. 426.

45 Zur Pflichtenkollision bei Kant: vgl. B. Hermann 1990.

46 Vgl. Kant 1797 (1968), S. 460 f.

Schleier des Nichtwissens zu ziehen. Diese treffliche Stelle aus der Tugendlehre soll ungekürzt zu Gehör gebracht sein. "Es ist also Tugendpflicht, statt einer hämischen Lust an der Bloßstellung der Fehler anderer, um sich dadurch die Meinung, gut, wenigstens nicht schlechter alle anderen Menschen zu sein, zu sichern, den Schleier der Menschenliebe, nicht bloß durch Milderung unserer Urteile, sondern auch durch Verschweigung derselben, über die Fehler anderer zu werfen; weil Beispiele der Achtung, welche uns andere geben, auch die Bestrebung rege machen können, sie gleichmäßig zu verdienen. – Um deswillen ist die Ausspähungssucht der Sitten anderer (allotrio-episcopia) auch für sich selbst schon ein beleidigender Vorwitz der Menschenkunde, welchem jedermann sich mit Recht als Verletzung der ihm schuldigen Achtung widersetzen kann."[47]

Da der *Freund* als jene Person in Frage kommt, der man sich in einer Bedrängnis anvertrauen möchte, bei dem man auch in Stunden des Selbst-Zweifels und der Anfechtung im Sittlichen Rat und Beistand zu suchen geneigt ist, legt es sich nahe, *Kants Überlegungen zur Freundschaft, als Gestalt intimer Kommunikation*, nachzugehen.

Sehen wir näher zu, wie Kant die Implikationen jenes Schrittes, die eigenen Fehler dem anderen zu offenbaren, freilegt. Mit diesem Akt geht, meint er, die Befürchtung einher, in der Achtung des andern zu sinken. Bereits die bloße Tatsache, daß er sich damit einer verschärften Aufmerksamkeit, einem kontrollierenden Blick, aussetzen könnte, erscheint irgendwie "beleidigend".[48] Das macht die Vorsicht in Kants Definition nachvollziehbar: "Moralische Freundschaft ... ist das völlige Vertrauen zweier Personen in wechselseitiger Eröffnung ihrer geheimen Urteile und Empfindungen, so weit sie mit beiderseitiger Achtung gegeneinander bestehen kann".[49]

An diesen Formulierungen wird faßbar, daß Kant, fixiert auf die *Reziprozität*, die *normalerweise* die Bildung menschlicher Verhältnisse programmieren sollte, dieses Reziprozitätsdenken auch in das Verhältnis der Freundschaft einträgt. Da mithin eine *eigene Dignität asymmetrischer kommunikativer Verhältnisse* undenkbar erscheint, gerät Freundschaft schon theoretisch in den Sog des Mißlingens und der Überforderung. Kein Wunder, daß Kant einräumen muß, die ideale Freundschaft komme tatsächlich zwar unter den Menschen vor, freilich so selten wie ein "schwarzer Schwan".[50]

Wohlgemerkt: von der *Freundschaft* hat Kant nicht geringschätzig gedacht.[51] Der *Idee* der Freundschaft nachzustreben, sei geradezu eine ehrenvolle Pflicht. Zu dieser Selbst-Verpflichtung gehört allerdings auch, "daß ein Freund dem anderen seine Fehler bemerklich mache".[52] Wenn auch der Freund wohl von diesen Informationen keinen schädlichen Gebrauch machen wird, läßt sich doch, so Kant, die Befürchtung nicht gänzlich ausräumen, der andere werde *seine* Fehler weiterhin verheimlichen. Ehe man also eine solche Asymmetrie

47 A. a. O., S. 466.
48 A. a. O., S. 470.
49 A. a. O., S. 471.
50 A. a. O., S. 472.
51 A. a. O., S. 469-473.
52 A. a. O., S. 470.

im Verhältnis zweier Menschen und den entsprechenden Achtungsverlust entstehen läßt, ist es angebracht, mit der Offenherzigkeit zurückhaltend zu sein.[53]

Daß die Asymmetrie in den intimen sozialen Beziehungen so schwer erträglich ist, liegt für Kant wohl daran, daß, nüchtern beurteilt, ein anderer Mensch wohl "kaum der Liebe wert" sein dürfte. Deshalb hält er die Abhängigkeit, die aus Gunsterweisen eines Überlegenen, Großmütigen, erwächst, für so fatal.

Im *Recht* hat Kant der Gnade keinerlei Chance eingeräumt. Wenn ich mich wiederholt der sprachlichen Wendung bedient habe, im Geist der Verzeihung sei der Erfahrungsraum der Moralität und die Erfahrung des *Scheiterns* der moralischen Selbstbestimmung *aufgehoben*, so sollte sich darin eine *Brechung* des reinen

Konsequenzdenkens im Zeichen der (Wieder-)Herstellung von Gerechtigkeit abzeichnen – eine Umkehr, als sollte *an die Stelle* des Rechts die Verzeihung treten, ist damit natürlich nicht intendiert. Jedoch: der Gerechtigkeits- und Rechtsdiskurs muß vom Geist der Verzeihung *eingefärbt* sein. Kant hat sich, wie nicht anders zu erwarten, dafür entschieden, die reine Rechtslogik von seinen zögerlichen Versuchen, einem Geist der Verzeihung auch auf der Theorie-Ebene zu entsprechen, strikt getrennt zu halten. Der daraus resultierende Rigorismus hat etwas geradezu Abstoßendes an sich. An einigen Beispielen – Volksaufstand mit Hinrichtung des Staatsoberhaupts,Todesstrafe und Begnadigungsrecht des Souveräns – könnte man diese Behauptung verdeutlichen. Das muß aus Gründen der Zeitökonomie hier unterbleiben.

Stattdessen will ich mich einer für Kants Moralphilosophie ganz zentralen Konstruktion zuwenden und einen Vorschlag machen, wie sie im Horizont eines Geistes der Verzeihung zu 'übersetzen' wäre.

II.4 Das Radikal-Böse: *Unaufhebbarkeit* der Schuld?

Das Problem des Gewissens und die Frage nach der Verzeihungsbedürftigkeit läßt sich zureichend nur erörtern, wenn das Gewicht und die Komplexität des *Bösen* im menschlichen Leben nicht verharmlost wird. Nun hat Kant recht massiv die Folgelast der Entscheidung zum Bösen für den weiteren Lebensweg beschrieben. Mag der Mensch auch beharrlich in einem sittlichen Lebenswandel stehen oder sich um einen solchen bemühen, "so fing er doch von dem Bösen an. Und diese Verschuldung ist ihm *nie auszulöschen möglich.*"[54] (Hervorh. Kodalle) – Der Theologe Julius Müller (der berühmte "Sündenmüller") hat diese Sicht nur noch leicht verschärft, wenn er feststellt: die intelligible Freiheit ist ja durch nichts innerhalb der Erscheinungswelt bestimmbar; deshalb kann die einmal gefaßte fatale Umkehrung der Maximen auch keine Veränderung erfahren, so daß die "außerzeitliche Tat der Freiheit zur unabänderlichen Prädetermination für den ganzen Zeitverlauf" werden muß,

53 A. a. O., S. 471 f.

54 Vgl. Kant 1793 (1968), S. 72.

zum "unbezwinglichen Fatum" alles empirischen Handelns! Ergebnis: "Der Mensch bleibt rettungslos im Abgrunde des radikalen Bösen liegen".[55]

Den in der christlichen Tradition sich anbietenden Ausweg einer *Schuldübernahme durch Dritte* hat Kant nun allerdings verbauen wollen: "Nach unserem Vernunftrecht" kann diese mit dem radikal Bösen gesetzte Schuld nicht als "von einem anderen getilgt" gedacht werden.[56]

Und doch findet sich bei Kant – weil er *philosophisch* nichts Besseres vorzuweisen hat – dann diese spektakuläre Einräumung: Da der Prozeß, ein gottwohlgefälliger Mensch zu werden, im endlichen Leben nicht zum Abschluß zu bringen ist, darf man in der Perspektive einer *Stellvertretungschristologie*[57] *glauben*, der Verdienst Christi werde *uns* in einem "Urteilsspruch aus Gnade" zugerechnet. Es ist dies "der ewigen Gerechtigkeit völlig gemäß, wenn wir, um jenes Guten im Glauben willen, aller Verantwortung entschlagen werden".[58] – Obwohl diese Erwägung bloß spekulativ ist, darf die Vernunft sie dennoch nicht leichtfertig beiseite schieben, weil ihr nämlich "sonst vorgeworfen werden könnte, sie sei schlechterdings unvermögend, die Hoffnung auf die Lossprechung des Menschen von seiner Schuld mit der wirklichen Gerechtigkeit zu vereinigen".[59] Die *spekulative* Deduktion *erspart* dem Menschen keineswegs die allerstrengste Selbstprüfung, ob er sein "Herz" wirklich *gänzlich* geändert habe! Dazu darf er sich nicht auf *einzelne* (vortreffliche) Taten stützen, sondern hat sich der Aussicht zu konfrontieren, "daß ihm *sein ganzes Leben* dereinst werde vor Augen gestellt werden, nicht bloß ein Abschnitt desselben, vielleicht der letzte, und für ihn noch günstigste".[60] Kurzum: es bedeutete eine weitere "Verschuldigung" am Menschen, wenn man ihm "gleichsam Opium für's Gewissen" verabreichte,[61] und sei es als christologische Sola-Gratia- bzw. Sola-Fides-Lehre.[62] Es muß zumindest ein *gebesserter* Lebenswandel vorhergehen, "um auch nur den mindesten Grund zur Hoffnung zu geben, ein solches höheres Verdienst [Christi] könne ihm zu Gute kommen".[63] Den *Widerstreit in der Vernunft*, der sich hier auftut, kann auch Kant nicht vollständig auflösen.

Immerhin: es ist auch nach Kant ein schöner moralischer Glaube – im Sinne des platonischen Sich-Selbst-Besprechens –, daß noch die geringste gute Tat für das ewige Schicksal des Menschen höhere Bedeutung hat, als jene "tatlosen Entsündigungen, die, ohne etwas zur Verminderung der Schuld beizutragen, den Mangel guter Handlungen ersetzen sollen".[64]

55 Müller II, 16.
56 Vgl. Kant 1793 (1968), S. 72.
57 A. a. O., S. 74 f.
58 A. a. O., S. 76.
59 Ebd.
60 A. a. O., S. 77.
61 A. a. O., S. 78 (Anmerkung).
62 A. a. O., S. 116 f.
63 A. a. O., S. 117.
64 A. a. O., S. 161 f. (Anmerkung).

Jede noch so gute Tat bleibt nach Kant im Kern unzulänglich, mangelhaft. Versöhnung und Verzeihung wären demnach nur möglich, wenn es gelänge, die *Gesinnung* für die Tat zu nehmen. Das ist leichter gesagt als wirklich nachvollziehbar begründet, denn "man täuscht sich nirgends leichter, als in dem, was die gute Meinung von sich selbst begünstigt."[65] Damit sich der Mensch – ständig in der Gefahr, aufs niederträchtige Niveau abzurutschen – nicht eine leichtfertige Alibikalkulation zurechtlegt, die den Amoralismus begünstigen könnte, muß die Frage nach dem Sinn einer *letzten* unbedingten Verzeihungszusage ganz bewußt offengelassen werden.

II.5 Empirischer und intelligibler Charakter: Kants Sackgassen und ein Ausweg

Eine Variation, mit dem Problem des Bösen und der Frage nach dem Verzeihungsbedürfnis umzugehen, ist die allen Kant-Lesern geläufige Unterscheidung von *intelligiblem* und *empirischem* Charakter. Mit dieser Distinktion verbindet sich sofort die Frage, ob nicht eine naturalistische Interpretation des empirischen Ich letztlich nur seine Unverantwortlichkeit bescheinigt. Jedenfalls halte ich die Kritik, die beispielsweise *Robert Spaemann*[66] gegen die Art der Durchführung dieser Unterscheidung vorbringt, für beachtenswert. Er unterstellt, das empirische Ich, schlechthin naturalistisch interpretiert, werde bei Kant für unverantwortlich erklärt; Verzeihen sei hier gänzlich unangebracht. Das *intelligible* Ich aber gelte als *uneingeschränkt* verantwortlich. Damit sei aber gleichfalls die Möglichkeit für Verzeihung eliminiert, denn dem intelligiblen Ich wiederum "kann, weil es schlechthin weiß, was es tut, gar nicht verziehen werden". Es ist deshalb nicht abwegig, mit Kant gegen Kant wie folgt zu argumentieren: "In der bösen Handlung handelt nicht die sinnliche oder phänomenale Person gegen die intelligible, wie Kant annahm. Die sinnliche Person, d. h. der Mensch, sofern er nicht nach Gründen entscheidet, sondern kausal determiniert ist, handelt überhaupt nicht frei und daher auch nicht böse." Was so geschieht, kann wohl schlecht sein, jedoch – da nicht aus freier Selbstbestimmung vollzogen – ist es unangebracht, einen solchen Prozeß "böse" zu nennen.[67] *In der Perspektive einer Philosophie der Verzeihung ist hier nur eine nächste Stufe der Reflexion hinzuzufügen*: Ob wir – *in der Außenbetrachtung*, als Teilhaber an einer Kommunikationsgemeinschaft – ein Geschehen als Handlung aus Freiheit 'ansehen' oder ob wir dazu neigen, das Geschehen als determiniert zu qualifizieren und damit den Akteur von Vorwürfen freizuhalten, verdankt sich selber einer Entscheidung, welche Betrachtungsperspektive zu wählen sei! In dieser Wahl sind wir allerdings von Erfahrungen und kulturellen Vorprägungen abhängig. Dennoch manifestiert sich hier wie nirgends sonst Freiheit – und zwar in einem Akt der Verzeihung: Gerade dort, wo wir nachsichtig "Determiniertheit" konstatieren, bewährt sich die Freiheit, indem sie eben *diese* Interpretati-

65 A. a. O., S. 68.

66 Vgl. Spaemann 1990, S. 242 f.

67 So argumentiert Steinvorth: 1994, S. 178.

onsperspektive favorisiert. Aus Freiheit entlasten wir ein Subjekt von der *vollen* Verantwortlichkeit für seine Taten – *in der Hoffnung*, es auf diese Weise mit größerer Wahrscheinlichkeit in die Kommunikationsgemeinschaft der Verantwortlich-Mündigen wieder integrieren zu können. Es ist dann ein Ausdruck einer Rücksichtnahme, dem einzelnen diese Brücke zu bauen. Wir ersparen ihm die Konfrontation: 'Du hast nicht nur schlecht gehandelt, sondern ganz bewußt aus böser Absicht!' So ist die Determinismus-Hypothese ein Angebot zur Selbstprüfung. Wo ein *Betroffener* diese Interpretation *von sich aus* explizit reklamiert 'Ich war determiniert in meinen Handlungen', da ist er verloren, denn um schuldlos dazustehen, gibt er seine Würde preis. Im Alltag hat man sich durchaus ein feines Gespür bewahrt: Wo eine(r) sich selbst in der eigenen Interpretation des eigenen Tuns auf dieses Niveau begibt, weckt das Widerspruch und unterschwellige Abneigung; 'man' empfindet 'das kann doch nicht wahr sein' ...

Die Kommunikationsgemeinschaft muß die Freiheit mündiger Selbstbestimmung immer neu gegen den Trend zur Primitivisierung restituieren. Schwerlich läßt sich die Unterstellung abweisen, daß wir *nur* in dieser Weise, einem Geist der Verzeihung je und je zum Durchbruch zu verhelfen, unserer eigenen Bestimmung entsprechen – der Bestimmung, die *Höherbildung* zur Freiheit, wann immer dies möglich ist, zu befördern. Insofern bilden Determinismus und Intelligibilität keine gleichrangige Alternative. Gerade *weil* es keine Determination hin zum Guten gibt und *weil* somit die Gründe *nicht zwingend* sind, sich für eine Welt einzusetzen, die dem Guten zu gesteigerter Präsenz verhilft,[68] ist "Verzeihung" *die* Handlungsdimension, welche immer neu die Chance einräumt, die *ontologische* Einsicht in die zugrundeliegende Güte der Welt im Handeln als *Revision* und damit als *Verbesserung* des Weltzustandes überzeugungskräftig zu verdeutlichen. Verzeihung ermöglicht Revision. Welche Visio wäre denn gemeint, zu der man sich '*zurück*arbeiten' müßte, wenn nicht die Sicht einer umfassenden Güte, die im jeweiligen *kontingenten Handlungsvollzug* nur als Impuls zur Geltung kommt, die allgemeinen Verhältnisse vor dem Abrutschen zu bewahren, um sich zu einer *Steigerung* der gemeinsamen 'Arbeit am Guten' (im Sinne einer Ausdifferenzierung an Lebensqualität) durchzuringen. Verzeihungsbereitschaft bringt zum Ausdruck, daß man an diesen letzten ontologischen Horizont 'glaubt': eine *Festschreibung* der Determinierungsperspektive enthielte dem einzelnen vor, die Spielräume seiner Urteilsfähigkeit zu erweitern und sich als moralisch kompetent zu erweisen.

Daraus folgt – für manche(n) vielleicht überraschend – eine eigentümliche Rechtfertigung des kantischen Satzes "du kannst, denn du sollst". Dieser Satz bringt doch vor allem dies zum Ausdruck: Niemand ist befugt, sich zur Selbst-Entschuldung auf die eigene Schwäche zu berufen. Schwäche wird gerade durch die Entschuldigung der Schwäche erst erzeugt. Wer sich und anderen einredet "So bin ich nun einmal; ich kann nicht dagegen an", der "bewirkt eine Art Lähmung, welche die Vorhersage eintreffen läßt".[69]

Die Alltagssprache vermittelt uns einen gewissen Aufschluß über den Zusammenhang von Entschuldigung und Freiheit bzw. Verantwortung. Bekanntlich pflegen wir, wenn Men-

68 A. a. O., S. 178 f.
69 Vgl. Alain 1982, S. 65.

schen ethisch dubiose Entscheidungen gefällt haben, zu sagen "aber sie hatten doch gar keine andere Wahl!" Eine zur Verkürzung neigende Philosophie hat Debatten über Freiheit und Wahl entfesselt, in denen der Eindruck hervorgerufen wurde, es lasse sich, mit Rücksicht auf die Umstände natürlich, objektiv *feststellen*, ob ein Mensch in einer bestimmten Situation die Freiheit der Wahl hatte oder nicht. Dabei verhält es sich doch ganz anders:[70] Wir drücken mit jenem Satz "er hatte doch gar keine andere Wahl" unsere Bereitschaft aus, die Tat (oder Unterlassung) zu entschuldigen! Wir erleichtern dem anderen Menschen den Druck seiner Verantwortlichkeit. Unsere Rede über Freiheit und moralische Verantwortlichkeit bewegt sich also gar nicht auf der Ebene von empirischen Faktenfeststellungen, sondern sie ist abhängig von unserem *Urteil* über Fakten, das wir im Lichte einer (variablen!) Bereitschaft zur Verzeihung fällen: Ob jemand "eine Wahl hatte" oder nicht, ist mithin eine *moralische* Frage. Sobald wir jemanden – anders gewendet – einer verwerflichen Tat bezichtigen und ihn eventuell verurteilen, besagt dies, daß wir uns von glaubwürdigen Gründen für Entschuldigungen nicht zu überzeugen vermochten.

Wo wir interpersonell mit starken Worten darauf bestehen, daß hier doch *Freiheit* vorliegt, zeigt das an, daß es uns an Gründen – oder an Bereitschaft ... – mangelt, den Betreffenden zu entschuldigen. "Sollen" impliziert dann strikt "Können". *Zuerst* also müssen wir erkunden, ob es Entschuldigungsgründe gibt, *und dann* können wir uns zu einem Urteil herbeilassen, ob X "eine Wahl hatte" oder nicht. Offensichtlich läuft diese Auffassung gänzlich jener Meinung zuwider, die das Umgekehrte behauptet: wenn *feststellbar* sei, daß jemand keine Wahl hatte, dann werde das die anderen bewegen, sein Handeln zu entschuldigen.

Die Entscheidung fällt auf der meta-moralischen Ebene der Verzeihungsbereitschaft. Darin spiegelt sich unsere Wahrnehmung der conditio humana. – Aufschlußreich wird es, wenn bezüglich des gleichen Vorgangs ein Agent *sich selbst rechtfertigt* mit dem Hinweis, er habe doch keine Wahl gehabt. Sofort werden wir all jene Alternativen Revue passieren lassen, die er auch unter den schlimmsten Bedingungen noch stets hätte ergreifen können ... Auch der Hinweis eines Agenten auf "Irrtümer" oder "verhängnisvolle Zufälle" verfängt nicht, denn es ist nicht davon auszugehen, daß Irrtümer oder Zufälle automatisch das Handeln entschuldigen. Immer hängt es davon ab, wieviel Aufmerksamkeit, Sensibilität, Weitsichtigkeit, Leidensbereitschaft wir von einer Person *erwarten*. Und dieser Erwartungshorizont ist natürlich selbst geschichtlichen Veränderungen unterworfen.

Nimmt man die Perspektive einer 'Logik der Verzeihung' ein, ist es – wie gezeigt – der Humanität keineswegs grundsätzlich abträglich, 'Determiniertheit' zu unterstellen. In *direkter* Kommunikation allerdings dürfen wir uns keine Ausnahme von der Regel erlauben, den anderen als handelnd-aus-Freiheit anzusehen. Und erst recht im Selbstverhältnis, also in der Rechtfertigung des eigenen Tuns oder Unterlassens, käme die Berufung auf Determiniertheitsgründe einer Flucht aus der Verantwortung gleich.

Der sogenannte kleine Mann, der sich über die Determiniertheits-Perspektive für unverantwortlich zu erklären sucht, wählt gern die Metapher von der großen Maschine: er sei

70 In diesem Abschnitt stütze ich mich auf Ausführungen von Richard N. Bronaugh: 1964, S. 161-173.

doch nur ein kleines Rädchen in der großen Maschine gewesen. Aber auch die Protagonisten des Terrors wie Robespierre und Saint-Just zögerten nicht, sich unter Berufung auf eine deterministische Gesamtbetrachtung dagegen zu verwahren, vor Gericht zur Rechenschaft gezogen zu werden: "Wir waren nur das Beil. Sitzt man über das Beil zu Gericht?"[71] Der ehemalige Staatsratsvorsitzende Egon Krenz befleißigt sich vor Gericht – im Unterschied zu seinem mitangeklagten Genossen Scharbowski – der gleichen Argumentationsstrategie. – In menschlichen Verhältnissen wird man die Gewährung von Verzeihung – oder schwächerer Formen wie Nachsicht – nicht unter allen Umständen von einem Bekenntnis der Reue abhängig machen dürfen. (Darüber ist näherhin zu reflektieren.) Aber es fragt sich doch, ob Menschen, die sich zu salvieren trachten, indem sie selbst in geradezu pathetischer Ausdrücklichkeit – mit Hilfe der Determiniertheitsperspektive – Freiheit und Verantwortung bestreiten, damit nicht jede Möglichkeit ausschließen, Verzeihung in Anspruch nehmen zu dürfen. Ihnen ist nicht zu helfen.[72]

II.6 Schlußsatz

Der Geist der Verzeihung zerbricht weder das System des Rechts noch das der Moralität, aber er macht deren Systematik "gelenkig".[73]

Literaturverzeichnis

Alain: *Die Pflicht, glücklich zu sein*, Frankfurt am Main 1982.

Blumenberg, H.: *Kant und die Frage nach dem gnädigen Gott*, in: Studium Generale VII, IX/1954, S. 554-570.

Böhme, B./Böhme, G.: Das Andere der Vernunft. Zur Entwicklung von Rationalitätsstrukturen am Beispiel Kants, Frankfurt am Main 1992.

Bronaugh, R. N.: *Freedom as the Absence of an excuse*, in: Ethics. An international journal of social, political and legal philosophy, Vol. LXXIV, No. 3/April 1964, S. 161-173.

Gibbs, H. R.: *Fear of Forgiveness: Kant and the Paradox of Mercy*, in: Philosophy and Theology, Milwaukee/Wisc., Nr. 3/1989, S. 323-334.

Hermann, B.: *Obligation and Performance*, in: O. Flanagan, A. Rorty (Eds), Identity, Character and Morality, Cambridge/Mass. 1990.

71 Roman Schnur 1994. – Vgl. Henning Ritter 1994.

72 Nun könnte man einwenden, sogar angesichts solcher Gestalten der Selbsterniedrigung dürfe man niemanden endgültig abschreiben. Solidarität mit dem sich selbst Betrügenden biete die einzige Chance zur Umkehr, zu einer *Bekehrung*, zur nunmehr 'richtigen' Einsicht, oder wenigstens zur differenzierten Urteilsfähigkeit, die zuvor entscheidend blockiert war.

73 Damit wandle ich eine Formel von Schmidt-Biggemann 1992, S. 58, ab.

Jachmann, R. B.: *Immanuel Kant geschildert in Briefen an einen Freund (1804)*, in: Immanuel Kant. Sein Leben in Darstellungen von Zeitgenossen, Darmstadt 1978.

Jankélévitch, V.: *Le Pardon*, Paris 1967.

Kant, I.: *Die Religion innerhalb der Grenzen der bloßen Vernunft* (1793), hg. v. d. Königlich Preußischen Akademie der Wissenschaften (= AA), Band VI, Berlin 1968.

Kant, I.: *Die Metaphysik der Sitten* (1797), a. a. O.

Kant, I.: *Anthropologie in pragmatischer Hinsicht* (1800), a. a. O., Band VII.

Kant, I.: *Pädagogik*, a. a. O., Band IX.

Kodalle, K.-M.: *Die Eroberung des Nutzlosen*, Paderborn 1988.

Kodalle, K.-M.: *Verzeihung nach Wendezeiten. Über Unnachsichtigkeit und mißlingende Selbstentschuldung*, Erlangen/Jena 1994.

Kopper, J.: *Kants synthetisch-praktischer Satz a priori und Jankélévitchs Verständnis der Vergebung*, S. 238-247, in: Kant-Studien, 61. Jg., Heft 2, 1970.

Liebrucks, B.: *Sprache und Bewußtsein*, Bd. III, Frankfurt 1966.

Müller, J.: *Die christliche Lehre von der Sünde*, Bd. 1, 1839; Bd. 2, 1844.

Ricœur, P.: *Liebe und Gerechigkeit*, hg. v. O. Bayer, Tübingen 1990.

Ricœur, P.: *Le Juste*, Paris 1995, S. 193-208 ("sanction, réhabilitation, pardon").

Ritter, H., in: FAZ, 20. Juli 1944, Nr. 166.

Schmidt-Biggemann, W.: *Sinn-Welten Welten-Sinn: Eine philosophische Topik*, Frankfurt am Main 1992.

Schnur, R.: *Staatssicherheit. Ein Aspekt der Französischen Revolution*, in: Verfassung und Verwaltung. FS für K. G. A. Jeserich zum 90. Geburtstag, Weimar/Wien 1994.

Spaemann, R.: *Glück und Wohlwollen*, Stuttgart 1990.

Steinvorth, U.: *Warum überhaupt etwas ist. Kleine demiurgische Metaphysik*, Hamburg 1994.

Wasianski, E. A. Ch.: *Immanuel Kant in seinen letzten Lebensjahren* (1804), in: Immanuel Kant. Sein Leben in Darstellungen von Zeitgenossen, Darmstadt 1978.

Kolloquium III
Wohlfahrt und Wohlbefinden

OTFRIED HÖFFE

Einleitung

In der Antike, namentlich bei Aristoteles, heißt der Leitbegriff der praktischen Philosophie *eudaimonia*, Glück. Seit Kants entsprechenden Einwänden halten wir derartiges Denken zumindest als Moralphilosophie für unangemessen, vielleicht sogar für grundfalsch. Der Eudaimonismus, so lautet die verbreitete Überzeugung, stellt den antiken Weg dar, der durch die Moderne, namentlich ihre Theorie der Autonomie, einer teils politischen, teils moralischen Freiheit, überholt sie.

Das Kolloquium tritt nicht in die Epochen-Debatte ein, zumindest nicht in die geschichtliche Auseinandersetzung "Aristoteles oder Kant". Zur Erörterung steht die systematische Wendung der Debatte, das Sachthema Glück oder Freiheit, und zugleich die Vermutung, daß die verbreitete Überzeugung des Entweder-Oder ein Fragezeichen verdient. Im Kolloquiumstitel versteckt sich die These, das Glück bleibe sowohl in seinem objektiven Verständnis als Wohlfahrt als auch in seinem subjektiven Verständnis als Wohlbefinden ein mancherlei Einsichten versprechendes Thema der praktischen Philosophie. Allerdings stellt sich sogleich die Frage, in welcher Form Glück gemäß den genannten Bedeutungen sein philosophisches Recht behalte.

Ethiken, die sich am (persönlichen) Glück orientieren, heißen heute Theorien des Guten (im Sinne des guten, glücklichen Lebens) und werden von Theorien unterschieden, deren Grundbegriffe Recht und Gerechtigkeit heißen. Während es der Gerechtigkeit auf das, was die Menschen einander schulden ankommt, also auf etwas, das auch gegen die (augenblicklichen) Interessen von jemandem durchgesetzt werden darf, ist am Guten jeder selbst und von allein interessiert. Infolgedessen kann es zwischen dem Gerechten und dem Guten zu Konflikten kommen, wobei dann dem Gerechten insoweit ein Vorrang vor dem Guten gebührt, als das gute Leben nur im Rahmen der von der Gerechtigkeit gezogenen Grenze seinen legitimen Ort haben kann: Konkurrenz-Modell mit Vorrang des Gerechten.

Selbst wenn man den Vorrang anerkennt, muß er nicht in einer das Gute restringierenden Form bestehen. Schon in der Aristotelischen Ethik bildet die Gerechtigkeit einen integralen Teil des *eu zên*, des ebenso gelungenen wie erfüllten Lebens. In Aristoteles' Modell der Integration treten das Gute und das Gerechte nicht etwa in Konkurrenz zueinander, vielmehr ist die Gerechtigkeit selbst eine jener ethischen Tugenden, in denen das gute Leben, allerdings das nicht bloß scheinbar, sondern wahrhaft gute Leben besteht. Nicht beim Genußleben (*bios apolaustikos*) oder beim Kaufmannsleben (*bios chrêmatistês*), wohl aber beim ethisch-politischen Leben (*bios politikos*) wird das Gute vom Gerechten nicht eingeschränkt, vielmehr bilden sie beide eine Einheit. Die freie Anerkennung des Gerechten bildet einen elementaren Teil des Guten. Im Prinzip trifft diese Aussage auch auf das für Aristoteles vorrangige Leben zu, die wissenschaftlich-philosophische Existenz (*bios theôrêtikos*). Denn diese kommt ohne die Ergänzung durch das sittlich-politische Leben, folglich auch das Gerechte nicht aus (Nikomachische Ethik X 6-9).

In Übereinstimmung mit dem freiheitlichen und pluralistischen Charakter moderner Gesellschaft verzichtet die derzeit einflußreichste Theorie, Rawls' *Theorie der Gerechtigkeit*[1] auf den Gedanken eines wahrhaft guten Lebens. Rawls gibt sich mit dem Gedanken einer Mannigfaltigkeit von Zwecken zufrieden, die der einzelne mittels abwägender Vernunft ("deliberative rationality": § 64) in eine für ihn gültige Ordnung bringt, in einen langfristig angelegten, rationalen Lebensplan ("rational longterm plan of life": § 63). Auf diese Weise treten zwar das Gerechte und das Gute wieder auseinander, und ineins damit entsteht wieder die für Kant und überhaupt die Neuzeit charakteristische Konkurrenz. Allerdings nähert sich Rawls Aristoteles und der Antike insofern wieder an, als er zwischen dem Guten und dem Gerechten nur eine schwache Konkurrenz herrschen sieht. Nach dem letzten Kapitel der *Theorien der Gerechtigkeit* besteht auch unter den Bedingungen der Moderne zwischen dem Guten und dem Gerechten eine zwar nicht mehr vollständige, aber doch sehr weit reichende Konkurrenz (Kap. 9: "Das Gute der Gerechtigkeit").Vorausgesetzt, die Gesellschaft ist von Gerechtigkeitsgrundsätzen geprägt, so stimmen das persönliche und das öffentliche bzw. gemeinschaftliche Wohl deshalb miteinander überein, weil eine gerechte Gesellschaft den unterschiedlichen Begabungen sich zu entwickeln erlaubt, woraus ein (nicht bloß wirtschaftlicher) Reichtum der Gesellschaft entstehe, der wiederum jedem zugute komme.

Die Referenten des Kolloquiums gehen der Frage nach, welches Modell denn eher überzeugt, das der Integration (vollständigen weitgehenden Kongruenz des Guten mit dem Gerechten), das der Kongruenz oder eher das der Konkurrenz, näherhin der Restriktion des Guten durch das Gerechte. Allerdings werden nicht Klassikerexegesen unternommen, sondern Sachüberlegungen in bezug auf eine Rechts- und Staatsordnung angestellt, sei es in der vertrauten Form eines Einzelstaates (Nida-Rümelin und Merle), sei es in der Form eines etwaigen Weltstaates (Pogge).

Der erste Referent, *Julian Nida-Rümelin*, legt sich die Frage vor, ob ein moderner, liberaler (freiheitlicher) Staat tatsächlich für die Verteilung von Wohlergehen zuständig ist. Und wie er gegebenenfalls seine Zuständigkeit soll wahrnehmen können, wenn er weder in die Lebensplanung von Erwachsenen eingreifen noch die der Heranwachsenden steuern darf: Kann man dem hier auftauchenden Dilemma eventuell dadurch entgehen, daß man Wohler-

1 Rawls, *Theorie der Gerechtigkeit*, 1975, egl. Orig. 1971.

gehen und Wohlbefinden voneinander abkoppelt? *Jean-Christophe Merle* greift einen Gesichtspunkt heraus, der für die Entstehung des modernen Staates mitverantwortlich ist, nach Abklingen der Konfessionskriege allerdings als im Prinzip gelöst erschien, neuerdings aber wieder politisch aktuell wurde: die Religionsfreiheit. Schließlich geht *Thomas Pogge* dem Kolloquiumthema in einer globalen Perspektive nach: Insofern die globale Verflechtung sozialer Institutionen ein weltweit akzeptierbares Gerechtigkeitskriterium erfordert, ist ein Maßstab gesucht, der mit allgemeinen und bescheidenen Annahmen über das gute Leben operiert.

JULIAN NIDA-RÜMELIN

Subjektive Wünsche und objektives Wohlergehen

I.

Fragen der sozialen und politischen Gerechtigkeit beziehen sich nicht erst in der Moderne auf individuelles Wohlergehen. Die gerechte soziale und politische Ordnung ist nach einer im weitesten Sinne individualistischen Auffassung vom guten Leben ihrer Bürgerinnen und Bürger abhängig. Umstritten ist, was das gute Leben, was Wohlergehen ausmacht und nach welchen Kriterien eine Verteilung individuellen Wohlergehens als gerecht gelten kann. Nicht nur der utilitaristische Ansatz und sein Kind, die alte und neue Wohlfahrtsökonomie, sondern auch seine deontologischen Antipoden sind dabei von einer direkten und objektivistischen Beurteilung zu einer indirekten und subjektivistischen übergangen. Wenn man sich die Entwicklung der Theorien im Laufe der letzten beiden Jahrhunderte vor Augen hält, kann man den Eindruck gewinnen, daß hier eine epistemische Not zu einer normativen Tugend wurde: Die Probleme der Bestimmung individuellen Wohlergehens wurden umgangen – in unterschiedlicher Weise, aber meist unter Verweis auf normative Aspekte wie z. B. den der Autonomie der Person oder den der Begrenzung institutioneller politischer Verantwortung. Als Bedingung der Präferenzensouveränität hat diese Umgehungsstrategie auch Eingang in die Logik kollektiver Entscheidungen gefunden.[1]

Diese mangelnde Trennung zweier ganz unterschiedlicher Fragestellungen prägt bis heute die Theorielage, wobei die Diskussion um subjektive Wünsche und objektive Interessen, das Zentrum der durch Freud und Marx inspirierten Ideologiekritik,[2] seit der Hochzeit der Kritischen Theorie an Intensität und Prägekraft eingebüßt hat. So elegant eine simultane Lösung epistemischer und normativer Probleme erscheinen mag, so sollte doch sorgfältig zwischen dem epistemischen Problem (wie läßt sich individuelles Wohlergehen begrifflich und kriterial angemessen erfassen?) und dem normativen Problem (in welcher Weise sollten andere Personen, politische Institutionen, der Staat individuellem Wohlergehen Rechnung tragen?) unterschieden werden.

Der Respekt vor der Autonomie der Person begrenzt z. B. auch in den Fällen das Recht, in die Lebensgestaltung eines erwachsenen zurechnungsfähigen Menschen zu intervenieren, wenn es ganz unzweifelhaft erscheint, daß er seinem eigenen Wohlergehen zuwiderhandelt. Die Sorge, bei einer externen ("objektiven") Bestimmung individuellen Wohlergehens sei das Selbstbestimmungsrecht gefährdet, vermengt zwei ganz unterschiedliche Fragen: die

1 Vgl. Arrow 1963 und Kern/Nida-Rümelin 1994, Kap. 3.

2 Vgl. Marcuse 1955, Habermas 1971 und ^{9}1988.

nach der begrifflichen und kriterialen Bestimmung von Wohlergehen und die nach der Reichweite und den Grenzen der Autonomie der Person.[3]

Da diese beiden Fragen zu trennen sind, kann sich dieser Vortrag auf die Konzeption individuellen Wohlergehens konzentrieren und die Probleme der institutionellen Aggregation (speziell der Theorie politischer Gerechtigkeit) ebenso wie die individualethischen Probleme des Respektes, der Autonomie und der Intervention unberücksichtigt lassen.

II.

Betrachten wir zunächst zwei extreme und entgegengesetzte Theorien des Wohlergehens, aus deren Defiziten sich die Motive für eine holistische und kohärentistische Konzeption ergeben.

Die erste Theorie ist naturalistisch. Der legendäre Hausarzt vergangener Zeiten war in der Regel ein Vertreter dieser Theorie. Er war mit den familiären Bedingungen und Biographien vetraut und galt als Experte in Sachen individuelles Wohlergehen. Die Hautfarbe, der Gesichtsausdruck, vielleicht auch Blutwerte oder Hirnströme seiner Patienten ließen ihn auf ihr Wohlergehen schließen. Oft stimmte sein Urteil mit dem des Patienten überein, aber das war nicht wesentlich. Er konnte guten Gewissens sagen: "Sie glauben (oder reden sich ein), daß es Ihnen gut geht, tatsächlich geht es Ihnen ziemlich schlecht". Das traditionelle paternalistisch-vitalistische Medizinethos hatte einen objektiven und naturalistischen Begriff menschlichen Wohlergehens. Das Maß dieses Wohlergehens entsprach in etwa der individuellen, auf Lebensalter und -umstände relativierten Lebenserwartung. Objektive medizinische Befunde und subjektives Wohlbefinden erlaubten es, dieses Maß im Einzelfall mehr oder weniger zuverlässig zu bestimmen. Es handelt sich um ein naturalistisches Maß, da die Dauer eines individuellen Menschenlebens eine natürliche (und ex post meist einfach zu bestimmende) Tatsache darstellt und wir annehmen können, daß objektive Wahrscheinlichkeiten die Gewichtung der relevanten Umstände bestimmen.

Gegen diese und andere naturalistische Bestimmungen spricht die Intuition, daß es unsere eigenen Wünsche und Präferenzen sind, die das für uns Gute, unser Wohlergehen bestimmen. Gelegentlich können wir uns irren, aber unter günstigen Bedingungen vollständiger Informiertheit und mentaler Ausgeglichenheit, Transparenz und Eindeutigkeit der Alternativen, legen unsere Wünsche das für uns Gute fest.

So gibt es – um bei dem obigen Beispiel zu bleiben – zentrale Wünsche, die unsere Lebensgestaltung prägen und deren Erfüllung entscheidend ist für ein gutes Leben, die aber nichts mit der Dauer unseres Lebens zu tun haben. Viele Menschen bevorzugen Schmerzlinderung gegenüber maximaler Lebensdauer, manche riskieren ihr Leben um übergeordne-

3 Ein interessantes Beispiel anderer Art für die Vermengung dieser beiden Fragestellungen scheint mir in Griffins Analyse von "Well-Being" vorzuliegen. Hier wird erkenbar, aber nicht explizit versucht, die utilitaristische Ethik gegen Kritik durch eine Revision des Begriffs "Wohlergehen" abzusichern.

ter Ziele willen, ja – wie manche Risikosportart zeigt – sogar wegen einiger Minuten extremer Gefühlserfahrungen.

Um eine Zuschreibung individuellen Wohlergehens zu prüfen, beziehen wir uns auf zentrale Wünsche, auf wohlabgewogene Präferenzen, auf Entscheidungen unter transparenten und eindeutigen Bedingungen. Dagegen könnte geltend gemacht werden, daß manchen objektiven Interessen einer Person keine Wünsche korrespondieren. Der Alkoholiker hat den Wunsch, Alkohol zu trinken, er hat nicht den Wunsch, nüchtern zu werden oder zu bleiben; denoch sei es in seinem (objektiven) Interesse, mit dem Trinken aufzuhören, denn er hätte ein besseres Leben, wenn er mit dem Trinken aufhören würde. Einwände diesen Typs müssen entweder eine bestimmte vorzügliche Lebensform bzw. bestimmte intrinsische Werte postulieren, oder sie rekurrieren schließlich doch wieder auf Wünsche, die zwar möglicherweise (noch) nicht manifest, aber – z. B. als Folge veränderter Lebensbedingungen – zu erwarten sind. Einer Person, die sich wohlüberlegt und in vollständiger Kenntnis der Umstände zu Tode zu trinken wünscht und diesen Wunsch auch in nüchternem Zustand nicht aufgeben würde (wie in *Leaving Las Vegas*), scheint man nichts Gutes zu tun, wenn man sie daran hindert.

Nur bei empfindenden Wesen scheint es sinnvoll, von Wohlergehen zu sprechen. Die dem Sentientismus zugrundeliegenden Intuitionen legen eine Bestimmung von Wohlergehen als Funktion subjektiver Zustände nahe. Eine Variante ist hedonistisch: Wohlergehen als zeitliches Integral des Wohlbefindens, der angenehmen Empfindungen. Eine andere wählt die Präferenzen- oder Wunscherfüllung als Maß individuellen Wohlergehens und bildet damit den subjektivistischen Antipoden zu naturalistischen Konzeptionen: Wie immer die wirklichen Wünsche oder Präferenzen einer Person motiviert sind, ihre Erfüllung gilt als konstitutiv für individuelles Wohlergehen. Der zeitgenössische Präferenzutilitarismus beruht als ethische Theorie auf dieser subjektivistischen Konzeption individuellen Wohlergehens.[4]

Gegen diesen extremen Subjektivismus steht unsere Intuition, daß man sich mit seinen Wünschen irren kann. Eine Person mag bestimmte Ziele haben, deren Erreichen sie allem anderen vorziehen würde, und doch Wünsche ausprägen, die gerade das vereiteln, z. B. weil die Person unvollständig oder falsch informiert ist, weil sie den jeweiligen Neigungen des Augenblicks folgt, weil sie aufgrund unvereinbarer Überzeugungen handelt, weil sie ihre Strategien nicht hinreichend weitsichtig koordiniert, weil sie den jeweiligen Erwartungen anderer nachgibt, weil sie sich aus den konventionellen Mustern ihrer etablierten Lebensform nicht lösen kann etc. Manifeste Wünsche sind das Endprodukt kognitiver und konativer Prozesse, die selbst Gegenstand rationaler Prüfung sind. Diese Prozesse können das, was der Person wesentlich ist, i. e. das, was ihr gutes Leben ausmacht, in unterschiedlichen Formen entstellen.

Wünsche können nicht nur irrtümlich sein, wenn sie sich auf die erwartete eigene Satisfaktion oder Zufriedenheit beziehen (die hedonistische Kritik des extremen Subjektivismus), sondern auch in vielfältig anderer Weise. Die Wunscherfüllung kann andere Folgen als

4 Vgl. Harsanyi 1977 und 1978, Hare 1981 und Singer ^{2}1993.

erwartet und angestrebt haben, auch wenn die Folgen nicht nur im Hinblick auf die eigene Zufriedenheit bewertet werden. Die Folgenbewertung kann neben dem eigenen Wohlbefinden auch andere subjektive Merkmale der Person einschließen (z. B. Erfahrung, Freundschaft, Ästhetik), sie kann das Wohlbefinden anderer Personen und andere subjektive Merkmale anderer Personen berücksichtigen, sie kann objektive Umstände, die sich auf die eigene Person und auf andere beziehen, einschließen, und sie kann subjektive und objektive Merkmale ohne Personenbezug umfassen. Schließlich muß die Bewertung der Wunscherfüllung nicht konsequentialistisch sein, sie kann Gesichtspunkte der Universalisierung und der Kooperation, moralischer und juridischer Rechte, der Autonomie und des Respekts einbeziehen. Unter allen diesen Gesichtspunkten können Wünsche unangemessen sein – und zwar unangemessen nach den eigenen Bewertungsstandards: Es ist möglich, daß sie das für die Person Gute (ihr Wohlergehen) nicht repräsentieren.

III.

Eine angemessene Konzeption individuellen Wohlergehens ist zwischen den Extremen des (Präferenz-)Subjektivismus und des (naturalistischen) Objektivismus angesiedelt. Ihre Kurzfassung lautet: Das für die betreffende Person Gute ist das von ihr wirklich Erstrebte. Sie ist damit offen für (aber nicht gebunden an) eine objektivistische Theorie guter Gründe des Wünschens (und Handelns). Da der Ausdruck "Wohlergehen" im allgemeinen mit hedonistischen Konnotationen gebraucht wird und damit schon eine inhaltliche Festlegung nahelegt, die hier unangemessen ist, sei ausdrücklich gesagt, daß der Begriff hier in einem neutralen Sinne verwendet wird. Dieser erlaubt es, von einem gelungenen oder guten Leben zu sprechen, wenn die betreffende Person ihre zentralen Lebensziele, vielleicht unter großen Opfern an Annehmlichkeiten und Wohlbefinden, erreicht hat.

Das für die Person Gute ist das von dieser wirklich Gewünschte. Im Falle der ideal rationalen Person äußern sich ihre wirklichen Wünsche in ihren Entscheidungen und Äußerungen. Die ideal rationale Person handelt und urteilt kohärent. Die Zuschreibung von durchgängigen Wertungen und Überzeugungen bereitet daher keine Probleme. Ihr Wohlergehen besteht in der Erfüllung ihrer manifesten Präferenzen.

Für reale und d. h. nur unvollständig rationale Personen sind die manifesten Präferenzen nur Indiz für das wirklich Gewünschte. Man beobachtet Diskrepanzen zwischen Wunschäußerungen und Entscheidungsverhalten, zwischen Entscheidungen unter unterschiedlichen Bedingungen etc. Es ist die nur teilweise befriedigend gelöste Aufgabe der (rationalen) Entscheidungstheorie, Bedingungen für die Kohärenz des Entscheidungsverhaltens zu formulieren.[5] Dabei muß berücksichtigt werden, daß Wünsche nicht einfach kommen und gehen, sondern in eine komplexe Struktur konativer Einstellungen eingebettet sind. Manche Wünsche spielen eine ausschließlich instrumentelle Rolle zur Befriedigung (grundlegender)

5 Vgl. Nida-Rümelin 1993.

Wünsche. Einige Wünsche ergeben sich recht unmittelbar (vielleicht kausal) aus bestimmten Gefühlslagen (der Wunsch, etwas zu essen, aus einem Hungergefühl), andere bringen die Akzeptanz von Institutionen und normativen Regeln zum Ausdruck (der Wunsch, ein gegebenes Versprechen zu halten).

Um die wirklichen Wünsche zu eruieren, muß diese komplexe Struktur konativer Einstellungen ernstgenommen werden. Erst Situationen des (kontrafaktischen) Konfliktes lassen Gewichtungen deutlich werden: Gedankenexperimente sind ein wichtiger Bestandteil praktischer Reflexion. Diese Reflexion hat ihre Grenzen jedoch in den zentralen, die Identität der Person prägenden Elementen der konativen Struktur und der praktizierten Lebensform. Als wirkliche Wünsche sind gerade diejenigen zuzuschreiben, die vor dem Hintergrund der Gesamtheit konativer Einstellungen der betreffenden Person vernünftig erscheinen.

Ein Wunsch ist vernünftig, wenn die Person gute Gründe für diesen Wunsch anführen kann. Nach einer Auffassung, die gelegentlich als "internalistisch" bezeichnet wird, rekurrieren diese Gründe notwendigerweise auf bestimmte ("grundlegendere") Motive der Person. Die Begründungsrelationen enden innerhalb der Motivstruktur der betreffenden Person. Die Erfüllung meiner wirklichen, aufgeklärten, kohärenten Wünsche, die selbst keiner externen Rechtfertigung mehr zugänglich sind, macht mein Wohlergehen aus. Dagegen geht das externalistische Verständnis vom interpersonellen Charakter guter (konativer) Gründe aus. Sie legitimieren Wünsche gegenüber anderen Personen, auch gegenüber solchen, die eine andere Motivstruktur aufweisen, ja selbst gegenüber solchen, die sich wünschen, daß die betreffende Person eine andere Motivstruktur hätte.

Wenn für eine Person der grundlegendste, alles andere motivierende Wunsch derjenige nach subjektivem Wohlbefinden, nach Annehmlichkeit und Zufriedenheit ist, dann sind alle anderen Wünsche rational nur insoweit sie die Erfüllung dieses grundlegenden Wunsches optimieren: Das individuell Gute, das, was für diese Person gut ist, würde als dasjenige bestimmt, welches ihr Wohlfühlen im Zeitintegral ihrer Lebensspanne optimiert. Als Gegenstand der Beurteilung kämen Lebensformen, Handlungskriterien, Dispositionen, Werthaltungen, Tugenden, aber auch Grundgüter im Rawlsschen Sinne in Frage. Die hedonistische Bewertung punktueller subjektiver Zustände mündet über die kausale Abhängigkeit dieser Zustände von äußeren Bedingungen in eine "objektive", d. h. vom subjektiven Vermeinen der betreffenden Person unabhängige Bestimmung des Guten für diese Person. Sein objektiver Charakter bliebe auch dann erhalten, wenn die subjektiven Zustände nicht zugänglich wären, sondern nur vermittelt über Befindlichkeits- und Wunschäußerungen beurteilt werden könnten. Gegen eine generell hedonistische Bestimmung des individuellen Wohlergehens spricht jedoch, daß viele unserer zentralen Wünsche nicht hedonistischer Art sind, d. h. nicht darauf gerichtet sind, das eigene Wohlbefinden zu optimieren.

Die manifesten Wünsche einer Person äußern sich – jedenfalls unter günstigen Bedingungen – in entsprechenden Handlungen, wenn die geeigneten Optionen offenstehen. Die von der Person akzeptierten Normen spielen dabei eine wesentliche Rolle. Sie akzeptiert z. B. die Norm der Wahrhaftigkeit oder die für die Institution des Versprechens konstitutiven Normen. Wenn sie sich äußert, wird sie dann jeweils den konkreten Wunsch haben, das zu sagen von dem sie überzeugt ist, oder das zu tun, was sie jeweils versprochen hat. Eine

Norm akzeptieren heißt nicht rigide zu sein. Akzeptierte Normen konfligieren und verlangen nach einer praktischen Abwägung. Die mit akzeptierten Normen verbundenen Wünsche konfligieren immer dann, wenn sie nicht zugleich erfüllbar sind. Das macht jedoch normative Dilemmata nicht zu bloßen emotionalen Konflikten, denn der Wunsch, einer Norm zu folgen, kann davon abhängen, daß ich die betreffende Norm für (objektiv moralisch) gültig halte. Es mag Menschen geben, die sich freuen, wenn sie erneut ein Versprechen gehalten haben, aber das ist eher untypisch. Noch seltener kommt es vor, daß jemand aus der Erwartung solcher Freuden oder aus Sorge, sich andernfalls Gewissensbisse zu machen, ein Versprechen hält. Moralisch gefestigte Personen halten ihre Versprechen, weil sie die entsprechenden Normen mit Gründen akzeptieren.

Die Rede vom "Akzeptieren" einer Norm kann hier leicht in Richtung einer emotivistischen Interpretation irreführen. Die wahrhaftige Person sagt nicht deshalb das, von dem sie überzeugt ist, um ihren Wunsch zu erfüllen, der Norm der Wahrhaftigkeit zu entsprechen, sondern ihre Wahrhaftigkeit (das Akzeptieren der Norm der Wahrhaftigkeit) äußert sich in dem Wunsch, die Wahrheit zu sagen. "Akzeptieren" ist hier auch nicht im Sinne eines subjektiven Willküraktes zu verstehen, sondern bringt bestimmte normative Überzeugungen und korrespondierende Handlungsdispositionen zum Ausdruck. Diese sind nur in Grenzfällen frei wählbar, in der Regel sind sie durch gute Gründe, etablierte Lebens- und Gesellschaftsformen, durch Argument und Sozialisation vorgegeben. So, wie ich nicht einfach wählen kann, welche empirische Realität ich für wahr halte, wenn ich auch zwischen konkurrierenden Hypothesen und Theorien im Grenzfall frei wählen kann, so kann ich auch die normative Realität nicht erfinden. Entdeckungen und Begründungen haben im Gegensatz zu Erfindungen etwas Zwingendes, sie schränken die freie Wahl meiner empirischen und normativen Überzeugungen ein.

Jede Person bildet ihre Identität aus einer Vielzahl von eingegangenen Verpflichtungen, sozialen Bindungen, gewählten Projekten. Sie ist eingebettet in eine soziale Umgebung, die von einem komplexen Normensystem strukturiert ist. Institutionen unterschiedlicher Sprachhandlungstypen und Regeln der privaten, bürgerschaftlichen und wirtschaftlichen Kooperation spielen dabei eine wesentliche Rolle. All diesen explizit oder meist nur implizit akzeptierten Normen entsprechen subjektive Wünsche, die sich nicht auf die Optimierung des individuellen Wohlbefindens richten. Das individuelle Wohlergehen, das für diese Person in diachroner und umfassender Betrachtung Gute, kann aber nicht von der Erfüllung dieser Wünsche abgelöst werden, da diese Ausdruck der Identität dieser Person sind. Eine Person, die nur die auf ihr Wohlbefinden gerichteten Wünsche erfüllt, zerfiele selbst dann in unkenntliche Teilpersonen, wenn diese Wünsche diachron kohärent wären. Das individuelle Wohlergehen kann daher nicht allein über subjektives Wohlbefinden bzw. die auf das eigene Wohlbefinden gerichteten subjektiven Wünsche bestimmt werden.

Das für eine Person gute Leben, ihr Wohlergehen, bestimmt sich nach dem, was einer Person wichtig ist, aus den Markierungen der von ihr gewünschten Lebensform. Wenn die Realisierung einer gewünschten Lebensform nur wenige Augenblicke bereithält, in denen sich diese Person rundum wohlfühlt, ist das allein noch kein Grund, ihre Wünsche für irrational zu halten. Zwar ist ein gewisses Gefühl der Befriedigung ein häufiges Begleitphänomen der Erfüllung ernsthafter und subjektiv bedeutsamer Wünsche, aber dieses Begleitphänomen darf weder mit dem Inhalt (i. e. der Erfüllungsbedingung) des betreffenden Wunsches verwechselt werden, noch ist es Rationalitätsbedingung eines Wunsches.

Wittgenstein hatte den starken Wunsch, mit dem Tractatus ein gutes philosophisches Werk abzufassen. Er war – jedenfalls eine zeitlang – davon überzeugt, daß ihm dies gelungen sei. Die Tatsache, daß ihn dieser Erfolg keineswegs glücklich stimmte, belegt nicht die Irrationalität dieses Wunsches. Gute Philosophie zu machen und dabei "anständig zu bleiben" war eines der "Lebensziele" Wittgensteins, die Erfüllung dieser Wünsche bestimmte das für ihn Gute, i. e. sein Wohlergehen, ganz unabhängig von der Frage, ob die Erfüllung dieser Wünsche Wittgenstein in einen Glückszustand versetzte.

Der Hedonismus bietet ein einfaches Kriterium der Rationalität von Wünschen an. Hedonistisch verstandenes Wohlergehen ist im Prinzip unabhängig von subjektiven Wünschen. Nur wenn die (empirisch falsche) Annahme hinzutritt, Menschen würden jeweils das wünschen, von dem sie die höchste Befriedigung erwarten, ergibt sich unter epistemisch günstigen Bedingungen eine Konvergenz der Erfüllung subjektiver Wünsche und objektiven hedonistischen Wohlergehens. Ohne Objektivierungen dieser und anderer Art sind wir zur Bestimmung des Wohlergehens auf die jeweils manifesten Wünsche der Person angewiesen. Die Objektivierung ihrer subjektiven Wünsche zur Bestimmung ihres Wohlergehens hat nur das schwache Mittel der Kohärenz. Inkohärente Wunschäußerungen erlauben es nicht, Wünsche zuzuordnen. Die Person hat scheinbar unvereinbare Wünsche, wir wissen also nicht, welche Wünsche sie wirklich hat. Im Grenzfall wissen wir nicht, um welche Person und ob es sich überhaupt um eine Person handelt.

Die manifesten Wünsche einer Person haben in der Regel einen kognitiven Gehalt, der in vielen Fällen nur schwer zu rekonstruieren ist. Eine Person, die sich zusätzliche Dachpfeiler wünscht, mag annehmen, daß diese zur Verschönerung beitragen, oder Sorge vor einem Erdbeben haben. Zumindest die zweite Annahme kann unbegründet und der Wunsch nach zusätzlichen Dachpfeilern daher irrational sein. Wünsche, die auch bei vollständigem empirischen Wissen Bestand hätten, sind allerdings nicht notwendigerweise rational. Wünsche können Bestand haben, obwohl die Person, die diese hat, weiß, daß sie irrational sind. Angst vor Spinnen haben manche Menschen auch dann, wenn sie wissen, daß diese ungefährlich sind. Wünsche sind rationaler Kontrolle nur begrenzt zugänglich. Auch offensichtlich irrationale, also unbegründete Wünsche sind für das individuelle Wohlergehen relevant. Diese Relevanz wird jedoch erst über den Umweg rationaler Wünsche hergestellt. In diesem Beispiel: Der Wunsch zu vermeiden, sich unbehaglich zu fühlen, oder Angst zu haben, ist rational. Eine Person, die weiß, daß sie einen bestimmten *fixierten*, d. h. aufklärungsresistenten Wunsch hat, wird nicht den Wunsch selbst, aber seine mentalen Begleitphänomene ernst nehmen.

Die Methode der (kognitiven) Aufklärung ist die harmlose Seite rationaler Wunschrevision.[6] Das eigentliche Purgatorium ist die Konfrontation mit praktischen Dilemmata, in denen unterschiedliche Wünsche konfligieren und die Person dazu zwingen, im konkreten Einzelfall die eine Wunscherfüllung der anderen vorzuziehen. Je intensiver diese Konflikte

6 Vgl. Brandt 1979 und Kusser 1989.

empfunden werden, desto dringlicher werden Wunschrevisionen, die über den konkreten Einzelfall hinausgreifen. Wünsche treten nicht punktuell auf und bestimmen die jeweils rationale Handlung, sondern sie sind strukturell eingebettet in Bindungen und Projekte, Einstellungen und Erwartungen, schließlich ein Selbstbild, eine gewünschte Lebensform in einem gesellschaftlichen Zusammenhang mit Lebensformen anderer. Praktische Dilemmata sind nicht notwendigerweise Ergebnis kognitiver[7] Irrationalität. Divergierende Wünsche sind vergleichbar divergierenden Überzeugungen inkompatibel: Eine Person kann diese nicht simultan aufrechterhalten. Im Falle divergierender Überzeugungen wird sie sich idealiter für diejenige entscheiden (diejenige annehmen oder beibehalten), für die die besseren Gründe sprechen, und alle anderen mit ihr inkompatiblen Überzeugungen aufgeben. Rationale Klärung löst Überzeugungskonflikte auf, indem nur eine Struktur von Überzeugungen überlebt, die bezüglich reduktiver und deduktiver Schlüsse stabil bleibt. Ganz analog wird die Person im Falle divergierender Wünsche sich idealiter für denjenigen Wunsch entscheiden (denjenigen annehmen oder beibehalten) für den die besseren Gründe sprechen, und alle anderen mit ihm inkompatiblen Wünsche aufgeben. Rationale Klärung löst Wunschkonflikte auf, indem nur eine Struktur von Wünschen überlebt, die bezüglich grundlegender und abgeleiteter Wünsche stabil bleibt.

Wünsche sind genausowenig wie Überzeugungen etwas Vorgegebenes. Wünsche werden durch andere Wünsche (und Überzeugungen) begründet. Wünsche werden in Konfliktfällen modifiziert. Es gibt gut und schlecht begründete Wünsche. Die Tatsache, daß wir zur Begründung von Wünschen auf Wünsche rekurrieren, taugt als ein Argument gegen die Auszeichnung von Wünschen als mehr oder weniger rational ebensowenig wie die Tatsache, daß wir für die Begründung von Überzeugungen auf Überzeugungen rekurrieren, ein Argument dagegen ist, daß es mehr oder weniger rationale Überzeugungen gibt.

Das für eine Person gute Leben (Wohlergehen) besteht (je individuell) in der Erfüllung ihrer wirklichen Wünsche, also derjenigen Wünsche, die die Person unter epistemischen Idealbedingungen und bei Auflösung aller praktischen Dilemmata als (rationale) Wünsche akzeptieren würde. Die Tatsache, daß die Erfüllung eines Wunsches kein Gefühl der Zufriedenheit auslöst, ist in vielen Fällen ein zuverlässiges Indiz dafür, daß dieser Wunsch kein wirklicher Wunsch dieser Person ist, daß er unter epistemischen Idealbedingungen und bei Auflösung aller praktischen Dilemmata als rationaler Wunsch von dieser Person nicht akzeptiert werden würde. Daher kann man vermuten, daß es um das Wohlergehen einer dauernd unzufriedenen Person schlecht bestellt ist, auch ohne sich eine hedonistische Anthropologie zu eigen zu machen.

7 "Kognitiv" verwende ich hier in einem konventionellen Sinne, der sich nur auf deskriptive oder empirische Sachverhalte bezieht.

Literaturverzeichnis

Arrow, K.: *Social Choice and Individual Values*, New York 1963.
Brandt, R. B.: *A Theory of the Right and the Good*, Oxford 1979.
Griffin, J.: *Well-Being. Its Meaning, Measurement, and Moral Importance*, Oxford 1986.
Habermas, J./Luhmann, N.: *Theorie der Gesellschaft oder Sozialtechnologie*, Frankfurt/Main 1971.
Habermas, J.: *Erkenntnis und Interesse*, Frankfurt/Main [9]1988.
Hare, R. M.: *Moral Thinking: Its Levels, Method and Point*, Oxford 1981.
Harsanyi, J. C.: *Morality and the Theory of Rational Behavior*, in: Social Research 44 (1977), 623-656.
Harsanyi, J. C.: *Bayesian Decision Theory and Utilitarian Ethics*, in: American Economic Review, Paper and Proceedings 68 (1978), S. 223-228.
Kern, L./Nida-Rümelin, J.: *Logik kollektiver Entscheidungen*, München/Wien 1994.
Kusser, A.: *Dimensionen der Kritik von Wünschen*, Frankfurt/Main 1989.
Marcuse, H.: *Eros and Civilisation*, Boston 1955.
Nida-Rümelin, J.: *Kritik des Konsequentialismus*, München 1993, Studienausgabe 1995.
Rawls, J.: *A Theory of Justice*, Cambridge, Mass. 1971.
Singer, P.: *Practical Ethics*, Cambridge [2]1993.

THOMAS POGGE

Lebensstandards im Kontext der Gerechtigkeitslehre*

Ich definiere die Gerechtigkeitslehre als einen Zweig der Moralphilosophie, der sich mit der moralischen Bewertung von sozialen Institutionen befaßt. Unter sozialen Institutionen verstehe ich *nicht* organisierte kollektive Akteure – wie etwa die Universität Leipzig, die Firma BMW oder Amnesty International – sondern vielmehr die "Spielregeln" eines Sozialsystems, welche die Interaktionen seiner individuellen und kollektiven Teilnehmer und deren Zugang zu materiellen Ressourcen regeln. Solche Institutionen definieren und regulieren z. B. Eigentum, Arbeitsteilung, Sexualität und familiäre Beziehungen, sowie den politischen und wirtschaftlichen Wettbewerb; und sie regeln die Planung und Durchführung gemeinsamer Projekte, die Beilegung von Konflikten und auch, wie soziale Institutionen selbst geschaffen, verändert, interpretiert und durchgesetzt werden. Die Gesamtheit der wichtigen und durchgreifenden Institutionen eines umfassenden Sozialsystems kann man als seine *Grundordnung* bezeichnen. Die Gerechtigkeitslehre fragt also danach, unter welchen Umständen die Institutionen eines Sozialsystems als gerecht bezeichnet werden sollten; sie strebt danach, ein Gerechtigkeitskriterium aufzufinden und zu begründen.

Ich will die Gerechtigkeitslehre so verstehen, daß ein Gerechtigkeitskriterium, per definitionem, soziale Institutionen ausschließlich danach bewertet, wie sie die von ihnen betroffenen Personen behandeln. (Ich werde im Folgenden – vereinfachend – Personen mit Menschen gleichsetzen.) Damit ist die Gerechtigkeitslehre nicht der einzige Zweig der Moralphilosophie, der sich mit der moralischen Bewertung von sozialen Institutionen befaßt. Denn man könnte die moralische Qualität von Institutionen z. B. auch daran bemessen, wie sie sich auf die Tierwelt auswirken, oder daran, wie gottgefällig sie sind. Meiner Definition zufolge läßt die Gerechtigkeitslehre solcherlei Frage beseite. Sie klärt nur *eine* wesentliche Komponente der moralischen Beurteilung sozialer Institutionen.

Man kann die von sozialen Institutionen betroffenen Personen grob doppelt unterteilen. Einerseits in Teilnehmer und Nicht-Teilnehmer – wobei die Teilnehmer an der deutschen Grundordnung etwa die deutschen Staatsbürger sind oder diejenigen, die im deutschen Rechtsraum leben. Andererseits und senkrecht dazu in jetzt lebende, bereits verstorbene und zukünftige Personen. Diese Unterscheidungen sind relevant insofern die jetzt lebenden Teilnehmer an einer Grundordnung eine besondere Verantwortung für diese Grundordnung tragen und von ihr in der Regel auch stärker und wesentlicher betroffen sind als Ausländer und ehemalige oder zukünftige Personen.[1]

* Ich danke den Teilnehmern für die lehrreiche Diskussion im Rahmen des Kolloquiums.

1 Man mag denken, daß soziale Institutionen die Interessen ehemaliger Personen überhaupt nicht berühren. Schon Aristoteles (Nikomachische Ethik, 1100a10-31) hat gezeigt, daß dieser Gedanke wenigstens bestreitbar ist. Es kann sehr wohl im Interesse Michelangelo's liegen, daß seine Kunstwerke der Nachwelt erhalten bleiben und daß seine Religion weiter praktiziert werden kann. Es wäre also möglicherweise ungerecht, unsere Institutionen so zu strukturieren, daß die Projekte ehemaliger

Es ist nicht sinnvoll, die Gerechtigkeit einzelner sozialer Institutionen separat beurteilen zu wollen. Denn einerseits würde man dabei allerlei vermeintliche Ungerechtigkeiten konstatieren, die im weiteren Kontext keine sind. (Die scheinbar ungerechte Beschränkung der Wehrpflicht auf Männer, z. B., ist nicht wirklich ungerecht, solange Männer nicht insgesamt benachteiligt sind.) Und andererseits würde man dabei Vergleiche und Reformen übersehen, die in mehreren Hinsichten vom Status Quo abweichen. Auch wenn ceteris paribus jede unserer sozialen Institutionen einzeln gerecht ist, kann es immer noch sein, daß einige zusammen gerechter gestaltet werden könnten.

Diese Probleme lassen sich nur teilweise dadurch lösen, daß man die sozialen Institutionen einer nationalen Grundordnung zusammen beurteilt. Denn diese Institutionen hängen selbst wieder mit anderen zusammen, was besonders im Falle politisch und wirtschaftlich schwächerer Länder augenfällig ist. In einem solchen Land kann sowohl die Möglichkeit als auch die praktische Durchsetzbarkeit von nationalen Institutionen, die etwa Rechtssicherheit oder hinreichende Ernährung für alle gewährleisten würden, von der Struktur internationaler Institutionen oder auch von den nationalen Institutionen mächtigerer Länder abhängen. In solchen Fällen wird man holistisch untersuchen müssen, wie die Lebensbedingungen der Bürger des betreffenden Landes durch das Zusammenwirken verschiedener Grundordnungen beeinflußt werden, wobei auch zu berücksichtigen ist, wie diese Grundordnungen aufeinander einwirken.

Diese Zusammenhänge sind in der heutigen Welt von größter Wichtigkeit – und werden dennoch von Gerechtigkeitstheoretikern sowie auch von Sozialwissenschaftlern, Politikern und denkenden Bürgern im Allgemeinen völlig übersehen. Man beurteilt die Institutionen eines Landes, und auch von dessen Regierung getroffene Entscheidungen, danach, wie sie sich auf die Lebensbedingungen seiner Bürger auswirken, und übersieht dabei völlig die oft ganz erheblichen Auswirkungen dieser Institutionen und Entscheidungen auf Ausländer. In ähnlicher Weise übersieht man auch leicht die Auswirkungen unserer globalen Grundordnung, die einen wichtigen Einfluß auf die nationalen Grundordnungen von Erstweltländern (etwa deren Zölle und Handelsbestimmungen) sowie die nationalen Grundordnungen von Drittweltländern (z. B. deren Machtsysteme und Steuergesetzgebung) ausübt. Diese institutionellen Verflechtungen – ein wichtiger Aspekt der sogenannten "Globalisierung" – legen nahe, daß wir in der modernen Welt ein einziges gemeinsames Gerechtigkeitskriterium brauchen, vermittels dessen alle sozialen Institutionen verschiedener Reichweite, deren Zusammenspiel die Lebensbedingungen einzelner Menschen prägt, holistisch bewertet werden können. Dieses universale Gerechtigkeitskriterium sollte schwach sein, d. h. es sollte die Gerechtigkeit nicht als den höchsterreichbaren Punkt auf einer Skala definieren, sondern als einen soliden Schwellenwert, der eine internationale Vielfalt sozialer Institutionen erlaubt. Nur solch ein schwaches Kriterium, das lediglich verlangt, daß soziale Institutionen die von ihnen betroffenen Personen minimaladäquat behandeln, kann weltweit akzeptierbar sein und es verschiedenen Völkern erlauben, an die Institutionen des eigenen

Personen nicht fortgeführt werden können. Jedenfalls sollte diese Möglichkeit nicht von vornherein ausgeschlossen werden.

Landes je eigene und höhere Gerechtigkeitsansprüche zu stellen. Ich will jetzt fragen, wie sich ein solches schwaches und universales Gerechtigkeitskriterium näher bestimmen läßt.

Wir brauchen hier offenbar einen Maßstab des guten Lebens, und zwar einen, der besonders auf *diese* Aufgabe zugeschnitten ist: zu messen, wie gut oder schlecht es den von bestimmten sozialen Institutionen betroffenen Menschen ergeht. Wie wir jetzt sehen werden, weicht diese Aufgabe in wichtigen Punkten von anderen Aufgaben ab, für die ebenfalls ein Maßstab des guten Lebens gebraucht wird. Eine wichtige Abweichung besteht darin, daß wir zwar anderswo, nicht aber in der Gerechtigkeitslehre, uns einfach danach richten können, wie die Menschen, um deren Leben es geht, ein gutes Leben selbst für sich bestimmen. Dafür gibt es zwei wesentliche Gründe. Erstens brauchen wir in der Gerechtigkeitslehre einen Maßstab, der interpersonelle Vergleiche erlaubt. Beim Vergleich zweier möglicher Grundordnungen werden wir z. B. die relativen Gewinne und Verluste verschiedener Personengruppen miteinander vergleichen müssen. Dazu wird offensichtlich ein gemeinsamer Maßstab gebraucht. Zweitens hängen von Menschen für ihr eigenes Leben zugrundegelegte Maßstäbe selbst entscheidend von den sozialen Institutionen ab, die ihre persönliche Entwicklung geprägt haben. Das fragliche Vorgehen – sich einfach nach den internen Maßstäben wirklich existierender Menschen zu richten – ist also außerdem gewissermaßen zirkulär.[2] Die Lösung unserer Aufgabe involviert also unvermeidlich ein paternalistisches Element – genau so, wie wir wirklich den nächsten Generationen eine gerechte Welt hinterlassen sollen im vollen Bewußtsein der Tatsache, daß die von uns geformte Welt ihre Werte und ihren Gerechtigkeitssinn prägen wird.

1. Der Wert menschlichen Lebens

Es ist sinnvoll, beim Nachdenken über das gute Leben zwei binäre Differenzierungen vorzunehmen. Eine Differenzierung ergibt sich daraus, daß die Frage sowohl einen subjektiven wie auch einen ethischen Sinn hat. Im ersten Sinne fragt man: Was macht ein Leben subjektiv wertvoll – also gut für den, der es lebt? Im zweiten Sinne fragt man: Was macht ein Leben objektiv wertvoll, oder (im weitesten Sinne:) ethisch gut? Die Antworten auf diese beiden Fragen mögen sich in bestimmten Punkten überschneiden – d. h. es mag sein, daß die Präsenz gewisser Aspekte (z. B. von Freundschaft, Wissen, Kunst oder Liebe) in einem menschlichen Leben sowohl den subjektiven wie auch den ethischen Wert dieses Lebens bereichern. Aber eine vollkommene Übereinstimmung beider Antworten läßt sich wohl kaum behaupten. Es liegt auf der Hand, daß die Antworten verschiedentlich voneinander abweichen und selbst im Überschneidungsbereich verschiedene Gewichtungen vornehmen werden. Chronische Gichtschmerzen (KpV 5:60) z. B. beeinträchtigen zwar den subjekti-

2 Es könnte sich eine Präferenz für Institutionen ergeben, die die, die unter ihnen aufwüchsen, ablehnen würden – oder eine Präferenz für eine Grundordnung, die moralisch unhaltbare Wesenszüge des Status Quo unbefragt fortsetzt (Präferenz faschistisch aufgezogener Menschen für den Faschismus).

ven, nicht aber den ethischen Wert eines Lebens;[3] während umgekehrt unkommunikative Hilfeleistungen an Bedürftige zwar den ethischen, in der Regel jedoch nicht den subjektiven Wert eines Lebens bereichern. In Anbetracht solcher Diskrepanzen wird jede umfassende Konzeption des guten Lebens sich dazu äußern müssen, inwieweit die Qualität eines Lebens in seinem subjektiven und inwieweit sie in seinem ethischen Wert liegt.

Dies bringt uns zur zweiten Differenzierung. Die Frage nach dem guten Leben stellt sich in zweifacher Form – nämlich einmal von innen, hinsichtlich der Gestaltung meines eigenen Lebens, und dann von außen, hinsichtlich meiner möglichen Einwirkung auf die Leben anderer. Wie man subjektive und ethische Wertkomponenten gegeneinander ausbalanziert, wird davon abhängen, in welcher Form man die Frage nach dem guten Leben stellt. So kann es etwa sein, daß man der ethischen Wertkomponente ein größeres relatives Gewicht beimißt, wenn man "von innen" auf sein eigenes, als wenn man "von außen" auf das Leben eines anderen reflektiert. Dies befürwortet etwa der Utilitarismus. Dieser Lehre zufolge bemißt sich der subjektive Wert eines Menschenlebens an der Quantität des in ihm enthaltenen Glücks, sein ethischer Wert hingegen am Einfluß desselben auf die globale Glückssumme. Wenn ein Utilitarist die Frage von innen stellt, wird der ethische Wert im Vordergrund stehen: Man soll so leben, daß man die Glückssumme möglichst stark positiv beeinflußt. Wieweit man dabei auch sein eigenes Glück zu befördern hat, ist eine empirisch-instrumentelle Frage. In jedem Fall sollte man sich, wann immer man zwischen dem eigenen Glück und der Glückssumme zu wählen hat, für die Glückssumme entscheiden. Wenn ein Utilitarist die Frage von außen stellt, steht der subjektive Wert im Vordergrund: Als Utilitarist will man, daß andere möglichst glücklich sind. Wie weit man auch wollen sollte, daß sie Glücksfördernde sind, ist eine empirisch-instrumentelle Frage. In jedem Fall sollte man sich, wann immer man zwischen einem positiven Einfluß auf den subjektiven und einem positiven Einfluß auf den ethischen Wert menschlichen Lebens zu wählen hat, für dessen subjektiven Wert entscheiden.

Der Utilitarismus überlebt heute nur noch in Australien, und für uns Übrige hat die Relevanz des Unterschieds zwischen Innen- und Außenperspektive eher etwas mit Autonomie zu tun. Wir gehen heute davon aus, daß das Maß des guten Lebens – und zwar das subjektive Maß, das ethische Maß und auch die Integration beider in ein Maß des rundum geglückten Lebens – in gewissem Umfang von jedem Menschen selbst gesetzt wird. Das ist nicht der triviale Gedanke, daß man, wenn man jemandem eine Freude machen will, ihr das schenken muß, was *sie* erfreut, und nicht das, was einen selbst erfreuen würde. Denn dieser Gedanke nimmt immer noch eine tieferliegende gemeinsame Währung – Freude – an, in der der subjektive Wert jedes Lebens gemessen werden kann. Einen anderen als autonom achten, heißt jedoch, daß man *ihr* Maß des subjektiven und ebenso auch *ihr* Maß des ethischen Werts ihres eigenen Lebens akzeptiert. Wenn es ihr um Wissen, nicht Freude, geht, dann schenke man ihr ein gutes Buch. Das wird sie wohl erfreuen – zum einen, weil das Buch ihr Wissen zu bereichern verspricht und zum anderen weil man sie mit Sorgfalt beschenkt hat.

3 Dieses Beispiel ist aus Kant 1788 (1913), S. 60.

Trotzdem: Wenn man ihre Autonomie wirklich achtet, dann schenkt man ihr das Buch nicht um ihrer erwartbaren Freude willen, sondern um ihr Wissen zu bereichern.

Das heißt keineswegs, daß wir autonome Lebensführung als neue Letztwährung einführen. Den anderen als autonom achten, heißt nicht, ihn als jemanden zu sehen, den man zu freien und tiefschürfenden Reflexionen animieren sollte. Es heißt nicht einmal, ihn als jemanden zu sehen, der durch freie und tiefschürfende Reflexionen sein eigenes Maß des Werts seines Lebens gefunden hat. Im Gegenteil: Ich achte jemanden nur dann als autonom, wenn ich *sein* Maß des Werts seines Lebens akzeptiere – ohne zu verlangen, daß er auf einem bestimmten, von mir gutgeheissenen reflektiven Weg zu diesem Maßstab gekommen sein muß. Autonomie rekurriert hier also nicht auf "eigene Gesetzgebung", sondern auf "eigenes Gesetz".

Dieselbe Denkstruktur ist auch für die Außenperspektive auf andere Kulturen brauchbar. Wir können andere Kulturen und die sich mit ihnen identifizierenden Menschen als autonom achten, ohne ihnen reflektive Autonomie, also etwa die Möglichkeit freier überkultureller Entscheidung, abzufordern. Dieser Punkt ist von einiger Wichtigkeit, denn unser gesuchtes schwaches und universales Gerechtigkeitskriterium soll ja weithin akzeptierbar sein und also möglichst dem Vorwurf entgehen, westlich-individualistische Werte anderen Kulturen aufoktryieren zu wollen.

2. Gerechtigkeit in erster Näherung

Nehmen wir die beiden bisherigen Gedankengänge zusammen, dann stellt sich unsere Aufgabe jetzt in folgender Form: Wir suchen ein schwaches, international akzeptierbares Gerechtigkeitskriterium, das soziale Institutionen daran bemißt, wie sie sich auf die von ihnen betroffenen Menschen auswirken. Ein solches Kriterium verlangt zwar einerseits interpersonelle Vergleichbarkeit solcher Auswirkungen, soll andererseits aber auch die Autonomie der verschiedenen betroffenen Personen (und ggf. Kulturen) respektieren. Es liegt dann nahe, soziale Institutionen danach zu beurteilen, inwieweit die von ihnen betroffenen Personen über bestimmte Universalgüter verfügen – die Güter nämlich, die sie brauchen, um eine Konzeption des subjektiv und ethisch lebenswerten Lebens auszubilden und zu verwirklichen. Wer diesen Weg einschlagen will, muß drei Fragen beantworten, um zu einem brauchbaren Gerechtigkeitskriterium zu gelangen.

Frage 1: Wie sollen die Universalgüter definiert werden? Bei der Beantwortung dieser Frage könnte man sich an Rawls's Grundgütern oder Dworkins Ressourcen orientieren, und diesen vielleicht noch, wie Scanlon es andeutet, Schmerzfreiheit als weitere Komponente hinzufügen.[4] Eine wichtige Alternative zu diesem Ansatz sind die Capabilities von Sen.[5] Da

4 Siehe Rawls 1975, besonders Abschnitt 15; Rawls 1982; Dworkin 1981; Scanlon 1975.

5 Sen 1987. Siehe auch Nussbaum und Sen 1993, insbesondere den glänzenden Aufsatz von G. A. Cohen, S. 9-29.

das gesuchte Gerechtigkeitskriterium schwach sein, also nur einen soliden Schwellenwert markieren soll, sollte die Liste der für jeden Betroffenen geforderten Universalgüter in drei Hinsichten begrenzt sein: (a) Nur die wirklich wichtigen Universalgüter, die man unbedingt braucht, um eine Konzeption des lebenswerten Lebens auszubilden und zu verwirklichen, sollten überhaupt auf der Liste erscheinen. (b) Die Universalgüter sollten quantitativ und qualitativ begrenzt sein – Nahrung und Versammlungsfreiheit sind wohl für ein geglücktes Leben notwendig, aber man braucht beide nur in gewissem Umfang und kann gut ohne Delikatessen und auch ohne Treffen an bestimmten Orten und zu bestimmten Tageszeiten auskommen. (c) Die Universalgüter sollten auch probabilistisch limitiert sein. Soziale Institutionen lassen sich nicht so gestalten, daß jeder Betroffene hundertprozentig sicheren Zugang hat zu allen Gütern, die er braucht. Die Bundesrepublik Deutschland z. B. läßt sich nicht so einrichten, daß meine körperliche Sicherheit absolut gewährleistet ist. Es ist nicht völlig ausgeschlossen, daß irgendwelche Halbstarke oder gar Polizeibeamte mich morgen unprovoziert angreifen werden. Obwohl soetwas passieren kann, und selbst wenn es mir sogar passiert, sollten wir sagen, daß ich hier über das eventuelle Universalgut 'körperliche Sicherheit' verfüge, solange die Wahrscheinlichkeit einer Körperverletzung einen bestimmten, niedrigen Schwellenwert nicht überschreitet. Was paradox klingt, ist doch plausibel: Es kann sein, daß meine körperliche Sicherheit, aber nicht die meines türkischen Kollegen, hier in der BRD hinreichend gewährleistet ist, obwohl ich tatsächlich angegriffen werde und er nicht.

Wenn soziale Institutionen so gestaltet sind, daß alle von ihnen betroffenen Personen über alle Universalgüter verfügen, dann sind sie – unserem schwachen und international akzeptierbaren Gerechtigkeitskriterium zufolge – vollkommen gerecht. Das gesuchte Gerechtigkeitskriterium sollte aber auch verschiedene nicht vollkommen gerechte Grundordnungen miteinander vergleichen können. Deshalb brauchen wir Antworten auf zwei weitere Fragen, bei denen es um Aggregierung geht.

Frage 2: Wie sollen die gewählten Universalgüter zu *einem* Maß des Lebensstandards einer Person verschmolzen werden? Wie stark sollen verschiedene relevante Defizite – z. B. in puncto Ernährung, Freizügigkeit, und Gewissensfreiheit – miteinander verrechnet werden, so daß man für jede betroffene Person oder Personengruppe feststellen kann, wie weit sie hinter dem von unserem Gerechtigkeitskriterium geforderten Mindestlebensstandard zurückbleibt? Man könnte hier allen Personen, die jeweils über alle Universalgüter verfügen, den Lebensstandard 1 zuschreiben und den übrigen Personen, die hinsichtlich eines oder mehrerer Universalgüter benachteiligt sind, einen Lebensstandard in Bereich $0 \leq x < 1$.

Frage 3: Wie sollen die Lebensstandardsmeßwerte für die verschiedenen betroffenen Personen zu einem Gesamtmaß für die Gerechtigkeit der betreffenden sozialen Institutionen verschmolzen werden? Man könnte hier z. B. den arithmetischen oder geometrischen Mittelwert nehmen, oder die Summe, oder Maximin, oder ein Maß für bestehende Ungleichheit.

3. Wesentliche Verfeinerungen des Gerechtigkeitskriteriums

Bevor wir über diese Fragen weiter nachdenken, müssen wir allerdings noch eine wichtige Komplikation in Betracht ziehen, die in der neueren anglophonen Diskussion bisher vernachlässigt worden ist. Es ist nämlich für die Beurteilung der Gerechtigkeit sozialer Institutionen relevant *wie* diese Institutionen die Lebensqualität von Menschen beeinflussen. Ich will diesen Gedanken kurz anhand eines Beispiels einführen. Stellen Sie sich vor, es kämen in der Bundesrepublik jährlich 5000, also täglich über dreizehn, Menschen durch willkürliche polizeiliche Übergriffe ums Leben. Die Chance eines durchschnittlichen Bürgers, irgendwann von einem Polizisten getötet zu werden, läge dann bei etwa einem halben Prozent. Wenn das wirklich der Fall wäre, würde man sicherlich sagen wollen, daß die körperliche Unversehrtheit deutscher Bürger nicht hinreichend gesichert ist und die Institutionen der Bundesrepublik insofern ungerecht sind. Diese Institutionen sind so umzugestalten, würde man sagen, daß die Zahl der Todesopfer durch willkürliche Polizeiübergriffe erträglich wird. Das ließe sich z. B. durch bessere Ausbildung von Polizisten und durch effektive und strenge Bestrafung von polizeilichen Übergriffen erreichen.

Nun kommen in Deutschland jedes Jahr doppelt so viele Menschen – 1995 waren es 9485 oder 26 pro Tag – durch Verkehrsunfälle ums Leben. Der durchschnittliche Bundesbürger hat also eine nahezu einprozentige Chance, infolge eines Verkehrsunfalls zu sterben. Auch hier ließe sich durch institutionelle Reformen Abhilfe schaffen. Man könnte z. B. nur Autos mit einer eingebauten Höchstgeschwindigkeit von 80 km/h zulassen oder die Strafe für betrunkenes Autofahren (was bei Verkehrunfällen oft eine Rolle spielt) erheblich verschärfen.

Es ist offensichtlich, daß wir hier institutionellen Einflüssen auf unser Frühtodesrisiko unterschiedliches Gewicht beimessen: Ein großes Frühtodesrisiko durch institutionell vermeidbare Polizeiübergriffe stellt ein größeres Gerechtigkeitsmanko dar als ein genau gleich großes Frühtodesrisiko durch Verkehrsunfälle.

Wenn wir nicht so dächten, also jedes Frühtodesrisiko moralisch gleich bewerten würden, dann würden wir voraussichtlich die Todesstrafe für betrunkenes Autofahren einführen müssen. Dies ließe sich z. B. so gestalten, daß wir jedes Jahr fünfzig Wiederholungstäter – vielleicht durch das Los bestimmt – öffentlich hinrichten. Diese Praxis hätte eine ganz erhebliche abschreckende Wirkung und würde zu einem erheblichen Rückgang der Delikthäufigkeit führen. Wenn die Gesamtzahl der Verkehrstoten nur um 10 % zurückgehen würde, hätten wir netto 900 Menschenleben pro Jahr eingespart und damit das Frühtodesrisiko deutscher Bürger nennenswert reduziert.

Wenn wir uns weigern wollen, diesen Vorschlag als einen schönen Gewinn für die Gerechtigkeit unserer Republik zu begrüßen, dann müssen wir also weiter differenzieren. Wir dürfen nicht – wie das die modernen Theorien hypothetischer Gesellschaftsverträge, im Anschluß an Rawls, tun – soziale Institutionen aus der Perspektive rationaler künftiger Gesellschaftsmitglieder betrachten. Denn solche künftigen Mitglieder würden einem solchen Exekutionsregime (wenn es wirklich durch Abschreckung Menschenleben einsparte) klugerweise zustimmen, weil sie sich ausschließlich für die Lebensqualität interessieren, die sie unter verschiedenen praktikablen Grundordnungen zu erwarten hätten, und es ihnen folglich egal ist, welche institutionellen Faktoren die Lebensqualität einzelner Bürger beeinflussen mögen.

Die moralisch absurden Konsequenzen des in diesem Punkt zu konsequenzialistisch verfahrenden hypothetischen Vertragsdenkens lassen sich nur dann vermeiden, wenn wir verschiedene Weisen, in denen Institutionen die Lebensqualität von Menschen beeinflussen können, unterscheiden und diese Unterscheidung moralisch relevant machen. Ich will diesen Gedanken anhand einer vorläufigen fünffältigen Unterscheidung kurz illustrieren. Institutionell vermeidbare Lebensqualitätdefizite können, ganz unabhängig von ihrer Größe, in noch einer weiteren Dimension moralisch gewichtet werden. In dieser zweiten Dimension ist ein Defizit ersten Ranges eines, das offiziell, etwa per Gesetz, angeordnet ist (Gruppen von unschuldigen Personen werden von Staats wegen umgebracht, gefoltert oder zu Zwangsarbeiten herangezogen). Ein Lebensqualitätsdefizit zweiten Ranges ist eines, das durch gesetzlich autorisierte Handlungen inoffizieller Akteure zustandekommt (Gruppen von unschuldigen Personen werden völlig legal als Sklaven be- und gehandelt). Ein Lebensqualitätsdefizit dritten Ranges ist eines, das durch Handlungen zustandekommt, die zwar gesetzlich verboten, aber infolge laxer Strafverfolgung oder Bestrafung nicht hinreichend abgeschreckt sind (von der Polizei generell ignorierte Verprügelung von Ehefrauen und Freundinnen). Ein Lebensqualitätsdefizit vierten Ranges ist eines, das auf natürliche Faktoren zurückzuführen ist, wie etwa kontingente genetische Defekte oder Krankheiten, zu deren Ausgleich soziale Institutionen vermeidbarerweise nichts beitragen. Ein Lebensqualitätsdefizit fünften Ranges, schließlich, ist eines, das auf selbstverschuldete Faktoren zurückgeht, zu deren Ausgleich soziale Institutionen vermeidbarerweise nichts beitragen – etwa darauf, daß manche in vollem Bewußtsein der damit verknüpften Gefahren Kettenraucher wurden und blieben und jetzt keinen staatlichen Zuschuß zur Lungenkrebsbehandlung bekommen.

Diese Einteilung in fünf Klassen von Kausalverknüpfungen stellt sicherlich eine grobe Vereinfachung dar. Man wird in manchen Fällen tieferliegende Ursachen von Lebensqualitätsdefiziten oder interdependente Kausalstränge berücksichtigen und wohl auch fließende Übergänge zwischen den genannten Klassen anerkennen müssen.[6] Die hier lauernden Komplikationen können jedoch zum größten Teil vernachlässigt werden, weil es hier letztlich nur um die moralisch wichtigsten institutionell vermeidbaren Lebensqualitätsdefizite gehen soll – diejenigen nämlich, die als Universalgüterdefizite eingestuft werden und also auch von einem schwachen, international akzeptierbaren Gerechtigkeitskriterium berücksichtigt werden sollten. Ich begnüge mich also damit, den entscheidenden, in herkömmliche Gerechtigkeitstheorien nicht eingearbeiteten Punkt noch einmal hervorzuheben. Dieser ist, daß ein moralisch plausibles Gerechtigkeitskriterium die Art der Kausalverknüpfung (zwischen sozialen Institutionen und menschlichen Lebensstandards) wird berücksichtigen

6 Im Falle des Kettenrauchens gibt es z. B. einen fließenden Übergang zwischen Klassen Zwei und Fünf, sofern inoffizielle Akteure gesetzlich autorisiert sind zu versuchen, Menschen nikotinsüchtig zu machen.

müssen – und zwar in zweierlei Hinsicht: Erstens bei der Festsetzung der minimaladäquate Behandlung definierenden Schwellenwerte. Je nach Art der Kausalverknüpfung kann dasselbe institutionell vermeidbare Frühtodesrisiko entweder ein Universalgüterdefizit darstellen oder andernfalls mit der vollständigen Gerechtigkeit aller relevanten Institutionen vereinbar sein. Und zweitens bei der moralischen Gewichtung anerkannter Universalgüterdefizite. Je nach Art der Kausalverknüpfung kann dasselbe übermäßige Frühtodesrisiko eine größere oder kleinere Ungerechtigkeit darstellen.[7]

Wir haben jetzt, wenigstens ansatzweise, gesehen, daß ein moralisch plausibles Gerechtigkeitskriterium institutionell vermeidbare Lebensqualitätsdefizite in mindestens zwei Dimensionen gewichten muß – nämlich erstens hinsichtlich der Größe des Defizits und zweitens hinsichtlich seiner Kausalverknüpfung mit bestehenden sozialen Institutionen. Es liegt nahe zu fragen, ob es darüber hinaus noch weitere Gewichtungsdimensionen geben könnte. Meines Erachtens könnten noch eine dritte und vierte Gewichtungsdimension ins Spiel gebracht werden, die ich hier nur kurz erwähnen kann. Die dritte Gewichtungsdimension betrifft die sozialen Kosten, die durch die institutionelle Vermeidung moralisch relevanter Lebensqualitätsdefizite entstehen würden. Ob es ungerecht ist und, wenn ja, wie ungerecht es ist, das Frühtodesrisiko durch Verkehrsunfälle nicht weiter zu reduzieren, kann davon abhängen, wie teuer solche Maßnahmen wären. Müßten wir, um fünfhundert Fußgängern pro Jahr einen vorzeitigen Tod zu ersparen, bloß die erlaubte Ortsgeschwindigkeit reduzieren, oder müßten wir Milliardenbeträge in Unter- und Überführungen investieren? Müßten wir, um 5000 Fälle von Kindesmißhandlung pro Jahr zu verhindern, bloß die Lehrerausbildung modifizieren oder müßten wir Millionen von Familien mit Videokameras bespitzeln? Solcherlei Fragen sind sicherlich relevant, wenn wir zu entscheiden haben, ob bestimmte institutionell vermeidbare Lebensqualitätsdefizite überhaupt Ungerechtigkeiten sind und, wenn ja, wie schwer sie ins Gewicht fallen.

Die vierte potentielle Gewichtungsdimension betrifft die Opferselektion im Falle ungleich verteilter Lebensqualitätsdefizite. Nehmen wir an, daß in einer ansonsten gerechten Gesellschaft manche Bürger von vornherein davon ausgehen können, daß sie, im Gegensatz zu vielen ihrer Mitbürger, zum Wehrdienst zwangsverpflichtet oder vom Universitätsstudium ausgeschlossen sein werden. Ob das ungerecht ist und, wenn ja, wie ungerecht es ist, mag davon abhängen, welcher Personengruppe da besondere Nachteile auferlegt werden. Eine Selektion körperlich gesunder und kräftiger Leute zum Wehrdienst, und eine Selektion besonders begabter Menschen zum Universitätsstudium, ist moralisch weniger anstößig als eine Selektion aufgrund von Hautfarbe, Geschlecht oder Religionszugehörigkeit.

Ich habe in diesem vierten Abschnitt, wenigstens in groben Zügen, die allgemeine Struktur eines moralisch plausiblen Gerechtigkeitskriteriums dargestellt – insbesondere die verschiedenen Parameter hinsichtlich derer alternative Spezifizierungsvorschläge sich voneinander unterscheiden würden. Leider ist diese Struktur recht kompliziert. Die gegenwärtig

7 Unsere Gesellschaft ist ungerecht, wenn sie zuläßt, daß jedes Jahr vier Millionen Frauen häusliche Gewalt erleiden (UNDP 1996, S. 24). Aber sie wäre noch ungerechter, wenn diesen Frauen stattdessen die gleiche Mißhandlung auf gesetzliche Anordnung hin von Staatsbeamten zuteil würde.

vermarkteten Gerechtigkeitskriterien sind allesamt einfacher. Aus der Rawlsschen Perspektive des Urzustands wird die zweite und vierte Dimension völlig, die dritte weitgehend ignoriert, denn den Parteien im Urzustand geht es ja ausschließlich um die für ihre Klienten erzielbare Lebensqualität, ganz unabhängig davon, durch welche institutionellen Mechanismen diese bedingt sein mag. Ähnlich steht es mit dem viel vageren durch Habermasens Prinzip U markierten Ansatz.[8] Wie ich im dritten Abschnitt leider nur summarisch und ansatzweise zeigen konnte, implizieren diese simpleren Gerechtigkeitstheorien mancherlei Forderungen, die entweder moralisch absurd sind oder der wirklichen Komplexität heutiger Sozialsysteme nicht Rechnung tragen können.

4. Menschenrechte

Ich möchte jetzt abschließend fragen, mit welcher Begrifflichkeit sich ein so komplexes, aber andererseits auch schwaches und international akzeptierbares Gerechtigkeitskriterium würde darstellen lassen. Ich glaube, daß der Begriff der Menschenrechte dieser Aufgabe am ehesten gewachsen ist – dann jedenfalls, wenn man ihn auf eine besondere Weise zu verstehen bereit ist. Erstaunlicherweise paßt dieses besondere Verständnis des Menschenrechtsbegriffs, welches ich jetzt erläutern will, recht gut mit dem Verständnis dieses Begriffs zusammen, das in der *Universal Declaration of Human Rights* von 1948 niedergelegt ist.

Einem gewöhnlichen Verständnis des Menschenrechtsbegriffs zufolge sind Menschenrechte zwar nicht überall und immer schon geltendes Recht, sollten dies aber doch sein. Also fordert derjenige, der ein Recht auf X als ein Menschenrecht behauptet, daß jeder Staat ein Recht auf X in sein Grundgesetz bzw. seine Verfassung einbauen und dieses auch (ob es nun so juridifiziert ist oder nicht) respektieren sollte. So etwa Jürgen Habermas[9] und auch Robert Alexy, der die Menschenrechte zwar ausdrücklich als moralische Rechte bezeichnet, ansonsten aber, wie Habermas, eine Institutionalisierung der Menschenrechte mit ihrer Transformation in positives Recht gleichsetzt.[10] Diesem Verständnis zufolge fordern die Menschenrechte, daß Menschen ein positives Recht auf bestimmte Universalgüter haben sollen.

Meines Erachtens führt dieser Menschenrechtsbegriff zu Forderungen, die in einer Hinsicht zu stark, in einer anderen zu schwach sind. Sie sind zu stark sofern eine Gesellschaft so situiert und strukturiert sein mag, daß ihre Mitglieder auch ohne positives Recht sicheren

8 Siehe z. B. Habermas 1983, S. 75 f.

9 "Der Begriff des Menschenrechts ist nicht moralischer Herkunft, sondern ... *von Haus aus* juridischer Natur." Menschenrechte gehören "ihrer Struktur nach zu einer Ordnung positiven und zwingenden Rechts, die einklagbare subjektive Rechtsansprüche begründet. Insofern gehört es zum Sinn der Menschenrechte, daß sie nach dem Status von Grundrechten verlangen." Habermas 1995, S. 310 und 312; kursiv im Original.

10 Alexy 1997.

Zugang zu X genießen. Zwar kann es wohl nicht schaden, auch die entsprechenden Verfassungsrechte zu haben, aber diese sind doch an sich nicht so wichtig, daß man diese zusätzliche Forderung in den Begriff eines Menschenrechts einbauen müßte: Ein Menschenrecht auf ausreichende Ernährung, z. B., sollte als erfüllt gelten, wenn man sicheren Zugang zu ausreichender Ernährung hat, auch wenn dieser Zugang nicht (verfassungs)rechtlich verbrieft ist. Nur wenn es empirisch der Fall ist, daß – wie dies etwa bei manchen politischen und Bürgerrechten zutreffen mag – sicherer Zugang zum Gegenstand eines Menschenrechts die Anerkennung eines entsprechenden positiven Rechts im Gesetz oder in der Verfassung erfordert, würde ein Menschenrecht auch seine eigene Verrechtlichung verlangen.

Die Forderungen des konventionellen Menschenrechtsbegriffs sind insofern zu schwach, als Verfassungsrechte oftmals nicht ausreichen, um sicheren Zugang zu gewährleisten. Dabei denke ich nicht nur an die vielen Fälle, in denen eine Verfassung nur ein schönes, in der Regierungspraxis jedoch weitgehend ignoriertes Aushängeschild ist. Es ist anzunehmen, daß auch Habermas und Alexy sich damit nicht zufriedengeben würden. Ich denke auch an Fälle, wo Verfassungsrechte zwar effektiv einklagbar sind, arme und ungebildete Personen jedoch trotzdem nicht in der Lage sind, auf ihren Rechten zu bestehen, weil sie diese Rechte gar nicht kennen oder weil ihnen das Wissen oder die minimale wirtschaftliche Unabhängigkeit fehlen, die zur Durchsetzung ihrer Rechte auf dem dafür vorgesehenen Rechtsweg erforderlich wären. Auch wenn es in Indien einen Rechtsweg gibt, auf dem Dienstmädchen sich gegen Mißhandlung durch ihre Arbeitgeber wehren könnten, ist ihr Menschenrecht auf Freiheit von inhumaner und erniedrigender Behandlung (*Universal Declaration*, Artikel 5) dennoch oft nicht erfüllt.

Im Gegensatz zum akademisch vorherrschenden Verständnis des Begriffs eines Menschenrechts, erkläre ich diesen Begriff also so: Ein Menschenrecht ist ein moralischer Anspruch *an* soziale Institutionen und somit ein Anspruch *gegen* diejenigen, die solche Institutionen mit Gewaltandrohung aufrechterhalten. Wer ein Menschenrecht auf X postuliert, fordert damit, daß soziale Institutionen so zu gestalten sind, daß alle von ihnen betroffenen Personen sicheren Zugang zu X haben.[11] Durch dieses Begriffsverständnis ist ein weitverbreitetes Mißtrauen gegen die Menschenrechte von vornherein ausgeräumt – der Verdacht nämlich, daß sie dem Individualismus oder gar Egoismus Vorschub leisten und somit auf eine kapitalistische Ellbogengesellschaft hinauslaufen, die man – vor allem in Asien, aber auch sonst vielerorts – gerne vermeiden würde. Meinem Verständnis zufolge ist es nicht Sinn und Zweck der Menschenrechte, Menschen dazu zu erziehen, sich als Inhaber von Individualrechten zu begreifen, auf denen sie jederzeit, auch gegen das Gemeinwohl, bestehen können. Der Sinn und Zweck der Menschenrechte liegt vielmehr in der Einsicht, daß soziale Institutionen, die Menschen einander mit offener oder latenter Gewalt aufzwingen, wenigstens so beschaffen sein müssen, daß alle von ihnen Betroffenen eine sichere Aussicht auf die zu einem menschenwürdigen Leben notwendigen Mittel haben. Menschenrechte sind nicht positive Rechte, auf denen man im Gerichtssaal bestehen kann, sondern moralisch

11 Dieser Vorschlag ist ausführlicher entwickelt in Pogge 1995a.

verbindliche Grundbedürfnisse, die von uns gestaltete und aufrechterhaltene Institutionen erfüllen sollten.

Trotzdem ist zweierlei einzuräumen. Erstens, daß positive Rechte ein effektives Mittel zur Erfüllung von Menschenrechten sein können und oft auch sind. Dabei ist jedoch nicht unbedingt an gleichlautende Rechte zu denken. Die Erfüllung eines Menschenrechts auf ausreichende Ernährung ließe sich vielleicht – je nach Kontext – besser als durch ein positives Recht auf Nahrungsmittel betreiben, etwa durch ein positives Recht auf Arbeitslosengeld, auf Umschulungshilfe, auf kostenlose Kinderbetreuung, auf ein Stück Land, auf einen Kleinkredit – oder auch durch Gesetze gegen Lebensmittelspekulationen oder Wucherzinsen. Zweitens will ich auch, theoretisch wenigstens, einräumen, daß es möglicherweise sinnvoll sein kann, bestimmte positive Rechte in den Gegenstand eines Menschenrechts aufzunehmen. Ein Beispiel wäre das Postulat eines Menschenrechts auf verfassungsrechtlich abgesicherte Religionsfreiheit. Ich befürchte allerdings, daß solche Formulierungen die betreffende Menschenrechtskonzeption zu stark verwässern würden. Eine Gesellschaft, deren Bürger sich im sicheren Genuß von Religionsfreiheit wissen (z. B. weil religiöse Toleranz dort als schlichte Selbstverständlichkeit gilt), sollte nicht dem Vorwurf einer Mißachtung der Menschenrechte ausgesetzt sein, bloß weil kein Verfassungsparagraph die Religionsfreiheit explizit garantiert.

Der Menschenrechtsbegriff ist besonders gut geeignet, den notwendigen Differenzierungen nach Art der Kausalverknüpfung (zwischen sozialen Institutionen und Lebensqualitätsdefiziten) Rechnung zu tragen. Solche Differenzierungen sind etwa im vorherrschenden Verständnis von Grundrechten bereits mit angelegt. Nicht jeder unfreiwillige und vermeidbare vorzeitige Todesfall indiziert z. B. eine Verletzung des Grundrechts auf Leben und körperliche Unversehrtheit (*Grundgesetz* 2.2) – noch weniger indiziert jeder solche Todesfall eine genau gleich schwerwiegende Verletzung. Wenn jemand durch Mißhandlung bei einer polizeilichen Vernehmung stirbt, ist das sicherlich eine schwere Verletzung des entsprechenden Grundrechts. Stirbt jemand weil die Polizei Gewalttaten gegen südländisch aussehende Personen tatenlos zusieht, oder weil Neger bei der Notaufnahme im Kankenhaus generell vernachlässigt werden, dann liegt eine weniger schwerwiegende Verletzung vor. Stirbt jemand schließlich, weil der Staat die Kosten teurer Operationen nicht zu übernehmen bereit ist, dann liegt überhaupt kein Verstoß gegen das Grundgesetz vor. Der hier vorgeschlagene Menschenrechtsbegriff sieht ähnliche Differenzierungen vor, nur mit dem Unterschied, daß die Menschenrechte sich nicht an die staatlichen Organe sondern an die Grundordnung selbst richten. Die Menschenrechte sollen nicht festlegen, was Staatsbeamte zu tun oder zu lassen haben, sondern wie wir alle die Grundregeln unseres Zusammenlebens gestalten sollten. Das legt die probabilistische Ex-Ante Perspektive nahe, die ich oben schon skizziert habe: Über unsere sozialen Institutionen kann sich derjenige beklagen, dessen körperliche Unversehrtheit bei uns nicht hinreichend gesichert ist – nicht derjenige, der quasi zufällig verprügelt wurde. Deshalb ist es in dem hier relevanten institutionellen Kontext sinnvoller, nicht von der Verletzung von Menschenrechten, sondern vielmehr von ihrer Erfüllung bzw. Nichterfüllung zu sprechen. Ein Menschenrecht auf Leben und körperliche Unversehrtheit wäre für bestimmte Personen genau dann erfüllt, wenn die Sicherheit dieser Menschen gegen bestimmte Bedrohungen gewisse Schwellenwerte nicht unterschreitet.

Diese Schwellenwerte werden für verschiedene Gefahrenquellen verschieden sein und auch von Kosten und Selektionsmechanismen abhängen. Diese Differenzierungen sind bei der Spezifizierung der Menschenrechte mit einzubauen.

5. Bestimmung der Menschenrechte und Verantwortung für ihre Erfüllung

Wir sehen jetzt den Weg, den ich zur Formulierung eines schwachen, international akzeptierbaren Gerechtigkeitskriteriums vorgeschlagen habe, vor uns liegen. Wir beginnen beim subjektiven und ethischen Werts des Lebens. Aber nicht, um diesen Wert zu ergründen, sondern nur, um allgemein die Rahmenbedingungen und Mittel festzustellen, die Menschen in aller Regel brauchen, um nach ihrer eigenen Façon glücklich, und gut zu werden. Die hierin ausgedrückte Achtung menschlicher Autonomie kommt insbesondere beim ethischen Wert des Lebens zum Ausdruck, hinsichtlich dessen unser gesuchtes Gerechtigkeitskriterium nur ganz schwache Annahmen wird zugrundelegen dürfen. Die grundlegende solche Annahme ist bloß existenziell: Es ist ein geschichtlich und geographisch allgemeines Faktum, daß fast alle Menschen ein tiefes Bedürfnis nach einer ethischen Weltanschauung haben, mittels derer sie ihr eigenes Leben und auch die Leben anderer Menschen, die für sie von Bedeutung sein mögen, nicht nur danach beurteilen können, ob es für sie selbst – also subjektiven – Wert hat, sondern auch danach, ob es ethisch wertvoll ist. Darüber hinaus läßt sich wohl dieses noch allgemein sagen: In der heutigen, interdependenten und kommunikativ eng verknüpften Welt gibt es in jeder Kultur eine kaum unterdrückbare Vielfalt von ethischen Weltanschauungen sowie auch von Auffassungen über die Objektivität und Universalität solcher Weltanschauungen und über das relative Gewicht ethischer (gegen subjektive) Maßstäbe des guten Lebens.

Auch ein schwaches, universales Gerechtigkeitskriterium sollte daher fordern, daß Grundordnungen so zu gestalten sind, daß die von ihnen betroffenen Personen eine eigene ethische Weltanschauung ausbilden, vertiefen und verwirklichen können. Die dafür wesentlichen Güter lassen sich unter zwei Titeln darstellen: Erstens, ein Menschenrecht auf Gewissensfreiheit: auf die Freiheit, eine eigene ethische Weltanschauung auszubilden, welche verschiedene andere Freiheiten einschließt: die Freiheit, einschlägige Informationsmedien (z. B. religiöse Bücher oder Sendungen) zu konsultieren, die Freiheit, sich zur Vertiefung der eigenen Weltanschauung mit willigen Gleichgesinnten zu treffen, die Freiheit, die eigene Weltanschauung mit willigen Andersgesinnten zu diskutieren, sowie die Freiheit, der eigenen ethischen Weltanschauung gemäß zu leben, sofern dies ohne größere Kosten für andere möglich ist.[12] Und zweitens, ein Menschenrecht auf politische Teilnahme: auf die Freiheit, an der Bestimmung des Gemeinguts von Sozialsystemen, denen man angehört, mitzuwirken. Dazu gehört die Freiheit, ethische Kritik an politischen Institutionen und Entscheidungen frei und öffentlich zu äußern, sowie die Freiheit, gleichberechtigt mit anderen,

12 Zum Beispiel durch Schaffung einer Zivildienstalternative zum Wehrdienst.

am Wettbewerb um politische Positionen und am Ringen um politische Entscheidungen teilzunehmen. Diese beiden eng mit dem ethischen Wert menschlichen Lebens verbundenen Menschenrechte lassen sich leicht auch mit dem schönen Begriff der Würde des Menschen assoziieren, wie er sich bei Kant und auch in der *Universal Declaration* und im deutschen Grundgesetz findet.

Andere, elementarere Universalgüter sind sowohl für den ethischen als auch den subjektiven Wert menschlichen Lebens von Bedeutung. Dazu gehören Menschenrechte auf Leben und körperliche Unversehrtheit, auf ein Existenzminimum (Trinkwasser, Nahrung, Kleidung, Obdach), auf Handlungs- und Bewegungsfreiheit, auf Erziehung, Arbeit und medizinische Versorgung.

Es ist bekannt, daß viele Menschen heute nicht über sicheren Zugang zu diesen Universalgütern verfügen, daß die Erfüllung der Menschenrechte bislang also nur recht unvollständig gelungen ist. Daher stellt sich die Frage, wie die Verantwortung für die Untererfüllung von Menschenrechten bestimmten sozialen Institutionen – und damit auch bestimmten Personen, nämlich den an der Gestaltung oder Aufrechterhaltung dieser Institutionen Beteiligten – zugeschrieben werden kann. Diese Frage wirft besondere Schwierigkeiten auf in dieser Zeit globaler Interdependenz, in der soziale Institutionen sich wechselseitig beeinflussen und ihre Auswirkungen sich miteinander vermischen. Es ist bequem, und daher populär, diese Interdependenzen zu ignorieren, insbesondere durch eine Interpunktuierung der Welt, die ich anderwo als *Erklärungsnationalismus* bezeichnet habe.[13] Die Erklärungen, die Ökonomen von der Armut in der dritten Welt geben, bieten ein gutes Beispiel. Ökonomen präsentieren globale Armut als eine Menge nationaler Phänomene, welche erklärbar sind durch die in vielen Ländern vorherrschenden schlechten wirtschaftspolitischen Maßnahmen und schlechten ökonomischen Institutionen, die Wirtschaftswachstum behindern und/oder ein extremes Einkommensgefälle produzieren. Zwar sind sich die Ökonomen nicht durchweg einig, welche Institutionen und Maßnahmen am besten geeignet sind, sowohl Wirtschaftswachstum als auch Wirtschaftsgerechtigkeit zu fördern. Aber sie können darauf hinweisen, daß manche Länder viel bessere Fortschritte gemacht haben als andere, und dann behaupten, daß, wenn letztere sich an ersteren ein Beispiel nähmen und also ihre Wirtschaft besser strukturierten, dann auch auf ihrem Territorium bittere Armut bald überwunden sein würde.

Diese einhellige Sichtweise der Ökonomen ist ganz richtig – aber auch ganz einseitig. Denn sie setzt konstant, und ignoriert dadurch, den ökonomischen und geopolitischen Kontext, in dem die nationalen Wirtschaftsordnungen und Regierungen der ärmeren Länder befangen sind. Schließlich ist der moderne Staat selbst eine Institution: Die Landoberfläche unseres Planeten ist in eine Vielzahl klar definierter und nicht-überlappender nationaler Territorien unterteilt. Menschen sind (von geringfügigen Ausnahmen abgesehen) jeweils genau einem Territorium zugeordnet. Jede Person oder Gruppe, die innerhalb eines solchen Gebiets eine Übermacht an Gewaltmitteln kontrolliert, wird als die legitime Regierung sowohl des Territoriums als auch der ihm zugeordneten Personen anerkannt. Eine solche Re-

13 Pogge 1997a.

gierung darf "ihre" Menschen durch Gesetze, Verfügungen und Beamte regieren und in ihrem Namen Recht sprechen. Ihr steht auch die letzte Verfügungsgewalt (z. B. durch Besteuerungs- und Enteignungsrechte) über alle in ihrem Gebiet befindlichen Rohstoffe zu. Außerdem darf sie "ihre" Menschen nach außen repräsentieren, ihnen also etwa, durch Abkommen und Verträge, Verpflichtungen anderen gegenüber auferlegen, ihre Beziehungen mit Ausländern regeln, sowie in ihrem Namen Kriege erklären und führen sowie den Zugang von Ausländern zum nationalen Territorium kontrollieren. In dieser zweiten Rolle wird jeder Regierung eine Kontinuität mit ihren Vorgängern und Nachfolgern zugeschrieben: Sie ist verpflichtet, sich an die von ihren Vorgängern geschlossenen Verträge zu halten und ihrerseits in der Lage, ihre Nachfolger durch Verträge zu binden.

Dieser globale Kontext, den ich hier nur kurz skizzieren konnte, ist von großer Wichtigkeit für die Erklärung untererfüllter Menschenrechte und insbesondere für die Erklärung bestehender Armut. Erklärungen im Rekurs auf nationale Faktoren lassen wichtige Fragen offen. Sie lassen offen, warum nationale Faktoren gerade diese Auswirkungen haben und nicht andere: Es ist gut möglich, daß dieselben nationalen Faktoren, bzw. dieselben internationalen Unterschiede, sich im Rahmen einer anderen Weltordnung ganz anders auf die Erfüllung der Menschenrechte auswirken würden.[14] Solche nationalen Erklärungen lassen auch offen, wie die zur Erklärungen herangezogenen nationalen Faktoren selbst zu erklären sein mögen: Die Binnenstruktur der ärmeren Länder wird erheblich von äußeren Einflüssen affiziert, und es ist daher gut möglich, daß im Rahmen einer anderen Weltordnung menschenrechtsgefährdende nationale Faktoren dort viel seltener oder gar nicht auftreten würden.[15] Diese Überlegungen legen nahe, daß die weltweite Untererfüllung der Menschenrechte sich im Rekurs auf nationale Faktoren allein nicht erklären läßt.

14 Ein analoger Punkt spielt in der Debatte um die relative Wichtigkeit von genetischen und Umweltfaktoren eine entscheidende Rolle: Faktoren, die für die Erklärung der beobachteten Variation eines Merkmals (z. B. Körpergröße, Intelligenz, Krebserkrankung) in einer Population ganz unwichtig sind, können für die Erklärung seines Gesamtniveaus in derselben Population dennoch von größter Wichtigkeit sein: Auch wenn die Größenunterschiede (135-150cm) unter den Frauen einer Provinz fast gänzlich im Rekurs auf genetische Faktoren erklärbar sind, bleibt es möglich, daß alle Frauen dieser Provinz ganz erheblich größer (167-185cm) wären, wenn nicht zu ihrer Jugendzeit Lebensmittel knapp und Mädchen bei deren Verteilung benachteiligt gewesen wären. Auch wenn Krebsanfälligkeit ausschließlich genetisch bedingt ist, bleibt es möglich, daß in einer wirklich gesunden Umwelt kaum je ein Mensch an Krebs erkranken würde.

15 Dieser Punkt wird immer wieder übersehen – von Rawls z. B., wenn er die Menschenrechtsprobleme in den Entwicklungsländern ausschließlich auf lokale Faktoren zurückführt: "the problem is commonly the nature of the public political culture and the religious and philosophical traditions that underlie its institutions. The great social evils in poorer societies are likely to be oppressive government and corrupt elites" (Rawls 1993, S. 77). Diese oberflächliche Erklärung ist nicht so sehr falsch, wie unvollständig. Sobald man (im Gegensatz zu Rawls) fragt, warum denn in so vielen ärmeren Ländern repressive Regierungen und korrupte Eliten an der Macht sind, stößt man unweigerlich auf globale Faktoren: Drittwelteliten können es sich leisten, repressiv und korrupt zu sein, weil sie sich auch ohne lokale Popularität, mithilfe ausländischer Kredite und Militärhilfe, an der Macht halten

Die eben angestellten Überlegungen sind nicht besonders subtil, und die Ökonomen sind sich ihrer in anderen Kontexten sehr wohl bewußt. Wenn sie über die Strukturierung des Welthandels (Uruguay Runde, WTO) nachdenken, versuchen sie schon vorauszusehen, wie alternative institutionelle Strukturen sich auf globale Handelsströme und auf das weltweite Wirtschaftswachstum auswirken würden. Nur bei ihren Versuchen, das Weltarmutsproblem zu erklären, kommt ihnen unsere Weltwirtschaftsordnung merkwürdigerweise nicht in den Sinn. Ihre Borniertheit färbt auf uns übrige ab. Wir bedauern, daß viele Länder schlechte Institutionen und Regierungen haben, fragen aber nicht weiter, woran das liegen mag. Insbesondere fragen wir nicht, wie wir selbst in die Reproduktion dieses traurigen Phänomens verwickelt sein mögen.

Gingen wir dieser Frage nach, würden wir bald auf globale Faktoren stoßen, die eine wichtige Rolle in der Reproduktion menschlichen Elends spielen und deren Reform die Erfüllung der Menschenrechte erheblich voranbrächte. Einige solche Faktoren – die etwa mitbestimmen, was für Personen in den ärmeren Ländern Macht und Einfluß haben, welchen Anreizen diese Personen ausgesetzt sind, welche Optionen sie haben und wie die Verwirklichung jeder dieser Optionen sich auf nationale Armut und die Erfüllung der Menschenrechte auswirken würde – habe ich anderswo konstruktiv analysiert.[16] Was ich hier hinzufügen will, ist nur Folgendes: Wenn globale Faktoren bei der Erklärung menschlichen Elends eine Rolle spielen, dann kann dieses Elend auch uns angehen – dann jedenfalls, wenn wir annehmen, daß es die gemeinsame moralische Verantwortung aller an der Aufrechterhaltung sozialer Institutionen beteiligten Personen ist: sicherzustellen, daß diese Institutionen im Sinne unseres schwachen Kriteriums minimal gerecht sind – also: sicherzustellen, daß die Menschenrechte aller von ihnen betroffenen Menschen erfüllt sind. Wenn also z. B. eine bestimmte Untererfüllung der Menschenrechte – z. B. Hunger in Brasilien – durch das Zusammenwirken globaler und nationaler Faktoren zustandekommt und sich sowohl durch nationale wie auch durch globale Reformen abbauen ließe, dann liegt die Verantwortung bei beiden Grundordnungen und damit bei beiden Personengruppen: also bei all denen, die, ohne kompensierende Reformbeiträge zu leisten, an der Aufrechterhaltung

können. Und sie sind so oft repressiv und korrupt, weil es infolge des steilen internationalen Wohlstandsgefälles für sie sehr viel lukrativer ist, sich an den Interessen ausländischer Regierungen und Firmen zu orientieren als an denen ihner verarmten Landsleute. Dieserlei Einflüsse lassen sich vielfältig belegen: Es gibt genug Drittweltregierungen, die mit erheblicher ausländischer Unterstützung an die Macht kamen oder sich nur durch solche an der Macht halten. Und es gibt genug Drittweltpolitiker und -beamte, die, von ausländischen Interessen verleitet oder gar bestochen, sich gegen die Interessen ihrer Bevölkerung einsetzen: für den Ausbau einer touristenfreundlichen Sexindustrie (an deren Zwangsprostitutierung von Frauen und Kindern sie duldend mitverdienen), für die Einfuhr unnötiger, obsoleter oder überteuerter Produkte auf Staatskosten, für die Erlaubnis, gefährliche Produkte, Abfälle oder Produktionsstätten zu importieren, gegen Gesetze zum Arbeitnehmer- oder Umweltschutz, usw.. Es ist vollkommen unrealistisch zu glauben, daß die von Rawls zu Recht bedauerte Korruption und Unterdrückung in den ärmeren Ländern sich ohne eine erhebliche Verringerung des internationalen Wohlstandsgefälles beseitigen ließe.

16 Pogge 1995b, und auch Pogge 1997b.

der brasilianischen oder der globalen Grundordnung mitwirken. Dadurch wird uns Wohlhabenden in den entwickelten Ländern eine Mitverantwortung für das Weltarmutsproblem zugeschrieben, die allerdings die Verantwortung der korrupten Drittwelteliten keineswegs schmälert (wie ja auch bei Verbrechen derselbe Mord mehrere zu Mördern machen kann).

Für jeden von uns bedeutet diese Verantwortung, daß man im Falle ungerechter Institutionen entweder von einer Beteiligung an ihrer Aufrechterhaltung absehen oder eine solche Beteiligung dadurch kompensieren sollte, daß man gleichzeitig auf die Reform dieser Institutionen oder den Schutz ihrer Opfer hinarbeitet. Das Wort "Kompensieren" soll andeuten, daß, wieviel jemand zur Reform und Linderung ungerechter Institutionen beitragen sollte davon abhängen wird, wieviel er – etwa durch Steuerzahlung – zu ihrer Aufrechterhaltung beiträgt und auch davon, wieviel er von ihrer Aufrechterhaltung selbst profitiert. Genauer kann ich allerdings hier auf diesen Zusammenhangs zwischen einem Gerechtigkeitskriterium und einer Theorie persönlicher Verantwortung nicht eingehen.

Schluß

Dieser Aufsatz ging über die Fragen, was für ein Maßstab des guten Lebens im Kontext der Gerechtigkeitslehre gebraucht wird und welche Rolle er spielen sollte. Wir sahen im Lauf der Diskussion, daß Maßstäbe des guten Lebens sich u. a. hinsichtlich ihrer Spezifizität und ihres Anspruchsniveaus unterscheiden. Für ein international akzeptierbares Kriterium minimaler Gerechtigkeit benötigen wir einen relativ unspezifischen und anspruchslosen Maßstab. Für diese Rolle ist, so habe ich argumentiert, eine Konzeption der Menschenrechte wesentlich besser geeignet als all' die theoretischen Konstrukte, um die heute in der Akademie gestritten wird. Eine solche Konzeption ist einerseits gehaltvoll genug, um eine recht scharfe und auch konstruktive Kritik am Status Quo zu fundieren. Und dennoch achtet sie andererseits die Autonomie der vielfältigen Kulturen dieser Welt – dann jedenfalls, wenn man die Menschenrechte, meinem Vorschlag folgend, nicht als Forderung nach positiven Rechten, sondern als moralische Ansprüche an soziale Institutionen zu verstehen bereit ist. Eine Konzeption der Menschenrechte fordert dann schlicht, daß alle sozialen Institutionen so zu gestalten sind, daß alle Menschen sicheren Zugang zu den Gegenständen ihrer Menschenrechte genießen. Genau diese Forderung bringt m. E. auch der Artikel 28 der *Universal Declaration* zum Ausdruck, der da lautet: "Everyone is entitled to a social and international order in which the rights and freedoms set forth in this Declaration can be fully realized."

Trotz Anerkennung eines solchen universalen Gerechtigkeitskriteriums bleibt es einzelnen Gesellschaften unbenommen, ihre nationalen Institutionen einem reichhaltigeren Gerechtigkeitskriterium zu unterwerfen, das einen spezifischeren und anspruchsvolleren Maßstab des guten Lebens involviert. Ein solcher nationaler Maßstab könnte Bürgern vielleicht zusätzliche, sekundäre Grundbedürfnisse zurechnen – z. B.: gewisse Verfassungsrechte zu haben, durch soziale Ungleichheiten nicht allzu stark benachteiligt zu sein, für natürliche Handicaps und Lebenspech angemessen entschädigt zu werden oder Beihilfe zur Mekkareise beanspruchen zu können. Auch solche Maßstäbe wären immer noch auf die Bewertung sozialer Institutionen zugeschnitten, müßten also voraussichtlich probabilistisch sein (ex ante) und den Lebensstandard jedes Bürger in öffentlich nachvollziehbarer Weise feststellen können. In diesen Punkten unterschieden sie sich von Maßstäben des guten Lebens, auf die wir beim Handeln zurückgreifen, wenn wir uns etwa um die Bereicherung des Lebens eines Freundes oder das Glücken unseres eigenen Lebens bemühen.

Literaturverzeichnis

Alexy, R.: *Die Institutionalisierung der Menschenrechte im demokratischen Verfassungsstaat*, in: Gosepath, S. und Lohmann, G. (Hg.): Die Philosophie der Menschenrechte, Frankfurt/M. 1997.

Dworkin, R.: *What is Equality? Part II: Equality of Resources*, in: Philosophy and Public Affairs 10 1981), S. 283-345.

Habermas, J.: *Moralbewußtsein und kommunikatives Handeln*, Frankfurt/M 1983.

Habermas, J.: *Kants Idee des Ewigen Friedens – aus dem historischen Abstand von 200 Jahren*, in: Kritische Justiz 28 (1995), S. 293-319.

Kant, I.: *Kritik der praktischen Vernunft* (1788), in Band 5 von Kant's Gesammelte Schriften (Akademieausgabe), Berlin 1913, S. 1-163.

Nussbaum, M. und Sen, A. K. (Hg.): *The Quality of Life*, Oxford 1993.

Pogge, T. W.: *How Should Human Rights be Conceived?*, in: Jahrbuch für Recht und Ethik 3 (1995a), S.103-120.

Pogge, T. W.: *Eine globale Rohstoffdividende*, in: Analyse und Kritik 17 (1995b), S.183-208.

Pogge, T. W.: *The Bounds of Nationalism*, in: Canadian Journal of Philosophy, Supplementary Volume (1997a).

Pogge, T. W.: *Menschenrechte als moralische Ansprüche an globale Institutionen*, in: Gosepath, S. und Lohmann, G. (Hg.): Die Philosophie der Menschenrechte, Frankfurt/M. 1997b.

Rawls, J.: *Eine Theorie der Gerechtigkeit*, Frankfurt/M 1975.

Rawls, J.: *Social Unity and Primary Goods*, in: Sen, A. und Williams, B. (Hg.): Utilitarianism and Beyond, Cambridge 1982.

Rawls, J.: *The Law of Peoples*, in: Shute, S. und Hurley, S. (Hg.): On Human Rights, New York 1993.

Scanlon, T. M.: *Preference and Urgency*, in: Journal of Philosophy 72 (1975), S. 655-669.

Sen, A. K.: *The Standard of Living*, Cambridge 1987.

UNDP (United Nations Development Program): *Human Development Report 1996*, New York 1996.

JEAN-CHRISTOPHE MERLE

Die Religion als Wohlfahrtsfaktor in der liberalen Gesellschaft*

Der liberale Staat hat sich zur Aufgabe gemacht, das individuelle Recht auf Verfolgung des persönlichen Glücks vor äußeren Angriffen zu schützen. Zum Glück der Bevölkerung trägt unter anderem die Religionsfreiheit bei. Darum ist die Religionsfreiheit mit Recht ein Grundelement des liberalen Staates. Doch gewährleistet die Religionsfreiheit noch keine institutionelle Gleichberechtigung der Bürger hinsichtlich der Verfolgung des Glücks, sondern bloß die Toleranz, also eine sichere, aber minimale Freiheit. Ein sicherer Weg zur Religionsfreiheit scheint daher die religiöse Neutralität des Staates zu sein. Nun wird dabei eines oft übersehen: die Religion besteht nicht nur aus einem Glauben, was eine bloße Gewissensfreiheit verlangen würde. So ungenau der Begriff der Religion auch immer sein mag, es gehören meistens zu ihm auch ein Kult, Rituale, Gesetze, Gebote, Verbote und dergleichen, bis hin zur Propagierung einer bestimmten Welt- oder Gesellschaftsordnung. Dementsprechend müßte sich die Religionsfreiheit als Gewissens- bzw. Glaubensfreiheit nicht nur um die Meinungs- und Vereinigungsfreiheit, sondern auch um eine volle Betätigungsfreiheit erweitern. Wer den Geboten und Verboten folgt, der darf hoffen, zum eigenen ewigen Heil, d. h. zur Erreichung eines gegenüber bloßen Wohlfahrt unvergleichbar höheren Wohlergehens beigetragen zu haben. Sekundär führt übrigens die Befolgung der christlichen Pflicht der aktiven Solidarität (d. h. der aktualisierten Fassung der Nächstenliebe), zur Wohlfahrt der Mitmenschen.

Nun regiert bekanntlich nicht die Kirche, sondern der Staat über die irdische Welt. Dennoch erkannte schon das spätrömische Reich das Christentum als Staatsreligion an. Auch die Säkularisierung als Trennung von der Staatsreligion bedeutete nicht eo ipso einen Abschied von der Religion überhaupt: die Zivilreligion übenahm oft die Rolle der früheren Staatsreligion.[1] Ob direkt unter dem Einfluß einer christlichen Kirche oder indirekt infolge einer christlich inspirierten Metaphysik – die klassische Staatslehre war sozialeudämonistisch, und somit perfektionistisch. Christian Wolffs Staatsimperativ etwa lautete: "Thue, was die Wohlfahrt der Gesellschaft befördert; unterlaß, was ihr hinderlich, oder sonst nachtheilig ist",[2] wobei die Wohlfahrt als Fortschritt der menschlichen Gesellschaft zur Vollkommenheit zu verstehen ist.

Da sowohl der Staat als auch die Kirche perfektionistisch waren, war ihre Beziehung zueinander alles andere als indifferent. Entweder gab es eine Allianz zwischen dem Staat

* Für ihre hilfreichen Bemerkungen danke Prof. Otfried Höffe, Steffen Wesche, Dr. Christoph Horn und Dr. Bernard Schumacher.

1 Vgl. Horster 1995, S. 144-147.

2 Wolff 1736 (1975), § 11.

und einer bzw. der vorherrschenden Religion,[3] oder der Staat versuchte, eine eigene Religion zu gründen, wie das revolutionäre Frankreich mit dem Kult des "höchsten Wesens" oder die Freisinnigen des letzten Jahrhunderts mit ihrem "Säkularismus".[4]

Liberalismus bedeutet den grundsätzlichen Abschied von diesem paternalistischen Staatsmuster. Der Staat garantiert nicht mehr das Glück, sondern nur noch die Möglichkeit seiner Verfolgung. In Übereinstimmung damit verabschiedete sich die Religion ebenso vom Perfektionismus. Die katholische Kirche etwa definiert zwar das Gemeinwohl weiterhin perfektionistisch als "die Gesamtheit jener Bedingungen des gesellschaftlichen Lebens, die sowohl den Gruppen als auch deren einzelnen Gliedern ermöglichen, die eigene Vollendung voller und leichter zu erreichen".[5] Das Gemeinwohl bezieht aber jetzt ein anderes Element ein, das von der Kirche nicht neu *erfunden*, wohl aber neu *bewertet* wird: die menschliche Freiheit: "Das Gemeinwohl besteht darin, daß man die natürlichen Freiheiten ausüben kann, die unerläßlich sind, um die Berufung als Mensch zu entfalten, (...) und zwar auch im religiösen Bereich."[6] Dahingestellt sei, welcher Begriff der menschlichen Freiheit hier zugrundeliegt. An dieser Stelle kommt es vielmehr darauf an, daß eine neue, unentbehrliche Dimension der Wohlfahrt anerkannt wird: zum Glück gehört nicht nur ein objektiv gemeintes Glück mit Anspruch auf Allgemeingültigkeit, sondern auch – und vielleicht vor allem – die subjektive, selbstempfundene Wohlfahrt des Betroffenen.

Neben dieser Neubewertung der menschlichen Freiheit wird, so meint H. Lübbe,[7] von den christlichen Kirchen die säkularisierte Welt weder als "Gegenstand zivilisationskritischer Reue und Verdammnis" noch als Produkt der Vorsehung betrachtet. Sie sei vielmehr für die menschliche Freiheit erschaffen worden, so daß der Christ darin die Pflicht der Nächstenliebe erfüllen kann, ohne daß sein Glaube dadurch angetastet oder die Gesellschaft durch die Religion kolonisiert würde. Nach der Katastrophe der Nazi-Zeit, so Lübbe, wollen sich die Kirchen nicht mehr von der Welt fernhalten, sondern ihre Verantwortung, wenn nicht für den Staat, so doch für die Gesellschaft, übernehmen.[8] Zum Heil gehört also nicht nur der Glaube und die Hoffnung, sondern auch das individuelle Engagement in der Gesell-

3 Vgl. Schmidt, 1992.

4 Zum Ausdruck "Säkularismus" im Gegensatz zur "Säkularisierung", vgl. Gogarten 1953, S. 129-143; Lübbe 1965, S. 117-127.

5 Vgl. Gaudium et Spes, 74,1; Katechismus der Katholischen Kirche, 1993, §1906.

6 Katechismus der Katholischen Kirche, §1907.

7 Lübbe 1965, S. 120.

8 Dazu bietet nach Lübbe die säkulare Gesellschaft die "Aussicht, zum ersten Mal in der Geschichte den Menschen bei den materiellen Bedingungen seiner Existenz zu sichern (sic!). Warum sollte" sie dann "nicht in die Ökonomie des Heils integrierbar sein, wenn auch dialektisch stets zugleich gefährdet, von den Mächten des Bösen aufs Unheil hin abgelenkt zu werden?"(Lübbe 1965, S. 118). Daß dies auch für nicht-westliche Länder und nicht-christliche Religionen gilt, zeigt deutlich das Beispiel der türkischen "Wohlfahrtspartei", die unter Wohlfahrt sowohl das religiöse Heil als auch die materielle Wohlfahrt versteht.

schaft samt den materiellen Mitteln des säkularen Glücks, vorausgesetzt, daß das säkulare Glück zu keinem Zweck an sich wird.[9]

Aus der Kombination der beiden Faktoren (Rückzug des Staates aus der Sorge um das Glück und Betonung der individuellen Freiheit inkl. eines verstärkten Engagements in einer nicht grundsätzlich verdorbenen Welt) ergibt sich der folgende Zustand. Im liberalen Staat muß das Individuum selbst für das eigene Glück sorgen, und die Befolgung religiöser Vorschriften und das Bewußtsein der erfüllten Pflicht sind mögliche Komponenten dieses Glücks, somit der Vorstellung des Guten, die das Lebensprojekt des Individuums ausmacht, wie es bei Rawls heißt.[10]

Dem Staat kommt die Aufgabe zu, das private Glück zu schützen. Er darf die Verfolgung der einzelnen Vorstellungen des Guten nicht hindern und soll keine von ihnen präferieren.[11] Jedoch muß nach Lockes *Essay über die Toleranz* bei jeder manifestierten Meinung sowie bei allen daraus entstehenden Handlungen gezeigt werden, daß "sie für die Gemeinschaft nicht mehr Nachteile als Vorteile verursachen"; sonst dürfen sie vom liberalen Staat nicht geduldet werden. Die "Vorteile" bezieht Locke auf das "Wohlbefinden und die Sicherheit des Volkes" (*welfare and safety*).[12] Daraus entsteht eine Klasse von "neutralen" (*indifferent*) Dingen.[13] In diesem Rahmen kann sich die positive Bekenntnisfreiheit entfalten. Wenn die Kirchen nicht für manche der vom Staat erlaubten Handlungen sorgen würden, wäre es ungewiß, ob der Staat sie selber unternehmen würde. Insofern leistet die Religion einen wesentlichen Beitrag zum Glück in der liberalen Gesellschaft. Aber um welches Glück geht es hier?

Mindestens zwei Antworten sind möglich:

1. Die übliche Antwort ist, daß die Religion zum elementarsten Glück in der liberalen Gesellschaft, d. h. zur sichereren Durchsetzung der liberalen Rechtsordnung beiträgt. Im *Geist der Gesetze* hat Montesquieu die Religion nach dem Kriterium der Nützlichkeit für die jeweilige Rechtsordnung bewertet. Der "moderaten Regierung" würden die christlichen Religionen, der republikanischen Regierung die reformierten Kirchen am besten passen, denn sie würden durch deren liberalen Sinn für Freiheit bzw. durch die fehlende oberste kirchliche Autorität den Geist der Freiheit unterstützen. Hingegen sieht Bentham die Rolle der Religion darin, daß sie durch die das Leben nach dem Tod betreffenden Androhungen

9 Vgl. dazu Liensch 1993, S. 173: "Das Christentum läßt sich nicht auf einen in sich selbst abgeschlossenen religiösen Wert. Es durchdringt alle Aspekte des Lebens - einschl. des politischen. Bürgersein bedeutet für die amerikanischen Christen eine Verantwortung."

10 Anders gesagt, läßt sich die Säkularisierung "als die gesellschaftsstrukturelle Relevanz der Privatisierung religiösen Entscheidens" begreifen (Luhmann 1977, S. 232).

11 Wie Larmore betont, "leugnet das Ideal der politischen Neutralität nicht, daß der öffentliche Diskurs nicht nur bestimmen sollte, was die voraussichtlichen Folgen von alternativen Entscheidungen wären und ob sich bestimmte Entscheidungen neutral rechtfertigen ließen. Zusätzlich sollte er die eigenen Vorstellungen des guten Lebens klären und versuchen, die anderen von der Überlegenheit verschiedener Aspekte der eigenen Ansicht menschlichen Gedeihens zu überzeugen".(Larmore, 47)

12 Locke 1667 (1876), S. 178.

13 Ebd.

viele Gläubigen vom Begehen eines Verbrechens abhalten. Ähnlich schreibt Mill der Religion eine wichtige Rollebei der Beachtung der Moral und der Erziehung zu. Allerdings betont Mill, daß die Religion in dieser Aufgabe ersetzt werden kann.

2. Auch wenn Rawls die Religion ebenfalls unter dieser Perspektive, d. h. unter dem Gesichtspunkt der "Stabilität" betrachtet, ist seine Antwort eine andere, die mir zugleich liberaler und unserer Rechtsordnungen treuer zu sein scheint: Einen Vorteil bringt die Religion, wenn sie nicht gegen unverzichtbare Rechte anderer Bürger verstößt, weil dann die den Gläubigen zugestandene Freiheit zumindest diese Gläubigen glücklich macht. Nach Rawls' *Political Liberalism* hat jeder Bürger eine "umfassende Lehre des Guten", die als Weltanschauung den ganzen Bereich des menschlichen Lebens samt einer Konzeption des guten menschlichen Lebens umfaßt. Während sich der Pluralismus der umfassenden Lehren des Guten nach Rawls nicht durch die Vernunft aufheben läßt, sondern aus der Ausübung der Vernunft selber notwendigerweise entsteht, könne ein "überlappender Konsens" über eine "politische Gerechtigkeitskonzeption" unter denjenigen Menschen erzielt werden, die eine "vernünftige umfassende Lehre des Guten" haben. Als vernünftig gelten die Lehren, die von Menschen vertreten werden, die bereit sind, sich über faire Bedingungen der gesellschaftlichen Kooperation zwischen freien und gleichen Bürgern zu verständigen (den Verallgemeinerungstest und die Annahme des Urzustandes unter dem Schleier der Unwissenheit) – und sich an diese Bedingungen zu halten. Sie müssen zudem in der Lage sind, Beweislasten und Argumentationspflichten (*burdens of judgment*) zu erkennen und deren Konsequenzen auf sich zu nehmen. Rawls behauptet, daß diejenigen Menschen, deren umfassende Lehre des Guten vernünftig ist, einen überlappenden Konsens über die politische Konzeption der Gerechtigkeit erreichen können.[14] Diese Konzeption bezeichnet Rawls als den umfassenden Lehren des Guten gegenüber "unabhängig" (*free-standing*). Er will damit sagen, daß jeder vernünftige Bürger die Konzeption der Gerechtigkeit auf seine Weise auf seine umfassende Lehre des Guten bezieht.[15] Jeder Bürger kann nämlich die politische Konzeption der Gerechtigkeit entweder als von seiner umfassenden Lehre ableitbar oder mit ihr kongruent oder auch als ihr zumindest nicht widersprechend ansehen,[16] so daß die Konzeption der Gerechtigkeit ohne Bezug auf diese oder jene Lehre dargestellt werden kann.[17] Damit ist der überlappende Konsens keineswegs ein bloßer *Modus vivendi*, sondern eine ethische, d. h. auf Lehren des Guten begründete, Übereinstimmung über die Bedingungen einer fairen Kooperation. Insoweit kann die Rawlssche Gesellschaft die Frage des Verhältnisses zwischen dem liberalen Staat und den "vernünftigen" Religionen hinsichtlich des Guten auf eine für beide Seiten zufriedenstellende Weise lösen. Einerseits genießt der liberale Staat die volle Unterstützung der "vernünftigen" Gläubigen, die seine Prinzipien aus ihren eigenen Weltauffassung rechtfertigen. Andererseits müssen die Religionsmitglieder nichts von ihren Überzeugungen aufgeben und auch nicht gegen sie handeln.

14 Rawls 1993, S. 15.
15 Rawls 1993, S. 12.
16 Rawls 1993, S. 11.
17 Rawls 1993, S. 12-13.

Im folgenden möchte ich zunächst den Gedanken eines gegenseitigen Vorteils ausführen, der beim Zusammenwirken von Kirchen und liberalem Staat entstehen soll. Sodann möchte ich zeigen, daß, wenn in heutiger Zeit eine (näher zu bestimmende) weitgehende Übereinstimmung zwischen den Religionen und dem liberalen Staat über die Staatsordnung herrscht, diese Übereinstimmung nicht die von Rawls gemeinte ist, was sich als folgenschwer für das Wohlbefinden der Religionsanhänger im liberalen Staat erweisen wird.

In der Tat bringt die Koexistenz der Religionen und des religiös neutralen Staates viele Vorteile für beide mit sich. Im Gegensatz zur Position mancher christlicher Kirchen noch am Anfang dieses Jahrhunderts erkennen sie heutzutage alle die Demokratie und oft auch den Sozialstaat an. Manche Kirchenmitglieder engagieren sich sogar aktiv für die Weiterentwicklung der liberalen Freiheit- und Gleichheitsrechte, wie Jim Wallis in Amerika, der nach dem Vorbild der Abolitionisten in der *civil-rights* Bewegung tätig war. Jetzt kämpft Jim Wallis für mehr soziale und wirtschaftliche Freiheit und beruft sich dabei nicht nur auf die amerikanische Verfassung, sondern vornehmlich auf die Bibel und auf seinen evangelischen Glauben. Die dem liberalen Staat durch die Religion geleistete Stabilität beschränkt sich aber nicht allein darauf. Die Religionen tragen zum Wohlbefinden vieler Rechtsgenossen auf eine Weise bei, wie der liberale Staat dies nicht könnte. Die Religionen leisten etwa im Bereich des Sozialen und der Solidarität das menschliche Mehr. Manche Geistlichen[18] sprechen von einem entsprechenden "Ethos" im Gegensatz zu den bloßen "Strukturen" des liberalen Staats; die Philosophen sprechen von einem "Gemeinsinn"[19] oder von einer "qualitativen Wohlfahrt"[20]. Um nur einige Beispiele zu nennen: Caritas, die christlichen Krankenhäuser, Kindergärten und Lebensberatungsstellen leisten sicherlich mehr als die bloß materielle Versorgung per Sozialhilfe für die Armen bzw. medizinische Pflege für die Kranken.[21]

Seinerseits läßt der liberale Staat tatsächlich im Sinne Lockes alles zu, was von den Religionen kommt und mehr Vorteile als Nachteile für die Gemeinschaft mit sich bringt. Larmore[22] nennt z. B. die Steuerfreiheit, die die Kirchen im Gegensatz zu den privaten Firmen genießen. Als Arbeitgebern wurden zumindest bisher den Kirchen Abweichungen vom allgemeinen Arbeitsrecht erlaubt. Man könnte auch das Glockengeläut und die offiziellen Feiertage nennen. Zwar gibt es ebenso nicht-religiöse, liberale Rechtfertigungen von arbeitsfreien Tagen. Doch findet diese Freizeit nicht irgendwann statt, sondern gerade an den Feiertagen der vorherrschenden Religionen der liberalen Länder. Auf diese Weise werden die Christen mehr begünstigt als die Muslime oder die Juden. Dadurch entsteht den religiösen Minderheiten jedoch kein Nachteil, da sie nicht schlechter gestellt sind, als wenn die

18 Vgl. Ratzinger 1985, S. 45-55.
19 Höffe 1996, S. 15.
20 Vgl. Utz, 1996.
21 Vgl. Hermann 1993.
22 Larmore 1987 (1995), S. 48.

offiziellen Feiertage nicht die christlichen, sondern beliebige Tage wären.[23] Ein anderes Beispiel des Lockeschen Kriteriums: nicht nur in Deutschland und in der Schweiz sorgt das Finanzamt für die Einziehung der Kirchensteuer und die Erziehungsministerien für die Veranstaltung nicht obligatorischen Religionsunterrichts an öffentlichen Schulen. Auch in laizistischen Ländern bestehen verschiedene Begünstigungen wie etwa die Erstattung der Kosten des Gottesdienstes anläßlich der Beerdigung von Krankenversicherten der öffentlichen Krankenkassen. Andere Maßnahmen begünstigen nicht direkt die Kirchen; sie verwirklichen aber dringende Forderungen der Kirchen: Man denke an die Familienpolitik (Mutterschaftsurlaub, Kindergeld), an die Unternehmerfreiheit, an die Sozialpolitik usw. Diese Einrichtungen tragen erheblich zum Wohlbefinden der Christen im liberalen Staat bei. Diese Konvergenz erreicht aber dann ihre Grenze, wenn die Glaubensfreiheit der anderen Bürger verletzt wird. Während das Schulgebet in den deutschen öffentlichen Schulen verfassungsmäßig erlaubt ist, weil die Eltern ihre Kinder auch vom Gebet freistellen lassen können, wurde neuerdings das Aufhängen eines Kruzifixes in den bayerischen Schulen für verfassungswidrig erklärt, weil der Anblick des Kruzifixes während des Pflichtunterrichts unvermeidlich sei.[24] Noch kontroverser zwischen der Religion und dem liberalen Staat ist bekanntlich die Frage der Strafbarkeit der Abtreibung, die ich weiter unten ansprechen werde.

Bei aller weitgehenden Übereinstimmung resultiert die tiefe Uneinigkeit über einige Punkte zwischen dem liberalen Staat und manchen Religionen daraus, daß im Gegensatz zu Rawls' These die Gerechtigkeitskonzeption des liberalen Staates nicht wirklich identisch ist mit der der Religionen. Im Mittelpunkt der Haltung der Glaubensgemeinschaften dem libe-

23 Wie Dworkin (1977 (1984), S. 370) zwischen einem Recht auf gleiche Behandlung, "das heißt dem Recht auf eine gleiche Verteilung einer Chance oder Ressource oder Last" und einem Recht, als ein gleicher behandelt zu werden, d. h. "dem Recht, auf dieselbe Weise mit Achtung und Rücksicht behandelt zu werden wie jeder andere", unterscheidet[23], und nur im letzteren das Prinzip der liberalistischen Neutralität sieht, werden im liberalen Staat die religiösen Minderheiten as equal behandelt. Der Katechismus der Katholischen Kirche (1993, § 2186), akzeptiert, daß in Ländern, in denen die nicht Christen eine Mehrheit sind, Sonntag kein offizieller Feiertag ist; die Christen sollen aber selbstverständlich trotzdem irgendwie an die Bedeutung des Sonntags erinnern. Wie auch die meisten anderen reformierten Kirchen ist für die evangelische Kirche "sowieso gleichgültig, an welchem Wochentag der Ruhetag ist" (Luther 1529 (1995), 3. Gebot, S. 35).

24 S. Urteilsbegründung der BVerG 93, 1 ff. vom 16.5.1995. Die abweichenden Voten behaupten vor allem: 1. die Unzuständigkeit des Bundesverfassungsgerichts in der Sache, 2. daß das Kruzifix kein spezifisches Symbol der christlichen Kirchen, sondern ein allgemein kulturelles Gut des Abendland sei. Der 1. umstrittene Punkt sei hier dahingestellt. Gegen den 2. Punkt weise ich auf die m. E. überzeugende Argumente und Belege der Begründung. Zur Gegenposition vgl. die längere Analyse Höffes (1996a, S. 257-279). Hier nur eine kurze Bemerkung. Wenn es tatsächlich bloß um ein Symbol des Abendland handeln würde, wären andere Symbole wie Athena, Sokrates, Newton oder Kant genauso geeignet. Ich glaube aber nicht, daß die Gegner des Kruzifixurteils das Aufhängen solcher Symbole an der gleiche Stelle wie das Kreuz ohne Empörung sehen würden. Also geht es sich auch für die Gegner des Kruzifixurteils um das spezifisch religiöse Symbol.

ralen Staat gegenüber steht, wie gesagt, die Gewissens- und Handlungsfreiheit, und zwar auch zugunsten der Mitglieder anderer Kirchen bzw. der Konfessionslosen. Grundprinzip des liberalen Staates ist demgegenüber die Autonomie der Rechtsgenossen. Die Gewissens- und Handlungsfreiheit ist ein reines Abwehrprinzip, das eigentlich zum *ius strictum* gehört. Im Mittelpunkt des Liberalismus stehen zusätzlich erstens die Autonomie der Person, mithin auch die der Rechtsgenossen, und zweitens die skeptische Annahme, daß sich kein allgemeingültiger, allgemein akzeptabler Grund finden läßt, der die Annahme einer bestimmten Weltauffassung und einer Konzeption des Guten nötig machen würde.

Autonomie reicht viel weiter als das reine Abwehrprinzip. Die Autonomie der Rechtsgenossen anerkennen und zu fördern impliziert mindestens drei Dinge, die über die bloße Religions- und Handlungsfreiheit hinausgehen: 1. die Anerkennung der Rechtsgenossen als gleich vernünftig; 2. die liberalen Prinzipien, also das Kriterium der Verallgemeinbarkeit, der Urzustand hinter dem Schleier der Unwissenheit, u.a., kurz alles das, was zur Rawlsschen politischen Konzeption der Gerechtigkeit gehört, die sich primär in die Grundstruktur der Gesellschaft umsetzt; 3. die Freiheit und die Fähigkeit, jederzeit seine Konzeption des Guten zu korrigieren. Für eine Religion ist die Existenz anderer umfassender Lehren des Guten hingegen eine Tatsache, die meistens als Übel bedauert wird und früher dementsprechend bekämpft wurde. Dieser Pluralismus stellt nämlich die Unwissenheit der Wahrheit dar. So warnt die Enzyklika *Veritatis Splendor* aus dem Jahr 1993 vor der "Gefahr der Verbindung zwischen Demokratie und ethischem Relativismus"[25] in unseren liberalen Gesellschaften. Die Rechts- und Staatsordnung soll manche Forderungen der religiösen Offenbarung beachten, wenn auch diese keine spezifischen Regelungen determinieren.

Die Grundstruktur der liberalen Gesellschaft erscheint mir, selbst soweit sie der konsensuellen, politischen Konzeption der Gerechtigkeit folgt, auch keineswegs selbstverständlich mit den Kirchenlehren vereinbar, wie sich am Beispiel der Abtreibung zeigt. Thomas Pogge will ein "Zeichen der Hoffnung" auf die allmähliche Verwirklichung des Rawlsschen überlappenden Konsenses in der Haltung des ehemaligen Gouverneurs des Staates New York, Mario Cuomo, sehen: "Als gläubiger Katholik akzeptiert Cuomo die Gründe, die zu einer scharfen moralischen Verurteilung von Abtreibungen führen (...). Trotzdem glaubt er, daß in seinem politischen Verhalten als Gouverneur diese Gründe keinerlei Rolle spielen sollten, weil sie vielen seiner Mitbürger nicht zugänglich sind und von ihnen daher vernünftigerweise abgelehnt werden können".[26] Wenn dies aber so ist, dann ist eine Forderung Rawls' nicht erfüllt. Die Rechtfertigung des überlappenden Konsenses durch die umfassenden Lehren des Guten findet bei Cuomo nicht statt. Bei Cuomo widerspricht der angeblich überlappende Konsens vielmehr völlig seiner umfassenden Lehre des Guten. Die Grundstruktur unterscheidet namentlich zwischen mindestens drei Zuständigkeitsbereichen: 1. dem Privatbereich, in dem das Individuum allein zu entscheiden hat, 2. dem öffentlichen Bereich, in dem die Entscheidungsgewalt rechtsförmigen Verfahren zukommt, und 3. einem Bereich, der den zwei anderen Instanzen nicht zur Disposition steht und in dem wir etwa die Menschen-

25 Veritatis Splendor 1993, S. 97.

26 Pogge 1996, S. 138.

rechte ansiedeln würden. Nun müßte für Cuomo als Katholik die Abtreibung als ein Mord an einem unschuldigen Wesen einzustufen sein.[27] Daß der Mord ein Verbrechen ist, steht nun nicht dem demokratischen Prozeß zur Disposition, sondern gehört der Grundstruktur nach selbstverständlich zur dritte Gruppe. Wie Dworkin mit Recht nahelegt,[28] müßte für den Katholiken Cuomo das Verbot der Abtreibung auch zur dritte Gruppe gehören, was die von Rawls verlangte Suche nach einem Gleichgewicht zwischen konkurrierenden "politischen Werten"[29] grundsätzlich ausschließt, da die Frage der Abtreibung für Rawls klarerweise zur 2. Gruppe gehört. So können Katholiken und viele anderen religiös gesinnten Gegner der Legalisierung der Abtreibung eigentlich nicht dem Rawlsschen überlappenden Konsens zustimmen. Man könnte allerdings einwenden, daß die Katholiken und der Rawlsche liberale Staat zumindest darüber einig sind, daß Mord grundsätzlich verboten werden soll, und daß dieser Verbot nicht zum "politischen Agenda", sondern zu den *basic liberties*, d. h. zur dritten Gruppe[30] gehört. Dieser angeblich überlappende Konsens über das Mordverbot besteht jedoch nur in einer Äquivokation, da unter Mord nicht das gleiche verstanden wird. Ob vom Mord nur bei Geborenen, oder auch bei Föten, oder – wie bei "Tierbefreiern" wie Peter Singer – schon bei Tieren die Rede ist, ist keine Nebenfrage. Freilich sind sich alle über das Mordverbot bei geborenen Menschen einig. Doch zeigt Singers berühmtes Lieblingsbeispiel der geistig behinderten Neugeborenen, daß für den Vegetarier kein Teilkonsens in Frage kommen kann: wenn die Tötung der Tiere nicht verboten wird, dann solle, so Singer, die Tötung der Föten und geistig behinderter Neugeborener auch nicht verboten werden. Die katholische Argumentation fällt ähnlich aus: die Tötung von Föten darf nicht anders als die Tötung der Geborenen behandelt werden. Der Tierbefreier und der Katholik fordern für die Föten bzw. für die Tiere das erste Prinzip der Gerechtigkeit, d. h. "das gleiche Recht auf ein völlig adäquates Schema von gleichen Grundfreiheiten, das mit demselben Schema von Freiheiten für alle vereinbar ist".[31] Nun behauptet aber Rawls ohne weiteres, daß jeder vernünftige Bürger einsehen müsse, daß "die Gleichberech-

27 Vgl. Katechismus der Katholischen Kirche 1993, § 2270.

28 Vgl. Dworkin 1994, S. 48 f.: "Einige Konservative, die diesen Standpunkt vertreten, begründen ihn wie Cuomo mit dem Prinzip, daß Kirche und Staat getrennt sein sollten: Sie sind der Ansicht, Entscheidungsfreiheit, auch im Hinblick auf eine Abtreibung, sei Teil der Freiheit, mit der Menschen ihre persönlichen religiösen Entscheidungen treffen. Andere begründen ihre Toleranz mit einer allgemeineren Vorstellung von Imtimsphäre und Freiheit: Sie finden, ein Staat dürfe dem einzelnen in Dingen persönlicher Moral keinerlei Vorschriften machen. Doch wer einen Fötus wirklich als Person mit einem Recht auf Leben betrachtet, kann keine dieser Versionen unterstützen. Menschen vor Mordanschlägen zu schützen – besonders solche, die zu schwach sind, sich selbst zu schützen – ist dann eine der vornehmsten und bindenden Pflichten eines Staates."

29 In diesem Fall sind die politischen Werte: das Recht der Mutter, das Recht auf Leben, das Recht der Gesellschaft auf die Fortpflanzung seiner Bürger.

30 Obwohl das Recht auf das Leben merkwürdigerweise nicht ausdrücklich in der Liste der fünf Grundgüter (primary goods) (Rawls 1993, 308) steht, wird es doch offensichtlich durch alle fünf vorausgesetzt.

31 Rawls 1993, S. 291.

tigung der Frauen als gleichberechtigter Bürger" Vorrang vor dem "gebührenden Respekt vor dem menschlichen Leben"[32] habe. In einem "frühen Stadium der Schwangerschaft sei der politische Wert der Gleichberechtigung der Frauen vorrangig".[33] Jede umfassende Doktrin (*comprehensive doctrine*), die diesen Vorrang leugnet, sei "insoweit unvernünftig (unreasonable)",[34] "wir würden dem Ideal der öffentlichen Vernunft widersprechen, wenn wir für eine umfassende Doktrin stimmen würden, die das Recht auf Abtreibung leugnen würde".[35] Somit kommt aber kein überlappender Konsens mehr mit den Vertretern einer solchen umfassenden Doktrin zustande. Jedoch behauptet Rawls, daß "eine umfassende Doktrin als solche nicht unvernünftig (unreasonable) ist, wenn sie in einem oder mehreren Fällen zu einem unvernünftigen Schluß führt".[36] Da der unvernünftige Schluß im genannten Fall das erste Prinzip der Gerechtigkeit betrifft, kann man sich zu Recht fragen, was vom überlappenden Konsens noch besteht. Man kann m. E. der Folgerung nicht entgehen, daß der genannte Konsens leer ist.

Daß nur eine Minderheit der Katholiken oder der reformierten Fundamentalisten zur Gewalt gegenüber dem Personal der Kliniken greift, die Mehrheit statt dessen ein gesetzliches Verbot der Abtreibung anstrebt und sich in den Einzelfällen bemüht, die Abtreibungskandidatinnen zur Fortsetzung der Schwangerschaft zu bewegen, heißt keineswegs, daß sich die Mehrheit der Katholiken mit dem liberalen Gesetz zufrieden gibt, sondern nur, daß übergeordnete christliche Gebote die Anwendung von Gewalt verbieten. Wie Pogge berichtet, ordnet Cuomo die Frage der Abtreibung dem öffentlichen Diskurs zu. Insoweit findet sich bei Cuomo eine Inkonsequenz, ein Widerspruch zwischen seinem Katholizismus und seiner Position zur Abtreibung.

Dagegen sind auch Übereinstimmungen zwischen dem liberalen Staat und den Religionen vollkommen denkbar und tatsächlich festzustellen, etwa über die Gewissensfreiheit. Wie Leif Wenar schreibt: "Es gibt nichts Inkohärentes in einer Kirche, die verlangt, daß die Gewissensfreiheit auch für die Ungläubigen geschützt wird, die vom Bösen irregeführt oder vom schnöden Mammon abgelenkt werden. (...) Eine Kirche mag behaupten, daß den Menschen eine Würde innewohnt, die aus ihrem Rang als Gottes besondere Schöpfung herrührt."[37] Der Liberalismus argumentiert dagegen mit der Autonomie und dem vernünftigen Pluralismus, d. h. mit Gründen, die beispielsweise mit dem Katholizismus nicht zu vereinbaren sind.

Daß nur ein *Modus vivendi* und nicht die von Rawls gewünschte Versöhnung zwischen den beiden stattfindet, führt sicherlich zu einen Verlust an Wohlbefinden. Es scheint mir aber, daß der Verlust noch größer für diejenigen Religionen ausfällt, bei denen wesentliche Änderungen in den Denk- und Verhaltensweisen *innerhalb* der Kirchen verursacht werden,

32 Rawls 1993, S. 32, Anm.
33 Ebd.
34 Ebd.
35 Rawls 1993, S. 244, Anm.
36 Ebd.
37 Wenar 1995, S. 46.

zwar nicht durch den liberalen Staat selber, wohl aber durch die gesellschaftliche Entwicklung, Veränderungen, die erst im seinem Rahmen stattfinden können.[38] Die Religionen nehmen für sich eine umfassende Wahrheit in Anspruch. Diese ist zwar seit eh und je dem Konflikt zwischen den Exegesen bzw. Interpretationen ausgesetzt. Solche Konflikte bleiben aber meistens religionsintern. Häresien, Schismen und Apostasien blieben Ausnahmen. Daß manche Gläubige aus der Kirche austreten, ist nämlich schon immer von den Kirchen für gravierender – weil unverständlicher – gehalten worden, als einfach in die Kirche noch nicht eingetreten zu sein. Wer einmal die Wahrheit gefunden hat, den sollte sie nie verlassen.

Im Gegenteil wird im liberalen Staat eine Religion, sprich eine Kirche, wie eine Vereinigung betrachtet, von der jedes Mitglied als freier, autonomer Bürger zu jeder Zeit austreten kann.[39] Manche fordern innerhalb der Kirchen die Anwendung des liberalen Demokratieprinzips – auch über dogmatische Fragen –, was in vielen Kirchen bisher nie hätte in Frage kommen können.

Heutzutage zeichnen sich seitens der Religionen drei verschiedene Reaktionen auf diese Herausforderung ab, die sehr von der Rolle abhängen, die dem Wohlbefinden jeweils zugeschrieben wird:

1. Die erste Reaktion ist sicherlich die eindrucksvollste. Sie besteht darin, sich von der liberalen Gesellschaft zu isolieren und ihr zu widerstehen, indem man sich auf die klassische Lehre des Widerstandsrechts beruft. Die Amish und die sogenannten Fundamentalisten und Traditionalisten der verschiedenen Kirchen suchen die Glückseligkeit in einer geschlossenen Gemeinschaft, die sie vor dem Einfluß unserer liberalen Gesellschaft schützen soll. Ein klassisches Beispiel davon ist der Widerstand der Amish gegen die Schulpflicht, vor allem nach der 8. Stufe bis zum 16. Geburtstag: Die Amish verwalten eigene Schulen und wollen eigene, gleichgesinnte Lehrer einstellen, die nicht unbedingt staatlich geprüft sind, noch selber über die 8. Schulstufe hinaus studiert haben.[40] Ihr Ziel ist, daß ihre Kinder möglichst wenig über die äußere, unreine Welt lernen. Michael Sandel[41] befürwortet ihre Reaktion, indem er behauptet, daß die Gewissensfreiheit als eine Freiheit zu verstehen ist, die die Verfolgung konstitutiver religiöser Ziele, aber nicht die freie Wahl der eigenen Religion betrifft. Hiergegen hat Rawls[42] nichts einzuwenden, solange die jungen Leute im Schulunterricht über die Verfassung informiert werden, damit sie wissen, daß die liberale Gesellschaft die Gewissensfreiheit anerkennt und daß der Austritt aus einer Kirche kein

38 Dies widerspricht keineswegs das Prinzip der Neutralität. Denn "keine liberale Theorie vertritt die These einer "Netutralität der Auswirkung" oder "von Konsequenzen" in dem Sinne, daß die Verwirklichung und institutionelle Umsetzung von Normen innerhalb eines Rechtssystems auf Dauer gleiche Auswirkungen auf alle innerhalb der Rechtsgemeinschaft existierenden Lebensweisen und Auffassungen des Guten hat". (Forst 1994, S. 82).

39 GG, § 140 übernimmt das § 136 der Weimarer Verfassung.

40 Vgl. dazu und zum exemplarischen Fall Wisconsin vs Yolder: Kraybill 1993, Kap. 5, 6 u. 13.

41 Sandel 1990.

42 Rawls 1993, S. 199.

bürgerliches Verbrechen bedeutet. Wenn sie dann als Erwachsene in ihrer religiösen Gemeinschaft bleiben, dann werden sie es weder aus Unwissenheit ihrer Rechte, noch aus Angst vor dem Begehen eines Verbrechens tun. Kymlicka erwidert zu Recht, daß "das Akzeptieren des Wertes der Autonomie für politische Zwecke die Ausübung der gleichen Autonomie im privaten Leben ermöglicht. Diese Folge wird nur von solchen favorisiert werden, die die Autonomie als einen allgemeinen Wert auffassen."[43] Die Rawlssche Berufung auf die Unterscheidung zwischen dem politischen und dem umfassenden Liberalismus wird u.a. von den Amish nicht akzeptiert. Zwischen diesen insoweit unvernünftigen religiösen Gemeinschaften und dem liberalen Staat kann die Beziehung nur von regelmäßigen Spannungen geprägt sein, die das Wohlbefinden beider Seiten ggf. erheblich vermindern können.

2. Eine zweite mögliche Reaktion besteht in einem rein pragmatischen Modus vivendi mit dem liberalen Staat.[44] Dabei lassen sich zwei mögliche Varianten unterscheiden. Die erste ist eine unreflektierte. Man verurteilt zwar den Liberalismus, beklagt den Verlust an Gemeinsinn, kommunitären Werten, Moralsinn, etc., erkennt aber die Stärke des Liberalismus an und übt darum keinen aktiven Widerstand. So widmet man sich resigniert dem eigenen ewigen Heil durch eine entsprechend rigorosere Lebensführung. Ein neues Wohlbefinden kann allerdings dadurch gewonnen werden, daß man sich wegen dieser Strenge selbst höher bewertet als der liberale Durchschnittsbürger. Doch besteht die Unzufriedenheit mit der liberalen Gesellschaft fort und verursacht dadurch einen Verlust an Wohlbefinden für die jene insgesamt, da sie an Stabilität verliert. Die andere, reflektierte Variante versucht, die Entscheidung dieses Modus Vivendi zu begründen. Dies erfolgt unter anderem durch eine Aufwertung der Willensfreiheit des Menschen als eines Ebenbildes Gottes sowie durch eine grundsätzliche Ablehnung des Kriegs, oder allgemeiner jeder Gewalt als Lösung der Konflikte. Diese anfänglich liberal-protestantische Haltung – daran denke man an den Kalvinismus oder auch an kleinere Kirchen wie die Quakers – hat sich inzwischen auch auf einen Teil der Katholiken sowie auf andere Religionen verbreitet. Hier zeigt sich aber kein überlappender Konsens mit dem liberalen Staat. Diese Haltung verdankt sich vielmehr einem bloß negativen Argument zugunsten liberaler Staaten gegen jede Staatsform, die eine umfassende Lehre des Guten durch Gewalt und gegen die Willensfreiheit durchzusetzen versuchte, auch wenn diese Lehre die eigene religiöse Doktrin ist. Jede Alternative zum liberalistischen Staat wäre nämlich schlechter. So wird ein liberalistischer Staat bevorzugt, über den man doch unglücklich bleibt. Mehr als gegenseitige Toleranz kann es dann zwischen dem liberalen Staat und der Religion nicht geben.[45]

3. Eine dritte Reaktion ergibt sich aus der Konvergenz der Religion und dem Liberalismus bei der zunehmenen Anzahl von Menschen, die infolge des Verschwindens sowohl der traditionellen, "intakten" religiösen Gemeinschaften als auch der radikal religionsfeindli-

43 Kymlicka 1995, S. 162.

44 Vgl. Marsden 1984.

45 Vgl. Dumouchel 1994, S. 21-22. Dumouchel unterscheidet die Toleranz, als Verzicht auf bestimmte, gewaltätige Formen der Konfliktlösung unter Vorstellungen des Guten, von dem Pluralismus, der die Vielfalt der Auffassungen des Guten als solche für eine Bereicherung, also für einen Wohlfahrtsfaktor hält.

chen Atheisten beiden Einflüssen ausgesetzt sind. Ich nenne diese Reaktion eine undogmatische Religiosität.[46]

Der Liberalismus ist heutzutage keine umfassende Lehre des Guten oder vom Sinn des Lebens. Der Erfahrung der Transzendenz, die übrigens viele seiner Anhänger suchen, weist er einen Platz außerhalb seiner Grenzen zu. Wie schon in Humes *Naturgeschichte der Religion*, verspüren auch diejenigen, die keiner Religion angehören, immer mehr das Bedürfnis nach einer Sinngebung angesichts der Ängste, Gefühle und Unsicherheiten bezüglich des eigenen Schicksals.[47] Wie Hume nahelegt, erfüllt die Religion dieses Grundbedürfnis des Menschen.

Das moderne Bewußtsein dieses Grundbedürfnisses beeinflußt wiederum die Entwicklung der Religionen, insoweit sie dieses Bedürfnis in der Gesellschaft wahrnehmen und befriedigen wollen. So kann Paul Edwards feststellen: "Es gibt kaum einen Begriff, der im gegenwärtigen Denken und Reden von Theologen, Predigern und Laien, wenn es um die religiösen Grundfragen geht, eine solche Rolle spielt wie der Begriff vom "Sinn des Lebens". Es muß doch einen Gott geben, so lautet der heutzutage vielleicht populärste "Gottesbeweis". (...) Er beruht, um schlüssig zu sein, auf zwei Prämissen; und beide sind äußerst fragwürdig. Die Prämissen lauten: 1. Wenn es keinen Gott gibt, hat das menschliche Leben keinen Sinn (...); und 2. Das menschliche Leben hat einen Sinn."[48] Die Festellung trifft den Punkt: Bei vielen Kirchenmitgliedern hat eine kopernikanische Wende stattgefunden. Ausgangspunkt des Glaubens ist nicht mehr die Offenbarung oder allgemeiner die Wahrheit von grundlegenden Dogmen, Geboten, Verboten, und der gleichen. Kurz: weder Gott noch irgendwelche Transzendenz steht am Anfang. Wie im Humanismus steht ein menschliches Bedürfnis im Mittelpunkt.[49] Die Glückseligkeit durch das ewige Heil wird nicht mehr durch frommen Glauben und Handlungen definiert, sondern der Inhalt des Glaubens und der Gebote wird am Maßstab des menschlichen Wohlbefindens geprüft. Für wahr wird befunden, was dem Menschen zumutbar ist oder ihn sogar zufriedenstellt. Dieser Prozeß bedeutet daher keine nochmalige Reformation, sondern eine Revolution. Von dieser Entwicklung gibt es viele Varianten, die alle den Glauben selbst – also nicht nur die Religion im Sinne Gogartens – säkularisieren: Mitleidsethik, Ethik der Echtheit, Weltethos,[50] etc. Bis vor kurzem in den Religionen unumstrittene Tehmen der Ethik werden nun als kontrovers wahrgenommen, wie etwa Sterbehilfe, Sucht und Selbstentwicklung. Ein anderes Bei-

46 Vgl. Fritsche 1992.

47 Vgl. Gauchet 1985, 299 f.: Gauchet spricht von einer "dritten und letzten Erfahrung, durch welche eine Kontinuität zwischen uns [modernen Menschen] und den religiösen Menschen besteht: die Erfahrung des Problems, das wir für uns selbst sind". "Troisième et dernière forme d'expérience par laquelle nous nous inscrivons en irréductible continuité avec l'homme de la religion: l'expérience du problème que nous sommes pour nous-mêmes."

48 Hoerster 1979, S. 275.

49 Vgl. Drewermann, 1982 u. 1984/85.

50 Vgl. Spaemann 1996.

spiel ist Mario Cuomos Anerkennung der Vernünftigkeit der anderen Meinungen, also die Schwächung des Wahrheitsanspruches der eigenen Religion.

Es sei dahingestellt, welche Richtung die Religionen in der Zukunft mehrheitlich gehen werden.[51] Abschließend nur noch eine Bemerkung: So oder so wird sich die Entwicklung der Religionen in der Zukunft an ihrem Verhältnis zur Frage des Wohlbefindens entscheiden. Von dieser Entscheidung wird die künftige Beziehung der Religionen zum liberalen Staat im wesentlichen Maße mitabhängen.

Literaturverzeichnis

Barry, B.: *John Rawls and the Search for Stability*, in: Ethics 105 (Juli 1995), S. 874-915.
Drewermann, E.: *Psychoanalyse und Moraltheologie*, Mainz 1982.
Ders.: *Tiefenpsychologie und Exegese*, Freiburg i.Br. 1984/85.
Dumouchel, P.: *De la Tolérance*, in: Cahiers d'épistémologie, Montreal 203 (1994).
Dworkin, R.: *Bürgerrechte ernstgenommen* (1977), übers. v. Wolf, U., Frankfurt/M 1984.
Dworkin, R.: *Die Grenzen des Lebens. Abtreibung, Euthanasie und persönliche Freiheit* (1993), übers. v. S. Höbel, C. Holfelder von der Tann, W. Schmaltz u. M. Ueberle-Pfaff, Hamburg 1994.
Forst, R.: *Kontexte der Gerechtigkeit. Politische Philosophie jenseits von Liberalismus und Kommunitarismus*, Franfurt/Main 1994.
Fritsche, J.: *Religiosität*, in: Ritter, J. u. Gründer K. (Hg.), Historisches Wörterbuch der Philosophie, Bd. 8, Darmstadt 1992, S. 774-780.
Gauchet, M.: *Le Désenchantement du Monde. Une Histoire politique de la Religion*, Paris 1985.
Gaudium et Spes, Pastorale Konstitution, 7.12.1965.
Gogarten, F.: *Verhängnis und Hoffnung der Neuzeit*, Stuttgart 1953.
Hermann, H.: *Die Caritas Legende. Wie die Kirchen die Nächstenliebe vermarkten*, Hamburg 1993.
Höffe, O.: *Individuum und Gemeinsinn. Thesen zu einer Sozialethik des 21. Jahrhunderts*, in: Teufel, E. (Hg.), Was hält die moderne Gesellschaft zusammen?, Frankfurt/M 1996, S. 15-37.
Ders.: *Vernunft im Recht*, Frankfurt/M. 1996a.
Hoerster, N.: *Einleitung zu: P. Edwards, "Unglaube, Pessimismus und Sinn des Lebens"*, in: Hoerster, N. (Hg.), Glaube und Vernunft, Frankfurt/M. 1979.
Horster, D.: *"Der Apfel fällt nicht weit vom Stamm". Moral und Recht in der postchristlichen Moderne*, Frankfurt/M 1995.
Katechismus der Katholischen Kirche, München/Wien/Leipzig/Freiburg i.Ü./Linz, 1993.
Kraybill, D. B.: *The Amish and the State*, Baltimore/London, 1993.
Kymlicka, W.: *Multicultural Citizenship. A liberal Theory of Minority Rights*, Oxford 1995.

51 Dahingestellt sei auch, inwieweit diese Kirchenmitglieder ihrer Religion untreu sind oder im Gegenteil dem wahren Sinn ihrer Religion näherstehen als die zwei erstgennanten Gruppen. Denn Religion kann – nicht nur im Grundgesetz – ein weiter Begriff sein (das § 4, Abs. 1 GG – Grundgesetz der BRD – spricht vom "religiösen und weltanschaulichen Bekenntnis", wobei man unter Glauben "die innere Überzeugung des Menschen vor Gott und dem Jenseits; sie kann positiver oder negativer Natur sein, also auch Glaubensfeindlicher Art" (BVerfGE 35, 376).

Larmore, Ch.: *Strukuren moralischer Komplexität* (1987), übers. v. Laermann, K., Stuttgart/Weimar 1995.
Liensch, M.: *Redeeming America. Piety and Politics in the New Christian Right*, Notrh Carolina University Press 1993.
Locke, J.: *An Essay concerning Toleration* (1667), in: Fox Bourne, H. R., *The Life of John Locke*, Bd. I, London 1876, S. 174-194.
Ders.: *Ein Brief über Toleranz* (1689), übers. Ebbinghaus, J., Nachdr. Hamburg 1975.
Lübbe, H.: *Säkularisierung. Geschichte eines ideenpolitischen Begriffs*, Freiburg i. Br./München 1965.
Luhmann, N.: *Funktion der Religion*, Frankfurt/M. 1977.
Luther, M.: *Der Große Katechismus* (1529), Nachdr. Gütersloh 1995.
Marsden, G. (Hg.): *Evangelism and modern America*, Grand Rapids Michigan 1984.
Pogge, Th.: *John Rawls*, München 1996.
Ratzinger, J.: *Zur Lage des Glaubens*, München 1985.
Rawls, J.: *Political Liberalism*, Columbia University Press, New York 1993.
Sandel, M.: *Freedom of Conscience or Freedom of Choice*, in: Hunter, J. und Guinness (Hg.), *Articles of Faith, Articles of Peace*, Washington DC, S. 74-92.
Schmidt, H. R.: *Konfessionalisierung im 16. Jahrhundert*, München 1992.
Spaemann, R.: *Weltethos als "Projekt"*, in: Merkur, 50/9/10 (1996), S. 893-904.
Utz, A. F.: *Marktwirtschaft und qualitative Wohlfahrt*, in: Die Neue Ordnung, 1996/3.
Veritatis Splendor: *Enzyklika Veritatis Splendor von Papst Johannes Paul II. an alle Bischöfe der katholischen Kirche über einige grundlegende Fragen der kirchlichen Morallehre*, 6. August 1993, Bonn 1993.
Wenar, L.: *"Political Liberalism". An internal Critique*, in: Ethics 106 (1995), S. 32-62.
Wolff, Chr.: *Vernünfftige Gedancken von dem gesellschafftlichen Leben der Menschen und insonderheit dem gemeinen Wesen* [Deutsche Politik] (1736), Nachdr. hg. v. H. W. Arndt, Hildesheim 1975.

Kolloquium IV
Dynamik der Legitimität

FRIEDRICH KAMBARTEL
Wahrheit und Vernunft
Zur Entwicklung ihrer praktischen Grundlagen*

> "Richtig und falsch ist, was Menschen sagen; und in der Sprache stimmen die Menschen überein. Dies ist keine Übereinstimmung der Meinungen, sondern der Lebensform."
> (L. Wittgenstein: Philosophische Untersuchungen, I 241)

I.

Die Überlegungen, welche ich Ihnen hier vortragen möchte, könnten Sie eine Begründung für die Einrichtung einer vernünftigen, universalistisch gefaßten und institutionell geformten Weltgesellschaft nennen. Diese Begründung ist merkwürdigerweise ein *begriffliches* oder, wie Wittgenstein sich ausdrücken würde, ein *grammatisches,* kein im engeren Sinne *empirisches* Argument. Als ich seine Konturen zum ersten Male vor Augen hatte, erschienen sie mir ebenso einfach wie unwahrscheinlich. Je länger ich mich allerdings damit befaßt habe, umso zwingender stellten sich mir die Schlußfolgerungen dar.

Den Kern der Behauptung, um die es mir geht, möchte ich Ihnen vorab in den Titelbegriffen dieses Kolloquiums kurz erläutern. Der philosophische, politisch-rechtliche und

* Einige Teile dieses Vortrages sind eingegangen in F. Kambartel: Wahrheit und Begründung (Erlangen, Jena 1997). Dort sind insbesondere die rein wahrheitstheoretischen Überlegungen ausführlicher behandelt.

alltägliche Gebrauch des Wortes "Legitimation" hat zwei Seiten: Zum einen beziehen wir uns damit auf die *Rechtfertigung*, eben die "Legitimation", *praktischer Urteile überhaupt*; zum anderen auf die Vernünftigkeit, und in diesem Sinne die praktische Begründung, von praktischen Formen des Lebens, insbesondere von *politisch-rechtlichen Institutionen*.

Normalerweise gehen wir davon aus, daß uns substantielle, etwa praktische Wahrheit unabhängig von legitimen Lebensverhältnissen und daher auch vorab zur Verfügung steht, daß also die *Begründungs*legitimität praktischer Urteile die *politisch-rechtliche* Legitimität theoretisch tragen kann. Begründete Theorien des Vernünftigen, insbesondere des praktisch Vernünftigen können dann den Verhältnissen, von welchen sie handeln, vorauseilen, um gewissermaßen anschließend, wenn überhaupt, ins Werk gesetzt zu werden. – Diese Sicht der Dinge erscheint mir falsch. Es gibt, denke ich, zwingende Argumente dafür, daß wir wesentliche Formen der Wahrheit nicht ohne eine Einbettung in die politisch-praktische Legitimität bestimmter Lebensverhältnisse gewinnen können. Damit erhält diese Wahrheit zugleich eine historische Dynamik, die vom Fortschritt in der Einrichtung vernünftiger Praxis auf dieser Erde abhängt. – Nun zur Enfaltung und Begründung dieser Thesen:

Wir trachten unser Reden und Handeln an *wahren* Verständnissen unserer Welt auszurichten. Und ein Teil unseres Tuns dient wiederum dazu, solche Orientierungen zu erforschen, zu entdecken und zu erzeugen. Dabei machen wir uns ein bestimmtes Bild von den begrifflichen Verhältnissen, in denen wir uns gegenüber der Wahrheit von Sätzen und Behauptungen befinden.

Ich möchte mich zunächst kurz mit diesem Bilde, das insbesondere in den Wissenschaften und der Philosophie vorherrscht, beschäftigen. Was ich Ihnen in der Hauptsache vortrage, soll dann dazu dienen, das Bild durch eine angemessenere Beschreibung der Situation zu ersetzen, in der wir uns (in wesentlichen Fällen) mit unserem Streben nach Wahrheit befinden.

Im allgemeinen unterscheiden wir zwischen *theoretischen* und *praktischen* Urteilen und den entsprechenden Wahrheits- und Geltungsansprüchen – und messen dann allerdings häufig die so genannten praktischen Urteile und ihre mögliche Begründung oder Wahrheit am theoretischen Fall.

Insbesondere im theoretischen Fall gehen wir davon aus, daß die Wahrheit von Sätzen mit der *Intersubjektivität* ihrer Geltungsansprüche eng verbunden ist: Ein Satz, der wahr ist, heißt das, ist in seiner Wahrheit für alle zugänglich, alle, ist hier selbstverständlich einzuschränken, welche sich die notwendige Mühe der zugehörigen Nachforschung machen oder machen können. Die Verfahren und Begründungen, mit denen wir die Wahrheit eines Satzes sichern, müssen in diesem Sinne eine allgemeine Kontrolle zulassen und im Falle der Wahrheit ein *allgemein zustimmungsfähiges* Ergebnis haben.

Dies hat, so scheint es, die selbstverständliche Folge, daß ein Satz, der wahr ist, dies ist unabhängig von unserer jeweiligen praktischen Lebenssituation und ihrer institutionellen Form. Ich will dies die *praktische Unabhängigkeit* des wahren Satzes nennen.

In der Hauptsache kommt es mir auf ein Argument an, das die praktische Unabhängigkeit von Wahrheitsansprüchen partiell in Frage stellt. Dieses Argument betrifft zwar insbesondere die Wahrheit oder (allgemeine) Geltung *praktischer* Urteile, gilt aber auch für einen wichtigen Teil der so genannten *theoretischen* Aussagen. – Das Argument , um das es mir geht, hat eine Reihe von Voraussetzungen, die ich hier nur sehr kurz erörtern kann. Sie erscheinen mir aber kaum bestreitbar.

II.

Da ist zunächst die bereits erwähnte begriffliche Verbindung zwischen Wahrheit und *Intersubjektivität*: Der *Wahrheitsanspruch*, der mit der *Behauptung* einer Aussage verbunden ist, schlichtweg oder durch die gegebene Begründung, kann nicht partikular eingeschränkt werden, schließt vielmehr jederzeit die *allgemeine* Überzeugungskraft, die *Einsichtigkeit* des Behaupteten ein. Wir haben es bei dem Wort "wahr" und seinen begrifflichen Entsprechungen in anderen Sprachen schließlich mit einer Institution unserer Weltorientierung zu tun, die sich gerade von der bloßen Vermutung, der subjektiven Meinung, Dezision oder der lokalen Gewohnheit unterscheidet.

Wahrheitsansprüche und ihre Begründungen greifen auf eine allgemeine Übereinstimmung in unserem Urteil vor oder darauf zurück. Sie sollen also z. B. nicht nur auf die "günstigen" Vorurteile bestimmter Adressaten abstellen. Hier besteht ein enger Zusammenhang zwischen Aussagen und Begründungen und dem, was eine "Zustimmung" im kognitiven Sinne heißen kann:

Übereinstimmung im Handeln und Urteilen geben wir mit Gesten und Handlungen der *Zustimmung* zu verstehen. Das *eine* Wort "Zustimmung" (und entsprechend die Rede von "Konsens") verdeckt allerdings, daß wir es hier häufig mit zwei ganz verschiedenen Fällen zu tun haben. Im ersten Falle geht es um die Bildung eines gemeinsamen Willens, im zweiten Falle um das Teilen einer *Einsicht*.

Geben wir im Rahmen der Bildung eines gemeinsamen Willens unsere *Zustimmung*, so handelt es sich dabei um den klassischen Fall einer *performativen* sprachlichen Handlung. Im Falle einer Vereinbarung (Einigung) geschieht meine Zustimmung *durch* meine Äußerung, die wir Zustimmung nennen. Unsere Zustimmung und die damit verbundenen Verpflichtungen werden hier durch die sprachlich geregelten Gesten oder Äußerungen der Zustimmung *konstituiert*, in Kraft gesetzt. – Wir können in diesem Fall von *konsensueller* Zustimmung oder *Einigung* sprechen.

Anders zu verstehen ist dagegen eine geäußerte Zustimmung, wenn wir damit eine *Einsicht* zum Ausdruck bringen. Hier *drückt* unsere Äußerung einen *Zustand* oder ein *Ereignis* aus, über den (das) wir am Ende nicht handelnd verfügen; auch wenn wir sein Eintreten geeignet (z. B. durch Begründungen) vorbereitet haben. Daß wir *es* nunmehr *einsehen*, stößt uns am Ende *zu*; und zwar, ohne daß es für dieses Ereignis eine Ursache im engeren Sinne geben könnte. Die technische Hervorbringung einer Einsicht müßten wir nämlich als *Manipulation* (deren Ergebnis uns als Einsicht lediglich *erscheint*) beschreiben.

Von einer *Einsicht* können wir zwar nicht erwarten, daß sie *faktisch* von allen geteilt wird. Es gehört jedoch zur Grammatik des Einsichtigen, daß es zu jedermanns Einsicht *werden kann*, d. h. nach unserem Urteil die Zustimmung derjenigen finden muß, welche sich im jeweiligen Fall auf ein wahrheitsorientiertes Überlegungshandeln einlassen. Und dies ist keine *Prognose* im Sinne einer begründeten Erwartung.

Zu sagen, *a* sei für eine Person *P* einsichtig, ohne zu unterstellen, daß *a* bei gegebener hinreichender Sachkunde und gutem Willen zu *jedermanns* Einsicht werden kann, ist *begrifflich* falsch. Einsichten sind also eo ipso nicht *privat* oder *partikular* zu begreifen. – Kann sich eine Person *P* einer Orientierung sicher sein, ohne ihre Einsichtigkeit "für alle" zu unterstellen? Wir sind gewohnt, in solchen Fällen von einer subjektiven *Überzeugung der Person P* zu sprechen. – Es ist allerdings schwer, sich Überzeugungen in diesem Sinne aus der Perspektive "der ersten Person" vorzustellen. Wenn es *für mich* kein bloß subjektives Überzeugtsein geben kann, dann dient die Unterscheidung zwischen Einsicht und "bloßer" Überzeugung dem kritischen Urteil anderer über meine Orientierungen. – Ich möchte das noch ein wenig genauer ausführen.

Es gibt bereits in der Umgangssprache zwei Bedeutungen des Wortes "Überzeugung": Zum *einen* kann uns eine Begründung, wie wir sagen, "völlig überzeugen", das heißt: die zugehörige Handlungsorientierung für uns *einsichtig* werden lassen. Wir sind dann durch die gegebene Begründung der Sache sicher geworden. – Oder aber (zum *anderen*) wir sprechen von einer "bloßen Überzeugung", betrachten unsere Überzeugung von vornherein als "subjektiv" und ungesichert, d. h. erheben für sie gar nicht den Anspruch *allgemeiner* Einsichtigkeit.

Ein Problem ergibt sich hier nun dann, wenn jemand die eigene "bloß subjektive" Überzeugung zugleich als *praktisch sicher* verstehen will. Eine Überzeugung weder als einsichtig begründbar noch als von allen selbstverständlich geteilt zu betrachten, heißt schließlich, der praktischen Sicherheit den Boden zu entziehen, auf dem sie nicht-illusionär aufruhen kann.

Auch das Selbstverständliche muß (dem Anspruche nach) *allgemein* selbstverständlich sein. Auch die irrtümlich selbstverständliche praktische Sicherheit ist eine praktische *Sicherheit* (für diejenigen, welche aus dieser Sicherheit, sie grammatisch richtig, als *allgemein* verfügbar *unterstellend*, leben).

Aus diesen Gründen ist ein Kulturrelativismus, der sich auf *ernstgemeinte* Lebens- und Weltorientierungen erstreckt (nicht lediglich kulturvariante "Ausführungsbestimmungen" des universal Einsichtigen oder die "Folklore" betrifft) grammatisch unmöglich. Ihre Überzeugung können die Überzeugten nicht *kognitiv* liberal vertreten; wenn sie begrifflich konsistent bleiben wollen. Man kann nicht überzeugt sein und ernsthaft gegenteiligen Überzeugungen gleiche ("relative") Gültigkeit zusprechen. Gerade weil dies so ist, sind übrigens Toleranzprinzipien so wichtig.

Insbesondere muß daher auch ein religiöser Glaube für die Gläubigen im Kern immer der *einzig wahre* Glauben sein. *Kognitive* Toleranz zwischen den Religionen ist ein hölzernes Eisen; obwohl *politische* Toleranz zwischen ihnen ein Gebot der Vernunft darstellt. – Das Fremde, die fremde Lebensorientierung, ernstzunehmen, heißt daher gerade: ihren Anspruch auf *Einsichtigkeit* ernstzunehmen, ihre Gründe oder ihren Anspruch auf allgemein zugängliche Evidenz. Man muß daher wohl die der fremden Überzeugung angediente so genannte *ethnozentrische* Attitüde als eine besonders subtile Form des abendländischen Kulturimperalismus betrachten.

(Auch aus einem anderen Grunde lassen sich die Probleme dieser Welt nicht mit einer Perspektive des Kulturrelativismus lösen. Die wesentlichen institutionellen und individuellen Handlungen aus den verschiedenen so genannten Kulturen sind längst miteinander verpflochten. Es gibt kaum noch praktische Inseln in dieser Welt. Das gilt in dramatisch sichtbarer Weise für das ökonomische und das ökologisch relevante Handeln der Menschen. Nationale Ökonomien und Rechtssysteme, kulturrelativ verstanden oder nicht, richten hier immer weniger aus. Wenn nicht anderes, so verlangt die Globalisierung ökonomischen Handelns nach einer weltwirtschaftlichen politischen Ökonomie und den zugehörigen globalen (rechtlichen) Institutionen. Noch nicht einmal die Konturen eines solchen Unternehmens lassen sich leider zur Zeit erkennen.)

Einsichten sind, wie gesagt, intern mit dem Anspruch universaler Zustimmungsfähigkeit verbunden. Wir können uns allerdings der Einlösung dieses Anspruches völlig sicher sein – und doch, danach, in seiner Vertretung gegenüber anderen erfahren, daß unsere Evidenzen und Begründungen nicht tragen, das zunächst Einsichtige diesen Charakter einbüßt: Wir bleiben auch dort, wo wir uns sicher sind, prinzipiell *irrtumsfähig.*

Die Begründung unserer Einsichten nimmt die Zustimmung anderer (den wahrhaftigen Ausdruck ihrer mit uns übereinstimmenden Einsicht) notwendig vorweg. Daher stellen die erfahrbaren Einsichtsmöglichkeiten anderer (der "Diskurs" mit ihnen) zugleich eine grammatisch eingearbeitete *Kontrolle* des für uns Einsichtigen dar.

III.

Die *zweite Voraussetzung* meines Argumentes besteht in einem *praktischen Verständnis* der *Bedeutung* sprachlicher Ausdrücke. Eine semantische Perspektive dieser Art verdanken wir den Einsichten der Spätphilosophie Wittgensteins, mit der berühmten Formel der "Philosophischen Untersuchungen": "Die Bedeutung eines Wortes ist sein Gebrauch in der Sprache" (I 43).

"Gebrauch" heißt hier nicht das, was wir mit einem sprachlichen Ausdruck, im allgemeinen in der Komposition mit anderen Ausdrücken , *konkret,* d. h. *in einer bestimmten konkreten Situation,* tun. Vielmehr ist das Wort "Gebrauch" hier bezogen auf das *praktische sprachliche Wissen,* das wir uns mit dem Erwerb der Sprache angeeignet haben. Daß die Bedeutung des sprachlichen Ausdrucks der Sprach*gebrauch* ist, weist also darauf hin, daß wir uns beim sprachlichen Handeln im Rahmen angeeigneter, mehr oder minder genau umgrenzter öffentlicher Rede*institutionen* bewegen.

Die Bedeutung von Worten oder den Sinn von Sätzen zu klären, heißt also im allgemeinen mehr, als symbolische (syntaktische oder semantische) Kompositionsregeln anzugeben. Den sprachlichen Gebrauch zu verstehen, umfaßt insbesondere: den Sitz zu wissen, den der Ausdruck in unserem praktischen Leben hat, in den praktischen Formen, die unserer Lebenssituation eine Struktur geben. Mit dem Bilde Wittgensteins gesagt, gilt es zu sehen, wie die Sprache in unserem Leben "arbeitet". – Diese Perspektive gilt sowohl für die *faktischen*

Institutionen der Sprache als auch für ihre *Bewertung* im Blick auf eine vorgestellte oder geforderte bessere oder andere Arbeit der Sprache.

Jedenfalls erhält damit der sprachliche Sinn nicht einfach den Charakter von konkreten oder abstrakten "Gegenständen", die wir in einer von den praktischen Verhältnissen distanzierten Einstellung betrachten oder analysieren können.

IV.

Ich komme nun zur *dritten Unterstellung*, von der ich in der zentralen Überlegung meines Vortrages ausgehen möchte: Sie besagt, daß unsere Sprache, in ihrem gegenwärtigen Zustand, weithin semantisch different oder unbestimmt ist. Dies gilt in besonderem Maße in den für uns wesentlichen *praktischen* Angelegenheiten.

Was wir immer wieder erfahren, ist die *Unbestimmtheit* der (faktischen) öffentlichen (z. B. der politischen) Sprache. Das heißt aber, daß insoweit eine *verständliche* öffentliche Sprache nur begrenzt gesprochen wird. Eine Liste von im allgemeinen recht unbestimmt verwendeten Worten ist leicht zusammenzustellen. Eine solche Liste bilden dürften etwa die Worte "Arbeit", "Bedeutung", "Freude", "gerecht", "gleich", "Geld", "Kosten", "Leben", "produktiv", "Wahrheit", "Wert". – Man denke demgegenüber an Farbprädikatoren wie "rot", "violett" oder elementare Handlungsterme wie "gehen", "sitzen" oder an technische Ausdrücke wie "Multiplikation" und "Videorecorder".

Übereinstimmung ebenso wie Dissens darin, daß ein Satz wahr, eine Begründung einsichtig ist, können also auf einem unterschiedlichen oder unbestimmt gelassenen Verständnis des Satzes beruhen. Gerade bei Sätzen, welche nicht-technische oder nicht-elementare Behauptungen artikulieren, ist dies häufig der Fall. – Für die in einen Wahrheitsanspruch eingearbeitete Perspektive allgemeiner Überzeugungskraft müssen wir jedoch offenbar unterstellen, daß die behauptete Aussage für alle Beteiligten mit *demselben* Sinn verbunden ist. Anders gesagt: Das *Teilen* einer Einsicht ist auf das *übereinstimmende*, das gleichsinnige *öffentliche* Verstehen des Satzes (seines Sinnes) angewiesen. Zustimmung, die sich lediglich am gleichen *Zeichenträger* orientiert, würde sonst i.a. eine Aufklärung über das *Gemeinte* nicht überstehen. – Hier ist noch zu bemerken: Wegen der Pluralität möglicher sprachlicher Ausdrucksweisen muß die Allgemeinheit des Satzsinnes im allgemeinen als Gebrauchsäquivalenz von Sätzen (und damit als deren (partielle) Übersetzbarkeit) begriffen werden.

Der Sinn eines Satzes (oder allgemeiner: eines sprachlichen Ausdrucks) kann für die Sprachteilnehmer in doppelter Weise unbestimmt oder umstritten sein: Zum einen mag es uns nicht möglich sein, die (jeweilige) Äußerung des Satzes übereinstimmend als eine *wohlbestimmte Handlung zu identifizieren* (oder beim situationsunabhängigen ("abstrakten") Auftreten des Satzes die *möglichen* Äußerungen pragmatisch einzuordnen). – Zum anderen mögen wir darüber uneins sein, welche *Aufgaben* der Satz (seine "typisch" verstandenen Äußerungen) *in unserem Leben* erfüllt (oder erfüllen soll). – Und beide Aspekte hängen natürlich häufig auch begrifflich eng miteinander zusammen.

Der zweite Aspekt wird insbesondere deswegen bedeutungsvoll, weil wir uns mit unseren sprachlichen Äußerungen (und unserem Verständnisbemühen) im Rahmen einer bereits bestehenden öffentlichen Sprache bewegen, Sätze und Satzäußerungen also nicht sämtlich erfinden können wie ein beliebiges neues Spiel.

Ich orientiere mich mit diesen Hinweisen also *nicht* an dem Fall, daß wir nur einfach *nicht wissen*, was der Gebrauch der Worte, des Satzes ist, jedoch einen allgemein eingeführten Sprachgebrauch unterstellen können, ihn also nur aufdecken, "verstehen" müssen. Wir betrachten vielmehr die in den wichtigen Dingen des individuellen und gesellschaftlichen Lebens eher häufige Situation, daß (noch) gar kein (genauer) *allgemeiner* oder allgemein akzeptierter Gebrauch existiert. Wir müssen von der Illusion Abschied nehmen, die Sprache, in der die Menschen ihre politisch-praktischen, ihre moralischen Angelegenheiten und einen großen Teil ihrer kognitiven Orientierungen zu artikulieren und zu verhandeln trachten, sei gewissermaßen von selbst bereits weltweit, wenigstens für "lokal" gemeinsame Klärungen, vorhanden und brauche im Bedarfsfall nur noch ein wenig aufbereitet zu werden.

Dies kann eben für Worte wie "Wahrheit", "Wert", "moralisch", "Gerechtigkeit", "Gleichheit", "Demokratie", "Sozialismus", aber auch für exaktwissenschaftliche Grundtermini wie "Zahl" oder "Masse" (im physikalischen Sinne) nicht unterstellt werden. Der philosophische und wissenschaftstheoretische Grundlagenstreit ist hier nur die in die Universitäten hinein spürbare Auswirkung einer allgemeinen Situation, welche uns aus den kulturellen und politischen Auseinandersetzungen einer (über die Medien) diffus bewegten Öffentlichkeit vertraut ist.

Wir haben es hier mit Fällen zu tun, in denen mit einem uns vertrauten und häufig klassischen Vokabular Behauptungen formuliert und aufgestellt werden, die auch *ihrem Sinne nach* umstritten sind. Wer bestreitet, daß eine Rechnung zu einem bestimmten Ergebnis führt (etwa daß 12 x 13 156 ergibt), hat i. a. kein Problem damit, den Sinn der entsprechenden Gleichung zu verstehen. Bei Sätzen, in denen Worte wie "Leben", "Wahrheit", "Gerechtigkeit", "Wert" vorkommen, liegen die Dinge anders.

Hier tritt uns regelmäßig eine Mischung von *Verständnis-* und *Begründungs*problemen entgegen: Ein Gerechtigkeitsprinzip etwa, hinter dem ein *unangemessener* Gerechtigkeitsbegriff steht, ist unbegründet. Und wer wissen will, ob bestimmte Computererscheinungen, die mit Mutation, Stoffwechsel und Reproduktion ausgestattet sind, "Leben" genannt werden können, gibt sich nicht mit *irgendeinem* Lebensbegriff zufrieden.

In solchen Fällen sagen wir etwa, daß wir das nicht meinen, was als vorgeschlagenes oder praktiziertes Verständnis die Sätze wahr (oder falsch) erscheinen läßt. Damit kann sich die Auseinandersetzung hier offenbar nicht auf die reine *Verifikation* behaupteter Sätze beschränken.

Sätze, bei denen das Begründungsproblem nicht gelöst werden kann, ohne eine *begründete* Lösung des Verständnisproblems einzuschließen, möchte ich *substantiell* ("hermeneutisch substantiell") nennen.

Substantielle Sätze ergeben sich insbesondere in zwei Fällen: Im *ersten* Fall drücken wir den Satz wesentlich in Worten aus, deren Sinn in eine (wenigstens ansatzweise) *realisierte* begründete Praxis eingebettet ist, wenn auch verzerrt und zum Teil nicht oder falsch verstanden. – Im *zweiten* Fall stellen wir den Satz (seinen Sinn) in den Rahmen einer begründeten *Modifikation* unserer praktischen Welt. Das Verständnis des Satzes muß dann die intendierte neue Rolle des Satzes tragen, der Sinn des Satzes hermeneutisch umorientiert werden.

Dagegen ist Sprachgebrauch, den wir *elementaren* oder rein *technischen* Situationen zugeordnet haben, im allgemeinen normativ übersichtlich und unumstritten. Auf den entsprechenden Satzsinn läßt sich ohne weitere hermeneutische Umstände zurückgreifen. – Daß die Sprache eine sinnvolle Arbeit in unserem Leben verrichtet, ist im elementaren Falle unmittelbar evident, in *technisch-praktischen* Situationen etwa über verschiedenartige Anwendungen sekundär unbestritten. Hier entsteht dann im allgemeinen nicht das Problem, sich auf eine bestimmte Anwendung zu einigen. – Auch wo die Sprache Teil *einer normierten Sonderpraxis* ist, wie zumeist in den Wissenschaften, können hermeneutische Begründungsaspekte oft vernachlässigt werden. Wenn bestimmte Orientierungsprobleme an eine weltweit operierende Expertengruppe delegiert sind, erlernt diese zugleich mit der entsprechenden Forschungspraxis Terminologien, deren Zusammenhang mit dieser Praxis *allgemein*, d. h. *experten*allgemein entwickelt wird.

Daß eine Sprachpraxis als *wissenschaftlich*, auch technikwissenschaftlich eingeordnet wird, bietet allerdings keine Gewähr dafür, daß wesentliche Probleme hermeneutischer Rechtfertigung nicht auftreten. So können wissenschaftliche Begriffsbildungen zusammen mit der zugehörigen so genannten Forschungspraxis ins unsinnig Spielerische oder in bloße Spekulation abheben, welche den in der Philosophiegeschichte aufgetretenen Absurditäten in nichts nachsteht.

Aber auch wenn *wissenschaftliche* Terminologien Ausdrucksweisen benutzen, die außerdem einen *alltäglich-praktischen* Sinn haben, treten häufig hermeneutische Konfliktlagen und Begründungsprobleme auf; dann insbesondere, wenn die Wissenschaften zugleich eine *rationale Rekonstruktion der Alltagssprache* intendieren, den wissenschaftlichen Sprachgebrauch also als bessere (aufgeklärte, exakte usf.) Alternative zum außerwissenschaftlich vertrauten Gebrauch erklären. Über das *Recht* eines solchen Anspruches ist dann nämlich im Blick auf die praktischen Funktionen der Alltagssprache, und deren Vernunft, zu entscheiden.

Die so genannte wissenschaftliche Rekonstruktion z. B. bereits wegen ihrer "Exaktheit" (ihrer *formal* oder *technisch kontrollierbar* richtigen Verwendung) vorzuziehen, wäre offenbar ein Fall von *Szientismus*. Exakt ließe sich schließlich auch der Sprachgebrauch einer unvernünftigen hermetischen Praxis einrichten.

V.

Die drei bisher erörterten Aspekte der Verhältnisse zwischen Sprache und Wahrheit möchte ich nun für eine bestimmte, weitreichende Konsequenz argumentativ miteinander verbinden:

Wahrheitsansprüche werden mit der Unterstellung ihrer intersubjektiven Zustimmungsfähigkeit erhoben. Daß die Behauptung einer Person P_1 für eine andere Person P_2 überzeugend, zustimmungsfähig sein kann, setzt voraus, das P_1 und P_2 diese Behauptung (semantisch) gleich verstehen, d. h. dem (einem) zugehörigen Behauptungssatz einen übereinstimmenden sprachlichen Sinn geben. Soll dies entsprechend der Grammatik der Wahrheit für eine *beliebige* (als sachkundig und gutwillig unterstellte) andere Person P_2 gelten, so muß der (sprachliche) Sinn des Behauptungssatzes *allgemein* eingerichtet sein.

Da der Sinn sprachlicher Ausdrücke nun andererseits einen begrifflichen Sitz in bestimmten praktischen Formen des Lebens hat, ist das Bemühen um eine *intersubjektive* Weltorientierung schließlich auf eine zugehörige Gemeinsamkeit der praktischen Lebensverhältnisse unter den Menschen, auf *Transsubjektivität*, wie ich dies nennen möchte, angewiesen. Es ist dieses Argument, der darin enthaltene Übergang, der mich im folgenden interessiert. Die Überlegung, auf die es mir ankommt, steht und fällt mit zwei Schritten: dem Übergang vom Intersubjektivitätsanspruch der Wahrheit zur Notwendigkeit einer allgemeinen Einigung auf den zugrunde liegenden Satzsinn; ferner dem Schluß von der *sprachlichen* Einigung auf Gemeinsamkeiten des *praktischen* Lebens, welche sie tragen. Beide Schritte sind nicht so evident, wie sie auf einen ersten Blick erscheinen mögen.

Das liegt daran, daß wir uns einen *distanzierten* Umgang mit sprachlichem Sinn vorstellen können: Einen Sprachgebrauch zu *verstehen*, mögen wir sagen, heißt nicht, ihm *praktisch* zuzustimmen, sich im eigenen sprachlichen Handeln auf ihn einzulassen (ihm anzuschließen). Der Sprachgebrauch eines wahrheitsfähigen Aussagesatzes muß, so scheint es, lediglich intersubjektiv zugänglich, *vermittelbar* sein; d. h. wir müssen ihn *lernen*, uns (als Kompetenz) aneignen *können*. Mit dieser schwachen Form semantischer Allgemeinheit ist es verträglich, daß sprachlicher Sinn von Kulturen, Situationen oder bestimmten Personen abhängt, wie wir dies in vielen Fällen auch unterstellen.

Wir können also zwischen dem *Verstehen* sprachlichen Sinnes und der (praktischen, d. h. praktisch verbindlichen) *Einigung* auf einen bestimmten Sprachgebrauch unterscheiden.

Wenn es nur auf einen *verstehbaren* Sprachgebrauch ankommt, müssen wir uns, so scheint es, im allgemeinen nicht auf diesen Sprachgebrauch einigen. So bedeutet etwa der Vorschlag einer verständlichen wissenschaftlichen Terminologie noch nicht eo ipso ihre allgemeine Übernahme durch die Wissenschaftlerkommunität.

Es scheint also, als könnten wir Wahrheitsansprüche gewissermaßen mit einem semantischen *Index* versehen, d. h. im allgemeinen nur semantisch bedingt, d. h. *für den Fall* eines bestimmten Verständnisses der zugehörigen Sätze diskutieren. – Gegen diese wohl weithin geteilte, vielleicht für selbstverständlich gehaltene Unterstellung sprechen jedoch eine Reihe von Argumenten:

Zunächst müßten wir in der unterstellten Situation gewärtigen, daß der uns vertraute öffentliche Umgang mit Wahrheitsansprüchen zusammenbrechen oder weithin scheinhaft sein müßte. Wir könnten ja den Sätzen die je verschiedenen Indizierungen nicht ansehen, mit denen sie von den Beteiligten gemeint sind. Und beigegebene semantische *Kommentare* (z. B. Definitionen) führten das Problem mit sich, das sie für die kommentierten Sätze lösen sollen. Auch das Verständnis der Kommentarsätze wäre ja im allgemeinen zu indizieren.

Es kommt hinzu, daß Kommentare häufig die sprachliche Einführung in den Sinn eines Satzes auch gar nicht allein tragen können. Einen großen Teil der Situationen, in denen die uns vertraute Sprache arbeitet, haben wir nicht über Gebrauchs*beschreibungen* kennengelernt, und könnten dies auch gar nicht tun. Die begriffliche Verbindung sprachlichen Sinnes mit den entsprechenden Sprachgebrauchssituationen bedarf im allgemeinen der praktischen Erfahrung und Einübung, und des begleitenden Erwerbs eines semantisch-praktischen Urteils. Erst wenn diese Art der Sprachkonstitution ein Stück weit gewährleistet ist, können wir die so konstituierte Sprache dann sekundär für beschreibende semantische Mitteilungen nützen.

Noch wichtiger ist, daß für viele Fälle eine Trennung von Sprachverstehen und sprachlicher Einigung nicht ohne weiteres möglich ist. Es sind dies diejenigen Situationen, in denen wir uns auf eine Praxis und die von ihr getragenen sprachlichen Handlungen und Unterscheidungen ganz oder zum Teil nicht aus der Perspektive eines (praktisch) unbeteiligten *Betrachters* beziehen können. Wir wissen dann nicht wirklich, wovon die Rede ist, wenn wir uns an deren Gegenständen nicht *praktisch* beteiligen.

Dies gilt im besonderen Maße für substantiellen Sprachgebrauch, der in einer praktischen Kultur wurzelt, also in praktischen Verhältnissen, in denen eingelebte Handlungen, Praktiken und institutionell bestimmte Handlungsformen mit einer entsprechend entwickelten sprachlichen Urteilskraft verwoben sind. Sprachverstehen und das Einrichten oder Eingehen einer gemeinsamen Praxis gehen dann gewissermaßen Hand in Hand. Der Streit um die Wahrheit einer Behauptung schlägt damit auf die praktische Grundlage des Satzsinnes durch.

Daß Begründungsprobleme, insbesondere in den substantiellen Fällen, in nicht trivialer Weise mit Verstehensproblemen zusammenhängen, liegt hier im übrigen häufig daran, daß partikulare Interessen und Vorurteile eine Verbindung mit entsprechend differenten praktischen Formen des Lebens eingehen. Darin eingebetteter *partikularer* Satzsinn führt dann schließlich zu entsprechend differenten Wahrheitsansprüchen. Ohne eine *sprachlich-praktische* Einigung ist daher hier die *Intersubjektivität* der Wahrheit nicht zu erreichen. – Selbstverständlich gibt es andererseits viele Lebens- und Problemsituationen, deren Orientierung sinnvoll auf einer lokalen, oder kulturrelativen, Grundlage aufruhen kann. Diese sind hier jedoch nicht das Thema.

Die damit aufgeworfene Frage nach dem vernünftigen Sinn des Satzes unterstellt, daß es Gründe gibt, auf denen die praktische Einbettung seines Gebrauchs aufruhen kann. In welchem Sinne können die für den sprachlichen Sinn in Anspruch genommenen praktischen Situationen solche Gründe liefern?

Zunächst ist es möglich, daß die Situationen, in denen die semantisch umstrittene Sprache arbeiten soll, *nicht angemessen verstanden*, und das heißt im allgemeinen: nicht richtig beschrieben sind. Der Streit etwa um die Frage, ob sich die mathematischen Unterscheidungen und Sätze auf eine bestimmte operative Praxis beziehen oder auf platonistische Strukturen, die mathematisch aufzudecken sind, ist weitgehend von dieser Art. Er geht darum, wie die etablierte mathematische Praxis zu verstehen und was entsprechend der Sitz der mathematischen Zeichen (Sprache) in dieser Praxis ist.Ein relevanteres Beispiel liefert die Frage, ob die ökonomische Bewertungsterminologie, z. B. die Rede von "Kosten" oder "Produktivität", auf politisch-praktische Urteile bezogen werden muß oder auf die anthropologischen Fiktionen der Entscheidungstheorie.

Ein anderer Fall liegt vor, wenn wir praktische Situationen (das was in ihnen praktisch geschieht) als *falsch* oder *ungerechtfertigt* begreifen. Dies kann wiederum verschiedene Gründe haben: z. B. technische Gründe oder solche praktischer Vernunft. Mit den inkriminierten praktischen Situationen selbst kann auch ein in diese eingebettetes Vokabular problematisch werden; es muß dann neu, im Sinne einer etwa *konkurrierenden* praktischen Grundlage, verstanden werden.

Der Streit um Worte, um ihren Sinn hängt so, in den substantiellen Fällen, untrennbar zusammen mit dem Streit um die richtigen (praktischen) Formen unseres Lebens oder um deren richtiges Verständnis. Semantische Konflikte spiegeln daher oft nur die Konflikte in unserer individuellen und gesellschaftlichen Praxis wieder, genauer: sie sind ein Teil von ihnen.

Nicht nur auf der im engeren Sinne *praktischen*, auch auf der *semantischen* Seite herrschen allerdings häufig problematische Strategien der Konfliktvermeidung vor. Diese können etwa darin bestehen, den sprachlichen Sinn gar nicht genauer zu bestimmen, keine Praxis semantischer Einigung einzurichten, den Schleier der Unbestimmtheit über den sprachlichen Verhältnissen nicht zu lüften. Im politischen Bereich exemplifizieren dies etwa die so genannten *Formelkompromisse*. Solche Strategien treten aber auch unter der Maske des scheinbaren Gegenteiles, der exakten Sprachregulierung nämlich, auf: Die Einrichtung einer *formal* kontrollierbaren sprachlichen Sonderpraxis entzieht diese im allgemeinen zugleich wohlbestimmten praktischen Äußerungssituationen. *Exakte* Kunstsprachen und ihre Ausdrucksweisen bleiben so häufig *praktisch ungenau*. (Der Pluralismus bloßer exakter Sprach*konventionen* ist oft ein interner Ausdruck dieser Situation.) Diese Verhältnisse werden immer wieder dadurch unkenntlich, daß der exakte Sprachgebrauch zugleich an Expertengruppen gebunden ist, an welche die semantisch-praktischen Konflikte dann gleichsam delegiert erscheinen.

Überhaupt vermittelt der Wissenschafts- und Philosophiebetrieb leicht ein zu einfaches Bild der Verhältnisse in der praktischen Welt der Menschen. Danach stehen der in verschiedener Hinsicht verworrenen Umgangssprache normierte Wissenschaftssprachen gegenüber, die, unter den jeweiligen "Mitspielern", ein einheitliches Sprachverständnis garantieren sollen. – Die Orientierungsprobleme in der öffentlichen Sphäre könnten, so scheint es, wenn nicht lösbar, so doch allgemein erörterungsfähig werden; wenn die Menschen sich nur auf Sprachnormierungen einlassen würden, wie sie die Wissenschaften und die Philosophie vorschlagen. Vor allem analytische Philosophen, die in der Wissenschaftstheorie der exakten Wissenschaften geübt sind, neigen zu einer solchen Sicht der Dinge. Das gilt für die Schulen des Wiener Kreises ebenso wie für den Philosophischen Konstruktivismus.

In den hier wesentlichen substantiellen Fällen haben Wissenschaften und Philosophie jedoch zunächst gar keine Autorität oder Möglichkeit, für eine Normierung des Sprachgebrauchs im öffentlichen Raum zu sorgen. Der bloße Gedanke, sie ihnen einzuräumen, führt in prinzipielle Schwierigkeiten, insbesondere des Demokratieverständnisses.

VI.

Das Streben nach einer wahren, intersubjekiv überzeugenden Lebens- und Gesellschaftsorientierung läßt sich also, vor allem in den Fällen *substantieller* Sätze, nicht ablösen von dem Bemühen darum, praktische Formen des Lebens zu identifizieren oder zu konstruieren, welche die Grundlage eines für die Wahrheitsuchenden *allgemein zustimmungsfähigen* Zusammenhangs mit unserem Sprachgebrauch bilden können. Am Ende ist bei den substantiellen Aussagen nur soviel Wahrheit in dieser Welt möglich, wie wir in ihr praktisch vernünftige Verhältnisse aufbieten können. Unterstellt daß diese, mit den zugehörigen Problem- und Sprachverständnissen, bestenfalls in unabschließbarer Bewegung sind, gibt dies auch der praktischen Wahrheit eine entsprechende Dynamik.

Der einzelne Wahrheitsanwender kann sich zwar mit vielen Ergebnissen von dem praktischen Kontext, in welchem sie gewonnen werden, "theoretisch" distanzieren. Die theoretische Distanz erlaubt auch den "free rider" der unparteilichen Lebensorientierung, den "realistischen" Orientierungsegoisten. – Die Wahrheits*suche* als notwendig gemeinsame Ausarbeitung von sprachlichem Sinn und Begründungen kann diese Abspaltung allerdings nicht vornehmen.

Wenn Wahrheit damit auf Teilnahme an und Konstruktion von gemeinsamen praktischen Formen des Lebens gegründet ist, dann hängt die praktische *Transsubjektivität* mit der *Intersubjektivität* des (theoretischen) Wahrheitsanspruches untrennbar zusammen. Die *Orientierungs*kooperation läßt sich nicht von der vernünftigen praktischen Kooperation trennen. Eine partikulare praktische Basis des Sprachverstehens trägt im allgemeinen keinen Wahrheitsanspruch.

Ich hatte zu Beginn zwischen Begründungslegitimität und politisch-praktischer Legitimität unterschieden. Sie sehen jetzt, in welchem Sinne beide miteinander verwoben sind: Für die Wahrheit substantieller theoretischer und praktischer Urteile müssen *Einsicht* und *Einigung* Hand in Hand gehen. Einsichten sind Argumente für Einigungen. Einigungen erst geben Einsichten einen sprachlich allgemeinen und so für alle identifizierbaren bestimmten Inhalt.

Bisher ist die notwendige Einheit von Wahrheit, Sprache und Praxis gewährleistet vor allem für *elementare*, weltweit vergleichbare Alltagssituationen, für *technisch*-wissenschaftliche Aussagen, Terminologien und Praktiken, schließlich für eine Reihe rechtlicher Institutionen, etwa für die rechtlich bereits realisierten Fragmente eines weltbürgerlichen gesellschaftlichen Zustandes. Dagegen haben die substantiellen Urteile und Wahrheitsansprüche etwa der Philosophie, der Ökonomie und in substantiellen Fragen häufig auch der Politik und des Rechts, ferner des sozialen und mentalen Bereiches weithin noch nicht den Zustand praktisch legitimierten Satzsinnes erreicht. Soweit hier kritisch und universalistisch gesonnene Diskussionsgemeinschaften vorbereitende Überlegungen und Untersuchungen anstellen, müssen diese dann einstweilen fragile Vorgriffe bleiben, d. h. Vorgriffe, deren Legitimität noch nicht der notwendigen Kontrolle und Bewährung durch eine Öffentlichkeit unterliegt, welche sich auf eingerichtete oder auf den Weg gebrachte gemeinsame praktische Formen des Lebens und eine in sie eingebettete Sprache beziehen kann. Die

Dynamik der Begründungslegitimation ist hier eben nicht einzig eine solche der *Anwendung* bereits entwickelter Einsichten, sondern vor allem auch eine solche der *Fundierung* in praktisch-politischer Legitimität und der von ihr getragenen, etwa rechtlich geformten Sprachentwicklung.

Ein wahres Verständnis der wesentlichen Dinge ist also letztendlich auf eine sprachlich und praktisch geeinte Welt angewiesen. Was das wirklich heißt, hat die Philosophie nach meinem Urteil noch nicht angemessen durchgearbeitet. Daher steht uns wohl nach der Sokratischen und der Kantischen, durch Wittgenstein vollendeten philosophischen Aufklärung noch ihre dritte Stufe bevor, in der wir auf die ethnozentrischen und postmodernen Einwürfe der gegenwärtigen Zeit wie auf eine merkwürdige Verirrung zurückblicken mögen. Gelingt diese Aufklärung, in der es mit der Universalität von Einsicht und begrifflichem Sinn *praktisch* ernst werden müßte, nicht, so könnte uns allerdings die Dynamik der gescheiterten praktischen (vor allem substantiellen) Wahrheit in die Barbarei einer Differenz zurücktreiben, deren Menetekel wir an der Wand der Zeit sehen.

JÜRGEN HABERMAS

Zur Legitimation durch Menschenrechte

Ich werde den Begriff der Legitimation (und entsprechend den der Legitimität) in einem doppelt eingeschränkten Sinne verwenden: ich beziehe mich auf die Legitimation einer politischen Ordnung, und nur auf die des demokratischen Verfassungsstaates. Ich will zunächst an einen Vorschlag zur Rekonstruktion des inneren Zusammenhanges von Demokratie und Menschenrechten erinnern, den ich andernorts vorgetragen habe (I); und dann kurz einige Aspekte behandeln, unter denen dieser westliche Legitimationstypus heute eine Kritik vonseiten anderer Kulturen ausgesetzt ist (II).

I. Die prozedurale Rechtfertigung des demokratischen Verfassungsstaates

Ich beginne mit einer Erläuterung des politischen Begriffs der Legitimation. Die Legitimationsbedürftigkeit von Ordnungen, die sich durch staatliche Organisationsgewalt auszeichnen (und beispielsweise von Herrschaftsstrukturen in Stammesgesellschaften unterscheiden), erklärt sich bereits aus dem Begriff der politischen Macht. Weil sich dieses Medium staatlicher Macht in Formen des Rechts konstituiert, zehren politische Ordnungen vom Legitimitätsanspruch des Rechts. Das Recht fordert nämlich nicht nur Akzeptanz; es verlangt von seinen Adressaten nicht nur faktische Anerkennung, sondern beansprucht, Anerkennung zu *verdienen*. Zur Legitimation einer rechtsförmig konstituierten staatlichen Ordnung gehören deshalb alle öffentlichen Begründungen und Konstruktionen, die diesen Anspruch auf Anerkennungswürdigkeit einlösen sollen.

Das gilt für alle staatlichen Ordnungen. Moderne Staaten zeichnen sich nun dadurch aus, das sich die politische Macht in der Form des positiven, d. h. gesatzten und zwingenden Rechts konstituiert. Da auch die Frage nach der Art der politischen Legitimation vom Wandel der Rechtsform betroffen ist, möchte ich (1) das moderne Recht zunächst nach Struktur und Geltungsmodus kennzeichnen, bevor ich (2) auf den entsprechenden Legitimationstypus eingehe.

(1) Moderne Rechtsordnungen bauen sich wesentlich aus subjektiven Rechten auf. Diese Rechte räumen einer Rechtsperson gesetzliche Spielräume für ein von je eigenen Präferenzen geleitetes Handeln ein. Damit entbinden sie die berechtigte Person auf wohlumschriebene Weise von moralischen Geboten oder Vorschriften anderer Art. Jedenfalls ist in den Grenzen des rechtlich Erlaubten niemand zu einer öffentlichen Rechtfertigung seines Tuns rechtlich verpflichtet. Mit der Einführung subjektiver Freiheiten bringt das moderne Recht im Unterschied zu traditionalen Rechtsordnungen das Hobbes'sche Prinzip zur Geltung, dass alles erlaubt ist, was nicht explizit verboten ist. Damit treten Recht und Moral auseinander. Während uns die Moral zunächst sagt, wozu wir verpflichtet sind, ergibt sich aus der Struktur des Rechts ein Primat der Berechtigungen. Während sich moralische Rechte aus

reziproken Pflichten herleiten, sind Rechtspflichten aus der gesetzlichen Einschränkung subjektiver Freiheiten abgeleitet. Diese grundbegriffliche Privilegierung von Rechten gegenüber Pflichten erklärt sich aus den modernen Konzepten der Rechtsperson und der Rechtsgemeinschaft. Das moralische Universum, das im sozialen Raum und in der historischen Zeit gleichsam entgrenzt ist, erstreckt sich auf *alle natürlichen* Personen in ihrer lebensgeschichtlichen Komplexität. Demgegenüber schützt eine in Raum und Zeit jeweils lokalisierte Rechtsgemeinschaft die Integrität ihrer Angehörigen nur insoweit, wie diese den artifiziell erzeugten Status von Trägern *subjektiver Rechte* einnehmen.

Diese Struktur spiegelt sich in dem eigentümlichen Modus der Rechtsgeltung, der die Faktizität der staatlichen Rechtsdurchsetzung mit der Legitimität eines dem Anspruch nach rationalen Verfahrens der Rechtssetzung verschränkt. Das moderne Recht stellt nämlich seinen Adressaten frei, ob sie die Normen nur als eine faktische Einschränkung ihres Handlungsspielraums betrachten und sich auf einen strategischen Umgang mit den kalkulierbaren Folgen möglicher Regelverletzungen einstellen, oder ob sie den Vorschriften "aus Achtung vor dem Gesetz" Folge leisten wollen. Schon Kant hat mit seinem Begriff der Legalität die Verbindung dieser beiden Momente hervorgehoben, ohne welche moralisch verantwortlichen Personen Rechtsgehorsam nicht zugemutet werden kann. Rechtenormen müssen so beschaffen sein, dass sie unter je verschiedenen Aspekten gleichzeitig als Zwangsgesetze und als Gesetze der Freiheit betrachtet werden können. Es muss wenigstens möglich sein, Rechtsnormen zu befolgen, nicht weil sie zwingen, sondern weil sie legitim sind. Die Gültigkeit einer Rechtsnorm besagt, dass die staatliche Gewalt gleichzeitig legitime Rechtsetzung und faktische Rechtsdurchsetzung garantiert. Der Staat muss beides gewährleisten, einerseits die Legalität des Verhaltens – im Sinne einer durchschnittlichen, erforderlichenfalls durch Sanktionen erzwungenen Normbefolgung – und andererseits eine Legitimität der Regeln, die jederzeit die Befolgung einer Norm aus Achtung vor dem Gesetz möglich macht.

Im Hinblick auf die Legitimität der Rechtsordnung ist aber vor allem eine andere Formeigenschaft, nämlich die Positivität des gesatzten Rechts wichtig. Wie soll die Legitimität von Regeln begründet werden, die vom politischen Gesetzgeber jederzeit geändert werden können? Auch Verfassungsnormen sind änderbar; und sogar die Grundnormen, die die Verfassung selbst als unabänderlich deklariert, teilen mit allem positiven Recht das Schicksal, beispielsweise nach einem Regimewechsel, ausser Kraft gesetzt werden zu können. Solange man auf religiös oder metaphysisch begründetes Naturrecht zurückgreifen konnte, liess sich der Strudel der Temporalität, in den das positive Recht hineingeraten ist, durch Moral eindämmen. Auch das verzeitlichte positive Recht sollte zunächst dem ewig gültigen moralischen Recht – im Sinne einer Legeshierarchie – *untergeordnet* bleiben und von diesem seine bleibenden Orientierungen empfangen. Aber in pluralistischen Gesellschaften sind solche integrativen Weltbilder und kollektiv verbindlichen Ethiken zerfallen.

Die politische Theorie hat auf die Legitimitätsfrage eine doppelte Antwort gegeben: Volkssouveränität und Menschenrechte. Das Prinzip der Volkssouveränität legt ein Verfahren fest, das aufgrund seiner demokratischen Eigenschaften die Vermutung auf legitime Ergebnisse begründet. Dieses Prinzip drückt sich in den Kommunikations- und Teilnahmerechten aus, die die öffentliche Autonomie der Staatsbürger sichern. Hingegen begründen jene klassischen Menschenrechte, die den Gesellschaftsbürgern Leben und private Freiheit, nämlich Handlungspielräume für die Verfolgung ihrer persönlichen Lebenspläne gewährleisten, eine von sich aus legitime Herrschaft der Gesetze. Unter diesen beiden normativen Gesichtspunkten soll sich das gesatzte, also änderbare Recht legitimieren als ein Mittel zur gleichmässigen Sicherung der privaten und staatsbürgerlichen Autonomie des Einzelnen.

Allerdings hat die politische Theorie die Spannung zwischen Volkssouveränität und Menschenrechten, zwischen der "Freiheit der Alten" und der "Freiheit der Modernen", nicht ernstlich zum Ausgleich bringen können. Der auf Aristoteles und den politischen Humanismus der Renaissance zurückreichende *Republikanismus* hat stets der öffentlichen Autonomie der Staatsbürger Vorrang vor den unpolitischen Freiheiten der Privatleute eingeräumt. Der auf Locke zurückgehende *Liberalismus* hat (jedenfalls seit 19. Jahrhundert) die Gefahr tyrannischer Mehrheiten beschworen und einen Vorrang der Menschenrechte vor dem Volkswillen postuliert. Im einen Fall sollten die Menschenrechte ihre Legitimität dem Ergebnis der ethischen Selbstverständigung und souveränen Selbstbestimmung eines politischen Gemeinwesens verdanken; im anderen Fall sollten sie von Haus aus legitime Schranken bilden, die dem souveränen Willen des Volkes den Übergriff auf unantastbare subjektive Freiheitssphären verwehren. Gegen diese komplementären Einseitigkeiten muss man aber darauf bestehen, dass die Idee der Menschenrechte – Kants Fundamentalrecht auf gleiche subjektive Handlungsfreiheiten – weder dem souveränen Gesetzgeber als äussere Schranke bloss auferlegt, noch als funktionales Requisit für dessen Zwecke instrumentalisiert werden darf.

Um diese Intuition richtig auszudrücken empfiehlt es sich, von der folgenden Frage auszugehen, auf die ich im zweiten Teil meiner Überlegungen rekurrieren werde: Welche grundlegenden Rechte müssen sich freie und gleiche Bürger, wenn sie ihr Zusammenleben mit Mitteln des positiven Rechts legitim regeln wollen, gegenseitig einräumen? Die Idee einer solchen verfassunggebenden Praxis verbindet die Ausübung der Volkssouveränität mit der Schaffung eines Systems von Rechten. Dabei gehe ich von dem hier nicht näher zu erörternden Grundsatz aus, dass genau die Regelungen Legitimität beanspruchen dürfen, denen alle möglicherweise Betroffenen als Teilnehmer an rationalen Diskursen zustimmen könnten. In "Diskursen" wollen die Teilnehmer, indem sie sich gegenseitig mit Argumenten von etwas zu überzeugen suchen, zu gemeinsamen Ansichten gelangen, während sie in "Verhandlungen" einen Ausgleich ihrer verschiedenen Interessen anstreben. (Allerdings hängt die Fairness solcher Vereinbarungen wiederum von diskursiv begründeten Verfahren der Kompromissbildung ab.) Wenn nun solche Diskurse (und Verhandlungen) der Ort sind, an dem sich ein vernünftiger politischer Wille bilden kann, muss sich die Vermutung auf legitime Ergebnisse, die das demokratische Verfahren begründen soll, letztlich auf auf ein kommunikatives Arrangement stützen: Die für eine vernünftige – und daher legitimitätsverbürgende – Willensbildung des politischen Gesetzgebers notwendigen Kommunikationsformen müssen ihrerseits rechtlich institutionalisiert werden.

Der gesuchte interne Zusammenhang zwischen Menschenrechten und Volkssouveränität besteht dann darin, dass die Menschenrechte die Kommunikationsbedingungen für eine vernünftige politische Willensbildung institutionalisieren. Rechte, die die Ausübung der Volkssouveränität *ermöglichen*, können dieser Praxis nicht wie Beschränkungen von aussen auferlegt sein. Diese Überlegung leuchtet allerdings *unmittelbar* nur für die politischen Bürgerrechte, also für die Kommunikations- und Teilnahmerechte ein, nicht jedoch für die klassischen Freiheitsrechte, die die private Autonomie der Bürger sichern. Diese Rechte, die jedem eine chancengleiche Verfolgung privater Lebensziele und umfassenden individuellen Rechtsschutz garantieren sollen, haben offensichtlich einen intrinsischen Wert – und gehen nicht etwa in ihrem instrumentellen Wert für die demokratische Willensbildung auf.

Nun dürfen wir nicht übersehen, dass den Staatsbürgern die Wahl des Mediums, über das sie ihre politische Autonomie ausüben, nicht mehr freisteht. An der Gesetzgebung sind sie nur als Rechtssubjekte beteiligt; sie können nicht mehr darüber disponieren, welcher Sprache sie sich bedienen wollen. Also muss der Rechtskode schon als solcher zur Verfügung stehen, bevor die Kommunikationsvoraussetzungen für eine diskursive Willensbildung in der Gestalt von Bürgerrechten institutionalisiert werden können. Zur Einrichtung dieses Rechtskodes ist es jedoch erforderlich, den Status von Rechtspersonen zu erzeugen, die als Träger subjektiver Rechte einer freiwilligen Assoziation von Rechtsgenossen angehören und gegebenenfalls ihre Rechtsansprüche müssen effektiv einklagen können. Es gibt kein Recht ohne die private Autonomie von Rechtspersonen überhaupt. Mithin gäbe es ohne die klassischen Freiheitsrechte, insbesondere ohne das fundamentale Recht auf gleiche subjektive Handlungsfreiheiten, auch kein Medium für die rechtliche Institutionalisierung jener Bedingungen, unter denen die Bürger an der Selbstbestimmungspraxis teilnehmen können.

Auf diese Weise setzen sich private und öffentliche Autonomie wechselseitig voraus. Der interne Zusammenhang von Demokratie und Rechtsstaat besteht darin, dass einerseits die Staatsbürger von ihrer öffentlichen Autonomie nur dann einen angemessenen Gebrauch machen können, wenn sie aufgrund einer gleichmässig gesicherten privaten Autonomie hinreichend unabhängig sind; dass sie aber auch nur dann gleichmässig in den Genuss der privaten Autonomie gelangen können, wenn sie als Staatsbürger von ihrer politischen Autonomie einen angemessenen Gebrauch machen.

II. Der westliche Legitimationsmodus im Streit der Kulturen

Die von der UNO am 10. Dezember 1948 verabschiedete Allgemeine Erklärung der Menschenrechte ist inzwischen vielfach interpretiert und fortgebildet worden. Fast alle Staaten haben die Charta dem Wortlaut nach anerkannt. Dennoch sind allgemeine Geltung, Inhalt und Rangordnung der Menschenrechte nach wie vor umstritten. Der mit normativen Argumenten geführte Menschenrechtsdiskurs, auf den ich mich beschränke, geht von der Frage aus, ob die im Westen entstandene Form der politischen Legitimation auch unter den Prämissen anderer Kulturen einleuchten kann. Im Hintergrund steht der ideologiekritische Verdacht, dass der Anspruch auf die universale Gültigkeit der Menschenrechte als imperialer Machtanspruch des einstweilen überlegenen Westens verstanden werden muss.

Die Rekonstruktion des Zusammenhangs von Volkssouveränität und Menschenrechten, an die sich erinnert habe, bringt die westlichen Legitimationsstandards unverhohlen zum Ausdruck. Ich werde im folgenden die apologetische Rolle eines westlichen Teilnehmers am interkulturellen Menschenrechtsdiskurs einnehmen und dabei von der Hypothese ausgehen, dass sich jene Standards weniger dem besonderen kulturellen Hintergrund der abendländischen Zivilisation als dem Versuch verdanken, auf spezifische Herausforderungen einer inzwischen global ausgebreiteten gesellschaftlichen Moderne zu antworten. Diese moderne Lebenssituation – the modern condition – mögen wir so oder anders bewerten, aber für uns stellt sie ein Faktum dar, das einer normativen Rechtfertigung weder bedarf, noch fähig ist. Heute sind andere Kulturen und andere Weltreligionen den Herausforderungen dieser gesellschaftlichen Moderne auf ähnliche Weise ausgesetzt wie seinerzeit Europa, als es die Menschenrechte und den demokratischen Verfassungsstaat in gewisser Weise "erfunden" hat. Um diese Vermutung wenigstens plausibel zu machen, gehe ich kurz auf Einwände ein, die sich (1) gegen den individualistischen und damit auch egozentrischen Zuschnitt moderner Rechtsordnungen richten und (2) auf den privilegierten Stellenwert eines spezifischer Begriffs von Autonomie beziehen.

(1) Im Hinblick auf den ersten Einwand, der in der Debatte um die sogenannten Asian Values eine wichtige Rolle spielt, möchte ich auf drei Implikationen meiner Beschreibung des westlichen Legitimationstyps hinweisen. Man vermeidet nämlich unnötige Schwierigkeit, wenn man, wie vorgeschlagen, von der Situation ausgeht, in der sich Bürger gemeinsam überlegen, wie sie ihr Zusammenleben mit Mitteln des positiven Rechts legitim Regeln können.

(a) Dieses Modell beginnt mit den horizontalen Beziehungen der Bürger untereinander und führt die Beziehungen der Bürger zum funktional erforderlichen Staatsapparat erst in einem zweiten Schritt, also schon auf der Basis bestehender Grundrechte ein. Auf diese Weise vermeiden wir die liberale Fixierung auf die Frage der Kontrolle des staatlichen Gewaltpotentials. Diese Frage ist aus dem Blickwinkel der europäischen Geschichte gewiss verständlich, präjudiziert aber mehr als die unverfängliche Frage nach der solidarischen Begründung eines politischen Gemeinwesens.

(b) Die Ausgangsfrage ist so formuliert, dass das gleichsam aufgelesene Medium des gesatzten und zwingenden Rechts als zweckmässig und unproblematisch vorausgesetzt wird. Die Schaffung einer Assoziation von Rechtspersonen, die als Träger von subjektiven Rechten gelten, wird nicht (wie im Vernunftrecht üblich) als eine normativ begründungsbedürftige Entscheidung behandelt. Eine funktionale Begründung genügt, weil es in komplexen Gesellschaften, ob nun in Asien oder in Europa, für die Integrationsleitungen des positiven Rechts offenbar kein funktionales Äquivalent zu geben scheint. Diese Sorte von artifiziell geschaffenen, gleichzeitig zwingenden und freiheitsverbürgenden Normen hat sich auch bei der Herstellung einer abstrakten Form staatsbürgerlicher Solidarität zwischen Fremden, die Fremde füreinander bleiben wollen, bewährt.

(c) Schliesslich wird das Modell der verfassunggebenden Praxis so verstanden, dass die Menschenrechte nicht als moralische Gegebenheiten *vorgefunden* werden. Sie haben die Form subjektiver Rechte und sind insofern von Haus aus juristischer Natur. Insofern sind Menschenrechte schon ihrem Begriffe nach auf eine Positivierung durch gesetzgebende Körperschaften angelegt; es steht ihnen an der Stirn geschrieben, dass sie nicht wie moralische Rechte einen politisch unverbindlichen Status behalten dürfen.

Diese Überlegungen ändern gewiss nichts am individualistischen Zuschnitt der auf Menschenrechten basierenden Ordnungen; aber sie lassen die Kritik, die im interkulturellen Menschenrechtsdiskurs am westlichen Individualismus geübt wird, in einem anderen Licht erscheinen. Die Debatte über "Asian Values" stützt sich auf die These, dass die alten Kulturen Asiens (wie auch die Stammeskulturen Afrikas) die scharfe Trennung von Recht und Ethik nicht kennen, sodass ihre Gesellschaften eher über Pflichten als über Rechte integriert sind. Das gemeinschaftsbezogene, tief in der jeweiligen Tradition verankerte Ethos, das von den Individuen Ein- und Unterordnung verlangt, sei deshalb unvereinbar mit dem individualistischen Rechtsverständnis des Westens. Es empfiehlt sich, an dieser Kritik zwei Stossrichtungen zu unterscheiden. Das Argument richtet sich zum einen gegen die desintegrativen Folgen einer Inanspruchnahme subjektiver Freiheiten *überhaupt,* zum anderen gegen ein bestimmtes liberalistisches Verständnis subjektiver Rechte.

Tatsächlich lässt sich aus der angegebenen Form des modernen Rechts auf dessen Funktion schliessen, als eine Art Schutzhülle für die Private Lebensführung der einzelnen Person zu dienen, und zwar in doppelter Hinsicht. Es schützt die gewissenhafte Verfolgung eines ethischen Lebensentwurfs ebenso wie eine von moralischen Rücksichten freigesetzte Orientierung an jeweils eigenen Präferenzen. Diese Rechtsform passt zu modernen Wirtschaftsgesellschaften, die freilich nicht nur im Wirtschaftssystem auf Netzwerke von dezentralisierten Entscheidungen einzelner Aktoren angewiesen sind. Im Rahmen eines globalisierten Wirtschaftsverkehrs müssen deshalb auch die asiatischen Gesellschaften das positive Recht als Steuerungsmedium einsetzen; sie tun dies aus denselben funktionalen Gründen, aus denen es sich auch im Okzident gegen ältere korporative Formen der Vergesellschaftung durchgesetzt hat. Rechtssicherheit ist z. B. eine der notwendigen Bedingungen für die auf Berechenbarkeit, Zurechenbarkeit und Vertrauensschutz beruhende Stabilität eines zunehmend anonymen gesellschaftlichen Verkehrs.

In dieser Lage ist die Selbstbehauptung einer reaktiv mobilisierten Herkunftstradition gegen die Durchsetzung von Grundrechten nicht aussichtsreich. Jedenfalls kann man sich nicht auf eine gesellschaftliche Modernisierung einlassen, ohne die Integrationsleistungen einer individualistischen Rechtsordnung mindestens in Kauf zu nehmen. Die entscheidende Alternative stellt sich nicht auf der kulturellen, sondern auf der sozioökonomischen Ebene. Die Frage ist nicht, ob die Menschenrechte mit eigenen kulturellen Überlieferungen vereinbar sind, sondern ob die tradierten Formen der politischen und gesellschaftlichen Integration gegen schwer abweisbare funktionale Imperative der wirtschaftlichen Entwicklung behauptet oder an diese angepasst werden sollen.

Hinter Vorbehalten gegenüber dem individualistischen Zuschnitt der europäischen Menschenrechte verbirgt sich freilich oft die berechtigte Kritik an einer bestimmten, in der Lokkeschen Tradition verwurzelten Lesart subjektiver Rechte. Der possessive Individualismus westlicher Provenienz verkennt nämlich, dass einklagbare individuelle Rechte nur aus *vorgängig, und zwar intersubjektiv* anerkannten Normen einer Rechtsgemeinschaft *abgeleitet* werden können. Gewiss gehören subjektive Rechte zur Ausstattung einzelner Rechtspersonen; aber der Status von Rechtspersonen als Trägern subjektiver Rechte kann sich nur im Kontext einer Rechtsgemeinschaft konstituieren, die auf der gegenseitigen Anerkennung freiwillig assoziierter Mitglieder beruht. Die Annahme eines vor aller Vergesellschaftung gegebenen Individuums, das mit angeborenen Rechten ausgestattet ist, ist unhaltbar. Mit dieser These entfällt aber auch die Notwendigkeit einer Antithese, wonach den Ansprüchen der Rechtsgemeinschaft Vorrang vor individuellen Rechtsansprüchen gebührt. Die Alternative zwischen "Individualisten" und "Kollektivisten" wird gegenstandslos, wenn man die gegenläufige *Einheit* von Individuierungs- und Vergesellschaftungsprozessen in die Grundbegriffe einer intersubjektivistischen Rechtstheorie aufnimmt. Weil auch Rechtspersonen nur auf dem Wege der Vergesellschaftung individuiert werden, kann die Integrität der einzelnen Person nur zugleich mit dem freien Zugang zu jenen interpersonalen Beziehungen und zu den kulturellen Überlieferungen geschützt werden, in denen sie ihre Identität aufrechterhalten kann. Der richtig verstandener Individualismus ist ohne diese Art von "Kommunitarismus" mindestens unvollständig.

(2) Die europäische Menschenrechtskonzeption bietet aber den Wortführern anderer Kulturen nicht nur mit ihrem Individualismus eine Angriffsfläche, sondern auch mit der Privilegierung eines bestimmten Begriffes von Autonomie. Die Frage, von der die vorgeschlagene Rekonstruktion des westlichen Legitimationstypus ausgeht, stellt unverhohlen die Weichen für eine konstruktivistische Auffassung der grundlegenden Rechte, die sich vernünftige Bürger gegenseitig einräumen würden. Das Modell einer verfassunggebenden Versammlung, die aufgrund diskursiv gewonnener Einsichten Recht setzt, legt die Vorstellung nahe, dass die Beteiligten ihre Grundnormen erzeugen. Sie akzeptieren diejenigen Normen als gültig, die nach ihrer Auffassung im gleichmässigen Interesse aller liegen. Im Prinzip müssen sich alle davon überzeugen können, dass die derart eingeführten Praktiken gleichermassen gut für jeden sind. Autonomie ist die Fähigkeit, den eigenen Willen an normative, aus dem öffentlichen Vernunftgebrauch resultierende Einsichten zu binden. Diese – Kantische – Idee der Selbstgesetzgebung inspiriert auch das Verfahren demokratischer Willensbildung, mit dem politische Herrschaft auf eine säkularisierte Grundlage der Legitimation umgestellt wird. Damit erübrigt sich eine metaphysische Begründung von Menschenrechten, die nicht mehr auf eine rechtfertigende Einbettung in religiöse oder kosmologische Weltbilder, also auch nicht auf einen "übergreifenden Konsens" im Sinne von Rawls angewiesen sind.

Was für uns ein theoriestrategischer Vorzug sein mag, gibt aus der Sicht anderer Kulturen Grund für Kritik. Unter den Prämissen der sei es weltabgewandten oder soziokosmischen Weltbilder des Orients, vor allem des Buddhismus und des Konfuzianismus, ist nicht einzusehen, warum die Autonomie der Bürger einen derart zentralen Stellenwert haben sollte. Das erklärt den normativ ausgetragenen Streit über die Rangfolge zwischen liberalen und politischen Menschenrechten auf der einen, sozialen und kulturellen Menschenrechten auf der anderen Seite. Wenn man diejenigen Rechte als grundlegend auszeichnet, die für eine sich selbst bestimmende Assoziation freier und gleicher Rechtgenossen konstitutiv sind, dann bilden natürlich jene klassischen Freiheits- und Bürgerrechte, die die private und die öffentliche Autonomie gewährleisten, den Kernbestandteil jeder legitimen Ordnung. Demgegenüber haben die sozialen und kulturellen Rechte einen abgeleiteten Status; sie sollen nur die Bedingungen garantieren, die eine chancengleiche Nutzung der absolut begründeten Grundrechte erst möglich machen. Im Streit über die "asiatischen Werte" verteidigen insbesondere die Sprecher von Singapur, Malaysia und China ihr erfolgreiches, aber autoritäres Entwicklungsmodell mit dem Hinweis auf Traditionen, wonach die Freiheit des Einzelnen dem paternalistisch wahrgenommenen und definierten Wohl der Gemeinschaft untergeordnet werden soll. So begründen sie die paternalistische Fürsorge von Regierungen, die der Verwirklichung sozialer und kultureller Rechte den Vorzug geben vor der Gewährleistung der im Westen als klassisch betrachteten Rechte (auf Leben, körperliche Unversehrtheit und Freizügigkeit, auf rechtliches Gehör, Gleichbehandlung und Schutz vor staatlicher Willkür, auf Glaubens-, Meinungs-, Vereinigungsfreiheit usw.)

Andere Opponenten empfinden weniger die Betonung von Autonomie, als vielmehr deren Kehrseite, die Säkularisierung der Politik als das beunruhigendere Problem. Aus der theozentrischen Sicht eines fundamentalistisch verstandenen Islams, Christentums oder Judaismus wird die Entkoppelung der politischen Legitimation von der göttlichen Autorität als Herausforderung für einen absoluten Wahrheitsanspruch empfunden, der gegebenenfalls auch mit Mitteln politischer Gewalt durchgesetzt zu werden verdient. Diese Auffassung hat Folgen für den exklusiven Charakter des Gemeinwesens; religiöse oder weltanschauliche Legitimationen dieser Art sind unvereinbar mit der gleichberechtigten Inklusion Andersgläubiger oder Andersartiger. Damit berühren wir den Kern einer Kontroverse, die als eine Konkurrenz zwischen Weltanschauungen und kulturellen Überlieferungen nicht richtig beschrieben ist. Die europäische Konzeption der Menschenrechte, die auf die Selbstbestimmungspraxis freier und gleicher Bürger zurückgeführt wird und eine Ablösung der Politik von Kirche und Religion erlaubt, versucht nämlich ein Problem zu lösen, vor dem heute andere Kulturen ebenso stehen wie seinerzeit Europa, als es die politischen Folgen der Konfessionspaltung überwinden musste.

Beide Einwände können mit demselben Argument zurückgewiesen werden: sobald die politische Herrschaft einer säkularisierten Grundlage der Legitimation bedarf, gewinnt die Autonomie des Einzelnen und der vereinigten Staatsbürger einen zentralen Stellenwert. Die normativen Grundlagen liberaler Verfassungen, wie sie aus der amerikanischen und der französischen Revolution hervorgegangen sind, lassen sich als das Ergebnis eines Lernprozesses verstehen. Die Bürger haben gelernt, sich trotz konkurrierender Glaubensüberzeugungen und Lebensentwürfe auf diskursive Verfahren kooperativer Entscheidungsfindung und auf allgemein verbindliche Normen der gesellschaftlichen Konfliktregelung zu einigen. Die Gesellschaften, die sich heute gegen einen präsumptiven Menschenrechtsfundamentalismus des Westens wehren, befinden sich nach innen wie aussen in einer ähnlichen Situation.

Der Konflikt der Kulturen findet ja im Rahmen einer Weltgesellschaft statt, in der sich die kollektiven Aktoren ungeachtet ihrer verschiedenen kulturellen Traditionen wohl oder übel auf Normen des Zusammenlebens einigen müssen. Denn die autarke Abschirmung der eigenen Kultur gegen Einflüsse von aussen ist in der heutigen Weltlage keine Option mehr. Der weltanschauliche Pluralismus bricht aber auch innerhalb dieser Gesellschaften auf. Das ist auch dann der Fall. wenn diese in kultureller Hinsicht verhältnismässig homogen zusammengesetzt sind. Denn auch dort versuchen intellektuelle Minderheiten die herrschenden dogmatischen Überlieferungen in dem Bewusstsein umzuformen, dass die eigenen Wahrheiten mit öffentlich anerkanntem profanem Wissen in Übereinstimmung gebracht und gegen andere religiöse Wahrheitsansprüche innerhalb desselben Diskursuniversums verteidigt werden müssen. Diese Reflexion bahnt den Weg zur Umbildung traditionaler Weltbilder in "reasonable comprehensive doctrines". So bezeichnet Rawls ein umfassendes ethisches Welt- und Selbstverständnis, das Spielraum lässt für eine Diskussion über Regeln der gleichberechtigten Koexistenz mit anderen Überzeugungen und Überlieferungen, Lebensentwürfen und Lebensformen.

Diese apologetischen Überlegungen stellen den westlichen Legitimationstyp als eine Antwort auf allgemeine Herausforderungen dar, denen heute keineswegs mehr nur die westliche Zivilisation ausgesetzt ist. Das besagt aber nicht, dass die Antwort, die sie gefunden hat, die einzige oder auch nur die beste ist. Ausserdem belehrt uns die eigene Geschichte darüber, wie selektiv die Menschenrechte in Europa selbst begriffen und verwirklicht worden sind. Insofern bedeutet die gegenwärtige Debatte für uns die grosse Chance, uns über unsere blinden Flecken aufklären zu lassen. Die hermeneutische Reflexion auf die Ausgangslage eines Menschenrechtsdiskurses zwischen Teilnehmern verschiedener kultureller Herkunft macht uns freilich auf normative Gehalte aufmerksam, die in den stillschweigenden Präsuppositionen eines *jeden* auf Verständigung abzielenden Diskurses enthalten sind. Unabhängig vom kulturellen Hintergrund wissen nämlich intuitiv alle Beteiligten recht gut, dass ein auf Überzeugung beruhender Konsens nicht möglich ist, wenn nicht zwischen den Kommunikationsteilnehmern symmetrische Beziehungen bestehen – Beziehungen der gegenseitigen Anerkennung, der wechselseitigen Perspektivenübernahme, der gemeinsam unterstellten Bereitschaft, die eigenen Traditionen auch mit den Augen eines Fremden zu betrachten, voneinander zu *lernen usw.* Auf dieser Grundlage lassen sich nicht nur die selektiven Lesarten, die tendenziösen Auslegungen und bornierten Anwendungen der Menschenrechte kritisieren, sondern auch die verbreitete Praxis der schamlosen Instrumentalisierung der Menschenrechte für eine Verschleierung partikularer Interessen.

Kolloquium V
Das Neue und das Fremde

DIETMAR KAMPER
Einleitende Bemerkungen

1. Läßt sich heute noch etwas Neues über das Neue sagen? Und kann man über das Fremde sprechen, ohne es im Sprechen anzueignen? – Ich hebe ab auf einen ungewohnten Umgang mit den "Kategorien" des Neuen und des Fremden. Gesetzt nämlich, daß die Philosophie im Prinzip eine Strategie der Aneignung und nicht der "Anfremdung" ist und zudem eine Reduktion des Neuen auf das Alte Wahre, dann haben es die genannten Kategorien nicht leicht. So ist das über das Neue Gesagte immer in der Gefahr, schneller alt zu werden als das Neue selbst. So ist die Rede über das Fremde inzwischen "urvertraut", ohne daß dies beim Sprechen besonders bemerkt würde. Es käme aber darauf an, das Sperrige des Neuen und das Sperrige des Fremden auch sprachlich zu reflektieren, so daß unversehens ein Reden über die genannten Kategorien auch ein Reden über die jeweiligen Gegenteile einschließt. Das Alte ist eine Macht, und das Eigene in Form des Angeeigneten ist Indikator eines Sieges, der wahrscheinlich die größte Niederlage einschließt, die auf Erden je verzeichnet wurde.

2. Fremdheit kommt nämlich nicht mehr am Rande, wohl aber in der Mitte, im Kern vor. Die Welt und ihre Landschaften sind wie Territorien entdeckt, besetzt und in Bilder transformiert, die den Raum vernichtet haben. Es ist passiert und unwiderruflich. Am anderen Ende jedoch gibt es jene behauptete "ursprüngliche Vertrautheit" mit sich selbst nicht mehr, wohl aber eine wachsende Selbstfremdheit, die derzeit noch abgewiesen, abgewehrt und verschoben wird. Fremdenhaß ist verkappter Selbsthaß und erdrückt als Folge eines Verbrechens den, der ihn hat. Diese Selbstfremdheit ist offenbar nicht Resultat einer Entfremdung, wie sie in der dialektischen Identitätsphilosophie vorschwebte, sondern Effekt einer überbordenden Homogenisierung und Identifikation des Gegebenen. Das funktioniert wie eine frisch-fromm-fröhliche Kontingenzminimierung, die, ohne es zu ahnen und es zu wollen, Kontingenzmaximierung erreicht. Der Weg von der Notwendigkeit zum Zufall, von der Wirklichkeit zur Möglichkeit ist unaufhaltsam und nicht begriffen.

3. Ich folge der Annahme von Günther Anders, daß die Menschen etwas machen und herstellen können, was sie sich nicht vorstellen und denken können, jedenfalls nicht auf Anhieb. Es hat immer deutlicher den Anschein, daß der Motor der Weltveränderung – und damit der Motor der Weltverwüstung – selbst nicht verändert werden kann, daß der Urheber der Zivilisierung der menschlichen Welt nicht zivilisiert ist und daß wir bis heute nicht wissen, wer dem menschlichen Leben den Garaus macht. Das läuft mit einiger Notwendigkeit auf die These hinaus, daß die menschliche Vernunft selbst, die den Menschen alles bekannt gemacht hat, selbst unbekannt blieb und daß das Neue und das Fremde an dieser Stelle gesucht werden muß, auch wenn 400 Jahre Kritiken der Vernunft bereits erfolgt sind. Mit den Kategorien des Neuen und des Fremden ist auf eine unwahrscheinliche Weise die Frage verbunden, die auch im aktuellen Nachdenken noch immer gräßlich ist: unde malum?

HANS-DIETER BAHR

Fremde Menschheit – Neue Tierheit

Um zu erörtern, wie sich *Fremdes und Neues* zueinander Verhalten, möchte ich von einer konkreten Frage ausgehen, ehe ich mich den Schwierigkeiten im Gebrauch dieser beiden Ausdrücke zu stellen versuche, um dann auf das Thema einzugehen:

1.

Wie ist es zu verstehen, daß Menschen sich plötzlich in einem Umfang und in Art und Weisen wie nie zuvor den Tieren zuwenden? Ist es das Anzeichen dafür, daß uns ein überkommenes Selbstverständnis fremd geworden ist? Entspricht dieser gesteigerten Ausrichtung auf die Tierheit eine schwindende Fähigkeit, sich an einer göttlich geglaubten oder 'rein' menschlichen Vernunft zu orientieren? Beginnt sich nun vielleicht jene Krise der Metaphysik, der man seit Kants Kritiken nicht mehr entgeht, auch alltäglich und massenhaft auszuwirken?

Seit wenigen Jahrzehnten erst verbreitet sich die Tierverhaltensforschung explosionsartig und häuft uns ohne Unterlaß ihre 'sensationellen' Entdeckungen an, durch welche die alten Bilder vermeintlich stereotyper tierischer Verhaltensabläufe zerbrechen. Keine andere Wissenschaft erreicht derzeit eine vergleichbare Popularität, nichts wird so rasch und massenhaft in Print- und audiovisuellen Medien vermarktet und als exotisch in Massenunterhaltung umgesetzt wie Neuentdeckungen tierischen Verhaltens, deren Darstellungen die alten grausamen Schaujagden, die inszenierten Tierkämpfe und Tierdressuren wenn schon nicht ablösen, so doch den Rang ablaufen. Nach dem bereits jene aristotelisch-thomistische Auffassung an Bedeutung verloren hat, der zufolge den Tieren mit der Göttlichkeit auch die Vernunft und deren Unsterblichkeit abzusprechen sei, gerät nun auch jener Cartesianismus in die Defensive, der Tiere zu bloß instinktgeleitete, vorprogrammierte Maschinen erklärte. Die vom Behaviorismus für tot erklärte Tierpsychologie ist nicht nur wieder auferstanden, sie beginnt erst ihre Karriere.[1] Einig scheint man sich – wie seit der Antike – nur darin, den Tieren jede symbolische Sprachfähigkeit abzusprechen, damit eine letzte, unüberbrückbare Differenz zum Menschen gewahrt bleibe.[2] Aber wie lange noch? Und hatten denn diejenigen, die ständig mit Tieren zu tun hatten, je an einer auch symbolischen Verständigung mit ihnen gezweifelt? Warum hörte man nicht auf, menschliche Sprachfähigkeit auf Tiere zu übertragen in den Mythen, Märchen, Fabeln, in Sagen, Legenden, Dichtungen, in Sprichwörtern und Spielen mit Tierpuppen, in Musik und Film, Comics und Science Fiktion? Warum träumen Menschen davon, die 'Sprache' der Tiere verstehen zu können?

1 Vgl. Griffin 1991 und Dawkin 1993.

2 Vgl. Schütt 1990, Lorenz 1983, Benveniste 1974.

Menschen sind dabei, einige Tierarten stets massenhafter als Rohstoffe, als Lebens- und Nahrungsmittel zu verwerten, und entsprechend werden Tierzucht und Tierversuche, Haltung, Transport und Tötung von Tieren industrialisiert. Und zugleich sind Menschen dabei – nicht nur aufgrund der Bevölkerungsexplosionen – die meisten Lebensräume und viele Tierarten selbst auszurotten und zwar zur gleichen Zeit, da sie fähig werden, neue Tierarten gentechnisch herzustellen. Begleitet werden diese Ereignisse von der Praxis reicher Länder, wie nie zuvor unzählige Tiere – weil sie unterhaltsam, nicht weil sie nützlich sind – in Wohnungen, Volieren, Terrarien, Aquarien, in Gärten, Freilandgehegen und Naturparks zu halten. Wie ist dieses neuartige Interesse zu verstehen?

Noch Spinoza,[3] der den Tieren keineswegs ein empfindendes Bewußtsein absprach, verneinte, daß es aus diesem Grunde nicht erlaubt sein solle, Tiere nach Belieben zu gebrauchen, da sie der Natur nach nicht mit uns übereinstimmten und ihre Affekte von den menschlichen verschieden seien. Darwin[4] brachte diese Artschranken zum Einsturz und rückte damit die Tiere dem Menschen auf den Leib, nachdem kurz zuvor in England zum ersten Mal das Quälen von Nutz- und Haustieren als Straftatbestand eingeführt worden war. Ein Jahrhundert später dehnte man zuerst in Deutschland das Verbot auf alle Tiere aus, und seither bricht die Flut erlassener und geforderter Gesetze zum Schutz der Tiere nicht mehr ab. Schließlich konnten wir die Geburt einer neuen philosophischen Disziplin beobachten: die Tierethik.[5]

Fällt es nicht auf, daß man – als lasse sich darin eine neue Heimat imaginieren – in dem Augenblick auf das Tierreich setzt, da nicht nur die Zuversicht eines Gottesreiches, sondern auch die Hoffnungen auf ein irdisch-paradiesisches Menschenreich zu Bruch gingen? Dort, wo mit Schopenhauer eine nihilistische Misanthropie durchbrach, wurde Tierliebe zum Grundsatz. Dort, wo Nietzsche nicht nur vom Tod Gottes, sondern auch von der Überwindung des Menschen sprach,[6] da betrat eine Menagerie von mehr als 50 Tierarten die philosophisch-poetische Szene. Und schließlich werden Deleuze und Guattari genau dort, wo sie den Totalitäten die Mannigfaltigkeiten entgegensetzen, vom 'Tierwerden' sprechen.[7] – Anders jedenfalls, als Max Weber annahm und Jürgen Habermas zu befürchten scheint, brachte die Krise der Mono-Theologie und ihrer Anthropologie nicht viele Götter zurück, sondern viele Tiere ... Aber ergibt es noch Sinn, hier entweder von einer längst fälligen Aneignung verdrängter Tierheit im und um den Menschen zu sprechen oder umgekehrt von Anzeichen, daß sich Menschen einander und vor sich selbst fremd geworden seien?

3 Spinoza 1963, S. 221.
4 Vgl. Darwin 1859.
5 Vgl. Wolf 1992.
6 Vgl. Nietzsche 1922.
7 Deleuze und Guattari 1992, S. 317 f.

2.

Vielleicht würde eine Entscheidung bereits das Problem selber verfehlen, nämlich die Entscheidung darüber, ob die neuartige Zuwendung zu den Tieren darauf ziele, sich eine leibhaftige Animalität anzueignen, der man entfremdet sei, oder umgekehrt darauf, von einer übersättigten, einsamen menschlichen Eigenheit her aufzubrechen zum geheimnisvoll Fremdartigen der Tierheit. Gehören das Eigene und Fremde nicht nur zum alten Spiel der einen Idee des Lebens, die dafür sorgt, daß letztlich keine streunenden, wildfremden Reste entgleiten, die uns als neuartige überraschen könnten? Wie alt ist doch unser Verständnis und daß Verhalten zum Fremden und Neuen!

Wir neigen dazu, in allem Fremden das Neue, im Neuen das Fremde zu sehen. Und doch kann all das, was nur die Stelle des Alten einnimmt, eine Lücke ausfüllt, einen Mangel ergänzt, sich in einen Bestand eingliedert oder eine Serie regelrecht fortführt, neu und anders sein, ohne zu befremden, da es als ähnlich oder ergänzend zum Bekannten paßt. Umgekehrt kann das Fremde als Anderes altbekannt sein, entweder als das Nicht-Eigene, das niemand hat und keinem Bereich angehört: das Lose und Ledige, das Herumliegende und Streunende, das immer noch von der alten Leibeigenschaft her 'das Herrenlose' genannt wird. Oder als das Eigene des Anderen, wie die fremde Sitte oder Meinung, wie Fremdenhilfe oder Fremdherrschaft, fremdes Recht und fremdes Eigentum. Und selbst die Befremdlichkeit des Glücks oder der Angst: war sie je nicht bekannt? – Bis zum Überdruß ist gerade dasjenige, was man gewöhnlich als Fremdes bezeichnet – selbst wenn man die unbestimmte Ferne damit meint – das Alte und Immergleiche vor allem auch, wenn es das Abweichende betont, das sich nicht ohne weiteres aneignen und einfügen läßt. Und immer die gleichen Verhaltensweisen antworten darauf: entweder ablehnend gegen das, was nicht dazugehöre, was störend, ungereimt, unverträglich sei, schädlich, unheilvoll oder teuflisch, kurz dasjenige, was das Zueinandergehörige überfremde und diabolisch zersetze. Altbekannt sind aber auch die Weisen neugierigen oder zustimmenden Verhaltens zum Fremden, welches das Fehlende ergänze, die abgelebten Ordnungen wieder erfrische und Abwechslung bringe, welches das Vorhandene bereichere und Fruchtbarkeit bringe und uns überhaupt mit Segen und Heil symbolisch verbinde. Entsprechend stoßen wir auf immer die gleichen, abgedroschenen Umgangsweisen mit dem Fremden: man ignoriert es oder nimmt Abstand von ihm, man duldet oder ghettoisiert es, bertreibt oder vernichtet es; oder man vergnügt und unterhält sich damit, nimmt es auf, gleicht sich einander an oder sucht den Kontrast, bewundert und verehrt seine Verschiedenheit. Und dazwischen liegt die Gleichgültigkeit oder jene schwankende Scheu, die sich im 'Fremdeln' äußert. Aber vieles auch, was uns von alters her bekannt und vertraut war, ist uns erst fremd geworden; es geht uns nichts mehr an und man hat sich nichts mehr zu sagen. Und sind wir dabei uns selbst fremd geworden, kann man versuchen, die gewohnte Entfremdung dadurch zu durchbrechen, daß man sie ihrerseits verfremdet und vom Anderen her kenntlich macht. Und immer wieder wird man 'fremdgehen' im Glauben, dadurch einer anderen Fremdbestimmung entrinnen zu können.

Aber kann es uns nicht geschehen, daß wir auf eine befremdliche Neuheit in einer uns selbst befremdenden Weise antworten, etwa mit einem Gleichmut, den wir an uns nicht kannten, oder mit einer ungewohnten Betroffenheit, mit einer unsere Fassung sprengenden Angst oder Freude, wie wir sie noch nie zuvor erlebt zu haben scheinen? Dennoch – so sagen die Denker der Subjektivität – etwas müsse sich in jedem Erlebnis auf eine ihm vorgängige, ureigentliche Selbstvertrautheit beziehen lassen, sofern es überhaupt einen Auffassungs- und Aneignungsgrund des Fremden und Neuen gebe. Aber erklärt das, wie solche primordiale Eigentlichkeit in sich selbst der Befremdung und Neuheit ausgesetzt sein kann? Warum vermag solche Fremdheit nicht nur das Andere, sondern auch das Eigene unserer selbst in Frage zu stellen und im Wahn, im Tod zusammenbrechen lassen? Verweisen diese Möglichkeiten nicht darauf, daß uns letztlich das uneingeschränkt Neue vollkommen transzendent wäre? Dann müßten wir vielleicht mit den salomonischen Weisen einräumen, nichts Neues geschehe unter der Sonne.

Doch daß sich das Neue nur im Verhältnis zum Alten erfassen lasse, besagt noch nicht, dieses Verhältnis schränke das Neue ein. Man sagt, das absolut Neue sei undenkbar. Aber ist das relativ Neue denkbar?

Nicht nur in einer Welt magischer Wunschvorstellungen, auch in jener der Empirie spricht man vom Auftauchen neuer Dinge und Eigenschaften, auch wenn sie aus den alten Verbindungen, Trennungen, Verschiebungen schon bestehender Elemente hervorgehen. Was aber ist dann neu an ihnen? Wie können wir das Neue eines Ereignisses verstehen, sofern es sich vom Alten unterscheidet, ohne zu fehlen?

Wir fühlen uns auf rätselhafte Weise genötigt, das qualitativ Neue vom zeitlich Neuen zu unterscheiden und die Unterscheidung wieder fallenzulassen. Qualitativ würden wir ein Soseiendes dann uneingeschränkt neu nennen, wenn ihm nichts anderes gleicht. Das Neue ist das Einzigartige. Zeitlich würden wir etwas uneingeschränkt neu nennen, wenn es sich erstmals in diesem Augenblick ereignete. Das Neue ist das Ursprüngliche. Denn was zeitlich noch ist oder schon ist, was war oder gewesen oder wieder ist, was erst wird oder werden wird: das gehört als Dauerndes, Verschwundenes oder Wiederkehrendes schon zur alten Zeit oder als Fehlendes noch nicht zur neuen Zeit. Dann aber zeigt sich das zeitlich Neue in dem unhaltbaren Widerspruch dessen, was nur verschwindend entsteht und entstehend verschwindet, und wir müßten mit Hegel sagen, daß gerade dieses Jetzt – anstatt neu zu sein – so 'alt' wie das Gesetz der Zeit wäre. Neu also und erstmalig wird der Augenblick nur, wenn er zum einzigartigen wird.

Wir bringen das qualitativ Neue zumeist mit einer Reihe anfänglicher Zustände in Verbindung, mit dem, was wir zum einen als 'Neuheiten' ansehen: etwa das Junge gegen das Gealterte oder Verwitterte, das Frische gegen das Morsche oder Faulige, das Reine gegen das Vermengte, das Unberührte gegen das Gebrauchte. Zum andern, was wir 'Neuigkeiten' nennen: dazu gehört das zuvor Unbekannte gegen das Bekannte, das noch Ungewohnte und Unvertraute gegen das Gewohnte und Vertraute, das Unerprobte gegen das Erfahrende, aber nur, sofern wir es als befremdliches zur Kenntnis nehmen. – Aber müssen wir nicht jedes Anderswerden, sofern es erstmals geschieht, als neu bezeichnen? Also auch das je Alternde und Zerfallende, sich Vermengende und Berührende und selbst das Bekannte, das uns gleichgültig wurde oder das wir vergaßen und daher für uns neu ist? – Wenn wir das Junge, Unberührte, Unbekannte mehr als die Veränderungen, die im Fluß sind, als das Neue auszeichnen, so deshalb, weil sie nicht als Ergebnis oder Folge gelten, sondern aus einem geschichtslosen Ursprung aufzutauchen scheinen. Das wirklich Neue, so meinen wir, kommt nicht hervor, wird nicht hervorgebracht, hergestellt oder entdeckt, als bestünde es immer schon woanders nur im Verborgenen. Es scheint vielmehr aus einem Nichts aufzutauchen, um erst zeitlich zu werden. Doch denken läßt sich das Neue nur so, als käme es immer schon zu spät, da etwas jederzeit Altes ihm zuvorgekommen sein müsse: sei es der 'uralte' Gott und dessen Urschöpfung, sei es das 'uralte' Spiel des Chaos, das den unbedingten Zufall ereignen läßt. Aber muß da nicht dennoch etwas im Alten erstmals und auf einzigartige Weise zerspringen, damit Neues sich ereigne?

Man wird einwenden, Antinomien tauchten nur auf, wenn wir das absolut Neue zu denken versuchten. Doch umgangssprachlich würden wir Einschränkungen verwenden. Das Neue muß nicht jetzt, es kann neulich, vor kurzer Zeit geschehen sein, neueren oder neuesten Datums, ohne selbst mit der Zeit gealtert zu sein. Das Neugebliebene könne doch gleichsam unverändert im Zustand seines ersten Auftauchens verharren. Aber auch qualitativ müsse etwas nicht einzigartig, es könne verhältnismäßig neu, vergleichweise neuer oder das Neueste sein. Denn letztlich könne eben nichts ganz neu sein. Doch wie sollen wir das relativ Neue, das stets nur teilweise neu sein könne, verstehen? Denn das Teil dürfte ja dann auch nicht ganz neu sein, sowenig wie das Teil dieses Teils, das auch nur teilweise neu sein darf – und so fort, bis das endlos zerkleinerte Neue restlos im Unendlichen verschwunden wäre. Oder soll das relativ Neue doch in jenem Ganzen zu finden sein, das irgendwie 'mehr' sei als die Summe seiner (altbekannten) Teile? Doch wenn das Neue ein Surplus wäre, durch den nichts wirklich hinzugefügt werde, dann ist der Zusatz des Neuen selbst nur ein imaginärer Überschuß, und wieder könnte man sagen, in Wirklichkeit geschehe nichts Neues unter der Sonne. Doch worin bestünde dann die Einbildung des Neuen?

Die Schwierigkeiten, das Neue zu denken, scheinen sich nicht dadurch zu verringern, daß wir metaphysisch-ontologische Aussageweisen auf solche möglicher Erfahrung einschränken. Sicher könnten wir unentschieden lassen, ob etwas überall oder nur hier neu sei, ob es sich erstmals ereignet oder wiederholt geschieht, ob es einzigartig oder durch Gleichartiges ersetzbar ist, ob ich es erstmals erfahre oder nur restlos vergaß, es schon früher erlebt zu haben. Aber auch das Neue das wir auf unsere eigene Erfahrung beschränken, denken wir vom uneingeschränkt Neuen her. Gerade auch dasjenige, was wir durch die Erinnerung als das Neugewesene erfassen, wird in seiner zeitlichen Einmaligkeit und sachlichen Einzigartigkeit bestimmt als etwas das als Unwiederbringliches und Unersetzbares verloren ist, und gerade das Erinnerungsbild, das ihm gleichen soll, verweist auf diesen Verlust. Auch das Neugebliebene setzt dieses Erinnern voraus, um uns zugleich zu sagen, das Neue sei nicht verloren, es ließe sich vielmehr als dasjenige wiedererkennen, was unverändert geblieben wäre. Doch darin gleicht das vermeintlich Neue nur dem, was einmal neu gewesen ist, und das, was wir als dieselbe Einzigartigkeit zu erfassen meinen, ist schon mit der Zeit alt geworden. Einerlei, ob das angeblich Neugebliebene einem anderen oder sich als dem Neugewesenen zum Verwechseln gleicht: als Einzigartiges ist es bereits verflogen. Aber kann es nicht erneut als dasselbe sich ereignen? Oder müssen wir sagen, alles, was sich erneuere, sei nur das Alte, das sich so verjüngte, reinigte, änderte, als ob es das Neue selbst sei? – eine Simulation des Neugewesenen, die nur bei denen Neues vortäuscht, die sich weder erinnern noch erinnern lassen.

Ob wir nun sagen, das absolut Neue sei uns gänzlich unbekannt, oder bemerken, das relativ Neue sei uns teilweise unbekannt: in jedem Falle scheint sich das Unbekannte der Erfahrung zu entziehen und das Neue entgleitet uns in dem Maße, wie es bekannt wird. Wenn man dennoch die Rede vom 'relativ Neuen' vorzieht, so deshalb, weil das teilweise Unbekannte ein teilweise Bekanntes mitmeint, von dem aus Vermutungen und induktive Schlüsse möglich werden. Aber diese beziehen sich nicht auf das Neue selbst, sondern einzig auf das Fehlende, das sich repräsentieren oder imaginieren läßt, das unsere Wünsche hoffend, fürchtend oder gelassen als Geschehnis vorwegnehmen, das sich mit mehr oder weniger Wahrcheinlichkeit herstellen ließe oder ereignen könnte – ob es nun neu sein wird oder nicht. Was man gerne eschatologisch als das künftig Neue postuliert, das uns noch unvorstellbar fremd sei, ist vielmehr jetzt das Neue, das sich dem fixierenden Denken und Erfahren entzieht, ohne sich verleugnen zu lassen. Was uns nur als Entzug widerfährt, wo wir es zu ergreifen suchen, ereignet sich als Neues gerade dort, wo es uns glückt, etwas und uns selber, das Andere wie das Eigene freizulassen, um sich dem Befremdlichen auszusetzen. Zu solchem Freilassen ist die Sucht nach Neuem unfähig: indem sie es festzuhalten sucht, hat sie es schon verloren, und ihr ist alles apriori bereits veraltet. Sie kann das Freilassen nicht als Eröffnung des Möglichen zulassen, ohne es als Loslassen zu verkennen, nämlich als Verzicht und Opfer. Alles Neue scheint dann ewig das Alte, welches vortäuscht, neu zu sein. Wie aber wenn vielmehr umgekehrt das Alte – mit seinen apriorischen Diskursen und Zeitgesetzen – das Neue wäre, das sich je ent-schließt, sich in der Maske des Alten zu zeigen, um uns das Gängige und Verschlossene vorzugaukeln? Und gälte das vielleicht auch für das alte Verständnis, wonach das Neue das Einmalige und Einzigartige sei, insofern es uns befremdlich der Offenheit aussetzt?

3.

Veränderungen, auch solche, die wir nicht erwarteten noch genauer kennen, befremden uns nicht schon als solche. Auch Wandlungen und Abwechslungen und unsere Beziehungen zu ihnen verlaufen zumeist in gewohnter Weise. Manchmal glauben wir für Augenblicke dort auf Neuheiten zu stoßen, wo uns nur irgend etwas ohne Belang flüchtig erregt und vorübergehend aufscheucht aus dem, was wie im Schlafe geht. Aber erst wenn im Selbstverständlichen das Fragliche aufbricht, begegnet uns Neues, ob wir uns nun dem Geschehnis zuwenden oder freudig öffnen, anstatt es nur blind zu genießen, oder ob wir seine Zumutung annehmen, anstatt uns angstvoll zu verschließen. Und doch ereignet sich das Neue nicht erst dort, wo uns Abweichungen auffallen und Bedeutungen fremd werden. Das Neue kann sich unauffällig andeuten, dort vielleicht, wo zunächst alles beim Alten geblieben scheint und nur das feinere Gespür eine bedeutsame Abweichung erahnt. Gleichwohl ist nicht die Abweichung selbst das Neue; sie ist nur der Träger, der uns dem Neuen zuträgt, einem Neuen, das – uns befremdend – uns auf einzigartige Weise dem Offenen aussetzt.

Unscheinbar vollziehen sich Abweichungen zumal dort, wo sich zunächst nur die Größe einer gleichbleibenden Eigenschaft ändert, ehe die Schwelle des eigenen Maßes überschritten wird und plötzlich eine neue Qualität auftaucht. So geschah es mit der Art der Verwendung von Tieren im Übergang von einer bäuerlich-handwerklichen zur industriellen Erzeugungsweise. Zunächst änderten sich Umfang und Techniken der Aufzucht und Verwertung einiger bestehender Tierarten. Andere, die massenhaft nicht verwertbar waren, drängte man weiter zurück und nahm ihr Aussterben zumindest in Kauf. Plötzlich aber war ein bestimmter Grad überschritten. Es zeichnete sich die Möglichkeit ab, nicht nur einzelne Eigenschaften von Tieren, sondern beliebig neue Tierarten – und warum nicht auch wieder die ausgestorbenen? – gentechnisch herstellen zu können. Im Unterschied zur Züchtung durch Auswahl und Kreuzung tierischer Individuen werden künftig neue Arten analytisch vorprogrammierbar – eine Möglichkeit, die vor ihren menschlichen Erfindern nicht halt macht. Vielleicht lassen sich künftig Lebewesen ebenso leicht konservieren wie abwandeln oder erneuern; vielleicht veralten sie dann ebenso rasch, wie neue erfunden werden. Jedenfalls hat mit der Gentechnik die mannigfaltige Wendbarkeit der Mittel eine Qualität erreicht, in welcher sich kein Prinzip der Zweckmäßigkeit mehr wird heraus- oder hindurchhalten können, in welcher Form eines Subjekts auch immer. Bereits die unmäßig wachsende Menge von 'Gebrauchsvorschriften', durch welche man die Verwendungsweisen einzuschränken sucht, zeugt davon, wie wenig sich Herstellung und Gebrauch mit einer allgemeinen Zweckmäßigkeit decken. Die unbegrenzte Wendigkeit der Mittel entzieht sich als ganze dort einer planmäßigen Steuerung, wo nicht mehr ausgemacht ist, ob Menschen als diese Lebewesen an sich selber festhalten werden. Welchen Nutzen man aus ihr im einzelnen auch ziehen mag, in der gentechnischen Herstellbarkeit neuer Arten von Lebewesen zeigt sich der Entzug eines Prinzips der Technik. Die Kontingenz des Natürlichen, gegen welche jenes angetreten war, erweitert sich um eine Kontingenz des Künstlichen.

Als ahnte man, daß sich das Prinzip äußerer Zweckmäßigkeit zu entziehen beginnt, inszeniert man zugleich auf einem anderen Schauplatz bewußt dessen Abwesenheit, nämlich in Form einer stets umfassenderen privaten und öffentlichen Haltung und Beschützung bestehender Tiere aus nicht-wirtschaftlichen Gründen. Immer schon hatte man zumal in den Wildtieren eigenartige Lebensformen gesehen, welche jene der Menschen mehr oder weniger berühren, für diese gefährlich oder harmlos, schädlich oder nützlich sein können, fremdartige Objekte ihrer Neugier oder Ignoranz, ihres Wohlgefallens oder Mißfallens, ihrer Hochachtung oder Verachtung. Und dabei gelten Tiere als selbständige und unabhängige Individuen, denen es um ihr eigenes Dasein gehe. Nun aber wird die schwindende naturwüchsige Unabhängigkeit der Tiere durch eine künstlich bewahrte ersetzt, und deren Unantastbarkeit wird moralisch gefordert. Allerdings werden auch in der privaten Haltung Tiere zugleich als Mittel verwendet, sich die Einsamkeit zu vertreiben oder sich zu unterhalten, man gebraucht sie als Spielgefährten oder als bewegliche Ornamente. Und in den öffentlichen Tierhaltungen werden wilde, zahme oder abgerichtete Tiere dazu benutzt, die Jagd- oder Wettlust, die Spiel- oder Schaulust der Massen, die epistemischen Interessen von Wissenschaftlern zu befriedigen. Will man dagegen mehr von den eigenartigen Lebensweisen der Tiere erfahren, wendet man sich an die Tierverhaltensforschung, damit sie ihre Ergebnisse in den Medien zur Schau stelle. Man begehrt die Vorführung fremder Lebensweisen, deren Exotik nicht – wie im Fall der 'Eingeborenen–Kulturen' – bereits von Medien und touristischen Inszenierungen weitgehend verbraucht wurde.

Dieses Interesse an 'unberührten', befremdlichen tierischen Lebensformen mag flüchtig sein oder tiefer gehen. Doch sofern es weder nur darum geht, wissenschaftlich deren Wesen zu erkunden, noch darum, die Werte zu erfassen oder zu bestimmen, welche Tiere für andere oder für sich selbst haben mögen: geht es dann nicht um Deutungen, durch welche man einen orientierenden Sinn eigener Lebensweisen zu erfassen sucht, indem man diese gegen andere abgrenzt? Das trifft, wie ich denke, um so mehr zu, je mehr sich der überlieferte Sinn solcher geschichtlicher Ereignisse auflöst, von denen wir annehmen, sie hätten bisher die Ausrichtungen und das eigene Selbstverständnis entscheidend geprägt. Was zusammenbricht, ist eine bestimmte Konstellation von 'Gottheit – Menschheit – Tierheit', welche – im Gegensatz zu anderen Weltreligionen – dem jüdischen, christlichen und islamischen Bekenntnis gemeinsam ist. Diese Konstellation beruhte auf einer radikalen Entgöttlichung der Tiere, deren Folge eine Verwerfung des Tierischen im Menschen war, um ihn paradoxerweise zum Bild eines unsichtbaren Gottes zu erheben. Ist die gegenwärtige Hinwendung zum Tier, die manchmal fast kultische Züge annimmt, Anzeichen dafür, daß der Glaube nicht nur an das Göttliche sondern auch an das Menschliche im Menschen im Schwinden begriffen ist?

Verzweigte Wege waren von den Jägern mit ihren Tiermasken zu jenen Magiern verlaufen, welche verschiedenste tierische Merkmale zusammenstückelten, um sich ein außermenschliches Wissen und übermenschliche Fähigkeiten botmäßig zu machen, bis hin zu jenen Hirtenpriestern, denen Götter in Gestalt von Tieren, Menschen oder Mischwesen aus beiden erschienen und entsprechend dargestellt wurden, ehe die Hochkulturen deren Erbe antraten. Die Mosaische 'Genesis' vollzog diesen gegenüber einen ungeheuerlichen Einschnitt:

In der Aussage, Gott habe Adam 'nach seinem Bilde' geschaffen, mag zunächst die 'Ähnlichkeit' ebenso einer Gestalt wie eines erkennenden oder handelnden Vollzuges angesprochen sein: doch offensichtlich besagt sie mehr als nur, Gott habe ihn gemäß seiner Vorstellungen und Entwürfe erzeugt; denn das träfe auf die gesamte Schöpfung zu und zumal auch auf die Tiere, die gerade nicht nach seinem Bilde geschaffen sein sollen. So wie Gott als Herr Adams gilt, so wird der erste Mensch zum Herrn der Tiere erkoren und er gibt ihnen Namen. Wenn derart der Mensch zwischen Gott und Tier tritt, dann keineswegs als deren Vermittler. Der Auftrag, dem Gebot Gottes zu folgen, vertieft den Abgrund, der hier zwischen Gott und Tier aufgerissen wurde, und im Namen des einzigen gesetzgebenden Gottes wird dessen tierische Darstellung (das Goldene Kalb) zerstört, so wie im Namen des klügsten Tieres, der Schlange, sein Widersacher bestimmt wird. Doch sofern der Mensch ebenso am Göttlichen wie am Tierischen teilhat, lassen sich Übertragungen nicht ausschließen: weder ist das Tier im Gott noch der Gott im Tier restlos zu tilgen gewesen; das 'Leben' verbindet sie. Dem Tier mußte daher jeder göttliche Hauch ausgetrieben werden, durch den es hätte an der Vernunft und ihrem Heil und an der Unsterblichkeit der Seele teilnehmen können. Es sollte zum schlechthin Sterblichen und Nichtigen werden, zur stets sichtbaren Gestalt seines eigenen sprachlosen, profanen Verendens, worin die Fortpflanzung nur die Rolle spielt, den Tod nicht aussterben zu lassen. Es wurde die babylonische Vermengung der unzähligen Tiere entwirrt und ihr geordnetes Auseinanderhalten gefordert: 'Jedes nach seiner Art'. Es begann die Geschichte ihrer Entmythisierung. Zunächst mußten vor allem die göttlichen Mischwesen zwischen Menschen und Tieren sowie die alten Tiergötter teuflisch werden, ebenso jene Götter, die vorübergehend zumal tierische Gestalten annahmen, um sich Menschen zu nähern, sie zu beeinflussen, sogar zu befruchten. In abklingender Sakralität wirkte die Dämonisierung weiter in der Furcht vor Monstern, Untieren, Mißgestalten, Bastarden, vor den rasenden oder heimtückischen Bestien, vor dem Verderben bringenden Ungeziefer, und sie drückte sich aus in der Abscheu vor dem Viehischen aller unreinen Vermischungen und überhaupt vor jener dunklen, ungehemmten Triebhaftigkeit alles Tierischen, die doch so wenig an den Tierindividuen selbst zu beobachten war.

Versteht man – in der Tradition der Romantik – unter 'Symbol' eine solche bezeichnende Gestalt, die selber an dem teilhabe, worauf sie verweise, nämlich an der Einheit eines Ganzen, dann kann – und daran halten sich die biblischen Testamente – auf keine Weise mehr ein Tier als Symbol Gottes gelten, mag es auch noch zu dessen Boten oder zum Überträger seiner Botschaften werden. Aber es genügte nicht einmal, das Tier mit seinem außermenschlichen Wissen und seinen übermenschlichen Fähigkeiten dem Göttlichen nur zu entwinden, um es dem Gott als eines seiner mythischen Attribute zuzuschreiben. Gott wurde einzigartige Person in dem Maße, wie er von jeder mannigfaltig – tierischen Affinität und Berührung gereinigt wurde, und das Tier ließ man allenfalls noch als sagenhaften Gefährten teuflischer oder dämonischer Halbgötter, schließlich nur noch als legendären Begleiter von Helden und Heiligen gelten.

Bereits in der griechisch-römischen Spätantike hatte sich eine wachsende Tendenz gezeigt, jede mythische Verwandlung in ein Tier als Verhängnis, wenn nicht gar als Strafe eines Gottes anzusehen, und ebenso die Neigung, jede tierische Anwandlung, ob sie Götter oder Menschen überkomme, als eine sinnlich-triebhafte Erniedrigung aufzufassen, die der Vernunft widerstreite. Die Überzeugung, ausschließlich die menschliche Gestalt könne würdig das Bild eines Gottes abgeben, traf sich schließlich mit der mosaischen Auffassung, nur der Mensch sei von Gott nach seinem Bilde geschaffen. Das Tier galt nicht einmal mehr als dessen Zerrbild; es ist nur ein Geschöpf, in welchem jede seinem Erzeuger ähnliche Spur getilgt ist. Als ein Unbild Gottes wird das Tier zu einem scheinbar beliebigen Zeichenträger. Allerdings war aus dem mosaischen Glauben, Gott habe Adam nach seinem Bilde geschaffen, nicht ohne weiteres zu schließen, er könne angemessen in menschlicher Gestalt standbildlich dargestellt werden. Die wohl entscheidendere Voraussetzung für eine Verschmelzung hebräischer mit griechisch-römischen Auffassungen hatte sich über die philosophischen Auslegungen der Dichtungen zumal Hesiods und Homers angebahnt; denn in diesen zeigte sich von vornherein die Beziehung der Ähnlichkeit von Göttern und Menschen in der Art der Handlungen und in den Graden ihres Einflusses. Und diese Abstufung der Mächtigkeit verschob das epistemische Spiegelverhältnis von Urbild und Abbild hin zu einem asymmetrischen, praktisch graduellen Verhältnis des menschlichen 'Nachbildes', das sich vielleicht mit seinem unsichtbaren göttlichen Vorbild zu messen oder ihm zu folgen sucht, ohne es je erreichen und angemessen zum Ausdruck bringen zu können. Hier zeigt sich schließlich die Gottähnlichkeit des Menschen im Vollzug einer einzigen, unsterblichen Vernunft, die fähig sei, Widersinn aufzulösen und Widersprüche zu tilgen, da sie ihren Grund in sich selbst habe und der Vollkommenheit nachfolge. In der Verbannung aber der Tiere aus diesen Völker schmiedenden Mythen und ihren sakralen Kulten einerseits, aus der

Herrschaft des reinen Logos andrerseits kamen morgen- und abendländische Kulturen zu einer wirksamen Gemeinsamkeit. Doch die zum Schweigen gebrachten Tiere fanden im 'Epos' – irgendwo zwischen Mythos und Logos – ihr Exil. Sie wanderten ab in die Märchen und Dichtungen, in all die inoffiziellen Reiche der Verwunschenheit, wo nicht nur ihre diabolisch-dämonischen sondern ebenso ihre engelgleichen Fähigkeiten zur Wirkung kommen dürfen, ihre hilfreiche Güte, ihre ratgebende Weisheit, ihre prophetischen Gaben, ihre geistreichen Spiele, ihre spannunglösende Komik – 'tierischer Ernst' wie 'unbeschwerte Viecherei', die sich bis heute erhielten und verbreiteten.

Stets dürften Menschen ihr Verhalten mit dem verschiedenster Tiere verglichen und viele seiner Merkmale so gedeutet haben, als verbinde sie eine Reihe von Wesensverwandtschaften und trenne beide grundlegend in anderen Eigenschaften. Diese Differenz zeigt vielfältig verschachtelte und verzweigte Strukturen, die sich aber nie derart verteilten, daß uns hier eine vernunftlose Leiblichkeit mit den Tieren verbinde, dort eine immaterielle Vernunft von ihnen trenne. Die Deutung der Animalität bleibt zunächst selbst bei einem Denker wie Aristoteles zwiespältig. Zum einen spricht er in der 'Nikomachischen Ethik' dem animalischen Leben jede Fähigkeit zu Tugend und Laster und zu Klugheit und Dummheit ab: denn es gelange nicht über die Sinnlichkeit hinaus, nicht hinaus über die Empfindung von Reizen noch über eine unsteuerbare Triebhaftigkeit. Doch auffälligerweise rechtfertigt Aristoteles diesen Bruch zwischen Animalität und theoretisch-praktischer Vernunft keineswegs von den Kenntnissen oder Deutungen tierischen Verhaltens her. In Form ihrer Entgegensetzung rücken animalische Leiblichkeit und vernünftige Seele einander nicht nur bedrängend nahe; unversöhnlich widerstreiten sie sich und suchen einander zu bezwingen und zu beherrschen. Doch seltsamerweise haben sich gerade die Tiere von diesem Schlachtfeld entfernt und Aristoteles scheint nur eine menschliche Animalität im Kampf mit der Vernunft im Blick zu haben. Erst bei Thomas von Aquin, dann bei Descartes wird diese vernunftlose Animalität derart auf die Tiere zurückübertragen, daß diese sich darin erschöpfen, letztlich vorprogrammierte, instinktgeleitete Maschinen zu sein. In seiner 'Tierkunde', aus welcher die magisch tätigen Fabeltiere ebenso schon weitgehend verschwanden wie die mythischen Mischwesen, schreibt Aristoteles dagegen den Tieren fast durchgängig Charaktere zu, als wären diese nicht nur aktualisierte Anlagen sondern ebenso durch einsichtige oder eingeübte ethische und dianoetische Tüchtigkeiten geprägt worden. Und von einer solchen Deutung geht nicht nur die 'Genesis' aus, insofern die kluge Schlange der fürchterlichen Bestrafung durch Gott nicht entgeht. Bis ins 18. Jahrhundert hinein hat man Tiere ihrer 'Vergehen' wegen strafrechtlich verfolgt und verurteilt. Andrerseits räumten die mosaischen Gesetze den Arbeitstieren ein Recht auf genau bestimmte 'Entlöhnung' ein. Erst das bürgerliche Recht der Aufklärung bestimmte tierisches Verhalten als jenseits von gut und böse und die Tiere selbst als reine Sachen.

Es wäre wichtig, einmal zu klären, inwieweit die Tierallegorien und Tierfabeln der Antike den Platz eines aufgelösten totemistischen Denkens eingenommen haben. Wäre eine solche Vermutung richtig, drückte sich diese Ablösung wohl darin aus, daß eine relativ konstante totemistische Kombination durch eine gewisse Beliebigkeit der Verschiebung ihrer Elemente ersetzt wurde. Inhaltlich würde sich das darin zeigen, daß die Tierallegoresen und die Tierfabeln, in denen – im Unterschied zu jenen – seit Äsop bereits keine Fabeltiere mehr vorkamen, durchweg auf der Voraussetzung beruhen, daß Tiere nicht anders als Menschen ziemlich frei über intellektuelle und moralische Fähigkeiten verfügen und für deren Auswirkungen verantwortlich gemacht werden. Darin liegt der Grund, wieso die unterschiedlichen Tierarten zu typischen Allegorien eines vor allem auch göttlich ver- und gebotenen Verhaltens werden konnten, welches dann gleichermaßen ein Verhalten von Tieren und Menschen, ja sogar von Teufeln oder Engeln sein konnte. Tierarten als typische Charaktere: darin läge ein Anzeichen, daß die Entgöttlichung der Tiere nie restlos vollzogen worden war. Aber die Spur konnte verdeckt werden, weil es sich dabei scheinbar nur um einen Anthropomorphismus handelt, der zugleich die beanspruchte Gottähnlichkeit, die sich mit auf das Tier übertragen könnte, unterschlagen muß. Und wie will man die Theriomorphie des Trägers erklären? Als Verhaltensträger können ebenso berufliche Stände oder Eigenschaften lebloser Dinge verwendet werden, um das scheinbar rein Menschliche zu übertragen.

Die markanten und typischen Verhaltensweisen, die man verschiedenen Tierarten zuschreibt, gelten nicht primär als physische und psychische Eigenschaften ihrer Individuen sondern als in diesen verkörperte allgemeine Charaktere, so als ob sich in den verschiedenen Tierarten die besonderen, ausgeprägten dianoetischen und ethischen Verhaltensweisen selber individuiert hätten: in der Schlauheit des Fuchses, im Mut des Löwen. Da jedoch weder die Nennung des Löwen noch seine Darstellung in einer Gestalt einfach zur Bedeutung 'Mut' führen – ebenso könnte seine 'Stärke' oder 'Gelassenheit', seine 'Willkür' oder 'Würde' gemeint sein –, so bleibt in seinem Namen oder Bild stets 'Anderes' allegorisch mitbedeutbar, ohne daß davon die Rede sein muß. Doch in einmal fixierten Deutungen nehmen die einzelnen Trägertiere durch bestimmte ihrer 'intellektuellen' oder 'moralischen' Arteigenschaften selber symbolisch an solchen allgemeinen Charakteren teil. Deshalb können sie zudem wie handelnde Personen auftreten. Spricht man dagegen vom 'Löwenmut' oder von der 'Eselsgeduld' einer Person, dann werden allgemeine Charaktere von Tierarten auf einzelne Menschen – oder auch auf einzelne Tiere oder Geister – übertragen, um deren Charakterzüge zu kennzeichnen. Solche Metaphern bestimmen keine Artmerkmale, sie nehmen von solchen nur ihren Ausgang. Läge jedoch dieser Ausgang stets in einem menschlichen Verhalten, wozu sollte dann die Tautologie dienen, den Mut von Menschen auf Löwen und von diesen wieder zurück auf Menschen zu übertragen? Wenn dem nicht so ist, was wäre dann das Löwenhafte als eine besondere Form des Mutes? – Jedenfalls scheint mir nicht der metaphorische, sondern der allegorische Umgang mit Tieren als Charakteren eine restlose Versachlichung und Neutralisierung der Tiere verhindert zu haben.

Doch die verbreitete These von einer nur anthropomorphen Behandlung tierischen Verhaltens in den Märchen, Fabeln, Dichtungen, Allegoresen stößt auf eine viel grundsätzlichere Problematik, die aus der Profanisierung der Tierwelt hervorging:

Da stellte sich der jüdisch-christlich-islamische Mensch zwischen Gott und Tier, hält und treibt sie mit einer Wut auseinander, als gelte es weiterhin, deren kunterbunte und ungeheuerliche babylonische Vermischungen und Durchkreuzungen zu vereiteln, damit aus dem Chaos Ordnung hervorgehe und jedes Tier in seiner einmal bestimmten Art bleibe. Soweit es möglich war, hatte man das Tier entgöttert, um doch die Dämonie seiner getriebenen Mangelhaftigkeit, seiner Sterblichkeit und Nichtigkeit nicht loszuwerden. In der

'Tierkunde' des Aristoteles sind zwar die Fabel- und Wundertiere auf dem Rückzug, aber in die spätantiken und mittelalterlichen Tierkunden dringen sie wieder ein und vermehren sich. Um so entschiedener wurde das Anliegen, Gott von jeder Tierähnlichkeit fernzuhalten. Doch das konnte nicht soweit getrieben werden, daß nur noch ein gänzlich unlebendiger Gott zurückbliebe. Unter dem Titel eines 'lebendigen Gottes', der seinerseits – ewiges oder sterbliches – Leben einzuhauchen vermöge, war ein Rest 'Tier' im Gott verblieben, ein göttliches Untier oder Übertier, von dem man nicht mehr sprechen durfte, das göttliche Leben, dem man die Lebenden ebenso widmen wie opfern konnte.

Was aber hatten diesen mosaischen, diesen philosophischen Menschentyp dazu getrieben, einen solchen Keil zwischen seinen Gott und die Tiere zu treiben, ohne sie doch endgültig voneinander abspalten zu können? Dieser Mensch erklärte sich eingesetzt zum stellvertretenden Herrn und Meister über alle Tiere, als müsse er sie um jeden Preis von dem Gott fernhalten, der doch ebenso sein wie ihr Schöpfer sein soll. Und er nahm in Kauf, nicht mehr wissen zu können, wer er selber ist. Denn über die Tierheit in ihm sollte er Herr werden, indem er im Namen der göttlichen Vernunft zu denken und zu handeln habe. Was aber konnte dann noch als wesenhaft Menschliches gelten? War dieser Menschentyp nicht von vornherein eben der Abgrund, den er zwischen Gott und Tier aufgerissen hatte? Wegstrebend vom Tier und ihm scheinbar stets unähnlicher werdend, hinstrebend zu einem unsichtbaren Gott, den er nachahmt, um einem Gesetz gemäß zu leben, hört dieser Mensch nicht mehr auf, dem Begehren nach Selbstverkennung sein verzweifelt forderndes 'Erkenne dich selbst' entgegenzurufen. Blickt dieser Menschentyp aber seither in den Spiegel, glaubt er entweder das Bild eines Gottes oder die Fratze eines Tieres zu sehen, 'sich selbst' aber ist er unsichtbar geworden. Und dort, wo sich das Elend die Menschwerdung eines Gottes inszenierte, tauchte da nicht vielmehr das 'Opferlamm', der Rückfall des Gottes in das Tier wieder auf?

Noch Heidegger ging zunächst, in 'Sein und Zeit', von einem vermeintlich privilegierten Verhältnis von Nähe und Verstehen aus. Da der Mensch sich der Nächste wäre, seien zuvor die Strukturen des menschlichen Daseins zu klären, denn in ihnen lägen die wesentlichen Voraussetzungen unserer Weltverständnisse und – verhalten. Bedenkt man jedoch die befremdliche Kluft, in welche der Menschentyp, zu dem wir noch gehören, durch die äußerste Entgegensetzung von Gott und Tier, dann von Übersinnlichem und Sinnlichen überhaupt, geraten ist; dann wird jeder Vorrang einer Anthropologie problematisch und in der Folge die Thesen, wonach sich ein göttliches oder tierisches Verhalten stets nur vermenschlicht, nämlich in anthropomorphisierenden Projektionen und Übertragungen vorstellen ließe. Aber kann es überhaupt darum gehen, im Menschlichen oder im Göttlichen oder Tierischen einen ontologisch soliden Grund zu sehen, von dem aus je das andere bestimmt werde? Steht solchem Glauben nicht die kaum weniger fragwürdige Ansicht gegenüber, wir könnten stets nur Auswirkungen beschreiben, welche bestimmte Verständnisentscheidungen auf die je anderen Wissensformen hätten?

Wir konnten bemerken, daß die Entgöttlichung der Tiere zugleich deren Entmenschlichung dann zur Folge hat, wenn der Mensch vorrangig von einer Vernunft her verstanden wird, die als rein geistiges Tun einer absoluten Person gedeutet wird. Diese Entmenschlichung zeigt sich zunächst zwiespältig. Zum einen wird das Tier zu einer zoologischen und medizinischen Sache des Wissens, deren Wahrheit bedeutsamer sei als das jeweilige Interesse am Objekt. Und diese Auffassung wirkt zersetzend auf den anderen, den 'moralischen' Aspekt ein: dieser Weg geht von der Verteufelung der Tiergötter über die Dämonisierung von Tieren mit magischen Fähigkeiten zur Auffassung von ihnen als Art sittlicher Mängelwesen. Letzteres ist kennzeichnend für ein Zeitalter der Aufklärung, soweit es das Erbe des 'guten Benehmens' der höfischen Gesellschaft angetreten hat. In den aufzählbaren Weisen einer möglichen sittlichen Vertierung des Menschen knüpft man nicht einfach an die Tiere als Charaktere an. Die 'blöden Ziegen und dummen Esel', die 'schamlosen Säue und geilen Böcke', die 'zeternden Hühner' oder 'reißenden Wölfe' sind nur noch Beispiele einer grundsätzlicheren Verwerfung des Tierischen. Soweit die Sitten als Fesseln, die Versittlichung als Zucht und Abrichtung empfunden werden, kann zwar das 'Animalische' rebellische Spuren einer begehrten ungezügelten Wildheit, einer unbändigen Freiheit, zumindest eines feinsinnigeren Gespürs gegenüber der Grobheit der Zwänge enthalten, und im 19. Jahrhundert nehmen sie nicht selten den Geruch des 'unverfälscht Natürlichen, Kreatürlichen, Urwüchsigen' an. Vorrangig jedoch verlagert sich im 'Tierischen' die Bedeutung des Wilden auf den Sinn von 'gieriges Verlangen, ungehemmte Triebhaftigkeit', die – im Gegensatz zur gezügelten, gesitteten Zurückhaltung – als roh, gemein, gewalttätig, rücksichtslos aber nicht eigentlich als anomal oder pervers gelten. Dazu tendiert erst der Sinn des 'Viehischen', zum einen als das Unreine und Schmutzige, das Unzüchtige, Sinnlich-Lüsterne, Schamlose, Ekle, aus dessen Vermengungen die Mißgestalten und Bastarde hervorgehen; zum andern als das Dumpfe und Dumme, das Gefühllose, welches dort, wo es zur Niedertracht und Hinterhältigkeit neigt, schon übergeht zum einen in die Masse der 'subversiven Schädlinge' und des 'Ungeziefers', zum andern in die offene Gewalt des 'Monstruösen' und 'Bestialischen' mit ihrer ungeheuerlichen Verrohung und schonungslosen Raserei, ihrer widernatürlichen Quälerei und Grausamkeit. Gleichwohl sind solche Untiere und Ungeheuer selten, verglichen mit den sich exzeßlos treibenlassenden 'Gewohnheitstieren', deren Verhalten so achtlos monoton abläuft wie der Gane mechanischer Maschinen.

Welche Form auch immer die Verwerfung des Tierischen als Ausdruck von Getriebenheit, Bedürftigkeit, Sterblichkeit annahm, man blieb nicht beim Gleichnis stehen, sondern verwirklichte sie buchstäblich in der höfischen Erziehung. Man ging geradewegs daran, das menschliche Erscheinungsbild von allen Aspekten des Tierischen zu reinigen. Als 'viehisch' entzog man alle leiblichen Ausscheidungen dem öffentlichen Blick, keineswegs nur Exkremente, Speichel, Schweiß, nicht nur die Ausdünstungen des tierischen Leibes, die unter pflanzlichen Düften verschwinden sollten. Das Haar verschwand unter den Perücken, die Haut unter Puder, die berührenden Hände unter Handschuhen. Und ebenso galt es, jede Art von Berührung, Befleckung, Entblößung, Geräusche des Leibes und der Dinge durch den Leib zu vermeiden. Nichts durfte die Sinne erregen, was ein Verlangen oder Abscheu auslösen könnte. Ebenso haben die Weisen der Körperhaltungen und -bewegungen zu demonstrieren, daß man jedes Anzeichen von Mühe und Anstrengung, von Ungeschicklichkeit, Schwäche oder Siechtum zu tilgen versteht. Nichts an ihnen sollte an ein drängendes Bedürfnis erinnern, nichts an ein nötigendes libidinöses oder aggressives Verlangen, nichts an einen unbeherrschten Affektausbruch, noch an eine betonte Abwendung oder an Gleichgültigkeit. So wurden auch alle mimischen Gebärden, alle andeutenden Gesten, Mienenspiele, stimmliche Toulagen oder Blicke, soweit sie noch an einen unvermittelten Ausdruck leiblicher Regungen und Mitteilungen erinnern, getilgt und in artifiziell steuerbare Darstellungsmittel umgeformt. Der Leib selber mit seinen äußeren Organen hat zu einem an sich ersetzbaren reinen Träger sich mitteilender und austauschender ästhetisch-symbolischer Äußerungen zu werden. Sein animalisches Angewiesensein auf den Austausch von Formen, Energien, Stoffen mit der Umgebung, sein Ausgeliefertsein an das eigene Vergehen, Verenden, Verwesen, seine fortpflanzende Ersetzung durch ein anderes Individunm – all diese Strukturen tierischen Mangels lassen sich nur unter dem Überfluß und der Überfülle ästhetischer Mannigfaltigkeiten verhüllen, und in diesen ästhetischekstatischen Verhüllungen drückt die sich selbst genügende Verschönerung den wirklichen Schein göttlicher Autarkie aus. Es geht also weder, wie im 19. Jahrhundert, um eine asketische Verneinung noch um eine machtvolle Bejahung 'des Lebens', sondern um das Bild, das Scheinen der Unsterblichkeit. Die Künstlichkeit, die sich hier gegen alles Tierische wendet, hat nichts – wie später das Bürgertum unterstellte – mit Gezwungenheit und Verunstaltung zu tun, gegen welche 'Natürlichkeit' im Sinne des sich selbst angemessenen Wesens zu fordern wäre. Denn gerade dem Tierischen wurde vielmehr ein Hang zur Unnatürlichkeit und Widernatürlichkeit unterstellt. In der angenommenen grundsätzlichen Unausgeglichenheit konnte das Tierische einerseits zum ekelerregenden Antipoden vollkommener, 'unsterblicher' Schönheit werden, andrerseits zur sprachlosen Chiffre des Todes als äußerster Gegensatz gegen das vollendet sprachvermittelte Verhalten. Keineswegs nur beiläufig neigte die höfische Gesellschaft in ihren grausamen Schaujagden und Tierhetzen zu einer buchstäblich blutigen Vernichtung von Tieren, zu denen nicht selten das leibeigene 'bäurische Vieh' fast hinzugezählt wurde. Allenfalls Reitpferden und Jagdhunden gestand man eine Spur des Wilden, im Sinne des Freien und Edlen, zu. Der Rest war wildfremd geworden.

Diesem ästhetischen Scheinen der Unsterblichkeit und damit Vollkommenheit setzte das Zeitalter der Aufklärung seine Enthüllungen entgegen. Im Namen der Ordnung des Wissens und der Arbeit wurde jede Verschönerung verdächtigt, nur die beschönigende Fassade eines parasitären Lebens zu sein, die es herunterzureißen gelte. Indem die Aufklärung zugleich den Tieren jede Selbstbestimmung und Selbstverwirklichung absprach und sie in einem außermoralischen Sinne naturalisierte, war ebenso der Weg frei geworden, Tiere als Maschinen zu neutralisieren, deren umfassende Verwendbarkeit zumindest vorstellbar wurde. Die ästhetische Verwerfung des Tierischen wird abgelöst von seiner ökonomischen Unterwerfung. Es geht nicht mehr darum, dessen Triebhaftigkeit zu verhüllen, sondern darum, seine Triebkräfte zu nutzen. Die beschränkte äußere Zweckmäßigkeit, welche die Energien der 'Last- und Zugtiere' für den Fortschritt verwendet, zeigt sich als universelles Prinzip des lebenden Organismus, sobald sie als innere, für sich seiende Zweckmäßigkeit reflektiert wird. Doch mit der Idee dieses sich selbst steuernden organischen Systems wird zugleich die angenommene mechanische Neutralität des Tierischen brüchig: nun zeigt sich alles tierische Leben einem 'Kampf ums Dasein' ausgeliefert, einer erbarmungslos selektierenden Geschichte vieler Verlierer und weniger Sieger. Aber nicht nur dadurch rückt das Tierische dem Menschen wieder auf den Leib. Der 'Darwin'sche Schock' beruht vor allem darauf, daß die Artgrenzen zerfallen und die Arten sich vielmehr als vorübergehende Stationen ungezielter Entwicklungen erweisen. Man versucht der 'Gefahr' einer 'biologischen Vertierung' des Menschen dadurch zu entkommen, daß man die Entwicklung zu komplexeren Strukturen mit einer vermeintlichen Entwicklung zu 'höheren Lebensformen' gleichsetzt. So wirkt die alte Vergöttlichung des Menschen dort noch als Schatten weiter, wo vom Gott nicht mehr die Rede ist.

Man hätte erwarten können, daß die alte Entgegensetzung – die tierische Seele als materiell-sterblich gegen die menschliche Seele als geistig-unsterblich – zerfallen würde, nachdem Kant die Paralogismen aufgezeigt hatte, die beim Versuch ins Spiel kommen, das Ich als einfache, unzersetzbare Wesenheit zu erfassen. Denn damit war die Grundlage solcher Bemessung zerfallen. Statt dessen jedoch wurde die Entgegensetzung zu einem rein metaphysisch-praktischen Postulat erhoben und Hegel, nicht anders als Fichte und Schelling, forderte geradezu eine 'Degradation des Tierischen', damit der menschliche Geist aus dessen dumpfer Stärke hervordränge und zu seinem Selbstbewußtsein komme. Doch seltsamerweise verschwand die Verwerfung des Tierischen keineswegs, als man – mit Schopenhauer oder Feuerbach – begann, Gott als Phantasma einer menschlichen Selbstverherrlichung zu 'enthüllen', um einzig dem 'Lebenswillen' Realität zuzugestehen. Mit dem Verlust einer orientierenden Transzendenz nahm allerdings der Negativismus der Anthropologien eines unsinnigen Zug an: man 'bestimmte' das Tier dadurch, daß ihm alle 'höheren' menschlichen Möglichkeiten und Fähigkeiten abgesprochen wurden: Werkzeuggebrauch und – erfindung, Staatenbildung, Künste, Systeme logischer Schlußfolgerungen, Religiosität und Kult, usw. Über die Grundkontroversen hinweg scheint man sich zu Beginn des 20. Jahrhundert darin einig, daß – wie Scheler, Jaspers oder Pleßner meinen – das Tier keine Wahl habe, für sein Tun nicht verantwortlich sei, zwar Bewußtsein, aber kein Selbstbewußtsein und damit keinen Gegenständlichkeitssinn habe, daß es – wie Heidegger sich ausdrückt – nicht im Dasein stehe, daß es ohne Sprache und Welt sei und es ihm nicht um die Wahrheit des Seins gehe. Derart beginnt das Tier in weitreichender Fremdheit zu verschwinden und es kann nicht verwundern, wenn Husserl bezüglich der primären Erscheinungsweise von Tieren deren Andersheit zur 'Anomalität' gesteigert sieht, Heidegger gar von dem 'Abgrund' spricht, der Tiere und Menschen qua Lebewesen vom ekstatischen Wesen des menchlichen Daseins scheidet, das dem fernsten Göttlichen noch näher stehe als der animalitas. Aber wird die 'kaum ausdenkbare abgründige leibliche Verwandtschaft zum Tier' nicht nach wie vor von den Tieropfern her gesehen? Bringt man nicht immer noch das Tier zum Verschwinden, indem man es zur Sache des Wissens macht? Anstatt im Tier auf das Fragwürdige zu hören, überließ auch Heidegger es letztlich den Wissenschaften vom Leben. Doch das aufgeopferte Tier, in welchem sich dieser Mensch derart fremd wurde, beunruhigt wie eh die Symbolik des Unbewußten, und das verworfene Tier droht stets, als wahnsinniges zurückzukehren: als Unmensch. Den Tieren dagegen wird von der Verhaltensforschung eine Art natürliche Bescheidenheit oder Beschränktheit attestiert, als fehlender Möglichkeitssinn. Die eigentliche Bestie, so will man seit Nietzsche vermuten, sei der Mensch. Doch solcher Glaube verschiebt nur die Richtung der alten Dämonisierungen. Man bemüht sich noch einmal um eine Theatralisierung, als müsse man befürchten, die gentechnischen Abwandlungen der Lebewesen, auch des Menschen selbst, schleichten ohne tragische Helden dahin, als publikumsloses, langsames Abknicken der Evolutionen. Will man nun die Tiere wieder heiligen, um an Lebensformen glauben zu können, die den Evolutionen eine freundlichere Richtung geben könnten? Soll das bescheidenere Tierreich das Wunschbild abgeben, in welchem die befürchtete Verabschiedung 'des Menschen' zumindest vertagbar scheinen kann?

Literaturverzeichnis

Benveniste, Emile: *Die Kommunikation bei den Tieren und die menschliche Sprache*, in: Probleme der allgemeinen Sprachwissenschaft, München 1974.

Darwin, Charles: *Die Entstehung der Arten* (1859), Stuttgart o. J..

Dawkins, Marian Stamp: *Die Entdeckung des tierischen Bewußtseins*, Heidelberg-Berlin-Oxford 1993.

Deleuze, Gilles und Guattari,Felix: *Tausend Plateaus*, Berlin 1992.

Griffin, Donald R.: Wie Tiere denken, München 1991.

Lorenz, Konrad: *Salomos Ring*, in: Er redete mit dem Vieh, den Vögeln und den Fischen, München 1983.

Nietzsche, Friedrich: *Also sprach Zarathustra*, in: Werk,Bd.7, Leipzig 1922.

Schütt, Hans-Peter,Hrsg.: *Die Vernunft der Tiere*, Frankfurt/M. 1990.

Spinoza, Benedict de: *Die Ethik, nach geometrischer Methode dargestellt*, Hamburg 1963.

Wolf, Jean-Claude: *Tierethik*, Fribourg 1992.

JACQUES POULAIN

Das Fremde und das Neue an der heutigen menschlichen Vernunft: die philosophische Vernunft selbst

1. Die heutige pragmatische Transformation der menschlichen Vernunft

Die heutige pragmatische Transformation der Philosophie scheint oft mit der Verdrängung des Wahrheitsurteils und der philosophischen Vernunft verbunden zu sein. Demzufolge scheint die philosophische Vernunft also das Fremde der pragmatischen Vernunft darzustellen. Die pragmatische Vernunft ihrerseits erscheint als die Instanz, die zum einen als Konsensus zwischen dem Sprecher und dem Adressaten ihren Handlungen, Absichten und Begierden reguliert und zum anderen die Übereinstimmung herbeiführt zwischen der experimentierten, sichtbaren Welt einerseits und den wissenchaftlichen Hypothesen andererseits, die den wissenschaftlichen Fortschritt reguliert. Sie kann dies aber nur deshalb leisten, weil der Konsensus jedesmal ganz unabhängig vom Wunsch der Sprecher oder der Wissenschaftler, ihn herzustellen, eintritt. So erscheint der pragmatische Konsensus als die einzige transsubjektive und unabhängige Instanz, die den Glauben, die Absichten und die Begierden der Kommunikationsteilnehmer regulieren kann. Diese Instanz, d. h. dieser Konsensus, scheint das Experimentieren der *sapientia universalis,* welche den juristischen Systemen und den moralischen Überzeugungen innewohnt, deshalb zu regulieren, weil jede Aussage als eine dem Sprecher und dem Adressaten gemeinsame Lebenshypothese betrachtet werden kann. Nur der gegenseitige konsensuelle Affekt scheint in diesem Sinne habilitiert zu sein, die Kenntnisse, Handlungen und Begierden der Kommunikationsteilnehmer zu legitimieren, in eben derselben Art und Weise wie auch die Übereinstimmung zwischen der sichtbaren Welt mit den wissenschaftlichen Hypothesen die Experimentierung der *mathesis universalis* legitimiert. In dieser Hinsicht scheint die behavioristische Bildungspragmatik von R. Rorty die reine pragmatische Vernunft zu verkörpern. Die Verwirklichung des pragmatischen Einsatzes benötigt zu diesem Zweck kein philosophisches Wahrheitsurteil und keine universellen Wahrheitsansprüche; sie kann sie auch nicht brauchen. Hierzu hat Rorty seit langem erklärt, es sei sinnlos gewesen, in der kontingenten Sequenz des sozialen Konsensus die progressive Verwirklichung einer platonischen, zeitlosen und philosophischen Vernunft erkennen zu wollen, welche das Wesen eines Menschen kennzeichnen würde, dem es endlich gelungen sei, sich selbst transparent zu machen. Das Glücksgefühl der Ironie, das das Einverständnis mit dem Gesprächspartner wie eine kontingente erlebte Harmonie des Glücks empfinden läßt in Bezug auf das Glück, welches man zu erreichen verdienen glaubt, wenn man sein Leben dem Konsensus unterwirft, würde dann ausreichen, das als Form des Lebens betrachtete pragmatische Sprachspiel zu vollenden, d. h. es zu seiner Bestimmung zu bringen, nämlich zur Übereinstimmung zwischen der pragmatischen Weisheit und den eigenen Handlungen.

Das alles ist wohl bekannt. Es ist ebenfalls wohlbekannt, daß laut K. O. Apel etwas an dieser reinen pragmatischen Vernunft fehlt, damit sie überhaupt Vernunft heißen und etwas wirklich Neues hervorbringen kann. Nur die kommunikative Vernunft als Organ der Regulation von illokutiven Sprechakten ist imstande, letztendlich den Einsatz der humanistischen Vernunft der Moderne zu verwirklichen. Sie ist dessen aber nur dann fähig, wenn und nur wenn, der Sprecher sich dessen bewußt ist, daß er aus seiner monologischen Sphäre heraustreten muß, um selbst allgemeingültigen Werten zu folgen bzw. sie von anderen befolgen zu lassen. Der Sprecher folgt diesen Werten auch notwendigerweise, nur muß er es bewußt machen, damit er den Konsensus als die einzige Norm, die er zu respektieren hat, betrachten kann. Nur weil er als Sprecher in jeder illokutiven Äußerung die Übereinstimmung mit dem Adressaten antizipiert und als gerechtfertigt voraussetzt, ist die illokutive Äußerung auch normativ gültig. Was in dieser Äußerung transzendental ist, ist nach K. O. Apel ihre philosophische Argumentationskraft, da diese Äußerung immer als schon gerechtfertigte Mitteilung einer Lebenshypothese vorausgesetzt werden muß. Als solche beansprucht sie, nicht auf eine private, triebhafte Begierde reduzierbar zu sein und einen allgemeingültigen Wert anzubieten und zu verkörpern, und dies sowohl ihrem Inhalt als ihrem Auftreten nach. Insofern zwingt sie die Individuen und die Gruppen nur dann, sich mit einer objektivierten Wahrnehmung, Handlung oder universalen, für jeden zu verallgemeinernden Begierde zu verbinden, wenn die Individuen und Gruppen das Urteil akzeptieren, das jedes Mitglied der virtuell unbegrenzten Kommunikationsgemeinschaft über diese Wahrnehmung, Handlung und Begierde fällen würde. Es ist nämlich so, daß der Sprecher jede Erfahrung nur dann objektiviert, wenn er den Urteilsstandpunkt eines jeden anderen übernimmt, d. h. wenn er, wie Mead es nennt, die Rolle des generalisierten anderen übernimmt. Der Sprecher kann jedoch den von ihm antizipierten Zweck, d. h. die Übereinstimmung mit seinem Partner über die Okkurrenz des illokutiven Sprechaktes, nur insofern erreichen als er seine Partner dazu bringt, ihre private, monologische Perspektive aufzugeben und folglich die Geltung des Sprechaktes anzuerkennen. Jede Äußerung beurteilt sich somit durch ihre Äußerung selbst als konform mit der antizipierten Lebensform, die sie zu sein beansprucht, und zwar dadurch, daß sie anerkennt, effektiv die von ihr begehrte Lebenswirklichkeit zu sein und dadurch, daß sie sich als konform mit ihrem normativen und argumentativen Wesen beurteilt, welches auch immer der von ihr beurteilte Bereich sei.

Diese Ethik der argumentativen Verantwortung wird von einer Ethik der kommunikativen Gesinnung begleitet, d. h. der Wahrhaftigkeit. Im Kontext der Antizipierung des Einverständnisses mit dem anderen scheint die wahrhaftige Übereinstimmung des Sprechers mit sich selbst die regulative Bedingung des Einverständnisses mit dem anderen zu sein. Diese Bedingung bestimmt eine Regel, die in jedem Sprechakt wesentlicher als die searlsche wesentliche Regel ist, und zwar aus einem einfachen, einzigen Grund: das wahrhaftige Bewußtsein muß nämlich das allgemeingültige Werturteil begleiten und garantieren. Durch dieses pragmatische Verhältnis wird das Sprachgeschehen seinem Ziel angepaßt, d. h. der Hervorbringung des Konsensus und seiner Anerkennung als solcher. Der Wahrhaftigkeits-Imperativ scheint die einzige Norm zu sein, die nicht als nicht gültig gedacht und anerkannt werden kann. Er ist sogar die einzige Norm, die notwendigerweise als Norm anerkannt werden muß und die befolgt werden muß, damit ein Sprachspiel überhaupt existieren kann.

Nur die pragmatische und philosophische Vernunft kann in diesem Kontext die humanistiche "Idee des Menschen in der Goetheszeit", um mit P. Kluckhohn zu reden, verwirklichen, ja sogar übertreffen, und das Begehrte immer etwas Neues hervorbringen. Weil die gehlensche Anthropologie der Sprache imstande war aufzuzeigen, daß das Denken ein objektiver Dialog ist, wissen wir, wie sich der allgemeingültige Affekt als Konsensus bzw. Einverständnis mit uns selbst, das im Bewußtsein der Wahrhaftigkeit zum Ausdruck kommt, stabilisieren kann. Der pragmatische Mensch von heute kann sich als Mensch hervorbringen, der das Glück hat, nur jene Gedanken, Gefühle, Meinungen, Intentionen und Wünsche zu haben, die mit dem sozialen Konsensus in Präharmonie stehen, d. h. er kann indirekt seine eigenen Affekte regulieren, um sie diesem Konsensus anzupassen. Er vermag dies aber nur zu tun, wenn, und nur wenn, er dem sozial erreichten Konsensus und dem Wahrhaftigkeits-Imperativ folgt. Die pragmatische Seele wird die einzig mögliche schöne Seele, dessen ganzer Charakter sittlich ist. "Eine schöne Seele" war nach Schiller dann gegeben, "wenn sich das sittliche Gefühl aller Empfindungen des Menschens endlich bis zu dem Grade versichert hat, daß es dem Affekt die Leitung des Willens ohne Scheu überlassen kann und nie Gefahr läuft, mit den Entscheidungen desselben im Widerspruch zu stehen. In einer schönen Seele ist es also, wo Sinnlichkeit und Vernunft, Pflicht und Neigung harmonieren."[1]

Dennoch muß ich mich gegen diese beiden anziehenden, aber widerspruchsvollen Ansprüche wehren und genau das Gegenteil behaupten. Um mich thesenhaft auszudrücken, werde ich versuchen, folgendes zu zeigen:

1 – die alltägliche heutige pragmatische Vernunft kann die philosophische Wahrheitsurteilskraft nicht verdrängen, ohne sich selbst als das Fremde der Vernunft selbst zu offenbaren, d. h. aber ohne sich selbst notwendigerweise als autistischer Wahnsinn zu entlarven, und zwar sowohl als transzendantale Pragmatik wie als Bildungspragmatik und als illokutiver Gebrauch der Sprache,

2 – das eigentlich Neue, das mittels dieser seltsamen pragmatischen Verwandlung der Philosophie ins Gegenteil ihrer selbst geschieht, besteht keineswegs darin, daß man dazu verdammt wird, die Philosophie auf apelsche Weise auf ihren argumentativen und sophistischen rhetorischen Schein zu reduzieren. Das eigentlich Neue ist vielmehr die sich darin offenbarende Not, sich vom pragmatischen und autistischen Köder zu befreien und die philosophische Wahrheitsurteilskraft als Kern jeglichen Sprachgebrauchs anzuerkennen und dadurch definitiv und radikal wiederzuerwecken.

2. Die pragmatische Vernunft als das Fremde der menschlichen Vernunft oder die selbstentfremdete Vernunft

Leider ist es so, daß die transzendentale Pragmatik schon das einzige Urteil unmöglich macht, das ihres Erachtens ein jedes Sprachspiel bedingt, nämlich das Wahrhaftigkeitsurteil.

1 P. Kluckhohn (1946), S. 28.

Sie führt gegen ihren Willen auf Grund der Bedingungen, die sie selbst aufstellt, zur Erfahrung des objektiven Fehlens der Wahrhaftigkeit einer jeden Äußerung. Da man denkt, daß man nur das kennen, machen, begehren oder sagen soll, was, wie man annimmt, ein jeder, der an seiner Stelle wäre, auch kennen, machen, begehren oder sagen sollte, beurteilt man sich selbst nur im Namen des Urteils des anderen, d. h. im Namen eines Urteils, welches man der virtuell unbegrenzten Kommunikationsgemeinschaft zuschreibt. Doch kann man nie wirklich die Erfahrung machen, daß dieses antizipierte Urteil über das Einverständnis mit allen, das jedes Objektivitätsurteil ersetzt, genauso wirklich und objektiv ist wie man es annimmt zu sein, insofern man es als konform mit dem eigenen Ideal vermutet. Kein tatsächlich erreichtes Einverständnis mit dem anderen kann dem Einverständnis gleichkommen, das der Sprecher mit dem Adressaten zu erzielen trachtet. Der Grund hierfür liegt im Wahrhaftigkeitsbewußtsein. Dieses gab sich in der Tat als eine *a priori* normative Wahrheit aus sowie als Bedingung für den Zugang zur Okkurrenz und zur Anerkennung des Konsensus. Da sich niemand dieser Okkurrenz versichern kann, *muß* ein jeder auf wahrhaftige Weise ein allgemeingültiges Urteil ausdrücken, obwohl er sicher ist nicht zu wissen, ob alle wirklich bereit sind, dieses Urteil anzunehmen. Um aber im Namen aller ein allgemeingültiges Urteil annehmen und anderen vorschlagen zu können, muß jeder so tun, als ob er es wüßte, obwohl er wohl weiß, daß er es nicht weiß. Er muß die Wahrhaftigkeit seines Urteils behaupten, um seine Unfähigkeit zu vertuschen, in der er sich wissentlich befindet, nämlich der Unfähigkeit, der wahrhaftige Sprecher aller und somit auch seiner selbst zu sein. Er muß also das Wahrhaftigkeitsgesetz übertreten, um zu sagen, was er im Namen aller zu denken und zu sprechen wünscht.

Das pragmatische Bewußtsein, das für sich nur das Recht anerkannte, die Wahrheit zu behaupten, wenn es wahrhaftig zu sein glaubte, verdammt sich selbst zur Unwahrhaftigkeit, wenn es beansprucht, im Namen aller zu sagen, was alle als wahr anerkennen. Es widerlegt sich somit selbst, pragmatisch und argumentativ zugleich, und diese Widerlegung wiederholt sich noch, wenn es sich fragt, ob es als verantwortlicher Theoretiker der tranzendentalen Pragmatik von einem jeden verlangen darf, daß er wahrhaftig sei, nämlich daß wirklich wahr sei, daß er nur im Namen aller sprechen kann, darf, soll und muß, obwohl er dadurch Bedingungen aufstellt, die das Wahrhaftigkeitsbewußtsein unmöglich machen. Das Schlimmste an der Sache ist meines Erachtens nicht die Tatsache, das sich jeder Sprecher Apels und Apel selbst notgedrungen pragmatisch und argumentativ widerlegen müssen, es ist auch nicht die Ausweglosigkeit der chronischen Reflexion, die sich daraus ergibt und die sie zwingt, ihre Ungewißheit in jeder kognitiven, ethischen und politischen Erfahrung auf sadomasochistische Weise zu genießen; das Schlimmste ist vielmehr die Tatsache, daß dieses schreiende Symptom nur die Spitze eines verallgemeinerten kulturellen Eisbergs ist, der "pragmatischer Autismus" heißt. Die fröhliche Annahme der illokutiven Natur der Sprechakte und der normativen Kraft des Konsensus läßt sich die Einführung der kognitiven Blindheit illokutiver Handlungen gefallen. Nur muß man sie mit der internen Neutralisierung der ethischen Urteilskraft bezahlen, die man gerade promovieren wollte. Was daraus gewonnen wird, ist allenfalls eine Vergessenskraft, nämlich das Vermögen, die katastrophalen autistischen Auswirkungen der behavioristischen Bildungspragmatik und der mentalistischen Sprechaktheorie radikal und wirklich zu vergessen. Die ethische Urteilskraft wird nur durch die idiosynkratische Chronizität einer weltverbreiteten schwebenden Reflexion ersetzt, die dadurch, daß sie von einem Theoretiker ausgedrückt und getragen wird, die anderen zu dem Glauben führt, sie selbst seien noch nicht von dieser Krankheit infiziert worden.

Es ist leicht, die autistischen Wirkungen der behavioristischen und illokutiven Experimentierung der Kommunikationsteilnehmer aufzuzeigen. Als wissenschaftliche Agnosie, als ethische Apraxie, als soziale Anorexie und als affektive Apathie, sind sie überall festzustellen oder zu spüren, obwohl man ihnen gewöhnlich die schönen und weniger beängstigenden Namen "Neutralisierung der Institutionen und des Psychismus" oder "Krisen der Begründung, der Rationalität, der Legitimität und der Motivation" gibt. Diese Symptome sind sehr einfach auf die Verdrängung des philosophischen Objektivitätsurteils zurückzuführen, das jeder Äußerung innewohnt und das auf leichtsinnige Art durch die behavioristichen Wirkungen ersetzt wird, die der Sprecher bei seinem Adressaten erzeugt, oder auch durch die magische Herstellung des illokutiven Aktes. Wenn man dieses Urteil durch die nicht erfahrbare Erfahrung des Einverständnisses des Adressaten mit sich selbst ersetzt, dann muß man die Wahrheit oder den Erfolg der eigenen Äußerung stets voraussetzen und gleichzeitig auch immer darauf warten, daß der Adressat es bestätigen kann. So wie sich der Wissenschaftler der Wahrheit seiner Hypothese absolut sicher sein muß, um sie erfinden und an ihr festhalten zu können, gleichzeitig aber auch, was ihren Wahrheitsgehalt betrifft, absolut unsicher ist, so lange er auf ihre Bestätigung seitens der sichtbaren Welt wartet, so muß sich auch der behavioristische oder illokutive Sprecher absolut sicher sein, daß er angesichts seines Adressaten das tut, was er zu tun oder zu sagen intendiert, gleichzeitig aber auch bezüglich seiner Intention absolut unsicher sein, weil er eben nicht dieser antizipierte beeinflußte Adressat ist. Obwohl jeder Sprecher sich parapsychologisch notwendigerweise als mit seinem Partner identisch betrachten muß, muß er immer die bittere Erfahrung machen, daß er nicht identisch mit ihm ist. Was die wissenschaftliche Erfahrung von der pragmatischen Erfahrung des Konsensus mit dem anderen unterscheidet, ist gerade die Tatsache, daß im letzteren Fall der Sprecher nie die Erfahrung der gefühlten Harmonie des Konsensus oder die gefühlte Disharmonie des Dissens anstelle seines Adressaten machen kann. Deshalb läßt sich die Ungewißheit, die sich so fröhlicherweise selbst erzeugt hat, auch nie eliminieren. Und deshalb wird sie auch nur im einsamen Asyl des Wahrhaftigkeitsbewußtseins wiederholt und zugleich vergessen.

Diese Art von Autismus breitet sich schlicht, einfach und getreu auf die naiven und brutalen Kategorien des Behaviorismus aus, und sie läßt die juristischen, moralischen und politischen Gewißheiten auf folgende Weise verschwinden. Um mit C. Morris zu reden, versucht man, im appreziativen Sprachgebrauch gewisse Dinge oder gewisse Zwecke durch Zeichen anziehend zu machen. Da man vor dem Erreichen der appreziativen Wirkung nicht wissen kann, ob der Adressat derjenige ist, der sich wirklich wünscht, was man versucht, ihn sich wünschen zu lassen, kann man nicht vorher beurteilen, ob er derjenige ist, der sich diese Sache wünscht. Anders verhielt es sich bei den juristischen Institutionen: sie hatten immer schon im voraus *a priori* beurteilt, welche Wünsche der Mensch sein könnte und welche er nicht sein könnte, indem sie bestimmte Bedürfnisse und bestimmte Rechte als solche anerkannt hatten. Die vorherbestimmten juristischen Gewißheiten verschwinden also im gegenwärtigen Kontext als anthropologische *a priori*. Die Verpflichtungen, die diesen

Rechten entsprachen, verschwinden aber auch auf die gleiche Weise. Es wird vorausgesetzt, daß der Adressat nur dann weiß, was er zu machen hat, wenn der Sprecher den Adressaten dazu bringt, die von ihm gewünschte Handlung durch seinem inzitativen Gebrauch der Sprache ausführen zu lassen. Wenn der Adressat sich nicht so verhält, wie es der Sprecher von ihm erwartet hatte, dann steht klar, daß der Sprecher (oder die Moral selbst) nicht wußte, was der Adressat, der die Ausführung des Befehls verweigert, machen sollte. So wird es einfach und leicht, die Moral schlechthin zu vergessen.

Die illokutive Vernunft ist aber ebenso autistisch wie die behavioristische Bildungspragmatik. Bei Austin scheint das Urteil über die Anpassung der performativen Handlung an die Sprechsituation schon die Willkürlichkeit der illokutiven Kraft einer jeden Äußerung zu filtrieren, und zwar auf Grund der Weisheit, die dieses Urteil von der Rechtssprechung über die vergangenen kommunikativen Einverständnisse geerbt hat, die in den überlieferten Konventionen festgehalten ist. So wie das gemeinsame Verständnis der Äußerungen bereits den subjektiven und zufälligen Gebrauch der verbalen Ausdrücke seitens des Sprechers reguliert, so scheint nach H. P. Grice die kognitive und regulative Übereinstimmung, über welche die Partner im Bereich der Kommunikation verfügen, der verbalen Handlung und den körperlichen Handlungen, die es reguliert, die Möglichkeit zu gewähren, eine objektive und gerechtfertigte gemeinsame Überzeugung bzw. Wunsch tatsächlich auszudrücken. Gemäß J. Searle schließlich, scheint die semantische Übereinstimmung auf der Ebene des Verstehens die Objektivität der Übereinstimmung zwischen den Partnern zu garantieren betreffs des Auftretens und der Gültigkeit der illokutiven Verbindlichkeit des Sprechers gegenüber seinem Sprechakt. Die Bedingungen ihres Auftretens scheinen den Kommunikationspartnern *a priori* zu verbieten, die Handlungen behavioristisch auszuführen, d. h. auf unbewußte und heteronome Art und Weise, fast ohne es zu wissen.

Da man diese Theorien aber schon im pragmatischen Kontext der gegenseitigen Experimentierung befolgt, weiß man genau, daß damit das Gegenteil dessen erzeugt wird, was man zu erzeugen versucht. Man falsifiziert diese Theorien, indem man notwendigerweise die eigene Uneinigkeit mit sich selbst sowie die Uneinigkeit mit den sozialen Partnern erkennt, oder indem man sich notwendigerweise die Unmöglichkeit einer Verständigung oder Übereinstimmung bewußt macht. Die Reduktion der kommunikativen Interaktion auf ein Anpassungsverdikt gewisser konventioneller Performative an gewisse Kontexte, ist dasjenige, was die Institutionsträger benötigen, um das Ziel ihrer Experimentierung des Partners zu erreichen, d. h. durch minimalste Anstrengung eine höchstmögliche Gratifikation zu erreichen und zum anderen zu einer universal oder allgemeingültigen Anerkennung zu gelangen. Die Verdikte der Teilnehmer werden in diesem Kontext notwendigerweise und auf gegenseitige Weise als unangepaßt, d. h. als antagonistisch, erkannt. Sie generieren einen Urteilskrieg, bei dem man glaubt, das eigene Urteil sei absolut gerechtfertigt und das Urteil der anderen absolut ungerechtfertigt. Dieser Streitfall erzeugt eine grenzenlose und gegenseitige Intoleranz.

Die Adressaten aber versuchen, daß ihre Begierden, Überzeugungen und Intentionen als objektiver anerkannt werden als diejenigen der Institutionssträger. Ihr einziger Ausweg besteht darin, der griceschen Moral der kommunikativen Intentionen zu gehorchen. Doch machen sie notwendigerweise die Erfahrung, daß die faktischen Überzeugungen, Intentionen und Begierden nur für sie allein allgemeingültige psychische Instanzen, sind. Die intendierten protreptischen Wirkungen ihrer Äußerungen werden dabei auf exhibitive Wirkungen reduziert. Sie erscheinen somit als eine Wirkung von Reflexen, deren Inhalt man auf irrationale und subjektive Weise weiterhin anhaftet. Auf diese Weise geschieht eine Umkehr des Kommunikationsverhältnisses. Die intendierten protreptischen Wirkungen werden als Symptome erlebt. Man fühlt sich umso mehr gezwungen sie auszudrücken, als sie als ungerechtfertigt, unaufhaltbar und privat erscheinen. Die Begierden und Intentionen werden gewöhnlich nur als rational empfunden, wenn sie den gerechtfertigten Überzeugungen angepaßt erscheinen. Hier aber trifft das Gegenteil zu. Das Begehren zu glauben wird hier dem Begehren zu genießen und dem Begehren zu handeln untergeordnet, und die pragmatische moralische Vernunft scheint in jedem ihrer Momente entpragmatisiert.

Wenn man versucht, sich dem Kontext der gegenseitigen Experimentierung anzupassen, dann findet man sich genötigt, seine eigenen Wünsche von anderen erfüllen zu lassen, indem man vorgibt, diejenigen des Partners erfüllen zu wollen. Auf diese Weise wird jede Rede zu einer Art searlschem Versprechen, denn sie muß von vornherein so erscheinen, als ob sie den Interessen des Partners diene. Die Kommunikationspartner sind gezwungen, sich gegenseitig als mit dem Versprechen identifiziert anzuerkennen. Jeder muß hier der Psychologe und der Knecht des anderen sein. Aber jedes Versprechen pendelt hier auch zwischen zwei Polen. Es muß als performative und illokutive Äußerung mit deklarativer Kraft anerkannt werden. Zum anderen aber ist das Versprechen nur eine expressive Äußerung, denn es äußert nur den vorausgesetzten geistigen Zustand der Überzeugungen, Begierden und Intentionen durch den es sich das Bewußtsein gibt, eine Verpflichtung einzugehen. Weil der pragmatische Experimentierungskontext des Partners einem Entlastungsgesetz gehorcht, ergibt sich eine Art generalisierte Verbindlichkeitsentlastung. Daraus folgt, daß die sozialen Partner ihre Handlungen so viel wie möglich auf ihr verbales Versprechen reduzieren. Dieses Versprechen wird jedoch immer weniger eingehalten. Die Sprecher befreien sich von ihren eigenen Versprechungen, sobald sie die von ihren Adressaten erwarteten Vorteile erhalten haben. Was am Versprechen als wesentlich erscheint, ist die Möglichkeit, sich dem Versprechen entziehen zu können. Das gegenseitige Vertrauen verschwindet, und die Kommunikationspartner entdecken, daß sie den versprechenden Partner nicht kannten. Ihre psychologische Kenntnis vom Partner erscheint ihnen unweigerlich als eine parapsychologische Erkenntnis, und das Verhalten des anderen erscheint ihnen unvorhersehbar: Aufrichtigkeit und Unaufrichtigkeit müssen zwangsweise als unerreichbare Geheimnisse verschwinden. Die kognitiven Anerkennungs- und Kommunikationsleitungen werden in affektive und primitive Entlastungsleitungen umgewandelt.

3. Die Wiedererweckung der Vernunft als philosophische Wahrheitsurteilskraft

Diese anscheinend schicksalhafte Umkehr der heutigen menschlichen Vernunft in ein für sie radikal Fremdes braucht aber nicht bedauert zu werden. Man genießt bei dieser Umkehr einerseits nur das, was man verdient und andererseits muß man feststellen, daß es überhaupt kein Schicksal ist. Obwohl diese Umkehr in der Tat eine tödliche Krankheit ist, kann sie nicht die Herstellung der Gedanken oder der Sprechakte angreifen. Sie bleibt nur eine Krankheit der "doppelten" Reflexion und neutralisiert nur die Idee, die sich die Kommunikationsteilnehmer von ihr, von ihrer Rekognition im Begriff und von ihrem Gebrauch der Sprache oder des Denkens machen. Sie ist nur ein metapsychologisch falsches Bewußtsein und kann ebenso leicht geheilt werden wie sie leicht in die Vorgeschichte hineingeschlüpft ist und unbewußt ihre feierliche Rückkehr in der modernen Aufklärung genossen hat. Sie ist kein Schicksal, obwohl sie vielleicht die längste und schwerste Krankheit der Menschheit ist, d. h. eine Krankheit, die noch heute ihre Humanität schwer belastet, und die die Menschheit noch zu erleiden hat. Seit W. von Humboldt und A. Gehlen wissen wir, daß das Kind und der Urmensch imstande sind, die Welt von sich selbst zu unterscheiden, weil sie dieser Welt ihre Stimme geben und diese Welt als eine Art *Prosopopoïe* erleben müssen. Diese Art Verleihung an die Welt der Sprachkraft und der Urteilskraft wird ganz einfach wiederholt, wenn der Urmensch dem königlichen Gott und später dem jüdisch-christlichen Gott des Wortes die Verantwortung für die letzten Wahrheitsurteile überträgt. Es handelte sich hierbei um eine Art autistischen, heiligen Schleier, der es dem Menschen verbot, die wichtigsten und letzten Wahrheiten selbst auszudrücken, ihn zugleich aber gegen die eigene Klarsicht schützte. Die Verdrängung der Götter, die von der Aufklärung durchgeführt wurde, wiederholt diesen verdrängten Göttern gegenüber denselben autistichen Gestus, zum einen weil sie aus dem Menschen eine Art neuer Gott der Vernunft macht, der vor sich selbst und vor seinen Neigungen *a priori* geschützt ist, und zum anderen, weil diese Verdrängung ausschließt, daß man sich Fragen über die sinnliche Herkunft des Denkens stellt, das wie ein Naturwunder akzeptiert wird. Die Aufklärung ist aber gezwungen, den heiligen Schleier zu zerreißen. Sie setzt den Menschen an die Stelle des leibnizschen Gottes und gibt ihm zur Aufgabe, selbst der Gott der Wahrheit zu sein, der auf alle Bedürfnisse seiner Mitmenschen immer mit einer wahren Antwort antworten muß. Wie Odo Marquard so kühnerweise dargestellt hat, schafft sie damit eine Welt, in der die Übertribunalisierung dem Menschen keinen anderen Ausweg läßt, als den, sich unter dem Schleier des Konsensus zu verbergen und somit seine Urteilskraft, seine "Vernunft", und seine Verantwortlichkeit der pragmatischen Vernunft zu übergeben. Diese pragmatische Vernunft ist aber genauso autistich wie der Glaube an die Götter oder an den Gott des Wortes.

Bekanntlich kann das autistische Kind das als tödlich empfundene Trauma, an das es sich ständig erinnert, nur dadurch überleben, daß es sich weigert zu sprechen. Dem liegt die Überzeugung zugrunde, daß es genügt, den Mechanismus zu hemmen, der die Sprache auflöst, d. h. die Stimme, in der Absicht, die Wiederkehr des traumatischen Ereignisses zu vermeiden. Der Glaube an die negative Macht des Schweigens beruht auf einem positiven

Glauben, nämlich dem Glauben, daß die Welt als verbale Prosopopöie erfahren wird. Wenn das Kind nun aufhört, der Welt Sprache zu verleihen, glaubt es auch gleichzeitig, die Wiederkehr des als tödlich empfundenen Ereignisses zu verhindern. Mit dem Tod des leibnizschen Gottes, der mit dem Lissabonner Erdbeben 1775 einherging, erlöschte auch der Glauben an die Präharmonisierung zwischen der Welt und dem Menschen. Gleichzeitig aber wurde ein jeder in den Augen aller anderen zu der Instanz, die auf alle ihre Bedürfnisse und auf ihr Verlangen nach Wahrheit antwortete, aus dem einfachen Grunde, daß jeder Sprecher die anderen deshalb, weil er zu ihnen spricht, das wissen, machen und wünschen läßt, was sie zu wissen, machen und wünschen haben. Seine Sprechakte, die wahrgenommen werden als diejenigen des Anderen, der als mütterlicher Gott immer günstig und unfehlbar auf die Begierden der Mitmenschen antwortet, sind jedoch zwangsläufig immer unzulänglich in Bezug auf das, was vom Sprecher erwartet wird. Deshalb fühlt sich dieser auch stets schuldig, nicht der Andere der Wahrheit bzw. der unfehlbare Sprechakt sein zu können, den man ihn zu sein wünscht. Er steht als ein Usurpator da und wird scheinbar zu Recht als ein solcher angeprangert. Deshalb kann er nur ein Asyl in der konsensuellen pragmatischen Vernunft finden. Letztere ist die einzige Instanz, die imstande ist, ihn vor der verallgemeinerten Anklage zu schützen, d. h. vom Gefühl der Nichtigkeit zu befreien, die man notwendigerweise erlebt, wenn man die Erfahrung macht, dem Verlangen nach einer unfehlbaren Instanz des Wahrheitsurteils nicht nachkommen zu können. Dies zwingt aber einen jeden, sein eigenes Urteil zum Schweigen zu bringen und nur die konzensuelle Urteilskraft als säkularisierte quasi-göttliche Instanz sprechen zu lassen. Das bedeutet mit anderen Worten, daß die autistischen Wirkungen der pragmatischen Experimentierung des Menschen auch das letzte Wort über alles haben. Die pragmatische Vernunft erscheint in diesem Kontext notwendigerweise als archaische, vormoderne und selbstfalsifizierte religiöse Vernunft.

Ihr einziges Merkmal, das sie von ihren Vorläufern unterscheidet, ist dasjenige, daß sie die Erfahrung der Nichtigkeit ihrer selbst machen muß, und zwar deshalb, weil sie als Erfolg und Ergebnis in jeder Erfahrung nur die Verneinung des Wahrheitsurteils, das sie selbst ist, wiederfinden muß. Das bedeutet, daß das, was einmal die Vernunft hieß, sich selbst als reinen Wahnsinn erfahren muß. Es bedeutet aber auch, daß sie zum ersten Mal *gezwungen ist*, sich selbst als wirklichen Wahnsinn zu überwinden und im philosophischen Gebrauch der Urteilskraft, der der sinnlichen Natur der Sprache innewohnt, die Erfahrung ihrer selbst machen muß.

Es ist dies ein glücklicher Wahnsinn, der uns heute zwingt, uns endlich selbst von uns selbst zu lösen und uns als reinen pragmatischen Wahnsinn zu entlarven! Wenn wir heutzutage diesen Wahnsinn nicht selbst verkörpen würden, wären wir gezwungen, ihn zu erfinden und zu experimentieren, um unsere Vernunft selbst zu heilen! Doch sind wir glücklicherweise in der Tat wahnsinnig genug geworden, diesen Wahnsinn als die Wirklichkeit anzuerkennen, die wir *ohne* Notwendigkeit geworden sind. Daraus ergibt sich, daß wir uns auch dessen bewußt werden können, daß wir diesen Wahnsinn nicht zu sein brauchen, und zwar deshalb, weil wir uns durch das Erkennen dieses Wahnsinns, der uns zum Begriff geworden ist, über die Wahrheit dieses Wahnsinnsurteils sicher sein können. Das Neue in der heutigen menschlichen Vernunft ist also etwas, was wir bisher weder erlebt noch begriffen haben: es liegt in der Tat in der Notwendigkeit, uns als zwangsfreie philosophische Urteilskraft im

Gebrauch der Sprache und in ihrer sinnlichen audio-phonetischen Quelle anzuerkennen, um uns von den Pseudo-Gewißheiten des *Sollen* befreien und unsere ethisch-politischen Sprachwahrheiten als solche frei anerkennen zu können. Die autistische Verdrängung des Wahrheitsurteils ist insofern tödlich, als sie den Moment der Selbstregulierung der Sprache von der Wirklichkeit abkoppelt. Weil die Sprache eben nicht nur die regulative Rolle der Handlung einnimmt, sondern ebenfalls die konstitutive Rolle, jede Erfahrung möglich zu machen, und weil sie darüberhinaus sowohl das Sehen, das Sich-bewegen und Sich-freuen als Denken möglich macht, ist es wichtig, sich zumindest eine Sache bewußt zu machen, nämlich die Tatsache, daß man keinen Sinn herstellen kann, ohne den Satz, an Hand dessen man diesen Sinn denkt, als wahr zu denken. Die antizipierte Wahrheit bedingt die Bildung des Sinnes selbst. Aus diesem Grunde ist die Bewegung der Wahrheitsfrage so wichtig, d. h. jener Frage, die fragt, ob das, was man als wahr hat denken müssen, um es überhaupt auch denken zu können, wirklich so wahr oder so falsch ist, wie man es als wahr gedacht hat.

Diese notwendige Frage des Wahrheitsurteils, die jedem Sprechakt innewohnt, verläuft simultan mit ihrer Antwort. Sie stellt nicht nur die Verbindung des Satzes zur Welt, sondern auch die Verbindung zu unserer Wirklichkeit als lebendes Wesen her, denn sie muß in jedem Fall die indirekte Struktur des Menschen, um mit der gehlensche Anthropologie zu reden, aufzeigen und sich ihrer vergewissern. Nur sie allein kann die Ergebnisse des Urteils, das wir über unsere Wirklichkeit fällen, registrieren. Es muß philosophisch anerkannt werden, damit die philosophische Rekognition der Sprache in ihrem Begriff den Gebrauch des Wahrheitsurteils zu seiner Bestimmung und Vollendung bringen kann. Wie geschieht dies ?

Als sinnliches und geistiges Phänomen bewirkt die Äußerung, daß es Sachen gibt und daß das anerkannt wird, was Sein für die Sachen ist und was Sein für die Gesprächspartner ist. Die Theorien von Gehlen, Kainz und Tomatis haben aufgestellt, daß die Bewegung des Denkens mit dem Hören der Laute identifizierbar ist. Das Hören reguliert ebenso das Äußern der Laute wie den Gebrauch der anderen Sinne, und es bewirkt die Lateralisierung dieser Sinne. Die Bewegung des referentiellen Projizierens in die Sachen hinein ist mit dem Äußern der Laute verbunden (und zwar in der Identifizierung des Namens mit dem Genannten) und die Bewegung des Hörempfangs nimmt das auf, was der Organismus durch den Gebrauch der Prädikate von den Referenzobjekten empfängt und wahrnimmt, indem es die gehörten Laute mit den "Eigenschaften" des Genannten in Verbindung bringt. Das Bewußtsein vom Äußern der Laute kann nicht vom Bewußtsein des Hörens der geäußerten Laute getrennt werden. Genausowenig kann man die referentielle Wirklichkeit absondern, ohne daß man durch das Prädikat äußert, daß sie ist und was sie ist. Die Bewegung der gleichzeitig wahrgenommenen Phänomene im Hören des Subjektes und des Prädikats verbietet, die propositionale Bewegung in zwei Akte aufzuteilen, d. h. in die Bewegung des referentiellen Projizierens und in die Bewegung des prädikativen Projizierens. Der Gebrauch des Prädikat bewirkt somit, von den Sachen das zu empfangen, was sie zu existierenden Sachen macht, wenn wir uns dazu bringen, sie wahrzunehmen oder zu denken. Das führt dazu, daß wir das Prädikat durch das Hören des Hörens von den Lauten, die das Denken ausmacht, mit dem in Verbindung bringen, was wir uns von den Sachen zeigen lassen. Der Gebrauch des Satzes: "Dieser Tisch ist rot" angesichts eines wahrgenommenen Tisches bewirkt, daß die Gesprächspartner anerkennen, daß Existieren für den Tisch bedeutet, rot zu sein. Doch ist dieser Tisch dann, und nur dann, rot, wenn Existieren für diesen Tisch in der Tat bedeutet, rot zu sein, d. h. wenn das Rot-sein genausogut für unsere Augen wie für "dieses Tischsein" gilt, und wenn es für das Objekt des Gedankens "Tisch" und gleichzeitig für das, was wir mit "Tisch" bezeichnen, gilt. In jeder Äußerung wird jedoch die Identifizierung des gedachten, geschriebenen, gelesenen oder gehörten Prädikats mit dem, was es als Referentzobjekt Existieren bedeutet, hervorgebracht. Aus diesem Grunde kann weder das genannte Objekt von der beschriebenen Tatsache noch das Subjekt vom Prädikat getrennt werden, um getrennt die angenommene Existenz des Referenzobjektes und die von ihren "Eigenschaften" getrennte Existenz zu denken, ohne die Erfahrung des Urteils als solche verschwinden zu lassen. Es ist deshalb unmöglich, einen jeden besonderen Satz Fa so zu denken, wie Wittgenstein glaubte, daß man ihn denken müsse, d. h. als logisches Produkt einer allgemeinen Behauptung. 'Fa' bedeutete für ihn: "Es gibt wenigstens einen Wert von x, der die propositionale Funktion Fx wahr macht", und diese Behauptung besagte ferner:

" Dieser Wert von x ist identisch mit a" $[(\exists x)\ Fx\ .\ x=a]$ (Tractatus 5.47)

Diese Bewegung der Identifizierung des Subjekts mit dem Prädikat, die anerkennt, daß sie existiert, indem sie die Identifizierung des Objekts mit seinem Existenzmodus zeigt, ist das, was sich im Urteil selbst als Objekt dieses Urteils betrachtet.

Dasselbe gilt für das Kommunikationsverhältnis selbst. Der Sprecher kann seine Wahrheitsreflexion in der Behauptung nicht ausdrücken, ohne daß er beurteilt und von anderen anerkennen läßt, daß das Referenzobjekt existiert wie er mit Hilfe des Prädikatsgebrauchs zeigt, daß es existiert. Das gilt auch für das illokutive Verhältnis der Äußerung zu dem sich produzierenden Akt, und hier müssen, gegen die Theoretiker der Sprechakte, der Gebrauch des Wahrheitsurteils rehabilitiert und diese Theoretiker selbst widerlegt werden. Die Kommunikationsteilnehmer existieren nur, und sie erkennen sich nur als solche an, wenn sie sich sowohl mit dem Objektivitäts- als auch mit dem Wahrheitsurteil identifizieren, das sie über ihre Aussagen oder ihre Gedanken abgeben, und wenn sie den anderen dazu bringen, dieses Urteil als genauso objektiv und wahr anzuerkennen wie sie es haben objektiv und wahr denken müssen, um es überhaupt denken zu können. "Ich bestätige Ihnen, daß p" bedeutet also: "es ist genauso wahr, daß P wahr ist, wie es wahr ist, daß ich es wahr sage". Dasselbe gilt für das Verprechen: "Ich verspreche Ihnen, meine Patrioten auf Ihrem Gebiet aufzustellen" bedeutet: "es ist genauso wahr, daß ich meine Patrioten auf ihr Gebiet aufstellen werde, wie es wahr ist, daß sie aufzustellen sind, und wie es wahr ist, daß ich das zu sagen und zu machen habe und wie es wahr ist, daß ich wahr sage, wenn ich sage, daß ich sie aufstellen werde".

Auf Grund dieser letzten Anerkennung unserer selbst werden wir dann den Einsatz verwirklichen können und müssen, der sich in der pragmatischen Vernunft eine Bahn zu brechen versucht hat. Das bedeutet, daß wir im Bereich der Handlung und Begierde dieselbe kopernikanische Revolution vollziehen können und müssen, die Kant in der newtonschen Physik im Bereich der Erkenntnis als schon verwirklicht zu sehen geglaubt hatte. Jeder Sprechakt bewirkt schon diese kopernikanische Revolution in der Vernunft. Er muß aber als socher anerkannt werden können, um diese Revolution vollenden zu können. Und die Macht der philosophischen Wahrheitsurteilskraft, die jedem Sprechakt innewohnt muß die

Unterordnung der praktischen Vernunft unter die theoretische Vernunft sichern und verallgemeinern, d. h. sie muß die freie Annahme dieser Notwendigkeit durch die Kommunikation und durch die Rekognition dieser Kommunikation im ihrem Begriff vollziehen. Das eigentlich Neue an der heutigen menschlichen Vernunft kann unter dieser Bedingung das Verschwinden des Fremden an der pragmatischen Vernunft bewirken und zugleich die philosophische Vernunft genau da wiedererwecken, wo das Neue für Apel geschehen sollte, dieses Mal jedoch durch die gemeinsame Beurteilung der Wahrheit unserer Äußerungen hinsichtlich unserer Affekte, Überzeugungen und Begierden sowie des Konsensus bzw. des Dissens. Diese gemeinsame Beurteilung vollzieht sich in jedem Sprechakt, und sie kann in jedem Sprechakt anerkannt werden unter der Voraussetzung, daß das gemeinsame Objektivitätswahrheitsurteil nicht verdrängt wird.

Literatur

Kluckhohn, P.: *Die Idee des Menschen in der Goethezeit*, Darmstadt, Deutsche Buchgesellschaft, 1946.

Kolloquium VI
Technische Welterzeugung

KLAUS KORNWACHS
Einleitung

1. Wahrnehmen der technischen Welt

Technische Welterzeugung als in Frage stehender Begriff setzt, wenn man ihn bejaht, eine gewisse konstruktivistische Position voraus: Wir "errechnen"[1] (H. von Foerster) nicht nur unsere Vorstellungen von Realität, wir beeinflussen das, was wir durch diese Berechnungen, sprich Erkenntnisakte, konstruieren, auch dadurch, daß wir Artefakte hervorbringen. Einerseits müssen wir schon gewisse Vorstellungen davon haben, was wir bauen wollen oder können, andererseits scheinen wir nach Auffassung vieler Techniker erst das zu verstehen, was wir bauen können. Daraus ergibt sich ein pragmatischer und ein ontologischer Aspekt.

Wenn wir weiterhin Welt im Sinne von sozialer Welt erzeugen, wie wir dies mit sozialen Instrumenten wie Massenmedien, Rechnern, Kommnikationstechnologien, Verkehr und so weiter tun, dann sind auch unsere epistemologischen (Erkenntnis)Instrumente[2] durch diese Art von Weltbewältigung beeinflußt, wenn nicht sogar determiniert: Sie ändern sich, je mehr die soziotechnischen Mittel ausgedehnt werden. Wir sehen das als wahr an, was wir erzeugen, und wir können nur das erzeugen, was wir als wahr und baubar anzusehen gerade in der Lage sind. Es ist vermutet worden, daß die Verbindung zwischen der Welterzeugung einerseits und der Beobachtung und Wahrnehmung von Welt andererseits jeweils eine andere sei, je nachdem, ob man sich in einer Leonardo-Welt[3] befindet oder nicht.

1 Vgl. H. von Foerster 1995, S. 50 ff.

2 Es hat sich ja der Begriff "toolkit" aus dem Englischen nicht nur im Bereich des Handwerks, sondern auch bei der Entwicklung von Software bis hin zum Vorrat an Begriffen, über die die Konstrukteure von Theorien verfügen, als Metapher ausgebildet.

3 Vgl. Mittelstraß 1992.

Der Begriff Leonardo-Welt wird aber leer, wenn es kein Kriterium dafür gibt, was eine Non-Leonardo-Welt ist. Ist damit Welt aber noch als eine technisch Erzeugte erkennbar, wenn wir nur derart eingeschränkt in einer ohnehin erzeugten Welt wahrnehmen und verstehen können? Dies wirft ein neues Licht auf die Unterscheidung von J. Searle, nämlich zwischen natürlichen und institutionellen Tatsachen.[4]

Damit ergibt sich auch eine Fragestellung, die sich an die Arbeitsthemen der Beiträge zu diesem Kolloquium anschmiegt: Können wir Objekte als erst Erzeugte von Objekten als Gegebene überhaupt noch unterscheiden, zumal im Raster von Naturbeschreibung und Technologie, wobei letztere als Lehre vom Machbaren und zu Machenden immer auch normative Sätze beinhaltet? Gerade bei der Informatik ist denn auch die Grenze zwischen Sach-, Definitions- und Menschenzwängen schwierig zu ziehen – es ist dies letztlich wieder die Frage, ab wann institutionelle, von Definition und Konsens, von Design und technischem Wollen bestimmte Gegebenheiten quasiobjektiven Charakter erhalten und damit zu scheinbar natürlichen Tatsachen werden.

Dies wirft zum einen neue moralische Fragen auf und die Unsicherheit ist entsprechend groß. Ob zum anderen das technisch Gewollte das politisch und organisatorisch Gewollte überformen und überstimmen kann, ob es genau umgekehrt ist oder ob man solche Unterscheidungen überhaupt nicht machen kann, hat sich als eine spannende Frage bei unserem Kolloquium herausgestellt.

2. Die Sache mit der Realität

Der letzte Philosophiekongreß in Berlin befaßte sich mit der Herausforderung, die die neuen Realitäten an die Philosophie stellen. Die Resonanz auf die Vorschläge, die die Philosophie zu bieten hatte, war, wie in der Geschichte der Philosophie überwiegend üblich, recht geringfügig. In der Presse wurde zuweilen gehöhnt, eine Zunft würde abdanken, da sie sich eben der Realität nicht stelle und die Vermutung wurde geäußert, auch eben nicht neu, daß die Problemstellungen der Philosophie ohnehin durch die Arbeit der einzelnen Disziplinen besser gelöst oder doch in Angriff zu nehmen seien.

Der Titel unseres Kolloquiums unterstellt, daß Welt eine erzeugte oder zu erzeugende sei, und darüber hinaus, daß Welt technisch erzeugt würde oder erzeugt werden könne. Wie immer wir auch Welt in diesem Zusammenhang definieren mögen, wir kommen um das Problem, was wir als Realität ansehen, nicht herum. Nun haben die Wissenschaftstheoretiker schon lange gezeigt, daß das, was wir für eine objektive, von unserem Bewußtsein abhängige Realität halten, eher eine begriffliche Voraussetzung für das Betreiben einer bestimmten Art und Weise von Wissenschaft, nämlich Naturwissenschaft, ist, als deren Ergebnis: Eine äußere Realität läßt sich mit innerwissenschaftlichen Mitteln nicht "beweisen". Also konstruieren wir sie, und wir prüfen und bewerten das Ergebnis letztlich anhand unse-

4 Bereits eingeführt in Searle 1971.

rer Überlebensmöglichkeiten, aber auch anhand inneren Stimmigkeit und anhand weiterer Kriterien, welche wir auch immer dafür annehmen müssen. Wirklichkeit und Realität fallen auseinander. Das ist wohl *ein* Ergebnis des vorher angesprochenen Kongresses.

Diese Realität ist hier aber vielleicht gar nicht gemeint. Die Naturwissenschaft besteht darauf, daß π und die Gravitationskonstante γ Größen seien, die bei gleicher Methodik und gleicher Definition kultur- und technologieinvariant bestimmt werden können und daß diese Bestimmungen immer gleich ausfallen müßten. Der kürzliche Fall einer offenkundig von vornherein als Nonsense-Artikel angelegten Veröffentlichung in *Social Text* durch Alan Sokal[5] zeigte jedoch, daß die von vielen Soziologen und Geisteswissenschaftlern behauptete Kulturabhängigkeit naturwissenschaftlicher Erkenntnisse nach wie vor ein nicht abgeschlossenes Thema einer Kontroverse ist, die viel tiefer geht, als es die, damit verglichen, harmlose These von den zwei Kulturen vermuten läßt. Es geht letztlich darum, ob Aussagen über die Natur lediglich den Charakter einer großen Erzählung (*grande reçit*) haben, oder ob diese Aussagen mit der Wirklichkeit noch etwas zu tun haben oder haben sollten.

Das Problematische an diesem Diskurs ist, daß von seinem Ausgang, sofern seine Ergebnisse allgemein akzeptiert werden sollten, die politische Bewertung einer Megastruktur abhängt, die, wie man am Beispiel der Elementarteilchenforschung sehen kann, die Forschungsbudgets einzelner Nationen spielend übersteigt. Es geht in diesem Diskurs letztlich um viel Geld. Es geht aber auch, radikal gesprochen darum, welchen Anpassungtransformationen wir im Ausgang dieses Jahrtausends an den Erkenntnissen und – bei all den Opfern muß dies gesagt sein – Errungenschaften der Aufklärung vornehmen wollen und müssen.

3. Zum Zusammenhang von Wissenschaft und Technik

Nun ist sicher unstrittig, daß Naturwissenschaften, und ihre Art und Weise des methodischen Vorgehens, wie sie Gewißheitssicherungen vornimmt, sowie deren Legitimationszusammenhang, der zur Institutionalisierung führt, sehr stark mit der Möglichkeit von Technik zusammenhängen. Eine wissenschaftstheoretische Analyse zeigt die Problematik auf, Technik entweder lediglich als eine degenerierte Naturwissenschaft aufzufassen, die durch direkte Anwendung naturwissenschaftlicher Erkenntnisse in technische Handlungsre-

5 Quelle FAZ, Nr. 208, Mittwoch 28.8.1996, S N5. Der Artikel lautet: "*Transgressing the Boundaries – Toward a Transformative Hermeneutics of Quantum Gravity*". In: *Social Text*, Spring, Summer 1996. Alan Sokal entlarvte seinen eigenen Artikel als Schwindel in *Lingua Franca*, May, June 1996 unter dem Titel: "*A Physicists Experiments with Cultural Studies*". Der Physiker Steven Weinberg (Nobelpreis 1979) analysierte den Artikel und dessen Rezeption ("Sokal´s Hoax") in *New York Book Review* vom 8.8.1996. Die Kontroverse und ihre Hintergründe sind im Internet dokumentiert unter http://www.nyu.edu/gsas/dept/physics /faculty/sokal/. Herrn Gerstner aus München möchte ich für diesen Hinweis danken.

geln zustande kommt, oder aber Technik als die Transformation von Ursache-Wirkungszusammenhängen in Zweck-Mittel-Relationen zu begreifen, was die Handlungsregeln zu einer normativen und damit trivialerweise auch sozialen Angelegenheit macht.[6] Denn eine Aussage über eine feststellbare Regelmäßigkeiten in der Natur, im Idealfall verdichtet zu einem Naturgesetz, ist, zumindest im Verständnis der reinen Wissenschaften, deskriptiver Natur. Handlungsregeln in der Technik haben jedoch normative Anteile, weil sie als Prämissen Ziele und Zwecke beinhalten. Einen direkten deduktiven Zusammenhang kann es also nicht geben, wenn man naturalistische Fehlschlüsse vermeiden will.

Ich will nicht näher auf diese Analyse eingehen, denn nur ihr Ergebnis ist hier wichtig: Technische Handlungsregeln erzählen nichts über die Welt, sondern geben hinsichtlich einer Zweck-Mittel-Relationen einen Rat, was man tun sollte oder könnte, wenn man etwas Bestimmtes bewirken will. Holm Tetens hat die Reihenfolge bestritten, wonach aus der naturwissenschaftlichen Erkenntnis die technische Machbarkeit folge (historisch wie systematisch), und er behauptete, daß die Naturgesetze letztlich schon verdichtete Handlungsregeln darüber seien, wie man mit dem umgehen kann oder muß, was letztlich konstruierbar und baubar ist.[7] Anders ausgedrückt: Unser Wissen über die Natur ist ein Wissen über die Baubarkeit von Maschinen und verdichtet die Erfahrungen, die wir mit ihnen gemacht haben, in eine Form, die wir für Naturgesetze halten.

Erwartungsgemäß ist dieser Behauptung die Kontroverse gefolgt, die nicht ausbleibt, wenn wissenschaftstheoretische Begründungsfiguren angezweifelt werden, die gleichzeitig auch eine forschungspolitische wie technologiepolitische Legitimationsaufgabe erfüllen.

Nun ist Holm Tetens nicht der Einzige, der entdeckt hat, daß unsere Wahrnehmung von Wirklichkeit nicht nur theorienabhängig ist, – das hat sich auch in der nicht-konstruktivistischen Wissenschaftstheorie herumgesprochen –, sondern auch davon abhängig ist, *welche* Maschinen wir bauen können und welche (bisher oder prinzipiell) nicht. In den Ingenieurwissenschaften ist oft der Satz herumgegeistert, daß wir nur das verstünden, was wir auch bauen könnten. Joseph Weizenbaum[8] hat im Bereich der Künstlichen Intelligenz gezeigt, wie verheerend die Computermetapher "Verstehen = Programmieren können" gerade in der Erforschung kognitiver Prozesse gewirkt hat und heute noch wirkt. Eine gute, aus der Baubarkeit resultierende Performanz ist noch keine Erklärung und hier findet sich wieder der Unterschied zwischen Technik und (Natur)wissenschaft: Meistens wird von der Machbarkeit auf die Wirklichkeit geschlossen. Nach dem wissenschaftstheoretischen Verständnis von nomologischen und regelbasiertem Wissen hat aber die Praxis selbst keine validierende Potenz – dies ist ja das Grunddilemma der Induktion seit Humes Zeiten gewesen. Holm Tetens stellt in seinem Beitrag *Darstellen und Eingreifen* nochmals die Frage nach der Realität: Natur erscheint ihm "als Inbegriff des von uns Gemachten geradezu als begrenzter Möglichkeitsraum für technische Interventionen".

6 Vgl. Bunge, M. 1967, S. 121-139, Krämer 1982, Kornwachs 1996, S.13-50.

7 Vgl. Tetens 1982.

8 Vgl. Weizenbaum 1977.

4. Soziale Welterzeugung

Gehen wir einen Schritt weiter. Es ist offenkundig, daß viele technische Hervorbringungen, gerade im massiven Einsatz wie Medien, Kommunikationsmittel, Verkehrstechnik und dergleichen unsere Weltsicht massiv beeinflussen. Sie konstituieren gesellschaftliche Realitäten in einem soziologischen, nicht in einem naturwissenschaftlichen Sinne. Der Zusammenbruch der sozialistischen Strukturen in den Staaten Osteuropas wird ja gerne auch der Wirkung des Westfernsehens zugeschrieben und das letztlich doch nicht durchsetzbare Verbot, die Propaganda des "Klassenfeindes" zu rezipieren, scheint wohl doch auf Vermutungen über die Natur solcher Wirkungen aufgebaut gewesen zu sein.

Nun könnte man in einer Ausweitung des formalen Begriffs von Technik als den Inbegriff aller Verfahren, die im Zusammenhang mit der Realisation einer Zweck-Mittel-Beziehung als effektiv angesehen werden können, auch im Bereich von Politik, Gesellschaft und Wirtschaft zur Ansicht kommen, daß man ohne eine gewissen Sozialtechnologie oder gewisse Techniken der Macht oder der Herrschaft nicht zu funktionierenden Systemen gelangen kann.

Da es fast banal ist, daß Mittel und Zwecke nicht nur begrifflich sondern auch praktisch in der Geschichte interagieren und sich gegenseitig beeinflussen, und da Mittel und Zwecke nicht stabil und daher auch die Relationen und damit auch diese Techniken nicht als stabil angesehen werden können, ändern sich nicht nur unsere Vorstellungen von Machbarkeit, sondern auch von Baubarkeit sowie unsere Erfahrungen mit der Installierbarkeit von Organisationen wie Institutionen und der Formung und Regelung von Gesellschaften. Wir könnten dann soweit gehen und sagen, daß die zur Verfügung stehenden technischen Mittel zum Design eines sozialen Systems die Wahrnehmung dieses Systems, wenn es denn einmal existiert, erheblich beeinflussen und das System selbst wiederum diese Sozialtechnologie vorantreibt. Ist dies nun die angesprochene technische Welterzeugung?

Aber hat das nicht alles schon Niclas Luhmann gesagt? Ist das etwas wesentlich Neues gegenüber der Hegelschen Erkenntnis, daß es halt alleweil dialektisch zugehe in der Welt und dies für das Verhältnis von Mitteln und Zwecke auch gelte und wenn diese technisch vermittelt sind, dann eben auch eine technisch erzeugte Weltsicht oder Welterkenntnis zustande kommen müsse? Ganz so ist es wohl nicht – denn es gibt wohl Unterscheidungen zu machen.

5. Thesen, wie wir Welt begreifen

1. Systeme sind perspektivische Begriffe, Systeme an sich gibt es nicht. Sie sind Elemente auf der deskriptiven Ebene, die quasiobjektive Wirkung von Systeme als Gegenstände kommen anders als durch ihren vermeintlichen, von Luhmann hypostasierten ontologischen Modus oder Rang zustande. Ihre Quasiobjektivität ist nicht dem Rang geschuldet, den Hegel solchen Gebilden der Geschichte verleihen wollte, sondern darin, daß wir *bei* der Wahl von

Systemregeln zwar frei sind und wir insofern Autoren der Systeme und nicht ihre Bestandteile sind, aber daß *nach* der Wahl der Regeln aus Praktikabilitätsgründen, die sich formal als Konsistenzforderungen und Widerspruchsfreiheit von institutionellen oder legalen Gesetzen niederschlagen, die Freiheitsgrade sich in dem Maße einschränken, wie wir unsere Wahl akzeptieren und das "System" zu exekutieren beginnen. Wir würden ja auch nicht behaupten, daß Spielregeln, wenn wir sie einmal akzeptiert haben, damit das Spiel läuft, einen ontologisch separaten Rang nur deshalb hätten, *weil* wir uns an die Spielregeln halten.

2. Organisationen und Institutionen im materialen wie im formalen Sinne, also all das, was Luhmann als Systeme bezeichnet, sind Gebilde, in denen Regeln herrschen, die nicht "objektiv" im Sinne solcher Verhältnisse sind, die wir mit Naturgesetzen bezeichnen, sondern die sich durch Searles Unterscheidung von natürlichen und institutionellen Tatsachen verstehen lassen. Die herrschenden Regeln sind die Regeln der Herrschenden, und zwar derer, die die Regeln festlegen oder darüber einen Konsens erzielen, mit welchen Mitteln auch immer. Institutionelle Tatsachen sind zu verstehen in dem Sinne, daß es einen aufkündbaren Konsens z. B. über den Wert des Geldes gibt. Daß dieser Konsens aufgelöst werden kann, zeigt jede Inflation oder Währungsreform, jede Umorganisation oder Revolution.

3. Gesellschaftliche Realität ist immer eine kulturell bedingt Wahrgenommene, sie ist eng damit verknüpft, welche Wertevorstellungen und Prämissen, Imperative oder Prinzipien in einer solchen Gemeinschaft bezüglich der Ausgestaltung der institutionellen Tatsachen akzeptiert werden und welche nicht – diese Vorstellungen, aber auch die institutionellen Tatsachen sind zeitlich veränderlich.[9]

Die Frage spitzt sich damit darauf zu, ob Erkenntnisse der Physik letztlich institutionelle Tatsachen oder natürliche Tatsachen darstellen. Sie spitzt sich darauf zu, ob wir ernsthaft daran gehen sollen, Naturgesetze, die ja die Erfahrungen der Baubarkeit und Machbarkeit innerhalb eines jeweils sozialen und gesellschaftlichen, also auch ökonomischen Kontextes kondensiert beinhalten sollen, als lediglich gesellschaftliche Konstrukte anzusehen. Ich meine: Nein.

4. Bestimmte Formen von materialer Technik (formaler Sozialtechnologie sowieso) sind zweifelsohne mehr als andere geeignet, soziale Realität zu erzeugen oder zu schaffen. Dies sind all die Techniken, die in ihrer Ausgestaltung ein Maximum an Definitionsfreiheit habe, und dies sind in erster Linie die Hervorbringungen der Informatik und der Systemtheorie. Deshalb befaßt sich der Beitrag von Christiane Floyd *Autooperationale Formen und situiertes Handeln: Wie greift die Informatik in die Wirklichkeit ein?* mit der Exteriorisierung von Routine, Verfahren oder Arbeitstraditionen als operationale Formen in die verarbeitende Maschine, wobei umgekehrt die Informatik neue operationale Formen schafft. Die Erfahrung bei einem Textsystem, eine Umgestaltung eines Textes nicht nach dem Argumentati-

9 Hier wäre unmittelbar eine genauere Analyse der Beschreibungsebenen erforderlich.

onsfluß sondern nach den gegebenen technischen Umstellungsmöglichkeiten zu orientieren, ist einer der vielen Belege für die Titelfrage, die in diesem Beitrag präsentiert werden.

5. Technikgestaltung gestaltet unser Leben bis hinein in die privaten Lebensvollzüge. Die modernen Entwicklungen der Informations- und Kommunikationstechnologie zwingen betriebliche Strukturen zu Veränderungen, die schlecht abzusehen sind und entsprechend verunsichert haben. Die Weltsicht des Programmierers, der für ein bestimmtes Problem eine Software entwirft und entwickelt, hängt in empfindlicher Weise davon ab, was er als Methode kennt und als Werkzeug der Softwareentwicklung gerade verfügbar hat. Die Oberflächengestaltung unserer technisch-organisatorischen Systeme bestimmt massiv die Prozesse, die sie unterstützen, in der Regel generieren sie neue Prozesse und Handlungsketten, die notwendig werden, um ihre Funktionalität überhaupt nutzen zu können.

6. Wir neigen dazu, Dinge, die wir noch nicht verstanden haben, durch Begriffe aus der Technik zu beschreiben, die wir, weil wir sie bauen können, zu verstehen meinen. Im 16. Jahrhundert war das Gehirn ein Uhrwerk, im 19. Jahrhundert ein mechanisches System, im 20. Jahrhundert wird mit der Computermetapher gearbeitet: Denkprozesse seien *nichts anderes als* Algorithmen. Auch dieses Paradigma schwankt, seit wir Neuronale Netze simulieren können. Wir neigen, frei nach Schiller, zum Begriff, der unsern Leidenschaften dient. Insofern bestimmt die Technik, die wir haben und das Bild, das wir von ihr haben, die Wahrnehmung und die Begriffsraster auch ganz anderer Bereiche. Die Technisierung der Sprache (also Diffusion technischer und funktionaler Begriffe in die Alltagssprache) ist wohl ebenfalls ein Beleg hierfür.

7. Weizenbaum hat früh die Befürchtung ausgesprochen, daß durch den ökonomischen und formalen Druck nur Wissen in die Welt der Computer zu gelangen pflegt, sprich in die Datenbanken, die großen Schatzkammern unserer Zeit, das entsprechend formatiert, kartiert und in den vorgegebenen, von bestimmten Weltsichten abhängigen Begriffsrastern erfaßbar ist. Datentechnologien filtern demnach das Wissen, das wir morgen haben werden, aus dem Wissen von heute nach gegenwärtigen Begriffsrastern, die sich nicht nach der Geschichte ihrer Entstehung richten – man könnte dies mit Weizenbaum als Vernichten von Geschichte begreifen.[10]

8. Man kann klar zeigen, wie die Weltsicht eines Programmierers, aber auch das, was er gerade in seinem begrifflichen Werkzeugkoffer an standardisierten Entwicklungsverfahren und Methoden verfügbar hat, sich auf die Modellbildung bei der Problemlösung und schließlich auf die Performanz und die institutionell gestaltende Kraft eines solchen Programms bei seiner Anwendung auswirken kann. Man kann dies sehr gut im betrieblichen Bereich nachweisen,[11] es gilt dies sicher auch im Alltag, bis hinein in die philosophische und systemtheoretische Begriffsbildung im Akademischen Diskurs: "Sage mir, welche Begriffe Du zur Verfügung hast, und ich will Dir sagen, wie Du die Welt siehst."

10 Vgl. Weizenbaum 1977.

11 Vgl. Kornwachs et al. 1992.

6. Wirklichkeit und Verantwortung

Technische Welterzeugung wäre nach dem Gesagten nun zu verstehen als die Gestaltung unserer technisch-organisatorisch bestimmten Welt durch Begriffe, die zwar eine Bedingung der Möglichkeit sozialer Wahrnehmung wie technischen Handelns sind, die aber nicht mehr apriorisch gegeben sind, sondern durch die Vermittlung zwischen technischer Welterfahrung und technisch überformter Sozialerfahrung entstehen, tradiert und modifiziert werden. Die Hegelsche Verwechslung von institutionellen und natürlichen Tatsachen, die in einer heute nicht mehr akzeptablen Geistmetaphysik begründet liegt, verwehrt uns immer noch eine präzise Trennung dessen, was an der Welt, an der Wirklichkeit und an der Realität geschichtlich Gewachsenes und damit Bedingtes, gesellschaftlich Gewordenes und damit Institutionelles und was gestalterisch Gewolltes und damit zu Verantwortendes ist.

Man könnte noch eine ganze Reihe anderer Phänome angeben, die die These von der technischen Welterzeugung in diesem Sinnen stützen. Es bleibt aber die Frage, ob die neue Technik mit den entsprechend abzuschätzenden Folgen im Rahmen verschiedener Ethikkonzeptionen eine neue, spezielle Technikethik erfordert. In Jean-Yves Goffis Beitrag *Benötigt die technisch erzeugte neue Welt eine neue Moralität?* wird festgestellt, daß viele Philosophen daran geglaubt hätten, daß die moderne Technologie unsere Welt in einer solch radikalen Weise verändere, daß eine neue Ethik (oder zumindest ein neues ethisches Bewußtsein) nötig sei, wenn Humanität in dieser neuen Situation weiterhin Geltung haben solle. Nach Goffi muß allerdings der Versuch von Hans Jonas, Werte in der Natur zu finden, scheitern: Es gibt keine Werte ohne bewertende Subjekte. Das bedeutet jedoch nicht, daß die bewertenden Subjekte die Werte aus dem Nichts schaffen würden: Bewertbare Dinge werden als in sich selbst bewertbar gegenüber den bewertenden Subjekten wahrgenommen. Goffi schließt daraus, daß eine gemeinsame Ethik, wie sie im Treffen politischer Entscheidungen ihren Ausdruck findet, in einer Welt, die von Technologie geformt wird, erweitert werden muß.

Zumindest scheinen mir die Überlegungen aufnehmenswert, die damit zu tun haben, daß der Verantwortungsbegriff neu überdacht werden mußte, was ja weitgehend geschehen ist, und daß es bei langreichweitigen Folgen von Technik und Weltverbrauch eine Frage von ethischer Dimension ist, was wir beispielsweise künftigen Generationen an Altlasten aufbürden dürfen. Das alles ist ausführlich diskutiert worden, bedarf aber einer weiteren Erörterung an dieser Stelle, denn die Gefahr lediglich neuerer Partialethiken ist nicht von der Hand zu weisen.

Der Zusammenhang ist vermutlich der: Wenn wir Techniken haben, bei deren Gestaltung wir viel freier sind als zuvor, z. B. dadurch, daß wir alles tun können, was formal machbar ist, vor allem durch einen Computer, oder wir viel freier sind, als uns die Sachzwangtheoretiker glauben machen wollen, weil die naturwissenschaftlichen Gesetze eben andere Gesetze sind als organisatorisch-technische, selbst wenn ihr Begriffsraster kulturvariant sein sollte – ein These, die zu testen wir mangels Kontrollgruppen in der Geschichte noch keine Gelegenheit hatten – dann können wir auch sinnvoll darüber sprechen, welche

Welt wir gestalten wollen, wenn wir sie schon "erzeugen", d. h. wir formulieren explizit Ziele. Wer Technik macht, will etwas von der Welt!

Diese Weltwünsche konfligieren sicher, und in der Tat, die Technik konfligiert ebenfalls in ihren Teilgebieten.[12] An konfligierenden Techniken kann man sehr wohl ablesen, welche Weltkonzeption bei ihrer Gestaltung dahinter stehen und standen, man kann die Leitbilddiskussion durchaus auch hier sinnvoll einsetzen. Man kann aus konfligierenden Techniken aber auch meistens die Unkenntnis darüber ablesen, wie sehr Technik unsere soziale Welt – unbestritten – , unsere institutionellen Tatsachen – unbestritten – und die natürlichen Tatsachen, sofern ihre Wahrnehmung geschichtlich gewordenen Begriffe benötigt, beeinträchtigt und beeinflußt, ja vielleicht sogar erzeugt. Gewiß ist es eine Metapher zu sagen, daß das Fernrohr erst die neue Weltsicht brachte, aber dem Fernrohr war der Begriff, das Denken, das sich dem ptolemäischen Diktat entgegenstellte, wohl vorgängig. Gewiß hat Galilei das Fernrohr aus dem Mikroskop weiterentwickelt, und das Fernrohr hat einer neuen Weltsicht zum Durchbruch verholfen. Gemacht, konstruiert wurde diese neue Weltsicht schon von Aristarch, lange vergessen und dessen Erwähnung auch noch im Vorwort des Kopernikanischen "de revolutionibus..." getilgt.

Was Wunder, daß die Naturwissenschaften gerne von der objektiven Wahrheit sprachen, der sie sich anzunähern meinten und die Elementarteilchenphysiker reden heute noch so. Was Wunder, daß Naturgesetze zu Gesetzen geworden sind, denen man sich in Schule und Universität nicht ungestraft entzieht – laienbemühten Widerlegern der Schulphysik droht Psychiatrisierung oder bestenfalls die Ablage: Physik für Spinner.

Es geht nicht darum, Kuhnsche oder Feyerabendsche Erkenntnisse zu wiederholen, es geht auch nicht darum zu zeigen, wie technische oder wissenschaftliche Revolutionen funktionieren. Es geht darum zu verstehen, wie heute Machbarkeit dank des Rechners durch Definierbarkeit, das Praktische durch das Funktionale, das Wahre durch das Formale verändert und zuweilen ersetzt wird.

Eva Jelden beklagt zurecht die Auswirkungen moderner, technikvermittelter praktischer Verengungen menschlicher Handlungsspielräume durch die Technik,[13] aber man sollte hinzufügen, daß Technik eben auch sich in die funktionalen und ökonomischen Bereiche hinein entwickelt, für die wir ihr in Form von Wünschen, Projektionen, Produktionsverhältnissen und manipulierbarer Gier eine Entwicklungsmöglichkeit bieten. Gewiß gibt es die Welterzeugung durch Technik, aber wir sollten nicht vergessen, daß die Welt und in ihr der Mensch schließlich die Technik hervorgebracht hat. Jedes Elend der Technik ist das Elend ihrer Erzeuger. Das sind wir. Wir sind voll verantwortlich.

12 – und übrigens auch Naturgesetze. Viele Bereiche der Naturwissenschaften sind lokal erfolgreich, fügen sich aber deshalb noch lange nicht zu einem einheitlichen Bild der Natur. So sind bekanntlich die Quantentheorie und die Allgemeine Relativitätstheorie noch nicht vereinbar.

13 Vgl. Jelden (1994), S. 224.

Literaturverzeichnis

Bunge, M.: *Scientific Research II – The Search for Truth*, Springer, Berlin u. a. 1967.

Foerster, H. von: *Wissen und Gewissen*, Suhrkamp, Frankfurt a. M. 1995 (stw 876).

Jelden, E.: *Technik und Weltkonstruktion*, Peter Lang, Frankfurt a. M. 1994, S. 224.

Krämer, S.: *Technik, Gesellschaft und Natur. Versuch über ihren Zusammenhang*, Campus, Frankfurt a. M. 1982.

Kornwachs, K.: *Vom Naturgesetz zur technologischen Regel – ein Beitrag zu einer Theorie der Technik*, in: Banse, G., Friedrich, K. (Hrsg.): Technik zwischen Erkenntnis und Gestaltung – Philosophische Sichten auf Technikwissenschaften und technisches Handeln. Edition Sigma, Berlin 1996, S. 13-50.

Kornwachs, K., Betzl, K., Berndes, S., Niemeier, J., Praegert, M., Wasserlos, G., Wetzels, W., Weisbecker, A.: *Auswirkung der Softwaregestaltung – Vorstudie zur Technikfolgenabschätzung*, FhG-IAO Stuttgart 1992 für den BMFT, Bonn.

Mittelstraß, J.: *Leonardo-Welt. Über Wissenschaft, Forschung und Verantwortung*, Suhrkamp, Frankfurt a. M. 1992.

Searle, J. R.: *Sprechakte*. Suhrkamp, Frankfurt a. M. 1972.

Tetens, H.: *Was ist ein Naturgesetz*, in: Zeitschrift für Allgemeine Wissenschaftstheorie 13 (1982), S.70-83.

Weizenbaum, J.: *Macht der Computer und Ohnmacht der Vernunft*, Suhrkamp, Frankfurt a. M. 1977.

CHRISTIANE FLOYD

Autooperationale Form und situiertes Handeln

Einleitung

Die Formel "technische Welterzeugung" bringt zum Ausdruck, daß Technik in den letzten Jahrzehnten in so umfassender und durchgreifender Weise die Wirklichkeit prägt und verändert, daß dadurch eine neue Erfahrungsqualität erreicht wird, die einer eigenen Reflexion bedarf. Das trifft insbesondere für die Informatik zu, die im folgenden Gegenstand des Interesses ist. Dabei ist sowohl die *Wissenschaft Informatik* gemeint als auch, vor allem, die durch sie hervorgebrachten Produkte der Informations- und Kommuniaktionstechnik, die ich hier unter dem Namen *Computer-Artefakte* subsumieren will.

Die Disziplin Informatik ringt nach wie vor um ihr Selbstverständnis, was angesichts ihrer jungen Geschichte, ihrer Verwobenheit mit anderen Disziplinen, immer wieder neuer Technologie-Schübe und mannigfaltiger Anwendungen nicht verwunderlich ist. Computer-Artefakte durchdringen bereits fast alle Bereiche des gesellschaftlichen Zusammenlebens sowie zunehmend auch unsere Privatsphäre. Sie begegnen uns in vielfältigen Erscheinungsformen: von der Textverarbeitung zu Computerspielen, von Reisebuchungssystemen zu Industrierobotern, von intelligenten Hausgeräten zu Steuerungsanlagen in Kraftwerken, vom automatischen Börsenmakler zur Suchmaschine im Internet, und so weiter. Was haben sie gemeinsam? Was hebt sie von anderer Technik ab? Was macht die Informatik zur Wissenschaft? Was ist die Methode der Informatik? Im Gegensatz zu herkömmlicher Technik werden Computer-Artefakte in der Regel als "intelligent" bezeichnet und in ihrer Wirkungsweise als quasi-anthropomorph erlebt und beschrieben. Was steckt dahinter?

Der folgende Beitrag ist vor dem Hintergrund einer inzwischen reichhaltigen Literatur zur Reflexion und Bearbeitung dieser und ähnlicher Fragen[1] zu sehen. Hier wird die *Beziehung von menschlicher Praxis und Computer-Artefakten* verdeutlicht, um vor diesem Hintergrund die Methode der Informatik herauszuarbeiten. Die aufgeworfenen Fragen können natürlich nicht abschließend behandelt werden, doch soll eine Sprachebene geschaffen werden, um sie adäquat zu diskutieren.

Dazu wird der Begriff *operationale Form* ausgearbeitet und als Schlüssel zu einem pragmatischen Zugang zur Informatik verwendet. Wie weiter unten ausgeführt, beschreibt operationale Form *mögliche Weisen des Vollzugs* in einem interessierenden Bereich. Durch Modellierung wird operationale Form abstrahiert. Durch die technische Realisierung wird sie verfestigt und vollzugsfähig, was hier mit "autooperational" bezeichnet wird. Beim Ein-

1 Vor allem Winograd, Flores 1989, Krämer 1988, Coy et al. 1992, Floyd et al. 1992, Dahlbom, Mathiassen 1993, Schefe et al. 1993.

satz wird schließlich autooperationale Form als Computer-Artefakt quasi-eigenständig wirksam.

Die Kernthese des nachfolgenden Beitrags ist: *Informatik betreiben heißt, operationale Form explizieren und als autooperationale Form verfügbar machen.* Aus der hier eingenommenen Sicht greift Informatik in beliebige Bereichen menschlicher Praxis und begreift den jeweils interessierenden Bereich unter dem Aspekt operationaler Form. Durch die damit verbundene *operationale Rekonstruktion* und ihre Implementierung werden neue Möglichkeiten des Vollzugs geschaffen. Vom hier eingenommenen Standpunkt ist die Unterscheidung zwischen Hardware und Software unwesentlich:[2] Computer-Artefakte beruhen immer auf der Ausführung am Rechner, und die Grenze zwischen den Anteilen, die hardwaremäßig verdrahtet oder durch Software auf verschiedenen sprachlichen Ebenen realisiert sind, ist fließend. Durch die Ausführung wird autooperationale Form zur Rahmenbedingung situierten Handelns im Einsatz-Kontext. So gesehen, schafft und *verändert autooperationale Form Handlungs- und Erfahrungsräume.* Dies ist hier mit technischer Welterzeugung gemeint.

Grundlagen für das Verständnis der Wechselwirkung von autooperationaler Form und situiertem Handeln wurden unter anderem in mehreren von mir betreuten Dissertationen erarbeitet. Den Begriff "autooperational" habe ich von Fanny-Michaela Reisin übernommen.[3] Sie befaßt sich vor allem mit der Natur von sogenannten Softwareobjekten und betrachtet dabei den Computer als autooperationale Wirkungsinstanz. Die Beziehung von (computer-implementierbarer) Operation zu situierter Handlung hat Guido Gryczan ausgearbeitet.[4] Er kontrastiert die unterstützende und die ablaufsteuernde Sichtweise bei der Gestaltung von Computer-Artefakten und begründet letztere anhand handlungstheoretischer Kriterien. Die Orientierung der Informatik auf Beherrschbarkeit, die Grenzen dieses Anspruchs und die prinzipielle Angewiesenheit auf eigenverantwortetes Handeln stellt Ralf Klischewski in den Vordergrund.[5] Yvonne Dittrich betrachtet Computer-Artefakte als "Technik aus Sprache" und macht dabei die Wechselwirkung zwischen der Entstehung von symbolischen Maschinen und ihrer Interpretation im sprachlichen Kontext deutlich.[6]

Obwohl ich mich im folgenden auf diese (und in geringerem Maße auf andere) Arbeiten beziehe, ist der Fokus hier mein eigener.[7] Schwerpunktmäßig befasse ich mich damit, wie operationale Form aus menschlicher Praxis herausgelöst und als autooperationale Form wieder in menschliche Praxis eingebettet wird. Es geht genau genommen um drei Aspekte:

- die Herstellung von Computer-Artefakten vor dem Hintergrund des Kontexts,
- den Einsatz von Computer-Artefakten im Kontext, und

2 Dies steht im Gegensatz zur Argumentation von Friedrich Kittler in diesem Band.

3 Reisin 1992.

4 Gryczan 1996.

5 Klischewski 1996.

6 Dittrich 1997.

7 Vgl. Floyd 1992.

- die Beziehung von programmierten Abläufen und menschlicher geistiger Tätigkeit.

Diese Betrachtung erscheint mir aus mehreren Gründen relevant.

Zum einen geht es darum, die *Leistungen von Computer-Artefakten* im Einsatz-Kontext zu *beschreiben.* Sie werden meist bezogen auf das einzelne Artefakt diskutiert, wobei die verwendete Begrifflichkeit variiert. Insbesondere hat sich wegen der weitverbreiteten Analogiebildung zwischen Menschen und Computern ein Sprachgebrauch eingebürgert, wonach der "Computer etwas tut", ganz so, als ob ein handelnder Mensch am Werke sei. Für eine tiefergehende Diskussion ist eine über den jeweiligen Einzelfall hinausgehende Begrifflichkeit zur Einordnung nötig, die zwischen Menschen und Computer-Artefakten zu differenzieren gestattet.

Zum anderen geht es um Gesichtspunkte für die *Gestaltung von Computer-Artefakten,* die immer auch Rahmenbedingungen für mögliche menschliche Handlungen prägen. Terry Winograd und Fernando Flores[8] führen Gestaltung auf Verstehen und Herstellen zurück, wobei in das Verstehen der Kontext wesentlich eingeht. Zur Modellierung ist Dekontextualisierung zwingend erfordelich, beim Einsatz erfolgt Rekontextualisierung, aber in einen gewandelten Kontext. Welche Wechselwirkungen zwischen menschhlichem Handeln in der Situation und den computer-implementierten Vollzugsplänen sind sinnvoll? Wie sollten dabei menschliches Handeln und computer-implementierter Vollzug ineinandergreifen? Was wollen wir zulassen?

Dies führt unmittelbar zur *Computer-Ethik.* Computer-Artefakte sind technische Produkte wie andere auch: sie werden wert- und interessengeleitet hergestellt und eingesetzt. Auch der Umstand, daß bei ihrer Herstellung und bei ihrem Einsatz die Verantwortung auf viele Entscheidungsträger verteilt ist, so daß jeder einzelne nur einen begrenzten Überblick über die Konsequenzen seiner Entscheidungen hat, ist von anderer Technik her vertraut. Zum distinkten Problem wird jedoch, daß *durch Computer-Artefakte im Einsatz quasi-eigenständig agierende Instanzen entstehen, die nicht verantworten.* Durch Computer-Artefakte verändern wir die Bereiche verantworteten Handelns. Wie schaffen Zonen, in denen vorgefaßte Vollzugspläne autooperational wirksam werden und die Möglichkeiten zu verantwortetem Handeln in der jeweiligen Situation einschränken. Verantwortbare Weisen des Einsatzes von Computer-Artefakten müssen darauf abgestimmt werden.

Die hier gewählte Herangehensweise macht es wünschenswert, zuerst die Informatik als Wissenschaft zu verorten, wobei eine pragmatische Sicht maßgeblich ist. Dabei werden die Begriffe operationale Form und autooperationale Form bereits gebraucht. Sie werden jedoch erst nachher im einzelnen ausgearbeitet und gewinnen dadurch deutlichere Konturen. Die Wechselwirkung zu menschlichem Handeln und die ethischen Konsequenzen werden abschließend behandelt. Der Beitrag bleibt bewußt informatik-nah und strebt an, sich möglichst wenig an eine philosophische Position zu binden.

8 Winograd, Flores 1989, bereits im grundlegenden Kap. 1.

Informatik betreiben

Im Zusammenhang mit technischer Welterzeugung steht nicht die Einordnung der Informatik in das Wissenschaftsgebäude zur Debatte und auch nicht ihre Abgrenzung zu anderen Disziplinen. Es geht vielmehr um einen pragmatischen Zugang. Ich will daher zwei Fragen in den Vordergrund stellen: "Was bedeutet es, Informatik zu betreiben?" und "Wie greift Informatik in die Wirklichkeit ein?"

Den Hintergrund zu ihrer Behandlung bilden verschiedene Sichtweisen der Informatik, die zum Teil historisch überkommen sind und zum Teil im Rahmen einer fortdauernden Selbstverständnisdiskussion eingebracht werden. Sie sollen hier nur kurz zusammengestellt werden, um die in diesem Beitrag vertretenen Auffassungen zu motivieren. Für eine detaillierte Auseinandersetzung fehlt hier der Raum.

Konkurrierend stehen mehrere Informatik-Bilder nebeneinander:

- Informatik als *Kybernetik*, eine Wissenschaft mit dem allgemeinen Anspruch, Steuerung in Systemen zu behandeln. Dies ist vielleicht der wichtigste historische Ursprung, eine saubere Abgrenzung zwischen Informatik und Kybernetik hat nie stattgefunden.
- Informatik als *Computing Science* und *Computer Science* , die mit dem Paradigma der Berechenbarkeit und dem Computer als technischem Substrat seiner Realisierung befaßt ist. Dieses Paradigma wurde in der Geschichte der Informatik international unter Führung der USA in den Vordergrund gestellt, es verankert die Informatik zwischen Mathematik und Elektrotechnik und beruht auf einer technikzentrierten Sichtweise für die Herstellung von Computer-Artefakten.
- Informatik als *Wissenschaft von der Informationsverarbeitung* in natürlichen, technischen und sozialen Systemen. Diesem Ansatz, der unter anderem in Skandinavien und zum Teil in der DDR verfolgt wurde, liegt eine interdisziplinäre Herangehensweise zugrunde, die die Befassung mit Information in den Vordergrund stellt. Unklar bleiben die konstruktiven Bezüge zur Herstellung von Computer-Artefakten.
- Informatik als *Wissenschaft von intelligenten Systemen*, die menschliche kognitive Leistungen technisch nachbildet. Dies ist der Ansatz der Künstlichen Intelligenz und, auf anderen Grundlagen, der Neuro-Informatik. Charakteristisch ist hier die starke Wechselwirkung mit den Humanwissenschaften – von der Neurobiologie bis zur Linguistik –, deren Theorien die Grundlage für die technische Implementation bilden oder umgekehrt anhand von Computermodellen formuliert werden.
- Informatik als *Wissenschaft von der Automatisierung der Kopfarbeit*, die die Grundlage zur technischen Rationalisierung in der Wirtschaft liefert. Dieser Ansatz betont die ökonomische Bindung der Informatik und stellt dabei traditionelle Denkmodelle der Betriebswirtschaft in den Vordergrund. Unklar bleibt, inwieweit die Informatik mit diesen Paradigmen langfristig verknüpft sein muß.

- Informatik als *Gestaltungswissenschaft*, die technische Arbeitsmittel und Kommunkationsmedien für Arbeit und Organisation bereitstellt. Hier wird eine sozialwissenschaftliche Färbung sichtbar, die insbesondere die Bedeutung von adäquaten Leitbildern, von arbeitswissenschaftlichen Kriterien usw. für die Gestaltung von Computer-Artefakten hervorhebt.

Die damit verbundenen Informatik-Entwürfe sind einerseits so vielschichtig, daß immer wieder diskutiert wird, ob Informatik nun eine Natur-, eine Ingenieurs-, eine Formal- oder etwa eine Geisteswissenschaft sei, oder eine Mischung aus diesen verschiedenen Anteilen. Andererseits reichen die oben genannten Informatik-Bilder nicht aus, um etwa das Zusammenwachsen der Computertechnik mit den neuen Medien zu charakterisieren oder die technische Nachbildung biologischer Prozesse.

Unter Bezugnahme auf diese verschiedenen Sichtweisen möchte ich einige Thesen über die Informatik zur Diskussion stellen. Diese werden zunächst kurz aufgeführt und dann ausführlicher behandelt.

1. Informatik ist die Wissenschaft der autooperationalen Form. Ihr Gegenstand ist die Herstellung von Computer-Artefakten.
2. Die Methode der Informatik ist die operationale Rekonstruktion beschreibbarer Vorgänge, diese können physikalisch-technische sowie lebendige Prozesse oder Handlungsabläufe sein.
3. Operationale Rekonstruktion bedeutet Reduktion von Vorgängen auf das Wirken von Operationen sowie die Nachbildung der Vorgänge durch Verknüpfung von Operationen.
4. Computer-Artefakte abstrahieren operationale Form und werden als autooperationale Form wirksam. Informatik verfestigt so bestehende oder schafft neue operationale Form.
5. Durch Computer-Artefakte werden Räume für informiertes Handeln geschaffen und verändert.

Zunächst wird hier Informatik als spezielle Technikwissenschaft charakterisiert.

Das steht einerseits im Gegensatz zu einer naturwissenschaftlichen Auffassung, wonach sich Informatik mit einem Teilbereich der natürlichen Welt befaßt, und führt zu Grenzziehungen. Sofern etwa mit informatischen Mitteln lebende Prozesse nachgebildet werden, so ist die Herstellung des Computer-Artefaktes der informatische Anteil, während die zugrundeliegende Theorie der Naturwissenschaft entstammt – etwa der Biologie. Informatik verfügt über keine eigenständige empirische Basis, sondern liefert Methoden für die Partner-Naturwissenschaft. Diese Grenzziehung kann allerdings nicht scharf durchgeführt werden, weil Theorien in den Naturwissenschaften heute häufig anhand von Computer-Modellen erst formuliert und validiert werden.

Andererseits widerspricht die hier vertretene Auffassung einer formalwissenschaftlichen Reduktion. Wenn die Herstellung von Computer-Artefakten Gegenstand der Informatik ist, so kann sich die Informatik – im Gegensatz zur Mathematik – nicht auf formale Ansätze zurückziehen, auch wenn die Theoretische Informatik das versucht.[9] Denn über die Artefakte wird zwingend der Bezug zur technischen Realisierung und zum (soziotechnischen) Einsatz hergestellt. Durch ihre autooperational wirksamen Modelle ist Informatik in die Wirklichkeit unmittelbar eingewoben.

Informatik hat somit keine empirische Basis wie die Naturwissenschaften, keine rein formale wie die Mathematik, sondern eine *konstruktive*. Der Fortschritt in der Wissenschaft wird in den Naturwissenschaften durch das Experiment erbracht, in der Mathematik durch den Beweis – in der Informatik ist es jedoch die *Demonstration eines lauffähigen Prototypen*.

Die Geschichte der Informatik (nicht nur der Technik sondern auch der Wissenschaft) ist wesentlich durch von ihr selbst hervorgebrachte formale und technische Artefakte bestimmt: Rechnerarchitekturen, Programmiersprachen, Graphikschnittstellen, Netzprotokolle, und so weiter, deren zunächst meist zufällige Eigenschaften die weitere Entwicklung wesentlich prägen, auch wenn sie nachträglich verworfen werden. In dieser Hinsicht ist Informatik dem Maschinenbau durchaus verwandt. Eine noch deutlichere Verwandtschaft ergibt sich zur Architektur, die sich – ähnlich wie die Informatik – in unterschiedlichen Dimensionen entfaltet und technische, ästhetische, sozialwissenschaftliche und wirtschaftliche Anteile verbinden muß.

Trotzdem vermeide ich die Bezeichnung "Ingenieurswissenschaft", weil die Herstellung von Computer-Artefakten zu so besonderen Problemen führt, daß sie den Charakter der traditionellen Ingenieurswissenschaften sprengen. Dies hängt wesentlich mit der Tatsache zusammen, daß ein Computerprogramm (Software) *Technik aus Sprache* ist. Software hat gegenüber anderen technischen Produkten unübliche Eigenschaften: sie ist unsichtbar, symbolisch, beliebig verformbar und änderbar, extrem komplex.[10] Da Computer-Artefakte intelligentes Handeln und Problemlösung automatisieren und nachbilden, ist es unvermeidlich, daß Annahmen über menschliches Denken und Handeln in die technische Entwicklung eingehen.

Auffallend ist, daß ich zum Verständnis der Informatik nicht den Informationsbegriff als Schlüssel verwende. Das folgt aus dem gewählten pragmatischen Zugang. Bei der Tätigkeit von Informatikern geht es nicht primär um die Suche nach vorhandenen Informationen und ihrer Verarbeitung. Es geht vielmehr um eine *spezifische Art der Formalisierung des interessierenden Gegenstandsbereichs*. Diese Formalisierung hat unter anderem auch mit Information zu tun. Primär geht es aber um Operationalisierung, das heißt, es werden *Möglichkeiten des Vollzugs* beschrieben und technisch umgesetzt.

Operationale Form hat sich in den verschiedensten Bereichen historisch herausgebildet und manifestiert sich zum Beispiel als Routine, Verfahren oder Arbeitstradition. Diese wer-

9 Eine ausgezeichnete Darstellung der formalwissenschaftlichen Kontroverse in der Informatik findet sich Colburn et al. 1993. Hier wird anhand von Originaltexten das mathematische Paradigma entfaltet, dann werden aus verschiedenen Perspektiven seine Grenzen aufgezeigt.

10 Vgl. etwa Keil-Slawik 1992.

den durch die Methode der Informatik exteriorisiert. Die kurze Geschichte der Informatik macht deutlich, daß Informatik auf beliebige Bereiche menschlicher Praxis aufsetzen kann (etwa von der medizinischen Diagnose bis zu Brettspielen), diese unter dem Aspekt operationaler Form betrachtet und auf operationale Form reduziert.[11] Informatik schafft auch neue operationale Form (wie zum Beispiel bei der Textverarbeitung oder bei der Reisebuchung). Im Zuge der Entwicklung von Computer-Artefakten wird operationale Form artikuliert, abstrahiert, modelliert, verfestigt und als autooperationale Form wirksam gemacht.

Nach der hier vertretenen Auffassung ist Informatik somit zwar wesentlich Computing- und Computer Science, weil sie auf der Möglichkeit, autooperationale Form am Rechner auszuführen, beruht. Sie kann sich jedoch nicht in ihrem Kern auf formale und rechner-nahe Bereiche beschränken und den Rest auf Anwendungen verweisen. Um ihr Potential voll umzusetzen, ist es vielmehr vordringlich, die Wechselwirkung von operationaler Form und menschlichem Handeln zum zentralen Thema zu machen. Dies geschieht bereits ansatzweise in den Gebieten Mensch-Maschine-Interaktion und Künstliche Intelligenz. Aber die dabei verwendeten Paradigmen sind noch fragwürdig. In der Anfangszeit der Informatik spielten Ansätze eine große Rolle, die von einer Gleichartigkeit von menschlichem Denken und der Arbeitsweise von Computerprogrammen ausgehen. Heute gibt es eine ganze Reihe von Ansätzen, um die Verschiedenartigkeit zu begreifen. Sie werden allerdings in der Informatik vielfach nur negativ als "nicht-gleich" (oder nicht ausreichend gleich) anerkannt, ohne sie konstruktiv als Geflecht von Differenzen in Gestaltungsentscheidungen bei der Entwicklung von Computer-Artefakten umzusetzen.

In Analogiebildung zur Physik ("Das Meßbare messen und das Nicht-Meßbare meßbar machen") könnte das Motto der Informatik sein: "Das Operationale operationalisieren und das Nicht-Operationale operationalisierbar machen". Dazu wollen wir uns näher mit dem Begriffe operationale Form befassen.

Operationale Form explizieren

Unter operationaler Form verstehe ich eine Struktur aus möglichen Operationen in einen interessierenden Gegenstandsbereich.

Der Begriff *Operation* ist eine Beschreibungskategorie und bezieht sich auf beliebige Vorgänge, die als Vollzüge aufgefaßt werden. Operationen setzen einen Beobachter voraus, der den Vollzug beschreibt. Während der Vollzug effektiv ist, ist die Operation *symbolisch*. Sie setzt auf bereits vorliegende Erfahrungen mit (einer Klasse von) Vorgängen auf, ihre Formulierung beinhaltet Wissen um Vollzüge. Die Beschreibung wird benötigt, etwa um erwünschte Weisen des Vollzugs charakterisieren, lehren und durchsetzen zu können.

11 Im Unterschied dazu verankert Janich 1993 die Informatik in speziellen Praxisbereichen: Messen, Verwalten und Kommunizieren.

Die Bildung von Operationen besteht in ihrer *Benennung*, und*Abgrenzung* sowie ihrer *Charakterisierung*,, etwa anhand von Ein- und Ausgaben sowie von maßgeblichen Regeln zu ihrer Verknüpfung. Durch Operationen wird der Strom des unmittelbaren Vollzugs in Stükke geteilt. Wie die Bildung von Operationen erfolgt, ist nicht zwingend vorgegeben. Wichtige Orientierungen für die Beschreibungsart sind: der Umgang mit Artefakten, die Koordination zwischen einzelnen Vollziehenden, die Arbeitsteilung und die Möglichkeiten technischer Unterstützung. Insbesondere ist das, was wir bei der Beschreibung von Vollzügen als elementar charakterisieren, sehr stark von der Situation und dem Zweck der Beschreibung abhängig.

Operationen sind *inhärent mit* (materiellen oder abstrakten) *Gegenständen verbunden* Operationen verändern oder überprüfen Gegenstände. Um dies beschreiben zu können, werden die Gegenstände symbolisch charakterisiert ("Den Dingen muß immer erst eine Zeichenhaut wachsen, ...").[12] Symbolische Charakterisierung von (Aspekten von) Gegenständen erfolgt durch Fallunterscheidungen oder durch Angabe von Wertemengen, die in die Beschreibung von Operationen eingehen.

Operationen können *verknüpft* werden. Maßgeblich zur Strukturbildung sind Aufeinanderfolge, Fallunterscheidung und Wiederholung. Geflechte aus Operationen können benannt und wiederum als (zusammengesetzte, aufbauende) Operationen betrachtet werden.

Ein Bestimmungsmerkmal für Operationen ist ihre *Übertragbarkeit*. Es geht nicht darum, den Vollzug einzelner – etwa wie ein Dichter in einem Epos – narrativ zu beschreiben, sondern Schritte eines Vollzugs so zu charakterisieren, daß ihre Voraussetzungen und Ergebnisse sowie ihre Randbedingungen geklärt sind, um sie wiederholbar und planbar zu machen.[13]

Operationen nehmen Bezug auf eine *vollziehende Instanz*. Es bleibt jedoch offen, ob diese etwa eine handelnde Person oder ein technisches Gerät ist. Im Zusammenhang mit Operationen ergibt sich insbesondere kein Unterschied zwischen einem Agent, der lediglich Operationen ausführt, und einem Akteur, der eigenständig Verantwortung trägt. Während die Durchführung von Operationen vom Menschen auf eine technische Instanz übertragbar ist, bleibt dann die Einbindung in die Situation mit ihren wechselnden Bedürfnissen sowie die Sinngebung im Kontext offen.

Angewendet auf einen interessierenden Gegenstandsbereich führt die durchgreifende Bildung von Operationen zur *operationalen Rekonstruktion*, die durch folgende Schritte charakterisiert werden kann:

- *Abgrenzen* des interessierenden Gegenstandsbereichs durch Trennung von *Innen* und *Außen* (was gehört noch dazu, was nicht mehr, wie verläuft die Grenze?)

12 Siehe Nake 1993, S. 168.

13 Eine umfassende Auseinandersetzung mit dem Maschinenbegriff und seiner Wandlung bis hin zur Grundlagengeschichte des Computers findet sich in Budde, Züllighoven 1990, Kap. 2. Hier wird operationale Wiederholbarkeit als zentrales Prinzip von Maschinen eingeführt.

sowie von *Vordergrund* und *Hintergrund* (was wird betrachtet, was wird vorausgesetzt?);

- *Diskretisieren* durch Zerlegung in trennbare Elemente und ihre Verknüpfung, wobei Gegenstände und Operationen identifiziert sowie die Regeln zu ihrer Verknüpfung herausgebildet werden;
- *Informatisieren* durch Charakterisierung von Aspekten von Gegenständen mithilfe von symbolischen Werten oder Wertebereichen; dabei werden Gegenstände als Informationsträger betrachtet und die Darstellung von Information durch Daten (Signale) festgelegt;
- *Operationalisieren* durch Bildung von Operationen und ihrer Verknüpfung sowie durch Festlegung der sie vollziehenden Instanzen.

Historisch hat sich operationale Rekonstruktion in den meisten Bereichen organisierter menschlicher Praxis (von der Produktion bis zum Militär, von der Krankenpflege bis zur Beratung, von der Steuerung bis zum Spiel) ergeben. Dabei gilt die von Bateson herausgearbeitete Komplementarität von Prozeß und Form:[14] jeder individuelle Vollzug wird in eine sich allmählich herausbildende Gestalt der Klasse von gleichartigen Vollzügen eingeordnet. Diese Klasse selbst wiederum wird benannt und geht als Erfahrung in weitere, aufbauende Vollzüge ein. Dabei wird Form exteriorisiert und als formales oder technisches Artefakt vergegenständlicht. So entstehen ineinandergreifende Aufgabe-Artefakt-Zyklen, wobei jeweils bereits existierende formale und technische Artefakte die Voraussetzung für die Entwicklung weiterer Artefakte bilden und die Artefakte als externe Gedächtnisse von Lernprozessen angesehen werden können.[15]

Unterscheidbare Stufen bei der Herausbildung operationaler Form sind: *Routine*, die die geronnene Erfahrung aus der Praxis beschreibt; *Tradition*, die eine gemeinsame Praxis pflegt, entwickelt und weitergibt und; *Verfahren*, die benannt und beschrieben sind und daher explizit behandelt und gelehrt werden können.[16]

Explizite Verfahren, die den Kriterien Schriftlichkeit, Schematisierbarkeit und Interpretationsfreiheit genügen, können wiederum die Grundlage von symbolischen Maschinen bilden.[17] Dies sind automatisierbare Kalküle, die Kandidaten für eine Computerimplementierung bilden.

14 Das Wechselspiel von Prozeß und Form wird in Bateson 1983 mit der logischen Typentheorie nach Russel in Verbindung gebracht und als Grundmodell für Lernen benutzt.

15 Vgl. Keil-Slawik 1992, S. 179 f.

16 In Alexander 1964 werden am Beispiel Architektur Professionalisierung und Institutionalisierung als wesentlicher Faktoren bei der Entwicklung expliziter Verfahren angesehen. Die Argumente sind auf andere Praxisbereiche erweiterbar.

17 In Krämer 1988 werden symbolische Maschinen aus der Geschichte von Algorithmen und Kalkülen in der Philosophie und den Wissenschaften hergeleitet. Die Wechselwirkung von symbolischen Maschinen und menschlicher Praxis (Entwicklung bzw. Einsatz) wird von Yvonne Dittrich behandelt (vg. Dittrich 1997, Kap. 2 und 4).

Bezogen auf existierende Praxis bringt operationale Rekonstruktion einerseits eine *Reduktion* mit sich: Im Sinne einer Zwecksetzung wird Wesentliches von Unwesentlichem getrennt (Abstraktion), das Wesentliche operational beschrieben (Modellbildung) und das Modell implementiert. Dabei fallen individuelle persönliche Erfahrung ebenso weg wie körperliches Können, subsymbolisches, implizites Wissen, situative Einbindung und emotionaler Umgang mit der Wirklichkeit. In dieser Weise allmählich zustande gekommene operationale Form ist in der Praxis bereits vorfindlich, etwa in Form von Handlungsplänen, und wird durch technische Artefakte gewandelt.

Wie das Zusammenspiel der operationalen Form und der Praxis gesehen wird, kann ganz unterschiedlich sein. Lucy Suchman unterscheidet zwischen einer Sicht von Handlungsplänen als *Vorschriften,* die durch den situierten Prozeß nachvollzogen werden sollen, und als Ressourcen, die in eigenverantworteter Tätigkeit zur Absicherung und Koordination verwendet werden können.[18]

Andererseits können im Zuge der Entwicklung von Artefakten neue oder ausdifferenzierte Zusammenhänge menschlicher Praxis entstehen, für die die Artefakte Vorgaben durch operationale Form liefern. Operationale Form explizieren bedeutet somit nicht nur das Nachbilden existierender, sondern auch das Herausbilden neuer operationaler Form.

Die Explikation operationaler Form führt mehr oder weniger bewußt zur *Systembildung*: der interessierende Gegenstandsbereich wird als System aufgefaßt und operational definiert. Dabei werden System und Umwelt sowie deren Wechselwirkung festgelegt. In Anlehnung an v. Uexküll[19] geht es um:

- eine *spezifizierte Umwelt*, die aus den Gegenständen besteht, die mit dem System über verabredete Signale in Austausch treten können;
- eine *spezifizierte Merkwelt*, in der Sensoren verabredete Differenzen in der Umwelt wahrnehmen und deuten;
- eine *spezifizierte Wirkwelt* in der festgelegte Operationen auf systeminternen Gegenständen sowie der Umwelt angehörigen Gegenständen durchgeführt werden können.

"Spezifiziert" bedeutet, daß Merkwelt, Wirkwelt und Umwelt durch operationale Rekonstruktion zustande kommen, also zweckbezogen von einem Beobachter festgelegt sind und lediglich auf explizitem, symbolischen Wissen beruhen. Dies impliziert immer auch eine Syntaktisierung: Bedeutung wird einerseits vom kontextbezogenen Sinn getrennt und andererseits an formalen Verknüpfungen von Symbolen festgemacht.

18 Vgl. Suchman 1987.

19 In v. Uexküll 1983 werden die Begriffe Merkwelt, Wirkwelt und Umwelt für Lebewesen ausgearbeitet. Die Qualifikation "spezifiziert" verdeutlicht den Unterschied.

Autooperationale Form verfügbar machen

Obwohl jede Maschine wiederholbare Operationen bietet, führt die Explikation operationaler Form in der Informatik zu einer neuen Qualität, da das Ergebnis symbolisch gefaßt und somit vom Kontext ablösbar ist. Informatik leistet nicht nur Automatisierung sondern zugleich Informatisierung des Gegenstandsbereichs.[20]

Zum Beispiel sollte ein Verlagssystem entwickelt werden, das die dem Verlag gehörenden Verträge verwaltet. Verträge sind juristische Dokumente, sie sind aber auch Wirtschaftsgüter und können als solche operationalisiert werden. Dazu müssen sie als informationstragende Gegenstände betrachtet werden. Ein Verlagsmitarbeiter hat dafür den Ausdruck "Einzelne Vertragselemente (z. B. Autor, Lizenz, Gültigkeitszeitraum) müssen *beleuchtet* werden" geprägt. Auf den "beleuchteten Elementen" können Operationen durchgeführt werden (z. B. "Gib Autor" oder "Ändere Gültigkeitszeitraum"). Dabei wird der Vertrag von einem statisch festen Dokument zu einem dynamisch veränderlichen Gebilde, das eine Entwicklungsgeschichte mit trennbaren Zuständen durchläuft, die durch Operationen verändert werden. So kann zwischen den Zuständen "in Verhandlung", "abgeschlossen", "in Überarbeitung" unterschieden werden, die vom System durch die Ausführung entsprechender Operationen geändert werden.

Bei Einführung des Systems wird die Praxis des Verlages sich ändern, allmählich werden die mit den Verträgen betrauten Fachkräften unterscheiden lernen zwischen dem herkömmlichen statischen Vertragsdokument, das sorgfältig abgeheftet ist, und dem operationalen Vertragsbestand, der für die laufenden Geschäftsprozesse verwaltet und fortgeschrieben wird.

Durch Dekontextualisierung wird operationale Form verfestigt und durch ihre technische Implementierung allgemein verfügbar. So kann die Verwaltung und Fortschreibung von Verträgen auch in anderen Kontexten relevant sein, auch wenn der Gegenstand der Verträge variiert. "Vertragsverwaltung" wird zu einem Typus operationaler Form.

Weil die Explikation operationaler Form mit dem Ziel erfolgt, den Computer als technische Instanz ihrer Durchführung zu benutzen, ist es notwendig, operationale Form nicht mehr nur für die menschliche Interpretation hinreichend eindeutig zu beschreiben, sondern vollständig, eindeutig und widerspruchsfrei in ein geschlossenes Modell (etwa aus zustandsbehafteten Objekten und computer-ausführbaren Operationen) zusammenzufügen.

Die operationale Rekonstruktion nimmt Bezug auf den im Modell verkörperten Ausschnitt der Realität, wie immer der zustandegekommen sein mag. Treffend wird heute oft von einer "Ontologie" gesprochen, die bei der Datenmodellierung erarbeitet wird: das Seiende ist das Modellierte und es ist so, wie es modelliert ist. Daß die Modellierung ein komplizierter sozialer Prozeß ist, in den Ziele und Interessenskonflikte eingehen, wird in der

20 Daß Automatisierung im Zusammenhang mit Computer-Artefakten immer auch die Informatisierung des Gegenstandsbereichs mit sich bringt, wird in Zuboff 1988 anhand von Fallstudien nachgewiesen.

Praxis zwar deutlich, in der Wissenschaft jedoch nur wenig anerkannt.[21] Das Ergebnis der Modellierung gewinnt in jedem Falle Gegenständlichkeit, es entsteht eine artifizielle Welt, deren Zustandsveränderungen mit Veränderungen in der Wirklichkeit korrelieren. Nur vermittelt durch das Modell wird die Wirklichkeit für das Artefakt zugänglich.

Operationale Form begegnet uns als Ding in vielfältigen Ausprägungen. Bei der Ausführung am Computer wird sie quasi-eigenständig wirksam – autooperational. Gebilde aus autooperationaler Form sind erst durch den Computer in Erscheinung getreten, wir bilden allmählich unsere Sprache, um sie adäquat zu beschreiben. Insbesondere lernen wir zwischen verschiedenen Arten von autooperationaler Form zu unterscheiden, es bildet sich allmählich eine Typologie heraus, wobei sich in ganz verschiedenen Gegenstandsbereichen verwandte Aufgabenstrukturen abzeichnen, die durch dieselbe autooperationale Form unterstützt werden können. So werden etwa "Diagnose", "Konfiguration", "Entscheidungsfindung", "Planung" oder "Vermittlung" als allgemeine Aufgabenstrukturen identifiziert, die sich in unterschiedlichen Kontexten verschieden ausprägen. Diese Einordnung von Arten operationaler Form und die Zusammenschau verschiedener Gegenstandsbereiche ist selbst Ergebnis einer Vielzahl einzelner operationaler Rekonstruktionen. Auch hier läßt sich das von Bateson beschriebene Wechselspiel zwischen Prozeß und Form und der damit verbundene Übergang vom Einzelnen zur Klasse beobachten.

Tiefgreifende Fragen sind mit dem Zustandekommen von operationaler Form verbunden. "Gibt" es sie und wird sie nachgebildet, oder wird sie neu entwickelt und herausgebildet? Wird operationale Form "entdeckt" oder "erfunden"? Und was bedeutet "Nachbilden"? Müssen die einzelnen Operationen gleich sein oder ihre Struktur oder ihre Ergebnisse? Wir kennen inzwischen zahlreiche verschiedene Spielarten operationaler Form für denselben Zweck. Ihre Wahl erfolgt zweifellos situativ und beobachtergebunden. In jedem Fall wird autooperationale Form beim Einsatz ein Teil unserer Wirklichkeit, indem sie neuartige Handlungsräume eröffnet. Über den einzelnen Einsatz hinausgehend, entwickelt sich Erfahrung im Umgang mit autooperationaler Form, die wieder zu weiterer operationaler Form führt.

Zum Beispiel wird durch die in Textverarbeitungssystemen verfügbare autooperationale Form die Praxis des Schreibens wissenschaftlicher Publikationen sowie die Arbeitsteilung zwischen Autor und Verlage nachhaltig verändert. Überkommene Verfahrensweisen (zum Beispiel die scharfe Trennung zwischen Manuskript und Endfassung) verlieren ihre Bedeutung, neue entstehen. So werden Texte häufig nicht mehr als festgefügte schrittweise Argumentation empfunden, sondern als Sammlung von Argumentationsbausteinen, die mithilfe von "Cut and Paste" nach Belieben zusammengefügt werden können. Das allmählich vom Manuskript in die Endfassung reifende Dokument wird häufig als "Steinbruch" für Argumantfragmente bezeichnet, weitere Fragmente können aus anderen existierenden Dokumenten eingefügt werden. Es ergibt sich ein kompliziertes Geflecht von Vernetzungen zwischen

21 Diese Problematik wird in Klein, Lyytinen 1992 aufgegriffen. Die Autoren argumentieren, die Datenmodellierung sollte eher mit einem Akt der Gesetzgebung verglichen werden; ein unternehmensweites Datenmodell hat dann den Charakter eines Grundgesetzes.

Textstellen, auch dieses kann als operationale Form beschrieben und mithilfe von Hypertext-Systemen verfügbar gemacht werden, und so weiter.

Die mit der Entwicklung von Computer-Artefakten einhergehende Dekontextualisierung operationaler Form wird dabei durch Rekontextualisierung der autooperationalen Form im Rahmen situierten Handelns ausgeglichen.

Autooperationale Form als Rahmen für situiertes Handeln

Um auf technische Welterzeugung zurückzukommen, betrachten wir Computerartefakte als Welten, die ihren Anwendern Handlungs- und Erfahrungsräume zur Verfügung stellen. Parallel zu Technikentwicklung und -einsatz gilt es tragfähige Werte und Normen zu entwickeln. Sie orientieren sich an den Dimensionen *Interpretierbarkeit*, *Beherrschbarkeit*, *Gestaltbarkeit* von Computer-Artefakten. Sie bestimmen nicht nur die Leistung, sondern auch die Grenzen von Computer-Artefakten aus pragmatischer Sicht.[22]

Die Interpretation beim Einsatz stellt den Zusammenhang zwischen der verfügbaren autooperationalen Form und den Erfordernissen situierten Handelns her. Da situatives Handeln immer wieder neu ist und in seiner Vielfalt nicht im Vorhinein operational rekonstruiert werden kann, bieten Computer-Artefakte häufig nicht unmittelbar die für den Einzelfall gewünschten Leistungen. Vielmehr muß durch Interpretation geklärt werden, wie die verfügbaren Leistungen aufgabenangemessen genutzt werden können. Die Eignung zur Interpretation ist daher ein wichtiges Kriterium bei der Entwicklung von Computer-Artefakten.[23]

Eine weitere Schlüsselrolle kommt der Beherrschbarkeit zu. Damit ist einerseits die Berrschung der Computer-Artefakte gemeint, die insbesondere bei komplexen, sicherheitsrelevanten Systemen von wesentlicher Bedeutung ist.

Andererseits werden Computer-Artefakte häufig mit dem Zweck eingesetzt, den Einsatzkontext zu beherrschen (z. B. durch Steuerung). Hier stellt sich die Frage nach dem Mensch-Maschine-Verhältnis im weitesten Sinne. Die Informatik beruht weitgehend auf einem formalen, maschinenartigen Menschenbild.[24] Dieses ist sowohl theoretisch verankert und technisch umgesetzt als auch das dominierende Leitbild der Systemgestaltung.[25] Häufig

22 Die formale Grenze der Berechenbarkeit spielt in der Praxis keine Rolle, weil durch operationale Rekonstruktion ohnehin eine Beschränkung auf berechenbare Funktionen erfolgt.

23 Vgl. Dittrich 1997, Kap. 7.

24 Bettina Heintz zeigt in ihrer Betrachtung der Sozialgeschichte der Mathematik in den Dreißiger Jahren wie maschinennahe Denkansätze über den Menschen mit Selbstverständlichkeit sogar in die Diskussion um formale Grundlagen der Mathematik bis hin zur Turing-maschine eingegangen sind, vgl. Heintz 1993.

25 In Volpert 1992 findet sich eine Zusammenstellung von Kriterien für eine kontrastive Analyse des Mensch-Maschine-Verhältnisses.

implementiert Informatik Herrschaftsvisionen durch Computer-Artefakte.[26] Im Gegenzug gilt es, auf Autonomie und den Erhalt von Handlungsspielräumen zu achten.[27]

Die Gestaltbarkeit betrifft nicht nur die äußere Oberfläche, sondern auch die Wahl der Operationen und damit die Funktionalität. Gestaltung erfolgt anhand von Leitbildern (z. B. "Werkzeug", "Medium"),[28] die die Wirkungsweise des Artefakts im Einsatz begreiflich machen sollen und ein konkretes Aushandeln der Anforderungen ermöglichen. Gestaltung ist ein umfassender Prozeß, der schon in vielen Hinsichten ausgelotet worden ist.[29] Für die Einlösbarkeit von Gestaltung ist die Bereitschaft der am Gestaltungsprozeß Beteiligten wesentlich. Nur durch ihr Zusammenwirken kann gemeinsam erlebte Qualität entstehen.

Zur pragmatischen Beschreibung von Computer-Artefakten halte ich die Herausbildung von geeigneten Unterscheidungen wichtig. Bisher werden durch die Informatik nur die formalen Eigenschaften von Programmen (Texten!) theoretisch behandelt, gefordert ist aber ein besseres Verständnis der Wirkungsweisen im Einsatz. Um eine Analogie zur Sprachphilosophie zu bilden: im Positivismus wurden zunächst nur die formalen Eigenschaften von Sprache betrachtet. Doch die Einsicht, daß Sprache auch eine Wirkungsdimension hat, hat zur Entwicklung der Sprechakttheorie geführt. Ähnlich wäre eine Wirkungs-Theorie für Computer-Artefakte zu fordern, die verschiedene Spielarten unterscheidet. Ansätze dazu sollen anhand von drei Gegensatzpaaren skizziert werden:

- *Ablaufsteuernd/unterstützend* bezeichnet die Art, wie ein Computer-Artefakt mit den Handlungszusammenhängen im Einsatzkontext zusammenwirkt; ein steuerndes System gibt die einzelnen durchzuführenden Operationen und ihre Reihenfolge vor, ein unterstützendes System bietet mögliche Operationen zur eigenverantworteten Verwendung durch den Nutzer;
- *simulativ/performativ* bezeichnet die Art, wie ein Computer-Artefakt auf den Gegenstandsbereich einwirkt; ein simulatives System führt Operationen nur an dem computerimplementierten Modell von Gegenständen durch, während ein performatives System eigenständig Veränderungen in der Wirklichkeit hervorruft;
- *reaktiv/interaktiv* bezeichnet die Art, wie die Leistungen eines Computer-Artefaktes hervorgerufen werden; ein reaktives System antwortet auf Ereignisse der (technischen) Umwelt, ein interaktives wird durch Aktionen eines menschlichen Benutzers aufgerufen.

Viele Computer-Artefakte in der Praxis sind Mischsysteme im Sinne der getroffenen Unterscheidungen.

26 Dieser Zusammenhang wird in Klischewski 1996 sowohl auf verschiedenen Ebenen (fachlich, theoretisch, betriebspolitisch, forschungspolitisch) herausgearbeitet.

27 Die Grundlagen dazu stammen aus der Tätigkeitstheorie; es gibt inzwischen eine reichhaltige Literatur, die diese für die Informatik erschließt (zum Beispiel Volpert 1992 und Dahme, Raeither 1996). In Gryczan 1996 wurden sie mit technischen Lösungsansätzen verknüpft.

28 Eine Übersicht gängiger Leitbilder findet sich in Maaß, Oberquelle 1992.

29 Vgl. unter anderem Winograd, Flores 1989, Dahlbom, Mathiassen 1993, Floyd et al. 1992.

Die besondere ethische und rechtliche Brisanz von Computer-Artefakten liegt darin, daß wir mit Möglichkeitsräumen für eigenverantwortetes Handeln umgehen. Computer-Artefakte gestalten, heißt (auch), über Entscheidungen zu entscheiden: über diejenigen Entscheidungen, mit denen Anwender aufgrund von situativen Erfordernissen den geplanten Vollzug beeinflussen können. So ergibt sich eine Möglichkeit, ethische Fragen, die die Informatik aufwirft, zu thematisieren. Während viele dieser Fragen auch andere technische Disziplinen betreffen, so ergibt sich als spezifisches Problem der Informatik der Computer als autooperationale, aber nicht verantwortungsfähige Wirkungsinstanz. Verantwortbare Einbindung autooperationaler Form in menschliches Handeln wird somit zum vordringlichen Anliegen von Technikgestaltung.

Schlußbemerkungen

In diesem Beitrag habe ich eine Sicht der Informatik als Wissenschaft von der autooperationalen Form herausgearbeitet, die mir so naheliegend erscheint, als ob ich nur Selbstverständliches ausdrücklich mache. Ich biete damit eine Reflexionsebene an, die gestattet, über die Wechselwirkungen zwischen Computer-Artefakten und menschlicher Handlung so zu sprechen, daß die Leistungen des Computers und seine Grenzen gewürdigt werden können, ohne anthropomorphe Verzerrungen notwendig zu machen. Ferner habe ich die Notwendigkeit einer Wirkungstheorie für Computer-Artefakte hervorgehoben, die mit den Aspekten Interpretierbarkeit, Gestaltbarkeit und Beherrschbarkeit in Verbindung gebracht werden müßte.

Letztlich möchte ich die Auffassung vertreten, daß die Informatik – wenn sie ihrer Aufgabe gerecht wird – vermutlich überhaupt nicht in das existierende System der Wissenschaften paßt. Indem sie unsere Welt mit autooperationalen Wirkungsinstanzen bevölkert, ist sie im großen Stil mit technischer Welterzeugung befaßt und schafft Verhältnisse, die andere Wissenschaften so nicht thematisieren. Wie wir damit mittel- und langfristig wissenschaftlich und praktisch umgehen werden, darüber möchte ich nicht spekulieren. Was mir aber wesentlich erscheint, ist die technische Welterzeugung durch Informatik mit der gebotenen Sorgfalt zu begleiten, um eine lebenswerte Welt zu erhalten und zu entfalten.

Literaturverzeichnis

Alexander, C.: *Notes on the Synthesis of Form*, Cambridge, MA 1964.

Bateson: *Ökologie des Geistes*, Frankfurt/M. 1983.

Budde, R., Züllighoven, R.: *Software-Werkzeuge in einer Programmierwerkstatt*, Berichte der GMD, Nr. 182, München/Wien 1990.

Colburn, T. R., Fetzer, J. H., and Rankin T. L. (Hg.): *Program Verification*, Dordrecht/Boston/London 1993.

Coy, W., Nake, F., Pflüger, J.-M., Rolf, A., Seetzen, J., Siefkes, D., Stransfeld, R. (Hg.): *Sichtweisen der Informatik*. Braunschweig/Wiesbaden 1992.

Dahlbom, B., Mathiassen, L.: *Computers In Context – The Philosophy and Practice of Systems Design*, Cambridge, MA 1993.

Dahme, C., Raeithel, A.: *Ein tätigkeitstheoretischer Ansatz zur Entwicklung von brauchbarer Software*, in: Informatik-Spektrum 20 (1997), S. 5-12.

Dittrich, Y.: *Computeranwendungen und sprachlicher Kontext*, Dissertation, Universität Hamburg, Fachbereich Informatik 1997.

Floyd, C.: *Human Questions in Computer Science*, in: Floyd et al. 1992, S. 15-27.

Floyd, C., Züllighoven, H., Budde, R., Keil-Slawik, R. (Hg.): *Software Development and Reality Construction*, Berlin/Heidelberg 1992.

Gryczan, G.: *Prozeßmuster zur Unterstützung kooperativer Tätigkeit*, Wiesbaden 1996.

Heintz, B.: *Die Herrschaft der Regel. Zur Grundlagengeschichte des Computers*, Frankfurt/New York 1993.

Janich, P.: *Zur Konstitution der Informatik als Wissenschaft*, in: Schefe et al. 1993, S. 53-68.

Keil-Slawik, R.: *Artifacts in Software Design*, in: Floyd et al. 1992, S. 168-188.

Klein, H. K., Lyytinen, K.: *Towards a New Understanding of Data Modelling*, in: Floyd et al. 1992, S. 203-219.

Klischewski, R.: *Anarchie – ein Leitbild für die Informatik. Von den Grundlagen der Beherrschbarkeit zur selbstbestimmten Systementwicklung*, Frankfurt/M. 1996.

Krämer, S.: *Symbolische Maschinen*, Frankfurt/M. 1988.

Maaß, S., Oberquelle, H.: *Perspectives and Metaphors for Human-Computer Interaction*, in: Floyd et al. 1992, S. 233-251.

Nake, F.: *Von der Interaktion. Über den instrumentalen und den medialen Charakter des Computers*, in: Nake, F. (Hg.), Die erträgliche Leichtigkeit der Zeichen – Ästhetik Semiotik Informatik, Baden-Baden 1993, S. 165-190.

Reisin, F.-M.: *Kooperative Gestaltung in partizipativen Softwareprojekten*, Frankfurt/M. 1992.

Schefe, P., Hastedt, H., Dittrich, Y., Keil, G. (Hg.): *Informatik und Philosophie*, Mannheim 1993.

Smith, B.C.: *Limits of Correctness in Computers*, in Colburn et al. 1992, S. 275-293.

Suchman, L. A.: *Plans and Situated Actions – The Problem of Human-Machine Communication*, Cambridge, UK 1987.

v. Uexküll, J.: *Bedeutungslehre*, in: Uexküll, J., Kriszat, G.: Streifzüge durch die Umwelten von Tieren und Menschen, Frankfurt/M. 1983.

Volpert, W.: *Work Design for Human Development*, in Floyd et al. 1992, S. 336-348.

Winograd, T., Flores, F.: *Erkenntnis Maschinen Verstehen. Zur Neugestaltung von Computersystemen*, Berlin 1989.

Zuboff, S.: *In the Age of the Smart Machine*, Oxford 1988.

HOLM TETENS

Darstellen und Eingreifen
Überlegungen zum Wirklichkeitsbegriff in der Perspektive technischer Welterzeugung

"Technische Welterzeugung" lautet der Leitbegriff unseres heutigen Kolloquiums: Wir greifen in die vorhandene Wirklichkeit ein und bauen sie uns zu einer neuartigen Wirklichkeit um. Dabei sind und bleiben wir auf Wissen angewiesen. Dieses in erster Linie naturwissenschaftliche Wissen kommt selber durch technisches Handeln zustande, denn schließlich ist das Experimentieren in den Naturwissenschaften geradezu prototypisches technisches Handeln. So läßt sich technische Welterzeugung aus den Wissenschaften seit ihren Anfängen ebenso wenig wegdenken wie aus dem außerwissenschaftlichen Leben. Aber technische Welterzeugung spielt noch eine andere, durchaus nicht unwichtige Rolle in der Philosophie. Technische Welterzeugung hat auch immer wieder Modell gestanden für das Erkennen der Welt. Man muß hier nur an Kant erinnern, dessen kopernikanische Wende in der Erkenntnistheorie weitgehend von der Herstellungsanalogie lebt, oder an Nelson Goodmans "Weisen der Welterzeugung". Wir sind nicht nur technisch, sondern auch und vielleicht vor allem kognitiv Baumeister der Welt, die wir erfahren und erkennen.

Der philosophischen Vorstellung, die Welt sei unser eigenes technisches und kognitives Werk, steht freilich eine ganz andere Intuition gegenüber, die Vorstellung nämlich, daß es eine von uns unabhängige Wirklichkeit gibt, die gerade nicht unser Werk ist, sondern umgekehrt deren kausales Produkt wir sind, der wir technisch wie kognitiv unterworfen sind, der wir uns technisch wie kognitiv anzupassen haben. Angesichts des Widerstreits zwischen dieser Intuition über die Realität und einigen unserer plausibelsten Modelle für das Erkennen konnte die nachfolgende Frage bisher nicht von der Tagesordnung der Philosophie abgesetzt werden: Wieweit erfahren und erkennen wir eine von uns unabhängige Realität und wieweit konstruieren wir selber die von uns erfahrene und erkannte Wirklichkeit?

In diesem Zusammenhang möchte ich heute erneut fragen: Wenn wir in der Technik aus der vorhandenen Welt neue Welten erzeugen, wenn wir sogar in der experimentellen Forschung ständig mit selbsterzeugten Phänomenen konfrontiert sind und wenn wir vor allem die von uns erkannte Welt kaum anders denn als unser kognitives Konstrukt begreifen können, was bleibt dann von der Vorstellung überhaupt noch übrig, es gebe eine von uns unabhängige Wirklichkeit, die es wissenschaftlich zu erkennen und partiell technisch umzubauen gilt? Mit anderen Worten: Ich möchte die Realismusdebatte aufgreifen, und zwar gerade in der Perspektive technischer Welterzeugung.

Beantworten möchte ich die Frage mit folgender These. Wenn die Welt, die wir erfahren und erkennen, kognitiv und technisch von uns erzeugt oder zumindest immer miterzeugt ist, dann ist Realität nicht einfach das, was faktisch auch ohne uns vorhanden ist. Realität ist vielmehr vor allem modal zu fassen, und zwar zweifach, in einem positiven und in einem negativen Sinne. Positiv erfahren wir Realität als einen Möglichkeitsraum, Realität ist immer auch das, was wir kognitiv und technisch erzeugen können. Negativ erfahren wir Realität als Widerständigkeit, als das, was kognitiv oder technisch nicht möglich ist. Eher die zweite, die negative Erfahrung von Widerständigkeit ist jedoch die Realitätserfahrung, die den philosophischen Einwänden gegen den Realismus standhält, ohne deshalb den Realismus preiszugeben.

(1) Der Streit zwischen Realisten und Anti-Realisten

Im Alltag sind wir alle Realisten. Denn jeder von uns hat vielerlei Überzeugungen über die äußere Welt, und ist er davon überzeugt, daß zum Beispiel irgendein Sachverhalt p der Fall ist, so glaubt er intuitiv, daß p etwas draußen in der Welt betrifft, das nicht deshalb so ist, wie es ist, weil er es zufällig gerade glaubt. Jeder von uns glaubt intuitiv, daß die Tatsache, daß p, auch dann der Fall ist, wenn niemand um sie weiß. Dabei zählt natürlich jeder immer das zur Realität, von dem er gerade überzeugt ist.

So umstandslos wir im Alltag Realität positiv bestimmen, so schwer tun wir uns damit philosophisch. Kein Kopfzerbrechen bereitet den Philosophen dabei die These, daß es eine von uns unabhängige Wirklichkeit gibt. Das gibt selbst fast jeder Philosoph zu, einfach deshalb, weil dieser, wie man ihn auch manchmal nennt, "Feigenblattrealismus" niemandem im Ernst wehtut. Aber im Alltag gehen unsere Intuitionen weiter, wir haben die erkenntnistheoretische Intuition, daß die Welt, die wir erfahren und erkennen, die von uns unabhängige Wirklichkeit ist. Weiter erscheint es uns selbstverständlich, daß die Aussagen, mit denen wir uns auf die Wirklichkeit beziehen, "objektiv wahr" sind, wenn sie die Welt so beschreiben, wie sie tatsächlich ist, gleichgültig, wie evident sie uns oder anderen erscheinen mag; im anderen Falle sind unsere deskriptiven Aussagen "objektiv falsch".

Genau hier tut sich die besagte philosophische Schwierigkeit auf. Es ist uns nämlich prinzipiell unmöglich, den Inhalt unserer deskriptiven Aussagen direkt zu vergleichen mit der Wirklichkeit, wie sie ist, wenn sie nicht wahrgenommen und beschrieben wird. Für diesen Vergleich müßte der Mensch einen Standpunkt einnehmen, den einzunehmen ihm nicht möglich ist. Es wäre nämlich, wie es so schön heißt, der "Gottes-standpunkt". Wir können eine deskriptive Aussage nur mit anderen Aussagen vergleichen oder müssen uns schlicht daran halten, daß sie uns in bestimmten Situationen plausibel erscheint. Ist aber dann nicht das Credo des Realisten, daß die Wirklichkeit von unseren Überzeugungen "unabhängig" ist, in Wahrheit völlig leer? Ist das, was wir erfahren und erkennen, die Realität, so wie sie unabhängig von uns existiert, oder ist die erkannte Realität unser kognitives Konstrukt? Wenn sie unser kognitives Konstrukt ist, lassen sich unsere Anteile wenigstens nachträglich und indirekt von der Realität an sich abtrennen und unterscheiden? Was könnte es dann heißen, die Wirklichkeit sei von unseren Überzeugungen "unabhängig"? Woran merken wir diese Unabhängigkeit, wenn wir doch stets immer innerhalb unserer Überzeugungen verbleiben? Und was gehört dann positiv zur Realität? Gehören zum Beispiel nur die raum-zeitlich beobachtbaren Dinge des Mesobereichs dazu oder auch die unbeobachtbaren theoretischen Entitäten, von denen unsere fortgeschrittenen Theorien handeln?

Es sind vor allem diese Fragen, um die Realisten und Anti-Realisten miteinander streiten. Betrachten wir für einen Augenblick die letztere Frage, die Frage nach der Realität der theoretischen Entitäten? Wissenschaftliche Theorien handeln unter anderem von theoretischen Entitäten, das sind solche Gegenstände wie zum Beispiel Atome und Elementarteilchen, die jedenfalls nicht direkt beobachtet werden können. Für wissenschaftliche Realisten existieren diese theoretischen Entitäten trotzdem in gleicher Weise wie die in einem unproblematischen Sinne beobachtbaren Gegenstände. Deshalb sind wissenschaftliche Theorien, gleichgültig, ob sie etwas über beobachtbare oder theoretische Entitäten aussagen, entweder wahr oder falsch, unabhängig davon, ob und wie wir dies erkennen oder wissen.

Anti-Realisten bestreiten diese These. Die theoretischen Entitäten sind für sie nur Fiktionen innerhalb (mathematischer) Modelle, die es uns besonders einfach machen, aus Beobachtungsdaten andere Beobachtungsdaten zu erschließen. Deshalb sind Theorien auch nicht an sich wahr oder falsch, sondern sie sind nur nützliche Instrumente (Mittel), um Phänomene vorherzusagen, in sie technisch einzugreifen, sie übersichtlich zu klassifizieren und ähnliches.

Diese Kontroverse zwischen wissenschaftlichen Realisten und Anti-Realisten ist nicht ausgestanden. In dieser Debatte hat sich auch Ian Hacking mit seinem Buch "Representing and Intervening" zu Wort gemeldet. "Representing und Intervening", Darstellen und Eingreifen, viele von Ihnen werden schon gemerkt haben, daß ich mir von Ian Hacking meinen Vortragstitel, sagen wir einmal, ausgeborgt habe. Hacking ist nämlich deshalb für uns einschlägig, weil auch er das philosophische Realismusproblem vom technischen, vom intervenierenden Handeln aus angeht. Dabei bietet Hacking eine Diagnose an, warum die Debatte auf der Stelle tritt, und er schlägt ein neues Argument vor, die Debatte zugunsten der wissenschaftlichen Realisten zu entscheiden.

Zunächst zu Hackings Diagnose: Wissenschaftliche Theorien beschreiben, erklären, prognostizieren die uns empirisch zugängliche Welt. Beschreibungen, Erklärungen und Prognosen sind Leistungen wissenschaftlicher Theorien, die Hacking unter dem Titel "Darstellung" zusammenfaßt. Das Beschreiben, Erklären und Vorhersagen spielt sich auf der Ebene der Sprache, in Gestalt wissenschaftlicher Aussagen und Aussagesysteme ab. Teil der wissenschaftlichen Forschungspraxis ist aber auch das Experimentieren. Beim Experimentieren werden Phänomene technisch manipuliert, manchmal so einschneidend, daß Phänomene zum Vorschein kommen, die wir so draußen in der "ungestörten" Natur außerhalb unserer Laboratorien gar nicht antreffen und beobachten können. Das Experimentieren charakterisiert Hacking als ein "Eingreifen" (Intervenieren). Nach Hacking sind Theorien das Resultat von Darstellung und Eingriff: Darstellen und Eingreifen sind zwei zwar relativ voneinander unabhängig ausführbare Tätigkeiten, die trotzdem erst zusammen die typische naturwissenschaftliche Forschungstätigkeit ausmachen, aus der unsere Theorien hervorgehen.

Hacking kreidet der bisherigen Kontroverse zwischen Realisten und Anti-Realisten an, daß das Augenmerk fast ausschließlich auf die Darstellungsseite wissenschaftlicher Theorien gelegt wurde, während der experimentelle Eingriff unberücksichtigt blieb. Das Für und Wider zwischen Realisten und Anti-Realisten verschiebt sich jedoch signifikant, so Hackings Diagnose, wird der experimentelle Eingriff, der eben einen Teil der Erzeugung wissenschaftlicher Theorien ausmacht, ebenso erkenntnistheoretisch gewürdigt wie das Darstellen.

Hacking glaubt nun insbesondere, daß die Waagschale zugunsten des Realismus ausschlägt, wenn man das Eingreifen in die Kontroverse zwischen Realisten und Anti-Realisten miteinbezieht. In diesem Zusammenhang plädiert Hacking für ein Existenzkriterium, das sich ausdrücklich auf das Eingreifen bezieht. Es läßt sich kurz so zusammenfassen: Es existieren diejenigen theoretischen Entitäten, mit denen wir technisch-experimentell handeln und Wirkungen in der Welt hervorrufen können. Hacking bekennt: "Mich hat die Tatsache überzeugt, daß es heute standardisierte Emissionsverfahren gibt, mit denen wir Positronen versprühen – [...]. Der praktische Mensch sagt: Bedenke, was du benutzt, um deine Handlungen auszuführen! Wenn du Positronen versprühst, dann sind sie auch real. Das ist eine gesunde Reaktion [...]."[1]

Selbstverständlich ist das die Reaktion des Alltagsmenschen und wohl auch die der praktizierenden Naturwissenschaftler, und möglicherweise ist es sogar eine gesunde Reaktion. Philosphische Anti-Realisten wird das Argument trotzdem kaum überzeugen. Denn Anti-Realisten werden darauf verweisen, daß wir niemals mit theoretischen Entitäten experimentell hantieren können. Wenn wir technisch handeln und damit auch wenn wir experimentieren, manipulieren wir beobachtbare Objekte im sogenannten Mesobereich. Wissenschaftliche Theorien informieren uns darüber, mit welchen beobachtbaren Objekten im Mesobereich wir welche beobachtbaren Veränderungen an anderen, ebenfalls beobachtbaren Objekten aus dem Mesobereich hervorrufen können. Daß wir unter der Anleitung unserer Theorien die Welt technisch manipulieren können, zwingt uns nicht dazu, die Existenz der unbeobachtbaren theoretischen Entitäten aus diesen Theorien anzuerkennen. Der Anti-Realist kann auf seinem Standardeinwand beharren, daß die Rede von den theoretischen Entitäten, zum Beispiel die Rede, daß wir "Positronen versprühen", nur eine inferentiell besonders übersichtliche und leicht handhabbare façon de parler ist über beobachtbare Objekte im Mesobereich und ihre technische Manipulation, die ebenfalls gänzlich im Mesobereich des Beobachtbaren vonstatten geht.

Die Kontroverse zwischen wissenschaftlichen Realisten und Anti-Realisten ist also mitnichten zugunsten der ersteren entschieden, sobald man das Experimentieren als technisches Intervenieren in die Überlegungen miteinbezieht. Gleichwohl hat Hacking eine interessante Frage auf die Tagesordnung gesetzt: Ist es möglicherweise nur der Realismus und niemals der Anti-Realismus, der auch der experimentellen und technologischen Seite der Naturwissenschaften gerecht wird? Wie ist unser Begriff der Realität auch durch die Tatsache bestimmt, daß wir angeleitet durch unsere naturwissenschaftlichen Theorien ständig und zum Teil höchst erfolgreich technisch in die Natur eingreifen und sie technisch umbauen? Sehen wir genauer zu!

1 Hacking 1996, S. 48.

(2) Natur und technisches Handeln

Es verwundert, daß Hacking, das technische Handeln in den Laboratorien vor Augen, nicht auf einen ganz anderen Aspekt gestoßen ist. Wenn Naturwissenschaftler mit den Laborphänomenen, die sich in nichts mehr von technischen Erfindungen unterscheiden lassen, immer noch Natur erforschen, so ist Natur im Sinne experimenteller Naturwissenschaft nicht einfach das dem Menschen Gegebene, das schlicht Vorfindliche, das ohne sein Zutun Vorhandene. Natur ist das Gegebene samt der Möglichkeiten, es technisch zu verändern und in immer kühneren Konstruktionen ganz Neuartiges daraus entstehen zu lassen. Natur ist der Möglichkeitsraum technischer Veränderungen.

Wie jedoch erfahren wir, daß Natur, die wir im technisch-experimentellen Handeln als Möglichkeitsraum erfahren, zugleich harte Realität ist, die niemals vollständig unser technisches Erzeugnis ist? Die Antwort ist fast peinlich einfach. Wir erfahren die unabänderliche Realität an den Grenzen, die dem technisch Machbaren gesetzt sind. Natur als von uns unabhängige Realität ist dann negativ als Grenze des Möglichkeitsraumes technischer Handlungen bestimmt, Natur als von uns unabhängige Realität ist das, was der Mensch auch mit höchster technischer Raffinesse und Perfektion beim besten Willen nicht zu verändern vermag.

Obwohl darüber eigentlich länger zu reden wäre, möchte ich wenigstens an dieser Stelle andeuten, warum es gerade die in den Naturwissenschaften so prominenten Erhaltungssätze sind, durch die Grenzen technischen Handelns, also mithin Natur als unabänderliche technologisch unverrückbare Realität beschrieben wird. Ist die Natur ein Möglichkeitsraum, so erfahren wir etwas über sie nicht allein und nicht primär, indem wir sie passiv verharrend beobachten, sondern indem wir testen, was sich an ihr wie verändern läßt. Wir kommen nicht umhin, die Natur durch experimentelles, also durch technisches Handeln zu erfahren. Die Grenzen des Möglichkeitsraumes sind das, was bei allen von uns erzwungenen Veränderungen gleich bleibt, was sich nicht verändern läßt. Nun versteht man heute ganz allgemein unter einer Symmetrie, daß Eigenschaften eines Systems unverändert bleiben trotz bestimmter anderer Veränderungen. Also wird die Natur als harte Realität, als Grenze des Möglichkeitsraumes technischer Veränderungen durch Symmetrieprinzipien oder Erhaltungssätze am besten dargestellt. Die Erhaltungssätze schließen negativ Möglichkeiten aus, sie beschreiben, was nicht machbar ist. Man denke nur an entsprechende Formulierungen der ersten beiden Hauptsätze der Thermodynamik: Es ist unmöglich, ein perpetuum mobile erster oder zweiter Art zu bauen.

Orientiert man sich am Handeln, dann macht sich die Realität als Grenze, als Widerstand bemerkbar. So erfahren wir Natur von Anfang an auch schon im Alltag. Wir erleben das Wirkliche als das Widerständige, als das, was unseren Absichten und Aktionen Grenzen und Schranken setzt. Daß die Wirklichkeit unabhängig von uns existiert, heißt dann: Die Wirklichkeit, auf die wir uns mit unseren Theorien beziehen und in die wir technisch eingreifen, ist weder unser kognitives Konstrukt, noch ist sie gar als Ganzes unser technisches Produkt. Die Philosophie kennt seit jeher das Lachen und den Spott des sogenannten naiven Alltagsmenschen über den Philosophen, der darüber nachgrübelt, ob es die Welt "da draußen" wirklich und unabhängig von ihm gibt. Der Alltagsmensch wartet geradezu darauf, daß sich ein solcher Philosoph den Kopf an der Wand stößt, spätestens das werde ihn in die "Realität" zurückholen und ihn daran erinnern, was Realität ist.

(3) Erkenntnis als Konstruktion der erkannten Realität

Ich habe schon eingangs darauf hingewiesen, daß die technische Welterzeugung immer wieder auch als Modell für das Erkennen dient. Wir machen wissenschaftliche und andere Erfahrungen von der Welt, und dieses Machen wird von Philosophen zu Recht als ein Handeln nach dem Modell technischen Handelns verstanden. Im technischen Umgang mit der Welt wird Natur positiv zum Möglichkeitsraum technischer Veränderungen, negativ zur Grenze und Widerständigkeit gegen technische Manipulationen. Wird das Erkennen als ein Konstruieren verstanden, tritt dann auch die erkannte Realität analog in dieser positiven und negativen Doppelrolle auf?

Betrachten wir zunächst die positive Seite. Ist die Realität, auf die wir uns mit unseren Theorien beziehen, ein Möglichkeitsraum kognitiver Konstruktionen? Die alte, insbesondere von Kant so in den Mittelpunkt gerückte Idee, daß wir selber aktiv werden müssen, um überhaupt etwas zu erkennen, besagt mit anderen Worten: Ohne Vorleistungen von unserer Seite erkennen wir nichts. Worin nun bestehen diese Vorleistungen? Eine und wie mir scheint besonders attraktive Auffassung faßt diese Vorleistungen als theoretische und methodologische Festsetzungen im weitesten Sinne auf. Tut man dies, so wird der Umstand, daß die von uns erkannte und erfahrene Realität immer auch unser kognitives Konstrukt ist, besonders markant sichtbar: Die eigentlichen empirischen Sätze, die die von uns unabhängige Realität beschreiben, sind in Wahrheit metatheoretische Sätze. So schreibt Kurt Hübner meines Erachtens völlig zu Recht: "Wenn die und die Festsetzungen, Postulate, Theorien (dies alles sind metatheoretische Bezeichnungen), dann die und die Basissätze, Falsifikationen und Verifikationen (und auch dies sind metatheoretische Ausdrücke). Oder anders formuliert: Wenn wir die und die Sätze haben – die nichts über die Natur aussagen –, dann folgen empirisch die und die anderen Sätze – die gleichfalls nichts über die Natur aussagen. Nur in diesen metatheoretischen Wenn-Dann-Beziehungen zeigen sich empirische Tatsachen; nicht aber stellt der Inhalt der Sätze der Theorie selber einen empirischen Sachverhalt in irgendeiner Weise dar: nicht in der Theorie, sondern erst in der Metatheorie erscheint die Realität".[2]

Das ist pronounciert gesagt. Die Welt ist die Gesamtheit der empirischen Tatsachen; da die empirischen Tatsachen immer auch unser kognitives Konstrukt sind, müssen diese Tatsachen in Wahrheit durch metatheoretische Wenn-Dann-Aussagen beschrieben werden. Wenn die und die theoretischen Rahmenannahmen festgesetzt und die und die methodologischen Prinzipien befolgt werden, dann scheitert die und die Hypothese und wird die und die

2 Hübner 1978, S. 71.

andere Hypothese (vorläufig) bestätigt. Unter anderen theoretischen Rahmenannahmen und anderen methodologischen Prinzipien werden andere Hypothesen bestätigt oder widerlegt. Bei den theoretischen Rahmenannahmen und methodologischen Prinzipien kann man auch von Perspektiven reden. Perspektiven lassen sich unterscheiden anhand theoretischer Rahmenannahmen, die vorläufig sakrosankt ist und nicht zur Widerlegung freigegeben werden, und methodologischen Festsetzungen. Je nach dem, welche Perspektiven man annimmt, erscheint die Welt jeweils anders, soll heißen: werden andere Beobachtungsaussagen und Hypothesen bestätigt oder falsifiziert. Wenn die erkannte Realität immer auch unser Produkt ist, das Ergebnis der von uns entworfenen und eingenommenen Perspektive, dann könnte man positiv sagen: Realität ist der Möglichkeitsraum der von uns erzeugten kognitiven Perspektiven, ganz analog zur Natur als Möglichkeitsraum experimentell-technischen Handelns.

Perspektivismus ist nicht per se antirealistisch, obwohl dies immer wieder behauptet wird. So wie unsere technischen Erzeugnisse gleichwohl Teil der Wirklichkeit werden und ein gegenüber ihren Schöpfern eigenes Dasein gewinnen, genauso sind Perspektiven Tatsachen. Es ist eben eine objektive Eigenschaft der Welt, es ist ein Faktum, daß sie uns in der einen Perspektive so, in einer anderen Perspektive anders erscheint. Deshalb kann Hübner sagen, daß die metatheoretischen Wenn-Dann-Aussagen gleichwohl empirische Aussagen sind, die die Realität beschreiben. Perspektivische Tatsachen, d.h. auf theoretische Rahmenannahmen und methodologische Prinzipien relativierte Tatsachen sind gleichwohl Tatsachen. Womit wir uns jedoch möglicherweise abzufinden haben, ist die erkenntnistheoretische Tatsache, daß wir allein perspektivische Eigenschaften der Welt zu fassen bekommen.

Natur ist, wie wir gesehen haben, auch Realität, an der wir nicht alles zu ändern vermögen, auch wenn wir es wollten, an der wir deshalb auch immer wieder scheitern. Das ist die negative Rolle, die die Natur im Rahmen technischer Welterzeugung spielt. Spielt Realität eine vergleichbare negative Rolle, wenn wir verschiedene Perspektiven auf die Welt einnehmen? Läßt sich so, wie nicht alles technisch machbar ist, auch nicht jede Perspektive auf die Welt einnehmen? Gibt es Grenzen perspektivischer Veränderungen unserer Weltsicht? Gibt es unmögliche Perspektiven ?

An dieser Stelle wird vielen natürlich Poppers Wissenschaftsphilosophie einfallen. Realität, das ist bei Popper vor allem die unerbittliche Instanz, an der alle unsere Theorien, wenn sie denn falsch sind, auch definitiv widerlegt werden können. Das ist eine attraktive Idee. Nur krankt sie an einer allzu optimistischen oder, wenn man mit Lakatos so reden will, allzu naiven Auffassung von Falsifikation von Theorien. Anders nämlich als Popper glaubte, kann mit guten wissenschaftstheoretischen Gründen bezweifelt werden, daß unsere Theorien und damit allgemeiner unsere kognitiven Perspektiven definitiv empirisch widerlegt werden können. Es läßt sich m.E. mit durchschlagenden Argumenten zeigen, daß keine widerspruchsfreie endliche Aussagenmenge definitiv verifiziert oder falsifiziert werden kann, und zwar weder empirisch, d.h. durch Beobachtungen und Experimente, noch durch theoretische Überlegungen. Allein, sind nicht einem relativistischen Perspektivenchaos Tor und Tür geöffnet, wenn tatsächlich die Realität als definitiv widerlegende Instanz ausgedient haben sollte?

In einer bestimmten Perspektive drängen sich uns bestimmte Überzeugungen unwillkürlich auf. Ich erinnere noch einmal an das Zitat von Hübner, der davon spricht, daß, wenn wir bestimmte Annahmen erst einmal gemacht und bestimmte Festsetzungen erst einmal getroffen haben, bestimmte andere Überzeugungen über Verifikationen oder Falsifikationen empirisch folgen. Aber nicht in dem unwillkürlichen Auftauchen von Überzeugungen bringt die Wirklichkeit gewissermaßen ihr Eigendasein zur Geltung. Denn auch wenn Überzeugungen sich uns unwillkürlich aufdrängen, immer noch können wir hier einen willkürlichen Zug machen, an dem uns die Realität nicht hindern kann. Wie evident uns Überzeugungen auch erscheinen mögen, uns steht es gleichwohl immer noch frei, an jeder Überzeugung festzuhalten oder aber sie zu verwerfen. Das ist, wie gesagt, die Einsicht der modernen Wissenschaftstheorie, an der wir nicht vorbeikommen.[3] Doch ob wir nun an bisherigen Überzeugungen unbeirrt festhalten oder sie verwerfen, immer kommen jedenfalls neue Überzeugungen hinzu, immer sind unsere Überzeugungen im Fluß, und gerade in dieser Dynamik erweisen sich unsere Überzeugungen immer als unfertig und unvollkommen. Zu keinem Augenblick steht die Gesamtheit unserer Überzeugungen und Theorien problemlos dar. Dabei sind es unterschiedliche Probleme. Sie zu erkennen und zu lösen, verlangt freilich nicht das erkenntnistheoretisch Unmögliche von uns. Wir müssen nicht aus der Gottesperspektive unsere Wahrnehmungen und theoretischen Beschreibungen der Welt mit der Wirklichkeit an sich vergleichen, um dieser Probleme gewahr zu werden. Diese Probleme machen sich intern bemerkbar, durch einen internen Vergleich von Aussagen mit Aussagen. Typische Probleme dieser Art sind:

- es treten interne Widersprüche auf, zum Beispiel Widersprüche zwischen Theorien und Beobachtungsaussagen oder Widersprüche in einer Theorie selber;
- eine Theorie erklärt nur bestimmte Phänomene, versagt aber bei anderen Phänomen, die sie eigentlich auch sollte erklären können, aber nicht erklären kann;
- Theorien bewähren sich zwar in ihren jeweiligen Bereichen, stehen aber unvermittelt nebeneinander, und es macht unerwartet große Schwierigkeiten, sie auf einsichti-

3 Daraus freilich erwächst ein wissenschaftstheoretisches Problem, das bis heute nicht überzeugend gelöst wurde. Dies Problem besteht in der Frage: Theorien sind positiv (verifikationistisch) und negativ (falsifikationistisch) durch empirische Beobachtungsdaten hoffnungslos unterbestimmt. Wenn sogenannte Beobachtungsdaten niemals den Ausschlag für oder wider eine Theorie geben, was entscheidet dann über die Auswahl, die Modifikation, die Verwerfung unserer Theorien? Wie ist zu erklären, daß angesichts praktisch unbegrenzter logischer Möglichkeiten, Theorien aufzustellen und auch angesichts der empirischen Befunde an ihnen festzuhalten, die Wissenschaften gleichwohl nicht in eine chaotische und relativistische Vielfalt miteinander konkurrierender Theorien zersplittert werden? Wie kommnt es, daß sich die Wissenschaftler mehr oder weniger mühelos auf bestimmte Rahmentheorien einigen und sie die Konkurrenz alternativer Theorien in engen Grenzen halten, wo doch die Unterbestimmtheit der Theorien durch die verfügbaren Daten und der mehr oder weniger große Dissens der Einzelwissenschaftler in wissenschaftstheoretisch-philosophischen Fragen eher eine chaotische und relativistische Vielfalt miteinander konkurrierender Theorien erwarten ließe.

ge Weise zueinander in Beziehung zu setzen oder sie in einer umfassenderen Theorie zu vereinigen.

Konfrontiert mit einem dieser oder ähnlicher Probleme, erfahren wir, daß wir es mit einer von uns unabhängigen Wirklichkeit zu tun haben. Selbst wenn es uns gelingt, einige dieser Probleme zu lösen, immer entstehen dabei neue Überzeugungen und mit diesen Überzeugungen entstehen sofort auch wieder neue interne Probleme. Um es in dem beliebten Bild vom Meinungsnetz zu sagen: In jedem Augenblick haben unsere Meinungsnetze Löcher, und bei jedem Versuch, diese Löcher zu stopfen und das Netz an diesen Problemstellen neu zu weben, reißt das Netz unerwartet und unvorhersehbar sofort an anderen Stellen. Alle unsere Überzeugungen und Theorien schwimmen, wie Paul Feyerabend es einmal ausgedrückt hat, in einem "Meer von Anomalien". Daß wir dem Auftreten immer neuer, unvorhergesehener, ja unvorhersehbarer interner Probleme und Anomalien unserer Meinungssysteme nicht zu entrinnen vermögen, genau darin erfahren wir, daß wir uns mit unseren Theorien auf eine Wirklichkeit beziehen, die offensichtlich doch mehr und immer noch wieder anders ist als unsere kognitiven Konstrukte. Wirklichkeit erfahren wir als Widerstand gegen alle unsere Problemlösungen, erfahren wir als den sich immer wieder von neuem aufbauenden und schließlich übermächtig werdenden Problemdruck, der auf unseren Überzeugungssystemen lastet.

Lassen Sie mich am Schluß meine Überlegungen noch einmal kurz zusammenfassen:

(1) Allzu leicht läuft man Gefahr, die Frage nach der Realität naiv anzugehen. Einen ontologisch oder erkenntnistheoretisch naiven Realismus vermeidet man, wenn man erstens berücksichtigt, daß wir ständig die vorgegebene Welt mehr oder weniger technisch verändern, und wenn man zweitens das Erkennen selber in Analogie zum technischen Handeln auffaßt.

(2) Wenn man die Frage nach der Realität in der Perspektive technischer Welterzeugung betrachtet, wird klar, daß wir die Realität auf eine positive und eine negative Weise erfahren. Positiv erfahren wir die Realität als Möglichkeitsraum für verschiedene kognitive Perspektiven, die wir einnehmen können, und für verschiedene Veränderungen, die wir technisch erzeugen können.

(3) Daß die Welt von uns unabhängig ist, daß sie etwas ist, was wir uns technisch nicht beliebig zurechtmachen und kognitiv nicht beliebig zurechtlegen können, daß die Realität mehr ist als unsere technischen und kognitiven Konstruktionen, erfahren wir nur negativ. Wir erfahren es an den Fehlschlägen technischen Handelns, an den Grenzen technischer Veränderbarkeit, vor allem aber an den Problemen und ungelösten Rätseln, mit denen alle unsere Theorien unablässig zu kämpfen haben.

(4) Somit ist die eigentliche Erfahrung einer unabänderlichen und von uns unabhängigen Realität die negative Problem-erfahrung niemals endgültig überwundener Widerständigkeit gegen unsere technischen und kognitiven Konstruktionen.

Literaturverzeichnis

Hacking, I.: *Einführung in die Philosophie der Naturwissenschaften*, Stuttgart 1996., S.48.
Hübner, K.: *Kritik der wissenschaftlichen Vernunft*, Freiburg/München 1978.

JEAN-YVES GOFFI

Benötigen wir eine neue Moralität in der technischen Welt?*

Kein Vertrauen mehr in den Fortschritt zu haben, scheint ein unverrückbarer Bestandteil unserer postmodernen Lebensumstände zu sein; das Staunen des Baconschen Reisenden im Salomonischen Haus der Weisheit ist verschwunden. Wir fühlen uns als Gefangene unserer eigenen Reise: Wir sind keine Reisenden, keine Pilger mehr, nur noch Fremde. Dieser Argwohn richtet sich gegen die technologische Ordnung selbst. Jemand, der diesen Argwohn zu zerstreuen versuchte, in dem er immerhin behauptet, unsere menschliche Welt sei schon immer eine technisch erzeugte gewesen, läge daneben. Denn es wäre nur zu leicht darauf zu antworten, daß es einen sehr wichtigen, in der Tat entscheidenden Unterschied gibt zwischen der Technik als dem Corpus des vorwissenschaftlichen technischen Wissens und der Technologie als einem Corpus des technischen Wissens, das aus der Wissenschaft heraus angetrieben wird – ein Argument, das, wenn selbstverständlich auch mit verschiedenen Absichten und Ausprägungen, durch Philosophen oder Denker, die sich ansonsten in fast allem anderen unterscheiden, gleichermaßen vorgebracht werden könnte, so von Lewis Mumford, Jacques Ellul, Mario Bunge und Martin Heidegger. Der Argwohn, der auf die technologische Struktur abzielt, kann so überwältigend werden, daß er eine Art von Nihilismus erzeugt. Hier ist kein gemeinsamer Platz mit der Technologie.

> "Man kann sich mit Technologie nicht arrangieren. Sie ist starr und geht sofort auf ihr Ziel los. Entweder sie wird akzeptiert oder abgelehnt. Akzeptiert man sie, so muß man ihren Regeln gehorchen."[1]

Dieses Zitat aus Elluls *La Technique ou l'enjeu du siècle*, zeigt den Sachverhalt recht klar. Eine andere Strategie wäre die folgende: Technologie verleiht der Menschheit zusätzliche Macht. Diese zusätzliche Macht erfordert im Gegenzug zusätzliche Verantwortlichkeit. Weit davon entfernt, der Ausdruck eines verschwommenen Spiritualismus zu sein, ist dies, so glaube ich, die wirkliche Bedeutung des oft zitierten Ausdrucks von Henri Bergson: *"un supplément d'âme"* – eine zusätzliche (weitere) Seele.

Eine solche Strategie läßt sich auch im Werk *Das Prinzip Verantwortung* von Hans Jonas[2] finden. Ich werde seine Position, soweit ich sie verstehe, zusammenfassen und auf das hinweisen, was mir der größte Fehler in seiner Argumentation zu sein scheint. Ich werde mit einigen Bemerkungen über seine Sicht des Staatsmannes als einem eminenten Paradigma für Verantwortlichkeit schließen; diese Bemerkungen zielen in die Richtung, daß wir *keine* neue Moralität in einer technischen Welt brauchen.

* Übertragung aus dem Englischen durch K. Kornwachs.

1 Ellul 1990, S. 178. Übersetzt aus dem Französischen.

2 Jonas 1984.

Ich bin mir nur allzu bewußt, daß ich hier eine Philosophie, die sowohl von großer Tiefe und sehr sorgfältig ausgearbeitet ist, gröblich vereinfache. Nichtsdestoweniger werde ich drei Argumente herausgreifen, die mir von herausragender Bedeutung zu sein scheinen.

Argument 1: Über die Natur der modernen Technologie

Jonas zieht in Erwägung, daß es unmöglich ist, das Wissen der modernen Technik zu verstehen, ohne zuerst die Natur der modernen Wissenschaft zu verstehen. In seinem Aufsatz *Ist Gott Mathematiker?* stellt er sich selbst die Aufgabe, die Metaphysik der modernen Wissenschaft zu enthüllen. Nach seiner Sicht hat der jüdisch-christliche Tranzendentalismus ein ganz bestimmtes Bild der Welt aufgebaut. Natur, als bloße Geschöpfe, "hat keinen eigenen Geist (oder Willen), sondern führt stumm Gottes Willen durch, durch den sie alleine existiert": ungleich der klassischen Vorstellung über den Kosmos (oder vielleicht des platonischen oder gar timaischen Kosmos) manifestiert die Natur eine Ordnung, die gedacht werden kann, ohne daß sie selbst intelligent sein müßte. Als eine Folge wurde das alte hierarchische Modell der Intelligibilität, das von den Griechen auf uns gekommen ist (die niedrige Ebene im Lichte der höheren Ebene zu verstehen), durch ein neues, demokratisches Modell der Intelligibilität ersetzt: das komplexe Ganze als Anordnung einfacher Elemente anzusehen. Moderne Wissenschaftler haben im wesentlichen eine analytische Grundeinstellung: für sie ist die Realität nicht verstehbar, wenn sie nicht zuerst auf einfache Elemente reduzierbar ist. Hat man sie einmal zur Verfügung, kann man diese einfachen Elemente natürlich rückkombinieren, entweder in einer theoretischen Konstruktion oder in einer tatsächlichen technologischen Operation. In gewisser Hinsicht werden die Dinge durch Analyse manipuliert, bevor sie durch die Technologie konstruiert werden. Moderne Wissenschaft ist, vermöge ihrer Natur, von eingreifender Art. Mit anderen Worten kann man über die moderne Technologie sagen, daß sie "die Metaphysik der Wissenschaft ist, die zum Vorschein kommt". Darüberhinaus ist die moderne Technologie nicht mehr, wie bisher, "der wohlbedachte Tribut an die Notwendigkeit". Sie hat ihre eigene Dynamik,[3] die auf dem Glauben beruht, daß es deshalb einen unendlichen Fortschritt geben kann, weil es immer etwas Neues und Besseres zu finden gibt. Die Folge davon ist, daß das Wesen des menschlichen Handelns verändert worden ist.

Argument 2: Über das biologische Leben als grundlegender Ort der Werte

Ich werde hier über die "philosophische Biologie" von Jonas sprechen. Es ist fast evident und doch bemerkenswert, daß sie nicht als eine Philosophie zu verstehen ist, deren Anre-

3 Beschrieben in Jonas' Aufsatz: *Toward a Philosophy of Technology.*

gungen aus der wissenschaftlichen Biologie stammen, wie dies bei der Soziobiologie oder der evolutionären Ethik der Fall ist. Auch ist sie keine Philosophie der Biologie, sie kann eher als eine Philosophie lebender Wesen etikettiert werden. Der Grundgedanke ist, daß die Art und Weise wie moderne Wissenschaft die Realität erklärt, über das Phänomen des Lebens ins Stocken gerät: die tatsächliche Existenz von Organismen stellt eine Herausforderung dar, mit der sie nicht fertig wird. Ein Organismus ist mehr als ein endliches Muster (zusammengesetzter) Teile: Er ist ein Prozeß, der mit der Bejahung und Bestätigung seiner eigenen Identität beschäftigt ist. Folgt man Jonas, so ist die philosophische Biologie geeignet, eine Verbindung zwischen dem Sein und dem Sollen herzustellen – ein gewagter Versuch, die Seins-Sollen-Frage zu lösen. Der Begriff des Guten ist für ihn mit der Wahrnehmung der Zwecke in den Dingen selbst verbunden, als zu ihrem Wesen gehörend. Einem Organismus hingegen ist das Leben nur geliehen: Nur vermöge einer ständigen Anstrengung kann der Organismus sein eigenes Sein erhalten. Diese Anstrengung ist eine Bejahung des Wertes des Seins, das sich für sich selbst gegen das Nichts deklariert. Jonas drückt dies so aus:

> "Das heißt, die bloße Tatsache, daß das Sein nicht indifferent gegen sich selbst ist, macht seine Differenz vom Nichtsein zum Grundwert aller Werte, zum erstem Ja überhaupt."[4]

Das zweckorientierte Verhalten lebender Organismen ist eine Manifestation dieser Nicht-Differenz.

Argument 3: Über den Staatsmann als Hauptvertreter der Verantwortlichkeit

Da dies der vermutlich am besten bekannte und meist diskutierte Teil der Jonasschen Philosophie ist, werde ich diesen Punkt sehr kurz behandeln. Der Gedanke ist, daß das menschliche Handeln, gerade wegen der ständig ansteigenden Macht der Technik, in seinem wirklichen Wesen verändert worden ist. Es ist wohl wahr, daß es immer das Privileg und das Vorrecht der menschlichen Freiheit gewesen ist, zur Welt nein sagen zu können. Aber diese Fähigkeit des Nein-Sagens hat sich in die Macht verwandelt, die Welt zerstören zu können, weil die Menschheit die Macht auf technologische Weise erhöht hat. Individuen haben als Individuen keine technologische Macht mehr: daraus folgt, daß der Staatsmann nunmehr der einzige moralische Handlungsbevollmächtigte ist, um die Zukunft, und das heißt letztlich uns, zu bewahren.

* * *

Nachdem ich die relevanten Argumente von Jonas zusammengefaßt habe, möchte ich einige Einwände gegen seine Theorie der Werte erheben.

4 Zitiert nach Jonas 1984, S. 155.

Nach Jonas soll gelten: "... daß die Welt Werte hat, folgt zwar direkt daraus, daß sie Zwecke hat."[5] Ich habe viel Sympathie für diesen Gedanken, der, wie ich glaubte, höchstwahrscheinlich richtig ist. Aber wie können wir diesen Gedanken verstehen? Es ist klar, daß Jonas' Vorstellung eine Behauptung über das Sein im Allgemeinen oder über das Sein als solches, nicht über Seiendes ist. Und er schreibt:

> "An-Sich-Sein des Guten oder Wertes heißt aber, zum Bestand des Seins zu gehören (nicht notwendigerweise damit zur jeweiligen Aktualität des Daseienden ..."[6]

Auf einer solchen Ebene von Allgemeinheit kann ich jedoch nicht verstehen, weshalb wir menschliche Wesen uns vor einer technologischen Bedrohung oder irgendeiner Art von Bedrohung fürchten sollten. Selbst in einer Welt, die durch eine Klimakatastrophe ökologisch ausgelaugt ist, oder noch schlimmer, durch einen nuklearen Krieg verwüstet ist, ist es (doch) am wahrscheinlichsten, daß Organismen (Bakterien, Flechten) überleben würden und zweckhaftes Verhalten manifestierten. Da die Axiologie als ein Teil der Ontologie gesehen werden muß, werden Zwecke (auch) noch in einer solchen Welt existieren, also auch Werte und das Gute.

Eine andere Interpretation der These von Jonas besteht darin, einen Schritt zurück auf die ontischen Ebene, wenn ich das einmal so sagen darf, zu machen. In diesem Fall könnte der Satz

> (1) "Wir können die bloße Fähigkeit, Zwecke zu haben, letztlich als ein Gut in sich selbst ansehen."

so verstanden werden, so daß er bedeutet

> (2) Wir können Seiendes, das Zwecke hat, ansehen als etwas, was intrinsische Werte hat.

Dies ist (aber) schlicht falsch. Aus:

> (3) A strebt dazu, B zu erreichen (wobei A ein Seiendes ist, das ein zweckvolles Verhalten zeigt und B ein Zweck)

können wir nicht schließen, daß:

> (4) A hat einen intrinsischen Wert.

und ebenfalls nicht

> (5) B hat einen intrinsischen Wert.

Wir können (4) nicht schließen, weil ein intrinsisch schlechtes A nichtsdestoweniger einen Zweck anstreben kann, und wir können (5) nicht schließen, weil ein indifferentes, oder

5 Zitiert nach Jonas 1984, S. 148.
6 Zitiert nach Jonas 1984, S. 153.

sogar gutes A sehr wohl einen intrinsisch schlechten Zweck anstreben kann (außerhalb des Nichtwissens zum Beispiel). Wir können jedoch sehr wohl etwas ganz anderes schließen:

(6) B ist für A von Wert.

Wir werden zurück zu einer subjektiven Theorie des Wertes gelenkt, d. h. daß wir vom Vorhaben der Jonasschen Philosophie sehr weit entfernt sind. Wir stecken in einem Dilemma.

Einerseits können wir das Diktum: "Axiologie ist Teil der Ontologie" verstehen, so man es auf die wirklich Existenz von Seiendem bezieht (gegen die Möglichkeit des Nichts). Wenn jedoch (andererseits), wie bereits gesagt, die bloße Tatsache, daß das Sein nicht indifferent gegenüber sich selbst ist, den Unterschied zum Nicht-Sein als Grundwert aller Werte ausmacht, dann folgt daraus, daß die technologische Struktur nur insofern gefürchtet wird, als sie das Sein als solches zu einem Zustand der radikalen Indifferenz zu sich selbst führen kann, d. h. nur insoweit als sie organisches Leben und Zielgerichtetheit in der Natur zerstören kann. Ich behaupte nicht, daß diese Art von Biozentrismus nicht verteidigt werden könne. Aber es ist dies keine adäquate Formulierung für den neuen Imperativ, der da lautet: "Handle so, daß die Wirkung deiner Handlungen verträglich sind mit der Permanenz echten menschlichen Lebens auf Erden."[7] Andererseits können wir den Satz: "Axiologie ist Teil der Ontologie" in seiner Anwendung auf Lebewesen zu verstehen. In diesem Fall haben wir einen Fehlschluß und zwar den Fehlschluß der Behauptung damit eine Wesenheit einen Zweck anstreben kann, der für sie von Wert ist, muß sie für sich selbst einen Wert darstellen. So möchte ich den Jonasschen Ausdruck, den ich zu Beginn dieses Kapitels zitiert habe, leicht abändern.[8]

> Daß es Werte in der Welt gibt, folgt direkt daraus, daß zweckgerichtetes Seiendes nach Zwecken strebt.

Jonas würde dem sicher widersprechen. Und ich denke, daß der in Frage stehende Punkt in einem Zitat aus dem *Prinzip Verantwortung* klar gesagt wird:

> "Als bloßes Geschöpf des Willens mangelt das Gute der Autorität, die den Willen bindet."[9]

Ich lasse den Begriff des schöpferischen Willens einmal beiseite, der sich hier wie ein Echo des jüdisch-christlichen Transzendentalismus ausnimmt, um anzumerken, daß zuweilen Geschöpfe des Willens in der Tat die Autorität haben, den Willen zu binden (z. B. auf dem Gebiet der Gesetze). Ich darf nur als Anregung bemerken, daß eine subjektive Theorie der Werte keinen Relativismus impliziert: Ein Ding kann wertvoll *in sich selbst* für die bewertende Wesenheit sein. An diese Stelle entlehne ich von Richard Hare eine Unterscheidung zwischen Entitäten, die Werte haben, weil sie ihre eigene Existenz bewerten, und Entitäten,

7 Zitiert nach Jonas 1984, S. 36.
8 Vgl. Zitat nach Jonas 1984, S. 148, vgl. Fußnote 50.
9 Zitiert nach Jonas 1984, S. 161.

die, unfähig zu werten, im Hinblick auf sich selbst nicht bewertbar sind, die aber nichtsdestoweniger *in sich selbst* für andere Entitäten bewertbar sind. Das ist genau der Weg, wie wir (menschliche Wesen) die Welt bewerten – man denke nur an die Art und Weise, wie wir Kunstwerke bewerten. Jonas hat recht, wenn er daran denkt, daß eine neue Moralität eine neue Werttheorie braucht, mit anderen Worten, eine neue Axiologie. Ich glaube jedoch, daß er bei der Begründung einer neuen Axiologie keinen Erfolg hatte.

* * *

Um Schlußfolgerungen zu ziehen, möchte ich einige Worte über den Staatsmann als einem eminenten Paradigma der Verantwortlichkeit sagen. Wie ich schon erwähnte, denkt Jonas die moderne Technik so machtvoll wie ruhelos (daher sein Ausdruck: Selbstbewegung der Technik). Aus dieser Situation ergeben sich zwei Konsequenzen: Da die Technik so mächtig ist, tritt die Verletzlichkeit der Natur zutage, da sie ruhelos ist, kann sie keine Einzelperson mit all ihrer Kompetenz und Stärke jemals mehr kontrollieren. Die Verantwortlichkeit, mit unserer technisch erzeugten Welt zurecht zu kommen, geht nun auf den Staatsmann über: ebenso wie Eltern für das Neugeborene verantwortlich sind, ist der Staatsmann für die anderen menschlichen Lebewesen verantwortlich – diese Verantwortung ist total, kontinuierlich und in die Zukunft ausgerichtet. Jürgen Habermas, um einen Kritiker zu nennen, hat gegenüber Jonas eine harsche Kritik vorgetragen, dabei nannte er ihn sogar einen Altkonservativen.

Ich denke, daß diese Kritik mehr als berechtigt ist. Jonas denkt, daß die Natur (besonders lebende Geschöpfe) der Ort des Wertes sei; daß diese in Gefahr sei, durch die utopische Perversion legitimer menschlicher Hoffnungen zerstört zu werden, die nur ein weiser Staatsmann – unter dem Schutz dieses wirklichen Utopismus – die Menschheit vor sich selbst retten könne. Dieser letzte Punkt ist kaum zu glauben. Wir wissen – oder wir sollten es seit der Antwort des Protagoras auf Sokrates wissen –, daß jedermann ein Experte in politischen Dingen ist, zumindest auf einem bestimmten Niveau der Allgemeinheit. Es mag sicherlich Jonas zugute gehalten werden, daß unsere herkömmliche Moralität schlecht darauf vorbereitet ist, mit Problemen fertig zu werden, die die Technik so üppig hervorrückt. Aber unsere herkömmliche Moral stellt sicher das Überleben über utopische Ziele. Anstatt eine Werttheorie auf so wackligen Begründungen aufzubauen, hätte Jonas nach einer Ethik für unsere technisch erzeugte Welt in dieser Richtung forschen sollen.

Ich möchte diesen Hinweis kurz kommentieren. Nach Jonas gilt, daß "der Ort der Verantwortung das ins Werden eingetauchte, der Vergänglichkeit anheimgegebene, vom Verderb bedrohte Sein ist".[10] Man kann nur für das verantwortlich sein, was verletzlich ist, was man in der Zeit oder durch die Zeit bewirken kann. In einer technologischen Welt werden sowohl die Natur als auch die Menschheit Objekte der Verantwortlichkeit, weil beide zum schlimmen hin beeinflußt oder gar zerstört werden können.

Ich wäre geneigt zu sagen, daß dies keine genuine neue Moralität darstellt, sondern eher eine herkömmliche Moralität (Mitleid mit den Hilflosen, Neigung dazu, Gefährdete zu ret-

10 Zitiert nach Jonas 1984, S. 241.

ten und so fort), die in einem neuen Zusammenhang angewandt wird. Was mich verblüfft ist, daß diese Theorie ohne jegliche Rücksicht auf eine Werttheorie verteidigt werden kann, für die sich Jonas an anderer Stelle einsetzt. Wir müssen uns immer noch daran gewöhnen, in der Natur etwas Verletzliches zu sehen, statt ein unerschöpfliches Füllhorn, und in der Menschheit etwas zu sehen, dessen Existenz nicht für alle Zeiten gesichert ist. Weiterhin müssen wir noch lernen, angepaßt zu handeln. In diesem Sinne ist unsere herkömmliche Moralität schlecht darauf vorbereitet, mit unserer technisch erzeugten Welt umzugehen; nicht weil sie keine Heilmittel vorschlagen könnte, sondern weil sie es (noch) nicht gewohnt ist, das Übel da wahrzunehmen, wo es ist. Es scheint mir jedoch, daß Staatsmänner, allzu schnell bereit zu sagen, daß man die Situation im Griff habe, in diesem Punkt noch weniger kompetent sind.

* * *

Nun seien einige abschließende Bemerkungen an der Reihe. Ich habe die Jonasschen Anspielungen auf den Staatsmann so interpretiert wie wenn er über einen weisen Herrscher oder über eine kleine Gruppe weiser Herrscher spräche, die wohl in der Lage seien, uns vor uns selbst zu schützen – eine Art Gesetzesgeber des *Contrat Social*; oder, vielleicht besser, eine Art Philosophenkönig aus *Kallipolis*. Doch David Hume hat schon lange vorher entdeckt, daß Herrscher die gleiche Moralität wie Jedermann haben, abgesehen davon, daß sie schwächer und permissiver in harten Fällen sind.

Die wirklich ernsthafte Frage ist natürlich, wie man die "Macht über die Macht" zu gewinnen weiß, d. h. wie man unsere ruhelose Technologie bändigt. Ich hatte, vielleicht entgegen der Hauptströmung vorgeschlagen, daß wir eine neue Begründung für eine Ethik in der technischen Welt nicht unbedingt brauchen, sondern was wir benötigen, ist eher ein Satz von Regeln, die die herkömmliche Moralität wirkungsvoller machen. Da ich regen Gebrauch von dem Begriff der herkömmlichen Moralität (common morality) mache, habe ich den Eindruck, daß er geklärt werden sollte. Herkömmliche Moral ist etwas, was schon immer da ist: aufgebaut und geformt durch menschliche Wesen, die in Gesellschaften leben und versuchen, Probleme zu lösen. Es ist schwierig zu glauben, daß diese Probleme ständig (nur) schlecht gelöst worden seien. Wäre dies der Fall, wäre die Erde ein schlechterer Platz zu leben als sie es tatsächlich ist. Herkömmliche Moralität sieht der Wittgensteinschen Lebensweise (Form of Life) gleich: Sie ist nicht eine Begründung, sondern das Endgültige.

Zugegebenermaßen ist der Inhalt dieser herkömmlichen Moralität nicht sehr genau. Die Goldene Regel (vielleicht auch nur die Silberne Regel), die Trennung zwischen privaten und öffentlichen Bereichen, die Nichteinmischung in die vernünftige Entscheidung eines Individuums, das Mindestmaß an kooperativem Verhalten, das Vermeiden unnötigen Leidens: diese Werte oder Grundsätze sind wahrscheinlich der Kern dieses Inhalts. Aber dieser wirkliche Mangel an Präzision (und in der Tat dieser wirkliche Mangel an Perfektion) ist Teil ihrer Stärke, da sie den Menschen erlaubt, trotz verschiedener Sichtweisen dessen, was ein Gutes Leben sei, in Frieden miteinander zu leben; und weil sie die Integration neuer Werte und Grundsätze erlaubt, nachdem sie rational diskutiert worden sind. Um eine alte Metapher zu gebrauchen: unsere herkömmliche Moral ist ein Schiff, das man auf hoher See reparieren kann.

In einer komplexen technischen Welt bleibt jedoch der Stil, wie Entscheidungen gefällt werden (neu) zu begründen, der in die Zukunft etwas projiziert, was unserer herkömmlichen Moralität vergleichbar ist. Nach Jonas ist die Anwesenheit des Menschen in der Welt ein Imperativ. Hier stimme ich natürlich mit ihm überein – wer wollte da widersprechen. Aber die Anwesenheit ist nicht genug: Unsere gegenwärtigen, auf die Zukunft ausgerichteten Entscheidungen müssen die Anwesenheit des Menschen in der Welt sichern und bewahren. So weit, so gut. Aber sie müssen den zukünftigen Generationen die Möglichkeit geben, unter den Grundsätzen der herkömmlichen Moral zu leben, selbst wenn diese den herkömmlichen Begriff des Guten Lebens nicht teilen. Um ein einfaches Beispiel vorzuschlagen: Unsere gegenwärtigen Entscheidungen in Sachen Energiepolitik dürfen nicht zu Bedingungen der Knappheit führen, die zukünftige Generationen in einen Krieg aller gegen alle stürzt.

Dies schließt ein, um Jonas zu paraphrasieren, daß wir die Pflicht haben, die physikalische Welt in einer solchen Verfassung zu bewahren, daß zukünftige friedliche Gemeinschaften möglich gemacht werden können. In diesem Sinne muß unsere herkömmliche Moral erweitert werden – sowohl räumlich wie zeitlich. Aber erinnern wir uns daran: Wir werden den zukünftigen Generationen eine veränderte Welt, aber auch eine veränderte Technologie übergeben – ist damit der Begriff, "bewahren" der Welt noch angemessen?

Literaturverzeichnis

Ellul, J.: *La Technique ou l'enjeu du siècle. Economia*, Paris 1990.

Engl. Übers.: *The Technological Society. Vintage Books*, New York 1964.

Jonas, H.: *Das Prinzip Verantwortung. Versuch einer Ethik für die technologische Zivilisation*, Suhrkamp, Frankfurt a. M. 1984.

Jonas, H.: *Toward a Philosophy of Technology*, o. J..

Kolloquium VII
Krisis und Kulturdynamik

RALF KONERSMANN

Eine Notiz

Der Titel unseres Kolloquiums scheint mir doppeldeutig. *Systematisch* ist die Formel "Krisis und Kulturdynamik" als Problemanzeige lesbar, *historisch* als Epochendiagnose. Es wäre freilich überzogen, die perspektivische Ambivalenz zur thematischen Alternative zu verschärfen, denn beide Aspekte gehören zusammen. Das gemeinsame Bezugsfeld ist die in ihrer (von Krise zu Krise "akzelerierenden") Dynamik sich erhaltende Kultur und ihre Identität.

1. Problemgehalt

Ich möchte zunächst auf die Geschichtlichkeit des Sachverhalts hinweisen. Über die Genese erschließt sich sein Problemgehalt. Dabei zeigt sich, daß er erst unter den Bedingungen der Moderne akut wird. Die vorliegenden bedeutungs- und begriffsgeschichtlichen Recherchen im semantischen Feld der "Kultur" sind in dieser Hinsicht ziemlich eindeutig. Sie demonstrieren die zunehmende Verquickung mit dem Themenbezirk "Modernität". Modernität ist, kurz gesagt, der Inbegriff der Erfahrung, daß nichts und niemand dagegen gefeit ist, fragwürdig zu werden und zur Auseinandersetzung mit dem Status der Fragwürdigkeit seiner Welt genötigt zu sein. Charakteristisch ist zudem die Unumkehrbarkeit dieser Tendenz: Fragilität von Tradition und Geltung, Fragilität von Vergangenheit und Zukunft.

Doch "Modernität" ist nicht bloß eine Angelegenheit quantitativer Steigerungen. Charakteristisch modern ist insbesondere die *Intensivierung* der Effekte und der Erfahrungen von "Kontingenz". Auch dies wird prägnant im historischen Vergleich. Es ist ja kein Geheimnis, daß die Krise ein altes und geschichtenreiches Thema des philosophischen Denkens ist. Nachdem der Begriff sich aus den forensischen und ätiologischen Zusammenhängen befreit hatte, denen er entstammt, galt, was man eine "Krise" nannte, als politisch schwerwiegend und als sozial bedrohlich. Von jeher war die Krise etwas, was man ernst zu nehmen hatte.

Die "Krisis" der Moderne ist jedoch offensichtlich etwas Neues. Zuvor nämlich, das heißt neuzeitlich, hatte man die Krise in den Erzählbogen von "Metageschichten" einbauen und als Anlaß der gesellschafts- und geschichtsgestalterischen Bewährung akzeptabel halten können. Die Integrationsleistung der neuzeitlichen Historiodizeen und Soziodizeen, die auch die Kulturentwürfe des zwanzigsten Jahrhunderts noch weitgehend bestimmt haben, beruhte auf einem Versprechen. Ihre praktischen Empfehlungen gründeten auf der Zusicherung, daß ihre Praxis in der Lage sei, ungeachtet offenkundiger, aber eben befristeter, wo nicht auf lange Sicht sogar aufstiegsdienlicher Kalamitäten die Krise zu bewältigen, den kulturkritischen Protest ins Unrecht zu setzen und die Sorge zu beschwichtigen.

Ich möchte in diesem Zusammenhang daran erinnern, daß sich bereits die Protosoziologen aus dem Umkreis der *physique sociale* zu Anfang des 19. Jahrhunderts auf der Grundlage dieses Deutungsmusters bewegten. Akkurat dieser Vorgabe entsprechend, haben Saint-Simon und die Seinen die eben abgeschlossene Epoche der Revolutionen beschrieben und rationalisiert: als kritische Phase der Unruhe, die, indem sie Tabula rasa machte, den prompt entwickelten Techniken der sozialwissenschaftlich angeleiteten Daseinsmodellierung den Weg bahnte. Die neu zu ordnende *grande société d'industrie* der Saint-Simonisten beruht auf einem zeitlosen Bündnis von Wissenschaft, Wirtschaft und Gesellschaft. Es ist offensichtlich, daß der gegenwärtig inszenierte Take-off der "reflexiven Modernisierung" noch immer von solchen Verheißungen profitiert. Kaum anders, jedoch mehr dem Deutungsmuster "Dialektik" zuneigend, haben die Vertreter der Historiodizee und namentlich des wissenschaftlichen Sozialismus den Kapitalismus behandelt – inklusive seiner sozialen Begleiterscheinungen und der Spiegelungen im Überbau. Bezeichnenderweise hat die Kritik der politischen Ökonomie den Kapitalismus keineswegs verworfen, sondern als Pflichtpensum hingenommen und erklärt: als Übergangsphase, die erst einmal durchgestanden werden muß, da nur sie die Kräfte des Heils zu entbinden vermag.

Das kurzfristig realisierte Leistungsangebot dieser Strategien war beachtlich. Mit Hilfe ihres Interpretationsrahmens war es möglich, Kontinuität plausibel zu machen, ja sogar so etwas wie kontinuierliche Steigerung. Dabei muß man sehen, daß die Spannung von "Krisis" und "Kulturdynamik" keineswegs geleugnet wurde; sie wurde im Gegenteil bestätigt, aufgenommen und einem einfachen und äußerst effektiven rhetorischen Schema eingepaßt, das mit zwei Stufen vollkommen auskam: dem *Problem* ("Krisis") und dem *Lösungsweg* ("Kulturdynamik"). Die "Kulturdynamik" sollte der realhistorische Ausweg sein, nach dem die Schwierigkeiten der "Krisis" faktisch verlangt hatten. Dementsprechend favorisierte das 19. Jahrhundert keinen Schlüsselbegriff so sehr und so nachhaltig wie den der "Entwicklung" und "Evolution". Die Krise, so mußte nach dieser theoretischen Operation der Schluß lauten, ist die konkrete Probe auf die Dynamik der durch ihre Herausforderungen gestärkten "Kultur".

2. Optionen

Die Rehabilitierung, die das Kulturthema gegenwärtig erfährt, dürfte sich nicht zuletzt der Erinnerung daran verdanken, daß die soeben geschilderten Wege und Auswege keineswegs die ganze Geschichte wiedergeben. Das 19. Jahrhundert war nicht nur ein Zeitalter der Verheißungen, es war auch ein Zeitalter der Zweifel und Widerrufe. Von seiten der Romantik, des Historismus und namentlich durch Kierkegaard, Baudelaire, Ruskin und Nietzsche waren jene Strategien der Krisenrationalisierung einer anhaltenden Kritik ausgesetzt, die schließlich, im Verbund mit realhistorischen Bestätigungen, zu Glaubwürdigkeitsverlusten und zu Zweifeln an der Rationalität der historischen Evolution führte. Tatsächlich war es dieses Bedürfnis nach Kritik und Revision, das den Begriff der *modernité* entstehen ließ. "La modernité", so bestimmte Baudelaire den für ihn selbst noch neuen Begriff, "c'est le transitoire, le fugitif, le contingent."[1]

Als Ergebnis dieses Revisionsprozesses und der darin verarbeiteten Erfahrungen lassen sich, grob gesprochen, zwei Reaktionsformen unterscheiden, die Option "Wissenschaftskultur" und die Option "Kulturwissenschaften".

2.1 Wissenschaftskultur

"Wissenschaftskultur" meint die seit Beginn der Moderne immer deutlicher zutage getretene Tendenz, "die Annahmen über die Wirklichkeit, wie wir sie stets unserem wirklichkeitsverändernden oder auch wirklichkeitskonservierenden Handeln zugrunde legen müssen, nicht mehr [...] aus gemeiner lebensweltlicher, auch beruflicher Erfahrung" zu beziehen, sondern unmittelbar aus "der Erkenntnispraxis institutionell ausspezialisierter Wissenschaften".[2] Im Rahmen von Wissenschaftskultur ist Wissenschaft nicht nur *Organ* (Organ des Wissens, der Erkenntnis, des Erklärens usw.), sondern auch *Faktor*. Wissenschaft verzichtet auf ihre Distanz und macht sich direkt zum Beweger und Begleiter jener Welt, die sie erschließt. Sie wird, mit einem Wort, kulturkonstitutiv.

Ich darf daran erinnern, daß auch diese Option als Lösung eines Problems gemeint war – eben jenes Problems nämlich, auf das bereits die Metageschichten der Soziodizee und Historiodizee reagiert hatten. In gewisser Weise macht sie sich deren Anliegen zu eigen, freilich ganz und gar "unmetaphysisch" und vor allem unspektakulär. Was die Option "Wissenschaftskultur" von jenen Entdramatisierungsstrategien unterscheidet, ist die "Geräuschlosigkeit"[3] ihres Verlaufs. Es mag deshalb leicht übersehen werden, daß sie genau so auch einmal gewollt und gefordert worden ist. Wissenschaftskultur als Antwort auf die

1 Vgl. Gumbrecht 1978, S. 110.

2 Lübbe 1987, S. 32.

3 Die Beobachtung macht wohl als erster Engels; die industrielle Revolution, sagt er 1845, sei "um so gewaltiger" verlaufen, "je geräuschloser sie vor sich ging" (vgl. Konersmann 1994, S. 227-243).

Krise – so lautete die von einer nicht unbeträchtlichen Emphase getragene Parole einer theoretischen Disziplin, die sich vor gut einhundert Jahren den Namen "Kulturphilosophie" gegeben hat.

Um diesen Zusammenhang ein wenig auszuleuchten, möchte ich einen kurzen Blick auf den Text werfen, der – wenn auch historisch nicht ganz zutreffend – häufig als Gründungsurkunde der Disziplin genannt wird, Ludwig Steins "Versuch über die Kulturphilosophie". In dieser Schrift, deren programmatische Ambition unverkennbar ist, heißt es:

> Wir verändern und wandeln uns, wie Arten und Gattungen langsam variieren. Wir passen uns immer vollkommener – auch seelisch – den äußeren Daseinsbedingungen an. Heißt Leben sich Zwecken anpassen, so bejahen wir das Leben in seiner höchsten Energieform nur dann, wenn wir unsere Schicksale bewußt in unsere stahlfesten Arme nehmen, statt sie vom unbewußten Naturgeschehen oder unterbewußten Sozialgeschehen aus dirigieren zu lassen. Lebensbejahung unseres Kultursystems bedeutet aber planmäßige Inangriffnahme der Aufteilung unseres Planeten unter die einzelnen Glieder unseres Kultursystems, um die endgültige Weltherrschaft desselben schon im 20. Jahrhundert lebensfreudig, zielsicher und zukunftsfroh anzubahnen. Fort daher mit allem verweichlichenden Pessimismus und entnervenden Fatalismus, welche die Kultursysteme der Araber, Inder und Chinas an den Rand des Abgrunds geführt haben! *Ihre* Geschichte sei *für uns* Weltgericht. Lernen wir aus dem selbstmörderischen Schicksal der drei übrigen rivalisierenden Kultursysteme, wie wir es *nicht* machen sollen. Bilden wir vielmehr unseren Intellekt immer vollkommener, immer allseitiger, immer tiefgreifender aus, und schöpfen wir aus diesem Intellekt Entschlossenheit und Selbstsicherheit in der Niederhaltung aller übrigen Kultursysteme![4]

Soweit Ludwig Stein an der Schwellen zum 20. Jahrhundert. Ein bequemeres Angriffsziel für politisch korrekten Protest wird sich schwerlich finden lassen als dieser Aufruf des Berner Universitätsprofessors. In meiner knappen Notiz geht es mir jedoch nicht um Zivilisationskritik, sondern um die Genealogie der Krisenrhetorik und der krisenbedingten Reaktionsformen. In dieser Perspektive ist Stein als Zeuge interessant, denn offensichtlich weist er der Kulturphilosophie Orientierungsfunktionen zu, deren Aufgabenstellung unmißverständlich ist. Diese Kulturphilosophie ist aufgerufen, das Selbstbild der westlichen Kultur mit den Mitteln und der Autorität der Wissenschaft als Hegemonialkultur zu bestätigen und zu festigen.

Steins Proklamation wäre kaum der Rede wert, würde es sich bloß um die entlegene Äußerung eines Einzelgängers handeln. Aber so ist es nicht. Die Vision fügt sich harmonisch in das Tableau der seinerzeitigen Bemühungen, die im allmählichen Entschwund vormals fragloser Geltungen zutage getretene Krise durch wissenschaftsförmige Präparierung lebensbedeutsamen Wissens auszugleichen. Nicht nur bei Stein war damit die Hoffnung verbunden, die wissenschaftsgestützte, von metaphysischen Umständlichkeiten befreite Kultur der Moderne werde endlich den eigenen Status quo ante übertreffen und Konkurrenzkultu-

4 Stein 1899, S. 34.

ren überflügeln. Männern wie Ludwig Büchner, Friedrich Tönnies und, wenig später, Wilhelm Ostwald wurde die Überzeugung zur Gewißheit, daß die Formen menschlicher Vergemeinschaftung mit Hilfe des Leistungsangebots von Wissenschaft, Technik und Industrie vollkommen neu geordnet werden sollten. Was hier gedacht und gewollt wurde, war die rein effizienzorientierte Gestaltung sämtlicher Lebensbereiche, einschließlich des Politischen; die rationale Steuerung und Befriedung der sozialen Welt, einschließlich ihrer Konfliktpotentiale; die ethische Grundlegung und Festigung einer auf Arbeit und Erwerb gegründeten Zivilisation – mit einem Wort: die Bändigung der Krise und die Expansion des Systems durch den kontrollierten Ablauf der kulturellen Dynamik.

Daß das Desiderat der totalen Verwissenschaftlichung krisenbedingt war, scheint mir unzweifelhaft. Wenn man hört, wie der Nobelpreisträger Ostwald der Kirche auf institutioneller Ebene Konkurrenz machte und zur Hauptgottesdienstzeit wissenschaftliche "Sonntagspredigten" abhielt,[5] wird man der Bedrängnis inne, die hier empfunden worden sein muß, und man erkennt die Entschlossenheit, dieser Bedrängnis durch tatkräftige Elimination all dessen Herr zu werden, was mit der Evolution des positiven Wissens nicht Schritt hält. Das für heutige Begriffe erstaunliche Sendungsbewußtsein dieser Wissenschaftlergeneration war von der Erwartung getragen, daß modernisierungsspezifische Ausfälle sich mit Hilfe der Wissenschaften auffangen und die Krise sich wissenschaftlich bewältigen lasse, kurz: sie setzte auf die Kompensationspotentiale der Wissenschaft, auf wissenschaftlich gesicherte Welterklärung und wissenschaftlich angeleitete Weltgestaltung.

2.2 Kulturwissenschaften

Dieser Zusicherung stehen die modernen, nicht zuletzt in der Objektivismuskritik Husserls wirksamen Zweifel an den Strategien wissenschaftsgestützter Universalisierung gegenüber. Unverkennbar erklären sich diese Bedenken ebenfalls als Krisenreaktion, doch sie neigen einer konkurrierenden Option zu. Die modernitätsspezifische Kritik setzte nicht auf vermehrte Anstrengung und Ausschöpfung der Potentiale, sondern auf Hebung und Überprüfung der Grundlagen. Sie spürte dem Bedingungsgefüge nach, aus dem die krisenanfällige Kultur einmal hervorgegangen war.

Auch diese Option war keineswegs voraussetzungslos. Besonders wirkungsvoll hatte Rousseau dem vorgearbeitet, als er – im vollen Bewußtsein dieser Paradoxie – auf dem Boden der Moderne zur Kritik der Moderne aufrief. Rousseaus historische und, nach langem Zögern, erst aus kulturtheoretischer Sicht erneut gewürdigte Leistung[6] besteht darin, den Glauben an die Zuträglichkeit und an die Kompensationspotentiale der kulturellen Er-

5 Vgl. Lübbe 1987, S. 25; s. a. ders. 1963, S. 127 ff.

6 Nach der langen und erfolgreichen Diskriminierung durch den Schimpfbegriff "Rousseauismus" war es - neben Jean Starobinski (1988) - vor allem Claude Lévi-Strauss, der Rousseau rehabilitiert hat; vgl. Lévi-Strauss 1962 (1992).

satzwelt zurückgewiesen zu haben. Seither ist Kultur nicht mehr ein Ort der Selbstverständlichkeiten, der Sitten und Bestände, denen man sich unbesehen anvertrauen kann. Seither – und diese Zeitspanne umfaßt die Moderne einschließlich ihrer diversen Epiloge –, seither ist Kultur in dem Sinne schwierig und fordernd, wie etwa auch moderne Kunst schwierig und fordernd ist. Sie ist ein Ort der Infragestellungen und Herausforderungen, der, nachdem sich nun nichts mehr von selbst versteht, von sich aus und ohne das mindeste Entgegenkommen nach kritischer Auslegung und Aneignung verlangt. Aus Sicht der Kritik mußten deshalb die Beschreibung und das Begreifen dieser Welt als "Aprioriforschung" angelegt sein.

Damit ist der Problemhorizont ausgemacht, auf den die "Kulturwissenschaften" reagieren: Sei begreifen sich als ein Disziplinenverbund, der an den Beginn seiner Praxis die Einsicht stellt, daß sich die "immer wieder aufbrechende Unsicherheit über das Schicksal und die Zukunft der menschlichen Kultur"[7] auch durch die Steigerung und den Ausbau der Wissenschaftsförmigkeit nicht werde vermeiden lassen. Es gilt und kann nur gelten, mit dem Unvermeidlichen zurechtzukommen.

Die kulturwissenschaftliche Optik ist nun keinesfalls, wie gelegentlich behauptet wird, die sonderwegkonforme Konsequenz einer charakteristisch deutschen, in der nationalen Geistesgeschichte wurzelnden Kulturseligkeit. Zum Beleg führe ich einen französischen und – sofern Komparative auf diesem Feld statthaft sind – *sehr* französischen Autor an, der 1919 in einer englischen Zeitschrift auf die bis dahin ungekannte Koinzidenz von militärischer, wirtschaftlicher und geistiger Krise zu sprechen kam. Es habe, schrieb Paul Valéry mit deutlichem Bezug auf die eben gemachten Alltagserfahrungen der Europäer, vielen Wissens bedurft, "um in so kurzer Zeit so viele Menschen zu töten, so viele Güter zu verschwenden, so viele Städte zu vernichten; aber nicht weniger bedurfte es dazu moralischer *Kräfte.* Wissenschaft und Pflicht, seid ihr nun auch verdächtig?"[8] Man versteht sogleich, warum aus der Warte Valérys an eine Fortführung oder Selbstüberbietung der Option "Wissenschaftskultur" nicht zu denken war. Noch unter dem unmittelbaren Eindruck der Ereignisse ist hier als die erste Lehre des soeben beendeten Krieges der Gedanke festgehalten, daß das ganze Feld der "Moral" in jener Umfänglichkeit, die dieses Wort im Französischen besitzt, erschüttert ist. Die abschließend gestellte Frage nach dem ferneren Status von Ethik und Wissenschaft ist offenkundig rhetorisch, und das gibt ihr die noch heute spürbare Schärfe. Sie schließt die als Widerruf der wissenschaftskulturellen Verheißungen lesbare und zweifellos auch gemeinte These ein, "daß die Erkenntnis nichts, gar nichts zu retten vermag."

Valérys Wortwahl ist pointiert genug, um den Zeitschnitt hervortreten zu lassen. Der Deutlichkeit halber will ich betonen, daß das Neue und Unvergleichliche dieser Situation nicht die Krise gewesen ist oder die Tatsache, daß sie so deutlich wahrgenommen wurde. Neu war der Eindruck, daß die herkömmlichen Mittel ihrer Bewältigung nicht verfangen, ja

7 Cassirer 1939 (1993), S. 260.

8 Valéry 1919 (1996), S. 59; wie manche Generationsgenossen in Deutschland, zu denen mit Einschränkungen auch Simmel zu zählen wäre, hat Valéry die Ereignisse des Weltkriegs als überwältigende Bestätigung lange gehegter Befürchtungen wahrgenommen.

daß ihr fortgesetzter unbedachter Einsatz am Ende den kritischen Zustand noch verschlimmern könnte. Zur Charakterisierung der Lage greift der Beobachter auf denselben Begriff zurück, der sich bereits Baudelaire empfohlen hatte. Auch Valéry spricht von *modernité.*

Die Tragweite des Ausgangsbefundes "Modernität" für die weitere Theorieentwicklung und für das Bemühen, zwischen "Krisis" und "Kulturdynamik" einen Ausgleich zu finden, kann wohl kaum überschätzt werden. Er hat den Rang einer Epochendiagnose. Die Wortverbindung "Kulturwissenschaften" wäre jedoch unsinnig, würde sie die krisenbedingten Optionen antagonistisch behandeln oder eine solche Behandlung auch nur nahelegen. Ihre Raison d'être ist die Idee der Verbindbarkeit, über die faktisch, auf der Ebene der institutionellen Koexistenz, ja auch längst entschieden ist. Selbst jene Kulturkritik, die einst Wissenschaften und Künste rundheraus desavouierte, als sie ihren Beitrag zur Läuterung der Sitten bestritt,[9] ist heute Teil der Institution Wissenschaft. Aus Kulturkritik ist "Kritik der Kultur" geworden, kritische Kulturphilosophie.

In dieser Wendung ist der Weg vorgezeichnet, den die "Kulturwissenschaften" beschreiten. Die Weimarer Kulturphilosophie hat ihnen die Aufgabe zugewiesen, den krisenbedingten Ausfall der metaphysischen Obdachgewährungen auszugleichen. Nur durch sie, sagt Cassirer, sei "die Wiederbelebung, die 'Palingenesie' der Kultur möglich".[10]

3. Philosophie und Kultur

Ich möchte meine Problemskizze mit der These beschließen, daß die Weimarer Kulturphilosophie um solcher Vorgaben willen unser Interesse verdient. Dies natürlich nicht deshalb, weil sie für alle unsere Fragen probate Antworten bereithielte. Sie verdient dieses Interesse, weil sie Problemlagen ausgemacht und festgehalten hat, auf die wir uns heute, im Zeichen eines unverhofften, doch klar und deutlich erkennbaren *cultural turn,* erneut besinnen. Wir beginnen einzusehen, daß kulturelle Formung unser Wirklichkeitswahrnehmen grundlegend prägt. Und wir haben gelernt, die Wirklichkeiten, in denen wir leben, als kulturvermittelt zu erkennen. Kultur – was immer sie im besonderen sein mag – ist demnach nichts, was zu all dem übrigen (der Arbeitswelt, der Gesellschaft, der "Basis" ...) als Schmuckwerk, als Epiphänomen und "Überbau" noch hinzukommt. Sie ist Bildendes und Gebildetes in einem, sie ist *cultura culturans* und *cultura culturata.*

Solche Formulierungen klingen nach Geistesgeschichte und Goetheanismus, aber – und dies berührt die "Aktualität" der Fragestellung – wir haben ja noch kaum damit begonnen, sie in die Sprache des Jahrhundertendes zu übersetzen. Was, zum Beispiel, könnte unter den

9 Vgl. Rousseau 1751 (1997). Bekanntlich hat Rousseau selbst sein Paradox gemildert und erklärt, daß an ein "Zurück zur Natur" in Wirklichkeit nicht zu denken sei und daß, wie er sich ausdrückt, "das Schwert in der Wunde bleiben" müsse (vgl. Starobinski 1990, S. 186 ff.). Damit aber ist das Problem nicht beigelegt oder gar "gelöst", sondern neu gestellt.

10 Cassirer 1946 (^{6}1994), S. 77.

veränderten Bedingungen "Palingenese", Wiedergeburt der Vergangenheit heißen? Welchen "Ort" hat die Vergangenheit im Gefüge von Kulturen, deren Dynamik die Spur der Vergangenheit auslöscht, und die Innovationen setzen, wo einmal Tradition war? Inwieweit sind Kulturwissenschaften historisch, inwieweit sind sie empirisch orientiert? Was ist eine kulturelle Tatsache (etwa im Unterschied zu einem *fait social*)? Welches Verhältnis besteht zwischen anthropologischer und kulturphilosophischer Perspektive? Was ist Kultur – sagen wir: im Unterschied zu Gesellschaft? Wie "wissenschaftlich" können, wie "wissenschaftlich" dürfen Kulturwissenschaften sein? Ist Philosophie – woran Zweifel geboten sind[11] – überhaupt eine "Kulturwissenschaft"? Läßt sich so etwas wie die Einheit der Kulturwelt theoretisch formulieren – oder muß Kulturphilosophie, schon um der Rettung der Phänomene willen, das Konzept des Universalismus aufgeben? Und wie schließlich sollen wir, nach dem Scheitern des Hegelianismus, das Verhältnis von "Krisis" und "Kulturdynamik" theoretisch fassen?

Es ist dies nicht mehr als eine kleine und zufällige Auswahl von Fragen, wie sie sich heute, da die zunächst durch Mißbrauch beschädigte und dann durch eine unglückliche Theoriepolitik anathematisierte "Kulturphilosophie"[12] vor ihrer Rehabilitierung steht, nach rund einem halben Jahrhundert erneut stellen. Wie man weiß, hat bereits die Weimarer Kulturphilosophie die Kultur als Ausdruckswelt beschrieben und zugleich die Philosophie als ein Begreifen dieser Kultur, und das bedeutet: als ein Begreifen unter den Bedingungen von Modernität bestimmt. Demnach ist der philosophische Gedanke diejenige Veranstaltung, die nötig wird, wenn die Krise der Normalfall ist.

Schon diese Betonung der Nichtselbstverständlichkeit von Welt bewahrt die Kulturphilosophie davor, in der großen Wissenschaft des Sozialen aufzugehen. Sie reorganisiert sich als die Kunst, mit der Erfahrung des "Nicht-Verstehens" zurechtzukommen.[13] Das in diesem Sinne kritische Verstehen begreift sich *in* und *als Teil* der Kultur, die es beschreibt, es ist "Kulturverstehen". In dieser prekären Position wurzelt die Zweideutigkeit der Kulturphilosophie, die sie nicht vermeiden kann, und ihre Brisanz, die unser Interesse verdient. Auch

11 Apodiktisch Fulda 1990, S. 113: "Philosophie ist keine Kulturwissenschaft." Das Wort hat Bestand, solange die heute vielerorts geforderte Umprägung der "Geisteswissenschaften" zu "Kulturwissenschaften" lediglich wissenschaftspolitisch motiviert ist und theoretische Grundlagen vermissen läßt.

12 Max Horkheimer quittierte die totalitäre Vereinnahmung der "Kulturphilosophie", die in den dreißiger Jahren durch das Attribut "deutsch" noch unterstrichen wurde, mit der lapidaren Bemerkung, bei diesem Wort werde ihm schlecht (Horkheimer 1937 [1995], S. 338). Derlei Idiosynkrasien bestimmten die Sprachregelung der Kritischen Theorie und anderer Schulen in der Nachkriegszeit. Ein letztes Wort war damit jedoch nicht gesprochen. "Zeigt die dialektische Theorie an der Kultur als bloßem Epiphänomen sich desinteressiert", korrigierte Adorno bereits 1949, "so trägt sie dazu bei, daß das kulturelle Unwesen fortwuchert, und wirkt mit an der Reproduktion des Schlechten." (Adorno 1949 [1976] S. 21.)

13 "Keiner denkt bei dem Wort gerade das, was der andre, und die noch so kleine Verschiedenheit zittert wie ein Kreis im Wasser, durch die ganze Sprache fort. Alles Verstehen ist daher ein Nicht-Verstehen, alle Übereinstimmung in Gedanken und Gefühlen zugleich ein Nicht-Verstehen, [...] ein Außeinandergehen." (Humboldt 1807, S. 64 f).

hier hat die Weimarer Kulturphilosophie das Beispiel gegeben. Sie erkannte nicht nur die Bedeutsamkeit der Kultur für die Philosophie, sie rehabilitierte auch die Kulturbedeutsamkeit des Philosophierens.

Literaturverzeichnis

Adorno, Theodor W.: *Kulturkritik und Gesellschaft* [1949], in: ders.: Prismen. Kulturkritik und Gesellschaft. Frankfurt a. M. 1976, S. 7-31.

Cassirer, Ernst: *Naturalistische und humanistische Begründung der Kulturphilosophie* [1939], in: ders.: Erkenntnis, Begriff, Kultur. Hg. v. Rainer A. Bast. Hamburg 1993, S. 231-261.

Cassirer, Ernst: *Naturbegriffe und Kulturbegriffe* [1946], in: ders.: Zur Logik der Kulturwissenschaften. Fünf Studien. Darmstadt ^{6}1994, S. 54-86.

Fulda, Hans Friedrich: *Philosophische Kultur im gesellschaftlichen Konflikt*, in: Kultur und Konflikt. Hg. v. Jan Assmann u. Dietrich Harth. Frankfurt a. M. 1990, S. 113-139.

Gumbrecht, Hans Ulrich: *Artikel Modern, Modernität,* Moderne, in: Geschichtliche Grundbegriffe. Hg. v. Otto Brunner, Werner Conze u. Reinhart Koselleck. Bd. 4. Stuttgart 1978, S. 93-131.

Horkheimer, Max: *Brief v. 17. Dezember 1937 an Walter Benjamin*, in: Gesammelte Schriften. Hg. v. Alfred Schmidt u. Gunzelin Schmid Noerr. Bd. 16. Frankfurt a. M. 1995, S. 338-341.

Humboldt, Wilhelm von: *Gesammelte Schriften*. Akademie-Ausgabe. Berlin 1903 ff.

Konersmann, Ralf: *Der Schleier des Timanthes. Perspektiven der historischen Semantik*, Frankfurt a. M. 1994.

Konersmann, Ralf (Hg.): *Kulturphilosophie*, Leipzig 1996.

Lévi-Strauss, Claude: *Strukturale Anthropologie*. Frankfurt a. M. 1992.

Lübbe, Hermann: *Politische Philosophie in Deutschland*, Basel u. Stuttgart 1963.

Lübbe, Hermann: *Die Wissenschaften und ihre kulturellen Folgen. Über die Zukunft des common sense*, Opladen 1987.

Rousseau, Jean-Jacques: *Abhandlung über die Wissenschaften und Künste* [1751], Hg. v. Ralf Konersmann u. Gesine Märtens. St. Ingbert 1997.

Starobinski, Jean: Rousseau. *Eine Welt von Widerständen*, München, Wien 1988.

Starobinski, Jean: *Das Rettende in der Gefahr. Kunstgriffe der Aufklärung*, Frankfurt a. M. 1990.

Valéry, Paul: *Die Krise des Geistes* [1919], in: Konersmann 1996, S. 58-65.

Bernhard Waldenfels
Antwortlogik statt Entwicklungslogik

1. Krisen-Tableau

Die Krise, die eine geraume Zeit lang als Motor geschichtlicher Entwicklungen in Anspruch genommen wurde, hat selbst ihre Geschichte. Zu erinnern ist an die Herkunft der 'Krisis' aus der griechischen Medizin und der antiken Tragödie. Sie bezeichnet dort den Augenblick, wo etwas auf des Messers Schneide steht. Zu erinnern ist ferner an die heilsgeschichtliche Dramatisierung der Lebenskrise, die in Verschuldung, Bekehrung und Erlösung ihre entscheidenden Etappen und im Jüngsten Gericht ihren Fluchtpunkt hat. Die Neuzeit bringt dann eine besondere Konjunktur von Krise und Kritik. Das Jüngste Gericht verwandelt sich in einen weltgeschichtlichen Gerichtshof, vor dem die Kritiker gleichzeitig als Ankläger und Richter auftreten. Die Anwälte einer kritischen Vernunft profitieren vielfach von der Krise, ähnlich wie übereifrige Ärzte aus der Krankheit Nutzen ziehen. Die fortschrittliche Kritik wird aufgeheizt durch eine Gegenkritik, die das Heil nicht in der Zukunft, sondern in der Vergangenheit sucht. Schließlich kommt es zu einer Kriseninflation in den ersten Jahrzehnten unseres Jahrhunderts, die mit der Fin-de-siècle-Stimmung einen Hauch von Eschatologie um sich verbreitet. Über all dies ist schon viel geschrieben und gerätselt worden, was hier nicht wiederholt werden soll. Es genügt, auf die bekannten Werke von Autoren wie Karl Löwith, Reinhart Koselleck oder Jürgen Habermas zu verweisen. Ungeachtet divergierender Akzentsetzungen stimmen diese Autoren darin überein, daß sie die Krise als Krise problematisieren.

Inzwischen hat sich in der Tat einiges geändert. Die Infragestellung der Vernunft als Gesamtvernunft und der Vernunftgeschichte als Gesamtgeschichte macht auch vor dem Krisenkonzept nicht halt. Schwinden die überzogenen Hoffnungen auf die Verwirklichung einer einzigen Vernunft, so geht einer Kritik, die aufs Ganze geht, und einer Kritik, die sich an der Wahrheit des Ganzen bemißt, die Nahrung und der Atem aus. Eine Krise der Vernunft, die nicht mehr bloß auf mangelnder Vernunftverwirklichung beruht, sondern die Vernunft selbst antastet, potenziert sich zu einer Krise der Krise, zumindest zu einer Krise jener Krise, die einst mit einer allumfassenden Vernunft im Bunde stand.[1] Innerhalb der Krisenlandschaft kommt es zu Verlagerungen und Verschiebungen, die verschiedene Auswege nahelegen. Die Ausdifferenzierung der Vernunft in verschiedene Geltungsbereiche

1 Vgl. dazu John Sallis, *Die Krisis der Vernunft* (1983), Einleitung. Die Fragwürdigkeiten einer Kritik, die von totalitären oder universalen Voraussetzungen ausgeht, habe ich, in paralleler Auseinandersetzung mit dem Husserlschen und dem Marxschen Denken, einst in meinem Aufsatz "Im Labyrinth des Alltags" erörtert (erstmals in: Waldenfels u. a. *Phänomenologie* und *Marxismus*, Bd. 3, 1978, wiederabgedruckt in: Waldenfels1985).

führt zur entsprechenden *Ausdifferenzierung der Krise*, die der Spezialisierung im Krankenwesen ähnelt. Es werden Befunde ausgetauscht, aber auch Folgen abgewälzt. Die Wiederverkörperung der Vernunft in einer Vielfalt von Sitten, Traditionen und Kommunitäten hätte eine *Verkörperung der Krise* zur Folge; in homöopathischer Dosis genossen wirken Krisen geradezu belebend, so daß die allgemeine Aufregung sich legt. Wer einem Anderen der Vernunft nachsinnt, wird sich ebenso für ein *Anderes der Krise* aussprechen, indem er gegen die Krisenanfälligkeit eine neue Empfindsamkeit ausspielt oder auf Spielmanöver ausweicht. Wer sich dem Zeitalter der Medien verschrieben hat, wird Krisen kurzerhand als *Erzeugnisse der Medien* betrachten. Ein drohender Kollaps ließe sich dadurch vereiden, daß auftretende Krisen durch Beobachtung entschärft und in Fremdkrisen verwandelt werden. Der Bildschirm explodiert nicht selbst, wenn etwas auf ihm explodiert. Inszenierte Krisen können einer Krisenbedürfnisbefriedigung gutgeschrieben werden. Es könnte allerdings auch sein, daß dieses vielfältige intellektuelle, praktische oder technische Krisenmanagement an entscheidenden Stellen über eine Symptombehandlung nicht hinausführt, vorausgesetzt, das, was einst Krisis oder Krise hieß, ist mehr als ein bloßes ideologisches Hirngespinst oder ein selbsterzeugtes Phantasma.

Dreh- und Angelpunkt unserer folgenden Überlegungen sind *Ordnungen*, die in der jeweiligen Krise auf dem Spiel stehen. *Entwicklung* und *Antwort* beziehen sich auf die Dynamik, die den jeweiligen Ordnungsprozeß in Gang hält oder ihn aus der Bahn wirft. Wenn von Antwortlogik *statt* Entwicklungslogik die Rede ist, so meint dies keine strikte Alternative. Solche Alternativen führen gewöhnlich dazu, daß eine Einseitigkeit durch eine andere ersetzt wird; es geht uns vielmehr um eine Verlagerung der Gewichte. Die Frage nach der Krise von Leben, Gesellschaft oder Kultur steigert sich zu der Frage nach dem, was auf dem Spiel steht, und zu der weiteren Frage, wodurch das, was auf dem Spiel steht, in Frage gestellt oder gefährdet wird. Ich vermute, daß diese und ähnliche Fragen sich anders stellen je nachdem, ob man davon ausgeht, daß *etwas sich* mehr oder weniger unaufhaltsam auf *etwas hin entwickelt*, oder aber davon, daß *wir auf anderes antworten*, das dem eigenen Können und Wollen Einhalt gebietet.

2. Husserls 'Krisis' als Exempel

Bevor ich mich der Sache selbst zuwende, möchte ich an einen bekannten Autor erinnern, der kurz nach dem gewaltsamen Ende der krisengeschüttelten Weimarer Republik wie so manch anderer das Krisenvokabular seiner Zeit aufgriff, doch ohne dem zeitgenössischen Fatalismus und Irrationalismus Zugeständnisse zu machen. Ich denke an Edmund Husserl mit seinem Wiener Vortrag von 1935, der den etwas altväterlich klingenden Titel trägt: *Die Krisis des europäischen Menschentums und die Philosophie* und der dann in das neuentstehende Werk *Die Krisis der europäischen Wissenschaften und die transzendentale Phäno-*

menologie eingehen sollte.[2] Dieses fragmentarisch gebliebene Textkorpus, das man kurz als *Krisis* zu zitieren pflegt, bietet einer Gegenkritik gewiß deutliche Angriffsflächen, doch wohnt ihm eine beachtliche Widerstandskraft inne, die schon zu seiner Zeit Achtung abnötigte, und sein gedankliches Potential wirkt bis heute nach. Dieses Exempel, dem sich einige andere an die Seite stellen ließen, sollte uns davor bewahren, das herkömmliche Krisendenken leichtfertig mit einem bloßen Krisengerede gleichzusetzen.

Zunächst bleibt es erstaunlich, daß ein Denker, der sich Zeit seines Lebens mit der Analyse von Wesensstrukturen, Bewußtseinserlebnissen, Sinngefügen und Sinnstufen beschäftigt hat, gegen Ende seines Lebens ein Thema anschlägt, das in seinem bisherigen Denken wie ein Fremdkörper wirken muß.[3] Wer einer Krisis das Wort redet und wer dies nicht nur beiläufig tut, als käme es lediglich darauf an, auf Zeitereignisse zeitgemäß zu reagieren, wer vielmehr mit einer Krisis rechnet, von der die Vernunft selbst befallen ist, liefert sich einer *Geschichtsdramatik* aus, die mit Wesenseinsichten, Sinnanalysen und Selbstbesinnung nicht zu erfassen, geschweige denn zu beurteilen ist. Eine Krisis durchmachen bedeutet buchstäblich, daß etwas 'schief geht', daß etwas vom geraden Weg abweicht, an den Rand von Abgründen gerät und daß die nötigen Gegenkräfte erlahmen. Husserl antwortet auf diese Krise, indem er sie, ähnlich wie vorher Nietzsche und Freud, als kulturelle und kollektive Krankheitsgeschichte liest. Er schlüpft in die Rolle eines Arztes, der zu Diagnose, Anamnese und Therapie aufgerufen ist.

Der *diagnostische* Befund ist bekannt als Vergessen der Lebenswelt, als eine objektivistische Selbstvergessenheit des arbeitenden Wissenschaftlers, die dazu führt, daß die Rationalität der exakten Wissenschaften in eine Reihe tritt mit der "Rationalität der ägyptischen Pyramiden" (343).[4] Indem lebendige Vernunft sich derart ihr eigenes Grabmal errichtet, büßt sie alle Bedeutsamkeit für das Leben ein, was zur Folge hat, daß das Leben sich in Surrogate flüchtet.[5] Die *anamnestische* Erkundung der europäischen Vernunftgeschichte führt zurück zur Urstiftung einer wissenschaftlich geleiteten Kultur bei den Griechen, zur Erneuerung dieser Idee in der Neuzeit und der gleichzeitigen "Verirrung" (337) einer sich systematisch verengenden Vernunft. Einen *therapeutischen* Ausweg eröffnet die transzendentale Phänomenologie selbst, indem sie in der Rückfrage nach den vergessenen Ursprüngen jene Vernunft- und Menschheitsziele zurückgewinnt, die in der Urstiftung als "gleichsam eingeborene Teleologie" (318) angelegt waren.

Dies alles ist hinreichend bekannt. Husserls Phänomenologie der Geschichte läßt sich betrachten als spätes Exempel einer teleologischen Weltsicht, die dich von den perhorreszierten "Systemphilosophien" (8) freilich dadurch unterscheidet, daß Arché und Telos in der

2 Vgl. dazu meine Einleitung zu dem Wiener Vortrag (Husserl 1995). Zur Vorgeschichte des Krisis-Werkes vgl. inzwischen Hua XXIX.

3 Vgl. Ricœur 1973 und Derridas Kommentar zur Beilage III der *Krisis* (Derrida 1987).

4 Wir beziehen uns mit bloßen Seitenzahlen auf den *Krisis*-Band, Hua VI.

5 Diese Sinnkrise, die aus einer Selbstmißdeutung der Wissenschaft entspringt, ist nicht zu verwechseln mit einer Grundlagenkrise oder einer "Aufbaukrise" der Wissenschaften, von der Karl Bühler einleitend in seiner 1927 erschienenen Schrift *Die Krise der Psychologie* spricht (Neudruck 1978).

Erfahrung selbst aufzuweisen sind in Form von Präsuppositionen und Präsumptionen, die zum Sinn der Erfahrung gehören und dieser nicht übergestülpt werden wie ein 'Ideenkleid'. Wie an jeder Einzelerfahrung gezeigt werden kann, schließt Erfahrung die Dynamik einer Sinnentfaltung und Sinnentwicklung ein, die sich in offenen Horizonten bewegt. Dennoch ist die Krisis ein Phänomen besonderer Art. Sie bildet innerhalb dieser Phänomenologie der Erfahrung einen Fremdkörper, da sie nicht als unentbehrliche Etappe einer Vernunftentwicklung gedacht werden kann, ohne die Vernunft selbst zu verunreinigen und ohne den Verlust der Vernunft durch eine fragwürdige Rationalisierung des Übels aufzufangen. Nach den vielfachen Exzessen einer Historiodizee nimmt sich dieser 'Rückfall hinter Hegel' weniger naiv aus, als man in hegel- und marxfreudigen Zeiten anzunehmen geneigt war. Dennoch bleibt der *Einbruch* einer Krisis rätselhaft; das gleiche gilt für den *Durchbruch* des Neuen (321), für den *Umbruch* im Ganzen einer Kultur (335) und den möglichen *Zusammenbruch* des Vernunftglaubens (10). Lassen solche Bruchstellen sich ohne weiteres dem Rhythmus von Latenz und Potenz einfügen, als ginge es lediglich um Wachstumskrisen im Zuge eines Offenbarwerdens der Vernunft? "Ideen sind stärker als alle empirischen Mächte", verkündet Husserl lapidar (335). Sind Mächte, die imstande sind, Ideen Widerstand zu leisten, bloß empirisch? Wie könnten sie den Ideen dann etwas anhaben? Sind Ideen, die in einen Ideenkampf eintreten,[6] noch als bloße Ideen zu betrachten, die sich entwickeln und ausfalten wie eine Blüte, oder müssen sie nicht vielmehr etwas von einer *idée-force* an sich haben, um sich gegen Widerstände durchsetzen zu können? Müßte die Rede von einer "Triebkraft" des philosophischen Ideals (10) nicht wörtlicher genommen werden, nämlich als eine treibende Kraft, die sich nicht auf die Bahnen einer ziel- und sinnorientierten Intentionalität lenken läßt? Es kann hier nicht unsere Aufgabe sein, nach Spuren eines anderen Husserl zu suchen, obwohl diese Suche durchaus lohnend wäre.[7]

3. Ordnungskrise

Was von altersher als Krisis bezeichnet wird, zeigt bestimmte Merkmale, die verschiedene Problemzonen umschreiben.[8] (1) Bei einer Krisis geht es um eine *Sache von Gewicht*, näm-

6 Wie kampfbetont der Verfasser der *Krisis* sich gebärdet, bemerkt man beim bloßen Durchblättern der Texte, in dem auf Schritt und Tritt vom "leidenschaftlichen Ringen" (2), vom "siegreichen Kampf" (9) und am Ende des Wiener Vortrags von "jener Tapferkeit" die Rede ist, "die auch einen unendlichen Kampf nicht scheut" (348). Daß jeder Glaube an den unaufhaltsamen Fortschritt einer Idee in einen Voluntarismus umzuschlagen droht, liegt in der Kalamität der Sache. Vgl. dazu Merleau-Pontys hellsichtige Kritik an der marxistischen Geschichtsphilosophie und an Sartres "Ultrabolschewismus" in: *Die Abenteuer der Dialektik* (frz. 1955, dt. 1968).

7 Hierbei wären gegenläufige Motive wie Passivität, Triebintention und Affektion, die sich in Husserls Spätwerk häufen, neu zu durchdenken.

8 Vgl. hierzu den begriffsgeschichtlichen Überblick in: Koselleck 1973, 196 ff. Anm. 155.

lich um das Ganze einer bestimmten Ordnung oder um entscheidende bzw. unentbehrliche Bestandteile einer Ordnung, deren Beeinträchtigung die Ordnung selbst antastet. (2) Die jeweilige Ordnung steht auf dem Spiel, sie ist einer *Gefährdung* oder *Bedrohung* ausgesetzt. (3) Diachronisch betrachtet ist in der Krisis ein *Wendepunkt*, ein 'kritischer Punkt' erreicht, an dem sich die Sache zum Besseren oder vollends zum Schlechten hin entwickelt. (4) Die Krise geht mit einem *kritischen Unterscheidungssinn* einher, der die Lage als krisenhaft einschätzt. Diese Einschätzung und mit ihr die Kritikbereitschaft variieren beträchtlich je nachdem, ob man in der Betrachtung eines Handlungs- oder Lebensbereichs primär vom *Normalfall* oder aber vom *Extremfall* ausgeht. In der Tradition der praktischen Philosophie gibt es ausgesprochene 'Normalisten' wie Aristoteles, Hume oder Locke und ausgesprochene 'Extremisten' wie Platon, Hobbes, Rousseau oder Kierkegaard. Hierbei handelt es sich um keine bloße Vorliebe einerseits für das Beständige, andererseits für das Wankelmütige; denn der Bestand einer Ordnung kann sich jederzeit einem kritischen Punkt nähern, an dem die Ausnahme zur Regel wird. Man könnte, wie Robert Musil es nahelegt, die Statistik als Krisenbarometer benutzen. Doch der 'Extremist' wird sich damit nicht begnügen. Daß ein Zusammenbruch der Ordnung zu befürchten und nie völlig auszuschließen ist, zeitigt als drohender Ernstfall eine reale Wirkung. Darin gleicht die Krise dem Tod, vor dem kein Wahrscheinlichkeitskalkül schützt.

Wenn die Krise stets mit der Gefährdung einer bestimmten Ordnung im Bunde steht, so ändert sich ihre Gestalt je nachdem, welche Art von Ordnung im Spiel ist. Beschränken wir uns auf eine grobe Skizze, so ergeben sich folgende Unterscheidungen: Es gibt Zielordnungen, deren Zusammenbruch zu einer *Sinnkrise*, Normenordnungen, deren Zusammenbruch zu einer *Legitimationskrise*, und technische bzw. systemische Ordnungen, deren Zusammenbruch zu einer *Bestands-* oder *Steuerungskrise* führt. Die Frage, wie Ziellosigkeit, Gesetzlosigkeit und Ausweglosigkeit sowie die entsprechenden Ordnungstypen zu gewichten sind und wie sie miteinander zusammenhängen, ist eine weitläufige Frage, die wir hier nicht weiter verfolgen. Sie würde detaillierte Gesellschafts- und Kulturanalysen erfordern, wie etwa Jürgen Habermas sie in seinem Essay über *Legitimationsprobleme im Spätkapitalismus* vornimmt.

4. Entwicklungskrisen

Fragen wir uns, wie Krise und Entwicklung zusammengehen und welche Rolle die Krise innerhalb einer Entwicklungslogik spielt, so zeigt sich, daß der Gehalt des Entwicklungsbegriffs außerordentlich fließend ist. Dies führt dazu, daß verschiedene Tendenzen sich im Entwicklungsgeschehen überlagern. *Entwicklung im strengen Sinne* geht zurück, auf die schon bei Nikolaus von Cues anzutreffende Metaphorik von Ein- und Ausfaltung (*complicatio* vs. *explicatio*) wie bei einer Blüte, die sich in Blätter und Früchte verwandelt. Diese organische Vorstellung führt zu einer Präformationstheorie des Lebens, die noch bei Schelling in der Rückführung auf einen "ewigen Keim Gottes" theologische Züge trägt. Verwandt damit ist die Metaphorik der Ein- und Enthüllung (*développement* vs. *enveloppement*) bzw.

von Ein- und Ausrollung (*evolutio* vs. *involutio*), die an das Aufrollen einer Buchrolle (*volumen*) erinnert.[9] Entwicklung bedeutet in diesem Zusammenhang das *Sichentwickeln auf ein Ziel* hin, wobei Ziel als bevorzugter Endzustand zu denken ist. Was sich derart entwickelt, endet nicht irgendwo, sondern findet im Ziel zu sich selbst. Eben deshalb fallen traditionellerweise Ziel- und Wesensbestimmung zusammen. Diese γένεσις εἰς οὐσίαν zeigt eine gewisse Ambivalenz, sofern das Gewicht einmal auf der Vergangenheit liegt, auf der Ruhe des Immer-schon, das andere Mal auf der Zukunft, die sich in der Unruhe des Immer-noch-nicht ankündigt.[10]

Die strenge Zielordnung der Entwicklung lockert sich, wenn bei der Explikation des Impliziten zusätzliche Faktoren ins Spiel kommen. Die *Entwicklung im weiteren Sinne*, die daraus resultiert, greift von der natürlichen auf die kulturell-geschichtliche Entwicklung über. Es gibt *Auslösungsmomente*, etwa Klima oder Naturkatastrophen, die eine hemmende oder fördernde Rolle spielen. Fehlentscheidungen der Betroffenen können auf *Abwege* führen, auftretende Hindernisse zwingen zu *Umwegen*. Schließlich treten *Konflikte* auf, wenn Entwicklungsstränge einander kreuzen und behindern. So kommt es allmählich zu einer Schwächung und Aushöhlung der strengen Entwicklungskonzeption, verbunden mit einem Niedergang der starken Konzeption von Teleologie.

Nun stellt sich die Frage, welche Rolle die Krise innerhalb einer Entwicklungslogik spielt. Daß sie eine zentrale Rolle spielt, folgt daraus, daß die Krise sich selbst als *Durchgangsphase* darstellt. Man gerät in eine Krise, ähnlich wie man von einer Krankheit befallen wird, und beidem sucht man so gut wie möglich zu entkommen. Die Durchgangsphase verleiht der Krise eine bestimmte *Richtung*, einen Sinn in der ursprünglichen Bedeutung dieses Wortes, und die Richtungsdifferenz, die hierbei auftritt, folgt dem binären Schema von *Weg und Abweg*, wie wir es aus der klassischen Parabel von Herkules am Scheidewege kennen.

Es macht einen weiteren Unterschied aus, welcher Art und welcher Herkunft die Ordnung ist, die auf dem Spiel steht, ob nämlich die Ordnung mehr oder weniger *vorgegeben* oder erst noch *herzustellen* ist. Im Falle einer vorgegebenen Ordnung bedeutet Krise eine bloße *Peripetie*, die zum geordneten Zustand zurück- oder endgültig von ihm wegführt. Die Herstellung beschränkt sich dann, wie es in der klassischen Therapie der Fall ist, auf eine Wiederherstellung, eine *restitutio ad integrum*.[11] Die Entwicklung ist also rückläufig. Die Ordnungskriterien stehen selbst nicht auf dem Spiel; der Kosmos bleibt der Kosmos, auch wenn seine Glieder ihr Ziel immer wieder verfehlen oder wenn gar ein Chaos droht.

Anders steht es mit der modernen Variante einer erst zu erstellenden Ordnung, deren Kriterien selbst umstritten sind. Bringt die Herstellung wirklich Neues hervor und entfaltet

9 Vgl. *Historisches Wörterbuch für Philosophie*, Artikel "Entwicklung".

10 Immer-schon und Noch-nicht kollabieren auf unheimliche Weise in Becketts spätem Text *Stirrings Still*, dessen Titel auf deutsch lautet: *Immer noch nicht mehr*.

11 Daß eine totale Wiederherstellung des ursprünglichen Zustandes schon im medizinischen Bereich auf Schwierigkeiten stößt insofern, als Krankheit in eine Krankheitsgeschichte eingebettet ist, zeigt G. Canguilhem in seiner bekannten Studie *Das Normale und das Pathologische* (1974), S. 155.

sie nicht bloß, was schon vorgegeben ist, so unterliegt sie kontingenten Bedingungen; andernfalls wäre das Neue nur ein verkapptes Altes. Diese Kontingenz gehört zur Ausgangslage der Moderne, die immer wieder zu zweifelhaften Kompromissen verlockt. Die Ordnungsform der Moderne ist von einer besonderen Instabilität, darin ist Michel Foucault zuzustimmen. Wenn hier eine Krise auftritt, so nimmt sie schillernde Formen an. Die Krise weist nun nicht mehr in eine eindeutige Richtung, und sie läßt sich auch nicht ohne weiteres einem binären Ordnungsschema unterwerfen, da kontingente Ordnungen die jeweils auch anders sein könnten, sich den Direktiven von Optimum und Pessimum entziehen. Maximum und Minimum bieten dafür keinen Ersatz. Die Vielfalt von Optionen zwingt uns, von einer "verzweigten Evolution" zu sprechen.[12] Dieser Richtungsvarianz und diesem gleichzeitigen Normalitätsschwund gehen moderne Vernunft- und Geschichtskonzeptionen aus dem Wege, indem sie das *Früher* und *Später* in ein *Besser* und *Schlechter* umdichten. Entwicklung stellt sich als Höherentwicklung dar. Doch dieser Umdeutung haften beträchtliche Probleme an. Wenn die Kontingenz nicht einfach geleugnet wird, so wird sie doch überspielt. Eben dies führt, wie Reinhart Koselleck in seiner Studie zur Pathogenese der bürgerlichen Welt zeigt, zum Überhandnehmen einer prinzipiellen Kritik, die nicht mehr bloß die Krise begleitet, sondern sie vorbereitet und von ihr profitiert. Der Geschichtsprozeß nimmt die beschleunigte Form eines permanenten Gerichtsprozesses an, dem nichts standhält, nicht einmal das Gericht selbst.[13]

Die revolutionäre Dramatik mit ihrem Gemisch aus Freiheit und Notwendigkeit, aus Moralappell und Bedürfnisbefriedigung tritt in ein flacheres, aber dafür um so unaufhaltsamer voranströmendes Gewässer, wenn Wissenschaft und Technik eine evolutionäre Zuversicht ausstrahlen. Bleiben wir im Bereich der Kulturanthropologie, die vielfach einem weltanschaulich zurechtgemachten Darwinismus folgt, so finden wir bei Autoren wie L. H. Morgan, E. B. Tylor und J. G. Frazer einen Evolutionismus, der die Stufen von Wildheit, Barbarei und Zivilisation durchläuft und in dem die Differenz von Besser und Schlechter sich hinter Kryptobewertungen wie Entwicklungshöhe und Komplexitätsgrad verbirgt.[14]

Wenn man, wie Hans Poser es tut, die Evolution zur Metaerzählung der Gegenwart erhebt,[15] so bleibt hartnäckig zu fragen, was entwickelt sich? Was heißt hier Entwicklung? Wird die Kontingenz einer Ordnung, die auch anders sein könnte, ernst genommen, so kommt es zu einem Abflauen des Krisendenkens und zugleich zu einer Verlagerung des

12 Vgl. Leroi-Gourhan (1984), S. 44; weitere Hinweise finden sich bei Kohl 1993, 158.

13 Zum europäischen Krisendenken in unserem Jahrhundert vgl. die 'Fallstudien' zu Heidegger und Lukács bei M. Vajda: *Die Krise der Kulturkritik* (1996), ferner das Vorwort von R. Konersmann zu seiner Anthologie *Kulturphilosophie* (1996).

14 Vgl. dazu Kohl 1993, Kap. VI. Der Autor dieser ethnologischen Einführungsschrift sieht die Linien bis zum Neoevolutionismus der Nachkriegszeit aus, berücksichtigt aber auch aktuelle Gegentendenzen, in denen das kulturell Fremde eine neuartige Rolle spielt. Zu den verschlungenen Wegen des Entwicklungsdenkens in der Biologie und Psychologie des 19. und des beginnenden 20. Jahrhunderts vgl. Liebsch 1992.

15 Vgl. den Beitrag von H. Poser in diesem Band.

Krisenherdes. Die jeweilige Ordnung wird dann nicht mehr durch ein Zuwenig, sondern durch ein Zuviel an Ordnung gefährdet, da jede Ordnung mit anderen Ordnungen konfligiert. Wir geraten zurück auf die Bahnen von Hobbes und des von Hobbes belehrten und gewarnten Rechtsphilosophen Kant[16]. Die Bestandssicherung nimmt fortan den ersten Platz ein, und dies bedeutet, daß Fragen, die im weitesten Sinne technischen und systemischen Charakter haben, in den Vordergrund treten. Sinn- und Legitimitätskrisen sinken herab zu Systemkrisen, die sich auf bestimmte Subsysteme verteilen. Sinn wird selbst zu einer Ressource im allgemeinen Verteilungskampf.

Ein entscheidendes Problem liegt darin, daß die bloße Aushöhlung des Entwicklungsdenkens, dessen Fortschrittserwartungen an den Klippen der Kontingenz scheitern, keinen Ersatz schafft für das, was aufgegeben wird. Deshalb sind wir immer wieder versucht, ungedeckte Konten in Anspruch zu nehmen. Diese Problematik betrifft die Dynamik der Entwicklung, ihre Beweg- und Triebkraft. Wie wir feststellten, setzt jede Krise eine Ordnung voraus, die auf dem Spiel steht. Bis hin zu Husserl wurde diese Ordnung als eine *teleologische Ordnung* gedacht. Ihre Triebkraft bezog die Entwicklung aus der Differenz zwischen unendlichen, idealen Zielen und endlichen, faktischen Verwirklichungen, und sie orientierte sich an der regulativen Idee einer versteckten Harmonie aller Erfahrungen. Eine *nomologische Ordnung*, die sich darauf beschränkt, das Handeln im Konfliktfall zu regeln, kann für diese zielbetonte Triebkraft keinen Ersatz schaffen. Politische Rechte beispielsweise erzeugen von sich aus kein politisches Interesse, wie sich am Abnehmen der Wahlbeteiligung ablesen läßt. Wenn hier noch von Evolution oder Entwicklung die Rede ist, so einzig im Sinne einer Strukturgenese. Eine eindeutig rekonstruierbare "Entwicklungslogik von Weltbildern",[17] die sich an Piaget und Kohlberg anlehnt, wirft jedoch ähnliche Fragen auf wie die teleologische Geschichtsbetrachtung im Sinne Husserls. In Ermangelung eines umfassenden Ziels endet die Entwicklungslogik, die *Vernunft* mit *Selbstentfaltung* zu vereinen versprach, bei einer bloßen *Selbsterhaltung*, die sich der Vernunft bedient. Dabei ist dieses Selbst, das auf seine Erhaltung bedacht ist, belangloser denn je. Der *Ernstfall* tritt nur noch ein, wenn der Bestand des Einzeldaseins oder des Kollektivsystems bedroht ist. Die Selbstsicherung, die an die Notwendigkeit eines Müssens geknüpft ist, dient der Erhaltung dessen, was wirklich ist. Läßt der Ernstfall auf sich warten, so regiert der *Spielfall*,der mit dem Können verbunden ist. Hier geht es um eine Selbstentfaltung, die bestehende Möglichkeitsspielräume nutzt und erweitert. Der Prozeß der Sicherung, Erweiterung und Variation des Möglichkeitsspielraumes, den ein System gewährt, läßt sich endlos fortsetzen, und sei es deshalb, weil jede Reparation neue Schäden hervorruft. Man könnte von einem "Feedback des Fortschritts" sprechen. Der Satz von Paul Valéry: "Die Geschichte ernährt die Geschichte"[18] wäre umzuformen in: "Der Fortschritt ernährt den Fortschritt". Es fragt sich, ob sich

16 Man kann auch Kants Moralauffassung rechtsförmig verstehen und endet dann bei einer Art universaler Legalität. Diese Lesart ist aber gewiß nicht die einzige. Vgl. dazu vom Verf.: "Der zerbrochene Dialog" in: Waldenfels 1995.

17 Habermas 1973, S. 19.

18 Valéry 1960, S. 917.

das, was man einst im emphatischen Sinne Entwicklung nannte, sich nicht selbst totgelaufen hat. Eine bestimmte Form von Geschichte könnte in der Tat, wie die Vertreter der Posthistoire meinen, ihr Ende gefunden haben, wenn das Leben, das einstmals im guten Leben seine Steigerung fand, zum bloßen Überleben oder zum beliebigen Leben zusammenschrumpft. Wer wenig erwartet, erleidet wenig Enttäuschungen. Ist dies ein Trost? Droht hier nicht eine Gleich-gültigkeit, eine Entropie des Sinnes, in der das Leben sich dem Tod annähert?

5. Antwort auf Ansprüche

Die Alternative kann nicht in einem neuen Heilsprogramm oder in einer neuen Glücksvision bestehen, auch nicht in der Befriedigung eines 'Ethikbedarfs', die das Ethos instrumentalisiert und den Zirkel der Selbsterhaltung nur verstärkt. Was weiterführen könnte, wäre der Aufweis vergessener und verkannter Ansprüche. Dementsprechend fragt es sich, ob das Denken und Handeln des Einzelnen und das kollektive Leben einer Gesellschaft sich hinreichend bestimmen lassen, wenn man sich auf die Trias von subjektiven Zielen, intersubjektiven Regelungen und objektiven Umständen beschränkt und wenn man Bewegungskraft einzig in einer Zielvorgabe oder Zielsetzung verortet. Der Zielgerichtetheit, die in Husserls Lehre von der Intentionalität ihre moderne Fassung gefunden hat, möchte ich abschließend eine *Responsivität* entgegensetzen, die sich nicht primär *auf etwas zubewegt*, sondern *von anderem ausgeht*. Ich begnüge mich damit, wichtige Aspekte einer entsprechenden Antwortlogik anzudeuten und zu zeigen, was daraus für das Phänomen der Krise folgt.[19]

Antworten ist hier in einem weiteren Sinne zu verstehen, so daß nicht nur sprachliche Äußerungen, sondern auch Handlungen und das Spiel der Sinne und Triebe mit einbezogen werden. Es beginnt nicht damit, daß wir unser Augenmerk auf etwas richten oder uns an jemanden wenden, es beginnt vielmehr damit, daß wir einem *fremden Anspruch* ausgeliefert sind, sei es ein Blick, eine Anrede, eine stumme oder beredte Bitte. Der Anspruch, der hier ins Spiel kommt, hat die doppelte Bedeutung eines Appells als einer Ansprache *an jemanden* und einer Prätention als eines Anspruchs *auf etwas*. Um die Ebene zu erreichen, wo sich die herkömmlichen Krisen abspielen, müssen wir unterschieden zwischen *ordentlichen* Ansprüchen, die sich im Rahmen und auf dem Boden bestimmter Ordnungen bewegen, und *außer-ordentlichen* Ansprüchen, die diesen Rahmen übersteigen. Man denke beispielsweise an bestimmte Rechtsansprüche, die sich in gewissem Umfang per Computer errechnen lassen, wenn Daten wie Name, Alter, Beruf und Familienstand eingegeben werden. Man denke andererseits an Gaben und Geschenke, die – wie Marcel Mauss gezeigt hat – durchaus zum Fundus der gesellschaftlichen Ordnungen gehören, die sich aber niemals völlig berechnen, ja nicht einmal erwarten lassen, ohne den Charakter der Gabe einzubüßen. Im ersten Falle genügt ein Antwortverhalten, das sich auf ein Repertoire vorhandener Antwortschemata

19 Vgl. dazu vom Verf.: *Antwortregister* (1994), insbesondere Kap. III, 1.

stützt, im zweiten Falle ist die Antwort selbst zu erfinden. Ein erfinderisches und schöpferisches Antworten gibt mehr, als der Antwortende hat. Es stützt sich nicht auf das, was schon da ist. Was auf dem Spiel steht, ist nicht der Fortbestand, die Erweiterung oder die Abwandlung des eigenen Seins, sondern der fremde Anspruch, von dem aus der Antwortende zu dem wird, der er ist.

Es hat nun keinen Sinn, im gleichen Sinne von einer Antwortkrise zu reden, wie wir von einer Entwicklungskrise zu sprechen pflegen. Das Antworten durchläuft keine Durchgangsphase, die vorweg schon auf etwas gerichtet ist und deren Ausgang einer binären Beurteilung unterliegt. Antworten, das vom fremden Anspruch ausgeht, stellt *keinen intentionalen Akt* dar, der in einem bestimmten Sinne auf etwas ausgerichtet ist, der also etwas als etwas meint. Der fremde Anspruch tritt in der Weise auf, daß uns etwas einfällt, auffällt, befällt, überfällt oder zufällt, und an diesem Geschehen bin ich nur im Dativ beteiligt: *mir fällt etwas ein*. Gedanken kommen, wenn sie wollen, nicht wenn ich will, heißt es bei Nietzsche. Jede Kreation geschieht in der Weise, daß der Fund das Suchen übersteigt und den Suchenden überrascht. Ähnliches meint wohl Picasso, wenn er von sich bekennt: "Ich suche nicht, ich finde". Die geläufige Unterscheidung zwischen Handlungen, die sich in der Form des 'ich handle'vollziehen, und Prozessen, die in der Form des 'es geschieht' ablaufen, versagen hier. Was mit uns geschieht, übersteigt stets das, was wir von uns aus sagen und tun. Die Deutung des Antwortens als eines krisenhaften Durchgangs müßte die Sache auch deshalb verfehlen, weil der fremde Anspruch, sofern er bestehende Ordnungen überschreitet, sich ebenso wie das erfinderische Antworten auf einer *pränormativen Ebene* abspielt. Fragen oder Antworten sind als solche weder wahr noch falsch, so wie eine Gabe als Gabe weder berechtigt ist noch unberechtigt. Das Sagen, das etwas zur Sprache bringt, ist nicht zu verwechseln mit dem Gesagten; das Gesagte ist wahr oder falsch, nicht aber das Sagen. Das Antworten, das auf den fremden Anspruch eingeht, indem es eine Antwort erfindet, bildet keine Durchgangsphase innerhalb eines durchgehenden Geschehens, sondern einen *Einbruch* oder, wenn es allmählich geschieht, ein *Einsickern*, bei dem bestehende Ordnungen sich verändern. Ein Antworten, das anderswo beginnt, hat eine Vergangenheit, deren es nicht Herr ist, nicht einmal in der Erinnerung, da diese ihrerseits von Ansprüchen geweckt und angestachelt wird. Auch die Zukunft, die schon begonnen hat, bevor wir sie in Angriff nehmen, beschränkt sich nicht auf die Ausführung eigener Entwürfe. Die Zukunft gehört uns ebensowenig wie die Vergangenheit. Nehmen wir ein Beispiel. Der viel beschworene Generationenvertrag resultiert aus einem Versprechen, das durch keinen Vertrag einzuholen und abzusichern ist. Wie sollte jemand, der noch nicht lebt, ein Recht geltend machen, und wie sollte jemand, der nicht mehr lebt, haftbar gemacht werden?

Daß Anspruch und Antwort nicht einem Entscheidungsprozeß unterworfen sind, der vorhandene Kriterien anwendet, besagt nicht, daß alles dem Belieben anheimfällt. Der fremde Anspruch, der sich nicht nur in der Rede, sondern auch in der stummen Gebärde kundtut, bedeutet weder eine gleichgültige Tatsache noch eine geltende Norm. Der Anspruch, mit dem wir uns wohl oder übel konfrontiert finden, begegnet uns als situativer Anspruch, dem wir uns nicht entziehen können. Wenn eine Bitte oder eine Frage uns erreicht, antworten wir, was immer wir tun. Selbst das Weghören und Wegsehen ist eine Form des antwortenden Hinsehens und Hinhörens.[20] Einen Satz von Watzlawick abwandelnd können wir feststellen: "Wir können nicht nicht antworten". An dieser Stelle stoßen wir auf eine Unausweichlichkeit, eine praktische Notwendigkeit, die nicht zur Wahl steht, weil sie uns vor die Wahl stellt. Wir erfinden bis zu einem gewissen Grade, was wir antworten, wir erfinden aber nicht, worauf wir antworten. Platon und Kant behaupten übrigens auf ihre Weise ähnliches. Platon spornt uns nicht etwa an, das Gute zu erstreben, er sucht lediglich aufzuweisen, daß wir es immer schon tun. Und Kant fordert uns nicht auf, auf den kategorischen Imperativ zu hören, vielmehr weist er darauf hin, daß dessen Stimme uns schon immer erreicht hat. Selbst Sartre sieht den Menschen zur Freiheit verdammt. Wenn das, was diese Philosophen behaupten, wahr ist, so kommt jede Begründung unweigerlich zu spät. Hier zeigt sich ein blinder Fleck der Moral, der durch keine Argumentation zu tilgen ist.[21]

Die Antwortlogik, die sich bei Arnold Toynbee in der Zweiheit von *challenge* und *response* ankündigt, beschränkt sich nicht darauf, den toten Punkt einer verfahrenen Geschichtsform zu überwinden, sie verändert vielmehr die Geschichte. Zur Antwortlogik, die als "stolpernde Logik" viele Arten von Entgleisung zuläßt,[22] gehört nicht nur die erwähnte Unausweichlichkeit, sondern auch eine unvermeidliche Nachträglichkeit, die jeden Kairos, auch den negativen Kairos einer Krise, in Frage stellt. Eine Geschichte haben wir nicht, weil es Vergangenes gibt, sondern *weil wir selbst dort beginnen, wo wir nie waren*, und *dorthin gehen, wo wir nie sein werden*. Diese Fremdheit in uns selbst sprengt den Entwurf einer Selbsterhaltung und auch den der Selbstentfaltung; sie verweist auf eine Antwortgeschichte, die von Anderem und Anderen ausgeht und in die wir immer schon verwickelt sind.

Literaturverzeichnis

Bühler, K.: *Die Krise der Psychologie*, Frankfurt/M. ²1978.

Canguilhem, G.: *Das Normale und das Pathologische*, übers. v. M. Noll u. R. Schubert, München 1974.

Derrida, J.: *Husserls Weg in die Geschichte am Leitfaden der Geometrie*, übers. v. A. Knop u. R. Hentschel, München 1987.

Habermas, J.: *Legitimationsprobleme im Spätkapitalismus*, Frankfurt/M. 1973.

Husserl, E.: *Husserliana*, Den Haag 1950 ff. (= Hua).

ders.: *Die Krisis des europäischen Menschentums und die Philosophie*, mit einer Einführung von B. Waldenfels, Weinheim 1995.

Kohl, K.-H.: *Ethnologie – die Wissenschaft vom kulturell Fremden*, München 1973.

Konersmann, R. (Hg.): *Kulturphilosophie*, Leipzig 1996.

Koselleck, R.: *Kritik und Krise*, Frankfurt/M. 1973.

Leroi-Gourhan, A.: *Hand und Wort*, Frankfurt/M. ²1984.

20 Vgl. Hua XV, S. 462.

21 Vgl. Waldenfels 1995, Kap. 22.

22 So Merleau-Ponty in seinen Sorbonne-Vorlesungen unter Bezugnahme auf F. de Saussure (Merleau-Ponty 1994, S. 98).

Liebsch, B.: *Spuren einer anderen Natur. Piaget, Merleau-Ponty und die ontogenetischen Prozesse*, München 1992.
Merleau-Ponty, M.: *Die Abenteuer der Dialektik*, übers. v. A. Schmidt u. A. Schmitt, Frankfurt/M. 1968.
ders.: *Keime der Vernunft*. Vorlesungen an der Sorbonne, übers. v. A. Kapust, München 1986.
Ricœur, P.: *Husserl und der Sinn der Geschichte*, in: H. Noack (Hg.), Husserl, Darmstadt 1973.
Sallis, J.: *Die Krisis der Vernunft*, übers. v. G. Shaw, Hamburg 1983.
Vajda, M.: *Die Krise der Kulturkritik. Fallstudien zu Heidegger, Lukács und anderen*, Wien 1996.
Valéry, P.: *Regard sur le monde actuel et autres essais*, in: Èuvres II, Paris 1960.
Waldenfels, B.: *In den Netzen der Lebenswelt*, Frankfurt/M. 1985.
ders.: *Antwortregister*, Frankfurt/M. 1994.
ders.: *Deutsch-Französische Gedankengänge*, Frankfurt/M. 1995.

WINFRIED FRANZEN

Dumm aussehen, bis man klug wird? Über Vertracktheiten der Zeitdiaprognostik

"Ich habe gelernt, immer so lange dumm auszusehen, bis ich klug bin. Oder bis die anderen noch dümmer aussehen als ich." Dies sind Worte von John Franklin, dem Helden des Romans *Die Entdeckung der Langsamkeit* von Sten Nadolny.[1] Im Zusammenhang mit dem vorliegenden Kolloquiumsthema meine ich 'Dummaussehen' natürlich nicht *irgendwie*, sondern in bestimmter Weise: erstens vorwiegend im Sinne von Ratlosigkeit, und zweitens bezogen auf Fragen nach dem Stand der Dinge, dem gegenwärtigen Zeitalter, danach, wohin die Reise geht, gehen könnte, gehen sollte. Ich fühle mich hier einigermaßen ratlos – und in diesem Sinne als jemand, der dumm aussieht. Nun lautet, in Franklins zitierter Devise, die zweite der beiden Möglichkeiten: zu warten, bis die anderen noch dümmer aussehen als man selbst. Einer solchen Hoffnung wage ich mich jedoch nicht hinzugeben, zumindest nicht in bezug auf diejenigen anderen, die diesen meinen Beitrag zur Kenntnis nehmen. Also bleibt nur zu hoffen, daß man selbst klug wird. Hier denke ich jedoch, daß bei besagten Fragen – nach dem, was ist und wird – im wesentlichen nur dasjenige Klugwerden möglich ist, das nachher kommt, getreu dem Motto: Nachher ist man immer klüger. Hier liegt der Schwerpunkt natürlich auf: *Erst nachher* ist man klüger. In bezug auf Zukünftiges sollte das, obwohl nicht wenige sich dagegen sträuben, ohnehin klar sein, vielfach gilt es aber auch für das Jetzige, Gegenwärtige.

Ich nehme also das sibyllinische Kolloquiumsthema 'Krisis und Kulturdynamik' im zeitdiagnostischen Sinne, und da bei Kulturdynamik auch Prognostisches mithineinspielt, verwende ich den Kunstausdruck 'Zeitdiaprognostik'.

1. Was mir an der gegenwärtigen Zeitdiaprognostik auffällt

Krisen gab und gibt es ständig in beliebiger Größe und Anzahl. Das Problem aber, von dem sehr viele ungetrieben werden, insbesondere in der Intellektuellen-Welt, lautet, ob nicht unsere moderne Kultur, evt. damit auch die menschliche Kultur überhaupt, sich in einer tiefen, entscheidenden Krise befindet. Man könnte hier freilich gleich fragen, ob nicht die Entwicklung der modernen Kultur schon seit langem von einem elementaren Krisenbewußtsein begleitet ist. Jemand hat das einmal auf den witzigen Nenner gebracht: "Es ist ein bißchen wie mit dem Stau: Wir stehen eben nicht im Stau, [...] wir sind der Stau. Die Neuzeit ist nicht in die Krise geraten, sie ist die Krise."[2] Das ist sicher nicht bloß eine gelungene

1 Franklin 1987, S. 221.

2 B. Guggenberger in einem Diskussionsforum in DIE ZEIT vom 24.12.1993, S. 28.

Formulierung, sondern ein Gedanke, der weiterverfolgt werden könnte: *Haben* wir eine Krise oder *sind* wir die Krise? Lassen wir das aber zunächst auf sich beruhen.

Theorien sind gemäß der mehrheitlichen Meinung der heutigen Wissenschaftsphilosophie empirisch unterbestimmt. Dies gilt schon innerhalb der 'harten' Erkenntnisbereiche, um wieviel mehr innerhalb der 'weichen'! Und Zeitdiaprognostik ist sicher etwas sehr Weiches. Hier sind die Lücken, die zwischen den Daten und Befunden einerseits und den Verallgemeinerungen, Erklärungen und ggf. Voraussagen andererseits klaffen, besonders groß. Zu ihrer Überbrückung wird u. a. auf Mittel zurückgegriffen, die aus Wertungen, Stimmungslagen und dergleichen mehr stammen, z. B. aus pessimistischen oder optimistischen Veranlagungen, aus Nostalgien oder Futurismen. Dabei ist die Bandbreite der Erwartungen enorm. In der Tat gibt es ja auch, wenn wir unserer Phantasie Raum lassen, kaum etwas, das man aus dem Bereich des künftig Möglichen mit einiger Entschiedenheit ausschließen könnte. Wäre es einerseits z. B. nicht möglich, daß der Menschheit nach Überwindung der nächsten Krisenjahrzehnte eine großartige Zukunft bevorsteht? Andererseits aber nicht auch, daß sich Wissenschaft, Technik, Industrie und all die weiteren Ingredienzien der modernen Welt als ein Doping erweisen, mit dessen Hilfe glänzende Siege errungen wurden, welches aber im Endeffekt die Gesundheit, sprich die Lebensgrundlagen, ruiniert hat?[3] Jede dieser beiden Möglichkeiten ist mit sämtlichen Befunden zum bisherigen Verlauf und zum gegenwärtigen Stand der Dinge vereinbar, nicht zuletzt deswegen, weil Einwände jeweils mit dem Gegeneinwand gekontert werden können, man dürfe sich durch einen bloß augenblicklichen, vorübergehenden Anschein nicht täuschen lassen.[4]

Für beiderlei Einschätzungen kann man auch unschwer Beispiele in der aktuellen Zeitdiaprognostik finden. Dazu zwei Belege aus jüngster Zeit. In seiner 'Philosophie im globalen Zeitalter' malt Ernst Sandvoss mit wagemutigen Strichen die Perspektive aus, wie die Menschheit – nach der Odyssee der Evolution, dem Wagnis des Prometheus und dem Sieg des Apollon – nun zu ihrem Argonautenzug in den Kosmos ansetzt, um von der globalen zunächst in die solare Ära und von dort über die galaktische in die intergalaktische Ära einzutreten und in dieser das Reich der Freiheit zu erlangen.[5] Ganz anders dagegen Rudolf Bahro. Er sieht eine "Logik der Selbstausrottung"[6] am Werke, die zur Vernichtung und zum Menschheitsselbstmord führen müsse, es sei denn, es komme doch noch zu einer geistigen Neugeburt, zu einer spirituellen Mutation oder Umpolung.[7]

Ich lasse diese Dinge erst einmal so stehen, inhaltlich unkommentiert. Denn es geht mir eher, jedenfalls im Augenblick, *um Meta*beobachtungen zur Zeitdiaprognostik. Ich bleibe allerdings noch etwas bei der 'Ökothematik', die sich gerade kurz andeutete, spreche dann aber noch zwei andere Felder an.

3 Vgl. Franzen 1983.

4 Im Prinzip ähnlich auch Kant 1798, S. 83.

5 Vgl. Sandvoss 1994, besonders 306 ff.

6 Bahro 1995, S. 16.

7 Vgl. ebd. S. 9, 11, 17, 20.

Wenn man bemüht ist, sich über den Zustand der Umwelt ein *realien*bezogenes Bild zu machen und dabei weder auf dem einen noch auf dem anderen Auge blind zu sein, droht einem Irritation. Je mehr man sich informiert, desto mehr verunklärt sich der Eindruck. Entspannt sich die ökologische Lage schon wieder, oder verschärft sie sich zunehmend? Einerseits kehren nicht nur seit längerem die Bodenseefelchen zurück, sondern inzwischen auch die Störche, die Lachse und sogar die Luchse. In Deutschland soll es heute mehr Biber geben als vor 200 Jahren. Josef Reichholf vom Vorstand des WWF (World Wide Fund for Nature) würde einen Besucher aus Südamerika, um ihm möglichst viele europäische Vogelarten zu zeigen, wohin führen? Nach Berlin![8] Inzwischen gibt es – und zwar z. T. gerade unter den Natur- und Umweltschützern selbst – eine ausgesprochene Öko-Optimisten-Fraktion, zur Zeit am auffälligsten in Gestalt des Buches "Öko-Optimismus" von den früheren *Natur*-Redakteuren Dirk Maxeiner und Michael Miersch.[9]

Sollte es also – in Abwandlung des Nestroy-Diktums "Überhaupt hat der Fortschritt das an sich, daß er viel größer ausschaut, als er wirklich ist"[10] – so sein, daß auch die Krise größer ausschaut, als sie wirklich ist, oder daß sie zumindest, und zwar gerade im Ergebnis der erfolgreichen Ökobewegung, schon nicht mehr so groß ist, wie sie einmal ausschaute? Andererseits gibt es aber auch Leute, die der Meinung sind, daß die Krise noch viel größer ist, als die meisten wahrhaben wollen. Jürgen Dahl etwa läßt sich mit Regelmäßigkeit so vernehmen.[11] Gemäß solchen Einschätzungen ist es pure Selbsttäuschung, zu hoffen, durch ökotechnische, 'erdpolitisch' sich nennende Betriebsamkeit[12] sei das Blatt noch zu wenden, sei mehr zu erreichen als ein kleiner, überdies noch illusionsverstärkender, Aufschub. Ein bißchen weniger schwarz, aber immer noch schwarz genug, sieht es in den Augen derer aus, die sagen: Wir in den entwickelten Ländern haben zwar tatsächlich manche Probleme in den Griff bekommen, dies aber entweder geradezu auf Kosten des Rests der Welt oder aber zumindest mit dem Zusatzbefund, daß der unaufhaltsame Versuch dieses Rests der Welt, mit unserem Konsum- und Lebensstandard gleichzuziehen, im Kollaps enden muß. Dem wird entgegengehalten, daß gerade und erst mit technologisch-industriegesellschaftlicher Höherentwicklung die Chancen der Umwelt wieder steigen – wie schon bei uns, so dann eben auch beim Rest der Welt. Dies wiederum wird mit dem Argument in Zweifel gezogen, bevor dieser Effekt eintrete, sei es schon längst zu spät bzw. der nur regional als nennenswert erscheinende Effekt falle für eine globale Rettung gar nicht ins Gewicht. Wie eingangs angedeutet: Vor die Frage gestellt "Ja, was denn nun?", fühle ich mich einigermaßen ratlos, sehe ich ziemlich dumm aus.

8 So in einem Gespräch ('Kampf an falschen Fronten') in DIE ZEIT vom 1.7.1994, S. 35.

9 Vgl. Maxeiner/Miersch 1996 – mit einer Bestandsaufnahme zu den meisten einschlägigen Ökothemen; vgl. auch Easterbrook 1995.

10 Wittgenstein stellte dieses Diktum seinen *Philosophischen Untersuchungen* als Motto voran.

11 Vgl. Dahl 1990 und 1994. Der zweite dieser Beiträge dokumentiert übrigens eine Pose, die jetzt in Mode zu kommen scheint, nämlich die der Gelassenheit und Heiterkeit angesichts der mit starker Gewißheit erwarteten Katastrophe; vgl. dazu auch Fuller 1996, aber auch schon Ditfurth 1985.

12 Vgl. als Hintergrund Weizsäcker 1994.

Es ist auch nicht so, daß sich die Irritation wesentlich verringern würde, wenn man vom Summarischen ins Konkrete überwechselt. Nehmen wir das Stichwort 'Klimakatastrophe'. Hier stock' ich schon, wer hilft mir weiter fort! Denn inzwischen gibt es nicht wenige Stimmen, die vom "Mythos" oder von der "*sogenannten* Klimakatastrophe" sprechen, ja sogar von der "Klimalüge" oder der "Klimahysterie" (bzw. mit ähnlichen Zungenschlag auch in bezug auf andere Öko-Schauplätze wie z. B. das Thema 'Waldsterben').[13] Mir klingen diese Töne zwar arg stark, aber immerhin muß es beispielsweise wohl nach wie vor als strittig angesehen werden, erstens: ob es die globale Erwärmung wirklich gibt, und zweitens: *wenn* es sie gibt, ob sie (a) wirklich anthropogen ist und (b) welche Auswirkungen sie konkret haben wird. Wie auch immer – jedenfalls fühlt man sich bei seinen Versuchen, in Öko-Angelegenheiten zu nicht bloß aus dem Bauch geschöpften Einschätzungen zu kommen, ständigen Wechselbädern ausgesetzt.

Ein anderes, freilich partiell auch benachbartes, Themenfeld der Zeitdiaprognostik liegt in der Frage, ob es eine Krise oder gar tiefe Gefährdung der Werte und der Moral gibt. Einerseits kann man heutzutage bei allen möglichen Gelegenheiten hören, daß heutzutage doch jeder nur noch an sich selbst denkt. Auf etwas gehobenerem Niveau etwa beklagt Gräfin Dönhoff regelmäßig den grassierenden Egoismus und den Niedergang von Moral, Anstand und Gemeinsinn.[14] Die Belege dafür sind ja auch allenthalben mit Händen zu greifen. Andererseits kann aber auch darauf verwiesen werden, daß es doch heutzutage, insbesondere in der jungen Generation, ein enormes Ausmaß an Engagement gibt: ökologisch, sozial, in zwischenmenschlichen und vielen weiteren Belangen, eingeschlossen den – von Hermann Lübbe so gerne und zurecht angeführten – breiten Zustrom zu den Freiwilligen Feuerwehren. Auch die großen Jugend-Studien vermitteln zwar ein durchaus buntes Bild, zu dem aber beispielsweise auch gehört, daß in einer Größenordnung von 80 % oder mehr die jungen Leute von heute Treue als absolut unabdingbare Voraussetzung für Partnerschaft ansehen. Der Titel eines kürzlich erschienenen Buches von André Lorenz lautet denn auch: *Die Werte sind im Kommen*, wobei der im Untertitel apostrophierte *Abschied von der Ellenbogengesellschaft* einer ist, zu dem wohlgemerkt nicht einfach aufgerufen, sondern von dem festgestellt wird, er sei voll im Gange.[15]

Natürlich muß man hier tiefer schürfen, und das geschieht ja auch vielfältig.[16] Ich kann jedoch in dieses Debattendickicht, mit dem ich auch im Kontext von Ethiklehramtsstudien-

13 Zum Stand der Dinge vgl. das Kapitel 'Klima' bei Maxeiner/Miersch 1996, S. 247 ff., auch 'Wälder', S. 216 ff.; einschlägige (z. T. freilich auch recht einseitige) 'antipessimistische' Beispiele sind etwa Margolina 1995 und Holzberger 1995.

14 Vgl. etwa Dönhoff (a) und (b) oder Lempp 1996.

15 Vgl. Lorenz 1996; im Anhang auch Beispiele für Ergebnisse von einschlägigen Umfragen (Shell-Jugendstudie 1992, IBM-Jugendstudie 1995 u. a. m.). In einem Bericht über diverse empirische Studien über soziales Engagement kommt die Zeitschrift *Psychologie heute* zu dem Ergebnis, es könne"die These von der egoistischen Gesellschaft nicht mehr länger aufrechterhalten werden" (Dez. 1996, S. 8).

16 Vgl. jetzt etwa: Moral. Und Macht 1996, vor allem die Beiträge von O. Höffe, J. Lau und M. Seel.

gängen zu tun habe,[17] hier nicht eindringen. Mein Eindruck ist aber, daß man, wenn man dies tut, keineswegs ein eindeutigeres Bild in bezug darauf erhält, ob die Zeichen der Zeit nun eher in die eine oder eher in die andere Richtung weisen. Vielmehr liegt hier eine fundamentale zeitdiaprognostische Unschärfe vor.

Ein drittes Feld schließlich, das noch kurz gestreift werden soll, betrifft den Bereich Medien-Computer-Kommunikation-Information. "Was ist mit der Digitalisierung?" könnte man die meisten der hier anstehenden Fragen schlagwortartig zusammenfassen. Auch hier ergibt sich ein Bild, das alles mögliche aufweist, nur eines wiederum nicht: Eindeutigkeit. Dies gilt selbstverständlich für die evaluativen und emotionalen Reaktionen, die von der Entwicklung auf diesem Sektor ausgelöst werden und die, mit irresten Extremen, von Defätismus und Apokalyptik auf der einen Seite bis zu euphorischem Utopismus auf der anderen reichen. Aber auch in der bloßen *Einschätzung* über das Ausmaß und die Art der zu erwartenden, ja selbst der schon existierenden Auswirkungen bleibt das Ganze absolut disparat. "Total digital" – meint der MIT-Experte Nicholas Negroponte in einem so betitelten Buch – wird unsere Zukunft sein.[18] Wohl kaum, meinen andere. Sie warnen davor, den diesbezüglichen Fortschritt – oder auch Niedergang – für größer zu halten, als er ausschaut; die ganze Sache werde keineswegs so tief in unser Leben oder gar unsere Psyche eingreifen, vielmehr werde sie den Menschen im Grundbestand seiner Bedürfnisse eher ungerührt lassen, bewege sich doch das meiste auf der bloß instrumentellen Ebene, derjenigen von neuen Werkzeugen und Spielzeugen.[19] "Nein, das gerade nicht!" rufen wiederum andere Digitalphilosophen aus; sie meinen, was sich hier vollziehe, gehe – statt an's bloß Instrumentelle – gerade an's Fundamental-Substanzielle.[20] Auch wenn man vom eher Wolkigen wiederum zum Konkreteren übergeht, bleibt das meiste janusköpfig. Bergen Internet, Multimedia usw. usf. eher Gefahren für die Demokratie oder eher zusätzliche Chancen (sprich 'elektronische Republik' oder 'Cyberdemokratie')? Werden soziale Probleme sich entschärfen – oder gibt es bald eine neue Spaltung: in On-line-Oberklasse und Off-line-Unterklasse? Werden Bildung, Lernen, Schule revolutionär optimiert – oder aber droht, vielleicht sogar genau dadurch, dasjenige, was in einem neuen Buchtitel "Der Verlust der Sprachkultur" heißt?[21] Schließlich ein letzter Punkt in diesem Zusammenhang. In den 80-er Jahren gab es psychologische Untersuchungen an Jugendlichen, die – entgegen den Thesen von Virilio u. a. – zu dem Schluß kamen,

17 Vgl. Franzen 1994.

18 Vgl. Negroponte 1995; vgl. natürlich auch Gates 1995.

19 Vgl. Kraft 1996, z. B.: "Auch im Wunderland der morgigen Medien wird der Normalbürger mit seinen begrenzten Bedürfnissen dominieren. Die Medienwunder ... werden kaum mehr als *instrumentalen* Fortschritt bringen. ... Wirklich Neues ... wird weiterhin aus Köpfen kommen, nicht aus Software." Vgl. auch – mit pessimistischer Note – Stoll 1996 und Heuser 1996.

20 Vgl. Bolz 1996, z. B.: "Medien sind keine Instrumente ..." (S. 191); " das wichtigste Thema unserer kulturellen Zukunft: die neuen Medien" (ebd.); "Medientheorie ist die Grundwissenschaft der zukünftigen Kultur." (S. 192) Als eine moderiert digitalfreundliche, für Ambivalenzen sensible Position vgl. auch Glotz 1995, als weit ausholende Analyse Mainzer 1994.

21 Vgl. Sanders 1996.

die medientypische, also z. B. sehr kurztaktige, Zeitstrukturierung schlage auf die Zeitlichkeit des außermedialen Alltagserlebens keineswegs besonders stark durch.[22] Die Frage ist: Stimmt das auch heute noch, zwölf oder fünfzehn Jahre später? Möglicherweise nicht mehr, liest und hört man doch jetzt immer häufiger, insbesondere von Schulleuten, daß bei Kindern und Jugendlichen inzwischen genau dies der Fall ist, daß sie mit kurztaktigen Abläufen bestens, mit langtaktigen dagegen zunehmend schwerer zurechtkommen.[23] Und Hirnforscher sollen ja auch schon herausgefunden haben, daß bei Computer-Kids bereits ganz andere Hirnvernetzungen stattfinden als bei Erwachsenen.[24] Wie auch immer, jedenfalls dürfte nach diesem Hin und Her klar geworden sein, daß in Sachen Medien, Digitalisierung usw. in keiner Richtung etwas wirklich klar ist. Daher trifft eine Feststellung wie die von Matthias Kettner ins Schwarze: "Vor Medienessentialismus ist zu warnen."[25]

Was an den drei Exempeln Öko, Werte, Digitalisierung durchgespielt wurde, ließe sich noch bei manch anderer Agenda der Zeitdiaprognostik weiterverfolgen: Ende des Individuums oder Anfang des Individuums? Niedergang der Religion oder Auferstehung der Religion? Und wie steht es mit der Geschichte? Ist sie zu Ende, kehrt sie wieder, krümmt sie sich gar?[26] Was schließlich die Moderne angeht, so soll sie ebenfalls nicht etwa nur bereits hinter uns liegen, sondern zugleich und eigentlich erst noch vor uns: "Wir sind nie modern gewesen."[27]

Natürlich ist in solchen Debatten vieles einfach verquer, die Disjunktionen stimmen oft nicht, die Alternativen sind schief und durch riesige Äquivokationen erzeugt, etwa im Begriff der Geschichte oder der Moderne. Freilich gibt es das Zugleich von Widersprüchlichem oder Gegensinnigem eben häufig in der Wirklichkeit selbst, nicht nur auf der Ebene der Einschätzungen. Aber das besagt dann eben nochmals, daß sich unsere Zeit samt dem, worauf sie hinauslaufen will, dagegen sträubt, auf einen Nenner gebracht zu werden. Oder um die oben zitierte Warnung von Matthias Kettner zu verallgemeinern: Zeitdiagnostischer Essentialismus ist *insgesamt* etwas Fragwürdiges.

22 Vgl. die Hinweise in der Einleitung zu Sandbothe/Zimmerli 1994, S. 14.

23 Vgl. Bergmann 1995.

24 In diesem Sinne erwähnt wird Ernst Pöppel in *Psychologie heute*, Februar 1996, S. 64.

25 Vgl. Kettner 1996, S. 10.

26 Vgl. in der angegebenen Reihenfolge Fukuyama 1992, Rohrmoser 1995 und Baudrillard 1994, als Meta-Untersuchung auch Rothermundt 1994.
Maxeiner/Miersch 1996 beschließen ihr Buch mit einem (unbelegten) Zitat von Ilya Prigogine: "Wenn überhaupt, dann befinden wir uns eher am Anfang als am Ende der Geschichte." (S. 335).

27 Vgl. Latour 1995. Die Mehrdeutigkeit der Moderne wird z. B. von Wagner 1995 betont.

2. Einige strukturelle Vertracktheiten der Zeitdiaprognostik

Ergänzend sollen nun einige der Vertracktheiten benannt werden, die der Zeitdiaprognostik relativ unabhängig vom jeweiligen Inhalt – im Jargon: 'strukturell' – eigen sind. Vier Aspekte seien genannt.

2.1

Es gibt eher säkulare und eher ephemere Trends – und natürlich allerhand dazwischen. Bei Entwicklungen, die sich vor unsern Augen abspielen, verfügen wir aber kaum über systematische oder methodische Handhaben, um zu identifizieren, ob wir es eher mit dem einen oder eher mit dem andern zu tun haben. Nicht weniges ist schon für säkular gehalten worden, was sich dann als kurzlebig oder mode- bzw. pendelbewegungsartig herausstellte, und umgekehrt hat man bei so manchem, woraus eine langfristige Tendenz wurde, den Anfang nicht so recht mitgekriegt. Das führt sogleich zu:

2.2

Wir sind größtenteils notorische Extrapolierer, wir tendieren zur simplen Fortschreibung oder Verlängerung. In einfachen, übersichtlichen Zusammenhängen kommt das ja auch oft hin, aber je komplexer es wird, desto weniger. Dies hat Ähnlichkeit – oder hängt sogar direkt zusammen – mit unserer Intuitionsschwäche in bezug auf nicht-lineare und/oder rückgekoppelte Verläufe, wobei uns diese Schwäche ja ihrerseits nicht intuitiv bewußt ist. Es ist aber inzwischen eine Binsenweisheit, daß man mit Extrapolationen, jedenfalls mit einfachen, häufig daneben liegt, und zwar in der doppelten Weise, daß das per Fortschreibung Erwartete gerade nicht eintritt, dafür aber etwas anderes, das einem noch nicht einmal als Möglichkeit in den Sinn gekommen ist. Vor Jahren, als die Digitaluhren aufkamen, war ich schon einer kleinen Depression nahe, weil ich dachte, es gäbe bald keine normalen Uhren mehr zu kaufen; aber es kam anders, *diese* Art von Durchdigitalisierung setzte sich jedenfalls nicht durch, das gute alte Zifferblatt konnte sich behaupten. Andererseits gehörte die wirkliche Digitalisierung (in dem Sinne, wie vorhin von ihr die Rede war), gehörte z. B. das PC-Wesen nicht zu den futurologischen Standardvermutungen, jedenfalls nicht zu einem Zeitpunkt, wo das noch eine prognostische Leistung gewesen wäre.

2.3

Zur Zeitdiagnostik gehört oft der Vergangenheits-Gegenwarts-Vergleich. Hier gibt es ein Phänomen, das vielleicht zu dem unter 2.2 beredeten teilweise komplementär ist. Wir sind vielfach auch Gute-alte-Zeit-Nostalgiker. Das ist geläufig und psychologisch ja auch ganz simpel zu erklären. Bei der Kulturdiagnostik tritt nun aber oft der Effekt hinzu, daß man, wenn man in vergleichender Absicht den Blick von Gegenwarts- auf Vergangenheitszustände richtet, dabei unwillkürlich die Ebene wechselt: Man vergleicht z. B. die normalen Häuser von *heute* nicht mit den normalen *Häusern* von gestern, sondern mit den *Schlössern* von gestern. Man vergleicht die Alltagsrealität von *heute* nicht mit der *Alltags*realität von gestern, sondern mit einer stilisierten literarischen Realität. Und das ergibt dann natürlich nicht selten einen unfairen, einen die Gegenwart benachteiligenden Vergleich. Der Fortschritt ist des öfteren nicht so groß, wie er ausschaut, der Rückschritt aber häufig auch nicht.

Beispielsweise begegnet man zur Zeit des öfteren Feststellungen wie: "Deutschland ist von einer Kulturnation zu einer Konsumnation geworden."[28] Hier wäre, auch wenn man die Konsumismuskritik mehr oder weniger teilt, zu fragen, wann und bis wann genau Deutschland denn eben diejenige Kulturnation war, die es jetzt gerade nicht mehr ist. Das scheint mir nicht so klar zu sein, wie suggeriert wird. Indessen kommt es auf das spezifisch Inhaltliche dieses Streitfalls hier ohnehin nicht an. Vielmehr geht es um das 'strukturelle' Moment, haben wir doch hier einen Beleg für den zeitdiagnostischen Hang, bei Blickwechseln von der Gegenwart zur Vergangenheit, entgegen der Logik und auch Moral eines fairen Vergleichs, nicht auf demselben Betrachtungsniveau zu verbleiben.

2.4

Der Blick, den man zu zeitdiagnostischen Zwecken auf die Vergangenheit richtet, will auch häufig in dieser die Wurzeln für das Gegenwärtige ausmachen. Solches Bestreben ist natürlich absolut in Ordnung. Es enthält aber zumindest dort, wo man auf Großräumiges oder gar auf's Ganze zielt, eine spezifische Vertracktheit, nämlich in Form der Frage: Wieweit muß man denn zurückgehen?

Dies sei kurz an einem der ambitioniertesten zeitdiagnostischen Unternehmen aufgezeigt, die es in unserem Jh. gegeben hat. Martin Heidegger meinte, man müsse bei der Suche nach den Wurzeln dessen, was heute ist, weiter zurückgehen als nur bis zur Entstehung der neuzeitlichen Rationalität. Für ihn hatte die zur modernen Technik führende Entwicklung ihren tiefsten Ursprung in der seinsgeschichtlichen Wende, die sich bei den Griechen um die oder nach der Mitte des ersten vorchristlichen Jahrtausends vollzog. Nun ist einerseits klar, daß die Suche nach Wurzeln es mit sich bringt, unter Umständen immer tiefer

28 Dönhoff 1996 (b).

graben zu müssen. Aber andererseits könnte man dann auch fragen, warum wir eigentlich bei den Griechen schon haltmachen sollen. Wenn die entscheidende Frage lautet, wann der Mensch anfing, das Seiende zu stellen, es sich zu unterwerfen, muß man dann nicht um einige weitere Jahrtausende zurückgehen, nämlich bis zur neolithischen Revolution? War nicht der dort stattfindende Übergang zu Ackerbau und Viehzucht, d. h. Manipulation von Boden, Pflanze und Tier, der entscheidende Schritt? Ja, müssen wir uns nicht sogar um noch viel größere Zeiträume, um Jahrmillionen, zurückbewegen, nämlich bis zum Tier-Mensch-Übergangsfeld? Ein zentraler Faktor war hier ja zweifellos die Entstehung des aufrechten Gangs. Durch ihn wurden Augen und Hände frei. War aber nicht genau das die entscheidende Voraussetzung dafür, daß der Mensch beginnen konnte, sich das Seiende denkend und handelnd anzueignen? War nicht das Freiwerden der Augen die letzte Wurzel dafür, daß dann irgendwann die "Zeit des Weltbildes" kam,[29] und war nicht das Freiwerden der Hände die letzte Wurzel dafür, daß der Mensch im Wortsinne zur *Manipulation* fähig wurde? Ich formuliere diese Fragen hier nur, um zu zeigen: Wenn bei der Suche nach den Wurzeln des technischen Zeitalters der Rekurs auf die neuzeitliche Rationalität nicht ausreicht, dann gibt es als Bezugspunkt für radikalere Erklärungsversuche nicht nur das Griechische, sondern auch noch einige weitere Kandidaten. Auch ein Essentialismus des Abendlandes ist problematisch, weil blickverengend.[30]

3. Der älteste Adel der Welt: von Ohngefähr

Es ist ein verständliches Bedürfnis, den Gang der Dinge durchschauen zu wollen: die eigene Gegenwart möglichst auf einen Nenner zu bringen und diesen seinerseits auf einer Linie zu verorten, an der entlang man seine Blicke sowohl rückwärts als auch wenigstens ein Stück weit vorwärts gleiten lassen kann. In solchen Ambitionen liegt sicher ein großer Reiz, noch größer erscheinen jedoch die Tücken, die darin stecken. Dies soll nun noch ein bißchen grundsätzlicher betrachtet werden. Und zwar scheint hier vieles mit einem Faktor zusammenzuhängen, der trotz der Offenkundigkeit seines Gegebenseins häufig zu gering veranschlagt wird. Er ist in der Überschrift dieses Abschnitts genannt: "Der älteste Adel der Welt: von Ohngefähr". Diese Wendung stammt von Johann Gottfried Herder.[31] Der ganz junge – vor-preisschriftliche – Herder hat die Rolle des Zufalls in der Geschichte mit starken Worten hervorgekehrt. In den Fragmenten *Über die neuere deutsche Literatur heißt es*:

> "Die meisten Dinge in der Welt werden durch ein Ohngefähr [...] hervor- weiter- herauf- und herunter gebracht [...] in einem Zauberlande des Zufalls, wo nichts nach

29 Vgl. Heidegger 1963, S. 69-104.

30 Vgl. Rorty 1993, S. 73 f.

31 Vorsichtiger gesagt: Ich meine, auf diese Wendung vor längerer Zeit bei Herder gestoßen zu sein, kann die Stelle jedoch nicht mehr finden. (Hilfsangebote an W. F., Sulzer Ring 3, 99189 Erfurt-Tiefthal, 036201/85663).

> Grundsätzen geschieht, wo alles auf das sprödeste sich den Gesetzen der Willkür und des Zweckmäßigen entzieht, wo alles, das Meiste und Kostbarste dem Gott des Ungefährs in die Hände fällt. [...] Reihen von Ursachen wirkten zusammen, gegen und nach einander: Rad griff in Rad: eine Triebfeder gegen die andere: ohne Plan und Regel drängte eins das andere: feurig und schnell veränderten sich die Würfe [...]."[32]

Manches an den zitierten Formulierungen muß man natürlich der Überschwenglichkeit zuschreiben, die dem jungen Herder eigen ist. Aber wohlgemerkt lautet die Aussage ja nicht einfach 'Alles ist Zufall'. Und vor allem deutet Herder sehr schön an, welcher *Art* der Zufall ist, welche Form er hat: *Reihen von Ursachen wirken zusammen und gegeneinander*. Dies entspricht weitgehend einer Sicht, wie sie inzwischen in zeitdiagnostischen oder geschichts- und kulturtheoretischen Texten zwar vielleicht nicht mehrheitlich, aber doch häufig vertreten wird. Sie besagt: Der geschichtliche Prozeß, die zivilisatorische Entwicklung resultiert daraus, daß zahlreiche Gegebenheiten, Gegebenheitsabfolgen und kausale Reihen, mögen sie teilweise je für sich halbwegs transparent sein, dann in kontingenter Weise aufeinandertreffen, und zwar in einer Weise, die ganz verschiedene – gewissermaßen unsystematische und daher meist nicht absehbare – Effekte haben kann: etwa Aufsummierung, Ineinandergreifen, wechselseitige Verstärkung, genauso aber auch Überlagerung, Einander-in-die-Quere-kommen, wechselseitige Aufhebung. Zumindest in der Grobstruktur – kann man dann noch hinzufügen – sind solche Prozesse denen der natürlichen Evolution analog. So forderte z. B. Enzensberger schon vor geraumer Zeit dazu auf zu akzeptieren, "daß die gesellschaftliche wie die natürliche Evolution kein Subjekt kennt und daß sie deshalb unvorhersehbar ist"; zvilisatorische Vorgänge, so Lübbe, seien "Resultanten kontingenter Interferenz kausaler Prozesse"; nach Rorty sollte "die Entwicklung der Kultur als Verlängerung der biologischen Evolution angesehen" werden "und als ebenso eines Telos ermangelnd und unvorhersagbar wie diese."[33]

Die Sache so zu sehen, beinhaltet natürlich vor allem, daß man sie mitnichten auf zwei andere Weisen sehen kann. Geschichtliche Prozesse vollziehen sich erstens nicht so, wie z. B. Sonnenfinsternisse zustandekommen, und zweitens erfolgen sie nicht nach dem Muster von einfach-alltäglichen Absicht-Handlungs-Verknüpfungen wie etwa der, daß man am Nachmittag den Plan faßt, sich abends im Kino "Schneewittchen" anzusehen, und dann am Abend tatsächlich im Kino sitzt und sich "Schneewittchen" ansieht – wobei ja auch hier bereits allerhand dazwischenkommen kann. Wie auch immer: *Ziele* sind zumindest den großräumigeren Geschichts- und Kulturentwicklungsprozessen weder als Resultanten irgendwelcher Gesetze eingebaut, noch werden sie in ihnen als Gesamthandlungsabsichten realisiert.

Obwohl es sich hier fast um Standardeinsichten handelt, stoßen diese doch andererseits auf starke Bedenken, z.T. auf Standard*einwände*. Darauf möchte ich noch etwas eingehen und so die Sache zusätzlich erläutern, und zwar anhand von drei Punkten.

32 Herder 1985, S. 604 f. (Erste Sammlung, Zweite völlig umgearbeitete Ausgabe von 1768).

33 Enzensberger 1978, S. 7; Lübbe 1994, S. 300; Rorty 1993, S. 11.

3.1

Ein Einwand könnte etwa lauten: Die Geschichte oder die Entwicklung der Kultur als Verlängerung der natürlichen Evolution zu sehen, ist das nicht ein arger Biologismus? Hier wäre zu erwidern, daß die kulturelle Evolution selbstverständlich nur in manchen Hinsichten mit der biologischen verglichen werden kann. Die primär relevante Hinsicht ist das Nichtvorhandensein von Zielgerichtetheit, welche ihrerseits eben damit zusammenhängt, daß der Zufall eine nicht nur zufällige Rolle spielt. Ansonsten muß man, wenn man von der kulturellen Evolution sagt, sie sei eine Fortsetzung der biologischen, gleich hinzufügen: Fortsetzung mit andern Mitteln. Das betrifft vor allem das Substrat, sozusagen die Evolutionsträger, wobei man z. B. an das Stichwort denken mag: Meme statt Gene.[34] Jedenfalls ist die Analogisierung von biologischer und kultureller Evolution durchaus mit dem Gedanken vereinbar, daß der Mensch sich in gewissem Maße aus der Primärsphäre biologisch-evolutionärer Vorgänge gerade emanzipiert hat.

3.2

Besagte Analogisierung provoziert auch leicht die Frage, wo denn innerhalb von evolutionsförmigen Prozessen das menschliche Handeln bliebe. Hier muß man natürlich sofort die Gegenfrage stellen, ob nicht umgekehrt gerade bei Prozessen, denen Ziel und Verlaufsform gesetzmäßig eingebaut wären, menschliches Handeln unmöglich würde. Es stellen sich hier die notorischen und unauflösbaren geschichtsteleologischen oder historizistischen Aporien ein. Daher kann man die Sache nur so sehen, daß die evolutionstypische Nichtexistenz von Zielgerichtetheit kein Hinderungs-, sondern ein Ermöglichungsgrund für menschliches Handeln ist. In besonderem Maße gilt dies für überindividuelles – wenn man so will: geschichtlich wirksam werdendes – Handeln. Die Herderschen "Reihen von Ursachen" bestehen ja auf der nicht-mehr-nur-natürlichen Ebene gerade aus Handlungsketten, oder genauer: aus Ketten, zu deren Gliedern immer wieder neue Handlungsabsichten, -vollzüge, -ergebnisse und -folgen gehören. Nur ist es irrig, obwohl anscheinend verführerisch, sich das Ganze als integrierte Gesamthandlung mit einer zugrundeliegenden Gesamtabsicht vorzustellen. Dergleichen gibt es nicht. Was es gibt, ist das quasi unsystematische Aufeinandertreffen vielfältiger Ursachen- und Handlungsreihen. Aber zwingt das nicht zu der defätistischen Folgerung, daß dadurch plan- und absichtsvolles Handeln illusorisch wird, weil dann doch alles nur passiert, wie es eben passiert, 'egal was wir tun'? Diese Folgerung ergibt sich mitnichten. Subjekte können vielmehr sehr wohl – einzeln wie auch in koordinierten Formen – Absichten, Ziele, Wertvorstellungen, Ideale oder was auch immer einbringen in Handlungsreihen, die sie initiieren und vorantreiben – mit der Hoffnung oder gar Aussicht, daß gerade

34 Vgl. Dawkins 1978, S. 226 ff.

das von ihnen In-Gang-Gebrachte die Richtung des Ergebnisvektors schließlich entscheidend mitbestimmt. Daß es so kommt, ist natürlich fast nie gewährleistet, aber häufig auch nicht ausgeschlossen. So sehr also einerseits die Rede vom Sinn der Geschichte obsolet geworden ist, so wenig schließt das andererseits aus, daß Menschen danach trachten können, etwas von *ihren* Zielsetzungen in der Geschichte zu verwirklichen.[35]

3.3

"Die Berechenbarkeit der Zukunft. Warum wir Vorhersagen machen können" – so lautet der Titel eines kürzlich erschienenen Buches von Theodore Modis.[36] Verhält sich also vielleicht doch alles ganz anders, als es im Vorigen hingestellt wurde? So ganz klar ist es nicht, welchen Anspruch der Autor erhebt. Jedenfalls will er aber herausarbeiten, daß außer in der Natur auch zahlreiche Prozesse im Bereich menschlichen Verhaltens, in Wirtschaft, Gesellschaft, Kultur etc. Gesetzmäßigkeiten und Verlaufsinvarianten aufweisen. Als Paradigma aus der Natur dienen dabei bekannte Phänomene wie das periodische Auf und Ab bei Tierpopulationen unter bestimmten Bedingungen. Entsprechende Rhythmen und Zyklen, und zwar vor allem als Häufigkeitsverteilungen entlang der Zeitachse nach den beiden Hauptmustern von S-Kurven und Gaußschen Kegelkurven, macht Modis nun in bunter Abfolge bei allen möglichen Arten von Phänomenen ausfindig, z. B. bei Supertankern, gotischen Domen, Teilchenbeschleunigern und Heiligsprechungen. Das ist häufig verblüffend und in vielen Fällen sicher aufschlußreich, in nicht wenigen anderen kommt es einem aber absurd und willkürlich vor. Durch ausgefuchste Selektion von Beispielen, deren Repräsentativität gänzlich offen bleibt, sowie durch raffinierte Wahl von Maßstäben und Zeitausschnitten kann man natürlich vieles hinkriegen. Aber auch wenn man bei Modis die unplausiblen Fälle wegläßt zugunsten der mehr oder weniger plausiblen, hält die Untersuchung nicht, was sie im Titel verspricht. Einer der springenden Punkte liegt in der Feststellung: "Aus dem einen oder anderen Grund finden immer Übergänge zwischen Zuständen statt. Der Wechsel kann unvermeidbar sein, aber wenn er einem natürlichen Verlauf folgt, kann man ihn vorhersagen und sich darauf einstellen."[37] Entscheidend ist hier die Wendung "wenn er einem natürlichen Verlauf folgt", wobei dies im erwähnten Sinne von Glocken- oder S-Kurven oder irgendwelchen anderen derartigen Mustern gemeint ist. *Wenn* der Wechsel einem solchen Verlauf folgt, kann man ihn vorhersagen: das mag ja zutreffen, die Frage ist aber, wie man denn rechtzeitig genug feststellt, *ob* er einem solchen Verlauf folgt. Man braucht eben von einem Wechsel – zumal von einem interessanten, für den es noch keine Präzedenzfälle gibt – schon eine ganze Menge, um dessen mögliche Verlaufsform zu eruieren bzw. über-

35 Im übrigen bleibt es allemal angebracht, auf dem Sinn 'des Historischen' zu beharren, vgl. Nagl-Docekal 1996.

36 Modis 1994.

37 Ebd. S. 215.

haupt erst darauf zu kommen, daß er eine Verlaufsform haben könnte. Nicht genug damit, beziehen sich gerade substanzielle Zukunftsungewißheiten vielfach auf Entwicklungen, bei denen man mit Häufigkeitsverteilungen gar nicht ansetzen kann bzw. die viel zu wenig abgrenzbar und individuierbar sind, als daß man sich bei ihnen an die Identifizierung einer Verlaufsform machen könnte. Im Zusammenhang damit kommt dann schließlich noch der obige Gesichtspunkt mit hinein, nämlich: Mögen diverse unter den zukunftsrelevanten Entwicklungslinien bei isoliert-ungestörtem Fortgang auch gewissen Verlaufsformen unterliegen, so bleibt doch unabsehbar, was aus dem kontingenten Zusammentreffen *vieler verschiedener* Linien resultiert.[38]

Mit den Punkten 3.1 bis 3.3 sollte die Auffassung von der Teloslosigkeit der Geschichte und der kulturellen Evolution gegen Einwände, Mißverständnisse oder auch Ressentiments verteidigt werden. Auf diese Auffassung war ich zu sprechen gekommen im Zusammenhang mit den Vertracktheiten der Zeitdiaprognostik. Große Teile dieser Vertracktheiten, kann man nunmehr sagen, erscheinen als etwas nicht Verwunderliches, sondern Selbstverständliches, sobald man den in wichtigen Hinsichten evolutionsanalogen und insbesondere zielgerichtetheitsfreien Charakter von Geschichts- und Kulturentwicklungsproessen ernst nimmt. Oder auch umgekehrt: Die enormen Voreiligkeiten, zu denen es bei zeitdiaprognostischen Unternehmungen leicht kommt, und zwar in allen möglichen Richtungen, resultieren *auch* aus einem zumindest unterschwelligen Nichtwahrhabenwollen von Teloslosigkeit, Kontingenzbehaftetheit, Unabsehbarkeit. Oder nochmals anders formuliert, nämlich als Devise: Um sich nicht vorschnell, hochjubelnd oder tiefklagend, in etwas hineinzusteigern, sollte man bei zeitdiaprognostischen Einlassungen stets auch in gehörigem Maße Agnostiker sein. Keine Zeitdiaprognostik ohne Zeitagnostik! Oder wenn man so will: Es kann hier ruhig auch ein bißchen beim Dummaussehen bleiben.

Freilich mag jetzt bei manchem der Eindruck entstanden sein, eine Sicht wie die hier vorgebrachte diene doch nur dazu, sich zu allem auf Äquidistanz und damit aus allem heraushalten zu können. Dem ist nicht so. Vielmehr liegt die Pointe darin, daß diese Sicht einem nahelegt, sowohl für die eigenen Einschätzungen als auch für die eigenen Optionen – also das, wofür man beispielsweise eintritt – gleichsam eine zusätzliche Binneninstanz zu etablieren. Diese hat dafür zu sorgen, daß man sich mit eben diesen Einschätzungen und Optionen nicht voreilig in übergroße Eingeschworenheiten verrennt. Man braucht also zum einen alltagspraktisch eine Ebene, wo man sich wenigstens mit mittlerer Reichweite an gewonnene Einschätzungen und Optionen halten kann, muß dabei aber andererseits zum Wechsel auf eine Ebene darüber fähig bleiben und darauf gefaßt sein, von dort her die Dinge möglicherweise in einem relativierenden Lichte zu sehen.

Um das noch zu veranschaulichen, kehren wir ganz kurz zur Ökothematik zurück. Wie legt sich ein solchermaßen agnostisch stark Angehauchter hier die Dinge zurecht? Auf besagter höherer, prinzipieller Ebene ist es in meinen Augen klar, daß irgendwelche Zeichen der Zeit keinen auch nur halbwegs eindeutigen Aufschluß darüber geben, ob die technische

38 Leider setzt sich Modis auch nirgends mit einem Nichtprognostizierbarkeitsargument à la Popper auseinander.

Zivilisation *eine oder keine* Zukunft hat. Auf der pragmatischeren Ebene darunter ist es dann aber doch nicht so, daß ich von Optimismus und Pessimismus genau gleich weit entfernt wäre; sondern wie viele andere Zeitgenossen auch habe ich bei der Sache, wenn ich das mir Bekannte bilanziere, ein 'ein mulmiges Gefühl'. Dem neuen Ökooptimismus wage ich mich noch nicht so recht hinzugeben, sondern neige immer noch eher zu so etwas wie einem gedämpften Pessimismus. Der hat allerdings erstens viel von Zweckpessimismus, und zweitens relativiere ich mir auch den noch mit einem Diktum von Milan Kindera: "Ich bin zu skeptisch, um Pessimist zu sein."[39] Das ist dann aber schon wieder der Wechsel auf die Ebene 'darüber'.

Zurück auf der Ebene 'darunter' stellt sich die Frage nach den realistischen Optionen. Hier scheint mir: Das, was für die Zukunft selbst gilt, nämlich daß sie mit großer Bandbreite offen ist, gilt mitnichten für die realen Handlungsoptionen. Zwar kann man, da Menschen über riesige Zeiträume in anderen Lebensformen gelebt haben, nicht einfach argumentieren, dergleichen sei inzwischen nicht mehr möglich. Doch, im Prinzip wäre das auch wieder möglich, und es kann auch niemand definitiv sicher sein, daß es nicht genau das ist, was die Zukunft einst bringen wird. Aber wie wir, gesetzt einmal, wir wollten es, planvoll und mit systematischen Handlungsreihen zu solchen früheren Stufen sollten zurückkehren können, das ist schlechthin nicht vorstellbar. Außerdem will es aber die überwältigende Mehrheit auch gar nicht. Als realistische Handlungsoption bleibt mithin keine andere als die Zähmung der technischen Zivilisation – in der Hoffnung, obzwar wiederum ohne jede geschichtliche Gewähr, daß dies im Sinne einer – wie auch immer näher bestimmten – Nachhaltigkeit gelingen könnte.[40]

Daß man das Ganze auch im Lichte von elementaren moralischen Erwägungen sehen muß, ist Gegenstand einer nun schon lange währenden Diskussion in der ökologischen Ethik. Man könnte vielleicht mit einer altbewährten Begriffstrias sagen, daß moralische, pragmatische und technische Imperative ineinandergreifen müssen.[41] Und was die Mittel zur Zähmung der technischen Zivilisation betrifft, so kommt es auf ein gutes Zusammenwirken der letzten beiden an, d. h. von Geschicklichkeit und Klugheit. Als technologischer Laie ist man immer wieder erstaunt, von welch ungeheuren Einsparungs- und Effizienzoptimierungsspielräumen viele Experten sprechen.[42] Es ist klar, daß keine Chance zur Ausnutzung dieser Spielräume vertan werden darf. Andererseits werden Effizienzgewinne aber leider häufig durch Nutzungs- und Verbrauchseskalation wieder aufgezehrt. Daher dürfte nichts – so heikel das teilweise ist, besonders in demokratischen Gesellschaften – an der Frage vorbeiführen, bei welchen Bedürfnissen wir uns was für ein Maß an Befriedigung leisten können. Hier ist ja manches oder vieles auch schon im Gange, möglicherweise z. B. ein allmählicher Abschied von den unsinnigen Teilen unserer Hochgeschwindigkeitsmobilitätskultur. Zur Langsamkeit von John Franklin müssen wir dabei ja nicht zurückkehren.

39 In einem Interview in der ZEIT vom 7.12.1984, S. 66.
40 Vgl. jetzt BUND/MISEREOR 1996.
41 Vgl. Kant 1785, S. 414 ff.
42 Vgl. etwa Weizsäcker/Lovins/Lovins 1996 sowie Schmidt-Bleek 1997.

Jedenfalls könnte man aber sagen, daß Fragen, die den Umgang mit unseren Bedürfnissen zum Gegenstand haben, zu wesentlichen Teilen Fragen der Klugheit sind, und hier wäre es dann wirklich gut, am Ende nicht zu dumm auszusehen.

Literaturverzeichnis

Bahro, R.: *Apokalypse oder Geist einer neuen Zeit*, Berlin 1995.

Baudrillard, J.: *Die Rückwendung der Geschichte*, in: Sandbothe/Zimmerli 1994, S. 1-13.

Bergmann, W.: *Heimisch zwischen Schock und Trance*, in: DIE ZEIT vom 8.9.1995, S. 35.

Bolz, N.: *Abschied vom Humanismus? Die Zukunft der Kultur im Zeitalter der Medien*, in: Forschung und Lehre, Mitteilungen des Deutschen Hochschulverbandes 4/1996, S. 190-193.

BUND/MISEREOR (Hg.): *Zukunftsfähiges Deutschland*. Ein Beitrag zu einer global nachhaltigen Entwicklung, Studie des Wuppertal Instituts für Klima, Umwelt, Energie, Basel, Boston, Berlin 1996.

Dahl, J.: *Die letzte Illusion*, in: DIE ZEIT vom 23.11.1990, S. 57-60.

Dahl, J.: *Der Optimismus des Scheiterns*, in: DIE ZEIT vom 21.10.1994, S. 71.

Dawkins, R.: *Das egoistische Gen*, Berlin, Heidelberg, New York 1978.

Ditfurth, H. von: *So laßt uns denn ein Apelbäumchen pflanzen - Es ist soweit*, Hamburg, Zürich 1985.

Dönhoff, M. Gräfin (a): *Wo bleibt das Ethos? Am puren Egoismus geht jede Gesellschaft zugrunde*, in: DIE ZEIT vom 5.7.1996, S. 7.

Dönhoff, M. Gräfin (b): *Zivilisiert den Kapitalismus! Entfesselte Freiheit und Geld sind nicht genug. Plädoyer für einen neuen Bürgersinn*, in: DIE ZEIT vom 30.8.1996, S.6.

Easterbrook, G.: *A Moment on the Earth. The Coming Age of Environmental Optimism*, New York 1995.

Enzensberger, H. M.: *Zwei Randbemerkungen zum Weltuntergang*, in: Kursbuch 52, Mai 1978, S. 1-8.

Franzen, W.: *Über Wissenschaftsgläubigkeit und Wissenschaftsfeindlichkeit. Zu einigen Schwierigkeiten in der Auseinandersetzung über Wissenschaft und Technik*, in: Der Mensch und die Wissenschaften vom Menschen. Die Beiträge des XII. Deutschen Kongresses für Philosophie in Innsbruck 1981, Innsbruck 1983, S. 477-486.

Franzen, W.: *Ethikunterricht*, in: H. Hastedt, E. Martens (Hg.), Ethik. Ein Grundkurs, Reinbek bei Hamburg 1994, S. 301-323.

Fuller, G.: *Das Ende. Von der heiteren Hoffnungslosigkeit im Angesicht der ökologischen Katastrophe*, zuerst 1994, neu Frankfurt/M. 1996.

Fukuyama, F.: *The End of History and the Last Man*, London, New York 1992.

Gates, B.: *Der Weg nach vorn. Die Zukunft der Informationsgesellschaft*, Hamburg 1995.

Glotz, P.: *Änderung des Schaltplans*, in: DIE ZEIT vom 10.11.1995, S. 58.

Heidegger, M.: *Holzwege – Gesamtausgabe*, I. Abt., Bd. 5, Frankfurt/M. 1977 (zuerst 1950).

Herder, J. G.: Werke in zehn Bänden. Bd. 1: Frühe Schriften 1764-1772, hg. von U. Gaier, Frankfurt/M. 1985.

Heuser, J. U.: *Tausend Welten. Die Auflösung der Gesellschaft im digitalen Zeitalter*, Berlin 1996.

Holzberger, R.: *Das sogenannte Waldsterben*, Bergatreute 1995.

Kant, I.: *Grundlegung zur Metaphysik der Sitten* (1785). Kants Werke, Akademie-Textausgabe Bd. IV, Berlin 1968.

Kant, I.: *Der Streit der Fakultäten* (1798). Kants Werke, Akademie-Textausgabe Bd. VII, Berlin 1968.

Kettner, M.: *Medienmultis, Multimedia und Multiplex*, in: *DAS MAGAZIN*. Wissenschaftszentrum Nordrhein-Westfalen, 1/1996, S. 10 f.

Kraft, J.: *Zu Lebzeiten befreit von aller Erdenschwere? Einwendungen gegen den Multimedia-Wahn*, in: DIE ZEIT vom 3.5.1996, S. 55.

Latour, B.: *Wir sind nie modern gewesen. Versuch einer symmetrischen Anthropologie*, Berlin 1995.

Lempp, R.: *Die autistische Gesellschaft. Geht die Verantwortlichkeit für andere verloren?*, München 1996.

Lorenz, A.: *Die Werte sind im Kommen. Abschied von der Ellenbogengesellschaft*, Augsburg 1996.

Lübbe, H.: *Moralismus oder fingierte Handlungssubjektivität in komplexen historischen Prozessen*, in: W. Lübbe (Hg.), Kausalität und Zurechnung. Über Verantwortung in komplexen kulturellen Prozessen, Berlin, New York 1994, S. 289-301.

Mainzer, K.: *Computer - Neue Flügel des Geistes? Die Evolution computergestützter Technik, Wissenschaft, Kultur und Philosophie*, Berlin, New York 1994.

Margolina, S.: *Die gemütliche Apokalypse. Unbotmäßiges zu Klimahysterie und Einwanderungsdebatte*, Berlin 1995.

Maxeiner, D./Miersch, M.: *Öko-Optimismus*, Düsseldorf, München 1996.

Modis, Theodore: *Die Berechenbarkeit der Zukunft. Warum wir Vorhersagen machen können*, Basel, Boston, Berlin 1994 (amerikanisch 1992).

Moral. Und Macht = Merkur. Deutsche Zeitschrift für europäisches Denken 570/571, Jg. 50 (1996), H. 9/10.

Nadolny, S.: *Die Entdeckung der Langsamkeit*. München, Zürich, Neuausgabe 1987 (zuerst 1983).

Nagl-Docekal, H. (Hg.): *Der Sinn des Historischen. Geschichtsphilosophische Debatten*, Frankfurt/M. 1996.

Negroponte, N.: *Total digital. Die Welt zwischen 0 und 1 oder Die Zukunft der Kommunikation*, München 1995.

Rohrmoser, G.: *Die Wiederkehr der Geschichte*, Bietigheim (Baden) 1995.

Rorty, R.: *Eine Kultur ohne Zentrum*. Vier philosophische Essays und ein Vorwort, Stuttgart 1993.

Rothermundt, R.: *Jedes Ende ist ein Anfang*. Auffassungen vom Ende der Geschichte, Darmstadt 1994.

Sandbothe, Mike/Zimmerli, Walther (Hg.): *Zeit – Medien – Wahrnehmung*, Darmstadt 1994.

Sanders, B.: *Der Verlust der Sprachkultur*, Frankfurt/M. 1996.

Sandvoss, E.: *Philosophie im globalen Zeitalter.Eine Tetralogie*, Darmstadt 1994.

Schmidt-Bleek, F.: *Wieviel Umwelt braucht der Mensch? Faktor 10 – das Maß für ökologisches Wirtschaften*, München 1997.

Stoll, C.: *Die Wüste Internet. Geisterfahrten auf der Datenautobahn*, Frankfurt/M. 1996.

Wagner, P.: *Soziologie der Moderne. Freiheit und Disziplin*, Frankfurt/M., New York 1995.

Weizsäcker, E. U. von: *Erdpolitik, Ökologische Realpolitik an der Schwelle zum Jahrhundert der Umwelt*, Darmstadt [4]1994.

Weizsäcker, E. U. von/ Lovins, A. B. / Lovins, L. H.: *Faktor vier. Doppelter Wohlstand – halbierter Naturverbrauch*. Der neue Bericht an den Club of Rome, Darmstadt [7]1996 (zuerst 1995).

Kolloquium VIII
"Wörter sind Rechenpfennige": Über technische Kommunikation

SYBILLE KRÄMER

Einleitung in sieben Schritten

1.

Wenn wir von "Kommunikation" gewöhnlich sprechen, so meinen wir damit eine Situation, in der Individuen, die körperlich anwesend sind, sich miteinander verständigen. Kommunikation gilt als ein Interaktionsgeschehen, welches auf leiblicher Präsenz beruht, so daß die Sprecher ihren Wahrnehmungs- und Handlungsraum miteinander teilen. Kommunizieren wird zum Dialog der Stimmen, zum Sprechakt. Im Horizont dieser dialogorientierten Kommunikationsidee wäre "technische Kommunikation" genau dann vonnöten, wenn die Anwesenheit unterbrochen ist, wenn also das Mitgeteilte mit Hilfe artifizieller Verfahren über die Abstände in Raum und Zeit zu übertragen ist. Die Unterscheidung von nicht-technischer und technischer Kommunikation verdichtet sich in dieser Perspektive zu der Frage, ob die miteinander Kommunizierenden anwesend oder abwesend sind: Wenn Anwesenheit gegeben ist, bilden Kommunizieren und Interagieren eine performative Einheit. Ist Abwesenheit der Fall, entsteht eine Situation verhinderter Nähe, also ein Defizit, das dann durch technische Medien der Kommunikation zu reparieren und zu kompensieren ist.

2.

Die im deutschsprachigen Raum – und nicht nur hier – einflußreichsten philosophischen Kommunikationstheorien sind diesem Modell einer nicht-technischen, mit leiblicher Anwesenheit verbundenen Kommunikation verpflichtet. Schon die konstitutionelle Mündlichkeit in Wittgensteins Sprachspielkonzeption stellte hierfür die Weichen. Doch dieses Modell hat seinen Preis: Er besteht in einer weit ausgreifenden Fiktionalisierungsleistung:[1] Bestehe diese nun in Jürgen Habermas' Mutmaßung einer kommunikativen Vernunft als Grundlage von Verständigung oder Karl Otto Apels Hypothese einer unbegrenzten kritischen Kommunikationsgemeinschaft. Mit diesen kontrafaktischen Unterstellungen wird Kommunikation auf eine Weise idealisiert, die mit der Kontingenz, der Undurchsichtigkeit und Unbeherrschbarkeit endlicher menschlicher Kommunikationsereignisse wenig gemein hat. Philosophische Kommunikationstheorien handeln von der möglichen, nicht von der wirklichen Kommunikation. Dabei werden wir verpflichtet auf ein kommunikatives Ideal – jedenfalls vermutet das Albrecht Wellmer –, dessen Realisierung paradoxerweise das Ende geschichtlich situierter Kommunikation wäre.[2]

3.

Angesichts der bemerkenswerten Wirklichkeitsferne und Ungeschichtlichkeit dialogorientierter Kommunikationskonzeptionen, drängt sich eine Vermutung auf: Kann das Nachdenken über "technische Kommunikation" zu einem Ansatz werden, um das kommunikative Geschehen als einen radikal zeitabhängigen und damit auch: kulturabhängigen Vorgang in den Blick zu bekommen? Die Frage so zu stellen, setzt allerdings einen bestimmten Begriff des Technischen voraus. Entgegen der uns vertrauten Dichotomie von Natürlichem und Technischem, von Sprache und Technik, birgt jeder Kommunikationsakt auch einen technischen Aspekt: Dieser handelt von den materialen Bedingungen, von seiner Medialität. Medien der Kommunikation, ob nun als Körper, Stimme, Schrift, Buch oder Computer sind das, worin die fundamentale Materialität und damit Zeitlichkeit kommunikativer Praktiken zum Vorschein kommt. Wenn aber der Medienbezug nicht bloße Reparaturleistung bleibt, die unumgänglich wird, sobald der gemeinsame Wahrnehmungs- und Handlungsraum verlorengegangen ist, wenn also die Mediengebundenheit maßgeblich ist für Kommunikation, dann verliert das mündlichkeitszentrierte Kommunikationsmodell seinen privilegierten Status: Sprache und Schrift stehen dann zueinander nicht mehr im Verhältnis eines Urbildes und seines Derivats, eines "type" und eines "token"; vielmehr markieren mündliche und schriftliche Kommunikation zwei Modi des Kommunizierens mit je eigenen kommunikativen und epistemischen Spielräumen und Grenzen.[3]

1 Darauf machte früh schon aufmerksam: Marquard 1983, 49.

2 Wellmer 1993, 162.

3 Klein 1985; Krämer 1997 a; Raible 1991.

4.

Die Philosophie ist mit den Potentialen der Schrift zutiefst verwoben: Das gilt für ihre Geburt aus dem Geiste des Übergangs von der Oralität zur Literalität im antiken Griechenland;[4] und das gilt erst recht für ihren Gestus einer reflexiven Distanznahme gegenüber dem Selbstverständlichen, der erst im gesprächsentlasteten Schreibakt sich genuin zu entfalten vermag. Doch die Medialität unseres Kommunizierens und Denkens ist ein in der Philosophie notorisch marginalisiertes Phänomen. Jacques Derrida kritisiert die sprechaktorientierten Kommunikationstheorien im Namen ihrer Schriftvergessenheit:[5] "Kommunikation" – sobald mit ihr das Sprechen auf der Folie eines Zeichengegebrauches thematisiert wird – ist für Derrida von grundsätzlich graphematischer Struktur.[6] Niklas Luhmann kritisiert die handlungs- und subjektorientierten Kommunikationstheorien: Für Luhmann kommunizieren nicht mehr Individuen miteinander, sondern die Kommunikation setzt sich im Medium von Individuen als ein kontingenzbehaftetes, fragiles und ziemlich unwahrscheinliches Geschehen fort.[7] Derrida und Luhmann kommen darin überein, Kommunikation abzulösen von der konstitutionellen Präsenz von Handlungssubjekten. Eine operationale Auffassung zeichnet sich hier ab,[8] die in der zeitgenössischen geisteswissenschaftlichen Debatte über die Medialität des Geistes[9] und die Materialität der Kommunikation[10] ihr Pendant und ihr Echo findet.

5.

Doch so neu ist die Idee einer operationalen Verschwisterung des Sprachlichen mit dem Technischen keineswegs. Zwar stehen die subjekt- und intersubjektivitätsbewußten Kommunikationstheorien in der Tradition einer Sprachreflexion, die im deutschsprachigen Raum mit den Namen Herder, Humboldt und schließlich Gadamer verbunden ist. Und die, was Sprache, was Texte leisten, immer schon am Vorbild des mündlichen Dialogs erörterte. Doch Gottfried Wilhelm Leibniz, den der Titel unseres Kolloquiums zitiert, ist für eine solche Überlieferung keineswegs zu vereinnahmen. Anders als etwa John Locke und anknüpfend an Thomas Hobbes, hat Leibniz die Bedeutung der Sprachlichkeit gerade herausgelöst aus dem konzeptuellen Schema einer mündlichen Verständigung unter Anwesenden.

4 dazu: Havelock 1963; Kuhlmann/Reichel (Hrsg.) 1990; Thiel 1993 a; Geier 1995.
5 Derrida 1988.
6 Derrida 1983, 19.
7 Luhmann 1984; Luhmann 1988.
8 Eine solche "operationale" Verbindung von Derrida und Luhmann unternimmt: Fuchs 1995, 13-46.
9 Gumbrecht/Pfeiffer (Hrsg.) 1993; Koch/Krämer (Hrsg.) 1997.
10 Gumbrecht/Pfeiffer (Hrsg.) 1988.

Und dabei einen Modus schriftorientierter Zeichenpraxis favorisiert, der nicht bloß kommunikativen, vielmehr kognitiven Absichten dient.[11] In Leibnizens Vision einer ars characteristica wird kraft der sinnlichen Exteriorität graphematischer Symbole eine Art von Geistestechnologie projeziert, durch welche Wahrheit auf Richtigkeit zurückgeführt werden solle.[12] Eine Epistemologie der Schrift ist hier angelegt, mit der Leibniz keineswegs alleine steht: Anders als es Jacque Derridas' pauschale Phonozentrismusdiagnose nahelegt, findet sich seit der frühen Neuzeit eine fortlaufende Reflexion über die Skripturalität als eine epistemische Konfiguration. Francis Bacon, René Descartes, Thomas Hobbes, Giambattista Vico, Christian Wolff, Johann Georg Hamann, Johann Nicolaus Tetens und Ignaz Mertian gehören zu dieser Überlieferung, deren grammatologisches Gedankengut bis heute noch kaum geborgen ist.[13]

6.

Zeiten ändern sich. Und es ist fast schon ein Gemeinplatz zu sagen, daß der Computer das uns vertraute Gefüge der Literalität und das der Schriftkultur eingewobene Verhältnis von Sprache, Schrift und Bild in Bewegung setze.[14] Teletechnologien trennen den Raum des Leibes vom Raum des Handelns und heben die in die Schrift- und den Druckmedien eingeschriebene Aufspaltung von Kommunikation und Interaktion auf. Die elektronischen Medien bewirken eine Schrumpfung zeitlicher und räumlicher Intervalle und steigern so die symbolische Verfügung über ferne Räume und Zeiten.[15] Die kulturelle Enzyklopädie des Internet eröffnet neuartige individuelle Umgangsweisen mit dem kollektiven Gedächtnis.[16] Im elektronischen Netz zeichnet sich eine bisher unbekannte Kommunikationsform ab, die auf signifikante Weise sowohl von der dialogischen Kommunikation unter Anwesenden, wie auch von den traditionellen Formen der Fernkommunikation unterschieden ist.[17] Führen diese mit der elektronischen Kommunikation verbundenen Phänomene zu einem Umdenken kommunikationstheoretischer Positionen? Reichen die uns überlieferten kategorialen Schemata mündlicher und schriftlicher Kommunikation aus, um zu erfassen, wie kommunikative Verhältnisse sich ändern können, sobald der Computer zu einem Leitmedium aufrückt?

11 Dazu: Krämer 1991, 220-371.

12 Leibniz 1965, Bd. VII, 184-189.

13 So bleibt in dem Artikel von Manfred Geier die Epoche der neuzeitlichen Philosophie (außer einer kurzen Erwähnung Leibnizens) einfach ausgespart: Geier 1994; Ausnahmen von dieser Tendenz: Thiel 1993 b; Schlieben-Lange 1994; Trabant 1997; Krämer 1997 a.

14 Bolz/Kittler/Tholen 1994.

15 Großklaus 1995.

16 Winkler 1996.

17 Krämer 1997 c.

7.

Schon die Fragen so zu stellen heißt, mit einem die Philosophie tragenden Dogma zu brechen, daß nämlich Unterschiede in Materialien und Medien philosophisch nicht von Belang seien. Auf diesem Kolloquium wird gegen diese Überzeugung mit verteilten Rollen argumentiert: Elmar Holenstein stellt die Grundsatzfrage nach der Trennbarkeit von Stoff und Form und zeigt, wie nicht nur beim Geld, sondern schon beim Geist und bei der Kommunikation stoffliche Unterschiede immer auch semantische Unterschiede, also Abweichungen in der Bedeutung zur Folge haben. In einer phänomenologischen Perspektive unternimmt es Elmar Holenstein, die "Materialfrage" als eine philosophisch bedeutsame Frage zu rehabilitieren. Elena Esposito wird über die technischen Bedingungen der Kommunikation im Übergang von der schriftlichen zur computervermittelten Kommunikation nachdenken. Sie stößt dabei auf das überraschende Phänomen, daß kommunikative, nicht-propositionale und nicht auf die subjektive Innenwelt orientierte Strategien der klassischen Rhetorik, die mit der frühen Neuzeit ins diskursive Abseits gerieten, sich in der elektronischen Kommunikation wiederbeleben. Friedrich Kittler kommt hier als radikaler Medienmaterialist zum Zuge. Denn wenn es zutrifft, daß die Medialität und die Technizität des Kommunizierens das – wie Derrida annahm – Unbewußte der Philosophie verkörpern, dann wird ein externer Beobachter wie Friedrich Kittler mit seinem medienhistorisch geschultem Blick besonders geeignet sein, die Philosophen an die verdrängten Wirkungen medialer Strukturen für ihre epochal sehr unterschiedlich ausfallenden Konzepte von Geist und Episteme zu erinnern.

Literaturverzeichnis

Bolz, N., Kittler, F., Tholen, C.(Hrsg.) (1994): *Computer als Medium*, München: Fink.

Derrida, J. (1983): *Grammatologie*, Frankfurt/M.: Suhrkamp (frz.: Paris: Editions de Minuit 1967).

Derrida, J. (1988): *Signatur Ereignis Kontext*, in: ders., Randgänge der Philosophie, Wien: Passagen (frz.: Paris: Editions de Minuit 1972), 291-314.

Fuchs, P. (1993): *Die Umschrift. Zwei kommunikationstheoretische Studien*, Frankfurt/M.: Suhrkamp.

Geier, M. (1994): *Schriftlichkeit und Philosophie*, in: Schrift und Schriftlichkeit. Writing and Its Use. Ein interdisziplinäres Handbuch, hg. v. H. Günther u. O. Ludwig, Berlin/New York: de Gruyter, 646-653.

Geier, M. (1995): *Als die Philosophen schreiben lernten. Langzeitwirkungen einer medialen Revolution*, in: Sprache denken. Positionen aktueller Sprachphilosophie, hg. v. J. Trabant, Frankfurt/M.: Fischer, 127-143.

Großklaus, G. (1995): *Medien-Zeit. Medien-Raum. Zum Wandel der raumzeitlichen Wahrnehmung in der Moderne*, Frankfurt/M.: Suhrkamp.

Gumbrecht. H. U., Pfeiffer, L.(Hrsg.) (1988): *Materialität der Kommunikation*, Frankfurt/M.: Suhrkamp.

Gumbrecht, H. U., Pfeiffer, L. (Hrsg.) (1993): Schrift, München: Fink.

Havelock, E. A. (1963): *Preface to Plato*, Cambridge Mass.: University Press.

Klein, W. (1985): *Gesprochene Sprache – geschriebene Sprache*, Zeitschrift für Literaturwissenschaft und Linguistik 59, 9-35.

Koch, P., Krämer, S.(Hrsg.): *Schrift, Medien, Kognition*, Tübingen: Stauffenburg.

Krämer, S. (1991): *Berechenbare Vernunft. Kalkül und Rationalismus im 17. Jahrhundert*, Berlin/New York: de Gruyter.

Krämer, S. (1997 a): *Sprache und Schrift oder: Ist Schrift verschriftete Sprache?* Zeitschrift für Sprachwissenschaft, H. 1.

Krämer, S. (1997 b): *Schrift und Episteme am Beispiel Descartes'*, in: Koch/Krämer (Hrsg.).

Krämer, S. (1997 c): *Vom Mythos "Künstliche Intelligenz" zum Mythos "Künstliche Kommunikation" oder: Ist eine nicht-anthropomorphe Beschreibung von Internet-Interaktionen möglich*, in: S. Müncker/A. Roesler (Hrsg.) Mythos Internet, Frankfurt/M.: Suhrkamp.

Kuhlmann, W., Reichel, M.(Hrsg.) (1990): *Der Übergang von der Mündlichkeit zur Literatur bei den Griechen*, Tübingen: Niemeyer.

Leibniz, G. W. (1965): *Die philosophischen Schriften*, hg. v. C. I. Gerhardt, VII Bde, Hildesheim: Olms (Berlin 1875-1890).

Luhmann, N. (1984): *Soziale Systeme. Grundriß einer allgemeinen Theorie*, Frankfurt/M.: Suhrkamp.

Luhmann, N. (1988): *Was ist Kommunikation*, in: Lebende Systeme, hg. v. F. B. Simon, Berlin etc.: Springer, 10-18.

Marquard, O. (1983): *Kunst als Antifiktion – Versuch über den Weg der Wirklichkeit ins Fiktive*, in: Funktionen des Fiktiven, hg. v. D. Henrich u. W. Iser, (Poetik und Hermeneutik X) München: Fink, 35-55.

Raible, W. (1991): *Die Semiotik der Textgestalt. Erscheinungsform und Folgen eines kulturellen Evolutionsprozesses*, Heidelberg: Carl Winter Universitätsverlag.

Schlieben-Lange, B. (1994): *Geschichte der Reflexion über Schrift und Schriftlichkeit*, in: Schrift und Schriftlichkeit. Writing and Ist Use. Ein interdisziplinäres Handbuch, hg. v. H. Günther u. O. Ludwig, Berlin/New York: de Gruyter 102-121.

Thiel, D.: (1993a): *Platons Hypomnemata. Die Genese des Platonismus aus dem Gedächtnis der Schrift*, Freiburg/München: Alber.

Thiel, D. (1993b): *Schrift, Gedächtnis, Gedächtniskunst. Zur Instrumentalisierung des Graphischen bei Francis Bacon*, in: Ars memorativa, hg. v. J. J. Berns u. W. Neuber, Tübingen: Niemeyer.

Trabant, J. (1997): *Vicos Welt – Schrift*, in: Koch/Krämer 1997.

Wellmer, A. (1993): *Endspiele: Die unversöhnliche Moderne*, Frankfurt/M.: Suhrkamp.

Winkler, H. (1996): *Docuverse. Zur Medientheorie der Computer*, Universität Frankfurt (noch unpublizierte Habilitationsschrift).

ELMAR HOLENSTEIN

Natürliche und künstliche Kommunikationspartner

Zum 100. Geburtstag von Roman Jakobson am 11. Oktober 1996

Bankautomaten übergeben uns die bestellte Anzahl Geldscheine und erteilen uns Auskünfte über unsere Konti – akkurat und mit freundlicher Stimme. Schachcomputer hat man so weiterentwickelt, dass nicht nur sie selber lernfähig sind, sondern sogar Grossmeister von ihnen lernen. In einem *Cyberspace* können wir gespannt unsern Privathelikopter sicher und weich landen – unter Anleitung eines endlos geduldigen *Artificial Instructor*. In einem andern *Cyberspace* können wir anschliessend entspannt Tennis spielen – nicht nur mit einem virtuellen Schläger, Ball und Netz, auch mit virtuellen Partnern, Schiedsrichtern und Zuschauern. Schon bald einmal, versichern uns die Kollegen von der *Novel AI,* werden Roboter unsere Kinder über die Strasse begleiten und sie – *situated* und *soft* – auf die potentiellen Gefahren aufmerksam machen. Später werden andere Roboter den Insassen in Alterswohnungen Hund, Katze und Pflegepersonal ersetzen. Noch etwas später werden wir technisch fabrizierte Liebespartner und -partnerinnen erhalten, anfangs nur virtuelle, später wirkliche, aber synthetische. Schliesslich wird die Menschheit, wenn sie bis dannzumal noch nicht ausgestorben ist, sich das verlorene Paradies künstlich wiederbeschaffen – als *Paradisiac Park,* ebenfalls zuerst nur virtuell, dann aber auch synthetisch-wirklich. Der Baum der Erkenntnis wird nicht fehlen, ebensowenig eine Schlange, die ihre vier Beine noch nicht verloren hat und noch nicht zur Strafe im Staube kriechen muss. Auch andere Fabeltiere werden nicht nur in der Phantasie und als literarische Fiktion, sondern "handgreiflich" vorhanden sein, das Einhorn zumal. Zusätzlich genmanipuliert wird der neue Adam den vereinten Verführungskünsten von Eva und Schlange widerstehen. Er weiss – virtuell – schon längst alles, auch was der Sündenfall (Selbstüberschätzung) – wirklich – bedeutet.

Philosophen halten sich nicht bei der Frage auf, ob solche Visionen in nahen Jahrzehnten oder in fernen Jahrhunderten Wirklichkeit werden könnten. Zeitaufwand gehört nicht zu dem, was sie als besonders relevant betrachten. In ihren Gedankenexperimenten vollziehen sich die Transformationen instantan. Es kümmert sie auch kaum, wenn sich immerzu herausstellt, dass ihre Projektionen nur in weit entfernter Annäherung realisierbar sind. Das Manko ist für sie keine nomologisch zu erklärende Sache des Materials. Philosophen sind von ihrer Geschichte her gewohnt zu fragen, was überhaupt möglich ist. Als überhaupt möglich aber, so sind sie geneigt zu sagen, ist alles, was *logisch* möglich ist. Logisch möglich ist, wenn man klassisch denkt, alles, was widerspruchsfrei, ist und wenn man nichtklassische Logiken zulässt, noch etwas mehr. Es genügt, dass es formalisierbar ist und dass man entsprechend damit rechnen kann. *From a logical point of view* (Quine's *check point)* kommt man zu Feyerabends Schluss *Anything goes*.

Wissenschaftler halten sich ebenfalls an das, was *logisch* möglich und entsprechend formalisierbar und berechenbar ist. Aber sie fragen zusätzlich und im heuristisch gezielten Kontrast zu dieser Grundvoraussetzung, was *nomologisch* möglich ist: kosmologisch, biologisch oder technologisch. Dazu ist erforderlich, dass es nicht bloss formal, sondern auch faktisch und *materialiter* möglich ist. Zeit, Kontextbedingungen und stoffliche Natur spielen dabei eine unaufhebbare Rolle. Sie sind nicht etwas, von dem man völlig abstrahieren kann, oder etwas, das man beliebig variieren kann. Solche Schranken sind weder irrelevant noch bloss etwas Störendes. Sie sind vielmehr Bedingungen, ohne die, was wir als Natur und natürlich bewundern und so gerne technisch nachbilden würden, gar nicht möglich wäre.

Sollten künstliche Kreaturen, je den Platz von "erdgeborenen" Menschen als "ebenbürtige" Handlungs- und Kommunikationspartner einnehmen, müssten sie von der gleichen materialen Beschaffenheit sein wie die Menschen, deren Leistungen in Wort und Tat sie ersetzen sollen. Zu erfüllen ist diese Bedingung, so eine Zusatzthese, nur bei weitgehend gleicher Entstehungszeit und gleichen Umweltbedingungen.[1]

Beginnen wir mit der materialen Gleichheit als Bedingung einer rundum funktionalen Gleichwertigkeit – zuerst in einer Rückkehr zu Leibniz, dann in einer Abstandnahme von Putnam.

Geld und Geist

"Wörter sind Rechenpfennige" lautet das uns als Motto vorgesetzte Leibniz-Zitat. Wie wahr! Und wie wegweisend, wenn wir uns zur Überprüfung unserer phänomenologisch (an Husserl und Merleau-Ponty) geschulten Intuitionen Georg Simmels *Philosophie des Geldes* zu Rate ziehen. Rechenpfennige waren ursprünglich freilich keine Münzen, gegen die man auf dem Markt Waren tauschen konnte. Es waren den Geldmünzen bloss angeglichene Prägungen, mit denen man auf Rechenbrettern mathematische Operationen durchführte. Aber man brauchte sie doch bald auch beim Spielen als Münzersatz. Desgleichen wird ihre französische Bezeichnung *jetons* heute für Geldsurrogate gebraucht, die man zur Bedienung von Münzapparaten verwendet. Das in unserem Zusammenhang Interessante an den Rechenpfennigen ist, dass ihr Wert so bestimmt wird, wie nach der nominalistischen Geldtheorie Geld allein wertmässig zu definieren ist, nämlich relational, mit Bezug auf die Geld-"tokens", -münzen, -scheine oder -schecks in der eigenen oder in einer fremden Währung und letztlich die Güter, gegen die es ausgetauscht werden kann oder im Betreibungsfall zwangsweise ausgetauscht wird. Schiller[2] hat Letzteres für die an den Spieltischen eingesetzten Rechenpfennige in Versen festgehalten: "Lange kann man mit Marken, mit Rechenpfennigen zahlen, / endlich, es hilft nichts, Ihr Herren, muss man den Beutel doch ziehn."

1 Vgl. dazu die erweiterte Fassung dieses Essay in: Forschungstexte der Professur für Philosophie an der ETH Zürich 7-1996.

2 Zitiert nach Grimm 1893, S. 344.

Vom Zeitgeist geprägte Psychologen würden nicht von einer nominalistischen, sondern von einer funktionalistischen Geldtheorie sprechen und sie von einer substanzialistischen Theorie abheben. Ausschlaggebend ist in funktionalistischer Perspektive nicht der "Stoffwert", nicht, aus welchem Material, Gold oder Blech, die Münzen sind, sondern allein die kausale Rolle, welche sie im Verhältnis zu anderen Münzen, mit denen sie zusammen eingesetzt werden, und zu den Waren, gegen die sie gehandelt werden, spielen. Diese funktionalistische Geldtheorie kann, geschichtlich betrachtet, als die ideale Theorie angesehen werden, auf welche die Geldwirtschaft sich hinentwickelt. Sie hat mit idealen Theorien aber auch gemeinsam, dass ihr die Wirklichkeit nie ganz entsprechen wird: "Das Stückchen eigenen, materialen Wertes, das im Geld steckt, ist der Halt und die Ergänzung, deren wir bedürfen", so Simmel, weil der Verlauf des Verhältnisses zwischen Geldmenge und Güterangebot nicht voraussehbar ist. Ebenfalls wörtlich zitierenswert an Simmels Darlegungen ist, dass er den Übergang der Tauschfunktion von Metallgeld an ein reines Zeichengeld, an eine in blossen Worten festgehaltene Summe, und damit die völlige Lösung von jedem Substanzwert für "technisch untunlich" hält.

Solange Menschen ihr Geld gerne selber in die Hand nehmen und mit ihren eigenen Augen betrachten und ihre Wechsel nicht ausschliesslich Automaten überlassen, wird sich auch etwas erhalten, was puritanische Funktionalisten nicht mehr bloss als technische, sondern als menschliche Unzulänglichkeit bedauern werden. Was Menschen etwas wert ist, das möchten sie auch in *ästhetisch* wertvoller Form besitzen. Wenn Geld aus Metall ist, schätzt man es ganz besonders, wenn es aus edlem Metall besteht. Münzen, die zugleich als Schmuck zur Schau gestellt werden konnten, haben in der Geschichte der Geldwirtschaft einen festen Platz. Noch befremdender mag für formalistische Funktionalisten sein, dass der Wert von Zahlungsmitteln von ihrer Genesis, ihrem Hersteller oder auch nur einem vormaligen Besitzer und von ihrer zeitlichen wie geographischen Herkunft abhängig sein kann. Briefmarken, ebenfalls ein Geldsurrogat, sind dafür ein klassisches Beispiel. Geld hat nicht nur eine Tauschfunktion, sondern auch, der Tauschfunktion allerdings zugeordnet, eine Aufbewahrungsfunktion. Deutlich stärker als bei den monetären Tauschmitteln vermögen sich bei den monetären Aufbewahrungsmitteln substantielle, ästhetische und historische Wertgesichtspunkte zu halten. Raubgold, nicht gestohlenes Papiergeld wurde während des Zweiten Weltkrieges auf Schweizer Banken gehortet. Goldbarren sind kein handliches Tauschmittel. Sie eignen sich besser als Wertaufbewahrungsmittel. Kunstgegenstände können die gleiche Wertaufbewahrungsfunktion übernehmen wie Edelmetalle. Sie werden von Geschäftsleuten nur indirekt wegen ihres ästhetischen oder historischen Wertes in Banksafes gelagert, direkt allein im Hinblick auf ihren zukünftigen Tauschwert.

Man mag solche Beispiele schön und gut finden und doch der festen Meinung sein, dass die angeführten Gesichtspunkte nur eine Nebenrolle und nicht die eigentlich massgebende und auch nicht die (mathematisch wie philosophisch) interessanteste Rolle in einer fortgeschrittenen Geldwirtschaft und Geldtheorie spielen. Dasselbe kann man so leichthin für andere und noch immer zentralere Formen der menschlichen Kommunikation, verbale wie non-verbale, nicht vertreten. In zu vielen von ihnen spielen substantielle, ästhetische und historische Aspekte eine Rolle, ohne die man sie nicht mehr als menschlich bezeichnen würde. Dies keineswegs allein, weil sie an eine Sentimentalität rühren, die wir bei Maschinen nicht finden, sondern vielmehr, weil das funktionale Potential, das die Menschen den Maschinen gegenüber auszeichnet, gerade an solche Aspekte gebunden ist.

Im Ausgang vom Leibniz-Zitat "Wörter sind Rechenpfennige" sollte nur darauf aufmerksam gemacht werden, das selbst beim Geld, das von seiner Funktion als Tauschmittel her auf eine rein relationale, materialunabhängige Interpretation hin angelegt ist und sich in diese Richtung auch tatsächlich entwickelt hat, sich die Frage nach der Substanz zu behaupten vermochte. Als eigentliche Diskussionsplattform für "die Materialfrage" bietet sich eine andere Passage aus Leibniz' Philosophie an, sein Vergleich von natürlichen Automaten (Lebewesen) und künstlichen Automaten (von Menschen gebauten Nachahmungen), zu finden in der *Monadologie.* Die anschliessende Diskussion wird etwas provokativ unter den Titel *Putnam's Error* gestellt. *Descartes' Error,* Descartes' Annahme einer zweiten, geistigen, materieunabhängigen Substanz (a) zur Wahrung der Phänomene der subjektiven Erfahrung und (b) zur Erklärung der spezifisch menschlichen Sprachfähigkeit, die nach seiner Meinung von der zeitgenössischen mechanistischen Physik und nach der Meinung des prominentesten "Neo-Cartesianers", Noam Chomskys, auch noch von der heutigen Physik nicht geleistet werden kann, spielt in der heutigen Philosophie kaum mehr eine irreleitende Rolle. Im Gegenteil! Descartes' Vorgehen konvergiert mit der Einsicht, dass man in der Psychologie ohne "theoretische Konstrukte", ohne die Empirie übersteigende "metaphysische" Annahmen so wenig auskommt wie in den übrigen Naturwissenschaften. Über diese bleibende Lehre hinaus, kann man Descartes' Substanz-Dualismus als "historischen Irrtum" würdigen und *ad acta* legen. Ein anderer Dualismus, die Trennung von Form und Stoff und desgleichen von Funktion und Stoff, spielt heute eine weit gravierendere Rolle. In einer Reihe von Putnamschen Gedankenexperimenten wird dieser Irrtum besonders offenkundig. Darum:

Putnam's Error

Beginnen wir also nochmals mit Leibniz, diesmal mit der genannten Passage aus der *Monadologie:*

"Jeder organische Körper eines Lebewesens ist eine Art [...] natürlicher Automat, der allen künstlichen Automaten unendlich überlegen ist. Denn eine Maschine, von Menschenkunst geschaffen, ist nicht Maschine in jedem ihrer Teile. Zum Beispiel: Der Zahn eines Messingrades hat Bestand- und Bruchteile, die nichts künstlich Hergestelltes sind und die nichts mehr haben, das die Maschine in bezug auf den Gebrauch kennzeichnet, zu dem das Rad bestimmt war. Die Maschinen der Natur, d. h. die lebenden Körper, sind noch in ihren kleinsten Teilen, bis ins Unendliche hinein, Maschinen. Dies ist es, was den Unterschied zwischen Natur und Kunst [...] ausmacht."[3]

3 Leibniz 1714, § 64.

Zum richtigen Verständnis dieses Textes muss man sich von Bedeutung und Klang, die das Wort 'Maschine' für uns hat, freihalten und es so verstehen, wie es im 18. Jahrhundert, und in Frankreich bis heute, gebraucht wird.[4] Eine Maschine gilt im 18. Jahrhundert als Paradigma für ein Gebilde, das zweckmässig, in unserer technischen Sprache, funktional eingerichtet ist. In diesem Sinn verstanden, findet sich in Kants Nachlass dieselbe Auffassung von Lebewesen, die Leibniz vertritt: "Irgendeinen Teil eines Geschöpfes [...] für zwecklos annehmen ist ebensoviel, als eine Begebenheit in der Welt ohne Ursache entstanden anzunehmen."[5]

In unserem Jahrhundert wird dieselbe Sicht mit einer gewissen Insistenz von zwei russischen Wissenschaftlern vertreten, von Roman Jakobson und von Aleksandr Oparin. Beide befassen sich mit "natürlichen Systemen", Jakobson mit natürlichen Sprachen, Oparin mit Organismen, die sie beide explizit von Artefakten unterscheiden. In zwei bemerkenswerten Punkten weichen sie dabei von Leibniz und Kant ab: (1) Sie formulieren nicht apodiktisch, dass jeder Teil, auch der kleinste, eines natürlichen Systems eine Funktion *hat,* sondern nur, dass jeder Teil eine Funktion übernehmen *kann.* Die funktionale Auswertung ist nicht notwendig, sie ist aber auch keineswegs blosser Zufall, sondern im Leibnizschen Sinn des Wortes "natürlich", d. h. dem System und dessen Entwicklung "bekömmlich".[6] Sie ist ihnen förderlich. Wenn es bei Lebewesen auf das Überleben ankommt, und wenn natürliche Sprachen vielfältigen Kommunikationszwecken dienen, dann ist es mehr als Zufall, wenn vom vorhandenen Funktionspotential der Systemteile reichlich, ja redundant Gebrauch gemacht wird. So sind denn natürliche Systeme infolge einer langen Adaptionsgeschichte in aller Regel massiv und redundant funktional organisiert. Für Maschinen ist dagegen eine Tendenz zu Monofunktionalität und Sparsamkeit kennzeichnend. (2) Die Tatsache, dass nicht unbedingt sämtliche Teile eines natürlichen Systems eine Funktion erfüllen, wird gleichsam dadurch kompensiert, dass es typisch für die "Organe" natürlicher Systeme ist, dass sie in aller Regel plurifunktional sind. Sie erfüllen nacheinander oder gleichzeitig mehrere Funktionen.

Das Funktionspotential der Zeichenvehikel, von dem in den natürlichen Sprachen in "üppiger" Weise Gebrauch gemacht wird, manifestiert sich, wenn man diese mit Kunstsprachen vergleicht. Ebenso, wenn man sich die Versuche ansieht, ihre Struktur an den Leitfäden klassischer logischer und mathematischer Systeme zu rekonstruieren. In der Mathematik gilt der Satz der Kommutation: 2 + 3 ist gleich 3 + 2. Nicht so in natürlichen Sprachen: In ihnen signalisiert die Reihenfolge in der Regel die Rangfolge: Darum sagte man früher so selbstverständlich "Mann und Frau", wie man noch immer "Vater und Sohn" oder noch selbtverständlicher "Kind und Kegel" sagt. "Kohl und Kinkel" ist nicht gleich "Kinkel und Kohl". Wenn jemand "Milch und Kaffee" bestellt, ist Milch das Hauptgetränk und Kaffee die Zugabe; bei "Kaffee und Milch" ist es umgekehrt. Die Einsicht (von *native speakers),* dass die Sätze "Alle Knaben küssten ein Mädchen" und "Ein Mädchen wurde von allen

4 Vgl. Le Corbusier 1928, S. 233; Holenstein 1979, S. 33 ff.

5 Kant 1955, S. 75.

6 Vgl. Holenstein 1980, S. 53 ff.

Knaben geküsst" nicht ohne weiteres gleich verstanden werden, führte in den sechziger Jahren zur Revision der Standardfassung der Transformationsgrammatik, nach welcher die semantische Interpretation eines Satzes ausschliesslich an seine Tiefenstruktur gebunden war. Jede Variation der Oberflächenstruktur kann eine semantische Variation nach sich ziehen. Der zweite Satz insinuiert eher als der erste, dass nur *ein* Mädchen Empfängerin der Küsse war. In natürlichen Sprachen sind häufig blosse Lautassoziationen, angeregt von "arbiträren" substantiellen Eigenschaften der sprachlichen Ausdrücke, ausschlaggebend für zusätzliche Konnotationen und eigentliche Bedeutungsverschiebungen, denen die gleichen Wörter in anderen Sprachen mit einem anderen Lautbestand nicht unterliegen. So kam es im Deutschen in Anlehnung an das vorgegebene Wort 'Herde' zur Bildung von 'Horde', mit dem das vornehme mongolische Wort *orda* für das Zelt oder den Hof des Khans nicht nur eingedeutscht, sondern zugleich mit einer erniedrigenden Bedeutung ('unbändige, mit Steppentieren vergleichbare Schar') versehen wurde.

Alles, was mit einer Mitteilung auch nur irgendwie zusammenhängt, kann eine Funktion übernehmen, und zwar nicht nur irgendeine, sondern eine spezifisch kommunikative Funktion, von der Wahl des Papiers, auf das man schreibt, bis zum Datum, für das man sich entschieden hat. Man kann sorgfältig oder schludrig, ästhetisch oder nicht, von Hand oder mit Maschine schreiben. Bewusst oder nicht bringt man damit etwas zum Ausdruck. Selbst ein Rauschen kann zum gezielt eingesetzten Markenzeichen einer Rundfunkstation werden, das Flimmern zu dem eines alten Films.

Für organische Systeme, Lebewesen, gilt noch Eindrücklicheres. Die wichtigsten Lebensfunktionen, Selbsterhaltung und Selbsterneuerung sind ganz und gar an die "Substanz" der Lebewesen gebunden. Maschinen beziehen die Energie für ihre Leistungen aus einem eigens dafür vorgesehenen Speicher, einer Batterie oder einem Tank. Lebewesen beziehen sie zusätzlich aus nahezu allen ihren "Baubestandteilen", auch aus den Muskeln und Geweben der Organe, mit denen sie ihre "Arbeit" verrichten. Eine der wichtigsten Substanzen vieler Lebewesen, das Blut, ist nicht nur ein Energie-, sondern auch ein Informationslieferant. Das Blut ist für das Gehirn nicht nur Nährstoff, sondern – bifunktional – "Transmitter" von chemischen Signalen.[7]

Solche materiellen Ingredienzien hält Hilary Putnam für philosophisch nicht relevant.[8] Sie bedeuten für ihn keine "interessanten Schranken erster Ordnung", wenn wir wissen wollen, wie Intelligenz in einem physikalischen System, das Menschen wie Maschinen sind, überhaupt möglich ist. Sie spielen in seinen bekannten *Science Fiction*-Gedankenexperimenten keine Rolle. Putnams "Hirne in einem Fass" erhalten sämtliche Informationen von einem Supercomputer, an den ihre Nervenenden in so raffinierter Weise angeschlossen sind, dass die Personen, die von einem boshaften Wissenschaftler operationell auf "Hirne in einem Fass" reduziert worden sind, selbstverständlich davon ausgehen, sie hätten (weiterhin) einen Leib mit Sinnes- und Bewegungsorganen und würden sich in derselben Welt aufhalten, in der wir unser Leben verbringen. Eine Nährlösung im Fass erhält die Hir-

7 Vgl. Oparin 1963, S. 18 ff.; Damasio 1994, S. 87 f.

8 Vgl. u. a. Putnam 1975 (1973), S. 302; 1981, S. 1 ff.

ne am Leben. Darauf, dass es in der Nährlösung, von der unsere Gehirne leben, auch chemische Signale gibt, wird nicht eingegangen. Es wird auch nicht darüber reflektiert, ob das Wasser dieser Lösung wie unseres aus H_2O zusammengesetzt ist oder wie das "Wasser" auf Putnams Zwillingserde aus XYZ. Für das Wasser, das ein Mühlrad bewegt, ist die chemische Zusammensetzung irrelevant. Aber für das Wasser im Blut, das unsere Hirne belebt, die Leibniz bekanntlich mit einer Mühle glaubte vergleichen zu dürfen?

Wenn Leibniz mit der *Monadologie*-Passage recht hat, dass in natürlichen Organismen auch noch die kleinsten Fraktale eine lebenswichtige Funktion übernehmen können, dann ist deren mikrophysikalische Zusammensetzung nicht gleichgültig. Die neurobiologischen Forschungen legen nahe, dass die Informationsverarbeitungen auf den verschiedensten Ebenen stattfinden, auch auf subzellulären. Ist etwas anderes zu erwarten, wenn sogar Bierbrauer die Ansicht vertreten, dass der Unterschied zwischen zwei Biersorten bei gleichem Rezept allein vom Wasser, das sie benutzen, abhängig sein kann, von dessen von Quelle zu Quelle variierenden Mineralhaltigkeit? Vom Wein wissen nicht nur Kenner, dass die Qualität nicht bloss vom Wassergehalt, sondern selbst von seinem Behälter mitbestimmt wird. Macht es so wenig etwas für Putnams Hirne aus, ob sie in einem Eichenfass oder in einem Tank aus Aluminium aufbewahrt werden, wie es nach seiner Meinung für unsere Verstehensweise etwas ausmachen würde, wenn wir aus Emmentaler Käse *(Swiss cheese)* wären? In natürlichen Systemen sind nicht allein Inhalt und Form, sondern selbst Inhalt und Behälter nicht ohne Einfluss aufeinander.

Worin liegt Putnams Irrtum? Als Funktionalist hält Putnam sich zu Recht an den Grundsatz der funktionalen Äquivalenz. Dieselbe Funktion kann von ganz verschiedenen Materialien erfüllt werden. Wenn es (nur) darum geht, den Wein jahrelang aufzubewahren, können wir ein Fass aus Eichenholz oder aus Aluminium gebrauchen. Wenn uns aber der Reifungsprozess ebenfalls wichtig ist, dann spielt es eine eminente Rolle, aus welchem Material das Fass ist. Der Satz der funktionalen Äquivalenz ist zu ergänzen durch den Satz der potentiellen Multifunktionalität jedes Gegenstandes. Materialabhängige Multifunktionalität ist ein Merkmal natürlicher Systeme. Ein und dasselbe Gerät, Werkzeug oder Organ kann grundsätzlich mehrere Funktionen übernehmen. Welche es sind, hängt immer auch mit seiner materialen Beschaffenheit zusammen. Weil es auf die Materie ankommt, gilt, dass keine zwei verschieden beschaffene Gegenstände in jeder Hinsicht gleichwertig sind.

Unterschiedliches Material ist nie omnifunktional äquivalent. Ausser aus der Biologie (und der Nahrungsindustrie) kommen die schlagendsten Beispiele wiederum aus der Sprachwissenschaft. Weil die Bedeutung einer sprachlichen Äusserung abhängig ist vom Lautmaterial, der syntaktischen Struktur und von ihrem Kontext, und weil alle drei *per definitionem* in verschiedenen Sprachen verschieden sind, darum sind, wie bekannt, insbesondere Gedichte nie mit dem gleichen Netz von Assoziationen und Konnotationen in eine andere Sprache übersetzbar. Wenn das für Übersetzungen in andere natürliche Sprachen gilt, kann man es erst recht von Übertragungen in technische Ausdrucksformen erwarten. Und wenn solche Unterschiede Geltung haben für die Rezeption derselben Mitteilung durch verschiedene Personen (gebunden an ihre Stimmung, ihre Lebensgeschichte und -erfahrung u. ä. mehr), wird bei künstlichen Kommunikationspartnern damit *a fortiori* zu rechnen sein.

Literaturverzeichnis

Damasio, A. R.: *Descartes' Error*, New York 1994.

Grimm, J. und W.: *Deutsches Wörterbuch*, Band 8, Leipzig 1893.

Holenstein, E.: *Von der Poesie und der Plurifunktionalität der Sprache*, in: Jakobson, R.: Poetik. Frankfurt/ M. 1979, S. 7-60.

Holenstein, E.: *Von der Hintergehbarkeit der Sprache*, Frankfurt / M. 1980.

Kant, I.: *Vorarbeit zu: Über den Gebrauch teleologischer Prinzipien*, in: Gesammelte Schriften, Band 23: Handschriftlicher Nachlass. Berlin 1955.

Le Corbusier: *Vers une machine*, Paris 1928.

Leibniz, G. W.: *Monadologie*, 1714.

Oparin, A.: *Das Leben* (1960), Leipzig 1963.

Putnam, H.: *Philosophy and our Mental Life*, in: Philosophical Papers, vol. 2., Cambridge 1975.

Putnam, H.: *Reason, Truth, and History*, Cambridge 1981.

Simmel, G.: *Philosophie des Geldes* (1900), Frankfurt/M. 1989.

ELENA ESPOSITO

Der Spiegel der Massenmedien und die generalisierte Kommunikation

1. Personalisierung und Generalisierung

Die Massenkommunikation – so die Definition – ist für alle gleich: somit anonym, unpersönlich, nicht individualisierbar. Diese Eigenschaft ist die Grundlage vieler der an sie gerichteten Kritiken: In die Passivität zu führen und keinen Raum für die Individualität und für die Kreativität einzelner zuzulassen. All dies kann letzlich zurückgeführt werden auf die ihr zugeschriebene *Einseitigkeit*: Die Massenkommunikation wird nicht auf die Reaktionen des Adressaten abgestimmt. Sender und Empfänger haben keinen Kontakt miteinander, und jeder verarbeitet seine Kommunikation auf seine eigene Weise. Stärker noch: die Einmaligkeit der individuellen Empfänger kann nicht einmal berücksichtigt werden – gerade weil der Empfänger verloren geht in einer anonymen Masse potentieller Adressaten. Der Kreis gegenseitigen Abstimmens und Selbstkorrigierens entfällt, welcher im Dialog dagegen gegeben ist, insofern der Gesprächsverlauf vom gemeinsamen Beitrag aller Teilnehmer bestimmt wird (in dem, was sie sagen, aber auch durch die Art und Weise, wie sie zuhören oder sich ablenken oder irritieren lassen). Und gerade das dialogische Gespräch wird zum Bezugsmodell derer, welche die Unpersönlichkeit der Massenkommunikation beklagen. Verknüpft ist damit die Vorstellung, daß der Dialog eine Form der persönlichen Kommunikation wäre und daß er gerade deshalb mehr Raum für die Autonomie und die Einmaligkeit der einzelnen Teilnehmer eröffne. Und es ist eben diese Vorstellung, die die Aussichten neuer Kommunikationsformen – wie das Internet oder andere kommunikative Verwendungen der digitalen Techniken, welche eine Rückkehr zum individualisierten Zugriff und zur personalisierten Gestaltung zu versprechen scheinen – mit so viel Begeisterung begrüßen läßt.

Ich möchte hier diese Annahme in Frage stellen, indem ich zuerst überlege, was mit "persönlich" überhaupt gemeint ist. Wieso ist eine Kommunikation persönlich und in welchem Sinne gilt das? Und stimmt es tatsächlich, daß die Einseitigkeit der Kommunikation nur ein Hindernis ist für die Individualisierung der Empfänger?

Das Modell ist also der Dialog. Wenn man jedoch die Perspektive nur ein wenig verschiebt, so zeigt sich, daß der Dialog – wie alle Interaktionsformen – sehr wenig Raum für die Personalisierung läßt. Die unmittelbare Anbindung an einen Kontext, die soziale Einbeziehung und vor allem der Zeitdruck (wir können im Sprechen nicht einhalten und reflektieren, denn die Kommunikation geht inzwischen weiter) begünstigen keineswegs jene kritische Distanz und Urteilsunabhängigkeit, welche die Autonomie der Teilnehmer kennzeichnen sollen. Es gibt wohl einen Bezug auf die Personen der Kommunizierenden, aber diese persönliche Bezugnahme bedeutet nicht notwendig auch die Anerkennung der jeweiligen Individualität (im Sinne der Einmaligkeit und Idiosynkrasie einer Perspektive). Diese Gegenübersetzung zuspitzend läßt sich sagen, daß die Individualität nur in der unpersönlichen Kommunikation, also in der einseitigen Fernkommunikation, ihren Raum findet, und dieser wird zuerst repräsentiert im Modell des Buches: Obwohl der verfügbare Text für alle gleich ist (und in diesem Sinne ist das Buch ein Massenmedium), gestaltet und interpretiert ihn jeder Leser auf seine eigene Weise. Der Leser bestimmt Tempo und Geschwindigkeit der Kommunikation und auch ihre Ordnung: Er kann Kapitel überspringen oder zu schon gelesenen Passagen zurückgehen; kann die Lektüre unterbrechen und nach Belieben wieder beginnen; kann sich von der Perspektive des Schreibers distanzieren und sie mit anderen Meinungen vergleichen.[1]

Das Verhältnis zwischen Kommunikationsmedien der Nähe und der Distanz ist außerordentlich komplex und kann hier nur ansatzweise zum Thema werden. Dabei gehe ich von der Hypothese aus, daß alle Kommunikationsformen eine Kombination von *Generalisierung* (Bezug auf die "anderen" im allgemeinen Sinne, also Anonymität) und *persönlichem Bezug* voraussetzen, aber diese Kombination verändert sich mit dem Wandel der Gesellschaft. Insbesondere ändert sich die Form der Kombination von Generalisierung und Personalisierung, sobald eine Gesellschaft von einem vor allem auf der Interaktion gegründeten Kommunikationsmodell (in Anwesenheit) zu einem Modell der Fernkommunikation (in Abwesenheit) übergeht, und eben das passiert mit der Verbreitung gedruckter Bücher. Das heißt keineswegs, daß die persönliche Kommunikation ersetzt wird von der generalisierten Kommunikation – auch im Zeitalter der Druckpresse wird weiter gesprochen; sondern das bedeutet nur, daß die Art und Weise sich verändert, wie die wechselseitigen Kommunikationsverhältnisse sich gestalten und sich auf unterschiedliche Kommunikationsformen verteilen. Mit den Worten der Unterscheidungstheorie verändert sich also die Form der Distinktion von Generalisierung und Personalisierung.

Worauf es hier ankommt ist der Übergang von der Tradition der Rhetorik zur modernen Fernkommunikation: Ein Übergang, der einige Jahrhunderte benötigte und erst zum Ende des 18. Jahrhunderts zum Abschluß kommt. Die Entwicklung der Massenmedien in engeren Sinne (die Rotationspresse und die Verbreitung der Zeitungen, sodann Funk und Fernsehen) ist nur eine Evolutionsstufe innerhalb dieser ersten grundsätzlichen Transformation. Und erst im Horizont dieses Überganges geschieht es, daß die Generalisierung – welche bisher gewünschter Effekt und Ziel der Kommunikation war – nun als Element von Passivität interpretiert und tendentiell abgewertet wird. Aber warum ereignet sich das? Was für eine Vorstellung von Wirklichkeit (und von Kommunikation) verbirgt sich dahinter? Und wie steht es mit den neuen Kommunikationstechniken? Wir werden später sehen, ob und wie das Internet und andere damit zusammenhängenden Phänomene als autonome Entwicklungen interpretiert werden können.

1 Diese Fragen sind ausführlicher in Esposito 1995 b behandelt.

2. Die rhetorische Generalisierung

Wenn ich von der Tradition der Rhetorik spreche, beziehe ich mich auf das Kommunikationsmodell, welches von der klassischen Antike bis hin zur Renaissance vorherrschte und sich dann im Lauf einiger Jahrhunderte allmählich aufgelöst hat.[2] Ich werde mich darauf beschränken, Rolle und Stellenwert der Generalisierung in der Rhetorik zu erörtern.

Aristoteles unterscheidet bekanntlich die Rhetorik von der Dialektik: Während die Dialektik von den Argumenten handelt, die in einer Kontroverse mit einem einzelnen Adressaten (also im Dialog oder auf jedem Fall in einer Kommunikation ad personam) zu benutzen sind, betrifft die Rhetorik die Rede vor einer Masse, wobei die aktive Rolle der Adressaten dabei auf ein Minimum reduziert ist. Die Rhetorik – so könnte man sagen – handelt gerade von der Generalisierung, also von dem, was das Publikum für möglich hält. Sie handelt vom Wahrscheinlichen und nicht vom Wahren (deshalb die bekannte und oft zitierte Behauptung, daß "ein unmögliches Wahrscheinliches besser als ein unwahrscheinliches Mögliches ist").

Dies jedoch impliziert keine Abwertung der Rhetorik:[3] Die Rhetorik gilt lediglich als eine Technik, die sich mit dem Kontigenten beschäftigt – also mit Sachverhalten, die sein oder nicht sein können und die ihren Ursprung haben in der Kommunikation. Sie handelt von Argumenten, die immer einen Bezug auf Personen haben: auf das, was die Menschen denken. Neben ihr gibt es die Logik, welche dagegen von den notwendigen Argumenten handelt, die unpersönlich und unabhängig von der Kommunikation und von den Leistungen des Sprechers sind: Ihr Ursprung liegt in der Natur. Doch gibt es in der Welt Platz sowohl für das Wahre, als auch für das Wahrscheinliche, sowohl für die Wissenschaft, als auch für die Meinung, sowohl für das Universelle, als auch für das bloß Generelle, sowohl für die Logik, als auch für die Rhetorik, – und die zwei Seiten der Gegenüberstellung stehen in keinem Widerspruch zueinander.

In diesem Rahmen ist der Bezug auf die allgemeine Meinung nicht abwertend gemeint: Er bedeutet nicht Täuschung, Betrug oder sogar eine Absicht, die Zuhörer zu hintergehen. Auch die Meinung ist eine akzeptierte Form, eine Ebene der Realität, die einen Stellenwert hat und zwar mit ihren Eigeschaften und in ihren Beschränkungen. An diesem ihrem Platz ist sie aber völlig legitim.

Diese Einstellung wird verständlicher im Horizont einer "dahinter" stehenden Ontologie, – d. h. einer grundlegenden Realitätsvorstellung. Man muß berücksichtigen, daß es sich um eine Auffassung handelt, in der das fehlt, was Niklas Luhmann die für die Moderne typische "Realitätsverdoppelung" nennt,[4] d. h. die ständige Gegenüberstellung zwischen der objektiven Realität und der subjektiven Perspektive der Beobachter: zwischen Wahrheit und Täuschung (die nicht wahr ist), zwischen dem Aktuellen und dem Möglichen (das nicht real

2 Für diese Evolution siehe z. B. Perelman 1981.

3 Laut Aristoteles: Plato war anderer Meinung.

4 Siehe Luhmann 1990 b; 1996, Kap. 1.

ist), zwischen dem Immanenten und dem Transzendenten (das sich nicht mit der irdischen Realität vermischt: Gott spricht nicht mehr direkt mit den Menschen). Diese Art Auffassung, die im § 3 ausführlicher behandelt wird, unterscheidet sich von derjenigen der Antike, schließt also auch die klassische Rhetorik mit ein. Alles das, was gegeben ist, galt als real. Dabei wurden zwar unterschiedliche Realitätsebenen differenziert – die jedoch nicht als unterschiedliche ontologische Zustände zählten (wie das Reale und das Mögliche), sondern nur als differente Realitätsstufen, gemäß dem Modell der aristotelischen Hierarchie, welche die Ordnung der Schöpfung beschrieb. Es ist dieselbe Art von Unterscheidung, die z. B. die Koexistenz von aeternitas (die Zeit der Götter, in welcher Vergangenheit, Gegenwart und Zukunft übereinstimmen) und tempus (die Zeit der Menschen, welche die Zukunft ständig in Vergangenheit umwandelt, während die Zukunft unbekannt und unerkennbar ist) zu akzeptieren ermöglicht – was nicht heißt, daß die Zeit Illusion oder Täuschung ist.

Dasselbe galt für die Wahrheit. Für das Wahre als solches – unzeitlich und unpersönlich – sind die Götter zuständig. Die Menschen verfügen über ihre Ideen, die Reflex der göttlichen Wahrheit (als Reminiszenz) sein können, aber häufiger Erscheinungen, Schatten, imperfekte Wahrheiten sind: Aber deshalb gelten sie keineswegs als Täuschungen. Auch die Meinungen haben ihre Realität – obwohl sie auf die menschliche Sphäre beschränkt sind. Es ist eine Sorte von Realität, die den Träumen nahe steht, die für die Griechen auch eine Art Objektivität besaßen: Das Bild des Traums existierte wirklich und wurde nicht der Einbildung der Träumer zugeschrieben. Für den Griechen "hat" man einen Traum nicht, sondern man "sieht" ihn.[5] Ebenso kann die Meinung untersucht und erforscht werden, und sie kann fehlerbehaftet sein – ohne daß für sie der Status der unzeitlichen Wahrheit zu verlangen wäre.

In den Termini der Unterscheidungstheorie entspricht dieser Einstellung eine Form von Beobachtung erster Ordnung, bei welcher sich der Beobachter mit einer homogenen Welt von Objekten auseinandersetzt – ohne die Möglichkeit, noch überhaupt das Interesse zu haben, innerhalb dieser Welt einfache "irreflexive" Objekte von anderen Beobachtern zu unterscheiden, die sich ihrerseits mit ihren Welten auseinandersetzen: Auch die Beobachter mit ihren Ideen sind Objekte innerhalb der einzigen realen Welt.[6] Anders gesagt: diese Einstellung entspricht dem Fehlen einer scharfen Unterscheidung zwischen Wörtern und Dingen: Eine Unterscheidung, die sich erst mit der Neuzeit eindeutig durchsetzte. Die antike Welt war also ein gemischtes Gemenge von Objekten und Ideen, von Worten und Referenten, die miteinander interagieren können – wie die Praktiken der Magie, einige Divinationsformen und andere Fälle von Glaube an die "wirksame" Kraft der Wörter zeigen.

Kommen wir auf die Rhetorik zurück. Aufgabe der Redner war es, sich in dieser gemischten Geographie von "realen" Bezügen zu bewegen und "exempla" zu produzieren: also in Grunde Generalisierungen. Ein Argument war überzeugend, wenn es auch von den anderen akzeptiert war, und zwar in seinen unterschiedlichen Momenten und unter unter-

5 Cfr. Dodds 1951, Kap. IV.

6 Zur Beobachtung erster Ordnung und zur Theorie der Beobachtung, siehe z. B. Luhmann *et al.* 1990; von Foerster 1984.

schiedlichen Umständen.[7] Der Redner hatte dafür die Landschaft (der räumlichen Bezug ist nicht zufällig) der topoi zur Verfügung, innerhalb derer er fähig sein mußte, die für ihn geeigneten Argumente herauszufinden. Dieses Verfahren gehörte zur *inventio*, die bekanntlich nicht "Erfindung" sondern "Entdeckung" hieß: Die zu benutzenden Argumente existierten schon; es handelte sich nur noch darum, sie herauszufinden und so zu kombinieren, daß der gewünschte Effekt entstand. Man überzeugte durch "Beweise", welche "Fragmente des Realen"[8] wie Vorurteile, Geständnisse, Zeugnisse und ähnliches einschlossen: Also Meinungen, die den Hörern ermöglichten, eigene Überzeugungen mit denjenigen der anderen Zuhörer zu koordinieren – und eben dadurch überzeugte man sie.

Zweck der rhetorischen Arbeit war es also, die schon verfügbaren Materialien neu zu kombinieren. Neuer Sinn entstand durch eine neue Selektion und Gliederung der Texte und der von der Tradition übertragenen Quellen – und interessierte nicht als Neuheit, sondern nur als Produktion der gewünschten Wirkung für die betreffende Situation. Die "Kreativität" der Redner kam dabei sowenig ins Spiel, wie die individuelle Psychologie der Zuhörer. Das ganze Verfahren entwickelte sich ohne alle Hermeneutik und ohne Bezug auf die Innerlichkeit sowohl des Redners als auch der Zuhörer. Im Rahmen der klassischen Rhetorik gab es im Grunde keinen Platz (kein topos) für die Individualität im modernen Sinne, sondern nur für das Individuum als ein Beispiel: also als gleich und nicht etwa als verschieden von den anderen Individuen. Die Singularität der individuellen Perspektive erfuhr keine Generalisierung: Wie konnte man auch erwarten, daß die Leute sich für ein einziges und einmaliges Individuum interessierten, das als solches mit keinem anderen verglichen werden konnte?[9] Ziel der Kommunikation vor einem Publikum war eine Generalisierung, welche von der Personalisierung (also von der individualisierten Verarbeitung durch den einzelnen Teilnehmer) ganz und gar abgekoppelt war. Sie betraf nur das, was jeder meinte, daß die anderen es dachten: die Abstimmung und nicht die Idiosynkrasie – also die Realität der Meinung.

3. Die Evidenz der Welt und die Innerlichkeit des Individuums

Mit der Renaissance setzt sich eine neue Form von Realitätsverdoppelung durch, also eine Reorganisation der Ontologie. Der Gliederung des Realen in mehrere Ebenen wird allmählich durch eine Vermehrung der Horizonte ersetzt, also von einer Vielheit der Beobachtungsperspektiven der einen realen Welt. Es gibt nur eine einzige Realität, die weder Stufen noch innere Hierarchien kennt: Die Gliederung der Ontologie gründet sich nun auf der Unterscheidung zwischen dem Realen und der Projektion von Möglichkeiten – welche nicht real im vollen Sinne sind, weil sie keine aktuelle Existenz haben: Sie sind die Modalitäten,

7 Siehe Luhmann 1989, S. 25 ff.

8 Barthes 1970, S. 61 der italienischen Ausgabe.

9 Man findet das Argument in Luhmann 1989, S. 25.

die "Modifikationen" des Realen. Das aktuelle Datum ist nicht mehr von unterschiedlichen Realitäten umgeben, sondern von unterschiedlichen Weisen, wie es sich realisieren könnte (oder sich hätte realisieren können). Die Zeitsemantik bietet auch in diesem Fall ein besonders deutliches Bild der Veränderungen: Basis der Zeit ist nicht mehr die Koexistenz (in der Ewigkeit) von vergangenen und künftigen Dingen, sondern die beständige Erzeugung von Horizonten der Vergangenheit und der Zukunft, die sich allmählich verändern, während die Zukunft in die Vergangenheit übergeht. Die Zeit existiert nicht für sich, sondern ist nur in dieser Projektion von Horizonten gegeben – ausgehend von der jeweils aktuellen Gegenwart. Vergangenheit und Zukunft existieren also nicht und können auch nicht real genannt werden: Real und gegeben ist nur die Gegenwart, die in demselben Moment verschwindet, in dem sie entsteht – zusammen mit ihren Horizonten von Vergangenheit und Zukunft. So haben auch die Ideen und die Vorstellungen der Beobachter keine reale Existenz: Was existiert, ist nur die einzige objektive Welt der "Dinge", die weder Ideen noch Worte einschließt, die für alle gleich und von der Beobachterperspektive unabhängig ist – während die Ideen, die Einstellungen und die Träume nicht eigentlich als real gelten.

Der Ort, an dem diese Ideen und Vorstellungen, welche ohne einen Platz auskommen müssen innerhalb der Wirklichkeit selbst, dann doch "verortet" werden können, wird in der Innerlichkeit des Individuums gefunden, das damit zu jenem autonomen und einmaligen Subjekt reift, das die ganze Entwicklung der Modernität begleitet hat. Das Individuum ist nun als eine besondere Perspektive auf das Reale gegeben, als eine Projektion von Horizonten, von Meinungen, Hoffnungen und Erinnerungen, die nur ihm angehören und keine unabhängige Existenz haben (noch haben müssen). In der externen Wirklichkeit gibt es nun nur noch Objekte: Die scharfe Gegenübersetzung von Subjektivität und Objektivität in einer "symmetrischen Umtauschrelation"[10] setzt damit ein, wobei die Objekte nicht subjektiv sein können und das Subjekt nicht angemessen als Objekt erfaßt werden kann.

Dieser Prozeß kann auch als langsamer Übergang zum Primat der Beobachtung zweiter Ordnung (oder Beobachtung von Beobachtern) beschrieben werden. Die Beobachter werden nicht mehr als Objekte unter anderen beobachtet, sondern eben als Beobachter: als autonome Perspektiven, als Horizonte, die im Subjekt und nicht in der Welt ihrer Ursprung haben. Und gerade deshalb sind jetzt ihre Ideen dem Risiko ausgesetzt, Illusionen oder Täuschungen zu sein, also Vorstellungen, denen in der realen Welt nichts mehr entspricht. Das Problem der Illusion, der Halluzination und der fiktionale Status der Ideen wird besonders prägnant, gerade als Korrelat der neuen Verweisung auf die Evidenz als Garantie der Wahrheit der Erkenntnis. Die Ordnung ist nun auf die Physik begründet und nicht mehr auf einen Eingriff des Übernatürlichen, der auch in den irdischen Dingen aufzuspüren wäre. Akzeptanzkriterium der Behauptungen wird eine Evidenz, die unabhängig vom Beobachter und unabhängig von der Sprache sein muß. Das Subjekt akzeptiert nur diejenigen Erkenntnisse, in denen es die Unabhängigkeit seiner Perspektive von der Perspektive jedes anderen entdeckt (oder zu entdecken glaubt): die rationelle Evidenz des Cartesianismus oder die sinnliche Evidenz des Empirismus. Es gibt jetzt nicht mehr viele unterschiedliche Formen (oder

10 Siehe Günther 1976.

Stufen) der Erkenntnis, sondern eine einzige Kunst des Erkennens, die für jedes Thema und für alle richtigen Überlegungen gilt: Die absolute Autorität der Logik, auf die sich Pietro Ramus bezieht.

Diese Veränderungen sind nicht unabhängig zu sehen von der Verbreitung der Druckpresse: Und das nicht etwa, weil man liest oder schreibt (das tat man schon seit 2.000 Jahren), sondern weil die Menge der Bücher zu einer Umgestaltung des gegenseitigen Verhältnisses zwischen mündlicher und schriftlicher Kommunikation führt. Die letztere wird nicht mehr in Funktion einer lauten Lektüre oder nach dem Modell des Dialogs begriffen. Jetzt setzt sich ein Modell von Fernkommunikation durch, in dem die Anwesenheit oder Anonymität der Partner keine Akzidentien, sondern Bedingung der Kommunikation selbst sind. Der Leser setzt sich direkt mit der Anwesenheit des Textes auseinander, der als Text und damit abgekoppelt vom kontingenten Kontext beobachtet wird. Der Text – und mit ihm das "Reich" der Wörter – operiert also "in Abwesenheit" und gewinnt eine Autonomie gegenüber der objektiven Welt und den Bezugsgegenständen: Man sieht, daß die Schrift ihre Welten aufbaut und manipuliert, ohne dabei einen Bezug auf reale Dinge (nicht einmal unter der Form von Mythen, topoi oder anderen rhetorischen Figuren) zu benötigen. Gerade deshalb entsteht jedoch das Problem der Entsprechung mit dem Referenten.

Die erste Reaktion ist – wie voraussehbar – ein Mißtrauen gegenüber der Schrift, die sich der Realität überlagert und Täuschungen und Halluzinationen verbreitet. Typisch für die Renaissance ist das Motiv des nur fiktionalen Charakters des Lebens, der Arbitrarität der Illusionen, in denen sich das Leben und die Erkenntnis der Menschen verlieren: Eine Einstellung, die offensichtlich aus der Einfügung des neuen Fiktionsbewußtseins in eine noch mittelalterliche Ontologie resultiert. Die noch nicht aufgelöste Vorstellung der Realität der Namen und der eindeutigen Ordnung der Schöpfung – assoziiert mit einer unkontrollierten Multiplikation von sprachlichen Konstruktionen ohne einen gemeinsamen Bezugsrahmen – führt unvermeidlich zu einem Sinne der Leere und der Beliebigkeit, zusammen mit einer ganzen Reihe von typischen Phänomenen einer Übergangszeit: zu denen die bekannten Vorlieben der Renaissance für Paradoxien, aber auch das Wiederaufblühen des Interesses für die Kunst des Gedächtnisses oder die große Verbreitung des Studiums der Rhetorik gehören. Es handelt sich jedoch nur um ein vorübergehendes Wiederaufblühen, verbunden mit der Sehnsucht nach einer Ordnung, die die klassischen Konstruktionen noch garantieren zu können schienen. Die bis in das XVIII. Jahrhundert sehr intensive Produktion von Texten der Mnemotechnik und der Rhetorik erschöpft sich gegen Ende des Jahrhunderts und verliert im Laufe von ein paar Jahrzehnten ihre Relevanz – sobald nämlich die Übergangszeit einen neuen ontologischen Rahmen hervortreten läßt.

Im XIX. Jahrhundert steht die Rhetorik endgültig in Mißkredit – jener Mißkredit, der sie noch heute begleitet. Die Autorität der Logik und der Evidenz läßt keinen Platz für die Beredsamkeit und für die Kunst der Figuren – weil die Rhetorik sich nunmehr nur noch darauf reduziert: Da die Wahrheit eine einzige und objektive ist, kann der Bezug auf unterschiedliche Diskursregime nur Pflege der leeren Äußerlichkeit, des Ornaments und des Stils sein. Anders gesagt: jetzt ist die Wahrheit universell und die Generalisierung hat mit Universalität nichts mehr zu tun. Sie kann nicht die Suche nach lokalen oder kontextbezogenen Wahrheiten, sondern nur noch die Absicht zu überzeugen bezeichnen: also vermutlich den Wunsch zu täuschen oder letzlich den Betrug. Wer die Wahrheit (die auf Evidenz beruht) kommunizieren will, braucht keine rhetorischen Mittel.

Der Mißkredit der Rhetorik ist mit dem fortschreitenden Mißkredit der klassischen Vorstellung von Generalisierung verbunden, die sich unabhängig von jedem Bezug auf die Innerlichkeit des Individuums verstand. Hier findet man die wichtigste Zäsur auch für unsere Überlegungen über die Massenmedien: Anfang des XIX. Jahrhunderts hat sich nunmehr eine Rationalitätsvorstellung durchgesetzt, die mit den Voraussetzungen der rhetorischen Tradition inkompatibel ist und auf einer vorher unbekannten Wechselwirkung zwischen individueller Personalisierung und einer neuen Form von Generalisierung beruht. Es ist die kritische Rationalität, auf der die abendländische Vorstellung von öffentlicher Meinung beruht, die auch aus einem literarischen Muster stammt.[11] Das Publikum, das sind die Bürger mit ihren eigenen Meinungen, die sich gebildet haben in der Lektüre und in der kritischen Reflexion. Der Verweis auf die Lektüre ist wesentlich, weil nur sie jene Art von distanzierter Kommunikation ermöglicht, jene Autonomie vom Kontext und von der Perspektive des Sprechers, durch die sich erst die Autonomie der Perspektive jedes Lesers ausbildet und verstärkt. Nur die Lektüre erlaubt (wie oben gesehen) die Personalisierung der Kommunikation. Die Befruchtung mit der Generalisierung kommt aus einem weiteren Argumentationsschritt heraus, nämlich aus dem Vertrauen darauf, daß die Meinungen aller dieser individuellen Subjekte – wenn sie wirklich aufgeklärt und kritikfähig sind – in einer einheitlichen Auffassung konvergieren, die dann den Titel der Rationalität erhält. Deshalb widerspricht die Verweisung auf die öffentliche Meinung als Rationalitätsinstanz der Aufwertung der Autonomie und die Anerkennung der Einmaligkeit des einzelnen Individuums keineswegs: Wenn das Subjekt sich für das Öffentliche, für das Generelle interessiert, verzichtet es damit nicht auf seine Unabhängigkeit und Urteilsautonomie. Generalisierung in dieser Hinsicht ist keine passive Zustimmung zu tradierten Inhalten und ist inkompatibel mit bloßem Überzeugtwerden oder mit der rhetorischen Faszination des Arguments. Sie stützt sich auf den wachen kritischen Sinn eines Individuums, das mit eigenen Kriterien ausgestattet und sich seiner Perpektive bewußt ist. Man könnte geradezu sagen, daß die Generalisierung fast ein Nebeneffekt, eine unvermeidliche Folge der kritischen Rationalität ist. Die Ablehnung der rhetorischen Generalisierung ist letzlich mit der typischen Hypostatisierung der Individualität der Moderne verbunden.

Die Fiktion ist in diesem Rahmen vor allem Täuschung und Schwäche. Ihre Rechtfertigung (falls es eine gibt) muß sich auf weitere Argumente stützen. Man kann das an der Evolution des Sinnes der Erzählung zwischen dem 17. und dem 18. Jahrhundert und in der Entstehung des modernen Romans (*novel*) ablesen.[12] Laut Celati beruht der modernen Sinn der Fiktion (der *fiction*) auf der kritischen Distanz des Lesers und auf der Ablehnung der Einfühlung, die die Tradition der *romances* oder der mündlichen Erzählungen kennzeichneten. Die unmittelbare Einbeziehung und die emotionelle Teilnahme an den erzählten Ereignissen gehören nurmehr den Kindern und den Ungebildeten: also denen, die außerhalb der

11 Siehe Habermas 1962; Hölscher 1979.

12 Hier folge ich dem Gedankengang von Gianni Celati, in Celati 1975 dargestellt.

literarischen Kultur stehen. Der Leser ist zum kritischen Bewußtsein gezwungen und bedenkt deshalb immer den fiktionalen Charakter der Erzählung: Er muß sozusagen immer die Haltung des Beobachters zweiter Ordnung annehmen, der sich nicht mit den Romanpersonen identifiziert, sondern sich aus der Distanz mit ihrer Perspektive auseinandersetzt. Die Fiktion vernichtet auch hier keineswegs die Autonomie des Beobachters, sondern bietet ihm eine Arena, wo er diese aufs Spiel setzen und durch den Vergleich mit unterschiedlichen Perspektiven anreichern kann: Die Generalisierung ist auch in diesem Fall die Überprüfung und Krönung der Autonomie der Personalisierung und nicht ihre Subversion in einer unkritischen Teilnahme.

Dieses Verfahren der Teilnahme/Distanz ermöglicht die Aufwertung der narrativen Arbitrarität und der Ernsthaftigkeit der Fiktion, ohne dabei die Autorität der Evidenz und der Universalität in Frage zu stellen. Während der oben erwähnten Übergangszeit wurde der Fiktion mit Mißtrauen begegnet, verbunden mit der Vorstellung eines leerlaufenden Gebrauchs der Wörter, die arbiträr sind und nur Halluzinationen und Täuschungen produzieren: Eine Haltung, die in Don Quichote dargestellt (und verspottet) wird. Der moderne Roman vermeidet dieses Risiko durch die Verweisung auf das Bewußtsein und auf die Urteilsautonomie der Leser und muß deshalb in eine neue Tiefe der Darstellung der Romanfiguren eindringen. Die Figur ist jetzt nicht mehr ein bloßes Beispiel, das wegen seiner Typizität interessiert, sondern eine Möglichkeit des Vergleichs und der Überprüfung gerade für die Besonderheit und Einmaligkeit der Perspektive des Lesers: Sie muß daher selbst eine originelle und autonome Perspektive darstellen. Daraus stammen u. a. die neue Hermeneutik der Interpretation des Sinnes der Texte und die Notwendigkeit eines kritischen Diskurses, der die Distanz des Lesers sanktioniert und begleitet.[13]

Dieses Manöver und dies neue Verständnis der Generalisierung haben sich nicht ohne Verluste durchgesetzt – und heute beginnen diese Verluste bemerkbar zu werden. Zuerst ist der positiven Sinn der Generalisierung verlorengegangen – im Sinne einer Teilnahme, die Gemeinschaftlichkeit unabhängig von den Fähigkeiten und Ressourcen des einzelnen stiftete. Die Teilnahme soll sich immer auf die kritische Distanz und auf die Autonomie des einzelnen stützen –, und heute beginnen wir zu verstehen, was für eine Last dies in einer Gesellschaft bedeutet, in welcher der einzelne ständig auf die Komplexität und Unangemessenheit seiner Ressourcen und Fähigkeiten stößt. Unter dem Druck solcher Hypostatisierung der Subjektivität, setzt sich das Individuum ständig mit seinen Beschränkungen auseinander, statt seine Autonomie zu üben. Dies ist jedoch nicht die einzige Schwierigkeit: Die Kongruenz von Generalisierung und Personalisierung hat auch den Verlust des Sinnes für die Mehrdeutigkeit, für den dunklen und geheimnisvollen Charakter des Realen zu Folge. Die Aufwertung der Paradoxie in der Renaissance kann gerade als das Ergebnis der neuen Entdeckung der Freiheit der Fiktion gesehen werden, in einer Situation, in der die scharfe Trennung (und der gegenseitige Ausschluß) von Objektivität und Subjektivität, von Möglichem und Wirklichem, von Wörtern und Dingen sich noch nicht durchgesetzt hat: Nicht zufällig beruhen alle Formen von "positiver Paradoxie" auf einem Wechselspiel von Ver-

13 Siehe Cave 1984.

weisungen zwischen Diskurs und Welt – ein Spiel, das sich nicht mit einer eindeutigen Lösung abschließen läßt (man "entdeckt" den Fehler nicht), sondern offen bleibt und die Mehrdeutigkeit ungelöst läßt. All dies verschwindet, sobald sich das Modell der Fernkommunikation und der Mißkredit der traditionellen Generalisierung endgültig durchgesetzt haben. Anstatt Pluralität zu produzieren, führt merkwürdigerweise die Verweisung auf die Autonomie der individuellen Perspektive zur absoluten Eindeutigkeit der Welt, – und das passiert infolge der Ablehnung der Relevanz des Kontextes und der anderen lokalen Überlegungen für die Wahrheit der Aussagen. Das Individuum ist im Grunde autonom, weil es frei ist, seine Welt auf eigene Weise zu beobachten (und sich zu täuschen und zu irren), die jedoch dieselbe Welt für alle anderen Beobachter ist. Die kritische Rationalität schließt die Möglichkeit von unterschiedlichen und miteinander inkompatiblen Perspektiven aus: Eben diejenige Pluralität und Dunkelheit, die (in einem ganz anderen und heute unwiederholbaren ontologischen Rahmen) die rhetorische Tradition noch zu akzeptieren vermochte.

4. Das Publikum der Massenmedien

Die Einstellung, die sich durchgesetzt hat, ordnet also die Generalisierung der Personalisierung unter und kehrt damit die traditionelle Beziehung beider um. Dieses Modell reflektiert – wie oben gesehen – eine die Fernkommunikation (und insbesondere das Lesen von Büchern) nachahmende Vorstellung von Öffentlichkeit. Wenn aber die Fernkommunikation sich zur Massenkommunikation transformiert, beginnt die Konstruktion zu schwanken und das Rationalitätsmodell neigt dazu, immer mehr in Richtung einer Vorstellung von Manipulation und "heimlicher Persuasion" zu gleiten. Diese Tendenz kann m. E. auf die Tatsache zurückgeführt werden, daß mit den Massenmedien die Implausibilität der Vorstellung einer Koordination und einer gegenseitigen Unterstützung von Generalisierung und Personalisierung offensichtlich wird: Es ist kaum mehr zu bezweifeln, daß die Generalisierung ihren Weg geht, ohne sich mit der kritischen Reflexion der Subjekte auseinanderzusetzen oder sich auf sie zu beziehen.

Man spricht heute von Realitätskonstruktion durch die Medien und erkennt dadurch an, daß die Art und Weise, wie die Medien die zu verbreitenden Inhalte darstellen und selektieren, nicht von der Wahrheit abhängig ist, also von der Anpassung an eine eindeutige Bezugswelt – die dann die Welt wäre, mit der sich alle einzelne Benutzer auseinandersetzen, und auf der das Wechselwirkungsverhältnis zwischen Generalisierung und Personalisierung beruhen würde. Die Vorstellung des Mediums als Zwischenglied, als vermittelndes Instrument, welches das Annähren an eine Realität ermöglicht, weicht nunmehr dem Bild der Kommunikationsmedien als Strukturen, die sich autonom diejenige Realität bilden, über die sie berichten, und das noch aufgrund rein interner Kriterien.[14] Wie seit langem bekannt, wählen und gestalten die Journalisten ihre Nachrichten in Hinsicht auf die Eigenschaften

14 Siehe z. B. Cheli 1992, Mc Quail 1992.

des Kommunikationsinstrumentes (Zeitung oder Funk), und zwar gemäß der Dynamik der Massenkommunikation, bei der sie sich zuerst auf das beziehen, was die anderen Kommunikationsagenturen mitteilen (also auswählen) – und keineswegs in Hinsicht auf den Stand der Welt oder auf die Orientierung des Publikums.[15] Der Benutzer, der mit dem Medium zu tun hat, findet also keine neutrale Generalisierung seiner persönlichen Perspektive vor, sondern eine andere unabhängige Perspektive, die weder auf den Gesichtspunkt der Redakteure noch auf den eines Segments des Pubikums zurückgeführt werden kann: Die Massenkommunikation wählt selbst ihre Inhalte und dadurch ihre Bezugsrealität aus. In diesem Bereich ist die Metapher des Spiegels sehr verbreitet: Die öffentliche Meinung ist laut Luhmann ein Spiegel mit zwei Seiten.[16] Auf der einen Seite spiegeln sich die Sender, die damit die andere Sender reflektieren, auf die sie sich in der Gestaltung der eigenen Kommunikation beziehen: man sendet das, was auch die anderen Informationsquellen senden. Auf der anderen Seite spiegeln sich die Empfänger, die dabei zu sehen bekommen, was die anderen sehen: nicht etwa was der Fall ist, noch was die anderen denken, sondern bloß, das, was sie wissen.

Aufgabe der Massenmedien ist nach Luhmann[17] gerade diese Leistung und nicht die Verbreitung der Rationalität: Sie besteht darin, eine "zweite nicht konsenspflichtige Realität" zu produzieren, also dem Publikum eine Welt von Objekten und Themen zur Verfügung zu stellen, über die man sprechen kann, ohne die eigene Perspektive und die eigenen persönlichen Meinungen aufs Spiel zu setzen – ohne letztlich die Personalisierung zu riskieren. Man kann über die letzten Filme oder über die Nachrichten sprechen und bloß davon ausgehen, daß der Partner auch auf dem laufenden ist, und mehr ist nicht verlangt: Man braucht nicht seinen Geschmack oder seine spezifische Meinung zu kennen – auch weil es zum Glück meist gar nicht nötig ist, überhaupt eine besondere Meinung zu haben. Die Teilnahme an diesen in einem gewissen Sinne "leeren" Inhalten führt zu einer Form von Inklusion, schafft eine Zugehörigkeit des einzelnen zu einem gemeinsamen Kommunikationskontext (auch wenn er mit niemandem spricht). Die Kommunikation der Massenmedien ist in diesem Sinne Ausdruck der Autonomie der Generalisierung: Was zählt ist nur, was die anderen wissen, nicht was sie denken oder wie sie es sehen. Die Personalisierung kommt nicht ins Spiel.

Entgegen dem Anschein ist diese Form von Generalisierung mit der Anerkennung der Autonomie der individuellen Perspektive nicht unvereinbar – man kann sie sogar als eine Folge davon sehen. Wenn das einzelne Individuum (auch vor sich selbst) als eine besondere und einmalige Beobachtungsperspektive – mit eigenen unabhängigen Orientierungen und Bezugspunkte – verstanden wird, folgt daraus notwendigerweise, daß es für jeden anderen (insofern er keinen Zugang zu seiner einmaligen Innenwelt hat) völlig undurchsichtig bleibt. Die Fernkommunikation, die sich nicht auf die Teilhabe an einem gemeinsamen Kontext oder auf andere schon gegebenen Voraussetzungen stützen kann, muß sich also darauf be-

15 Siehe Altheide 1976, Wolf 1985, S. 190.

16 Siehe Luhmann-De Giorgi 1992, S. 387 ff. Siehe auch Eco 1995 und Katz 1994.

17 Siehe Luhmann 1996, S. 120 ff., 167 f.

schränken, Themen vorzuschlagen, gegenüber denen das Individuum seine Beobachtungsautonomie wahren kann. Die Generalisierung beruht nur darauf und nicht auf der Gemeinsamkeit der Perspektive oder sogar der zugrundegelegten Rationalität.

Diese Einstellung bringt unter anderem eine Erleichterung der Belastung für das Individuum mit – dieses Druckes auf die kritischen Wachsamkeit und die Urteilsindependenz, die zum typischen "Bewußtseinswahn" der Modernität geführt hat. Vom Individuum wird in diesem Rahmen nicht mehr verlangt, Maßstab und Bürge der gemeinsamen Rationalität zu sein: Die Kommunikation läuft von selbst weiter, mit Formen und Strukturen, die auf eine individuelle Rationalität nicht zurückgeführt werden können noch müssen.[18] Vom Individuum ist nicht einmal verlangt, vollständig rational zu sein, weil es nicht mehr Sitz und Bezugspunkt der Rationalität ist. Sein Verhältnis zu sich selbst (seine Reflexion) zielt nicht auf eine reflexive und bewußte Identität, auf die Anerkennung seiner Einmaligkeit als Subjekt, indem es anders als allen anderen und zugleich in sich selbst begründet zu sein hat. Zum Problem der Reflexion wird nur, das Verhältnis mit der Welt auf immer kontingentere und imperfektere Weise zu asymmetrisieren.[19]

Kehren wir auf die Generalisierung zurück: Wenn das der Fall ist, ist es auch nicht mehr nötig, die kritische Perspektive des Beobachters zweiter Ordnung wach zu halten; es ist nichts Anstößiges daran, sich in die erzählten Ereignisse unmittelbar einzubeziehen zu lassen, sich zu identifizieren ohne reflektierende Auseinandersetzung mit dem Objekt der Identifikation. Es ist auch nicht nötig, die Generalisierung abzuwerten. Die Ablenkung ist in dieser Einstellung nicht ein Nachgeben und eine Schwäche.[20] Das Hauptaugenmerk liegt auf der Erhaltung und Vermehrung der Unterscheidungen und nicht auf der Urteilsautonomie. Das Problem der "Manipulation" oder eines Übermaßes an Passivität den Medien gegenüber (das existiert und hier nicht verleugnet werden soll) besteht im Risiko der Vernichtung der Unterscheidungen und nicht so sehr im Verlust der Einmaligkeit der individuellen Perspektive. Mit einer gewissen Überspitzung, könnte man sagen, daß die Autonomie sich vor allem entwickelt, indem man teilnimmt und daraus Reize gewinnt, um die benutzten Unterscheidungen zu vermehren, und nicht indem man die Andersheit sucht – obwohl dies unvermeidlich zu Paradoxien und Inkonsequenzen, zu möglicherweise miteinander inkompatiblen lokalen Identifikationen führen wird.

18 Das ist der konstruktivistische Ansatz, bei dem die Unterscheidung Subjekt/Objekt durch die Unterscheidung Operation/Beobachtung ersetzt wird: siehe Luhmann 1990 a und *Teoria sociologica* 2/1993.

19 Siehe Luhmann 1989.

20 Zur Ablenkung als Droge und zu den negativen Wirkungen der Unterhaltung auf das Bewußtsein der Menschen ist die unvermeidliche Referenz Postman 1985.

5. Die Personalisierung im Internet

Wir waren vom Internet und von der Vision einer neuen Möglichkeit ausgegangen, die bisher anonyme Fernkommunikation zu personalisieren. Jetzt können wir im Licht unserer Überlegungen die Frage stellen, ob es tatsächlich zu erwarten ist, daß die neuen Formen der telematischen Kommunikation zur Überwindung der für die Massenmedien typischen Autonomie der Generalisierung führen werden und ob dies überhaupt wünschenswert wäre. Ist das sinnvolle Bezugsmodell tatsächlich das Modell der modernen Hypertrophie der Subjektivität oder nicht viel eher ein Modell, das orientiert ist am Wiederaufnehmen einiger Formen der antiken rhetorischen Tradition?

Die ersten Erfahrungen mit dem Internet zeigen inzwischen, daß – statt die hinsichtlich der Massenmedien beklagten "Unterhaltungsdrogen" zu überwinden – die telematische Kommunikation dazu neigt, sich immer mehr in Richtung eines vorwiegenden Erholungsgebrauches des Netzwerks zu bewegen.[21] Der Benutzer privilegiert anscheinend in seiner Navigation die Orte, die ihm die Möglichkeiten anbieten, sich zu unterhalten oder auf jeden Fall abgelenkt zu werden – auf Kosten des Wunsches, seine kritische Autonomie zu üben. Auch in diesem Fall scheint die Fernkommunikation deshalb gesucht zu werden, um eine Erleichterung von den Lasten der Subjektivität zu finden und keineswegs, um diese anzuwenden und zu überprüfen. Die Videogames und die anderen Formen von interaktiver Unterhaltung benötigen zwar eine Antwort und eine Teilnahme vom Benutzer, aber diese Form von Aktivität hat wenig mit der kritischen Wachsamkeit eines Beobachters zweiter Ordnung zu tun, sondern erinnert eher an die mimetische Teilnahme der Publikums aus der Zeit der Mündlichkeit. Es findet keine Auseinandersetzung mit einer anderen Perspektive statt: Wer versuchen würde, die angebotene Kommunikation zu verstehen oder zu interpretieren, würde sich in der Arbitrarität des Bezugs im Zufall verlieren – und wäre außerdem immer zu langsam für die Dynamik des Spiels und daher ineffektiv. Wie sich nun abzeichnet, gibt es in der interaktiven Kommunikation nichts zu interpretieren.[22]

Außerdem gibt es noch die interaktiven Foren und andere Formen eines elektronischen Zusammentreffens der Benutzer. Auch hierbei sind jedoch die Teilnehmer weniger daran interessiert, andere Partner zu suchen und damit die eigene Beobachtungperspektive auszuweiten und anzureichern – was gleichbedeutend wäre mit dem Einbringen einer kohärenten und einheitlichen Persönlichkeit, die sich neuen Erfahrungen auszusetzen bereit ist. Die Teilnehmer an die elektronischen Foren nutzen vielmehr die Möglichkeit aus, immer unterschiedliche Persönlichkeiten anzunehmen: Ein und derselben Benutzer erscheint einmal als Akademiker mittleren Alters, ein anderes Mal als Teenager, ein drittes Mal als Hausfrau

21 Siehe IDC/LINK 1995 a, 1995 b; Morgan Stanley 1995.

22 Siehe z. B. Buckles 1987. In der Projekten der "virtuellen Wirklichkeit" wird eine "immersive" Einbeziehung des Publikums erzielt, also gerade die Vernichtung der Beobachtungsdistanz: gegen die scharfe Trennung zwischen dem Realen und dem nur Möglichen erfährt hier der Teilnehmer gerade die Wirklichkeit des nur Virtuellen: siehe Esposito 1995 a.

oder Freak – ohne Zwang zur Kongruenz. Das Internet dient offensichtlich eher als eine Arena, um die unterschiedlichen Seiten des multiplen Ich zu üben und weniger als ein Ort, an dem eine kohärente Individualität angereichert werden kann.

Es gibt jedoch auch eine andere Verwendung des Netzes. In der "Navigation" im Internet realisiert der Benutzer tatsächlich eine personalisierte Suche nach Informationen und Daten, – und zwar aus einer Selektionsperspektive, die abweicht von der Perspektive derjenigen, die die Anfangsdaten eingefügt haben. Der Benutzer selektiert und rekombiniert also die Daten auf eine autonome Weise, die nicht im voraus fixierbar ist und von niemanden vorausgesehen werden kann. Ist aber diese Selektion tatsächlich Personalisierung? In dem oben dargestellten Sinne impliziert "Personalisierung" Autonomie und Bewußtsein des Selektionskriteriums. Wer die Kommunikation personalisiert (z. B. der kritischen Leser eines Buches) filtert alle Inhalte in seiner Perspektive, ohne unmittelbare Einbeziehung noch Identifikation. Er wählt aus und übt ständig seine Kontrollfähigkeit aus. Erhält sich aber diese Kontrolle in der Navigation im Internet? Wer hier selektiert, ist im Grunde nicht der Benutzer, sondern eine ganze Reihe von Vorrichtungen und Programmen, die seine Suche im Netz führen und unterstützen. Man könnte sagen, daß das Internet die endgültige Anerkennung des Zustands eines "information overload" jedes Bürgers praktiziert (die eigentlich seit dem Buchdruck gegeben ist): Man verlangt vom einzelnen nicht, daß er die Fähigkeit hat, alle verfügbaren Materialien kritisch zu betrachten, sondern man bietet ihm immer raffiniertere Mittel, um im Netz herumzusuchen. Diese Mittel führen zu einem personalisierten Ergebnis, weil niemand im voraus geplant oder vorgesehen hat, was das Ergebnis der Selektion sein sollte – aber es handelt sich um eine Personalisierung, bei der die kritische Autonomie des Beobachters zweiter Ordnung keine Rolle mehr spielt.

Die bekanntesten dieser Mittel sind die sogenannten "search engines" (wie Yahoo!, Altavista, Lycos, Web Crawler u. a): Es handelt sich dabei um Software, die alle im Internet verfügbaren Daten untersuchen und dem Benutzer die ihn interessierenden Referenzen und Informationen liefern kann. Diese Suche ist jedoch ganz anders als die kritische Selektion, die vom Beobachter zweiter Ordnung erwartet wird und die die Grundlage abgibt für die Personalisierung – denn sie arbeitet ohne Hermeneutik und ohne jegliche Interpretationstiefe. Wie wir für den Fall der Rhetorik gesehen haben, werden die Wörter in diesem Verfahren als Objekte manipuliert und kombiniert: Objekte, die in einem Raum (der "Cyberspace") verteilt sind, der durchgesucht werden kann. Wie im Fall der räumlichen Metaphern der Rhetorik, hat man es auch hier mit einer Landschaft von Ideen zu tun, unter denen die interessierenden Gegenstände herauszufinden sind – ohne Interpretation und ohne Kreativität. Die von diesen "Maschinen" realisierte Suche ist wieder eine Form von inventio mit dem Zweck, die schon verfügbaren Ideen zu kombinieren und auswählen: Das aber ist gerade das Verfahren, das von der "rhetorischen Maschine" erwartet wurde – in einer Einstellung, die völlig vom Bezug auf die Personalisierung des Beobachters absah. Die Ordnung der Informationen war damals von der kosmischen Ordnung und letzlich durch die Gottheit gesichert. Heute ist der Rahmen dagegen vollständig weltlich, aber auch er bezieht sich auf eine ordende Instanz, die von der Perspektive des Subjekts (sowie auch von der Kombination der individuellen Perspektiven) unabhängig ist. Es handelt sich in diesem Fall um die reine Operativität der Maschine, welche die Beliebigkeit kraft der rekursiven Kontrolle der eigenen Operationen durch die Operationen selbst ausschließen kann: Das ist die Idee von feedback, die seit Wiener die Grundlage der Kybernetik ist.[23]

Die "Landschaft" der Rhetorik ließ die Mehrdeutigkeit und das Mysterium zu, die Anwesenheit einer den Menschen nicht zugänglichen Realitätsstufe – sie bedeutete die Anerkennung der prinzipiellen Beschränktheit der Fähigkeiten wie der Kenntnisse der Menschen. Man dachte, daß die Menschen nicht in der Lage sind, die "letzte" Logik der Dinge zu begreifen und immer auf Daten und Erfahrungen stoßen werden, die ihre Verarbeitungsfähigkeit übersteigen. Der Kosmos hat eine Ordnung, aber die Menschen können sie nicht erfassen. Diese Art Einstellung taucht irgendwie auch in der telematischen Kommunikaton auf. Eine der Grundregeln von Internet ist der Verzicht auf den Kontrollanspruch und auf die Vorstellung einer einheitlichen Perspektive, die die unterschiedlichen anwesenden Phänomene integriert und organisiert. Das ist das Prinzip, das hinter der Idee des "web" und des "Netz von Netzen" ohne zentrale Kontrolle steckt; aber dies ist auch die Schwierigkeit, die ständig von den neuen Erfahrungen mit dem Internet bestätigt wird. Das gilt z. B. für die "search engines": Das Problem der Entwicklung von Yahoo! liegt anscheinend in der Unmöglichkeit (die inzwischen offensichtlich wird), alle Schlüsselworte ohne Überlagerungen und Widersprüche in einer einzigen Baumstruktur aufzunehmen. Es scheint auch unmöglich, die Architektur der Verweisungen selbst unter Kontrolle zu halten, so daß man versucht, auf automatisierte Indexierungssysteme, die unabhängig sind von der Intepretation und auch gar nicht interpretierbar sind, zu rekurrieren.[24] Das aber heißt die Anerkennung der unvermeidbaren Anwesenheit des Mysteriums innerhalb des Cyberspace, zusammen mit dem Verzicht auf die Ansprüche an Kohärenz und Einheit – gerade um dadurch die Möglichkeit einer zuverlässigen und nicht zufälligen Suche zu erhalten.

Aus der Sicht der Personalisierung scheint sich eine bescheidenere, von den Hypostasierungen der Subjektivität abgekoppelte Hypothese anzubieten: Jeder einzelne verkörpert eine Individualität, insofern seine Perspektive autonom und einmalig ist, aber das bedeutet keineswegs, daß er alle Ressourcen und alle Unterscheidungen in sich selbst zu finden und zu kontrollieren hat. Er setzt sich dann mit dem Mysterium und mit der Dunkelheit auseinander, aber in einer Form, die weder Beliebigkeit noch Blockierung der Operationen impliziert. Auch die rhetorische Generalisierung produzierte keine Passivität oder Beliebigkeit, weder bei den Sendern noch bei den Adressaten.

Literaturverzeichnis

Altheide, D. L.: *Creating Reality*, How TV News Distorts Events, Beverly Hills-London, 1976.

Barthes, R.: *L'ancienne Rhétorique*, in: Communications 16 (1970) S. 172-229 (it. Übs. La retorica antica, Milano, 1996[3]).

23 Siehe Wiener 1948 und Esposito 1997.

24 Siehe Steinberg 1996.

Buckles, M. A.: *Interactive Fiction as Literature: Adventure Games have a Literary Lineage*, in: BYTE 5 (1987) S. 135.
Cave, T.: *The Mimesis of Reading in the Renaissance*, in: Lyons, J. D. und Nichols, S. G. (Eds.), MIMESIS. From Mirror to Method, Augustine to Descartes, Hannover (NH) 1984, S. 149-165.
Celati, G.: *Finzioni occidentali*, Torino 1975 (1986^2).
Cheli, E.: *La realtà mediata. L'influenza dei mass media tra persuasione e costruzione sociale della realtà*, Milano1992.
Dodds, E. R.: *The Greeks and the Irrational*, Berkeley 1951.
Eco, U.: *Quando domina la tv*, in: L'unità (23.2.1995) S. 10.
Esposito, E.: *Illusion und Virtualität. Kommunikative Veränderungen der Fiktion*, in: Rammert, W. (Hrsg.), Soziologie und künstliche Intelligenz, Frankfurt a. M. 1995 (1995a), S. 187-210.
Esposito, E.: *Interaktion, Interaktivität und die Personalisierung der Massenmedien*, in: Soziale Systeme 2 (1995 b) S. 223-259.
Esposito. E.: *Risiko und Computer. Das Problem der Kontrolle des Mangels der Kontrolle*, in Nassehi, A.und Hijikata, T.(Hrsg.), Riskante Strategien. Beiträge zur Soziologie des Risikos, Opladen 1997 (in Druck).
Foerster, H. von: *Observing Systems*, Seaside (Cal.) 1984.
Günther, G.: *Beiträge zur Grundlegung einer operationsfähigen Dialektik*, Band 1, Hamburg 1976.
Katz, J.: *Online or Not*, Newspapers Suck, in: Wired 9 (1994), S. 50-58.
Habermas, J.: *Strukturwandel der Öffentlichkeit*, Neuwied 1962.
Hölscher, L.: *Öffentlichkeit und Geheimnis. Eine begriffsgeschichtliche Untersuchung zur Entstehung der Öffentlichkeit in der frühen Neuzeit*, Stuttgart 1979.
IDC/LINK: *Targeting the Interactive Consumer: Findings from ICD/LINK's 1995 Home Media Consumer Survey*, New York 1995 a.
IDC/LINK: *Successful Marketing Strategies for Online Service*, New York, 1995 b.
Luhmann, N.: *Individuum, Individualität, Individualismus*, in: ders., Gesellschaftsstruktur und Semantik: Studien zur Wissenssoziologie der modernen Gesellschaft 3, Frankfurt a. M.(1989), S. 149-258.
Luhmann, N.: *Die Wissenschaft der Gesellschaft*, Frankfurt a. M. 1990 a.
Luhmann, N.: *Weltkunst*, in: Luhmann, N., Bunsen, F. D., Baecker, D., Unbeobachtbare Welt. Über Kunst und Architektur, Bielefeld 1990 b, S. 7-45.
Luhmann, N.: *Die Realität der Massenmedien*, Opladen 1996.
Luhmann, N. et al.: *Beobachter – Konvergenz der Erkenntnistheorien?*, Fink, München 1990.
Morgan Stanley & Co.: *The Internet Report 1995*.
McQuail, D.: *Media Performance. Mass Communication and the Public Interest*, London 1992.
Perelman, C.: *L'empire rhétorique. Rhétorique et argumentation*, Paris 1977.
Postman, N.: *Amusing Ourselves to Death*, 1985.
Steinberg, S.: *Seek and Ye Shall Find* (Maybe), in: Wired 4 (1996), S. 108-114, 172-182.
Wiener, N.: *Cybernetics, or Control and Communication in the Animal and the Machine*, Cambridge (Mass.) 1948 (1961^2).
Wolf, M.: *Teoria delle comunicazioni di massa*, Milano 1985 (1994^{11}).

FRIEDRICH KITTLER
Medien der Philosophie, Philosophie der Medien

> Si la machine ne pense pas, il est clair que nous-mêmes ne pensons pas non plus au moment où nous faisons une opération. Nous suivons exactement les mêmes mécanismes que la machine.
>
> Lacan

Die Schwierigkeiten, denen eine unter hochtechnischen Bedingungen nicht ganz überflüssige Philosophie der Medien gegenübersteht, gehen vermutlich auf die Medien der Philosophie selber zurück. Unter den sogenannten Geisteswissenschaften hat kaum eine andere es entschiedener als die Philosophie unterlassen, den technischen Voraussetzungen ihrer eigenen Existenz nachzugehen. Am Grund dieser Versäumnis lag und liegt wahrscheinlich ein Begriff vom Begriff, der nicht sowohl Operationen ausführt als vielmehr Begreifen verlangt. Es hat der ganzen Mühe des linguistic turn bedurft, um diesen Begriff wieder an jene gesprochenen Sprachen zu koppeln, auf deren Vergessen seine Autarkie errichtet worden war. Es hat, von Havelock bis Derrida, der langen Debatte um Mündlichkeit und Schriftlichkeit zumal bei Platon bedurft, um diese Sprachen auch noch als historisch variable Speichermedien zu begreifen. Aber nicht einmal die seit Nietzsche geläufige Vermutung, daß die Anfänge von Literatur und Philosophie in Griechenland zusammenfallen, ist in philosophiegeschichtliche Forschungen umgeschlagen, die das Medium Buch in seiner wandelbaren technischen Ausstattung berücksichtigt hätten. Deshalb bleibt es eine offene Frage, ob der Einheitsbegriff Philosophie nicht nur ein Homonym ist, das alle Unterschiede zwischen Dialogen, Summen und Systemen oder, technischer gesprochen, zwischen antiker Rolle, mittelalterlichem Kodex und neuzeitlichem Buchdruck souverän übergeht.

Und doch läßt sich an solchen technischen Unterschieden festmachen, was einer gegebenen Epoche an Argumenten und Beweisen, an Zitaten und Belegen zur Verfügung stand und was nicht. Das möchte ich einleitend, bevor es um Siliziumtransistorgatter als technische Rechenpfennige von heute geht, an zwei illustren Beispielen illustrieren: *Summa theologiae* und *Phänomenologie des Geistes*.

1.

Daß der heilige Thomas der erste Philosoph war, von dem ein Autograph überliefert ist, mag wenig besagen. Daß sein Schreibtisch eine halbrunde Einbuchtung brauchte, um der Feder überhaupt einen Weg vom Bauch zum Papier zu bahnen, besagt unter Philosophen wahrscheinlich noch weniger. Fest steht dagegen, daß ohne jene große Reform des Schreibens, die Ivan Illich auf die Mitte des 12. Jahrhunderts datiert hat, Philosophien vom Typ der *Summa theologiae* gar nicht möglich geworden wären. Mit Leerzeichen zwischen den Wörtern, Absätzen zwischen den Paragraphen, Überschriften zwischen den Kapiteln begann damals an Pariser Klöstern und Kathedralschulen eine völlig neue Organisation der Seite:[1] Sie entkoppelte die Bücher vom Fluß der Rede und setzte sie statt dessen instand, an alten ungegliederten Büchern das Wahre vom Falschen zu scheiden.

Jedes Kapitel der *Summa theologiae* ist demgemäß eine Frage nach der Wahrheit eines durch Philosophie oder Theologie überlieferten Satzes. Jedes Kapitel beginnt mit durchnumerierten Zitaten, die autoritative Belege für diese Behauptung beibringen, schließt aber im *Sed contra* ein nicht minder autoritatives Zitat oder Argument an, das ihr widerspricht. Bevor Thomas von Aquin auch nur dazu kommt, diesen Widerspruch im Hauptteil eines jeden Kapitels zu schlichten und die Zitate im gleichermaßen durchnumerierten Schlußteil auf ihren übereinstimmenden Sinn[2] hin zu kommentieren, liegen die technischen Voraussetzungen seiner *Summa* also schon zutage. Erstens mußten alle einschlägigen Handschriften dauerhaft um den Schreibtisch des Philosophen herum versammelt sein (was 1260 alles andere als selbstverständlich war). Zweitens mußte jede dieser Handschriften, um in ihr blättern und nachschlagen zu können, schon als paginierter Codex statt als Buchrolle vorliegen. Denn, wie ausgerechnet Alan Turing, der Begründer aller Computertechnologie, spottete: "Es muß" bei Rollen "seine Zeit gebraucht haben, Verweise nachzuschlagen, und die gegenwärtige Anordnung von Geschriebenem in Büchern, die an jeder beliebigen Stelle aufgeschlagen werden können, ist sehr zu bevorzugen."[3]

Die *Summa theologiae* war mithin ein historisch wohldatiertes Textverarbeitungsprogramm: Aus zwei getrennten Eingangsdatenströmen, dem theologischen der Kirchenväter und dem philosophischen des "Philosophen" alias Aristoteles, ging im Output jene christliche Philosophie hervor, die erst Heidegger als hölzernes Eisen verhöhnte. Von heutigen Textverarbeitungsprogrammen, wie sie auf jedem Computer laufen, unterschied sie nur ein winziges Detail. Der *Summa* fehlte jener Buchstabe, der keiner ist, oder, griechischer gesprochen, jenes Element, in dem Philosophen vor Nietzsche[4] so heimisch waren, daß sie es gar nicht bedachten: das Anführungszeichen. Gerade weil christliche Philosophie weit davon entfernt war, an die Sätze der Bibel, des Philosophen und der Kirchenväter irgend rühren zu dürfen, blieb die Zerlegung dieser Sätze in einzelne Syntagmen oder gar Wörter ein Problem. Anstelle der Anführungszeichen, zwischen denen seit Nietzsche alle Einzelwörter und seit Derrida sogar alle Einzelbuchstaben kritisierter Texte aufgespießt werden können,

1 Vgl. Ivan Illich, *Im Weinberg des Textes*. Als das Schriftbild der Moderne entstand. Ein Kommentar zu Hugos *Didascalicon*. Frankfurt/M. 1991, S. 110-133. Es bleibt freilich zu bedauern, daß Illich zwar die altehrwürdige scriptura continuata Hugos von St. Victor materialreich belegt, die Neuerung der inhaltlich und/oder alphabetisch gegliederten Buchseite aber lediglich referiert.

2 Z. Begriff sensus bei Thomas vgl. zunächst *Summa theologiae*, I, I, a. 10. Madrid 1956, Bd. I, S. 13 f.

3 Alan Turing, The State of the Art. In: A. T., *Intelligence Service*. Ausgewählte Schriften, hrsg. Bernhard Dotzler und Friedrich Kittler, Berlin 1986, S. 187.

4 Vgl. Eric Blondel, Les guillemets de Nietzsche: philologie et généalogie, in: *Nietzsche aujourd'hui*, hrsg. Centre culturel international de Cerisy-la-Salle, Paris 1973, Bd. II, S. 153 - 182.

hatte die Scholastik nur ein Behelfsmittel, das ihre Texte aber schon als solches außerhalb aller klassischen Latinität stellte.

Die schwierige Frage nach der Wahrheit des überlieferten Satzes, Vater und Sohn seien das eine Prinzip des Heiligen Geistes, kann Thomas nur beantworten, indem er das Einzelwort Prinzip aus dem Satzzusammenhang nimmt und seine Supposition, also seinen Wortbezug, analysiert. Die Antwort lautet dann entweder, daß das, was ich Prinzip nenne – "hoc quod dico principium" – keinen bestimmten Bezug habe, sondern einen konfusen auf zwei trinitarische Personen zugleich. Oder aber dieselbe Antwort fällt, viel kürzer und befremdlicher, in einem Wort aus: "ly principium supponit confuse et indistincte pro duabis personis simul".[5]

An der genauen Stelle von Anführungszeichen, wie sie dem Zeichensatz des 13. Jahrhunderts abgehen, steht also mitten im lateinischen Text ein Fremdkörper: der vulgärsprachliche bestimmte Artikel, das altfranzösische *ly*. "Nicht weiter verwunderlich", bemerkt dazu die maßgebliche Dogmengeschichte: "Das Wörtchen *ly*, das den im klassischen Latein unbekannten Artikel ersetzt", sei "von der Straße in Paris in den theologischen Hörsaal gekommen und [habe] sich so zu behaupten gewußt, daß [es] über das lombardische *lo* den Sieg davontrug."[6] Aber erstens kommen Prinzipien gut ohne bestimmten Artikel aus, zweitens heißt *ly principium* nicht "das Prinzip", sondern "hoc quod dico principium", was drittens und Thomas zum Trotz kein mündlicher Akt ist, sondern ein skripturaler. Also wanderte das *ly*, schließlich und viertens, auch nicht von der Straße in die Hörsäle der Sorbonne, sondern aus den Mündern vulgärsprachlicher Studenten in die lateinischen Summen ihrer Lehrer. Dortselbst begründete es – Nominalismus hin oder her – eine Suppositions- oder eben Wortbezugstechnik, die der antiken Philosophie vermutlich abging: die Zitation von Einzelworten als solchen.

Die These, daß Wörter Rechenpfennige sind, ruht mithin auf harten historischen Prämissen. Sie setzt erstens voraus, daß sich Wörter von ihren Nachbarwörtern überhaupt trennen lassen. Dafür stehen seit 1150, aber auch erst seit 1150, die Spatien anstelle der altehrwürdigen scriptura continuata ein. Sie setzt zweitens voraus, daß Wörter lediglich erwähnt werden können, ohne sie durch bloße Erwähnung auch schon zu gebrauchen. Dafür steht seit 1220 jener systematisch mißbrauchte Artikel ein, "dem man" laut Landgraf "im ganzen 12. Jahrhundert noch nicht begegnet."[7] Europa hat also ziemlich gleichzeitig ein Stellenwertsystem für Zahlen importiert und eine nicht minder stellenwertige Adressiertechnik für Buchstabenfolgen entwickelt. Der Sachverhalt, daß die *Summa theologiae* die Argumente, die sie überprüft, erstens nach Buchkapiteln zitiert, zweitens in der Reihenfolge ihrer Behandlung numeriert und drittens zu Mengen zitierbarer Einzelwörter zerlegt, läßt sich schwerlich als medientechnische Äußerlichkeit abtun. Viel wahrscheinlicher bestimmt er ihre philosophische Struktur.

5 Thomas Aquinas, *Summa theologiae*, I, 37, a.4 und a.6. Bd. I, S. 266.

6 Arthur Michael Landgraf, *Dogmengeschichte der Frühscholastik*. Teil I: Die Gnadenlehre, Regensburg 1952, S. 21 - 24.

7 Landgraf, *Dogmengeschichte*, S. 21.

2.

Schon deshalb liegt die Vermutung nahe, daß die medientechnische Umstellung von Chirographie auf Buchdruck auch den Aufbau philosophischer Bücher verändert hat. Sie hören zwar nicht auf, Bücher von und aus anderen Büchern zu sein; aber Lesen und Schreiben fallen nicht mehr in denselben Augenblick am Schreibtisch. Nachdem das kulturelle Gedächtnis in Drucksachen materialisiert und vervielfacht ist, geht das Schreiben mit Notwendigkeit vom Kommentar zur Erinnerung (in Hegels Wortsinn) über. In dieser Funktion bleiben seine medientechnischen Operationen zumeist verborgen, wenn nicht ein glücklicher Zufall sie aufbewahrt hat. Im Fall Hegel lieferte dieser Zufall, der auch noch auf den mnemotechnisch vielsagenden Namen Rosenkranz hörte, eine Biographie des Philosophen, die nicht umsonst als letzter Band der ersten Gesamtausgabe figurierte. Direkte Akteneinsicht nämlich erlaubte es Rosenkranz, den Bildungsweg des Stuttgarter Gymnasiasten Georg Wilhelm Friedrich Hegel als Medientechnik zu beschreiben:

"Bei seiner Lektüre", heißt es ganz zu Beginn der Biographie, "ging er nun folgendermaßen zu Werke. Alles, was ihm bemerkenswerth schien – und was schien es ihm nicht! – schrieb er auf ein einzelnes Blatt, welches er oberhalb mit der allgemeinen Rubrik bezeichnete, unter welcher der besondere Inhalt subsumirt werden mußte. In die Mitte des oberen Randes schrieb er dann mit großen Buchstaben, nicht selten mit Fracturschrift das Stichwort des Artikels. Diese Blätter selbst ordnete er für sich wieder nach dem Alphabet und war mittels dieser einfachen Vorrichtung im Stande, seine Excerpte jeden Augenblick zu benutzen. Bei allem Unherziehen hat er diese Incunabeln seiner Bildung immer aufbewahrt. Sie liegen theils in Mappen, theils in Schiebfutteralen, denen auf dem Rücken eine orientirende Etikette aufgeklebt ist."[8]

Der angehende Philosoph, lange bevor er Bücher schreibt, ist also ein Leser, dem sich jedoch alles Gedruckte sogleich in handschriftliche Exzerpte verwandelt. "Abschreiben war" eben laut Rosenkranz "das vorzüglichste Mittel, dessen [Hegel] sich auch sein ganzes Leben hindurch bedient hat. Es ist grenzenlos, was er Alles auf solche Weise sich angeeignet hat und man begreift kaum, wie er, da er sich der Gesellschaft niemals entzog, die Zeit dazu hat finden können."[9] Aber während das Abschreiben unter Handschriftbedingungen Sache von Kopistenmönchen war, die damit Bücher herstellten,[10] gerät es unter Buchdruckbedingungen zur Sache eines Gymnasiasten, der nurmehr private Exzerpte herstellt und damit der eigenen Philosophie das grenzenlose Wissen von Bibliotheken "aneignet". Anders als in der Scholastik bilden Hegels Exzerpte, diese "Incunabeln" und d. h. Wiegendrucke seiner Bildung, keine numerierte Folge von Stellen oder Zitaten; sie überführen jeweils ganze Bücher in lose Papiere, durch die späteres Nachschlagen dann blättern kann. Die Ordnung der Seiten und Kapitel, aus denen die Exzerpte stammen, verschwindet zu-

8 Karl Rosenkranz, *Georg Wilhelm Friedrich Hegel's Leben*, Berlin 1844, S. 12 f.

9 Rosenkranz, *Hegel's Leben*, S. 15.

10 Vgl. etwa Sabine Mainberger, *Schriftskepsis. Von Philosophen, Mönchen, Buchhaltern, Kalligraphen*, München 1995, S. 43-52.

gunsten einer eigenen Ordnung, die Hegel durch souveräne, nämlich alphabetische Bezifferung stiftet. Rubriken auf jedem einzelnen Exzerpt sind die erste Stufe, Etiketten auf jeder Sammlung von Exzerpten die zweite Stufe einer Subsumtion, die alle besonderen Inhalte ins Allgemeine ihrer Adresse überführt. Damit aber hat Hegels Medientechnik den dreifachen Wortsinn von Aufheben, lange bevor seine Philosophie ihn entdeckt, schon immer praktiziert. Dem Wortlaut nach sind die exzerpierten Bücher getilgt, dem Sinn nach bewahrt und dem Geist nach aufgehoben, angeeignet oder erinnert. Weshalb Hegel denn auch nicht die Bücher selber, sondern ihre Exzerpte "bei allem Umherziehen" von Stuttgart bis Berlin "immer aufbewahrt". Unter Buchdruckbedingungen steht es Philosophen, wie schon Fichte bemerkt hat, einfach nicht mehr an, in Vorlesungen oder Lehrbüchern das längst gedruckte Wissen noch einmal zu "setzen";[11] erst nach seiner dreifachen Aufhebung darf das Wissen der Anderen als eigenes Wissen, wissenschaftliches System, systematisches Lehrbuch auftreten.

Genau das tut, wie sie in der Vorrede verkündet, Hegels *Phänomenologie des Geistes*. Auf die titelgebende Frage, wie das Wissen erscheint, ergeht eine Antwort, die dies Erscheinen auch und gerade im buchtechnischen Wortsinn begreift. Laut Hegel darf ein Philosophiebuch, kurz gesagt, weder mathematische Formeln noch verständige Tabellen enthalten. Sicher, auch die *Phänomenologie* zählt ihre Kapitel und Unterkapitel in absteigender Ordnung nach lateinischen Majuskeln, römischen Ziffern, lateinischen Minuskeln undsoweiter bis hinunter zu griechischen Doppelbuchstaben. Aber das "lebendige Wesen der Sache" verbietet es ihr, solche Rubriken und Etiketten zur Methode zu erheben. Die Vorrede erklärt:

"Was diese Methode, allem Himmlischen und Irdischen, allen natürlichen und geistigen Gestalten die paar Bestimmungen des allgemeinen Schemas aufzukleben und auf diese Weise alles einzurangieren, hervorbringt, ist nichts Geringeres als ein sonnenklarer Bericht über den Organismus des Universums, nämlich eine Tabelle, die einem Skelette mit angeklebten Zettelchen oder den Reihen verschlossner Büchsen mit ihren angehefteten Etiketten in einer Gewürzkrämerbude gleicht, die so deutlich als das eine und das andre ist, und die, wie dort von den Knochen Fleisch und Blut weggenommen, hier aber die eben auch nicht lebendige Sache in den Büchsen verborgen ist, auch das lebendige Wesen der Sache weggelassen oder verborgen hat."[12]

Der *Phänomenologie des Geistes*, mit anderen Worten, liegt ihr Entstehungsprozeß so tief zugrunde, daß sie ihn dem Spott der Leser preisgeben kann. Man braucht die Tabelle

11 "Nachdem es keinen Zweig der Wissenschaft mehr giebt, über welchen nicht sogar ein Ueberfluss von Büchern vorhanden sey, hält man dennoch noch immer sich für verbunden, durch Universitäten dieses gesammte Buchwissen der Welt *noch einmal zu setzen*, und ebenddaselbe, was schon *gedruckt* vor jedermanns Augen liegt, auch noch durch Professoren *recitiren* zu lassen." (Johann Gottlieb Fichte, Deducirter Plan einer zu Berlin zu errichtenden höheren Lehranstalt, in: *Sämmtliche Werke*, hrgs. Immanuel Hermann Fichte, Berlin 1845, Bd. VIII, S. 98).

12 Georg Wilhelm Friedrich Hegel, *Phänomenologie des Geistes*, hrsg. Johannes Hoffmeister. 6. Aufl., Hamburg 1952, Vorrede, S. 43.

mit angeklebtem Zettelchen ja nur durch das Exzerpt mit angefügter Titelrubrik und die Gewürzkrämerbüchse mit angehefteter Etikette nur durch jenes Schiebfutteral zu ersetzen, dem "auf den Rücken eine orientirende Etikette aufgeklebt ist" – und schon ist im Text selber die ihn erzeugende Medientechnik wiedergefunden. Hegels Exzerpte, kaum daß sie ihre Schuldigkeit getan und ein neues Philosophiebuch hervorgebracht haben, heben sich in ihm auf. Denn obwohl dieses Buch historische Erscheinungen des Geistes erscheinen macht und d. h. zitiert, enthält es kaum ein Dutzend Fußnoten und so gut wie keine Anführungszeichen. Dieses Verschwinden buchtechnischer Markierungen besagt aber für die Leser, daß sie seine Ordnung selber werden entdecken oder rekonstruieren müssen. Ein Schema, das nach Hegels schönem Wortspiel zum Schemen geworden ist,[13] läßt ihnen nur die Wahl, "Mehreres wiederholt lesen zu müssen", bis auch von "philosophischen Schriften" die ihnen vorgeworfene "Unverständlichkeit" weicht.[14] Denn erst in der Rückkopplungsschleife namens Wiederholungslektüre finden spekulative Sätze jene Stellenwerte wieder, deren Markierung der philosophische Autor systematisch getilgt hat.

3.

Die zwei Beispiele eines katholischen Heiligen und eines preußischen Professors haben vielleicht plausibel machen können, daß auch Philosophien, ganz unbeschadet ihres Selbstverständnisses, wechselnden medientechnischen Bedingungen unterstanden haben. Es wäre möglich und wohl auch tunlich, eine solche Mediengeschichte der Philosophie zu entwerfen, schon um ihrer Umkehrung, einer Philsophie der Medien nämlich, den Weg zu bahnen. Foucaults Frage nach der Ordnung des Wissens, das zu gegebenen Zeiten jeweils anderen Regeln der Übersetzbarkeit, Verformbarkeit und Anschließbarkeit unterlag, ließe sich in technischer Positivität reformulieren. Am Ende dieses Unternehmens könnte schließlich, um es mit und gegen Hegel zu sagen, der Satz stehen, daß das philosophische "Erkennen nicht Werkzeug unserer Tätigkeit ist, sondern gewissermaßen ein passives Medium, durch welches hindurch das Licht der Wahrheit an uns gelangt".[15]

Nur brauchte diese Medialität, solange sie ihre Empirie am Buch und ihre Metapher am sonnenklaren Licht hatte, keine eigene Theorie. Symbolisches Handeln lief allemal, in Wissenschaft und Praxis, in Philosophie und Mathematik, auf Schreiben hinaus. Und wenn dieses Schreiben auch noch den Anspruch auf Philosophie erhob, war es schon in seiner Medientechnik den Mündlichkeiten, die bei Hegel als Geistesgestalten auftraten, genauso überlegen wie den Pergamenten, die bei Thomas als Lehre der Heiden auftraten. Sie alle ließen sich nach Belieben speichern, übertragen und verarbeiten, einfach weil es kein Jenseits des Buches gab.

13 Vgl. Hegel, *Phänomenologie*, Vorrede, S. 41.

14 Hegel, *Phänomenologie*, Vorrede, S. 52.

15 Hegel, *Phänomenologie*, Einleitung, S. 63 f.

Das hat sich geändert. Die Universale Diskrete Maschine, wie Turing seine Computerprinzipschaltung nannte, geht heute allem Schreiben und Erkennen voraus. Ihrer unumgänglichen, nämlich in die Hardware versenkten Ausdifferenzierung von Daten, Adressen und Operationen entstammen noch die Begriffe, von denen her gewesene Philosophien überhaupt als Medientechniken analysierbar werden. Die Papiermaschine namens Buch (um weiter mit Turing zu sprechen) ist zur Untermenge von Maschinen geworden, die selber schreiben und lesen. Während Bücher gegenüber den Wörtern, aus denen sie gemacht sind, nur die zwei Möglichkeiten des Gebrauchs und des Zitats haben, können die Bits und Bytes, aus denen Programme gemacht sind, nicht nur als Daten oder als Adressen, sondern auch als Befehle fungieren. Darauf beruht eine Macht, die in herkömmlicher Schriftlichkeit ihresgleichen sucht. Um ein Beispiel aus dem Intel-Code[16] zu geben: Binärzahlen wie 11111110 stehen nicht bloß anstelle einer Multiplikation wie das Zeichen anstelle seiner Bedeutung, sie starten vielmehr, sobald sie nur gelesen sind, den Algorithmus einer faktischen Multiplikation. Solche eingebauten Imperative machen es möglich, alle Operationen, die einst philosophische Bücher an vorgegebenen Reden oder Schriften vornahmen, auf Automaten zu übertragen. Vom Scanner, der Daten einliest, über den Parser, der sie artikuliert, bis zum Compiler, der aus Eingangsdaten schließlich ausführbare Befehle macht, setzen sich Zeichen in Operationen über Zeichen um. Anstelle der buchtechnischen Zweiheit von Lesen und Schreiben tritt der Dreischritt "lesen, schreiben, ausführen".[17] Die leibnizische Definition, derzufolge Denken "nichts als ein Verbinden und Ersetzen von Buchstaben" hieß, wird technisches Ereignis.

Die Frage ist nur, ob dieses technische Ereignis philosophisch noch denkbar bleibt. Sicher, es läßt sich beschreiben, aber vom Büchern weder kommentieren noch aufheben. Die Universale Diskrete Maschine fällt mit ihrer "vollständigen Beschreibung"[18] so flach oder platt zusammen, daß sich höhere Wahrheiten über sie nachgerade verbieten. Wenn alle technischen Medien, lange bevor ihnen die Ehre einer Technikphilosophie widerfährt, schon als solche Untermengen von Theorien (etwa der Sinnesphysiologie oder des Elektromagnetismus) implementieren, treiben Computer diese Tendenz so weit, daß Theorie und Maschine, Soft- und Hardware austauschbar werden. Daran scheitern jene ebenso geläufigen wie nachträglichen Theorien, die Computer auf Werkzeuge oder auch Prothesen des Menschen reduzieren. Während sich der berühmte Hammer aus *Sein und Zeit*, in Bewandtnisganzheiten einspannen ließ, deren höchste auf ein Worumwillen des Daseins hinauslief, spotten Computerarchitekturen und Betriebssysteme jeder solchen Finalisierung. Sie sind schließlich nicht dazu, bestimmte Eingaben mit bestimmten Ausgaben zu beantworten, sondern sollen (wie jedes Nachrichtensystem im Wortsinn Shannons) mit beliebigen Eingaben zu-

16 Vgl. Intel Corporation, Intel 486 Microprocessor Family. Programmer's Reference Journal. Santa Clara 1992, S. 26-218 f.

17 Wolfgang Coy, Aufbau und Arbeitsweise von Rechenanlagen. 2. Aufl. Braunschweig-Wiesbaden 1992, S. 289. Knapper und d. h. unter UNIX gesprochen: der Dreischritt r w x.

18 Turing, Über berechenbare Zahlen mit einer Anwendung auf das Entscheidungsproblem. Intelligence Service, S. 30.

rechtkommen können. Angesichts dieser irreduziblen Komplexität bleibt möglichen Theorien wahrscheinlich nur übrig, Heideggers späte Selbstkritik an seinem Hammer mitzumachen und d. h. davon auszugehen, daß technische Operationen, als da sind "erschließen, umformen, speichern, verteilen, umschalten", selber schon "Weisen des Entbergens sind".[19]

Eine Philosophie, die diesem Diktum folgen würde, stünde vor einer ähnlichen Paradoxie wie die heutige Physik. Sie hätte an einer Technik ihre zweite Natur. Wie Peter Mittelstädt plausibel gemacht hat, kann kein Experimentalphysiker mehr behaupten, eine transzendentale Apperzeption habe, wie einst in physikalischen Gründerzeiten, Daten der Empfindung aus eigener Kraft in Hypothesen oder Gesetze synthesisiert. Alle physikalischen Meßdaten landen vielmehr zunächst im Interface eines Computers, der sie erst einmal numerisch und statistisch auswerten muß, bevor eine Anschauung, die sich auf schlichte Zahlenlektüre reduziert, überhaupt ins Spiel kommen kann. Die Physik wird also zur abhängigen Variablen von Maschinen, die als Siziliumhardware zwar ihrerseits der Festkörperphysik entsprungen sind, als Software jedoch das Feld des Wißbaren auf unhintergehbare Weise modellieren.

Entsprechend kann eine Philosophie, die mit dem Computer als Universalmedium rechnet, nicht mehr davon ausgehen, daß die Erkenntnis, deren methodische Optimierung sie ist, grundsätzlich in Menschen oder Subjekten haust. Diese bequeme Annahme hat zwar der Philosophie selber, einfach weil sie über die komplexere Medientechnik verfügte, stets das letzte Wort erteilt. Sie greift aber zu kurz, seitdem die Deontik in prozedurale Programmiersprachen wie C und die Logik in funktionale wie Lisp eingezogen ist. Spätestens seitdem Softwareentwickler, "bevor sie auf die Programmierung zu sprechen kommen, sich gern über ihre Weltsicht auslassen",[20] hätten Philosophen allen Grund, ihr eingeübtes analytisches Instrumentarium für Weltsichten auf diese neue Spezies zu übertragen.

Auch als implementiertes Wissen nämlich hören Hardwarearchitekturen und Softwarehierarchien nicht auf, kontingent zu sein. Sie sind erstens grundsätzlich Provisorien, die beim Versuch, die Fehler ihrer Vorgängerversionen zu beheben, wieder neue Fehler einführen. Sie können zweitens nur auf von einer Hardware oder Software getestet oder "verifiziert" werden, die selber fehlerbehaftet ist.[21] Drittens schließlich beuten sie, wie das vor allem die vierzigjährige Geschichte der Mensch-Maschine-Schnittstellen belegt, Schritt um Schritt die historischen und schon darum kontingenten Modelle aus, die das Medium Buch den Techniken des Wissens, Suchens und Ordnens aufgeprägt hat. Heideggers These,

19 Martin Heidegger, Die Frage nach der Technik. *Vorträge und Aufsätze*, 2. Aufl., 1959, S. 24.

20 Jörg Pflüger, Über die Verschiedenheit des maschinellen Sprachbaues, in: *Computer als Medium*, hrsg. Norbert Bolz, Friedrich Kittler, Christoph Tholen, München 1994, S. 173.

21 Für ein klassisches Beispiel, die Entwicklung von Windows NT, vgl. G. Pascal Zachary, *Show Stopper! The Breakneck Race to Create Windows NT and the Next Generation at Microsoft*, New York-Toronto-Oxford-Singapore-Sydney 1994, S. 120 - 141.

wonach die Metaphysik in der Computertechnik zur Vollendung oder Verendung kommt,[22] wäre mit dieser kleinen medientheoretischen Modifikation vermutlich verifizierbar.

Metaphysik heißt aber auch, daß sich diese Technik zu verbergen liebt. Kaum anders als Philosophien, die ihre eigene Medialität verdunkelt haben, erscheint die Computertechnik wesentlich als Software. Sie nährt mit anderen Worten den Schein, ihre Implementierung in Hardware sei völlig gleichgültig, und kommt schon damit den Philosophien der Künstlichen Intelligenz auf halbem Weg entgegen. Solche Komplizenschaft, die einmal mehr garantieren würde, daß das Wesen der Technik nichts Technisches ist, wäre aber genau das, was eine Philosophie der Medien anzufechten hätte.

Wörter können nur darum Rechensteine sein, weil Rechensteine einen Raumplatz einnehmen und in ihrer Topologie auf Verschiebbarkeit optimiert sind. Kalküle, die ja schon etymologisch auf dergleichen Kalksteinchen zurückgehen, setzen also Implementierungen voraus, die zwar durch andere Implementierungen ersetzt, aber nicht weggedacht werden können. Das gilt gleichermaßen von den Würfeln, auf denen alle Wahrscheinlichkeitsrechnung gründet, wie von den Kalksteinen, aus denen die in Computergrundschaltungen ubiquären Siliziumgatter gemacht sind. Daß sie beide kippen können, ist eine materielle, aber unverzichtbare Voraussetzung. Lacan hat ebenso früh wie genau konstatiert, daß Kybernetik und Computertechnik erst "auf die Welt kommen konnten", als das binäre Zählen "im Reellen und unabhängig von jeder Subjektivität funktionierte".[23] Dieser Satz, weil er (allen Gründermythen des Computerzeitalters zum Trotz) zwischen Dyadik bei Leibniz und Röhrenschaltung bei Eccles, also zwischen Philosophie und Technik zu unterscheiden erlaubt, kann als Leitfaden dienen, um Implementierungen denkbar zu machen.

Nichts dürfte aber auch schwerer sein. So freundlich sich der Sinn oder Geist einer Philosophie der gesprochenen Sprachen empfahl, so widerstandslos sich die Software einer Philosophie der formalen Sprachen empfiehlt, so hart und uneingeübt bleibt die Frage nach technischer Hardware. Sie könnte sogar, falls sich die existierende Computertechnik unter ihren endlosen Software-Hierarchien begraben oder schließen würde, eines Tages als Frage unmöglich werden. Aber nur wenn sie offen bleibt, besteht überhaupt Aussicht auf andere Computerarchitekturen. Die Turingmaschine kann zwar jede andere diskrete Maschine imitieren und mithin, aufgrund der Konvertibilität aller Software, auch sein. Aber das heißt beileibe nicht, daß sie alles sein kann, was mathematisch und was physikalisch möglich ist.[24] Deshalb bleibt noch zu denken.

22 Vgl. Martin Heidegger, La fin de la philosophie et la tâche de la pensée, in: *Kierkegaard vivant. Colloque organisé par l'Unesco à Paris du 21 au 23 avril 1964*, Paris 1966, S. 178 - 181. Heidegger spricht zwar (im Vokabular der sechziger Jahre) von Kybernetik, aber der Kontext läßt keinen Zweifel, daß es um Rechenmaschinen geht.

23 Jacques Lacan, Psychanalyse et cybernétique (1955), in: *Le séminare, livre II: Le moi dans la théorie de Freud et dans la technique de la psychanalyse*, hrsg. Jacques-Alain Miller, Paris 1978, S. 346.

24 Vgl. Brosl Haslacher, Beyond the Turing Machine, in: *The Universal Turing Machine. A Half-Century Survey*, hrsg. Rolf Herken. Hamburg 1988, S. 417 - 433.

Kolloquium IX
Wandel der Begriffe

GÜNTER ABEL
Einleitung

Die Rede vom "Wandel der Begriffe" scheint harmlos zu sein. Wechsel und Wandel sind schließlich allerorten anzutreffen. Mithin spricht alles dafür, daß es sich auch bei den Begriffen nicht anders verhält. Bei näherem Hinsehen jedoch wird die Brisanz deutlich, die mit solcher Rede verbunden ist. Dies läßt sich in zumindest zwei Hinsichten präzisieren.

(1) Mit Recht erwarten wir in der Sprachphilosophie von einer Theorie der Bedeutung und der Referenz (– und Begriffswandel ist stets Bedeutungs- und Referenzwandel –), daß sie das Phänomen des Wandels der Begriffe verständlich machen kann. Eine Bedeutungs- und Referenztheorie, die auf die damit verbundenen Fragen keine zufriedenstellende Antwort zu geben vermag, ist aufgrund eben dieses Defizits kein aussichtsreicher Kandidat für eine allgemeine Bedeutungs- und Referenztheorie.

(2) Ist der Wandel der Begriffe jedoch zu weitreichend und erfolgt er auf kontingente Weise sowie in kurzen zeitlichen Abständen, dann droht ein Relativismus der Beliebigkeit der Begriffe. Die daraus resultierenden gefährlichen Folgen im Bereich des Theoretischen wie des Praktischen sind leicht zu benennen.

In *theoretischer* Hinsicht drohen im Zuge eines radikalen und kontingenten Begriffswandels der Sprache-Welt-Bezug und die Möglichkeit des Denkens (das sich in Begriffen bewegt) verlorenzugehen. Diese Gefahr tritt unter drei Bedingungen auf: (i) wenn die Referenz und die Referenten der von uns verwendeten Begriffe nicht über Zeit, Situation und Individuen hinweg als einigermaßen konstant angesehen werden können; (ii) wenn wir unseren Wörtern hinsichtlich ihrer Bedeutung, d. h. hinsichtlich dessen, wovon sie handeln, nicht mehr über den Weg trauen können; und (iii) wenn die mit unserem Denken verbundenen Rationalitätsannahmen (d. h. die moderaten Kohärenz- und Konsistenzannahmen, die wir bei der Verwendung von Begriffen in unterschiedlichen Kontexten, Situationen, Zeiten und bei unterschiedlichen Individuen in der Kommunikation über etwas unterstellen) keinen Halt mehr haben. Im Falle eines zu starken Wandels, gar zufälligen Fließens der Begriffe drohen, so scheint es, sowohl der Weltbezug als auch die Kommunikation zwischen Sprechern und Hörern sowie das Denken selbst zu kollabieren.

In *praktischer* Hinsicht besteht die Gefahr darin, daß sowohl die Handlungszusammenhänge als auch der Handlungssinn zusammenbrechen können, wenn die involvierten Begriff gänzlich instabil und ihr Wandel allzu kontingent und zu umfänglich ist. Man könnte sich dann in der Praxis, d. h. im Leben, hinsichtlich der Handlungszusammenhänge, ihrer Aufrechterhaltung und ihres Fortgangs nicht mehr sicher sein. Ist dies der Fall, dann droht das Netzwerk der Handlungszusammenhänge zwischen den inter-agierenden Individuen zu zerbrechen. Zugleich steht die Frage im Raum, ob Ethik sich überhaupt denken läßt, wenn nicht in universalistischer Weise davon ausgegangen wird, daß ihre Begriffe in unterschiedlichen Zeiten, Situationen und Kontexten gleichermaßen Geltung beanspruchen können. Da zudem die ethische Rede (z. B. "gut") sowie moralische Begriffe einen besonderen Sitz im Leben haben und unsere Handlungen bestimmen, kann ein grundlegender Wandel der entsprechenden Begriffe, z. B. dessen, was als "gut" und was als "böse" gilt, die Lebensführung einer Person von Grund auf verändern und um ihre Orientierung bringen.

Das also ist die Problemlage: Einerseits verlangen wir von Theorien, daß sie dem Phänomen des Wandels der Begriffe angemessen Rechnung tragen, um als zufriedenstellende Theorien gelten zu können. Andererseits darf der Begriffswandel nicht zu radikal gedacht werden, um nicht den Weltbezug, den Handlungszusammenhang, das Denken und die Möglichkeit der Ethik zu gefährden. Angesichts dieser Situation ist die Beantwortung der folgenden Fragen von grundlegender Bedeutung:

(1) Wie ist der Wandel der Begriffe, und das heißt: der Wandel der semantischen Merkmale (Bedeutung, Referenz, Wahrheits- bzw. Erfüllungsbedingungen) unserer begrifflich verwendeten Wörter, *logisch* (und nicht nur empirisch) möglich? (2) Wie ist das erfolgreiche Funktionieren unserer Begriffe jenseits der traditionellen Dichotomie von Absolutheitsanspruch bzw. Essentialismus und Relativismus zu denken? (3) Auf welche Weise erfolgt die Umgrenzung und Fixierung der semantischen Merkmale der begrifflich verwendeten Wörter? (4) Wie sind die im erfolgreichen Gebrauch unserer Begriffe bereits in Anspruch genommenen Einschränkungen der Spielräume möglichen Wandels der Begriffe zu verstehen?

Die Beiträge des vorliegenden Kolloquiums können im Lichte dieser Problemskizze gesehen werden. Dagfinn Føllesdal (Oslo/Stanford) erörtert die Frage des Wandels der Begriffe im Bereich der theoretischen Philosophie, des näheren im Umfeld der von ihm entwickelten sprachphilosophischen Referenztheorie der genuinen singulären Terme. Onora O'Neill (Cambridge) entfaltet ihre Fragestellung im Bereich der praktischen Philosophie, des näheren im Hinblick auf institutionenbezogenes und im Kontext von Prozessen der Globalisierung stehendes Handeln, in dem die Spannung zwischen partikularistischen und universalistischen Standpunkten wichtig ist. Tilman Borsche (Hildesheim) erörtert die Frage des Begriffswandels in metaphysikgeschichtlicher Perspektive sowie im Hinblick auf die Stellung dieser Thematik in der Postmoderne.

DAGFINN FØLLESDAL

Conceptual change and reference

As we all know, Frege, in "Über Sinn und Bedeutung" and other works,argued that the there are three main kinds of expression: singular terms, general terms and sentences and that they all have a sense [Sinn] that determines their reference [Gegenstand, or Referenz], I will avoid Frege's idiosyncratic use of the word 'Bedeutung' here. According to Frege, for all these three kinds of expression, the sense determines the reference. The reference of an expression is the unique object, if any, that the sense fits. If there is none, or if there are several, then the term has no reference.

On this view, *conceptual change* [*Begriffswandel*] will normally be accompanied by *reference change* [*Referenzwandel*]. The sense is what counts. If that changes, then the reference will change also, except in odd cases where the old reference happens to fit the new sense.

In this lecture, I will argue that the three kinds of expression that Frege distinguished should not be assimilated to one another. They fall into two different groups with radically different semantics. The semantics of singular terms is quite unlike the semantics of general terms and sentences. While sense is primary in the case of general terms and sentences, reference is what matters in the case of singular terms. I will not argue that singular terms have no sense, or that their sense plays no role in the determination of their reference, as is claimed by various causal theories or theories of direct reference. My main claim will be the following:

> The sense of a genuine singular term is designed to insure, through the vicissitudes of increased insight and changing scientific theories, that the term keeps on referring to what it presently refers to.

My paper will largely be an argument for this. It has three parts: First I will outline an argument for what Kripke has called 'rigid designators' and I 'genuine singular terms'. This argument yields as a by-product a commitment to a certain kind of Aristotelian essentialism, which is different from the essentialism that is fund in Kripke and the view that concepts capture the essence of things. Secondly, I will propose an approach to these expressions that is different from Kripke's causal or historical theory of reference. Finally I will briefly discuss how this view on singular terms is crucial to language learning and communication.

The first part of my paper is a summary of an argument in my dissertation at Harvard 1961. Since I never published the dissertation and have only published fragments of the argument in a couple of articles, I hope you will bear over with my presenting some old material, especially since this old material provides the motivation for the more recent reflections in the rest of my talk. Since there is not time to go into the technicalities of the argument, I will keep my summary informal.

1.1 Argument for genuine singular terms

One of the most carefully argued attempts to draw philosophical conclusions from purely logical premisses is Quine's endeavor to show that quantified modal logic leads to a collapse of modal distinctions and is committed to essentialism. Quine presents his arguments for this conclusion in several of his articles and books, from "Three grades of modal involvement" (1953) to Theories and Things (1981).

Initially, Quine concluded from these arguments that a quantified modal logic is incoherent. However, in my dissertation, that I wrote for Quine in 1961, I disagreed with Quine on this point. I argued that it is possible to make sense of quantified modal logic, but that this requires a revision of the then current views on reference. In order to make sense of quantified modal logic, one needs a two-sorted semantics, where terms that refer are treated differently from general terms and other non-referring expressions. I also argued that this *two-sorted semantics* entails essentialism, and I hence concurred with Quine that quantified modal logic is committed to essentialism, but I maintained that this kind of essentialism is not incoherent. In fact, I pointed out, the two-sorted semantics and the resultant essentialism are required by lots of notions that seem indispensable in science, including causality, probability and contrary-to-fact conditionals.

It is very important what one means by 'essentialism' here. In later discussions of reference and of 'trans-world identification' different notions of essentialism have been brought in, which in my view are not required for quantification into modal contexts and which also lead to misguided theories of reference.

I will now sketch briefly the argument that in order to get a satisfactory semantics for quantified modal logic one needs genuine, or rigid, singular terms. The argument has three steps, first it is contended that variables of quantification have to obey substitutivity of identity. Secondly, it is argued that if they do, then modal distinctions will collapse, given traditional views on reference. Thirdly, a two-sorted semantics is proposed, which prevents the collapse, but which requires a change in our views on reference and also commits one to essentialism, in the above sense of the word.

The first two of these three steps are due to Quine, except for the diagnosis of why we get the collapse in the second step. Quine held that it had to do with the nature of the *objects* over which one quantifies, I held that it was due to the way in which one traditionally has thought that one *refers* to these objects. This difference in diagnosis is what led me to the third step, the introduction of a two-sorted semantics.

Step 1. Quine's thesis

The first step turns on the fact that regardless of what kind of context we are dealing with, when we quantify into such contexts, our variables of quantification have to keep on referring to the same objects regardless of what changes and modifications these objects are supposed to undergo. In order to make sense of such quantification, we have to make sense of talking of an *it*, which is said to have various properties, undergo various changes etc. In fact, I regard reference as more basic than explicit predication: in order to predicate something of an object, we have to be able to refer to the object without explicit use of any predicates. We will return to this later.

In order to make sense of quantification, there hence has to be at least *some* expressions in our language, viz. the variables of quantification, which keep on relating to the same object through all vicissitudes of modal or temporal change. In my dissertation I called the variables and other name-like expressions that behave the same way, 'genuine singular terms'.

The conclusion of this first step is therefore the following:

Whatever context '.. *x* ..' stands for, simple or complex, in order for quantification into this context to make sense,

$$(x)\,(y)\,(x = y \longrightarrow \ldots x \ldots \longleftrightarrow \ldots y \ldots)$$

must be true.

I call this conclusion *Quine's thesis*, since in my opinion, this insight is due to Quine. If one introduces a notion of genuine singular terms, one has more generally:

When *a* and *b* are genuine singular terms, then

$$a = b \longrightarrow \ldots a \ldots \longleftrightarrow \ldots b \ldots$$

is true.

Step 2. The threat of a collapse of modal distinctions.

Restricting the substitutivity of identity is therefore no way to go if one wants to find a way of interpreting quantified modal logic. Quine considered various moves that might seem to get us around the difficulties, but showed that they all gave rise to new puzzles and unclarities. In his 1943 review of Quine's "Notes on Existence and Necessity" Church suggested that in order to refer back to a quantifier prior to that context, the "variable must have an intensional range – a range, for instance, composed of attributes rather than classes."

Church here had in mind his later logic of sense and denotation. However, the crucial feature of this system is a Fregean reference shift in opaque contexts and not just quantification over intensions. A mere restriction of the universe to intensional entities will not help, Quine showed later. What creates the difficulties is that the entities over which one quantifies can be specified in ways that are not necessarily equivalent, and such non-equivalent specifications can be given equally well of intensional entities as of non-intensional ones. As a way out of the difficulties Quine suggested that one should restrict the universe to entities, whichever they might be, that could only be specified in necessarily equivalent ways. However, in *Word and Object* Quine showed that such a restriction on the universe would lead to a collapse of modal distinctions, that is, in any system of quantified modal logic that was interpreted in this way,

'$p \longleftrightarrow Np$' would be valid.

Step 3. The need for a two-sorted semantics.

Quine was satisfied with this; after all, his aim all the time had been to show that modal logic was misguided and ought to be abolished. However, an examination of his arguments against quantified modal logic shows that they apply equally well to every attempt to quantify into non-extensional contexts, e.g. those of causality, probability and legal and ethical notions. Since quantification into such contexts is required for many important purposes, the assumptions of Quine's arguments must be wrong, although they expressed the semantical views which were current at that time. However, by introducing a two-sorted semantics, where all reference was channeled through a special category of genuine singular terms, all the difficulties pointed out by Quine disappear.

Champions of modal logic have normally not made use of a two-sorted semantics. Mostly they work within a traditional one-sorted semantics, either of Frege's type, where general terms and sentences are treated on a par with singular terms, as referring expressions, or of Carnap's type, where singular terms are assimilated to general terms and sentences, as having extensions. If I am right in what I have said so far, these kinds of semantics should not yield a satisfactory interpretation of quantified modal logic; any attempt to interpret modal logic within such a semantics should lead to a collapse of modal distinctions. Does that really happen?

I shall briefly discuss four major proponents of quantified modal logic who exemplify four different approaches to the problem. Since I have discussed them in detail elsewhere, I shall be very brief here.

First *Carnap*. In *Meaning and Necessity* he proposed a system of quantified modal logic, which he interpreted within his own semantics of intension and extension. On the face of it there is no collapse of modal distinctions in his system; '$p \longleftrightarrow Np$' does not come out a theorem. However, this is due to an oddity in Carnap's syntax: Carnap does not permit modal operators inside the scope of the definite description operator. He does not give any reason for this, he only says: "In order to avoid certain complications, which cannot be explained here, it seems advisable to admit in S2 only descriptions which do not contain '*N*'." (Carnap, 1947, p. 184). The restriction therefore appears to be *ad hoc*. When the restriction is removed, '$p \longleftrightarrow Np$' becomes a theorem in Carnap's system. This reflects the fact that '$p \longleftrightarrow Np$' is valid in what appears to be the most natural semantics for Carnap's system. All Carnap accomplishes by forbidding modal operators in definite descriptions therefore is to make his system semantically incomplete.

Then *Church*. His 'logic of sense and denotation' is based on a Fregean semantics. However, although it contains necessity operators, it is a purely extensional system and hence, in spite of appearances, not a modal logic.

Hintikka, in his modal systems, takes exception to what I called 'Quine's thesis' and presents a semantics, of model sets of formulae, in which the thesis appears to break down. I argued above that this thesis must hold in order for the interpretation of the quantifiers to make sense. In an earlier article, "Interpretation of quantifiers" (Fíllesdal, 1968) I have argued that Hintikka's semantics makes sense only if the quantifiers are interpreted substitutionally. The variables are then no longer read as referring to objects in a universe of discourse, and the notion of reference, which is crucial in the above arguments, is then no longer called for. Hintikka's system serves to remind us that it is *objectual* quantification, reference and essentialism which are wedded to one another in the way in which I have spelled out above.

Fourthly, there is *Ruth Marcus*. She has explicitly proposed a substitutional interpretation of the quantifiers, and this interpretation will work even if one takes exception to Quine's thesis and my remarks concerning essentialism. However, Marcus has probably no objection to Quine's thesis, she proved the necessity of identities as a theorem in history's first system of quantified modal logic, "A functional calculus of first order based on strict implication" (Marcus, 1946). Another point of agreement between Ruth Marcus and me is that she, too, in a symposium at Harvard in 1962, noted that not all terms that traditionally have been called 'singular terms' should be treated on a par.

1.2 Quantified modal logic is committed to essentialism

This concludes the three steps of the argument. We will now consider why and in what sense quantified modal logic is committed to essentialism.

Briefly, quantified modal logic is committed to essentialism because it requires a two-sorted semantics of the kind I have outlined. I will now explain why this is so. First, let us recall that in order to avoid the collapse of modal distinctions warned against by Quine, we have started to look at the singular terms of our language in a new way. We do not any longer lump together variables of quantification, proper names, definite descriptions, etc., and treat them indiscriminately as referring expressions. We have set aside a subclass of them, which we treat as genuinely referring expressions. This class has to include the variables of quantification, and it may also include other expressions, for example proper names in most of their uses. These terms refer to the same objects regardless of the changes and modifications these objects undergo, and they therefore obey the substitutivity of identity. Other terms that were earlier treated as singular terms, for example definite descriptions, should be regarded as a special kind of general terms, which happen to be true of just one object. They have this object as their extension, but they do not refer; reference is looked upon as a peculiar relation holding between the genuine singular terms and objects in the world. The contexts into which we quantify are thereby made referentially transparent, and all the puzzles that Quine uncovered in his attempts to interpret quantified modal logic disappear. I will not quarrel over terminology. If one wants to keep the old, broad, usage of 'singular terms' and 'reference', one is of course free to do so, but one should be aware that one is then lumping together terms and relations that are of very different kinds.

Utilizing our two-sorted semantics, we can now distinguish *referential* transparency and *extensional* transparency. Each of these two notions is defined in ways that parallel the way we normally define referential transparency, but we now get two notions, one for genuine singular terms and one for other expressions. For the exact definitions I refer to my dissertation, pages 4-8, or to my article "Quine on modality," pages 152-153. In these two places I also give proofs that only some combinations of referential transparency or opacity and extensional transparency or opacity are possible. What is important, is that the combination of *referential transparency* and *extensional opacity*, which is required for quantified modal logic, is possible. This means that quantified modal logic can be interpreted in a coherent way.

Quantified modal logic requires both referential transparency and extensional opacity. The referential transparency part is required by the quantifiers: whatever is true of an object is true of *it* regardless of how it is referred to. The extensional opacity part reflects the non-extensional character of the modal operators: we are not free to substitute co-extensional general terms or sentences for one another everywhere.

This combination of referential transparency and extensional opacity is just what I mean by 'essentialism'. Recall the definition I gave at the beginning of the paper: 'If an attribute is necessary of an object, it is necessary of the object *regardless of the way in which the object is referred to*'. This definition expresses the exact combination of extensional opacity and referential transparency which I have just explained: We distinguish between necessary and contingent attributes (extensional opacity), and the objects over which we quantify have these attributes regardless of the way in which the object is referred to (referential transparency). However, is 'essentialism' a well-chosen label for this feature?

1.3 What is meant by 'essentialism'?

The 'essentialism' to which quantified modal logic is committed, is a very weak notion, and no doubt many philosophers who have advocated essentialism, including perhaps Aristotle, have had a much stronger notion in mind. Many stronger notions of essentialism have been proposed in discussions of Quine's view. Thus, when Ruth Marcus and Terence Parsons argue against Quine, by showing that most systems of quantified modal logic have anti-essentialist models, they use a stronger notion of essentialism. There is no conflict between their results and the argument from Quine and my dissertation that we just went through. The only form of essentialism that the argument shows modal logic to be committed to, is essentialism in the weak sense that I defined. This is also the sense in which Quine usually uses the word. I will quote several of his definitions of essentialism. First, in "Three grades of modal involvement" he characterizes it in the following way:

> This is the doctrine that some of the attributes of a thing (*quite independently of the language in which the thing is referred to, if at all*) may be essential to the thing, and others accidental (p. 80, pp. 173-174 of the reprint in *The Ways of Paradox*, my italics).

In the second edition of *From a Logical Point of View* (1961), Quine gives the following characteristic:

> An object, of itself and by whatever name or none, must be seen as having some of its traits necessarily and others contingently, despite the fact that *the latter traits follow just as analytically from some ways of specifying the object as the former traits do from other ways of specifying it* (p. 155, my italics).

And Quine ends his reply to Marcus as follows:

> This is how essentialism comes in: the invidious distinction between some traits of an object as essential to *it* (by whatever name) and other traits as accidental (p. 182 of the reprint in *The Ways of Paradox*).

Quine's basic point, early and late, is that quantified modal logic requires necessity to reside in things and not in the way in which we talk about things. (See, for example, the last paragraph of "The ways of paradox.") This is the key feature of what Quine calls essentialism and this is what is expressed in the definition of essentialism which I gave at the beginning of this paper. We should keep in mind that one of the philosophers who loomed large in Quine's criticism of modal logic, was Carnap, and that Carnap championed quantified modal logic while at the same time he rejected as metaphysical nonsense the traditional Aristotelian view that necessity inheres in things and not in language. (See, for example, Quine's reference to Carnap and Lewis's views on this point in *From a Logical Point of View*, page 155.) Quine's admonition to Carnap and other modal logicians therefore is that if one quantifies into modal contexts, one has to pay the price: one must accept this "invidious distinction". Read in this context, one sees that for Quine, essentialism is a matter of the *meaningfulness* of this distinction. If, like Carnap, one regards the distinction as meaningless, one must reject quantification into modal contexts as meaningless. Strictly speaking, those who quantify into modal contexts need therefore not hold that there *are* any non-trivial necessary properties, only that one can meaningfully discuss whether there are any. One might, however, wonder what the point would be of quantified modal logic if one does not think that there are any necessary properties. This is probably the reason why Quine, in the second of the three passages quoted above, includes in his definition that there be such properties. The first definition is more careful, Quine there requires only that there *may* be such properties.

1.4 The most important misunderstandings concerning essentialism and quantified modal logic.

I will now pass on to the misunderstandings concerning essentialism which have vitiated some discussions of quantified modal logic as well as some approaches to reference.

The argument I have outlined shows that *if* an object has a necessary property, it has to have this property regardless of how the object is referred to. The argument does not show that any object in our universe of discourse has to have some non-trivial essential property, far less that it has to have a unique essential property, by which it can be identified. Unfortunately, this view has slipped into the discussion because one has thought that such essential properties are required in order to 'keep track of the objects over which one quantifies as one moves from one possible world to the next'. One has thought that this strong version of essentialism could contribute to solving the problem of 'trans-world heir lines', to use David Kaplan's apposite phrase.

It may have confused some readers that Quine in some places talks about essentialism in this way, without noting that this is a different and much stronger notion than the one that is required by quantification into modal contexts. Thus, in *Theories and Things*, page 118, Quine unfortunately says about my genuine names and Kripke's rigid designators that they pick out their objects by essential traits, and he continues: "Essence is needed to identify an object from one possible world to another." (p. 118).

I regard this statement of Quine's as unfortunate in two ways: First, it may be read as if it were just a restatement of his argument concerning quantified modal logic and essentialism, which we have just been going through. It might therefore easily lead the reader to think that the very strong version of essentialism that Quine is talking about in the quoted passage is the same as the notion of essentialism that emerges from the argument concerning quantified modal logic and essentialism. The passage might thereby make the reader confuse that subtle argument with the dubious claim that essences are needed to identify an object from one possible world to another. This claim is in my view false. And this brings me to the second misgiving I have over Quine's statement: It gives the wrong impression that what I have called genuine singular terms refer to their objects in virtue of an essence that these objects have.

Quine's statement reflects a widespread, but misleading view concerning the identification of objects. Quine puts this view forth in order to reject it, but he seems to take for granted that if one tries to interpret modal logic, essences are called for in order to identify objects from world to world.

There is no doubt that many modal logicians have had eccentric views on the individuation and identification of objects. An extreme case is David Lewis's counterpart theory, where objects do not recur from world to world, but are only correlated with counterparts in other worlds. This idea violates many basic features of identity and reference, and the fact that Lewis makes the correlation depend on similarity relations, multiplies the difficulties. A less extreme and more common version of the view lets the same object recur from world to world and then introduces essences in order to solve the epistemological problem of how to identify the object from world to world. This is the view that Quine criticizes in the passage in question.

In my view, the notion of a genuine singular term is not fundamentally a modal notion, it is not a notion that requires appeal to necessity or essentialism for its definition or clarification. That genuine singular terms refer to the same object 'in all possible worlds' to use modal jargon, is not definitory of such terms. It merely follows from the fact that these terms are referring expressions. Preservation of reference is basic to our use of language even outside of modal logic, for example in connection with our talk of an object as changing over time. We shall now turn briefly to this topic.

2.1 Reference

I will now discuss briefly some issues concerning reference and will explain why essence is not needed to identify objects 'from one world to another'. The views that follow were not in my 1961 dissertation, but have occurred to me later. One must distinguish between on the one hand a *two-sorted semantics*, where terms that refer are treated quite differently from general terms and other non-referring expressions, and on the other hand a *theory of reference*, that is an account of the relation between referring expressions and their objects. What I argued for in my dissertation, was the former. I recognized that talk about modality, knowledge, belief, causation, change, probability, ethics, etc. makes sense only if the referring expressions in our language have a semantics that is very different from that of general terms. At that time I thought that the referring expressions actually succeed in relating to their objects regardless of how the world and our theories about the world change, and I was at a loss as to how to explain how this could happen.

Donnellan, Kripke, Evans and others have developed theories of reference in which they appeal to a causal tie in order to account for the relation between referring expressions and their objects. However, I regard these accounts as unsatisfactory, for several reasons that I will not discuss here, one of them being their inability to account for reference change,

The notion of genuine singular terms may seem somewhat mysterious, especially to a philosopher who has grown up in the tradition of Frege, according to which every singular term has an associated sense and refers to whichever object this sense happens to fit uniquely, if there is one.

However, genuine singular terms are not at all mysterious. If one reflects a little on how we conceive of the world and its objects and how they matter to us, we should expect to find such terms in our language and expect them to play an important role. As has been pointed out by philosophers of all varieties, from Husserl to Quine, conceiving of the world as consisting of *objects* helps us to systematize our theories and thoughts and helps us to predict and cope with our surroundings.

2.2 Three features of objects

Objects have *three* features that are crucial for reference:

> First: They are the bearers of a (usually) large number of properties and relations. Normally we know only a small number of these, but the object is conceived of as having numerous *further properties* that we do not know yet, but which are there to be explored. They transcend our knowledge, to use Husserl's phrase.
>
> Secondly: Objects, except mathematical ones and a few others, *change* over time. One and the same object can have a property at one time and lack it at another time. The *object* remains identical through changes. Modalities come in at this point; not only are there the actual changes, there are also possible ones, there are accidents and there are necessities. Or, at least, so we say.
>
> Finally: There is our *fallibility*. We may have false beliefs about objects. We may seek to correct these beliefs, but all the while our beliefs, true or false, are *of* the objects in question. A belief, or set of beliefs, is not about whichever object happens best to satisfy our beliefs. A semantics that just would seek to maximize our set of true beliefs would reflect poorly the role that objects play in epistemology.

Similarly, the *world* itself, the collection of all objects, is conceived by us as having more objects in it than we know about, the supply of objects changes over time, and we often go wrong concerning what objects there are and what there are not and whether in different situations we deal with the same object or different ones.

Given that objects play an important role in our attempts to explore and cope with the world, and given that objects have the features I have listed, we should expect these features to be reflected in our language. We should expect a language to have a category of expressions that is especially designed to refer to these objects and stay with them through all these changes that they and our beliefs about them undergo. This, as you will remember, is just what genuine singular terms are supposed to do. Genuine singular terms are hence inseparably tied up with the notions of change and fallibility and not just with the modal notions.

Genuine singular terms comprise, as I have argued, the *variables* of quantification and correspondingly the *pronouns* of ordinary language. But also, *proper names* are usually used as genuine singular terms, and sometimes so are even *definite descriptions*. Also indexicals and demonstratives are genuine singular terms. Their reference depends on the context in a way that we may get back to in the discussion, if there is time. What is decisive, is that the expression in question is used in order to keep track of the same object through changes, etc. Given our concern with objects and other constancies in the world, we should in fact expect a lot of expressions to have this feature. For example, we should expect this to be the case for mass terms, natural kind terms, properties, etc., as has been pointed out by Kripke and Putnam. Even terms that refer to events will have these features. Events, in spite of their sometimes short duration, are objects that we often want to say several things about, and find out more about.

Fregeans tend to look upon proper names as short for definite descriptions (although in some cases the sense might be embodied in perception and not expressed in language). According to them, names save us from repeating the whole description. They could be called '*names* of laziness', just as Geach talked about '*pronouns* of laziness'.

2.3 Three reasons for using names

There does not seem to be any other role for names for the Fregean. I think that names, like pronouns, are not usually introduced for reasons of laziness. If I am right in what I have been saying so far, names are normally introduced for the following three purposes:

(i) When we are interested in further features of the object beyond those that were mentioned in the description that was used to draw our attention to the object.

(ii) When we want to follow the object through changes.

(iii) When we are aware of our fallibility and want to refer to an object without committing ourselves to its having any particular property that we can rely on in a definite description.

If we are not interested in any of the above, we will normally not introduce names or pronouns.

An example
Let me illustrate this by an example. Compare the three descriptions:
the balance of my bank account,
the person with the glasses,
the ratio between the circumference and the diameter of a circle.

Here, the first of the descriptions may be by far the most frequently used. On the Fregean view it would therefore be likely to be replaced by a name. However, I doubt that any of you have ever introduced a name instead of this description which you use so often. The third of the descriptions was, however, replaced by a name a long time ago, viz 'þ'. The explanation for this on my view is that þ is an object that has lots of interesting features beyond that mentioned in the description, features that we may wish to explore further.

The first description, 'the balance of my bank account', however, focuses on the *only* feature of its object that we are interested in, namely that it is the balance of my account. It philanders from object to object, and we do not have any deeper or recurring interest in any of these objects. If I am right, we would normally not introduce a name for this description. We *might* give it a name, e.g. 'Darling', but this would be a name of laziness, it would not be a genuine singular term, but an attempt to be cute.

The second description is also likely to be replaced by a name, if we are interested in the person and want to find out more about her or him, with or without glasses, and as she or he changes from day to day. The second and third descriptions illustrate different of the abovementioned characteristics that prompt us to introduce names. The third description picks out an object with lots of interesting features besides those mentioned in the description, and concerning which we may have some wrong beliefs. The object picked out in the second description has both of these characteristics and in addition is susceptible to change.

So far, there is little difference between Kripke and myself. We both urge the need for genuine singular terms, or rigid designators as Kripke calls them. There has been a difference in emphasis: I have focused on the formal arguments for such a category of terms, while Kripke has focused on how to account for the tie between these terms and their objects, and proposed his causal approach to reference.

It is important to keep these issues apart, for while I agree with Kripke on the need for such a class of terms, I disagree, as I mentioned earlier, with his causal approach.

2.4 The tie between genuine singular terms and their objects

Let me sketch my view on the tie between genuine singular terms and their objects. My view is much closer to Frege's than to Kripke's. This may seem odd, in view of all the shortcomings I have pointed out in Frege's theory, and the many more Kripke has pointed out.

In order to explain my view let me start from another point where I differ from Kripke. Kripke has emphasized the difference between the *ontological* issue of what a name *as a matter of fact* refers to and the *epistemological* issue of how we *find out* what it refers to. He has focused almost exclusively on the former issue and has thereby been led to his causal view.

I tend to look upon the ontological and the epistemological issue as much more closely intertwined. This is largely because language is a *social* institution. *What our names refer to – and not only how we find out what they refer to – depends upon evidence that is publicly available in situations where people learn and use language.* I am a Fregean in holding that

> *in the first approximation a name N refers to the object that best satisfies the sentences that contain N and that are generally regarded as true in the community.*

2.5 Two differences from Frege

There are two differences from Frege here that need emphasis.

First: I do not pick out just some of the sentences that I regard as true and that contain the name and say that they express the sense of the name, while the others express factual beliefs. Kripke, for example, in "A puzzle about belief" repeatedly contrasts *defining* vs. *factual* beliefs (for example on page 245) and this is one source of the trouble he finds with the Fregean theory. I see no basis for such a distinction, and I think that all these sentences contribute both to *giving* the term the reference it has and to enabling us to *find out* what this reference is. One objection Kripke has against the Fregean view is that it makes the sense, or meaning, of a name vary from one person to another, so that we each speak our own idiolect. Kripke rejects this. Since I do not draw a distinction between defining and factual beliefs, this objection does not apply to me. We would all agree that people differ in some of their beliefs about objects in the world, and on my view this affects both communication and reference. The difference between Frege and myself on this point is that while Frege distinguished language and theory, I regard the two as inseparably intertwined, and would like to speak of our language *cum* theory. (In this I have been influenced by Quine.)

Second: I call this a *first approximation*. For both what a term refers to and how we find out what it refers to depend on a complex interplay of several factors: assent to and dissent from sentences is just one; ostension is another; actions, including non-linguistic actions, are a third; and above all, our theories of how people are likely to go wrong in their perception and in their reasoning are a fourth. Here interaction within the whole speech community comes in. Some people are less likely to go wrong in certain matters, because they are better located for perception and observation, because they are better trained and perhaps specialists on these matters, etc. This 'linguistic division of labor' was first observed by Putnam (Putnam 1975). However, he will probably not accept my view that it actually contributes to *determining* the reference and not just to finding out what the reference is.

I have discussed this interplay in several articles and there are also many interesting observations on the relation between observation and reference in Quine's, Davidson's and Putnam's writings. I shall therefore not go into it here.

Let us note, however, that it is in this interplay that we best can see what the *rigidity* or *genuineness*, of singular terms amounts to. Rigidity is not something that is *achieved* through the introduction of a genuine singular term in our language. Sameness of reference is never guaranteed. There is always a risk that in spite of the best of our efforts, a name comes to *change* its reference. A name does not always continue to refer to the object on which it was bestowed at the original 'baptism'. Change of reference is one of the problems for Kripke's view, so let us see how I account for it on my view.

2.6 Change of reference

Let us consider an example: I learn a name from another. I want to keep on using it with the same reference, and in order to insure this, I try to learn as much as possible about its reference, i.e., I observe what sentences containing the name the other assents to and dissents from, what he points to, etc. Nevertheless, I may go wrong and by mistake come to apply the name to another object that is similar to but distinct from the original. When this happens I clearly go wrong. My term still refers to the object it referred to before, because of its rigidity. It does not change its reference just because my associated beliefs happen to fit another object. I may then go on and find out more about this new object, and express my findings using the old name. Later, a third person – say my student – may pick up the name from me and go on using it for the second object. This new usage may spread to the whole community.

In such cases where the usage change is community wide, I would say that a change of reference has taken place between the person from whom I learned it, and the third person, who learned it from me. As for myself I am obviously mistaken and confused. However, I would hold that the name as used by my student and his generation refers to another object than what it referred to when my teacher used it. So a reference change has taken place without a new 'baptism', i.e., without an introduction of the word with the intention of using it with a new reference.

Rigidity, or genuineness, as I see it, is not incompatible with such a reference shift. Instead, I look upon rigidity as an *ideal*, something like a Kantian regulative idea, that prescribes the way we use language to speak about the world. There is in our use of names and other genuine singular terms a *normative pull* towards always doing our best to keep track of the reference and keep on referring to it. Sometimes we go wrong and it is unclear both what we believe and what our beliefs are about until a new usage has been established.

All our talk about change, about causation, ethics, and knowledge and belief, as well as about the other modalities, presupposes that we can keep our singular terms referring to the same objects. To the extent that we fail, these notions become incoherent.

2.7 A normative theory of reference

To conclude this brief discussion of reference: I hold that there are genuine singular terms, or rigid designators, in our language and that they are indispensable for our talk about change, causality, modality, etc. However, my view differs from other current views on reference mainly on the following two points:

(i) Rigidity as an ideal
I do not regard preservation of reference as automatically achieved through our use of singular terms, but as something we try to achieve. This is what I mean by 'normative pull' and also by what I call a 'regulative idea.' This view on reference could therefore also be called a *normative* theory of reference.

(ii) Reference determines sense
I maintain that genuine singular terms have a *sense* in my extended sense of the word, and that they refer partly in virtue of this sense. However, while Frege held that sense determines reference, I have the opposite view. I hold that reference 'determines' sense, not by itself, but in an interplay with our theories of the world and our conception of how we gain knowledge and how we are likely to go wrong in our perception and in our reasoning. Reference is dominant over sense in the following sense:

> *The sense of a genuine singular term is designed to insure, through the vicissitudes of increased insight and changing scientific theories, that the term keeps on referring to what it presently refers to.*

It is this dominance of reference over sense that in my view is the characteristic feature of genuine singular terms.

3. Language learning, communication, and de re propositional attitudes

This approach to the semantics of singular terms makes it possible to deal with *de re* propositional attitudes. I shall now argue that *de re* propositional attitudes are of crucial importance for communication.

When I report, in my own words, somebody else's propositional attitude, then I am faced with *two* problems. One is to put myself in the other's place and describe the world as she or he sees it. Another is to relate the other's perspective on the world to my own. In the former case I am talking *de dicto*, in the second, *de re*. In the former my singular and general terms take references and extensions from the universe as the other sees it, and my quantifiers range over that universe. The intelligibility of what I say depends on the degree to which I succeed in getting clear about the other's universe.

In the second case, where I am speaking *de re*, my problem is compounded. I have to be able to see the world as the other sees it, and at the same time relate the world, as seen from that perspective, to the world as seen from my own perspective. I have to make sense of sentences such as: 'There is a person, in the world as seen by me, about whom Ralph believes that he is a spy'. The clause 'in the world as seen by me' is normally regarded by the speaker as redundant and so omitted. Hence, the problem of quantifying into propositional attitude idioms from the outside requires that I master two perspectives on the world, with their different individuations, and that I am able to correlate at least some of the individuals in one of these worlds with individuals in the other.

Given that when I am speaking *de re* I am speaking of objects in my universe, the universe I take to be the real one, then when I quantify into such a context, the position(s) bound by the quantifier must be referentially transparent. That is, any genuine singular term in such a position must be subject to substitutivity of identity. Quine had already seen this connection between quantification and substitutivity in the early forties. Many have argued against it, but in my opinion without success.

Quantification into propositional attitudes can err for two main reasons, corresponding to the two tasks I just mentioned: I may fail to see the world and individuate its individuals the way the other does it, or I may have correlated the other's individuals incorrectly with my own. In either case quantification into propositional attitudes will become murky or unintelligible. These are formidable difficulties. However, they must to some extent be difficulties that can be overcome: Quine has pointed out (Quine 1994) that some mastery of the idioms of propositional attitudes is indispensable for learning a language and for handing it down from generation to generation. I agree wholeheartedly with this. For this task, however, *de dicto* propositional attitudes will not suffice. It is essential for communication and for the learning of language to master propositional attitudes *de re*. Communication and translation are a matter of correlating not just two world perspectives, but two perspectives on the *same* world.

It is therefore not enough to know what sentences the other assents to. It is crucial that we are able to find out what objects are referred to in these sentences, how the other's objects correlate with our own. Learning a language therefore depends upon *de re* propositional attitudes. Reciprocally, acquiring a language and using it to communicate consists to a large extent in becoming better able to perform the two key tasks that are required for mastering *de re* propositional attitudes: getting into the other's perspective on the world and its individuals, and correlating this with one's own. Mastering *de re* propositional attitudes and mastering a language are therefore inseparable. *De re* propositional attitudes are vital for our ability to communicate.

Genuine singular terms, or rigid designators, enable one to make sense of quantification into modal contexts. This does not mean that all is well with the modalities. There remains a problem with the interpretation of the modal operators themselves. As Quine has pointed out, some modalities, like those of necessity and possibility, seem to depend upon murky metaphysics. Others, such as knowledge and belief, obligation, permission, and preference, and causality, dispositions, and probability, are highly important notions that are main themes in philosophy. It is fortunate, indeed, that quantification into such contexts can be made sense of.

Literature

Carnap, Rudolf (1947): *Meaning and Necessity*, University of Chicago Press, Chicago. 2nd ed., with supplements, 1956.

Church, Alonzo (1943): *Review of Quine, Notes on Existence and Necessity*, Journal of Symbolic Logic 8, 45-47.

Church, Alonzo (1951): *A Formulation of the Logic of Sense and Denotation*, in: Paul Henle, H. M. Kallen and S. K. Langer (eds.) Structure, Method and Meaning: Essays in Honor of H. M. Sheffer, Liberal Arts Press, New York, pp. 3-24 (Abstract in Journal of Symbolic Logic 11 (1946), 31).

Church, Alonzo (1973-74): *Outline of a Revised Formulation of the Logic of Sense and Denotation*, Part I, Noûs 7, 24-33; Part II, Noûs 8, 135-156.

Davidson, Donald (1984): *Inquiries into Truth and Interpretation*, Clarendon Press, Oxford.

Donnellan, Keith (1966): *Reference and Definite Descriptions*, Philosophical Review 77, 281-304.

Evans, Gareth (1973): *The Causal Theory of Names*, Proceedings of the Aristotelian Society 47, 187-208. Reprinted in: Gareth Evans, The Collected Papers, Clarendon Press, Oxford, 1985, pp. 1-24.

Føllesdal, Dagfinn (1961): *Referential Opacity and Modal Logic*, Dissertation, Harvard. A mimeographed version of the dissertation was published by Oslo University Press, Oslo, 1966.

Føllesdal, Dagfinn (1967a): *Quantification into Causal Contexts*, Boston Studies in the Philosophy of Science, Reidel, Dordrecht, pp. 263-274.

Føllesdal, Dagfinn (1967b): *Knowledge, Identity and Existence*, Theoria 33, 1-27.
Føllesdal, Dagfinn (1968): *Quine on Modality*, in: Donald Davidson and Jaakko Hintikka (eds.), Words and Objections: Essays on the Work of W. V. Quine, Reidel, Dordrecht, pp. 147-157.
Frege, Gottlob (1892): *Über Sinn und Bedeutung*, Zeitschrift für Philosophie und philosophische Kritik 100, 25-50. English translation ("On Sense and Reference") in: Frege, Philosophical Writings, eds. Geach and Black, Blackwell, Oxford, 1952, and (as "On Sense and Nominatum") in: Feigl and Sellars (eds.), Readings in Philosophical Analysis, Appleton-Century-Crofts, New York, 1949.
Hintikka, Jaakko (1962): *Knowledge and Belief*, Cornell University Press, Ithaca, N. Y.
Hintikka, Jaakko (1967): *Existence and Identity in Epistemic Contexts: A Comment on Føllesdal's paper*, Theoria 33, 138-147.
Quine, W.V. (1981): *Theories and Things*, Harvard University Press, Cambridge, Mass.
Kripke, Saul A. (1971): *Identity and Necessity*, in: Milton K. Munitz (ed.), Identity and Individuation, New York University Press, New York, pp. 135-64, reprinted in: Stephen P. Schwartz (ed.), Naming, Necessity, and Natural Kinds, Cornell University Press, Ithaca, N. Y., 1977, pp. 66-101.
Kripke, Saul A. (1972): *Naming and Necessity*, Synthese 40, 253-354, also in: G. Herman and D. Davidson (eds.) Semantics of Natural Language, Reidel, Dordrecht, 1972, pp. 253-355, 763-69, expanded version: Naming and Necessity, Harvard University Press, Cambridge, Mass., 1980.
Kripke, Saul A. (1976): *A Puzzle About Belief*, in: A. Margalit (ed.), Meaning and Use, Reidel, Dordrecht, pp. 239-83.
Lewis, David (1968): *Counterpart Theory and Quantified Modal Logic*, Journal of Philosophy 65, 113-126.
Marcus, Ruth Barcan (1946): *A Functional Calculus of First Order Based on Strict Implication*, Journal of Symbolic Logic 11, 1-16.
Marcus, Ruth Barcan (1961): *Modalities and Intensional Languages*, Synthese, 13, 303-322. Reprinted in: Ruth Barcan Marcus, Modalities: Philosophical Essays, Oxford University Press, Oxford, 1993, pp. 3-23.
Marcus, Ruth Barcan (1967): *Essentialism in Modal Logic*, Noûs, 1, 90-96. Reprinted in: Ruth Barcan Marcus, Modalities: Philosophical Essays, Oxford University Press, Oxford, 1993, pp. 45-51.
Parsons, Terence (1967): *Grades of Essentialism in Modal Logic*, Noûs, 1, 181-191.
Parsons, Terence (1969): *Essentialism and Quantified Modal Logic*, Philosophical Review, LXXVIII, 32-52.
Putnam, Hilary (1975): *The Meaning of Meaning*, in: K. Gunderson (ed.), Language, Mind and Knowledge (Minnesota Studies in the Philosophy of Science, VII), University of Minnesota Press, Minneapolis, Minnesota. Reprinted in: Hilary Putnam, Meaning and the Moral Sciences, Routledge and Kegan Paul, London, 1978, pp. 215-271.
Quine, W. V. (1953): *Three Grades of Modal Involvement*, Proceedings of XIth International Congress of Philosophy, Brussels, 1953, vol. 14, pp. 65-81. Reprinted in: Quine, The Ways of Paradox, Random House, New York, 1966, pp. 156-174.
Quine, W. V. (1953): *From a Logical Point of View*, Harvard University Press, Cambridge, Mass. Second edition, 1961.
Quine, W. V. (1960): *Word and Object*, M.I.T. Press, Cambridge, Mass.
Quine, W. V. (1969): *Ontological Relativity and Other Essays*, Columbia University Press, New York.
Quine, W. V. (1974): *The Roots of Reference*, Open Court, La Salle, Ill.
Quine, W. V. (1981): *Theories and Things*, Harvard University Press, Cambridge, Mass.
Quine, W. V. (1994): *Promoting Extensionality*, Synthese 98.

ONORA O'NEILL

From Statist to Global Conceptions of Justice

1. Overt and Covert Statism in Conceptions of Justice

Many theories of justice of the modern period have (whether openly or discreetly) been theories of just states. From Hobbes to Rawls[1] we find an agreement that the context of justice is the state, although disagreement whether a just state should control only political or also economic and social arrangements. What is misleadingly called *international justice*, and would more accurately called *interstatal justice*,[2] is then treated as a supplementary topic, which presupposes the existence of states – and not necessarily of just states, as the doctrine of non-intervention shows us.

Evidence that this is the common order of construction of theories of justice may be found not only in the texts of modern political philosophy, but in their notable silence on certain topics. For example, discussions of justice usually treat boundaries – state boundaries – as an unargued *presupposition* rather than as a *question* for an account of justice.[3] Although there have been many discussions of the justice of boundaries, they have usually been discussions about the just placing of this or that boundary, and have presumed that boundaries are not in themselves unjust. Yet unless we have shown that states provide the primary and proper context for justice, we should not take for granted that state boundaries are just. On the face of it the boundaries of states limit most of the rights and duties of any given individual to a certain territory, and this is a fundamental institutional structure that requires justification rather than automatic acceptance.

More surprisingly a careful consideration of the Universal Declaration of Human Rights also reveals latent statism in contemporary thinking about justice. The universality of the rights proclaimed in the Declaration is constantly linked to the point that *for any individual* these rights may legitimately be differentiated by and at state boundaries. This is why the Declaration is so careful to insist that everyone has the right to a nationality (in the sense of

1 Rawls's statism is discreet but fundamental: "I shall be satisfied if it is possible to formulate a reasonable conception of justice for the basic structure of society conceived for the time being as a closed system isolated from other societies", Rawls 1971, S. 8. The point is confirmed by the marginal status that international justice has in his work, and by the substantial critical literature on his discussion of the topic. See Beitz 1979; Pogge 1989. The same statism is reaffirmed in Rawls's latest work, *Political Liberalism* (Rawls 1993).

2 For discussion of the various loaded vocabularies used in this area see Allot 1990.

3 On the problematic status of boundaries in an account of justice see O'Neill 1994, S. 69-88 and 1996 (a), S. 291-302. For recent discussion of the specific issue of fixing each person's political status by reference to the state of which they are a member see Schwartz 1995.

memberehip of a state) (Article 15)[4], and to differentiate the freedom of movement that each is to enjoy in his or her own state (Article 13) from the right of asylum which he or she may enjoy in other states (Article 14). A basic feature of a just international order – interstatal order – as outlined in the Declaration is that any given individual's rights to travel, take up abode, work, own property, and vote, and their corresponding duties, may justly be circumscribed by the boundaries of the state where he or she is citizen, or more broadly member.[5]

Of course, there is a rosy view of the world in which the segmentation of justice by the boundaries of states does no harm. On this rosy view, each of us may have the full range rights guaranteed by his or her state, states are effective deliverers of those rights, and nobody finds their rights infringed or lessened by being a member of one rather than another state. In fact, as we well know, the present world order is a grotesque parody of this rosy story. Many states do not seek to guarantee various rights, including basic rights of the person, for some or many of their citizens; many cannot guarantee various rights (in particular economic, social and cultural rights) for their citizens. And there are many stateless persons.

Current institutions do not go very far towards securing rights for those whose states do not secure them, or for those who have no state. The situation of refugees and migrants is often harsh and uncertain, and rarely ends up with the full enjoyment of rights; moreover this is not a marginal problem.[6] Intervention in other states has taken place only for grossest violations of human rights, and then only occasionally, and then often for mixed motives and then often unsuccessfully. The institutions for successful intervention do not exist; the agenda of UN reform is much discussed but has made little progress.

Equally current political philosophy is not always helpful in thinking about global justice. The first question has to be to identify ways in which consideration of global justice can gain a foothold.

Nor is current political philosophy always helpful in thinking about global justice, because it is hard to see where global justice can gain a foothold in a world of states.

4 Article 15 of the Declaration has two parts: 1 Everyone has a right to a nationality; 2 No one shall be arbitrarily deprived of his nationality nor denied the right to change it. The second part reveals that the sense in which *nationality* is intended has to do not with descent, culture or ethnicity, but with membership and citizenship in a state.

5 The term *citizen* is rather too narrow to pick out all those who enjoy extensive rights with respect to a given state. The term *member* is useful since it can be used to cover resident aliens (who have many but not all rights that citizens have, and in particular no political rights), *Gastarbeiter* (who have many rights but not all rights that citizens have, but neither political rights nor rights of permanent residence) and also children of citizens (who have many but not all rights that full citizens have). See Walzer 1983, Kap. 1.

6 For the magnitude of human migration of all sorts, past and present, see Cohen 1995.

2. Moral Cosmopolitanism

This may seem surprising in view of the cosmopolitan aspirations of much writing on justice. Yet it is hard to link cosmopolitan aspirations to global recommendations. A favourite starting point for thinking about global justice, paradoxical as it may seem, has long been to insist that the only subjects of moral concern are individual human beings. If all individuals, wherever they may be, are equally owed justice, then it might seem that because no differences of citizenship or membership are presupposed in cosmopolitan thought, or assumed to be just, we have the appropriate starting point for a genuinely cosmopolitan account of justice, in which rights and duties are not differentiated by membership of states.

And of course we can find a great deal of *abstract cosmopolitanism* or *moral cosmopolitanism*[7] in the more abstract writings of both of contemporary and of earlier moral and political philosophy, and in public debate. Yet these more abstract approaches also often present us with surprising difficulties in offering an account of global justice. Some of these difficulties can, I think, be attributed to a tendency in much current cosmopolitan thinking, even when it does not take up the more evidently statist assumptions of the UN Declaration, to think about justice in terms of human rights.

The lofty rhetoric of human rights, even if not specifically tied to the claims of the Universal Declaration, insists that all human beings (let us leave the animals aside for the moment) have the same rights. Although this resonant claim sounds as if it should provide a promising way of thinking about global justice, it leads straight into certain difficulties. More specifically, the assumption that the category of rights is the fundamental category for thought about justice creates difficulties. Roughly speaking, I believe, it is because so much contemporary abstract cosmopolitan thinking treats the category of rights as fundamental that it has difficulty in moving on from abstract claims to a discussion of effective institutions. The difficulty begins to show as soon as we ask who bears obligations to meet whatever rights are thought to be essential to justice, and whether all human beings have the same obligations.[8]

If all human rights were liberty rights, moving from an account of rights to one of obligations would be, if not simple, still seemingly not to difficult. A liberty right (e. g. to freedom of movement, to freedom of speech) is incomplete if there are *any* others who have no obligation to respect that right. A right to freedom of speech is damaged if even one other – particularly one powerful other, for example, Frederick the Great – has the right to breach or override it. This fact makes it possible to move from an abstractly cosmopolitan account of liberty rights to an abstractly cosmopolitan account of the corresponding obligations. On this conception of justice, there are both universal liberty rights and counterpart universal obligations to respect liberties: human duties match human rights.

7 For thoughtful recent discussion of abstract (moral) and institutional cosmopolitanism see Pogge 1994, S. 89-122.

8 For more extensive presentation of these arguments see O'Neill 1996 (b) and forthcoming.

However this simple correspondence fails even for liberty rights as soon as we seek to move from abstract to more institutional thinking about justice. Any institutional embodiment of liberty rights will have to *differentiate* the obligations assigned to different individuals, office holders and institutions. Even an apparently simple liberty right, such as a right not to be tortured, cannot be established and enforced without quite complex institutions which distribute obligations to the police, to courts, to tax payers and to other institutions, perhaps including independent monitoring and publicizing bodies (like Amnesty International).[9] In thinking our way from rights to obligations we have to acknowledge that a cosmopolitanism of rights leaves institutional thinking about obligations wholly indeterminate. It leads us only to the thought that rights, including liberty rights, are to be secured by some just scheme or other.[10]

The difficulties become even more acute when we consider rights of other sorts: and much current cosmopolitan thinking claims that there are other sorts of rights. In particular, the economic, social and cultural rights which form so large a part of current discourse on human rights are all of them rights to specific performances, and these performance cannot be delivered by all others taking on a proportionate share of the task. Here universal rights cannot plausibly have universal obligations as their counterparts. A 'right to food' cannot be a matter of all others having an obligation to contribute an aliquot amount of food. A 'right to development' cannot be a matter of all others having the obligation to make an equal contribution to development. It is not plausible to assert that universal rights to goods or services (which are elements of all economic, social and cultural rights) are matched by universal obligations: they require that *some* others rather than *all* others carry the obligations. But until we start thinking institutionally we cannot tell *which* others should carry *which* obligations, and we do little more than gesture in talking about universal rights to goods or services (which are components of all economic, social and cultural rights). If nothing is said about counterpart obligations, the rights that are proclaimed will not have been taken seriously. If we are to take rights seriously, we have to turn to say something about the counterpart obligations, and if these cannot be universal, we have established very little until we say quite a lot about the institutions that hold obligations, or that assign them to individuals, officials and other institutions.[11]

9 See Shue 1980 for persuasive statement of this point.

10 Evidence of this openness can found not only in the variety of constitutional formulations proposed for securing rights within states, but in the suggestions of certain libertarians that unregulated markets, including even markets in dispute resolution and enforcement, would do the job of justice better than state institutions.

11 There are those who like Robert Nozick in *Anarchy State and Utopia* (Nozick 1974) have used these considerations to argue that all rights must be liberty rights. The libertarian strategy preserves the thought that universal rights are matched by universal obligations. This desperate, not to say unattractive, line of thought has at least some merits for thinking about global justice. By taking a highly abstract and quite restricted view of moral relations it allows that all humans have equal rights and equal obligations, if of a limited sort. However, all but the most anarchist of libertarians find it hard to give up on the claim that states, at least minimal states, are needed when enforcement comes into

For these and other reasons, I believe that constructive thinking about global justice has at a very early stage to break away from proclaiming the principles of an abstract cosmopolitanism. Moreover, this cannot be achieved by endorsing the claims and arguments of the Human Rights Movement. Even if all rights were liberty rights, we would need to turn to the considerations of institutions: if they are not we can say nothing substantive without speaking about institutions.

However, it does not follow from the need to think institutionally that an attempt to think about global justice will be helped by beginning with an account of fundamentally anti-cosmopolitan institutions such as states. If our thinking begins from this familiar starting point we shall have to repeat the long and difficult intellectual trek from accounts of justice in one state to accounts of international (interstatal) justice to an account of global justice. This not the only route by which to approach an account of global justice; indead it may be an impassable route.

3. Institutions and Territoriality

One feature that distinguishes modern states from other institutions is that they are intrinsically and discretely territorial. Each of them has, or claims, a certain territory as exclusively its own, and sees the limits of this territory as the limits of the state. The recognition of a state by others is most fundamentally the recognition of its territorial boundaries. It is no wonder that in thinking about states we now generally follow the Weberian definition and take ourselves to be focussing not merely on entities that claim the monopoly of legitimate use of force, but specifically on entities that claim the monopoly of legitimate use of force *within a given territory*. For us states are invariably associated with land, and the boundaries of a state can be represented by lines on the map.[12] Yet we know the linkage of the monopoly of (legitimate) use of force with territory that we find in the Weberian conception of the state is by no means inevitable. Many earlier conceptions of states represent them as exercising a monopoly of (legitimate) power over one or many peoples, and made no more immediate reference to exclusive control of territory.[13] We know also that there are other powerful institutions, which, although they do not dispose of force (legitimate or illegitimate) nevertheless affect human lives in profound ways which may be just or unjust.

If we are to think about the ways by which we might work towards a global conception of justice, I believe we may do well not to start thinking about institutions by taking for granted the legitimacy of mutually exclusive (and *de facto* more or less jointly exhaustive)

picture, and with a plurality of states we find a clear retreat from abstract cosmopolitanism in the direction of statist forms of institutional thinking.

12 Of course, the territory is not always connected or unitary (former Pakistan; island states), but it is exclusive.

13 See Baldwin 1992.

territorial units, within each of which there an institution claiming monopoly of the legitimate use of force. For this focus immediately assumes that other institutions are or should be derivative, or at least subordinate. Yet a primary focus on states is hard to shed. It is revealed, for example, in the widespread current use in discussions of international relations of the telling and clumsy term 'non-state actor': the term reveals a way of thinking that continues to place states in a class by themselves,[14] and that lumps together everything from human individuals through voluntary associations to institutions which wield powers that may exceed those of many states in their scale and impact.

In particular, we might in fact do better in thinking about justice to take full account not only of states but of other institutions which exercise substantial power but which are not intrinsically territorial. Non territorial institutions are, of course, localable, usually at a variety of places. But their influence is not identified with and often not confined to the bounded territory of any state. Many of the most important of these institutions might be thought of as *networking institutions,* which link spatially dispersed persons, officials and institutions. Among familiar examples of networking institutions we might include global financial organizations; transnational corporations; transnational communications networks (satellite broadcasting systems; the internet); proselytizing religious and political organizations, tranenational NGO's[15] such as Amnesty, Caritas, Oxfam, Médecins sans Frontières as well as certain research and educational networks.

The nature of the powers exercised by networking organizations often differs greatly from that of those exercised by territorial organizations. Territorial organizations can be good at enforcing certain requirements on individuals and on lesser institutions within their territory. They are often less good at achieving other sorts of change. Networking institutions may not be good at enforcing requirements on individuals (although some of them do a good bit of that too), but they may exercise a great deal of *productive power,* in the Foucaultian sense of forming and limiting what individuals and institutions become, and the plans and activities to which they can aspire.

This is not a novel point. It is often formulated from a statist point of view as a *complaint* that certain institutions, particularly networking institutions, seem to evade the exercise of state power in worrying ways. For example, transnational corporations can (and often do) locate dirty production processes wherever environmental legislation is weakest. Financial organizations with global reach can (and often do) locate their profits where taxation is lowest and their activities where they are least restricted. Global communications organizations can (and often do) locate their hardware, their editorial policies and their profits wherever may be advantageous – if necessary in orbit.

14 See Risse-Kaplan 1995.

15 The acronym *INGO (* international non-governmental organization) perpetuates some of the confusions of thought that I am seeking to avoid: organizations like Amnesty or Caritas are non-governmental, non-statal and non-national, but this does not make them inter-governmental, interstatal, or in the proper sense of the term international.

Perhaps a more realistic way of considering the justice of networking institutions would be adopting a non-statist approach. It would recognize that global networking institutions cannot be truly subordinated to states, and that an approach to justice which assumes that states are the sole proper locus, or even the primary locus, of justice must fail to show how networking institutions can be justly constructed. Failure to take direct account of networking institutions in thinking about justice will falsely assume that the demands of justice can *all* be met via the action of territorial institutions. In truth, it is clear that states do not (any longer) control some of the more significant networking institutions and are ill-placed to gain control of them.

All this is really by way of redirecting – and increasing – the tasks of political philosophy. So far my conclusions are largely negative: it is not obvious that the state is the port of entry to all serious thought about the institutions of justice; it is not likely that an account of international (interstatal) justice will provide a basis for developing an adequate account of just networking institutions.

4. Networking Institutions and Sovereign States

Networking institutions do not of course wholly escape the regulation of states. Their officials and offices and laboratories are located in state territories, or rather in the territories of many states. The problem is rather that they are not located within any one jurisdiction, and so will escape regulation and control that is internal to some jurisdiction.

The most familiar strategy of trying to squeeze them into accounts of justice that begin with states is to argue that states can construct international (interstatal) and intergovernmental bodies to regulate the networking institutions uniformly across territories, so ensuring that they meet certain standards of justice. One much noted difficulty of this strategy is that, precisely because states are deemed to be sovereign, interstatal and intergovernmental institutions have to work by laborious procedures of negotiation, in many cases by procedures that demand unanimity. A second is that, for the same reason, it is difficult to enforce decisions that are reached: the standards of compliance achieved in different jurisdictions are notoriously variable. A result can be that regulatory regimes are slow and inefficient and leave the global networking institutions fundamentally unregulated, or at any rate unregulated in a sufficient number of places to compromise the quality of regulation. 'Off-shore' financial institutions are one obvious current example; the internet is another.

Yet international (intergovernmental or interstatal) action can seem the only route to a more just world if we are in thrall to the Weberian conception of the state and the thought that the state is the sole context of justice. If a sovereign state is the only legitimate user of force in any given territory, what other source for the regulation of networking institutions could there be?

This picture of the primacy of states has often been sustained by the thought that sovereignty is intrinsically indivisible. Hobbes notoriously held that if anarchy is to be avoided men need 'a common power to keep them all in awe'.[16] The thought that sovereignty must be unitary was, however, soon questioned. The need for sovereignty exercised within a state – internal sovereignty – to be unitary was challenged by the doctrine of the separation of powers, which suggests that a polity is likely to be better governed if the functions of government are divided among different branches of government. Many arguments for separating these functions have pointed to the concentration of power that a unitary sovereign represents, to the dangers of absolutism and to the likelihood that absolutism will not be enlightened but rather unjust, often brutally unjust. The principal challenges to the merits of indivisible internal sovereignty have in effect challenged it in the name of considerations of justice, such as liberty and democracy. Moreover the changes proposed have proved institutionally feasible and stable. Those states which institutionalize the division of powers in their constitutions are not intrinsically weakened or unable to function. On many accounts, constitutional states that guarantee a range of liberal freedoms and social rights function rather more justly than monolithic states; and they go to war less often.[17]

These remarks about the divisibility of internal sovereignty may seem *vieux joux*. By contrast, it is still often claimed that the international order requires a state system in which states are externally sovereign, i. e. in which each is sovereign in the conduct of its affairs vis a vis other states. The attainment of external sovereignty has been the great aspiration of the period of decolonization: during the last 50 years a great variety of dependent territories have assumed (or had thrust upon them) the status of sovereign state, and many minorities with secessionist ambitions still hope to attain this status.

However, this preoccupation with the external sovereignty of states may misconceive the realities of contemporary statehood. If this is the case, it may be important to ask whether states are the only fundamental institutions for an account of a just world order? Should a global conception of justice not aim at more than an account of a just system of states? Are international (interstatal) relations the fundamental elements of global justice? Or do we, on the contrary, fail to face the real structure and complexity of power in the world we live in by pretending that statism is still an appropriate presupposition for all questions about global justice, and states the sole appropriate context for just institutions?

The doctrine of external sovereignty has, it is true, been called into question in some writing on international (interstatal?) relations. Most evidently it is questioned by those who seek to secure human rights and to hope that certain states will challenge or even to intervene in states who violate those rights, and by those who regret the absence of global means of enforcement of human rights. It is also challenged empirically by those who note how many of the states of the post-colonial world, far from being sovereign, are and have been quasi-states, whose ability to function depends on other states and on international institutions that provide aid and support.[18] However statism remains the fundamental orientation of institu-

16 See Hobbes 1651, (1991) Book II, Kap 17 and 18.

17 See Doyle 1983, S. 205-235 for evidence of the contribution of liberal domestic institutions to the avoidance of war.

18 See Jackson 1990.

tional studies of international relations, as well as of institutionally articulated discussions of international justice and of what has come to be called international ethics. For example, Mervyn Frost, in a very recent defence of international ethics, that rejects the 'realist' relegation of ethical considerations, nevertheless insists that

> whatever proposals for piecemeal or large-scale reform of the state system are made, they must of necessity be made in the language of the modern state [and]... will have to make use of concepts which are at present part and parcel of the theory of states.[19]

Yet this insistence that states and the system of states remain the fundamental reality which an account of global justice must rely on may today be an obstacle to any account of genuinely global justice. Powerful institutions of other sorts, and in particular non-territorial networking institutions, may be an important non-statal context for an adequate account of justice.

5. Questions for Global Justice

Yet there is very little to draw on if one hopes to extend thinking about justice not merely beyond borders for elective purposes but beyond states. Such an extension would, I think, have to consider the justice of the most influential networking institutions. At its most basic this would, I think, be no more than a matter of insisting that the questions we ask of states and the institutions that are subordinate to states also be asked of global networking institutions.

Let me offer as an example of such an extended way of thinking about the context of justice some questions that should, I believe, be asked of global communications networks. Let us suppose provisional that some fairly standard views of human rights and of democracy define the content of justice. We should then, I believe, take it that global communications networks fall within the scope of these principles and ask what they would have to do to respect these principles, and how they could move towards doing so better. One question would be how far traditional liberty rights that are relevant to communications (free speech, freedom to publish) are secured. Does a particular global communications institution support freedom of speech and expression? Does it support freedom of communication between those who must perforce rely on its technical facilities? Does it discourage or encourage forms of deception? A further range of questions might ask how well global communications networks support a range of economic, social and cultural rights. Does dominate and control the economic life and the communicative capacities of those whom it links, or does it enable economic and cultural activity? Does it contribute to the life or the death of businesses, languages, cultures and art-forms? Does it foster communicative

19 Frost 1996, S. 90.

practices which are non-oppressive and tolerant, or does it convey strong messages that keep certain persons and institutions intimidated, marginalized or silenced?

These questions go considerably beyond the sorts of questions about content and quality that state regulators ask of communications networks within a state. They are questions that bear on the reality that powerful institutions that control both the technology and the editorial policies for global communications are in a position not only to damage liberty rights but to exercise productive power by forming the commercial, educational, social and cultural life of large parts of the world. An account of justice should address the forms which such power may legitimately take.

If these questions were posed, the answers might reveal that cartain communications networks were not supporting free speech or enhancing possibilities of communication, or were marginalizing certain political or cultural possibilities, or were undermining the freedom of markets. We might find that some networks were fostering doctrinaire or ideological positions, forms of 'cocacolonization' or religious dogma, and effeclively stifling critical voices and certain ways of thought and life. Alternatively we might find that some networking institutions were fostering open debate and traditions of mutual respect, that they were assisting rather than eroding cultures, languages and traditions, that they were fostering rather than undermining economic diversity.

With this range of possibilities in mind we may wonder whether we do not, in the end, have to return to states as the only institutions that can require that communications networks foster just practices of communications. Are not states the crucial institutions 'in the last instance' because of their monopoly of force within territories? If states do not regulate and compel, why should networking institutions seek to embody principles of justice in their ways of communication?

This line of thought seems to me misguided for two reasons. The first is the sober reality that global networking institutions escape the powers of states in many matters. State regulation evidently cannot suffice. The second is that the demand that global networking institutions should heed the demands of justice is intrinsically no more implausible than the demand that states should do so. If there are good reasons for accepting certain principles of justice, then there are good reasons for trying to ensure that both states and networking institutions heed them. There is no guarantee of compliance, or even of desires to comply, in either case; equally compliance is not inevitably unobtainable. Both states and global networking institutions are, if not unconditionally sovereign, still non-subordinate in certain respects. Both should therefore be viewed as primary contexts for working towards justice.

The route to compliance may be just as rocky in the case of global networking institutions as it has provad in the case of states. But it is not necessarily impassable. Global networking institutions can, for example, be offered 'seats at the table', as are states, when matters that affect them are discussed. (This is not the same as giving 'seats at the table' at some international conferences to every interest group). It may seem that this is to invite the wolf in through the door. Yet that might equally be said about including sovereign states in certain negotiations. Of course, a 'seat at the table' does not guarantee successful negotiations or compliance. Like sovereign states, global networking institutions may refuse to agree, or agree and fail to comply. Equally, like sovereign states, global institutions may agree comply, if only because they too have a strong interest in securing the basic principle *pacta sunt servanda.* Global networking institutions are variously financial, commercial, ideological, cultural, charitable and scientific bodies, and all of them are in the business of making decisions and agreements, and relying on others' abiding by their agreements – just as states are in that business.

Such negotiations need not have anything to do with standards of justice. For example, the discussions of a conference on undersea mining which brought together representatives of global mining consortia and of states might seem to be far removed from issues of justice. Yet even if this is commonly the case, it is not necessarily the case. Questions about the ownership of the ocean floor and its minerals, about pollution and fisheries, about the protection of vulnerable peoples and cultures may all arise. Although such negotiations might skirt, or give short shrift to questions of justice, I see no reason why this should be automatic or acceptable, any more than it should be automatic and acceplable in the affairs of states.

It may be objected that non-state actors typically represent sectional interests of one or another sort. Yet this does not differentiate them from states. Although states may represent or claim to represent the interests of all their citizens (or members) this too is a sectional interest: it appears otherwise as representing the common interest only insofar as we presuppose that the proper context of justice is the state.

Where our concerns are theoretical rather than focussed on constructing institutions and achieving compliance with standards of justice, the matter is plainer. If global networking institutions are not regulable by states, acting either individually or in concert, political philosophers should surely view them too as primary contexts of justice or offer reasons why they should not be so regarded.

Bibliography

Allot, Phillip: *Eunomia: New Order for a New World*, Oxford, 1990.

Baldwin, Thomas: *The Territorial State*, in: Gross, Hyman and Harrison, Ross (Hg.), *Jurisprudence*: Cambridge Essays, Oxford, 1992, S. 207-30.

Beitz, Charles: *Political Theory and International Relations*, Princeton, N. J. 1979.

Cohen, Robin (Hg): *The Cambridge Survey of World Migration*, Cambridge, 1995.

Doyle, Michael W.: *Kant, Liberal Legacies and Foreign Affairs*, Part I, in: *Philosophy and Public Affairs* 12 (1983), S. 205-235.

Frost, Mervyn: *Ethics in International Relations*, Cambridge, 1996.

Hobbes, Thomas: *Leviathan*, 1651, Richard Tuck (Hg), Cambridge, 1991.

Jackson, Robert H.: *Quasi-States: sovereignty, international relations and the Third World*, Cambridge, 1990.

Nozick, Robert: *Anarchy State and Utopia*, New York, 1974.

O'Neill, Onora: *Justice and Boundaries*, in: Brown, C. (Hg): Political Restructuring in Europe: Ethical Perspectives, London, 1994, S. 69-88.

O'Neill, Onora: *Transnational Justice: Permeable Boundaries and Multiple Identities*, in: King, Preston (Hg): Socialism and the Common Good: New Fabian Essays, London, 1996 (a), S. 291-302.
O'Neill, Onora: *Tugend und Gerechtigkeit: eine konstruktive Darstellung des praktischen Denkens*, Berlin, 1996 (b).
O'Neill, Onora: *Women's Rights: Whose Obligations?*, Oxford Amnesty Lecture 1996, forthcoming.
Pogge, Thomas: *Cosmopolitanism and Sovereignty*, in: Brown, C. (Hg): Political Restructuring in Europe: Ethical Perspectives, London, 1994, S. 89-122.
Pogge, Thomas: *Realizing Rawls*, Cornell, N. Y. 1989.
Rawls, John: *A Theory of Justice*, Cambridge, Mass. 1971.
Rawls, John: *Political Liberalism*, New York, N. Y. 1993.
Risse-Kaplan, Thomas (Hg): *Bringing Transnational Relations*, Back, in: Non-State Actors, Domestic Structures and International Institutions, Cambridge, 1995.
Schwartz, Warren F. (Hg): *Justice in Immigration*, Cambridge, 1995.
Shue, Henry: *Basic Rights: Famine, Affluence and US Foreign Policy*, N. J., 1980.
Walzer, Michael: *Spheres of Justice: A Defence of Pluralism and Equality*, Oxford, 1983.

TILMAN BORSCHE

"Es ist in Namen, daß wir denken." Lyotards Kritik des spekulativen Diskurses

I. Biographisch Einleitendes

Der sog. Zusammenbruch des Hegelschen Systems, den wir gewohnt sind, als ein akademisches Ereignis anzusehen, das deutsche Universitäten um die Mitte des 19. Jahrhunderts beschäftigte, findet auch an anderen Orten, zu anderen Zeiten und auf anderen Feldern statt. Eine besonders interessante und philosophisch fruchtbare Version spielt z. B. unter den politisch engagierten französischen Intellektuellen der Nachkriegszeit. Aus diesem Stück stammt der (keineswegs unbekannte) Stoff der folgenden Ausführungen.

Jean-François Lyotard, der lieber Mönch, Maler oder Historiker hatte werden wollen, stattdessen aber als Philosophielehrer nach Algerien ging, fand seine philosophische Orientierung durch eine im Studium offenbar vernachlässigte Lektüre der Schriften von Marx sowie durch die persönlichen Erfahrungen des Algerienkrieges.[1] Beides zusammen führte dazu, daß er sich von 1954 an zwölf Jahre lang ausschließlich dem politischen Befreiungskampf verschrieb. Er schloß sich einer radikalmarxistischen Gruppe an, die die Zeitschrift *Socialisme ou barbarie* herausgab, was nicht nur ein Titel, sondern zugleich ein Programm sein sollte: Sozialismus *oder* Barbarei, ein Drittes war nicht vorstellbar: "Fasziniert von der theoretischen und praktischen Kraft des dialektischen Materialismus, wie es dieser Neuling in Sachen radikaler Militanz war", schreibt Lyotard rückblickend über sich selbst, "mußte er [dieser Neuling] natürlich davon überzeugt sein, daß eine so widersprüchliche Gesellschaft wie die algerische, eine Gesellschaft, in der das Unrecht so offen zutage lag, der Lösung (*resolution*) ihrer Aporie nicht entgehen konnte, egal, welcher Mittel sie sich bedienen und wieviel Zeit diese Lösung in Anspruch nehmen würde".[2]

Doch der Neuling macht Erfahrungen, Erfahrungen nicht nur mit verschiedenen Stufen des Bewußtseins, wie sie in der *Phänomenologie des Geistes* beschrieben worden waren und von dort her in die marxistische Geschichtsphilosophie Eingang gefunden hatten, sondern Erfahrungen mit dem dialektischen Denken selbst, das diese Geschichte darstellt. Während sein Lehrer und Freund Pierre Souyri, ein kompromißlos kritischer und selbstkritischer Marxist, trotz eines klaren Blicks für die ständigen Niederlagen des Sozialismus darauf beharrte, "die Problematik von Geschichte und Gesellschaft () ausschließlich innerhalb des theoretischen und praktischen Rahmens des Marxismus" zu lösen,[3] konnte Lyotard grundsätzliche Zweifel an der Angemessenheit der marxistischen Begriffe zur Darstellung der

1 Zu diesen und weiteren (auto)biographischen Hinweisen vgl. Lyotard 1989, bes. S. 15 f., 57 ff.

2 Lyotard 1989, S. 52.

3 "Ein Denkmal des Marxismus", in Lyotard 1989, S. 92.

Wirklichkeit nicht mehr verdrängen. Seit Ende der fünfziger Jahre entspann sich daraufhin ein Widerstreit zwischen den Diskussionspartnern und Freunden, dessen Unlösbarkeit – intellektuelle Redlichkeit und besten Willen auf beiden Seiten vorausgesetzt – schließlich (1966) zum Bruch des Jüngeren mit dem Marxismus führte.

Diese schmerzliche Erfahrung der Entfremdung gab Anlaß zu einigen Beobachtungen. Zwei davon wurden wegweisend für die philosophische Entwicklung Lyotards im allgemeinen und für seine Auseinandersetzung mit Hegel im besonderen.[4]

(a) Es erwies sich als unmöglich, die theoretische Entfremdung besser zu begründen, "als ein Abzug der affektiven Besetzung vernünftig erklärbar ist". Man konnte nur feststellen, daß die "Sprache" der marxistischen Theorie mit den in ihr tradierten geschichtsphilosophischen Prämissen ihren bislang fraglos gültigen Wert als Orientierungsrahmen der Diskussion mit der Zeit verloren hatte.[5]

(b) Dieser Verlust löste ein neues Nachdenken über die Begrifflichkeit aus, in der wir, z. B. als Marxisten, Wirklichkeit darstellen. Nicht das Wissen um die Standpunktgebundenheit alles Urteilens, die dem Dialektiker geläufig ist, wurde zum Problem, sondern die Frage der Selbstanwendung der Dialektik. Denn im Licht des Widerstreits zeigte sich "die dialektische Logik selbst, mit ihrem immer noch unwiderlegbaren Operator, dem Anti-Prinzip des Widerspruchs", als auch nur ein "Idiom".[6]

Aus der Erfahrung des Widerstreits, die zugleich eine Krise des Selbst- und Weltverhältnisses auslöste und in diesem Sinn die Dialektik des Bewußtseins nur zu bestätigen schien, erwuchs stattdessen eine kritische Rückfrage an die Logik der Dialektik. Bis heute hat wohl kaum ein anderer Hegelkritiker seine Kritik so von innen her, aus der Erfahrung der Stärke des dialektischen Denkens heraus entwickelt.

II. Lyotards Hegelkritik

Lyotards zentrale Auseinandersetzung mit Hegel findet sich unter dem Titel "Le résultat" im mittleren vierten Teil von *Le différend*. Sie beginnt mit einer Kurzcharakteristik des speku-

4 Erwähnen möchte ich, obwohl sie nicht zu dem hier behandelten Themenkreis gehört, noch eine dritte Schlußfolgerung, die Lyotard aus seiner Erfahrung zieht: Es gebe etwas im Marxismus, das den Verlust seiner theoretischen Allmacht (die Überwindung des "marxistischen Dogmatismus") überdauere und das er zurückblickend als Grund dafür anführt, warum er sich – trotz des Widerstreits – nicht dem 'realistischen' "Flügel" um Castoriadis anschloß, dem er theoretisch näher stand, sondern bei der 'orthodoxen' Gruppe um Souyri blieb. Lyotard nennt diese entscheidende marxistische Einsicht "kritische Praxis" und bestimmt sie als die Bereitschaft zum "Kampf gegen jene Partei, die den Anspruch erhebt, Richter zu sein" (Lyotard 1989, S. 114 ff.). – Im Anschluß an diese Feststellung folgt eine brilliante epideiktische Rede ohne jedes Pathos, die ein 'tombeau' der moralischen Persönlichkeit Souyris errichtet (S. 116-134).

5 Vgl. Lyotard 1989, S. 100.

6 Lyotard 1989, S. 96.

lativen Denkens, die sogleich den zentralen Kritikpunkt hervorhebt. Wissenschaft im Sinne Hegels, die 'Spekulation', geht davon aus, daß jedes Wort der natürlichen Sprache mehrdeutig ist. Demgegenüber versucht das bestimmende Denken, dessen Termini, wie die Tradition lehrt, aus dem Verstand geboren sind, diese Mehrdeutigkeit zu beseitigen oder doch auszugrenzen (zu 'definieren'). Damit aber sind die Bestimmungen des Verstandes zwar eindeutig, aber auch einseitig, sie rufen als ihre Kehrseite den Widerpruch der bestimmten Negation hervor und können ihre Wahrheit erst in einem dritten Begriff als in ihrem Resultat erreichen, in dem beide Seiten des Gegensatzes zu ideellen Momenten eines neuen Ganzen herabgesetzt werden. So wird der Widerspruch als die Grenze und seine Vermeidung als die Bedingung des Verstandesdenkens in die begreifende Bewegung des spekulativen Denkens hineingenommen. Seine Aufhebung ist eine Frage der Zeit, an sich ist sie immer schon realisiert, nur für uns und im Moment möglicherweise noch problematisch. So in Kürze die Darstellung Lyotards.

Die Überlegenheit der Spekulation gegenüber dem Verstandesdenken ist für Lyotard selbstverständlicher Ausgangspunkt. Da nun die Spekulation den Widerspruch und die Zeit in den Begriff hineinnimmt, kann sie beides außerhalb des Begriffs nicht dulden. Der Spekulation als der Methode der Selbstdarstellung der Wahrheit, kann man nur aus Leichtfertigkeit, Ungeduld oder Unbildung widersprechen.[7] 'In Wahrheit' aber oder für das Ganze gibt es keinen Widerspruch, kein Außerhalb, nur Notwendigkeit. Lyotard verwendet dafür die provokative Formel: Das Spekulative (die Wahrheit, die das Ganze ist) ist das Indiskutable.[8] Und doch, in vollem Bewußtsein der überlegenen, der alles umspannenden und alles integrierenden Macht dieses spekulativen Denkens, will er, ja muß er es *diskutieren*.

In dieser Absicht stellt er die Frage, wie sie auch Nietzsche an die metaphysische Tradition gestellt hat: Ist die Wahrheit wirklich Eine – das Ganze nämlich ohne Widerspruch und ohne Andersheit –, oder ist sie es nicht? Mit dieser Frage knüpft Lyotard ausdrücklich an die Hegel-Kritik der *Negativen Dialektik* an. Wie Adorno beruft er sich auf ein Ereignis, das Ereignis, das den Namen "Auschwitz" trägt, um damit etwas anzuzeigen, das nicht als "Beispiel" für einen Begriff, als Illustration für eine Idee zu verstehen ist. In Hegelscher Terminologie gesagt: von diesem Ereignis gibt es keinen Begriff, der durch seine Negation hindurch als Moment in einem neuen Begriff aufgehoben werden und so zu einem "Resultat" führen könnte, weil es – im Gegensatz zu anderen sog. historischen Ereignissen, denen Hegel gerne eine spekulative Bedeutung zuspricht – keine mögliche Erfahrung des Bewußtseins darstellt. Dieses Ereignis wäre vielmehr im Sinne Adornos "Modell": ein Anderes, Fremdes – etwas, das unbegriffen bleibt; wie alles Fremde eine Wunde des Geistes, aber eine, die nicht verheilt. So verstanden zitiert der Verweis auf das "Modell 'Auschwitz'" einen *Namen*, der "dem spekulativen Diskurs Halt gebietet. Dieser könnte sich 'nach Auschwitz' nicht weiter fortsetzen". Denn der häßliche, der sinnlose Tod kann nicht überwunden

7 Lyotard zitiert hier (Le différend, no. 152, S. 130, vgl. S. 132) aus den *Jahrbüchern für wissenschaftliche Kritik* XVII (vgl. Hegel, Werke, hg. H. Glockner, Bd. 20, S. 304 f.).

8 Vgl. Le différend, no. 152: "On ne discute pas, () on croit discuter. () Il n'y a pas de vraies discussions." (S. 130), bzw. a. O.: "l'indiscutable, le spéculatif" (S. 132).

werden, indem er als Moment des Absoluten interpretiert und verstanden, mit Sinn gefüllt und angenommen, indem er spekulativ vermittelt und angeeignet wird wie der "schöne Tod" der im Kampf gefallenen athenischen Bürger.[9] Damit aber wird dieses Modell zum Namen einer Art "para-expérience",[10] einer "Erfahrung von Sprache", und zwar in dem Sinn, daß die spekulative Darstellung der Erfahrung des Bewußtseins sich als eine besondere 'Sprache' zeigt, die wie alle besonderen Sprachen ihre Bedingungen und Grenzen hat.[11]

"Auschwitz" ist keine Erfahrung, aber dennoch der Name eines Ereignisses, über das gesprochen wird, gesprochen werden kann und muß. Nun lag die Stärke des spekulativen Diskurses gerade darin, daß er alles nicht-spekulative Reden als leichtfertig oder ungebildet, weil seine Voraussetzungen nicht reflektierend einstufte und damit alle Rede 'in Wahrheit', d. h. ggf. auch gegen ihr Selbstverständnis, auf Momente der spekulativen Entwicklung des Absoluten zurückführte. Wenn nun aber Reden "nach Auschwitz" möglich, gar unvermeidlich ist, Reden über Auschwitz aber und erst recht eine spekulative Aneignung dieses Namens sich als unmöglich erweisen, dann kann das nicht ohne Folgen für den Status des spekulativen Diskurses selbst bleiben. Er verliert seinen Absolutheitsanspruch. Die unaufhebbare Unterbrechung durch das Ereignis zwingt ihn in die Rolle eines Gegenstands (Referenten), dessen Bedeutung zweifelhaft geworden ist. Sie bringt die Spekulation damit in die paradoxe Lage, sich als ein Moment ihrer selbst reflektieren und damit aufheben zu wollen/sollen. Die Logik der Spekulation, die die Logik *aller* besonderen Sprachen des Denkens darzustellen versprach, erscheint selbst als eine besondere Logik – als *ein* Idiom neben anderen.

Natürlich hat auch Hegel über die Spekulation als die Methode des philosophischen Denkens reflektiert und geschrieben, doch anders als über die (anderen) Gegenstände der Spekulation. Ihr wird eine herausgehobene Stellung am Ende und als Ziel der Wissenschaft eingeräumt; sie ist das Denken, das nichts anderes mehr als sich selbst denkt, das absolute Wissen, das keinen Gegensatz außer sich, sondern alle Bestimmtheit in sich hat, das das Ganze selbst denkt und ist.[12] Wenn aber nun die Spekulation an einem Ereignis, das nicht Erfahrung werden will, ihre Grenze finden soll, dann wird sie natürlich auch dadurch nicht widerlegt. Was ihr widerfährt, ist vielmehr der Entzug jenes Privilegs der absoluten Methode, das sie für sich in Anspruch nahm. Und es ist allein dieser Entzug, der in seinen vielfältigen Erscheinungsweisen, historiographisch wenig glücklich, als "Zusammenbruch des Hegelschen Systems" bezeichnet wird. In diesem Sinn erweist sich für Lyotard der Name "Auschwitz" nicht so sehr als ein "Modell", das begrifflos auf das "Absolute" verwiese,[13] es wird ganz schlicht Anlaß für eine neue Diskursart. So überlebt auch die Spekulation den

9 Vgl. Le différend, no. 156.

10 Le différend, no. 152., S. 133; die deutsche Übersetzung bleibt hier mit "Meta-Erfahrung" eher hilflos, S. 155.

11 Vgl. ebd.

12 Vgl. z. B. das emphatische Ende der *Enzyklopädie der philosophischen Wissenschaften*, § 577.

13 Vgl. Adorno 1975, S. 10 sowie Dritter Teil, S. 209 ff. Doch das Absolute bei Adorno, kommt es nicht seinerseits daher wie ein "vom Hohen getöntes Wort" (a. O., S. 400, 360)?

Zusammenbruch ihres Absolutheitsanspruchs, sie wird säkularisiert und muß sich bescheiden.

Zunächst aber macht die Irritation durch das Ereignis eine kritische, d. h. jedenfalls nicht selbst schon spekulative Untersuchung der "spekulativen Diskursart" erforderlich. Der Ansatz des Lyotardschen Versuchs einer solchen Kritik liegt bereits in der leicht verschobenen Namengebung: Es geht nicht mehr um *das Denken* als in Wahrheit spekulatives, sondern um eine *besondere Diskursart*, die spekulative. Jede Diskursart aber wird, so will es dieser Begriff, durch spezifische Regeln charakterisiert; die Regeln der spekulativen Diskursart erhebt Lyotard an den klassischen Orten ihres Ursprungs, an Hegels *Phänomenologie des Geistes* und seiner *Wissenschaft der Logik*. Nach welcher Methode geht er vor? Weder spekulativ noch äußerlich, aber doch in pertinenter Weise kritisch soll sie sein. Nun, Lyotard analysiert die Regeln der Spekulation, insofern er diese als eine "Diskursart" bestimmt und damit als einen Gegenstand der Untersuchung isoliert und fixiert hat, und zwar analysiert er sie nach einem allgemeinen Schema des *Satzes*. Denn der Satz (*la phrase*) gilt als das Grundelement aller Diskursivität. Der Satzbegriff tritt damit an die Stelle des Seinsbegriffs traditioneller Ontologien, und zwar in analoger Weise wie der Begriff des Lebens oder der des Zeichens in anderen philosophischen Entwürfen nach Hegel, d. h. gerade nicht als ein neuer metaphysischer Grundbegriff. Folglich wird auch nicht definiert, was ein Satz ist. Auf entsprechende Fragen folgt lediglich der Hinweis, daß alles Denken, Fragen, Zweifeln usw. immer diskursiv (ein Diskurs) sei, d. h. in Sätzen geschehe. Selbst dieser Hinweis steht nicht am Anfang der Erörterungen des Buchs, ist auch nicht das Resultat einer Reflexion auf das Anfangen, sondern er findet sich, nachdem schon viel gesagt ist, zu Beginn des dritten Teils, der die "Darstellung" (*la présentation*) behandelt. Hier heißt es in Anklang an die cartesische Frage der Ersten Philosophie: "Nicht das denkende oder reflexive Ich hält der Prüfung des alles umfassenden Zweifels stand, sondern der Satz und die Zeit".[14] Dem folgt wenig später,[15] erläuternd, als drittes noch der "Übergang" (*passage*). Denn es gehört zum Satz selbst, daß auf jeden Satz ein weiterer folgt: das *ist* die Zeit als der Übergang. Nicht *welcher* Satz, sondern *daß* ein Satz folgt, ist notwendig. Ein Satz allein ist niemals vollständig, vielmehr ist er wesentlich unterbestimmt, und zwar gerade durch seine Bestimmung, die nach Lyotard darin besteht, daß er vier Plätze, Stellen, Valenzen markiert: für seinen Sender, seinen Empfänger, seinen Gegenstand/Referenten und seine Bedeutung. Diese vier Plätze, deren Geflecht den Satz ausmacht, können allein, müssen aber keineswegs durch Namen besetzt sein. Doch wofür solche Namen stehen mögen, d. h. wer Sender bzw. Empfänger, was der Gegenstand und dessen Bedeutung ist, entscheidet allemal erst der Übergang, die Folge, d. h. die Frage, welche ihrer unabsehbaren Möglichkeiten im folgenden aktualisiert und dargestellt, wie sie mit weiteren Namen verkettet werden. Deshalb steht kein Satz iso-

14 Le différend, no. 94. – Angesichts dieser klaren und an prominenter Stelle plazierten Aussage erscheint es erstaunlich, daß Interpreten bei Lyotard eine "Substantialisierung des Subjektiven" der "unverändert auf Selbstsein fixierten Individuen" konstatieren zu können glauben (Schmidt 1991, S. 1375 f.). Auch der übrige Text gibt wenig Anlaß zu derartigen Vermutungen.

15 Le différend, no. 101.

liert, keiner kann der erste, keiner der letzte sein – er muß verkettet werden. Erst die Verkettung eines wirklichen Satzes zeigt, wie er verstanden wurde, wird bzw. werden soll; und jede Verkettung macht neue Lesarten der vorhergehenden Sätze möglich. So verbürgt die Notwendigkeit der Verkettung keineswegs immer eine angebbare, gar vorhersehbare Kontinuität oder Kohärenz des Denkens, sei es unter logischen, teleologischen oder anderen Einheitsbegriffen, auch nicht unter dialektischen oder evolutionären, sondern sie birgt jederzeit und gleichermaßen das Risiko der Diskontinuität, d. h. *anders* interpretierender Kontinuität. So führt jeder aktuelle Satz einen Hof virtueller Bedeutungen mit sich, über deren Aktualisierung erst im Übergang, in der Folge – durch die Art seiner Verkettung – rückwirkend entschieden wird.

Diese Hinweise müssen genügen. Der damit angedeutete – nennen wir ihn einmal so, um einen Namen zu haben – "diskursphilosophische" Rahmen, unbewiesen, unabgeleitet, wie er auftritt, stellt gewiß eine quasi-metaphysische Voraussetzung dar. Immerhin ist er verständlich, für manche Leser zumindest, und erfüllt damit die erste und geringste Anforderung, die man an ihn stellen mag: Man kann über ihn streiten. Wichtig für den seinerseits auch nur wieder "diskursphilosophisch" zu erörternden Status des Rahmens aber ist folgendes: Was dieser nennt und expliziert, sind nicht allgemeine Bedingungen der Möglichkeit des Denkens schlechthin, wohl aber spezielle Bedingungen für die Lektüre des Textes, dem er als Rahmen dient. Man nehme ihn daher als das, was zu sein er beansprucht, nicht mehr und nicht weniger, als den Vorschlag eines Zeitgenossen für ein begriffliches Gerüst, mit dessen Hilfe philosophische Grundprobleme der Gegenwart, d. h. der Zeit nach der linguistischen Wende, nach Wittgenstein insbesondere,[16] neu formuliert und einer Lösung zugeführt werden sollen; und hier insbesondere das Problem einer Überwindung des Systemanspruchs der Philosophie im Hegelschen Sinn, nachdem bzw. insofern die affektive Besetzung dieses 'alten' philosophischen Wahrheitsanspruchs nicht mehr so selbstverständlich trägt wie vormals. Jedenfalls ermöglicht es dieser Rahmen, verschiedene Diskursarten zu unterscheiden, indem er die Frage erlaubt, welchen besonderen Verkettungsregeln sie folgen, und schon das rechtfertigt im Moment seine Annahme. Denn in einer so gewählten Perspektive stehen sich die spekulative und andere Diskursarten, inbesondere die kognitive oder wissenschaftliche, äußerlich zwar, aber vergleichbar gegenüber. – Lyotard weiß natürlich, daß dieser diskursphilosophische Rahmen undialektisch ist. Denn er macht Voraussetzungen, an denen er festhält. So unterscheidet er die Form und den Inhalt von Diskursen und untersucht allein deren Form; Lyotard nennt ihn deshalb "formalistisch". Doch er verbindet, wie gesagt, mit dieser Darstellung auch keinen absoluten Wahrheitsanspruch, sondern lediglich die Erwartung, die angenommenen Voraussetzungen könnten sich unter einer bestimmten gegebenen, unter seiner Fragestellung als zweckmäßig erweisen. Lyotards Kritik des spekulativen Diskurses argumentiert mithin bewußt aus einer lokalen Perspektive heraus, die einzunehmen zwar niemand genötigt werden kann, die sich aber dadurch empfiehlt, daß sie den sonst so schwierigen Vergleich der Diskursarten ermöglicht.

16 Vgl. Lyotards Bemerkungen über den Sinn und das Gewicht dieses "nach" in dem kleinen Artikel "Wittgenstein 'après'", in: *Libération*, 1. März 1983.

Zu welchem Ergebnis führt nun die Analyse? Lyotard nennt und spezifiziert drei Regeln des spekulativen Diskurses: die Mehrdeutigkeitsregel, die Widerspruchsregel und die Resultatsregel.[17] Wichtig sind mir hier und jetzt nicht Richtigkeit und Vollständigkeit der Darstellung dieser Regeln, sondern der Kritikpunkt, in dem diese Darstellung kulminiert. Sie erklärt, daß der spekulative Diskurs die Unwahrheit *jeder* Bestimmtheit des Verstandesdenkens aufdecke: Jede Bestimmung ist mehrdeutig, sie ruft ihren Widerspruch hervor und findet ihre Wahrheit erst in ihrem Resultat, in dem sie zugleich aufgehoben ist. Das aber impliziere, daß "alles Vergangene" an und für sich selbst nichtig und nur "Übergang (passage) gewesen" sei. Und das wiederum zeige, daß Hegel "dem Vorher/Nachher gegenüber dem 'Ereignis' den Vorzug" gebe. Dieses Privileg, resumiert Lyotard, "scheint im Denken Hegels nicht zweifelhaft (auch nicht mehrdeutig) zu sein. Es trägt den Namen des Selbst".[18] Es sei das Affirmative, das sich gegen alle Einwände des Negativen immer wieder bilde und durchsetze, das den Tod "erträgt und in ihm sich erhält", wie er aus der *Phänomenologie des Geistes*[19] anführt. Die Unterbrechung des spekulativen Diskurses durch ein Ereignis, das sich dieser aneignenden Aufhebung widersetzt, sei daher gleichzusetzen mit einer Spaltung des identischen und alles umfassenden Selbstverhältnisses, das die Spekulation darstelle.[20] – Und doch werde, offensichtlich, weiter verkettet. Damit aber zeige sich, daß der spekulative Diskurs nicht alles gewesen sei.

Lyotards Hegel-Kritik erscheint einleuchtend, merkwürdigerweise aber wirkt sie trotz ihres ungewöhnlichen Ansatzes doch auch recht konventionell. Ein solcher Eindruck ist wohl weniger der – durchaus originellen und bedenkenswerten – Form der Lyotardschen Kritik als vielmehr einem ziemlich konventionellen Bild des kritisierten Gegenstands zuzuschreiben. Wird hier nicht ein Hegelbild kritisiert, das zwar auch heute noch im philosophischen Antiquariat gehandelt und weltweit gut verkauft wird, dessen Leitbegriffe aber doch stärker an die Kulturkampfrhetorik des 19. Jahrhunderts als an den kühlen Stil akademischer Philosophiegeschichtsschreibung unserer Tage erinnern? Bevor ich in einem letzten Teil auf Lyotard zurückkomme, um die konstitutive Rolle der Namen für das Denken in seinem diskursphilosophischen Entwurf näher zu betrachten, möchte ich daher versuchen, an diesem Bild und seiner berechtigten Kritik vorbei Möglichkeiten einer gegenwärtigen anders "kritischen" relecture der Hegelschen Texte wenigstens anzudeuten.[21] Ich vermute, daß von

17 Die Analyse, die hier nicht im einzelnen wiedergegeben und erst recht nicht kritisch diskutiert werden kann, findet sich in einer vorläufigen Gestalt in "Streitgespräche" (Lyotard [1982], 22 ff.), präziser sodann in *Le Différend*, Notice Hegel, 1./2., S. 137-141 (dt. S. 159-164), sowie in einer noch ausführlicheren, vermutlich der ursprünglichen Version als: "Essai d'analyse du dispositif spéculatif", in: *Degrés, Revue de Synthèse à Orientation Sémiologique*, 26/27 (1981) S. b1-b11.

18 Le différend, Notice Hegel 2., S. 141 (dt. 163).

19 *Phänomenologie des Geistes*, hg. J. Hoffmeister, Hamburg ^{6}1952, Vorrede, S. 29.

20 Vgl. bes. das Ende des Kapitels "Le résultat", in: Le différend, no. 160., S. 157 f. (dt. S. 182).

21 Eine sachgerechte Erkundung der Möglichkeiten, die eine Hegellektüre 'nach' Derrida und Lyotard eröffnen könnte, bedarf einer eigenen und ausführlichen Erörterung, die gegenwärtig in Arbeit ist.

hier aus auch der Versuch L.s, 'Dialektik ohne Spekulation' zu betreiben, verständlicher erscheinen wird.[22]

III. Relecture des spekulativen Diskurses

"Es ist in Namen, daß wir *denken*".[23] Dieser Satz allein schon spricht gegen die gängige totalisierende Lektüre Hegels, denn Namen kann man wohl vergessen, nicht aber aufheben. Eine erste Näherung an den Sinn dieses vielzitierten Diktums gewinnt man durch die Gegenfrage: Worin denken wir denn sonst, daß wir denken? Naheliegende historische Antworten wären: in Ideen oder Vorstellungen, in Begriffen oder Bedeutungen. Was also wären nach Hegel die Namen, die wir stattdessen als Elemente unseres Denkens verstehen sollen? Eine zweite Näherung ergibt sich aus der hermeneutischen Frage: Wo steht der zitierte Satz? Im Abschnitt über den subjektiven Geist, Kapitel Psychologie; seit Aristoteles ist das der Ort der Erkenntnislehre. Thema dieses Kapitels ist "das *Wissen* oder die *Intelligenz*" (§ 441), nicht als spezieller Teil, Vermögen oder Tätigkeit des Geistes, sondern dieser selbst in einem besonderen, nämlich dem theoretischen Moment seiner Verwirklichung.

Hegel beginnt die Erörterung des Wissens mit der traditionellen Bestimmung der Rezeptivität des Erkennens: "Die Intelligenz *findet* sich *bestimmt*"; doch diese anfängliche Bestimmung ist "ihr Schein", die Dialektik der Intelligenz besteht darin, das Gefundene "als ihr eigenes zu setzen" (§ 445). Der Schein des Gegebenseins hebt sich auf, das Gegebene wird als ein durch das Denken Gesetztes erkannt – diese Verkehrung *ist* die Tätigkeit des Erkennens. Nun ist das 'Sich-bestimmt-Finden' zunächst das, was Hegel mit sicherem Gespür für den Sprachgebrauch *Gefühl* nennt (§ 447), dem der Geist seine *Aufmerksamkeit* zuwendet (§ 448). So in bestimmtem Anderen bei sich selbst, ist die Intelligenz *Anschauung* (im Sinne von franz. "regarder"; § 449). Auf sich selbst zurückgewandt, löst sie sich von der Unmittelbarkeit des Findens und wird als vergangene Anschauung zur *Vorstellung* (§ 451), in der allein das Angeschaute Dauer erhält. Frühere Vorstellungen werden *erinnert*, aus der Anschauung wird ein *Bild* (§ 452). Das Bild ist schon ganz Eigentum der Intelligenz; sein Dasein hat es darin, daß es bewußt erinnert wird, an sich aber ist es im "nächtlichen Schacht" der Intelligenz "bewußtlos aufbewahrt" (§ 453). Der Akt der *Erinnerung* nun ist

22 Lyotard selbst hat sich bekanntlich in analoger Weise um eine relecture Kants bemüht, vornehmlich im Blick auf die *Kritik der Urteilskraft*, Vergleichbares aber nicht im Blick auf Hegel unternommen. Vielleicht steht dieser Autor ihm zu nahe, als daß er seine Texte gelassenen Sinnes hätte wiederlesen können. Lyotards nicht unkritische, aber stets sehr produktive Auseinandersetzung mit Kant findet sich an zahlreichen Stellen seines Werkes; nicht nur in den drei Kant-Exkursen des *Widerstreits*, sondern auch in eigenen kleineren Schriften sowie insbesondere in dem Aufsatz "Grundlagenkrise", in: *Neue Hefte für Philosophie*, Heft 26 (1986) 1-33. [###Chr. Pries###]

23 Hegel, Enzyklopädie, § 462. (Im folgenden werden Zitate aus der Enzyklopädie im Text mit der Nr. des § angegeben.)

die Subsumtion einer einzelnen Anschauung unter die der Form nach allgemeine Vorstellung, derart daß die Intelligenz in einer gegebenen Anschauung "das bereits Ihrige erkennt" und dadurch zugleich dieses "als bewährt weiß": in diesem Moment ist das Erkennen ein Wiedererkennen – das *déja vu*-Erlebnis der Erinnerung (§ 454). Auf solche Weise tätig, wird die Intelligenz zur *reproduktiven Einbildungskraft*. Ihre Genese aber zeigt, daß sie auch hier nicht Herr des Bewußtseins ihrer Vorstellungen ist, als "Individualität" ist sie vielmehr nur der Schauplatz einer gedankenlosen Assoziation ihrer Bilder, deren Fülle sie weder überschauen noch kontrollieren kann (§ 455). Hier erfolgt die entscheidende Wende zum Namen: Auch wenn die Intelligenz keine Herrschaft über ihre Produkte hat, so liegt doch *an sich* in ihr "die Macht über den Vorrat der ihr angehörigen Bilder und Vorstellungen"; als diese Macht nennt Hegel sie im Gegensatz zur reproduktiven Einbildungskraft "*Phantasie, symbolisierende, allegorisierende* oder *dichtende Einbildungskraft*" (§ 456); sie ist, wie schon Aristoteles lehrt,[24] der Ursprung der Namen und damit zugleich auch der nähere Ursprung des Denkens. Was die Intelligenz von nun an produziert, sind nicht mehr Bilder, sondern Zeichen, so ist sie "*Zeichen machende Phantasie*" (§ 457). Die Zeichen machende Phantasie begreift sich zwar immer noch als subjektives Moment des Denkens, eines Denkens jedoch, das seinen Gegenstand nicht mehr durch das Gefühl für die Anschauung, sondern dadurch empfängt, daß die Intelligenz "sich selbst zum *Sein*, zur *Sache*" macht. Und dieses "*Seiende*", das sie frei hervorbringt, heißt "Zeichen". Das Zeichen ist ein von der Intelligenz selbst produziertes Anschauliches, steht dieser aber zugleich als ein Äußeres und Allgemeines gegenüber. Es ist eine Anschauung, bei der die Intelligenz wohl etwas vorstellt, aber gerade nicht das, was sie anschaut, bei der sie im Angeschauten vielmehr sich, und zwar in ihren Produkten, für sich und für andere darstellt.[25]

Hegel nennt das auf diese Weise darstellend-dargestellte Produkt der Intelligenz "Name". Im Namen "resumiert" (§ 459) das Denken seine jeweilige Vorstellung, aber es

24 Nach Aristoteles unterscheidet sich die menschliche Sprache von tierischen Lauten vor allem dadurch, daß sie "*metà phantasías*" hervorgebracht wird: Vgl. De anima II. 8: 420b32. Hegel beabsichtigt, mit seiner Philosophie des Geistes, "den Sinn jener Aristotelischen Bücher [über die Seele] wieder aufzuschließen" (Enz. § 378).

25 In einem kürzlich erschienenen Aufsatz erläutert Josef Simon diesen Zusammenhang zeichenphilosophisch: "Die 'Zeichen machende Phantasie'", so schreibt er, "bestimmt ihr Produkt dadurch als '*Seiendes*', daß sie sich" – und ihre jeweiligen Vorstellungen – "in ein an sich 'gleichgültiges' Material einprägt, das sie sich gerade *nicht* 'vorstellend' verinnerlicht." Doch geschehe das, und darauf kommt es hier an, "keineswegs willkürlich, sondern frei verantwortlich" (Simon 1996, S. 262) – mit Rücksicht auf anders vorstellende Subjekte, die sich entsprechend verhalten, und insofern sie (die Intelligenz als Zeichen machende Phantasie) mit diesen kommuniziert. – Ganz ähnlich und etwa zeitgleich mit Hegels philosophischen Vorlesungen schreibt Wilhelm von Humboldt: "Die Vorstellung wird also in wirkliche Objectivität hinüberversetzt, ohne darum der Subjectivität entzogen zu werden. Dies vermag nur die Sprache [das freie Zeichen], und ohne diese () Versetzung ist die Bildung des Begriffs, mithin alles wahre Denken unmöglich. () und der Mensch versteht sich selbst nur, indem er die Verstehbarkeit seiner Worte an Andren versuchend geprüft hat." (*Gesammelte Schriften*, hg. Preuß. Akad. der Wissensch., Bd. VI, 155).

bleibt für weitere Vorstellungen, weitere Erfahrungen und Erkenntnisse, die mit demselben Namen zu bezeichnen wären, offen. Nur durch die wesentlich auslegungsoffenen Namen, gelangt das Denken über die jeweils gegebenen Anschauungen und Vorstellungen hinaus: Deshalb sind wir auf Namen angewiesen, um denken zu können. "Namen als solche", d. h. ihre Laut- oder Schriftbilder sind "für sich *sinnlose Äußerlichkeiten*, die erst als *Zeichen* eine Bedeutung haben" (§ 459). Das Zeichensein des Namens aber 'bedeutet', daß sein Gebrauch jederzeit mit einer aktuellen, nicht-expliziten, nur bei Bedarf zu explizierenden Vorstellung verknüpft ist und zugleich die Möglichkeit – Chance sowohl als Gefahr – mit sich führt, unabsehbar andere Vorstellungen als mit ihm verknüpft oder verknüpfbar zu erkennen. Im Denken, das in Namen geschieht, ist so der Unterschied zwischen Name und Sache aufgehoben; nicht dadurch, daß das sinnliche Zeichen in einer nicht-sinnlichen Bedeutung, für die es stehen sollte, aufgeht, sondern umgekehrt dadurch, daß die Vorstellung einer ideellen Bedeutung in einem niemals abgeschlossenen dialektischen Zeichenprozeß untergeht; in einem Prozeß, der, faktisch, d. h. durch den Gebrauch von Namen, in Gang gesetzt, auch immer wieder nur faktisch fortgesetzt oder unterbrochen, umgeleitet oder abgebrochen werden kann. Namen stehen für ihren aktuellen Gebrauch als Zeichen immer zur Verfügung, ihr Aufbewahrungsort ist "das Namen *behaltende* Gedächtnis" (§ 461), das Hegel wegen der Äußerlichkeit (Arbitrarität) der Verknüpfung von Name und Sache auch "*mechanisch*" nennt (§ 463).

Andererseits wird die Intelligenz als Zeichen machende Phantasie gerade durch ihr Namen behaltendes mechanisches Gedächtnis über die Subjektivität der Vorstellungen hinaus zum Allgemeinen gebildet. Im Gebrauch ihrer Freiheit sieht sie sich genötigt, an institutionell gebräuchliche Zeichenproduktionen anzuknüpfen, um mit anderer Freiheit kommunizieren zu können. Sie bildet sich durch Entfremdung von der Unmittelbarkeit ihrer individuellen Vorstellungen, indem sie sich sittlich – in freier Anerkennung fremden Zeichengebrauchs – an überlieferten Zeichen und Zeichenverkettungen orientiert, ihre eigenen Vorstellungen mit denen anderer Subjekte vermittelt. Sie überwindet die Einseitigkeit ihrer Subjektivität, indem sie die in den objektiven Geist der Kultur eingegangenen Äußerungen fremder Phantasien achtet und damit Verantwortung, sei es affirmativ oder kritisch, für die in ihnen geäußerten Urteile übernimmt.

So viel zur flüchtigen Skizze einer möglichen relecture des spekulativen Diskurses *nach* Lyotard. Was kann man daraus, über die Feststellung einer auffallenden Nähe des Hegelschen Zeichen- und des Lyotardschen Satzbegriffs hinaus, hinsichtlich einer neuen Beurteilung der Spekulation gewinnen, die Lyotard wegen ihrer totalisierenden Resultatstruktur so vehement kritisiert? Geht man einmal von dem erörterten Diktum aus, daß sich das Denken in Namen vollzieht,[26] dann erscheinen die von Lyotard kritisierten Übergänge (passages) in der Darstellung des spekulativen Diskurses in einem neuen Licht. Sie sind nicht mehr in dem schlichten Sinn notwendig, wie dialektische Materialisten und manche anderen Hegel-

26 Das mag im Blick auf Hegel methodisch nicht unproblematisch sein, ließe sich aber wohl rechtfertigen. Hier kann diese Rechtfertigung allerdings nicht vorgetragen, es sollen nur ihre Konsequenzen angedeutet werden.

leser das bisweilen angenommen haben. Vielmehr gleichen sie unvorhersehbaren Einfällen, Produkten der "Zeichen machenden Phantasie" des Philosophen, und das jeweilige Resultat der dialektischen Bewegung des Begriffs erscheint als nicht-determiniert, obgleich jeweils wohlbegründet.

Im Vokabular Lyotards gesprochen, wäre die so verstandene spekulative Notwendigkeit als eine sender- und empfänger-, gegenstand- und zeitbezogene zu verstehen. Notwendig wäre ein spekulativer Satz, insofern er sich für uns hier und jetzt unter den Voraussetzungen unseres jeweiligen Vorverständnisses als zwingend ewiese. Spekulative Notwendigkeit könnte dem Partner daher auch nur angesonnen werden; man möchte von 'ästhetischer Notwendigkeit' sprechen. Was als 'notwendiges' Resultat der spekulativen Bewegung des Begriffs im einzelnen soll gelten können, müßte daher eher mit historisch-rhetorischen Argumenten gerechtfertigt werden. – Das soll am Beispiel von Hegels Erörterung des "Namens" andeutungsweise veranschaulicht werden: Nach Einführung des Begriffs der "Zeichen machenden Phantasie" findet sich in den Erläuterungen etwa folgender Appell: "Für solche Vereinigungen des Eigenen und Innern und des *Anschaulichen* werden die Gebilde der Phantasie allenthalben anerkannt" (§ 457). In der Tat, seit Aristoteles gilt die Phantasie als Bindeglied (vermittelndes Vermögen) zwischen den Sinnen und dem Verstand. Der Name des Namens paßt, aufgrund unserer aristotelischen Prägung erscheint seine Einführung an dieser Stelle durchaus einleuchtend und erweist sich damit als notwendig. – Plausibilisierungsbemühungen dieser Art, die sich in den Texten Hegels weder regelmäßig noch zufällig finden, sondern nur an solchen Stellen, an denen sie möglich und nötig erscheinen, sprechen dafür, daß die Übergänge selbst nicht unproblematisch sind. Bei der Wahl ihrer Namen handelt es sich vielmehr um (mehr oder weniger) treffende, weil gut motivierte und ggf. – linguistisch, etymologisch, historisch – begründete Einfälle. Sie erscheinen bisweilen atemberaubend kreativ, häufig erweisen sie sich als traditionell wohl fundiert, selten nur handelt es sich um Neologismen. Als Name ist das Neue meist schon lange da – aufbewahrt im mechanischen, d. h. anschauungs- und vorstellungsfreien Gedächtnis – und wird, wie auch immer motiviert, in seiner logischen Darstellung wissenschaftlich systematisch angeeignet. Es liegt viel an den Namen, in denen wir denken!

IV. Verantwortung für Namen

Zurück zu Lyotard. Die Namen markieren das stille Auge des Sturms, um das herum sich die Satzereignisse des *Widerstreits* bewegen. Sie sind der Ort, an dem sich die Neuverteilung des Flüssigen und des Festen im Spiel der Diskurse am besten beobachten läßt, auf sie möchte ich daher abschließend noch etwas näher eingehen.

Namen *bezeichnen*, aber was bezeichnen sie? Wie für Hegel so gilt auch für Lyotard, daß sie weder einen wirklichen Gegenstand bezeichnen, sei es ein Ding oder ein Ereignis, noch eine Anschauung.[27] Was sie stattdessen bezeichnen, erhält bei Lyotard den in der neueren Sprachphilosophie üblich gewordenen Namen des "Referenten".[28] Danach gilt für die Benennung/Bezeichnung (und nur für sie) das "Antisthenes-Paradox", das besagt, Irrtum und Widerspruch seien unmöglich:[29] Es kann keine falschen Namen geben, wenn gilt, daß ein anderer Name einen anderen Referenten bezeichnet. Der Name und sein Referent, letzterer verstanden als das, was der Name bezeichnet und nichts außerdem, sind vorlogische und vorkognitive Elemente des Diskurses und als solche untrennbar voneinander. Alle Sätze aber, insbesondere auch kognitive Aussagesätze, enthalten Namen, die selbstverständlich, d. h. wenigstens inexplizit, *etwas* benennen/bezeichnen oder auf etwas "referieren", nicht notwendigerweise jedoch (auf) bestimmte, schon gar nicht (auf) wirkliche Gegenstände. Namen als solche sind unbestimmt-bestimmbar. Sie können allerdings jederzeit ausdrücklich in "Nennsätzen" expliziert werden, die ihre jeweilige Referenz markieren, ohne noch irgendetwas über deren Wirklichkeit zu sagen. – Mit diesem Referenzbegriff setzt sich Lyotard vom repräsentationstheoretischen Sprach- und Erkenntnisbegriff der aristotelischen Tradition ab, in der angenommen wird, daß die Erkenntnis bei Gegenständen anfange, die, an sich und vorgängig bestimmt, nachträglich so von uns benannt werden, daß mit Hilfe solcher Benennungen wahre oder falsche Aussagen über die Gegenstände formuliert werden können. Demgegenüber macht Lyotard geltend, daß Wirklichkeit gar nicht in Namen, sondern in Sätzen, vornehmlich in problematischen Behauptungssätzen, bestimmt werde. Behauptungssätze aber seien darauf angewiesen, daß sie mit Hilfe deiktischer Indikatoren, letztlich durch Autopsie, durch individuelle Wahrnehmung hier und jetzt, auf die Wirklichkeit bezogen werden. Damit aber bleibe jede Behauptung von Wirklichkeit situationsgebunden. Und was nach unserem jeweiligen Wissensstand evident zu sein scheine, sei nur "ein der Skepsis zugestandener Aufschub".[30]

So wird das seit alters her problematische Verhältnis von Name und Sache durch Teilung gelöst. Es verteilt sich nämlich auf die unmittelbare Beziehung von Name und Referent einerseits und die über Sätze vermittelte Beziehung von Name und Wirklichkeit andererseits. Wie aber ist diese zuletzt genannte Vermittlung näher zu beschreiben? Der Bezug des (durch die Namen) Bezeichneten zur Wirklichkeit, d. h. zu einer "ich-hier-jetzt"-Situation, wird durch Zeigesätze, und in diesen nicht mittels der Namen, sondern mittels deiktischer Indizes geregelt, die Lyotard deshalb "Designatoren der Wirklichkeit" nennt.[31] Sie situieren

27 Es handelt sich dabei um eine Einsicht, die auf den Platonischen Dialog *Kratylos* zurückgeht. Diese Quelle dürfte ein Grund dafür sein, daß sowohl Hegel als auch Lyotard (und andere Autoren) hier von "Name" sprechen, obwohl man nach unserem Sprachgebrauch eher "Wort" erwarten würde.

28 Der deutsche Terminus "Referent" ist eine nicht ganz glückliche, vielleicht auch noch nicht allgemein anerkannte Rückübersetzung des englischen "referent", das seinerseits einen zweiten, in der englischen Fachsprache inzwischen allerdings wohl fest eingebürgerten Übersetzungsversuch des Fregeschen Terminus "Bedeutung" darstellt.

29 Vgl. "Notice Antisthène", Le Différend, S. 60-64 (dt. S. 69-73) mit Angabe und Diskussion der einschlägigen Stellen aus Platon und Aristoteles.

30 Vgl. Le Différend, no. 90.

31 Vgl. Le Différend, nos. 50. ff.

einen "ostensiven" Satz in einem "Wahrnehmungsfeld", indem sie den Fall eines Namens "zeigen", dessen Referenz sie als bekannt voraussetzen. Die Namen teilen einige Merkmale mit den deiktischen Indizes; auch sie sind Designatoren. Aber sie situieren den Referenten eben nicht in einem stets nur im Moment gegenwärtigen Wahrnehmungsfeld, sondern stattdessen in einem allgemeinen und zeitlosen Geflecht von Namen, das Lyotard im Unterschied zur im Moment gültigen Wirklichkeit ihre "Welt" nennt.[32] So sind die Namen wohl auch 'Indizes', aber solche "einer möglichen Wirklichkeit",[33] sei es einer künftigen, einer vergangenen oder auch einer fingierten.[34] Und der Name ist ein von Satzereignis und Situation unabhängiger, insofern "starrer" Designator.[35] Zwar ist er immer schon in einem zumeist unüberschaubar vielfältigen Geflecht von anderen Namen verankert, d. h. in einem konventionellen Sinn bedeutungstragend, kann aber nur vorübergehend und künstlich auf eine bestimmte Bedeutung eingeschränkt werden und bleibt grundsätzlich offen für neue Bedeutungen, wie sie ihm durch Erweiterung, Umkehrung, Metaphorisierung u.a. rhetorische Verfahren jederzeit zugesprochen werden mögen. Die aktuelle Bedeutung zeigt den Referenten stets unter einem besonderen Aspekt, sein künftiger Gebrauch kann neue Aspekte hervorkehren; weder Art noch Umfang solcher Aspektwechsel sind absehbar. Dieser unbestimmbare Hof von möglichen Bedeutungen – erinnerten wie erwarteten, vermuteten wie unvermuteten, antizipierten wie verdrängten –, die seine aktuelle Bedeutung virtuell begleiten, macht den Namen zum lebendigen Element des Denkens, zum Zeichen seiner Endlichkeit wie seiner Diskursivität. Ob der Name etwas Wirkliches bezeichnet oder nicht, ist demgegenüber eine weitere Frage, die aber den Namen selbst in einer jeweils angenommenen Bedeutung immer schon voraussetzt. Denn nur was benannt ist, kann als wirklich behauptet (oder bestritten) und ggf. gezeigt werden. Realität wird erfaßt, wenn das Benennen und das Zeigen mit einer angenommenen Bedeutung konvergieren.[36]

Empfänglichkeit für Bedeutungen und Unabhängigkeit von wirklicher Wahrnehmung charakterisieren den Namen. Beide zusammen verleihen ihm die Macht, die Identität eines Referenten über sein einzelnes Vorkommnis im aktuellen Satz hinaus festzuhalten. Das ist nicht wenig. Denn wenn verschiedene, ja entgegengesetzte Prädikate mit demselben Namen verbunden werden, was spricht dafür, daß es sich um dieselbe Sache (denselben Referenten)

32 Vgl. Le différend, no. 60.

33 Le différend, no. 58.: "indicateurs de réalité possible".

34 Die Frage nach der Wirklichkeit von Namenswelten ist für diese selbst sekundär. Jim Knopf und der Palast von König Alfons dem Viertelvorzwölften haben ihren festen Platz in der Welt von Lummerland nicht weniger als Karl der Große und seine Pfalzen in der Welt des Frankenreichs. Die Realitätsprüfung folgt später, und sie zeigt, daß nicht jene, sondern nur diese durch wissenschaftlich anerkannte Validierungsprozeduren mit ostensiven Sätzen von der Art: 'dies hier ist eine Urkunde, welche bezeugt, daß...' verbunden werden können. Auf diese Weise wird einem Referenten, falls nach seiner Realität überhaupt gefragt wird, die gegenwärtig unbestreitbare Anerkennung als eine in Raum und Zeit nachgewiesene Wirklichkeit zuteil.

35 Vgl., jeweils mit Verweis auf Kripke, Le Différend, Notice "Antisthenes", S. 62 (dt. 72), sowie nos. 57., 59., 66.

36 Vgl. Le Différend, nos. 82. und 65.

handelt? Allein die Gleichheit des Namens, deren Annahme selbst ein Produkt der Zeichen machenden Phantasie ist, das keineswegs durch die Anschauung des Signifikanten determiniert ist, verschafft dem Gegenstand, der durch ihn bezeichnet wird, Identität und Dauer; nicht zwar ohne weiteres in der Wirklichkeit, wohl aber in einer möglichen Welt. Damit wird die type/token-Identität des Namens zum Modell und zum Ort für die Identität des Referenten. Ohne eine solche identitätsstiftende Macht der Namen wäre Identität zwischen verschiedenen Satzereignissen (oder Elementen von solchen) gar nicht herstellbar, d. h. darstellbar.

Diese Macht der Namen, der Allgemeinheit eines Begriffs Dasein zu verschaffen, hat eine Kehrseite, von der schon die Rede war: die Ohnmacht nämlich der Namen gegenüber einer möglichen Entgrenzung ihrer Bedeutungen. Die Identität von Verschiedenem, der jeder Name Raum gibt, wird nicht vorgefunden, sie wird vorausgesetzt. Ihre jeweilige Geltung beruht auf Anerkennung. Als bestimmte Identität impliziert sie einen gewissen Bedeutungshorizont, der einige, nämlich die im Moment geläufigen, Exemplifizierungsmöglichkeiten ein-, unzählig viele andere jedoch ausschließt. Im Zweifelsfall kann und muß die Grenze zwischen Inklusion und Exklusion expliziert, ggf. präzisiert und notfalls auch verschoben werden. Die Bedeutungen der Namen sind fließend und können nur durch kollektive Anstrengungen, intellektuellen Deichbau sozusagen, vorübergehend stabilisiert werden. Das ist aufwendig und geschieht deshalb vornehmlich unter Gesichtspunkten der Zweckmäßigkeit; z. B. dann, wenn sich eine Bedeutungsexplikation (Definiton) als besonders geeignet für die Validierung kognitiver Sätze erweist, d. h. wenn man mit ihrer Hilfe allgemeine Erkenntnisse formulieren kann; was vornehmlich im Sprachspiel der Wissenschaften der Fall ist. Zweckmäßig oder jedenfalls bezweckt ist aber häufig auch das umgekehrte Verfahren, einerseits die Reduktion, andererseits und vor allem die Expansion geläufiger Bedeutungen. Inflationärer Bedeutungswandel dieser Art ist zwar nur deshalb möglich, weil er nicht von Eigenschaften des Referenten abhängig ist, er ist gleichwohl niemals zufällig. Es läßt sich vielmehr eine "Anziehungskraft der Namen auf Bedeutungen" beobachten, deren jeweilige Motive durchaus – begriffsgeschichtlich – erforschbar sind (insbesondere bei den "Stars" unter den Namen, 'Napoleon' etwa oder 'Demokratie').[37]

Jedenfalls bleiben aufgrund des Möglichkeitshofs aller Namen Bedeutung und Realitätsbezug derselben grundsätzlich für den Widerstreit offen. Wohl kann man sich auf bestimmte Bedeutungen – Explikationen von Namen – festlegen, wenn und solange Einigkeit in dieser Absicht besteht, und das wird häufig zweckmäßig sein. Dadurch aber wird der Widerstreit nur domestiziert. Streit wird dann nämlich auf dem Boden einer Übereinstimmung, eben im Rahmen gemeinsamer Zwecksetzungen, einvernehmlich ausgetragen. Doch ein herrschender Konsens darüber, was etwas ist, d. h. über Bedeutungen und Lebensformen, wird mitunter, wie die Geschichte zeigt, als "unwahr" empfunden, dann nämlich, wenn sich zeigt, daß in seinem Horizont, d. h. im Rahmen herrschender Sprachregelungen, die den Gebrauch von Namen betreffen, Ereignisse, die gleichwohl unter diese Namen fallen, nicht angemessen dargestellt werden können, bzw. etwas, das zur Darstellung drängt, in ihnen keinen Aus-

37 Vgl. dazu Le Différend, nos. 74.-77.

druck findet. Eine solche Situation ist die des Widerstreits, der einen Dissens bezüglich des Gebrauchs bzw. der Bedeutung von Namen darstellt. Konsens und Dissens auf der Ebene der Namen sind Momente des Denkens und Sprechens (des "phraser", wie Lyotard sagt) vor aller Urteilsbildung in Sätzen. Keine der beiden Seiten ist an sich gegenüber der anderen privilegiert. Es handelt sich eher um entgegengesetzte "Maximen der Vernunft" wie diejenigen, die Kant die "Prinzipien der *Homogenität* [und] der *Spezifikation*" nennt, nach denen sich die "sehr verschiedene Denkungsart der Naturforscher" unterscheidet.[38] Konkret lautet die Frage stets, an welche Namen in welcher Bedeutung wir uns zu halten geneigt und genötigt sind, welche wir ändern können und wollen. Lyotard spricht hier von "Politik" als dem Diskurs, bei dem die gewöhnliche, die jeweils anerkannte Art und Weise, Sätze zu verketten, immer wieder von neuem auf dem Spiel steht. So ist die Verantwortung für Namen philosophisch-politisch grundlegender als die aktuell-politische Suche nach Konsens, selbstverständlich auch grundlegender als der aktuell-philosophische Aufweis von Dissens, das Bezeugen des Widerstreits, das Lyotard – für heute – anmahnt.

Literaturverzeichnis

Adorno, Th. W.: *Negative Dialektik*, Frankfurt/M. 1975.

Hegel, G. W. F.: *Phänomenologie des Geistes*, hg. J. Hoffmeister, Hamburg ^{6}1952.

Lyotard, J.-Fr.: *"Essai d'analyse du dispositif spéculatif"*, in: Degrés, Revue de Synthèse à Orientation Sémiologique, 26/27 (1981) S. b1-b11.

Lyotard, J.-Fr.: *Streitgespräche*, Bremen o. J. [1982] (franz. Original: "Discussions, ou: Phraser 'après Auschwitz'", in: Lacoue-Labarthe, Ph./Nancy, J.-L. (Hgg.), Les fins de l'homme, Paris 1981, S. 283-310.

Lyotard, J.-Fr.: *"Ein Denkmals des Marxismus"*, in: Streifzüge, a. O., S. 89-135 (franz. Original: "Pierre Souyri. Le Marxisme qui n'a pas fini", in: Esprit, Jan. 1982).

Lyotard, J.-Fr.: *"Wittgenstein 'après'"*, in: Libération, 1. März 1983.

Lyotard, J.-Fr.: *Der Widerstreit*, München ^{2}1989 (franz.: Le différend, Paris 1983).

Lyotard, J.-Fr.: *Streifzüge. Gesetz, Form, Ereignis*, Wien 1989 (engl. Original: Peregrinations. Law, form, event, New York 1988; franz. Übersetzung: Pérégrinations. Loi, forme, événement, Paris 1990).

Schmidt, H.: *"Weder Habermas noch Lyotard"*, in: Deutsche Zeitschrift für Philosophie 39 (1991).

Simon, J.: *Zeichenmachende Phantasie. Zum systematischen Zusammenhang von Zeichen und Denken bei Hegel*, in: Zeitschrift für philosophische Forschung 50 (1996), S. 254-270.

38 I. Kant, Kritik der reinen Vernunft, zit. B 694, 686, 683; vgl. dazu den ganzen "Anhang zur transzendentalen Dialektik", bes. den ersten Abschnitt: "Von dem regulativen Gebrauch der Ideen der reinen Vernunft", a. O., B 670-696.

Kolloquium X
Theoriendynamik

Paul Hoyningen-Huene
Einleitung

Das Thema diese Symposiums ist, wenn man es zur Geschichte der Wissenschaftsphilosophie in Beziehung setzt, verhältnismäßig neu. In unserem Jahrhundert war die Wissenschaftsphilosophie zunächst seit den 20er Jahren von der Philosophie des Wiener Kreises dominiert. Die Erkenntnisbemühungen des Wiener Kreises richteten sich vorzüglich auf logische Aspekte von Wissenschaft, etwa auf die logische Struktur wissenschaftlicher Erklärungen oder Reduktionen, oder die logische Struktur von Theorien. Etwas provokativ formuliert war das "logische Wesen" der Wissenschaft das eigentliche Erkenntnisziel. Als Explikationsinstrument war dementsprechend ausschließlich die formale Logik zugelassen, was voraussetzte, daß das zu Explizierende logischer Natur war. Und weiter wurde damit das zu Explizierende (implizit) als etwas dem Verlauf der Geschichte Entzogenes angesehen, als etwas Überzeitliches, das dementsprechend auch für die Wissenschaft aller Zeiten verbindlich sein konnte und sollte. Die Veränderung von Wissenschaft, sei es ihrer Inhalte oder ihrer "Strukturen" (was das auch immer sein mochte), war damit nicht im Blick.

Erst mit Karl Popper begann sich in den 30er Jahren die Aufmerksamkeit der Wissenschaftstheorie auf die Dynamik der Wissenschaft zu richten. Für Popper ist die Wissenschaft wesentlich ein dynamisches Unternehmen, und zwar deshalb, weil endgültige Sicherheit über wissenschaftliche Hypothesen und Theorien prinzipiell nicht erreichbar ist. Daher müssen Hypothesen und Theorien ständig und auf immer rigorosere Weise überprüft werden; der Entschluß, solche Überprüfungen nicht mehr durchzuführen, bedeutet das Verlassen des Unternehmens Wissenschaft. Allerdings ist auch bei Popper die Art und Weise der Überprüfung (oder ihre "Struktur"), wie Popper sie vorschlug, dem zeitlichen Wandel entzogen. Hypothesen und Theorien werden immer nach dem gleichen Muster überprüft, unabhängig vom historischen Wandel dieser Theorien: durch Ableitung von Basissätzen und deren Vergleich mit Beobachtung und Experiment. Der Blick Poppers war daher ebenfalls auf Überzeitliches gerichtet, eben die "Logik der Forschung", die als dem zeitlichen Wandel entzogen angesetzt ist.

Der stärkste Einfluß, der in den 60er Jahren auf die Wissenschaftstheorie hinsichtlich des Einbezugs historischer Elemente und der Thematisierung der Theoriendynamik ausgeübt wurde, ging von Thomas Kuhn aus. Es ist vielleicht überraschend, daß auch bei Kuhn, der ja vielfach als ein Historist gilt (was immer das auch genau besagt), die metatheoretischen Bemühungen überzeitlich angesetzte Elemente der Wissenschaftsentwicklung beschreiben und erklären wollen. Kuhns Theorie formuliert ja bekanntlich ein Ablaufmodell der Wissenschaftsentwicklung, das für die Grundlagendisziplinen der Naturwissenschaften gelten soll. Natürlich wird damit die Dynamik der Wissenschaften thematisiert, aber es wird nicht unterstellt, daß das von Kuhn beschriebene Ablaufsmodell, das die Struktur der Wissenschaftsentwicklung beschreibt, selbst dem historischen Wandel unterliegt. Vielmehr tendierte der späte Kuhn dazu, daß es sich bei solchen Ablaufmodellen um grundsätzliche, allgemeine Eigenschaften von Entwicklungsprozessen handelt, Eigenschaften, die sogar durch eine analytische Durchdringung des Begriffs des Entwicklungsprozesses gewonnen werden könnten.

Den Bruch mit dieser Tradition, in der die Suche nach überzeitlichen Elementen der Wissenschaft dominant ist, vollzieht nur Paul Feyerabend. Feyerabends negative Wissenschaftsphilosophie besteht darin, daß sie leugnet, daß es irgendwelche allgemeinen, charakteristischen, dem historischen Wandel entzogene Strukturen der Wissenschaft gibt; dies gilt insbesondere für die methodologische Ebene. Wissenschaft ist bei Feyerabend durch und durch historisch, was bedeutet, daß es nichts an der Wissenschaft gibt, was nicht dem historischen Wandel unterliegen kann. Entsprechend verliert bei Feyerabend auch jede Wissenschaftsphilosophie, sei sie normativ oder deskriptiv angesetzt, ihre Legitimation; metatheoretische Beschäftigung mit Wissenschaft kann nur historisch-partikulär sein.

Das Thema dieses Kolloquiums, "Theoriendynamik", hatte seine große Zeit in den 60er und 70er Jahren, als die einschlägigen Entwürfe von Popper, Kuhn, Lakatos und Feyerabend aufeinander prallten und große Teile der wissenschaftstheoretischen Diskussion bestimmten. Der Terminus "Theoriendynamik" stammt von Wolfgang Stegmüller; er ist gebildet in Analogie zu den Termini Thermodynamik, Elektrodynamik, u. ä. Im Englischen findet sich vorwiegend die Bezeichnung "Dynamics of Theory Change". Im Gegensatz zu den 60er und 70er Jahren, als das Thema "Theoriendynamik" hauptsächlich durch große Theorie-Entwürfe behandelt wurde, ist die Wissenschaftsphilosophie in den 90er Jahren weitaus fragmentierter. Vor allen Dingen haben die Wissenschaftstheorien der Einzelwissenschaften einen z. T. großen Aufschwung genommen. Entsprechend steht auch das Thema der Theoriendynamik in der ursprünglich anvisierten Allgemeinheit heute nicht mehr im Mittelpunkt des Interesses. Wie auch aus den folgenden beiden Beiträgen sichtbar werden wird, sind die Bezugspunkte, wenn das Thema im allgemeinen Rahmen behandelt wird, die großen Entwürfen der 60er und 70er Jahre. Im Beitrag von Martin Carrier wird die Herausforderung, die der sogenannte neue Experimentalismus an die grundsätzlichen Vorstellungen der Theoriendynamik richtet, kritisch untersucht. Im Beitrag von Ulises Moulines wird versucht, die haltbaren Einsichten der großen Entwürfe in das Konzept der strukturalistischen Wissenschaftstheorie zu integrieren.

C. ULISES MOULINES

Zur Typologie wissenschaftlicher Entwicklung nach strukturalistischer Deutung

1. Das Vermächtnis der historizistischen Wissenschaftstheorie

Vieles von dem, was die Vertreter der historizistischen Wende in der Wissenschaftstheorie der 60er Jahre propagiert haben, erscheint uns heute, nachdem die polemischen Wellen geglättet sind, überzogen, nicht fundiert oder schlechthin unhaltbar. Dennoch verdanken wir ihnen auch einige tiefgehende Einsichten, die wohl als dauerhafte und fruchtbare Beiträge zur Wissenschaftstheorie anerkannt werden können – und zwar nicht nur als Beiträge zur diachronischen Analyse der Wissenschaft (wie sie oft in ausschließender Weise gedeutet werden), sondern auch in synchronischer Hinsicht.

Ich will nun versuchen, das, was die Ansätze von Kuhn, Feyerabend, Toulmin, Lakatos und später auch Laudan positiv beigetragen haben, in einer Terminologie zusammenzufassen, die so allgemein und neutral wie möglich ist.

Diachronisch gesehen, besteht die grundlegende Erkenntnis dieser Autoren wohl darin, daß die Wissenschaft nicht in einem "glatten" Prozeß in der historischen Zeit besteht, sondern daß es vielmehr qualitative Wechsel der Formen der Wissenschaftsdynamik gibt.

Die synchronisch grundlegende Einsicht ihrerseits – die vielleicht noch bedeutender und tiefer ist als die soeben beschriebene diachronische These – besteht in der Feststellung, daß die Gesamtwissenschaft aus strukturell ziemlich komplexen Einheiten besteht, die nicht als bloße Aussagensysteme – seien sie nun axiomatisiert oder nicht – zu explizieren sind. Ontologisch sind diese Einheiten als genidentische Entitäten zu verstehen, das heißt, sie haben die Fähigkeit, sich ständig zu verändern und dennoch selbstidentisch zu bleiben – so wie etwa Personen, Nationen, Sprachen oder andere kulturelle Einrichtungen. Bei den erwähnten Autoren haben diese Einheiten jeweils verschiedene Namen erhalten: "Paradigmageleitete Forschung", "Forschungsprogramm", "Tradition der Problemlösung" u. a. m. Bis auf einen Autor (nämlich Feyerabend) vermieden die Vertreter der historizistischen Wissenschaftstheorie das Wort "Theorie" für diese wissenschaftlichen Einheiten, weil sie wohl fürchteten, dies könnte im Sinne eines Aussagen- bzw. Axiomensystems mißdeutet werden. Als Vertreter des strukturalistischen Ansatzes, der sich ja dadurch auszeichnet, daß er Theorien formal *nicht* als Aussagensysteme definiert, habe ich selber keine Hemmung, für die grundlegenden Einheiten der Wissenschaft den althergebrachten Terminus "Theorie" zu verwenden, wenn man eben von der Aussagen-Interpretation Abschied nimmt. Genauer gesagt und vorgreifend, werde ich jene Einheiten "Theorienetze" nennen aus Gründen, die noch zu erläutern sind. Zunächst sei nur festgestellt: Wissenschaft besteht aus strukturell komplexen Entitäten, genannt "Theorien", die sich verändern können, ohne ihre Identität zu verlieren.

Letzteres ist wiederum nur deswegen möglich, weil Theorien so artikuliert sind, daß sie aus einem mehr oder weniger dauerhaften *Kern* und einer sich rasch verändernden, den Kern beschützenden *Hülle* bestehen. Auch bei der Bezeichnung beider Komponenten von Theorien gibt es Unterschiede zwischen den Autoren. Zum Beispiel hat man für den Kern die Bezeichnungen "Paradigma", "disziplinäre Matrix", "harter Kern", "Ideal einer natürlichen Ordnung", u. a. verwendet. Ich werde hierfür die strukturalistische Bezeichnung "Basiselement" wählen und für die Hülle die Kennzeichnung "Spezialisierungen" verwenden.

2. Vier diachronische Typen der Wissenschaft

Ausgehend von diesem grundlegenden Verständnis der synchronischen Struktur der Wissenschaft können wir, wie ich meine, vier große Formen von Wissenschaft in diachronischer Perspektive unterscheiden. Diese Typologie wird zunächst nur sehr informell charakterisiert ohne Anspruch auf Genauigkeit. Sie ist im Prinzip auch unabhängig vom strukturalistischen Theorien-Konzept – wenn auch implizit durch einen "Seitenblick" darauf inspiriert. Der strukturalistische Apparat soll uns anschließend helfen, die intuitiv erfaßten Typen zu präzisieren und sie reif für eine empirisch-historische Nachprüfung machen. Die vier Typen will ich nun wie folgt charakterisieren:

Typus I

Emergenz bzw. *Kristallisierung* einer Theorie: Bei dieser Art von ideengeschichtlichem Prozeß, der von der historisierenden Wissenschaftstheorie genauso wenig wie von der theoretisch ambitionierten Wissenschaftsgeschichte zum Gegenstand systematischer Untersuchungen gemacht worden ist, entsteht allmählich eine Theorie vor dem Hintergrund eines begrifflichen Umfelds, das ziemlich chaotisch aussieht und wo es auf jeden Fall noch keine andere gut artikulierte, allgemein anerkannte Theorie gibt. Es sind hier wiederum zwei Unterfälle zu differenzieren:

Ia) Das erstmalige Auftauchen einer Theorie in Bezug auf einen bestimmten Bereich menschlicher Erfahrung, d. h. die erstmalige Konstituierung einer ganzen wissenschaftlichen Disziplin, nach einer vorwissenschaftlichen (d. h. meistens einer mythologischen, "metaphysischen" oder auch rein technischen Phase); und

Ib) das graduelle Absterben einer in der Disziplin schon existierenden Theorie durch "Zerstückelung" ihres Kerns, worauf eine mehr oder minder chaotische Periode *fließender Begriffe, Prinzipien und Methoden* folgt, die wiederum Stück für Stück zum Wiederaufbau der Disziplin durch den graduell zusammengefügten Kern einer neuen Theorie führt.

Es ist nicht leicht, historische Belege für den Unterfall *Ia)* der Emergenz in den exakten Naturwissenschaften zu finden, da die meisten dieser Prozesse in den wenig dokumentierten Anfängen des genuin wissenschaftlichen Denkens in der Antike stattfanden. Vermutlich kann man die Entstehung der Aristotelischen Dynamik einerseits und der sog. Ptolemäischen Astronomie (die selbstverständlich viel älter ist als die Person Ptolomäus selber) andererseits unter diesen Unterfall von Emergenz subsumieren.[1] Wenn wir akzeptieren, daß die Alchemie nicht als wissenschaftliche Disziplin zu betrachten ist, dann wäre auch plausibel, die Emergenz der Phlogiston-Theorie in der Chemie als ein Fall für Typus *Ia)* zu deuten.[2] Ein weiteres, chronologisch näheres Beispiel könnte die erstmalige Emergenz einer psychophysiologischen Theorie mit Johannes Müllers Theorie der Sinneswahrnehmungen, jedenfalls nach der "Standard"-Interpretation der Geschichte der Physiologie sein.[3]

Ein paradigmatisches Beispiel für den Unterfall *Ib)*, also für die Kristallisierung einer neuen Theorie in einer Disziplin, wo eine frühere Theorie schon längst "ausgetrocknet" war, stellt die Entwicklung der Wärmelehre Mitte des 19. Jhds. dar. Nachdem die kalorische Theorie um 1825 ausgestorben war, folgte eine ziemlich fließende, chaotische Periode, die erst allmählich in eine neue, sauber artikulierte Theorie mit Gibbs phänomenologischer Thermodynamik einmündete. Dies geschah 1873.[4] Die dazwischenliegende, konfuse Zeitspanne von etwa 50 Jahren ist einfach zu lang, um hier von Revolution im Sinne Kuhns zu sprechen.[5] Ein anderes mögliches Beispiel für Fall *Ib)* wäre die Kristallisierung der Cartesischen Mechanik Mitte des 17. Jhds. nach der langen Agonie der Aristotelischen Dynamik.[6]

1 Zum ersten Beispiel schreibt der große Klassiker der Geschichte der Mechanik, René Dugas gleich am Anfang seines Werkes folgendes: "For lack of more ancient records, history of mechanics starts with Aristotle (384-322 B.C.) or, more accurately, with the author of the probably apocryphal treatise called *Problems of Mechanics*".
(Dugas 1955, 5.19). Die geozentrisch-epizyklische Astronomie ist ihrerseits nicht später als mit Hipparchos von Nikaia (im 2. Jhd. v. Chr.) entstanden (vgl. Szabó, S. 39).

2 Vgl. etwa Strube 1984, Bd. 1, S. 156 f. oder Ströker 1982, S. 106.

3 Siehe etwa Bryk 1909, S. 578.

4 Vgl. Balzer/Moulines/Sneed 1987, § V.4 und Moulines 1989.

5 Vgl. Elkana 1974, bes. Kap. V und VII; siehe auch Moulines 1991, S. 10.15.

6 Unter "Cartesischer Mechanik" ist hier selbstverständlich nicht nur das Werk von Descartes allein, sondern die ganze Descartes-Nachfolge, einschließlich Huyghens, bis zu Newtons *Principia* und darüber hinaus (die Bernouillis) gemeint. Eine "Galileische Mechanik" als einheitliche, systematisch ausgebaute Theorie der mechanischen Prozesse hat es nicht gegeben; dagegen scheinen Descartes und seine Nachfolger eine solche Theorie allmählich entwickelt zu haben; nur ein solches "Forschungsporgramm" konnte das Aristotelische Programm endgültig verdrängen – allerdings nicht in einer Weise einer plötzlichen "Revolution". Jedoch ist über die Cartesische Mechanik als eindeutige Forschungstradition in der Fachliteratur erstaunlich wenig erforscht worden; deswegen müssen wir dieses Beispiel hier als hypothetisch lassen.

Typus II

Normalwissenschaftliche Entwicklung einer Theorie: Dies stellt wohl die bestuntersuchte Art von Wissenschaftsdynamik dar, die sich auch am ehesten systematisch, mehr oder weniger formal modellieren läßt. Kuhn, Lakatos, Laudan[7] und andere haben diese Form besonders ausführlich diskutiert; auch der Strukturalismus hat ein präzises Modell davon entworfen, das ich noch kurz darstellen werde.[8] Die historischen Beispiele sind zu Genüge bekannt: Die Entwicklung sowohl der Aristotelischen Dynamik wie der Ptolemäischen Astronomie von der Antike bis zur frühen Neuzeit; die Entwicklung der Newtonschen Mechanik vom Ende des 17. bis Ende des 19. Jhds.; die Daltonsche Atomtheorie im Laufe des 19. Jhds.; die allgemeine Relativitätstheorie seit dem 1. Weltkrieg, u. v. a.

Typus III

Verdrängung von Theorien *(Revolutionen* im Sinne Kuhns): Das sind historisch sehr dramatische Vorgänge, bei denen eine Theorie, die früher wohl anerkannt war, aufgrund einer großen Krise und in relativ kurzer Zeit ganz preisgegeben wird zugunsten einer neuen Theorie, die bzgl. der ersten als *inkommensurabel* zu beschreiben ist. Es gibt zwar historische Beispiele für solche Umwälzungen, aber sie sind viel weniger zahlreich als das, was Kuhn uns glauben lassen wollte. Ein klares Beispiel dafür ist wohl der Übergang von der Phlogiston-Theorie zu Lavoisiers Chemie.[9] Mit einem gehörigen Maß an Wohlwollen kann man auch die sog. kopernikanische Revolution oder den Übergang von der kartesischen zur Newtonschen Mechanik unter diese Kategorie der Verdrängung subsumieren.

Von ganz anderer Art dagegen erscheinen Wechselprozesse, die oft unter den Kuhnschen Revolutionsbegriff untergebracht werden: Die Übergänge von Keplers Planetentheorie zu Newtons Gravitationstheorie, von der geometrischen Optik zur Wellentheorie und von dieser zur Maxwellschen Elektrodynamik, von Newtons Mechanik zur speziellen Relativitätstheorie und von dieser zur allgemeinen Relativitätstheorie, von der Mendelschen zur Populationsgenetik, usw. All diese Beispiele und viele andere von ähnlicher Art gehören vielmehr zu einer ganz anderen diachronischen Kategorie, nämlich zu:

7 Vgl. Kuhn 1970, bes. Kap. II-V; Lakatos 1970, bes. § 3; Laudan 1977, bes. Kap. 3.

8 Die erste systematische Rekonstruktion der normalwissenschaftlichen Entwicklungsform mittels des strukturalistischen Begriffsapparates ist in Stegmüller 1973, Kap. IX, zu finden; dieser Ansatz wurde später innerhalb des strukturalistischen Programms weiter ausgeführt und präzisiert, bis eine formale (vielleicht nur vorläufige) Festlegung des Begriffs in Balzer/Moulines/Sneed 1987, Kap. V, erreicht wurde; darauf basieren die hiesigen Ausführungen.

9 Vgl. etwa Kuhn 1970, Kap. VI-VII.

Typus IV

(Approximative) Einbettung: Hier wird die frühere, strukturell einfachere Theorie in die neue, komplexere eingebettet, sehr oft mittels Einsatz von Annäherungsmethoden. Die frühere Theorie wird dabei keineswegs preisgegeben – sie überlebt im Schoß der neueren, mit ihr wird weiter gearbeitet, und in vielen Anwendungsfällen behalten die Begriffe der alten Theorie sogar ihre eigene semantische Struktur, so daß von methodologischer oder semantischer Inkommensurabilität hier nicht die Rede sein kann.

Die vier Grundtypen kreisen alle um die grundlegende Einheit, die wir (in einem noch recht informellen Sinn) als "Theorie" bezeichnet haben, und um die Art und Weise, wie diese Einheit strukturiert ist. Um diese Typen wissenschaftlicher Entwicklung genauer zu erfassen, brauchen wir also einen präzisen Theorie-Begriff. Er wird vom strukturalistischen Konzept geliefert. Für die gegenwärtigen Ziele brauchen wir nicht alle Einzelheiten dieses Konzepts einzusetzen, was auch den Rahmen dieses Vortrags sprengen würde. Ich werde mich also auf das wesentliche Gerüst beschränken. Zunächst soll dieses metatheoretische Modell in rein synchronischer Perspektive eingeführt werden, um es anschließend zu "dynamisieren". Vorwegnehmend gesagt, werden wir sehen, daß diese Dynamisierung am geeignetsten für die Interpretation von Typus II, also der normalwissenschaftlichen Entwicklung, erscheint; sie funktioniert auch noch ziemlich gut für Typus IV, weniger gut für Typus III, und im Fall I ist sie sehr wenig aussagend – jedenfalls nach dem heutigen Stand der Dinge im strukturalistischen Rekonstruktionsprogramm.

3. Der strukturalistische Theorie-Begriff

Der Strukturalismus verdankt seinen Namen dem methodologischen Vorschlag, nicht wie üblich Aussagen, sondern vielmehr Strukturen als die grundlegenden Einheiten wissenschaftlicher Erkenntnis zu betrachten.[10] "Struktur" wird dabei als mengentheoretischer *terminus technicus* verstanden, und zwar im Sinne Bourbakis.[11] Wissenschaftliche Theorien werden demnach als bestimmte Komplexe, bestehend aus verschiedenartigen Strukturen, konzipiert. In einem ersten Schritt bestehen jene Komplexe aus Modellen im Sinne der formalen Semantik, d. h. aus Strukturen, die bestimmte Axiome erfüllen. Ein Modell ist also ein Tupel der Form "$< B_1,\ldots,B_n, R_1,\ldots,R_m >$", wo die B_i die sog. "Basismengen" (= die "Ontologie" der Theorie) darstellen, während die R_j Relationen sind, die aus den B_i als sog. "Leitermengen" (im Sinne Bourbakis) konstruiert sind. (In quantitativen Disziplinen wird es

10 Die im Folgenden dargelegten Grundbegriffe und Grundsätze des Strukturalismus werden systematisch in den ersten Kapiteln von Balzer/ Moulines/Sneed 1987 präzisiert. Eine kürzere und intuitivere Erläuterung dazu findet sich in Moulines 1996.

11 Vgl. Bourbaki 1958, Kap. 4.

sich dabei meistens um auf empirischen Gegenstandsbereichen definierte metrische Funktionen handeln.) Die Identität einer Theorie wird – in diesem ersten Schritt – durch eine Klasse solcher Modelle festgelegt. Die ausgewählte Formulierung der Axiome, die von diesen Modellen erfüllt werden, wird im Strukturalismus als eine nebensächliche Angelegenheit betrachtet. Hauptsache ist, daß die ausgewählte axiomatische Form genau die Modellklasse festlegt, die wir für die formale Darstellung eines bestimmten, intendierten Erfahrungsbereichs brauchen.

Anders als die konkrete Form der Axiome ist jedoch die Unterscheidung zwischen zwei allgemeinen Arten von Axiomen für die Identität einer Theorie höchst relevant. Wir müssen zwischen den Rahmenbedingungen bzw. Begriffsbestimmungen der Modelle auf der einen Seite und den echten inhaltlichen Axiomen bzw. Grundgesetzen auf der anderen unterscheiden. Diese Unterscheidung kann man auch rein modelltheoretisch machen: Diejenigen Strukturen, denen nur die Begriffsbestimmungen auferlegt werden, die also nur den Begriffsrahmen der Theorie ausmachen, nennen wir "potentielle Modelle"; ihre Gesamtklasse symbolisieren wir durch "M_p". Diejenigen Strukturen, die zusätzlich die echten Gesetze erfüllen, nennen wir "aktuelle Modelle"; wir symbolisieren sie einfach durch "M".

Die Identifizierung jeder vorgegebenen Theorie fängt also gemäß dem Strukturalismus damit an, daß die Klassen M_p und M und ihre genaue Unterscheidung festgelegt werden. Wir können sagen, daß das Paar $< M_p, M >$ die formale Identität einer Theorie ausmacht. Nennen wir dieses Paar "formaler (Struktur)kern" oder einfach "Kern" einer Theorie und symbolisieren es als "K". "$K = < M_p, M >$" gilt eigentlich nur im ersten Annäherungsschritt. Eigentlich gehören zur formalen Identität einer Theorie zusätzlich mindestens drei weitere Strukturkomplexe (bzw. vier, wenn man die Frage der Approximation mit behandeln will); aus Einfachheitsgründen werde ich sie aber hier außer Betracht lassen.[12]

Eine fundamentale Einsicht des strukturalistischen Konzepts besteht darin, daß der formale Kern (auch bei der hingenommenen Vereinfachung) nicht die alleinige Komponente der Identität einer empirischen Theorie darstellt. Das heißt, daß wir noch nicht wirklich wissen, um welche Theorie es sich handelt, wenn wir nur ihren Begriffsrahmen und ihre Grundgesetze angeben können. Anders als bei den Theorien aus der reinen Mathematik brauchen wir im Fall der empirischen Disziplinen die Angabe des Bereichs der intendierten Anwendungen, um eine Theorie vollständig zu identifizieren. Um ein drastisches Beispiel zu wählen: Wenn wir die Begriffe "Zustand (z)", "Entropie (S)", "Energie (U)" usw. einführen, wobei sie formal durch bestimmte mathematische Eigenschaften charakterisiert werden, und sie durch eine sog. Fundamentalgleichung der Form "$S(z) = S(U(z),...)$" als Grundgesetz miteinander verbinden, dann werden wir zwar eine ganz bestimmte Klasse potentieller Modelle, M_p, und eine ganz bestimmte Klasse aktueller Modelle, M, definiert haben. Wenn wir aber nicht wissen, daß diese Klassen bestimmte intendierte *thermodynamische* Systeme darstellen sollen (etwa Gase in einem Gefäß, Lösungen, chemische Reaktionen u. ä.), dann

12 Eine ausführliche, formale genaue Exlikation der hier kursorisch dargelegten sowie der außer acht gelassenen Komponenten einer Theorie gemäß dem Strukturalismus findet sich in Balzer/Moulines/Sneed 1987, Kap. I-II; eine intuitive und aktualisierte Erläuterung dazu stellt Moulines 1996 dar.

können wir eigentlich auch nicht behaupten, daß wir eine bestimmte *thermodynamische* Theorie identifiziert haben, denn die gleichen Strukturen könnten im Prinzip auch als Modelle für bestimmte marktwirtschaftliche Gleichgewichtskonfigurationen betrachtet werden, es könnte sich also um eine *ökonomische* Theorie handeln.

Jede empirische Theorie ist also nicht nur durch einen Kern *K*, sondern auch durch einen von ihm logisch unabhängigen Bereich der intendierten Anwendungen – nennen wir ihn "*I*" – wesentlich gegeben: $T = < K, I >$. Intendierte Anwendungen einer Theorie sind als diejenigen empirischen Systeme zu verstehen, auf die wir die Grundgesetze der Theorie anwenden wollen, um etwa empirisch gehaltvolle Erklärungen, Voraussagen und vielleicht auch technologische Umwandlungen einzelner Sachverhalte zu ermöglichen. Um dieses Ziel zu erreichen, müssen diese Systeme aber vorerst in der Begriffssprache der Theorie selber konzipiert werden, sonst erhalten wir keine begriffliche Homogenität zwischen den allgemeinen Gesetzen und den einzelnen Daten oder Tatsachen.

Die Erfassung der intendierten Anwendungen im Sinne der Theorie geschieht meistens so, daß sie als *Teilstrukturen* der einzelnen potentiellen Modelle der Theorie aufgefaßt werden, und zwar als Teilstrukturen, die durch Mittel bestimmt werden können, die im Prinzip von den Grundgesetzen der Theorie unabhängig sind – sonst würden wir sofort in einen methodologischen Zirkel geraten. Diese Mittel kommen entweder aus anderen, sozusagen "unterliegenden" Theorien her oder aus fundamentalen Meßmethoden, vielleicht auch aus der Alltagserfahrung oder sogar aus einer theoretischen Wahrnehmung, falls es so etwas gibt. Zum Beispiel werden die typischen intendierten Anwendungen der Thermodynamik (nämlich Gase) durch nicht-thermodynamisch-spezifische Begriffe wie Volumen, Druck und Mol-Zahl beschrieben, ohne daß die Begriffe der Entropie und der inneren Energie herangezogen werden müssen; oder in der Genetik werden die intendierten Anwendungen durch phenotypische und nicht durch genotypische Begriffe beschrieben.

Modelltheoretisch gesagt, bedeutet dies folgendes. Für jede intendierte Anwendung $i \in I$ erwarten wir, daß es eine modelltheoretische Ergänzung derselben, $e(i)$, gibt, die sich als potentielles Modell der Theorie beschreiben läßt: $e(i) \in M_p$; und, wenn die Theorie erfolgreich sein soll, dann muß darüber hinaus $e(i)$ ein *aktuelles* Modell sein: $e(i) \in M$.

Da aber im Normalfall einer empirischen Theorie die Menge *I* keine Einermenge ist, sondern vielmehr eine große Anzahl von Elementen enthält, so folgt daraus, daß die Frage, ob eine Theorie erfolgreich ist oder nicht, im allgemeinen keine Ja-oderNein-Frage ist – und zwar auch dann nicht, wenn man einen bestimmten Approximationsgrad zuläßt. (Von der für die Wissenschaftsdynamik so wichtigen Frage der Approximation muß ich hier der Kürze wegen absehen.) Eine Theorie wäre vollkommen erfolgreich, wenn alle Elemente von *I* sich so ergänzen ließen, daß sie zu Elementen von *M* würden; sie wäre vollkommen gescheitert, wenn sich *kein* Element so ergänzen ließe. Das sind aber nur Extremfälle, die realistisch gesehen kaum in Betracht kommen. Der Normalfall der Anwendbarkeit einer Theorie liegt irgendwo dazwischen. Somit besteht der Motor der Theoriendynamik im Versuch, die Menge der erfolgreichen Anwendungsfälle zu maximieren und die Menge der gescheiterten Fälle zu minimieren.

Dieses Bild der Anwendungsproblematik ist aber in noch zwei wesentlichen Hinsichten zu vereinfacht. Sowohl die Menge der intendierten Anwendungen wie auch die Menge der aktuellen Modelle sind aus strukturalistischer Sicht komplexer als das, was das vorangehende Bild andeutet. Und beide sind zum Teil veränderlich – bei Beibehaltung eines "harten Kerns". Das ist folgendermaßen zu verstehen.

Es wäre falsch, die Menge I als eine homogene Menge zu konzipieren. Sie ist heterogen wiederum in zweierlei Hinsicht: Erstens, weil die verschiedenen Anwendungen eine verschiedentliche Gewichtung innerhalb der Theorie haben: Es gibt einen "harten Kern" von *paradigmatischen* Anwendungen, $I_0 \subset I$, bei denen die Theorie *auf jeden Fall* erfolgreich sein muß. Zweitens, ist I meistens auch in dem Sinne inhomogen, daß sie eine *Zerlegung in Anwendungsarten* erlaubt. ("Zerlegung" ist hier im präzisen mengentheoretischen Sinn gemeint.) Und dies wiederum führt zur Inhomogenität der Menge der aktuellen Modelle: Für alle Anwendungsarten (und besonders ausdrücklich für die paradigmatischen Anwendungen) sind zwar die Grundgesetze der Theorie zuständig (oft ist das ein einziges Grundgesetz); aber diese Grundgesetze haben typischerweise einen so abstraktschematischen Inhalt, daß sie sich zwar auf jede Anwendungsart anwenden lassen – dies jedoch sehr wenig Auskunft über die Beschaffenheit der jeweiligen Anwendung gibt. (Denken wir etwa an Newtons 2. Prinzip als Grundgesetz der klassischen Mechanik: Praktisch jede *denkbare* kinematische Konfiguration ist mit diesem Gesetz verträglich.) Die Grundgesetze müssen also immer gelten, aber wenn man konkretere Angaben über einzelne Anwendungen erhalten will, muß man speziellere Gesetze zusätzlich einführen, die durch einen Prozeß der sukzessiven *Spezifizierung* der schematischen Grundgesetze entstehen. (In der Newtonschen Mechanik geschieht dies meistens dadurch, daß die Kraft als Gradient eines von diversen Parametern abhängigen Potentials aufgefaßt wird. Die Spezifizierung betrifft in diesen Fällen entweder die konkret ausgewählten Parameter oder die algebraische Form des Potentials oder beides.) Die Spezifizierungen sind von Fall zu Fall, d. h. von Anwendungsart zu Anwendungsart verschieden. Die speziellen Gesetze, die man dadurch gewinnt, samt ihren dazugehörigen Anwendungsarten, nennen wir "Spezialisierungen".

Somit erhalten wir folgendes Bild der Gesamtstruktur einer Theorie: Sie kann durch ein *Netz* von Elementen dargestellt werden, an dessen Spitze das Basiselement steht, das durch die allgemeinen Begriffsbestimmungen und die Grundgesetze samt den paradigmatischen Anwendungen bestimmt wird. Durch die modelltheoretisch interpretierte Teilmengenbeziehung erhält man aus dem Basis-Element sukzessiv die Spezialisierungen, die sozusagen immer "spezieller" werden, bis wir eine Stufe erreichen, wo die Elemente nicht mehr in einem Standardlehrbuch der Disziplin erscheinen, sondern vielmehr dem *Know-how* eines Ingenieurs oder Technikers angehören.

Wenn wir jedes Element als ein Paar, bestehend aus einem Kern und den dazu gehörigen intendierten Anwendungen, bestimmen und die Spezialisierungsrelation durch Pfeile darstellen, dann sieht ein solches Theorienetz graphisch etwa so aus:

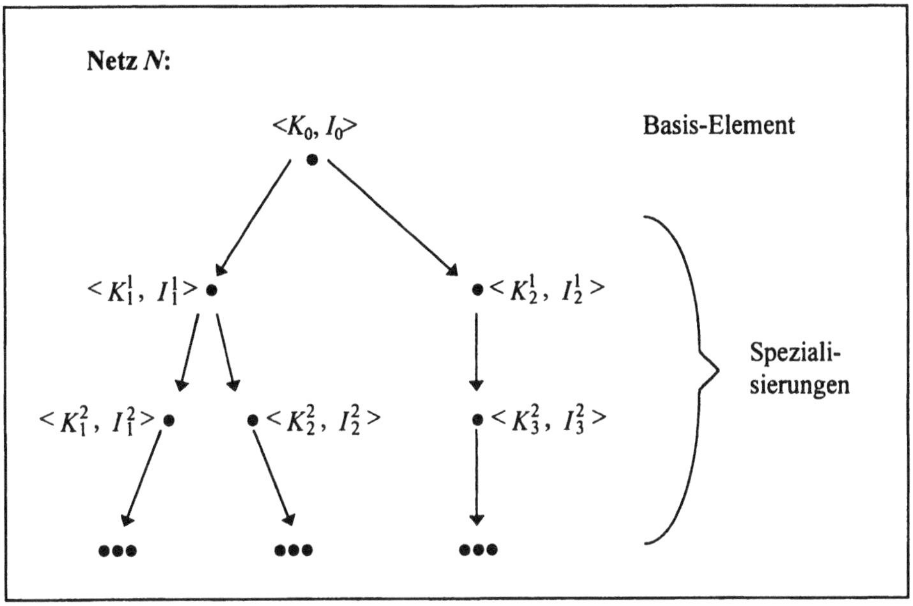

Dieser Begriff eines Theorienetzes ist zunächst rein synchronisch bestimmt worden. Aber ich hoffe, Sie haben durch meine Anmerkungen schon einen Vorgeschmack davon erhalten, wie er "dynamisiert" werden könnte, um diachronische Formen der Wissenschaft zu rekonstruieren. Dieser Frage will ich mich nun abschließend widmen.

4. Theorienetze und die Diachronie der Wissenschaft

Der naheliegendste Einsatz des Netzmodells für diachronische Zwecke betrifft zweifelsohne die Modellierung des 2. *Typus*, also der *normalwissenschaftlichen Entwicklung.* Eine solche Entwicklung wird eben nichts anderes sein als ein zeitliche Abfolge von Theorienetzen, die miteinander durch bestimmte Nebenbedingungen verbunden sind. Das sind hauptsächlich die folgenden drei Bedingungen:

A) Das Basiselement wird im Laufe der Entwicklung niemals angetastet.

B) Jeder Kern eines späteren Netzes entsteht durch Spezialisierung eines Kerns des vorangehenden Netzes. (Die Beibehaltung eines Kerns, d. h. die Identität, kann als der Trivialfall einer Spezialisierung angesehen werden.)

C) Die jeweiligen Anwendungsarten eines späteren Netzes sind i. A. nicht extensional identisch mit den entsprechenden Anwendungsarten im vorangehenden Netz, sie haben aber mit ihnen gemeinsame Elemente, d. h. die jeweiligen Durchschnitte sind nicht-leer.

Diese Bedingungen und andere, auf die ich jetzt nicht eingehen kann und die etwa den wichtigen Aspekt der Approximationen betreffen, lassen sich ausnahmslos formal-modelltheoretisch explizieren. Und somit kann man das Modell auch mit der wissenschaftshistorischen Empirie präzise vergleichen. Dieses Modell ist schon anhand von zwei historischen Beispielen getestet worden: der Entwicklung der Newtonschen Mechanik vom Ende des 17. Jhds. bis Anfang des 19. Jhds. und der Entwicklung der phänomenologischen Thermodynamik etwa von 1870 bis 1940. In beiden Fällen kann man ziemlich genau nachweisen, daß es sich um normalwissenschaftliche Entwicklungen im Sinne des angegebenen Modells handelt.[13] Hier muß ich mich darauf beschränken, ein erstes Bild davon zu vermitteln, wie eine solche normalwissenschaftliche Entwicklung skizzenhaft aussehen kann, und zwar am schon erwähnten Beispiel der Thermodynamik. In erster Annäherung können wir in der Gesamtentwicklung dieser Theorie drei Phasen unterscheiden, deren Abfolge etwa so aussieht:

1. Phase: 1870er Jahre

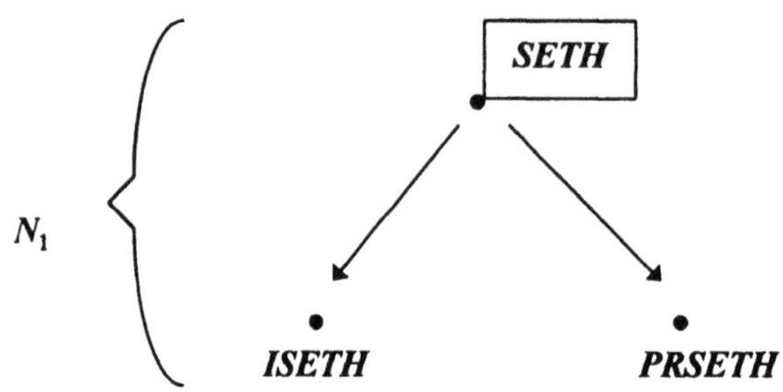

("*SETH*" steht im wesentlichen für die fundamentale Zustandsgleichung, "*ISETH*" für das ideale Gasgesetz und "*PRSETH*" für die sogenannte "Phasenregel".)

13 Die Einzelheiten dieser Rekonstruktionen samt Vorgabe der historischen Quellen sind dem Standard-Werk der Strukturalismus Balzer/Moulines/Sneed 1987, Kap. V, zu entnehmen.

2. Phase: 1880-1906

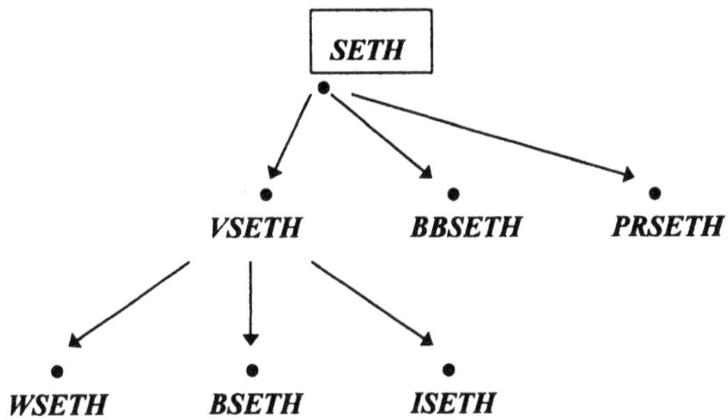

("*VSETH*" steht für das Viriale Gasgesetz, "*WSETH*" für Van der Waals' Gesetz, "*BSETH*" für Berthelots Gasgesetz und "*BBSETH*" für die Schwarze-Körper-Gleichung.)

3. Phase: 1906 -1940

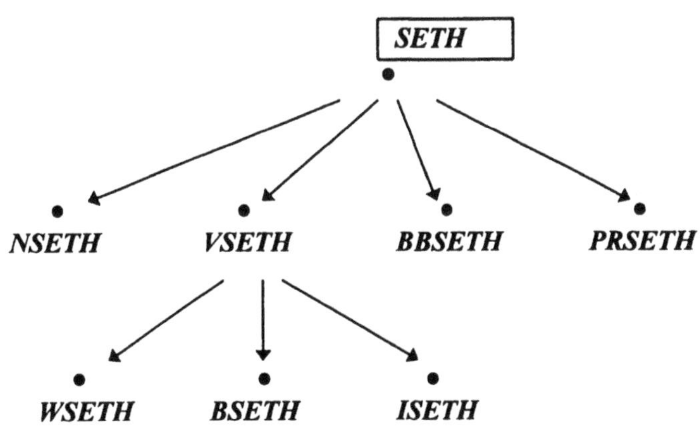

("*NSETH*" steht für Nernsts Gesetz.)

Die Fälle III und IV der Wissenschaftsdynamik, also die *Theorien-Verdrängung mit Inkommensurabilität* einerseits und die *Theorien-Einbettung ohne Inkommensurabilität* andererseits können auch, wenigstens in ihren Grundzügen, mittels des strukturalistischen Apparats rekonstruiert werden. Der letztere Fall, also die Einbettung, kann durch eine besondere Art intertheoretischer Relation dargestellt werden, die im Strukturalismus als exakte bzw. approximative *Reduktion* bezeichnet wird. Ihre Definition ist etwas komplizierter als der entsprechende Reduktionsbegriff, den wir aus der klassischen Wissenschaftstheorie[14] kennen, aber die Grundintuition ist ähnlich. Sie kann man so zusammenfassen: 1) Es gibt eine Entsprechung zwischen den jeweiligen Begriffsrahmen der reduzierten und der reduzierenden, bzw. der eingebetteten und der einbettenden Theorie; 2) die Grundgesetze der früheren Theorie werden wenigstens approximativ von den Grundgesetzen plus bestimmten Spezialisierungen der späteren Theorie impliziert; 3) alle intendierten Anwendungen der früheren Theorie sind auch intendierte Anwendungen der neueren Theorie, aber meistens nicht umgekehrt, d. h. der Bereich *I* der früheren Theorie ist eine echte Teilmenge des Bereichs *I* der neueren. Alle diese Bedingungen (und einige mehr, die ich aus Zeitgründen hier unerwähnt lassen muß) lassen sich formal präzisieren im Sinne des Strukturalismus.

Einbettung (von I in I^*)
Es gibt eine modelltheoretische Korrespondenzrelation so daß:

1) $\rho: M_p^* \mapsto M_p$

2) $\rho\,(M_0^* + M_i^*) \Rightarrow \widetilde{M}_0$

3) $I \subset \rho\;(I^*)$

Bei der Theorien-Verdrängung mit Inkommensurabilität sollte man zuerst den Begriff der Inkommensurabilität klären, was keineswegs eine einfache Aufgabe darstellt. Zunächst wäre festzuhalten, daß Inkommensurabilität als eine semantische Beziehung zwischen einzelnen korrespondierenden Grundbegriffen zu erfassen ist (Paradebeispiele: die Beziehung zwischen dem Planetenbegriff der Ptolemäischen und dem entsprechenden Begriff der Kopernikanischen Astronomie; oder die Beziehung zwischen dem Körperbegriff der Cartesischen Mechanik und dem Partikelbegriff der Newtonschen Mechanik.) Dieser Charakterisierung gemäß wird aber klar, daß Inkommensurabilität zwischen Theorien keine Ja-oder-Nein-Angelegenheit sein kann, sondern vielmehr als gradueller Begriff eingeführt werden soll. Je mehr Grundbegriffe beiderseits involviert sind, desto radikaler, vermutlich aber auch uninteressanter ist die Inkommensurablität. Totale Inkommensurabilität gibt es sicherlich auch, aber es ist zweifelhaft, ob sie irgend etwas für die Interpretation der Wissenschaftsdynamik leistet. Um 1850 war die geologische Katastrophismus-Theorie dabei auszusterben, während gleichzeitig die marxistische Werttheorie im Entstehen begriffen war; es ist sehr plausibel, eine totale Inkommensurabilität zwischen diesen beiden Theorien zu vermuten; ob

14 Vgl. etwa Nagl 1961, Kap. XII.

diese Feststellung aber für eine Typologie der Wissenschaftsdynamik von irgend welchem Belang ist, bleibt sehr fragwürdig. Ich bin ziemlich sicher, daß weder Kuhn noch Feyerabend hier von "Revolution" hätten sprechen wollen.

Die wirklich interessanten Fälle von Inkommensurabilität sind diejenigen, bei denen *einige* Grundbegriffe der involvierten Theorien in der Tat zwar korreliert sind, sich aber nicht ineinander übersetzen lassen, während *andere* Grundbegriffe korreliert sind *und* gleichzeitig eine gemeinsame semantische Basis haben. Strukturalistisch gesprochen, heißt das, daß Teilstrukturen der Modelle der beiden Theorien gemeinsam bzw. ineinander überführbar sind, während andere Teilstrukturen der jeweiligen Modelle in der Tat inkompatibel sind.

Was die Aussagekraft von zwei Theorien, die in einem solchen Prozeß der Verdrängung involviert sind, anbelangt, so ist es in der Tat meistens so, daß weder die Gesetze von T diejenigen von T^* implizieren noch umgekehrt; andererseits aber, wenn die Inkommensurabilität nicht trivial wie im Cuvier-Marx-Beispiel sein soll, dann muß es wenigstens einige gemeinsame intendierte Anwendungen geben; und wenn einige der als besonders relevant geachteten intendierten Anwendungen so geartet sind, daß sie sich zu aktuellen Modellen von T^*, aber *nicht* zu aktuellen Modellen von T ergänzen lassen, dann wird trotz aller sonstigen semantischen Inkompatibilität verständlich, warum T^* schließlich T verdrängt hat. Das alles läßt sich modelltheoretisch sauber rekonstruieren.

Verdrängung (von T durch T*):

1') = $\neg$ 1) aber es gibt $\rho^*: M^*_{pp} \mapsto M_{pp}$

2') = $\neg$ 2)

3') $I_0 = I \cap \rho \ (I^*)$

4') $\exists i_0 \in I_0 \ (\exists e^*(i_0) \in M^*_0 \wedge \forall e(i_0) \ (\neg e(i_0) \in M_0))$

Am schwierigsten erscheint es für das strukturalistische Konzept, mit Typus I, also mit der allmählichen Kristallisierung einer Theorie formal fertig zu werden. Wie kann man ein modelltheoretisches Konzept für "fließende" Begriffe ausbauen? Hier stoßen wir sicherlich an die Grenzen der Formalisierbarkeit und vielleicht sogar der begrifflichen Erfaßbarkeit von wissenschaftsdynamischen Phänomenen überhaupt. Aber auch in diesem Bereich ist das letzte Wort der Wissenschaftstheorie noch nicht gesagt. Es ist zwar so, daß wir im Falle der Emergenz bzw. Kristallisierung von Theorien zunächst noch auf solche Metaphern wie "ein Begriffsfluß" oder ein "Zusammenfügen von Elementen" u. ä. angewiesen sind. Aber wir sollten nie das Motto jedes braven Wissenschaftstheoretikers vergessen: "Vertrauliche Metaphern sind gut, formale Kontrolle ist besser!" Zu dieser Art wissenschaftlicher Entwicklung wird uns vielleicht irgendwann auch etwas Genaueres einfallen.

Literaturverzeichnis

Balzer, W./Moulines, C. U./Sneed, J. D.: *An Architectonic for Science. The Structuralist Program.* Reidel, Dordrecht 1987.

Bryk, 0.: *Entwicklungsgeschichte der reinen und angewandten Naturwissenschaft im XIX Jahrhundert,* 1. Band, Johann Ambrosius Barth, Leipzig 1909.

Dugas, R.: *A History of Mechanics.* Editions du Griffon, Neuchâtel 1955.

Moulines, C. U.: The Emergence of a Research Programme in Classical Thermodynamics, in: Gavroglu, K. und Goudaroulis, Y. (Hg.), *Imre Lakatos and Theories of Scientific Change*, Kluwer, Dordrecht (1989), S. 111 - 121.

Moulines, C. U.: Structuralism: The Basic Ideas, in: Balzer, W. und Moulines, C. U. (Hg.), *Structuralist Theory of Science. Focal Issues, New Results*, De Gruyter, Berlin (1996), S. 1 - 13.

Nagel, E.: *The Structure of Science,* Harcourt, Brace & World, New York 1961.

Ströker, E.: *Theorienwandel in der Wissenschaftsgeschichte. Chemie im 18. Jahrhundert*, Klostermann, Frankfurt/M. 1982.

Strube, W.: *Der historische Weg der Chemie,* Bd. 1 VEB, Leipzig 1981.

Szabó, A.: *Das geozentrische Weltbild*, DTV, München 1992.

Martin Carrier

Die Dynamik des Experiments: Neuer Experimentalismus und Theorienwandel

1. Akkumulationstheorie versus Kuhnsche Revolutionen

Die Wissenschaftliche Revolution des 16. Jahrhunderts gab sich nicht mit provisorischen, der beständigen Revision unterworfenen Grundsätzen zufrieden. Angestrebt wurde statt dessen bewiesenes Wissen; es ging um die Aufdeckung notwendiger Wahrheiten. Charakteristisch sind die Ambitionen Galileo Galileis, der es keineswegs bei einer (modern gesprochen) hypothetisch-deduktiven Rechtfertigung seiner Prinzipien bewenden lassen wollte. Danach reichte es nicht hin, versuchsweise eine Annahme zu formulieren und bei Korrektheit der aus ihr ableitbaren Beobachtungskonsequenzen ihre Richtigkeit anzunehmen. Vielmehr ging es Galilei um den Aufweis, daß es nicht anders sein konnte als von ihm vorgesehen. Nicht bloße Faktizität, Notwendigkeit ist sein Ziel. Ganz im Einklang mit der Sichtweise Platons, aber auch mit dem gesamten frühneuzeitlichen Verständnis hat Wissenschaft für Galilei mit bewiesenem Wissen zu tun. Danach ist es unzulänglich, lediglich darzutun, wie sich die Dinge faktisch verhalten; vielmehr ist zu zeigen, wie sie sich verhalten müssen. Wissenschaftliche Wahrheiten sind notwendige Wahrheiten.

Aus dieser Verpflichtung auf die Notwendigkeit folgt unmittelbar die Annahme der Stabilität. Ist die Notwendigkeit einer Wahrheit entdeckt, so bleibt sie in jedem Falle faktisch gültig. Ein Korollar der traditionellen Notwendigkeitsauffassung ist entsprechend eine *Stabilitätsthese*: Wissenschaftliche Wahrheiten sind dem wissenschaftlichen Wandel nicht unterworfen. Der wissenschaftliche Wandel besteht entsprechend allein in der Aufdeckung von Irrtümern. Aus dieser Sichtweise ergibt sich, daß die Erhaltung der Lehrsätze einer Disziplin ein Anzeichen ihrer Reife ist. Ihren charakteristischen Ausdruck findet diese Sichtweise bei Immanuel Kant. Ob nämlich ein Erkenntnisbereich

> den sicheren Gang einer Wissenschaft gehe oder nicht, das läßt sich bald aus dem Erfolg beurteilen. ... Daß die Logik diesen sicheren Gang schon von den ältesten Zeiten her gegangen sei, läßt sich daraus ersehen, daß sie seit dem Aristoteles keinen Schritt rückwärts hat tun dürfen ... Der Metaphysik ... ist das Schicksal bisher noch so günstig nicht gewesen, daß sie den sichern Gang einer Wissenschaft einzuschlagen vermocht hätte. ... Denn in ihr gerät die Vernunft kontinuierlich in Stecken ... In ihr muß man unzählige mal den Weg zurück tun, weil man findet, daß er dahin nicht führt, wo man hin will.[1]

1 Kant 1787, B VII-VIII, XIV.

Wissenschaftlichkeit demonstriert sich durch Verläßlichkeit und wird durch die Erhaltung der Theoreme über allen wissenschaftlichen Wandel hinweg angezeigt.

Nicht zuletzt unter dem Einfluß der Einwände David Humes verliert zwar im 19. Jahrhundert die Vorstellung der Notwendigkeit in der Naturwissenschaft an Gewicht. Gleichsam kompensatorisch gelangt jedoch ein Fortschrittsoptimismus zum Durchbruch, der die gleiche Annahme der Erhaltung wissenschaftlicher Wahrheiten beinhaltet. Dieser Fortschrittsoptimismus drückt aus, daß die Wissenschaft die tatsächliche Beschaffenheit der Natur aufzudecken vermag. Entsprechend stellt die Wissenschaft ein wahrheitsgemäßes Portrait der Naturprozesse bereit, welches im Verlauf der nachfolgenden Wissenschaftsentwicklung nicht wieder aufgegeben wird. Damit bleibt trotz der Absage an die Notwendigkeitsauffassung deren theoriendynamisches Korollar, nämlich die Stabilitätsthese, unverändert erhalten. Im 19. Jahrhundert und bis weit ins 20. Jahrhundert hinein dominiert eine *Akkumulationstheorie* des wissenschaftlichen Fortschritts, derzufolge in dessen Verlauf gleichsam Einsicht auf Einsicht gehäuft wird. Die Wissenschaft bringt es danach zur definitiven Erkenntnis von Naturgesetzen, die durch den nachfolgenden Theorienwandel nicht zurückgenommen wird. Neue theoretische Elemente fügen zwar dem Stand des Wissens vertiefte Einsichten hinzu, haben aber nicht zur Folge, daß zuvor als korrekt akzeptierte Gesetzmäßigkeiten wieder verworfen werden. Was einmal mit dem Gütesiegel der wissenschaftlichen Erkenntnis versehen wurde, das bleibt für alle Zeit Bestandteil des wissenschaftlichen Wissens. Wissenschaftlicher Fortschritt besteht im Anhäufen wertbeständiger geistiger Besitztümer.

In dieser Sichtweise beinhaltet der wissenschaftliche Fortschritt theoretische Rücknahmen von lediglich zweierlei Art. Zum einen werden die mit den Naturgesetzen verbundenen anschaulichen Modellvorstellungen modifiziert oder ersetzt, zum anderen wird der Geltungsbereich der Gesetze eingeschränkt. Die erste Deutung, derzufolge im Verlauf des theoretischen Wandels höchstens die den Gesetzen hinzugefügten, sachlich aber überflüssigen und nur didaktisch nützlichen Illustrationen wieder aufgegeben werden, findet sich prägnant bei Moritz Schlick:

> Die Wahrheit ist, daß keine Theorie, die überhaupt durch Erfahrung verifiziert worden ist, jemals gänzlich über Bord geworfen wurde; im Gegenteil, ihr wesentliches Gerüst, das die Struktur der Natur ausdrückt, wurde stets von den neuen Theorien übernommen, und die einzigen Veränderungen bestehen darin, neue Details hinzuzufügen, die eine bessere Approximation erlauben, und irreführende anschauliche Illustrationen aufzugeben, die nicht Teil der Theorie sind, sondern nur zum leichteren Verständnis und Gebrauch der Theorie dienen.[2]

Während das anschauliche Beiwerk einer Theorie dem wissenschaftlichen Fortschritt zum Opfer fallen mag, sind die als gültig erkannten Gesetze vom wissenschaftlichen Wandel nicht betroffen. Allerdings mag sich ihr Geltungsbereich als kleiner herausstellen als ursprünglich angenommen. Diese Beurteilung kommt etwa bei Pierre Duhem zum Ausdruck:

2 Schlick 1938, S. 203; vgl. auch Duhem 1906, S. 38.

> Die physikalischen Gesetze sind daher provisorisch, indem die Symbole, auf denen sie ruhen, zu einfach sind, um die Wirklichkeit vollständig darzustellen. Immer treten Umstände auf, in denen das Symbol den konkreten Dingen nicht mehr genügt, in denen das Gesetz nicht mehr genau die Erscheinungen anzeigt. Der Ausdruck des Gesetzes muß daher von Einschränkungen begleitet sein, die die Elimination dieser Umstände ermöglichen. Diese Einschränkungen kommen durch die Fortschritte der Physik zur Kenntnis.[3]

Wissenschaftlicher Fortschritt besteht danach im zunehmenden Gewahrwerden von Geltungsgrenzen. Zwar hat die Newtonsche Mechanik eine solche Einschränkung ihres Geltungsbereichs auf (gegen die Lichtgeschwindigkeit) kleine Geschwindigkeiten und (gegen atomare Dimensionen) große Längen hinnehmen müssen, aber innerhalb dieses Bereichs ist sie weiterhin gültig. Weder Relativitätstheorien noch Quantenmechanik haben die Richtigkeit der Newtonschen Mechanik beeinträchtigt; sie haben nur deren Geltungsbereich eingegrenzt.

Diese beiden Korollare der Akkumulationstheorie bringen demnach zum Ausdruck, daß sich im Verlauf des wissenschaftlichen Fortschritts zwar die anschauliche Interpretation der Gesetze und ihr legitimer Anwendungsbereich wandeln mag, daß aber die Gesetze selbst zumindest als Näherung gültig bleiben. Sie sind daher approximativer Bestandteil auch der späteren Theorie des gleichen Gegenstandsbereichs. Entsprechend ergibt sich die frühere Theorie stets als näherungsweiser Bestandteil oder Grenzfall der späteren Theorie. Nach dieser bis in die Tage des Logischen Empirismus die Theoriendynamik prägenden Vorstellung ist die Vorgängertheorie stets auf ihren Nachfolger (approximativ) reduzierbar. Durch den wissenschaftlichen Fortschritt werden Theorien nicht aufgegeben, sondern in umfassendere Theorien eingeordnet.

Diese Sichtweise wurde von Karl Popper in den dreißiger Jahren zwar dem Buchstaben nach abgewiesen, dem Geiste nach jedoch beibehalten. Zwar stellt sich Wissenschaft nun als Abfolge neuartiger kühner Entwürfe und den nachdrücklichen Versuchen ihrer Widerlegung dar – was die Vorstellung theoretischer Umbrüche beinhaltet. Andererseits sieht Popper vor, daß diese Umbrüche durch eine ausgeprägte theoretische Kontinuität überbrückt werden. Ein Grund ist, daß diejenigen Theorien besonders gut prüfbar sind, die sich an den jeweiligen Kenntnisstand anschließen; weit vorausgreifende Ideen erschließen sich im allgemeinen schwer der strengen empirischen Untersuchung. Dadurch wird nahegelegt, daß der wissenschaftliche Fortschritt nicht sprunghaft voranschreitet, sondern eine inhaltliche und begriffliche Kontinuität aufweist. In der Tat verpflichtet sich Popper explizit auf die Stabilitätsthese der Akkumulationstheorie (von Popper als "Korrespondenzprinzip" bezeichnet): Bewährte Theorien werden nur von solchen Theorien überholt, die ihre Vorgänger bei geeigneter Eingrenzung der Situationsumstände zumindest in Annäherung enthalten.[4]

3 Duhem 1906, S. 234.
4 Popper 1935, S. 221-222; Popper 1983, S. 143-145.

Erst Thomas Kuhn gibt in den 60er Jahren die Akkumulationstheorie auf.[5] Kuhnsche Revolutionen sind durch einen fundamentalen Theorienwandel charakterisiert, der keine Rekonstruktion als Grenzfallerhaltung zuläßt. Der Grund ist, daß Kuhnsche Revolutionen mit einem Wandel der Begriffe, der Probleme und der Kriterien für akzeptable Problemlösungen verbunden sind. Begriffliche Verschiebungen ergeben sich als Konsequenz der Anwendung der Kontexttheorie der Bedeutung auf wissenschaftliche Begriffe. Da sich die theoretischen Annahmen grundlegend wandeln und da die Bedeutung der Begriffe nach der Kontexttheorie wesentlich durch die einschlägigen Gesetzmäßigkeiten festgelegt wird, ändert sich auch die Bedeutung der betroffenen Begriffe. Dieser Begriffswandel mag dadurch verschleiert werden, daß weiterhin das gleiche Wort verwendet wird; gleichwohl handelt es sich der Sache nach um unterschiedliche Begriffe. Ein für revolutionäre Veränderungen typischer Problemwandel besteht darin, daß Probleme nicht gelöst, sondern aufgelöst werden. Zwar werden im Verlauf einer Revolution durchaus auch Antworten auf zuvor offene Fragen gegeben. Gleichwohl, Ausdruck des nicht-akkumulativen Theorienwandels in Revolutionen ist ein Typus der Änderung von Problemstellungen, bei dem die Legitimität der ursprünglichen Fragestellung von der Nachfolgertheorie bestritten wird. Endlich beinhaltet der Wandel der Kriterien für akzeptable Problemlösungen, daß sich nicht allein die Fragestellungen und die inhaltlichen Antworten im Verlauf einer Revolution ändern, sondern auch die Anforderungen daran, welche Gestalt eine annehmbare Antwort aufweisen muß. Die Gegensätze zwischen Theorien, die durch eine Revolution getrennt sind, sind daher tiefgreifend und unaufhebbar.[6]

Die Kuhnsche Vorstellung des wissenschaftlichen Wandels als Abfolge wesentlich verschiedenartiger Theorien ist prägend für die gesamte theoriendynamische Diskussion bis zum Beginn der achtziger Jahre. Die mit ihr verbundene Absage an eine begrifflich tiefreichende Kontinuität des wissenschaftlichen Wandels ist den ansonsten unterschiedlichen Zugangsweisen Imre Lakatos', Larry Laudans und Paul Feyerabends gemeinsam. Dieser post-Kuhnsche Konsens beinhaltete, daß der wissenschaftliche Wandel durch begriffliche Umbrüche und theoretische Diskontinuitäten gekennzeichnet ist. Einer der Schritte des Neuen Experimentalismus bestand in der Aufkündigung dieses Konsenses.

2. Neuer Experimentalismus und die Stabilität der empirischen Basis

Seit etwa 1990 hat sich der Ausdruck "Neuer Experimentalismus" für eine wissenschaftsphilosophische Strömung eingebürgert, die die gesamte von Popper und Kuhn ausgelöste Debatte um empirische Bestätigung und Theoriendynamik durch eine einseitige Theorielastigkeit gekennzeichnet sieht und die diese Fokussierung auf Theorien durch eine stärkere Betonung und eine genauere Analyse des Experiments zu überwinden sucht. Gründungsdoku-

5 Kuhn 1962, S. 16-17, 104, 108.
6 Kuhn 1962, S. 20-21, 110-122.

ment des Neuen Experimentalismus ist Ian Hackings *Representing and Intervening* (1983). Auch Peter Galison, David Gooding und Nancy Cartwright werden in der Regel dem Neuen Experimentalismus zugerechnet. Zwar stellen sich philosophische Strömungen nur selten als monolithische Blöcke dar, und so umfaßt auch der Neue Experimentalismus eine Vielzahl individueller Varianten. Gleichwohl läßt sich ein Kernbereich gemeinsamer Auffassungen ausmachen. Danach ist erstens das Experiment von der Beobachtung durch eine Zahl wichtiger Merkmale unterschieden, und es spielt zweitens in der Wissenschaft eine wichtigere Rolle als gemeinhin angenommen. Im Gegensatz zur Beobachtung registiert das Experiment nicht einfach unabhängig existierende Phänomene, sondern stellt diese in wesentlicher Hinsicht überhaupt erst her. Zudem ist Experimentieren sehr viel stärker von praktischen Fertigkeiten und sehr viel weniger von übergreifenden Theorien abhängig als traditionell unterstellt. Experimente können ohne wesentlichen Rückgriff auf systematische Theorien ausgeführt und auch interpretiert werden. Nach dem von Hacking geprägten Motto des Neuen Experimentalismus besitzt das Experiment ein "Eigenleben".[7] Dieses Eigenleben kommt nach Hacking insbesondere in der Theoriendynamik zum Tragen; es besteht nämlich darin, daß Experimente theoretische Umbrüche, also die sogenannten wissenschaftlichen Revolutionen, unbeschadet überstehen und entsprechend eine Art stabiler Grundlage bilden.

Der Neue Experimentalismus zielt insgesamt auf die Emanzipation des Experiments gegenüber der Theorie. Theoriendominierten Strömungen wird die Sichtweise zugeschrieben, beim Experimentieren ginge es lediglich um die Überprüfung von Theorien. Dagegen setzt der Neue Experimentalismus die Auffassung, Experimente dienten einer Vielzahl von Zwecken, von denen die meisten mit Theorien wenig zu tun haben. So werden Experimente für die Exploration neuartiger Phänomene eingesetzt; sie werden also herangezogen, bevor eine einschlägige Theorie verfügbar ist. Ebenso werden Experimente ausgeführt, um die Verläßlichkeit der entsprechenden Verfahren und Meßinstrumente zu untersuchen. Die Überprüfung von Theorien spielt dabei keine Rolle. Und wenn Theorien in das Experiment eingehen, dann ist ihr Zusammenhang mit dem Experiment komplexer als traditionell vorgesehen. Statt nur vorgegebene theoretische Deduktionen zu testen, werden Experimente in fortwährender wechselseitiger Anpassung von Theorien, Versuchsaufbauten und Meßinstrumenten konzipiert und fortentwickelt.

Meiner Auffassung nach ist diese Analyse im wesentlichen zutreffend. Worum es jedoch im folgenden gehen soll, ist der bereits angedeutete Gesichtspunkt der Vorgängigkeit des Experiments vor der Theorie. Ich stelle zunächst diese primär auf Hacking zurückgehende These vor, zeige deren Konsequenzen für die Theoriendynamik auf und gehe anschließend auf deren Haltbarkeit ein. Nach dieser Auffassung werden Experimente weitgehend unabhängig von systematischen Theorien durchgeführt und interpretiert; dafür sind statt dessen niederstufige empirische Verallgemeinerungen über die betreffenden Phänomene hinreichend. Diese These zielt nicht allein darauf ab, daß beim Experimentieren Techniken der statistischen Analyse und der Datenaufbereitung eingesetzt werden, die wenig mit den in-

7 Hacking 1983, S. 150, 165.

haltlichen Besonderheiten des anstehenden Experiments zu tun haben. Vielmehr schließt sie auch inhaltliche Behauptungen über den fraglichen Gegenstandsbereich ein, nämlich sog. "phänomenologische Regularitäten". Diese beziehen sich auf die Eigenschaften konkreter Phänomene und die Beziehungen zwischen ihnen.[8] Sie enthalten etwa einen Bezug auf Helium-Neon-Laser, nicht auf abstraktere Eigenschaften wie eine Besetzungsinversion, die für den Laserprozeß verantwortlich ist, oder auf einige einfache Beziehungen für Ladung, Masse und Spin von Elektronen, nicht auf deren komplexe Wechselwirkungen in der Atomhülle. Diese phänomenologischen Regularitäten sind nicht spezifisch für irgendeine übergreifende Theorie, sondern Teil mehrerer verschiedener Theorien. Zugleich stellen sie nicht selbst eine systematische Theorie dar, da sie sich nicht zu einer kohärenten Gesamtheit zusammenschließen. Diese phänomenologischen Regularitäten bilden zusammen mit den Analysetechniken die Grundlage einer selbständigen Tradition des Experimentierens; sie begründen das Eigenleben des Experiments.

Für den Neuen Experimentalismus besteht der zentrale Gesichtspunkt darin, daß diese Regularitäten und Techniken weit stabiler sind als übergreifende Theorien. Da sie Teil vieler Theorien sind, werden sie weniger schnell aufgegeben als besondere theoretische Hypothesen. Wenn daher Experimente primär auf solche phänomenologischen Regularitäten zurückgreifen, dann bleibt ihre Adäquatheit und Verläßlichkeit über den theoretischen Wandel hinweg gewahrt. Der Beitrag grundlegender Theorien zur experimentellen Praxis ist folglich weit weniger bedeutsam als vielfach angenommen. Diese herausgehobene Rolle niederstufiger Verallgemeinerungen begründet die relative Autonomie der experimentellen Praxis. Aufgrund der Stabilität dieser Verallgemeinerungen sind auch die experimentellen Resultate in weit geringerem Maße der künftigen Revision unterworfen als in der theorienfixierten Betrachtungsweise angenommen wird. Tatsächlich bleibt die experimentelle Praxis von möglichen theoretischen Verwerfungen weitgehend unbeeinflußt und stellt entsprechend eine stabile Grundlage bereit, die auch über Revolutionen hinweg ihre Tragfähigkeit bewahrt.[9]

Hackings Stabilitätsthese beinhaltet das charakteristische Element der Akkumulationstheorie des wissenschaftlichen Wandels – wenn auch beschränkt auf die experimentelle Praxis. Insbesondere findet sich bei Hacking explizit deren Korollar des Fortschritts durch Eingrenzung des Geltungsbereichs. So argumentiert Hacking, daß Phänomene wie Beugung oder Interferenz keineswegs eine Widerlegung der geometrischen Optik darstellen, sondern allein den Anwendungsbereich ihrer Gesetze beschränken. Bei Beugung und Interferenz handelt es sich nicht um Anomalien, sondern lediglich um Phänomene, die nicht in den Anwendungsbereich der geometrischen Optik fallen. Aber da man nicht erwarten kann, daß eine Theorie zur Erklärung beliebiger Daten imstande ist, ist es keineswegs gerechtfertigt, die geometrische Optik auf der Grundlage solcher Befunde zu verwerfen. Trotz der Aus-

8 Cartwright 1989, S. 352.

9 Cartwright 1983, S. 2, 16-17, 100-127; Hacking 1992, S. 38, 53-56; Mayo 1994; vgl. auch Morrison 1990, S. 3-5.

nahmen können ihre Gesetze als phänomenologische Regularitäten beibehalten werden und weiterhin in die Ausführung und Deutung von Experimenten eingehen.[10]

Tatsächlich ist diese Aufnahme der Eingrenzungsthese mit der Behauptung der Künstlichkeit experimenteller Situationen verknüpft. In den "Laborwissenschaften" geht es nicht um die Erfassung der "ungezähmten Natur" in ihrer Gesamtheit, sondern nur um die Erklärung besonderer Befunde, wie sie von bestimmten Apparaten erzeugt werden. Andere Apparate können andere Befunde hervorbringen, die dann durch andere Theorien zu interpretieren sind.[11] Die Betonung der artifiziellen Erzeugung von Phänomenen bringt damit den Anspruch der Unausschöpfbarkeit des Gegenstandsbereichs der Laborwissenschaften mit sich, der seinerseits eine Absage an eine einheitliche, übergreifende theoretische Beschreibung beinhaltet. Die Annahme der Unausschöpfbarkeit hat also die Zurückweisung des Universalitätsanspruchs wissenschaftlicher Erklärungen zur Folge. Die Wissenschaft kann danach keine umfassenden Erklärungen eines Wirklichkeitsbereichs bereitstellen, sondern lediglich besondere Erklärungen apparatespezifischer Phänomene. Folglich können Regularitäten, die zur Deutung von Befunden des einen Apparatetyps ungeeignet sind, bei Resultaten eines anderen Apparatetyps weiterhin tauglich sein. Die Beibehaltung scheinbar überholter Theorien als phänomenologische Regularitäten ist entsprechend mit dieser interventionistischen Sicht wissenschaftlicher Phänomene verknüpft.

3. Experimente und systematische Beobachtungstheorien

Die Konzentration auf phänomenologische Regularitäten verdeutlicht, daß der Neue Experimentalismus neben dem Aufgreifen der Akkumulationstheorie noch in einer zweiten Hinsicht an den prä-Kuhnschen Stand der Wissenschaftstheorie anschließt. Der Neue Experimentalismus sieht nämlich eine Rückstufung der Theoriebeladenheit vor und führt eine den systematischen Theorien vorgelagerte Ebene der Experimente und experimentellen Befunde ein. In Übereinstimmung mit dem Logischen Empirismus wird eine Ebene von Erfahrungen unterstellt, die grundlegender ist als übergreifende Theorien.[12]

Im Gegensatz dazu möchte ich die Bedeutsamkeit von Beobachtungstheorien für die Durchführung und Deutung von Experimenten zur Geltung bringen. Bei Beobachtungstheorien handelt es sich im wesentlichen um die Theorien der einschlägigen Meßgeräte und Versuchsaufbauten. Beobachtungstheorien verknüpfen die Anzeigen der Instrumente mit den einschlägigen theoretischen Zuständen. So beruht die Berechtigung der Interpretation der Zeigerstellung eines Amperemeters als Anzeige der Stromstärke darauf, daß das Instrument tatsächlich eine Verknüpfung zwischen beiden Größen beinhaltet. Die theoretische Erfassung der in dem Instrument ablaufenden Prozesse stellt eine Grundlage für diese Ver-

10 Hacking 1992, S. 55-56.
11 Hacking 1992, S. 56-60.
12 Ackermann 1989, S. 186.

knüpfung von Rohbefund und theoretischem Zustand bereit. Eine Analyse der in einem Drehspulgalvanometer auftretenden elektromagnetischen Wechselwirkungen rechtfertigt den Schluß, daß dieses bei geeignetem Betrieb zur Anzeige der Stromstärke taugt. Meßgeräte sind zu Schaltungen geronnene Beobachtungstheorien. Und ohne ein zumindest rudimentäres Verständnis davon, welche Art von Eingriffen vorgenommen und welche Art von Größen registriert wird, kann man schwerlich davon sprechen, daß überhaupt ein Experiment ausgeführt wird. Im Lichte dieser Zugangsweise hängen Messungen und Experimente von der Verfügbarkeit und auch von der Beschaffenheit von Beobachtungstheorien ab.

Der für die Theoriendynamik wesentliche Gesichtspunkt ist, daß es auch systematische, übergreifende Theorien sind, die als Beobachtungstheorien in Experimenten zum Einsatz kommen. Zwar mögen die zur Erfassung der Funktionsweise eines Galvanometers geeigneten elektromagnetischen Beziehungen notfalls noch als phänomenologische Regularitäten gelten, kaum jedoch z. B. der quantenmechanische Tunneleffekt, der inzwischen eine Vielzahl meßtechnischer Anwendungen gefunden hat. Eine Betrachtung der einschlägigen Meß- und Versuchspraxis legt statt dessen den Schluß nahe, daß es keinen prinzipiellen Unterschied zwischen erklärender Theorie und Beobachtungstheorie gibt; es handelt sich um einen Unterschied der Gebrauchsweisen, nicht der Beschaffenheit.[13]

Diese Betrachtung führt zu der gegen die entsprechenden Behauptungen des Neuen Experimentalismus gerichteten *Gegenthese*, daß Ausführung und Deutung von Experimenten durchaus von übergreifenden Theorien abhängen. Diese übergreifenden Theorien sind Beobachtungstheorien, nicht aber zwangsläufig Theorien des untersuchten Gegenstandsbereichs. Ich behaupte nicht, daß Formen des explorativen Experimentierens in der Wissenschaft keine Rolle spielen. Exploratives Experimentieren beinhaltet gleichsam präliminarische, der erklärenden Theorie vorangehende experimentelle Untersuchungen. Untersuchungen dieser Art sind gerade für das Erschließen neuartiger Phänomenbereiche durchaus signifikant. Aber auch exploratives Experimentieren verlangt eine Interpretation des Versuchsaufbaus und der Natur des jeweils vorgenommenen Eingriffs. Plan- und verständnisloses Hantieren mit Geräten ist kein Experiment. Meine Behauptung ist, daß diese Interpretation der Beschaffenheit des Experiments in aller Regel das Heranziehen systematischer, übergreifender Theorien verlangt. Indem der Neue Experimentalismus diese Aufgabe phänomenologischen Regularitäten zuweist, trennt er die experimentelle Praxis fälschlich von systematischen wissenschaftlichen Ideen. Dadurch wird die Signifikanz von Experimenten im wissenschaftlichen Wandel verfehlt und überdies der experimentelle Fehlschlag trivialisiert. Die These ist, daß die Konzentration auf phänomenologische Regularitäten – ganz im Gegensatz zu den erklärten Absichten – zu einer Unterschätzung des Experiments und seiner Bedeutsamkeit für die Theoriendynamik führt.

Ich will diese These durch die Betrachtung eines Beispiels untermauern, nämlich durch die experimentelle Bestätigung der sog. "Äthermitführung" durch Hippolyte Fizeau im Jahre 1851. In den ersten Jahrzehnten des 19. Jahrhunderts formulierten Thomas Young und vor allem Augustin Fresnel die zu der seinerzeit vorherrschenden Newtonschen Teil-

13 Carrier 1994, S. 9-11, 18.

chentheorie konträre Auffassung, daß sich Licht in Form von transversalen Wellen in einem Lichtäther fortpflanzt. Um einige anomale, eher die Teilchentheorie favorisierende Befunde zu neutralisieren, verfiel Fresnel 1818 auf die Hilfshypothese der partiellen Äthermitführung. Ein transparenter bewegter Körper sollte danach den Äther zum Teil mitführen; dem im Körper befindlichen Äther wird durch die Körperbewegung eine Geschwindigkeit erteilt, die in einem durch den Brechungsindex bestimmten Verhältnis zur Geschwindigkeit des Körpers steht. Diese partielle Mitführung läuft darauf hinaus, daß ein bewegter Körper relativ zu seiner optisch relevanten ätherischen Nachbarschaft eine kleinere Geschwindigkeit besitzt als relativ zu einem in größerem Abstand im Äther ruhenden Beobachter. In seinem Experiment bestätigte Fizeau diese partielle Mitführung. Er bestimmte die Verschiebung von Interferenzstreifen, wenn Licht strömendes Wasser durchläuft und fand gute Übereinstimmung mit Fresnels theoretischem Ausdruck.[14]

Eine alternative Erklärung von Fresnels Mitführungskoeffizient wurde von Hendrik Antoon Lorentz 1892 gegeben. Nach Lorentz befindet sich der Äther absolut in Ruhe und kann folglich nicht von bewegten Körpern mitgeführt werden. Statt dessen leitete Lorentz Fresnels Ausdruck aus Annahmen über die Wechselwirkungen zwischen Licht und geladenen Teilchen ab, die Lorentz als Grundbestandteile der Materie annahm. Danach sollten elektromagnetische Schwingungen Änderungen in den dielektrischen Eigenschaften bewegter Körper induzieren, was ebenfalls eine verringerte Lichtgeschwindigkeit zur Folge hatte. Zwar zielte daher auch Lorentz auf eine Reduktion der Lichtgeschwindigkeit als Ursache für Fizeaus Interferenzverschiebung ab; aber der für diese Reduktion vorgesehene Mechanismus was von gänzlich anderer Beschaffenheit als bei Fresnel.

Der zumindest vorläufige Endpunkt der Geschichte wird von Albert Einsteins spezieller Relativitätstheorie gebildet. Diese beinhaltet, daß der Effekt auf der relativistischen Geschwindigkeitsaddition beruht. Die Geschwindigkeit des strömenden Wassers und die Lichtgeschwindigkeit im Wasser addieren sich nicht nach der vertrauten Galileischen Kinematik, sondern unterliegen der sogenannten Lorentz-Transformation. Diese führt zu einem gegenüber den klassischen Erwartungen verkleinerten Resultat – welcher genau mit dem aus Fresnels Ausdruck ableitbaren Wert übereinstimmt.[15]

Diese drei Ansätze beinhalten daher wesentlich verschiedene Deutungen dessen, um welche Art von Größen es in Fizeaus Experiment eigentlich geht. Nach Fresnels Ansatz mißt das Experiment das Ausmaß der Mitführung des Äthers. In Lorentz' Reinterpretation weist es die Wechselwirkung zwischen elektromagnetischen Wellen und geladenen Teilchen als den Bestandteilen der Materie auf. Mit der Bewegung des Äthers hat es dagegen nichts zu tun. Bei Einstein schließlich ist der Äther zur Gänze abgeschafft, und Fizeaus Interferenzverschiebung beinhaltet eine gleichsam pränatale Bestätigung der relativistischen Geschwindigkeitsaddition. Die dem Experiment zugeschriebene Bedeutsamkeit hängt daher entscheidend von dem zugrundeliegenden theoretischen Ansatz ab.

14 French 1971, S. 44-46.

15 French 1971, S. 132.

Fizeaus Versuchsaufbau beinhaltete eine aktiv herbeigeführte Verschiebung der Interferenzstreifen; es handelt sich also um einen Eingriff in einen Prozeß und entsprechend um ein genuines Experiment. Die Art des Eingriffs wird jedoch in jeder der genannten Zugangsweisen anders aufgefaßt, und diese Unterschiede stammen daraus, daß jeweils andersartige Beobachtungstheorien herangezogen werden. Und bei diesen Beobachtungstheorien handelt es sich um übergreifende Theorien, nicht um phänomenologische Regularitäten. Es ist die Äthertheorie des Lichts, die zu der Deutung führt, die Verschiebung der Interferenzstreifen zeige die Mitführung des Äthers an. Es ist diese systematische Theorie, keine niederstufige Beziehung, die die Rohbefunde mit derjenigen Größe verknüpft, um die es in dem Experiment gehen sollte. Ebenso werden bei Lorentz die Elektrodynamik und bei Einstein die spezielle Relativitätstheorie als Beobachtungstheorien herangezogen; sie dienen der Verknüpfung der empirischen Indikatoren mit den jeweils angezeigten Größen. Entsprechend ergibt sich bei einem Wechsel der Beobachtungstheorie, daß der gleiche Rohbefund eine andersartige Größe anzeigt. Und diese Verschiebung dokumentiert sich gerade in der dargestellten Episode.

Tatsächlich wird erst aus dieser Perspektive deutlich, in welchem Sinne es sich bei Fizeaus Bemühungen um den Nachweis der Äthermitführung überhaupt um einen Fehlschlag handelt. Schließlich liegt kein Irrtum im Sinne einer Nachlässigkeit vor; ebensowenig wurden wirksame Einflüsse irrtümlich übersehen. Statt dessen handelt es sich um einen systematischen Fehler derart, daß eine falsche Beobachtungstheorie auf durchaus korrekte Weise angewendet worden ist. Indem der Neue Experimentalismus die Signifikanz von Beobachtungstheorien im Experiment verkennt, verfehlt er diesen wichtigen Typus systematischer Fehler.

Das Beispiel erlaubt einen genaueren Blick auf die Stichhaltigkeit und die Beschränkung der Stabilitätsthese des Neuen Experimentalismus. Auf der einen Seite trifft es in der Tat zu, daß die Resultate von Fizeaus Experiment die theoretischen Revolutionen in Optik und Elektrodynamik überdauerten. Die Verschiebung der Interferenzstreifen tritt in gleicher Weise damals wie heute in Erscheinung. Während sich die Stabilitätsthese damit einerseits als zutreffend erweist, zeigt sich auf der anderen Seite, wie begrenzt ihre Adäquatheit tatsächlich ist. Sie verfehlt nämlich die Rolle des Experiments im wissenschaftlichen Wandel. Nicht allein die Deutung der Befunde, sondern auch die Auffassung davon, um welche Art von Eingriff es sich überhaupt handelt, ändert sich in der betrachteten Zeitspanne grundlegend. Fizeaus Experiment ist Teil der Evolution fundamentaler wissenschaftlicher Vorstellungen. Diese vitale Signifikanz geht bei der Beschränkung auf die überdauernden Charakteristika des Versuchsaufbaus und der Rohdaten verloren.

Tatsächlich verpflichtet sich Hacking explizit auf eine derart restriktive Deutung. Nach Hacking stellt Fizeaus Experiment eine brillante Meßmethode dar, die für ganz verschiedene Zwecke herangezogen werden kann. Diese Methode kann in den Dienst beliebiger Theorien gestellt werden und zudem als Ausgangspunkt der Weiterentwicklung von Meßtechniken dienen.[16] Hacking transformiert also Fizeaus Experiment in ein Meßgerät zur

16 Hacking 1983, S. 238.

Untersuchung des Verhaltens von Licht in bewegten Medien. Aber dies beinhaltet eben gerade, daß das Experiment und seine Signifikanz in einem sich wandelnden Kontext von Ideen völlig aus dem Blick gerät. Ein Meßgerät ist kein Experiment, sondern möglicher Bestandteil vieler verschiedenartiger Experimente. Hackings Transformation demonstriert gerade, daß man bei einem Ausschluß übergreifender Beobachtungstheorien nur die wenig erhellenden Rohdaten zurückbehält und entsprechend jedes Verständnis des Experiments verliert. Wenn es um Signifikanz und Tragweite von Experimenten geht, führen diese in keiner Weise ein Eigenleben.

Der Neue Experimentalismus legt zu Recht Gewicht auf das Experiment und die praktischen Fertigkeiten, die seine Ausführung verlangt. Er betont, daß die Wissenschaft kein körperloses Gedankengebäude ist, sondern eine konkrete, apparative und manuelle Seite besitzt. In der Theoriendynamik führt jedoch die Konzentration auf die praktischen Aspekte des Experimentierens zu einer verzerrten Einschätzung der Rolle des Experiments. Durch die Ablösung des Experiments von seinem theoretischen Hintergrund wird seine Integration in den wissenschaftlichen Wandel und seine Bedeutsamkeit für diesen Wandel verfehlt. Ungeachtet aller Verdienste um die Erhellung von Einzelheiten der experimentellen Praxis, als Anleitung zur Deutung der Wissenschaftsgeschichte und der Theoriendynamik ist der Neue Experimentalismus ein Fehlschlag.

Literaturverzeichnis

Ackermann, R.: *Review Article: The New Experimentalism*, in: The British Journal for the Philosophy of Science 40 (1989), S. 185-190.

Carrier, M.: *The Completeness of Scientific Theories. On the Derivation of Empirical Indicators within a Theoretical Framework: The Case of Physical Geometry*, Dordrecht: Kluwer, 1994.

Cartwright, N.: *How the Laws of Physics Lie*, Oxford: Clarendon Press, 1983.

Cartwright, N.: *Capacities and Abstractions*, in: P. Kitcher/W. C. Salmon (Hg.), Scientific Explanation (Minnesota Studies in the Philosophy of Science XIII), Minneapolis: University of Minnesota Press, 1989, S. 349-356.

Duhem, P.: *Ziel und Struktur der physikalischen Theorien*, Hamburg: Meiner, 1978 (1906).

French, A. P.: *Die spezielle Relativitätstheorie*, Braunschweig: Vieweg, 1982 (1971).

Hacking, I.: *Representing and Intervening. Introductory Topics in the Philosophy of Natural Science*, Cambridge: Cambridge University Press, 1983.

Hacking, I.: *The Self-Vindication of the Laboratory Sciences*, in: A. Pickering (Hg.), Science as Practice and Culture, Chicago: University of Chicago Press, 1992, S. 29-64.

Kant, I.: *Kritik der reinen Vernunft*, Frankfurt: Suhrkamp, 1974 (1787).

Kuhn, T. S.: *Die Struktur wissenschaftlicher Revolutionen*, Frankfurt: Suhrkamp, 1976 (1962).

Mayo, D. G.: *The New Experimentalism*, Topical Hypotheses and Learning from Error, in: D. Hull/M. Forbes/R. Burian (Hg.), PSA 1994 I, East Lansing Mich.: PSA, 1994, S. 270-279.

Morrison, M.: *Theory, Intervention and Realism*, Synthese 82 (1990), S. 1-22.

Popper, K. R.: *Logik der Forschung*, Tübingen: Mohr, [6]1976 (1935).

Popper, K. R.: *Realism and the Aim of Science*, London: Hutchinson, 1983.

Schlick, M.: *Form und Inhalt. Eine Einführung in philosophisches Denken*, in: B. Philippi (Hg.), Moritz Schlick, Philosophische Logik, Frankfurt: Suhrkamp, 1986 (1938).

Kolloquium XI
Cartesianische Phänomenologie

KLAUS ERICH KAEHLER

Descartes und die transzendentale Phänomenologie

I.

"Es ging Descartes wie Columbus, der den neuen Kontinent entdeckte, aber davon nichts wußte und bloß einen neuen Seeweg nach dem alten Indien entdeckt zu haben meinte." (Hua VII 63 f.) Dieser Vergleich ist eine der vielen Äußerungen Husserls, in denen er seine Einschätzung der philosophischen Bedeutung des Descartes zum Ausdruck bringt. Was der Vergleich mit Columbus besonders deutlich macht, ist zum einen die Ambivalenz seiner Einschätzung und zum andern das Bewußtsein des eigenen Fortschritts, der Überlegenheit der von ihm inaugurierten transzendentalen Phänomenologie über die cartesische Entfaltung des doch bereits entdeckten Prinzips aller wahren, der potentiell universalen Philosophie.

Im Sinne der teleologischen Auffassung von der Philosophiegeschichte, die Husserl in seiner Spätzeit entwikelte, verstand er sich nur als Vollstrecker einer Idee von Philosophie, die durch alle geschichtlichen Gestaltungen als noch unerfüllte Intention hindurchgeht:[1] "Mich des von Uranfang in der Geschichte treibenden Sinnes bemächtigend und mich in diesen Sinn (in die *intentio*) vertiefend, kann ich eine Auslegung vollziehen in Richtung auf die Wesensmöglichkeiten der Erfüllung dieser Intention, ... und danach kann ich verstehen, was Descartes' Forderung einer radikalen Neubegründung der Philosophie eigentlich meint." (Hua VI 393, 19) Indem Husserl in Descartes den "*urstiftenden Genius* der gesamten neuzeitlichen Philosophie" (*Krisis* § 16) sieht, unterstellt er ihm zugleich seine eigene Idee von Philosophie und sieht diese umgekehrt als die "wesensmäßig" zugehörige "Endstiftung" (ebd. § 15), von der aus, wie er meint, sich allein "die einheitliche Ausgerichtetheit aller Philosophien und Philosophen eröffnen und eine Erhellung gewonnen werden

1 Vgl. Hua VI 393 f.

[kann], in welcher man die vergangenen Denker versteht, wie sie selbst sich nie hätten verstehen können" (a. a. O.).

Damit ist die Perspektive umrissen, aus welcher Descartes anerkannt, ja gepriesen werden kann und doch zugleich in allen Schritten der Bestimmung und Ausführung seiner Neubegründung des philosophischen Wissens zu verwerfen sein wird. Diese Ambivalenz in Husserls Verhältnis zu Descartes ist in der Tat nicht nur stimmig, sondern im Rahmen der "transzendentalen Phänomenologie" auch unvermeidlich, so daß wir fragen müssen, in welchem Sinne die Phänomenologie Husserls – und welche sonst, wenn nicht die seine? – überhaupt "cartesianisch" heißen darf? So aber hat die Ambivalenz der husserlschen Einschätzung des Descartes auch eine Pointe in bezug auf diesen selbst: Seine ambivalente Bedeutung für die transzendentale Phänomenologie ist nur dann keine willkürliche, von außen herangetragene Interpretation, wenn sich in seinem eigenen Ansatz tatsächlich eine entsprechende Ambivalenz nachweisen läßt. Der nächste Schritt wäre dann, zu überprüfen, ob die positive, weiterweisende Seite dieses Ansatzes, diese "Urstiftung", mit Husserl gesprochen, genau nur in der transzendental-phänomenologischen "Endstiftung" ihre jedenfalls prinzipiell unüberbietbare Erfüllung erhält – oder ob hier auch Alternativen der Fortführung und Vollendung ein einsehbares Recht beanspruchen können. Kurz, es steht die Entscheidung über Kohärenz, Gehalt und Resultat der sog. neueren, d. h. neuzeitlichen Philosophie insgesamt auf dem Spiel, wenn nach dem Recht der husserlschen Vereinnahmung des Cartesianismus gefragt wird.

II.

Beginnen wir also noch einmal mit Descartes selber! – Vereinfachend läßt sich sagen, daß der eigentlich epochemachende Schritt zum spezifisch neuzeitlichen Denken der ist, mit dem sich die *natürliche Vernunft* in sich reflektiert, in die ihr eigentümliche Tätigkeit und Potenz. In dieser Reflexion konstituiert sich das Subjekt als Subjekt der natürlichen Vernunft und dadurch als Prinzip alles durch diese Vernunft Wißbaren. Das bedeutet zugleich die Unterscheidung des aus immanent eigenen Quellen und Gründen Einsehbaren von allem anderweitig gegründeten oder beglaubigten Wissen, insbesondere von allem Inhalt der Offenbarung. Mit dieser Kritik beginnt Descartes seine 'Meditationen über die Erste Philosophie': Die überlieferten Wissensweisen werden daraufhin geprüft, ob es Gründe gibt, an dem darin beanspruchten Wissen zu zweifeln. Dieser Zweifel kulminiert in der Annahme eines allmächtigen Schöpfers, der im Gegensatz zum Schöpfergott der christlichen Offenbarung ein boshafter Dämon ist, der es sich angelegen sein läßt, uns in allem zu täuschen, was wir zu wissen glauben, selbst in dem, was uns gänzlich unbezweifelbar zu sein scheint. Diese Konstruktion einer äußersten "Finsternis" (Med. I, 12, letzte Zeile) der Gewißheit ist die erste radikale Konsequenz jener Unterscheidung des rein immanenten Vollzugs der natürlichen Vernunft von aller Begründung, die nicht aus ihr selbst gewonnen wäre. Hiermit wird das oberste Prinzip aller Fremdbegründung negiert, d. h. aller Begründung, die sich letztlich immer auf irgend eine Vorgegebenheit für das Wissen selbst stützen muß. Mit der

Hypothese des allmächtigen, aber betrügenden Urhebers aller Realität macht die Suche nach unbezweifelbarer Wahrheit die äußerste Probe auf ihre Unabhängigkeit vom theologischen Prinzip als Prinzip philosophischen Wissens.

Die entscheidende Wendung, durch die Descartes in der drohenden Vernichtung aller Gewißheit noch ein positives Resultat entdeckt, ist bekanntlich die Wendung des zweifelnd-reflektierenden Denkens auf sich selber: Mag das, *was* ich vorstelle, nicht *so* sein, *wie* ich es vorstelle, ja mag all das, was ich außer mir wahrzunehmen glaube, gar nicht existieren, so bleibt doch als ein Faktum eigener Art dieses Vorstellen als solches, die "subjektive" Bedingung für alle Wahrheitsansprüche, auf die sich der Zweifel richtet. Dieses Faktum: 'Ich denke (was immer)' wiederum zu bezweifeln, schafft ipso facto dieses Zweifelns eben den Sachverhalt, der bezweifelt wird, nämlich "ich denke", wenn anders ja wohl auch der Akt des Zweifelns ein Akt des Denkens ist.

An diesem Schritt von der "undurchdringlichen Finsternis" zum Licht der "Ersten Erkenntnis", dem "gewissen und unerschütterlichen Fundament", das Descartes im "Ich denke" gefunden hat, fällt auf, daß der Abweis des Zweifels an *dieser* Gewißheit dem hier gefundenen Sachverhalt eine Sonderstellung zugesteht: Es wird behauptet, daß die täuschende Macht des *genius malignus* hier nichts mehr auszurichten vermag. Gerade erst dadurch, daß ich zweifle und eine bestimmte Annahme mache, die den Zweifel sogar begründet, kommt ans Licht, was eben von keinem Zweifel angetastet und durch keine Täuschung hintergangen werden kann – nämlich dieses Annehmen und Zweifeln selber; denn hierin bekundet sich eine Tätigkeit, die als solche notwendige Bedingung für alles Zweifeln und Getäuschtwerden ist, d. h. die immer schon erfüllt, also realisiert sein muß, damit solches eben überhaupt stattfindet. Der Terminus, den Descartes in seinem Latein für diese Tätigkeit geeignet findet, lautet: *cogitare,* was wir mit 'denken' übersetzen, ohne damit wohl sogleich alles das einzuholen, was dieses 'co-agitare' eigentlich meint. Worauf es aber fürs erste vor allem ankommt, ist die Verwendung dieses Verbums in der 1. Person Singular: 'Ich denke' – nur in dieser Form *bekundet sich* jene für alles Zweifeln und Wissen unhintergehbare Tätigkeit, und zwar so, *daß* sie unhintergehbar ist. Eine bestimmte Denktätigkeit, eine *cogitatio,* kann überhaupt nur so erfaßt werden, wie sie auch *vollzogen* wird – nicht durch Beschreibung, sondern im unmittelbaren Innesein, d. h. *als* Selbstvollzug.

Denken, Vorstellen, umständlicher, aber deutlicher: Bewußtseinstätigkeit ausüben – dies ist also unmittelbar und *eo ipso*: dasein, existieren, und zwar genau nur *als* dieses Tätigsein; kurz: ich bin als so und so vorstellend. Unmittelbar darin aber unterscheide ich mich von meiner je verschieden bestimmten *cogitatio* – ist diese doch nach Descartes dasjenige, "was so in uns ist, daß wir uns seiner unmittelbar bewußt sind" (II. Erw., Anh., Def. 1). Unmittelbar: denn *ich bin* auch nur *in* und *mit* den wechselnden Vorstellungen. Also ist weder ein Ich da ohne solche veränderliche Bestimmtheit noch diese ohne das Ich. Was aber ist dann überhaupt "das Ich" selbst? Daß es nicht als ein statisch-dinglich Seiendes aufgefaßt werden darf, folgt bereits aus dem Gesagten. Existiert es nur in seinem veränderlich fortlaufenden Vorstellen von etwas, so *weiß* es sich doch *unmittelbar* nicht auch zugleich in der Bestimmtheit der Momente, die diese Struktur bilden, wenngleich der je bestimmte Vollzug des Ich denke (etwas) selber nichts anderes ist als das Sich-Unterscheiden in diese Momente. Erst die begrifflich bestimmende Reflexion des Philosophen expliziert diese Grundstruktur des cartesischen Cogito.

Hiermit stellt sich nun zuerst das Problem der Methode, die allein zu aller weiteren Erkenntnis führen kann: Die "Reflexion des Philosophen" kann als die der cartesischen *prima cognitio*, des erstlich Wahren, nichts anderes sein als dessen Selbstentfaltung; und das philosophische Erkennen kann seine äußerste und unhintergehbare Begründung nur in dieser Selbstentfaltung erhalten, ja es ist genau genommen nichts anderes als die immanente Ausführung dieser Methode qua Selbstentfaltung der Struktur des Sich-Wissens. Das cartesisch erstlich Wahre, in seiner radikalen und umfassenden Prinzipialität begriffen und durchgehalten, ist dasjenige, das nur *ist* als die Selbstunterscheidung oder die Negativität, die sich nur auf sich bezieht – heiße diese nun Substanz, Monade, Ich, Geist, oder: "transzendentale Subjektivität". All diese Konzeptionen, so sehr sie auch untereinander wieder differieren, können sich doch gleichwohl als Fortbestimmungen des reflektierten cartesischen Anfangs verstehen. Sie verstehen dann aber ihrerseits diesen Anfang auch nur als solchen, nämlich als eine Bestimmung ihrer Sache, bei der das Erkennen nicht stehen bleiben kann; mit Husserl gesprochen: als Urstiftung, deren Intention erst noch zu erfüllen ist – und zwar in anderer Weise als Descartes selber dies getan hat. Aus dieser Differenz von Anfang und Ausführung, die an Descartes anknüpfende Philosophien kritisch geltend machen – und Husserl mit besonderer Emphase –, ergibt sich dann die eingangs erwähnte Ambivalenz: Descartes hat ein neues, noch völlig unausgeschöpftes Prinzip der Philosophie entdeckt, es aber nicht in seiner wahren Bedeutung und Tragweite erkannt, nämlich nicht die in seinem Anfang als Prinzip enthaltene Methode begriffen und entwickelt und ist deshalb in seinen metaphysischen, letztlich wieder theologisch begründeten Dualismus geraten. Ehe wir diesen die erste Anerkennung wieder aufhebenden Vorwurf aus der Sicht der transzendentalen Phänomenologie begründen, sei jedoch der Gang der Argumentation bei Descartes selber noch genauer betrachtet.

III.

Lassen Sie mich zunächst noch einmal verdeutlichen, was der cartesische Anfang impliziert! – Der Sachverhalt "Ich bin, indem ich denke" liegt nicht raumzeitlich objektiv vor; es gibt ihn nur in der *Form* des Selbstbewußtseins. Eben deswegen gibt es für die Wahrheit dieses Satzes "Ich bin, indem ich denke" auch keine Begründung durch ein unabhängiges Argument, sondern nur eine explizierende Reflexion dieses Sachverhalts selbst. Die Reflexion darf nicht nur nichts hinzubringen, sondern muß auch selbst ganz aus dem Sachverhalt hervorgehen, d. h. sie darf gar nichts anderes sein als eben die Reflexion des grundlegenden Sachverhalts selbst, der sich in dieser Reflexion kontinuiert, "bei sich" bleibt. Und so ist ja in der Tat die Unbezweifelbarkeit des Faktums "Ich bin, indem ich denke" nur das Ergebnis der eigenen Reflexion dieses Faktums selbst. Ich reflektiere im Bewußtsein meiner selbst dessen Struktur, bestimme die hierin unterschiedenen Seiten – wodurch ich nun auch erst zu einem ausdrücklichen Wissen dieses Unterschieds komme: ich weiß und denke *mich als*

Bestimmtes denkend. Zugleich damit sehe ich ein, daß beides untrennbar ist: Ich, der Denkende als solcher und der bestimmte, veränderliche Denkakt. Die Einsicht in diese Untrennbarkeit ist eben zugleich die Einsicht in die Unbezweifelbarkeit des "Ich bin, ich existiere". Diese Einsicht ist unübertrefflich "klar und deutlich" – "apodiktisch evident" nach Husserl. In jeglichem bestimmten Akt bekundet sich unaufhebbar und unhintergehbar das Dasein des Ich oder dessen, was später terminologisch das 'Subjekt' heißt. Weil dieses nur existiert, *indem* es sich in jenem Unterschied vollzieht: als unmittelbare Gewißheit *seiner selbst* in jedem bestimmten, veränderlichen Vorstellungsakt, tut die explizierende Reflexion nichts hinzu, wenn sie diese interne, unmittelbare Beziehung in ihre Glieder unterscheidet, die Glieder selbst begrifflich bestimmt und in ihre Untrennbarkeit aufhebt, wodurch zugleich die Reflexion selbst sich aufhebt und dadurch erst die Unmittelbarkeit des Vollzugs des Ganzen als die Wirklichkeit des Subjekts begreift.

Dieses Subjekt, das seiner selbst in jedem bestimmten Denkakt unmittelbar bewußt ist, dieses Etwas, das in allen Unterschieden als seinen Bestimmungen, Zuständen, mit sich identisch ist und bleibt, bezeichnet Descartes bekanntlich – und hier verliert er nach Auffassung der meisten Interpreten bereits seine Entdeckung des neuen Prinzips – mit dem traditionellen Terminus 'Substanz', und zwar genau nur als *denkende* Substanz – denn diese existiert ja nur so, daß sie jeweils in bestimmter Weise Bestimmtes denkt. Für diese "denkende Substanz" hält Descartes auch den Begriff des Geistes *(mens)* bereit: 2. Erw., Anhang, Def. VI: *Substantia, cui inest immediate cogitatio, vocatur mens.* Da dieses Subjekt: *mens, substantia cogitans* in allen seinen *cogitationes* seiner selbst bewußt ist, und d. h. *sich* realisiert, wäre es eine scholastische Verkürzung, es nur als formal-abstraktes *subiectum,* als bloßes indifferentes *hypokeimenon* aufzufassen. Das Zugrundeliegen der Substanz als denkende hält als durchgängige *conscientia* ihre Zustände, Bestimmungen und Modi so zusammen, daß sie nur als Momente dieses Zusammenhangs bestehen und bestimmt sind. Wenn *wir*, die Philosophierenden, diesen eigentümlichen Sachverhalt einsehen, so daß wir das Subjektsein einer Substanz als denkender in der angegebenen Weise bestimmen und ihr zuschreiben, so können auch wir davon nur deshalb überzeugt sein, weil jeder einzelne von uns durch sein eigenes Denken die bestimmte Struktur zu vollziehen, d. h. für sich hervorzubringen und einzusehen vermag. *Res* oder *substantia cogitans* ist somit auch die erste, umfassendste Bestimmung, in der das zweifelnde und einsehende Subjekt, also das Subjekt des philosophischen Wissens, sich selber weiß. Das bloße jeweils unmittelbare Innesein seiner selbst in mannigfach wechselnden *cogitationes* wird erst durch solche begriffliche Bestimmung zu einem *Wissen*, d. h. also hier: zu einem *Sich*-Wissen. Damit weiß, begreift also eigentlich das philosophische, kritische, methodisch vorgehende Subjekt *sich selbst* in seiner aktualen selbstvollzogenen Existenz, wenn es zu der Einsicht gelangt, daß das erstlich, weil unhintergehbar und unbezweifelbar Wahre die Existenz einer "denkenden Substanz" ist.

Von hier aus eröffnet sich nun jedoch die Ambivalenz des cartesischen Anfangs: Die denkende Substanz ist nicht nur Gegenstand, *Objekt*, des philosophischen Wissens, sondern sie ist zugleich auch dessen *Subjekt*; und zwar "zugleich", weil es dieses Objekt nur gibt, *indem* es sich selbst vollbringt als denkende Tätigkeit, die unmittelbar ihrer selbst gewiß (bewußt) ist. Es kommt alles darauf an, ob diese Einheit von Subjekt und Objekt, Methode und Sache, als welche Einheit das Subjekt erst seine begriffene Wirklichkeit für sich selbst hat und Prinzip des Wissens ist, in der Entfaltung und Ausführung des Prinzips erhalten bleibt.

Dies also ist die epochale Bedeutung des cartesischen Anfangs – seine "transzendentale" Dimension, um derentwillen Husserl Descartes als Entdecker des neuen Kontinents und wahrhaften Anfänger preist: Die erste Erkenntnis *ordine philosophandi* (Pr. Ph. I, § 7) hat zum Inhalt und Gegenstand eine Sache, die gar nicht unabhängig vom Erkennen vorliegt. Die Bestimmung der Sache, des Objekts der ersten Erkenntnis, ist nur möglich als *Selbst*-Bestimmung des erkennenden Subjekts. Da alle weiteren Bestimmungen, die im Verfolg der Erkenntnissuche gewonnen werden, von der ersten Erkenntnis auch abhängen, mit ihr in näherem oder fernerem Zusammenhang stehen müssen, wenn sie begründet sein sollen, so sind auch sie immer zugleich Selbst-Bestimmungen des erkennenden Subjekts. Dieses muß in allen Wahrheiten, zu denen es in der Entwicklung seines Wissens gelangt, durchgängig seiner selbst gewiß sein. Es muß sich als die begründende Instanz und Macht für sich selbst herstellen und beweisen. Kraft dieser *methodischen Autonomie* ist das Subjekt eben nicht nur der Anfang, sondern auch das Prinzip alles Wissens.

Somit wäre der Grundstruktur dieses Prinzips in seiner anfänglichen Bestimmung, in der allein es zur Überwindung des Zweifels tauglich ist, angemessen nur diejenige Entfaltung, die jede Erkenntnisbestimmung als die eigene der denkenden Substanz reflektiert. Das Wissen des philosophierenden Subjekts wäre dann zugleich das Selbstbewußtsein der denkenden Substanz, so wie diese ihre Wahrheit auch umgekehrt allein in der Gewißheit des philosophischen, erkennenden Subjekts hätte. Die Entfaltung des Prinzips wäre in dieser Weise die vollkommene Realisierung und Bewährung der methodischen Autonomie des Subjekts: Es *ist* dadurch, daß es seiner selbst gewiß ist. Genau dies war es im Anfang – aber auch *nur* im Anfang. Nur in der unmittelbaren Gewißheit der Existenz meiner selbst in der *cogitatio* fällt die Wahrheit mit der Gewißheit zusammen. Jeder Schritt über den Anfang hinaus vollzieht jedoch bereits die Auflösung dieser unmittelbaren Koinzidenz von Gewißheit und Wahrheit im Sein des 'Ich denke'; und schon die Erkenntnis dieser Wahrheit kann nicht selber mehr *unmittelbar* sein. Hier liegt der Punkt, an dem der Rückfall der cartesischen und erst recht der cartesianischen Metaphysik in den Objektivismus, der letztlich ein Realismus bleibt, seinen Ursprung hat.

Die erste Erkenntnis ist die *Explikation* der unmittelbaren Selbstgewißheit in jedem Denkakt. Sie ist zwar *zugleich* das erstlich Wahre; aber doch erst in einem Akt der reflexiven Vergegenwärtigung dessen, was als Selbstgewißheit (qua Selbstbewußtsein) bloß unmittelbar vollzogen wird. Wir könnten sagen: Gewißheit und Wahrheit fallen im 'Ich bin als Denkender' nur *an sich* zusammen: Wir, die wir selbst diese Gewißheit zwar unmittelbar erfahren, müssen doch darüber hinaus gehen und diesen Satz sprechen, und d. h. ja wohl: diesen Gedanken fassen, der durch nichts als die unableitbare unmittelbare Anschauung, den Akt des vorreflexiven Selbstbewußtseins gerechtfertigt werden kann. Vermittels dieses denkend-reflektierend-bestimmenden Aktes erst *erkennen* wir, daß die Wahrheit in der Tat die Wahrheit genau nur der unmittelbaren Gewißheit des Vollzugs 'Ich denke' selbst ist. Aber daraus folgt ja, daß Wahrheit und Gewißheit nur als zusammenfallend *erkannt* werden können, wenn sie auch getrennt bestimmt worden sind. Jeder Schritt über den Anfang hinaus vollzieht deshalb die Auflösung jener unmittelbaren Koinzidenz von Wahrheit und Gewißheit im Sein des 'Ich denke'.

Der unmitttelbare Vollzug des "Ich denke" leistet also nicht schon selbst die *Erkenntnis des Anfangs als erstlich Wahres.* Erst die Denkbewegung des methodischen Zweifels, resultierend in seiner Aufhebung an diesem Punkt, wo das 'Ich denke' als unhintergehbarer Vollzug seiner selbst reflektiert wird, ermöglicht die epistemische Auswertung des hiermit Erreichten *als* erstlich Wahres. Mit der reflektierenden Feststellung, in der Gewißheit meiner selbst sei zugleich die erste Wahrheit gefunden, rückt dann aber dieses Gefundene sogleich in die Stellung eines Gegenstandes der philosophischen Erkenntnis überhaupt. Descartes läßt von nun an außer Betracht, daß doch schon die Bestimmung des erstlich Wahren als *res cogitans* nur als Bestimmung meiner selbst, als Selbstbestimmung des Subjekts des Erkennens dieses Wahren, gültig ist. So wird der erste Gegenstand, die denkende Sache, im Fortgang der 'Meditationen' zunehmend gegen das erkennende Subjekt verselbständigt. In demselben Maße aber verliert dieses seine methodische Autonomie und damit seinen Prinzipcharakter für das philosophische Erkennen. Im Resultat ist die denkende Substanz ein metaphysisches Objekt neben anderen, nämlich der ausgedehnten Substanz und der göttlichen Über-Substanz, durch die die beiden endlichen Substanzen auf unvordenkliche Weise – kraft der Schöpfung *(creatio)* – immer schon aufeinander bezogen sind, obwohl sie realiter, kraft ihrer Wesensverschiedenheit, trennbar bleiben.

Hiermit aber wird die denkende Substanz letztlich zu einem ontologisch Abhängigen, an dem die methodische Erkenntnis nur ein Vermögen, eine Potenz ist. Dieses Vermögen, die mit der Schöpfung verliehene, traditionell sog. "natürliche Vernunft", bleibt zwar das Proprium der denkenden Substanz und macht sie unabhängig von der ausgedehnten Substanz, d. h. der raumzeitlich-materiellen Natur. Doch die Gewißheit, daß die mathematisch-mechanische Bestimmung der Natur als Objekt der Erkenntnis die Natur auch so erfaßt, wie sie *als Substanz* ist, d. h. in ihrer nicht bloß vorgestellten ("objektiven") Realität, sondern auch in ihrer formalen oder aktualen Realität, d. h. an ihr selbst, – diese Gewißheit kann die natürliche Vernunft, ihrer metaphysischen Stellung gemäß, eben nicht mehr aus sich selbst schöpfen. Sie fällt ihr zu von jenem Welturheber, von dem sie in sich selbst nur die abstrakt-umfassende Idee des "vollkommensten Wesens" vorfindet. Die Einsicht, *daß* dies so sei, daß die denkende Substanz objektiv, in der an sich seienden Ordnung der Dinge, sich einer göttlichen absoluten "ersten Ursache" verdankt, ergibt sich zwar sehr wohl aus einem Argumentationsgang, den die denkende Substanz für sich selbst und aus den eigenen Quellen der natürlichen Vernunft hervorzubringen vermag. Doch diese Einsicht und der zu ihr hinführende Beweisgang bleiben nun sekundär, "subjektiv" im einseitigen Sinne, und die Sache selbst, die eminente Realität, welche der *idea Dei* korrespondiert, bleibt so jenseitig wie der Gott der scholastischen Philosophie unter dem vormaligen theologischen Prinzip.

IV.

Mit diesem Resultat der "Meditationen über die Erste Philosophie" ist die für die radikale Neubegründung, ihren "transzendentalen" Sinn, entscheidende Einheit von Methode und Sache, mag sie für Descartes selbst schon im Anfang nicht völlig klar gewesen sein, jedenfalls endgültig verloren. Der immanenten Erkenntnisbegründung und methodischen Autonomie des seiner selbst gewissen Subjekts ist insgesamt die ontologische Abhängigkeit dieses Subjekts vor- bzw. übergeordnet. So kann Husserl sagen, das *Ego cogito* sei für Descartes im Ganzen doch nur ein "Stückchen" (Hua VI 73) oder "Endchen der Welt" (FTL § 93a)). Dies aber versteht Husserl als die Folge davon, daß Descartes "nicht in rechter Weise bei der Skepsis in die Lehre gegangen sei" (Hua VII 64) – derjenigen Skepsis, die der unverzichtbare Weg zur Reduktion auf die transzendentale Subjektivität ist, weil sie zunächst die Seinsgeltung der Welt als relativ auf das Bewußtsein und damit die "gesamte Weltkenntnis, die vorwissenschaftliche wie die wissenschaftliche, [als] ein ungeheures Rätsel" (*Krisis* § 24) sehen lehrt. Bleibt sie dabei stehen, so verfehlt sie allerdings nur auf andere Weise als Descartes die transzendentale Erkenntnisbegründung, denn sie versteht das Bewußtsein selber nur als ein eigenartig Seiendes, nämlich als *Seele* mit ihren nicht weiter erklärbaren, doch grundsätzlich noch immer kausal verstandenen Impressionen und Ideen sowie ihren immanenten Fakultäten und Modi.

Doch abgesehen von diesem naturalistischen Selbstverständnis des Skeptizismus in den Gestalten des Empirismus, ist er als solcher philosophisch "unsterblich" (Hua VII 58 ff.), wie Husserl sagt. Denn nur mit der Infragestellung aller positiven Seinsgeltung, als Objektivität schlechthin, kann der methodische Weg in die universale und für alle Erkenntnisbegründung notwendige Epoché beginnen. Diese erst eröffnet die von Descartes entdeckte, aber in ihrer prinzipiellen Bedeutung nicht erkannte transzendentale Subjektivität, welche eben nicht als ein "Residuum der Welt" (*Krisis* § 18), oder gar nur, wie die Seele, als "Residuum einer vorgängigen Abstraktion des puren Körpers" (ebd.) verstanden und reflektiert werden darf. Die wirklich radikale Skepsis ist diejenige, die sich auf sich selbst richtet: "Ein universaler Zweifel hebt sich auf" (§ 17) – als prinzipiell-methodische Begründung ist diese sich auf sich beziehende absolute Negativität die Grundstruktur der Subjektivität überhaupt, für die es kein schlechthin Vorgegebenes geben kann und für die, wie Husserl sagt, "ein Außerhalb ... gar keinen Sinn hat" (Hua VI 415, 28). Aber auch die Auffassung dieses in der Epoché, der "gereinigten Cartesianischen Methode" (a. a. O. 409, 4), erst gewonnenen transzendentalen Bewußtseins selbst als Seele hat "gar keinen Sinn, es sei denn als "Seele" in der Klammer, d. h. als bloßes "Phänomen", so gut wie der Leib" (§ 18); und Husserl fügt hinzu: "Man übersehe nicht den *neuen* Begriff von "Phänomenen", der zum ersten Male mit der Cartesianischen Epoché erwächst." (ebd.)

Hiermit ist ausgesprochen, daß Husserl bis zuletzt die transzendentale Phänomenologie als "cartesianische" in dem Sinne verstanden hat, daß *sie* erst den ursprünglichen Sinn des aus dem methodischen Zweifel der I. Meditation gewonnenen Fundaments, das "Ich denke" als unhintergehbare Klammer aller Erkenntnis- und Wahrheitsansprüche, auf die prinzipiell angemessene Weise ergriffen und fruchtbar gemacht hat. "Cartesianisch" im Sinne absoluter und letztbegründeter Wissenschaft ist dann die transzendentale Phänomenologie gerade nicht kraft der Voraussetzung einer schon ursprünglich fertig gegebenen Ausstattung der Subjektivität – kraft des Vermögens der natürlichen Vernunft, die in der Immanenz der denkenden Substanz die Denkmittel, d. h. die reinen Ideen, Prinzipien und logischen Formen der Rationalität bereitstellt. Dieser ganze *thesaurus mentis*, wie Descartes ihn in der III. Meditation nennt und dem für Husserl die Logik im weitesten Sinne als formale Wissenschaftslehre mit ihren korrelativen formalen Ontologien entspricht, bedarf vielmehr allererst einer Begründung in der transzendental-phänomenologisch reduzierten Subjektivität. So entspricht der anfänglichen "Verwechslung" des transzendentalen Ego "mit der Realität des Ich als menschlicher Seele" (FTL § 93 c), der Descartes nach Husserl erlegen ist, in der weiteren Auslegung und Ausführung dieses Prinzips die Verwechslung des transzendental-phänomenologisch aufweisbaren Apriori mit "einem naiven apriorischen Erbgut, mit dem Apriori der Kausalität, mit der naiven Voraussetzung ontologischer und logischer Evidenzen für die Behandlung der transzendentalen Thematik" (a. a. O. § 93 a)).

Was für Descartes noch je unmittelbar durch das "natürliche Licht" bekannt und einsichtig ist: der Schatz der *ideae innatae*, der *Axiomata sive Communes notiones* und, wie vor allem die Vorbereitungen zum Gottesbeweis in der V. Meditation herausstellen, die "wahren und unwandelbaren Wesenheiten", die der husserlschen "Eidetik" entsprechen – dieses ganze Apriori der reinen Vernunft findet allein in einer "transzendentalen Phänomenologie der Vernunft" als "subjektiver Grundlegung der Logik" (FTL § 107) seine letzte kritische Rechtfertigung. Erst in der Immanenz der phänomenologischen Selbstauslegung des *ego cogito* verschwindet der dogmatische Schein bzw. Widersinn, dieses *ego cogito* als "archimedischer Punkt", sei wie eine "Prämisse" – oder auch "eine in sich geschlossene Prämissenmannigfaltigkeit" (Hua VI 407, 8) – an den Anfang eines Raisonnements zu stellen, aus dem sich "auf dem Wege von Schlüssen auf das dem Eigenseelischen Transzendente der Dualismus der endlichen Substanzen (vermittelt durch den ersten Schluß auf die Transzendenz" – d. h. die unabhängige Existenz – "Gottes) erweisen" lassen könne (*Krisis*, § 19). So stellt sich ja der Fortgang der Argumentation in den *Meditationes* insgesamt dar.

Daß hiermit die methodische Grundstruktur des erstlich Wahren preisgegeben ist, ließ sich in der Tat bei Descartes selbst einsehen, damit zugleich aber auch, daß seine Neubegründung des philosophischen Wissens – die Inauguration des "Prinzips Subjekt" – in einer Differenz und Spannung zu seiner eigenen Ausführung steht. Daß Descartes den *mos geometricus* nicht für die angemessene Methode der Ausführung hielt, hat er klar gesagt anläßlich des Anhangs zu den zweiten "Erwiderungen". Doch welches die wahre Methode sei, läßt sich auch seinen "Meditationen" nicht entnehmen. Die Arbeit der neueren Philosophie besteht sicherlich, bei allen Divergenzen, zum wesentlichen Teil darin, den cartesischen Anfang gemäß seinen immanenten Erfordernissen zu entfalten, – oder zumindest lassen sich die nach-cartesischen "Positionen" als Lösungsschritte dieser Aufgabe verstehen, und zwar besser verstehen als ohne diesen Rückbezug.

Husserl jedenfalls war spätestens seit seiner großen Vorlesung von 1923/24 mit dem Titel "Erste Philosophie" davon überzeugt, daß die neuere Philosophie durch die Fortarbeit an der cartesischen Entdeckung zu in sich kritischer Kohärenz gediehen ist; und daß erst die transzendentale Phänomenologie jener Entdeckung, der hiermit gestellten Aufgabe, gerecht geworden ist. Was demgegenüber noch aussteht, ist, gerade wenn wir den Topos "Descartes als Vater der neueren Philosophie" nicht bloß historistisch relativieren, sondern seinem sachlichen Sinn nach denken wollen, eine durchgängige Überprüfung der husserlschen Deutung und Kritik dieser in selber kritischer Kohärenz an Descartes anknüpfenden neueren Philosophie. Diese Überprüfung würde kulminieren in einer genauen Konfrontation der husserlschen Erfüllung der cartesischen Urintention qua transzendental-idealistische Phänomenologie mit *dem* Idealismus, der noch das transzendentale Bewußtsein selber in den immanenten Skeptizismus seines Prinzips aufzuheben wußte. Kurz, was noch aussteht, ist die Konfrontation des husserlschen Cartesianismus mit der Selbstvollendung des Prinzips Subjekt in Hegels "absoluter Wissenschaft".

ALEXANDER HAARDT

Selbstbesinnung und Selbstbewußtsein in Edmund Husserls "Cartesianischen Meditationen"

"Es gibt immer noch harmlose Selbst-Beobachter, welche glauben, daß es 'unmittelbare Gewißheiten' gebe, zum Beispiel 'Ich denke' " – so schreibt Nietzsche im 1. Buch von "Jenseits von Gut und Böse" über eines der Vorurteile der Philosophen.[1] Doch beinhalte das "ich denke" eine Reihe von verwegenen Behauptungen, z. B. daß ich es bin, der denkt, daß überhaupt ein Etwas es sein muß, das denkt ... endlich, daß es bereits feststeht, was mit Denken zu bezeichnen sei" und wenn man statt des "ich denke" von einem Etwas spreche, das in mir denkt, erliege man vielleicht der Verführung einer grammatischen Gewohnheit, jeder Tätigkeit ein Tätiges zugrunde zu legen.[2]

Diese von Nietzsche vorgebrachten kritischen Einwände zielen offenbar auf Descartes' "ego cogito". Ihnen hätte Husserl auf jeweils verschiedenen Etappen seines Denkwegs zugestimmt. Seine "Cartesianischen Meditationen" – so möchte ich zeigen – lassen sich als Überwindung seiner eigenen Skepsis gegenüber Descartes' Grundevidenzen verstehen, einer Skepsis, die in ihrer Radikalität derjenigen Nietzsches nahekommt.

Die von Husserl im Februar 1929 an der Sorbonne als "Einführung in die transzendentale Phänomenologie" gehaltenen Vorträge[3] sind – in stark überarbeiteter, erweiterter und übersetzter Fassung – zwei Jahre später als "Méditations cartésiennes" in Paris erschienen. Sie verstehen sich als Fortführung und Revolutionierung von Descartes' "Meditationes de prima philosophia", wobei der mündliche Vortrag mehr die Kontinuität, die Buchfassung mehr den Bruch betont: gerade durch die radikale Entfaltung Cartesianischer Motive – so heißt es hier – sei die Phänomenologie genötigt gewesen, "fast den ganzen bekannten Lehrgehalt der Cartesianischen Philosophie abzulehnen".[4]

Angesichts dieser – im Positiven wie im Negativen – starken Orientierung am französischen Vorbild lassen Vortrag und Buch keine wirklich befriedigende Kenntnis jenes Gründungstextes der neuzeitlichen Philosophie erkennen. Statt etwa genau zu rekonstruieren, wie Descartes in Überwindung seines radikalen Zweifels die im Gedanken des "ich bin" erreichte Evidenz zu derjenigen des "ego cogito" bzw. "sum cogitans" in Beziehung setzt und von da aus auf alle aktuell vollzogenen cogitationes auszuweiten sucht, wird der in den "Meditationes" periphere Gedanke, daß ich als Zweifelnder meines Zweifels gewiß sein kann, ins Zentrum der Interpretation gerückt, wobei Husserl jenen methodischen Zweifel unvermittelt mit seinem eigenen Konzept der phänomenologischen Epoche verbindet.[5]

1 Vgl. Nietzsche, GW 5, S. 16.
2 Vgl. Ebd.
3 Vgl. Hua I, S. 3 - 39.
4 Hua I, S. 43. Auf die "Cartesianischen Meditationen" wird im folgenden als CM Bezug genommen.
5 Vgl. Hua I, S. 59.

Der so entstehende Eindruck oberflächlicher Descartes-Lektüre widerspricht jedoch dem Umstand, daß sich an den seit der Jahrhundertwende von Husserl selber veröffentlichten Texten, und ebenso an den postum herausgegebenen Vorlesungskonzepten und Forschungsmanuskripten zeigen läßt, daß Descartes der ständige Ansprechpartner Husserls gewesen ist – in einem Verhältnis, das zwischen symbiotischer Identifizierung und kritischer Absetzung hin und her schwankt.

Bereits in der 1. Auflage der "Logischen Untersuchungen" von 1900/01 bedient sich Husserl bei der Erschließung des phänomenologischen Feldes, d. h. der Erscheinungs- und Gegebenheitsweisen unterschiedlicher Gegenstandstypen, der Cartesianischen Zweifelsmethode: über die Urteilsenthaltung im Hinblick auf das Sein von Objekten wird die Rückwendung auf jene Bewußtseinsakte vermittelt, in denen sie gegeben sind. Nicht nur in seinem methodischen Vorgehen, auch in der Konzeption der zu beschreibenden Bewußtseinsstrukturen war der frühe Husserl an Descartes' Meditationen orientiert. Zwar hat er zunächst das Bewußtsein – im Gegensatz zu Descartes – als ich-freie Bewußtseinseinheit konzipiert, dies jedoch aufgrund einer – über David Hume vermittelten – Kritik an der Evidenzbehauptung des Cartesianischen "ego cogito".

Etwas vereinfachend und pointiert läßt sich sagen, daß Husserl, unter ständiger Verfeinerung der Cartesianischen Zweifelsmethode, die von Descartes auf zwei Meditationen konzentrierten Thesen von der Evidenz des "ego sum", "ego cogito" und der jeweils aktuell vollzogenen cogitationes im Laufe dreier Jahrzehnte diskutiert und – teils über starke innere Widerstände – akzeptiert hat, wobei er jene Thesen in einem neuen Denkzusammenhang explizierte.

Paradoxerweise wird dabei von vornherein die elementare Gewißheit des "ich bin" als Selbstbewußtsein des empirischen Subjekts aus dem phänomenologischen Forschungsfeld ausgeklammert und nur der von ihrem Ichbezug losgelösten cogitatio – in ihrer Verflechtung mit anderen cogitationes – die erforderliche reine Evidenz zugesprochen. Die Anerkennung des "ego cogito", d. h. des notwendigen Rückbezugs der cogitatio auf ein – diesmal nicht empirisches, sondern reines Ich – wird erst nach dreizehn Jahren eher unwillig konzediert. Auf eine umfassende Explikation des im Strom seiner Bewußtseinserlebnisse bzw. cogitationes lebenden reinen Ich mußte der Leser noch bis zur Veröffentlichung der "Méditations cartésiennes" warten.

Wenn Husserl seinem französischen Publikum zu verstehen gibt, Descartes' Meditationen hätten maßgeblich auf die Umgestaltung der Phänomenologie in eine neue Form von Transzendentalphilosophie eingewirkt,[6] so sagt er zu wenig – und doch auch zu viel. Zu viel, da hier das Kantische Unternehmen einer Vernunftkritik den Ausschlag gegeben hatte, zuwenig, sofern schon die frühe Phänomenologie eine Auseinandersetzung mit den "Meditationes" erkennen läßt und auch die Fortentwicklung der transzendentalen Subjektivität von einem zunächst ichlos konzipierten Bewußtseinsstrom zu einem ichzentrierten Bewußtseinsleben ebenfalls von Descartes beeinflußt war.

6 Vgl. Hua I, S. 43.

Husserls in den CM kulminierende Descartesrezeption möchte ich im folgenden in zwei Schritten analysieren: Zunächst soll auf einige zentrale Punkte der von Husserl mit Descartes geführten Diskussion um Bewußtsein und Selbstbewußtsein eingegangen werden, wie sie noch vor Abfassung der CM zur Sprache gekommen sind.

Anschließend geht es um die neuen, in dieser Schrift eingeführten Perspektiven und Konzepte, insbesondere um die Frage nach der Versöhnung des reinen, transzendentalen und des empirischen, leiblich bestimmten Ich eine Schlüsselrolle spielen wird.

Bewußtsein und Selbstbewußtsein in den "Logischen Untersuchungen" (1. Auflage)

Zu Beginn der 5. LU über "Intentionale Erlebnisse und ihre Inhalte" führt Husserl drei verschiedene, aufeinander wechselweise verweisende Bewußtseinsbegriffe ein, von denen er zu zeigen sucht, daß sie ohne Beziehung auf einen Ichbegriff bestimmbar sind:

1. Bewußtsein als Inbegriff miteinander verbundener Erlebnisse, als Verwebung oder – wie es in Anspielung auf David Hume heißt – als "Bündel" von Erlebnissen,
2. Bewußtsein als das innere Gewahrwerden solcher Erlebnisse, das in Sätzen wie "dies oder jenes wird mir bewußt" zum Ausdruck kommt, und schließlich
3. Bewußtsein als Sammelbezeichnung jener Erlebnisse des Wahrnehmens, Phantasierens, Urteilens usw., die intentional auf ihren jeweiligen Gegenstand bezogen sind.[7]

Den primären Bewußtseinsbegriff bildet für Husserl derjenige des inneren Gewahrwerdens, sofern er ein Kriterium dafür abgibt, welche Gegebenheiten ich als meine Erlebnisse bzw. als zu meinem Erlebniszusammenhang gehörig ansehen kann. Nur was in einer – cartesianisch verstandenen – inneren Wahrnehmung zweifelsfrei gegeben werden kann, ist Bestandteil von Bewußtsein in der ersten Bedeutung des Wortes.

Mit Descartes' Zweifelsbetrachtung und zugleich gegen sie andenkend, wird nun zu zeigen versucht, daß das Ich im "ego cogito" diesen Test zweifelsfreier Gegebenheit nicht besteht.

"Nehmen wir das 'cogito ergo sum' oder vielmehr das einfache 'sum' als eine Evidenz in Anspruch, die allen Zweifeln gegenüber ihre Geltung behaupten dürfe, so ist es selbstverständlich, daß hierbei als Ich nicht das volle empirische Ich passieren kann ... im Urteil 'ich bin' hängt die Evidenz an einem gewissen, in begrifflicher Schärfe nicht umgrenzten Kern der empirischen Ichvorstellung".[8] Nach Ausblendung der Leiblichkeit, damit der intersub-

7 Vgl. Husserl 1975, S. 4.
8 Ebd., S. 14.

jektiven Identifizierbarkeit meiner Person und ihrer Erlebnisse als ihr zugehöriger psychischer Zustände, verbleibt als evidenter Kern nur mehr die momentan vollzogene cogitatio. An diesem Punkt verläßt Husserl die Argumentationslinie Descartes', sofern für ihn nicht mehr das 'ego cogito' bzw. 'sum cogitans' das zweifelsfrei Evidente ist, sondern die in ihrem unmittelbaren Erlebniskontext gegebene, von ihrem Ichbezug losgelöste cogitatio.

Descartes' Ego wird als bloß empirisches Subjekt verstanden und unterliegt damit – wie jede andere transzendente Gegenständlichkeit der – in der 1. Auflage der LU bereits ansatzweise vollzogenen – phänomenologischen Reduktion:

"Scheiden wir den Ichleib vom empirischen Ich ab, und beschränken wir dann das reine psychische Ich auf seinen phänomenologischen Gehalt, so reduziert es sich auf die Bewußtseinseinheit, als auf die reale Erlebniskomplexion, die wir (d. h. jeder für sein Ich) zu einem Teile mit Evidenz als in uns vorhanden finden und zum ergänzenden Teile mit guten Gründen annehmen".[9]

"Ich nehme etwas wahr" wird also nicht so gedeutet, als richte sich ein – im Wechsel seiner Erlebnisse identisches – Ich auf ein ihm gegenüberliegendes wahrnehmbares Objekt, sondern so, daß ein Bewußtseinsakt des Wahrnehmens zur selben Erlebniskomplexion gehört wie der "Sprechakt "ich nehme etwas wahr". Und, statt "ich reflektiere auf mein Wahrnehmungserlebnis" müßte man sagen, daß letzteres von einem nahezu gleichzeitigen, zum gleichen Erlebniszusammenhang gehörenden Bewußtseinsakt erfaßt wird.

Von dem Ich in seiner empirischen Bedeutung (als leiblich faßbarer Person) unterscheidet Husserl bereits in den LU ein reines Ich, das er in Anknüpfung an Paul Natorp als jenes Subjekt bestimmt, dem alles andere bewußt werden kann, ohne daß dieses seinerseits als Bewußtseinsinhalt greifbar wäre. Dieses von Natorp als notwendiges Beziehungszentrum von bewußten Inhalten erschlossene reine Ich wird in der 1. Auflage der LU abgelehnt, sofern sich die einzelnen Bewußtseinserlebnisse aufgrund ihrer jeweiligen Fundierungsverhältnisse von selber zu einer Bewußtseinseinheit zusammenschließen, jenes vereinheitlichende Ichprinzip mithin überflüssig ist.

Nachdem Husserl in späteren Schriften und Aufzeichnungen den Ichbegriff des Cartesianischen ego cogito ebenfalls als "reines Ich " bezeichnen wird, ist auf dessen prinzipielle Differenz gegenüber dem *Natorpschen* Ichprinzip hinzuweisen. Stellt dieses eine Instanz dar, welche alle von mir im Laufe meiner Lebensgeschichte erfahrenen Erlebnisse zur Einheit eines Bewußtseins verbinden soll, ist das in Descartes' Reflexion auf die jeweils aktuell vollzogene cogitatio mitgesetzte "ego" nur als Vollzugssubjekt eben dieser cogitatio anzusetzen. Erst die "res cogitans" ist ein Verbindungsprinzip für ihre cogitationes, nicht schon das im "ego cogito" mitgemeinte Augenblicksich des jeweiligen Erlebnisses.

Inwieweit führt nun das in den LU geforderte Absehen vom empirischen Ich tatsächlich zur Gegebenheit eines ichlosen Bewußtseinserlebnisses, also nicht zur Evidenz, daß ich in diesem Moment etwas wahrnehme, sondern, daß es "in mir" ein Wahrnehmungserlebnis gibt? Sehe ich als phänomenologisch Meditierender von mir als leiblich faßbarer Person ab, so verbleibt immerhin das Bewußtsein von dem – außer Geltung gesetzten – Erlebnis des

9 Ebd., S. 10.

"sich als leibliche Person Auffassens" übrig. Dann stellt sich aber die Frage nach jener Instanz, die Bewußtseinsakte als solche eines leiblich gebundenen Ich auffaßt bzw. so aufgefaßt hat, ohne mit diesem identisch zu sein. Auch fragt sich, ob der phänomenologisch Meditierende, der über längere Gedankengänge hinweg seine empirische Person wie alles andere Transzendente einklammert und so seine Aufmerksamkeit von den Dingen der Alltagswelt auf ihre Erscheinungsweise umzulenken vermag, nicht mehr sein muß als eine Komplexion momentaner Bewußtseinserlebnisse des Einklammerns, Aufmerkens, Reflektierens u. ä.

Die sogenannte transzendentale Wende von 1907

Die von Husserl in den Pariser Vorträgen selber angesprochene Umgestaltung seiner Phänomenologie in eine neue Form der Transzendentalphilosophie ist erstmals in einer Vorlesung über Ding- und Raumkonstitution des Sommersemesters 1907 dokumentiert, deren erste fünf Vorlesungen postum unter dem Titel "Die Idee der Phänomenologie" erschienen sind.[10]

Geht man mit der Erwartung einer in der Sekundärliteratur oft beschworenen transzendental-idealistischen Wende an diesen Vorlesungstext heran, wird man gründlich enttäuscht. Zwar ist nunmehr das Kantische, besser neukantianische Anliegen einer Erkenntniskritik leitend, der es um die Frage nach dem Geltungsanspruch von Erkenntnis geht, i. S. eines Sich-Transzendierens epistemischer Akte auf die jeweils zu erfassenden Sachverhalte. Gerade weil Struktur und Möglichkeitsbedingung dieser Transzendenzbeziehung thematisch ist, nennt Husserl seine erkenntniskritische Fragestellung nunmehr eine *transzendentale*.

Doch ist weder mit dieser erkenntniskritischen Aufgabenstellung noch mit den Methoden ihrer Bewältigung etwas – gegenüber den "Logischen Untersuchungen" grundsätzlich Neues in die Phänomenologie eingeführt worden. Bereits die 6. LU hatte mit der Möglichkeit von Adäquation i. S. der Erfüllung bloßer Erkenntnisintentionen in anschaulich gebenden Akten zu tun. Und die berühmte phänomenologische Reduktion, die nunmehr die erkenntnistheoretische heißt – die Einklammerung vorgegebener Transzendenzen, incl. derjenigen des eigenen Ich – die wurde ansatzweise bereits früher vollzogen.

Damit ist aber die 1907 transzendental genannte Phänomenologie nicht mehr und nicht weniger "idealistisch" als diejenige der LU – "idealistisch" in dem engen Sinne verstanden, daß zu erkennende Gegenstände bzw. Sachverhalte nicht als subjektunabhängige Wirklichkeit angesetzt werden, sondern als intentionale Korrelate von Bewußtseinsakten im Blick sind.

Nur eine Schwerpunktverschiebung, keine radikale Umgestaltung der Phänomenologie hat also stattgefunden, was gerade an Husserls Descartes-Rezeption von 1907 besonders

10 E. Husserl: Die Idee der Phänomenologie. Fünf Vorlesungen, hrsg. und eingel. v. Walter Biemel, Den Haag 1950, 2. Aufl. 1973 (Husserliana III).

augenfällig wird. In der 5. LU kam dessen Zweifelsmethode im Rahmen der Diskussion diverser Bewußtseinsbegriffe zur Sprache, insbesondere im Hinblick auf denjenigen des intentionalen Erlebnisses bzw. psychischen Aktes, womit auch ein Diskussionsbeitrag zu Grundbegriffen der deskriptiven Psychologie intendiert war. In der Vorlesung über Ding- und Raumkonstitution hingegen erweist sich der Rückgang auf zweifelsfreie Gegebenheiten bzw. die sie ausdrückenden notwendig wahren Urteile als Desiderat einer von Grund auf neu anfangenden Erkenntnistheorie. Sofern diese die Erkenntnisbeziehung im Hinblick auf alles vom Erkenntnisakt selber Differente und insofern Transzendente in Frage stellt, ist sie nach Husserl auf fraglos gültige Erkenntnisse von nicht-Transzendentem angewiesen, in welchen der intendierende Akt den intendierten Sachverhalt unvermeidlich trifft, weil er nicht mehr von ihm verschieden, sondern in gewisser Weise mit ihm eins ist. Dies sind eben reflektierende Akte, in denen die jeweils aktuell vollzogenen Bewußtseinserlebnisse in unbezweifelbarer Evidenz gegeben sein sollen. Die Evidenzbehauptung wird übrigens auch diesmal nicht auf ein – sei es empirisches, sei es reines Ich – ausgedehnt. So heißt es in der genannten Vorlesung: "... das Ich ist ja selbst ein Dingliches, nur im intentionalen Zusammenhang sich Konstituierendes ... Das Denken aber, von dem sie spricht, ist *niemandes* Denken... wir schalten die transzendente Setzung des Ich aus und halten uns an das Absolute, an das Bewußtsein im reinen Sinn."[11]

Das eigentlich Neue der transzendentalen Phänomenologie von 1907 liegt nicht so sehr in der Rückbeziehung der phänomenologischen Selbstbesinnung auf eine erkenntniskritische Fragestellung als in einer Dynamisierung des in den LU noch statisch gedachten Bewußtseinsganzen. An die Stelle einer bloßen Komplexion von Erlebnissen tritt der lebendige Zusammenhang eines strömenden Bewußtseins. Husserl drückt dies in der Metaphorik der See- und Entdeckungsreise folgendermaßen aus: Nach Ausklammerung aller Transzendenzen, incl. derjenigen des empirischen Ich, "werfen wir Anker an der Küste der Phänomenologie, deren Gegenstände seiend gesetzt sind, als absolute Gegebenheiten.[12] Doch die Küste hat Klippen, über ihr liegt das Gewölk der Unklarheit, das uns mit skeptischen Sturmwinden bedroht. Mit einem Mal zeigt sich, daß wir gar kein Festland betreten haben – nicht mit einem Feld reiner Phänomene haben wir es zu tun, sondern mit einem Heraklitischen Fluß – schauend kann ich bloß sagen: dies da! Es ist zweifellos, doch kaum erfaßt, fließt es in Anderes über.[13]

Im Zusammenhang der Ichproblematik sind hier zwei Aspekte der Flußerfahrung wesentlich: zum einen stellt sich die Frage nach einem identisch sich Durchhaltenden im Wechsel der Bewußtseinserlebnisse. Unabweisbar wird dieser Gedanke in der Analyse der Wiedererinnerung, wo ich auf ein vergangenes Erlebnis zurückgreife, von dem ich meine, es einmal aktuell vollzogen zu haben, so daß in der Erinnerung das sich erinnernde und das erinnerte Ich zur Deckung gelangen. Systematisch ebenso folgenreich ist der entschwindende Charakter jeder cogitatio, die – von ihrem räumlich lokalisierbaren empirischen Träger

11 Hu XVI, S. 40 f.

12 Hua XVI, S. 40 f.

13 Hua III, S. 47.

isoliert und damit aus der intersubjektiv konstituierten Weltzeit herausgelöst – als Individuum nicht mehr hinreichend identifizierbar, nur mehr mit einem "dies da" ansprechbar ist. Die Ausklammerung des empirischen, leiblich bestimmten Subjekts als eines zweifelhaften führt dazu, daß die Erlebnisse, die nicht mehr als seine psychischen Zustände, sondern nur noch als Phänomene eines reinen Bewußtseins aufgefaßt sind, an Faßbarkeit, weil Identifizierbarkeit verlieren.

Die Anerkennung eines "reinen Ich" in den "Ideen I"

Im Rahmen der sog. "Phänomenologischen Fundamentalbetrachtung" im 1. Buch der "Ideen zu einer reinen Phänomenologie" von 1913 thematisiert Husserl die von ihm in dieser Schrift zugestandene Ichbezogenheit des "reinen Bewußtseins": "Als Ausgang nehmen wir das Bewußtsein in einem prägnanten ... Sinne, den wir am einfachsten bezeichnen durch das Cartesianische cogito, das "ich denke".[14] Dieser Ausdruck umfasse i. S. von Descartes alle Icherlebnisse, also jedes "Ich nehme wahr", "ich erinnere mich", "ich fühle, begehre" usw. "Das Ich selbst, auf das sie alle bezogen sind, oder, das 'in' ihnen in sehr verschiedener Weise 'lebt', ... lassen wir zunächst außer Betracht, und zwar das Ich in jedem Sinn."[15]

Vom neu entdeckten reinen Ich ganz abzusehen, gelingt in den weiteren Gedankengängen freilich nicht. Doch ist auffällig, daß sich die Behauptung cartesianischer Evidenz zunächst noch auf ich-freie cogitationes bzw. Erlebnisse bezieht: "Jede immanente Wahrnehmung verbürgt notwendig die Existenz ihres Gegenstandes. Richtet sich das reflektierende Erfassen auf mein Erlebnis, so habe ich ein absolutes Selbst erfaßt, dessen Dasein prinzipiell nicht negierbar ist."[16]

Erst die Begründung für das evidente Gegebensein der eigenen reflektierten Erlebnisse rekurriert auf ein reines Ich. Von diesem heißt es im Rahmen eines sog. Wesensgesetzes: "Im Wesen eines reinen Ich überhaupt und eines Erlebnisses überhaupt gründet die ideale Möglichkeit der Reflexion, die den Wesenscharakter einer evident unaufheblichen Daseinsthesis hat", die Möglichkeit einer Reflexion also, in der das reflektierte Erlebnis als zweifelsfrei existierend gegeben ist.[17] Das einzelne "ego cogito", als Besonderung dieses Wesensgesetzes aufgefaßt, ist ein apodiktischer, also notwendig wahrer Satz.

Abgesehen von diesem für ein Verständnis der Evidenz des ego cogito wichtigem Kontext kommt das reine Ich bzw. die Ichbezogenheit von Bewußtsein in den zentralen Gedankengängen der "Ideen I" nicht mehr vor. Auch die Gründe, die dazu geführt haben, den früheren Gedanken eines ichlosen Bewußtseins fallenzulassen, sind nicht aus diesem Text, sondern nur aus Forschungsmanuskripten und Vorlesungskonzepten zwischen 1907 und

14 Husserl 1913, S. 60 f.

15 Ebd.

16 Ebd., S. 85.

17 Ebd., S. 87.

1912 zu rekonstruieren. Ich möchte kurz die Resultate dieser von Eduard Marbach geleisteten Rekonstruktion[18] zusammenfassen:

Drei Fragezusammenhänge führen in diesem Zeitraum zur Anerkennung eines reinen Ich: Die Frage nach einem Unterscheidungskriterium dafür, ob ein bestimmtes Erlebnis dem eigenen oder einem fremden Bewußtseinstrom angehört. Dann die Analyse des Phänomens der Erinnerung, sofern ich darin auf mich als Subjekt meines erinnerten Erlebnisses Bezug nehme und mich mit diesem identifiziere und schließlich die Analyse von Phänomenen der Aufmerksamkeit.

Im Zusammenhang der Descartesrezeption ist besonders die Frage nach der Unterscheidbarkeit von fremdem und eigenem Bewußtsein von zentraler Bedeutung, wobei diese mit der zweiten Frage nach der Möglichkeit von Erinnerung eng verknüpft ist. Daß die eigenen i. U. zu fremden Erlebnissen unbezweifelbar gegeben sind, ist kein zureichendes Unterscheidungskriterium, sofern es ja nur die jeweils aktuell vollzogenen, präsentischen Erlebnisse sind, die als unbezweifelbar erscheinen, nicht jedoch die in der Wiedererinnerung aktualisierten. Wie also unterscheide ich die dem Anderen, aufgrund von leiblichen Ausdrucksbewegungen zugedeuteten Erlebnisse, die mir nie zweifelsfrei gegeben sein können, von meinen eigenen ebenfalls bezweifelbaren vergangenen und erinnerten Erlebnissen?

Bei aller – von Husserl selber immer wieder angesprochenen – Parallelität zwischen der Fremdheitserfahrung gegenüber dem Anderen und demjenigen, der ich einmal gewesen bin, ist doch der wesentliche Unterschied darin zu sehen, daß ich im Falle meiner vergangenen Erlebnisse voraussetze, sie einmal aktuell vollzogen zu haben, während mir dieser Zugang zum Erleben des Anderen prinzipiell verschlossen ist. Der Nachweis jenes einmal aktuell Vollzogenseins ist nun schwer zu führen. Ein kontinuierlicher Rückgang vom jetzigen Bewußtseinszustand zu dem weiter zurückliegenden wäre ein solches Kriterium, doch ist für die meisten meiner vergangenen Erlebnisse der schrittweise Nachvollzug eines solchen kontinuierlichen Zusammenhangs nicht zu leisten. Also ist es das Bewußtsein des sich Erinnernden, daß er mit jenem, der das erinnerte Erlebnis einmal vollzogen hat, identisch ist. Die entsprechend identifizierende Instanz wäre dann das gesuchte "reine Ich".

Wenn ich Husserl recht verstehe, will er damit nicht die Existenz eines reinen, sich im Bewußtseinswandel konstant durchhaltenden Ich erweisen. Vielmehr beschreibt er aus der Perspektive des sich jetzt Wiedererinnernden, daß dieser seine Identität mit dem Subjekt des erinnerten Erlebnisses voraussetzen muß. Ein hinreichendes Kriterium für die Zugehörigkeit des in dieser Weise wieder-erinnerten Erlebnisses zum eigenen Bewußtsseinsstrom ist damit allerdings nicht gegeben, werden doch bisweilen von anderen berichtete Erlebnisse als eigene wiedererinnert.

18 Vgl. Marbach 1974, S. 121 - 217.

Cartesianische Motive in den "Cartesianischen Meditationen"

Husserls "Cartesianische Meditationen" tragen ihren Titel zurecht, sofern sie sich dem Projekt von Descartes' Meditationen am weitesten angenähert haben: deren Zielsetzung, die Philosophie – i. S. einer alle speziellen Wissenschaften umfassenden Universalwissenschaft – auf ein neues und sicheres Fundament zu stellen, bildet jetzt auch den Ausgangspunkt der Husserlschen Analysen.

Die Zweifelsmethode – so scheint es – soll nun zur Erstellung eines solchen Fundaments eingesetzt werden, nicht mehr bloß – wie bisher – zur Umgrenzung des Forschungsbereichs der deskriptiven Psychologie oder zur Begründung einer Erkenntniskritik oder zur bloßen Hinüberführung in das phänomenologische Forschungsfeld des reinen Bewußtseinslebens.

Auch die Interpretation des obersten Prinzips einer solchen Wissenschaft – des ego sum, ego cogito – klingt cartesianischer als noch in den vorausliegenden "Ideen I". Hatte Husserl hier die – eher unwillig zugestandene – Ichbezogenheit der cogitationes weitgehend ausgeblendet, ist nunmehr deren Evidenz nur noch im Rückbezug auf ihr Vollzugssubjekt, das phänomenologisch meditierende Ich, verständlich. Jetzt hat Husserl auch eingesehen, daß bereits Descartes das im "ego cogito" sich selber denkende Ich nicht als bloß empirisches konzipiert hatte, daß es also auch schon für ihn nicht deckungsgleich gewesen ist mit jener raumzeitlich lokalisierbaren, von anderen mit Eigennamen ansprechbaren Person, die sich im Alltagsleben mit dem Ausdruck "ich" bezeichnet

Auch die Unterscheidung zweier Etappen auf dem Weg zum "sum cogitans" – auf die Etablierung bloßer Existenz des Ich folgt die Bestimmung dessen, was bzw. wer dieses existierende Ich ist – wird in den Husserlschen Meditationen imitiert.

So muß der anfangs ausgesprochene Verdacht oberflächlicher Descartes-Lektüre revidiert werden, dort nämlich, wo Husserl vom bloßen Referat zum imitierenden Nachvollzug des Cartesischen Gedankengangs übergeht. Dessen Wiederholung ist zugleich seine Rekonstruktion unter den veränderten Bedingungen von Philosophie und Wissenschaft der Jahrhundertwende. Dabei hat Husserl die "Cartesische Idee der Philosophie als einer", wie er sagt, "universalen bis ins letzte apodiktisch begründeten Wissenschaft"[19] aufgenommen und dabei umgedeutet. Das cogito ist nicht mehr als Axiom für weitergehende Deduktionen zu verstehen, sondern eher als Kurzformel für die kleinsten selbständigen Einheiten des phänomenologischen Forschungsfeldes. Es bezeichnet "eine offene unendliche Mannigfaltigkeit von einzelnen konkreten Erlebnissen".[20]

Die angestrebte Wissenschaftlichkeit der transzendentalen Phänomenologie besteht nicht in einer axiomatisch-deduktiven Verfahrensweise, sondern primär darin, ihre Deskriptionen mit Hinblick auf jene Bewußtseinserlebnisse als schlechthin unbezweifelbare Gegebenheiten rechtfertigen zu können.

19 Hua I, S. 74.
20 Ebd., S. 76.

Noch in einem anderen Punkt grenzt Husserl den Verlauf seiner Meditationen von denjenigen des französischen Vorbilds ab. Er wirft ihm vor, die für eine Transzendentalphilosophie grundlegende Einsicht in die Differenz eines reinen gegenüber einem empirischen Ich nicht konsequent festgehalten zu haben. In der Ersetzung des "sum cogitans" durch die "res cogitans" habe Descartes das reine Ich verdinglicht und es gleichsam in "ein kleines Endchen Welt" transformiert.[21]

Aufgrund dieses von Husserl zurückgewiesenen Konzeptes einer "res cogitans" war es Descartes möglich gewesen, die für den jeweils präsentischen Vollzug des ego cogito erwiesene Evidenz auf die Gesamtheit der von einem Denkenden vollzogenen Bewußtseinsakte zu übertragen. Die durch die Identität der sich durchhaltenden denkenden Substanz einsichtige Verbindung der mannigfaltigen Akte zu einem einzigen Bewußtseinsganzen muß Husserl nun anders begründen.

Auf zwei Wegen versucht er, die augenblickliche Evidenz des ego cogito auf umfassendere Ausschnitte und Strukturen des Bewußtsseinsstroms hin auszuweiten. Zum einen ersetzt er das punktuell gedachte Jetztbewußtsein durch ein originäres Zeitfeld, in dem der Erlebende immer auch retentional auf das eben noch Erlebte und protentional auf das unmittelbar Bevorstehende bezogen ist. Auf der anderen Seite steht der Weg vom Einzelnen zum Allgemeinen in der sog. eidetischen Reduktion – ein Weg, der im Grunde schon mit der Formulierung des ego cogito eingeschlagen worden ist, bezieht sich doch diese Formulierung nicht auf mein jetzt gerade vollzogenes singuläres Erlebnis, sondern auf alle möglichen intentionalen Erlebnisse meiner selbst und jedes anderen zur Reflexion befähigten Subjektes.

Daß das Bewußtseinsleben Zonen unterschiedlicher Evidenz aufweist, hatte Husserl bereits in den LU auf eine sehr skizzenhafte Weise zum Ausdruck gebracht: die durch Reduktion gewonnene Bewußtseinseinheit bzw. Erlebniskomplexion würden wir (d. h. jeder für sein Ich) "zu einem Teile mit Evidenz als in uns vorhanden zu finden und zum ergänzenden Teile mit guten Gründen anzunehmen".[22] Um die hier vorliegenden Unterschiede – auch unter Anerkennung der Ichbezogenheit des reinen Bewußtseinslebens – genauer bestimmen zu können, führt Husserl die terminologische Unterscheidung einer adäquaten von einer apodiktischen Evidenz ein:

Adäquate Evidenz ist die Selbstgegebenheit einer bestimmten Sache bzw. eines Sachverhaltes, in der alle bloß intendierenden Akte zu anschaulicher Erfüllung gelangt sind. Künftige Erfahrungen können dabei das zunächst gewiß Erscheinende wieder aufheben oder modifizieren. Dagegen hat das apodiktisch Evidente die ausgezeichnete Eigenheit, daß durch eine kritische Reflexion auf den zu überprüfenden Gedanken einsichtig wird, daß er prinzipiell nicht bezweifelt werden kann, sofern das Nicht-Bestehen des entsprechenden Sachverhaltes nicht widerspruchsfrei zu denken ist.[23]

21 Ebd., S. 63.

22 Husserl 1975, S. 10.

23 Vgl. Hua I, S. 56.

In der Besinnung auf das eigene Bewußtseinsleben zeigt sich nun, daß nur ein Kernbereich – die lebendige Selbstgegenwart des ego cogito – adäquat wie auch apodiktisch evident ist. Wie bereits erwähnt, interpretiert Husserl die Apodiktizität des ego cogito in der Weise, daß dieser Satz aus einem Wesensgesetz abgeleitet werden kann, demzufolge es jedem Erlebnis wesentlich ist, in einer Reflexion als zweifelsfrei existent gegeben zu sein.

Jeder aktuell vollzogene Bewußtseinsakt sowie sein intentionaler Gegenstand ist von einem unbestimmt allgemeinen Horizont von eigentlich Nicht-Erfahrenem aber notwendig Mitgemeintem umgeben. So sind wir uns beispielsweise bewußt, die Aufmerksamkeit vom jeweiligen cogitatum auf dessen engere und weitere Umgebung umlenken oder auch, vom gegenwärtig Erlebten unbestimmt weit in die Lebensvergangenheit zurückgehen zu können. Daß diese Möglichkeiten bestehen, ist nach Husserl in der aktuell vollzogenen Wahrnehmung notwendigerweise mitgemeint und insofern auch apodiktisch evident zu machen. Adäquate Evidenz ist hier ausgeschlossen, da ja das Mitvermeinte als solches per definitionem nicht in einer erfüllenden Anschauung gegeben werdne kann.

Der Zusammenhang des jeweils gegenwärtigen ego cogito mit dem Bewußtseinsganzen, den Descartes über den metaphysischen Begriff der res cogitans hergestellt hat, wird von Husserl über die eidetische Einsicht in allgemeine Bewußtseinsstrukturen gewonnen, z. B. über die eben besprochene Einsicht, daß die Umlenkung der Aufmerksamkeit in die räumliche und zeitliche Umgebung des aktuell Bewußten möglich ist, daß jedes aktuelle Erlebnis von einem Hintergrund nicht-aktuellen Bewußtseins umgeben ist und – zeitlich verfließend – notwendigerweise in Inaktualität übergeht, daß in der Konstitution bestimmter Gegenstandstypen entsprechende Aktmannigfaltigkeiten vollzogen werden müssen u. ä. m.

Das so beschreibbare komplexe Feld des reinen Bewußtseinslebens war Descartes im Prinzip zwar zugänglich gewesen, doch hat er sich – Husserl zufolge – durch die Verdinglichung des sum cogitans zur res cogitans die Möglichkeit einer umfassenden Erforschung dieses Feldes verstellt. Descartes hat also nicht das Eingangstor in die Transzendentalphilosophie durchschritten, bei seinen Bewußtseinsanalysen, die Husserl mit dem Bild einer Wanderung auf einem steilen Felsgrat beschreibt, wo jeden Augenblick der Absturz droht,[24] hat ihn offensichtlich dieses Schicksal ereilt.

Diese vom mittleren und späten Husserl immer wieder anders akzentuierte Kritik an dem großen Vorgänger macht eine fragwürdige Voraussetzung: man erhält – auch durch die verwendete Reise- und Wandermetaphorik – den Eindruck einer Vorgegebenheit des phänomenologischen Feldes, also von Strukturen des reinen Bewußtseins, die der phänomenologischen Selbstbesinnung vorliegen und möglichst genau wiederzugeben sind. Demgegenüber aber ist zu fragen, ob einige dieser Strukturen, zumindest aber die Differenz zwischen dem reinen und empirischen Ich, nicht erst durch den Vollzug bestimmter methodischer Operationen, eben durch die immer wieder anders akzentuierte phänomenologischen Reduktion, allererst hervorgebracht werden.

Dafür gibt es Anhaltspunkte in Husserls eigenen Anweisungen zur meditierenden Selbstfindung, fordert er doch, die alltägliche Selbstdeutung des Subjekts als eines leiblich

24 Vgl. Ebd., S. 63.

gebundenen und innerweltlich lokalisierbaren zu überwinden. Was ein Ich jedoch sich zuschreibt – so könnte man mit Fichte sagen – gehört mit zu seinen Qualitäten, sieht es von diesen ab, wird es damit ein anderes.

Bei Husserl finden sich Belege sowohl für die Rezeptivität als auch für die Produktivität der phänomenologischen Selbstbesinnung:

"Ich als natürlich eingestelltes Ich bin auch immer transzendentales Ich, aber ich weiß darum erst durch Vollzug der phänomenologischen Reduktion."[25].

Auf der anderen Seite bezeichnet Husserl den Übergang in die phänomenologische Einstellung als eine "Ichspaltung", durch die "sich über dem naiv interessierten Ich das phänomenologische als 'uninteressierter Zuschauer' etabliert".[26] Auch spricht er davon, daß sich das meditierende Ich als Geltungsgrund aller objektiven Geltungen setzt,[27] wobei allerdings nicht an Fichtes Begriff des sich setzenden Ich zu denken ist.

In bezug auf die Formel "ego cogito" wäre dann zu fragen, inwieweit in ihr die jeweils angesprochene cogitatio einfach abgebildet oder ob sie nicht vielmehr durch die Behauptung "ego cogito" transformiert wird.

"Cogito" ist dieKurzformel für "ich nehme dies oder jenes wahr", erinnere mich daran usw. Darin wird das Wahrgenommene, Erinnerte in seiner Beziehung zu mir selbst als wahrnehmendem, sich erinnerndem Subjekt vorstellig gemacht. "Cogito" steht also nicht für das unreflektierte, auf sein jeweiliges Objekt gerichtete Wahrnehmen, Erinnern usw., sondern für die Reflexion auf diese intentionale Beziehung. Wer "cogito" denkt und sagt, bringt gegenüber dem darin thematisierten Bewußtseinsakt etwas Neues hervor, nämlich seine Reflexivität.

"Das 'Ich denke' muß alle meine Vorstellungen begleiten können"[28] – diese Kantische These versteht Husserl u. a. so, daß es zum Wesen jedes Bewußtseinsaktes gehört, zum Thema einer Reflexion werden zu können, die diesen auf sein Vollzugssubjekt zurückbezieht. In welchem Sinn ist diese Wesensmöglichkeit einer reflektierenden Rückwendung des Blickes der Aufmerksamkeit im jeweiligen Bewußtseinsakt präformiert? Folgt man den Bahnen der von Husserl selber verwendeten Blickmetaphorik, wird man jeder ausdrücklichen Blickzuwendung ein implizites Wissen um das Objekt dieser Zuwendung voraussetzen. Was z. B. an der Peripherie meines Blickfeldes liegt, kann ich nur thematisieren, wenn ich zumindest die Richtung kenne, in der das jeweilige Objekt zu suchen ist. Auf das cogito bezogen, hieße das – und dies ist ein Grundgedanke fast aller klassischer Theorien des Selbstbewußtseins – daß der ausdrücklichen reflexiven Bezugnahme auf mich selbst im Vollzug eines bestimmten Bewußtseinsaktes eine ursprüngliche, vorreflexive Bekanntschaft mit mir vorausliegt. Dabei darf ein solches ursprüngliches Selbstbewußtsein nicht selber wieder nach dem Modell eines reflektierenden Aktes gedacht werden, da sonst ein unendlicher Regreß unvermeidlich wird.

25 Ebd., S. 39.
26 Ebd., S. 37.
27 Vgl. ebd., S. 64 f.
28 KrV B131 f.

Husserl war dieser Gedankengang in Form der Brentanoschen Theorie des primären und sekundären Bewußtseins bereits zur Zeit der Abfassung der LU bekannt gewesen. Doch hatte er sich damals bewußt von dessen zentraler These eines vorreflexiven, ursprünglichen Selbstbewußtseins distanziert. So heißt es in der Beilage zu den LU unter dem Titel "Äußere und innere Wahrnehmung":

"Ich weise hier nur auf Brentanos Lehre vom inneren Bewußtsein hin. Jedes psychische Phänomen ist nicht nur Bewußtsein, sondern selber zugleich Inhalt eines Bewußtseins ... Der Fluß der inneren Erlebnisse ist also zugleich ein kontinuierlicher Fluß innerer Wahrnehmungen, die aber mit den bezüglichen psychischen Erlebnissen in besonders inniger Weise eins sind ... Indem der Akt direkt auf sein primäres Objekt gerichtet ist, ist er nebenbei zugleich auf sich selbst gerichtet. So wird die unendliche Verwicklung, zu welcher das alle psychische Phänomene begleitende Bewußtsein ... zu drängen scheint, vermieden".[29]

Husserl hatte damals diese Theorie nicht schlechthin für irrig bzw. inkonsistent erklärt, doch fand er für sie im Rahmen seiner konkreten phänomenologischen Beschreibungen von Bewußtsseinsstrukturen keine Bestätigung.

Spätestens Anfang der zwanziger Jahre hat Husserl diese Vorbehalte aufgegeben, was bereits an seiner damaligen Charakterisierung des Ausdrucks "Erlebnis" augenfällig wird. Dieses Wort drückt das Erlebtsein, nämlich "Bewußthaben im inneren Bewußtsein aus, wodurch es für das Ich jederzeit vorgegeben ist".[30] Ähnlich wie vor ihm Brentano behauptet er jetzt: "jedes Bewußthaben, jedes Bewußtseinserlebnis ist selber wieder bewußt ... und alle Bewußtseinserlebnisse eines Ich sind umspannt von der Einheit eines inneren Bewußtseins und ordnen sich in der Einheit einer immanenten Zeit ...".[31]

Sofern ich also im jeweiligen Bewußtseinserlebnis auf dessen intentionales Objekt gerichtet bin, ist mir darin zugleich dieses Erlebnis selber unmittelbar bewußt, ebenso wie ich selber als dessen Vollzugssubjekt. Die Reflexion ist dann nur mehr Explikation eines impliziten Wissens, ganz anders als noch in den LU, wo ein Rückbezug des Ich auf sein Erlebnis und auf sich selbst erst durch die ausdrückliche Reflexion hergestellt wurde.

Sicherlich gibt es mehrere Motive für diesen Sinneswandel. Ein wichtiger Grund war die Thematisierung der in den LU noch ausgeblendeten immanente Zeitlichkeit von Bewußtsein, damit der Phänomene der Retention und Protention. Dies hat eine Anerkennung eines ursprünglichen Für-mich-seins verfließender Erlebnisse unausweichlich gemacht. Bin ich nämlich in einem aktuellen, präsentischen Erlebnis retentional immer auch noch auf das eben vollzogene Erlebnis rückbezogen, so muß ein vorreflexives Wissen des Ich zumindest für dieses in die Vergangenheit zurücksinkende Erlebnis zugegeben werden.

Gemäß der phänomenologischen Forderung, von den bloßen Worten zu den Sachen selber überzugehen, und zwar genau so wie sie erscheinen, müßte auch jede These über Strukturen des Bewußtseins und Selbstbewußtseins in der Phänomenologie anhand exemplarischer, bewußt vollzogener Einzelerlebnisse überprüfbar sein. Ziehen wir zur Verifizie-

29 LU II/2, S. 229 f.

30 Hua XIV, S. 45.

31 Ebd., S. 44 f.

rung der eben besprochenen Reflexionstheorie die von Husserl in den CM selber gewählten Beispiele heran, in denen er auf die Erscheinungsweise wahrgenomener Objekte reflektiert bzw. diese Reflexion wiedergibt, so zeigt sich etwas Erstaunliches: weder ist von Bewußtseinsakten die Rede, auf die sich doch der Theorie zufolge der aufmerkende Blick zurückwenden soll, noch taucht das durch die phänomenologische Reduktion gewonnene reine Ich als Beziehungspol jenes Bewußtseinserlebnisses auf. Ich zitiere Husserls Beschreibung der Wahrnehmung eines Würfels, wie er sie in der 2. Meditation durchgeführt hat:

"Nehme ich z. B. das Wahrnehmen dieses Würfels zum Thema der Beschreibung, so sehe ich in der reinen Reflexion, daß dieser Würfel kontinuierlich als gegenständliche Einheit gegeben ist in einer vielgestaltigen wandelbaren Mannigfaltigkeit bestimmt zugehöriger Erscheinungsweisen".[32] Jede der angesprochenen Ansichten und Seiten – Vorder- und Rückseite, rechte und linke Seite – wird in ihrer Bezogenheit auf die räumliche Position des Wahrnehmenden hin beschrieben, so daß also das leiblich bestimmte, hier und jetzt befindliche Ich im Wahrnehmen des Würfels mit präsent ist.

Auffallend an dieser – und an vielen anderen phänomenologischen Beschreibungen der Gegebenheitsweise wahrgenommener, erinnerter und phantasierter Objekte – ist der Umstand, daß auf der einen Seite gar nicht von Bewußtseinsakten, sondern von den in ihnen gegebenen Objekten die Rede ist, daß also – in Hussserlscher Terminologie – keine noetische, sondern eine noematische Reflexion vollzogen wird. Bemerkenswert ist auf der anderen Seite, daß die Selbsterscheinung des leiblichen Ich als integraler Bestandteil der Wahrnehmungs- und Erinnerungserfahrung herausgearbeitet wird – trotz der bereits vollzogenen phänomenologischen Reduktion, die doch eine Einlammerung des leiblich bestimmten Ich mit sich bringen sollte!

Damit ergeben sich die beiden Probleme, warum die auf der abstrakten Ebene der allgemeinen Reflexionstheorie angesprochenen Bewußtseinsakte in der konkreten Reflexion auf Wahrnehmungserlebnisse nicht auftauchen und wie die im Vollzug der phänomenologischen Reduktion vollzogene Selbstsetzung des Meditierenden als eines reinen Ich mit dem aus den konkreten Beschreibungen gewonnenen Befund zu vereinbaren ist, daß hier gar kein reines, sondern ein leiblich bestimmtes Ich vorfindbar ist!

Eine Lösung des ersten Problems ergibt sich, wenn berücksichtigt wird, daß sich die Beschreibung der Erscheinungsweise bestimmter Gegenstände vorgegebener sprachlicher Bezeichnungen wie "Wahrnehmung", "Erinnerung", "Urteil" usw. bedient, und bereits aus der Kenntnis ihrer Verwendungsweise Folgerungen auf die Beschaffenheit der entsprechenden Bewußtseinsakte gezogen werden können. Das Bezogensein von Wahrnehmungen und Erinnerungen auf ihr jeweiliges intentionales Objekt kann z. B. aus dem Gebrauch der entsprechenden Verben gefolgert werden, die ja ein grammatisches Objekt zu ihrer Ergänzung erfordern. Offenbar lassen sich nicht alle derartigen, über eine Analyse des Sprachgebrauchs gewonnenen Einsichten in der Reflexion auf die entsprechenden Bewußtseinserlebnisse anschaulich-evident verifizieren. Auf diese Weise muß die Hoffnung des Phänomenologen,

32 Hua I, S. 77.

von den bloßen Worten immer auch zur originären Anschauung der jeweiligen Sache selber übergehen zu können, eingeschränkt werden.

Was nun die Nichtantreffbarkeit des reinen Ich im Rahmen konkreter Beschreibungen einzelner Erlebnisse des Wahrnehmens, Erinnerns u. ä. betrifft, so war sich Husserl selber dieser Sachlage bewußt gewesen. So heißt es in einem im Rahmen der "Ideen II" publizierten Text aus dem Jahre 1912, daß in der Konstitution der räumlich-zeitlichen Welt das reine Ich zwar Zentrum aller Intentionalität überhaupt sei, daß jedoch "für alle Erfahrung von raum-zeitlicher Objektivität die Miterscheinung des erfahrenden Menschen", also des empirischen Ich, vorausgesetzt sei.[33]

Eine Begründung dafür kann aufgrund von Husserls Theorie des reinen Ich selber gegeben werden, sofern dieses nur im Vollzug seiner jeweiligen cogitationes faßbar ist und von isoliert, einen leeren, letztlich unbeschreiblichen Ichpol bildet, von dem sich nichts weiter aussagen läßt, als daß er Ausgangpunkt jener Bewußtseinsvollzüge ist.[34]

Je nachdem als was und wie die jeweilige cogitatio ihr cogitatum vorstellig macht, erhält auch das ego jener cogitatio eine andere Charakteristik. Bin ich also, um ein Beispiel aus einer andern Sphäre zu wählen, gestern einer Person auf der Straße begegnet, so wird sie in meiner jetzigen Erinnerung an einer bestimmten Stelle der Straße auftauchen, in einer bestimmten Ansicht und in einer Entfernung zu mir, die nicht die Entfernung zum jetzigen realen Standort ist. An der Person, die in der Erinnerung auftaucht, ist also deren Beziehung zum Standort miterinnert, an dem sich der Erinnernde damals befand und jetzt nicht mehr befindet. Auch hier wird also kein reines, sodnern nur ein leiblich bestimmtes und lokalisiertes Ich zu Tage gefördert.[35]

Ohne auf sämtliche Arten von cogitationes eingehen zu können, um eventuell herauszubekommen, daß in einigen das Ich tatsächlich als reines und nicht als leiblich bestimmtes auftritt, möchte ich die Vermutung äußern, daß dem doch nie so sein wird. Auch Bewußtseinsvollzüge z. B., in denen sich ideale Gegenstände wie etwa eine Zahlenreihe konstituieren, sind ja auf Zeichenverwendung und damit auf Operationen mit sinnlich wahrnehmbaren Gebilden angewiesen.

Lassen wir dies aber dahingestellt und beschränken und auf den Bereich der sinnlichen Erfahrung von raum-zeitlichen, nicht-zeichenhaften Objekten, so zeigt sich – wie Husserl es ausdrückt – daß sich das reine Ich in der Konstitution von Welt immer zugleich auch sich selber als empirisches Ich mitgesetzt hat und auf diese Weise als leibliches Orientierungszentrum seiner Umwelt fungiert.

Im Rückblick auf den bisherigen Gedankengang zum Verhältnis von reinem und empirischem Ich, kann leicht der Eindruck entstehen, daß wir – über eine Mehrzahl von Schritten – wieder an den Anfang zurückgekehrt sind: denn das meditierende Ich, das von sich als empirischer Person abgesehen hat, um sich als reines Ich zu setzen, muß nun erkennen, daß

33 Hua IV, S. 109 f.

34 Vgl. ebd., S. 99.

35 Vgl. Hua XV, S. 641 f.

sich dieses reine Ich, zu dem es selber geworden ist, immer schon als empirisches, leiblich bestimmtes gesetzt hat.

Diese kreisförmig anmutende Bewegung ist nur sinnvoll, wenn sich ihr Endpunkt vom Anfangspunkt unterscheidet, wenn also das in der phänomenologisch analysierten Wahrnehmung sich selber miterscheinende leibliche Subjekt nicht mit jenem empirischen Ich zusammenfällt, das durch den Vollzug der phänomenologischen Reduktion verlassen werden sollte. Und dies ist in der Tat der Fall, kann doch das empirische Subjekt des Alltagsbewußtseins auch aus der Außenperspektive der dritten Person vorgestellt und angesprochen werden, während die in phänomenologischer Einstellung beschriebene Selbsterfahrung des leiblich bestimmten Ich nur aus der Innenperspektive der ersten Person heraus zu erfassen und zutreffend auszudrücken ist.

Von dem abzusehen, was nicht wesentlich zu mir gehört, um herauszubekommen, welche Bestimmungen für mich konstitutiv sind, dies ist die zentrale Denkfigur der Cartesianischen Zweifelsbetrachtung. Husserl hat sie aufgenommen, um sie in seiner fünften Meditation noch zu radikalisieren. Zwar geht es hier um Fragen der Intersubjektivität, also der Fremderfahrung und der intersubjektiven – in Verbindung mit den Anderen – geleisteten Konstitution einer gemeinsamen Welt.

Um jedoch diese – auf Fremdes bezogenen – intentionalen Bewußtseinsleistungen des eigenen transzendentalen Ich zu rekonstruieren, ist es erforderlich, sie zunächst auszublenden und sich ganz auf das dem Ego Eigenwesentliche – seine sog. Primordialsphäre – zu konzentrieren. Nach der Epoche, der Urteilsenthaltung hinsichtlich der Existenz aller Dinge und Personen, waren diese immerhin als Korrelate der sie gebenden – wenn auch außer Geltung gesetzten – Bewußtseinsakte verblieben. Was jetzt erforderlich ist – und hier geht Husserl eindeutig über Descartes hinaus – ist die Ausklammerung jener eigenen Bewußtseinsleistungen, die auf Fremdes, also auf jene Anderen und die mit ihnen gemeinsame Welt bezogen sind. Als Resultat dieser – wie Husserl sie nennt – abstraktiven Epoche verbleibt die in der eigenen Leibeserfahrung zentrierte Privatwelt des Meditierenden.

Nunmehr finde ich "unte den Körpern dieser Natur ... in einziger Auszeichnung meinen Leib, nämlich als den einzigen, der nicht bloß Körper ist, sondern eben Leib, das einzige Objekt innerhalb meiner abstraktiven Weltschicht, dem ich erfahrungsmäßig Empfindungsfelder zurechne ... das einzige, 'in' dem ich unmittelbar 'schalte und walte' ... ich nehme, mit den Händen kinästhetisch tastend, mit den Augen ebenso sehend usw. wahr ... Wahrnehmend tätig erfahre ich ... die eigene Leiblichkeit, die darin also auf sich selbst zurückbezogen ist".[36]

Anders als bei Descartes verbleibt nach Wegdenken alles mir Fremden nicht das rein geistige Ich des ego cogito, sondern das auf das Eigenwesentliche reduzierte Menschen-Ich, als leiblich bestimmtes Orientierungszentrum seiner Privatwelt. Dieses leiblich bestimmte Ich ist konstituierendes Subjekt für seine Welt und zugleich auch konstituiertes Zentrum innerhalb seiner Welt. "Ich, das reduzierte 'Menschen-Ich' ... bin also konstituiert als Glied

36 Hua I, S. 128.

der 'Welt', mit dem mannigfaltigen 'Außer-mir', aber ich selbst in meiner 'Seele' konstituiere das alles und trage es intentional in mir."[37]

Husserl hatte eingangs darauf hingewiesen, daß die Radikalisierung cartesianischer Motive in der Pänomenologie zur Zurückweisung zentraler Lehrstücke des Cartesianismus geführt habe. Eines dieser Lehrstücke ist der Leib-Seele-Dualismus, wie er in der Selbstbeschreibung des meditierenden Subjekts als leiblich konkretisiertes reines Ich überwunden ist, oder, besser gesagt, gar nicht erst zum Zuge kommen konnte. Wie bedeutsam dies ist, wird besonders im weiteren Verlauf der fünften Meditation sichtbar, wo im Ausgang von der leiblichen Selbsterfahrung des zunächst noch in seiner ausschließlichen Zentralität und Einzigkeit gedachten transzendentalen Ego die Fremderfahrung i. S. einer Konstitution fremder leiblich gebundener Subjekte als gleichberechtigter Konstitutionszentren einer gemeinsamen intersubjektiven Welt verständlich gemacht werden kann.

Achtet man jedoch nicht so sehr auf die sachlichen Problemstellungen, sondern auf den Charakter des Husserlschen Diskurses, wäre eine stärkere Orientierung an Descartes' Meditationen durchaus wünschenswert gewesen. In seiner Einstellung zum Leser und zu sich selber verfährt Descartes dialogisch. Er überläßt es dem Leser, die von ihm entwickelte Methode zur Gewinnung gesicherter Erkenntnisse anzunehmen oder zu verwerfen, und in zentralen Gedankengängen, insbesondere im Rahmen seiner radikalen Zweifelsbetrachtung wird ein Dialog zweier Stimmen vernehmlich – der den Zweifel vorantreibenden und derjenigen, die diesen Zweifel einzugrenzen sucht, wobei der Leser die Möglichkeit erhält, diesen Dialog für sich fortzusetzen.

Ganz anders lesen sich die Husserlschen Meditationen – dem Publikum werden bestimmte methodische Schritte vorgegeben, ohne die das zu erforschende phänomenologische Feld nicht zu erschließen wäre und Descartes als der eigentliche Gesprächspartner tritt im Grunde nur als zu imitierendes und überbietendes Vorbild auf. In diesem Sinne – und mit dieser kritischen Bemerkung möchte ich schließen – hätten Husserls Cartesianische Meditationen noch cartesianischer sein können als sie es gewesen sind.

Literaturverzeichnis

Husserl, E.: V. *Logische Untersuchung. Über intentionale Erlebnisse und ihre "Inhalte"* (1. A.), hrsg. und eingel. v. E. Ströker, Hamburg 1975.

Husserl E.: *Die Idee der Phänomenologie*. Fünf Vorlesungen, hrsg. und eingel. v. W. Biemel, Den Haag 1973 (Husserliana II).

Husserl, E. : *Ideen zu einer reinen Phänomenologie und phänomenologischen Philosophie*, 1. Buch, Halle a. S. 1913.

Husserl, E.: *Logische Untersuchungen*, 2. Bd., 2. Teil: Elemente einer phänomenologischen Aufklärung der Erkenntnis, 2. Umgearb. Auflage, Tübingen 1921.

37 Ebd., S. 101.

Husserl, E.: *Cartesianische Meditationen und Pariser Vorträge*, hrsg. und eingel. von S. Strasser, Den Haag 1973 (Husserliana I).
Husserl, E.: *Zur Phänomenologie der Intersubjektivität*. Texte aus dem Nachlaß, 2. Teil, hrsg. und eingel. von Iso Kern, Den Haag 1973 (Husserliana XIV).
Marbach, E.: *Das Problem des Ich in der Phänomenologie Husserls*, Den Haag 1974 (Phaenomenologica 59).
Nietzsche, F.: *Sämtliche Werke*. Kritische Studienausgabe, hrsg. v. G. Colli und M. Montinari, München 1980.

Kolloquium XII
Mögliche Welten und Notwendigkeit

KLAUS JACOBI

Das Können und die Möglichkeiten. Potentialität und Possibilität

Die Ausdrücke 'können' und 'möglich' gebrauchen wir, wenn wir nachdenken, überlegen und planen. Wir gehen über Gegebenes hinaus und fragen: "So ist es. Aber könnte es nicht auch anders sein? Kann sich der gegenwärtige Zustand ändern? Kann ich ihn vielleicht verändern? Welche Möglichkeiten habe ich?" Wir fragen nicht nur in die Zukunft hinein, sondern auch reflektierend in die Vergangenheit zurück: "Wie konnte es dazu kommen? Wie war das möglich?"

Es gibt andere Sprachausdrücke, die ähnlichem Gebrauch dienen. Die deutsche Nachsilbe '-bar' oder oft auch die Nachsilbe '-lich' verweisen auf eine Möglichkeit. Mit Ausdrücken wie 'vermag', 'ist fähig zu', 'ist geeignet zu' und 'Macht', 'Kraft', 'Eignung' bezeichnen wir Weisen des Könnens.

Ich will nicht versuchen, solche Redeweisen gegeneinander abzugrenzen oder ihrem Sinn durch Definitionsversuche nahezukommen. Ich glaube nicht, daß ein solcher Versuch sehr sinnvoll wäre. Die Grenzen sind unscharf; die Redeweisen lassen sich oft mühelos untereinander austauschen oder ineinander umformen. Und Grundworte lassen sich ohnehin nicht definieren. Definieren heißt ja entweder Unbekanntes auf Bekannteres zurückführen oder einen bestimmten Sinn für einen bestimmten Redezweck festsetzen und andere Konnotationen ausschließen. Das Erste ist in unserem Fall nicht möglich. Was sollte bekannter sein als die Redewendungen 'kann' und 'ist möglich', ohne die wir nicht einen einzigen Gedanken zu Ende denken und nicht einen einzigen Plan fassen könnten! Das Zweite ist nicht wünschenswert. Ich will nicht auf einen bestimmten Redezweck reduzieren, sondern die Vielfalt der Gebrauchsweisen von 'kann' und 'ist möglich' genauer und gründlicher verstehen.

Über Grundworte nachzudenken, ist eine Aufgabe für Philosophen. Wer eine solche Aufgabe in Angriff nimmt, weiß, daß er nicht neu anfängt, sondern vielfältige Untersuchungen und reichhaltige Theoriebildungen auf diesem Feld schon vorfindet. Er beginnt also damit, zu untersuchen, was Philosophen andernorts und zu früheren Zeiten über Können und Möglichkeit untersucht und herausgefunden haben.

Wie schon einmal im 17. und 18. Jahrhundert, so wird auch im letzten Drittel des 20. Jahrhunderts das philosophische Denken und Wissen in Enzyklopädien zugänglich gemacht. So liegt es nahe, die philosophischen Wörterbücher zur Hand zu nehmen; vor allem das "Historische Wörterbuch der Philosophie", aber auch andere, eher systematisch orientierte Enzyklopädien.

Wenn wir aber den Versuch machen, uns in den Enzyklopädien und Wörterbüchern darüber zu informieren, was über Können und über Möglichkeiten gedacht worden ist und gedacht wird, geraten wir in Verwirrung. Wir finden eine Vielzahl von Artikeln, die alle mit unserer Frage zu tun haben, die aber unverbunden nebeneinanderstehen. Am schlimmsten – oder, wenn man die Verwirrung als Aufforderung zu gründlicherer Untersuchung liebt, am schönsten – geht es uns mit dem "Historischen Wörterbuch der Philosophie". Man findet mindestens sechs Hauptartikel zu unserer Frage: "Möglichkeit", geschrieben von Horst Seidl,[1] "Akt und Potenz" von Pater Dietrich Schlüter,[2] "Possibilien" von Ludger Honnefelder und Hans Werner Arndt,[3] "Modalanalyse" von Hermann Weidemann,[4] "Modalität des Urteils" von Albert Menne,[5] "Modallogik" von Nicholas Rescher und Hermann Weidemann,[6] dazu noch Artikel über verschiedene scholastische Unterscheidungen zu "Potentia",[7] Artikel über "Dynamis"[8] und "Dynamik",[9] über "Entelechie",[10] über "Kraft"[11] und "Macht"[12] und über "Dispositionsbegriffe".[13] Ich behaupte nicht, daß meine Aufzählung vollständig ist; ich bezweifle dies eher. In anderen Wörterbüchern, etwa in der von Jürgen Mittelstraß herausgegebenen "Enzyklopädie Philosophie und Wissenschaftstheorie"[14] oder in dem von Hans Burkhardt und Barry Smith konzipierten "Handbook of Meta-

1 Ritter - Gründer VI, 72-92.

2 Ritter I, 134-142.

3 Ritter - Gründer VII, 1126-1139.

4 Ritter - Gründer VI, 3-7.

5 Ritter - Gründer VI, 12-16.

6 Ritter - Gründer VI, 16-41.

7 W. J. Courtenay, L. Hödl, O. Wanke in: Ritter - Gründer VII, 1157-1166.

8 G. Plamböck in: Ritter II, 303-304.

9 H. M. Nobis in: Ritter II, 302-303.

10 W. Franzen, K. Georgulis, H. M. Nobis in: Ritter II, 506-509.

11 M. Jamme, F. Kaulbach in: Ritter - Gründer IV, 1177-1184.

12 Th. Kobusch, L. Oeing-Hanhoff, K. Rottgers in: Ritter - Gründer V, 585-604.

13 K. Brockhaus in: Ritter II, 266.

14 Mittelstraß I, 59-61: Akt und Potenz; I, 515: Dynamik; I, 515-516: Dynamis; II, 904-906: Modalität; II: 906-907: Modalkalkül; II, 907-911: Modallogik.

physics and Ontology"[15] ist die Anzahl der Stichworte zu unserem Thema nicht ganz so groß, aber immer noch groß genug.

Die Hauptunterscheidung scheint die zwischen Potentialität und Possibilität zu sein. Der Potentialität sind die Gegenbegriffe 'Aktualität' und 'Akt' zuzuordnen; zugehörig sind die entsprechenden griechischen Begriffe 'dynamis' und 'energeia' oder 'entelecheia'. Die Artikel über Possibilität können durch Artikel über Modallogik ergänzt, manchmal auch ersetzt werden.

Es liegt zunächst nah, Zuordnungen der deutschen Ausdrücke vorzunehmen: 'Können' erscheint als geeignete Übersetzung von 'potentia', 'Möglichkeit' als geeignete Übersetzung von 'possibilitas'.

Aber dieser Zuordnungsversuch erweist sich bei näherem Zusehen als allzu gewaltsam. 'Können' und 'möglich' haben im normalen Sprachgebrauch keine unterschiedlichen Bedeutungsfelder. Jedes Vorkommnis von 'a kann ---' kann ohne Bedeutungsveränderung in ein Vorkommnis 'für a ist es möglich zu ---' umgeformt werden, jedes Vorkommnis von 'es ist möglich, daß ---' in ein Vorkommnis 'es kann sein, daß ---'.

Wie sollen wir also verfahren? Soll der Philosoph sich einüben, jeden Gebrauch von 'kann' oder 'möglich' unterscheidend zu interpretieren: Hier ist 'kann' im Sinne von Potentialität gemeint, hier im Sinne von Possibilität – und eventuell weitere Sinne? Das wäre dann geraten, wenn unsere normalsprachlichen Ausdrücke entweder ganz vage oder im schlechten Sinn äquivok wären und wenn es gälte, deren Vagheit oder Mehrdeutigkeit durch Unterscheidungsarbeit zu beseitigen. Das aber wäre eine irrige Voraussetzung. Es gibt zwar vielfältige Gebrauchsweisen von 'kann' und 'möglich', aber es ist nicht sinngemäß, die Unterschiede zwischen den Gebrauchsweisen terminologisch zu verfestigen und jeder Gebrauchsweise einen speziellen Begriff zuzuordnen.

Ich will die Sachlage, in die ich mit meinen Überlegungen geraten bin, klar ins Auge fassen. Mich interessieren Möglichkeitsaussagen deswegen, weil wir von ihnen Gebrauch machen müssen, wann immer wir nachdenken und planen. Ich halte den normalen Gebrauch für hochkomplex und bemühe mich um Analyse. Mit dieser Zwecksetzung besinne ich mich auf philosophische Forschungen, die von bedeutenden Philosophen früher angestellt worden sind. Es geht mir nicht darum, zu zeigen, wie unterschiedliche Möglichkeitsbegriffe, je verbunden mit anderen Begriffen, systembildend für unterschiedliche philosophische Systeme sind. Mir geht es umgekehrt darum, herauszufinden, was die fachphilosophischen Unterscheidungen zur Aufklärung unseres normalen Nachdenkens beitragen können.

Nun finde ich in der Tradition verschiedene Möglichkeitsbegriffe. Jeder von ihnen ist je anderen Begriffen benachbart oder entgegengesetzt; jeder von ihnen eröffnet je andere Fragestellungen. Die entsprechenden Diskurse, der Possibilitätsdiskurs und der Potentialitätsdiskurs vor allem, sind voneinander separierbar. Sie sind dies sogar dann, wenn ein und

15 Burkhardt - Smith I, 198-201: De Dicto/De Re (Carlos A. Dufour); 242-243: Energeia/Dynamis (Friedo Ricken); II 560-562: Modalities, Ontological (Jerzy Perzanowski); 563-565: Modal Logic (Graeme Forbes).

derselbe Autor beide Diskurse führt. Man kann Leibniz' Theorie der möglichen Welten darstellen, ohne von Leibniz' Dynamik Kenntnis zu nehmen, und umgekehrt.

Die terminologischen Unterscheidungen, die ausgebildet worden sind, sind in der Sprache des normalen Nachdenkens und Planens nicht repräsentiert; sie können auch nicht zwanglos in die Normalsprache eingeführt werden. Wer die Normalsprache analysiert, gelangt zur Unterscheidung von Gebrauchsweisen des Ausdrucks 'möglich' bzw. des Ausdrucks 'können', aber nicht zu unterschiedlichen Möglichkeitsbegriffen. – Es scheint demnach, daß wir die Hoffnung aufgeben müssen, bei den Philosophen der Vergangenheit Hilfe für die Aufgabe, die wir uns gestellt haben, zu finden.

Es scheint so. Aber dieses Urteil wäre voreilig. Wenn ich recht sehe, finden wir in der philosophischen Tradition sogar sehr große Hilfe für die Durchführung der gestellten Aufgabe. Nur ist die Begriffsgeschichte für unser Untersuchungsvorhaben nicht der geeignete Zugang zur Tradition. Erforderlich ist ein anderer Zugang, nämlich ein argumentationstheoretischer.

Ich möchte Sie für folgende Doppelthese interessieren:

> I. Grundlegend für die Analyse unserer Rede über Mögliches ist die Unterscheidung zwischen Aussagen der Form
>
> (A) 'für a ist es möglich zu ---' oder 'a kann ---', in denen an die Leerstelle ein Infinitiv im Aktiv oder Passiv tritt,
> und Aussagen der Form
>
> (B) 'es ist möglich, daß ---' oder 'es kann sein, daß ---', in denen die Konjunktion 'daß' mit der folgenden Leerstelle einen aussagbaren Gehalt anzeigt, der durch Umformung in einen Hauptsatz oder durch Beifügung von 'es ist wahr', 'es ist falsch', 'es ist möglich' oder ähnlichen Wendungen zu einer Aussage wird.[16]
>
> II. Der Begriff der Potentialität steht der Struktur 'A' nahe, der Begriff der Possibilität der Struktur 'B'. Die Strukturunterscheidung hat vor der Begriffsunterscheidung einen wesentlichen Vorteil: Während die Begriffsunterscheidung leicht zur Trennung der Diskurse führt, führt die Strukturunterscheidung zur Frage nach dem Verhältnis von Aussagen der einen Form zu Aussagen der anderen Form.

Mein Hauptvorhaben ist heute, die Tragfähigkeit meiner These II zu prüfen. Ich stelle also begriffliche Analysen dar und frage, ob sie wirklich in Unterscheidungen der Aussageform transformierbar sind. Ich orientiere mich an Aristoteles und an Thomas von Aquin. Aristoteles wähle ich deshalb aus, weil er meiner Zielsetzung am nächsten kommt. Er arbeitet noch nicht mit mehreren Ausdrücken für 'möglich', sondern er differenziert den einen Ausdruck 'dynaton' in Gebrauchs- und Begründungskontexte. In der Scholastik werden die Begriffe

16 Vgl. Die Schemazeichnung I am Schluß dieses Beitrags.

'Potentialität' und 'Possibilität' deutlich voneinander geschieden. An einem Artikel aus Thomas' "Summa theologiae" kann man gut sehen, welche Fragestellung zur Scheidung führt.

Aristoteles geht davon aus, daß alle philosophischen Grundworte "in vielfachem Sinn gesagt" werden.[17] Er unterscheidet – nicht in der Absicht, äquivoke Wörter durch univoke Begriffe zu ersetzen, sondern in der Absicht, den vielfachen Sinn von Worten wie 'Ursache', 'Ganzes', 'Eines', 'Seiendes' oder eben 'möglich', 'notwendig' zu klären. Daß wir solche in vielfachem Sinn gesagten Worte verwenden, ist sinnvoll. Es gibt zwar kein eindeutig Gemeinsames für alle Verwendungen, wohl aber Bezüge zwischen ihnen.

Das Buch Delta der "Metaphysik" ist Aristoteles' Lexikon der Grundbegriffe seines eigenen Philosophierens. In Kapitel 7 führt Aristoteles aus, daß 'seiend' in vielfachem Sinn gesagt wird. Die für Aristoteles wichtigsten Unterscheidungen, mit denen er sich auch jedes spezielle Untersuchungsgebiet zugänglich macht, sind zum einen die "nach den Formen der Kategorien" und zum andern die zwischen 'der Möglichkeit nach' und 'in Wirklichkeit'.[18]

Die Frage nach Möglichkeit und Wirklichkeit gehörte vor Aristoteles nicht zu den philosophischen Grundfragen. Wie kam es dazu, daß sie für Aristoteles zum Rüstzeug gehört, mit dem er sich das Seiende erschließt?

Die Initialfrage ist die nach einer Theorie der Natur. Eine Wissenschaft der Natur muß Wissenschaft von Veränderlichem sein. "Für uns", so schreibt Aristoteles in der "Physik", "soll dies die Grundannahme sein: Die natürlichen Gegenstände unterliegen entweder alle oder zum Teil dem Wechsel".[19] Eine Theorie von Naturprozessen hat es vor Aristoteles nicht gegeben. Die Naturphilosophen hatten Prinzipientheorien entwikelt, die aber nicht in wissenschaftliche Erfassung von einzelnen Phänomenen umsetzbar waren. Platon hielt eine Theorie der wechselnden Erscheinungen für unmöglich; die Theorie habe es, so seine These, mit dem Bleibenden und nur mit ihm zu tun. Aristoteles erarbeitet eine Theorie der Prozessualität, indem er Veränderungen von ihren Fixpunkten her bestimmt. Dabei hat der gedanklich vorweggenommene Endpunkt begrifflich den Vorrang; nach ihm benennen wir Vorgänge, z. B. als Erwärmung oder als Reifung. Das, was z. B. warm wird, konnte zuvor warm werden; es ist dasselbe, nämlich warm, zuerst der Möglichkeit nach und dann in Wirklichkeit.

In der "Metaphysik" wird der Anwendungsbereich der Unterscheidung 'der Möglichkeit nach – in Wirklichkeit' erweitert. Aristoteles sucht eine Wissenschaft vom Seienden überhaupt. Damit verglichen ist die Wissenschaft vom Veränderlich-Seienden nur eine Bereichswissenschaft. Aristoteles findet die Unterscheidung von Vermögen und Erfüllung, die er für die Prozeßanalyse entwickelt hat, fruchtbar auch für eine Konstitutionsanalyse des Seienden. Aristoteles analysiert in die Momente "Stoff" und "Form". Der Stoff ist das Bestimmbare, die Form das Bestimmende; durch sie ist das Seiende jeweils das bestimmte

17 Vgl. Aristoteles, Metaphysik V (Delta).
18 Aristoteles, Metaphysik V c 7.
19 Aristoteles, Metaphysik I 2, 185 a 12-13.

Etwas, das es ist. Stoff und Form verhalten sich zueinander wie Möglichkeit und Erfüllung.[20]

Im Buch Theta der "Metaphysik", dem Buch über Möglichkeit und Wirklichkeit, rekapituliert Aristoteles zunächst ausführlich den Gebrauch der Unterscheidung für die Theorie der Veränderung. Ausdrücklich betont er, die Redeweise von Vermögen (dynamis), in der das Vermögen auf Veränderung bezogen werde (dynamis kata kinesin), sei die hauptsächliche.[21] Sie sei aber, so fügt er hinzu, für den gegenwärtigen Redezweck nicht die brauchbarste; denn Vermögen und Wirklichkeit erstrecken sich weiter als nur auf das in bezug auf Veränderung Gesagte.[22]

Bleiben wir zunächst bei der Analyse der "hauptsächlichen" Redeweise; sie ist für u n s e r e n gegenwärtigen Redezweck, nämlich die Klärung unserer alltäglichen Rede von 'Können' und 'Möglichkeiten' die wichtigste. Aristoteles bezieht sich auf seine Unterscheidung der Gebrauchsweisen von 'Vermögen' und 'möglich' (dynaton) in Buch Delta 12 zurück: Vermögen heißt einmal das Prinzip der Bewegung in einem anderen oder sofern es ein anderes ist;[23] als Beispiele werden Baukunst und Heilkunst genannt. Andererseits heißt Vermögen aber auch das Prinzip der Veränderung von einem anderen her oder insofern es ein anderes ist.[24] Nicht nur von dem eine Veränderung Bewirkenden sagen wir, daß es sie bewirken kann, sondern auch von dem eine Veränderung Erleidenden sagen wir, daß es sie erleiden kann. In der Naturphilosophie korrespondieren sich Tunkönnen und Erleidenkönnen: Von dem Feuer wie von dem brennbaren Material sagen wir, daß es brennen kann; dem Brechenkönnen entspricht das Brechbare, dem Sehenkönnen das Sichtbare.[25]

Was Aristoteles' Analyse zugrundeliegt, sind offenbar Aussagen der Form 'für a ist es möglich zu ---'.[26] Daß die Leerstelle durch einen Infinitv im Aktiv wie auch durch einen Infinitiv im Passiv ergänzt werden kann, ist belangvoll. Zu jeder Aussage im Aktiv über eine Fähigkeit ist in der Naturphilosophie eine Aussage im Passiv über eine Eignung zu suchen und umgekehrt. Im Lateinischen bieten sich die Suffixe '-tivum' (z. B. 'calefactivum') und '-bile' ('calefactibile') an, diese Zusammengehörigkeit deutlich zu machen.

Die Unterscheidung 'der Möglichkeit nach – in Wirklichkeit' läßt Abstufungen zu. Jemand, der entsprechend begabt ist, kann Musiker werden. Er wird es wirklich durch üben. Jemand, der Musiker ist, kann musizieren, wenn er dies will und wenn er ein Instrument hat. So ist zunächst die Begabung eine Möglichkeit, die verwirklicht werden kann, dann aber ist auf höherer Stufe auch die wirklich ausgebildete Fähigkeit eine Möglichkeit, die verwirklicht werden kann.

20 Aristoteles, Metaphysik VII-IX (Zeta - Theta).
21 Vgl. die Schemazeichnung II am Schluß dieses Beitrags.
22 Aristoteles, Metaphysik IX 1, 1045 b 35-1046 a 2, zitiert: a 1-2.
23 Aristoteles, Metaphysik V 12, 1019 a 15-16; vgl. IX 1, 1046 a 10-11.
24 Aristoteles, Metaphysik V 12, 1019 a 20; vgl. IX 1, 1046 a 11-13.
25 Vgl. Aristoteles, Metaphysik IX 1, 1046 a 19-29.
26 Vgl. Schema I.

Aristoteles will die typischen Wirksamkeiten von etwas aus dessen spezifischer Wirklichkeit begreifen. Deshalb ist die Übertragung der Frage nach Möglichkeit und Wirklichkeit in die Metaphysik für ihn ein Übergang vom Fundierten zum Fundierenden. Semantisch aber ist der bisher erörterte Gebrauch der Unterscheidung fundierend.[27]

In die aristotelische Stoff-Form-Metaphysik wollen wir uns heute nicht vertiefen; ich erörtere nur kurz den Übergang, den Aristoteles in "Metaphysik", Buch Theta, Kapitel 6, macht.

Aristoteles betont, daß Definitionen für 'möglich' und für 'Wirklichkeit' nicht gegeben werden können. Man muß mit Beispielen arbeiten und "das, was im Verhältnis zueinander steht (to analogon) zusammenschauen".[28] Über Beispielpaare, deren Glieder sich jeweils wie Wirklichkeit und Mögliches zueinander verhalten, führt Aristoteles zu einer neuen Rede von 'wirklich' und 'möglich', die mit der bisher erörterten nicht gleichsinnig ist, wohl aber im Verhältnis steht (tó analogon).[29] Wie sich die Bewegung zum Vermögen verhalte, so das Wesen (ousia) zum Stoff.[30] "Unter Stoff", so hatte Aristoteles an anderer Stelle formuliert, "verstehe ich ... dasjenige, was, ohne der Wirklichkeit nach ein bestimmtes Etwas zu sein, doch der Möglichkeit nach ein bestimmtes Etwas ist".[31]

Wie in der aristotelischen Naturphilosophie aktives Können und passive Eignung zusammengehören, so in der Metaphysik des Aristoteles Form und Stoff. Die Form braucht gewissermaßen einen bestimmten Stoff; ein Stoff ist geeignet für eine bestimmte Form. Auch hier denkt Aristoteles an Abstufungen. Jeder bestimmte Stoff ist bereits geformter Stoff. Eine gänzlich ungeformte Materie wäre, weil gänzlich unbestimmt, offen für jede Bestimmung, deshalb aber auch ein nur-Mögliches, ein Nicht-Seiendes.

In "Metaphysik", Delta 12, erörtert Aristoteles auch die Verneinung von 'Vermögen', das Unvermögen. Dies bringt ihn dazu, auch über den Ausdruck 'unmöglich' zu handeln, und dies wiederum führt ihn zu einer Gebrauchsweise von 'möglich', die von allem bisher Erörterten absticht. 'Möglich' und 'unmöglich' werden jetzt in bezug auf 'wahr' bestimmt.[32] Die Analysen sind flüchtig. Aristoteles erwähnt hier diese Gebrauchsweise offenbar nur, um Verwechslungen vorzubeugen. Deutlich ist nur die Bezugnahme auf Wahr- und Falschsein, also auf Aussagen, und die Verbundenheit von 'möglich', 'unmöglich' und 'notwendig'. In den logischen Schriften finden sich gründlichere Erörterungen. Ob es Aristoteles gelungen ist, eine konsistente Theorie der Modalaussagen und Modalsyllogismen auszuarbeiten, ist allerdings bis heute unter den Fachleuten umstritten.[33]

27 Vgl. Schema II.

28 Aristoteles, Metaphysik IX 6, 1048 a 35-37, zitiert: a 37.

29 A. a. O., 1048 b 6-7.

30 A. a. O., 1048 b 8-9.

31 Aristoteles, Metaphysik, VIII 1, 1042 a 27-28; vgl. IX 8, 1050 a 15-16.

32 Aristoteles, Metaphysik V 12, 1019 b 23-24. Vgl. Schema II.

33 Vgl. neuerdings die gründlichen Untersuchungen von R. Patterson (1995) und besonders von U. Nortmann (1996).

Die Abtrennung des "dynaton ou kata dynamin" in "Metaphysik" Delta, ist sehr unbefriedigend. Das Unterschiedene wird in diesem Fall nicht aufeinander bezogen. Wer bei Aristoteles zwei disparate Begriffe von Möglichkeit entdeckt, einen der realen und einen der logischen Möglichkeit, findet hier seinen Anhalt. Aber wenn diese Gebrauchsweisen nichts miteinander zu tun hätten – warum gebrauchen wir dann denselben Ausdruck?

Es gibt einige wenige Passagen, an denen deutlich wird, daß Aristoteles doch einen Zusammenhang zwischen den Gebrauchsweisen annimmt.[34] Er macht ihn nicht zum Thema, aber er setzt ihn voraus und argumentiert auf dieser Grundlage. In der Dynamis-Abhandlung der "Metaphysik" verteidigt er sein Möglichkeitsdenken gegen die Megariker. In der Diskussion bestimmt er das, was er 'möglich (dynaton)' nennt, einmal folgendermaßen: "Möglich aber ist dasjenige, bei welchem, wenn die wirkliche Tätigkeit (energeia) dessen eintritt, wessen Vermögen (dynamis) ihm zugeschrieben wird, nichts Unmögliches (adynaton) eintreten wird."[35] Aristoteles beginnt in diesem Satz mit 'für a ist es möglich zu ---' und endet bei 'es ist möglich, daß ---'.[36] Man kann sich eine Untersuchung folgender Art vorstellen. Behauptet wird 'a kann F', z. B. 'a kann gehen'. Diese Behauptung wird geprüft: 'Angenommen, es tritt ein (endechetai): F(a)', z. B. 'Angenommen, a geht'. Aus der Annahme werden Folgerungen gezogen. Wenn es dem Opponenten gelingt, eine Folgerung herzuleiten, die in sich unmöglich ist, ist die Annahme falsifiziert. Wenn aber die Annahme falsifiziert ist, wenn 'F(a)' also nicht realisierbar ist, dann ist auch 'es ist möglich, daß F(a)' falsch. Daraus wieder folgt die Falschheit von 'a kann F'. Umgekehrt gilt: 'a kann F' impliziert 'es ist möglich, daß F(a)'.

Aber wir müssen bei solchen Übergängen sehr sorgfältig sein. Erinnern wir uns an den Beispielsatz, daß der Sitzende gehen kann, den Aristoteles in "De sophisticis elenchis" als Beispiel für die Unterscheidung zwischen "getrenntem" und "verbundenem Sinn" erörtert[37] und der im 12. Jahrhundert bei Abaelard und seinen Zeitgenossen Anlaß zu subtilen Untersuchungen geworden ist. Wird der Satz in dem Sinn 'Für den Sitzenden ist es möglich zu gehen' verstanden, so ist er wahr. Aber 'es ist möglich, daß der Sitzende geht' ist unmöglich wahr. Damit der Übergang von der Könnensbehauptung 'jemand, der sitzt, kann gehen' zur Realisierbarkeitsprüfung korrekt vonstatten geht, muß der Satz in 'jemand sitzt und derselbe kann gehen' umgeformt werden; nur die zweite Teilbehauptung wird auf Realisierbarkeit geprüft.

In "Metaphysik", Theta 8, einer Abhandlung über den Vorrang der Wirklichkeit vor dem Vermögen, finden wir folgendes Argument: "Jedes Vermögen (dynamis) geht zugleich auf den Gegensatz; denn was unmöglich statthat (mé dynaton hyparchein), das hat auch nicht

34 Vgl. zum folgenden U. Wolf (1979), 75 f. 104.

35 Aristoteles, Metaphysik IX 3, 1047 a 24-26.

36 U. Wolf spricht im ersten Fall vom "prädikativ verwendeten ontologischen Dynamisbegriff", im zweiten Fall vom "propositionale(n) Möglichkeitsausdruck" (1979, 76). Ich kann mich mit dieser Terminologie nicht anfreunden, weil der Möglichkeitsbegriff nie für sich allein an Prädikatstelle stehen kann; er wird allenfalls beim Prädikat (apprädikativ) verwendet.

37 Aristoteles, De sophisticis elenchis I 4, 166 a 23-30.

bei irgendeinem statt; jedes aber, was möglich (dynaton) ist, davon kommt es auch vor (endechetai), daß es nicht wirklich tätig ist. Was also möglich ist, davon kommt es sowohl vor, daß es ist, wie auch, daß es nicht ist. Von demselben ist also möglich (dynaton), daß es ist, und möglich, daß es nicht ist."[38] Erneut haben wir einen Übergang von 'a kann ---' auf 'es ist möglich, daß ---'. Hier wird präzisiert: Vermögen sind nicht notwendigerweise realisiert. 'a kann F' impliziert also auch 'es ist möglich, daß nicht F(a)'. Der dem Vermögen entsprechende Modalbegriff ist der der Kontingenz: möglich, daß ---, und möglich, daß nicht ---.

Aussagen der Form 'a kann F' implizieren, so fasse ich die zuletzt vorgetragenen Überlegungen zusammen, Aussagen der Form 'es ist möglich, daß F(a)'. Umgekehrt werden Möglichkeitsbehauptungen der Form 'es ist möglich, daß ---' inhaltlich durch Aussagen der Form 'a kann F', sei es im ontologischen, im physikalischen oder im handlungstheoretischen Sinn, begründet.

Wenn Aristoteles zwischen dem "in bezug auf ein Vermögen gesagten Möglichen" und dem "nicht in bezug auf ein Vermögen gesagten Möglichen" unterscheidet, dann ist sein Bestreben, Verwirrungen zu vermeiden und ontologische Untersuchungen von logischen Untersuchungen zu trennen. Eine Theorie der Unterscheidung fehlt. Die Unterscheidung zwischen potentia und possibilitas dagegen, die die mittelalterlichen Scholastiker treffen, ist theoretisch fundiert. Sie ist Ergebnis einer theologischen Fragestellung. Ich möchte den Gedankengang darlegen, den Thomas von Aquin im I. Teil seiner "Theologischen Summe", quaestio 25 a. 3, vorgetragen hat.

Gefragt ist, ob Gott allmächtig (omnipotens) ist. Wie bei vielen anderen Fragen, die Thomas erörtert, steht von vornherein fest, wie die Antwort auf die Frage lauten muß. Es geht nicht darum, die richtige Antwort erst zu finden, sondern sie zureichend zu begründen und theoretisch auszuarbeiten. Die Eingangsargumente dienen dieser Zielsetzung. Durch sie soll deutlich werden, daß hier überhaupt etwas fraglich ist. Ich stelle eine Erwägung aus dem 4. Argument vor:

"Zu der Stelle 1 Kor 1, 20: 'Gott hat die Weisheit dieser Welt zur Torheit gemacht', sagt die Glosse: "Gott hat die Weisheit dieser Welt zur Torheit gemacht, indem er zeigte, daß möglich ist, was jene als unmöglich beurteilt hat." Daher ist anscheinend etwas nicht gemäß den niederen Ursachen als möglich oder unmöglich (possibile vel impossibile) zu beurteilen, wie es die Weisheit der Welt tut, sondern gemäß der göttlichen Macht. Wenn Gott also allvermögend (omnipotens) ist, dann wird alles möglich sein (omnia erunt possibilia); also ist nichts unmöglich."[39]

Das ist das Problem, dem Thomas sich zu stellen hat. Jedem Wesen dieser Welt ist einiges möglich, was seiner Natur entspricht, anderes unmöglich, was seiner Natur widerspricht. Es hat spezifische Vermögen und spezifische Unvermögen. Nun soll der Begriff eines Allvermögenden gefaßt werden. Damit ist der Nachdenkende aufgefordert, die begrenzten Blickpunkte aufzugeben und nicht in bezug auf endliche Vermögen, sondern absolut über

38 Aristoteles, Metaphysik IX 8, 1050 b 8-12.

39 Thomas von Aquin, Summa theologiae I, q. 25 a. 3 arg. 4.

möglich und unmöglich zu urteilen. Sobald man aber diesen Versuch macht, scheint die Unterscheidung zwischen den Modalitäten zu schwinden: Wenn alles möglich ist, ist nichts unmöglich.

Zu Beginn des corpus articuli formuliert Thomas die Aufgabe, vor der er steht: "Im allgemeinen bekennen alle, daß Gott allmächtig ist. Es scheint aber schwierig anzugeben, was unter Allmacht zu verstehen ist."[40] Der nächste Schritt präzisiert: Es geht um die richtige Interpretation des Distributivbegriffs 'alles' im Begriff 'Allmacht'. Wenn gesagt wird, Gott könne alles, was ist dann "unter dieser Distribution enthalten" zu denken? Thomas' Antwort ist: alles Mögliche (omnia possibilia). "Cum Deus dicitur omnia posse, nihil rectius intelligitur quam quod possit omnia possibilia, et ab hoc omnipotens dicatur."[41]

Diese Auskunft aber steht im Verdacht, zirkulär und damit nichtssagend zu sein. Thomas prüft Argumentationen. Er orientiert sich an Aristoteles' Unterscheidung: "Possibile ... dupliciter dicitur, secundum Philosophum quinto Metaphysicorum". Der erste Sinn von 'möglich' ist der "in bezug auf ein Vermögen Gesagte". Kann die Aussage 'Gott kann alles, was möglich ist' in diesem Sinn ausgelegt werden? Thomas erörtert zwei Varianten.

(1) "Was dem menschlichen Vermögen untersteht, wird 'menschenmöglich' genannt (quod subditur humanae potentiae, dicitur esse possibile homini)".[42] Jedes geschaffene Wesen hat seine Vermögen und ihm entsprechende Möglichkeiten. Kann mit der Aussage 'Gott kann alles, was möglich ist' gemeint sein 'All das, was für irgendein Geschaffenes je getrennt möglich ist, das ist für Gott insgesamt möglich'? Diese Explikation ist jedenfalls dann falsch, wenn sie als B e s t i m m u n g dessen, was dem Allmächtigen möglich ist, verstanden wird. Gott hätte andere Geschöpfe und andere Welten schaffen können. "Die göttliche Allmacht erstreckt sich auf mehr" als das, was für Geschöpfe möglich ist.[43]

(2) Wenn nicht das Vermögen von geschaffenen Wesen Grundlage für das Verständnis der Distribution 'alles Mögliche' ist, finden wir dann die Grundlage in Gottes eigenem Vermögen? Ein solcher Interpretationsversuch wäre zirkulär. "Das wäre nichts anderes, als wenn man sagt: Gott ist allmächtig, weil er alles kann, was er kann (quia potest omnia, quae potest)."[44]

Demnach fällt die Bindung des Möglichen an ein Vermögen weg. Es bleibt das zweite von Aristoteles angebotene Verständnis von 'möglich'. Thomas nennt es 'das auf absolute Weise Mögliche'.[45] "Das ist der andere Sprachgebrauch für 'möglich'. Es wird aber etwas auf absolute Weise 'möglich' oder 'unmöglich' genannt nach dem Verhältnis der Termini, und zwar 'möglich', sofern das Prädikat dem Subjekt nicht widerstreitet, z. B. daß Sokrates

40 A. a. O., c. a.
41 Ebd.
42 Ebd.
43 Ebd.
44 Ebd.
45 Vgl. Schema I.

sitzt, 'unmöglich' auf absolute Weise aber, sofern das Prädikat dem Subjekt widerspricht, z. B. daß der Mensch ein Esel ist."[46]

Das nicht respektiv in bezug auf etwas Mögliche ist das Widerspruchsfreie. Thomas führt weiter aus: "Alles, was den Sinngehalt von seiend haben kann (quicquid potest habere rationem entis), das ist für Gott möglich"; unmöglich ist nur, was in sich zugleich und in derselben Hinsicht sein und nichtsein impliziert.[47]

Thomas folgt, wie er im Responsum zum 4. Argument klarstellt, nicht dem Vorschlag, über möglich und unmöglich "gemäß den höheren Ursachen" zu urteilen. Entweder man spricht über möglich und unmöglich im absoluten Sinn, d. h. secundum seipsum. Diese Redeweise ist angebracht für die Auslegung des Satzes 'Gott kann alles, was möglich ist'. Oder man spricht über möglich und unmöglich respektiv in bezug auf Ursachen, also "gemäß Vermögen" von etwas. Dann aber ist die "causa proxima" das Kriterium, nicht eine höhere, entferntere Ursache. "Darum heißt, was wesensmäßig unmittelbar allein von Gott geschieht, wie Erschaffen, Rechtfertigen und Derartiges, 'möglich' gemäß der höheren Ursache. Was aber wesensmäßig von niederen Ursachen geschieht, heißt 'möglich' gemäß den niederen Ursachen."[48]

Nehmen wir ein bißchen Abstand und überlegen wir, was hier gedanklich geschehen ist! Das Widerspruchsfreie, logisch Mögliche ist das in sich Mögliche: possibile absolute. Es wird in die Metaphysik eingeführt, sobald versucht wird, nicht nur über Wirklichkeiten, sondern über die Wirklichkeit im ganzen nachzudenken. In der Interpretation der Aussage 'Gott kann alles, was möglich ist' verbindet Thomas den Potentialitäts- und den Possibilitätsdiskurs. Da es Thomas nicht um Möglichkeitsbegriffe, sondern um Kriterien des Gebrauchs der Ausdrücke 'möglich' und 'unmöglich' geht, können wir besser sagen: Er verbindet die Aussage der Form 'für a ist es möglich zu ---' mit der Aussage der Form 'Es ist möglich, daß ---'.

Haben wir damit eine Basis für die Lösung des systematischen Problems, das wir uns gestellt hatten, gefunden? Das wohl nicht. Wir haben eher eine Basis gefunden, die terminologische Trennung zwischen Potentialität und Possibilität zu verstehen. Denn indem Thomas die Diskurse an dem höchsten Punkt – der Frage nach Gottes Allmacht – verbindet, trägt er dazu bei, daß sie für alle anderen Fragen getrennt werden. Von 'für Gott ist es möglich zu ---', kann man zu 'Es ist widerspruchsfrei, daß ---', übergehen, und umgekehrt von 'Es ist widerspruchsfrei, daß ---, zu 'Für Gott ist es möglich zu ---'. Aber w i r können nur formallogisch Widerspruchsfreiheit oder Widersprüchlichkeit erweisen; die schullogischen Beispielsätze, die Thomas anführt, sind tatsächlich für uns nicht "aus dem Verhältnis der Termini" als widerspruchsfrei bzw. als widersprüchlich zu erweisen, sondern ihre Plausibilität beruht entweder auf Erfahrung oder auf unseren Definitionen der Termini, die zwar akzeptabel sein mögen, die aber nicht unangreifbar sind.

46 Thomas von Aquin, Summa theologiae I, q. 25 a. 3 c. a.

47 Ebd.

48 A. a. O., ad 4.

Aber klar gedachte Gedanken führen oft auch in Fragen weiter, welchen sie nicht unmittelbar als Antworten zugedacht worden waren. Wie ich meine, können wir von Thomas doch etwas Wichtiges lernen, was in unserer Fragestellung weiter hilft. Die sichere, sachhaltige Rede über Mögliches ist ein Urteil, das sich an Nächstursachen orientiert. Wir sprechen über Wesen und ihre Fähigkeiten oder Kräfte, über Sachen und ihre Dispositionen oder Geeignetheiten. Die Urteilsform ist 'für a ist es möglich zu ---'. Etwas ist z. B. bewegbar, ein Anderes hat die Fähigkeit zu bewegen; etwas ist sichtbar, ein Anderes hat Sehfähigkeit; etwas ist erkennbar, ein Anderes hat die Fähigkeit zu erkennen. Und wir bilden die Gegenbegriffe: unbeweglich, unsichtbar, unerkennbar; nicht fähig zu bewegen, ohne Sehkraft, ohne Erkenntnisfähigkeit.

Und was ist mit den Möglichkeitsaussagen der anderen Form 'Es ist möglich, daß ---' und mit entsprechenden Unmöglichkeitsaussagen? Wer sie äußert, tut dies normalerweise so, daß er über das Gegebene hinausgeht. Er erweitert den Kreis dessen, was er in seine Überlegungen einbezieht. Dazu, vom Gegebenen auf alles widerspruchsfrei Denkbare überzugehen, sind wir nicht in der Lage; wir können über widerspruchsfrei und widersprüchlich nur relativ in bezug auf Vorausgesetztes urteilen. Die Erweiterung geht variierend vor. Ich unterscheide versuchsweise zwei Typen. Der erste ist, mit den scholastischen Logikern zu sprechen, der der Suppositionserweiterung. Wenn wir z. B. sagen 'Es ist möglich, daß Menschen einmal dies oder jenes tun werden', sprechen wir nicht mehr über wirkliche Menschen, sondern über mögliche. Wir tun dies auf der Grundlage dessen, was wir über wirkliche Menschen und ihre Fähigkeiten wissen. Insofern bleibt die unpersönliche Rede 'es ist möglich, daß ---' an die persönliche Rede 'für a ist es möglich zu ---' zurückgebunden. Der zweite Typus ist der, daß wir vom Urteil über einzelne Wesen und ihre Fähigkeiten und Eignungen zur Betrachtung von Situationen übergehen. Wenn ich z. B. sage, 'Es ist möglich, daß ich komme', dann bestätige ich damit zwar, daß es mir möglich ist zu kommen, ich gebe aber zugleich zu verstehen, daß es noch von weiteren Faktoren abhängt, ob ich tatsächlich kommen werde: von meinen Stimmungen z. B. und von den Wünschen anderer Menschen und vom Wetter. – Beide Typen von Erweiterung, die Suppositionserweiterung und die Erweiterung auf mögliche Sachlagen sind oft miteinander verbunden.

Robert Musil hat in dem Roman "Der Mann ohne Eigenschaften" zwischen Menschen mit Wirklichkeitssinn und Menschen mit Möglichkeitssinn unterschieden.[49] Die dem Möglichkeitssinn zugeordnete Aussageform ist die unpersönliche. Musil verdeutlicht ihren Sinn, indem er den Potentialis wählt: 'Es könnte sein, daß ---'. Wenn wir an der Unterscheidung von Möglichkeitsbegriffen festhielten, müßten wir den grammatischen Potentialis verwirrenderweise dem Possibilitätsdenken zuordnen. Auf unerwartete Weise bestätigt sich, daß es sich empfiehlt, zwischen Aussageformen mit Möglichkeitsausdrücken und nicht zwischen Möglichkeitsbegriffen zu unterscheiden.

Auch der realistisch planende Wirklichkeitsmensch denkt über Möglichkeiten nach. Er schätzt Potentiale ab. Musil nennt das, womit er rechnet, "wirkliche Möglichkeiten". Diese

49 R. Musil, Der Mann ohne Eigenschaften, Erstes Buch, Erster Teil, Kapitel 4: "Wenn es Wirklichkeitssinn gibt, muß es auch Möglichkeitssinn geben".

liegen gewissermaßen schon vor; nur sind sie latent. Der Möglichkeitsmensch dagegen erdenkt "mögliche Wirklichkeiten". Der Utopist, der Erfinder, aber auch der Phantast, der Spinner, der Zweifler denken in der Denkform 'Es könnte sein, daß ---'.

Musil sympathisiert mit dem Menschen mit Möglichkeitssinn. Die Hauptfigur des Romans repräsentiert ihn. Aber bereits in der Benennung als "Mann ohne Eigenschaften" zeigt Musil auf eine Gefährdung. Möglichkeitssinn als Lebensform führt dazu, daß jeder Stand verloren geht: Alles, einschließlich meiner selbst, könnte immer auch ganz anders sein.

Ich denke, daß beide Lebensformen – wie beide Aussageformen – aufeinander angewiesen sind. Phantast und Planer brauchen einander. Planung ohne erfinderische Phantasie ist eng. Das Erdenken von Möglichkeiten ohne Rückkehr zum Tubaren ist unfruchtbar.

Die theoretische Frage, wie bestimmte alltägliche Aussageformen zueinander gehören, ist, so zeigt sich, auch eine lebenspraktische Frage.

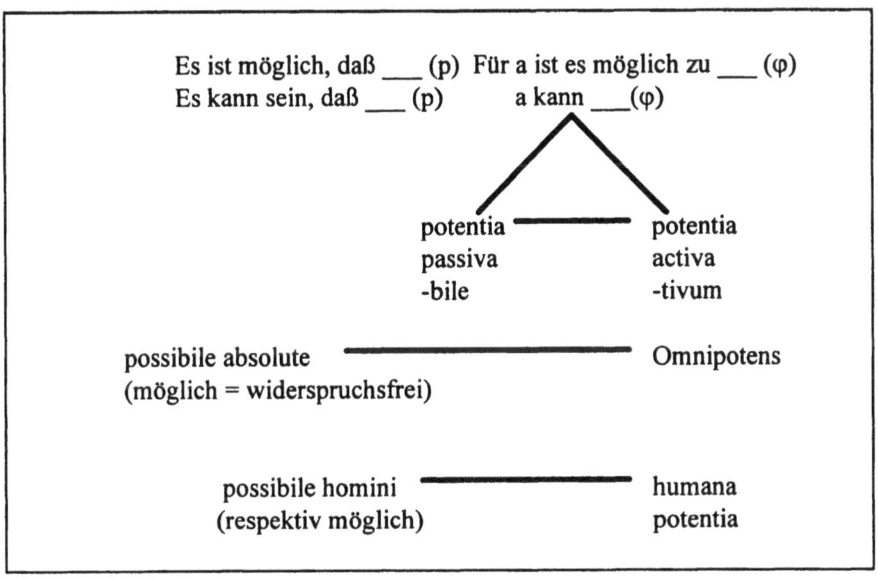

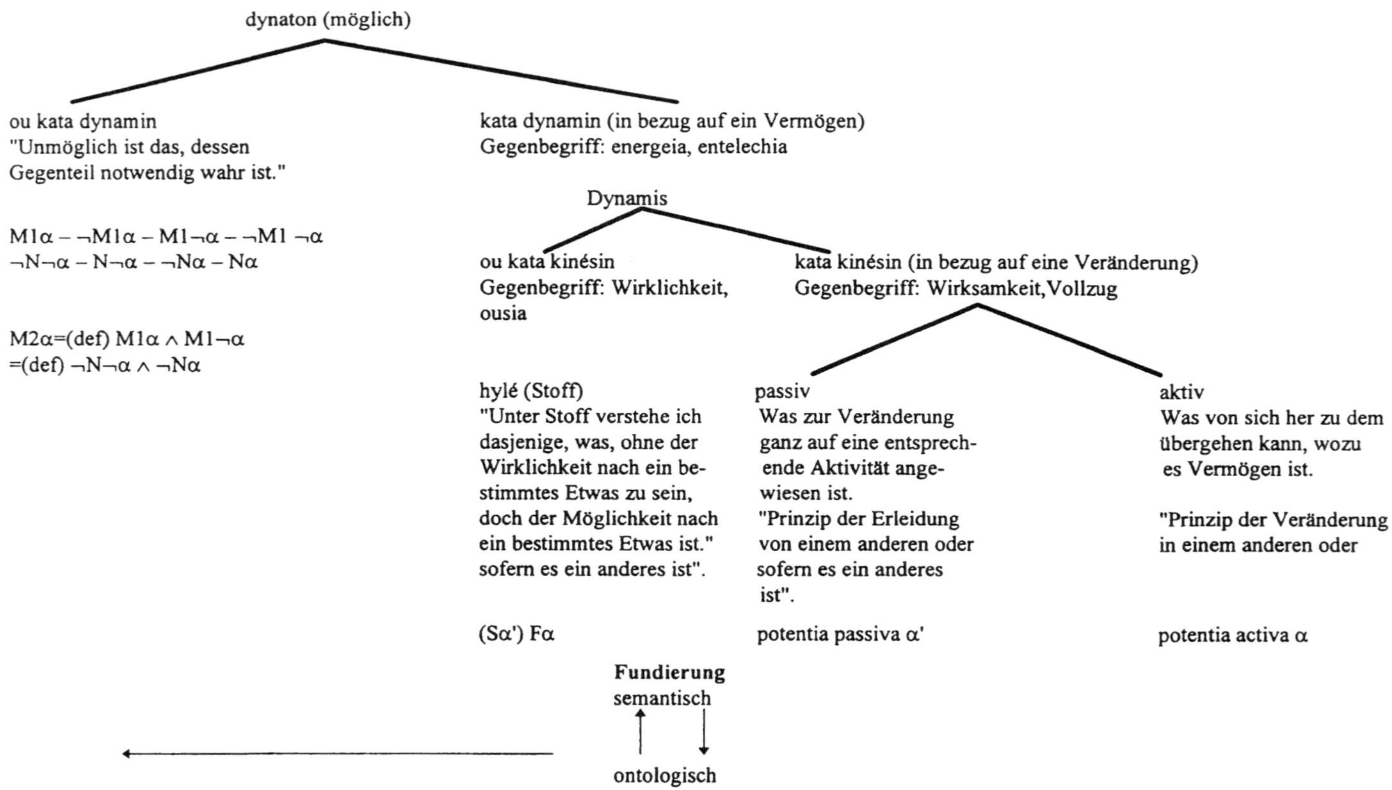
dynaton (möglich)
ou kata dynamin
"Unmöglich ist das, dessen Gegenteil notwendig wahr ist."
M1α – ¬M1α – M1¬α – ¬M1 ¬α
¬N¬α – N¬α – ¬Nα – Nα
M2α=(def) M1α ∧ M1¬α
=(def) ¬N¬α ∧ ¬Nα
kata dynamin (in bezug auf ein Vermögen)
Gegenbegriff: energeia, entelechia
Dynamis
ou kata kinésin
Gegenbegriff: Wirklichkeit, ousia
kata kinésin (in bezug auf eine Veränderung)
Gegenbegriff: Wirksamkeit, Vollzug
hylé (Stoff)
"Unter Stoff verstehe ich dasjenige, was, ohne der Wirklichkeit nach ein bestimmtes Etwas zu sein, doch der Möglichkeit nach ein bestimmtes Etwas ist."
sofern es ein anderes ist".
passiv
Was zur Veränderung ganz auf eine entsprechende Aktivität angewiesen ist.
"Prinzip der Erleidung von einem anderen oder sofern es ein anderes ist".
aktiv
Was von sich her zu dem übergehen kann, wozu es Vermögen ist.
"Prinzip der Veränderung in einem anderen oder
(Sα') Fα
potentia passiva α'
potentia activa α
Fundierung
semantisch
ontologisch

Literaturverzeichnis

Aristoteles: *Metaphysik.*

Aristoteles: *Physik.*

Aristoteles: *De sophisticis elenchis.*

Thomas von Aquin: *Summa theologiae.*

Musil, R.: *Der Mann ohne Eigenschaften.*

Burkhardt, H. – Smith, B. (Hrsg.): *Handbook of Metaphysics and Ontology*, 2 Bde. (Munich/Philadelphia/Vienna 1991).

Mittelstraß, J. (Hrsg.): *Enzyklopädie Philosophie und Wissenschaftstheorie* (Mannheim/Wien/ Zürich,I (1980), II (1984); Stuttgart/Weimar, III (1995), IV (1996)).

Ritter, J. (Hrsg.), ab Bd. IV: Ritter, J. + und Gründer, K. (Hrsg.): *Historisches Wörterbuch der Philosophie* (Darmstadt, I (1971), II (1972), III (1974), IV (1976), V (1980), VI (1984), VII (1989), VIII (1992), IX (1995)), noch nicht abgeschlossen.

Nortmann, U.: *Modale Syllogismen, mögliche Welten. Essentialismus*, Eine Analyse der aristotelischen Modallogik (Berlin/New York 1996).

Patterson, R.: *Aristotle's modal logic. Essence and entailment in the "Organon"* (Cambridge 1995).

Wolf, U.: *Möglichkeit und Notwendigkeit bei Aristoteles und heute* (München 1979).

Simo Knuuttila

Modalität und die Semantik möglicher Welten

In diesem Vortrag möchte ich zunächst die formalistische Struktur der sogenannten Semantik möglicher Welten beschreiben. Dann werde ich die wichtigsten von dieser Semantik inspirierten, mehr allgemeinen philosophischen Diskussionen, kurz erwähnen. Man kann fragen, inwieweit diese Semantik die Modalitäten wirklich erklärt und ob sie auch ausserhalb der abstrakten formalistischen Probleme nützlich ist. Um diese Fragen zu antworten, behandle ich auch einige analoge Diskussionen in der spätmittelalterlichen Logik. Ich meine, dass die Semantik möglicher Welten gewisse, schon in der mittelalterlichen Philosophie und Logik vorkommende Denkweisen systematisiert und formalisiert hat, Denkweisen, die philosophisch von bleibender Bedeutung sind. Obwohl die metaphysischen, methodologischen und formal-logischen Weiterentwicklungen und Anwendungen in verschiedene Richtungen gehen, haben sie ihren gemeinsamen Kern in der Annahme, dass die Modalität wesentlich in der Pluralität der Referenz bezogen auf alternative Gegenstandsbereiche besteht.

1. Die Leitfäden der Kripke-Semantik

Die Einführung der sogenannten Semantik möglicher Welten in den fünfziger und sechziger Jahren wird allgemein als ein entscheidender Wendepunkt der modernen Philosophie der Modalitäten angesehen. Einer der Vorgänger der neuen Theorie war Rudolf Carnaps Interpretation des Systems *S5* von Lewis, in der die Sachverhaltsbeschreibungen, wie Carnap sagte, Leibniz' mögliche Welten repräsentierten.[1] Carnaps Theorie fehlte allerdings die Idee einer relationalen, mengentheoretischen Struktur des pluralen Referenzbereichs der Modalitäten, die später von mehreren Logikern in gleicher Richtung entwickelt wurde. Unter den ersten waren Jaakko Hintikka und Stig Kanger, sowie Marcel Guillaume; später kamen auch Saul Kripke und Richard Montague.[2]

Die Semantik möglicher Welten war ursprünglich eine formale Semantik für die Modallogik, das heisst für die Logik, in der die formale Sprache der assertorischen Logik mit den syntaktisch der Negation ähnelnden Modaloperatoren 'möglich' und 'notwendig' angereichert ist. Die bekannteste unter ihren frühen Versionen ist die von Saul Kripke im Jahre 1963 in *Acta Philosophica Fennica* publizierte Theorie. Auf diese Version geht der Name 'Kripke-Semantik' zurück, der inzwischen zum Namen für die Semantik möglicher Welten überhaupt geworden ist. Der ebengenannte Artikel gehört zu den zitiertesten modallogi-

1 Carnap 1947, S. 9.; vgl. auch C. I. Lewis' Bemerkung über die möglichen Welten von 1943 in Lewis 1970, S. 310.

2 Bull und Segerberg 1984, S. 2-3, 12-16, 22-5.

schen Werken in diesem Jahrhundert – vielleich deshalb weil die wichtigsten Ideen auf nur wenigen Seiten dargestellt sind.[3]

Kripke definiert in seinem Artikel zuerst eine Modellstruktur, die drei Elemente enthält: eine Menge, ihre Mitglieder und eine Relation zwischen den letzteren. Nach ihm kann man diese Struktur intuitiv wie folgt verstehen: es gibt eine Menge der möglichen Welten, die aktuale Welt und eine Relation zwischen den Welten. Für diese Relation benutzt Kripke den Ausdruck 'relative Möglichkeit' und die anderen Autoren meistens den Ausdruck 'Zugangsrelation'. Das Modell für die Variablen der propositionalen Modallogik bekommt man durch eine binarische Funktion, die jeder atomistischen Formel einen Wahrheitswert in jeder möglichen Welt zuordnet. Die Wahrheitswerte der komplexen Formeln sind induktiv definiert. Der Satz 'notwendig dass *p*' ist in einer Welt W_1 wahr, wenn und nur dann wenn *p* wahr in allen Welten ist, die von W_1 aus zugänglich sind; 'möglich dass *p*' ist in der Welt W_1 wahr, wenn und nur dann wenn *p* wenigstens in einer von den von W_1 aus zugänglichen Welten wahr ist. Ein Satz ist gültig, wenn er in allen Welten in allen Modellstrukturen wahr ist. In der Modellstruktur für die Prädikatenlogik mit Modalitäten gibt es weiter eine Funktion, die jeder Welt eine Menge der Individuen als den Bereich dieser Welt zurodnet. Das entsprechende quantifikatorische Modell ist eine Funktion, die die Wahrheitswerte der verschiedenen Prädikationen hinsichtlich der Individuen in verschiedenen Welten definiert.

Als die fruchtbarste Idee der sich an die Kripke-Semantik anschliessenden propositionalen Modaltheorie gilt, dass die satzlogische Notwendigkeit und Möglichkeit mit Hilfe der passenden Sachverhaltsmengen und einer auf sie bezogenen binären Relation verstanden werden können. Durch Variation der theoretischen Eigenschaften der Zugangsrelation erhält man die Semantiken für verschiedene Axiomssysteme der Modallogik. Die blosse Reflexivität gibt die Semantik von *T*; dieses System enthält keine iterativen Modalitäten. Wenn auch Transitivität gefordert ist, bekommt man die Modelltheorie für *S4* (mit dem typischen Axiom $Lp \longrightarrow LLp$) und wenn die Forderung der Symmetrie hinzugefügt wird, bekommt man die Modelltheorie für *S5* (mit dem typischen Axiom $Mp \longrightarrow LMp$).

Die Prädikatenlogik mit Modalitäten ist formalistich viel komplizierter und mit mehr philosophischen Problemen zusammengebunden als die modale Satzlogik. Während die Eigenschaften der Formeln in der propositionalen Modallogik von der Interpretation der Zugangsrelation abhängen, gibt es in der Modeltheorie für die Prädikatenlogik weitere systembildende Interpretationsmöglichkeiten.[4] Sind die Bereiche der Individuen in allen alternativen Welten koextensiv und konstant oder kann der Objektbereich variiert werden? Wenn die Menge der Individuen nicht durch den Bereich der aktualen Individuen bestimmt ist, operiert man auch mit nur möglichen Individuen (*possibilia*). Weiter kann man fragen, ob der Bereich der Quantoren aus den Objekten einer bestimmten Welt besteht, in welchem

3 Kripke 1963. Der Artikel war ursprünglich ein Vortrag auf einem Kongress in Helsinki im Jahre 1962. Unter den Teilnehmern waren die meisten damaligen Experten der Modallogik und Modalsemantik, z. B. P. Geach, J. Hintikka, S. Kanger, S. Kripke, E. J. Lemmon, R. B. Marcus, R. Montague, A. Prior und G. H. von Wright.

4 Für einen Übersicht siehe Cocchiarella 1984 und Forbes 1989, S. 19-77.

Fall die Quantoren aktualistisch verstanden sind, oder ob ihr Bereich aus allen möglichen Objekten besteht, in welchem Fall sie possibilistisch sind. Und mann kann fragen, ob die atomistischen Prädikate in einer Welt nur in dem Falle vorkommen, in dem sie einem Subjekt dieser Welt gehören; oder gibt es auch Prädikate, die nicht Existenz voraussetzen?

Die sogenannte Barcan-Formel hat in diesem Zusammenhang eine wichtige Rolle gespielt, weil sie ein Aspekt der seit der mittelalterlichen Logik viel diskutierten Frage über die Relation zwischen den Modalformeln *de dicto* und *de re* ausdrückt. Eine Version der Formel ist:

$$(1) \quad (x)L\varphi x \longleftrightarrow L(x)\varphi x.$$

Wenn der Unterschied in verschiedenen Anordnungen der Quantoren und Modaloperatoren gesehen ist, kann man fragen, ob die Modalformel *de re* (wie auf der linken Seite) durch ein Wechseln dieser Ordnung *salva veritate* auf *de dicto* Formel (wie auf der rechten Seite) zurückgeführt werden kann oder nicht. Der erste Fall betrifft das System *S5* mit einem in allen Welten identischen Objektbereich wie auch *S5* mit einem variierenden Objektbereich und possibilistischen Quantoren. Der zweite Fall gilt für das System *S5* mit einem variierenden Bereich und aktualistischen Quantoren. Das ist nur ein Teil der mehr komplizierten Frage über die Begriffsbestimmung und eventuelle Eliminierbarkeit der *de re* Modalitäten.

Das Problem der Quantifizierung in Modalkontexte und die formale Semantik einer solchen Quantifizierung haben eine umfangsreiche philosophische Diskussion ausgelöst, die besonders durch W. V. Quines hartnäckige Kritik stimuliert wurde.[5] Obwohl die neuen logischen und philosophischen Ergebnisse seinen auf der These der Undurchsichtigkeit der Modalkontexte und der mysteriösen Natur der modalisierten Individuen basierten Angriff einigermassen entschärft haben, gibt es, bei Kritikern wie Symphatisanten, unterschiedliche Auffassungen von der Tragweite dieser Logik und ihrer modelltheoretischen Semantik. Die obenerwähnte Vielfältigkeit der formalen Ausgangspünkte ist ein Symptom der Probleme, die besonders mit Annahmen über die Anzahl der Mengen und Individuen und mit der Distribution der Prädikaten und entsprechend mit der näheren Spezifikation der Begriffe der logischen Welten, der Zugänglichkeitsrelation und der logischen *de re* Modalitäten verbunden sind. Wenn die alternativen Sachverhaltsmengen in philosophischen Diskussionen mit Hinweis auf 'konzeptionelle', 'metaphysische', 'physische' oder (nach den relevanten propositionellen Einstellungen) 'intensionelle' Alternativen begrenzt sind, weiss man genauer, worüber man spricht, obwohl der Status der rein logischen Modalitäten dabei problematisch bleibt.[6]

5 Marcus (1993, S. 215-232) behandelt die verschiedenen Formen von Quines Kritik.

6 Vgl. Hintikka 1982, Cocchiarella 1984, Marcus 1993.

2. Kripke-Semantik und die Philosophie der Modalitäten

Ich erwähne zunächst einige weitere Themen der sich an die Semantik möglicher Welten anschliessenden Diskussion über Notwendigkeit und Möglichkeit. In den sechziger und siebziger Jahren erschien eine grosse Anzahl von Büchern und Artikeln über die ontologischen Voraussetzungen dieser Semantik. Das ist vielleicht die bekannteste von ihr inspirierten und immer noch aktuellen Diskussionen. Ihre Besonderheit ist, dass die meisten Philosophen die extrem possibilistische Theorie von David Lewis kennen, obwohl sie unter ihnen die wenigsten Anhänger hat. Nach der possibilistischen Auffassung sind alle möglichen Welten von innen gesehen aktuell und existierend. Die Individuen sind weltgebunden.[7] Nach weniger radikalen, von A. Meinong beeinflussten possibilistischen Theorien gibt es eine Seinsweise ohne Aktualität, die den möglichen Objekten zukommt.[8] Die Kritiker des Possibilismus sehen ihn als eine unnötige Reifikation der möglichen Welten. Nach den aktualistischen Theorien haben die blossen Möglichkeiten keinerlei Aktualität ausserhalb der existierenden Welt. Von einem naturalistischen Standpunkt ist der Unterschied zwischen gewissen Formen von Possibilismus und Aktualismus nicht sehr gross; zum Beispiel sind die möglichen Welten existente abstrakte Entitäten nach den aktualistischen Theorien von Stalnaker und Plantinga, obwohl sie nicht inszeniert sind.[9] Natürlich sind die metaphysischen Implikationen der Theorien verschieden.

Die aktualistischen Theorien sind naturalistisch oder non-naturalistisch. Die Naturalisten, wie zum Beispiel D. M. Armstrong, denken, dass es nur aktuale spatiotemporale Entitäten gibt. In seiner kombinatorischen Theorie sind die möglichen Welten Kombinationen oder Rekombinationen von Entitäten der aktualen Welt. Ihre möglichen Alternativen sind fiktive Entitäten wie zum Beispiel das ideale Gas in der Physik.[10] Die non-naturalistischen aktualistischen Theorien postulieren abstrakte Entitäten, die auch, wie gesagt, mögliche Welten sein können. R. Adams postuliert als abstrakte Entitäten die Propositionen, mit deren Hilfe die Wahrheitsbedingungen der Aussagen über Möglichkeiten und mögliche Welten definiert werden können. Mögliche Weltbeschreibungen sind maximal konsistente Untermengen der Menge von kontradiktorischen Paaren von Propositionen. Sie repräsentieren die Möglichkeiten ohne sie zu sein.[11] Nach der konseptualistischen Interpretation sind die möglichen Welten Objekte der kognitiven Vorgänge. Sie existieren nur als mentale Konstruktionen.[12] Es ist nicht weit hergeholt, in diesen Diskussionen über die Natur der möglichen Welten und verschiedene Formen vom Realismus und Konstruktivismus einen Wiederkehr der Metaphysik in die analytische Philosophie zu sehen.

7 Lewis 1973, 1986.
8 Siehe z. B. Parsons 1980.
9 Plantinga 1974, Stalnaker 1979.
10 Armstrong 1989.
11 Adams 1979.
12 Rescher 1975.

Die Anhänger des kombinatorischen Aktualismus und der verschiedenen Formen des Possibilismus versuchen, die möglichen Welten ohne Modalbegriffe zu beschreiben. Sie denken, dass man die Modalitäten ohne eine solche antimodalistische Begrenzung nicht befriedigend erklären kann. Die Modalisten akzeptieren die Modalitäten als Bestandsteile der Ontologie oder kognitive Struktur. Sie meinen, dass eine zufriedenstellende philosophische Modaltheorie nicht amtimodalistisch reduktionistisch ist und dass es deshalb kein Problem ist, dass Modalbegriffe in der Modaltheorie benutzt werden.[13]

Die Unterschiede der philosophischen Theorien werden klar sichtbar in der vielgestaltigen Diskussion über mögliche Individuen. Nach Aristoteles ist es nicht möglich, dass Sokrates in dem Zeitpunkt steht, in dem es wahr ist, dass er sitzt. Wäre es möglich, wäre er zwei Personen zur gleichen Zeit. Das ist verständlich, weil Aristoteles nur mit der wirklich existierenden Welt operierte. In Lewis' Theorie der 'Gegenstücke' (counterparts) gibt es zwar mehrere synchrone Welten. Da aber die Bereiche der Individuen weltgebunden sind, kann der sitzende Sokrates nur in dem Sinne stehen, dass sein Gegenstück in einer möglichen Welt steht. Nach der kombinatorischen Theorie ist es möglich, das der jetzt sitzende Sokrates jetzt steht, aber es ist auch möglich, dass er ein gekochtes Ei ist. In anderen Theorien wird angenommen, dass ein und dasselbe Individuum, das in mehreren alternativen Sachverhalten vorkommen kann, nicht alles das sein kann, was ein anderes Individuum sein kann. Der Begriff von einem Individuum enthält dann ein Modalelement, das die verschiedenen Theorien der transmundanen Identität mittels essentiellen Eigenschaften, individuellen Wesenheiten und ähnlichen Konstruktionen oder Postulaten zu erklären versuchen.[14]

Die Fragen über Identität, Eigennamen, bestimmte Beschreibungen und den Unterschied zwischen Sinn und Bedeutung gehören zu den zentralen Themen der Diskussion über die Grundlagen und Anwendungen der Semantik möglicher Welten. Einige Autoren haben ihre philosophische Bedeutung besonders in der neuen Formulierung von diesen in der analytischen und teilweise auch in der phänomenologischen Tradition beliebten Themen gesehen. Das gilt auch für die Diskussionen über verschiedene Konditionalsätze und kontrafaktuale Sachverhalte und für die Analyse der propositionalen Einstellungen. In den philosophischen Anwendungen ist der Schwerpunkt von der Analyse der abstrakten mengentheoretischen Modellstruktur auf die Forschung der in verschiedenen Kontezten relevanten Alternativenstrurkturen übergegangen. Der begrenzte formalistische Apparat ist dann nicht direkt von den oben erwähnten Grundlagenproblemen berührt.

Ein Beispiel von der Behandlung der Frage über die Substitution der Identität in intensionellen Kontexten mag die die typischen Probleme und Denkweisen in dieser Tradition veranschaulichen. Die Wahrheit der Identität $a = b$ in einer Welt garantiert nicht die Substitution in intensionellen Kontexten wie zum Beispiel 'Karl weiss dass'. Im Lichte der Semantik möglicher Welten liegt die Ursache darin, dass a und b in verschiedenen Welten verschiedene Individuen sein können. Die zureichende Bedingung für die Intersubstituierbarkeit von a und b in intensionellen Kontexten ist, dass sie dasselbe Individuum in allen

13 Forbes 1989, S. 79-114.

14 Siehe z. B. Forbes 1985.

relevanten Welten herausgreifen. Im Falle von Karls Wissen meint das, dass er wissen sollte, dass *a b* ist. Dann ist die Identität $a = b$ wahr in allen Welten, die mit dem zusammenpassend sind, was Karl weiss. Die Ungültigkeit der existentialen Generalisierung in diesem Kontext hat denselben Hintergrund.[15]

Das ist ein Beispiel von einer Gestaltung der philosophischen Probleme durch die Annahme, dass man in gewissen Kontexten gleichzeitig mit mehreren sich gegenseitig ausschliessenden Sachverhaltbeschreibungen zu operieren hat. Diese Auffassung ist der Kernpunkt der Semantik möglicher Welten und der philosophischen Applikationen derselben. Wie soll man darüber denken? Ich schlage vor, zuerst eine kurze Exkursion in die spätemittelalterliche Philosophie zu machen, um dieselbe Frage in einer anderen Umgebung zu stellen.

3. Mittelalterliche Gegenstücke

Im Anfang des vierzehnten Jahrhunderts präsentierten Wilhelm von Ockham, Johannes Buridan und einige andere Logiker eine Theorie der Modalsyllogistik, die sich von ihrer Fassung bei Aristoteles und seinen Anhängern im dreizehnten Jahrhundert stark unterschied. Die Modalaussagen wurden in zwei Gruppen geteilt je nachdem, ob sie *de dicto* oder *de re* zu verstehen waren, und die Aussagen *de re* wurden weiter in zwei Gruppen geteilt je nachdem, ob die Subjektterme nur für existierende Individuen oder für existierende oder nur mögliche Individuen supponierten. Die Aufgabe der Modallogik wurde darin gesehen, die Verhältnisse zwischen diesen Typen und die Gültigkeit von Schlussmodi mit verschiedenen Typen und ihren Kombinationen zu erklären. Von diesem Standpunkt aus bemerkten die Autoren, dass die aristotelische Modalsyllogistik eine fragmentarische Theorie ist und dass es keine einheitliche Interpretation von Modalprämissen gibt, die die aristotelische Theorie in ihrer historischen Form koherent machen könnte.[16]

Die spätmittelalterliche Modallogik ist eine bemerkenswerte Leistung in der Geschichte der Logik. Sie hatte als ihren Hintergrund eine umfangsreiche Diskussion über die Begriffe von Notwendigkeit, Möglichkeit und Unmöglichkeit und eine besonders von Johannes Duns Scotus inspirierte Semantik, die gewisse Ähnlichkeiten mit der Semantik möglicher Welten zeigte. In der antiken Philosophie wurden verschiedene Paradigmen für die Interpretation der Modalbegriffe entwickelt, aber die Idee von synchronen Alternativen spielte da keine systematische Rolle. Es wurde im frühen Mittelalter zuerst als eine theologische Kategorie eingeführt und im Spätmittelalter wurde sie der Ausgangspunkt derjenigen philosophischen Theorie, wonach die Modalbegriffe primär mit Hilfe der synchronen alternativen Sachverhalte erklärt werden. Wegen dieser neuen Grundorientierung ist es verständlich, dass man-

15 Das Beispiel wird öfters in Hintikka 1969 behandelt.

16 Knuuttila 1993, S. 162-175.

che von den im vierzehnten Jahrhundert diskutierten Modalproblemen der Semantik möglicher Welten kongenial sind. Einige Beispiele können die Sache veranschaulichen.

Eine der neuen systematischen Ideen war die Klassifizierung von verschiedenen Typen von Modalitäten hinsichtlich der alternativen Sachverhalte. Nachdem der Begriff 'logische Möglichkeit' von Johannes Duns Scotus zuerst eingeführt war, wurden die logischen Notwendigkeiten und Möglichkeiten von den physikalischen Notwendigkeiten und Möglichkeiten getrennt, und zwar mit dem Hinweis auf die natürlichen Invarianzen, die in der Physik als Notwendigkeiten behandelt wurden, obwohl sie keine konzeptuale Notwendigkeiten waren. Diese ziemlich einfache Idee hatte tiefgehende Wirkungen auf naturphilosophische und metaphysische Fragestellungen.[17]

Ein weiteres Beispiel ist die Behandlung der Modalitäten in der sogenannten Obligationslogik, wo die Logik der Fragen und Antworten in einer Disputation behandelt wurden. In der grundlegenden Positio-Disputation handelt es sich um eine Disputation zwischen einem Opponenten und einem Respondenten. Der Opponent 'setzt' zuerst eine kontingente und gewöhnlich falsche Anfangsthese, welche sich der Resopondent verpflichtet (*se obligat*), so wie die ihm als wahr bekannten Sätze zu behandeln. Nachdem die Anfangsthese erst einmal gestellt ist, schlägt der Opponent andere Sätze vor, die der Respondent zu bejahen, zu verneinen oder, wenn ihr Wahrheitswert unbekannt ist, unentschieden zu lassen hat. Der Opponent versucht, den Respondenten in Schwierigkeiten zu bringen. Das geschieht, wenn er etwas bejaht oder verneint, was er aufgrund seiner früheren Antworten nicht machen dürfte, zum Beispiel wenn er etwas sagt, was gegen die Anfangsthese, gegen die früher bejahten Sätze oder gegen ihre Folgen spricht. Es ist die Aufgabe des Respondenten, unter Berücksichtigung der logischen Regeln, folgerichtig zu antworten, und der Opponent versucht, diese Konsistenz zu verwirren.

Es ist hier nicht nötig, auf die verschiedenen Versionen der Regeln für eine Positio-Disputation einzugehen, aber vielleicht ist es nützlich, die gewöhnlichen Standardregeln zu erwähnen. Die erste Regel lautet folgendermassen:

$$(2) \qquad (p)\,(P_a p \longrightarrow OC_a p).$$

(Für jede Proposition p gilt: wenn der Respondent (a) sie als eine Anfangsthese (*positum*) akzeptiert hat ($P_a p$), soll (O) er sie bejahen ($OC_a p$), wenn sie später noch einmal gestellt wird.) Die Pflicht kann man als eine technische Norm der Konsistenz verstehen. Weitere Regeln sind gemäss des Unterschieds zwischen relevanten und irrelevanten Propositionen verteilt. Eine relevante Proposition (a) folgt notwendigerweise aus dem *positum* und/oder aus richtig bejahten Propositionen und/oder aus Gegensätzen von richtig verneinten Propositionen oder (b) ist mit ihnen unverträglich. Die anderen Propositionen sind irrelevant. Die Regeln für die Propositionen, die relevant in Hinsicht auf das *positum* sind, sind die folgenden ('$N_a p$' steht für 'a verneint p' und '$G_a q$' für 'a hat q früher richtig bejaht oder $-q$ richtig verneint' und 'L' für 'als notwendig bekannt'):

17 Ebd., S. 155-160.

(3) $(p)\ (q)\ (P_a p\ \&\ L(p \longrightarrow q) \longrightarrow OC_a q)$

(4) $(p)\ (q)\ (r)\ (P_a p\ \&\ G_a q\ \&\ L(p\ \&\ q \longrightarrow r) \longrightarrow OC_a r)$

(5) $(p)\ (q)\ (P_a p\ \&\ L(p \longrightarrow -q) \longrightarrow ON_a q)$

(6) $(p)\ (q)\ (r)\ (P_a p\ \&\ G_a q\ \&\ L(p\ \&\ q \longrightarrow -r) \longrightarrow ON_a r)$

Wenn irrelevante Propositionen gesetzt sind, sind sie zu bejahen, wenn sie als solche wahr sind, zu verneinen, wenn sie als solche falsch sind, und zu bezweifeln, wenn ihr Wahrheitswert unsicher ist. Die Regeln sind die folgenden:

(7) $(p)\ (Ip\ \&\ K_a p \longrightarrow OC_a p)$

(8) $(p)\ (Ip\ \&\ K_a\text{-}p \longrightarrow ON_a p)$

(9) $(p)\ (Ip\ \&\ \text{-}K_a p\ \&\ \text{-}K_a\text{-}p \longrightarrow OD_a p)$.

('*I*' steht für 'gestellt als irrelevant', '$K_a p$' für '*a* weiss, dass *p* wahr ist' '$D_a p$' für '*a* drückt seine Unsicherheit in Hinsicht auf die Wahrheitswert von *p* aus'.)

Vor Skotus enthielten die Obligationsregeln eine auf die aristotelische Idee von der Notwendigkeit der Gegenwart gegründete Zeitregel, nach welcher der Zeitpunkt der zeitlich unbestimmten falschen Anfangsthese nicht die aktuale Zeit der Disputation sein kann. Diese Regel wurde von Skotus aufgegeben und seine Theorie von synchronen Alternativen wurde danach in der Obligationslogik allgemein akzeptiert. Dadurch konnte man die Antwortliste einer Disputation als eine partielle Deskription eines synchron-alternativen Sachverhalts verstehen – früher war dies wegen der Zeitregel nicht möglich.

Es sei die Anfangsthese einer Disputation in Oxford etwa die folgende: 'Du bist jetzt in Rom und du kannst mich hören'. Das wird akzeptiert. Der Opponent sagt dann: 'Ich bin in Oxford'. In einer Disputation ohne kontrafaktuale Schlussmodi wir es bejaht, weil es wahr und irrelevant ist. In einer Disputation mit kontrafaktualen Schlüssen wird es verneint, weil der Respondent dann vom Standpunkt des möglichen Sachverhalts antwortet. Diese Diskussionen waren die ersten Versuche, die Logik der kontrafaktualen Konditionale zu formulieren.[18]

In der epistemischen Logik und in der Normenlogik, die als Erweiterungen der Modallogik galten, wurden die Ähnlichkeiten und Differenzen zwischen den Schlussmodi der alethischen und epistemischen und deontischen Logik behandelt. In der epistemischen Logik fand man die Differenzen zwischen de dicto und *de re* Aussagen und ihre gegenseitigen Verhältnisse besonders intressant. Ein viel diskutiertes Beispiel war, dass Sokrates im Keller weiss, dass über dem Keller ein Stern steht. Nach Buridan kann man sagen, dass obwohl Sokrates weiss, dass oben ein Stern ist, es nicht folgt, das er weiss, welcher Stern es ist. Wenn aber der Stern zum Beispiel Venus ist, kann man sagen, dass Sokrates von der Venus weiss, dass sie oberhalb ist, obwohl er nicht weiss, dass er es von der Venus weiss.[19]

18 Yrjönsuuri 1994; vgl. Knuuttila 1993, S. 149-154.

19 Knuuttila 1993, S. 176-181; für die mittelalterliche epistemische Logik siehe auch Boh 1993.

Die Bedeutung der neuen Semantik für die Modallogik zeigt sich auch in gewissen Unterschiede zwischen der Modalsyllogistik von Ockham und Buridan. Obwohl sie auf gleichartigen Grundideen beruhen, enthalten sie auch interessante Unterschiede. Einer von ihnen ist, dass Ockham, anders als Buridan, keine *de re* Notwendigkeiten für nicht-existierende Individuen akzeptierte. Buridan dachte, dass man über die notwendigen Eigenschaften von nur möglichen Individuen sprechen kann. Nach Ockham können nur aktuell existierende Dinge notwendige Eigenschaften haben und deshalb sieht seine Modalsyllogistik für *de re* Notwendigkeiten anders aus. Buridan und fast alle späteren mitteralterlichen Logiker waren der Meinung, dass die nur möglichen Individuen notwendig die Eigenschaften haben, die sie notwendigerweise hätten, wenn sie existieren würden.[20]

Die systematischen Diskussionen über die Grundlagen der Modalitäten von Thomas von Aquin bis Descartes und Leibniz sind auch interessant vom heutigen Standpunkt. Thomas von Aquin und die anderen Denker der zweiten Hälfte des dreizehnten Jahrhunderts dachten, dass die Möglichkeiten im Sinne von Ideen ihre letzte ontologische Grundlage im Wesen Gottes haben. Als Duns Scotus über die Möglichkeiten als göttliche Ideen sprach, meinte er nicht, dass sie durch einen Akt des Intellekts aus dem göttlichen Wesen deduziert waren. Der Bereich der möglichen Sachverhalte entstand im göttlichen Intellekt direkt. Obgleich die Möglichkeiten ein objektives Sein als Objekte des göttlichen Intellekts bekommen, sind sie nicht konstruktivistisch aufgefasst. Der göttliche Intellekt denkt notwendigerweise alles, was man nur denken kann. Scotus und Ockham meinten nicht, dass diese theologische Theorie über die Modalitäten zureichend wäre. Das wird klar, wenn man fragt, ob die Möglichkeiten, wenn sie im (ewigen) Akte des göttlichen Intellekts formuliert wurden, 'vor' diesem Akt möglich waren. Die beiden sagten ja. Was logisch möglich ist und was logisch unmöglich ist, ist was es ist, dessen ungeachtet, ob Gott existiert oder nicht. Die beiden haben auch betont, dass die logischen Notwendigkeiten und Möglichkeiten an sich keinerlei Existenz haben.

Scotus und Ockham dachten, dass logische Notwendigkeiten und Möglichkeiten eine Vorbedingung für alles Denken und Sein seien. Sie seien wie transzendentale Normen, die selbst keinerlei Existenz haben. Descartes hat hier anders gedacht. Nach seiner Meinung sind die ewigen Wahrheiten durch einen freien Beschluss Gottes fixiert. Wir kennen nur das System gewählter Notwendigkeiten und können nicht verstehen, wie sie anders sein könnten. Ohne göttlichen Beschluss gebe es aber keine Notwendigkeiten und Möglichkeiten, und deshalb ist es wahr, dass sie keinen von dem freien göttlichen Beschluss unabhängigen Grund haben. Auch Leibniz konnte sagen, wie Thomas von Aquin, dass es ohne Gott keine Notwendigkeiten gibt, aber es was nur Descartes, die den Gedanken im Sinne eines göttlichen Konstruktivismus interpretierte. Der platonische Aspekt von Descartes' Auffassung ist, dass der göttliche Beschluss ewig ist.[21]

Im siebzehnten Jahrhundert interpretierten einige Skotisten die skotistische Position possibilistisch. Leibniz kritisierte diese Auffassung wie auch den kartesianischen Konstruk-

20 Knuuttila 1993, S. 172-175.
21 Ebd., S. 139-149.

tivismus.[22] Seine eigene Auffassung war nicht weit von Thomas Bradwardinus' objektiven Konzeptualismus entfernt. Bradwardinus kritisierte Scotus in seinem Buch *De causa Dei* (1344). Nach ihm ist es nicht richtig, das etwas möglich oder unmöglich wäre, wenn Gott nicht existiere. Man kann aber sagen, dass die Dinge dann nicht möglich wären.[23]

Es ist bemerkenswert, dass diese lange und vielseitige Diskussion über die letzten Grundlagen von notwendigen und kontingenten Wahrheiten ihren Ausgangspunkt in der Idee von Scotus und Ockham hatte, die besagt, dass die notwendigen und kontingenten Propositionen, die an sich nicht existieren, auch dann einen Wahrheitswert hätten, wenn nichts neben ihnen existieren würde. Die beiden haben weiter gedacht, dass die Tatsache, dass etwas existiert, noch etwas anderes als nur die transzendentale Möglichkeit voraussetzt. Es war aber die Interesse für die von den aktualen Seinsformen gelösten Modalitäten und ihrer Semantik, wodurch manche von den traditionellen philosophischen Probleme in ein neues Licht gebracht wurden. Der Unterschied zum Aristotelismus wurde durch die Verneinung der Notwendigkeit der gegenwärtigen Wahrheiten betont. Die synchronen Alternativen zu einem aktualen Sachverhalt sind die Sachverhalte, die anstelle des aktualen Zustands aktual sein könnten. Sie können mehr oder weniger real sein und bilden auch den Referenzbereich für reale diachrone Möglichkeiten.

4. Schlussbemerkungen

In der modernen philosophischen Modaltheorie haben einige Autoren die Möglichkeitsoperator und den Notwendigkeitsoperator als Quantoren über die möglichen Welten bezeichnet. Das ist eine quasi-extensionale Interpretation der Modalbegriffe. Es gibt in der Geschichte auch eine explisit extensionale, 'statistische' Interpretation der Modalität, die ihren Ursprung in der aristotelischen Philosophie hat. Es war nicht das einzige Modalparadigma bei Aristoteles, aber es wurde besonders auf die Fragen über die Unterschiede zwischen unwandelbaren und wandelbaren Dingen angewandt. Danach ist alles, was immer existiert, notwendig, und alles, was niemals existiert, unmöglich. Möglich ist dann das, wovon est wenigstens einmal ein Beispiel gibt.[24] In der quasi-extensionalen Interpretation der Modaloperatoren ist der Anwendungsbereich eher vertikal als horizontal. Die relevanten Sachverhalte sind kontrafaktuale Alternativen. Dies war auch die intuitive Idee des mittelalterlichen Gegenstücks zur Semantik möglicher Welten. Man dachte, dass die grundlegenden Modalitäten mit Hilfe der synchronen Alternativen zu erklären seien. Ich glaube, dass wir hier einen Ausgangspunkt für die befriedigendste allgemeine Modaltheorie haben; deshalb finde ich auch weitere Untersuchungen über ihre geschichtliche Entwicklung wichtig.

22 Knuuttila 1996, S. 127-128.
23 Thomas Bradwardinus, S. 207; vgl. S. 231, 647.
24 Knuuttila 1993, S. 1-18.

Die philosophischen Probleme und Anwendungen, die man im Spätmittelalter im Zusammenhang der damals neuen Modaltheorie interessant fand, ähneln zum Teil sehr den Themen der von der Semantik möglicher Welten inspirierten Diskussionen. Man kann fragen, inwieweit die letzteren wirkungsgeschichtlich mit den mittelalterlichen Ideen verbunden sind. Jedenfalls ist die Denkweise, gewisse Fragen mit Hilfe der kontrafaktualen Alternativen zu behandeln, tief in unseren kognitiven Mitteln verankert. Sie macht die anpassungsfähige Semantik möglicher Welten eine ziemlich natürliche allgemeine Explikation verschiedener Modalitäten.

Literaturverzeichnis

Adams, R.: *Theories of Actuality*, in: Loux, M. (Hg.), The Possible and the Actual: Readings in the Metaphysics of Modality, Ithaca N. J. 1979, S. 190-209.

Armstrong, D. M.: *A Combinatorial Theory of Possibility*, Cambridge 1989.

Boh, I.; *Epistemic Logic in the Later Middle Ages*, London 1993.

Bull, R. und Segerberg, K.: *Basic Modal Logic*, in: Gabbay, D. und Guenthner, F (Hg.), Handbook of Philosophical Logic II: Extensions of Classical Logic, Dordrecht 1984, S. 1-88.

Carnap,. R.: *Meaning and Necessity*, Chicago 1947.

Cocchiarella, N. B.: *Philosophical Perspectives on Quantification in Tense and Modal Logic*, in: Gabbay, D. und Guenthner, F. (Hg.), Handbook of Philosophical Logic II: Extensions of Classical Logic, Dordrecht 1984, S. 309-353.

Forbes, G.: *The Metaphysics of Modality*, Oxford 1985.

Forbes, G.: *Languages of Possibility*, Oxford 1989.

Hintikka, J.: *Models for Modalities*, Dordrecht 1969.

Hintikka, J.: *Is Alethic Modal Logic Possible*, in: Niiniluoto, I. und Saarinen, E. (Hg.), Intensional Logic: Theory and Applications (Acta Philosophica Fennica 35), Helsinki 1982, S. 89-105.

Knuuttila, S.: *Modalities in Medieval Philosophy*, London 1993.

Knuuttila, S.: *Duns Scotus and the Foundations of Logical Modalities*, in: Honnefelder, L., Wood, R. und Dreyer, M. (Hg.), John Duns Scotus: Metaphysics and Ethics, Leiden 1996, 127-143.

Kripke, S.: *Semantical Considerations on Modal Logic*, in: Proceedings of a Colloquium on Modal and Many-valued Logic, Helsinki 23-26 August 1963 (Acta Philosophica Fennica 16), Helsinki 1963, S. 83-94.

Lewis, C. I.: *Collected Papers*, Standford 1970.

Lewis, D.: *Counterfactuals*, Oxford 1973.

Lewis, D.: *On the Plurality of Worlds*, Oxford 1986.

Marcus, R. B.: *Modalities: Philosophical Essays*, Oxford 1993.

Parsons, T.: *Non-existent Objects*, New Haven 1980.

Plantinga, A.: *The Nature of Necessity*, Oxford 1974.

Rescher, N.: *A Theory of Possibility*, Pittburgh 1975.

Stalnaker, R.: *Possible Worlds*, in Loux, M. (Hg.), The Possible and the Actual: Readings in the Metaphysics of Modality, Ithaca N.J. 1979, S. 225-234.

Thomas Bradwardinus: *De causa Dei contra Pelagium*, London 1618.

Yrjönsuuri, M.: *Obligationes: 14th Century Logic of Disputational Duties* (Acta Philosophica Fennica 55), Helsinki 1994.

Kolloquium XIII
Die Historisierung des Apriori

WOLFRAM HOGREBE
Einleitung

Das Thema unseres Kolloquiums lautet 'Die Historisierung des Apriori'. Wenn wir den Ausdruck 'das Apriori' probeweise und im Geiste Kants übersetzen und sagen: 'erfahrungsbegründende und gleichwohl erfahrungsunabhängige Geltung', dann wird allerdings ein postulierter Aspekte der Historisierung oder Vergeschichtlichung einer so definierten Geltung nur schwer verständlich sein.

Ein Zugang zu einer Vergeschichtlichung des Apriori kann also nur gefunden werden, wenn die Erfahrungsunabhängigkeit stark abgeschwächt bzw. als Element des Definiens des Apriori geradezu fallengelassen wird. Dafür mag es Gründe geben, die zu diskutieren sind. Solche Gründe liegen jedenfalls allen (untereinander aber sehr unterschiedlichen) Strategien zugrunde, die eine Relativierung des Apriori empfehlen.

Eine solche Relativierung setzte übrigens schon zu Kants Lebzeiten ein, und zwar über Versuche einer Präzisierung seiner Intentionen.

So wies Schelling bereits 1799 in Jena auf die Kontextsensitivität eines apriorischen Status von Sätzen hin. In seiner 'Einleitung zu dem Entwurf eines Systems der Naturphilosophie' heißt es in aller Klarheit: "Wir wissen nicht nur dieß oder jenes, sondern wir wissen ursprünglich überhaupt nichts als durch Erfahrung, und mittelst der Erfahrung, und insofern besteht unser ganzes Wissen aus Erfahrungssätzen. Zu Sätzen a priori werden diese Sätze nur dadurch, daß man sich ihrer als nothwendiger bewußt wird, und so kann jeder Satz, sein Inhalt sey übrigens welcher er wolle, zu jener Dignität erhoben werden, da der Unterschied zwischen Sätzen a priori und a posteriori nicht etwa, wie mancher sich eingebildet haben mag, ein ursprünglich an den Sätzen selbst haftender Unterschied, sondern ein Unterschied ist, der bloß in Absicht auf unser Wissen und die Art unseres Wissens von diesen Sätzen gemacht wird, (...)."[1]

1 Ausgew. Werke, Schriften von 1799-1801, Darmstadt 1967, S. 278.

Nach Schelling ist also über den Status apriorischer Geltung ohne Kenntnis des entsprechenden *context of justification* nicht zu entscheiden. Man sieht es den entsprechenden Sätzen oder begrifflichen Schemata, isoliert betrachtet, nicht an, welchen Geltungsstatus sie haben.

Ganz anders gelagerte Relativierungen des Apriori haben seit dem 19. Jahrhundert Konjunktur. Es wimmelt von soziologischen, ökonomischen, biologischen, ethnologischen oder vitalistischen Relativierungen und auch in unserer Zeit, die eine Parallelzeit des ausgehenden 19. Jahrhunderts ist, kommen solche Relativierungen, man denke nur an K. Lorenz, W. V. O. Quine oder R. Rorty, gut an. Trotzdem gab es immer auch warnende Stimmen, die zur begrifflichen Vorsicht mahnten, um das erkenntnistheoretische Kind nicht mit dem soziologischen, biologischen, behavioristischen oder hermeneutischen Bade auszuschütten.

Wenn ich die Themenformulierungen unserer Vortragenden heute richtig deute, geht es auch ihnen um Differenzierungen, die den Sirenenklängen einer unkontrollierten Relativierung, wie sie postmodern korrekt ist, nicht nachzugeben empfehlen.

HANS MICHAEL BAUMGARTNER

Das Apriori der Historisierung des Apriori? Über die Grenzen eines in seiner Allgemeinheit irreführenden Konzepts

I. Fragestellung

Das Apriorische – eine Wortwahl schon Schellings und später Nicolai Hartmanns[1] – hat zur Zeit in der philosophischen Öffentlichkeit keine gute Presse: Vielleicht, weil der Titel des Kolloquiums längst in den Köpfen der Philosophen zur Realität geworden ist. Überhaupt scheint die Historisierung von allem und jedem zum guten Ton zu gehören. Dagegen möchte ich mit meinem Beitrag Einspruch erheben. Sein Titel soll durch den doppelten Gebrauch des Ausdrucks Apriori irritieren – und dadurch darauf aufmerksam machen, daß wir Apriori im wesentlichen in zwei Hinsichten, in zweierlei Weise, verstehen: 1. erkenntnistheoretisch-systematisch, d. h.: erkenntnisbegründend; und damit in einem gewissen Zusammenhang, 2. geschichtsphilosophisch, d. h.: (erkenntnis-) epochenbegründend. Das Fragezeichen soll zu bemerken Anlaß geben, daß möglicherweise die vorgegebene Verknüpfung nicht korrekt ist, und daß man eventuell erstens in nicht gerechtfertigter Weise von einem Apriori der Historisierung sprechen kann, also weder von einer ahistorisch-universalen noch von einer epochenspezifischen, strukturellen Geltung einer historisierenden Betrachtung aller Erkenntnisbemühungen des Menschen; und daß man zweitens mit guten Gründen auch einer Historisierung des Apriori, einer grundsätzlichen Aufhebung aller erfahrungsunabhängigen und zugleich erfahrungskonstitutiven Erkenntnisse ins geschichtlich Wandelbare entgegentreten kann.

Der Beitrag bewegt sich deshalb auf zwei bedeutenden Feldern der traditionellen Philosophie, und zwar erstens auf dem der Geschichtsphilosophie, hier der kritischen Geschichtstheorie. Welchen Sinn nämlich, so ist die Frage, macht es, von einem Apriori der Historisierung zu sprechen? Zweitens bewegt er sich auf dem Feld der allgemeinen Theorie möglicher Erkenntnis überhaupt, und dies trotz Rortys Verabschiedung von Philosophie als Erkenntnistheorie,[2] einer Verabschiedung zugunsten einer Philosophie als Bildungsgespräch, die allerdings einer Reflexion auf die Grundlagen und Möglichkeitsbedingungen unseres Sprechens über Natur, über uns selbst, über Geschichte ermangelt. Aber gehen wir Schritt für Schritt vor.

1 Vgl. Schelling 1842/43 (1858), Bd. 13, S. 130; vgl. Hartmann 1914/15.
2 Vgl. Rorty 1981, S. 13 ff; S. 343 ff; S. 387 ff.

II. Die Bedeutungen von Apriori und die Bestimmung der im Vordergrund stehenden Kandidaten der Historisierung

Es ist hinreichend bekannt, daß der Begriff Apriori im Verhältnis zu Aposteriori ursprünglich aus der Aristotelischen Philosophie erwachsen ist, der zufolge ein Früher und ein Später unterschieden werden kann, und zwar ein Früher der Natur nach, das zur Folge hat, daß es ein Später für uns wäre, sowie ein Später der Natur nach, das für uns ein Früher wäre. Hierbei geht es eigentlich nicht um das Apriori und das Aposteriori, sondern um die hierbei angezielten Grundbegriffe wie Ursache, Ideen (bei Platon), Allgemeines und Wesen: to ti en einai (bei Aristoteles). Die Frage nach einer möglichen Historisierung wäre diesbezüglich eine vermittelte, sich nicht direkt an das Apriori anschließende Frage, nach jenen Begriffen, gemäß denen eine demonstratio, eine Erkenntnis aus dem der Natur nach Früheren möglich ist; also eine demonstratio propter quid, die von den Ursachen auf die Wirkungen zielt; dies im Verhältnis und im Gegensatz zu einer demonstratio quid sit, einer demonstratio per posteriora, die umgekehrt von den Wirkungen auf die Ursachen schließt. Hierbei ist das Apriori sozusagen übergegangen zu einer Bestimmung eines Beweisverfahrens, wobei auch wiederum nicht dieser Übergang selber zum Historisieren Anlaß gäbe, sondern das, worauf das Apriori zielt: Ideen, Allgemeines, Ursachen, Wesen etc. Schließlich wurde mit diesem Beweisverfahren auch eine apriorische Methode von einer aposteriorischen unterschieden, worauf ich hier nicht näher eingehe. Bis hin zu Kant, könnte man sagen, wird Apriori im Verhältnis zu Aposteriori als Unterscheidung von Wegen des Urteilens, Wegen des Beweisens, Wegen einer Methode verstanden. Kandidat für eine Historisierung, wie angedeutet, kann in diesem Zusammenhang nur das ins Auge gefaßte Prius sein, ansonsten gäbe es für eine Historisierung keinen Anhaltspunkt. Erst mit der Verwendung des Apriori im Sinne eines eigenen Ursprungs von Begriffen aus der Vernunft ergibt sich der erste Kandidat für unsere Fragestellung nach möglicher Historisierung. Die eigentlichen Kandidaten entstehen sonach mit der Bedeutungsveränderung vom Apriori als Weg des Erkennens zum Apriori als Ursprung des Erkennens aus der Vernunft, wobei Ursprung und Entstehung, bzw. Quelle und Anlaß apriorischer Erkenntnis unterschieden werden. Die weitere Begriffsgeschichte ist im wesentlichen auf das sich modifizierende Verständnis von Vernunft, die Art ihrer Selbstreflexion – man denke an den Deutschen Idealismus – und auf die Ausgestaltung ihrer Prinzipienbegriffe bezogen. Diese Wende zur apriorischen Vernunfterkenntnis hat ihren alles weitere grundlegend bestimmenden Höhepunkt in Kants Transzendentalphilosophie gefunden. Das Erkenntnisapriori entspringt der Vernunft, ist schlechterdings von aller Erfahrung unabhängig, jedoch wesentlich auf Erfahrung bezogen; es ist aus Anlaß der Erfahrung – allerdings nicht aus ihr, sondern aus eigenem Ursprung – erworben. Apriorische Erkenntnisse sind also "von der Erfahrung unabhängig, vor sich selbst klar und gewiß"[3]; sie zeichnen sich durch "Notwendigkeit und strenge Allgemeinheit"[4] aus. Eben zu zeigen, wie

3 Kant 1781, S. 2 / 1787, S. 4.
4 A. a. O.

diese apriorische Erkenntnis möglich sei, ist die Hauptaufgabe von Kants "Kritik der reinen Vernunft". Das so erfasste Apriori ist freilich nur Bedingung für den Zusammenhang und für Behauptungen wahrer Allgemeinheit und strenger Notwendigkeit empirischer Erkenntnis. An dieser Stelle möge man an Nicolai Hartmanns Kritik denken,[5] nach der eine strenge Allgemeinheit und Notwendigkeit nur im Hinblick auf die Funktion apriorischer Begriffe, Urteile, Prinzipien gedacht werden kann, nicht aber als eine interne Bestimmung dessen, was da als Apriori behauptet wird. So ist z. B. im Falle von Ursache und Wirkung der interne Konnex zwischen Ursache und Wirkung für Nicolai Hartmann nicht als notwendig zu erkennen, vielmehr sind Ursache und Wirkung, Kausalität, notwendig lediglich zur Bestimmung und Deutung unserer empirischen Erkenntnisse. Gewonnen werden diese apriorischen Momente unserer Erkenntnis in zwei Schritten: erstens durch Analyse des Erkenntnisvermögens, d. h. durch Reflexion auf seine Urteilsstruktur und auf sein Verfahren des Schließens (gerade letzteres wird des öfteren übersehen), die beide von Kant als Leitfäden für die Entdeckung sowohl apriorischer Begriffe wie apriorischer Ideen verstanden sind. In diesem Zusammenhang spricht Kant von einer metaphysischen Deduktion und meint damit den Aufweis der entsprechenden Begriffe und Ideen als apriori gegebene Elemente unserer Vernunft. Es muß darauf aufmerksam gemacht werden, daß in der Kritik der reinen Vernunft auch für die Ideen Gott, Welt und Seele eine metaphysische Deduktion erfolgt. Zweitens wird gezeigt, daß und wie diese apriori gegebenen Begriffe und Ideen zu erfahrungsunabhängigen Erkenntnissen über die Welt der Erfahrung führen; was durch Nachweis und Rechtfertigung der Erkenntnisbedeutung dieser apriorischen Elemente, in Kants Sprachgebrauch durch eine transzendentale Deduktion geschieht, die für die Kategorien, für die Grundsätze und für die Ideen unterschiedlich ausfällt. Synthetische Urteile apriori, in diesem Falle also apriorische Grundsätze des reinen Verstandes über die Grundstruktur unserer Welt, sind möglich dadurch, daß die Bedingungen der Möglichkeit der Erfahrung zugleich die Bedingungen der Möglichkeit der Gegenstände dieser Erfahrung sind. Auf diese Weise erhält man objektive und zugleich apriorische Erkenntnis der Welt der Erfahrung: nach ihren wesentlichen Zügen. In der Kantnachfolge wird sodann vor allem das Verhältnis von Vernunft, Erkenntnis und Subjektivität nach den verschiedensten Gesichtspunkten untersucht. Im Idealismus verliert zunächst die scharfe Trennung von Apriori und Aposteriori ihre Bedeutung, da es sich bei Apriori und Aposteriori lediglich um verschiedene Sichtweisen derselben notwendigen Erkenntnisse handele: je nachdem nämlich, ob wir sie bereits aus Vernunft erkannt haben oder noch nicht. Nach dem Vorgang Fichtes ist für Schelling alles Wissen apriorisch, sofern das Ich bzw. das Selbstbewußtsein alles aus sich produziert. Insofern wir uns aber dieses Produzierens normalerweise nicht bewußt sind, ist in uns nichts apriori, sondern alles aposteriori: ein Satz aus der "Einleitung zu dem Entwurf eines Systems der Naturphilosophie".[6] Jedoch kommt durch Schelling erstmals die Verknüpfung von Apriori, als apriorischer Struktur der Vernunft, die sich in Sinnlichkeit, Verstand und Vernunft (im engeren Sinne) auseinanderlegen läßt, mit einer philosophischen Betrachtung

5 Vgl. Hartmann 1914/1915, S. 322 f.
6 Schelling 1799 (1858), S. 278.

von Geschichte ins Spiel. In seinen philosophischen Anfängen, nachlesbar in der Schrift "De malorum origine", "Über den Ursprung der Übel in der Welt",[7] entwirft Schelling erstmals gemäß der Kantischen Vernunftgrundstruktur eine Philosophie der Geschichte, in der auch die Mythen, wie der von Genesis III – der Mythos des Sündenfalls – ihren sinnvollen Ort finden. Schelling kann in diesem Zusammenhang von der Welt der Mythen als dem Geist der Kindheit des Menschengeschlechts sprechen, und er kann damit die ungeschichtliche aufklärerische Ablehnung jeglicher Mythologie wirksam konterkarieren. Aber noch interessanter für uns ist Schellings Konzeption einer philosophischen Geschichte in seiner sog. Spätphilosophie. Die negative Philosophie beschreibt er als apriorischen Empirismus, oder als einen "Apriorismus des Empirischen",[8] und die positive Philosophie, von ihm als geschichtliche Philosophie entworfen, zeichnet er mit der umgekehrten Verbindung der Begriffe als empirischen Apriorismus oder "Empirismus des Apriorischen"[9] aus. Positive, geschichtliche Philosophie ist Auslegung der Weltgeschichte in drei Weltalter: in das Weltalter der Vergangenheit, der Gegenwart, der Zukunft, nach verschiedenen – und dies ist für unseren Zusammenhang von Bedeutung – Strukturgefügen der einen Grundstruktur des Absoluten, also nach Prinzipien, die im Absoluten eine Einheit bilden, die aber im Übergang zur Geschichte sich trennen und zu Potenzen werden. Damit ist deutlich, daß Geschichte – die höhere Geschichte – nach apriorischen Prinzipien und ihrer entsprechenden Wirksamkeit in den unterschiedlichen Weltepochen begriffen werden soll.[10] Schellings Geschichtsphilosophie ist sozusagen eine Apriorikonstruktion von Aprioris als geschichtlicher Epochen. Das Apriori als Erkenntnisbegründung, als konstitutives Moment der Erfahrungswelt einerseits, und das Apriori als Bestimmung von Geschichte und ihrer Epochen andererseits, sind darum die entscheidenden Kandidaten für unsere Fragestellung.

III. Mögliche Historisierungskonzepte und ihre Bedeutung

Historisierung von X bedeutet, aus meiner Sicht, im wesentlichen und allgemein die Feststellung und Behauptung einer wesentlich auf Zeit, auf Geschichtszeit bezogenen und damit einerseits eingeschränkten, andererseits geschichtlich wandelbaren Geltung von X: in unserem Falle des mit Apriori Gemeinten. Vor allem sechs verschiedene Möglichkeiten von Historisierung im Blick auf das Apriori sind zu nennen und einer Beurteilung zu unterziehen.

Erstens kann man unter Historisierung die Abschaffung, die Verabschiedung des Apriori überhaupt, d. h. in seiner allgemeinen Gültigkeit, verstehen, so daß, wenn heute verabschie-

7 Der vollständige Titel der Schrift lautet: Antiquissimi de prima malorum humanorum origine philosophematis Genes. III. explicandi tentamen criticum et philosophicum, 1792 (1976).

8 Schelling, 1842/1843 (1858), Bd. 13, S. 130.

9 A. a. O.

10 Zu Schelling vgl. insbes. Baumgartner/Korten 1996, S. 138 ff; S. 151 ff.

det wird, das Apriori bestenfalls bis zu einer bestimmten Zeit (in den Köpfen der Philosophen), eigentlich aber nie gegolten hat. "Abschaffen" bzw. "verabschieden" bedeuten in jedem Fall, daß man der Ansicht ist, das Apriori grundsätzlich verabschieden zu können; jedoch wirft dies die unausweichliche Schwierigkeit auf, daß der Verabschiedende mehr an sicherem, (d. h. überhaupt apriorisches) Wissen in Anspruch nehmen muß, als er sich zuschreiben darf: wie man z. B. bei Richard Rortys Darlegungen sehen kann. *Zweitens*: unter Historisierung kann man die Einschränkung auf die Zeit des homo sapiens sapiens, so lange und so weit dieses Wesen evolutionsstabil ist, verstehen: Konrad Lorenz[11] und vor allem Gerhard Vollmer[12] haben dies in einer "evolutionären Erkenntnistheorie" ausgeführt. Das Apriori ist demnach gültig seit einer bestimmten Zeit, es ist gleichsam die Beschreibung des stammesgeschichtlich gewordenen Da- und Soseins des Menschen im Blick auf die Strukturvorgaben seiner welterschließenden Erkenntnisapparaturen. Eine *dritte* Möglichkeit läßt sich im Rückblick auf das über Schelling Gesagte finden: die geschichtsphilosophische Einbettung des Apriori in eine höhere Geschichte, deren Weltalter oder Epochen durch eigendynamische Modifikationen eines absoluten apriorischen Grundgefüges bestimmt sind. Jede Epoche hat ihr Apriori als spezifisches Gefüge apriorischer Momente, die aber ihrerseits zeitlos gelten. In diesem Sinne ist Schellings empirischer Apriorismus oder Empirismus des Apriorischen zu verstehen. Man könnte hier von einem epochalen Apriori sprechen, sollte es sich aus einer Theorie der absoluten Vernunft bzw. des Absoluten und seiner Geschichte philosophisch wirklich konstruieren lassen. Denn als empirisch-hypothetische Bestimmung ließe es sich nicht begreifen. Eine *vierte* Möglichkeit ergibt sich aus einem Konzept, das vor Jahren Kurt Hübner vorgelegt hat.[13] Dort wird das theoretische Apriori wesentlich auf notwendige Voraussetzungen der experimentellen Naturwissenschaften bezogen und zu zeigen versucht, daß eben dieses theoretische Apriori nicht willkürlich ist, obgleich es sich dabei um Festsetzungen handelt, die wir zur besseren Erforschung der Natur zweckmäßiger- und notwendigerweise vornehmen. Es ist nicht willkürlich, sondern erklärbar. Diese Erklärung wird von Hübner durch die Wissenschaftsgeschichte als möglich angesehen. Allerdings – so ist zu Bedenken zu geben – gehört die Wissenschaftsgeschichte selbst zu den historischen Wissenschaften und, sofern die historischen Wissenschaften ihrerseits apriorischen Festsetzungen unterliegen, ergibt sich die merkwürdige Problemlage, daß die geschichtliche Kontingenz des theoretischen Apriori durch die geschichtliche Kontingenz historischer Aprioris erklärt werden soll; denn, wie Hübner ausdrücklich sagt, es soll dabei ihre quaestio iuris beantwortet werden. Ein *fünftes* Verständnis von Historisierung ergibt sich aus holistischen bzw. interpretationistischen Einbettungsversuchen des Apriori in diachron- oder auch synchrondifferente Symbol-, Sprach- bzw. Interpretationswelten. In diesem Fall würde man in einem spezifischen Sinne von einem relativen, d. h. auf Symbolwelten bezogenen Apriori sprechen. Nelson Goodman,[14] Quine[15] und Günter Abel[16] wären

11 Vgl. Lorenz 1941.

12 Vgl. Vollmer 1994.

13 Vgl. Hübner 1973.

14 Vgl. Goodman 1984; s. a. 1975.

hier zu diskutieren, auch wäre zu klären, wer von diesen in der Auseinandersetzung mit Rorty – und umgekehrt – die besseren Argumente besitzt. Eine *sechste* Möglichkeit der Historisierung sehe ich in der Historisierung des Apriori als geschichtliche Entfaltung eines zeitlosen, weil erfahrungsleitenden und -ermöglichenden, zugleich intuitiv und reflexiv erschlossenen Kerns von Bestimmungen, eine Entfaltung und Explikation in je dem kulturellen Wissensstand entsprechenden Begriffsbildungen und darauf bezogenen Geltungsnachweisen.

Die skizzierten Historisierungskonzepte lassen sich wie folgt beurteilen: Die Positionen (1): Abschaffung des Apriori als seine Verabschiedung, und (5): Relativierung des Apriori auf Symbol- und Sprachwelten zeigen eine bestimmte Affinität. Als allgemeines Gegenargument sei nur eben angedeutet, daß auch die verschiedenen Welten in ihren Details nach der Unterscheidung effektiv und nicht-effektiv bzw. richtig und falsch müssen differenziert werden können: wie gerade Nelson Goodman betont, der auf die Unterscheidung richtig/falsch im Hinblick auf die jeweiligen Symbolwelten nicht verzichten will. Diese Unterscheidung ist notwendig mindestens dann, wenn es in der gemeinsamen Redepraxis darum geht, angesichts der wie immer gedeuteten Natur und Geschichte zu überleben. Das Problem des Ernstfalls, das man durchaus mit Gesichtspunkten einer evolutionären Erkenntnistheorie in Verbindung bringen könnte, läßt die Erfahrungswelt auf ein Skelett von allgemeinsten und daher auch äußerst dürftigen Grundbestimmungen (etwa Kants Kategorientafel) gleichsam "zusammenschnurren", die auch den noch so verschiedenen und dem Augenschein nach inkommensurablen Interpretationswelten als Erfahrungsgerüst eines sinnlich-vernünftigen Wesens zugrundeliegen. In einer Welt, in der es auch um Leben und Tod geht, erweisen sich die schönsten Weltkonzeptionen, die nichts miteinander gemeinsam haben sollen, als unzureichend, ja als luxurierende Spiele einer ins Unendliche ausgreifenden Phantasie. Im übrigen könnte nur in einer quasi heilen Welt, nach dem Vorschlag Rortys, Konfrontation durch Kommunikation ersetzt werden. Die Welt, in der wir leben, ist anders – und sie ist für jedermann durch apriorische Grundstrukturen bestimmt, deren Anzahl sich danach bemißt, was im Ernstfall re vera Geltung hat, und daher nicht ins Uferlose (etwa nach Art der Kategoriensammlung Nicolai Hartmanns) ausgedehnt werden sollte. Zur Position (2), der Einschränkung des Apriori auf die Zeit des homo sapiens sapiens, kann festgestellt werden, daß das evolutionstheoretische Argument im einem gewissen Sinn als philosophisch neutral angesehen werden könnte: Denn es bestreitet lediglich die spekulative Herleitung der Kategorien aus einem wie immer gearteten absoluten Wissen über die Welt. Allerdings verwendet die evolutionäre Erkenntnistheorie im Anschluß an die stammesgeschichtliche Interpretation des Apriori zur Bestimmung der notwendigen Bedingungen menschlicher Erkenntnis im Detail wissenschaftliches Wissen, so zuletzt Gerhard Vollmer in einer Abhandlung von 1996.[17] Sie verwendet wissenschaftlich gewonnene Erkenntnisse über die Welt im Ganzen, deren Herkunft und Zusammenhang mit dem mesokosmischen

15 Vgl. Quine 1951; 1995.

16 Vgl. Abel 1994.

17 Vgl. Vollmer 1996.

Erfahrungswissen mir nicht zureichend geklärt scheint. Eigenartiger- vielleicht sogar verständlicherweise geht Vollmer in dem genannten Beitrag auf dieses, doch wohl problematische Verhältnis der Wissenschaften zur mesokosmischen Erfahrungswelt des Menschen nicht ein; gleichwohl wird man von der evolutionären Erkenntnistheorie erwarten dürfen, daß sie erörtert, wie wissenschaftliches Wissen die Strukturen der menschlichen Erfahrung, die ihm selbst zugrunde liegen, zirkelfrei soll erklären können. Was die Position (3), die geschichtsphilosophische Einbettung betrifft, so läßt sich sagen: eine geschichtsphilosophische Einbettung des Apriori, bis hin zur Einbettung auch der allgemeinen Historisierung als epochales Apriori, setzt selbst eine tieferliegende Aprioristruktur voraus. Bei dieser Übertragung der Historisierung auf eine Geschichtsepoche mag man an Fichtes "[Zeitalter] der vollendeten Sündhaftigkeit"[18] denken, das mit einer Historisierung allen und jeden wahren Wissens in Zusammenhang zu bringen sein dürfte, ausgenommen freilich das Wissen um die Bestimmung dieses Zeitalters selbst; oder auch an Schellings geschichtliche Erfahrung der Zerrissenheit des Menschen, die es ihm zu allererst auch möglich macht auf ein Absolutes und seine Geschichte mit der Welt und dem Menschen zurück- bzw. vorauszublicken. Ich behaupte, die geschichtsphilosophische Einbettung setzt in jedem Fall eine tieferliegende Aprioristruktur sei es des Absoluten, des Wissens, der Vernunft, oder des Seins voraus, deren Annahme, wie ich vielfach andernorts zu zeigen versucht habe, sowohl vernunfttheoretisch wie geschichtstheoretisch widerlegt werden kann. Die unterstellte Omnipotenz der Vernunft einerseits, die Kontamination von Vernunftstruktur und Geschichte, bzw. geschichtlichem Wissen andererseits sind hierbei die neuralgischen Punkte. Zu Position (4), der Position Kurt Hübners: Hier soll Wissenschaftsgeschichte als historische Wissenschaft die quaestio iuris und damit die Unbeliebigkeit der apriorischen Festsetzungen in den experimentierenden Naturwissenschaften erklären. Nun ist aber die Geschichtswissenschaft selbst von apriorischen Festsetzungen, freilich anderer Art abhängig, so daß es mindestens fraglich bleibt, ob die quaestio iuris hinsichtlich der Aprioris der Naturwissenschaften wirklich durch die – in ihrer quaestio iuris bezüglich der eigenen Festsetzungen nicht befragte – Wissenschaftsgeschichte beantwortet werden kann. Außerdem wird bei Hübner das Verhältnis von Apriori/Aposteriori nur wissenschaftsbezogen und nicht für die Welt- und Selbsterfahrung des Menschen im ganzen erörtert. So bleibt nach meiner Ansicht als Möglichkeit einer Historisierung der Vernunft und ihres Aprioris, ihrer apriorischen Struktur, ihrer apriorischen Begriffe, etc. lediglich das als letztes genannte Konzept (6). Die endliche, d. h. rekonstruktive theoretische Vernunft des Menschen erfaßt die erfahrungsermöglichenden und erfahrungserschließenden Leitlinien ursprünglich als ihre eigenen, daher apriorischen Anschauungen, Begriffe, Grundsätze, Ideen (mit dem ihnen zukommenden je verschiedenen Stellenwert) aus der Selbst- und Welterfahrung des Menschen, speziell aus der Konfrontation mit anderen und in Auseinandersetzung mit der Natur. Diese Erfahrungen sind eingebunden in Handlungskontexte, sie werden gewonnen und vermitteln sich in einer quasi öffentlichen Sphäre, d. h. in einer gemeinsamen *Praxis* kommunizierter Interessen, Handlungen und Interpretationen, die insgesamt wiederum auf Gesichtspunkte und Grund-

18 Fichte 1806 (1991), S. 201.

bestimmungen von Vernunft verweist. Apriori sind demnach die aus der Gesamtpraxis des Menschen erhebbaren abstrakten Grundbestimmungen, das abstrakte und kulturinvariante Grundgerüst seiner Erfahrungswelt, wonach insbesondere im Ernstfall gehandelt wird. Das Geschichtliche daran, das Historische, sind die je der geschichtlichen Problemkonstellation dieser Praxis entsprechenden Auslegungen, die die jeweiligen Anforderungen konkret vermitteln. Das so bestimmte Apriori prägt sich aus in geschichtlichen Explikationen, auch Übermalungen, kennt aber – nach seiner Entdeckung – nicht selbst eine Geschichte. Es gilt in allen Symbol- und Geschichtswelten, auch dann, wenn jede seiner Begründungen in der Geschichte der Philosophie von Welten dieses Typs imprägniert wäre. Dieser Zusammenhang kann durch einen kurzen Rückblick auf Kant erläutert werden.

IV. Rückblick auf Kant

Die wesentlichen Gesichtspunkte der Kantischen Konzeption wurden schon oben geschildert, weshalb es jetzt mehr darum geht, einzelne Momente noch eigens hervorzuheben. Wenn Kant in dem Abschnitt "Von den reinen Verstandesbegriffen" sagt, daß verschiedene Vorstellungen analytisch, d. h. in der allgemeinen Logik, unter einen Begriff gebracht werden, daß uns aber die "transzendentale Logik" lehre, nicht die Vorstellungen, sondern "die reine Synthesis der Vorstellungen auf Begriffe zu bringen", dann ist hier der entscheidende Gesichtspunkt durch den Ausdruck "reine Synthesis von Vorstellungen" bezeichnet. Kant fährt fort: "Das erste, was uns zum Behuf der Erkenntnis aller Gegenstände apriori gegeben sein muß, ist das Mannigfaltige der reinen Anschauung", also Raum und Zeit. "Die Synthesis dieses Mannigfaltigen durch die Einbildungskraft ist das zweite, gibt aber noch keine Erkenntnis. Die Begriffe, welche dieser reinen Synthesis Einheit geben, tun das dritte zum Erkenntnisse eines vorkommenden Gegenstandes, und beruhen auf dem Verstande." Und er erläutert: "Dieselbe Funktion, welche den verschiedenen Vorstellungen in einem Urteil Einheit gibt, die gibt auch der bloßen Synthesis verschiedener Vorstellungen in einer Anschauung Einheit, welche, allgemein ausgedrückt, der reine Verstandesbegriff heißt."[19] Hier erinnert Kant daran, daß die *metaphysische* Deduktion der Kategorien durch Rückgriff auf die Urteilstafel erfolgt ist, daß den 12 Urteilsfunktionen genau 12 Begriffe entsprechen, die ebendeswegen apriori dem Verstande angehören, und daß ebendieselben Urteils-Funktionen, die in einem Urteil Vorstellungen verschiedener Art Einheit geben, auch wirksam sind in der Deutung der durch die Einbildungskraft hervorgebrachten Synthesis des Mannigfaltigen einer Anschauung zu einem einheitlichen Begriff. So kommt Kant aus der Analyse der Urteilstafel (der nach seiner Ansicht vollständigen Urteilsfunktionen überhaupt) zu einer Tafel der Kategorien (der apriorischen Einheitsbegriffe für Gegenstände überhaupt), von denen zu sagen ist, daß man sie als notwendige objekt- bzw. erfahrungserschließende Funktionen der Einheitsstiftung ansprechen kann. Die auf die Kategorientafel

19 Kant 1781, S. 78 f / 1787, S. 104 f.

folgende Bemerkung Kants ist hier besonders aufschlußreich: "Dieses ist nun die Verzeichnung aller ursprünglich reinen Begriffe der Synthesis, die der Verstand a priori in sich enthält und um derentwillen er auch nur ein reiner Verstand ist. Indem er durch sie allein etwas bei dem Mannigfaltigen der Anschauung verstehen, das ist ein Objekt derselben denken [d. h. primär erschließen, so würde ich hinzufügen] kann. Diese Einteilung ist systematisch", so Kant weiter, "aus einem gemeinschaftlichen Prinzip, nämlich dem Vermögen zu urteilen, welches ebensoviel ist als das Vermögen zu denken, erzeugt, und nicht rhapsodistisch" aufgelesen.[20] Zur Verdeutlichung sei an zwei Kategoriengruppen erinnert: an die Kategorien der Relation, also Inhärenz und Subsistenz, Kausalität und Dependenz (Ursache-Wirkung) und Wechselwirkung; und an die Kategoriengruppe der Modalität: Möglichkeit, Dasein, Notwendigkeit. Aus der Gruppe der Kategorien der Modalität, die ja nicht wie die erstgenannten die Bestimmung der Objekte selbst, sondern nur das Verhältnis von Objekten zu unserem Erkenntnisvermögen ausdrücken – nämlich möglich, daß ..., wirklich, daß ..., notwendig, daß ... –, gewinnt Kant die "Postulate des empirischen Denkens überhaupt", und er formuliert sie so: "1. Was mit den formalen Bedingungen der Erfahrung (der Anschauung und den Begriffen nach) übereinkommt ist möglich. 2. Was mit den materialen Bedingungen der Erfahrung (der Empfindung) zusammenhängt, ist wirklich. 3. Dessen Zusammenhang mit dem Wirklichen nach allgemeinen Bedingungen der Erfahrung bestimmt ist, ist (existiert) notwendig."[21] Mit diesen Hinweisen sei nur verständlich gemacht, daß wir es beim Kantischen Apriori mit Grundbegriffen unserer, der menschlichen Erfahrungswelt zu tun haben, deren ständigem Gebrauch sich niemand – weder in der Kommunikation des Alltags noch in der Erörterung von Themen und Gegenständen in erfahrungsbezogenen Wissenschaften – entziehen kann. Wir reden immer auch von Eigenschaften, Zuständen von Dingen, von Verursachungen, von Einwirkungen, von Wechselwirkungen; wir reden davon bejahend und verneinend, bilden limitative Begriffe, wobei "Nichtraucher" gegenwärtig der aktuellste Fall zu sein scheint; und wir reden von einzelnen und von vielen Dingen ebenso wie von allen Objekten, die z. B. Element einer Klasse sind, usf. Wir verwenden also stets alle Kategorien, die Kant als notwendig und allgemeingültig erklärt hat – übrigens auch dann, wenn unser direktes Thema vielleicht die Mikrowelt der Elektronen und Quanten oder die Makrowelt der Galaxien und Galaxienkluster sein sollte. Denn irgendwann muß jeweils der Bezug zu unserer "mesokosmischen" Welt der Erfahrung hergestellt werden, wenn z. B. Mikro- oder Makroverhältnisse etwas davon erklären sollen, was wir sehen, in Raum und Zeit wahrnehmen, womit wir so und so umgehen: kurz, was zu unserer Welt der Erfahrung gehört.

Wenn man Kants Konzept trotzdem kritisch zu beurteilen versucht, dann allenfalls in diesem Sinne, daß Kants Begründung der Kategorienlehre auf einer bestimmten Theorie der Zuordnung und Synthesis von Anschauung, Einbildungskraft und Verstand beruht, die wir möglicherweise nicht weiter glauben nachvollziehen und befolgen zu können. Eine Innenansicht der Vernunft nach Vermögen dieser Art beruht auf wohl nicht mehr geteilten Vor-

20 Kant 1781, S. 80 f / 1787, S. 106.

21 Kant 1781, S. 218 / 1787, S. 265 f.

aussetzungen, und insbesondere dürfte uns Vernunft nicht länger in diesem Maße als kreativ und konstruktiv, als Erscheinungsweltschaffend, sondern als bestenfalls Erscheinungswelterschließend akzeptabel sein. "Die transzendentale Analytik", so formuliert Kant abschließend, "hat demnach dieses wichtige Resultat: daß der Verstand apriori niemals mehr leisten könne, als die Form einer möglichen Erfahrung überhaupt zu antizipieren, und, da dasjenige, was nicht Erscheinung ist, kein Gegenstand der Erfahrung sein kann, daß er die Schranken der Sinnlichkeit [...] niemals überschreiten könne. Seine Grundsätze sind bloß Prinzipien der Exposition der Erscheinungen, und der stolze Name einer Ontologie [...] muß dem bescheidenen einer bloßen Analytik des reinen Verstandes Platz machen."[22] Nimmt man diese Formulierung Kants, so erscheint sie als so allgemein, daß man sich seine Theorie des Apriori durchaus in einer anderen Weise, als in der vorhin angegeben als begründbar vorstellen könnte. Ich jedenfalls bin der Überzeugung, eine Theorie des Apriori mit den beiden Anschauungsformen Raum und Zeit und dem auf unsere Erfahrungs- und Ernstfallwelt bezogenen Minimalsatz von 12 Kategorien ließe sich *auch* aus einer rekonstruktiven Analyse einer "endlichen Vernunft" rechtfertigen.[23] Das aber würde heißen: es gibt die Kategorien, es sind nur wenige, die das Grundgerüst unserer Welt darstellen; auf sie kann man nicht verzichten: sie lassen sich darum nicht historisieren. Was soll es auch heißen, daß man beispielsweise möglich, wirklich, notwendig als geschichtlich, als historisierbar ansehen wollte? Selbst die Grundbestimmungen unserer Erfahrungswelt "Ding und Eigenschaft", "Ursache und Wirkung" müssen durchaus als gegeben und als in einer Analyse unserer Erfahrungswelt aufschließbar angesehen werden, obgleich wir den in ihnen angesprochenen Konnex nicht durchschauen. Es "gibt" also die Kategorien, es "gibt" das Apriori. Denn die Welt des Menschen ist als Welt des Ernstfalls in ihrer Strukturiertheit unabhängig von zeit- und kulturvarianten Interpretationen. Wenn etwas an den Kategorien der geschichtlichen Wandelbarkeit unterliegt, dann ist es höchstens ihre jeweils andere Rechtfertigung, die – so ließe sich vermuten – in Abhängigkeit von philosophischen Rahmenkonzepten, von Sprach- und Interpretationswelten hypothetisch und wohl auch holistisch geprägt ist.

V. Abschließende Thesen

Aus dem Gesagten, so scheint mir, folgt: 1. Ein Apriori der Historisierung des Apriori, im Sinne einer epochal notwendigen und allgemeingültigen Bestimmung einer Epoche kann es einerseits aus geschichtstheoretischen Gründen nicht geben, es könnte nur aus einem höherstufigem Geschichtskonzept gerechtfertigt werden, das aber aufgrund geschichtstheoretischer Erwägungen[24] philosophisch nicht haltbar ist. Andererseits wäre ein Apriori der Historisierung selbstdestruktiv, in dem Falle, daß das Konzept der Historisierung nicht in ei-

22 Kant 1781, S. 246 f / 1787, S. 303.

23 Zum Konzept einer endlichen Vernunft vgl. Baumgartner 1991.

24 Vgl. Baumgartner 1972 und Baumgartner 1976.

nem spekulativen, z. B. Schellingschen Sinne, sondern umfassend gebraucht sein sollte. 2. Die Idee einer Historisierung des Vernunftapriori kann nur eine eingeschränkte Bedeutung haben. Es gibt erfahrungsunabhängige apriorische Voraussetzungen unseres Denkens und Erfahrens, auch als Grundlage der Wissenschaften, der idealen und der realen empirischen. Ihre Rechtfertigung läßt sich durch Reflexion auf die Voraussetzungen unseres Denkens und unserer Erfahrung, die sich in Sprache niederschlagen, anhand von aposteriorischem Wissen, aber nicht aus ihm, aufweisen. Der Gedanke einer aposteriorischen Erklärung des Apriori, den besonders Nicolai Hartmann urgiert hat, scheint mir nicht präzise genug zu sein: *nicht ohne* aposteriorisches Wissen, aber *nicht aus ihm* sind die Kategorien zu ermitteln. Sollte unsere Welterfahrung so bleiben wie sie ist, lassen sich apriorische Anschauungsformen, Begriffe und Urteile in ihrer angezielten Grundintuition, und wie sie etwa Kant aufgewiesen hat, nicht vergeschichtlichen. Ihr Kern ist zeitlos, so läßt sich sagen, aber nicht absolut. Hypothetisch und geschichtlich wandelbar an den apriorischen Elementen sind ihre je spezifischen, an den Wissensstandards einer Zeit orientierten Auslegungen, und ihre an bisherigen Schwerpunkten philosophischer Weltauslegung (sei es ontologisch, bewußtseins- und vernunfttheoretisch oder auch sprach- und kommunikationstheoretisch) orientierten Strategien der Begründung bzw. Rechtfertigung. Das durch sie vermittelte Apriori bleibt. Es zu historisieren hieße, es und damit auch jede Art einer erfahrungsbezogenen, sei es theoretischen sei es praktischen Philosophie zu verabschieden.

So stellt sich heraus, daß am Thema des Kolloquiums wider Erwarten der eigentlich problematische und erörterungsbedürftige Begriff der der Historisierung ist. Was kann sinnvollerweise mit ihm gemeint sein? Ich habe versucht, die verschiedenen Bedeutungen herauszustellen und im Blick auf das mit Apriori Intendierte zu erörtern. Neben den skizzierten Ergebnissen hat sich dabei auch – mindestens indirekt – gezeigt, daß er jedenfalls mit dem Begriff des Kontingenten nicht bedeutungsgleich ist. Denn auch eine Welt, die ihrer Ordnungstruktur nach anders sein könnte, als sie ist, ist apriori bestimmt. Apriori und Kontingenz sind deshalb miteinander verträglich. Sollte ein spekulativer Blick auf unsere Welt der Erfahrung im Ganzen überhaupt möglich sein, so hätte unser Apriori durchaus den Charakter eines Faktums, eines Faktums das gilt.

Literaturverzeichnis

Abel, G.: *Interpretationswelten: Gegenwartsphilosophie jenseits von Essentialismus und Relativismus*, Frankfurt a. M. 1994.

Baumgartner, H. M.: *Kontinuität und Geschichte. Zur Kritik und Metakritik der historischen Vernunft*, Frankfurt/M. 1972; 2. Aufl. 1997.

Baumgartner, H. M./Gerhardt, G./Konhardt, K./Schönrich, G.: *Art. Kategorien/Kategorienlehre*, in: Historisches Wörterbuch der Philosophie Bd. 4, hrsg. von J. Ritter und K. Gründer, Darmstadt 1976, Sp. 714-776.

Baumgartner, H. M.: *Thesen zur Grundlegung einer transzendentalen Historik*, in: Seminar: Geschichte und Theorie, hrsg. von H. M. Baumgartner und J. Rüsen, Frankfurt/M. 1976, S. 274-302.

Baumgartner, H. M.: *Endliche Vernunft. Zur Verständigung der Philosophie über sich selbst*, Bonn/Berlin 1991.

Baumgartner, H. M./Korten, H.: *Schelling*, München 1996.

Fichte, J. G.: *Die Grundzüge des gegenwärtigen Zeitalters* (1806), in: J. G. Fichte-Gesamtausgabe der Bayerischen Akademie der Wissenschaften Bd. 1,8, hrsg. von R. Lauth und H. Gliwitzky, Stuttgart-Bad Cannstatt 1991, S. 141-396.

Goodman, N: *Tatsache, Fiktion, Voraussage*, Frankfurt/M. 1975.

Goodman, N: *Weisen der Welterzeugung*, Frankfurt/M. 1984.

Hartmann, N.: *Über die Erkennbarkeit des Apriorischen*, in: Logos V (1914/1915), S. 290-329.

Hübner, K.: *Art. Apriori-Aposteriori*, in: Handbuch philosophischer Grundbegriffe Bd.1, hrsg. von H. Krings, H. M. Baumgartner und C. Wild, München 1973, S. 119-125.

Kant, I.: *Kritik der reinen Vernunft* (1781 1. Aufl., 1787 2. Aufl.), hrsg. von Raymund Schmidt, Hamburg 1956.

Lorenz, K.: *Kants Lehre vom Apriorischen im Lichte gegenwärtiger Biologie*, in: Blätter für Deutsche Philosophie 15 (1941), S. 94-125.

Quine, W.V.O.: *Two Dogmas of Empiricism*, in: Philosophical Review 60 (1951), S. 20-43.

Quine, W.V.O.: *Unterwegs zur Wahrheit*, Paderborn 1995.

Rorty, R.: *Der Spiegel der Natur. Eine Kritik der Philosophie*, Frankfurt/M. 1981.

Schelling, F. W. J.: *Antiquissimi de prima malorum humanorum origine philosophematis Genes. III. explicandi tentamen criticum et philosophicum* (1792), in: Historisch-kritische Ausgabe Bd. I,1, im Auftrag der Schelling-Kommission hrsg. von H. M. Baumgartner, W. J. Jacobs, H. Krings und H. Zeltner, Stuttgart-Bad Cannstatt 1976, S. 59-100.

Schelling, F. W. J.: Einleitung zu dem Entwurf eines Systems der Naturphilosophie (1799), in: Sämmtliche Werke Bd. 3, hrsg. von K. F. A. Schelling, Stuttgart/Augsburg 1858, S. 269-326.

Schelling, F. W. J.: *Philosophie der Offenbarung* (1842/1843), in: Sämmtliche Werke Bd. 13 und 14, hrsg. von K. F. A. Schelling, Stuttgart/Augsburg 1858.

Vollmer, G.: *Evolutionäre Erkenntnistheorie*, Stuttgart 6. Aufl. 1994.

Vollmer, G.: *Die Bedingungen der Möglichkeit der Erfahrung. Apriorismus, hypothetischer Realismus und projektive Erkenntnistheorie*, in: Schönrich, G./Kato, Y.: Kant in der Diskussion der Moderne, Frankfurt/M. 1996, S. 139-165.

HERBERT SCHNÄDELBACH
Was ist eigentlich ein relatives Apriori?

Der Titel meines Vortrags ist ein Plagiat; ich imitiere damit die vorzügliche Übersetzung der Überschrift von Davidsons legendärem Aufsatz '*On the very idea of a conceptual scheme?*' [1974], die lautet: 'Was ist eigentlich ein Begriffsschema?'[1] Auch die Argumentation Davidsons werde ich nachahmen: Er hatte gezeigt, daß wir dann, wenn wir nicht eines und noch ein anderes Begriffsschema zu identifizieren vermögen, wir gar keines identifizieren können,[2] womit das dritte Dogma des Empirismus, d. h. die Unterscheidung von begrifflicher Form und begriffslosem Inhalt und der davon abhängige Begriffsschema-Relativismus gegenstandslos werden,[3] im Folgenden werde ich plausibel zu machen versuchen, daß der Ausdruck 'absolutes Apriori' keinen Sinn macht, mit der Konsequenz, daß 'relatives Apriori' eine Tautologie, ein Pleonasmus oder ein weißer Schimmel ist. Wenn ich damit das Prädikat 'relativ' in diesem Zusammenhang für redundant erkläre, muß ich mich auf den üblichen Relativismus-Einwand gefaßt machen, und es wird mir nicht gelingen, ihn so souverän abzuwehren wie Davidson, der sagt: "Natürlich bleibt die Wahrheit der Sätze sprachrelativ, aber objektiver geht es nun einmal nicht."[4] Gleichwohl werde ich ebenfalls die Relativität unseres Denkens, Erkennens und Handelns auf ein Apriori vertreten und zugleich den Relativismus abzuwehren versuchen, aber dieses Ziel erfordert auch andere Wege als die der Argumentation Davidsons.

Es ist mir nicht gelungen zu ermitteln, wann die mittellateinische Verhältnisbestimmung '*a priori*', die bis ins 18. Jahrhundert als Kennzeichnung der Beweisart vom *próteron phýsei* her üblich war, zum 'Apriori' substantiviert wurde; Wilhelm Traugott Krug regt sich schon 1827 über die barbarischen Wörter 'apriorisch' und 'Apriorität' auf, und er erwägt ironisch auch die Rede vom "Apriorier" oder "Nonvornigen",[5] 'das Apriori' ist offenbar noch kein Objekt seines Zorns. Dieser Ausdruck ist offenbar späteren Datums – zwar nicht schön, aber praktisch. Desweiteren ist es mir trotz intensiver Suche nicht gelungen, prominente Belege für den Ausdruck 'relatives Apriori' zu finden, und dies erstaunte nicht nur mich selbst, sondern auch manche Kollegen, die ich befragte; der Sache nach ist uns die Sache offenbar sehr vertraut, aber der Terminus will sich einfach nicht finden lassen. – Ein Autor schlägt vor, die Struktur der Farbprädikate und das Kausalprinzip als relatives und die logischen Prinzipien, was aus ihnen folgt und die analytischen Sätze als absolutes Apriori aufzufas-

1 In: Donald Davidson, Wahrheit und Interpretation (übers. v. Joachim Schulte), Frankfurt/Main 1986, 261 ff.

2 Vgl. 281 f.

3 Vgl. 270 f und 282.

4 282.

5 Wilhelm T. Krug, Allgemeines Handwörterbuch der philosophischen Wissenschaften, Leipzig 1827, Band I, 4.

sen,[6] aber dies ist wenig überzeugend, weil hier die Unterscheidung 'material-formal' angebrachter wäre und die analytischen Sätze immer nur analytisch 'in L' sind, d. h. sprachrelativ. – Zwar erscheint der Ausdruck 'relatives Apriori' jüngst in der Nachfolgediskussion zu Kripkes Theorie der direkten Referenz,[7] aber dabei geht es ausschließlich um den Status von Identitätssätzen, d. h. solche Erwägungen decken nur einen Bruchteil des Themengebiets ab, das wir auch ohne terminologische Fixierung mit dem Thema 'relatives Apriori' verbinden.

Daß es uns so vertraut ist – gleichgültig, wie wir dazu stehen – können wir direkt auf Kant zurückführen. Seine Festlegung des Ausdruckspaars '*a priori/a posteriori*' zeigt einen Wandel der Verwendungsweise an, der sich zwar schon zuvor ankündigte, aber erst durch Kant allgemein durchsetzt; es geht dabei nicht mehr um Beweis-, sondern um Erkenntnisarten.[8] '*A priori*' zu sein ist ihm zufolge das gemeinsame Kennzeichen der transzendentalen wie der metaphysischen Erkenntnis, und der komplementäre Bereich – in unserer Redeweise 'das Aposteriori' – ist empirisch. Bekanntlich hatte Kant das Apriori, so wie es die drei Kritiken exponieren, für alternativlos gehalten, weil es in der Vernunft selbst, im "Bewußtsein überhaupt" oder in der unveränderlichen Vernunftnatur des Menschen gründe. Dieses alternativlose Kantische Apriori, das Kant mit guten Gründen glaubte, unmittelbar mit den Geltungscharakteren der Allgemeinheit und Notwendigkeit ausstatten zu können, ist dasjenige, von dessen Relativität wir offenbar alle mehr oder weniger überzeugt sind.

Die Geschichte seiner Relativierungen ist lang und vielgestaltig. Sie wird eröffnet durch die Historisierung des Apriori – die unserem Kolloquium den Titel gibt – durch Hamanns 'Metakritik über den Purismum der Vernunft' (1784), durchgeführt im Historismus und später erneut vollzogen durch Ludwik Fleck, Kuhn, Feyerabend und die Folgen. Was Kant als das "Reine" der Anschauungs- und Denkformen aller Veränderung in der Zeit enthoben glaubte, rückt dadurch in den kultur- und wissenschaftsgeschichtlichen Kontext von Epochen, Denkstilen und Paradigmen, in dem es überhaupt erst verständlich wird. – Auch die sprachliche Relativierung des Kantischen Apriori geht auf Hamanns 'Metakritik' zurück und seine Weigerung, die klassisch-aristotelische Verknüpfung von Vernunft und Sprache im *lógos* zugunsten einer "reinen" Vernunft aufzulösen. Humboldts Einheit von Sprachstruktur und Weltansicht führt Herdersche Gedanken fort und verwandelt sich – freilich ohne direkte Genealogie – in unserem Jahrhundert zur Grundlage des linguistischen Relativitätsprinzips (Sapir/Whorf). Die Nähe zum späten Wittgenstein liegt auf der Hand, dessen kontingente Einheiten von Sprachspiel und Lebensform an die Stelle dessen traten, von dem es im 'Tractatus' heißt: "Die Logik ist transzendental."[9] – Die anthropologische Deutung des

6 Vgl. D. W. Hamlyn, Artikel 'A Priori and A Posteriori', in: The Enyclopedia of Philosophy, New York 1963; Tom. I, 140 ff.

7 Vgl. Nathan Salmon, Relative and absolute Apriority, in: Philosophical Studies 69 (1993), 83-100; Heimir Geirsson, Necessity, Apriority, and true identity statements, in: Erkenntnis 40 (1994), 227-242.

8 Artikel 'a priori/a posteriori' in: Historisches Wb. d. Philos., Band I, Sp. 462 ff.

9 Ludwig Wittgenstein, Tractatus logico-philosophicus, 6.13.

Apriori hatte Kant immer wieder als ein Mißverständnis ausschließen wollen; Antworten auf die Frage "Was ist der Mensch?" sollten den Bau der Metaphysik abschließen, aber nicht begründen. Gleichwohl spricht Kant immer wieder von "uns", mit oder ohne Einschluß aller vernünftiger Wesen,[10] für die dies oder das *a priori* gelte, und so gab er selbst der anthropologischen Relativierung des Apriori die Stichworte, die wir bei Schopenhauer, in der Kantbewegung (z. B. bei F. A. Lange), bei Dilthey, in der Philosophischen Anthropologie und schließlich bei Apel und Habermas vorfinden: bei Apel in der Idee der "erkenntnisanthropologischen Relativierung der Idee des Apriorischen"[11] und bei Habermas in der Theorie der transzendentalen Erkenntnisinteressen, die das Apriori gattungsgeschichtlich relativiert; die Sätze aus seiner Frankfurter Antrittsvorlesung (1965) "Die Leistungen des transzendentalen Subjekts haben ihre Basis in der Naturgeschichte der Menschengattung ... Die erkenntnisleitenden Interessen bilden sich im Medium von Arbeit, Sprache und Herrschaft."[12] sind aber nicht narrativ-historisch, sondern als theoretische und damit als anthropologische Aussagen zu verstehen. – Wird die Anthropologie hingegen primär als Humanbiologie oder -physiologie aufgefaßt, geht die anthropologische Relativierung des Apriori unmittelbar in die biologisch-physiologische über (Schopenhauer, Helmholtz, Nietzsche, Ernst Mach u. v. a.; heute erneuert im kognitionswissenschaftlichen Naturalismus), an die nach der Darwinschen Revolution die evolutionstheoretische Relativierung lückenlos anschließt (Herbert Spencer, Konrad Lorenz, Gerhard Vollmer, Rupert Riedl u. a.). – Schließlich ist an die kulturalistischen Gegenbewegungen gegen diese Naturalisierungsgeschichte zu erinnern, die wesentlich mit Dilthey verbunden ist, denen aber auch die gesellschaftstheoretischen Deutungen des Apriori bei Lukács und in der 'Dialektik der Aufklärung', die handlungstheoretische Exposition beim späteren Habermas, aber auch Husserls "Phänomenologie der Lebenswelt" zuzurechnen sind. Schon das Beispiel Diltheys zeigt: Die kulturelle Relativierung erzeugt fast unausweichlich die Probleme des Kulturrelativismus, die in der Gegenwart ausführlich in der Winch-Debatte erörtert wurden[13] und uns jetzt vor allem in Richard Rortys neuem Ethnozentrismus[14] entgegentreten.

An dieser Aufzählung fällt auf, daß in ihr das Apriori in Kontexten erscheint, an die Kant bei seiner Neufestlegung dieses Begriffs noch gar nicht gedacht hatte; bei ihm selbst handelt es sich zunächst um die Einführungsart, die wir mit einem Terminus des 19. Jahr-

10 So sagt Kant z. B. über die "Gegenstände an sich": "Wir kennen nichts, als unsere Art, sie wahrzunehmen, die uns eigentümlich ist, die auch nicht notwendig jedem Wesen, obzwar jedem Menschen, zukommen muß." (Kritik der reinen Vernunft B 59).

11 Karl-Otto Apel, Transformation der Philosophie, Band II, Frankfurt/Main 1973, 189.

12 Jürgen Habermas, Erkenntnis und Interesse, in: Technik und Wissenschaft als 'ideologie', Frankfurt/Main 1968, 161 und 163.

13 Vgl. Bryan R. Wilson (ed.), Rationality, Oxford 1970; Hollis/Lukes (ed.), Rationalty and Relativism, Oxforf 1982.

14 Vgl. Richard Rorty, Solidarität oder Objektivität? Drei philosophische Essays (Aus d. Amerik. v. J. Schulte), Stuttgart 1988, 5; dazu auch: Wolfgang Welsch, Vernunft. Die zeitgenössische Vernunftkritik und das Konzept der transversalen Vernunft, Frankfurt/Main 1995, 225 ff.

hunderts 'erkenntnistheoretisch' zu nennen gewohnt sind. Die Unterscheidung *'a priori/ a posteriori'* sortiert ursprünglich nur "Erkenntnisquellen", d. h. bezieht sich auf Herkunftsarten unseres Wissens. Die Deutung des Kategorischen Imperativs als eines synthetischen Satzes *a priori* bedeutet dann eine erheblich Ausweitung des Anwendungsbereiches des Prädikats *'a priori'*, weil sie nicht nur unser nichtempirisches Wissen von unserer moralischen Identität betrifft, sondern auch die nichtempirische Geltung jenes obersten normativen Satzes. Daß diese nichtempirische Geltung des Kategorischen Imperativs zugleich Allgemeinheit und Notwendigkeit dieser Geltung impliziere, ist eine nichttriviale These, die sich aus der Tatsache ergibt, daß Kant die Apriorität als Herkunftsmerkmal unmittelbar mit den Geltungscharakteren der Allgemeinheit und Notwendigkeit verknüpfte: "Notwendigkeit und strenge Allgemeinheit sind also sichere Kennzeichen einer Erkenntnis *a priori*, und gehören auch unzertrennlich zu einander."[15] Auf diesem Wege ergibt sich für Kant der besondere Status des Moralprinzips quasi von selbst. Die Identifikation von Herkunfts- und Geltungsfragen in Kants Konzept des Apriori ist aber bestreitbar. Carl Friedrich von Weizsäcker hat darauf aufmerksam gemacht, daß man bei Kant unterscheiden muß zwischen dem Apriori als dem Inbegriff dessen, was Erfahrung möglich macht, und dem Apriori als Merkmal des analytischen, mathematischen und metaphysischen Wissens. Über Kants Deutung der Mathematik und über seine Konzeption einer "reinen" Naturwissenschaft als "Metaphysik der Natur" ist die Wissenschaftsgeschichte hinweggegangen, aber dies kann doch nicht bedeuten, daß damit sein gesamtes Programm transzendentaler Vernunftkritik gegenstandslos geworden sei; also sollten wir die transzendentale Erörterung von der metaphysischen abtrennen.[16] Nehmen wir dann noch hinzu, daß es sich schon bei Kant in den Kritiken einerseits und in der Metaphysik der Natur und der Sitten auf der anderen Seite um zwei verschiedene Diskursarten handelt – wobei der transzendentale Diskurs analytisch-explikativ und der metaphysische Diskurs deduktiv-explanativ genannt werden könnte – dann sind unsere Antworten auf Konstitutionsfragen nicht mehr quasi-analytisch mit Antworten auf Geltungsfragen verbunden. – Dagegen spricht ferner, daß schon in Kants Werk selbst in bestimmten Bereichen Konstitution und Geltung nicht mehr von selbst aufeinander verweisen; die 'Kritik der Urteilskraft' belehrt uns darüber, daß man apriorische Bedingungen möglicher Geschmacks- und objektiver Zweckmäßigkeitsurteile angeben kann, ohne daß die dadurch ermöglichten Urteile selbst allgemeine und notwendige Geltung im strikten Sinne beanspruchen dürften. So faßt schon Kant ein ästhetisches und ein subjektiv-teleologisches Apriori ins Auge, und ihm tritt dann durch Schleiermacher, Humboldt, Dilthey bis hin zu Heidegger und Gadamer ein Apriori des Sinnverstehens an die Seite – das allbekannte hermeneutische "Vorverständnis". Max Scheler erwog sogar ein emotionales Apriori, und weitere apriorische Regionen, wie sie z. B. die Phänomenologie zu erschließen sucht, ließen sich hier anführen. Gerade im breiten Feld des Sinnes, das ja nicht nur Zeichen-, sondern auch Handlungssinn enthält, wird deutlich, daß die Sinnkonstitution allein den konstituierten Sinn nicht ohne weiteres mit den Geltungscharakteren der Allgemeinheit und Notwen-

15 Kant, Kritik der reinen Vernunft, B 4.

16 Vgl. C. F. von Weizsäcker, Die Einheit der Natur.

digkeit ausstattet. Karl-Otto Apel und die Seinen hingegen versuchen, zu Kant zurückzukehren und aus dem transzendentalen Apriori der Argumentation etwas allgemein und notwendig Gültiges "herauszuklauben", wie Kant gesagt hätte, stünde er heute diesem Programm kritisch gegenüber.

Wahrscheinlich ist es die verbreitete Vorstellung, daß ein konstitutives Apriori notwendig allgemein und notwendig Geltendes erzeugen müsse, die die Rede von einem absoluten Apriori sympathisch macht und Skepsis erzeugt gegenüber einem bloß relativen Apriori; die Kehrseite der Medaille ist meist, daß man in Ermangelung eines aufweisbaren Apriori, das in diesem Sinne "absolut" ist, das Kind mit dem Bade ausschüttet und mit den auf diese Weise unbeantwortbaren Geltungsfragen auch die Konstitutionsprobleme über Bord gehen läßt. So ist die bestreitbare Kantische Verknüpfung von Apriorität mit allgemeiner und notwendiger Geltung auch der Grund, warum sich beim bloßen Hinweis auf die Relativität des Apriori so häufig unmittelbar der Relativismusvorwurf einzustellen pflegt. Das ist um so erstaunlicher, als '*a priori*' selbst ein Relationsausdruck ist: Etwas ist *a priori* immer nur in Beziehung auf etwas anderes – vor allem in der Differenz zum Aposteriori. Dann aber ist das, was im Kantischen Sinne für *a priori* gehalten wird – wie uns die Wissenschaftsgeschichte zeigt – immer abhängig von einem bestimmten und letztlich kontingenten Vorverständnis von Erfahrung, Wissen und Wissenschaft. Das Kantische Apriori der Erkenntnis ist wesentlich bestimmt von der atomistischen Assoziationspsychologie des 17. und 18. Jahrhundertes, aus der folgt, daß Verknüpfung nicht im Wahrnehmungsmaterial selbst liegen kann, sondern das Ergebnis einer Synthesis *a priori* durch Denken sein müsse; die Gestaltpsychologie und die moderne Wahrnehmungspsychologie sind da ganz anderer Ansicht. Kants Lehre von Raum und Zeit als reiner Anschauungsformen ist durchweg abhängig von seiner Deutung der Newtonschen Physik, und die läßt sich mindestens seit Einstein nicht mehr aufrechterhalten. Seine Konzeption des Verstandes steht und fällt mit der traditionellen Deutung des Urteils als einer Verknüpfung von Begriffen oder Termen; nach Frege ist also auch die Auffassung des Denkens als Synthesis selbst fragwürdig geworden. Schließlich muß sich Kants Bild der Vernunft als des "Vermögens der Prinzipien" ebenfalls wesentlich korrigieren lassen, wenn die Logik als der Leitfaden der Vernunftkritik mehr umfaßt als bloß die aristotelische Syllogistik und im übrigen nicht mehr als abgeschlossene Wissenschaft gelten kann.

Somit ist, worauf jedes Apriori relativ ist, ein bestimmtes Wissen in einer bestimmten Interpretation, und ein anderes Wissen gibt es nicht. Dies einsehen zu müssen, hat uns in der Moderne die historistisch-hermeneutische Aufklärung genötigt, die zwischen Kant und uns steht und die vielfältigen Relativierungsformen des Apriori heraufführte. Für Kant selbst stand Wissen im strikten Sinne des Wortes unter singulären und alternativlosen Konstitutionsbedingungen, die er in der allgemeinen Vernunftnatur des Menschen realisiert sah. Von hier zum idealistischen Konzept eines absoluten Wissens war es dann nur ein Schritt. Aber selbst wenn es ein absolutes Wissen überhaupt gäbe, wäre dessen Apriori nicht selbst absolut, sondern relativ auf ein absolutes Wissen und ließe sich nur von ihm her ermitteln; in keinem Fall also – weder in dem des bestimmten noch in dem des absoluten Wissens – machte der Ausdruck 'absolutes Apriori' Sinn, denn es gehört offenbar zum Wesen des Apriori, relativ zu sein.

Dies ist aber nicht nur ein Argument, das sich in sekundärer Hermeneutik historischen Wissens immer wieder bestätigen läßt; es folgt auch aus dem Kontext einer jeden Theorie des Apriori, wenn wir Kants Vorbild folgen, transzendentale von metaphysischen Fragen unterscheiden und die metaphysischen zunächst auf sich beruhen lassen. So sollte man zunächst klären, was alles zum transzendentalen Apriori gehört und was nicht. Von den verschiedenen Bereichen, die in Frage kommen, war schon die Rede; nun geht es um die spezifischen Merkmale. Poincaré prägte den Ausdruck 'funktionales Apriori' und meinte damit dasjenige Wissen, was in einem Forschungvorgang deswegen nicht thematisch sein kann, weil es in ihm gerade vorausgesetzt ist; in anderen Forschungsetappen hingegen könnte es freilich selbst thematisch werden. So gesehen vertritt der Konventionalismus, daß es eine bloße Frage der Konvention sei, was zum Apriori und was zum Aposteriori gehöre. Auch der Duhem-Quinesche Holismus der Wissenschaft, der aus der Unschärfe der analytisch-synthetisch-Differenz die bloß funktionale Bedeutung der *a priori/a posteriori*-Unterscheidung folgert, ist konventionalistisch in diesem Sinne. Daß dies unbefriedigend ist, mag man dem berühmten Bild von Neurath entnehmen, das uns auf See in einem Schiff zeigt, daß wir mit Bordmitteln reparieren und umbauen müssen. Das Apriori im explizierten Sinne ist aber nicht das Material, aus dem das Schiff besteht, sondern das, was diejenigen wissen, wollen und können, die auf See das Schiff reparieren und umbauen, und das sind Wir. Also nicht all das ist schon *a priori*, was wir faktisch in einem empirischen Erkenntniszusammenhang nicht empirisch thematisieren können – *ceteris paribus*-Annahmen, das Funktionieren der benutzen Meßgeräte oder das an dieser Stelle erforderliche wissenschaftliche Hintergrundswissen – sondern nur das, was unseren empirischen Erkenntniszusammenhang als solchen konstituiert, gehört dazu, und dies sind historisch variable Bedingungen, wie man bei Weizsäcker und am kritischen Konventionalismus Kurt Hübners[17] lernen kann. Diese strikte Einschränkung des Apriori auf Konstitutionsbedingungen gilt freilich auch für die übrigen Erfahrungs- und Handlungszusammenhänge, von denen oben die Rede war.

Somit handelt es sich beim Einführungskontext des Apriori um den der transzendentalen Reflexion, und damit ist nicht irgendein privilegierter Sonderbereich des Wissens gemeint, sondern die Explikation von Möglichkeits- oder Konstitutionsbedingungen von Wissen überhaupt in der Perspektive der 1. Person, d. h. unseres Ich- bzw. Wir-Sagens als Teilnehmer eines Konstitutionszusammenhanges. In der Perspektive der 3. Person, d. h. der der Beobachtung finden wir kein Apriori, es sei denn, wir verwenden den Ausdruck metaphorisch. Es macht keinen Sinn, vom Apriori der Hopi oder Marsbewohner zu sprechen, denn damit können wir nur ihr Weltbild, ihre Sprachstruktur oder ihre kulturellen Konventionen meinen; all dies sind empirische Tatsachen. Das Apriori im nichtmetaphorischen Sinn tritt erst dann ins Blickfeld, wenn wir nach dem fragen, was unsere Empirie überhaupt enthält und ermöglicht, d. h. was es uns erlaubt, überhaupt die Beobachterperspektive in wissenschaftlicher Absicht einzunehmen; dies aber setzt voraus, daß wir schon einen Begriff von

17 Hübner identifiziert das Apriori mit den wissenschaftliche Erfahrung ermöglichenden Festsetzungen, In: Art. 'A priori - a posteriori', Krings/Baumgartner/Wild (Hg.), Handbuch der philosophischen Grundbegriffe, München 1973, 119 ff.

und unserer Empirie haben. So ist jedes Apriori relativ auf das Selbstverständnis derer, die reflektierend nach ihm fragen, und es läuft auf einen Selbstwiderspruch hinaus, es *in intentione recta* im Hintergrund des Wissens oder Selbstverständnisses von irgendjemandem aufsuchen zu wollen. Hier zeigt sich die systematische Verknüpfung von Apriorität und Subjektivität, die man nicht auflösen kann, ohne das aus den Augen zu verlieren, was wirklich *a priori* ist. Was wäre in diesem Zusammenhang ein absolutes Apriori? Das Selbstverständnis Gottes, des Fichteschen ICH oder eines absoluten Bewußtseins? Seine Subjektrelativität wäre dann ebensowenig aufgehoben wie seine Wissensrelativität. Aber selbst, wenn wir den Ausdruck 'absolutes Apriori' als Abkürzung dafür verwenden wollen, schließt unsere Perspektive der 1. Person als endlicher Wesen dies notwendig aus; unser Apriori ist auch deswegen *a priori* nichtabsolut, woraus erneut die Redundanz des Prädikats 'relativ' im Ausdruck 'relatives Apriori' folgt.

Die Differenz zwischen den Perspektiven der 1. und 3. Person macht auch die Wurzel des gefürchteten Relativismus-Vorwurfs gegen ein bloß relatives Apriori sichtbar. Als Beobachter stelle ich in Wahrheit gar keine Relativitäten, sondern bloß Relationen fest: zwischen Theorien und Tatsachen, Sprachstrukturen und Weltbildern, Sprachspielen und Lebensformen, Gesellschaftsstrukturen und Moralsystemen etc.. Man mag daraus nach dem Vorbild der Wissenssoziologie einen allgemeinen Relationismus des Wissens vertreten, aber der Nachweis, daß Wissensformen in faktischen und genetischen Relationen zu Kulturgestalten stehen, führt dadurch, daß er *a priori* niemals ein Apriori betreffen kann, auch nicht allein zum Relativismus; der ergibt sich erst aus den reflexiven Konsequenzen, den Wissende für sich und ihr eigenes Wissen aus jenem Relationswissen ziehen. Dazu gehört z. B. der Schluß, daß ein Wissen, das relational einer bestimmten Kulturgestalt zugehört, nicht umstandslos für alle Kulturen und damit auch nicht für die eigene verbindlich sein kann; umgekehrt folgt aus solchem Relationenwissen die vorsichtige Zurückhaltung gegenüber allen Versuchen, alle fremden Kulturen umstandslos in das Wir unseres Apriori einzuschließen.

Das Relativismusproblem beruht aber nicht allein auf einer Verwechslung von Relativität und Relationalität, sondern es entsteht im Gesichtsfeld der Teilnehmerperspektive selber dadurch, daß wir Viele und viele Verschiedene sind. Descartes, Kant und Husserl hatten noch geglaubt, das reflektierende Ich-Sagen führe uns unmittelbaren den Ort einer transzendentalen Subjektivität, mit der wir uns (jeder für sich) so identifizieren könnten, daß sie sich als unser wahres Wir erweist; so schien sich an dieser Stelle für den Idealismus auch der Blick auf ein absolutes Ich oder Wir zu eröffnen. Für endliche Wesen, die wir sind, steht zwar fest, daß es sich, so lange wir 'Wir' sagen können, schon aus grammatischen Gründen nur um ein plurales Wir handeln kann; somit ist, wenn wir 'wir' sagen nicht *a priori* ausgemacht, worin die Einheit unseres Wir besteht. So bleibt das Wir immer auch ein Problem, und darum stellt sich im Felde des reflektierenden Wir-Sagens die Frage der Relativität immer wieder erneut. Allerdings stellte die sich überhaupt nicht, wenn es nicht prinzipiell möglich wäre, 'Wir' zu sagen, d. h. Hopis, Marsbewohner oder andere Philosophen in das Wir einzuschließen; da die Rede vom Apriori die Perspektive der 1. Person erfordert, könnten wir dann weder von ihrem Apriori reden noch von dessen Relativität, noch hätten wir Anlaß, durch den Blick auf sie das uns Vertraute selbst relativieren zu lassen.[18] Wenn wir aber voraussetzen, daß jener Einschluß des Fremden ins Eigene prinzipiell möglich ist, wissen wir freilich noch nicht, wie er faktisch geschehen könnte; deswegen ist das Relativismusproblem durch diese Überlegungen allein nicht erledigt, sondern wohl erst in vernünftiger Form gestellt – eben als Frage nach einem Apriori, das *a priori* relativ ist.

Die Relationierung oder Kontextualisierung des *a priori* relativen Apriori auf ein individuell, historisch und kulturell plurales Wir also ist der Grund des Relativismusproblems. Gehörte fremdes Apriori gar nicht zu uns, könnten wir auch nicht von ihm wissen und müßten es deswegen auf sich beruhen lassen; nun gehört es aber offenbar zu uns, weil es unser Problem ist, und es ist unser Problem, weil wir Viele und viele Verschiedene sind. Apriorismus als Konventionalismus ist freilich nur sinnvoll, wenn man Konventionalität nicht mit Beliebigkeit verwechselt. Unser Apriori ist sicher konventionell in dem Sinne, daß es nicht bloß naturhaft und überdies historisch und deswegen nicht prinzipiell alternativlos ist; es könnte auch anders sein. Aber dies schließt nicht aus, daß es faktisch alternativlos ist. Im Zweitsprachenerwerb schaffen wir es wohl nie bis zum *native speaker*, auch wenn wir die zweite Sprache besser beherrschen sollten als viele *native speaker*, und darum ist die Idee, man könne von einem sprachlichen Weltbild in ein anderes so überwechseln, wie man von einem Zimmer in ein anderes geht, wohl irreführend.[19] – Wenn wir uns mit Winch, Feyerabend und Hans-Peter Duerr nach Kräften ins mythische Bewußtsein hineinzuversetzen versuchen, werden wir dadurch noch nicht zu Menschen mit einem mythischen Weltbild; wir können unser Apriori nicht an der Garderobe der Ethnologie abgeben. – Durch noch so viel Rationalitätskritik werden wir auch den abendländischen Rationalismus nicht los, der unser Schicksal ist und sich nicht zuletzt in der Rationalitätskritik selbst äußert; auch als "Aussteiger" können wir nicht auch ihm aussteigen. Auf ein solches faktisch-alternativloses Apriori stieß Wittgenstein, als er schrieb: "Habe ich die Begründungen erschöpft, so bin ich nun auf dem harten Felsen angelangt, und mein Spaten biegt sich zurück. Ich bin dann geneigt zu sagen: 'So handle ich eben.'"[20] – Natürlich liegt hier das Mißverständnis nahe, unser Apriori sei dann eben der abendländische Dogmatismus, aber das Gegenteil ist der Fall: Unser Apriori ist das der abendländischen Moderne nach der historistisch-hermeneutischen Aufklärung, das uns den Blick auf eine *a priori* unübersteigbare

18 Hier besteht eine Analogie zu Davidsons Diskussion des Problems vollständig unübersetzbarer Sprachen; vgl. a. a. O., 264 ff.

19 Humboldt jedenfalls ist nicht dieser Ansicht. Er sagt zwar: "Durch denselben Act, vermöge welches der Mensch die Sprache aus sich heraus spinnt, spinnt er sich in dieselbe ein, und jede Sprache zieht um die Nation, welche sie angehört, einen Kreis, aus dem es nur insofern hinauszugehen möglich ist, als man zugleich in den Kreis einer andren Sprache hinübertritt"; er fügt aber hinzu: "Da man aber in eine fremde Sprache immer mehr oder weniger seine eigne Welt – ja seine eigne Sprachansicht hinüberträgt, so wird dieser Erfolg nie rein und vollständig empfunden." (Werke in fünf Bänden, Darmstadt 1963, Band III, 224 f.)

20 Wittgenstein, Philosophische Untersuchungen, § 217; bemerkenswert ist, daß Wittgenstein hier in der Perspektive der Untrennbarkeit von Sprechen und Handeln, d. h. pragmatistisch argumentiert.

Pluralität von Weltbildern und Lebensformen eröffnet hat und uns dadurch die theoretisch lästige Relativismusproblematik und die praktisch mühsame Toleranz aufnötigt; andere Hochkulturen haben ihn nicht hervorgebracht und folgen auch heute noch einem naiven Ethnozentrismus. Der neue Ethnozentrismus, von dem Rorty spricht, ist nichts anderes als das reflektierte Selbstbewußtsein unserer Moderne, und die enthält den Pluralismus samt seinen Folgeproblemen als ihr eigenes Element; fundamentalistische Beschwörungen der Einheit sind demgegenüber *a priori* Fluchten, Ausflüchte.

Faktisch alternativlos für uns, aber deswegen nicht notwendig und auch nicht allgemeingültig – so müssen wir das Apriori bestimmen, und mehr können wir von Kants Verknüpfung von Apriorität mit notwendig allgemeiner Gültigkeit nicht festhalten. Unser zugleich faktisch alternativloses und kontingentes Apriori ist kein existierender Widerspruch, sondern bloß der Ausdruck unserer Endlichkeit. 'Alternativlosigkeit' meint dabei kein empirisches oder historisches Faktum, sondern betrifft dasjenige, was wir in einem bestimmten Kontext deswegen nicht sinvoll bezweifeln oder bestreiten können, weil es genau diesen Kontext konstitutiert, eröffnet, ermöglicht; transzendentale Argumente sind die Mittel, mit denen man sich dieses Bereichs versichern vermag, aber sie führen nicht aus der Kontingenz hinaus in einen Bereich letztbegründeter Sicherheiten.

Alternativlosigkeit und Kontingenz – wie geht das zusammen? Unser Apriori ist deswegen faktisch alternativlos, weil wir nur in seiner Perspektive die im modernen, pluralen Wir enthaltenen Alternativen als solche wahrnehmen können, d. h. als alternative Weisen unseres eigenen 'Wir'-Sagens. In anderer Terminologie: Nur in unserer Perspektive können wir eine andere Perspektive wahrnehmen und einnehmen; dabei verlassen wir unsere Perspektive niemals vollständig, und die andere wird niemals ganz zu der unseren. – Was die Kontingenz unseres Aprioris betrifft, so kann man das dazu schon Gesagte so zusammenfassen: Wir erfahren sie genau dadurch, daß sich das Was unseres Wir nicht analytisch aus dem Daß unseres Wir ergibt, d. h. daß wir hier auf Neuigkeiten gefaßt sein müssen. So wie mir nur in unserer Perspektive eine andere einnehmen können, vermögen wir das mögliche Andere unseres Wir nur in unserem Wir wahrzunehmen. Dies führt uns vom relativen zu einem offenen, lernfähigen Apriori, und es stellt sich die Frage, ob dies nicht ein Widerspruch ist: ein Apriori, das Erfahrungen machen kann? Ein empirisches Apriori?

Dies wäre der Fall, wenn es sich hier um dieselbe Diskursart handelte wie die der empirischen Wissenschaften. Der Quinesche Holismus ist sicher im Recht, wenn er von der Unhaltbarkeit einer strikten analytisch-synthetisch-Unterscheidung auf ein qualitatives Kontinuum zwischen logischen, theoretischen und empirischen Aussagen schließt. Aber so wenig sich das Apriori der Wissenschaft im Material des Neurathschen Schiffes auf hoher See erschöpft, so wenig sind Quines eigene Ausführungen einfach Teil der einen großen analytisch-synthetischen Wissenschaft – so lieb dies ihm selbst sicher wäre. Quines Philosophie ist nicht einfach Wissenschaft, sondern gehört zu dem auch die Wissenschaften interpretierenden Diskurs, den man eben 'Philosophie' nennt; ich pflege ihn, wie oben angedeutet, als explikativen Diskurs zu bestimmen im Unterschied zum deskriptiv-explanativen der Wissenschaften.[21] Diese Diskursdifferenz ist das diskurstheoretische Äquivalent der Kantischen Unterscheidung zwischen der transzendentalen und angeblich metaphysischen "Erkenntnis". Das Reden übers Apriori kann somit nur als explikativer Diskurs gerechtfertigt werden, was man auch daran sieht, daß das Analytische allgemein und trivialerweise für *a priori* gehalten wird. Warum sollte es ausgeschlossen sein, auf dieser Diskursebene Erfahrungen zu machen – neue Erfahrungen? Die Philosophiegeschichte ist doch, sofern sie in der Wissenschaftsgeschichte nicht einfach aufgeht, die Geschichte von Reflexionserfahrungen, d. h. der Erfahrungen, die man vor allem im Medium der Reflexion auf die Wissenschaften machen mußte; wer wollte behaupten, von Aristoteles bis Feyerabend sei da nichts hinzugekommen? Das "Müssen" solcher Reflexionserfahrungen – ihr quasi-empirischer Zwang – ergibt sich aus dem Junktim zwischen Alternativlosigkeit und Kontingenz in unserem Apriori. Wäre es nur alternativlos, gäbe es hier nichts zu lernen; die bloße Kontingenz hingegen zerstörte die Einheit unseres Wir, und es wäre ebenso "vielfärbig verschieden" wie das Selbst ohne synthetische Einheit, von dem Kant gesprochen hatte.[22] So müssen wir unser Apriori selbst als ein synthetisches Wir begreifen, und dann gehen Alternativlosigkeit und Kontingenz zusammen. So lassen sich auch Apriorität und Fallibilität miteinander vereinen, und es verschwindet der Kantische Zwang, alles jeweils über unser Apriori Sagbare und Gesagte immer sofort als notwendig allgemeingültig behaupten zu müssen. Fallibilismus am Orte der transzendentalen Reflexion ist somit kein Einwand, sondern eine Produktivkraft.

Aber bedeutet das nicht Relativismus – ein fallibles Apriori? Davidson zeigte, daß der Begriffsschema-Relativismus genau dann gegenstandslos ist, wenn es unmöglich ist, ein Begriffschema zu identifizieren und noch ein anderes; in einem Vortrag hat Ron Harré neulich dies so ausgedrückt: Wenn etwas relativ sein soll "*to something*" mit relativistischen Konsequenzen, braucht es mehrere "*somethings*". Ebenso ist es mit dem 'Wir' des Apriori, das wir als unseres erkennen: Ein "ganz anderes Wir", zu dem wir nicht gehörten, ist ein Widersinn und meint in Wahrheit ein 'Sie' im Sinne der 3. Person Plural. Damit ist zwar noch nichts darüber gesagt, was *a priori* unser Apriori und die Einheit unseres Wir ausmacht. Aber soviel können wir *a priori* wissen – und sei es auch nur aus grammatischen Gründen: 'Wir' ist ein Plural, aber eben ein Plural; es gibt nicht ein Wir und noch ein anderes Wir, das damit nichts zu tun hätte. Ein "ganz anderes" Wir ist ein Widersinn und meint eigentlich ein "Sie" im Sinne der 3. Person Plural. Ein Relativismus verschiedener "Wirs" ist deswegen unsinnig.

Von hier aus erweist sich dann auch das Problem des Universalismus als lösbar. Zunächst ist es irreführend, das Prädikatenpaar 'universell/regional' mit 'absolut/relativ' zu verwechseln. Da uns kein anderes als unser Apriori zur Verfügung steht, kommen wir nicht umhin, es universell zu unterstellen, oder besser: haben wir es immer und überall schon unterstellt, wenn wir anfangen, Erfahrungen zu machen oder zu handeln. Auch ein Ethno-

21 Vgl. Herbert Schnädelbach, Reflexion und Diskurs. Fragen einer Logik der Philosophie, Frankfurt/Main 1977.

22 Kant, Kritik der reinen Vernunft, B 134.

zentriker wie Richard Rorty kann nicht umhin, seine Perspektive universell zu unterstellen; wenn er achselzuckend sagt "I'm just an American", dann ist und bleibt das wahr, und daraus ist ihm auch kein Vorwurf zu machen. Aber nur in seiner amerikanischen, d. h. europäisch-liberalen und historistisch-hermeneutisch aufgeklärten Perspektive stellt sich ihm das Relativismusproblem; es verschwände, gelänge es ihm wie den Fundamentalisten aller Spielarten, diese Perspektive zu verlassen, denn amerikanische Fundamentalisten haben keine Relativismusprobleme. Zugleich aber nötigt ihn seine amerikanische Perspektive, sie auch als universelle zu unterstellen, denn die amerikanische Verfassung erhebt selbst einen universellen Anspruch und spricht für alle Menschen und von ihrem Recht, auf ihre eigene *façon* selig zu werden. Solcher Liberalismus ist unvereinbar mit einem Dogmatismus des *american way of life*, und deswegen ist er ja auch so anstrengend – nicht nur für Amerikaner. Universalität ist somit ein Anspruch, der zur europäisch-amerikanischen Regionalität selbst gehört – zumindest in der Gestalt eines universellen Rechtsanspruches von Personen und Kulturen auf individuelle Identität und Lebensführung. Aber nicht nur hier gilt: Man ist kein Europäer oder Amerikaner, wenn man die universellen normativen Ansprüche unserer politisch-moralischen Kultur vertritt und in demselben Atemzug wieder regionalistisch einschränkt, denn dann gäbe man sich selbst auf. So liberal sind wir nicht, daß es uns gleichgültig sein könnte, wenn irgendwo in der Welt gefoltert wird und gleichzeitig von "anderen" als europäischen Menschenrechten geredet wird, oder wenn blutige Diktatoren ihre eigenen Untertanen mit Giftgas vernichten und sich dann zynisch auf ihre ethnische Folklore herausreden; niemand kann von uns verlangen, daß wir uns dabei beruhigen. Dies ist so lange kein Kultur-Imperialismus, wie man Ansprüche und ihr Erfülltsein nicht einfach gleichsetzt; denn es ist eines, universelle Geltungsansprüche zu erheben, und ein anderes, sie immer schon als erfüllt zu unterstellen – von Gewaltmaßnahmen ihrer Durchsetzung ganz abgesehen. Nur wenn wir unsere kognitiven und normativen Geltungsansprüche als universelle unterstellen, werden wir der faktischen und prinzipiellen Grenzen ihrer Erfüllbarkeit und ihres Erfülltseins gewahr werden; der Regionalismus hingegen ist grenzenlos. Ein despotischer Universalismus ist mit unserem Apriori unvereinbar, während der hypothetische zu seinem eigenen Sinn gehört. – Auch in kognitiver Hinsicht ist der Universalismus unvermeidlich: Wissen, auf das wir uns im Ernstfall verlassen – sei es in der Technik oder in der Medizin – müssen wir als für alle vergleichbaren Fälle gültig unterstellen. Dies schließt nicht aus, daß wir Alternativen ernsthaft prüfen, aber solche Ernsthaftigkeit stellt sich doch erst dann ein, wenn wir auch die Alternativen im Lichte ihrer möglichen universellen Gültigkeit in Betracht ziehen. So gehören eben auch Universalismus und Fallibilismus zusammen.

Die Relativität des Apriori auf das Wir endlicher Wesen, das eines ist, schließt den Relativismus aus, ohne irgendeinen Absolutismus einzuschließen. Dieses Wir ist zwar notwendig eines, aber nicht einheitlich, und dies zu wissen, ist ein Element unseres Apriori nach der historistisch-hermeneutischen Aufklärung, das wir notwendig als universelles unterstellen. Überdies ist der Universalismus in einer Welt, die immer schneller zusammenwächst, nicht nur eine hermeneutische, sondern auch eine politische Aufgabe; sie betrifft die Möglichkeit des Friedens im Zusammenleben unterschiedlicher Traditionen und Kulturen in einer Weltordnung, die allen ihr individuelles Recht garantiert. Die universelle Uneinheitlichkeit des einen Wir aber nötigt uns die Frage auf, worin die Einheit des Wir besteht, wenn sie mehr sein soll als eine grammatische Suggestion. Was zwingt uns denn dazu, Hopis, Marsbewohner und andere Philosophen in das Wir einzuschließen und uns eben dadurch die Relativismusdiskussion einzuhandeln? Es ist die Annahme, daß ihr Reden und Handeln verständlich und deswegen für unser eigenes Reden und Handeln wichtig und aufschlußreich sei; wo es nichts zu verstehen gibt, sagen wir nicht 'Wir'. Verständlichkeit aber als Präsupposition ist dasselbe wie Rationalität im weiteren, nichtnormativen Sinne des Wortes,[23] und sie ist das notwendig universelle Apriori unseres Weltumgangs. Mit der Unterstellung von Rationalität als der universellen Bedingung der Möglichkeit von Verstehen aber sind die Bedingungen wirklicher Verständigung im besonderen Fall noch nicht erfüllt, sondern überhaupt erst zum Problem geworden. Daß die realen Verstehensbedingungen als problematisch erscheinen, betrifft notwendig nicht nur das Verstehen des Anderen, sondern auch unser Selbstverständnis. Von diesem Selbstverständnis, das sich in realen Verstehensprozessen zu verändern vermag und auch in der Geschichte unserer Kultur tatsächlich verändert hat, hängt dann auch ab, als was wir Rationalität explizieren, denn auch hier gilt: Nicht Rationalität überhaupt, sondern Rationalität in einer bestimmten und letztlich kontingenten Interpretation macht unser Apriori aus. Die Differenz zwischen den universell unterstellten Bedingungen möglichen Verstehens und den problematischen Bedingungen wirklichen Verstehens, bezogen auf Fremd- und Eigenverstehen – dies ist der Grund für die Erfahrung der Kontingenz unseres Apriori; wir unterstellen es gleichwohl notwendig als ein universelles, und nur dadurch bemerken wir seine unübersteigbare Kontingenz. Die Frage 'Absolutismus oder Relativismus?' können wir dabei getrost auf sich beruhen lassen, denn wo Absolutheitsansprüche keinen Sinn machen, läuft der Relativismus-Vorwurf ins Leere. Um Davidson zu variieren: Unser Apriori ist relativ – was sonst – aber "absoluter" geht es nun einmal nicht.

23 Vgl. Herbert Schnädelbach, Rationalität und Normativität, in: Zur Rehabilitierung des animal rationale. Vorträge und Abhandlungen 2, Frankfurt/Main 1992, 79 ff; auch: Donald Davidson, Rational animals, Dialectica 36/4 (1982), 317 ff.

Kolloquium XIV
Wissenswerte, Wissensarten, Wissensstile: philosophische Systematik und historischer Wandel

Helmut F. Spinner
Einleitung

Die ›Dynamik von Erkenntnis und Wissenschaft‹ systematisch und historisch zu untersuchen, ist eine Aufgabe, die sich nicht auf das akademische Diskursfeld der philosophischen Erkenntnislehre und methodischen Wissenschaftstheorie beschränken läßt. Denn die heutige Dynamik der Informationsgesellschaft entfaltet sich weniger im relativ homogenen akademischen Sondermilieu der Gelehrtenrepublik als im weiter gespannten außerwissenschaftlichen Wissens- und Wirtschaftsraum der Informations- und Kommunikations-Technologien, der Massenmedien und Wissensdienste, der Telekommunikation und Innovationskriege.

Politik, Recht und Wirtschaft können von Innovationen, Informationsfreiheiten, Wissensgütern und Informationsmärkten sprechen, ohne genau zu wissen, was ›Wissen‹ ist.

Philosophie und Wissenschaftstheorie sollten sich vor einem solchen gedankenlosen Umgang mit der geistigen Hauptnahrung von Organismen der Spezies *informavores* hüten, wenn sie sich nicht ihren ureigenen ›Gegenstand‹ aus der Hand nehmen lassen wollen, der ohnehin höchst flüchtiger Natur ist und zunehmend von den Fachwissenschaften besetzt wird. Es geht nicht nur, wie bisher, um die *High Quality-Information* der philosophischen Reflexion und wissenschaftlichen Forschung, sondern immer mehr auch um die *Low Quality-Information* der sich in allen Gesellschaftsbereichen auftürmenden Informationsberge.

Die vielen darauf bezogenen Bindestrich-Bezeichnungen der Wissens-Gesellschaft, Informations-Berufe und -Dienste, des Wissens-Managements etc. lassen den richtungsweisenden Begriff des Wissens und seiner Derivate (Information, Kommunikation, Kognition) im unklaren. Wenn nach der ›Dynamik des Wissens und der Werte‹ gefragt wird, geht es um den Wandel all dessen, was mit Wissen zu tun hat. Das sind zunächst einmal die Wissensauffassungen selbst, also die Wissensbegriffe, Wissenseigenschaften, Wissenstypen, Wissensentwicklungen. Nicht zu vergessen der steinerne Gast, der inzwischen auch an jeder Tafel der Geisteswissenschaften sitzt: die Wissenstechniken. Angetrieben durch die doppelte Dynamik des technischen Fortschritts (Stichwort ›Technikregime‹) und der wirtschaftlichen Entwicklung (Stichwort ›marktgetriebene Globalisierung‹), geht ihr ebenso massiver wie subtiler Einfluß weit über das hinaus, womit sich die heutige Technikfolgenforschung, zumeist rückblickend, befaßt.

Philosophie und Wissenschaft sind heute, am Ende des 20. Jahrhunderts, nicht dynamischer als am Beginn oder in der Mitte. Dasselbe gilt für die überkommenen Kulturtechniken. Aber sie alle werden von dem mitgerissen, was sich im gesamten Wissensraum der Gesellschaft abspielt. Daß sich die Wissenslage für alle Beteiligten, von den großen Datenherren bis zum kleinen Endnutzer, in der turbulenten Übergangsphase zur Informationsgesellschaft dramatisch ändert – was nicht heißt: in allem und nur zum Besseren –, hängt damit zusammen, daß die modernen Wissenstechniken im Gegensatz zu den primär wissensfixierenden klassischen Kulturtechniken (Schrift, Druck) *Wissensveränderungstechniken* sind. Das ist eine neue, dynamisierende Funktion.

Was sich beim Wissen ändert, im Kern wie bei den sogenannten Rahmen- und Randbedingungen, ist die erste Frage an alle mit diesem Querschnittsmaterial befaßten *Wissenswissenschaften*, in denen die Philosophie und Wissenschaftstheorie um ihren Platz kämpfen müssen. Sie werden sich angesichts neuer Wettbewerber (wie den Kognitionswissenschaften) nur dann behaupten können, wenn sie sich auf ihre Stärken besinnen. Diese liegen weder in reinen Folgenbetrachtungen noch in normativen Gegenvorstellungen zum wissenschaftlich-technischen Fortschritt, sondern in den grundlegenden Betrachtungen zur neuen Wissenslage auf allen Ebenen, beim angeblich informationell überlasteten Individuum wie bei der vermeintlich besser informierten Gesellschaft. Dazu müssen von unabhängiger Seite radikale Fragen gestellt und konzeptuelle Antworten gegeben werden, die sich auf die Kernpunkte des Wissens und die Schnittstellen zur Technik und Gesellschaft beziehen. Damit befassen sich, in dieser Reihenfolge, die drei Beiträge zum Wissenskonzept *(Spinner)*, zu den Technisierungsschüben *(Leidlmair)* und dem extern ›aus der Mitte der Gesellschaft‹ durch die Kräfte der Politik, Wirtschaft, Öffentlichkeit ausgelösten Kriterienwandel *(Elzinga)*.

HELMUT F. SPINNER

Differentielle Erkenntnistheorie zur Untersuchung von ›Wissen aller Arten, in jeder Menge und Güte‹

Ein Montagekonzept des Wissens für das Informationszeitalter*

I. Wissen als Leitmotiv des Informationszeitalters

1. Gemengelage der Wissensvielfalt

Die Wissenslage des Informationszeitalters umfaßt – gleichzeitig, neben- und oft auch durcheinander im Sinne einer Gemengelage – Wissen aller Arten, in jeder Menge und Güte, Zusammensetzung und Darstellung.

›*Wissen aller Arten*‹ bezieht sich auf alle ideengeschichtlichen Erscheinungsformen des Wissens, von A bis Z: also von dunklen Ahnungen, subjektiven Annahmen und dokumentarischen Archivmaterialien bis zur höchstartikulierten Wissenschaft, dem Zettelkasten des Gelehrten und dem Zitatenschatz des Bildungsbürgers. Die Artenvielfalt des Wissens ist ebenso erstaunlich und schutzbedürftig wie die Artenvielfalt der Wissensträger, also der aktiv oder passiv wissensfähigen Organismen, neuerdings unter erheblichen Wissensverlagerungen erweitert durch technische (Computer, EDV) und soziale (Organisationen, Wissensdienste) Wissensträger.

›*Wissen in jeder Menge*‹ bezieht sich auf die kleinen und großen Informationsberge, gebildet aus individuellen Kenntnissen (der ›Umstände‹, also des Drumherumstehenden) oder Datenmassen.

›*Wissen in jeder Güte*‹ umfaßt wissenschaftliche wie außer- oder unterwissenschaftliche Wissensarten; modern gesagt: *High Quality-* und *Low Quality-Information* (abgekürzt HQ und LQ).

›*Wissen in jeder Zusammensetzung*‹ betrifft die Verbindungs-, Vermischungs- und Vereinigungsmöglichkeiten von Wissensarten oder Wissensmengen zu größeren Paketen im Sinne von Ballungen, Listen, Collagen, Montagen, Systemen, Taxonomien u. dgl. Die Gemengelage des Wissens schließt Gleichzeitigkeit des Ungleichzeitigen und Ungleichzeitigkeit des Gleichartigen ein.

›*Wissen in jeder Darstellung (Verkörperung, Wiedergabe, Repräsentation)*‹ verweist auf den unterschiedlichen Ausarbeitungs- und Artikulierungsgrad des Wissens. Die Bandbreite reicht vom ›stillen‹, impliziten Wissen als ererbter Disposition (Geninformation) und inkor-

* Für kritische Diskussionsbeiträge danke ich meinen Mitarbeitern, insbesondere Dr.-Ing. Boris Bradinov sowie Hans-Joachim Röhrs, M. A. und Karsten Weber, M. A. Die Abbildung erstellte Stefan Wirth.

poriertem Können (Fertigkeiten, Fähigkeiten, Kenntnisse) über das mehr oder weniger ausgedachte und ausformulierte Wissen reflektierter Subjekte (Vorder- und Hintergrundphilosophien, Weltbilder) bis zu den explizit fixierten Informationen in Büchern, Dokumentationen, Datenbanken.

2. Veränderungen der Wissenslandschaft

Eingetreten oder absehbar sind erhebliche quantitative, qualitative und kompositorische Effekte der Informations- und Kommunikations-Technologien (im folgenden abgekürzt: IuK) auf die Wissenslage des Informationszeitalters. Im einzelnen sind zu nennen:

(1) Wachstums- und Verschmelzungseffekte bestimmter Wissensarten auf technischen Trägersystemen
Stichworte wie ›Informationsexplosion‹ stehen für das Größenwachstum, ›Informationsimplosion‹ für die zunehmende Informationsaufladung und -durchdringung, ›Kognitiv-Technischer Komplex‹ für die Kernverschmelzung von Wissen und Technik.

Durch die technisch gestützte Wissensakkumulation zu Informationsbergen entstehen *Wissensmengen* von bislang unbekannter oder unmöglicher, vor allem aber unverarbeitbarer Größe. Sie werden vorzugsweise gebildet aus den erst mit Hilfe der modernen Wissenstechniken verarbeitungsfähigen ›flachen‹ Wissensarten niedrigster Aggregierungsstufe (Abstraktionshöhe, Generalisierungsgrad, Komplexitätsmaß).

(2) Artenbildungseffekte neuen Wissens
Als Folge der Wissenstechnisierung entsteht Wissen, welches nach Vorkommen und Eigenschaften neuartig ist. Die IuK-Technologien bewirken nicht nur eine fortschreitende Technisierung durch Wissen (= *Verwissenschaftlichung* z. B. des Berufs- und Alltagswissens, wie bisher schon), sondern darüber hinaus eine zunehmende Technisierung des Wissens selber (= *Informatisierung*).

(3) Veränderungseffekte alten Wissens
Auch wenn die Wissensinhalte nicht angetastet werden, läßt die technische Speicherung, Verarbeitung und Verbreitung tradierter Wissensarten deren typische Eigenart (= *Wissensmuster, -profile, -typen*) nicht unberührt. Schon die scheinbar rein äußerliche Behandlung durch technische Verfahren führt zu erheblichen Veränderungen der Wissenseigenschaften.

Beim *deklarativen Objektwissen* (›Weltwissen‹) werden implizite Wissensarten oder -teile radikal expliziert (oder, soweit dies unmöglich oder untunlich ist, ignoriert, also im Ergebnis eliminiert). Hintergrundwissen wird abgeschnitten, Alltagswissen wird dekontextualisiert, wissenschaftliches Wissen wird entautorisiert (im Wortsinne: vom Autor abgetrennt), in globalen Netzwerken entortet und entzeitlicht. Beim *prozeduralen Regelwissen* werden hochgradig indeterministische Regelwerke für den Umgang mit Wissen (Methodiken, Heuristiken) durch deterministische Verfahrensregeln (Algorithmen) und geschlossene Operationen (mit geregelter Reihenfolge, Prioritäts- und Abbruchskriterien etc.) ersetzt.

(4) Umwertungseffekte des Wissens
Nicht nur das faktische Eigenschaftsprofil, sondern auch das normative Anforderungsprofil verändert sich unter dem Einfluß der IuK-Technologien. Soweit nicht institutionalisierte ›eigensinnige‹ Wissensordnungen autonomer Wisseneinrichtungen (allen voran die Wissenschaft mit garantierter Freiheit von Forschung & Lehre) entgegenstehen, verlieren überkommende semantische Begriffe (Wahrheit, Geltung, Sinn), epistemische Postulate (Geltungsfragen, Begründungsanforderungen) und methodische Kriterien (Wissenschaftlichkeit, Prüfbarkeit u. dgl.) ihre Bedeutung, zumindest ihre Vorrangigkeit.

Materielle Zeichenhaftigkeit tritt an die Stelle semantischer Symbolfunktionen (Prozedualisierung, Desemantisierung, Dekognition).

(5) Verlagerungseffekte der gesellschaftlichen Wissenslage
Nach bisheriger Erfahrung führt das alles zwar zu keinem größeren Artensterben des Wissens, wohl aber zu Gewichtsverlagerungen innerhalb der ›Großwissenslage‹ der Informationsgesellschaft. Tendenziell verlagert sich der Wissensschwerpunkt vom wissenschaftlichen Theorienwissen zum außerwissenschaftlichen Datenwissen.

Insgesamt gesehen, begünstigen die IuK-Technologien die nichtwissenschaftlichen Wissensarten, -bereiche und -verwendungsweisen. Dem entspricht auf der Ebene der Regulierungen und Ordnungen (›Wissensregime‹) die Kriterienverschiebung von internen Qualitäts- zu externen Relevanzpostulaten.[1]

3. Philosophische Aufgaben angesichts neuer Wissenslagen

Die Vielfalt der Wissensarten sowie die in ihrer Zusammensetzung und Funktionsweise stark veränderte, entwicklungsmäßig in beschleunigte Bewegung gekommene Wissenslage bildet das Untersuchungsfeld für das *Wissensarten-Projekt*.[2] Dafür müssen Wissenskonzepte, Wissensstile, Wissenschaftsalternativen, Beschreibungsschemata und Untersuchungsverfahren ausgearbeitet werden, die nichts aussparen, ohne gleichzeitig alles einzuebnen. Das erfordert anstelle der vorherrschenden eindimensionalen, nur auf ›Wissenschaftlichkeit‹ geeichten Wissenschaftstheorie – gleichgültig welcher Ausrichtung – einen neuen Ansatz, der Antworten liefert auf die wissensmäßigen, auch aber nicht nur wissenstechnischen Herausforderungen des Informationszeitalters

Um der heutigen Vielfalt der menschlichen Wissensarten – vom reinen Theorienwissen bis zum technisierten Datenwissen, vom archaischen Mythos bis zur modernsten Medienin-

1 Dazu der Kolloquiumsbeitrag Elzinga 1997.

2 Das ist im Zusammenhang mit dem Wissensordnungs-Projekt (vgl. Spinner 1994) zu sehen und dient der inhaltlichen Auffüllung des Bezugsrahmens mit Wissensmaterial.

formation – gerecht werden zu können, ist eine *differentielle Wissenstheorie* erforderlich, die imstande ist, den biologischen Artenreichtum der Menschheit durch den kognitiven Artenreichtum ihrer Denkweisen, Weltbilder, Wissensstile, Darstellungsmöglichkeiten zu ergänzen. Der Mensch ist in allem Pluralist, wenn man ihn läßt.

Die traditionelle Erkenntnislehre, die gar nicht mehr so moderne Wissenschaftstheorie und der postmoderne Indifferentismus verfehlen und verzeichnen die heute Wissenslage gleichermaßen. Die Fehlorientierung liegt in dem allen Ansätzen zugrunde liegenden *in sich undifferenzierten und deshalb entweder andere Wissensarten diskriminierenden oder alles nivellierenden Wissenskonzept.*

Um dessen philosophische Tücken und empirische Lücken offen zu legen, sind sechs Aufgaben zu erfüllen:

Erstens eine *Bestandsaufnahme der Vielfalt ideengeschichtlicher und gegenwärtiger Wissensarten*, welche die Ergebnisse aller Wissensaktivitäten in und außerhalb der Wissenschaft in die Analyse einbezieht.

Zweitens ein *trennscharfer, aber nichtdiskriminierender Wissensbegriff*, der keine Wissensart ausschließt, ohne die Unterschiede zwischen HQ-Information (nach Art der wissenschaftlichen Erkenntnis) und LQ-Information (vor allem im außerwissenschaftlichen Feld des Alltags, der Massenmedien und Verwaltungseinrichtungen) zu verkennen und zu verkleinern.

Drittens eine *Systematik der Wissensstile*, die in der Lage ist, die Fülle der Wissensarten, Wissenschaftsalternativen und Erkenntnisprozesse auf eine überschaubare Menge von kognitiven Grundmustern zurückzuführen.[3]

Viertens eine *Topologie des Wissensraums* der modernen Informationsgesellschaft, welche Entfaltungsspielraum bietet sowohl zur ›statischen‹ Verortung der Wissensarten als auch zur ›dynamischen‹ Erklärung des gegenwärtigen Wissens- und Wertewandels als unmittelbare Technikfolgen erster und ordnungspolitische Technikfolgen zweiter Art[4] infolge des Aufkommens neuer, technisierter Wissensarten und Kommunikationsmedien.

Fünftens die *Zusammenführung aller mit der Querschnittsmaterie ›Wissen‹* – mit dem öffnenden Zusatz: ›aller Arten, in jeder Menge und Güte‹ – befaßten philosophischen, historischen, empirischen, technischen wissenschaftlichen Disziplinen und sonstigen Lehren zur Gesamtheit der *Wissenswissenschaften*[5] des Informationszeitalters.

Sechstens die *Rahmung (›framing‹) der Wissensaktivitäten durch funktionsgerechte Ordnungen*, welche die kulturgeschichtlichen, gesellschaftspolitischen, institutionenbildenden Rahmenbedingungen für die ordnungspolitische Gestaltung des Wissensraums und den angemessenen Umgang mit Wissen einbringen. Dazu gehört neben der Rechts- und Wirtschaftsordnung die an anderer Stelle ausgearbeitete *Wissensordnung*.

3 Wie in Spinner 1994a, S. 82 ff, unter dem zu engen Begriff der ›Erkenntnisstile‹ auf rationalitätstheoretischer Grundlage konzipiert.

4 Vgl. Spinner 1994, Kap. 2.

5 Zu diesem Integrationskonzept für alle mit dem Universalgegenstand ›Wissen aller Arten, in jeder Menge und Güte‹ befaßten Disziplinen vgl. Spinner 1988 bzw. 1997.

II. Das traditionelle Wissenskonzept

Was die Wissensauffassungen der traditionellen Geisteswissenschaft wie der modernsten Informationswissenschaften[6] verbindet, ist die Annahme, daß ›echtes Wissen‹, wie immer definiert, in jedem Fall *mehr ist als bloße Meinung, subjektive Überzeugung, irgendwelche Informationen,* welche möglicherweise gar nicht zutreffen oder ›gelten‹. Im Extremfall kommt es überhaupt nur noch auf die Geltung an, wie sie je nach philosophischer Auffassung durch Einsicht, Erfahrung, Überzeugung, Erzwingung oder auch Unterdrückung von Gegenpositionen gewährleistet werden soll. Zur Auswahl als Geltungsverstärker stehen epistemische Begründung, soziale Vereinbarung, souveräne Entscheidung, herrschaftsfreie Diskussion, rechtfertigungsfreie Falsikation etc.

Das führte in langer, in den Geisteswissenschaften noch immer vorherrschender und in der Wissenschaftstheorie allenfalls partiell gebrochener Tradition zu einer philosophischen, psychologischen, ideologischen Aufrüstung der griechisch-abendländischen Auffassung vom einerseits als Höchstes erstrebten, andererseits (vom Skeptizismus aller Zeiten) als Wahn für unmöglich erklärten *Wissen im Vollsinne,* in der Regel auf der Grundlage eines ›emphatischen‹ Wahrheitsbegriffs und überzogenen, heutzutage eher verbrämten Sicherheitsstrebens.

Für gewöhnliche, lakonische, fiktionale, unter Umständen sogar kontrafaktische; kurz in dem noch zu erläuterten Sinne: ›rein informative‹ Wissensauffassungen, welche die Geltungsfrage *hier (noch) nicht* stellen, einfach niedriger hängen, auf Wahrheitsansprüche schlechhin verzichten oder anspruchsverstärkende philosophische Überbauten bewußt ablehnen, ist in der traditionellen Erkenntnislehre und vielfach auch in der modernen Wissenschaftstheorie kein Platz.

Das Ergebnis der traditionellen Lehre ist, in vielen Versionen und Varianten, was im folgenden als (klassische oder moderne, mit nur graduellen Unterschieden) ›epistemische Triade‹[7] beschrieben wird. Das mindeste, was man dagegen sagen kann, ist die Tatsache, daß diese Wissensauffassungen auf Sand gebaut sind, weil die Geltungsfrage das Umstrittenste und Unsicherste jedes Wissenskonzepts ist. Deshalb müssen wir philosophisch abrüsten und mit der falschen geisteswissenschaftlichen Alternative ›Information oder Wissen‹ Schluß machen, wenn wir die *ganze Welt des Wissens* in unsere Untersuchungen einbeziehen wollen. Über das, was die traditionelle Philosophie an den Anfang und in den Mittelpunkt stellt, reden wird später, wenn und wofür sich diese Zusatzfrage stellt.

6 Vgl. zum Beispiel die Beiträge zu Wille und Zickwolff 1994.

7 Nicht zu verwechseln mit der literarischen (oder literaturwissenschaftlichen) »Triade des Realen, Fiktiven und Imaginären« bei Iser 1991, S. 19.

1. Die klassische epistemische Triade ›Form, Inhalt, Geltung‹

Wenn man die Beschreibungen und Anforderungen der Erkenntnislehre und Wissenschaftstheorie zur Bildung eines wissenschaftstauglichen Wissenskonzepts, welches für alle Wissenschaftsformen geeignet sein soll, in Betracht zieht, lassen sich drei Komponenten unterscheiden. Zu einem philosophischen Paket zusammengeschnürt, verkörpern sie ein geschlossenes Einheitskonzept. Es ist das philosophische Standardkonzept des Wissens, im Steigerungsfall ein durchrationalisiertes Systemkonzept (von *Kant* und *Hegel* bis in die Gegenwart bei *Nicholas Rescher* u. a.), welches für die HQ-Information der Wissenschaft maßgeschneidert ist, zulasten der ausgegrenzten nichtwissenschaftlichen Wissensarten.

Bezeichnet man die drei Komponenten der Einfachheit halber mit den gängigen Platzhalter-Etiketten Form, Inhalt, Geltung, dann konzipiert die alte oder *klassische Wissenstriade* das menschliche Wissen als Aussagenparadigma, auf höchster Entwicklungsstufe als Aussagensystem, welches die drei Hauptkomponenten zu einer Einheitslösung des Erkenntnisproblems verschnürt (s. Abb. 1). Sie umfaßt

- als Formkomponente die *Aussagen* selbst oder Teile davon, also die versprachlichte Standardform der Wissensrepräsentation im Sinne des Propositionsparadigmas, einschließlich Vor-, Abkürzungs- und Abstraktionsformen (Satzfunktionen, Formeln u. dgl.);
- als Inhaltskomponente den *semantischen Informationsgehalt* dessen, was damit ausgesagt wird, unabhängig von Richtigkeit und Relevanz;
- als Geltungskomponente mehr oder weniger ausführliche *Begründungsprogramme und -prozeduren* zur Geltungssicherung oder sonstigen Rechtfertigung des über die ›lakonische‹ Konstatierung einer Sachlage erhobenen ›emphatischen‹ Wissensanspruchs.

a) Formkomponenten des Wissens

Abweichend vom üblichen, eher auf den Ausdruck (dazu später) abhebenden Sprachgebrauch wird unter der ›Form‹ des Wissens in der modernen Wissenschaftstheorie meistens die *logische Form* von Sätzen (bzw. Satzfunktionen; desgleichen von Aussagen oder Propositionen) verstanden.

Zu den Formeigenschaften der satzförmig dargestellten Wissensarten zählen deshalb vor allem formallogische Eigenschaften wie Konsistenz (Widerspruchsfreiheit im Sinne der Aussagenlogik) und Allgemeinheit (mit Alloperator im Sinne der Quantorenlogik); darüber hinaus auch rein logisch kaum definierbare Formeigenschaften wie die Einfachheit von Theorien und die Kohärenz von Aussagenmengen.

Die so verstandene Formdimension des Wissens bezieht sich auf den Anwendungsbereich (›Umfang‹) von Aussagen, der sich zwischen den Polen der strengen, d. h. raumzeitlich nicht eingeschränkten Allgemeinheit und der einzelfallbezogenen Besonderheit von Aussagen erstreckt. Das führt zur formbezogenen Unterscheidung von allgemeinen (›All-

Abb. 1: Wissenskonzepte für eine differentielle Wissens- bzw. Erkenntnistheorie

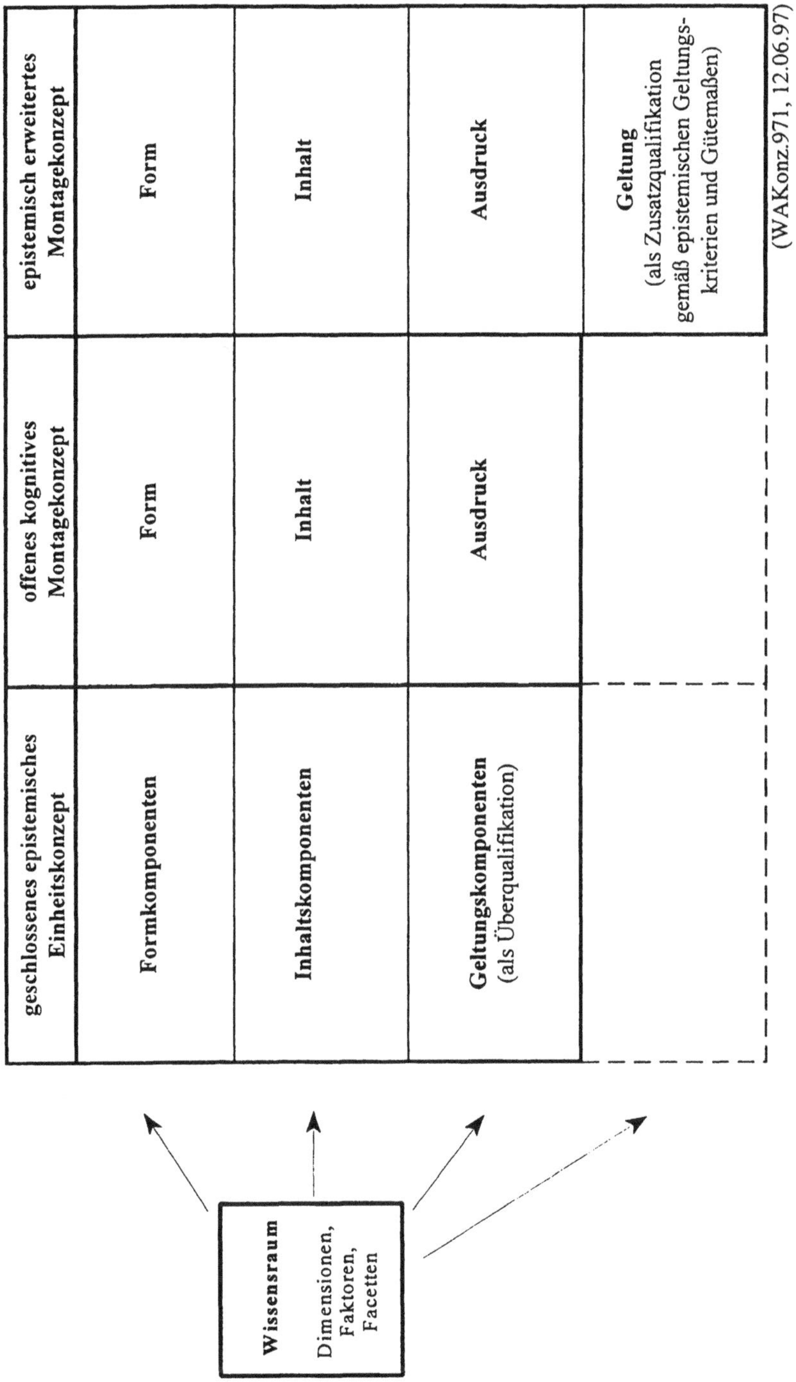

sätzen‹, z. B. Theorien) und besonderen Aussagen (›Existenzsätzen‹ mit Gegenstands- oder Raumzeit-Bezug),[8] mit weiteren Abstufungengsmöglichkeiten.

In schematischer Kürze läßt sich das *Formprofil des Wissens* wie folgt beschreiben:

Dimension: logische Form.

Bandbreite, falls kontinuierlich: singular bzw. partikular/generell (für einen, wenige oder alle Fälle gleicher Art in einer Gegenstandsklasse).

Gegensatz, falls polarisiert: Besonderheit versus Allgemeinheit (des intendierten Anwendungsbereichs).

Merkmalsabstufung, falls skaliert: Generalisierungsgrad (quantorenlogisch bzw. mengentheoretisch definiert) von Null bis Eins bzw. Unendlich.

Formbezogene Wissensmerkmale (= Formeigenschaften) sind u. a. Allgemeinheit (Generalität bis zur Universalität von ›Theorien über alles‹) und Besonderheit (Singularität und Partikularität), Einfachheit (der ›einfachen Form‹), Exaktheit (formale Genauigkeit); Widerspruchsfreiheit bzw. Konsistenz, Kohärenz oder Stringenz (als formale Stimmigkeit), einschließlich ihrer Gegenbegriffe (Inkonsistenz etc.).

b) Inhaltskomponenten des Wissens

Was über einen Gegenstand oder Anwendungsbereich (›Universum‹, ›Domain‹) behauptungsgemäß ausgesagt ist, hängt vom Inhalt der Aussagen ab. Dieser wird von neueren Wissenschaftstheorie im Sinne der semantischen Informationstheorie (*Carnap, Popper, Bar-Hillel)* als semantischer Gehalt aufgefaßt. Er ist nicht übereinstimmend aber gleichsinnig definierbar zum einen als *logischer Informationsgehalt* im Sinne der Folgerungsmenge, d. h. der nichtanalytischen logischen Konsequenzen; zum anderen als *empirischer Informationsgehalt* im Sinne der Klasse der ausgeschlossenen Sachverhalte, also der ›verbotenen‹ Fälle in einer möglichen Welt. So oder so definiert, wächst der Informationsgehalt einer Aussage mit ihrem Falsifizierbarkeitsgrad und variiert damit invers zur Geltungswahrscheinlichkeit (Aussagen- oder Hypothesenwahrscheinlichkeit, nicht zu verwechseln mit der Ereigniswahrscheinlichkeit). Hier liegt der philosophische Urkonflikt zwischen inhaltlicher Informationssteigerung und epistemischen Sicherheitsstrategien, der die Einheitslösung der klassischen Triade sprengt.

Das ergibt als Inhaltsprofil des Wissens:

Dimension: Informationsgehalt, im Sinne der semantischen Informationstheorie definiert als logischer oder empirischer Möglichkeitsausschluß (= Unwahrscheinlichkeit).

Bandbreite, falls kontinuierlich: nichtinformativ/informativ im Variationsbereich von geringem bis hohem Informationsgehalt.

8 Zur Unterscheidung von allgemeinen und besonderen Aussagen Popper 1994, Kap. III und V.

Gegensatz, falls polarisiert: inhaltlich bestimmte (›synthetische‹, gehaltvolle) versus inhaltlich un- oder unterbestimmte (analytische, tautologische, ›leere‹) Aussagen.

Merkmalsabstufung, falls skaliert: Informationsgrad.

Inhaltsbezogene Wissensmerkmale (= Inhaltseigenschaften): Realitätsbezug (Referenz), Informationsgehalt; Bestimmtheit und Unbestimmtheit als gehaltsvermehrende bzw. -vermindernde Faktoren; Exaktheit (inhaltliche Genauigkeit); Originalität (inhaltliche Neuheit des Informationsgehalts, Überraschung); Vollständigkeit; Erkenntnisfortschritt.

c) Geltungskomponenten des Wissens

Auszusagen und festzuhalten, was tatsächlich (bei faktischen Behauptungen) oder vorgeblich (bei Fiktionen) der Fall ist, stellt den menschlichen Wissensträger zumeist ebenso wenig zufrieden wie den Wissensnehmer (Adressaten, Zuhörer, Leser) und den mehr oder weniger neutralen Dritten im Publikum, welches oft als Schiedsrichter für Geltungsprüfung auf Glaubwürdigkeit herangezogen wird. Auch Geltungsansprüche brauchen eine Legitimationsgrundlage in Gestalt von Selbst- oder Fremdrechtfertigungen.

Auf den kognitiven Barwert diskontiert, handelt es sich bei der philosophisch besonders ausbaufähigen, oft geradezu ›luxurierenden‹ (im Sinne *Arnold Gehlens*) Geltungskomponente um epistemische Hilfsmittel zur Anspruchsverstärkung von Wissenspositionen. Funktional betrachtet, sind es sprachliche Begleitkommentare und intellektuelle Überbauten, denen die überkommenen Erkenntnislehren oft ein unverhältnismäßiges Übergewicht einräumen. Dann führen Geltungsfragen ein Eigenleben, mit teils krebsartigen Auswüchsen.

Das *Geltungsprofil des Wissens* ist besonders stark von der jeweiligen erkenntnistheoretischen Position abhängig, so daß es hier nur unverbindlich umrissen werden kann:

Dimension: Geltung.

Bandbreite, falls kontinuierlich: ungesichert, hypothetisch, fallibel versus gesichert, begründet, bewiesen (je nach Anforderungen).

Gegensatz, falls polarisiert: hypothetischer versus apodiktischer Geltungsanspruch; u. U. auch unsicher/sicher, un-/hochwahrscheinlich (im Sinne der Hypothesenwahrscheinlichkeit), fehlbar/dogmatisch (letzteres aufgrund von ›Übervertrauen‹), ungültig/gültig, wahr/falsch (als zugeschriebene Wahrheitswerte, deren endgültige Feststellbarkeit umstritten ist).

Merkmalsabstufung, falls skaliert: Geltungsgrad, zumeist allerdings nur qualitativ nach groben Maßstäben (niedrig, hoch) abstufbar als Bestätigungsgrad, Hypothesenwahrscheinlichkeit u. dgl.

Geltungsbezogene Wissensmerkmale (= Geltungseigenschaften): Sicherheit, Begründbarkeit bzw. Begründung, Beweisbarkeit, Rechtfertigung, Unwiderlegbarkeit, Unbezweifelbarkeit (zuweilen gesteigert bis zur Undenkbarkeit des Gegenteils = Evidenz); anstatt oder zusätzlich ›soziale‹ Geltungsattribute (Konsens, Akzeptierbarkeit); Falsifizierbarkeit (empirische Widerlegbarkeit).

2. Ein geschlossenes Einheitskonzept für höhere Wissensarten

›Wissen‹ im unverkürzten klassischen Sinne wäre demnach eine ausgeformte (propositionale), informative (nichtleere), wahre oder zumindest wahrhaftige, gewisse und gesicherte oder sonstwie hinreichend *geltungsverstärkte Behauptung* über die Beschaffenheit irgendwelcher realer oder fiktiver Gegenstände, Bereiche, Welten. Die sinngemäß verbundenen Form-, Inhalts- und Geltungseigenschaften werden dabei als eine kriteriologische Einheit verstanden, durch deren gemeinsame Erfüllung die durch ein höheres Maß an Rationalität, Reflexivität, Wissenschaftlichkeit u. dgl. qualifizierten Wissensarten ausgezeichnet und nach allen Seiten abgegrenzt werden. Idealiter sind das die höchstentwickelten Wissensarten, -teile und -bestände in der Welt des Wissens, ausgefaltet zu einem dicht bevölkerten Wissensraum.

Tatsächlich handelt es sich jedoch bei den zugeschriebenen Form-, Inhalts- und Geltungsmerkmalen nur in degenerierten Grenzfällen um zusammenhängende Eigenschaftsbündel eines geschlossenen, in sich stimmigen Einheitskonzepts. Von kontradiktorischen und tautologischen Sätzen abgesehen, deren Wahrheitswert logisch durch die Satzform determiniert ist, sind Form, Inhalt und Geltung voneinander unabhängig. Davon macht das noch zu erläuternde *Montagekonzept* des Wissens Gebrauch, um der Vielfalt der Wissensarten gerecht zu werden und um auch die nichtwissenschaftlichen Wissensarten einzubeziehen.

Im Rahmen des traditionellen Einheitskonzepts kommt diese weitgehende Unabhängigkeit und zumindest teilweise Gegenläufigkeit der drei Komponenten in unterschiedlichen Gewichtungen der Hauptkomponenten durch die jeweils dominierenden Forschungsansätze zum Ausdruck; meist zugunsten der luxierenden Geltungskomponente. Losgelöst vom psychologischen Unterbau der Denkweisen und der historischen Vielfalt der Wissensarten wird sie zum freischwebenden Überbau, der keine über die Philosophie hinausgehende Bedeutung hat. Das gilt bereits für die Wissenschaftstheorie, erst recht für die wissenschaftliche Forschung.

3. Lücken und Verzerrungen der traditionellen Problemstellung

Die klassische Triade ist einseitig und lückenhaft. Sie umfaßt weder die große Vielfalt der Wissensarten noch die ganze Fülle der Wissenseigenschaften.

Das eine geht vor allem zulasten der nichtwissenschaftlichen Wissensarten, das andere zulasten der natürlichen (›vorwissenschaftlichen‹) und technischen (künstlichen, rechenhaften, medialen) Wissenseigenschaften. Das Einheitskonzept kann die Größe des heutigen Wissensraums mit allen seinen Dimensionen und Positionen (Wissensarten und -eigenschaften) nicht annähernd ausschöpfen.

Die Überbetonung und logische Sicht der Formkomponente läßt die *›formlosen‹ Wissensarten* unter den Tisch fallen. Das betrifft implizites, unartikuliertes, nichtformuliertes, nichtdeklariertes, inkorporiertes (›verleiblichtes‹, z. B. gekonnte Fertigkeiten), unterrationalsiertes Wissen, im Alltag[9] wie in der Wissenschaft.[10]

Wegen ihrer zumeist schwach entwickelten Inhaltskomponente werden auch die weniger informativen Wissensarten nicht nur unterschätzt, sondern meist völlig außer acht gelassen. Das betrifft beispielsweise Mythen, Metaphern, Bildinformationen. ›Ein Bild sagt mehr als tausend Worte‹, lehrt das Sprichwort. Aber trotzdem informiert es in der Regel weniger (gegenständlich eingeschränkter) und schlechter (inhaltlich ungenauer) als eine allgemeine und exakte Theorie über größere Zusammenhänge.

Erkenntnistheoretisch am stärksten diskriminiert, bis zur völligen Ausgrenzung und Ignorierung, werden im klassischen Bezugsrahmen jedoch alle jene Wissensarten, welche die Geltungsfrage niedriger hängen oder völlig aussparen. Mit Ausnahme der Nachrichten gehören dazu die meisten technisierten, mediengetragenen Wissensarten, welche Informationen speichern, verarbeiten, übertragen ohne Rücksicht auf die – dafür oft gar nicht gestellte oder darauf nicht sinnvoll anwendbare – Wahrheits-, Gültigkeits-, Bedeutungsfrage. EDV ist diesbezüglich indifferent.

Das macht einerseits erhebliche gegenständliche Erweiterungen des Untersuchungsfeldes, andererseits konzeptuelle Modifikationen zur Dreikomponententheorie des Wissens erforderlich. Deshalb ist ein neuartiges Wissenskonzept erforderlich, welches der keineswegs nur technisch veränderten Wissenslage des Informationszeitalters gerecht wird.Die neue Wissenslage der Informationsgesellschaft erfordert anstelle eines Einheits- oder Systemkonzepts für eine homogene Klasse von gleichartigen oder wenigstens familienähnlichen Wissensarten ein variables Montagekonzept des Wissens, aus dessen Komponenten sich in unterschiedlicher Zusammensetzung das Grundmuster aller Wissensarten zusammensetzt.

III. Dreikomponententheorie des Wissens

1. Eine differentielle Wissenstheorie für alle Wissensarten

a) Gegenständliche Erweiterungen des Untersuchungsfeldes

In jüngster Zeit ist es zu wesentlichen Erweiterungen des potentiellen Untersuchungsfeldes gekommen, welche jedoch bis heute weder von den philosophischen Erkenntnislehren noch von den modernen Wissenschaftstheorien ihrer Bedeutung entsprechend berücksichtigt worden sind. Es handelt sich dabei insbesondere um die folgenden ›unvollendeten Revolutionen‹ der Wissenswissenschaften:

9 Zum weitgehend ›gedankenlosen‹ sozialen Alltagswissen vgl. Holz-Ebeling 1989, S. 87 ff et passim.

10 Zum ›stillen‹ Wissen in der Wissenschaft vgl. Polanyi 1964.

(1) Die eigentlich ganz natürliche Erweiterung der Wissenslage durch Einbeziehung des *impliziten und inkorporierten Wissens bzw. Könnens*, wie neuerdings (wieder, wenn man an *Platon*[11] denkt) bahnbrechend thematisiert im Werk von *Michael Polanyi.*[12] Das bringt die Implizit/Explizit-Dichotomie als Ausdrucks-, hier eigentlich Ausdrücklichkeits-Dimension, ins Spiel, die nicht in die klassische Triade einbezogen ist.

(2) Die wissenstechnische Erweiterung der Wissenslage durch die IuK-Technologien, mit hochtechnisierten, stark ›medial‹ geprägten Wissensarten. Zu nennen sind hier u. a.:

– die Unterscheidung von deklarativem und prozeduralem Wissen (obgleich diese teilweise auf einer anderen Ebene liegt, soweit es sich dabei um verfahrensmäßiges Metawissen ›über gegenständliches Weltwissen‹ handelt);

– die Einführung von vordem nur aus dem Objektbereich der Formalwissenschaften bekannten deterministischen Regelwerken (›Algorithmen‹) in die verarbeitenden, rechenhaften Wissenstätigkeiten;

– die Auftürmung von Informationsbergen aus Datenwissen von zumeist einfacher Beschaffenheit und schwacher Ordnung (nach Art parataktischer Listenwissenschaften), aber in größten Mengen als Massendaten zur unbegrenzten Speicherung, beliebigen Verarbeitung, leichten Vervielfältigung, schnellen Verbreitung.

(3) Die wissenspsychologische Erweiterung durch Einbeziehung der Metakognition, im Gefolge der Gedächtnis-, Gehirn- und Problemlöseforschung.

b) Konzeptueller Wechsel in der dritten Dimension

Für die im vorigen Abschnitt genannten teils neuen, teils aber auch alten Wissensarten hat die tradierte Erkenntnislehre, einschließlich der in diesem Punkt keineswegs moderneren Wissenschafttheorie, keinen Platz in ihrem triadischen Vorstellungsraum. Das klassische Systemkonzept bleibt dafür weitgehend verschlossen, weil es auf Wissensarten abgestellt ist, die Form, Inhalt, Geltung haben – sonst aber nichts, was nach tradierter Auffassung erkenntnismäßig zu Buche schlägt.

Außer acht gelassen werden dabei die Forschungsergebnisse der mit wissensbezogenen Kulturtechniken (Schrift, Druck, EDV) befaßten Ideen- und Gesellschaftsgeschichte hinsichtlich der diesbezüglichen primären und sekundären Technikfolgen. Dazu gehört insbesondere die erst im Informationszeitalter zur vollen Anerkennung gekommene Tatsache, daß Wissen auch irgendwie ›zum Ausdruck gebracht‹ muß, um überhaupt in Betracht gezogen werden zu können. Keimhafte Ideen, unbewußte Erwartungen, implizite Annahmen, verschwommene Bilder (Metaphern), stille Wissensbestandteile können ›ausdrücklich‹ gemacht, zuerst in Gedanken, dann in Worte gefaßt, schriftlich fixiert, druckmäßig vervielfältigt, global kommuniziert werden. In manchen Wissensbereichen gibt es zur Verstärkung der Ausdrücklichkeit und Festigkeit besondere Vorkehrungen und Verfahren, von der amt-

11 Vgl. Wieland 1982, Kap. 3 über propositionales und nichtpropositonales Wissen.

12 Vgl. Polanyi 1964, zusammenfassend Polanyi 1985.

lichen Beurkundung bestimmter Verträge bis zur juristischen Kodifizierung des ›gesatzten‹ Rechts.

Für die mit Fragen der Wissensrepräsentation in Wort, Bild und Druck, durch Mono- und Multimedien, befaßten IuK-Technologien ist das heute selbstverständlich. Es gilt aber bereits für die ältesten Kulturtechniken, von der Sprache (wenn man sie als artefaktlose ›Kulturtechnik‹ im weitesten Sinne bezeichnen darf) über die immer stärker artefaktgebrauchenden Kulturtechniken Schrift und Druck bis zu den modernen Wissenstechniken.[13]

2. Ein offenes Montagekonzept des Wissens

a) Ausdruckskomponenten des Wissens

Im wesentlichen lassen sich die oben aufgeführten zusätzlichen Wissensarten zur gegenständlichen Erweiterung eigenschaftsmäßig mit Hilfe einer *Ausdrucksdimension* des Wissens eingliedern. Die geschichtlich sukzessiven, heute koexistenten Artikulierungs-, Explizierungs- und Fixierungsprozesse spielen sich weitgehend in dieser Dimension des Wissensraumes ab. Technisiertes Wissen ist radikal expliziertes Wissen, dessen latente Bedeutungen und natürlichen Kontextbezüge durch die Eigenheiten der Dateneingabe und ›prozessierenden‹ statt interpretierenden Informationsverarbeitung abgeschnitten werden. Ansonsten verteilen sich ›prozessierbare‹ und ›mediatisierbare‹ Wissenseigenschaften des Daten- und Regelwissens auf technischen Trägersystemen auf alle drei Dimensionen der modernen Triade. Die Singularität oder Partikularität sowie die durch den niedrigen Generalisierungsgrad bedingte Theoriefreiheit des meisten Datenwissens (zum Beispiel als Einzelangaben über bestimmte Personen im Sinne der Datenschutzgesetzgebung) gehören zu den Formeigenschaften, die Bedeutungsarmut der aus umfassenderen Sinn- und Sachzusammenhängen herausgerissenen ›Erkenntnisse‹ (im Jargon der Sicherheitsdienste) sind Inhaltseigenschaften, die rigorose Standardisierung und weitgehende Visualisierung sind Ausdruckseigenschaften.

Für das *Ausdrucksprofil des Wissens* gelten folgende Parameter, in untechnischer oder hochtechnischer Ausprägung:

Dimension: natürlicher oder technischer Ausdruck.

Bandbreite, falls kontinuierlich: implizit/explizit bzw. unartikuliert/artikuliert; sinngemäß u. U. auch still/laut, latent/manifest; inkorporiert (d. h. ›leibgebunden‹ an menschliche Wissensträger)/exterritorialisiert (z. B. in eine Platonisch/Poppersche ›dritte Welt‹).

Gegensatz, falls polarisiert: implizites versus explizites Wissen.

Merkmalsabstufung, falls skaliert: Artikulations- oder Explizierungsgrad.

13 Zu diesen technologischen Durchbrüchen und den spezifischen Wissenseinflüssen der Medientechniken vgl. Leidlmair 1997.

Ausdrucksbezogene Wissensmerkmale (= Ausdruckseigenschaften): Ausgedachtheit, Artikuliertheit (Verbalisierung, u. U. Vertonung), Ausformuliertheit (Propositionalität), Explizitheit, Elaboriertheit, Visualisierung (mit Sichtbarkeit im wörtlichen und übertragenen Sinne).

b) Die moderne Wissenstriade ›Form, Inhalt, Ausdruck‹

Die modifizierte Wissenstriade *›Form, Inhalt, Ausdruck‹* unterscheidet sich von der alten durch den Wechsel in der dritten Dimension von den Geltungsanforderungen bzw. -eigenschaften zu Ausdruckmerkmalen. Diese sind im Verhältnis zu jenen weder funktionale Äquivalente noch Platzhalter, sondern für die Aufgaben des Wissensarten-Projekts geeignetere Alternativen zur Erfassung des gesamten Wissensbestands nach Arten und Eigenschaften. Die Ausdrucksdimension trägt dem entscheidenden Umstand Rechnung, daß es bei jeder Art von Wissen um die irgendwie zum Ausdruck gebrachte stellvertretende Wiedergabe (Darstellung, Modell, Simulation, Rekonstruktion, Repräsentation u. dgl.) von etwas geht,[14] über das dadurch in bestimmter Form Informationen geliefert werden – wie gesagt: zutreffende oder beliebig abweichende, sofern nur beim *Repräsentans* ein entsprechender Gegenstands-, Sachverhalts- oder Wirklichkeitsbezug zum *Repräsentandum* gewahrt bleibt. Die volle oder verkürzte Wahrheit kann damit verbunden werden, aber nur als Zusatzqualifikation mit zumeist unsicherer Erfüllung.

Die moderne Wissenstriade setzt nicht die Ausdrucksdimension *an die Stelle* der Geltungsdimension, sondern *beide an den richtigen Platz:* die eine in die Strukturmerkmale, die andere in die Zusatzanforderungen. Wahrheitswerte sind im Wissensbereich durch nichts ersetzbar, wenn es um die inhaltliche Richtigkeit des Informationsteils von Aussagen geht. Aber Wahrheit ist nicht immer und überall, weder als Tatsache noch als Forderung oder Wunsch. Vor allem aber sind zuschreibbare Wahrheitswerte keine fixierbaren oder gar invarianten Strukturmerkmale des Wissens, sondern kontingente Beziehungen zwischen Darstellung und Dargestelltem.

Die moderne Wissenstriade bezeichnet einen strukturierten Wissensraum für Wissenseigenschaften, welche allen Wissensarten zugeschrieben werden können. In diesem offenen Eigenschaftsraum – offen für wissensbezogene Zusatzbestimmungen zum Zwecke der weiteren Differenzierung und höheren Qualifizierung – lassen sich alle Wissensarten verorten, wenn auch über die strukturelle Typisierung hinaus nicht in jedem Einzelfall mit ausreichender individueller Kennzeichnung und trennscharfer Differenzierung, wie die folgenden Strukturbeschreibungen zeigen.

14 Darin stimme ich voll mit der diesbezüglichen Repräsentationsthese von Lenk 1993, S. 18, überein, ohne damit jedoch die m. E. übergeneralisierten Theoreme des radikalen Konstruktivismus zu übernehmen, denen zufolge alles Erkennen – nichts als!? – Interpretation und Konstruktion sei, und diese ihrerseits Handlungscharakter hätten.

c) Triadisches Beschreibungsschema zur kognitiven Wissensdiagnose und systematischen Wissenstypologie

Mit dem erläuterten Montagekonzept verfügt eine darauf aufbauende Wissens- bzw. Erkenntnistheorie über ein geeignetes Wissenskonzept und methodisches Instrumentarium für alle erforderlichen Untersuchungen, deren nächste Schritte sind:

Erstens die grundlegende *strukturelle Kennzeichnung* jeder Wissensart mit Hilfe eines triadischen Beschreibungsschemas, welches als Ergebnis einer dreistelligen kognitiven bzw. vierstelligen epistemischen Komponentenanalyse die einfachen, nicht unbedingt einzigartigen Strukturmuster (›Wissensmuster‹) diagnostiziert;

Zweitens darauf aufbauend eine *systematische Typologisierung* der vielfältigen Wissensarten durch Gruppierung nach maßgeblichen Wissenstypen für bestimmte Wissensgruppen;

Drittens anschließende *komparative Untersuchungen* des Wissenswandels auf mehreren Analyseebenen.

Dafür wird folgender methodischer Ansatz gewählt: Im dreidimensionalen Wissensraum läßt sich jede Wissensart durch spezifische Koordinaten bzw. Parameter lokalisieren. Das Beschreibungsschema für die Strukturbestimmung der Wissensarten entspricht den *Abbildungssätzen (›mapping sentences‹)* der Facettentheorie.[15] Als Hauptparameter dienen die polarisierten, ggfs. skalierbaren Merkmale (Items bzw. Facetten) der drei Wissenskomponenten bzw. Dimensionen des Wissensraums, mit folgenden Codierungen:

- in der FORMDIMENSION der Allgemeinheitsgrad mit den polaren Ausprägungen partikular (Code 0)/generell (Code 1);
- in der INHALTSDIMENSION der Informationsgrad mit den polaren Ausprägungen nichtinformativ, informationsschwach (0)/hochinformativ (1);
- in der AUSDRUCKSDIMENSION der Artikulationsgrad mit den polaren Ausprägungen impizit (0)/explizit (1).

Aus Platzgründen bleibt es hier bei der rigorosen Vereinfachung auf 8 Grundmuster, unter vorläufigem Verzicht auf Zwischenstufen (für ›mittlere‹ Merkmalsausprägungen) und Bestimmungsschwierigkeiten (bei undefinierten oder stark streuenden Merkmalen).

Unter diesen Voraussetzungen ergeben sich 2 hoch 3 Grundmuster, deren Tripel (Struktupel mit drei Facetten und der Einfachheit halber nur je zwei Merkmalsausprägungen) folgende theoretisch ausdifferenzierbare *Wissensmuster* angeben:

(1) Wissensmuster 000 der Merkmalskombination partikular/nichtinformativ/implizit

Beispiel: ›dunkle‹ Ahnungen; besondere Intuitionen; unterschwellige Werbung.

(2) Wissensmuster 001 partikular/nichtinformativ/explizit

Beispiele: Allegorie; fallbezogenes Orakel unklaren Inhalts; Desinformation (politsche Propaganda).

15 Vgl. Borg und Shye 1995, Kap. 5; einführend Borg 1992.

(3) Wissensmuster 010 partikular/informativ/implizit
Beispiele: konkrete praktische Fertigkeiten im Sinne unbewußten Könnens (›know how‹ auf ›gedankenloser‹ Verhaltens- statt artikulierter Theoriebasis); Geninformation (dem Erbträger unbekannt).

(4) Wissensmuster 011 partikular/informativ/explizit
Beispiele: Befehle (als detaillierte Handlungsanweisungen); Zeitungsnachrichten über Einzelereignisse (›News‹, Sportbericht); Chronik, Protokoll Tagebuch; vorgriechische ›Listenwissenschaft‹ (im Gegensatz zur griechischen Theorienwissenschaft) und moderne Datenwissenschaft (fall- und personenbezogenes Datenwissen mit ›Einzelangaben über persönliche oder sachliche Verhältnisse einer bestimmten oder bestimmbaren Person ...‹ im Sinne der Legaldefinition im § 3 des Bundesdatenschutzgesetzes vom 20.12.1990).

(5) Wissensmuster 100 generell/nichtinformativ/implizit
Beispiele: unausgesprochene Vorurteile, vage umfassende Ideologien; mystisch-metaphysische Weltbilder.

(6) Wissensmuster 101 generell/nichtinformativ/explizit
Beispiele: tautologische Leerformeln, appellative inhaltslose Generalklauseln wie ›Jedem das Seine‹; formalwissenschaftliche Theorie als empirisch ›leerer‹ Kalkül (uninterpretierter Formalismus).

(7) Wissensmuster 110 generell/informativ/implizit
Beispiele: Hintergrundphilosophie; ›genialisches‹ Expertenwissen; suggestive Bildinformation (›ein Bild sagt mehr als tausend Worte‹, aber nicht ausdrücklich!).

(8) Wissensmuster 111 generell/informativ/explizit
Beispiele: erfahrungswissenschaftliche Theorien mit nomologischen Hypothesen.

Zur Weiterführung dieses Ansatzes wären als nächstes erforderlich:

Erstens eine umfassende Bestandsaufnahme der Erscheinungsformen des Wissens nach Art und Struktur, Entstehung und Eingliederung in bestimmte Wissensunternehmen (z. B. Wissenschaft, Journalismus), Stellenwert und Beitrag zur gesellschaftlichen Wissenslage.

Zweitens eine möglichst genaue Positionierung im Wissensraum der Gesellschaft gemäß den ›Koordinaten‹ jeder Wissensart.

Drittens systematische Typologisierung der Grundmuster (Wissensmuster) nach strukturellen Ähnlichkeiten (Wissenstypen).

Je mehr Wissensarten (deren ständig wachsende Anzahl bereits dreistellig ist) gemäß ihrem Grundmuster im Wissensraum positioniert werden, desto deutlicher zeichnen sich bestimmte Gruppierungen mit übereinstimmendem oder stark überschneidendem (in zwei von drei Strukturmerkmalen) Wissensmuster ab. Wenn sich die für mehrere, möglichst breit verteilte Wissensarten ermittelten ›Muster‹ sinnvoll als Charakteristum bekannter Wissensparadigmen interpretieren lassen, wäre zumindest der Versuch angebracht, die strukturgleichen bzw. familienähnlichen Wissensarten als eigenen *Wissenstyp* aufzufassen.

Was sich in dieser Hinsicht jetzt schon abzeichnet, sind Ballungen ganzer Gruppen von Wissensarten an deutlich ausgeprägten Schwerpunkten des Wissensraums. So kann man beispielsweise bei den Anlagerungen zu den Struktupeln 000 und 001 von *doktrinlosen*

(d. h. ohne festen Inhalt), zum Struktupel 001 von *berichts- oder erzählartigen,* zum Struktupel 101 von *prinzipienartigen*, zum Struktupel 111 von *theorieartigen Wissensarten sprechen.*

Viertens die Verbindung mit bestimmten Wissen*sstilen* (additiv-summativ versus theoretisch, generalisierend) und *Wissenschaftsalternativen* (Listen- und Theorienwissenschaft, einschließlich moderner Spielarten des Informationszeitalters).

IV. Die 3+1-Formel des Wissens: Zusatzerfordernisse für qualifizierte Wissensarten

1. Wissenseigenschaften für die Zusatzausstattung

Epistemische Qualifizierungsmerkmale und wissenschaftstheoretische Gütemaße sind bis jetzt bewußt ausgelassen worden. Sie sind keineswegs unwichtig, haben aber ihren Stellenwert nur als zusätzliche Merkmalszuschreibungen. Sie sind keine kognitiven Strukturmerkmale, sondern epistemische Zusatzqualifikationen von oft zweifelhaftem Wert (philosophischer ›Geltungsschwanz‹ der Begründungsprogramme, soziale Argumentationsspiele der Diskurslehren; psychologisches Übervertrauen des unreflektierten ›festen Glaubens‹; ideologischer Dogmatismus*)*.

Jetzt geht es um die Geltung und Güte des Wissens. An dieser Stelle, auf der erläuterten Grundlage, kann nun die bei der kognitiven (d. h. epistemisch neutralen, nicht wertenden) Wissensanalyse zurückgestellte Geltungskomponente ins Spiel gebracht werden. Jetzt geht es um die Geltung und Güte des Wissens, bezogen auf die Art und die konkrete Ausgestaltung.

Die Geltungskomponente wird nach der 3+1-Formel eingeführt, d. h. als vierte Stelle des um Qualifizierungsmerkmale und Gütemaße erweiterten Beschreibungsschemas. Das dreistellige *kognitive Strukturschema* wird mit dem vierten Faktor zum *epistemischen Urteilsschema*, die differentielle Wissenstheorie zur *evaluativen Erkenntnistheorie* weiterentwickelt (möglicherweise auch rückentwickelt, falls sich einige der großen, hier nicht diskutierten Schwierigkeiten des vierten Schritts als unüberwindlich oder kontraproduktiv erweisen sollten).

Epistemische Attribuierungen dieser ›vierten Dimension‹ sind zum Beispiel: Wahrheit (genauer: Wahrheitswert-Zuschreibungen), Sicherheit, Wahrscheinlichkeit etc. Das sind im Gegensatz zu den Strukturmerkmalen der Allgemeinheit, des Informationsgehalts usw. keine festen Aussageneigenschaften, sondern je nach Erkenntnislehre standpunktrelative *epistemische Zuschreibungen mit letztlich evaluativer Funktion.* Die Grenzen zwischen mehr oder weniger passenden Überbauten und freischwebenden Epistemologien ist fließend.

2. Erweitertes Beschreibungsschema für epistemisch evaluierte Wissensarten

Wenn man über dreistellige Beschreibungen hinausgeht und zur Qualifizierung der Wissenstypen epistemische Merkmale hinzugefügt, wird die Anzahl der Strukturmuster (Profile, Typen) zwar nicht vermehrt, aber durch zusätzliche Merkmalszuschreibungen genauer charakterisiert, unter Umständen sogar überdeterminiert.

Dazu dient in der herkömmlichen Erkenntnislehre nach der Drei-plus-eins-Formel die GELTUNGSDIMENSION mit den vorherrschenden Ausprägungen hypothetisch/apodiktisch (begründet, bewiesen, gerechtfertigt, unbezweifelbar etc.) für den Geltungsanspruch bzw. Gewißheitsgrad.

(1a) Evaluationsprofil 0000 der Merkmalskombination partikular/nichtinformativ/implizit/hypothetisch

(1b) Evaluationsprofil 0001 der Merkmalskombination partikular/nichtinformativ/implizit/apodiktisch

...

(8a) Wissensevalution 1110 generell/informativ/explizit/hypothetisch
Beispiel: erfahrungswissenschaftliche Theorien nach der Deutung des Kritischen Rationalismus.

(8b) Wissenstyp 1111 generell/informativ/explizit/apodiktisch
Beispiel: erfahrungswissenschaftliche Theorien nach der Deutung des Exhaustionismus (*Hugo Dingler*); teilweise auch beim Konventionalismus (*Pierre Duhem*).

3. Wissensmodi für Standard- und Grenzfälle

Für die Verbindung der drei bzw. vier Komponenten im Rahmen eines Montagekonzepts gelten folgende Arbeitshypothesen:

(1) Logische Unabhängigkeit der Hauptkomponenten
Die Merkmalsgrade können unabhängig voneinander variieren. Starke Merkmalsausprägung schlägt nicht unbedingt auf die anderen Merkmale durch. Das heißt: Explizitheit des Wissens, zum Beispiel in der ausformulierten Sprachform einer Proposition, impliziert keineswegs (semantischen, empirischen) Informationsgehalt; dieser nicht (faktische) Geltung. Umgekehrt schließt Fiktionalität Informationsgehalt nicht aus, im Sinne ausgeschlossener Positionen in einem Möglichkeitsraum. Nichtleere Fiktionen informieren über mögliche Welten.

(2) Praktische Kombinierbarkeit zu kognitiven Strukturmustern
Die Kombination der Merkmale erzeugt die erläuterten Strukturmuster, ohne deren empirische Erfüllung durch vorfindliche Wissensarten zu garantieren. Obgleich die Befunde dagegen sprechen, könnte es sich im Einzelfall um nicht realisierte, ja sogar ›unmögliche‹ Wis-

sensmuster handeln. Es sieht so aus, als gäbe es zumindest für die 8 Standardprofile genügend Realisierungsfälle, größtenteils mit Mehrfachbelegung.

(3) Zu den weiteren Differenzierungsmöglichkeiten im Rahmen des Montagekonzepts zählt die Möglichkeit der unterschiedlichen Gewichtbarkeit bestimmter Komponenten zulasten anderer. Es gibt folglich form-, inhalts-, ausdrucks- und geltungsdominierte Wissensmodi. Die Gewichtungsmöglichkeit kann bis zum degenerierten Grenzfall des völligen Wegfalls aller Komponenten führen bis auf die eine, auf die – mehr oder weniger willkürlich – alles Gewicht gelegt wird, je nach epistemischem Imperativ. Wie es in der modernen Kunst gegenstandslose Malerei gibt, so gibt es in der Erkenntnislehre inhaltslose Geltungszuschreibungen (zum Beispiel für tautologisierte Theorien).

Diese ›Montiermöglichkeiten‹ stecken den Raum ab für alternative Wissensmodi im Standard- oder Grenzbereich.

Zu den praktisch bedeutsamen Standardmodi, die unbeschadet der unterschiedlichen Gewichtung keine Komponente völlig außer acht lassen, gehören meines Erachtens:

– der *wissenschaftliche Behauptungsmodus* gemäß fachlichem Forschungsimperativ und methodischem Falsifikationspostulat: allgemeine oder besondere ausformulierte Aussagen, mit empirischem Informationsgehalt und hypothetischem Geltungsanspruch;

– der *subjektiven Meinungsmodus* gemäß demokratischem Verfassungsimperativ: freie Meinungsäußerung unter starker Betonung der egozentrisch interpretierten Geltungs- und Ausdruckswerte, unter Zurückdrängung von (unwissenschaftlicher) Form und (oft unzutreffendem) Inhalt;

– der *dichterische Fiktionsmodus* gemäß ästhetischem Kreativitätsimperativ: Betonung von ästhetischer Form und dichterischem Ausdruck, unter Suspendierung der buchstäblichen Geltungs- und empirischen (›realistischen‹) Inhaltskomponente;

– der *kollektive Glaubensmodus* gemäß (meistens) religiösem Imperativ: umfassende aber meist wenig informative ›Bekenntnisse‹ mit apodiktischem, nicht zur Disposition gestelltem, mehr oder weniger dogmatischem Geltungsanspruch.

Am Rande oder völlig außerhalb stehen mit ihren höchst einseitigen Gewichtungen u. a.:

– der *certistische Begründungsmodus* gemäß einem epistemischen Geltungsimperativ, welcher unter der Dominanz verselbständigt Gewißheitsforderungen und Begründungsverfahren von der inversen Beziehung zwischen Informationsgehalt und Hypothesenwahrscheinlichkeit Gebrauch macht, zum Beispiel nach der *Dingler*schen Exhaurierungsmethode;

– der *wissenstechnische Prozessierungsmodus*, für den die inhaltsfreie, geltungsindifferente Informationsverarbeitung (›information processing‹) Vorrang hat vor allen Wissenswerten und Qualitätsmaßstäben;

– der *medienkommunikative Verbreitungsmodus* unter dem Einfluß des Sichtbarkeitsimperativs der Massenmedien für Unterhaltung und Werbung, um durch größtenteils nichtkognitive Blickfänger (im wörtlichen und übertragenen Sinne) die knappe Aufmerksamkeit der informationell überfluteten Rezipienten zu erlangen.

Was man in der Philosophie üblicherweise ›Erkenntnis‹ nennt, erweist sich nach dieser Diagnose als geltungsdominiertes Wissen; die ›Kognitionen‹ der Wissenspsychologie sind subjektgebundenes meinungsdominiertes Wissen, die ›Informationen‹ der Informatik technikdominiertes deklaratives Weltwissen oder prozedurales Verfahrenswissen. Die Wissensdiagnose kann so die Einseitigkeiten mancher Wissensimperative gebührend herausstellen.

V. Wissenswandel im Informationszeitalter

1. Untersuchungsebenen für die Erfassung des Wissenswandels

Der derzeitige, stark technisch bedingte Wissenswandel im Bereich der Wissensarten und Wissensaktivitäten vollzieht sich auf vier Ebenen:[16]

Erstens auf der Ebene der Wertungen bzw. Wertorientierungen als *Wandel der maßgeblichen Wissenswerte.*

Zweitens auf der Ebene der Regeln als *Rationalitätswandel und Normenwechsel,* zum Beispiel als De- und Reregulierung der Wissenschaft mit Hilfe von Methodiken.

Drittens auf der Ebene der Prozesse als *Funktions- und Vollzugswandel*, in Gestalt von ›performativen‹ Änderungen der Abläufe bei den Wissensaktivitäten (Ideenbildung, Theoriekonstruktion, Prüfungsverfahren etc.).

Viertens auf der Ebene der Resultate als *Ergebniswandel*, zum Beispiel durch Datenakkumulation auf niedrigem Abstraktions- und Generalisierungsniveau anstelle systematischer Erkenntnisfortschritte ›von falsifizierter Theorie zu verbesserter Theorie‹.

Darüber hinaus verursacht die im vollen Gange befindliche ›elektronische Revolution‹ (Computerisierung, Informatisierung) tiefgreifende Veränderungen in der menschlichen Erkenntnislage, mit teils dramatischen Verbesserungen der Erkenntnismöglichkeiten, allerdings nicht bei allen Wissensaktivitäten.

2. Tendenzhypothesen zum gegenwärtigen Wissenswandel

Da es keine immer und überall maßgebliche ›herrschende Wissensart‹ gibt, kann es auch nicht zu einem durchgängigen, einheitlichen Wertewandel des Wissens kommen. Deshalb lautet die erste These zum Wissenswandel: *Es gibt keinen globalen Wissenswandel, wohl aber viele, sehr verschiedenartige Wechselfälle des Wissens!*

16 Nähere Beschreibung der vier Analyseebenen und den dadurch eröffneten systematischen Vergleichsmöglichkeiten bei Spinner 1985, S. 29 ff.

Unter dieser Voraussetzung gelten für den Wissenswandel auf den genannten vier Ebenen folgende Tendenzhypothesen:

a) Werteebene: Hypothesen zur Umwertung der Wissenswerte

(1) Die erste Umwertung der Wissenschaft durch die fallibilistische Revolution der Erkenntnis- und Wissenschaftslehre

Mit dem Siegeszug der modernen Wissenschaftstheorie in der Nachkriegszeit gab es, insbesondere unter dem Einfluß der *Popper*schen Philosophie, einen ersten Wertewandel durch die sogenannte fallibilistische Revolution, welche die tradierte ›certistische Tendenz‹ (von *Platon* über *Descartes* bis *Dingler*) durch die Hypothesenauffassung der erfahrungswissenschaftlichen Erkenntnis ersetzte.

Unbeschadet einiger Abschwächungen und Relativierungen (durch *Thomas S. Kuhn, Paul Feyerabend* u. a.) ist es im wesentlichen dabei geblieben. Die alte ›Sicherheitsphilosophie‹ des Wissens ist tot. Dieser Traum ist ausgeträumt.

Die wichtigste praktische Konsequenz liegt im Zurücktreten der demnach unheilbar problematischen epistemischen Geltungswerte (Wahrheit, Geltungssicherheit, Hypothesenwahrscheinlichkeit) gegenüber dem Informationswert (semantischem bzw. empirischen Informationsgehalt) wissenschaftlicher Theorien.

(2) Die zweite Umwertung der gesamten Wissenswelt durch die elektronische Revolution der IuK-Technologien

Zur Zeit ist die elektronische, neuerdings digitale Revolution im vollen Gange. Damit ist ein noch viel fundamentalerer, vor allem aber nicht auf die Wissenschaft(stheorie) eingeschränkter Wandel der Wissenswerte eingeleitet. Dieser führt noch weiter weg von der traditionellen Geltungsfrage des Wissens, welche bei den technikgestützten Wissenstätigkeiten und Kommunikationsprozessen fast keine Rolle mehr spielt, in Richtung auf die form- und ausdrucksbezogenen Wissenswerte der Wissensakkumulation und Wissensrepräsentation, der Verarbeitung, Verbreitung, Verfügbarkeit, Sichtbarkeit.

Die wegweisenden neuen Wissenswerte des Informationszeitalters betreffen mehr die *Form- und Ausdruckkomponenten* sowie die ›medialen‹ Eigenschaften der neuen, hochtechnisierten Wissensarten. Diese begünstigen eine Mengenstrategie der Anhäufung von Einzelheiten, d. h. von Einzelangaben über kleinste Realitätspartikel. Der durchschnittliche Generalisierungsgrad nimmt rapide ab, während der Akkumulationsgrad ebenso stark steigt.

Das sichtbare Ergebnis sind Informationsberge aus Wissen der besonderen Art, von geringer Güte, aber in größter Menge. Die Untersuchung dieser Wissenslager wird damit zu einer Aufgabe der Philosophie, die sich dafür erst die Konzepte und Instrumente erarbeiten muß.[17]

Damit verbunden ist bei der Ausdruckkomponente der technisch bedingte Zwang zur Explizitheit.[18] Was nicht explizit in den elektronischen Speicher eingegeben wird, ist nicht

17 Dazu programmatisch Spinner 1988 bzw. 1997.

18 Auf die zunehmende Explizitheit bezieht sich auch die Leidlmairs Dissozierungshypothese (a. a. O.) von Wissensinhalt und Wissensträger, von Symbol und Subjekt.

drin. *Polanyis* These vom ›stillen‹ persönlichen Wissen gilt nicht für technische Wissensträger.

b) Regelebene: Hypothesen zur Umsteuerung der Wissensverarbeitung

(1) Reregulierungshypothese der Algorithmisierung
Die Wissenstechniken haben im Zuge der Algorithmisierung der Wissensverarbeitung zumindest auf diesem Feld die ›weichen‹, ergebnisoffenen Regelwerke der herkömmlichen Methodologien durch ›harte‹ Regelwerke ersetzt, deren Ergebnisdeterminierung allerdings nicht mit inhaltlicher Richtigkeit verwechselt werden darf.

Das betrifft im wesenlichen die Wissenstätigkeiten der Dokumentengruppe, teils auch der Verbreitungsgruppe, am wenigsten diejenigen der Wissenschaftsgruppe.

Auf dieser Ebene liegt auch die *Elzinga-Hypothese* der Kriterienverschiebung.

(2) Deregulierungshypothese der Wissenserzeugung
Während die Wissensverarbeitung mit modensten technischen Mitteln rereguliert wird, ist eine gegenläufige Deregulierung der Wissenserzeugung im Gange. Hauptursache dafür ist der Einfluß postmoderner Theoreme gegen den überkommenen ›Methodenzwang‹ (*Paul Feyerabend*) und der damit verbundene ›Abschied vom Prinzipiellen‹ (*Odo Marquard*).

c) Prozeßebene: Hypothesen zur technischen Verbesserung der prozessierenden, Stagnation der evaluierenden Wissensfunktionen

(1) Verbesserungshypothese der reproduzierenden Wissenstätigkeiten
Im Rahmen der gesamten Wissensarbeitsteilung wird die Leistung der Funktionsgruppen mit den sammelnden, speichernden, verarbeitenden Wissensaktivitäten dramatisch verbessert, während die aufklärerischen und kritischen Gegengewichte davon kaum profitieren.

(2) Stagnationshypothese der erzeugenden und bewertenden Wissenstätigkeiten
Von der Unterstützung durch die Wissenstechniken kaum profitieren können allerdings die wissenschaftliche Kerntätigkeiten der Theoriebildung und Hypothesenprüfung, der Voraussage künftiger Entwicklungen sowie der Bewertung kontroverser Erkenntnisse. Die ›schöpferischen‹ Wissenstätigkeiten halten mit der wissenstechnischen Entwicklung nicht Schritt.

Die fortdauernde Prognoseschwäche schmälert die Anwendbarkeit des Wissens, die Bewertungsunfähigkeit behindert den ethischen Diskurs. Das setzt u. a. der prognostisch-evaluativen Technikfolgenforschung enge Schranken.

d) Resultatebene: Hypothesen zur Umstilisierung der Wissenschaft und Schwerpunktverlagerung zum Datenpol

Zu den Resultaten dieser Entwicklungen zählen zunächst einmal die Wissensergebnisse selbst bei den jeweiligen Wissensarten (erste Resultathypothese zugunsten des Datenwissens);

sodann die eventuellen Änderungen des Wissensstils oder der vorherrschenden Wissenschaftsalternative (zweite Resultatshypothese zugunsten des Additiven Wissensstils);

schließlich ein Regimewechsel der gesellschaftlichen Ordnung im Kräftedreieck von Rechts-, Wirtschafts- und Wissensordnung (dritte Resultathypothese zugunsten einer zunehmend globalisierten ›universellen Ökonomie‹).

(1) Akkumulationsthese des Wissenswachstums und Verschiebung des kognitiven Schwerpunkts zum Datenpol

Die Wissenstechniken fördern durch ihre praktisch unbegrenzte Speicher-, Verarbeitungs- und Verbreitungskapazitäten, bei gleichzeitiger Verfügbarkeit der Bestände, die weit überdurchschnittliche Zunahme des Datenwissens.

Verbunden damit ist als wissensideologische Begleiterscheinung die vor allem im außerwissenschaftlichen Bereich (Politik, Verwaltung, Massenmedien) verbreitete Tonnenideologie, d. h. der Vorrang der Quantitätsfrage des angehäuften Wissensschatzes vor der Qualitätsfrage der Wissensgüte. Ein Indikator dafür ist die von den Datenschutzbeauftragten beklagte Sammelwut der Behörden.

(2) Umstilisierungshypothese der Wissenschaft in Richtung auf einen technikgestützten Additiven Wissensstil

Die Wissenstechniken geben dem enzyklopädischen Programm einer modernen Listenwissenschaft eine realistische technische Grundlage, unter Aufhebung der sie früher verunmöglichenden Kapazitäts- und Verarbeitungsgrenzen der Natürlichen Intelligenz. Das macht erstmals in der Ideengeschichte die Verwirklichung des *enzyklopädischen Wissensprogramms* möglich, wie es in den dreißiger Jahren im Wiener Kreis von *Otto Neurath* propagiert wurde, dem aber die technischen Möglichkeiten zu seiner Realisierung fehlten.

Die moderne Datenwissenschaft ist, unbeschadet ihrer technisch-naturwissenschaftlichen Grundlagen, die ›großgeschriebene‹ Listenwissenschaft des Informationszeitalters.

Literaturverzeichnis

Borg, I.: *Grundlagen und Ergebnisse der Facettentheorie*, Bern u. a. 1992.

Borg, I. und Shye, S.: *Facet Theory*, Thousand Oaks, London, New Delhi 1995.

Elzinga, A.: *The Historical Transformation of Science with Special Reference to ›Epistemic Drift‹* (in diesem Band, 1997).

Holz-Ebeling, F.: *Alltagspsychologisches Denken*, Heidelberg 1989.

Iser, W.: *Das Fiktive und das Imaginäre*, Frankfurt am Main 1991.

Leidlmair, K.: *Technisierungsschübe und Wissenswandel* (in diesem Band, 1997).

Lenk, H.: *Interpretationskonstrukte*, Frankfurt am Main 1993.

Polanyi, M.: *Implizites Wissens*, Frankfurt am Main 1985.

Polanyi, M.: *Personal Knowledge*, 2nd rev. ed., New York und Evanston 1964.

Popper, K. R.: *Logik der Forschung*, 10., verb. Aufl., Tübingen 1994.

Spinner, H. F.: *Das ›wissenschaftliche Ethos‹ als Sonderethik des Wissens*, Tübingen 1985.

Spinner, H. F.: *Die Besteigung des Informationsbergs als neue Aufgabe der Philosophie im Verbund aller Wissenswissenschaften*; in: Zs. für allgemeine Wissenschaftstheorie, Bd. 19, 1988, S. 328-347; überarb. in Spinner, H. F.: Die Architektur der Informationsgesellschaft, Bodenheim: Philo-Verlag, 1997.

Spinner, H. F.: *Die Wissensordnung – Ein Leitkonzept für die dritte Grundordnung des Informationszeitalters*, Opladen 1994.

Spinner, H. F.: *Der ganze Rationalismus einer Welt von Gegensätzen – Fallstudien zur Rationalitätstheorie der Doppelvernunft*, Frankfurt am Main 1994 a.

Wieland, W.: *Platon und die Formen des Wissens*, Göttingen 1982.

Wille, R. und Zickwolff, M., Hrsg.: *Begriffliche Wissensverarbeitung*, Mannheim u. a. 1994.

AANT ELZINGA

The historical transformation of science with special reference to "Epistemic drift"

Introduction

Traditionally the theory of science has been rather internalistic. That is, it has been concerned with the logical structure of theories, the nature of explanation, or the relationship between hypothesis and evidential support. Even Thomas Kuhn's book on *The Structure of Scientific Revolutions*, which together with Karl Popper's *The Logic of Scientific Discovery* opened up a discourse on theory change and growth of scientific knowledge, remained internalist. For Kuhn theory dynamics made reference to the social dimension, yes, but only the restricted one of scientific communities. Such communities are represented as struggling to cope with anomalies, and their perspectives at any one point in time are assumed to be undisturbed by social changes outside the groups of inquirers. Society at large, state or commercially driven research policies, military industrial complexes in which scientists might happen to work, all these are passed by in silence. Therefore the question as to whether externalities in institutional motive of science can induce theory change does not even arise.

Yet, when we ask about the transformation of science, this cannot always be a question posed in the absence of some account of transformations in society at large. That is where the funding that sustains science comes from, that is where policy goals are negotiated, and that is also where some deeply ingrained metaphors and images of science and its relationship with society originate. This can be seen in the recent discussion of the notion of a social contract of science, an issue to be explored later in this text.

In general, as suggested by the theme of the present colloquium, transformations may be perceived to take place in parallel in several different, but related planes or dimensions: i. e., in political value systems, in motives for doing science, in forms of knowledge, research supporting technologies, as well as in values, norms and preferred methodologies in science itself. In what follows some of the complexities of these multifold dimensions will be considered more closely, making reference to empirical studies. The point of departure is in what might therefore be called an attempt at social epistemology, i. e., seeking to trace reciprocities between forms of knowledge and social contexts. In a post-Kunian mode of analysis what becomes interesting is just this, reciprocities and resonances between the different dimensions.

It will be argued that transformations in society generate transformations in science, not directly but rather indirectly through changes in general outlook, central sets of values, like those associated with an ethos in scientific practices, organisational changes, impacts of policy-making, as well as changing methodologies, and structures and contents of fields of research. This will be illustrated by reference to a variety of empirical indications, historical as well as contemporary in the domain of science policy.

Policy for science, or science for policy?

The German finalization theorists tried to extend Kuhn's paradigm theory to be able to deal with the kinds of externalities that need to be considered in our approach. They did so by postulating the possibility of patterns differing from normal science at two levels, the sociological and the espistemological. At the sociological level they introduced the notion of what has come to be known as hybrid research communities. These differ in their social relations and loyalties (ethos) from disciplinary academic research communities. Instead of integrating around disciplinary matrices, they are taken to orient themselves towards the goals of external agencies that give them their mandates and funding.[1] Consequently their reputational structures and career patterns are also taken to differ from that of the academic system. Among other they are marked by a stronger element of inter-disciplinarity and orientation towards externally defined problem sets. Still, practitioner problems, if they are to be taken up in scientific communities, require translation to researchable problems as defined by existing discourses. This means they need to be epistemically transformed for entry into the discourses of either hybrid or disciplinary research communities.

Empirical evidence of these processes could be found for this in Sweden in the 1970's when socially mandated sectoral funding, which, emanating from various ministries of government as part of their policy implementation via state agencies, grew to enormous proportions.[2] This changed the social and cognitive landscape of academic science, and to some extent also the conditions of research in ways that were detrimental to basic research. The creation of new research networks and communities of a hybrid kind at university departments became prominent. Thus one got a development of a dual system of on the one hand traditional disciplinary communities and on the other a parallel set of hybrid research communities crisscrossing and sustained by external sectoral funding. Whereas the disciplinary communities had their loyalties largely oriented towards the academic system, its career structure, values and preferred mode of knowledge production, as well as concomitant procedures for quality control, the hybrid communities for their part tended to be stimulated to put societal relevance criteria to the fore and their loyalties were frequently closer to the institutional motives of the sectoral funding agencies.

Now in and of itself no one disagreed that university research ought to be relevant to societal goals, such as those in a welfare state. The question was how, whether by allowing researchers to follow their own noses in the old autonomy mode or whether organisational and administrative or budgetary steering mechanisms were needed and could ensure greater

1 van den Daele et. al. 1976 and 1977.
2 Elzinga 1980.

relevance to external mandates. Since then a globalisation trend has reinforced this pressure in the direction of commercial interests, with significant consequences for the mode of production of scienctific knowledge.[3] In the eyes of the advocates of traditional academic values the loyalties to the academic system and with it the mechanisms of traditional quality control were being eroded.

Empirical studies in some respects confirmed this concern. Rhetoric in the science policy arena helped reinforce it further. Thus Sverker Gustavson, a political scientist influenced by Don Price's image of pure science speaking truth to power,[4] from his position as Deputy Minister of Education with a science portfolio, spoke of the universities being turned into hotels, where externally funded project researchers booked in from time to time, while the universities supplied the towels, soap and what-have-you. Externally funded project researchers assumed no responsibility for undegraduate teaching or graduate training. The image of the hotel polarised and reinforced countervaling identities on both sides of the faculty funded/sectorally funded divide. It was this schism and the debate around it, which bascially concerned money flows, that in the early 1980's, led to my looking at various relevance and accountability pressures on research communities. In the course of this I developed some of the concepts introduced into science policy studies by the German finalization theorists earlier.[5]

Politics and epistemology of science

At the epistemological level the finalization theorists postulated that theories can become mature, whereafter there is no internal dynamic pressure for further development.[6] Thence the community of investigators is supposed to be both socially and cognitively more open to external steering than comparable disciplinary communities whose theories are in the process of strong internal development and innovation. This maturation and subordination to external goals constituted "finalization" in theory-development. Several case studies were carried out to illustrate this thesis.[7]

This finalization thesis was controversial for several reasons. Scientists were unhappy about the claim that theories could achieve maturity, precluding further conceptual development, since this contraverted an ingrown belief in serendipity. For science policy it could mean that in some cases there was no reason to invest further into a particular line of research, while at a more general political level the finalization thesis was associated with governmental dirigism. This in turn was branded as Marxism, and rejected on ideological

3 Gibbons et. al. 1994.

4 Price 1967.

5 Elzinga 1984 and 1993 b.

6 Böhme 1976.

7 Schäfer 1986.

grounds since it went against the grain of accepted liberal doctrine. Some opponents interpreted it as a replay of the Bernal-Polanyi debate beteen advocates of planned science and guardians of a free republic of science in the early 1940's, after the appearance of John D. Bernal's book, The Social Function of Science (1939), which outlined an ideal of a socially responsible and planned science. In the end the finalization thesis was thus defeated as much by externalist ideological resistance as knee-jerk internalist opposition on the part of some leading scientists. In the latter instance arguments were mounted to show counter-examples to "finalization".[8]

Today we might point to hydrodynamics as a counter-example. It was more or less designated as a mature theoretical domain, but with the advent of chaos theory and non-linear dynamics this field has gotten a new lease on life. New methods are available for the study of vortices in liquids, and computor simulation has added to the revitalization of hydrodynamic theory compared to a generation ago.

My point of departure is thus the politics and epistemology of science in society. If we consider science policy, part of its purpose is indeed explicitly to steer scientific communities on the basis of overriding societal goals.[9] Society at large, state or commercially driven research projects and policies, military industrial complexes with whose destinies scientists are interwined, all these are significant. Finalization theorists with their case studies tried to get at some of this and develop a paradigm-theory richer than Kuhn's. However, because of internalist and externalist (political) resistance, this line of social studies of science was dropped. Its advocates were unable to maintain themselves as a school, and individually they went on to other problems. At the same time British scholars began launching another approach inspired by Kuhn, which may be seen in various programmes for a cognitive sociology of science, or as it came to be called, the "sociology of scientific knowledge" (SSK), starting with the Strong Programme advanced by a group in Edinburgh.[10] Here the focus successively shifted towards negotiations between scientists over "facts" at a micro-level,[11] while macro-level events and policy frames were left aside as a kind of non-specified "transepistemic arena".[12]

Ultimately, internalism qua social internalism in the study of science in context still seemed to set the terms of reference for further research agendas in the history and policy studies of science. This was quite in keeping with the social reception of Kuhnian ideas. On the other hand science policy studies for their part were not concerned with the cognitive contents of science, but focused rather on the economics, management and institutional aspects of innovation processes.

8 Cf. Weingart 1981.
9 Mendelsohn et. al. 1977.
10 Bloor 1976 and 1980; Barnes 1985; Collins 1992.
11 Latour and Woolgar 1979.
12 Knorr-Cetina 1981.

Kuhn and an epistemological paradox of the Cold War period

Thomas Kuhn's career is in itself interesting when considering the social epistemology of criteria formation and ideals of science in the period following the Second World War. After a Ph. D. in physics Kuhn joined the Harvard history of science programme as a lecturer. This programme was started by the university's president J. B. Conant. His aim after World War II was to propagate the virtues of science as a pursuit beyond and above the social strife of classes in society and train returning war veterans for jobs with management tasks in various walks of life.[13] Science in his view belonged to the liberal ideology of the open society, which in turn formed itself in opposition to the Communist camp.[14] In short, Kuhn took over J. B. Conant's (cold war) politics of science and made it normal. As Steve Fuller writes, "Structure /the famous book/ does not so much transcend the Cold War mentality a expresss it in a more abstract and hence more potable form".[15]

According to Fuller's studies of the archives, in the first design of the curriculum for history of science at Harvard in 1945, considerable reference was made to theory of science in society, particularly Bernal's *The Social Function of Science.* This Marxist externalist dimension was *removed* in the final design of the curriculum as it came to be taught by Kuhn. It was in this context his ideas on the Copernican revolution, a product of the Harvard case study method, was developed and later narrowed down to the paradigm concept. In the book on Copernican revolution, external social and ideological factors in the explanation of the shift from Ptolemaic to Copernican and Tycho Brahian world systems were still identified as significant for theory change. By 1962, however, in *The Structure*, these external dimensions were dropped. This was nevertheless a time marked by military industrial complexes; much of real existing science was actually involved with military industrial motives.

The historian of science Steven Shapin has noted the paradoxical:[16] the more science got intertwined with the dirty business of war, perpetuated by the Cold War arms escalation, the more the image of a purity of basic research was prompted by the self-same scientific communities. Another historian of science, Paul Forman, has looked closely at the community of high energy physicists working at this time in the heart of wartime and post second-world-war Big Science.[17] Some of it, he finds, was patterned and steered along the lines of the Manhatten project. Still, scientists involved maintained the ideal of purity and disengagement from the business of society. He calls it the myth of transcendence, whereby researchers, "renouncing their individual moral autonomy and motivation, they invest with moral value their attachment to science".[18] This image of disembodiment held sway at the same time as, Forman says, the research agendas in physics were very much influenced by

13 Cf. Herschberg 1994.

14 An example of a text in this vain is Popper 1945.

15 Fuller 1992.

16 Shapin 1992.

17 Forman 1987; on Big Science, see also Solla Price 1986 and Ravetz 1971.

18 Forman 1991.

the broader institutional motive that framed the quest for discovery, viz., the military-strategic interests of the U.S. and other countries, in quest of more sophisticated and powerful nuclear weapons and other systems of destruction.

History and philosophy of science

In this context too, historians and philosophers of science came to debate the virtues and defects of internalism/vs. externalism as an historiographical model for depicting the growth of science. For their own part most of them were concerned to promote their own identity as "professionals", detached from social classes and politics. For history of science, a relatively newly institutionalized discipline, it was important to draw up boundaries to other disciplines. Internalism became part of a disciplinary identity.

As Steven Shapin has noted, there is quite a bit of unfinished business here, in the internalism/externalism debate.[19] The two standpoints never did confront each other in terms of alternative models for historiography in a strict sense, providing heuristic guidelines. Rather, the standpoints remained programmatic and ideological, tied up with a double contingency – that of the quest for disciplinary identity, and that of the broader cultural narrative of scientists themselves, which in the ideal did not allow for any socio-economic or other factors coming from the outside to bear on their research questions.

Steve Fuller in his recent characterization of Thomas Kuhn in a forthcoming book that has the working title, *Being there with Kuhn*, unteases some of the background social epistemology in Kuhn's biography along the lines indicated above.[20] He traces the intellectual trajectory from the time when Kuhn started teaching in the history of science programme under Harvard president and science adviser to Cold War politicians, J. B. Conant, to his *The Structure*, and beyond. With the initial dose of Bernalism and related views of science in society removed from the curriculum, gradually the social became the internal-social, inside the perimeter of micro-analysis of professional communities of inquirers. Society at large, patronage, and for those who followed to look at more recent history, state or commercially driven research policies, military-industrial complexes, etc. did not play in. This is also confirmed by Paul Hoyningen-Huene's reconstruction of Kuhn's theory. In his Introduction where he delimits the domain of "science" assumed as the object of research in Kuhnian historiography, Hoyningen-Huene reminds us that it is only "pure" or "basic", as opposed to applied science or technological invention that is at issue.[21] In a number of footnotes he points out how Conant's book of 1947[22] already contained premonitions of formulations concerning theory change later found in Kuhn's famous book, but no attempt is made

19 Shapin 1992.
20 Fuller 1992.
21 Hoyningen-Huene 1993, p. 6.
22 Conant 1947.

to put the resonance between Conant and Kuhn into a broader social epistemological context like Fuller has done. Hoyningen-Huene's reconstruction of Kuhn remains internalist, further feeding the internalist history of reception. It is admitted that Kuhn himself stressed that the pure/applied distinction requires closer examniation, but that for the purposes of the reconstruction we "must simply remember that Kuhn's theory addresses only 'pure' science' and thus proceeds under the asumption that pure and applied sciences can be distinguished."

From the point of view of a social epistemology, on the other hand, what is at issue is just this distinction, how it was historically and socially constituted, and came to serve as an organizational and rhetorical device in a broad political context. It is therefore necessary now to turn to a brief analysis of the formation of science policy as a specific domain of both science and politics.

OECD doctrine

At the level of discourse on science policy, from the end of the Second World War to the establishment of a specific doctrine in this domain under the auspices of the OECD, one finds a similar separation of research from politics and ideology.

In a long term perspective the notion of freedom as applied to science emerged as a part of an historical process of differentiation of labour between national scientific inquiry and societal governance. In this process of changing institutional prerequisites and conceptualisations there was a convergence between the two super-powers. The Soviet Union, starting out from a heteronomy perspective requiring societal dirigism over research agendas, evolved to eventually admit greater play for relative autonomy. In Western countries, even in the U.S., on the other hand, the idea of science as a cultural pursuit without connection to overt societal needs was replaced by a recognition of the central role of governmental initiatives and efforts to facilitate integration with economic production. In terms of a science policy perspective one had a formation of a particular doctrine associated with the name of Vannevar Bush, in which basic research is meant to be regulated by the scientific community, while applied research and development is subject to mission orientation following signals from socially determined mandates.[23]

The post-war period, thus, has seen the emergence of a general framework of science policy development. The process can be conceptualised in terms of three distinct phases where the OECD has played an important role.[24] In the first phase (in the 1950's and 60's) the focus was on institution building and expansion of policy for science. In a second phase (1970's) application and the utilization of science for policy was emphasized, while in a third phase (1980's) this was pushed further to the notion of innovation policy, collapsing the distinction between science and technology into one notion, that of "technoscience".

23 Bush 1945 (1980).

24 Cf. Elzinga and Jamison 1995.

After that (in the 1990's) the contours of a fourth policy phase can be discerned. In this phase basic research has become intimately intertwined with production of goods and technological development of relevance for all realms of society along with globalisation where research agendas are increasingly set by international actors and international technological competition.[25] Instead of dirigism or laissez faire, orchestration of multiple efforts, with the "pure" or "basic" becoming a part of an "appplied" or "mission oriented" perspective has become the new politics of science. This is accompanied by reconceptualisation of science policy analysis and accounting, including the innovation process in combining science-pull and market-pull perspectives, the changing role for universities, new institutional developments, and focus on critical technologies. The net effect of the coagulation of various science policy concepts and associated measures is said to be reminiscent of a paradigm shift in science policy. It can be claimed that the sciences by their own success de-piedestalise their own autonomy – a process which lies at the base of the renegotiation the traditional science-society contract.

Relevance and accountability pressures

The question that may be raised in the light of the foregoing links back to the finalization theorists' concerns. If it is accepted that theoretical activity gets crystalized as Kuhn claims, and paradigms get stabilized or destabilized with shifts of perspective and problem definitions, etc. because of events in research communities, is there any reason not to assume that events outside such communities might in some similar manner also have considerable influence? Why should a matrix of concepts, rules of evaluation of research results, or an ideal of science, etc. be immune from changes in the broader societal context and – for example – its cultural narratives?

This is the theme I explored in the paper of some ten years ago referred to above, "Research, bureaucracy and the drift of epistemic criteria".[26] It dealt with research under pressure of sectoral public agencies – socially mandated science in other words. At the same time others were exploring parallel issues, for example what happens to science in the context of its application in regulatory agencies or public advisory situations. Liora Salter and Ed Leiss in Canada wrote a book on the former question, and Sheila Jasanoff in the U.S. also dealt with the latter.[27] Here we found a different dynamic to the one described for "pure", "basic" or disciplinary academic science. We found that strong linkages to utilization domains, be they economic, administrative, environmentally regulatory, and so on, could affect criteria of assessment and also make it more difficult for researchers to maintain a space for their internal theory development. Such a space had to be consciously nego-

25 Gibbons 1994.
26 Elzinga 1984.
27 Salter 1988; Jasanoff 1990.

tiated, or institutionally mandated. In other words some kind of tacid contractual relationship with a patron or user had to be in place. Ultimately this also influences the thrust and conditions of research that is more "basic" in its orientation. Indeed, in some cases it becomes problematic to try and uphold the basic/applied distinction, and the distinction itself takes on an even more of a rhetorical function, doing service in the staking out of boundaries between various communities of investigators, and between these and the domain of policy-making and politics.[28]

More recently insights into the foregoing processes has been reformulted in terms of an understanding that the multi-level transformations involve a co-production of science and social order.[29]

I think the questions raised here are particularly acute today when parts of science are so intimately involved with other institutions, especially in the giving of public advice. Research on possible climate change due to anthropogenically generated perturbations in the chemistry of the atmosphere and stratosphere – the socalled enhanced greenhouse effect, or global warming – is an example. Historians of science have turned up other examples. Paul Forman has already been mentioned: his findings concerning how the external sociopolitical framework geared to a military industrial complex during and after the war, and driven by scenarios of spiraling arms-escalation on the part of the two superpowers in the post-World War II period. The war also affected the idiom in which management of organizations was conceived, with new images borrowing from systems theory and cybernetics, which in turn had their roots in the world of radar and military servo-control systems. Managerial ideas of cost-benefit together with systems thinking later made their way in as a cybernetic episteme, affecting key concepts in various disciplines. In biology one had the emergence of systems ecology and the desire to manage Nature and the exploitation of natural resources. The "systemic" idea continues to play a role even today, for example in the constitution of interdisciplinary research of importance to public decision-making (e. g., Earth System science).[30]

In the same way as the clock-metaphor in the 17th century was significant in the thinking of a mechanization of the world picture, and the metaphor of struggle for Darwinian theory in the 19th century, so too today, it is suggested, modern managerial notions carrying the stamp of cybernetics are being projected into thinking about natural phenomena.

The question then arises, further, is it not possible in the theory of science to take into account such externalities as state policy and broader institutional motives, with their accompanying imagery and symbolics, within which science as culture operates? Are these not significant for understanding the dynamics of theory change?

The answer of course is, yes, they are important dimensions. Finalization theory was an early attempt to come to grips with the interplay of socalled internal and external dynamics of science in process. Conceptualizations along these lines are necessary if we are to under-

28 Cf. Jasanoff 1987; also Weinberg 1972.

29 Cf. Jasanoff 1996.

30 Elzinga 1993 a.

stand the growth of science in a number of areas which have become important. In what follows I shall point to a number of such areas, and thereafter suggest that the question may be reformulated in terms of one concerning the interplay of epistemic criteria or regulatives at work inside and outside science. Criteria for social relevance, for example, may operate inside scientific projects, even if they are ultimately induced by other considerations outside science. Changes in the perception of relevance may lead to the emergence of new areas of research. This is being consciously exploited in various new institutional arrangments that have been introduced in the interface between science and society.

Epistemic criteria and the advent of strategic research

By epistemic criteria I simply mean criteria which scientists apply in their discussions concerning the cognitive contents of their research projects. Such criteria cover internalist aspects of quality control as well as externalist asessments of relevance with respect to politically and administratively determined goals, be it in the realm of social need, economic stimulation, religious and cultural policy, etc. I think of the process whereby, under strong relevance pressure, researchers become more concerened with external legitimation visavis policy bureaucracies and funding agencies than with internal legitimation via the process of peer review.[31] In traditional critiques which scientists themselves deliver, this process tends to be depicted as a process of erosion of the traditional system of reputational control. More interesting from the point of view of philosophy and sociology as well as policy studies of science is to consider the phenomenon as a part of a process of forming new institutional arrangements and linkages, both across disciplines and across societal sectors, as well as new intellectual agendas of research.[32] In the extreme the regulatives governing internal quality control may be crowded out, whence research becomes directly instrumentalized and assessed in respect to its utility in society, in practices outside science; what was research ceases to be the kind of investigative process we normally associate with research. On the other hand, in less extreme cases relevance and accountability pressures may be accommodated while upholding internalist quality control mechanisms, in which case the content of research agendas may undergo substantial change, and new fields opened.

In the course of the expansion of the domain of science policy in various countries, external criteria of appraisal have become increasingly important instruments in the steering of science. At this level of the introduction of policy-driven agendas it is not so much direct dirigism, but more often forms of orchestration that are employed to encourage scientists to orient their efforts in accord with particular priorities. An influential mode of orchestration is through what is called "research foresight", whereby governments use panels of experts to

31 Elzinga 1984.
32 Elzinga 1992.

scan possible areas of future innovation.[33] Such panels are used to shape consensus on priorities between and within scientific fields. ACAST in Britain is an example. Here the new category of long-term motivated basic research is taken as partly steerable – "strategic research". This latter concept is used to home in on competitive potential of high technology related basic research at the frontier of new discovery.

At a second level, related to foresight exercizes, we have the question of "ethos", or self understanding and imagery assumed by scientists and influencing their assessments of results.[34] As already indicated foresight exercizes are essentially processes of orchestration and consensus-building, embedding expectations of future use into the scientific community here and now. This does not leave the self-image of scientists completely untouched, at least not at the level of those concerned with administrating projects.

Currently relevance and accountability pressures are being promoted with rhetoric of entrepreneurialism. Commercial interests overlayer scientific ones, challenging the institutional imperatives encoded in the ethos associated with Robert Merton's well known norms – collectivism, universalism, disinterestedness, and organized scepticism (CUDOS).[35] Several scholars looking at shifts of formulations in science policy documents, both at central administrations of universities and at funding agencies in the U.S. have noted a shift of imagery in this respect.

Twenty five years ago the dominant imagery of the relationship of science to society at the National Science Foundation in the U.S., for example, was one of protecting basic research; the image was one of being at the frontier. In the 1990's the dominant image in the same funding and opinion-leader agency is what a couple of science studies colleagues call "engineering the cash crops" of marketable results of science. The attempt is to build marketability into the research system through a changing external ethic, or ethos.

At the rhetorical level, Sheila Slaughter and Gary Rhoades find the shift has been quite dramatic.[36] After the Second World War, in the beginning of the period of unfolding "scientific frontiers" the importance of the initiative of individual scientists to push back frontiers was played up, as was the naive notion that grant proposals grew more or less exclusively out of the heads of scientists. By contrast today the imagery is one of a complex multiactor network where context is important, and so is scientific teamwork, positioning, visibility, entrepreneurialism and partnering. This is not only across discipinary boundaries but also, and more important, between academic units on the one hand and government laboratories and industrial ventures on the other. Partnering has become a new buzzword. This in itself already indicates that the initiative of individual scientists is no longer perceived as primary.

Slaughter and Rhoades write: "The NSF no longer promotes itself primarily as a protector of frontier basic science, ensuring support for academic scientists' self-directed science.

33 Martin and Irvine 1984.

34 Sutton 1984.

35 Merton 1942 (1985).

36 Slaughter and Rhoades 1996.

Now it stresses its role as promotor and coordinator of partnerships among industry, academe, and gvernment: The NSF is shifting from protecting basic science 'seed corn' to provide seed money in cooperative ventures".[37]

From frontiersmanship to entrepreneurialism

The two authors refer to the shift as one from a cold war frontiersmanship narrative to a new competitiveness narrative. They thereby point to the importance – in science policy discourse – of cultural narratives and images in society. They note too how in 1993, for the first time, the Association of University Technology Managers in the US began to rank institutions by patent income, i. e., not only in terms of the numbers of patents per university but also according to the total revenue generated from these. Meliorisation of the human condition, truth and the traditional mode of conceiving rationality as a grand vision of the social function of science as postulated for example by John Bernal and J. B. S. Haldane who in a previous generation also emphasized welfare accountability, are largely absent today. Bernal's and Haldane's generation never even thought of taking out patents on their important discoveries. We have lost our scientific heroes, and in their stead we see profit-conscious businessmen and managers right in the midst of our ranks in academe. Slaughter and Rhoades say they see this reflected not only in the rhetoric NSF uses to produce glossy annual reports reminiscent of those of corporations, but also in the de facto greatly intensified privatisation and commercialisation wave in the academy in the US. The refer to it as the emergence of academic capitalism.

In Europe, a keen observer like Georg Fernė working at OECD has noted something similar afoot.[38] He sees it as a transformation where what once were institutions for exploiting research results in the marketplace and for social benefit are turning into institutions for the production of (commercially) exploitable results. The profit nexus is no longer an externality to the evaluation process concerning what is good science, it is actually in some places built into the knowledge producing system of academe. Partnering, foresight and orchestration when these play up private industrial interests, as is also the case in the major research programmes of the Fourth Framework in the EU, may well push things further in the same direction. That is, unless this tendency is actually countered by clearcut policy and independent profiling of research agendas on the basis of other criteria within scientific communities.

37 Slaughter and Rhoades in their paper to the 4S Conference in Charlottesville 20 Oct 1995, p. 17; see further Slaughter and Rhoades 1996.

38 Fern 1995.

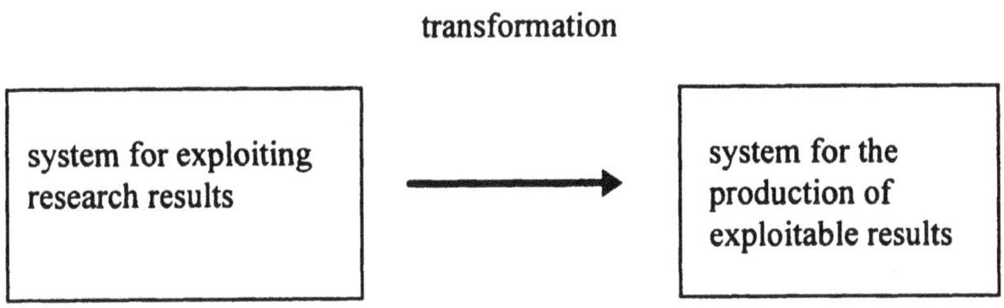

When pressed far this transformation is expected to affect traditional values and career patterns, and to contribute to shorter time horizons on results, curtails free flows of scientific information, and tends to create cliques or "stalls" with loyalties not primarily to academe but to systems outside it. Ferné also finds that the direction and quality of science are at stake.[39] All of this of course is connected with the issue of autonomy and governance of science.

Transformations in the social contract of science

This touches on the third level where we are seeing a shift that is significant for the relationship between internal and external criteria for evaluating research projects and their potential results. I am thinking of the level of the doctrine on which science policies are based, the very notion of the relationship between science and society normatively asumed. This may be called the level of the social contract of science.

In the seventeenth century when science as we know it started, natural philosophers got Royal charters. In these, agreements as to the boundaries between their domains of research and the social affairs of the Monarch or society at large were laid down. Thus when King Charles II as patron of the Royal Society established that academy in England 1662, the members or Fellows of this body were given the royal privilege to "enjoy mutual intelligence and knowledge with ... strangers and foreigners ... without any molestation, interruption or disturbance ... .provided /this be/ in matters of things philosophical, mathematical and mechanical." The Secretary, Robert Hooke, in the next year defined more clearly what the second part of this bargain meant, what restrictions it actually involved. Thus he wrote: "The business and design of the Royal Society is to improve the knowledge of natural things, and all useful Arts, Manufactures, Mechanic Practices, Engines and Inventions by Experiment — (not meddling with Divinity, Metaphysics, Morals, Politics, Grammar, Rhetoric or Logick)."[40]

39 Fern 1995, p. 89.
40 Cited after de Vries 1996, p. 38.

In other words the bargain had two sides – autonomy is only granted on the acceptance of accountability and limits. A similar social contract can be perceived to lay at the bottom of the notion of autonomy as associated with Lehrfreiheit as expressed in Max Weber's speech in 1919 on science as a vocation, attaching to the German Humboldt tradition.

By the time Thomas Kuhn wrote his book on normal and revolutionary science, the dominant contractual notion was the one formulated by Vannevar Bush in his book 1945, *Science: The Endless Frontier*. Today we are seeing books with titles like "Lost at the Frontier", or "The Elusive Frontier", etc. Policy analysts are telling us that the old science-society contract is in a process of revision. It is being renegotiated.[41]

What then is the old social contract that we, in the West at least, have been living with for the past fifty years, the science-society relationship outlined by Vannevar Bush and underpinning a typology of different funding agencies – pure and applied? Essentially it is an arrangement that distinguishes between two categories we have already met in the discussion of internalism and its delimitation of science to mean the domain of "pure" or "basic" research as distinct from applied work or technological development. Now we see a parallel dichotomy reproduced daily in the way society accounts for its expenditure on science.[42] Thus the distinction between "R" and "D", between "basic research", "applied science" and "development" work is also what has been encoded in statistical accountancy procedures for householding with resources put into science. We find it for example in the guidelines laid down in OECD's Frascati Manual, which is used to harmonize statistics over R & D allocations in comparative perspective between major industrial countries. Furthermore it is the basis of the linear model of innovation, according to which there is a stepwise chain of events starting in some original idea far from every thought of application, and ending with a marketable innovation.

Vannevar Bush's science-society contract that undergirds this categorization allows for basic research to be self-regulated, in line with Micheal Polanyi's idea of The Republic of Science, while applied research and development is socially mandated and therefore subject to immediate questions as to relevance and external steering. Institutionally this division may be found in the separation of basic Research Councils headed by scientists, from sectoral Funding Agencies mandated by different ministries. The latter want to utilize research in the context of policies for housing, energy, health care, environmental protection, and so on, whence criteria of societal relevance are most important, while in the Research Councils it is supposed to be science-driven agendas and internal criteria of excellence that stand out as distinctive.

This science-society contract with its categorizations of R & D and institutional differentiation of adjudicatory and funding tasks was articulated after World War II, and has been upheld with minor modifications, at least in word if not always in deed, during the whole period of the Cold War. It is this contract that is now being renegotiated. Terms like "strategic research" or "targeted research", new categories within the domain of "basic re-

41 Baldursson 1995.

42 See above.

search", but externally mandated, are symptomatic of something already having happened at the level of criteria.[43] Here we have to do with basic research that is to be adjudicated in terms both of internal quality, originality, evidential support for theories, nearness to a research front, etc., and external societal relevance at one and the same time. This relevance may be defined from the viewpoint of several different policy cultures, whose advocates may differ and disagree vis a vis each other as to what is really most beneficial to society. One may also find liasons between two policy cultures against a third.

The pressure of policy cultures

In all simplicity one may distinguish four such policy cultures which have a bearing on how societal relevance and related criteria are ultimately defined. There is a bureaucratic policy culture which has a top-down rational decision-making ideal, based on rule-following, representative of the mandate derived from state agencies and political decision-making bodies. These interact with a second policy culture, that of academe, a realm that is ideal-typically driven by the concern for academic freedom and self-regulation in the setting of priorities for research agendas. Thirdly there is a commercial policy culture with its sight set on value-added or monetary profit. It has its point of departure in the marketplace, firms and multinational corporations.

Table 1: Four Policy Cultures

ACADEMIC Seminar as ideal	BUREAUCRATIC Top down rational decision-making on the basis of rules
CIVIC Justice, equality, social benefits to all, reduce gaps	COMMERCIAL Corporation, profit

43 Martin and Irvine 1984.

Nakayama has developed some of this in a similar schematism, referring to academic science, public science, people's science and private science.[44]

During the period of the Cold War which has now ended, science proceeded in accord with three parallel policy cultures: the academic one for basic research, the bureaucratic one for mission oriented applied science and military R & D, and the commercial one witin industrial laboratories. The rationale for autonomy as a shield against far-reaching transparency has already been discussed. As noted by two writers in the periodical *Science* in mid-September this year, the era in question was dominated by Vannevar Bush's metaphor and paradigm of research isolated from societal problem-solving. "In the culture of the social contract, a scientist follwing the canon of science is automatically a societal benefactor regardless of what research is done or what society needs. Societal benefits result, not in spite of isolation from the broader environment, but rather because isolation, as autonomy, is a necessary elelement of the scientist's ecology".[45]

Finally, the policy culture of civil society needs to be mentioned. It is a policy culture that is often forgotten in such discussions. More concretely it can be seen to have emerged around NGO's and social movements. Environmentalism, feminism, animal rights movements, all these are examples. They may be seen to work through, for example, ethical committees and other kinds of panels that among other concern themselves with risk assessments and environmental impact of new scientific project as well as their societal relevance. Justice, equity, social benefits and the desire to reduce poverty gap between haves and have nots, including the bulk of the world population among other in the Third World is at issue here. This calls for a shift away from eurocentric conceptions that are found to be entrenched in science, both at the level of its ethos and in the very fabric of its notions of rationality. Bioethics calls for a further shift of values, away from the dominance of anthropocentrist thought in science, toward a morality or ethos that takes the worth of the biosphere and all its members as key. In this context "specieism" has been coined as a critical term comparable to "racism" in connection with the critique of eurocentrism.

The academic policy culture with its tendency to put autonomy and growth of new science first, tends to contend in various ways with the other three policy cultures.

Post-normal science

A further area of science-society interaction where the interplay and rivalry of these policy cultures becomes important is that of the advisory function in which many researchers today find themselves involved. Consider for example research on global climate change. Here the stakes are high, but so are the epistemic uncertainties. In this case leading scientists are asked to give advice to governments as a basis for making decisions to bring down levels of

44 Nakayama 1991.

45 Byerly and Pielke 1995.

CO_2 and other greenhouse gasses in the atmosphere. Industrialists form lobbies that seek to pressure the knowledge claims in different directions. The nuclear power industry is glad to bring down CO_2 levels and phase out coal and oil; the petrochemical industry is not, and has lobbyists to drive scientists in another direction, playing down climate change, or pointing to uncertainty of current climate simulation models and related data.

Here we have a kind of science different from what we are used to by tradition. The knowledge claims brought forward are very uncertain, dealing as they do with very complex systems. Whereas science in the classical sense was supposed to deliver knowledge with certainty, the world of hybrid communities has a large portion of knowledge claims that are highly uncertain. Scientists may disagree over the range in which uncertainty dominates, and where some degree of certainty begins. This is the case, for example, in computor-based Gobal Circultation Models (GCM's) which are used to simulate the complex interplay of atmosphere, oceans and cryosphere (polar and other ice-dominated regions) in order to predict changes in global temperature under given physical conditions. The models are a long distance from the reality they are purported to simulate, and in fact they serve rather as heuristic devices to intelligently manage data than as real representations of Nature.

Funtowicz and Ravetz[46] have referred to this kind of research as "post-normal science", implicitly assuming normal science to be that which Thomas Kuhn described as "normal" in his paradigm theory. Whereas normal science concerns knowledge claims propounded with complete certainty by natural scientific communities, and then meeting the soft and uncertain world of politics, with post-normal science the tables are turned around: we have highly uncertain knowledge claims being made in contexts with strong social pressures to come down on one side or another of a political conflict involving modern technology – for example, whether or not to build more nuclear reactors, or to build a large bridge in the neighbourhood of Copenhagen over the sound between Sweden and Denmark. Here one has scientific controversy, or rather science-based political controversy as the normal rather than the exceptional thing. The research, even if it is basic (strategic in orientation), is nevertheless embedded in societal conflict. Put in another way, post-normal science significes "soft" natural science under duress in a world where "hard" political decisions have to be made. In such situations it is difficult to delink the "external" from the "internal" epistemic criteria.

Sustaining the traditional social image of science

How important continued reproduction of the imagery of a pure science is even in this world of interfoliation of science and politics may be illustrated fromt the current discourse of climatology. Here we have a situation where scientists from many different disciplines are being systematically brought together to review the state of the art in their fields in order to come up with some clearcut statements as to global warming predicated on the theory of

46 Funtowicz and Ravetz 1993.

an enhanced greenhouse effect – e. g., we are agreed with such and such a degree of certainty that the average global temperature in the atmosphere above the Earth will increase betwen 1.5 and 3.5 degrees Centigrade over the next one hundred years, if nothing is done to reduce emissions of CO_2 an other anthropogenically produced greenhouse gasses. These statements are for political consumption, and uncertainty is in part played down because consensual statements coming from a scientific arena carry more clout in the political arena than do many disparate voices with conflicting views. Political credibility continues to trade on scientific credibility, which in turn is grounded as much in trust as in truth. In line with observations made in the field of science and technology studies (STS), in the second crisis of modernity we witness a retreat from truth-language to trust-language.[47]

The body officially mandated to assess the state of knowledge of the current information that is related to various aspects of climate change phenomena, and to formulate realistic response strategies for the management of this environmental state, is the Intergovernmental Panel on Climate Change (IPCC). It has recently completed a new scientific assessment, which serves as input into the meeting of the Parties to the Climate Convention adopted at the Earth Summit in Rio several years ago. Although there is every indication that the IPCC itself, and the composition of its working groups, is a product of intergovernmental negotiations as well as some very sophisticated boundary work at the interface between science and politics, the division of labour – between affairs of science and those of society – upon which it is based and the strict separation of criteria relating to scientific judgements and policy, respectively, are predicated on a traditional image of science as disembodied reason. The organization's official self-representation is cast in a simplified linear input-output model in which policy agendas are supposed to be science-driven, at least utlimately and from the outset.[48]

Thus Bert Bolin, the Chairman of IPCC, has commented: "Although the IPCC was given the task of assessing and presenting available knowledge objectively, there is a danger that political value judgements may also penetrate into the IPCC process. Although such a tendency must be prevented, it probably cannot be completely avoided. This has been noticed in the IPCC plenary sessions, at which workplans and rules for assessment are agreed upon. The work of the working groups and sub-groups has, however, been well guarded and the integrity of the scientific assessment process upheld."[49]

Bert Bolin's schematic depiction of the relationship between science and the policy-making arena consequently takes into account only the one-way influence of science upon society. Of course what he notes implicitly is that there is also a socially shaping dimension in the other direction, from society to science.

47 Daston 1995; Shapin 1994.

48 Shackley 1996; see also Elzinga 1996.

49 Bolin 1994, p. 27.

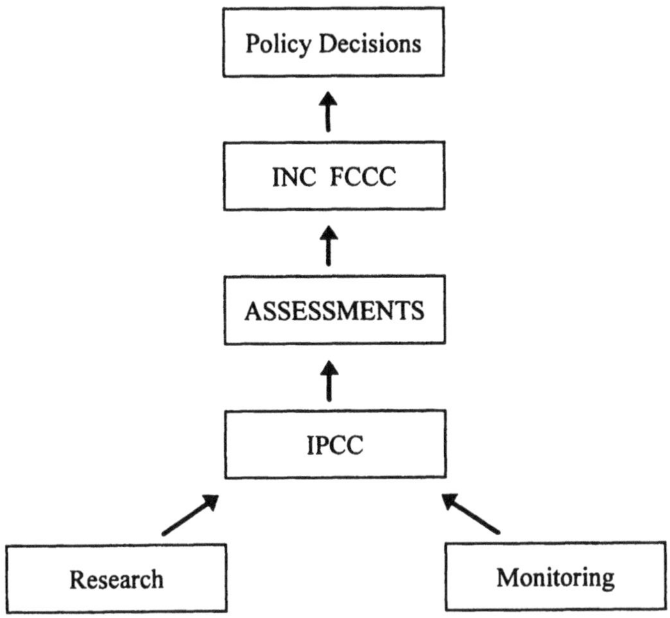

(Source: Bert Bolin, *Ambio*, vol. 23, No. 1, Feb. 1994, p. 27)

During the past couple of years criticism has been mounting against the IPCC assessments and/or the methodologies on which the research it reviews is based. Such criticism has been countered by pointing out how the consultations have gone out of their way during the last couple of years to broaden the number of relevant disciplines included, and that systematic efforts have been made to draw scientists from Third World countries into the process. The geosciences, whose representatives were not included in the initial roundup of experts have now also been brought in more centrally. As a result several scientific specialities that lived a rather uneventful life have suddenly gotten a new lease on life; an example is paleobotany, which is useful in gaining information about climatic conditions many thousands of years ago. In a relatively short time a variety of scientific fields and specialities have been mobilized in order to address the question of "global change".

Still, some critical voices continue to be neutralized by pointing to their relative isolation and scattered character, and the fact that they have been unable to come forward with any coherent alternative set of models on which to base counter claims. Thus one finds two types of arguments used. One is that IPCC assessments have involved almost all of the world's leading scientists concerned with research on climate change, either as lead authors or as reviewers; the other is that the critics themselves have not published anything in internationally peer reviewed journals within relevant fields, or if they have published it cannot stand up to the criticisms of experts in the know.[50]

The social shaping/construction of science

The social shaping of scientific knowledge regarding global climate change thus appears to occur at two institutionally distinct functional levels. One is delimited in terms of research programs, the other by the systematic organisation of international consultations involving not only scientists but also – in the plenary sessions – representatives of national and international bureaucracies, industrial stakeholder interests and non-governmental organisations commited to environmental protection and conservation.

What I have done here is pointed to a number of areas where research agendas are influenced by events outside science. This is not only a question of the direction of science, but also in the assessment of results, and cognitive structures of fields of research. I have pointed to criteria, to the ethos or self-image of scientists, to the social contract of science which is being reformulated in policy circles, and to the phenomenon of post-normal science, particularly as it appears in research on the enhanced greenhouse effect and climate change.

Even if it is not possible to speak of a direct internalization of external societal goals in science, it should be possible to say something about which conditions facilitate or hinder shifts of research agendas, even policy-driven ones. This once again raises the question of the relationship between criteria used to evaluate research efforts and their results. I still think it makes sense to distinguish internal epistemic criteria from external ones. The first are such that they have to do with quality control and may be connected to an ideal of science which functions as a regulative. The second set of criteria may be associated with relevance and accountability pressures coming from group in society, for example through the different policy cultures referred to above.

Even at the level of research projects it is common to make this distinction in accountancy. On the one hand it is necessary to relate the proposed project to a research front and earlier science, to make the case for what is novel and how the results expected may impact on an ongoing scientific discourse. On the other hand one is often also asked to point out what benefits or use there may come out of the project with regard to some actor or sets of actors outside science – socalled societal relevance. Legitimating how one has spent the funds later also involves reference to such relevance.

External criteria influence the way problems are posed, focused, and what kinds of empirical materials, data, are to be gathered. Thus one can say that relevance and accountability pressures can contribute to shifts of problem interest. They are constitutive for new problem formulations and perhaps even new modes of assessing results of research. Cognitive

50 Petra van Zijst, "Politicians deal with politics, scientists better not get mixed up with that" (interview with Professor Dr. Bert Bolin), in *Change* no. 18 (February 1994) publ. in the Netherlands, pp. 4-7.

sociology of science maintains that theory choice and also the very fabric of theory formation may be influenced, or "socially shaped".[51] In other words new forms of resonance between internal and external regulatives in science may be shaped at a variety of different levels under the duress of relevance and accountability pressures, in advisory capacities, and so on. The various levels at which such orienting or re-orienting appears have been reviewed above as: (1) that of the world picture, a Kuhn already dealt with in the case of theory change under internal pressure for relevance to anomalies; (2) that of assessment of results, which is clearcut in the case of procedures introduced for priority setting and research foresight; (3) that of the ethos which operates ideal-typicaly in the community of investigators, often in terms of imagery of science, or self-understanding; (4) that of the cognitive contents of knowledge claims, as in the case of post-normal science.

At conjunctures where external criteria attain a dominant role, the integrity of research may also come into question. That is perhaps why we often see a debate about autonomy and the freedom of research emerging when relevance and accountability pressures are very strong. Autonomy-talk is symptomatic of strain and possible change. Of course autonomy-talk has a rhetorical dimension. Scientist like to guard their own domain against far-reaching transparency from the outside. This was the point about the image of purity and internalism.[52]

The question of norms re-interpreted

This brings us back to the notion of norms, which also needs to be translated from the old functionalist approach of the Mertonians into something else. As the Swedish sociologist Göran Therborn has pointed out in another context, norms or regulatives may be taken to form a hierarchy, where the highest steering normative elements are deeply entrenched and internalized, not necessarily conscious values. What sometimes is called a scientific ethos has this character. Norms and values are not free floating facets in peoples' heads, but rather they are encultured in a web of social relations. The are not externalities to the practices they guide, but part of a social action field which constitutes acting individuals in acting situations, if you wish, with actants.[53]

Deeply internalized values are, on this account, understood by individuals as more or less self-evident and not coercive, while norms lower down in the value hierarchy of the action field may frequently be experienced more as constraints and limitations of freedom. Self-determination or relative autonomy in science is a value that has been strongly entren-

51 For a recent review of constructivist approaches see Sismondi 1996; Laudan 1984 pinpoints some of the philosophy of science issues arising.

52 Proctor 1991.

53 Therborn 1993; also Grensted and Selle 1995.

ched over many years in academic institutions.[54] In this case the cultural embeddedness of the normative self-image, even if it is not followed in practice, has a bearing on the identity of researchers, their cognitive code and values. It is needed as part of the cultural fabric that permits them to meaningfully do what they do, among other making truth claims about the way the world around us is constituted. To internalize a norms system includes but is not equal to identifying with the sender of the norm. In identification also lies an implication of drawing a boundary between us and them. In this way shared systems of meaning are produced and sustained. In this are involved language, folklore, anecdotes, ceremonies etc. that communicate and sonstantly reenact the key values, giving them credibility.

In science the matter of competent speakers and identities is one of being counted as genuine truth claimers, contra quacks, amateurs, quasi-scientific characters and incompetents. In coffee table talk such boundaries are constantly drawn up and sustained in the folklore of an institution. In the academic science some of this is traditionally done around disciplines. The emergence of hybrid communities introduces a challenge to entrenched identities and authority patterns. Extraordinarily strong relevance and accountability pressures subvert it, and commercialisation substitutes a different set of rules and different core norms for the game.

In the following schematism academic values are contrasted to those of the commercial sphere.

academic values	**commercial values**
veracity, validation ideological purity and freeness from utilitar-considerations	interests, profit, instrumental utility
promoting growth of knowledge for the sake of greater insight and understanding of the universe	promoting growth of knowledge for the the sake of private commercial gain
intellectual sharing public ownership or good	private ownership (good) and control
open communication	secrecy to protect competitive advantage
knowledge as explanation and meaning	knowledge as commodity
self-determination in setting research agendas	goals set by whatever sells best

54 Sutton 1984.

In my account then the acceptance of knowledge claims in scientific communities is not by some rational light of enlightenment illluminating individual brains, nor of hard empirical facts forcing us immediately to one or another conclusion. Rather scientitic cogitation and truth finding goes hand in hand with the reproduction of reputational and authority cycles which ultimately rest on community trust. Credibility cycles of truth claiming practices and social order then involve much more than an epistemic level focused qua epistemic; it involves complex social epistemologies. Transepistemic drift of criteria for assessing research results in this sense too involves looking at criteria as institutional arrangements, paying attention to the role of organisational symbolics and cultural elements.

Criteria viewed as institutions

As long as one remains within the bounds where interpersonal trust has been established and operates, with reference to truth, validation and intersubjectively testable knowledge, scientific actors will engage in tacid enactment of accepted knowledge and social order – thus promoting a sense of autonomy vis a vis extrascientific demands and institutions. Epistemic drift revises and erodes such mechanisms.

As neoinstitutional theorists of organisation like DiMaggio and Powel maintain, "institutions do not only constrain options, they also establish the very criteria by which people discover their preferences. In other words some of the most important sunk costs are cognitive".[55]

In science, criteria of epistemic quality control and societal relevance may be seen as criteria of preference. The are important parts of an institutional fabric. They help reduce uncertainty and openess, e. g., in appointment committees appointing a researcher to a position, in decisions to publish or not publsih, or in allocation of targeted research funding to some given societally mandated area. Relevance and internal quality criteria may therefore be seen as manifestations of institution. They are formulations of norms, which operate in the sense described above. In their enactment they uphold epistemic and social order, not by virtue of some rule-following process, but by vitue of the symbolics generated and the self understanding and identity-sustaining work associated with these. This is what I refered to (above) as boundary management. The important thing for me here are the symbolic-cultural and at the same time epistemic dimensions of such boundary work, which is in part done by criteria talk. It is in this sense criteria are institutional facets. At one level they may be regarded analytically as purely epistemic heuristics for theory choice or some such; at another there is the organisational and social underpinning; and at still another level there is the moral dimension bottoming in what has been called a scientific ethos, a value system on which the distribution of credit and trust operates. Without this latter as a moral glue communication in communities of competent speakers would break down.

55 DiMaggio and Powel (Introduction) 1991, p. 11; see also March and Olsen 1989.

Now all three of these dimensions are important in the definition of epistemic drift. The strongest version is a convergence of shifting criteria, bypasing peer review organisation, and emergence of an ehtos different from the one typically associated with science by scientists.

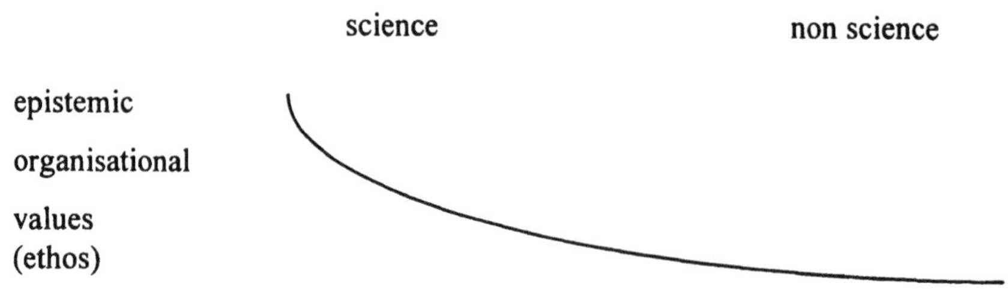

What this scheme does is cast demarcationism in a new light, making it a feature in boundary work generated via criteria, and associated meaning-bearing processes whereby identities and authority are distributed.

At the epistemological level then the question of a possible erosion or drift of internalist criteria may be understood as a form of epistemic drift. In some of the literature the process is also described as one of "internalization" of external norms. Epistemic drift, at a sociological level, may be interpreted as a concommitant shift from a traditional reputational control system associated with disciplinary science to one that is disengaged from disciplinary science, and, thus for example, more open to external regulation by governmental and managerial policy impositions. One might also speak of policy-driven science. The norms of the new system have a strong relevance component, transmitted from the bureaucracies to which hybrid research communities are linked. The bureaucracy thereby tends to influence not only problem selection but also standards of performance of research, standards of significance and territorial definition of the field or specialty in question.

Also I would argue now that the distinction between internal and external is entirely plausible and consistent when translated into a neoinstititutonalist form of analysis of scientific practices.[56] In other words today I would enrich the concept of epistemic drift by highlighting organisational and cultural, as well as moral identity-enhancing and authority-maintaining dimensions. Epistemic criteria have their organisational counterparts in enactments in peer review processes, wherethrough are defined competent speakers and self-identities, and authority is distributed in cognitive fields. In other words I think we have to consider a coevolution of epistemic and social or sociocultural orders. As for the moral dimension this has been taken up in the past few years by scholars like Lorraine Daston and

56 For an introduction to a neoinstitutionalist approach to science studies see Krücken 1995.

Steven Shapin,[57] who point to trust as a constitutive element in intellectual underwritership of the kind we find in peer review procedures, footnote apparatuses and other forms of gate-keeping in scientific discourse. Rom Harr too has argued that Popper's falsificationist heuristics may be understood as a rudimentary reflection of a moral economy, a kind of normative articulation of moral order in scientific communities.

Conclusion

In this presentation it has been argued that Kuhn's paradigm-theory is insufficient to take into account transformations in science in societal context. The externalist background to Kuhnian theory has been traced, and with reference to empirical studies it has been pointed out that finalization theory can be modified to take into account the interplay of a variety of socially shaping factors in the production of scientific knowledge.

In particular post-Kuhnian sociology of science is a resource in this respect, while at the same time the role of science policy-making, policy doctrines and associated imagery and social accounting of R & D has been shown to be significant constitutive factors. By focusing on epistemic criteria used in assessment of research performance and its results, it has been indicated that contemproary science in transformation may under certain circumstances entail forms of epistemic drift, a concept that has been defined and elaborated.

At the same time it is argued that scientific ethos or "norms" need to be reinterpreted in line with a neoinstitutionalist meta-theoretical conceptual frame. Therewith criteria are found to have an institutional dimension, and epsitemology has to be conceived in terms of social epistemology.

Finally some recent transformations of science under pressure are explored with reference to the case of climate change research, which is found to be an example of what Funtowicz and Ravetz call post-normal science. The introduction of this concept further explodes the internalist Kuhnian conception of the growth of scientific knowledge and is more in congruence with recent research in the social studies of science and technology where the constructivist and contextual nature of science has been investigated.

Thus the presentation confirms the general thesis of the colloquium, viz., that there are interesting rcecprocities between societal tranformations in the realm of economics, policy and values on the one hand, and transformations in the landscape and content of scientific cogitation on theother.

57 Daston 1995; Shapin 1994.

Literature list

Baldursson, E.: *The Elusive Frontier. On the Emergence of a Science-Society Contract*, Ph. D. diss. Department of Theory of science, University of Göteborg 1995.

Barnes, B.: *About Science*, Oxford 1985.

Byerly, R. Jr., and Pielke Jr., R. A.: *The Changing Ecology of United States Science*, in: Science 269 (15 Sept. 1995), pp. 1531-1532.

Bloor, D.: *Knowledge and Social Imagery*, London 1976 (2nd 1991).

Bloor, D.: *Durkheim and Mauss Revisited: Classification and the Sociology of Knowledge*, in: History and Philosophy of Science 13 (1982), pp. 267-297.

Böhme, G., Daele, W. v. d. & Krohn, W.: *Finalization in Science*, in: Social Science Information 15 (1976, no. 2/3), pp. 307-330.

Bolin, B.: *Science and Policy Making*, in Ambio 23, No. 1 (Feb. 1994)

Branscomb, L. M.: *United States Science and Technology Policy: Isues in the Nineties*, in: Schwartzman (1995), pp. 140-226.

Brante, T., et. al. (eds.): *Controversial Science. From Content to Context*, Albany, New York 1992.

Bush, V.: *The Endless Frontier*, Washington 1945 (1980).

Collins, H.: *Changing Order: Replications and Induction in Scientific Practice*, Chicago 1992 (2d).

Conant, J. B.: *On Understanding Science*, New Haven CT 1947.

Daele, van den W., and Weingart, P.: *Resistance and Receptivity of Science to External Direction. The Emergence of New Disciplines under the Impact of Policy*, in: Lemaine, et. al. (1976), pp. 248-275.

Daele, van den W., Krohn, W. and Weingart, P.: *The Political Direction of Scientific Development*, in: Mendelsohn et. al. (1977), pp. 217-242.

Daston, L. and Galison, P.: *The Image of Objectivity*, in: Representations 40 (1992), pp. 81-128.

Daston, L.:*The Moral Economy of Science*, in: *OSIRIS* 10 (1995), pp. 3-24.

DiMaggio, Paul J., and Powell, W. W.: *The Iron Cage Revisted: Institutional Isomorphism and Collective Rationality in Organizational Fields*, in: Powell & DiMaggio 1991. pp. 63-82 (orig. in American Sociological Review 48 (April 1983), pp. 147-160).

Elzinga, A.: *Science Policy in Sweden: Sectorization and Adjustment to Crisis*, in: Research Policy 9 (1980), pp. 116-146.

Elzinga, A.: *Research, Bureaucracy and the Drift of Epistemic Criteria*, in: Wittrock & Elzinga (1984), pp. 191-220.

Elzinga, A.: *Political and Epistemic Regimes*, in: Brante et. al. (1992a), pp. 127-152.

Elzinga, A.: *Antarctica: The Construction of a Continent by and for Science*, in: Crawford, E., Shinn, T. and Sörlin, S. (eds.): Denationalising Science. The Context of International Scientific Practice, Dordrecht 1993a., pp.73-106.

Elzinga, A.: *Universities, Research and the Transformation in the State in Sweden*, in: Rotthblatt & Wittrock (1993b), pp. 191-233.

Elzinga, A. and Jamison, A.: *Changing Policy Agendas in Science and Technology*, in: Jasanoff, S. et. al. (eds.), Handbook of Science and Technology Studies, London 1995, pp. 572-597.

Elzinga, A.: *Shaping Worldwide Consensus: The Orchestration of Global Change Research*, in: Elzinga, A. and Landström, C. (eds.): Internationalism and Science, London 1996, pp. 223-255.

Ferné, G.: *Science and Technology in the new World Order*, in: Schwartzman (1995), pp. 72-104.

Forman, P.: *Behind Quantum Electronics: National Security as a Basis for Physical Research in the United States*, 1940-1960, in: Historical Studies in the Physical and Biological Sciences 18:1 (1987), pp. 149-229.
Forman, P.: *Independence, Not Transcendence, for the Historian of Science*, in: ISIS 82 (1991), pp. 71-86.
Funtowicz, S. O. and Ravetz, J.: *Science in the Post-normal Age*, in: Futures 25 (No. 7, Sept. 1993), pp. 739-756.
Fuller, S.: *Being there with Thomas Kuhn: a Parable for Post-modern Times*, in: History and Theory (Oct. 1992), pp. 241-275).
Grenstad, G. and Selle, P.: *Cultural Theory and New Institutionalism*, in: Journal of Theoretical Politics 7 (1995), 5-27.
Herschberg, J. G.: *James B. Conant: Harvard to Hiroshima and the Nuclear Age*, New York 1994.
Hoyningen-Huene, P.: *Reconstructing Scientific Revolutions: Thomas Kuhn's Philosophy of* Science, Chicago 1993 (German edn. 1989).
Jasanoff, S.: *Contested Boundaries in Policy-Relevant Science*, in: Social Studies of Science 17 (1987), pp. 195-230.
Jasanoff, S.: *The Fifth Branch*, Cambridge Ma. 1990.
Jasanoff, S.: *Science at the Bar*, Cambridge Ma. 1996.
Knorr-Cetina, K.: *The Manufacture of Knowledge. An Essay on the Constructivist and Contextual Nature of Science*, Oxford 1981.
Krücken, G.: *Science Studies and Constructivism*, in: VEST/ Tidskrift för Vetenskapsstudier 8 (no. 2 1995), pp. 29-40.
Latour, B., and Woolgar, St.: *Laboratory Life. The ›Social‹ Construction of Scientific Facts*,Beverly Hills & London 1986 (1979).
Laudan, L.: *Science and Relativism. ome Key Controversies in Philosophy of Science*, Chicago 1984.
Lemaine, G., MacLeod, R., Mulkay, M. and Weingart, P. (eds.): *Perspectives on the Emergence of Scientific Disciplines*, The Hague/Paris 1976.
March, J. G. and Olsen, J. P.: *Rediscovering Institutions. The Organizational Basis of Politics*, New York 1989.
Martin, B. and Irvine, J.: *Foresight in Science. Picking the Winners*, London 1984.
Mendelsohn, E., Weingart, P. and Whitley, R. (eds.): *The Social Production of Knowledge. Sociology of the Sciences Yearbook I*, Dordrecht 1977.
Merton, R. K.: *Die normative Struktur der Wissenschaft (orig. 1942), in Entwicklung und Wandel von Forschungsintressen, Aufsätze zur Wissenschaftssoziologie*, Frankfurt 1985., pp. 86-99.
Nakayama, S.: *Science, Technology and Society in Postwar Japan*, London 1991.
Popper, K.: *The Open Society and its Enemies*, London 1945 (2 vols. – rev. ed. with Addenda 1963).
Powell, W. W. and DiMaggio, P. J. (eds.): *The New Institutionalism in Organizational Analysis*, Chicago 1991.
Proctor, R. N.: *Value-Free Science? Purity and Power in Modern Knowledge*, Cambridge Ma. 1991.
Price, D. K.: *The Scientific Estate*, Cambridge Ma. 1965.
Ravetz, J.: *Science and its Social Problems*, Oxford 1971.
Salter, L.: *Mandated Science*, Dordrecht 1988.
Schäfer, W.: *Finalization in Science*, Dordrecht 1986.
Schwartzman, S. (coord.): *Science and Technology in Brazil: A New Policy for a Global World*, Rio de Janeiro 1995.

Shackley, S. and Wynne, B.: *Representing Uncertainty in Global Climate Change Science and Policy: Boundary-Ordering Devices and Authority*, in: Science, Technology and Human Values 21 (No. 3, 1996), pp. 275-302.

Shapin, S.: *Discipline and Bounding: The History and Sociology of Science as Seen Through the Externalism-Internalism Debate*, in: History of Science 30 (1992), pp. 333-369.

Shapin, S.: *A Social History of Truth*, Chicago and London 1994.

Sismondi, S.; *Science without Myth. On Constructions, Reality and Social Knowledge*, Albany, New York 1996.

Slaughter, S. and Rhoades, G.: *The Emergence of a Competitiveness Research and Development Policy Coalitions and Commercialization of Academic Science and Technology*, in: Science, Technology and Human Values 23 (No. 3, 1996), pp. 303-339.

Solla Price, D. J. de: *Little Science. Big Science ... and Beyond*, New York 1986.

Sutton, J. R.: *Organizational Autonomy and Profesional Norms in science*, in: Social Studies of Science 14 (1984), pp. 197-224.

Therborn, G.: *Normens vägar och frågatecken*, in: Sociologisk Forskning 2 (1993), pp. 3-15.

Vries, G. de: *De O>ntwikkeling van wetenschap. Een inleiding in de wetenschapsfilosofie*, Groningen 1995.

Weinberg, A. M.: *Science and Trans-Science*, in: Minerva 10 (1972), pp. 209-222.

Weingart, P.: *Wissenschaft im Konflikt zur Gesellschaft – zur De-Institutionalisierung der Wissenschaft*, in: Kreudener, J. v., Schubert, K. v. (Hg.): Technikfolgen und sozialer Wandel. Zur politischen Steuerbarkeit der Technik. Köln. 1981. pp. 205-224.

Weingart, P., Sehringer, R. & Winterhagen, M. (Hg.): *Indikatoren der Wissenschaft und Technik. Theorie. Methoden. Anwendung*, Frankfurt/New York 1991.

KARL LEIDLMAIR

Technisierungsschübe und Wissenswandel

0. Vorbemerkung

Es war der Einsatz der elektronischen Medien, der unser Interesse auf die Frage lenkte, inwiefern die Technologisierung des Wortes menschliches Denken beeinflußt hat. Die Frage steht im Raum, inwiefern verschiedene Medien die Strukturen unseres Denkens und genereller – die Vorstellung, die sich der Mensch von seiner Stellung in der Welt macht, bestimmen können. Dieses Interesse der Medienwissenschaften richtete sich zum einen retrospektiv auf die Erforschung kognitiver Differenzen zwischen oralen und literalen Gesellschaften und zum anderen prospektiv auf einen möglicherweise zu erwartenden kognitiven Gestaltwandel infolge der neuen Medien – die Palette reicht von der simplen Textverarbeitung über die Multimedia bis zum Internet. Der Einfluß der Medien wird auf vielfältige Weise diskutiert: in Bezug auf Wahrnehmung, auf kognitive Strukturen, auf die Entstehung von Werten und Normen bis hin zur konkreten Ausbildung etwa von Wissenschaftstheorie.

Es stellen sich die Fragen: Inwiefern ist die Geschichte von Kognition und Ethik verknüpft mit der Geschichte verschiedenster Medientechniken? Inwiefern läßt sich ein Zusammenhang herstellen zwischen Medientechniken und Wissenswandel? (Unter Medientechniken verstehe ich hier: Chirographie, Typographie und elektronische Medien.)

1. Welche Art von Wissen wird durch Medientechniken erzeugt?

Das Thema läßt sich von zwei Seiten her erörtern. Auf der *einen* Seite stellt sich die prinzipielle Frage, welche Art von Wissen – wenn überhaupt – durch die verschiedenen Technologisierungsformen des Wortes beeinflußt oder erst entstanden sein mögen. Im Vordergrund dieser ersten Frage steht noch keine historische Markierung, sondern eher eine systematische Verortung. Auf der *anderen* Seite geht es darum, historisch feststellbare Wissensänderungen am Wandel der verschiedenen Medientechniken festmachen zu wollen. In den folgenden Ausführungen wird hauptsächlich der erste Aspekt behandelt. Vorrangig scheint mir nämlich zu sein, zunächst eine allgemeine Vorstellung davon zu gewinnen, welches Wissen überhaupt durch die Technologisierung des Wortes entstanden sein mag, *bevor* der Einfluß der diversen Medientechniken auf unser Denken der Reihe nach historisch aufgefädelt wird. Um dies herauszufinden, wird zunächst der Unterschied von *Zeichengebrauch* und *Zeichenreflexion* herausgearbeitet. Ich betone dabei ausdrücklich, daß diese systematische Verortung den Charakter einer ersten hypothetischen Formulierung hat, die sich in einem weiteren Schritt an den historischen Gegebenheiten bewähren muß. Auf diese wird weiter unten lediglich in Form eines Ausblicks eingegangen.

Welche möglichen Zielrichtungen von der Medienwissenschaft verfolgt werden, läßt sich an zwei plakativen Thesen grob beleuchten. Die beiden Beispiele sollen auf das Thema vorbereiten, sie dienen lediglich als Indikatoren, nicht als letztgültiger Beleg, wie und ob überhaupt menschliches Denken durch den Einsatz von Medien beeinflußt ist. Zu den beiden Beispielen:

Julian Jaynes sieht in seinem Buch "The Origins of Consciousness in the Breakdown of the Bicameral Mind" einen Zusammenhang zwischen der Herausbildung einer höheren Bewußtseinsform und dem Prozeß des Schreibens. Jaynes geht von der allerdings etwas obskuren Vorstellung aus, daß Homer seine *Ilias* noch nach den Verarbeitungsprinzipien eines "bikameralen" Gehirns verfaßte. Letzeres vernehme Stimmen in seiner rechten Gehirnhälfte, die es für göttliche Inspirationen hält. Aufgabe der linken Gehirnhälfte sei es, diesen Stimmen zu gehorchen und sie akustisch wiederzugeben. Die Homerische Leistung wäre demzufolge nicht die Leistung eines autonomen Subjekts, sondern erfolgte auf göttliche Anordnung. Zur Kontrolle über die rechte Gehirnhälfte und damit zur Entstehung von Reflexion komme es erst durch den Zusammenschluß der beiden Gehirnhälften. Jaynes bezeichnet diese Phase als 'breakdown of the bicameral mind'. Ursache dafür seien kulturelle Umbrüche im Homerschen Zeitalter, zu denen Jaynes auch die Einführung der Schrift zählte. Zweites Beispiel: *Eric Havelock* sieht ebenfalls – wenngleich weniger spektakulär und mit eher medienwissenschaftlicher Orientierung – einen Zusammenhang zwischen der "Entdeckung des Selbstseins'" – der Trennung von Wissendem und Gewußtem – und der Literalisierung der Griechen.[1] Erst die griechische Alphabetschrift verschaffe dem Menschen die nötige *Distanz*, um sich selbst als eigenständiges Subjekt gegenüber einer gegenständlich gedachten Welt begreifen zu können. Umgekehrt dazu wird die Kulturstufe primärer Oralität noch als eine menschliche Lebensform betrachtet, die sich – wegen ihrer situativen Eingebundenheit in ihre Welt – durch eine besondere *Weltnähe* auszeichnet.

Wie sind derartige Aussagen zu bewerten? Bedeuten sie beispielsweise – um es kraß zu sagen –, daß der nichtliterale Mensch aufgrund seiner situativen Eingebundenheit in seine Welt noch überhaupt über keine kognitiven Strukturen verfüge? Sei er beispielsweise nicht dazu in der Lage, den fundamentalen Unterschied von zeichenhafter Darstellung und realer Welt handhaben zu können?

Um das abzuklären, ist es erforderlich, einmal die ganz elementare Frage zu stellen, was denn überhaupt den Unterschied ausmacht zwischen einer zeichenhaften Darstellung der Welt und einem bloßen Reflex oder einer rein expressiven Äußerung – beispielsweise dem Schrei als Ausdruck des Schmerzes oder des Hungers.

Denken wir an das Reaktionsmuster auf der Retina eines Froschauges, erzeugt von einer vorbeihuschenden Fliege. Ersetzt man die Fliege durch eine Fliegenattrappe, so wird auch die Attrappe den gleichen Reflex hervorrufen. Dennoch ist es vom Standpunkt des Froschauges aus betrachtet sinnlos zu behaupten, das Froschauge habe irrtümlicherweise die Fliegenattrappe mit einer echten Fliege verwechselt. Woran liegt dies? Das liegt nicht daran,

1 Havelock 1992, S. 17; vgl. auch S. 179 f., 189 f.

daß das Froschauge allwissend ist, sondern vielmehr daran, daß im Falle eines Reflexes überhaupt keine semantische Bewertung stattfindet.

Das Fehlen jedweder Differenz zwischen Repräsentation und Referenzobjekt (die scheinbare Verschmelzung der beiden zu einer Einheit), zwischen Vorstellung und Gegenstand, zwischen Wunsch und Erfüllung, wie es uns im Falle der reflexhaften Reaktion des Froschauges begegnet, liegt nicht an der Allwissenheit des Froschauges, sondern daran, daß hier überhaupt keine zeichenhafte Darstellung der Welt vorliegt. Eine minimale Voraussetzung dafür, um überhaupt von einem Zeichen sprechen zu können, ist, daß die Redeweise von einer irrtümlichen Verwendung des Zeichens sinnvoll und zulässig ist. Ich behaupte damit nicht, erschöpfend erklärt zu haben, was ein Zeichen zu einem Zeichen von etwas macht. Wir haben mit dieser Voraussetzung nur einen Ansatzpunkt gefunden, um zeichenhafte Darstellungsformen von Reflexen abgrenzen zu können. Auf eine kurze Formel gebracht besagt dies: Keine Repräsentation ohne die prinzipielle Möglichkeit der Fehlrepräsentation.

Ein Lackmustest zur Feststellung von Repräsentation ist der 'Two-Bitser' von Daniel Dennett. Er bezeichnet jenen auch als das Zwillingserdeexperiment des einfachen Mannes. Der 'Two-Bitser' ist ein Münzapparat, hergestellt in den USA, der nach Eingabe eines Viertel-Dollar in den physikalischen Zustand 'Q' übergeht. Zur Illustration des Beispiels kann man sich dazudenken, daß die Maschine, sobald sie sich im Zustand 'Q' befindet, die Auswahl bestimmter Getränke ermöglicht. Nun wird dieser Münzapparat nach Panama transportiert. In Panama gibt es eine Währungseinheit, einen Viertel-Balboa, die sich in ihren physikalischen Oberflächeneigenschaften durch nichts von einem Viertel-Dollar unterscheidet. Die entscheidende Frage ist nun: Wenn man in Panama einen Viertel-Balboa einwirft und die Maschine in den Zustand Q übergeht, hat sie dann irrtümlicherweise einen Viertel-Balboa mit einem Viertel-Dollar verwechselt? Hält man diese Frage prinzipiell überhaupt für zulässig, dann ist Q ein Zeichen für einen Viertel-Dollar. In diesem Sinne ist das Two-Bitser-Beispiel eine mögliche Wasserscheide, um eine zeichenhafte Darstellung der Welt von einem bloßen Reflex abzugrenzen. Beim Münzapparat liegt der Fall klar: Nur aus dem Blickwinkel der Konstrukteure des Apparats kann man überhaupt von einem Irrtum sprechen.

Vorliegender Erklärungsansatz, wann überhaupt ein Zeichen im Sinne einer Repräsentation von etwas vorliegt, ist lediglich ein erster vorbereitender Schritt, um prinzipiell den Einfluß einer Medientechnik auf die Strukturen unseres Denkens abschätzen zu können. Aus historischen Gründen denke ich im konkreten Falle bei einer Medientechnik zunächst an die Schrift.

Um also den Einfluß der Schrift auf Veränderungen in unserem Denken herausarbeiten zu können – ich komme nun zum Kern meiner Ausführungen –, halte ich es für wesentlich, zunächst die folgenden beiden Aspekte streng auseinanderzuhalten: die *Nutzung* der Sprache als eines Instruments zur Bezeichnung von Gegenständen und das *Begreifen* bzw. die Reflexion über diesen Vorgang der Bezeichnung selbst. Diese Unterscheidung nimmt die Entwicklungspsychologin Barbara Juen in Innsbruck vor, bei der die entsprechenden Untersuchungen von Piaget in einem etwas differenzierteren Licht erscheinen. Juen orientiert sich in ihrer Piagetkritik an Wygotski. Piaget glaubte nämlich, daß Kinder *vor* der Schrift (bis in ein Alter von ca. 8 Jahren) noch dazu tendieren, Zeichen als Teile der Dinge zu behandeln – also im Sinne von Partizipation[2] oder gar im Sinne von magischer Bezugnahme.[3] In diesem Stadium der Kindheit komme es noch zu einer Verschmelzung von Bedeutungsträger und Gegenstand,[4] von Innen und Außen,[5] von Psychischem und Physischem.[6] Erst wenn die Kinder reflektieren können (dies erfolge über ihre Literalisierung), würden sie Zeichen als eigenständige, vom Bezeichneten losgelöste Bedeutungsträger verwenden. Piaget verwischt somit den von Juen vorgeschlagenen Unterschied. Wir brauchen aber diese Unterscheidung, um zu zeigen, auf welche kognitiven Fähigkeiten die Schrift einwirkt. Natürlich will ich hier keine Debatte über Piaget und Wygotksi in Gang bringen.[7] Die entwicklungspsychologische Perspektive dient in diesem Zusammenhang nur als Werkzeug, um die verschiedenen kognitiven Strukturen genauer auseinander halten zu können. Dies ist erforderlich, um ermitteln zu können, welche dieser Strukturen von der Technologisierung des Wortes nun tatsächlich betroffen sind.

Zur Zeichennutzung ist folgendes zu sagen: Bereits ab einem Alter von ca. einem Jahr ist ein Kind dazu in der Lage, Namen und Dinge als getrennt zu *behandeln*, ohne aber diesen Unterschied als solchen zu *begreifen*. Das Begreifen des Unterschieds erfolgt erst in einer zweiten Phase, der Phase der Literalisierung des Kindes (etwa im Alter von 7 bis 8 Jahren). Worauf ich hinauswill, läßt sich am folgenden Beispiel verdeutlichen. Befragt man ein dreijähriges Kind, was passieren würde, wenn das Pferd Kuh heißen würde, so erhält man die Antwort: Dann wäre es eine Kuh. Mit anderen Worten: Das Kind glaubt in diesem Alter, daß eine starre Verbindung von Name und Gegenstand besteht. Es ist sich nicht bewußt, daß diese Zuordnung willkürlich ist. Dennoch ist es sehr wohl in der Lage, sprachliche Ausdrücke als Zeichen für Gegenstände zu verwenden. Wendet man unseren Two-Bitser-Test auf ein dreijähriges Kind an, um herauszufinden, inwiefern hier bereits eine zeichenhafte Darstellung der Welt vorliegt, so ergibt sich eindeutig das folgende Bild:

Selbstverständlich ist es bei dem Kind sinnvoll und zulässig, von einer irrtümlichen Bezeichnung zu reden. Im Unterschied zum Two-Bitser, bei dem die Redeweise von einer irrtümlichen Bezeichnung nur aus dem Blickwinkel der Konstrukteure des Münzapparats erfolgen kann, ist die fälschliche Verwendung eines Wortes bei einem Kind nicht nur eine abgeleitete Redeweise aus dem Blickwinkel der Erwachsenen, die mit dem Kind kommunizieren. Das erkennt man daran, daß das Kind dazu in der Lage ist, sowohl sich selber als

2 Piaget 1980, S. 49, 113 f.

3 A. a. O., S. 114, 136.

4 A. a. O., S. 60, S. 62, S. 104, 107.

5 A. a. O., S. 106 f.

6 A. a. O., S. 60, 107.

7 Tatsächlich scheint Piaget in späteren Arbeiten (beispielsweise in Piaget 1978, S. 222) bereits in der Symbolfunktion, also in einem früheren Stadium der Kindheit, eine Trennung von Bedeutungsträger und bezeichnetem Gegenstand auszumachen. Lediglich auf der sensomtorischen Ebene – auf der Ebene von Anzeichen oder Signalen (gemeint ist die Ebene des bedingten Reflexes) – bilden Bedeutungsträger und Dinge noch eine Einheit (vgl. dazu a. a. O., S. 222).

auch seine Gesprächspartner zu korrigieren. Dazu ein kleines Beispiel: Es gibt Kinder, die können kein 'sch' aussprechen. Hält man einem solchen Kind einen Fisch hin und sagt ihm: Ist das ein Fis?, so antwortet es: Nein. All diese Beispiele führen zu dem folgenden Resultat: Nach dem Motto: 'keine Repräsentation ohne die prinzipielle Möglichkeit der Fehlrepräsentation' verfügt ein Kind bereits ab einem Alter von ca. einem Jahr über die Kompetenz der Zeichenverwendung.

Kinder sind somit in der Lage, die Differenz von Zeichen und Bezeichnetem zu *nutzen*, ohne sie aber als solche zu *begreifen*. Das Kind kann noch nicht darüber *reflektieren*, daß hier ein Unterschied besteht. Es glaubt noch an eine feste Verbindung von Zeichen und Bezeichnetem. Nur in der Zeichen*nutzung* werden Namen und Dinge als getrennt *behandelt*. Es ist dieser wichtige Unterschied, der sich erst unter Berücksichtigung des genetischen Aspekts erschließt und der bei einem allzu statischen und abstrakten Definitionsversuch der Zeichengebung übersehen wird. Es ist, um es etwas polemisch zu formulieren, ein Problem der Cognitive Science, daß sie sich allzusehr und fast ausschließlich um eine exakte Definition der fertigen Begriffswelt der Erwachsenen bemüht und dabei zumindestens tendentiell die onto- und phylogenetischen Vorstufen dieser Erwachsenenwelt ausklammert. Eine Verbindung von Entwicklungspsychologie und Cognitive Science erschiene mir daher als eine wechselseitig fruchtbare Ergänzung.

Es ist nun endlich zu fragen, wie angesichts dieser Vorüberlegungen der Einfluß der Schrift auf das menschliche Denken einzuschätzen ist. Ausgehend von den rein ontogenetisch ermittelten Daten der Entwickungspsychologie stelle ich folgende grob verallgemeinernde Hypothese zur Diskussion: Nicht begriffliches Denken als solches, nicht die Subsumtion komplexer Erfahrungen unter einem Zeichentyp ist die eigentliche Leistung im Prozeß der Literalisierung, sondern vielmehr die Reflexion über diesen Vorgang und die Möglichkeit, darüber Rechenschaft geben zu können. In noch weiterer Verallgemeinerung kann man sagen: Was durch den Prozeß der Literalisierung eingeleitet wird, ist nicht Wissen, sondern Wissenschafts*theorie*, nicht Erkenntnis, sondern Erkenntnis*theorie*. Die metawissenschaftliche Betrachtungsweise ist es, die unter dem Aspekt der ersten Technologisierung des Wortes – der Schrift – zum Vorschein kommt. Schließlich ist noch zu fragen, welche Rolle dieses Rechtfertigungsdenken überhaupt im Kontext unseres Wissens hat. Eine alte, aber nach wie vor richtungsweisende Antwort auf diese Frage gibt uns Platon im Dialog "Sophistes".

Platons Hauptproblem in diesem Dialog ist die Frage, wie sich die Parmenideische Identitätsthese von Sprache und Wirklichkeit gegenüber der Streitkunst der Sophisten sinnvoll verteidigen läßt. Platons Antwort besteht darin, daß – ausgehend von und verharrend auf dem Standpunkt von Parmenides' Identitätsthese – diese gegenüber der Argumentation der Sophisten sich überhaupt nicht rechtfertigen lasse. Man müsse also, um Parmenides zu verteidigen, sich zumindestens ein Stück weit bereits auf die Argumentationsebene der Sophisten begeben haben. Mit anderen Worten: In dem Augenblick, wo sich der Akt der Zeichengebung rechtfertigen muß, ist die ursprünglich naive Annahme der Identität von Zeichen und Bezeichnetem unwiederbringlich vorbei. Denn der Verlust der ursprünglichen Einheit von Zeichen und Bezeichnetem beginnt bereits in dem Augenblick, in dem überhaupt das Verhältnis von Sprache und Wirklichkeit in Frage gestellt wird. In Anlehung an die Terminologie von Spinner – seine vierte Dimension des Wissensraumes – kann man das Problem auch folgendermaßen auf den Punkt bringen: Angenommen, es gäbe nur implizites Wissen, dann könnte man nicht einmal sagen, daß wir über ein implizites Wissen verfügen. Um dies überhaupt sagen zu können, muß der erste Schritt der Exterritorialisierung des Wortes bereits erfolgt sein. Dann aber ist unser Wissen nicht mehr rein implizit.

Damit ist die über die Schrift – allgemeiner: über die Technologisierung des Wortes – sich etablierende metawissenschaftliche Betrachtungsweise ein point of no return – einmal gefangen in der Ebene der Rechtfertigung können wir nicht mehr zurück. Bei dieser Gegenüberstellung von Parmenides und Plato geht es mir nicht um die bekannte und wiederholt vorgebrachte Parallelisierung des Phylogenetischen und des Ontogenetischen – etwa nach dem Schema Parmenides das Kind und Platon der Erwachsene, die einzige Ausbeute aus diesem platonischen Dialog ist die dahinter steckende Logik. Koppelt man die von Platon als unhintergehbar herausgearbeitete Ebene der Rechtfertigung mit der Technologisierung des Wortes (wie dies in der Medienwissenschaft erfolgt), so wird eben diese Technologisierung des Wortes zu einem irreversiblen Prozeß. Die Vorstellung von einem naiven und noch ungebrochenen Weltbezug zeigt sich immer nur im Spiegel einer bereits medial vermittelten Realität. Man kann diesen Grundgedanken mit den Worten von H. Plessner in zugespitzter Form so ausdrücken: Wir sind – auch und gerade unter dem Aspekt der Medialität – die Künstlichen von Natur.

Ausgehend von diesem allgemeinen, grundsätzlich und hypothetisch formulierten Konzept möchte ich nunmehr noch skizzenartig einen Ausblick geben, wie sich diese metawissenschaftliche, reflexive Ebene im Zuge des diachronisch sich abzeichnenden Wandels der Technologisierung des Wortes verschiebt und in den Medientechniken Chirographie, Typographie, EDV und neuen elektronische Medien sich jeweils verschieden abzeichnet und realisiert. In Anlehnung an die skizzierte Problematik im Sophistes möchte ich diese Verschiebung entlang der fiktiven Achse von Weltnähe und Weltdistanz darstellen. Eine wesentliche Erkenntnis bei dieser diachronischen Betrachtungsweise scheint mir die Feststellung zu sein, daß sich über die verschiedenen Medientechniken zwar die Tendenz einer zunehmenden Verschiebung vom Konkreten hin zum Abstrakten, vom unmittelbaren hin zum reflektierten Denken abzeichnet, daß aber diese Tendenz nicht exakt faßbar ist, sondern sich immer nur in einem kontinuierlichen Fluß der historischen Ereignisse darstellen läßt.

2. Ein diachronischer Überblick: Technisierungsschübe in der Medientechnik und Wissenswandel

Das Entwicklungsschema (heuristisches Modell):

I. Oralität	II. Chirographie	III. Typographie	IV. EDV	V. neue (elektronische) Medien
Partizipation	Distanziert	wie II	dematerialisiert	?
Situativ	generalisierend	wie II	Universalcode	?
gruppenorientiert	individuierend	wie II	anonym	?
dynamisch	statisch	wie II	Omnipräsenz	?
konkret	abstrakt	wie II	formal (multipel instanziierbar)	?
performativ	beschreibend	Datenwissen	algorithmisch	?
kontextabhängig	kategorial	systematisch zerlegbar	atomistisch	?
unwiederholbar	wiederholbar	exakt wiederholbar	Typ-identisch	?

Nähe → Ferne

Dissoziationsgrad

Ich möchte bei diesem Überblick nur jeweils *einen* zentralen Aspekt herausnehmen. Ein wesentliches Merkmal der oralen Kulturstufe ist die Partizipation. Dies erklärt sich aus der Notwendigkeit oraler Gesellschaften, ihre eigene kulturelle Identität – ihr Gedächtnis – mündlich aufbewahren zu müssen. Dazu müssen eigene Memorierungstechniken entwickelt werden. Zwecks besserer Gedächtnisleistung werden bestimmte historisch festzuhaltende Ereignisse in Form von Handlungen erzählt. Die Sprache ist notgedrungen handlungsorientiert, dynamisch, situativ. Die spezielle Leistung oraler Poesie sieht Havelock in einem vollständigen Aufgehen der eigenen Persönlichkeit in dem aufgeführten Geschehen.[8] Der Zuhörer wird in die Erzählung miteinbezogen, indem er sich mit ihr psychologisch und emotional identifiziert – etwa durch Tanz, Rezitation etc.[9]

Erst mit dem Aufkommen der *Schrift* wird das Wort zu einem dinglichen Zeichen und somit zu einem von der bezeichneten Sache unabhängigen Etikett. Als visualisierbares Objekt wird das aufgeschriebene Wort selbst der Reflexion zugänglich. In diesem Verdinglichungsprozeß von Sprache sieht Havelock[10] eine der Wurzeln der Entstehung eines vom Sprechen unabhängigen Selbst. Damit läßt sich die chirographische Kulturstufe vornehm-

8 Havelock 1990, S. 18.
9 Vgl. Havelock 1963, S. 160, 174, 242, 282 f.
10 Havelock 1992, S. 190.

lich am Merkmal ihrer distanzierten Weltsicht festmachen. Diese Tendenz verstärkt sich noch in der *Typographie*. Durch die rein mechanische Reproduktion der Buchstaben wird das Wort exakt wiederholbar und somit die Typ–Identität des Zeichens – das Zeichen als ein rein formales Element in einer Struktur –, wie es in der EDV gehandelt wird, vorbereitet. Kommunikationstheoretisch betrachtet definiert sich ein Zeichen lediglich über seine funktionale Rolle in einer Struktur. Zwei Strukturen sind formal identisch, wenn zwischen ihnen eine – streng mathematisch definierte – isomorphe Abbildungsbeziehung besteht. Wegen der Transitivität dieser isomorphen Beziehung kann eine in einem bestimmten Code verschlüsselte Information durch einen beliebig anderen Code ersetzt werden. *Alle* Informationen (Bild, Ton, Text) lassen sich dadurch auf einen einzigen universellen Code reduzieren. Ein wesentliches Merkmal der *Computertechniken* ist die vollständige Dematerialisierung unserer Lebenswelt. Über Turings Universalkalkül wird die Welt zur berechenbaren Formel – zum austauschbaren Code. Dies kann in extremer Form sogar zur Spekulation führen, daß über diesen Prozeß das Subjekt selbst zum Verschwinden kommt. Das hängt damit zusammen, daß hier eine Norm – nämlich die Regeln der Berechenbarkeit – ontologisiert wird. (Die aufgeschriebenen Regeln dienen ursprünglich zur Erklärung des – menschlichen – Rechenprozesses und werden dann zu seiner Beschreibung verwendet. In diese Richtung weisen die Arbeiten von Born, Krämer und Shanker.) An Stelle der – noch in Chirographie und Typographie – vorherrschenden binären Opposition von Subjekt und Objekt tritt nunmehr die Opposition von formalem Code und jeweiliger Materie.

Abschließend noch eine Bemerkung zu den neuen Medien, deren kognitive Eigenschaften im Funktionsschema zunächst offen gelassen wurden. Das Problem bei den neuen Medien ist nicht die Diagnose, sondern deren Bewertung. Nach wie vor richtungsweisend scheint mir das auf Marshall McLuhan zurückgehende Schlagwort von der *sekundären Oralität* zu sein. Auf der Benutzeroberfläche betrachtet stellen sich die neuen Medien dar als eine Rückkehr zur oralen Kultur: Bereits die einfache elektronische mail präsentiert sich in einer wesentlich informelleren, 'flüssigeren' Sprachdiktion als ein geschriebener Brief. Die – multimedial unterlegte – Textverarbeitung erlaubt die Einbindung von Bild und Ton in den ursprünglich rein alphabetischen Text, die strenge Linearität des Schreibens wird durch die beliebige Austauschbarkeit der 'Text'-Bausteine durchbrochen. Wir stehen hier am Beginn einer Entwicklung, die sich bereits über Rundfunk und Fernsehen angekündigt hat und sich nunmehr über das weltweite Internet konsequent fortsetzt. Man darf bei dieser Entwicklung allerdings nicht übersehen, daß die globale Verbreitung von Bild und Ton zuallererst durch die Universalität und Transitivität des (digitalen) Codes ermöglicht wurde. Die in meinem tabellarischen Entwicklungsschema vorerst offen gelassene Spalte für kognitive Eigenschaften unter den Einsatzbedingungen der neuen Medien läßt sich vor dem Hintergrund dieser Überlegung auffüllen, indem man nunmehr die Spalten I und IV (Oralität und EDV) miteinander kombiniert. So erfolgt die Partizipation an der elektronischen Diskussionsgruppe unter Aussparung der Materie, die scheinbare Situativität des Diskurses wird ermöglicht durch die Universalität des Codes, konkrete Bilder sind formale Strukturen, multipel instanziierbar (d. h.: auf verschiedenen Datenträgern realisierbar) und beliebig reproduzierbar. Der vom Fernseh- und Computerbildschirm suggerierte Eindruck des unmittelbaren Dabeiseinkönnens – z. B. das Bild eines von der Ölpest am Persischen

Golf verschmutzten Vogels – ist eine künstlich erzeugte Illusion. Es sind derartige Täuschungsmanöver, die die neuen Medien ins Gerede gebracht haben und die zugleich das Bedürfnis nach einer 'echten', unverfälschten Form der Oralität erneut in uns wachgerufen haben.

Bei diesem Ruf 'zurück zur primären Oralität' darf man allerdings nicht übersehen, daß es gerade eben diese mediale Künstlichkeit ist, die unsere Reflexion am Leben hält.

Literaturverzeichnis

Bammé, A. u. a.: *Maschinen-Menschen Mensch-Maschinen. Grundrisse einer sozialen Beziehung*, Reinbek. 1983.

Born, R.: Hofstadter, Turing und die Künstliche Intelligenz: Ein Strauß von Problemen, in: Leidlmair, K. & Neumaier, O. (Hg.). Wozu Künstliche Intelligenz? *Conceptus-Studien 5* (1988) S. 9-39.

Dennett, D. C.: *The Intentional Stance*, Cambridge.Mass. 1987.

Fodor, J. A.: *Psychosemantics: the problem of meaning in the philosophy of mind*, Cambridge.Mass. 1987.

Havelock, E. A.: *Preface to Plato*, Cambridge.Mass. 1963.

Havelock, E. A.: *Schriftlichkeit: das griechische Alphabet als kulturelle Revolution*, Weinheim. 1990.

Havelock, E. A.: *Als die Muse schreiben lernte*, Frankfurt/M. 1992.

Jaynes, J.: *The Origins of Consciousness in the Breakdown of the Bicameral Mind*, Boston. 1977.

Krämer, S.: Denken als Rechenprozedur: zur Genese eines kognitionswissenschaftlichen Paradigmas, in: *Kognitionswissenschaft 2* (1991) S. 1-10.

McLuhan, M.: *Die Gutenberg Galaxis*, Düsseldorf. 1968.

Ong, W.J. : *Oralität und Literalität: die Technologisierung des Wortes*, Opladen. 1987.

Piaget, J.: Theorien und Methoden der modernen Erziehung, Frankfurt/M. 1978.

Piaget, J.: Das Weltbild des Kindes, Frankfurt/M. 1980.

Shanker, S. G.: Wittgenstein versus Turing on the Nature of Church's Thesis, in: *notre Dame Journal of Formal Logic 28* (1987) S. 615-649.

Shannon, C. E.: Communication theory of secrecy systems, in: *Bell System technical Journal 28* (1949) S. 656-715.

Spinner, H. F.: *Popper und die Politik*, Berlin. 1978.

Turing, A.: *Intelligence Service*, Schriften, Hg. Dotzler, B. & Kittler, F. Berlin. 1987.

Wiener, N.: *Mensch und Menschmaschine*, Frankfurt/M. 1966.

Wygotski, L. S.: *Denken und Sprechen*, Stuttgart 1964.

Öffentlicher Abendvortrag

JÜRGEN MITTELSTRAß
Vom Nutzen des Irrtums in der Wissenschaft

Vorbemerkung

Irrtum in der Wissenschaft – das ist, wie auch sonst Teil der alltäglichen Erfahrung des Menschen, für den Wissenschaftler etwas sehr Vertrautes, manchmal als schicksalhaft, meist als ärgerlich Empfundenes. Insofern gehört der Irrtum zur Alltäglichkeit des Wissenschaftlers und der Wissenschaft. Aber Nutzen des Irrtums in der Wissenschaft? Ist Irrtum in der Wissenschaft, wie eben auch sonst wieder, nicht gerade das, was nicht sein soll, was nicht für, sondern gegen den Nutzen des wissenschaftlichen Wissens, sowohl bei dessen Entstehung als auch bei dessen Verwendung, steht? In diesem Sinne sprechen wir üblicherweise vom Nutzen der Wahrheit, nicht aber vom Nutzen des Irrtums.

Das könnte vorschnell und selbst irreführend, nämlich allzusehr an lebensweltlichen Erfahrungsbeständen orientiert, sein. Tatsächlich charakterisiert der Irrtum die wissenschaftliche Praxis ebenso wie die nicht-wissenschaftliche Praxis und andere Bereiche der Wissensbildung, nur macht er eben auch, wenn er behoben ist, einen Erkenntnisfortschritt nur um so deutlicher. Erst im Irrtum bzw. nach dessen Beseitigung wird klar, was Wahrheit ist bzw. wo sie liegen könnte. In diesem Sinne gehört der Irrtum nicht nur zur *Irrtumsgeschichte*, sondern auch zur *Fortschrittsgeschichte* der Wissenschaft. Oder anders ausgedrückt: Wissenschaft ist immer Fortschritts- oder Wahrheitsgeschichte und Irrtumsgeschichte. Zugleich verleiht erst der Irrtum der Wahrheit ihren vollen Glanz. Denn könnte die Wissenschaft nicht irren, wäre Wahrheit das Selbstverständliche und das Übliche. Das Übliche aber schreibt man nicht in Forschungsberichte oder, wie im Falle der Wahrheit früher geschehen, über die Portale der Universitäten (wobei man aus dem Verzicht auf derartige Deklarationen heute nicht gleich auf das gänzliche Fehlen der Wahrheit in unseren Universitäten schließen sollte). Im übrigen zeichnet sich die Wissenschaft gegenüber anderen Formen der Wissensbildung und deren Irrtumsanfälligkeit dadurch aus, daß sie *präzise* zu irren versteht. Ihr

Irrtum trägt in der Regel alle Zeichen der Wahrheitsnähe, und auch die Distanz zur Wahrheit vermag Wissenschaft, nach Behebung des Irrtums, genau auszumessen. Damit gewinnt aber – gegen die Ausgangsvermutung der Überflüssigkeit und der Unerheblichkeit des Irrtums in der Wissenschaft – der Irrtum erst in der Wissenschaft sein ausgearbeitetes Wesen und seine Rationalität.

Beides ist das Thema der folgenden Überlegungen (unter vier Stichworten). Dieses Thema ist im übrigen nicht neu. Es tritt im Umkreis von Psychologie und Pädagogik im Zusammenhang mit dem Begriff der Fehlleistung bzw. dem Begriff des Lernens aus Fehlern auf,[1] in der Wissenschaftstheorie in Form des sogenannten *Falsifikationismus* und der Methode von *trial and error*. Und auch ich werde im Folgenden auf einige frühere Überlegungen zurückgreifen,[2] so gleich bei einigen systematischen und historischen Erläuterungen zum Begriff des Irrtums.

1. Wahrheit und Irrtum

Was genau ist ein Irrtum? Dazu drei kurze Erläuterungen:[3] (1) Wer sich irrt, sucht nicht den Irrtum, sondern die Wahrheit. Er ist davon überzeugt, daß er sie mit seinen Vorstellungen, Behauptungen oder theoretischen wie praktischen Feststellungen trifft bzw. realisiert. Es ist das Festhalten an dieser Intention (die Wahrheit wollen) und das Nicht-Zutreffen dieser Überzeugung (die Wahrheit sagen), die das, was im Namen der Wahrheit zur Geltung gebracht wird, zum Irrtum machen. (2) Die Feststellung, daß ein Irrtum vorliegt, folgt der Behauptung der Wahrheit, sie läßt sich nicht gleichzeitig mit einem Wahrheitsanspruch treffen. 'Ich irre mich (jetzt)' ist ein 'unmöglicher' Sprechakt. Er würde bedeuten, dasselbe gleichzeitig zu behaupten, d. h. seine Wahrheit geltend zu machen, und zu negieren, d. h. den Irrtum an die Stelle der Wahrheit zu setzen. Dies würde auch bedeuten, daß eine Überzeugung (von) der Wahrheit nicht vorliegt, die unter (1) als konstitutiv für den Begriff des Irrtums bezeichnet wurde: Die Behauptung einer Aussage a bei gleichzeitigem Wissen, daß die Aussage a falsch ist, bedeutet nicht Irrtum, sondern Lüge.

In diesem Zusammenhang ist allerdings ein 'Tatsachenirrtum' (eine nicht zutreffende Behauptung über einen Sachverhalt) von einem sprachlichen Irrtum zu unterscheiden. Letzterer betrifft sowohl unzulässige Begriffsbildungen als auch unzulässige Schlüsse, z. B. den Schluß von 'wenn es regnet, ist die Straße naß' auf 'wenn es nicht regnet, ist die Straße

1 Vgl. H. Lehner, *Erkenntnis durch Irrtum als Lehrmethode*, Bochum 1979.

2 J. Mittelstraß, *Die Wahrheit des Irrtums*, in: D. Czeschlik (ed.), Irrtümer in der Wissenschaft, Berlin/Heidelberg etc. 1987, 48-69, weiter ausgearbeitet unter dem Titel: Die Wahrheit des Irrtums. Über das schwierige Verhältnis der Geisteswissenschaften zur Wahrheit und über ihren eigentümlichen Umgang mit dem Irrtum, Konstanz 1989 (Konstanzer Universitätsreden 173).

3 Vgl. zum Folgenden den Artikel *Irrtum* in: J. Mittelstraß (ed.), Enzyklopädie Philosophie und Wissenschaftstheorie II, Mannheim/Wien/Zürich 1984, 298-299.

trocken (nicht naß)'. Hier liegt eine umgangssprachlich nahegelegte Fehlinterpretation der (logischen) Partikeln 'nicht' und 'wenn-dann' vor. (3) Daß man *sich irrt* oder einen Irrtum *begeht*, macht deutlich, daß Irrtum eine Eigenschaft dessen ist, der die Wahrheit sucht, sie aber verfehlt. Gegensatz der Wahrheit bzw. des Wahren ist die Falschheit bzw. das Falsche. Dabei sind Wahrheit und Falschheit Eigenschaften von Aussagen bzw. Aussagezusammenhängen (unter dem Aspekt ihrer Geltung), nicht von Individuen oder Gruppen. Gegensatz des Irrtums ist daher auch strenggenommen nicht die Wahrheit, sondern die Wahrheits*findung*. Sich irren und sich nicht irren (die Wahrheit finden) sind *Handlungen* – hier in Form von Behauptungen –, während Wahrheit und Falschheit, das Wahre und das Falsche, 'Wahrheitswerte' von Aussagen sind.

Irrtümer haben insofern, lebensweltlichen Erfahrungen durchaus vertraut, einen *pragmatischen*, das Wissen mit dem Handeln verbindenden Charakter. Das kommt insbesondere auch dadurch zum Ausdruck, daß sich die Rede vom Irrtum nicht nur auf Behauptungen, sondern auch auf andere Sprechakte wie Glauben und Beurteilen und darüber hinaus auf nicht-sprachliche Handlungen, z. B. auf das Einschlagen falscher Wege und das Verwechseln von Handschuhen, beziehen läßt. In ihrem pragmatischen Charakter stehen Irrtümer zwischen einer Welt der Wahrheit oder der Geltungen, die sie hinsichtlich der mit ihnen verbundenen Überzeugung der Wahrheit intendieren, und einer Welt ohne Wahrheit oder ohne Geltung. Das ist durchaus nicht nur erkenntnistheoretisch oder wissenschaftstheoretisch, sondern auch anthropologisch gemeint: Der Umgang mit dem Irrtum ist die menschliche Weise des Umgangs mit der Wahrheit. Oder noch anders formuliert: Wir irren um der Wahrheit willen.

Die Philosophie, genauer die Erkenntnistheorie, sieht das häufig allerdings anders. Sie erkennt im Irrtum entweder die schwache Natur des Menschen oder einen (eher oberflächlichen) Defekt oder ein Moment der Wahrheit. So sind nach Herder Irrtümer schicksalhaft "unsrer Natur (...) unvermeidlich",[4] was der Volksmund auch durch 'irren ist menschlich' auszudrücken pflegt. Nach Johann Georg Walchs im 18. Jahrhundert viel benutztem "Philosophischen Lexicon" läßt sich Unwissenheit und Irrtum, als gewöhnliche Defekte aufgefaßt, durch geeignete Reparaturanstrengungen beikommen: "Der Unwissenheit helfen wir durch Erlernung anderer Wissenschaften; dem Irrthum aber durch die Logic ab."[5] Schiller, der gegenüber den Hinweisen auf die Natur des Menschen und die Leistungsfähigkeit der Logik die 'Wahrheitsnähe' des Irrtums betont, sieht das anders: "Jede Fertigkeit der Vernunft, auch im Irrtum, vermehrt ihre Fertigkeit zu Empfängnis der Wahrheit."[6] Irrtum

4 J. G. Herder, *Ideen zur Philosophie der Geschichte der Menschheit* [1784-1791] IX, Sämtliche Werke, I-XXXIII, ed. B. Suphan u. a., Berlin 1877-1913, XIII, 359.

5 J. G. Walch, *Philosophisches Lexicon*, worinnen die in allen Theilen der Philosophie vorkommende Materien und Kunstwörter erkläret, aus der Historie erläutert, die Streitigkeiten der ältern und neuern Philosophen erzehlet, beurtheilet, und die dahin gehörigen Schriften angeführet werden (...), Leipzig [4]1775, 2089.

6 F. Schiller, *Philosophische Briefe* [1786/1787], Sämtliche Werke, I-V, ed. G. Fricke/H. G. Göpfert, München 1958-1959, V, 357 (Theosophie des Julius).

wird hier nicht als Gegensatz der Wahrheit bzw. der Wahrheitsfindung, sondern als die andere Seite der Wahrheit bzw. als Teil der Wahrheitsfindung verstanden. Die folgenden, nun wieder stärker auf die Wissenschaft bezogenen Überlegungen stehen, wie Sie gleich bemerken werden, Schiller näher als Herder und Walch.

2. Der wissenschaftliche Irrtum

Am Anfang der Wissenschaft, damit auch des wissenschaftlichen Fortschritts, stand – wenn man den üblichen wissenschaftshistorischen Orientierungen folgt und diesen Anfang mit der Geschichte der Naturphilosophie verbindet – nicht etwa die Wahrheit, sondern der Irrtum. Hier handelt es sich zugleich um einen großartigen Irrtum, dessen (ambivalente) Tragweite sich sogar an der Dauer seiner Geltung als Wahrheit, nämlich mehr als 2.000 Jahren Irrtumsgeschichte, ablesen läßt. Die Rede ist von der Aristotelischen Physik, deren kosmologische Elemente kurz die folgenden sind: (1) der Aufbau einer Elemententheorie und einer Theorie natürlicher Örter (der Elemente), die kosmologisch ein geozentrisches System zur Konsequenz hat; (2) die Annahme, daß jede Orts- und Geschwindigkeitsänderung die Existenz einer wirkenden Kraft voraussetzt, womit in kosmologischen Zusammenhängen die Annahme eines 'unbewegten Bewegers' erforderlich wird; (3) die Teilung des Kosmos in einen sublunaren Teil ('Welt unter dem Mond'), der in der terrestrischen Physik 'natürlicher' und 'erzwungener' Bewegungen erfaßt wird, und einen supralunaren Teil ('Welt über dem Mond') unveränderlicher Sphärenharmonie, die Gegenstand der Astronomie ist; (4) die Annahme undurchdringbarer fester Äthersphären.

Die Aristotelische Physik hat damit in einem kosmologischen Rahmen die Unterscheidung zwischen einer 'mathematischen' (kinematischen, d. h. kräftefreien) Astronomie und einer 'physikalischen' (dynamischen) Astronomie zur Folge. Nach Simplikios[7] ist es Aufgabe der physikalischen Astronomie, das Wesen des Himmels und der Gestirne zu erforschen – wozu die Aristotelische Physik eine konkurrenzlose Voraussetzung bot –, Aufgabe der mathematischen Astronomie, zu beweisen, daß die supralunare Welt wirklich ein Kosmos, d. h. ein nach geometrischen Gesichtspunkten geordnetes System, ist – was durchaus auf der Basis unterschiedlicher, also z. B. auch heliozentrischer Annahmen geschehen konnte. Und diese Aufgabenstellung (deswegen wurde hier der kosmologische bzw. astronomische Aspekt der Aristotelischen Physik gewählt) überdauert selbst noch die 'Absetzung' der Aristotelischen Physik, d. h. ihre Erklärung zur Irrtumsgeschichte.

So ist es das erklärte Ziel der Kopernikanischen Astronomie, den fundamentalen Grundsätzen des griechischen astronomischen Forschungsprogramms, nämlich der Rückführung aller planetarischen Bahnbewegungen auf kreisförmige Bewegungen mit konstanter Winkelgeschwindigkeit, das durch die Aristotelische Physik auch eine dynamische Begründung

7 In Aristotelis physica commentaria, I-II, ed. H. Diels, Berlin 1882/1895 (Commentaria in Aristotelem Graeca IX/X), II, 290 f.

fand, wieder zur Geltung zu verhelfen. Das zentrale Motiv des Kopernikus ist, daß das geozentrische Ptolemaiische System durch die Einführung des 'Äquanten' (punctum aequans), durch den die Konstanz der Winkelgeschwindigkeiten auf einen exzentrisch gelegenen Punkt, also nicht auf den Kreismittelpunkt bezogen wird, das für das griechische Forschungsprogramm zentrale Gleichförmigkeitspostulat verletzt. Durch Einführung der Erdbewegung sollen die inhaltlichen Grundsätze dieses Programms wieder uneingeschränkt zur Geltung gebracht werden. Erst das Keplersche System bricht zum ersten Mal und endgültig in der Formulierung der drei so genannten Keplerschen Gesetze mit den Grundsätzen des griechischen Astronomieprogramms (weshalb es auch richtiger ist, von einer 'Keplerschen Wende' statt von einer 'Kopernikanischen Wende' zu sprechen). Mit anderen Worten: Aus der Sicht der neuzeitlichen Entwicklung der Naturwissenschaften setzt sich die Irrtumsgeschichte der Aristotelischen Physik bzw. einer aristotelisch begründeten Ptolemaiischen Astronomie bis in die beginnende Wahrheitsgeschichte der neuzeitlichen Wissenschaft hinein fort. Der (wissenschaftliche) Irrtum wird zum Träger und Förderer der (wissenschaftlichen) Wahrheit.

Das Bedeutende an diesem Irrtum, mit dem die Geschichte der Naturwissenschaften beginnt, ist nun nicht einmal so sehr dieser Umstand, auch nicht das erstaunliche Beharrungsvermögen der Aristotelischen Physik, das nicht so sehr auf den Mangel an ausgearbeiteten Alternativen als vielmehr auf die theoretische Stimmigkeit dieser Physikkonzeption zurückzuführen ist, sondern die Tatsache, daß mit der Aristotelischen Physik alle wesentlichen Prinzipien der wissenschaftlichen Forschung installiert sind und diese Forschung selbst einen methodischen Gang angetreten hat. Sie stellt darin (mit der Mathematik in ihrer Euklidischen Form) das eigentliche Paradigma wissenschaftlicher Rationalität dar, das in seiner Methoden- und Theorieorientierung auch durch eine nicht-Aristotelische Physik nicht wesentlich, jedenfalls nicht im Sinne einer (wissenschaftlichen) 'Revolution', zurückgenommen wird. Der Nutzen des Aristotelischen Irrtums liegt damit in der Etablierung der wissenschaftlichen Wahrheit, d. h. einer wahrheitsorientierten und methodisch ausgewiesenen Wissenschaftlichkeit.

Der Kopernikanische Anschluß an die Grundsätze einer Aristotelischen (geozentrischen) Astronomie macht darüber hinaus deutlich, daß auch erfolgreiche oder sogar als revolutionär angesehene Theorien selten vollständig korrekt sind; auch sie enthalten vielmehr häufig irrtümliche Elemente, die erst allmählich, in der weiteren wissenschaftlichen Entwicklung, korrigiert werden. Dabei betrifft der wissenschaftliche Irrtum erfolgreicher wissenschaftlicher Theorien keineswegs nur marginale, sondern durchaus auch zentrale Teile einer Theorie (wie im Falle des Kopernikanischen Systems, das zwar mit dem Geozentrismus der bisherigen Astronomie bricht, aber deren Grundsätze beibehält), und dies nun charakteristischerweise häufig so, daß sich der Irrtum keineswegs anhand mißlicher Konsequenzen auch wirklich als Irrtum erweist. Im Gegenteil, falsche Prämissen, auch solche grundlegender Art, können unter Umständen zu zutreffenden und bis heute als gültig angesehenen Ergebnissen führen. Eine derartige *heuristische Fruchtbarkeit* des Irrtums vermag nicht allein die Falschheit der zugrundegelegten Voraussetzungen auch über lange Zeiträume hinweg zu verschleiern; wichtiger noch ist, daß eben wegen dieser heuristischen Fruchtbarkeit eine (schnelle) Beseitigung des Irrtums den Erkenntnisfortschritt im besonderen Falle eher behindern als fördern könnte. Nicht zuletzt deswegen spielt der Irrtum in der wissenschaftlichen Entwicklung, selbst dort, wo sich diese als Fortschrittsgeschichte erweist, eine ambivalente Rolle. Er kann – gewissermaßen von höherer Warte betrachtet, als die die Philosophie gerne den absoluten Geist anzusehen pflegt – ein Teil jener Kraft sein, die das Böse will und das Gute schafft. Dies mögen zwei kurze Beispiele verdeutlichen.

(1) *Die Wärmestofftheorie und die Wärmekraftmaschine.* Das allgemeine und in seinen Grundzügen noch heute akzeptierte Ablaufschema von Wärmekraftmaschinen wurde 1821 von Carnot entworfen. Hintergrund und Grundlage dieses 'Carnot-Zyklus' oder 'Carnotschen Kreisprozesses' ist die Wärmestofftheorie. Für diese ist die Wärme eine besondere Substanz, die in die Körper einzudringen vermag und auf diese Weise eine Temperaturerhöhung erzeugt. Da die Wärme demnach stofflicher Natur ist, bleibt sie bei allen thermischen Prozessen erhalten; solche Prozesse bedeuten lediglich den Austausch von Wärmestoff, nicht aber dessen Erzeugung oder Vernichtung. Durch diesen Erhaltungssatz wird nahegelegt, thermische Prozesse als Kreisprozesse aufzufassen; die vollständige Analyse eines solchen Prozesses sollte aufzeigen, auf welche Weise der thermische Ausgangszustand wieder erreicht wird. Und genau dies ist der Ansatzpunkt von Carnots Theorie der Wärmekraftmaschine. Wäre Carnot stattdessen von der korrekteren Vorstellung der Wärmezerstreuung oder Energiedissipation ausgegangen, hätte er schwerlich den Kreisprozeß als Instrument der Analyse herangezogen.

Der Carnot-Zyklus sieht im einzelnen vor, daß ein Arbeitsmedium in einer ersten Phase erhitzt wird und dabei sein Volumen vergrößert, so daß sich seine Temperatur nicht ändert (isotherme Expansion). In einer zweiten Phase dehnt sich das Arbeitsmedium ohne weitere Wärmeaufnahme aus (adiabatische Expansion); es verrichtet Arbeit und kühlt sich dabei ab. In einer dritten Phase wird das Arbeitsmedium wieder komprimiert, wobei die freigesetzte Wärme durch Kühlung abgeführt wird (isotherme Kompression). In der abschließenden vierten Phase wird das Arbeitsmedium ohne weitere Wärmeaufnahme oder Wärmeabgabe komprimiert (adiabatische Kompression) und dadurch in seinen thermischen Ausgangszustand zurückversetzt. Die Struktur dieses Kreisprozesses ist in wesentlicher Hinsicht durch die Wärmestofftheorie geprägt, wobei der entscheidende Punkt in der Analogie zwischen einer Wärmekraftmaschine und einem Wasserkraftwerk liegt. Da Wärme stofflicher Natur ist, folgt die Arbeitsweise einer Wärmekraftmaschine dem Vorbild der Leistungserzeugung durch den Fall von Wasser. In der ersten Phase des Carnot-Prozesses wird Wärmestoff aufgenommen; dies entspricht der Sammlung von Wasser in einem Becken. In der zweiten Phase läßt man den Wärmestoff von einem hohen Temperaturniveau auf ein niedriges Temperaturniveau gleichsam hinablaufen, ebenso wie man Wasser über eine Höhendifferenz fallen läßt. Die verbleibenden Stufen des Carnot-Prozesses sind dann dem Zurückschaffen des Wassers auf die größere Höhe analog.

Der für die Wirksamkeit einer Wärmekraftmaschine entscheidende Prozeß wird durch die zweite Phase, also durch das 'Herabströmen' von Wärmestoff dargestellt, und diese Vorstellung ist wesentlich aus der Analogie zu fallendem Wasser und damit aus der Annahme der stofflichen Natur der Wärme erwachsen. Tatsächlich ist die Wärme keineswegs stofflicher Natur, und sie unterliegt auch keinem Erhaltungssatz. Dessen ungeachtet hat der fehlerhafte, irrtümliche Ansatz der Wärmestofftheorie zu einer im Prinzip korrekten Analyse von Wärmekraftmaschinen geführt. Insbesondere sind die auf diesem Prozeß fußende Berechnung von Wirkungsgraden und die Unabhängigkeit des Wirkungsgrads vom eingesetzten Arbeitsmedium bis auf den heutigen Tag als gültig anerkannt.

(2) *Die Herleitung der Allgemeinen Relativitätstheorie.* Einsteins Herleitung der Allgemeinen Relativitätstheorie beruhte auf Prinzipien, die zum Teil erkenntnistheoretisch motiviert waren. Eines der hier einschlägigen und für die Formulierung der Theorie wesentlichen Prinzipien ist das von Einstein so genannte *Machsche Prinzip*. Nach der Vorstellung Newtons gibt es ein ausgezeichnetes, wahrhaft ruhendes Bezugssystem, den 'absoluten Raum'; Bewegungen gegen den absoluten Raum werden durch das Auftreten von Trägheitskräften (etwa Fliehkräften) angezeigt. Durch solche Trägheitskräfte wirkt entsprechend der Raum auf die Körper ein, während umgekehrt die Körper den Raum in keiner Weise aus seiner geruhsamen Existenz der absoluten Bewegungslosigkeit herauszureißen vermögen. Einstein hielt eine solche Annahme einer bloß einseitigen Wirkung für widersinnig und ging stattdessen von der (von ihm Mach zugeschriebenen) Vorstellung aus, daß die Trägheitskräfte vollständig durch die relativen Lagen und Bewegungen von Körpern bestimmt sind.

Das Machsche Prinzip stellt dabei nicht nur eines der zentralen Motive für die Entwicklung der Allgemeinen Relativitätstheorie dar, sondern spielt auch im Prozeß der Formulierung der Theorie eine wichtige Rolle. Gleichwohl stellt sich später heraus, daß die vollentwickelte Theorie das Machsche Prinzip nicht erfüllt, d. h., die Theorie läßt Raum-Zeit-Strukturen als physikalisch möglich zu, in denen Trägheitskräfte doch wieder aus einer übergreifenden, von den Körpern und ihren Bewegungen unabhängigen Raum-Zeit stammen – wenn diese auch nicht mehr die Newtonsche Form eines absolut unbeweglichen Raumes besitzt. Darüber hinaus ist nach dem gegenwärtigen empirischen Bestand davon auszugehen, daß in unserem Universum in der Tat eine derjenigen Raum-Zeit-Strukturen realisiert ist, in denen das Machsche Prinzip durchbrochen ist. Das Machsche Prinzip wäre demnach falsch; nach heutigem theoretischen und empirischen Kenntnisstand ist unser Universum mit einer absoluten, also von den Körpern im Universum unabhängigen Raum-Zeit-Struktur ausgestattet. Gleichwohl spielte, wie deutlich gemacht, das Machsche Prinzip im Prozeß der Formulierung der Allgemeinen Relativitätstheorie eine wesentliche und vermutlich unerläßliche Rolle. Ohne Voraussetzung dieses Prinzips wäre die Entwicklung der Theorie zumindest nicht auf dem von Einstein verfolgten Wege möglich gewesen.

Beide Fallbeispiele zeigen, daß der Irrtum in der Wissenschaft eine wesentliche, ja fortschrittsfördernde Rolle spielen kann. Zudem machen diese Beispiele deutlich, daß der wissenschaftliche Irrtum nicht auf Randbereiche beschränkt sein muß, sondern zentrale Annahmen betreffen kann, die in den angeführten Fällen überdies selbst in wesentlicher Hinsicht unzutreffend waren. Gleichwohl stellten diese Irrtümer eine unabdingbare heuristische Grundlage für die betreffenden theoretischen Leistungen dar. Sie waren für die weitere wissenschaftliche Entwicklung nicht etwa abträglich, sondern im Gegenteil nützlich.

3. Die geisteswissenschaftliche Wahrheit

Was über den wissenschaftlichen Irrtum und seine Rolle für wissenschaftliche Entwicklungen gesagt wurde, gilt in erster Linie für die Naturwissenschaften, aus denen auch die Beispiele stammten, nur bedingt für die Geistes- und Sozialwissenschaften. Hier klingt schon die Frage z. B. nach einem geisteswissenschaftlichen Irrtum (wenn damit nicht etwa Datierungsprobleme oder Textstrukturen ins Auge gefaßt sein sollten) seltsam. Tatsächlich zeichnen sich die Geisteswissenschaften, wenn man ihren Diskursen über die Zeiten hinweg folgt, gegenüber den Naturwissenschaften, aber auch Teilen der Sozialwissenschaften, durch eine eigentümliche Unerheblichkeit des Unterschieds zwischen Wahrheit und Irrtum aus. Nicht daß in den Geisteswissenschaften die Wahrheit immer nah und der Irrtum immer fern wären; gemeint ist vielmehr, daß die Beurteilung nach wahr und falsch in der geisteswissenschaftlichen Arbeit an Bedeutung verliert und auch der Streit der Gelehrten selten nach Kriterien der Wahrheit und des Irrtums wirklich entschieden wird.

Als Beispiel verwende ich an dieser Stelle gerne die denkwürdige Auseinandersetzung zwischen dem Literaturwissenschaftler Emil Staiger und dem Philosophen Martin Heidegger um den Mörike-Vers "Was aber schön ist, selig scheint es in ihm selbst"[8] im Gedicht "Auf eine Lampe" aus dem Jahre 1846. Es geht um das *Scheinen*. In dem Vers "Was aber schön ist, selig scheint es in ihm selbst" wird 'scheint' von Staiger als 'videtur' ('es hat den Anschein'), nicht als 'lucet' ('es leuchtet') gelesen,[9] von Heidegger als 'leuchtendes Sichzeigen': "Das 'Schön-Sein' ist das reine 'Scheinen'."[10] Die Auseinandersetzung verläßt schnell den engeren literarhistorischen Rahmen und greift auf Hegel und andere Theorien des Schönen aus. So geht es um Friedrich Theodor Vischers Vorstellung vom Schönen,[11] auf die Heidegger verwiesen hatte – zur Begründung seiner Hegelschen Auffassung ("Das *Schöne* bestimmt sich (...) als das sinnliche *Scheinen* der Idee").[12] Staiger kontert mit dem Hinweis auf Mörikes schlechte Hegelkenntnisse und zeigt sich entgegenkommend: "Es mag sein, daß der alte Fuchs auch ein wenig an *lucet* dachte, das ihm, ähnlich wie das 'ihm

8 E. Mörike, *Auf eine Lampe* [1846], Sämtliche Werke, ed. H. G. Göpfert, München ^{5}1976, 85. Eine ausführlichere Darstellung dieser Auseinandersetzung unter dem hier einschlägigen Gesichtspunkt einer Unerheblichkeit der Unterscheidung zwischen Wahrheit und Irrtum in der in Anm. 2 angeführten Arbeit: J. Mittelstraß, Die Wahrheit des Irrtums. Über das schwierige Verhältnis der Geisteswissenschaften zur Wahrheit und über ihren eigentümlichen Umgang mit dem Irrtum, Konstanz 1989.

9 E. Staiger, *Ein Briefwechsel mit Martin Heidegger*, in: ders., Die Kunst der Interpretation. Studien zur deutschen Literaturgeschichte, Zürich ^{4}1963, 35.

10 In: E. Staiger, a. a. O., 36.

11 F. Th. Vischer, *Ästhetik oder die Wissenschaft vom Schönen*. Zum Gebrauche für Vorlesungen, I-III, Reutlingen/Leipzig 1846-1857, I-VI, München ^{2}1922-1923. Hier vor allem § 13 des ersten Teils (Die Metaphysik des Schönen), I (1846), 53 f bzw. I (^{2}1922), 51 f.

12 G. W. F. Hegel, *Vorlesungen über die Ästhetik* [1835], 1. Teil I 3 (Die Idee des Schönen), Werke in zwanzig Bänden, ed. E. Moldenhauer/K. M. Michel, Frankfurt 1969-1979, XIII, 151. M. Heidegger, a. a. O., 36.

selbst', dialektisch noch näher lag als uns. Aber höchstens 'auch ein wenig', spielerisch, versuchsweise. Feste Grenzen der Bedeutung gibt es in einer solchen Lyrik kaum; und das ganze Spectrum des Worts 'scheinen', das Grimms Wörterbuch darlegt, mag mehr oder weniger mitschillern."[13] Anschließend – denn so darf eine wissenschaftliche Auseinandersetzung natürlich nicht enden – wird die Interpretation von beiden in eine höhere Dimension gehoben. Für Staiger geht es jetzt um einen "wesentlichen Unterschied in der Auffassung dichterischer und philosophischer Sprache",[14] für Heidegger um das Wesen des Kunstwerks schlechthin. Heideggers Fazit: "'Was aber schön ist, selig scheint es in ihm selbst': Die Schönheit des Schönen ist das reine Erscheinenlassen der 'ganzen Form' in ihrem Wesen."[15] Staiger schließlich wendet sich gegen Heideggers Unterstellung, er meine mit 'scheint' lediglich 'es sieht so aus, aber ist nicht so' und schließt: "Es scheint in sich selber selig zu sein und unser gar nicht zu bedürfen. Es scheint! Vermutlich ist es so. Ganz sicher wissen wir das nicht. Denn wer sind wir armen Spätlinge, daß wir uns getrauen dürften, klipp und klar herauszusagen, wie es dem Schönen zumute ist?"[16]

Wir armen Spätlinge – die Auseinandersetzung, als wissenschaftliche begonnen, nimmt selbst dichterische Formen an, das Schöne widersetzt sich dem Dichter und seinen Interpreten. Die Kontroverse endet folglich unentschieden, jeder geht seiner Deutungswege. Dabei ist aber nicht erst zum Problem geworden, sagen zu können, was wahr ist, sondern auch schon zu sagen, was falsch ist bzw. was ein interpretatorischer Irrtum ist. Wahrheit und Irrtum scheinen in unserem Beispiel ebenso entrückt wie das Schöne.

Nicht wesentlich anders scheint es in den Sozialwissenschaften auszusehen, in denen es zwar nicht um das Schöne, häufig aber um das Problem eines einheitlichen Erkenntnisinteresses geht, auf dessen Basis sich dann auch zwischen Wahrheit und Irrtum präzise unterscheiden ließe. Häufig bestimmen das sozialwissenschaftliche Erkenntnisinteresse theoretische Großalternativen, so bis vor kurzem noch die Alternative zwischen der marxistischen Gesellschaftstheorie auf der einen Seite und der von dieser als 'bürgerlich' bezeichneten, selbst durch weitere theoretische Alternativen charakterisierten Gesellschaftstheorie auf der anderen Seite. Der Streit derartiger Alternativen läßt sich offenbar keiner methodisch entscheidbaren Lösung zuführen, weshalb z. B. von Thomas Kuhn, dessen wissenschaftstheoretische Vorstellungen[17] auch in den Sozialwissenschaften beachtet werden, behauptet wurde, daß sich die Sozialwissenschaften überhaupt noch in einem vor-paradigmatischen Zustand befinden, d. h., entprechend dieser Kuhnschen Terminologie, den Status einer 'normalen' Wissenschaft noch gar nicht erreicht haben. Ein anderer Wissenschaftstheoretiker, Georg Henrik v. Wright, vertritt demgegenüber die These, daß es in den Sozialwissenschaften prinzipiell gar keine universellen Paradigmen geben könne und daß dies der ent-

13 A. a. O., 39.
14 A. a. O., 40.
15 A. a. O., 46.
16 A. a. O., 48.
17 Th. S. Kuhn, *The Structure of Scientific Revolutions*, Chicago 1962, ²1970 (dt. Die Struktur wissenschaftlicher Revolutionen, Frankfurt 1967, ²1976 [mit Postskriptum von 1969]).

scheidende Umstand sei, in dem sich die Sozialwissenschaften von den Naturwissenschaften unterscheiden: "Was die Marxisten 'bürgerliche Sozialwissenschaft' nennen, ist wahrscheinlich mehr von Paradigmata geformt, als jemand, der in der traditionellen akkumulativen Auffassung von Wissenschaft als einem konstant wachsenden Komplex von Tatsachen und Theorien großgeworden ist, zugeben will. Man kann daher mit einer gewissen Berechtigung von parallelen Typen von Sozialwissenschaften sprechen (...). Sie unterscheiden sich weniger in konträren Auffassungen über Tatsachen als in den Paradigmata, die sie für ihre Beschreibungen und Erklärungen akzeptieren. Dieser Unterschied in den Paradigmata zeigt einen Unterschied in der *Ideologie*."[18]

Sozialwissenschaftliche Theorie und Empirie haben es in der Tat mit ideologischen Verhältnissen zu tun – 'ideologisch' im schlichten Sinne von 'bestimmt durch gesellschaftliche Rahmenorientierungen'. Daraus folgt aber noch keine Eigenschaft von Theoriebildungen. Eben dies aber ist die Behauptung, mit der man es hier, desgleichen in den bekannten Formen des Methoden- und Werturteilsstreits, zu tun hat. Es wird behauptet, daß sich sozialwissenschaftliche Theoriebildungen gegenüber Befangenheiten durch ideologische Verhältnisse, die sie zum Gegenstand haben, nicht freihalten können. Ein Streit der Theorien untereinander, von dem sich Popper und andere im Namen eines empfohlenen Theorienpluralismus eine allmähliche Annäherung an die wissenschaftliche Wahrheit erwarten, wäre in Wahrheit ein Streit von Ideologien. Und dieser Streit, so die Behauptung, ist per definitionem methodisch nicht entscheidbar, allenfalls durch Ideologiekritik in eine nächste Runde überführbar – worüber sich der geisteswissenschaftliche *Historismus* freut. Er hat es schließlich immer schon gewußt: Ein Erkennen der 'geschichtlichen Welt' steht unter den Bedingungen seines Gegenstandes und reproduziert insofern nur die historischen Voraussetzungen, die ihm selbst zugrundeliegen. Wahrheit hätte ihr Recht und Irrtum hätte seinen Schrecken verloren.

Immerhin dürfte sowohl anhand des geisteswissenschaftlichen als auch anhand des sozialwissenschaftlichen Beispiels deutlich geworden sein, daß jene zuvor für die Geisteswissenschaften konstatierte Unerheblichkeit des Unterschieds zwischen Wahrheit und Irrtum die wissenschaftliche Arbeit weniger zu behindern als vielmehr zu fördern scheint, da mit dieser Unerheblichkeit auch methodische Einschränkungen keinen rechten Sinn mehr machen, zumindest jederzeit – zu Gunsten eines anderen 'Paradigmas' – überschritten werden können. Auch in diesem wissenschaftssystematischen Zusammenhang ist also der Irrtum, der sich in der Regel nur nicht als solcher zu erkennen gibt, nützlich.

Allerdings steht am Anfang der sozialwissenschaftlichen Entwicklung, die hier zu recht oder auch nicht als ideologienah beurteilt wird, ein Irrtum ganz anderer (und wiederum nützlicher) Art. Dieser Irrtum beruht in Auguste Comtes Programm einer 'positiven' Philosophie bzw. einer Verwissenschaftlichung der Philosophie, indem diese 'positiv' wird, d. h. (1) ihr Fundament in dem, was faktisch gegeben ist, den *positiven Tatsachen*, sucht, und (2) jede Form von Metaphysik ablehnt, zu der hier auch der Rekurs auf Ursachen und

18 G. H. v. Wright, *Explanation and Understanding*, London/Ithaca N.Y. 1971, 203 (dt. Erklären und Verstehen, Frankfurt 1974, 177).

Zwecke gehört. Die Sozialwissenschaften haben sich dieser Konzeption nach auf die Feststellung von Verbindungen zwischen (sozialen) Phänomenen zu beschränken, wobei diese Verbindungen in Form von Gesetzen zu formulieren sind. In einer unter entwicklungsgesetzlichen Gesichtspunkten gesehenen Geschichte 'positiven' Wissens, in der jede Stufe die Realisierung der jeweils vorangegangenen Stufe voraussetzt, tritt in Comtes 'positiver' Philosophie die Soziologie nach Astronomie, Physik, Chemie und Biologie als letzte der 'positiven' Disziplinen ihren Gang an. Ihre Geschichte liegt damit in der *Naturgeschichte* der Wissenschaften selbst beschlossen; sie ist 'soziale Naturwissenschaft', orientiert an einem methodologischen Monismus, den sie mit allen empirischen Wissenschaften teilt, und den methodologischen Standards der Naturwissenschaften. Die Basis der Comteschen Konzeption der Soziologie bzw. der Sozialwissenschaften bildet insofern auch eine *naturalistische* These, wonach der Mensch und seine Geschichte Teil der Natur und deren Geschichte sind, und daher auch die Soziologie bzw. jede Form von Sozialwissenschaft nur als Teil einer umfassenden Naturwissenschaft, befaßt mit naturwüchsigen Verhältnissen, möglich ist.

Dies aber ist ein Irrtum, wie jeder Naturalismus, insofern dieser alle Art von Geltungsansprüchen allein auf natürliche (positive) Tatsachen zurückzuführen sucht, ein (philosophischer) Irrtum ist. Und doch war dieser Irrtum nützlich, da in ihm der Anfang der Sozialwissenschaften als *empirischer* Wissenschaften beschlossen liegt. Wie der Nutzen des Aristotelischen Irrtums in der Etablierung der wissenschaftlichen Wahrheit liegt, d. h. in einer wahrheitsorientierten und methodisch ausgewiesenen Wissenschaftlichkeit, so der Nutzen des Comteschen Irrtums in der Etablierung der empirischen Wahrheit im modernen Sinne empirischer Sozialwissenschaften. Auch hier spielt wieder der Irrtum, der in diesem Falle in Form des Naturalismus ein philosophischer Irrtum ist, eine konstitutive Rolle für die Begründung der Wahrheit, zumindest eines wissenschaftlichen Forschungsprogramms, dem die empirischen Sozialwissenschaften ihre (erfolgreiche) Existenz verdanken. Daß man dies unter den Gesichtspunkten von Wahrheit und Irrtum auch anders sehen kann, hat zuvor der Hinweis auf Kuhns und v. Wrights Beurteilung der Sozialwissenschaften als vorparadigmatisch bzw. ideologisch deutlich gemacht. Offenbar ist die Wahrheit der Sozialwissenschaften, die sich einem Irrtum verdankt, doch noch nicht so festgefügt, daß sie sich in jeder Hinsicht vom (wissenschaftlichen) Irrtum unterscheiden ließe.

4. Zur Wissenschaftstheorie des Irrtums

Wo in der Wissenschaft die Grenzen zwischen Wahrheit und Irrtum fließend werden, wo sich Wissenschaft nicht mehr allein über die wissenschaftliche Wahrheit definiert, sondern auch über die (zumindest heuristische) Fruchtbarkeit des Irrtums (wie anhand des Aristotelischen und des Comteschen Irrtums und in den beiden physikalischen Beispielen dargelegt), darf auch die Wissenschaftstheorie nicht fehlen. Tatsächlich gibt es in der neueren Wissenschaftstheorie die Tendenz, Wissenschaft und wissenschaftlichen Fortschritt nicht so sehr über den Begriff der Wahrheit als vielmehr über den Begriff des Irrtums, zumindest über den Begriff der Falsifizierbarkeit, also der Widerlegbarkeit einer wissenschaftlichen Aussage, zu definieren. Den Anfang bildet der französische Physiker und Wissenschaftstheoretiker Pierre Duhem mit der (heute als Duhem-Quine-These bezeichneten) Vorstellung, daß sich Theorien über die (experimentelle) Falsifikation einzelner ihrer Sätze und Hypothesen nicht falsifizieren lassen.[19]

Im einzelnen lauten Duhems Thesen: (1) Es gibt keine vollständige Kette logischer (theoretischer) bzw. empirischer Gründe für eine Theorie. Ein empirisches Datum kann vielmehr stets durch unterschiedliche theoretische Aussagen erklärt werden; es ist selbst immer schon theoretisch bestimmt. Daher ist auch keine Hypothese formulierbar, deren experimentelle Kontrolle zwischen konkurrierenden Theorien entscheiden könnte (Unmöglichkeit eines experimentum crucis). (2) Die Entscheidung für eine Theorie ist stets eine Entscheidung für ein System von Sätzen, nicht für einzelne Sätze. Daher können Theorien auch nicht in dem Sinne scheitern, daß ihre Sätze experimentell widerlegt worden wären. (3) Innertheoretische Gründe sind keine hinreichenden Gründe, um eine Theorie zu akzeptieren oder abzulehnen. Entscheidungen für oder gegen eine Theorie fallen vielmehr auf dem Hintergrund historischer Entwicklungen, die selbst Entscheidungen über wissenschaftliche Rationalitätsstandards einschließen.

Damit ist auch der Übergang von einer Theorie T_1 zu einer Nachfolgertheorie T_2, die T_1 nicht erweitert, sondern ersetzt, relativiert; er muß nicht als der Schritt vom Irrtum zur Wahrheit, die sich später gegenüber einer weiteren Theorie T_3 wiederum als Irrtum herausstellen könnte, gedeutet werden. Auch die Aristotelische Physik wäre nicht einfach ein (lang andauernder) wissenschaftlicher Irrtum, den die Theorieentwicklung in der Physik endlich korrigiert hätte, sondern ein anderes Paradigma physikalischer Forschung mit anderen Maßstäben, anderen Theorievorstellungen und anderen Zielen. Eben dies ist auch der Ansatzpunkt von Kuhns einflußreichem Paradigmenkonzept wissenschaftlicher Rationalität,[20] das selbst einen wissenschaftstheoretischen Historismus nahelegt: Wissenschaftliche Theorien folgen (oft) unterschiedlichen Paradigmen, ihre Geltungsansprüche lassen sich nur auf der Basis faktischer wissenschaftlicher Entwicklungen beurteilen, wobei diese Entwicklungen selbst 'Rationalitätsbrüche', d. h. einen Wechsel in den (wissenschaftlichen) Rationalitätsstandards, einschließen.

Eine derartige Auffassung führt zu Poppers Logik der Forschung zurück, weist bei diesem aber in eine andere, ungleich methodischer gefaßte Richtung. Popper wendet sich gegen klassische Begründungsprogramme innerhalb der Wissenschaftstheorie (hier im wesentlichen durch den Logischen Empirismus vertreten) und ersetzt im Rahmen einer Behandlung des so genannten Induktionsproblems und des so genannten Abgrenzungsproblems den Begriff der *Begründung* (wissenschaftlicher Theorien) durch den Begriff der *Bewährung*. Die dabei von Popper betonte Asymmetrie von Verifikation und Falsifikation besteht in dem Umstand, daß wissenschaftliche Sätze, zumal allgemeine Sätze wie die wissenschaftlichen Gesetze, relativ zu einer empirischen Basis nur widerlegt (falsifiziert), nicht

19 P. Duhem, La théorie physique, son objet et sa structure, Paris 1906, ²1914 (dt. Ziel und Struktur der physikalischen Theorien, Leipzig 1908, Neudruck, ed. L. Schäfer, Hamburg 1978).

20 Vgl. Anm. 17.

aber verifiziert werden können. Damit wird wegen der logischen Unmöglichkeit von Induktionsschlüssen in empirischen Wissenschaften und der genannten (daraus folgenden) Asymmetrie von Verifikation und Falsifikation die Falsifizierbarkeit eines Satzes zum Abgrenzungskriterium für wissenschaftliche Rationalität. Aus einer *Begründungsrationalität* wird eine *Bewährungsrationalität*. Der Grad der Bewährung einer Theorie hängt wiederum nicht so sehr von der Anzahl bewährter Fälle, als vielmehr von ihrem Falsifikationsgrad ab. Der Falsifikationsgrad ist durch den empirischen Gehalt dieser Theorie, also durch die Klasse der Basissätze, die mit ihr logisch unverträglich sind, bestimmt. Gegenüber Duhem und Kuhn hält Popper allerdings am Begriff des Theorienfortschritts und der Wahrheit bzw. der Wahrheitsähnlichkeit fest. Wissenschaft ohne Wahrheit ist auch für Popper ein unmöglicher, d. h. nicht nachvollziehbarer, Gedanke.

Mit anderen Worten und pointiert formuliert: In der Wissenschaftstheorie Poppers wird der (wissenschaftliche) Irrtum *methodisiert*; er erweist sich selbst als ein wesentliches Moment des wissenschaftlichen Fortschritts. Es ist der (erwiesene) Irrtum, der weiterbringt, nicht die Wahrheit im Sinne älterer Begründungsprogramme, die nach Popper – ob zu recht, mag hier dahingestellt bleiben – in der Regel durch Immunisierungsstrategien, z. B. die Bewahrung vor Widerlegung durch die Formulierung von ad-hoc-Hypothesen, nicht wirklich durch Begründungen gesichert wird. Insofern wäre zwar Wahrheit das eigentliche Ziel der Wissenschaft, der Irrtum aber der Motor wissenschaftlicher Entwicklungen. Als erreichte Wahrheit würde Wahrheit gerade Stillstand, nicht Bewegung bedeuten, und Bewegung, die Suche nach dem Neuen, das Nicht-Stillstehen bei dem schon Erreichten – darin wird man Popper aus allen Ecken der Wissenschaft beipflichten können – ist das eigentliche Herz der Wissenschaft, ihre Stärke und ihre Zukunft.

Schlußbemerkung

"Wahrheit ist die Art von Irrthum, ohne welche eine bestimmte Art von lebendigen Wesen nicht leben könnte", notiert Nietzsche in seinen nachgelassenen Fragmenten.[21] So weit müssen wir hier nicht gehen. Für den wissenschaftlichen Irrtum bedarf es keiner tiefsinnigen anthropologischen Begründung; es genügt eine erkenntnistheoretische und eine wissenschaftstheoretische, ferner die schon zu Beginn formulierte Feststellung, daß der Irrtum erst in der Wissenschaft sein ausgearbeitetes Wesen und seine erkenntnisfördernde Rationalität gewinnt. Daß der Mensch ein irrendes Wesen ist und die Wahrheit dem Irrtum näher steht, als jeder Wissenschaft und Philosophie lieb sein möchte, ist selbst eine Wahrheit, deren Geltung sich nicht erst im Leben, und dort womöglich (nach Nietzsche) als dessen tiefere Wahrheit, sondern schon in der Wissenschaft, als deren rationales Wesen, zum Ausdruck bringt. Hier, in der Wissenschaft, bewahrt der alltägliche, methodisch beherrschte und dem

21 Nachgelassene Fragmente April-Juni 1885, Werke. Kritische Gesamtausgabe VII/3, ed. G. Colli/M. Montinari, Berlin/New York 1974, 226.

Wissenschaftler so vertraute Irrtum vor dem eigentlichen Notfall des Irrtums, nämlich dem außergewöhnlichen, methodisch nicht mehr beherrschten und meist der Philosophie (auch im Gewande der Wissenschaft) angekreideten *Irrtum der Wahrheit*. Gemeint ist die Vorstellung, daß man sich nicht mehr irren könne, daß die Wahrheit absolut und die eigene Einsichtsfähigkeit in die Wahrheit unendlich sei. In diesem Falle setzt sich ein dogmatischer Wille an die Stelle des Willens zur Wahrheit, der im Irrtum sein unabdingbares Korrektiv und darin die eigentlich menschliche Weise des Umgangs mit der Wahrheit erkennt. Ein dogmatischer Wille aber führt in der Wissenschaft – wie in der Philosophie, wo er ursprünglich zu Hause ist – vom Nutzen des Irrtums geradewegs in die Nutzlosigkeit der Wahrheit. Und dies wäre nicht die Vollendung der Wissenschaft, sondern ganz schlicht und unphilosophisch ihr Ende.

Martin Carrier (Heidelberg) danke ich für seinen sachkundigen wissenschaftshistorischen Rat.

Autorenverzeichnis

Prof. Dr. Günter Abel
Institut für Philosophie, Wissenschaftstheorie, Wissenschafts- und Technikgeschichte
Technische Universität Berlin
Ernst-Reuter-Platz 7
10587 Berlin

Prof. Dr. Hans-Dieter Bahr
Institut für Philosophie
Universität Wien
Universitätsstraße 7
A-1010 Wien

Prof. Dr. Hans Michael Baumgartner
Philosophisches Seminar A
Universität Bonn
Am Hof
53113 Bonn

Prof. Dr. Tilman Borsche
Institut für Philosophie
Universität Hildesheim
Marienburger Platz 22
31141 Hildesheim

Prof. Dr. Martin Carrier
Philosophisches Seminar
Universität Heidelberg
Schulgasse 6
69117 Heidelberg

Prof. Dr. Aant Elzinga
Department of Theory of Science and Research
Gothenburg University
S-41298 Göteborg

Dr. Elena Esposito
Via Avesella, 1
I-40129 Bologna

Prof. Dr. Günter Figal
Philosophisches Seminar
Eberhard-Karls-Universität Tübingen
Bursagasse 1
72070 Tübingen

Prof. Dr. Christiane Floyd
Fachbereich Informatik
Universität Hamburg
Vogt-Kölln-Straße 30
22527 Hamburg

Prof. Dr. Dagfinn Føllesdal
Universitetet I Oslo
Institutt for Filosofi
Postboks 1024 Blindern
N-0315 Oslo 3

Prof. Dr. Winfried Franzen
Institut für Philosophie
Pädagogische Hochschule Erfurt
PF 307
99006 Erfurt

Prof. Dr. Jean-Yves Goffi
Université de Paris XII – Val de Marne
Faculté de Lettres et
de Science Humaines
Avenue du Général de Gaulle
F - 94010 Créteil

Prof. Dr. Alexander Haardt
Institut für Philosophie
Ruhr-Universität Bochum
44801 Bochum

Prof. Dr. Jürgen Habermas
Ringstraße 8b
82319 Starnberg

Prof. Dr. Otfried Höffe
Philosophisches Seminar
Eberhard-Karls-Universität Tübingen
Bursagasse 1
72070 Tübingen

Prof. Dr. Wolfram Hogrebe
Philosophisches Seminar A
Universität Bonn
Am Hof
53113 Bonn

Prof. Dr. Elmar Holenstein
ETH Zentrum
HG E 69
CH-8092 Zürich

Prof. Dr. Paul Hoyningen-Huene
FG Philosophie
Universität Konstanz
78457 Konstanz

Prof. Dr. Christoph Hubig
Abteilung für Wiss.-theorie
und Technikphilosophie
Universität Stuttgart
Seidenstraße 36
PF 10 60 37
70049 Stuttgart

Prof. Dr. Klaus Jacobi
Philosophisches Seminar II
Albert-Ludwigs-Universität Freiburg
Kollegiengebäude I
Postfach
79085 Freiburg

Prof. Dr. Klaus Erich Kaehler
Philosophisches Seminar
Universität zu Köln
Albert-Magnus-Platz
50923 Köln

Prof. Dr. Friedrich Kambartel
FB Philosophie
Johann Wolfgang Goethe-Universität
Frankfurt am Main
Dantestraße 4-6
60325 Frankfurt am Main

Prof. Dr. Dietmar Kamper
Institut für Soziologie
FU Berlin
Babelsberger Straße 14-16
10715 Berlin

Prof. Dr. Friedrich Kittler
Institut für Ästhetik
FG Kunst- und Kulturwissenschaften
HU Berlin
Sophienstraße 22 A
10178 Berlin

Prof. Dr. Simo Knuuttila
Institut für systematische Theologie
Universität Helsinki
Aleksanterinkatu 7
PF 33
FIN - 00014 Helsinki

Prof. Dr. Klaus-M. Kodalle
Institut für Philosophie
Friedrich-Schiller-Universität Jena
Zwätzengasse 9
07740 Jena

Prof. Dr. Ralf Konersmann
Erziehungswissenschaftliche Fakultät
– Philosophie –
Christian-Albrechts-Universität zu Kiel
Olshausenstraße 75
24118 Kiel

Prof. Dr. Klaus Kornwachs
Lehrstuhl für Technikphilosophie
BTU Cottbus
PF 10 13 44
03013 Cottbus

Prof. Dr. Sybille Krämer
Institut für Philosophie (WE 1)
FB Philosophie u. Sozialwissenschaften I
Habelschwerdter Allee 30
14195 Berlin

Prof. Dr. Karl Leidlmair
Institut für Psychologie
Universität Innsbruck
Innrain 52
A-6020 Innsbruck

Dr. Jean-Christophe Merle
Philosophisches Seminar
Eberhard-Karls-Universität Tübingen
Bursagasse 1
72070 Tübingen

Prof. Dr. Hans Joachim Meyer
Sächsischer Staatsminister für
Wissenschaft und Kunst
Wigardstraße 17
01097 Dresden

Prof. Dr. Jürgen Mittelstraß
FG Philosophie
Philosophische Fakultät
Universität Konstanz
78457 Konstanz

Prof. Dr. C. Ulises Moulines
Institut für Philosophie, Logik
und Wissenschaftstheorie
Ludwigstraße 31
80539 München

Prof. Dr. Susan Neiman
Department of Philosophy
Faculty of Humanities
Tel Aviv University
P. O. B. 39040, Ramat Aviv
69978 Tel Aviv
Israel

Prof. Dr. Julian Nida-Rümelin
Philosophisches Seminar
Georg-August-Universität Göttingen
Humboldtallee 19
37073 Göttingen

Prof. Dr. Onora O'Neill
Newnham College
Cambridge, CB3 9DF
England

Prof. Dr. Thomas Pogge
Department of Philosophy
Columbia University
708 Philosophy Hall
New York, NY 10027
U. S. A.

Prof. Dr. Hans Poser
Institut für Philosophie,
Wissenschaftstheorie, Wissenschafts- und Technikgeschichte
TU Berlin
Ernst-Reuter-Platz 7
10587 Berlin

Prof. Dr. Jacques Poulain
Chaire UNESCO de Philosophie
de la culture et des institutions
à vocation européenne
Département de Philosophy
Université de Paris 8
2, Rue de la Liberté
F - 93526 Saint-Denis Cedex 02

Dr. Frank Schlie-Roosen
BMBF
Ref. 115
Heinemannstraße 2
53175 Bonn

Prof. Dr. Herbert Schnädelbach
Institut für Philosophie
Humboldt-Universität zu Berlin
Unter den Linden 6
10099 Berlin

Prof. Dr. Martin Seel
Zentrum für Philosophie
und Grundlagen der Wissenschaft
Justus-Liebig-Universität Gießen
Otto-Behaghel-Straße 10
35394 Gießen

Prof. Dr. Helmut F. Spinner
Institut für Philosophie
Universität Karlsruhe (TH)
Kollegium am Schloß, Bau II
PF 6980
76128 Karlsruhe

Prof. Dr. Holm Tetens
Institut für Philosophie (WE 1)
FB Philosophie u. Sozialwissenschaften I
Freie Universität Berlin
Habelschwerdter Allee 30
14195 Berlin

Wolfgang Tiefensee
Bürgermeister
der Stadt Leipzig
PF 780
04007 Leipzig

Prof. Dr. Wilhelm Vossenkuhl
Institut für Philosophie
Ludwig-Maximilians-Universität
München
Geschwister-Scholl-Platz 1
80539 München

Prof. Dr. Jules Vuillemin
Collège de France
11, place Marcelin Berthelot
F - 75231 Paris cedex 05

Prof. Dr. Bernhard Waldenfels
Institut für Philosophie
Ruhr-Universität Bochum
Universitätsstraße 150
44780 Bochum

Prof. Dr. Cornelius Weiss
Rektor
der Universität Leipzig
Augustusplatz 10/11
04109 Leipzig